电 工 手 册

(第二版)

何利民　尹全英　刘家玙　编

中国建筑工业出版社

图书在版编目（CIP）数据

电工手册/何利民等编. —2版. —北京：中国建筑
工业出版社，2002
ISBN 978-7-112-05044-4

Ⅰ. 电… Ⅱ. 何… Ⅲ. 电工—技术手册 Ⅳ. TM-62

中国版本图书馆CIP数据核字（2002）第014029号

　　本手册从电气设计、制造、安装、运行、维修、管理等实际需要出发，择要汇编了常用的数据、公式、电气标准、规程、规范、电工材料、工具、设备器件、装置，以及防雷、接地、安全等资料。
　　本手册文字精炼，资料新颖，电力和电子技术兼顾，信息量大，通用性强，是广大电气工作者必备的实用工具书。

* * *

责任编辑　周世明

电 工 手 册
（第二版）

何利民　尹全英　刘家玙　编

*

中国建筑工业出版社出版、发行（北京西郊百万庄）
各地新华书店、建筑书店经销
北京圣夫亚美印刷有限公司印刷

*

开本：787×1092毫米　1/16　印张：69¼　字数：1725千字
2002年7月第二版　　2013年7月第十二次印刷
印数：29801—30800册　　定价：**104.00**元

ISBN 978-7-112-05044-4
（14782）

版权所有　翻印必究
如有印装质量问题，可寄本社退换
（邮政编码　100037）

第二版前言

这里呈现在读者面前的是《电工手册》第二版。读者如果读过第一版,将会对第二版有一种全新的感觉。

首先,全书的内容结构作了较大调整,划分为4篇,即通用基础资料、电气设备器件、电气装置和建筑电气、其他。各篇相对独立、相互关联、层层递进,更便于读者查阅。

第二,对近年来我国迅速发展的电气新技术、新设备、新材料、新工艺等,作了大量增补,对其中的许多方面,例如,电动机软启动装置、节能变压器、全封闭式开关柜、热塑型电缆接头、绿色照明电器、康明斯柴油发电机组、智能建筑弱电工程、IC卡电表等,作了导向性介绍。与之相适应,也删除了较陈旧的许多内容。

第三,按照最新的国家标准、行业标准及设计、制造、安装维修规程,科学规范了手册中的名词、术语、概念和图文表达方式。

本书第一版自1993年出版以来,读者来信指出书中的一些错误和不足,提出了许多很好的修改建议,这次修订,我们充分考虑了读者的意见,在此向他们表示衷心的谢意。并且以同样的心情,期待着读者对本书第二版的批评和意见。

中国建筑工业出版社周世明同志对本书修订工作中的内容、结构、文字表述等方面,提出了颇有创见性的意见,付出了艰辛的劳动,在此表示谢意。

在修订本书两年多时间里,作者参阅了大量的电气专业文献、专著、手册、产品样本、设计图、使用说明书等,由于数量太多,恕不一一列出,敬请谅解。

第一版前言

这是一本通用型电工手册。

这本手册按照一种较新的体例,系统地汇编了电气设计、安装、运行、维修、管理等项工作中所需的一般数据、公式、国家标准、规程、规范,常用电气设备、装置、元器件、家用电器和电气工作用工具、材料的基本性能参数、操作使用方法等资料。

本手册力求反映国内(并适当结合国外)近年来电气技术的新进展,注重其简明和实用,在资料的取舍上主要考虑到了以下几方面:

1. 电气工作中所要查阅的资料是大量的,其中有些资料经常用到,查阅频率很高,而有些资料用得极少,难得查阅一次;有些资料通用性强,各种电气工作中都可能查阅,而有些资料专业性很强,使用范围很窄。本手册一般只收录常用的和通用性强的资料,适当兼顾资料的系统性和完整性。

2. 自1985年以来,我国参照国际上较通用的IEC标准制订了一套电气图形符号、文字符号及电气制图规则。本手册除在第2章较全面地汇编了关于电气图有关标准外,其余各章的图样均按新标准绘制,采用了新的图形符号和文字符号及项目代号。但由于电气图新标准尚未覆盖电气技术的各个领域,因此,手册中的个别地方仍沿用了旧标准。凡属这种情况,一般都另有说明或注释。

3. 本手册把资料"新"作为内容取舍的基本依据,力求反映国内近年来电气技术的新发展和出现的新设备、新工艺、新材料,以及国家新发布的标准、规程和规范,广泛收录了国内近年来研制的新产品和引进国外的新产品的有关资料,但由于这些资料较分散,不完善,或者由于专利技术的保密要求,因此,手册中的某些资料还不十分完整和系统,但能满足电气工作的一般使用要求。又考虑到某些资料虽然不够新,但仍有一定参考价值,在手册的一些章节中也略作介绍,或以附录的形式给出。

4. 为了适应改革开放和对外技术交流的需要,编者参考了国外一些较新版本的电气手册和资料,从中编译了有关内容充实到手册的有关章节中。这些手册和资料主要有:

(1) W. F. Cooper, Electrical Safety Engineering, 1978
(2) Hermann Wellers, Praktische Elektrotechnik, 1982
(3) Editor William Handiey, M. B. E, Industrial Safety Handbook, 1977
(4) W. Benz, Tabellenbuoh Elektronik 1983
(5) Nühman, Das Grosse Werkbuch Elektronik, 1984
(6) IEC(国际电工委员会)标准
(7) ISO(国际标准化组织)标准

这里应说明的是:编译的资料中的某些数据、符号、表达方式等,可能与我国现行规定存在差异,仅供参考与借鉴。

5. 从大范围而言,电力技术和电子技术(或强电和弱电)有较明显的区别,但在许多发展的电气技术领域内,两者互相渗透。对于广大电气工作者来说,电力和电子两方面的专业知识,虽然有所侧重,但必须兼备。因此,手册的内容尽可能兼顾这两方面的资料,但具体章节则往往有主次。

6. 电气工作中不可避免地要查阅其他相关专业的资料，为了方便读者，免去翻阅多种手册的麻烦，本手册汇编了与电气工作密切相关的一些常用的其他材料，如气象、地理、环境、材料、工具等等，但限于篇幅，只能择要，不能概全。

参加本手册编写的同志分别从事过电气设计、安装、运行、维修、管理及教学、编辑等项工作。手册的主要编者是何利民、尹全英、桂南生。此外，郭俊杰、张凤让、喜明成、高义章、曾玉生等同志也为本书的出版付出了巨大的劳动。一些电气科研、设计、制造、安装、使用单位提供了许多产品样本、使用说明书、图样、技术文件等资料。作者在此一并致以深切的谢意。

由于编者水平有限，尤其是按照这种体例编写，我们还缺乏经验，可能存在许多不足之处，请读者批评指正。

目 录

第1篇　通用基础资料

第1章　常用资料和基础知识

1.1 计量单位及其换算 …………… 3
  1.1.1 国际单位制(SI)的单位和其他单位 … 3
  1.1.2 单位的换算 ………………… 6
1.2 电工技术常用计算公式和计算图表 ……………………… 14
  1.2.1 常用计算公式 ……………… 14
  1.2.2 常用电气计算图 …………… 49
  1.2.3 相对电平及绝对电平 ……… 66
  1.2.4 导线参数对照 ……………… 71
1.3 基本电气额定值 ……………… 79
  1.3.1 额定电压 …………………… 79
  1.3.2 额定频率 …………………… 81
  1.3.3 额定电流 …………………… 82
1.4 常用数学资料 ………………… 83
  1.4.1 常用数学符号 ……………… 83
  1.4.2 重要数学常数 ……………… 84
  1.4.3 三角函数 …………………… 85
  1.4.4 复数 ………………………… 88
  1.4.5 指数和对数 ………………… 89
  1.4.6 级数 ………………………… 90
  1.4.7 微积分 ……………………… 90
  1.4.8 布尔代数 …………………… 91
  1.4.9 常用面积和体积的计算 …… 92
1.5 常用物理化学资料 …………… 95
  1.5.1 重要的物理常数 …………… 95
  1.5.2 化学元素 …………………… 96
  1.5.3 物质的密度 ………………… 99
  1.5.4 物质的熔点和沸点 ………… 100
  1.5.5 物质的比热 ………………… 101
  1.5.6 物质的热膨胀系数 ………… 102
  1.5.7 物质的导热系数 …………… 103
  1.5.8 物质的电阻率及电导率 …… 104
  1.5.9 物质的介电常数 …………… 107
  1.5.10 物质的磁性 ……………… 107
  1.5.11 物质的电化学电压系列 … 108
  1.5.12 物质的热电偶热电势系列 … 108
  1.5.13 物质的机械性能 ………… 110
  1.5.14 材料的声学性能 ………… 112
1.6 常用气象地理资料 …………… 113
  1.6.1 电工产品的使用环境条件 … 113
  1.6.2 温度、湿度、大气压力对电气装置的影响 ………… 115
  1.6.3 常用名词术语 ……………… 115
  1.6.4 大气压力、温度与海拔高度的关系 ………………… 116
  1.6.5 我国的自然气候分区及典型气象区 ………………… 117
  1.6.6 风力风级、降雨等级和降雨强度、地震烈度与震级 …… 119
  1.6.7 我国主要地区的气象资料 … 121
  1.6.8 各种场所对电工产品噪声的要求 … 125
1.7 优先数和模数 ………………… 126
  1.7.1 优先数和优先数系 ………… 126
  1.7.2 模数和模数制 ……………… 127
1.8 常用字母和罗马数字 ………… 129
  1.8.1 拉丁字母和希腊字母 ……… 129
  1.8.2 罗马数字 …………………… 129

第2章　电气图和电气技术文件的一般规定

2.1 电气图常用名词术语 ………… 130
2.2 电气图形符号 ………………… 132
  2.2.1 电气图用图形符号 ………… 132

2.2.2 电气设备用图形符号 ……… 140
2.3 电气文字符号和项目代号 ……… 148
  2.3.1 电气图和电气技术中的文字符号 ……… 148
  2.3.2 电气图和电气技术中的项目代号 ……… 158
2.4 电气图中导线和接线端子的标记方法 ……… 163
  2.4.1 导线标记系统的类型 ……… 163
  2.4.2 导线的标记方法 ……… 164
  2.4.3 电气接线端子的标记方法 ……… 168
2.5 电气制图的一般规则 ……… 172
  2.5.1 一般规定 ……… 172
  2.5.2 简图的布局 ……… 174
  2.5.3 图形符号 ……… 174
  2.5.4 连接线 ……… 176
  2.5.5 项目代号和端子代号 ……… 180
  2.5.6 注释和标志、技术数据和符号或元件在图上的位置 ……… 181
2.6 电气系统图和框图 ……… 182
  2.6.1 系统图和框图的用途 ……… 182
  2.6.2 系统图和框图的绘制方法 ……… 182
  2.6.3 示例图 ……… 183
2.7 电路图 ……… 185
  2.7.1 电路图的目的和用途 ……… 185
  2.7.2 图上位置的表示方法 ……… 185
  2.7.3 元件、器件和设备及其工作状态的表示方法 ……… 186
  2.7.4 图形符号的布置 ……… 186
  2.7.5 电路表示法 ……… 190
2.8 电气接线图和接线表 ……… 193
  2.8.1 接线图和接线表的一般表示方法 ……… 193
  2.8.2 单元接线图和单元接线表 ……… 194
  2.8.3 互连接线图和互连接线表 ……… 198
  2.8.4 端子接线图和端子接线表 ……… 200
  2.8.5 电缆配置图和电缆配置表 ……… 202
2.9 电气系统说明书用图 ……… 202
  2.9.1 说明书用图的用途和应用范围 ……… 202
  2.9.2 功能系统文件的编制 ……… 202
  2.9.3 系统说明书用图的编制方法 ……… 203
2.10 与电气图相关的其他规定 ……… 205
  2.10.1 标题栏和明细栏 ……… 205
  2.10.2 比例、图线、尺寸注法及其他 ……… 206

第3章 电工材料和电气工作用其他材料

3.1 基本电工材料的种类和一般性能 ……… 211
  3.1.1 导电材料的种类和一般特性 ……… 211
  3.1.2 特种导电材料的种类和一般特性 ……… 216
  3.1.3 绝缘材料的种类和一般特性 ……… 220
  3.1.4 磁性材料的种类和一般特性 ……… 226
3.2 导体连接件 ……… 228
  3.2.1 接线端子和接线管 ……… 228
  3.2.2 胶木接线端子和接线柱 ……… 232
  3.2.3 电刷 ……… 235
3.3 绝缘材料 ……… 240
  3.3.1 绝缘带 ……… 240
  3.3.2 绝缘胶 ……… 241
  3.3.3 绝缘漆 ……… 244
  3.3.4 电瓷 ……… 248
  3.3.5 绝缘板 ……… 254
3.4 缆线穿线线管 ……… 254
  3.4.1 金属线管 ……… 254
  3.4.2 塑料线管 ……… 257
3.5 电气安装维修常用材料 ……… 259
  3.5.1 常用钢材 ……… 259
  3.5.2 电气安装紧固件 ……… 264
  3.5.3 电气拖动传动件 ……… 268
  3.5.4 焊接材料 ……… 271
  3.5.5 油漆和润滑油脂 ……… 275
  3.5.6 其他常用材料 ……… 279

第4章 电动工具和电工工具

4.1 电动工具 ……… 281
  4.1.1 电动工具的分类及特性 ……… 281
  4.1.2 常用电动工具及其应用 ……… 284
4.2 电工工具 ……… 291
  4.2.1 电气安全检查工具 ……… 291
  4.2.2 导体连接用工具 ……… 294
  4.2.3 电气钳工工具 ……… 299
  4.2.4 射钉枪 ……… 303

第2篇 电气设备器件及应用

第5章 开关电器

- 5.1 低压电器的基本知识 ……………… 309
  - 5.1.1 低压电器的分类、型号和术语 …… 309
  - 5.1.2 低压电器使用环境条件 ………… 313
- 5.2 低压熔断器 ………………………… 315
  - 5.2.1 低压熔断器的种类及特点 ……… 315
  - 5.2.2 常用低压熔断器技术数据 ……… 317
  - 5.2.3 低压熔断器的使用 …………… 321
- 5.3 刀开关和转换开关 ………………… 324
  - 5.3.1 开启式刀开关 ………………… 324
  - 5.3.2 开关熔断器组 ………………… 327
  - 5.3.3 组合开关 …………………… 329
- 5.4 空气断路器 ………………………… 333
  - 5.4.1 空气断路器的分类及基本特性 … 333
  - 5.4.2 常用低压空气断路器 ………… 335
- 5.5 接触器 ……………………………… 338
  - 5.5.1 交流接触器 …………………… 338
  - 5.5.2 直流接触器 …………………… 343
  - 5.5.3 由接触器构成的控制电路 ……… 344
- 5.6 控制继电器和保护继电器 …………… 346
  - 5.6.1 热继电器 ……………………… 346
  - 5.6.2 电磁式控制继电器 …………… 349
  - 5.6.3 电子式时间继电器 …………… 352
  - 5.6.4 小型控制继电器 ……………… 354
  - 5.6.5 保护继电器的种类及特点 ……… 355
  - 5.6.6 常用保护继电器 ……………… 357
- 5.7 主令电器 …………………………… 361
  - 5.7.1 按钮 ………………………… 361
  - 5.7.2 行程开关 ……………………… 363
  - 5.7.3 万能转换开关 ………………… 365
  - 5.7.4 主令控制器 …………………… 367
  - 5.7.5 接近开关 ……………………… 368
- 5.8 信号电器 …………………………… 369
  - 5.8.1 信号灯 ………………………… 369
  - 5.8.2 音响电器 ……………………… 370
- 5.9 防爆电器 …………………………… 372
  - 5.9.1 防爆电器应用的基本知识 ……… 372
  - 5.9.2 防爆电器的使用 ……………… 375
- 5.10 高压开关电器 ……………………… 379
  - 5.10.1 高压开关 …………………… 379
  - 5.10.2 高压熔断器 ………………… 381
- 5.11 低、高压成套配电装置 …………… 382
  - 5.11.1 电力和照明配电箱 ………… 382
  - 5.11.2 低压配电屏 ………………… 384
  - 5.11.3 3～10kV高压开关柜 ……… 388

第6章 无源元件RLC

- 6.1 电力电阻器 ………………………… 392
  - 6.1.1 固定电阻器 …………………… 392
  - 6.1.2 变阻器 ………………………… 397
  - 6.1.3 电阻器的使用 ………………… 403
- 6.2 小型电阻器 ………………………… 405
  - 6.2.1 小型电阻器的种类和特性 ……… 405
  - 6.2.2 小型电阻器的功率和电阻值 …… 406
- 6.3 电力电容器 ………………………… 409
  - 6.3.1 电力电容器的种类 …………… 409
  - 6.3.2 常用电力电容器 ……………… 410
  - 6.3.3 电力电容器的应用 …………… 412
- 6.4 小型电容器 ………………………… 415
  - 6.4.1 小型电容器的种类及特点 ……… 415
  - 6.4.2 小型电容器的电容值及标注方法 … 417
- 6.5 电力电抗器 ………………………… 419
  - 6.5.1 电力电抗器的种类 …………… 419
  - 6.5.2 电力电抗器的应用 …………… 419
- 6.6 小型电感器 ………………………… 420
  - 6.6.1 小型电感器的种类及特性 ……… 420
  - 6.6.2 常用小型电感器 ……………… 422

第7章 电子元器件及其应用

- 7.1 分立半导体器件型号命名方法 ……… 423
- 7.2 半导体管 …………………………… 425
  - 7.2.1 半导体二极管 ………………… 425
  - 7.2.2 稳压二极管 …………………… 435
  - 7.2.3 变容二极管 …………………… 440
- 7.3 晶体三极管 ………………………… 442

7.3.1	晶体三极管及其放大电路	442	7.12.2	双稳态触发器	545
7.3.2	差动放大器	461	7.12.3	555时基集成电路	547
7.4	运算放大器(线性集成电路)	464	7.12.4	应用电路实例	550

7.4 运算放大器(线性集成电路)
- 7.4.1 运算放大器的基本电路 …… 464
- 7.4.2 特选运算放大器集成电路及其他电路 …… 471
- 7.4.3 运算放大器用作电压比较器 …… 472
- 7.4.4 运算放大器的各种应用电路 …… 473
- 7.4.5 运算放大器用作电压放大器 …… 481

7.5 功率放大器 …… 484
- 7.5.1 推挽功率放大器 …… 484
- 7.5.2 低频功率放大器 …… 485

7.6 恒流源和恒压源 …… 488
- 7.6.1 可调恒流源 …… 488
- 7.6.2 直流稳压电源 …… 490

7.7 场效应晶体管 …… 494
7.8 单结晶体管 …… 501
7.9 晶闸管 …… 504
- 7.9.1 晶闸管 …… 504
- 7.9.2 晶闸管元件的应用 …… 514
- 7.9.3 三端双向晶闸管 …… 524

7.10 光电元件 …… 529
- 7.10.1 光电池(太阳能电池) …… 529
- 7.10.2 硅光电二极管 …… 530
- 7.10.3 光电晶体三极管及光电晶闸管 …… 531
- 7.10.4 光敏电阻 …… 533
- 7.10.5 发光二极管 …… 533
- 7.10.6 光电耦合器 …… 533

7.11 正弦波振荡器 …… 541
- 7.11.1 低频振荡器 …… 541
- 7.11.2 各种典型正弦波振荡电路 …… 543

7.12 门电路、双稳态触发器、555时基集成电路 …… 544
- 7.12.1 门电路 …… 544

第8章 电工仪表和电气测量

8.1 基本知识 …… 557
- 8.1.1 常用术语和基本概念 …… 557
- 8.1.2 电工仪表的种类及特点 …… 558
- 8.1.3 电工仪表的型号表示方法 …… 561
- 8.1.4 表盘上的符号 …… 564

8.2 电流、电压表和电流、电压测量 …… 565
- 8.2.1 常用开关板式电流、电压表 …… 565
- 8.2.2 常用实验室用电流、电压表 …… 567
- 8.2.3 电流和电压测量 …… 568

8.3 功率表和功率测量 …… 571
- 8.3.1 常用功率表 …… 571
- 8.3.2 功率表选择与使用 …… 572
- 8.3.3 直流和单相交流功率测量 …… 574
- 8.3.4 三相交流有功功率测量 …… 575
- 8.3.5 三相交流无功功率测量 …… 576

8.4 电度表和电能测量 …… 578
- 8.4.1 常用电度表 …… 578
- 8.4.2 电度表接线 …… 580
- 8.4.3 电度表选择与使用 …… 580

8.5 电桥和电阻测量 …… 581
- 8.5.1 常用电桥 …… 581
- 8.5.2 直流电阻测量 …… 583
- 8.5.3 直流电桥使用方法 …… 583

8.6 兆欧表和绝缘电阻测量 …… 585
- 8.6.1 常用兆欧表 …… 585
- 8.6.2 兆欧表的使用和绝缘电阻测量 …… 587

8.7 万用表和钳形电表 …… 589
- 8.7.1 万用表 …… 589
- 8.7.2 钳形电表 …… 591

第3篇 电气装置和建筑电气

第9章 中小型电机及其控制

9.1 电机的基本知识 …… 595
- 9.1.1 电机分类 …… 595
- 9.1.2 电机外壳的防护等级和冷却方式 …… 596
- 9.1.3 电机接线和旋转方向标志 …… 598
- 9.1.4 电机安装型式 …… 600

9.1.5 电机运行工作制和温度限值 …… 601	9.8.3 常用直流电机 …………………… 664
9.1.6 电机型号表示方法 ……………… 602	9.9 直流电机的使用 …………………… 671
9.2 中小型三相异步电动机	9.9.1 直流电动机启动 …………… 671
的种类和基本特性 ……………… 603	9.9.2 直流电动机调速 …………… 672
9.2.1 三相异步电动机的种类 ……… 603	9.9.3 直流电动机制动 …………… 673
9.2.2 三相异步电动机基本技术	9.9.4 直流电动机换向器
参量和铭牌内容 ……………… 607	和电刷的使用 ………………… 674
9.3 常用中小型三相异步	9.9.5 直流电机常见故障及处理 … 675
电动机技术数据 ……………… 610	**第 10 章 变压器**
9.3.1 Y 系列笼型转子电动机 ……… 610	
9.3.2 YR 系列绕线转子电动机 …… 617	10.1 电力变压器的基本知识 ………… 678
9.3.3 YD 系列变极多速电动机 …… 621	10.1.1 电力变压器分类 …………… 678
9.3.4 AO2 系列小功率(小马力)	10.1.2 电力变压器的基本特性 …… 680
三相异步电动机 ……………… 623	10.1.3 电力变压器的温升和冷却 … 684
9.4 三相异步电动机启动、控制、	10.1.4 电力变压器的调压方式 …… 685
调速和制动 …………………… 625	10.1.5 电力变压器的型号表示方法 … 687
9.4.1 笼型异步电动机全压直接启动 … 625	10.2 常用 10kV 配电变压器 ………… 688
9.4.2 笼型异步电动机减压启动 …… 629	10.2.1 油浸式电力变压器 ………… 688
9.4.3 绕线式异步电动机启动 ……… 631	10.2.2 干式电力变压器 …………… 690
9.4.4 电动机软启动装置 …………… 634	10.3 配电变压器安装、检查和干燥 …… 691
9.4.5 异步电动机调速 …………… 636	10.3.1 变压器本体及附件安装 …… 691
9.4.6 异步电动机制动 …………… 640	10.3.2 变压器器身检查 …………… 694
9.5 三相异步电动机安装、	10.3.3 变压器干燥 ………………… 694
检查和试验 …………………… 641	10.3.4 变压器油处理 ……………… 699
9.5.1 电动机的一般检查 ………… 641	10.4 配电变压器检测试验 …………… 702
9.5.2 电动机的一般试验 ………… 642	10.4.1 配电变压器检测试
9.5.3 电动机试运行 ……………… 643	验项目及标准 ………………… 702
9.5.4 电动机常见故障分析与处理 … 645	10.4.2 配电变压器检测试验方法 … 702
9.6 三相异步电动机选择和应用 …… 646	10.5 电力变压器运行和维护 ………… 706
9.6.1 电动机类型选择 …………… 646	10.5.1 电力变压器一般运行条件 … 706
9.6.2 电动机功率选择计算 ……… 647	10.5.2 电力变压器试运行 ………… 707
9.6.3 三相异步电动机的特殊应用 … 649	10.5.3 电力变压器负载运行 ……… 708
9.7 单相交流异步电动机 …………… 650	10.5.4 电力变压器并联运行 ……… 710
9.7.1 单相交流异步电动机的	10.5.5 电力变压器常见故障
种类和基本特性 ……………… 650	分析与处理 …………………… 710
9.7.2 单相交流异步电动机接线	10.6 常用小型变压器 ………………… 711
标志和正反转控制 …………… 652	10.6.1 小型干式变压器 …………… 711
9.7.3 单相交流异步电动机调速 …… 654	10.6.2 照明变压器 ………………… 712
9.7.4 常用单相交流异步电动机 …… 657	10.6.3 控制变压器 ………………… 713
9.8 直流电机特性和常用类别 ……… 662	10.6.4 大电流变压器 ……………… 713
9.8.1 直流电机励磁方式和绕组标记 … 662	10.6.5 试验变压器 ………………… 714
9.8.2 直流电机的基本特性 ……… 663	10.7 仪用互感器和调压器 …………… 714

10.7.1　电流互感器 …………… 714	11.7.3　架空线路导线连接 ……… 798
10.7.2　电压互感器 …………… 720	11.7.4　母线连接 ………………… 800
10.7.3　调压器 ………………… 723	11.7.5　导线与设备接线柱连接 … 802

第11章　电线电缆和电气线路

第12章　电气照明

11.1　常用电线电缆 …………………… 727
　11.1.1　电线电缆的分类和基本结构 …… 727
　11.1.2　裸电线 ……………………… 728
　11.1.3　电气装备用绝缘电线电缆 …… 731
　11.1.4　电力电缆 …………………… 733
　11.1.5　控制电缆 …………………… 739
　11.1.6　电缆附件 …………………… 741
　11.1.7　电磁线 ……………………… 746
11.2　电线电缆的基本特性和
　　　安全载流量 ………………………… 750
　11.2.1　电线电缆的基本特性 ………… 750
　11.2.2　电线电缆的安全载流量 …… 752
11.3　电线电缆的选用 ………………… 757
　11.3.1　电线电缆类型的选用 ………… 757
　11.3.2　按机械强度选择电线的截面积 …… 759
　11.3.3　按安全载流量选择电线
　　　　　电缆的截面积 ……………… 760
　11.3.4　按允许电压损失选择电线
　　　　　电缆的截面积 ……………… 761
　11.3.5　按经济电流密度选择电线
　　　　　电缆的截面积 ……………… 763
11.4　室内配电线路 …………………… 763
　11.4.1　室内布线方式和基本要求 …… 763
　11.4.2　室内布线方法 ………………… 767
11.5　架空配电线路 …………………… 772
　11.5.1　架空配电线路的一般规定 …… 772
　11.5.2　电杆及埋设 ………………… 775
　11.5.3　横担和绝缘子 ……………… 777
　11.5.4　拉线 ………………………… 779
　11.5.5　导线弛度计算 ……………… 782
11.6　电缆线路 ………………………… 784
　11.6.1　电缆敷设 …………………… 784
　11.6.2　电缆头制作 ………………… 786
　11.6.3　电缆故障点的探测方法 …… 793
11.7　电线电缆导体连接方法 ………… 795
　11.7.1　室内线路导线的连接 ………… 795
　11.7.2　电缆芯线连接 ……………… 797

12.1　照明基本知识 …………………… 803
　12.1.1　照明的基本概念和参量 …… 803
　12.1.2　电气照明术语 ……………… 808
12.2　常用电光源 ……………………… 809
　12.2.1　常用电光源的种类及特性 …… 809
　12.2.2　灯泡、灯管及附件 …………… 811
12.3　电气照明器和照明附件 ………… 817
　12.3.1　照明器分类和光度数据图 …… 817
　12.3.2　照明附件 …………………… 820
12.4　电气照明控制电路 ……………… 828
　12.4.1　通用控制电路 ……………… 828
　12.4.2　荧光灯控制电路 …………… 828
　12.4.3　钠灯、水银灯和金属卤化
　　　　　物灯控制电路 ……………… 831
12.5　电气照明的选择和使用 ………… 831
　12.5.1　室内照明设备选择和计算 …… 831
　12.5.2　照明供电计算 ……………… 836
　12.5.3　电气照明安装和维修 ……… 838

第13章　建筑弱电工程

13.1　建筑弱电工程的构成
　　　和基本概念 ……………………… 843
　13.1.1　建筑弱电工程的基本构成 …… 843
　13.1.2　弱电信号传输和常用代号 …… 844
　13.1.3　建筑弱电工程综合布线系统 … 846
13.2　电话通信 ………………………… 848
　13.2.1　电话通信系统 ……………… 848
　13.2.2　电话通信一般设备 ………… 849
　13.2.3　电话电源 …………………… 850
　13.2.4　通信线缆及敷设 …………… 852
13.3　有线电视 ………………………… 855
　13.3.1　有线电视系统和基本概念 …… 855
　13.3.2　有线电视用户分配 ………… 857
　13.3.3　有线电视传输线路 ………… 859
13.4　有线广播 ………………………… 861
　13.4.1　有线广播系统 ……………… 861
　13.4.2　有线广播设备和线路 ……… 863

13.5 消防安全控制系统 ……………… 865
 13.5.1 消防安全的基本概念 ………… 865
 13.5.2 消防安全控制系统 …………… 866
 13.5.3 火灾探测器及其应用 ………… 869
 13.5.4 消防安全线路 ………………… 870
13.6 安全防范系统 …………………… 871
 13.6.1 防盗报警器 …………………… 872
 13.6.2 常用安全防范系统 …………… 873

第14章 小型发电机和内燃机发电站

14.1 内燃机发电站的类型
  和基本特性 ……………………… 878
 14.1.1 内燃机发电站的类型和
   型号表示方法 ………………… 878
 14.1.2 内燃机发电机组额
   定参数系列 …………………… 879
 14.1.3 内燃机发电机组的输出功率 … 879
14.2 常用内燃机发电机组 …………… 881
 14.2.1 交流工频发电机组 …………… 881
 14.2.2 移动电站 ……………………… 882
 14.2.3 直流和交流中频发电机组 …… 883
 14.2.4 新型柴油发电机组 …………… 883
14.3 电站用柴油机 …………………… 886
 14.3.1 柴油机的分类和型号
   表示方法 ……………………… 886
 14.3.2 电站柴油机的使用 …………… 887

14.4 小型同步发电机及其励磁装置 … 890
 14.4.1 常用小型同步发电机 ………… 890
 14.4.2 励磁调压装置 ………………… 895
 14.4.3 小型同步发电机一般故障处理 … 900
14.5 内燃机发电站的并车装置 ……… 902
 14.5.1 常用并车方法及其特点 ……… 902
 14.5.2 常用并车装置 ………………… 903
 14.5.3 常用均压装置 ………………… 907

第15章 供电和用电

15.1 电力负荷的种类及特点 ………… 908
 15.1.1 电力负荷的分类 ……………… 908
 15.1.2 电力负荷分级及要求 ………… 909
15.2 负荷统计及相关计算 …………… 912
 15.2.1 负荷统计的目的和原则 ……… 912
 15.2.2 设备容量统计 ………………… 913
 15.2.3 负荷统计方法 ………………… 914
 15.2.4 尖峰电流计算 ………………… 917
 15.2.5 供电系统损耗和电能计算 …… 918
 15.2.6 家庭用电负荷统计 …………… 919
15.3 用电管理 ………………………… 921
 15.3.1 电压选择和控制 ……………… 921
 15.3.2 频率控制 ……………………… 925
 15.3.3 用电设备节能 ………………… 928
 15.3.4 无功补偿 ……………………… 932
 15.3.5 电费计算 ……………………… 935

第4篇 其 他

第16章 电池和整流器

16.1 电池 ……………………………… 941
 16.1.1 电池的种类和基本特性 ……… 941
 16.1.2 常用干电池 …………………… 942
 16.1.3 常用蓄电池 …………………… 943
16.2 蓄电池选择、安装和使用 ……… 950
 16.2.1 蓄电池的选择 ………………… 950
 16.2.2 蓄电池的安装与检查 ………… 951
 16.2.3 蓄电池电解液配制 …………… 953
 16.2.4 蓄电池充放电 ………………… 955
16.3 电力整流器 ……………………… 956

 16.3.1 电力整流器的种类和特性 …… 956
 16.3.2 常用整流装置 ………………… 961

第17章 家 用 电 器

17.1 基本知识 ………………………… 963
 17.1.1 家用电器分类 ………………… 963
 17.1.2 家用电器对住宅建筑电气设计
   和安装的基本要求 …………… 965
 17.1.3 家用电器使用和
   维修的一般规定 ……………… 966
17.2 电风扇 …………………………… 967
 17.2.1 电风扇的种类及特性 ………… 967
 17.2.2 常用电风扇主要技术

　　　　　数据及控制电路 …………… 972
17.3　电动洗衣机 ……………………… 974
　17.3.1　电动洗衣机的分类及特性 …… 974
　17.3.2　洗衣机的电气控制 …………… 977
17.4　吸尘器 …………………………… 979
　17.4.1　家用吸尘器的分类及特性 …… 979
　17.4.2　家用吸尘器主要技术数据
　　　　　和电气控制 ………………… 980
　17.4.3　吸尘器的使用方法 …………… 981
17.5　空调器 …………………………… 982
　17.5.1　家用空调器的分类及特性 …… 982
　17.5.2　家用空调器主要技术数据
　　　　　和电气控制 ………………… 984
　17.5.3　空调器的使用 ………………… 988
17.6　电冰箱 …………………………… 988
　17.6.1　家用电冰箱的分类及特性 …… 988
　17.6.2　电冰箱的电气控制 …………… 991
17.7　家用电热器具和电动器具 ……… 992
　17.7.1　电热器具的种类、热元件和
　　　　　温度控制 …………………… 992
　17.7.2　家用电热器具 ………………… 994
　17.7.3　家用电动器具 ………………… 998
17.8　家用电子器具使用基本知识 …… 999
　17.8.1　收音机 …………………………… 999
　17.8.2　盒式磁带录音机 ……………… 1001
　17.8.3　电视机 ………………………… 1004
　17.8.4　盒式磁带录像机 ……………… 1007
　17.8.5　家庭音响设备 ………………… 1009

第18章　电 气 接 地

18.1　电气接地的基本知识 …………… 1015
　18.1.1　电气接地的基本概念 ………… 1015
　18.1.2　低压配电系统的接地型式 …… 1016
　18.1.3　电力设备保护接地的
　　　　　范围和要求 ………………… 1018
18.2　接地装置 ………………………… 1019
　18.2.1　接地装置材料的选择 ………… 1019
　18.2.2　接地装置安装 ………………… 1020
18.3　接地电阻 ………………………… 1022
　18.3.1　接地电阻值的一般规定 ……… 1022
　18.3.2　接地电阻计算 ………………… 1023
　18.3.3　接地电阻的测量方法 ………… 1026

18.4　工作接地 ………………………… 1028
　18.4.1　中性点工作接地方式及特点 …… 1028
　18.4.2　220/380V 低压系统中性
　　　　　点接地方式 ………………… 1030

第19章　电气装置和建筑物防雷

19.1　防雷基本知识 …………………… 1031
　19.1.1　雷电的基本特性及危害 ……… 1031
　19.1.2　雷电活动基本规律 …………… 1032
19.2　防雷设施设备 …………………… 1034
　19.2.1　避雷针和避雷线 ……………… 1034
　19.2.2　消雷器 ………………………… 1036
　19.2.3　避雷器 ………………………… 1037
19.3　电力设备防雷 …………………… 1044
　19.3.1　架空电力线路防雷措施 ……… 1044
　19.3.2　变电所防雷措施 ……………… 1045
　19.3.3　小型旋转电机防雷措施 ……… 1046
19.4　建筑物防雷 ……………………… 1047
　19.4.1　建筑物防雷分类 ……………… 1047
　19.4.2　建筑物遭受雷击的一般特点 …… 1048
　19.4.3　建筑物防雷一般措施 ………… 1049

第20章　电 气 安 全

20.1　电气安全的基本知识 …………… 1051
　20.1.1　电气安全的基本内容 ………… 1051
　20.1.2　电气安全常用名词术语 ……… 1051
20.2　触电和触电急救 ………………… 1053
　20.2.1　触电机理 ……………………… 1053
　20.2.2　触电急救措施 ………………… 1055
20.3　电气安全的一般规定 …………… 1057
　20.3.1　安全电压 ……………………… 1057
　20.3.2　电气安全净距 ………………… 1057
　20.3.3　电气安全色标志 ……………… 1059
　20.3.4　电气安全图形标志 …………… 1063
　20.3.5　漏电保护器的设置 …………… 1065
20.4　电气安装、维修和设备
　　　操作安全 ………………………… 1066
　20.4.1　电气操作一般安全规定 ……… 1066
　20.4.2　停电作业安全规定 …………… 1069
　20.4.3　电气安装和维修安全工作 …… 1070
　20.4.4　施工临时用电安全管理 ……… 1072
20.5　电气防火 ………………………… 1074

20.5.1 电气火源 …………………… 1074
20.5.2 电气防火的基本措施 ………… 1075
20.6 静电、电磁波、射线和激光
　　 的安全防护 ………………… 1078
20.6.1 静电安全防护 ………………… 1078
20.6.2 电磁波安全防护 ……………… 1087
20.6.3 射线安全防护 ………………… 1088
20.6.4 激光安全防护 ………………… 1090

第1篇 通用基础资料

- 计量单位 电气计算公式 计算方法
- 电气相关数据、资料
- 电气图和电气技术文件中的图形符号、文字符号、项目代号、导线和接线端子的标志、电气制图规定
- 电工材料 电气安装和维修器材
- 电动工具 电工工具

第1章 常用资料和基础知识

1.1 计量单位及其换算

1.1.1 国际单位制(SI)的单位和其他单位

国际单位制是我国法定计量单位的基础,一切属于国际单位制的单位都是我国的法定计量单位。国际单位制简称 SI。

国际单位制的单位包括 SI 单位以及 SI 单位的十进倍数单位。SI 单位的十进倍数单位由 SI 词头和 SI 单位构成。

此外,我国选定的非国际单位制单位,也是我国的法定计量单位。

(1) 国际单位制(SI)的单位

SI 单位分为 SI 基本单位、SI 辅助单位以及 SI 导出单位三个部分,见表 1.1.1-1~表 1.1.1-3。

SI 基 本 单 位　　　　　　　　　　　表 1.1.1-1

基本量的名称	量的符号	基本单位名称	单位符号
长　度	l	米	m
质　量	m	千克(公斤)	kg
时　间	t	秒	s
电　流	I	安[培]	A
热力学温度	T	开[尔文]	K
物质的量	n	摩[尔]	mol
发光强度	I, I_v	坎[德拉]	cd

SI 辅 助 单 位　　　　　　　　　　　表 1.1.1-2

量的名称	量的符号	单位名称	单位符号	其他表示式例
平面角	$\alpha, \beta, \gamma, \delta, \theta, \varphi$	弧　度	rad	m/m
立体角	ω, Ω	球面度	sr	m^2/m^2

具有专门名称的 SI 导出单位　　　　　　表 1.1.1-3

量的名称	量的符号	单位名称	单位符号	其他表示式例
频　率	f	赫[兹]	Hz	s^{-1}
力;重力	F	牛[顿]	N	$kg \cdot m/s^2$
压力,压强;应力	p	帕[斯卡]	Pa	N/m^2

续表

量的名称	量的符号	单位名称	单位符号	其他表示式例
能量;功;热	W,A,E,Q	焦[耳]	J	N·m
功率;辐射通量	P	瓦[特]	W	J/s
电荷量	Q	库[仑]	C	A·s
电位;电压;电动势	U,E	伏[特]	V	W/A
电容	C	法[拉]	F	C/V
电阻	R	欧[姆]	Ω	V/A
电导	G	西[门子]	S	A/V
磁通量	Φ	韦[伯]	Wb	V·s
磁通量密度,磁感应强度	B	特[斯拉]	T	Wb/m^2
电感	L	亨[利]	H	Wb/A
摄氏温度	v	摄氏度	℃	
光通量	Φ_v	流[明]	lm	cd·sr
光照度	E_v	勒[克斯]	lx	lm/m^2
放射性活度	A	贝可[勒尔]	Bq	s^{-1}
吸收剂量	D	戈[瑞]	Gy	J/kg
剂量当量	H	希[沃特]	Sv	J/kg

注：1kWh(千瓦小时)=3.6MJ(兆焦)

(2) 可与 SI 单位并用的其他单位(见表 1.1.1-4)

可与 SI 单位并用的其他单位　　　　　　表 1.1.1-4

量的名称	量的符号	单位名称	单位符号	换算关系和说明
时间	$t,(\Delta t)$	分	min	1min=60s
		[小]时	h	1h=60min=3 600s
		天(日)	d	1d=24h=86 400s
		年	a	1a=365d
平面角	$\alpha,\beta,\gamma,\delta$	[角]秒	(″)	1″=(π/648 000)rad(π 为圆周率)
		[角]分	(′)	1′=60″=(π/108 000)rad
		度	(°)	1°=60′=(π/180)rad
旋转速度	n	转每分	r/min	1r/min=(1/60)s^{-1}
长度	l	海里	n mile	1n mile=1 852m(只用于航程)
速度	v	节	kn	1kn=1n mile/h =(1 852/3 600)m/s(只限于航行)
质量	m	吨	t	1t=10^{3}kg
		原子质量单位	u	1n≈1.660 565 5×10^{-27}kg
体积	V	升	L,(l)	1L=1dm^3=10^{-3}m^3
能	W,A,E	电子伏	eV	1eV≈1.602 189 2×10^{-19}J
级差		分贝	dB	
线密度		特[克斯]	tex	1tex=1g/km

(3) 电磁量的 SI 单位(见表 1.1.1-5)

电磁量的SI单位

表1.1.1-5

量的名称	量的符号	单位名称	单位符号	备注
电压,电位差,电动势	U, E	伏[特]	V	
电阻	R	欧[姆]	Ω	
电阻率	ρ	欧[姆]米	Ω·m	
电导	G	西[门子]	S	$1S = 1\dfrac{A}{V} = 1\dfrac{1}{\Omega}$
电导率	γ	西[门子]每米	S/m	
电量,电荷	Q	库[仑]	C	
电容	C	法[拉]	F	$C = \dfrac{Q}{U}$
介电常数	ε	法[拉]每米	F/m	
电通[量]密度,电位移	D	库[仑]每平方米	C/m²	$D = \varepsilon_0 \varepsilon_r E$
电场强度	E	伏每米	V/m	$E = \dfrac{F}{Q}$
磁通[量]	Φ	韦[伯]	Wb	1Wb = 1Vs
		伏秒	Vs	
磁通[量]密度	B	特[斯拉]	T	$B = \mu H$
电感[量]	L	亨[利]	H	$L = \dfrac{N\Phi}{I}$
磁场强度	H	安[培]每米	A/m	$H = \dfrac{1}{2\pi\gamma}$
电流[强度]	I	安[培]	A	
磁[动]势	Θ, F_m	安[培]	A 或 At	
磁阻	R_m	安[培]每韦[伯]	A/Wb	
磁导率	μ	亨[利]每米	H/m	
有功功率	P	瓦[特]	W	
无功功率	Q	乏	Var	
表观功率(视在功率)	S	伏安	VA	
频率	f	赫[兹]	Hz	

注：有相当多的电磁单位符号是物理学家英文名字的缩写，它们是：
  A——Ampere 安(培)；Mx——Maxwell 麦(克斯威)；
  V——Volt 伏(特)； S——Siemens 西(门子)；
  W——Watt 瓦(特)； Gs——Gauss 高(斯)；
  F——Farad 法(拉第)；Hz——Hertz 赫(兹)；
  H——Henry 亨(利)； J——Joule 焦(耳)；
  Wb——Weber 韦(伯)；C——Coulomb 库(仑)；
  T——Tesla 特(斯拉)；Ω——Ohm 欧(姆)。为了避免 O 与零"0"混淆,把 Ohm 缩写为 Ω。

(4) 电磁单位的变换

$$1V(伏) = 1\frac{W(瓦)}{A(安)} = 1\frac{J}{A \cdot s} = 1\frac{N \cdot m}{A \cdot s} = 1\frac{kg \cdot m^2}{A \cdot s^3}$$

$$1\text{A}(安) = 1\frac{\text{W}(瓦)}{\text{V}(伏)} = 1\frac{\text{J}}{\text{V}\cdot\text{s}} = 1\frac{\text{N}\cdot\text{m}}{\text{V}\cdot\text{s}} = 1\frac{\text{kg}\cdot\text{m}^2}{\text{V}\cdot\text{s}^3}$$

$$1\Omega(欧) = 1\frac{\text{V}(伏)}{\text{A}(安)}$$

$$1\text{W}(瓦) = 1\text{V}(伏)\cdot\text{A}(安) = 1\frac{\text{J}}{\text{s}} = 1\frac{\text{N}\cdot\text{m}}{\text{s}} = 1\frac{\text{kg}\cdot\text{m}^2}{\text{s}^3}$$

$$1\text{F}(法) = 1\frac{\text{C}(库)}{\text{V}(伏)} = 1\frac{\text{A}\cdot\text{s}}{\text{V}} = 1\frac{\text{s}}{\Omega} = 1\frac{\text{N}\cdot\text{m}}{\text{V}^2} = 1\frac{\text{kg}\cdot\text{m}^2}{\text{V}^2\cdot\text{s}^2}$$

$$1\text{H}(亨) = \frac{1\text{Wb}(韦)}{1\text{A}(安)} = 1\Omega\text{s} = \frac{1\text{Vs}}{1\text{A}} = 1\frac{\text{Nm}}{\text{A}^2} = 1\frac{\text{kg}\cdot\text{m}^2}{\text{A}^2\cdot\text{s}^2}$$

$$1\text{Wb}(韦) = 1\text{Vs}(伏秒) = 1\frac{\text{Nm}}{\text{A}} = 1\frac{\text{kg}\cdot\text{m}^2}{\text{A}\cdot\text{s}^2} = 10^8\text{Mx}(麦克斯韦)$$

$$1\text{T}(特) = 1\frac{\text{Wb}}{\text{m}^2} = 1\frac{\text{Vs}}{\text{m}^2} = \frac{1\text{N}}{\text{A}\cdot\text{m}} = 1\frac{\text{kg}}{\text{A}\cdot\text{s}^2} = 10^4\text{Gs}(高斯)$$

$$1\text{C}(库) = 1\text{As}(安秒) = 1\frac{\text{W}\cdot\text{s}}{\text{V}} = 1\frac{\text{N}\cdot\text{m}}{\text{V}} = 1\frac{\text{kg}\cdot\text{m}^2}{\text{V}\cdot\text{s}^2}$$

(5) SI 词头(见表 1.1.1-6)

SI 词头　　　　　　　　　　　　　表 1.1.1-6

词头名称		符号	因数
原文(法)	中文		
exa	艾[可萨]	E	1 000 000 000 000 000 000 = 10^{18}
peta	拍[它]	P	1 000 000 000 000 000 = 10^{15}
téra	太[拉]	T	1 000 000 000 000 = 10^{12}
giga	吉[咖]	G	1 000 000 000 = 10^9
méga	兆	M	1 000 000 = 10^6
kilo	千	k	1 000 = 10^3
hecto	百	h	100 = 10^2
déca	十	da	10 = 10^1
déci	分	d	0.1 = 10^{-1}
centi	厘	c	0.01 = 10^{-2}
milli	毫	m	0.001 = 10^{-3}
micro	微	μ	0.000 001 = 10^{-6}
nano	纳[诺]	n	0.000 000 001 = 10^{-9}
pico	皮[可]	p	0.000 000 000 001 = 10^{-12}
femto	飞[母托]	f	0.000 000 000 000 001 = 10^{-15}
atto	阿[托]	a	0.000 000 000 000 000 001 = 10^{-18}

1.1.2 单位的换算
1. 长度单位的换算(见表 1.1.2-1)

长度单位换算表　　　　　　　　　　表 1.1.2-1

单 位	pm 皮米	Å 埃	nm 纳米	μm 微米	mm 毫米	cm 厘米	dm 分米	m 米	km 千米
1pm 皮米	1	10^{-2}	10^{-3}	10^{-6}	10^{-9}	10^{-10}	10^{-11}	10^{-12}	10^{-15}
1Å 埃	10^2	1	10^{-1}	10^{-4}	10^{-7}	10^{-8}	10^{-9}	10^{-10}	10^{-13}
1nm 纳米	10^3	10	1	10^{-3}	10^{-6}	10^{-7}	10^{-8}	10^{-9}	10^{-12}
1μm 微米	10^6	10^4	10^3	1	10^{-3}	10^{-4}	10^{-5}	10^{-6}	10^{-9}
1mm 毫米	10^9	10^7	10^6	10^3	1	10^{-1}	10^{-2}	10^{-3}	10^{-6}
1cm 厘米	10^{10}	10^8	10^7	10^4	10	1	10^{-1}	10^{-2}	10^{-5}
1dm 分米	10^{11}	10^9	10^8	10^5	10^2	10	1	10^{-1}	10^{-4}
1m 米	10^{12}	10^{10}	10^9	10^6	10^3	10^2	10	1	10^{-3}
1km 千米	10^{15}	10^{13}	10^{12}	10^9	10^6	10^5	10^4	10^3	1

注：Å 不作米的分度，亦不属米制。它是瑞士物理学家 A.J Angström 名字的缩写。

2. 习用非法定计量单位与法定计量单位的换算（见表 1.1.2-2）

习用非法定计量单位与法定计量单位的换算关系　　　　　表 1.1.2-2

量的名称	习用非法定计量单位 名 称	符 号	法定计量单位 名 称	符 号	单位换算关系
长 度	里（市制）		米	m	1 里 = 500m
	丈（市制）		米	m	1 丈 = 10 尺 $\dot{=}$ 3.3m
	尺（市制）		米	m	1 尺 $\dot{=}$ 0.3m
	寸（市制）		厘米	cm	1 寸 = (1/10) 尺 $\dot{=}$ 3.3cm
	分（市制）		厘米	cm	1 分 = (1/100) 尺 $\dot{=}$ 0.3cm
	英 寸	in	厘米	cm	1in = 2.539cm
	英 尺	ft	厘米	cm	1ft = 12in = 30.48cm
	码	yd	米	m	1yd = 3ft = 0.9144m
	英 里	mi	米	m	1mi = 5280ft = 1760yd = 1609.344m
	（国际）海里	n mile	米	m	1n mile = 1852m
	埃	Å	米	m	1Å = 10^{-10}m
面 积	平方里	里^2	平方米	m^2	1 里^2 = 250000m^2
	亩		平方米	m^2	1 亩 $\dot{=}$ 666.67m^2
	平方尺	尺^2	平方米	m^2	1 尺^2 $\dot{=}$ 0.111m^2
	公 亩	a	平方米	m^2	1a = 100m^2
	公 顷	ha	平方米	m^2	1ha = 10000m^2
	平方英里	mi^2	平方千米	km^2	1mi^2 = 2.58999km^2
	平方码	yd^2	平方米	m^2	1yd^2 = 9ft^2 = 0.83613m^2
	平方英尺	ft^2	平方厘米	cm^2	1ft^2 = 144in^2 = 929.03cm^2
	平方英寸	in^2	平方厘米	cm^2	1in^2 = 6.4516cm^2
	圆密耳	CM	平方毫米	mm^2	1CM = 0.0005067mm^2

续表

量的名称	习用非法定计量单位		法定计量单位		单位换算关系
	名称	符号	名称	符号	
体积,容积	升	L,l	立方厘米	cm^3	$1L=1000cm^3$
	立方尺	尺^3	立方米	m^3	1 尺$^3=0.037m^3$
	立方英寸	in^3	立方厘米	cm^3	$1in^3=16.387cm^3$
	立方英尺	ft^3	立方厘米	cm^3	$1ft^3=28.317cm^3$
	美加仑	USgal	立方厘米	cm^3	$1USgal=3.785dm^3=3785cm^3$
	英加仑	UKgal	立方厘米	cm^3	$1UKgal=4.546dm^3=4546cm^3$
质量(重量)	吨	t	千克	kg	$1t=1000kg$
	担(市制)		千克	kg	1 担 $=50kg$
	斤(市制)		千克	kg	1 斤 $=0.5kg$
	两(市制)		克	g	1 两 $=50kg$
	钱(市制)		克	g	1 钱 $=5g$
	分(市制)		克	g	1 分 $=0.5g$
	[米制]克拉		克	g	1 克拉 $=0.2g$
	盎司	oz	克	g	$1oz=28.349g$
	磅	lb	克	g	$1lb=0.4535kg$
	美(短)吨	sh·tn	千克	kg	$1sh·tn=907.185kg$
	英(长)吨	lton	千克	kg	$1ton=1016.05kg$
力	达因	dyn	牛[顿]	N	$1dyn=10^{-5}N$
	克力	p	毫牛[顿]	mN	$1p=9.80665mN$
	千克力	kgf	牛[顿]	N	$1kgf=9.80665N$
	吨力	tf	牛[顿]	N	$1tf=9806.65N$
	英吨力	tonf	牛[顿]	N	$1tonf=2240lbf=9964.02N$
	美吨力		牛[顿]	N	1 美吨力 $=2000lbf=8896.44N$
压强,压力,应力(力/面积)	达因每平方厘米	dyn/cm^2	帕[斯卡]	Pa	$1dyn/cm^2=0.1Pa$
	巴	bar	帕[斯卡]	Pa	$1bar=10^6dyn/cm^2=10^5Pa$
					$1\mu bar(微巴)=0.1Pa$
	千克力每平方米	kgf/m^2	帕[斯卡]	Pa	$1kgf/m^2=9.806Pa$
	毫米水柱	mmH_2O	帕[斯卡]	Pa	$1mmH_2O=9.806Pa$
	托	Torr mmHg	帕[斯卡]	Pa	$1Torr=133.322Pa$
	标准大气压	atm	帕[斯卡]	Pa	$1atm=760Torr=101325Pa$
	工程大气压	at	帕[斯卡]	Pa	$1at=1kgf/m^2=98066.5Pa$

续表

量的名称	习用非法定计量单位		法定计量单位		单位换算关系
	名称	符号	名称	符号	
功,能,力矩,热量	千克力米	kgf·m	焦[耳]	J	1kgf·m＝9.8066N·m＝9.8066J
	吨力米	tf·m	千焦[耳]	kJ	1tf·m＝9.8066kJ
	(米制)马力小时	PSh	兆焦[耳]	MJ	1PSh＝2.64779MJ
	卡	cal	焦[耳]	J	1cal＝4.1868J
	大卡、千卡	kcal	千焦[耳]	kJ	1kcal＝4.1868kJ
功率	(米制)马力	PS	瓦[特]	W	1PS＝75kgf·m/s＝735.499W
	(英制)马力	HP	瓦[特]	W	1HP＝746W
磁场强度	奥斯特	Oe	安[培]每米	A/m	1Oe＝79.5775A/m
	楞次	lenz	安[培]每米	A/m	1lenz＝1A/m
磁通[量]	麦克斯韦	Mx	韦[伯]	Wb	1Mx＝10^{-8}Wb
磁通[量]密度	高斯	Gs	特[斯拉]	T	1Gs＝10^{-4}T
发光强度	国际烛光		坎[德拉]	cd	1国际烛光＝1.019cd
光亮度	尼特	nt	坎[德拉]每平方米	cd/m²	1nt＝1cd/m²
	朗伯	L	坎[德拉]每平方米	cd/m²	1L＝$(10^4/\pi)$cd/m²
	熙提	sb	坎[德拉]每平方米	cd/m²	1sb＝10000cd/m²
热流密度	卡每平方厘米秒	$\dfrac{cal}{cm^2 \cdot s}$	瓦[特]每平方米	W/m²	1cal/(cm²·s)＝41868W/m²
	千卡每平方米小时	$\dfrac{kcal}{m^2 \cdot h}$	瓦[特]每平方米	W/m²	1kcal/(m²·h)＝1.163W/m²
传热系数	卡每平方厘米秒摄氏度	$\dfrac{cal}{cm^2 \cdot s \cdot ℃}$	瓦[特]每平方米开尔文	$\dfrac{W}{m^2 \cdot K}$	1cal/(cm²·s·℃)＝41868W/(m²·K)
	千卡每平方米小时摄氏度	$\dfrac{kcal}{m^2 \cdot h \cdot ℃}$	瓦[特]每平方米开尔文	$\dfrac{W}{m^2 \cdot K}$	1kcal/(m²·h·℃)＝1.163W/(m²·K)
导热系数	卡每厘米秒摄氏度	$\dfrac{cal}{cm \cdot s \cdot ℃}$	瓦[特]每米开尔文	$\dfrac{W}{m \cdot K}$	1cal/(cm·s·℃)＝418.68W/(m·K)
	千卡每米小时摄氏度	$\dfrac{kcal}{m \cdot h \cdot ℃}$	瓦[特]每米开尔文	$\dfrac{W}{m \cdot K}$	1kcal/(m·h·℃)＝1.163W/(m·K)

3. 毫米与英寸之间的换算(见表1.1.2-3)

毫米与英寸之间的换算　　　　　　　　　表1.1.2-3

毫米换算为英寸

mm	→0	1	2	3	4	5	6	7	8	9
↓0	0	0.03937	0.07874	0.11811	0.15748	0.19685	0.23622	0.27559	0.31496	0.35433
10	0.39370	0.43307	0.47244	0.51181	0.55118	0.59055	0.62992	0.66929	0.70866	0.74803
20	0.78740	0.82677	0.86614	0.90551	0.94488	0.98425	1.02362	1.06299	1.10236	1.14173
30	1.18110	1.22047	1.25984	1.29921	1.33858	1.37795	1.41732	1.45669	1.49606	1.53543
40	1.57480	1.61417	1.65354	1.69291	1.73228	1.77165	1.81102	1.85039	1.88976	1.92913
50	1.96850	2.00787	2.04724	2.08661	2.12598	2.16535	2.20472	2.24409	2.28347	2.32284
60	2.36221	2.40158	2.44095	2.48032	2.51969	2.55906	2.59843	2.63780	2.67717	2.71654
70	2.75591	2.79528	2.83465	2.87402	2.91339	2.95276	2.99213	3.03150	3.07087	3.11024
80	3.14961	3.18898	3.22835	3.26772	3.30709	3.34646	3.38583	3.42520	3.46457	3.50394
90	3.54331	3.58268	3.62205	3.66142	3.70079	3.74016	3.77953	3.81890	3.85827	3.89764

英寸换算为毫米

英寸(″)→	0	1/8	1/4	3/8	1/2	5/8	3/4	7/8
↓0	0	3.175	6.350	9.525	12.700	15.875	19.050	22.225
1	25.400	28.575	31.750	34.925	38.100	41.275	44.450	47.625
2	50.800	53.975	57.150	60.325	63.500	66.675	69.850	73.025
3	76.200	79.375	82.550	85.725	88.900	92.075	95.250	98.425
4	101.600	104.775	107.950	111.125	114.300	117.475	120.650	123.825
5	127.000	130.175	133.350	136.525	139.700	142.875	146.050	149.225
6	152.400	155.575	158.750	161.925	165.100	168.275	171.450	174.625
7	177.800	180.975	184.150	187.325	190.500	193.675	196.850	200.025
8	203.200	206.375	209.550	212.725	215.900	219.075	222.250	225.425
9	228.600	231.775	234.950	238.125	241.300	244.475	247.650	250.825
10	254.000	257.175	260.350	263.525	266.700	269.875	273.050	276.225

计算例:$24\frac{1}{4}''=?$ mm

$20''=2''·10=50.8mm·10=508mm$

$4\frac{1}{4}''=\cdots\cdots\cdots\cdots=107.950mm$

$24\frac{1}{4}''=\cdots\cdots\cdots\cdots=615.950mm$

218mm=?″

$200mm=20mm·10=0.7874×10=7.874''$

$18mm=\cdots\cdots\cdots\cdots=0.70866''$

$218mm=\cdots\cdots\cdots\cdots=8.58266''$

4. 米与码之间的换算(见表1.1.2-4)

米(m)与码(yd)之间的换算　　　　　　　　　表1.1.2-4

m	0	1	2	3	4	5	6	7	8	9
	yd	yd	yd	yd	yd	yd	yd	yd	yd	yd
0	—	1.0936	2.1872	3.2808	4.3745	5.4681	6.5617	7.6553	8.7489	9.8425
10	10.9361	12.0297	13.1234	14.2170	15.3106	16.4042	17.4978	18.5914	19.6850	20.7787
20	21.8723	22.9659	24.0595	25.1531	26.2467	27.3403	27.4339	29.5276	30.6212	31.7148

续表

m	0	1	2	3	4	5	6	7	8	9
30	32.8084	33.9020	34.9956	36.0892	37.1828	38.2765	39.3701	40.4637	41.5573	42.6509
40	43.7445	44.8381	45.9317	47.0254	48.1190	49.2126	50.3062	51.3998	52.4934	53.5871
50	54.6807	55.7743	56.8679	57.9615	59.0551	60.1487	61.2423	62.3360	63.4296	64.5232
60	65.6168	66.7104	67.8040	68.8976	69.9913	71.0849	72.1785	73.2721	74.3657	75.4593
70	76.5529	77.6465	78.7402	79.8338	80.9274	82.0210	83.1146	84.2082	85.3018	86.3955
80	87.4891	88.5827	89.6763	90.7699	91.8635	92.9571	94.0507	95.1444	96.2380	97.3316
90	98.4252	99.5188	100.612	101.706	102.800	103.893	104.987	106.080	107.174	108.268

yd	0	1	2	3	4	5	6	7	8	9
	m	m	m	m	m	m	m	m	m	m
0	—	0.9144	1.8288	2.7432	3.6576	4.5720	5.4864	6.4008	7.3152	8.2296
10	9.1440	10.0584	10.9728	11.8872	12.8016	13.7160	14.6304	15.5448	16.4592	17.3736
20	18.2880	19.2024	20.1168	21.0312	21.9456	22.8600	23.7744	24.6888	25.6032	26.5176
30	27.4320	28.3464	29.2608	30.1752	31.0896	32.0040	32.9184	33.8328	34.7472	35.6616
40	36.5760	37.4904	38.4048	39.3192	40.2336	41.1480	42.0624	42.9768	43.8912	44.8056
50	45.7200	46.6344	47.5488	48.4632	49.3776	50.2920	51.2064	52.1208	53.0352	53.9496
60	54.8640	55.7784	56.6928	57.6072	58.5216	59.4360	60.3504	61.2648	62.1792	63.0936
70	64.0080	64.9224	65.8368	66.7512	67.6656	68.5800	69.4944	70.4088	71.3232	72.2376
80	73.1520	74.0664	74.9808	75.8952	76.8096	77.7240	78.6384	79.5528	80.4672	81.3816
90	82.2960	83.2104	84.1248	85.0392	85.9536	86.8680	87.7824	88.6968	89.6112	90.5256

5. 平面角计量单位的换算(见表1.1.2-5)

弧度与度之间的换算   表1.1.2-5

1 rad(弧度) = 57.29578°(度) = 57°17′44.81″

度→弧度		分→弧度		秒→弧度		弧度→度						
°	rad	′	rad	″	rad	rad	°	′	″	rad	°	′	″
1	0.017453	1	0.000291	10	0.000048	0.01		34	23	0.1	5	43	46
2	0.034907	2	0.000582	20	0.000097	0.02	1	8	45	0.2	11	27	33
3	0.052360	3	0.000873	30	0.000145	0.03	1	43	8	0.3	17	11	19
4	0.069813	4	0.001164	40	0.000194	0.04	2	17	31	0.4	22	55	6
5	0.087266	5	0.001454	50	0.000242	0.05	2	51	53	0.5	28	38	52
6	0.104720	6	0.001745	60	0.000291	0.06	3	26	16	0.6	34	22	39
7	0.122173	7	0.002036			0.07	4	0	39	0.7	40	6	25
8	0.139626	8	0.002327			0.08	4	35	1	0.8	45	50	12
9	0.157080	9	0.002618			0.09	5	9	24	0.9	51	33	58
10	0.174533	10	0.002909			0.10	5	43	46	1.0	57	17	45

6. 千瓦与英制马力之间的换算(见表1.1.2-6)

千瓦与英制马力之间的换算　　　　　表1.1.2-6

千瓦换算为英制马力

kW→	0	0.1	0.2	0.3	0.4	0.5	0.6	0.7	0.8	0.9
↓0 0		0.1341	0.2682	0.4023	0.5364	0.6705	0.8046	0.9387	1.0728	1.2069
1	1.341	1.4751	1.6092	1.7433	1.8774	2.0115	2.1456	2.2797	2.4138	2.5479
2	2.682	2.8161	2.9502	3.0843	3.2184	3.3525	3.4866	3.6207	3.7548	3.8889
3	4.023	4.1571	4.2912	4.4253	4.5594	4.6935	4.8276	4.9617	5.0958	5.2299
4	5.364	5.4981	5.6322	5.7663	5.9004	6.0345	6.1686	6.3027	6.4368	6.5709
5	6.705	6.8391	6.9732	7.1073	7.2414	7.3755	7.5096	7.6437	7.7778	7.9119
6	8.046	8.1801	8.3142	8.4483	8.5824	8.7165	8.8506	8.9844	9.1188	9.2529
7	9.387	9.5211	9.6552	9.7893	9.9234	10.0575	10.1906	10.3257	10.4598	10.5939
8	10.728	10.8621	10.9962	11.1303	11.2634	11.3985	11.5326	10.6667	11.8008	11.9349
9	12.069	12.2031	12.3372	12.4713	12.6054	12.7395	12.8736	13.0077	13.1418	13.2759

英制马力换算为千瓦

HP→	0	0.1	0.2	0.3	0.4	0.5	0.6	0.7	0.8	0.9
↓0 0		0.0746	0.1492	0.2238	0.2984	0.373	0.4476	0.5222	0.5968	0.6714
1	0.746	0.8206	0.8952	0.9698	1.0444	1.119	1.1936	1.2682	1.3428	1.4174
2	1.492	1.5666	1.6412	1.7158	1.7904	1.865	1.9396	2.0142	2.0888	2.1636
3	2.238	2.3126	2.3872	2.4618	2.5364	2.611	2.6856	2.7602	2.8348	2.9094
4	2.984	3.0585	3.1332	3.2078	3.2824	3.357	3.4316	3.5062	3.5808	3.6554
5	3.730	3.8046	3.8792	3.9538	4.0284	4.103	4.1776	4.2522	4.3268	4.4014
6	4.476	4.5506	4.6252	4.6998	4.7744	4.849	4.9236	4.9982	5.0728	5.1474
7	5.222	5.2966	5.3712	5.4458	5.5204	5.595	5.6696	5.7442	5.8188	5.8934
8	5.968	6.0426	6.1172	6.1918	6.2664	6.341	6.4156	6.4302	6.5648	6.6394
9	6.714	6.7886	6.8632	6.9378	7.0124	7.087	7.1616	7.2362	7.3108	7.3854

计算例:31.5HP=? kW　　　　　　　　　　17.3kW=? HP

30HP=3HP·10=2.238×10=22.38kW　　　10kW=1kW·10=1.341×10=13.41HP

1.5HP=············=1.119kW　　　　　　　7.3kW=············=9.7893HP

31.5HP=············=23.499kW　　　　　17.3kW=············=23.1993HP

7. 照明技术单位的换算(见表1.1.2-7)

照明技术单位的换算　　　　　表1.1.2-7

亮度	sb(熙提)cd/cm² 坎德拉每平方厘米	nt(尼特)cd/m² 坎德拉每平方米	asb (绝对熙提)	fL (英尺-朗伯)	L(朗伯)
1sb	1	10000	$\pi \cdot 10^4 \approx 31416$	2918.6	$\pi \approx 3.1416$
1nt	0.0001	1	$\pi \approx 3.1416$	0.2918	$\pi \cdot 10^{-4}$
1asb	$\frac{1}{\pi} \cdot 10^{-4} \approx 0.3183 \cdot 10^{-4}$	$\frac{1}{\pi} \approx 0.3183$	1	0.0929	0.0001
1fL	$3.4263 \cdot 10^{-4}$	3.4263	10.7639	1	$1.0764 \cdot 10^{-2}$
1L	$\frac{1}{\pi} \approx 0.3183$	$\frac{1}{\pi} \cdot 10^4 \approx 3183$	10000	929.03	1
照　度	1lx(勒克斯)=0.0929ft-c(英尺-坎德拉) 1ft-c(英尺-坎德拉)=10.7639lx(勒克斯)				

8. 温度单位的换算(见表1.1.2-8)

温度单位的换算关系　　　表1.1.2-8

	T,单位K	θ,单位℃	t_F,单位℉
开尔文度,绝对温度K	T	$\theta + 273.15$	$\frac{5}{9}(t_F + 459.67)$
摄氏度℃	$T - 273.15$	θ	$\frac{5}{9}(t_F - 32)$
华氏度℉	$\frac{9}{5}T - 459.67$	$\frac{9}{5}\theta + 32$	t_F

【例】　$\theta = 25℃, T = ?, t_F = ?$

【解】　$T = \theta + 273.15 = 25 + 273.15 = 298.15K$

$t_F = \frac{9}{5}\theta + 32 = \frac{9}{5} \times 25 + 32 = 77℉$

【例】　$t_F = 100℉, \theta = ?, T = ?$

【解】　$\theta = \frac{5}{9}(t_F - 32) = \frac{5}{9}(100 - 32) = 37.78℃$

$T = \frac{5}{9}(t_F + 459.67) = \frac{5}{9}(100 + 459.67) = 310.93K$

9. 时间单位的换算(见表1.1.2-9)

时间单位的换算　　　表1.1.2-9

时间单位	秒 s	分 min	小时 h	日 d	年 a
1s	1	$167 \cdot 10^{-3}$	$0.278 \cdot 10^{-3}$	$11.6 \cdot 10^{-6}$	$31.7 \cdot 10^{-9}$
1min	60	1	$16.7 \cdot 10^{-3}$	$0.694 \cdot 10^{-3}$	$1.9 \cdot 10^{-6}$
1h	$3.6 \cdot 10^3$	60	1	$41.7 \cdot 10^{-3}$	$0.114 \cdot 10^{-3}$
1d	$86.4 \cdot 10^3$	$1.44 \cdot 10^3$	24	1	$2.74 \cdot 10^{-3}$
1a	$31.6 \cdot 10^6$	$0.526 \cdot 10^6$	$8.77 \cdot 10^3$	365	1

10. 法定能量单位的换算(见表1.1.2-10)

能量单位的换算　　　表1.1.2-10

单位及符号	相当数量的其他单位
焦　J	1　　Nm(牛·米)
	1　　Ws(瓦秒)
	$2.77778 \cdot 10^{-7}$　　kWh(千瓦小时)
	$6.2422 \cdot 10^{-18}$　　eV(电子伏特)
千瓦小时　kWh	$3.60068 \cdot 10^{-6}$　　Ws,Nm,J
	$2.24762 \cdot 10^{25}$　　eV(电子伏特)
电子伏特　eV	$1.602 \cdot 10^{-19}$　　Ws,Nm,J
	$4.4499 \cdot 10^{-26}$　　kWh

1.2 电工技术常用计算公式和计算图表

1.2.1 常用计算公式

(1) 电流密度

$$S = \frac{I}{A}$$

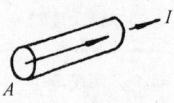

式中 S——电流密度,A/mm^2;
$\quad\quad I$——电流,A;
$\quad\quad A$——导体截面积,mm^2。

【例】 $I = 4\text{A}, A = 2\text{mm}^2, S = ?$

【解】 $S = \dfrac{I}{A} = \dfrac{4\text{A}}{2\text{mm}^2} = 2\,\dfrac{\text{A}}{\text{mm}^2}$

(2) 电量

$$Q = I \cdot t$$

式中 Q——电量,C,1C=1As;
$\quad\quad I$——电流,A;
$\quad\quad t$——时间,s。

【例】 $I = 50\text{mA}, t = 5\text{min}, Q = ?$

【解】 $Q = I \cdot t = 50 \cdot 10^{-3}\text{A} \cdot 5 \cdot 60\text{s} = 15\text{As}$

(3) 电导与电阻

$$G = \frac{1}{R}$$

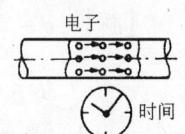

式中 G——电导,S,$1\text{S} = \dfrac{1}{1\Omega}$;
$\quad\quad R$——电阻,Ω。

【例】 $R = 100\Omega, G = ?$

【解】 $G = \dfrac{1}{R} = \dfrac{1}{100\Omega} = 10\text{mS}$

(4) 导体(导线)电阻

$$R = \frac{\rho \cdot l}{A}$$

$$R = \frac{l}{\kappa \cdot A}$$

$$\rho = \frac{1}{\kappa}$$

式中 R——电阻,Ω;
$\quad\quad l$——导体(导线)长度,m;
$\quad\quad \rho$——电阻率;
$\quad\quad A$——导体截面积,mm^2;
$\quad\quad \kappa$——电导率。

材 料	电阻率 $\left(\dfrac{\Omega \cdot \text{mm}^2}{\text{m}}\right)$	电导率 $\left(\dfrac{\text{m}}{\Omega \cdot \text{mm}^2}\right)$
银	0.0161	62
铜	0.0178	56
铝	0.0303	33
铁	0.13	7.7
康铜	0.50	2.0

【例】 $l = 28\text{m}, \kappa = 56\dfrac{\text{m}}{\Omega \cdot \text{mm}^2}, A = 2\text{mm}^2, R = ?$

【解】 $R = \dfrac{1}{\kappa \cdot A} = \dfrac{28\text{mm}^2}{56\dfrac{\text{m}}{\Omega \cdot \text{mm}^2} \cdot 2\text{mm}^2} = 0.25\Omega$

(5) 欧姆定律

$$I = \dfrac{U}{R}$$

式中　I——电流，A；
　　　U——电压，V；
　　　R——电阻，Ω。

【例】 $U = 150\text{V}, R = 300\Omega, I = ?$

【解】 $I = \dfrac{U}{R} = \dfrac{150\text{V}}{300\Omega} = 0.5\text{A}$

(6) 电阻与温度

$$\Delta R = \alpha \cdot R_k \cdot \Delta \theta$$
$$R_w = R_k + \Delta R$$
$$R_w = R_k(1 + a \cdot \Delta \theta)$$
$$\Delta \theta = \dfrac{R_w - R_k}{R_k \cdot a}$$

式中　ΔR——电阻变化量；
　　　R_k——20℃时的冷电阻；
　　　$\Delta \theta$——温度变化量；
　　　α——温度系数（所有的钝金属 $\alpha \approx 0.004$）；
　　　R_w——热电阻。

【例】 $R_k = 100\Omega, \Delta \theta = 50\text{K}, \alpha = 0.004\dfrac{1}{\text{K}}, R_w = ?$

【解】 $R_w = R_k(1 + \alpha \cdot \Delta \theta) = 100\Omega\left(1 + 0.004\dfrac{1}{\text{K}} \cdot 50\text{K}\right) = 120\Omega$

(7) 电阻的串联

$$I = I_1 = I_2 = I_3 = \cdots$$
$$U = U_1 + U_2 + U_3 + \cdots$$
$$R = R_1 + R_2 + R_3 + \cdots$$
$$\dfrac{U_1}{U_2} = \dfrac{R_1}{R_2}$$

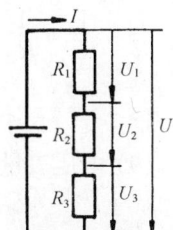

式中　I——串联电路电流；
　$I_1、I_2、I_3$——流过各电阻的电流；
　　　U——总电压；
$U_1、U_2、U_3$——各电阻上的电压；
$R_1、R_2、R_3$——串联电路的各个电阻。

【例】 $U_1=10V, U_2=20V, U_3=30V, R_1=20\Omega, R_2=40\Omega, R_3=60\Omega$。$U=?, R=?$

【解】 $U = U_1 + U_2 + U_3 = 10V + 20V + 30V = 60V$

$R = R_1 + R_2 + R_3 = 20\Omega + 40\Omega + 60\Omega = 120\Omega$

(8) 电阻的并联

$$I = I_1 + I_2 + I_3 + \cdots$$

$$G = G_1 + G_2 + G_3 + \cdots$$

$$\frac{1}{R} = \frac{1}{R_1} + \frac{1}{R_2} + \frac{1}{R_3} + \cdots$$

$$\frac{I_1}{I_2} = \frac{G_1}{G_2}$$

$$\frac{I_1}{I_2} = \frac{R_2}{R_1}$$

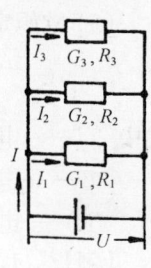

两个电阻并联时：

$$R = \frac{R_1 \cdot R_2}{R_1 + R_2}$$

$$R_1 = \frac{R_2 \cdot R}{R_2 - R}$$

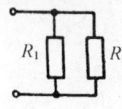

多个等值电阻并联时：$R = \dfrac{R_1}{n}$

式中　　I——总电流；

　　$I_1、I_2、I_3$——各并联支路电流；

　　　　G——总电导；

$G_1、G_2、G_3$——各支路电导；

　　　　R——总电阻；

$R_1、R_2、R_3$——各支路电阻；

　　　　n——等值电阻的并联支数。

【例】 $U=10V, R_1=10\Omega, R_2=20\Omega, R_3=40\Omega$，求 $G、R、I$。

【解】 $G = G_1 + G_2 + G_3 = \dfrac{1}{10\Omega} + \dfrac{1}{20\Omega} + \dfrac{1}{40\Omega} = 0.175S$

$\dfrac{1}{R} = \dfrac{1}{R_1} + \dfrac{1}{R_2} + \dfrac{1}{R_3} = \dfrac{1}{10\Omega} + \dfrac{1}{20\Omega} + \dfrac{1}{40\Omega} = \dfrac{7}{40\Omega}, R = 5.7\Omega$

$$I = \frac{U}{R} = \frac{10V}{5.7\Omega} = 1.75A$$

(9) 电压表量程的扩展

$$R_v = \frac{U - U_M}{I_M}$$

$$R_v = (n-1)R_M$$

$$R_v = \frac{(U - U_M)R_M}{U_M}$$

$$n = \frac{U}{U_M}$$

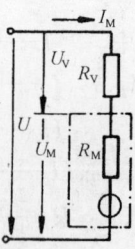

式中　R_v——串联电阻；
　　　U——被测电压；
　　　U_M——原量程；
　　　I_M——表头满刻度所需电流；
　　　n——量程扩展因数；
　　　R_M——表头内阻。

【例】　$U_M=3V, R_i=3000\Omega, U=30V, R_v=?$

【解】　$n=\dfrac{U}{U_M}=\dfrac{30V}{3V}=10$

$R_v=(n-1)R_M=(10-1)\cdot 3000\Omega=27\text{k}\Omega$

(10) 电流表量程的扩展

$$R_p=\dfrac{U}{I-I_M}$$

$$R_p=\dfrac{R_M}{(n-1)}$$

$$n=\dfrac{I}{I_M}$$

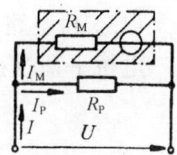

式中　R_p——分路电阻；
　　　U——加在测量电表上的电压；
　　　I——被测电流；
　　　I_M——原量程；
　　　R_M——表头内阻；
　　　n——量程扩展因数。

【例】　$I_M=0.3A, R_M=6\Omega, I=3A。R_p=?$

【解】　$n=\dfrac{I}{I_M}=\dfrac{3A}{0.3A}=10$

$R_p=\dfrac{R_M}{(n-1)}=\dfrac{6\Omega}{10-1}=0.66\Omega$

(11) 无负载的电阻分压器

$$U_a=U_e\dfrac{R_2}{R_1+R_2}$$

$$R_1=R_2\left(\dfrac{U_e}{U_a}-1\right)$$

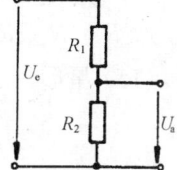

式中　U_e——输入电压；
　　　U_a——输出电压；
　　　R_1、R_2——分压电阻。

【例】　$U_e=100V, R_1=30\Omega, R_2=70\Omega。U_a=?$

【解】　$U_a=U_e\dfrac{R_2}{R_1+R_2}=100V\dfrac{70\Omega}{30\Omega+70\Omega}=70V$

(12) 有负载的电阻分压器

$$U_a = U_e \frac{R_E}{R_1 + R_E}$$

$$R_E = \frac{R_2 \cdot R_L}{R_2 + R_L}$$

$$I_q \geqslant (5 \sim 10) I_b$$

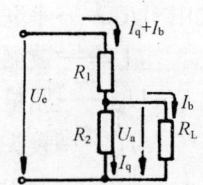

式中　R_E——R_2 和 R_L 的并联等效电阻；
　　　R_L——负载电阻。

【例】　$R_1 = 50\Omega, R_2 = 10\Omega, R_L = 50\Omega, U_e = 100V$。$U_a = ?$

【解】　$R_E = \frac{R_2 \cdot R_L}{R_2 + R_L} = \frac{10\Omega \cdot 50\Omega}{10\Omega + 50\Omega} = 8.33\Omega$

$U_a = U_e \frac{R_E}{R_1 + R_E} = 100V \cdot \frac{8.33\Omega}{58.33\Omega} = 14.3V$

(13) 桥电路（惠斯登电桥）

电桥平衡时：

$$\frac{R_1}{R_2} = \frac{R_3}{R_4}$$

$$R_1 = \frac{R_2 \cdot R_3}{R_4}$$

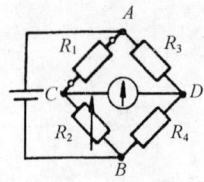

式中　R_1, R_2, R_3, R_4——桥臂电阻。

【例】　$R_3 = 20\Omega, R_4 = 40\Omega, R_2 = 80\Omega$。$R_1 = ?$

【解】　$R_1 = \frac{R_2 \cdot R_3}{R_4} = \frac{80\Omega \cdot 20\Omega}{40\Omega} = 40\Omega$

(14) 三角形—星形电阻电路的变换

$$R_{s1} = \frac{R_{d1} \cdot R_{d2}}{R_{d1} + R_{d2} + R_{d3}}$$

$$R_{s2} = \frac{R_{d2} \cdot R_{d3}}{R_{d1} + R_{d2} + R_{d3}}$$

$$R_{s3} = \frac{R_{d1} \cdot R_{d3}}{R_{d1} + R_{d2} + R_{d3}}$$

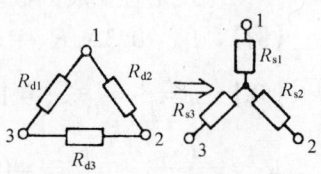

式中　R_{d1}, R_{d2}, R_{d3}——三角形电路电阻；
　　　R_{s1}, R_{s2}, R_{s3}——换算成星形电路的电阻。

(15) 星形—三角形电阻电路的变换

$$R_{d1} = \frac{R_{s1} \cdot R_{s3}}{R_{s2}} + R_{s1} + R_{s3}$$

$$R_{d2} = \frac{R_{s1} \cdot R_{s2}}{R_{s3}} + R_{s1} + R_{s2}$$

$$R_{d3} = \frac{R_{s2} \cdot R_{s3}}{R_{s1}} + R_{s2} + R_{s3}$$

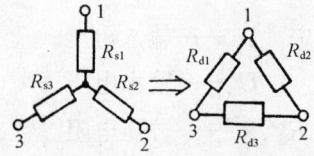

式中　R_{s1}, R_{s2}, R_{s3}——星形电路电阻；
　　　R_{d1}, R_{d2}, R_{d3}——换算成三角形电路的电阻。

(16) 节点电流定律

在一个节点,流入的电流之和等于流出电流之和,即克希荷夫(基尔霍夫)第1定律:

$$\Sigma I_入 = \Sigma I_出$$

【例】 $I_1 = 3A, I_2 = 1A, I_3 = 0.5A, I_4 = 1.5$。$I_5 = ?$

【解】 $I_5 = I_1 + I_2 - I_3 - I_4 = 3A + 1A - 0.5A - 1.5A = 2A$

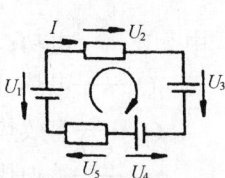

(17) 回路电压定律

在确定回路方向之后,闭合回路中电源电压及用电器电压之和等于零,即克希荷夫(基尔霍夫)第2定律:

$$\Sigma U = 0$$

【例】 $U_1 = 3V, U_2 = 1V, U_3 = 2V, U_4 = 2V$。$U_5 = ?$

【解】 $-U_1 + U_2 + U_3 - U_4 + U_5 = 0$

$U_5 = 3V - 1V - 2V + 2V = 2V$

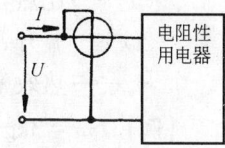

(18) 电功率

$$P = U \cdot I$$
$$P = I^2 \cdot R$$
$$P = \frac{U^2}{R}$$

式中 P——电功率,W;

U——电压,V;

I——电流,A;

R——用电器的电阻,Ω。

【例】 $U = 6V, I = 0.5A, P = ?$

【解】 $P = U \cdot I = 6V \cdot 0.5A = 3W$

(19) 电功

$$W = P \cdot t$$

式中 W——电功,Ws;

P——电功率,W;

t——时间,s。

【例】 $P = 60W, t = 2h, W = ?$

【解】 $W = P \cdot t = 60W \cdot 2h = 120Wh$

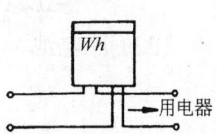

(20) 效率

$$\eta = \frac{P_出}{P_入}$$

$$P_v = P_入 - P_出$$

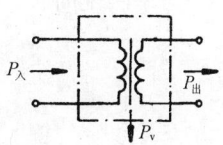

式中 η——效率;

$P_出$——输出功率;

$P_入$——输入功率;

P_v——损失功率。

【例】 $P_出 = 100W, P_入 = 150W$。$\eta = ?$

【解】 $\eta = \dfrac{P_{出}}{P_{入}} = \dfrac{100\text{W}}{150\text{W}} = 0.66$

(21) 电热

$$W = Q_s$$

$$\eta_w = \dfrac{Q_N}{Q_s}$$

$$Q_N = m \cdot c \cdot \Delta\theta$$

$$Q_s = \dfrac{m \cdot c \cdot \Delta\theta}{\eta_w}$$

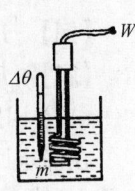

式中　W——电功；

　　　Q_s——电热，J；

　　　Q_N——有效热量，J；

　　　m——被加热物质质量，kg；

　　　c——比热容量，J/kg；

　　　$\Delta\theta$——温升，K；

　　　η_w——热效率。

【例】 $m = 3\text{kg}, c = 4.19\text{kJ/kgK}, \Delta\theta = 50\text{K}, \eta_w = 0.8, Q_s = ?$

【解】 $Q_s = \dfrac{m \cdot c \cdot \Delta\theta}{\eta_w} = \dfrac{3\text{kg} \cdot 4.19\text{kJ/kgK} \cdot 50\text{K}}{0.8} = 786\text{kJ}$

(22) 用电度表测量电功率

$$P = \dfrac{n \cdot 60}{c_z}$$

式中　P——电功率，kW；

　　　n——每分钟的转数；

　　　c_z——电度表常数，转数/kWh。

(23) 原电池

$$U = U_0 - IR_i$$

$$I = \dfrac{U_0}{R_i + R_L}$$

$$I_k = \dfrac{U_0}{R_i}$$

功率匹配时：

$$R_L = R_i$$

$$P_{max} = \dfrac{U_0^2}{4R_i}$$

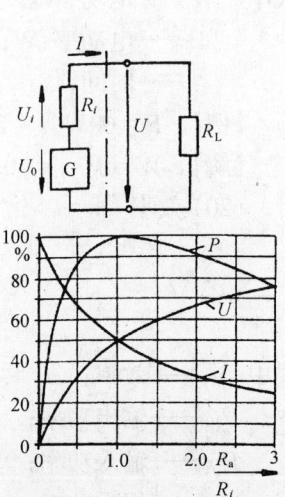

式中　U——端电压；

　　　U_0——电池电动势；

　　　I——电流；

　　　R_i——内阻；

R_L——负载电阻；

I_k——短路电流；

P_{max}——可给出最大功率。

【例】$U_0 = 1.5V, R_i = 0.5\Omega, R_L = 1.5\Omega$。$I = ?, I_k = ? \ P_{max} = ?$

【解】$I = \dfrac{U_0}{R_i + R_L} = \dfrac{1.5V}{0.5\Omega + 1.5\Omega} = 0.75\Omega$

$$I_k = \dfrac{U_0}{R_i} = \dfrac{1.5V}{0.5\Omega} = 3A$$

$$P_{max} = \dfrac{U_0^2}{4R_i} = \dfrac{(1.5V)^2}{4 \times 0.5\Omega} = 1.125W$$

(24) 电池的串联

$$U_{0g} = U_{01} + U_{02} + U_{03} + \cdots$$

$$R_{ig} = R_{i1} + R_{i2} + R_{i3} + \cdots$$

$$I = \dfrac{U_{0g}}{R_{ig} + R_L}$$

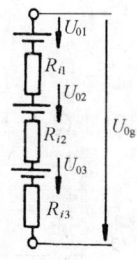

式中　　U_{0g}——总电动势；

$U_{01}、U_{02}、U_{03}$——各电池的电动势；

R_{ig}——总内阻；

$R_{i1}、R_{i2}、R_{i3}$——各电池的内阻。

【例】$U_{01} = 2V, R_{i1} = 0.3\Omega; U_{02} = 5V, R_{i2} = 0.5\Omega$。$U_{0g} = ?, R_{ig} = ?$

【解】$U_{0g} = 2V + 5V = 7V$

$R_{ig} = 0.3\Omega + 0.5\Omega = 0.8\Omega$

(25) 电动势相等的电池的并联

$$U_{0g} = U_{01} = U_{02} = U_{03}$$

$$I = I_1 + I_2 + \cdots$$

$$\dfrac{1}{R_{ig}} = \dfrac{1}{R_{i1}} + \dfrac{1}{R_{i2}} + \cdots$$

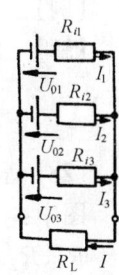

各电池相同时：

$$R_{ig} = \dfrac{R_{i1}}{n}$$

式中　　U_{0g}——总电动势；

$U_{01}、U_{02}、U_{03}$——各电池的电动势；

I——总电流；

R_{ig}——总内阻；

$R_{i1}、R_{i2}、R_{i3}$——各电池的内阻；

n——相同的电池的个数。

(26) 法拉第定律

$$m = I \cdot t \cdot c$$

式中　m——物质的量；
　　　I——电流；
　　　t——时间；
　　　c——电化当量。

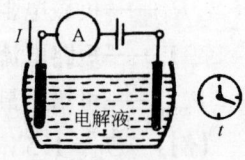

【例】　$I=0.5\text{A}, t=100\text{s}, c=1.118\dfrac{\text{mg}}{\text{As}}$。$m=?$

【解】　$m=I \cdot t \cdot c=0.5\text{A} \cdot 100\text{s} \cdot 1.118\dfrac{\text{mg}}{\text{As}}=55.9\text{mg}$

(27) 蓄电池

$$Q=I_\text{E} \cdot t_\text{E}$$

$$\eta_\text{Ah}=\dfrac{I_\text{E} \cdot t_\text{E}}{I_\text{L} \cdot t_\text{L}}$$

$$\eta_\text{Wh}=\dfrac{U_\text{E} \cdot I_\text{E} \cdot t_\text{E}}{U_\text{L} \cdot I_\text{L} \cdot t_\text{L}}$$

项　目	铅酸蓄电池	铁镍蓄电池
标称电压	2.0V	1.2V
酸　类	H_2SO_4	KCl
酸浓度	$1.28\cdots1.18\dfrac{\text{g}}{\text{cm}^3}$	$1.2\dfrac{\text{g}}{\text{cm}^3}$
充电电压	2.1～2.75V	1.35～1.8V
放电电压	1.83V	1.0V
η_Ah	83%～90%	72%
η_Wh	70%～75%	55%

式中　Q——放电容量，Ah；
　　　I_E——放电电流，A；
　　　t_E——放电时间，h；
　　　η_Ah——安培小时效率；
　　　η_Wh——瓦特小时效率；
　　　I_L——充电电流；
　　　t_L——充电时间；
　　　U_E——放电电压；
　　　U_L——充电电压。

【例】　$I_\text{E}=5\text{A}, t_\text{E}=10\text{h}, I_\text{L}=8\text{A}, t_\text{L}=7\text{h}$。$Q=?\ \eta_\text{Ah}=?$

【解】　$Q=I_\text{E} \cdot t_\text{E}=5\text{A} \cdot 10\text{h}=50\text{Ah}$

$$\eta_\text{Ah}=\dfrac{I_\text{E} \cdot t_\text{E}}{I_\text{L} \cdot t_\text{L}}=\dfrac{5\text{A} \cdot 10\text{h}}{8\text{A} \cdot 7\text{h}}=0.89$$

(28) 等效电压源

图中：

R_1、R_2、R_3——电阻；
　　R_L——负载电阻；
　　　U——负载端的电压；
　　R'_i——等效电阻；
　　U_0——电源电势；
　　U'_0——等效电源电势。

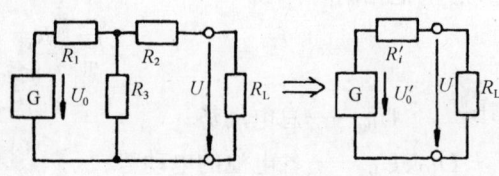

计算 R'_i：把电压发生器短路，把负载电阻去掉，两端点间电路的电阻即为 R'_i。
计算 U'_0：把负载去掉，计算两端点间的开路电压即为 U'_0。

【例】　按图得：

$$R'_i = R_2 + \frac{R_1 \cdot R_3}{R_1 + R_3}; \qquad U'_0 = U_0 \cdot \frac{R_3}{R_1 + R_3}$$

(29) 等效电流源

图中：

I_L——负载电流；

I'——等效电流；

R'_i——电源等效内阻；

$$\frac{I_L}{I'} = \frac{R'_i}{R'_i + R_L}$$

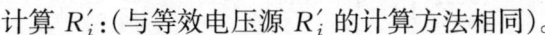

计算 R'_i：(与等效电压源 R'_i 的计算方法相同)。
计算 I'：把输出端短路，并计算短路支路的电流，即为 I'。

【例】 按图得：

$$R'_i = R_2 + \frac{R_1 \cdot R_3}{R_1 + R_3}; \qquad I' = U_0 \frac{R_3}{R_1 R_2 + R_1 R_3 + R_2 R_3}$$

(30) 衰减网络

条件：$Z_1 = Z_2 = Z$

$$d = \frac{U_1}{U_2}$$

$$R_1 = Z \cdot \frac{d-1}{d+1}$$

$$R_2 = Z \cdot \frac{2d}{d^2-1}$$

$$R_3 = Z \cdot \frac{d^2-1}{2d}$$

$$R_4 = Z \cdot \frac{d+1}{d-1}$$

T 型网络

不对称

对称

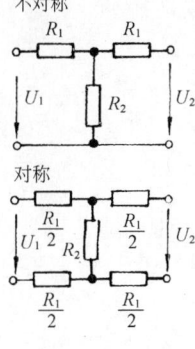

π 型网络

不对称

对称

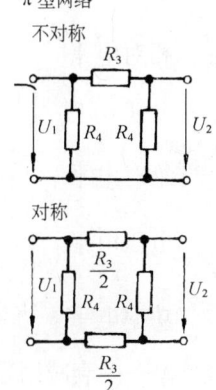

式中　Z_1——输入阻抗；

Z_2——输出阻抗；

Z——波阻抗；

d——衰减因数；

U_1——输入电压；

U_2——输出电压；

R_1——T 网络纵向电阻；

R_2——T 网络横向电阻；

R_3——π 网络纵向电阻；

R_4——π 网络横向电阻。

【例】 $U_1 = 1\text{V}, U_2 = 0.1\text{V}, Z = 150\Omega$

对 T 型网络，$R_1 = ? \ R_2 = ?$

对 π 型网络，$R_3 = ?$ $R_4 = ?$

【解】 $d = \dfrac{U_1}{U_2} = \dfrac{1\text{V}}{0.1\text{V}} = 10$

$$R_1 = Z \cdot \dfrac{d-1}{d+1} = 150\Omega \cdot \dfrac{10-1}{10+1} = 123\Omega$$

$$R_2 = Z \cdot \dfrac{2d}{d^2-1} = 150\Omega \cdot \dfrac{2 \cdot 10}{10^2-1} = 30\Omega$$

$$R_3 = Z \cdot \dfrac{d^2-1}{2d} = 150\Omega \cdot \dfrac{10^2-1}{2 \cdot 10} = 743\Omega$$

$$R_4 = Z \cdot \dfrac{d+1}{d-1} = 150\Omega \cdot \dfrac{10+1}{10-1} = 183\Omega$$

(31) 衰减与放大

$$D = \dfrac{P_1}{P_2}$$

$$a = \lg \dfrac{P_1}{P_2} (\text{Bel, 贝尔})$$

$$a = 10\lg \dfrac{P_1}{P_2} (\text{dB, 分贝})$$

$$a = 20\lg \dfrac{U_1}{U_2} (\text{dB})$$

$$a = 20\lg \dfrac{I_1}{I_2} (\text{dB})$$

$$a = \ln \dfrac{U_1}{U_2} (\text{Np, 奈培})$$

$$a = -v$$

$$v = 10\lg \dfrac{P_2}{P_1} (\text{dB})$$

$1\text{dB} = 0.115\text{Np}$

$1\text{Np} = 8.686\text{dB}$

相对电平

$$p_r = 20\lg \dfrac{U_x}{U_1}$$

绝对电平

电压电平 $\qquad p_u = 20\lg \dfrac{U_x}{U_0} = 20\lg \dfrac{U_x}{0.775\text{V}} (\text{dB})$

功率电平 $\qquad p = 10\lg \dfrac{P_x}{P_0} = 10\lg \dfrac{P_x}{1\text{mW}} (\text{dB})$

D——衰减因数；

P_1——输入功率；

P_2——输出功率；

a——衰减量，dB 或 Np；

U_1——输入电压；

U_2——输出电压；

I_1——输入电流；

I_2——输出电流；

v——放大倍数，dB 或 Np；

p_r——相对电压电平；

p_u——绝对电压电平；

p——绝对功率电平。

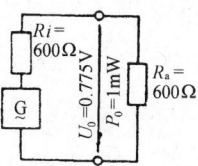

参考值：
$U_0 = 0.775V$
$P_0 = 1mW$

【例】 $P_1 = 500\text{mW}, P_2 = 25\text{mW}, D = ? \quad a = ? \quad \text{dB}$。

【解】 $D = \dfrac{P_1}{P_2} = \dfrac{500\text{mW}}{25\text{mW}} = 20$

$$a = \lg \dfrac{P_1}{P_2} = \lg \dfrac{500\text{mW}}{25\text{mW}} = 1.3\text{Bel}(贝尔)$$

$$a = 10\lg \dfrac{P_1}{P_2} = 10\lg \dfrac{500\text{mW}}{25\text{mW}} = 13\text{dB}$$

【例】 $U_1 = 1.2\text{V}, U_2 = 0.3\text{V}, a = ? \quad \text{dB}$。

【解】 $a = 20\lg \dfrac{U_1}{U_2} = 20\lg \dfrac{1.2\text{V}}{0.3\text{V}} = 12\text{dB}$

(32) 磁势，磁动势

$$\Theta = I \cdot N$$

式中 Θ——磁势(磁压)，A；

I——电流，A；

N——圈数。

【例】 $I = 0.5\text{A}, N = 1250$。 $\Theta = ?$

【解】 $\Theta = I \cdot N = 0.5\text{A} \cdot 1250 = 625\text{A}$

(33) 磁场强度

$$H = \dfrac{\Theta}{l}$$

$$H = \dfrac{I \cdot N}{l}$$

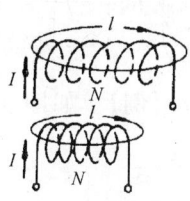

式中 H——磁场强度，A/m；

l——磁力线平均长度，m。

【例】 $I = 0.5\text{A}, N = 2000, l = 10\text{cm}$。 $H = ?$

【解】 $H = \dfrac{I \cdot N}{l} = \dfrac{0.5\text{A} \cdot 2000}{0.1\text{m}} = 10000\,\dfrac{\text{A}}{\text{m}} = 100\,\dfrac{\text{A}}{\text{cm}}$

(34) 磁通密度，磁通量

$$B = \mu_0 \cdot \mu_r \cdot H$$

$$\Phi = B \cdot A$$

$$\left(\mu_0 = 1.257 \cdot 10^{-6}\,\dfrac{\text{Vs}}{\text{Am}} = 4\pi \cdot 10^{-9}\,\dfrac{\text{Vs}}{\text{Acm}}\right)$$

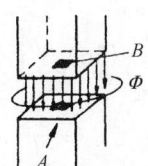

$$(1\text{Wb} = 1\text{Vs} = 10^8\text{Mx})$$

式中 B——磁通密度，T；

$$1\text{T} = \frac{1\text{Vs}}{\text{m}^2} = \frac{1\text{Wb}}{\text{m}^2} = 10^4\text{Gs}$$

μ_0——磁场系数(真空导磁系数)；

μ_r——相对导磁系数；

Φ——磁通量；

A——断面面积。

导磁系数	
材料	μ_r
空气	1
Fe	6000
Fe—Co	6000
Fe—Si	20000
Fe—Ni	300000

【例】 $H = 10\dfrac{\text{A}}{\text{m}}, \mu_r = 500, A = 5\text{cm}^2$。$B = ?$ $\Phi = ?$

【解】 $B = \mu_0 \cdot \mu_r \cdot H = 1.26 \cdot 10^{-6}\dfrac{\text{Vs}}{\text{Am}} \cdot 500 \cdot 1000\dfrac{\text{A}}{\text{m}} = 0.63\text{T}$

$\Phi = B \cdot A = 0.63\dfrac{\text{Vs}}{\text{m}^2} \cdot 5 \cdot 10^{-4}\text{m}^2 = 3.15 \cdot 10^{-4}\text{Vs}$

(35) 磁路的欧姆定律

磁阻 $R_m = \dfrac{l}{\mu_0 \mu_r A}$

$$\Phi = \dfrac{\Theta}{R_m}$$

$$R_m = R_{m\text{Fe}} + R_{m\text{L}}$$

磁导 $\Lambda = \dfrac{1}{R_m}$

磁势 $\Theta = H_1 \cdot l_1 + H_2 \cdot l_2 + \cdots$

$$\Theta = \Sigma H \cdot l$$

式中 R_m——磁阻；

$R_{m\text{Fe}}$——铁心的磁阻；

$R_{m\text{L}}$——空气的磁阻；

Λ——磁导。

【例】 如图所示的铁芯。$A = 1\text{cm}^2, l_{\text{Fe}} = 10\text{cm}, l_{\text{L}} = 0.1\text{cm}, B = 1.257 \cdot 10^{-4}\dfrac{\text{Vs}}{\text{cm}^2}$。$\Theta = ?$

【解】 $H_{\text{Fe}} = 8.5\dfrac{\text{A}}{\text{cm}}$(由特性曲线查得)

$$H_{\text{L}} = 10^4\dfrac{\text{A}}{\text{cm}}$$

$$\Theta = 8.5\dfrac{\text{A}}{\text{cm}} \cdot 10\text{cm} + 10^4\dfrac{\text{A}}{\text{cm}} \cdot 0.1\text{cm} = 1085\text{A}$$

(36) 平行载流导体的磁作用力

$$F = F_1 = F_2 = \dfrac{\mu_0}{2\pi} \cdot \dfrac{l}{r} \cdot I_1 \cdot I_2$$

式中 F、F_1、F_2——力，N；

μ_0——磁场常数(真空导磁系数);
l——导体长度,m;
r——导体间的距离,m;
I_1、I_2——流过导体的电流,A。

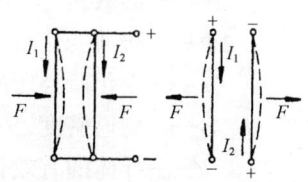

【例】 $l=20\text{m}, r=0.5\text{cm}; I_1=I_2=50\text{A}$。$F=?$

【解】 $F = \dfrac{\mu_0}{2\pi} \cdot \dfrac{l}{r} \cdot I_1 \cdot I_2$

$= \dfrac{4\pi \cdot 10^{-7}\frac{\text{Vs}}{\text{Am}}}{2\pi} \cdot \dfrac{20\text{m}}{5 \cdot 10^{-3}\text{m}} \cdot (50\text{A})^2 = 2\text{N}$

(37) 磁铁的拉力

$$F = 4 \cdot 10^5 \dfrac{\text{Am}}{\text{Vs}} \cdot B^2 \cdot A$$

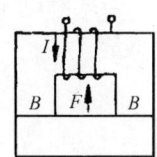

式中 F——拉力,N; $1\text{N} = 1\dfrac{\text{A} \cdot \text{V} \cdot \text{s}}{\text{m}}$;
B——磁通密度,$\dfrac{\text{Vs}}{\text{m}^2}$;
A——磁极的有效面积,m^2。

【例】 $B = 1.5\text{T}, A = 0.1\text{m}^2$。$F = ?$

【解】 $F = 4 \cdot 10^5 \dfrac{\text{Am}}{\text{Vs}} \cdot 2.25\left(\dfrac{\text{Vs}}{\text{m}^2}\right)^2 \cdot 0.1\text{m}^2 = 90000\text{N}$

(38) 磁场中的力效应

$$F = B \cdot l \cdot I \cdot z$$

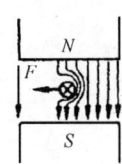

式中 F——偏移力,N; $1\text{N} = 1\dfrac{\text{Vs}}{\text{m}^2} \cdot 1\text{A} \cdot 1\text{m} = 1\dfrac{\text{Ws}}{\text{m}}$;
I——导体中的电流,A;
l——磁场(垂直于电流)的有效宽度,m;
z——导体根数。

【例】 $B = 1\text{T}, I = 5\text{A}, l = 0.2\text{m}, z = 500, F = ?$

【解】 $F = B \cdot I \cdot l \cdot z = \dfrac{1\text{Vs}}{\text{m}^2} \cdot 5\text{A} \cdot 0.2\text{m} \cdot 500 = 500\text{N}$

(39) 霍尔效应

$$U_H = BIk$$

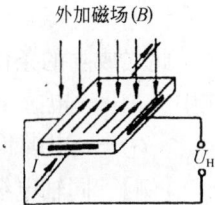

式中 U_H——霍尔电压;
B——垂直于霍尔片的磁通密度;
I——霍尔片的纵向电流;
k——霍尔常数,$\text{V/A} \cdot \text{T}$。

(40) 电磁感应

$$U_0 = -N\dfrac{\Delta\Phi}{\Delta t}$$

$$U_0 = B \cdot l \cdot v \cdot z$$

式中 U_0——感应电压,V;

N——圈数;

$\Delta\Phi$——磁通变化量;

Δt——变化所经历的时间,s;

B——磁通密度,Vs/m^2;

l——导体的有效长度,m;

v——速度,m/s;

z——导体圈数。

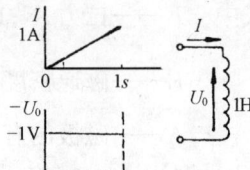

【例】 $B=0.5T, l=0.1m, v=10m/s, z=1000, U_0=?$

【解】 $U_0 = B \cdot l \cdot v \cdot z = 0.5Vs/m^2 \cdot 0.1m \cdot 10m/s \cdot 1000 = 500V$

(41) 电感量

若线圈电流在1s内均匀变化1A,在线圈上感应1V的电压(电势),则该线圈有1H的电感量。

$$U_0 = -L\frac{\Delta I}{\Delta t}$$

$$L = N^2 \frac{\mu_0 \cdot \mu_r \cdot A_{Fe}}{l_m}$$

式中　U_0——感应电压,V;

ΔI——电流变化量;

Δt——电流变化的时间,s;

L——电感量,H;

N——圈数;

μ_0——磁场常数(真空的导磁系数);

μ_r——相对导磁系数;

A_{Fe}——铁芯截面积,cm^2;

l_m——磁力线的平均长度,cm。

【例】 $N=1000$ 圈,$\mu_r=500, A_{Fe}=5cm^2, l_m=10cm$。$L=?$

【解】 $L = N^2 \frac{\mu_0 \cdot \mu_r \cdot A_{Fe}}{l_m} = 1000^2 \frac{1.257 \cdot 10^{-8} Vs \cdot 500 \cdot 5cm^2}{10cm \cdot Acm} = 3.14H$

(42) 同轴电缆的电感

$$L = \left[0.2 \cdot l_L \cdot \ln\left(\frac{R}{r}\right)\right] \cdot 10^{-6}$$

此式成立的条件:$R、r \ll l_L, R、r$ 的单位为 mm。

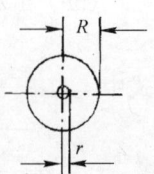

式中　L——电感量,μH;

l_L——电缆长度,m。

【例】 同轴电缆的 $D/d=2.92, l=50m, L=?$

【解】 $L = [0.2 \cdot 50m \cdot \ln 2.92] \cdot 10^{-6} = 10.7\mu H$

(43) 扁平直导线的电感

当 $l \gg b$ 时

$$L \approx 2 \cdot l \left(\ln \frac{2 \cdot l}{b+d} + 0.75 \right) \quad (\text{nH; cm})$$

【例】 $d = 1\text{mm}; b = 10\text{mm}; l = 10\text{cm}$

$$L \approx 2.10 \left(\ln \frac{2 \cdot 10}{1.1} + 0.75 \right) = 73\text{nH}$$

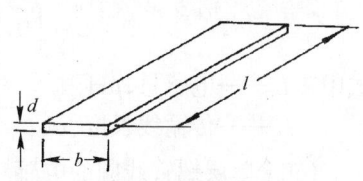

(44) 直导线的电感

低频时忽略集肤效应,电感为:

$$L \approx 2 \cdot l \left(\ln \frac{4 \cdot l}{d} - 1 + \frac{\mu_r}{4} \right) \quad (\text{cm; nH})$$

$\mu_r = 1$,空气的相对导磁系数。

高频时由于集肤效应使电流趋于导线表面,电感为:

$$L = 2l \left(\ln \frac{4l}{d} - 1 \right) \quad (\text{cm; nH})$$

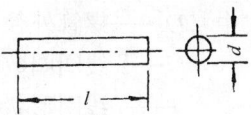

【例】 $l = 20\text{cm}; d = 2\text{mm}$。

$$L \approx 2 \cdot 20 \cdot \left(\ln \frac{4 \cdot 20}{0.2} - 1 \right) = 199.7\text{nH}$$

(45) 单环线圈(1匝)的电感

$$L \approx 12.57 R \left(\ln \frac{2.4}{d} + 0.08 \right) \quad (\text{nH; cm})$$

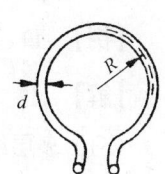

【例】 $R = 5\text{cm}, d = 2\text{mm}, L \approx 251\text{nH}$。

(46) 环形线圈(圆铁芯)的电感

$$L \approx \frac{6.28 n^2 F}{R} \quad (\text{nH; cm})$$

式中 n——匝数;

$$F = \frac{\pi R^2}{2}$$

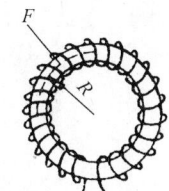

(47) 盘形线圈的电感

$$L \approx \frac{21.5 \cdot n^2 \cdot D}{1 + 2.72 \dfrac{d}{D}} \quad (\text{nH; cm})$$

式中 n——圈数;

$$D = E - d_\circ$$

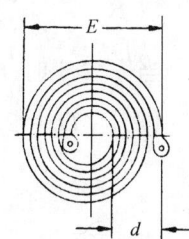

(48) 双线传输线的电感

$$L = \left[0.4 \cdot l_L \cdot \ln \left(\frac{a}{r} \right) \right] \cdot 10^{-6}$$

式中 L——电感量,μH;

l_L——电缆长度,m。

【例】 扁电缆线 $l_L = 50\text{m}, a = 5\text{mm}, r = 0.5\text{mm}$。 $L = ?$

【解】 $L = \left[0.4 \cdot 50\text{m} \cdot \ln \dfrac{5}{0.5} \right] \cdot 10^{-6} = 46\mu\text{H}$

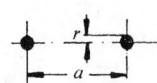

(49) 单线传输线的电感

$$L = \left[0.2 \cdot l_L \cdot \ln\left(\frac{2h}{r}\right)\right] \cdot 10^{-6}$$

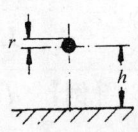

式中　L——电感量，μH；

　　　l_L——传输线长度，m。

(50) 单层螺管线圈的电感

1) 密绕　　　　$L \approx D \cdot N^2 \cdot k \cdot 10^{-3}$　　$(\mu H; cm)$

式中　D——螺管外径，cm；

　　　N——线圈圈数；

　　　k——线圈形状系数。

D/l	0.5	1	2	3	4	5
k	5	7.5	10.2	12	13.5	14.5

【例】　$D = 4cm, l = 4cm, N = 50$。$L = ?$

【解】　$D/l = 1$，查得 $k = 7.5$，计算 $L \approx 4 \cdot 50^2 \cdot 7.5 \cdot 10^{-3} = 75\mu H$

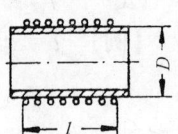

2) 疏绕　　$L \approx 6.28 \cdot N^2 \cdot D\left(\ln\frac{4D}{l} - 0.5\right)(\mu H; cm)$

【例】　$D = 4cm, l = 9mm, N = 10$。$L = ?$

【解】　$L \approx 2512\left(\ln\frac{16}{0.9} - 0.5\right) = 5.97\mu H$

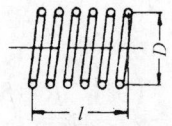

(51) 多层线圈(无铁芯)的电感

　　　　　　l——线圈的长度(宽度)；

　　　　　　H——线圈高度，$H = \frac{D-d}{2}$；

　　　　　　D_m——平均直径，$D_m = \frac{D+d}{2}$；

　　　　　　K——计算因子，$K = 2l + 2H$。

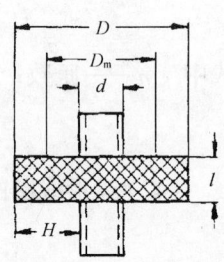

当 $\frac{D_m}{K} < 1$ 时，电感 $L \approx 10.5 \cdot n^2 \cdot D_m \cdot \sqrt[4]{\left(\frac{D_m}{K}\right)^3} \cdot 10^{-6}$　$(mH; cm)$

当 $\frac{D_m}{K} > 1$ 时，电感 $L \approx 10.5 \cdot n^2 \cdot D_m \cdot \sqrt{\frac{D_m}{K}} \cdot 10^{-6}$　$(mH; cm)$

【例】　$D_m = 2cm; H = 1cm; l = 5mm; n = 80$

$$K = 2(l + H) = 2 \cdot (0.5 + 1) = 3$$

$$\frac{D}{K} = \frac{2}{3} = 0.66 < 1$$

因而　　　　$L \approx 10.5 \cdot 80^2 \cdot 2 \cdot \sqrt[4]{\left(\frac{2}{3}\right)^3} \cdot 10^{-6} = 0.365 mH$

(52) 铁芯线圈的电感(低频)

$$电感 \ L \approx 12.57 n^2 \frac{F}{l} \cdot 10^{-9} \cdot \mu_r$$

$$F = (0.85 \sim 0.95) F'$$

式中　L——电感量，H；

　　　n——圈数，匝；

F——铁芯有效截面积，cm^2；

F'——铁芯实际截面积，cm^2；

l——铁芯磁路平均长度，cm。

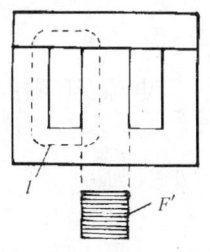

(53) 电感的串联

互相间没有磁耦合时：

$$L = L_1 + L_2 + \cdots$$

两个绕线方向相同的线圈之间有耦合时：

$$L = L_1 + L_2 + 2M$$

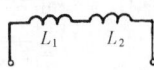

两个绕线方向相反的线圈之间有耦合时：

$$L = L_1 + L_2 - 2M$$

互感：

$$M = k\sqrt{L_1 \cdot L_2}$$

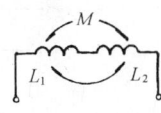

式中 L——总电感量；

　　L_1、L_2——线圈1、2的电感量；

　　M——互感；

　　k——耦合系数，无耦合时 $k=0$，理想耦合时 $k=1$。

【例】 $L_1 = 2H, L_2 = 3H, k = 0.5$。两线圈同向及反向串联时 $L = ?$

【解】 $M = k\sqrt{L_1 \cdot L_2} = 0.5\sqrt{2H \cdot 3H} = 1.22H$

　　　　同向串联时 $L = 2H + 3H + 2.44H = 7.44H$

　　　　反向串联时 $L = 2H + 3H - 2.44H = 2.56H$

(54) 电感的并联

互相间没有磁耦合时：

$$\frac{1}{L} = \frac{1}{L_1} + \frac{1}{L_2} + \cdots$$

绕线方向相同的线圈之间有耦合时：

$$L = \frac{L_1 \cdot L_2 - M^2}{L_1 + L_2 - 2M}$$

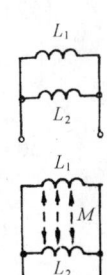

绕线方向相反的线圈之间有耦合时：

$$L = \frac{L_1 \cdot L_2 - M^2}{L_1 + L_2 + 2M}$$

【例】 $L_1 = 2H, L_2 = 4H, k = 0.5$。反绕并联时 $L = ?$

【解】 $M = 0.5\sqrt{2H \cdot 4H} = 1.41H$

$$L = \frac{2H \cdot 4H - (1.41H)^2}{2H + 4H + 2 \cdot 1.41H} = 0.68H$$

(55) 变压器

$$U_{01} = 4.44 \hat{B} \cdot A_{Fe} \cdot f \cdot N_1$$

$$U_{02} = 4.44 \hat{B} \cdot A_{Fe} \cdot f \cdot N_2$$

$$A_{Fe} = A_k \cdot f_{Fe}$$

$$\frac{U_1}{U_2} = \frac{N_1}{N_2} \cdot \frac{1}{k}$$

电源变压器的 $k \to 1$，因而：

$$\frac{U_1}{U_2} = \frac{N_1}{N_2}, \frac{I_1}{I_2} = \frac{N_2}{N_1}$$

$$n = \frac{N_1}{N_2}, \frac{U_1}{U_2} = \frac{I_2}{I_1}$$

式中　U_{01}——绕组 1 的感应电压（有效值）；
　　　U_{02}——绕组 2 的感应电压（有效值）；
　　　$\hat{B}$——磁通密度最大值；
　　　A_{Fe}——铁芯有效截面，m^2；
　　　A_k——铁芯截面，m^2；
　　　f_{Fe}——铁芯充满因数；
　　　f——频率；
　　　N_1、N_2——输入、输出绕组圈数；
　　　U_1、U_2——输入电压、输出电压；
　　　I_1、I_2——输入电流、输出电流；
　　　k——耦合系数；
　　　n——变比。

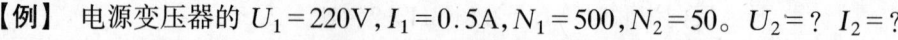

【例】　电源变压器的 $U_1 = 220V$，$I_1 = 0.5A$，$N_1 = 500$，$N_2 = 50$。$U_2 = ?$　$I_2 = ?$

【解】
$$U_2 = \frac{N_2}{N_1} \cdot U_1 = \frac{50}{500} \cdot 220V = 22V$$

$$I_2 = I_1 \cdot \frac{N_1}{N_2} = 0.5A \cdot \frac{500}{50} = 5A$$

(56) 变压器和阻抗变换器

$$\frac{N_1}{N_2} = \sqrt{\frac{Z_1}{Z_2}}$$

$$Z_1 = n^2 \cdot Z_2$$

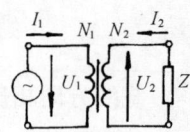

式中　Z_1——交流输入阻抗；
　　　Z_2——交流输出阻抗。

【例】　$Z_2 = 4\Omega$，$N_1 = 1000$，$N_2 = 100$。$Z_1 = ?$

【解】
$$Z_1 = \left(\frac{N_1}{N_2}\right)^2 \cdot Z_2 = \left(\frac{1000}{100}\right)^2 \cdot 4\Omega = 400\Omega$$

(57) 变压器中的功率关系

　　　　无损失时：$P_1 = P_2$

　　　　有损失时：$P_1 = P_2 + V_{Fe} + V_{Cu}$

　　　　效率　$\eta = \frac{P_2}{P_1}$

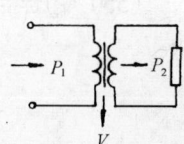

$$\eta = \frac{P_2}{P_2 + V_{Fe} + V_{Cu}}$$

式中 P_1、P_2——分别为输入功率、输出功率；
V_{Fe}——铁损；
V_{Cu}——铜损。

【例】 变压器 220/24V，$P_2 = 200W$，$\eta = 0.95$。$I_1 = ?$ $V = ?$

【解】 $P_1 = P_2/\eta = 200W/0.95 = 210.5W$

$$V = P_1 - P_2 = 210.5W - 200W = 10.5W$$

$$I_1 = P_1/U_1 = 210.5W/220V = 0.96A$$

(58) 变压器短路电压

$$u_k = 100\% \cdot \frac{U_k}{U}$$

$$I_{kD} = 100\% \cdot \frac{I_N}{U_k}$$

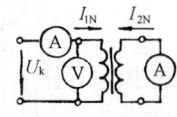

式中 u_k——相对短路电压，%；
U_k——短路电压，V；
U——标称电压；
I_{1N}、I_{2N}——输入标称电流、输出标称电流；
I_{kD}——长时间短路电流。

【例】 $U_k = 10V$，$U = 220V$，$u_k = ?$

【解】 $$u_k = 100\% \cdot \frac{U_k}{U} = 100\% \cdot \frac{10V}{220V} = 4.5\%$$

(59) 电场

$$E = \frac{U}{d}$$

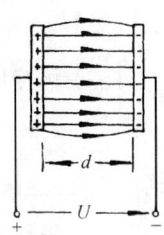

式中 E——电场强度，V/m；
U——外加电压，V；
d——极板间距离，m。

【例】 $U = 1000V$，$d = 1cm$。$E = ?$

【解】 $$E = \frac{U}{d} = \frac{1000V}{0.01m} = 10^5 \frac{V}{m}$$

(60) 电容器

$$C = \frac{Q}{U}$$

$$C = \varepsilon_0 \cdot \varepsilon_r \cdot \frac{A}{s}$$

$$\varepsilon_0 = 8.85 \cdot 10^{-12} \frac{As}{Vm}$$

式中 C——电容量，F；$1 \frac{As}{V} = 1F$；

相对介电常数 ε_r

材 料	ε_r
空气，真空	1
纸 张	1.8…2.6
玻 璃	2.0…16
云 母	4.0…8.0
电 木	4.8
水	40…80
钛氧化物	110
立方结构的铁淦氧	1000000

Q——电量，As；

U——电压，V；

ε_0——电场常数（真空介电常数）；

ε_r——相对介电常数；

A——极板面积；

s——极板间的距离。

【例】 $\varepsilon_r = 8, A = 5\text{cm}^2, s = 1\text{mm}。 C = ?$

【解】 $$C = 8.85 \cdot 10^{-12} \frac{\text{As}}{\text{Vm}} \cdot 8 \cdot \frac{5 \cdot 10^{-4} \text{m}^2}{10^{-3} \text{m}} = 35.4 \text{pF}$$

（61）电容器的并联

$$C = C_1 + C_2 + \cdots$$

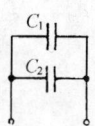

式中 C_1、C_2——各个电容器的电容量；

C——总电容量。

【例】 $C_1 = 20\mu\text{F}, C_2 = 70\mu\text{F}。$ 并联 $C = ?$

【解】 $C = C_1 + C_2 = 20\mu\text{F} + 70\mu\text{F} = 90\mu\text{F}$

（62）电容器的串联

$$\frac{1}{C} = \frac{1}{C_1} + \frac{1}{C_2} + \cdots$$

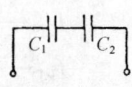

两个电容器串联时：

$$C = \frac{C_1 \cdot C_2}{C_1 + C_2}$$

【例】 $C_1 = 1\mu\text{F}, C_2 = 3\mu\text{F}。$ 串联 $C = ?$

【解】 $$C = \frac{1\mu\text{F} \cdot 3\mu\text{F}}{1\mu\text{F} + 3\mu\text{F}} = 0.75\mu\text{F}$$

（63）可变电容器

$$C = (n-1)\varepsilon_0 \cdot \varepsilon_r \cdot \frac{A}{s}$$

式中 n——极板片数。

（64）导线对地电容

$$C = \frac{\varepsilon_0 \cdot \varepsilon_r \cdot 2\pi \cdot l}{\ln\left(\frac{2h}{r}\right)}$$

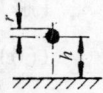

（65）双导线间的电容

$$C = \frac{\varepsilon_0 \cdot \varepsilon_r \cdot \pi \cdot l}{\ln\left(\frac{a}{r}\right)}$$

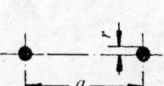

（66）线圈的时间常数

$$\tau = \frac{L}{R}$$

电源电压上跳：

$$i_L = \frac{U}{R}\left(1 - e^{-\frac{t}{\tau}}\right)$$

$$i_L = \frac{U}{R}\left(1 - e^{-\frac{R}{L}t}\right)$$

电源电压下跳至零：

$$i_L = \frac{U}{R} \cdot e^{-\frac{t}{\tau}}$$

$$i_L = \frac{U}{R} \cdot e^{-\frac{R}{L}t}$$

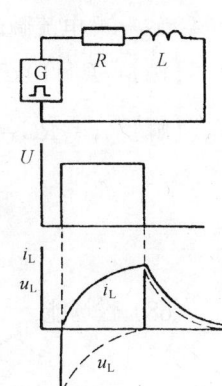

式中　τ——时间常数；

　　　L——线圈的电感；

　　　R——线圈的电阻；

　　　U——所加的电压；

　　　i_L——线圈电流瞬时值；

　　　t——电源电压上跳或下跳至零开始后的时间。

【例】　$R = 200\Omega, L = 0.5H, U = 10V$。$\tau = ?$ 电源电压上跳 $t = 4ms$ 后的 $i_L = ?$

【解】　$\tau = \frac{L}{R} = \frac{0.5H}{200\Omega} = 2.5ms$

$$\frac{t}{\tau} = \frac{4ms}{2.5ms} = 1.6, 1 - e^{-1.6} = 0.7981$$

$$i_L = \frac{U}{R}\left(1 - e^{-\frac{t}{\tau}}\right) = \frac{10V}{200\Omega} \cdot 0.7981 = 0.04A$$

(67) 电容器的时间常数

$$\tau = R \cdot C$$

电源电压上跳（充电）：

$$u_C = U\left(1 - e^{-\frac{t}{\tau}}\right)$$

$$u_C = U\left(1 - e^{-\frac{t}{R \cdot C}}\right)$$

$$i_C = \frac{U}{R} - e^{-\frac{t}{\tau}}$$

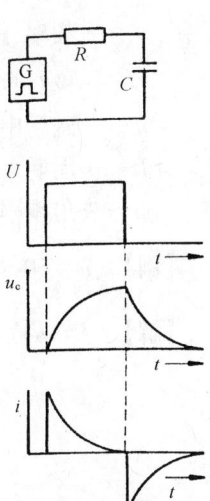

电源电压下跳至零（放电）：

$$u_C = U \cdot e^{-\frac{t}{\tau}}$$

$$u_C = U \cdot e^{-\frac{t}{RC}}$$

$$i_C = \frac{U}{R} - e^{-\frac{t}{\tau}}$$

式中　τ——时间常数；

　　　R——电阻；

　　　C——电容；

　　　u_C——电容器上电压的瞬时值；

　　　U——所加电压的幅值；

i_C——电流瞬时值。

【例】 $R=10\text{k}\Omega, C=1\mu\text{F}, U=10\text{V}$。$\tau=?$ 电源电压下跳至零 $t=5\text{ms}$ 后的 $u_C=?$

【解】 $\tau = RC = 10^4\Omega \cdot 10^{-6}\dfrac{\text{S}}{\Omega} = 10\text{ms}$

$$\dfrac{t}{\tau} = \dfrac{5\text{ms}}{10\text{ms}} = 0.5, e^{-0.5} = 0.61$$

$$u_C = Ue^{-\frac{t}{\tau}} = 10\text{V} \cdot 0.61 = 6.1\text{V}$$

(68) 磁场能

$$W_m = \dfrac{1}{2} L \cdot I^2$$

式中　L——电感；
　　　I——电流。

(69) 电场能

$$W_{el} = \dfrac{1}{2} C \cdot U^2$$

式中　C——电容量；
　　　U——电容器两极间的电压。

(70) 正弦波交流电的频率、周期、转速

$$f = p \cdot n$$
$$f = \dfrac{1}{T}, T = \dfrac{1}{f}$$
$$\omega = 2\pi \cdot f$$

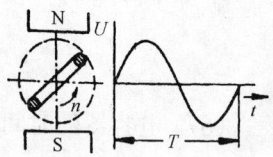

式中　f——频率，Hz，$1\text{Hz} = \dfrac{1}{1\text{s}}$；
　　　p——极对数；
　　　n——磁场中导线环的转速；
　　　T——周期；
　　　ω——角频率(圆频率)。

【例】 $n = 50\dfrac{1}{\text{s}}, p = 2$。$f = ?$ $T = ?$ $\omega = ?$

【解】 $f = p \cdot n = 2 \cdot 50\dfrac{1}{\text{s}} = 100\text{Hz}$

$$T = \dfrac{1}{f} = \dfrac{1}{100\text{Hz}} = 10\text{ms}$$

$$\omega = 2\pi \cdot f = 2\pi \cdot 100\text{Hz} = 628\dfrac{1}{\text{s}}$$

(71) 正弦波的瞬时值、最大值、峰-峰值、有效值

瞬时值：

$$u = U_m\sin\alpha, i = I_m\sin\alpha$$

峰-峰值：

$$U_{pp} = 2U_m, I_{pp} = 2I_m$$

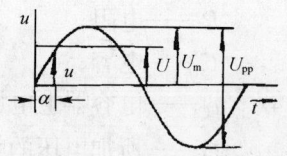

有效值：

$$U = \frac{U_m}{\sqrt{2}}, I = \frac{I_m}{\sqrt{2}}$$

式中　u、i——电压瞬时值、电流瞬值；
　　　U_m、I_m——电压最大值、电流最大值；
　　　U_{pp}、I_{pp}——电压峰-峰值、电流峰-峰值；
　　　U、I——电压有效值、电流有效值。

【例】　$U_m = 1V, \alpha = 30°$。$u = ?$ $U_{pp} = ?$ $U = ?$
【解】　$u = U_m \sin\alpha = 1V \cdot \sin 30° = 0.5V$
$U_{pp} = 2U_m = 2 \cdot 1V = 2V$

$$U = \frac{U_m}{\sqrt{2}} = \frac{1V}{\sqrt{2}} = 0.707V$$

(72) 视在功率(表观功率)，有功功率，无功功率，功率因数

视在功率：
$$S = U \cdot I, S = \sqrt{P^2 + Q^2}$$

有功功率：
$$P = U \cdot I \cos\varphi, P = \sqrt{S^2 - Q^2}$$

无功功率：
$$Q = U \cdot I \sin\varphi, Q = \sqrt{S^2 - P^2}$$

功率因数　$\cos\varphi = \dfrac{P}{S}$

无功因数　$\sin\varphi = \dfrac{Q}{S}$

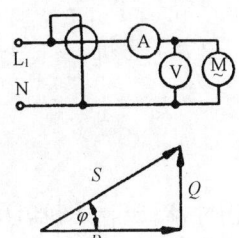

式中　S——视在功率；
　　　U、I——电压、电流；
　　　P——有功功率，W；
　　　Q——无功功率，Var。

【例】　$U = 220V, I = 1A, \cos\varphi = 0.8$。$S = ?$ $P = ?$ $Q = ?$
【解】　$S = U \cdot I = 220V \cdot 1A = 220VA$
$P = U \cdot I \cdot \cos\varphi = 220VA \cdot 0.8 = 176W$
$\cos\varphi = 0.8$ 时查得 $\sin\varphi = 0.6$
$Q = U \cdot I \cdot \sin\varphi = 220VA \cdot 0.6 = 132Var$

功率因数：
功率因数是真正功率(或瓦特)与视在功率(或伏安)之比，它以十进制的小数或百分数表示，例如功率因数 0.8 与功率因数 80% 都是同样的意思。在说明一个电路的功率因数时常常附带说明电流是超前还是滞后，一般以电压为参考量，例如说功率因数为 0.75 滞后，意思是

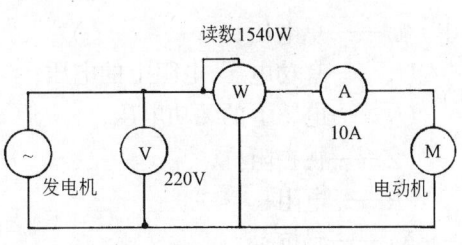

电流滞后于电压。功率因数的数值介于 0 和 1.0 之间,永远不会大于 1.0。

【例】 一单相电路,电流表的读数是 10A,电压表的读数是 220V,故视在功率 $S = 220V \cdot 10A = 2200VA$。但此时瓦特表的读数是 1540W,瓦特表显示的是真正功率(有功功率),故此单相电路的功率因数是:

$$功率因数 \cos\varphi = \frac{P}{S} = \frac{1540}{2200} = 0.7 \text{ 或 } 70\%$$

(73) 波长

$$\lambda = \frac{c}{f}$$

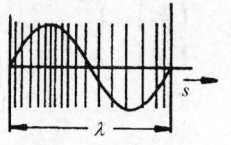

式中 λ——波长;
c——传播速度;
f——频率。

【例】 $f = 1MHz, c = 300000km/s$。$\lambda = ?$

【解】 $\lambda = \frac{c}{f} = \frac{0.3 \cdot 10^6 km/s}{10^6 \cdot 1/s} = 0.3km = 300m$

(74) 感抗

$$X_L = \omega \cdot L$$

$$X_L = \frac{U_L}{I_L}$$

式中 X_L——感抗,Ω;
ω——角频率,$\frac{1}{s}$;
L——电感,Ωs;
U_L——线圈上的电压;
I_L——流过线圈的电流。

【例】 $f = 10kHz, L = 5mH$。$X_L = ?$

【解】 $X_L = \omega \cdot L = 2\pi \cdot 10000Hz \cdot 5 \cdot 10^{-3}H = 314\Omega$

(75) 电阻和感抗串联

$$U = \sqrt{U_R^2 + U_L^2}$$

$$Z = \sqrt{R^2 + X_L^2}$$

$$I = \frac{U}{Z}$$

$$\cos\varphi = \frac{R}{Z} = \frac{U_R}{U}$$

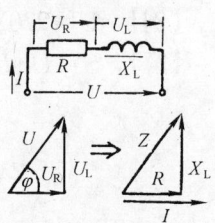

式中 U——总电压;
U_R——有功电压,电阻上的电压;
U_L——电感上的无功电压;
Z——视在阻抗;
R——电阻;
X_L——感抗;

I——电流；

φ——相移角。

【例】 $R=60\Omega$, $X_L=100\Omega$。$Z=?$ $\varphi=?$

$$Z=\sqrt{(60\Omega)^2+(100\Omega)^2}=116.6\Omega$$

$\cos\varphi=60\Omega/100\Omega=0.6$，查得 $\varphi=53°$

(76) 电阻和感抗并联

$$I=\sqrt{I_R^2+I_L^2}$$

$$Z=\frac{U}{I}$$

$$Y=\sqrt{G^2+B_L^2}$$

$$\frac{1}{Z}=\sqrt{\frac{1}{R^2}+\frac{1}{X_L^2}}$$

$$Z=\frac{R\cdot X_L}{\sqrt{R^2+X_L^2}}$$

$$\cos\varphi=\frac{G}{Y}=\frac{Z}{R}=\frac{I_R}{I}$$

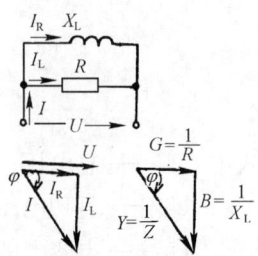

式中 I_R——有功电流；

I_L——无功电流；

Y——导纳；

G——电导；

B_L——感性电纳；

X_L——感抗；

φ——相移角。

【例】 $R=10\Omega$, $X_L=20\Omega$, $U=10V$。$Z=?$

【解】 $I_R=\dfrac{U}{R}=\dfrac{10V}{10\Omega}=1A$, $I_L=\dfrac{10V}{20\Omega}=0.5A$

$$I=\sqrt{1^2+0.5^2}A=1.12A$$

$$Z=U/I=10V/1.12A=8.94\Omega$$

(77) 容抗

$$X_C=\frac{1}{\omega\cdot C}$$

$$X_C=\frac{U_C}{I_C}$$

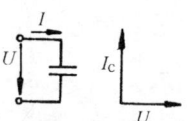

式中 X_C——容抗，Ω；

ω——角频率；

C——电容；

U_C——电容器上的电压；

I——流过电容器的电流。

【例】 $f = 10\text{kHz}, C = 0.1\mu\text{F}$。$X_C = ?$

【解】 $X_C = \dfrac{1}{\omega \cdot C} = 1 \Big/ \left(2\pi \cdot 10^4 \dfrac{1}{\text{s}} \cdot 10^{-7} \dfrac{\text{s}}{\Omega}\right) = 159\Omega$

(78) 电阻和容抗串联

$$U = \sqrt{U_R^2 + U_C^2}$$

$$Z = \sqrt{R^2 + X_C^2}$$

$$I = \dfrac{U}{Z}$$

$$\cos\varphi = \dfrac{R}{Z} = \dfrac{U_R}{U}$$

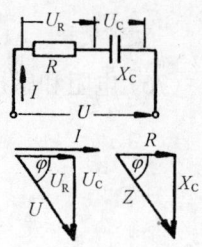

式中　U——总电压；

　　　U_R——有功电压，电阻上的电压；

　　　U_C——电容上的无功电压；

　　　Z——视在阻抗；

　　　R——电阻；

　　　X_C——容抗；

　　　I——电流；

　　　φ——相移角。

【例】 $R = 80\Omega, X_C = 120\Omega$。$Z = ?$　$\varphi = ?$

【解】 $Z = \sqrt{R^2 + X_C^2} = \sqrt{(80\Omega)^2 + (120\Omega)^2} = 144\Omega$

$\cos\varphi = \dfrac{R}{Z} = \dfrac{80\Omega}{144\Omega} = 0.56$，查得 $\varphi = 56°$

(79) 电阻和容抗并联

$$I = \sqrt{I_R^2 + I_C^2}$$

$$Z = \dfrac{U}{I}$$

$$Y = \sqrt{G^2 + B_C^2}$$

$$\dfrac{1}{Z} = \sqrt{\dfrac{1}{R^2} + \dfrac{1}{X_C^2}}$$

$$Z = \dfrac{R \cdot X_C}{\sqrt{R^2 + X_C^2}}$$

$$\cos\varphi = \dfrac{G}{Y} = \dfrac{Z}{R} = \dfrac{I_R}{I}$$

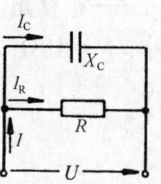

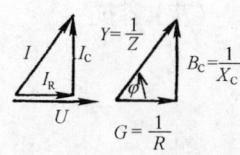

式中　I——总电流；

　　　I_R——有功电流，流过电阻的电流；

　　　I_C——无功电流；

　　　Z——视在阻抗；

　　　U——外加电压；

Y——导纳；

G——电导；

B_C——容性电纳；

R——电阻；

X_C——容抗；

φ——相移角。

【例】 $I_R = 0.5\text{A}, I_C = 1.2\text{A}$。$I = ?$

【解】 $I = \sqrt{I_R^2 + I_C^2} = \sqrt{0.5^2 + 1.2^2}\text{A} = 1.3\text{A}$

(80) 电容器的损失因数

按电容器的等效电路得：

$$\tan\delta = \frac{G_p}{B_C}$$

$$\tan\delta = \frac{X_C}{R_p}$$

$$\delta = 90° - \varphi$$

$$Q = \frac{1}{\tan\delta} = \frac{1}{d}$$

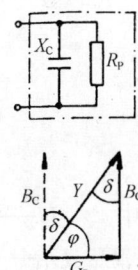

式中 $\tan\delta$——损失因数；

G_p——有功电导；

B_C——容性电纳；

R_p——电阻；

X_C——容抗；

δ——损失角；

φ——相移角（U、I 之间）；

Q——品质因数。

【例】 $X_C = 500\Omega, R_p = 100\text{k}\Omega$。$\tan\delta = ?$ $Q = ?$

【解】 $\tan\delta = \dfrac{X_C}{R_p} = \dfrac{500\Omega}{100000\Omega} = 0.005$，查得 $\angle\delta = 0.29°$

$$Q = \frac{1}{\tan\delta} = \frac{1}{0.005} = 200$$

(81) 线圈的损失因数

按线圈的等效电路得：

$$\tan\delta = \frac{R}{X_L} = d$$

$$\delta = 90° - \varphi$$

$$Q = \frac{1}{\tan\delta} = \frac{1}{d}$$

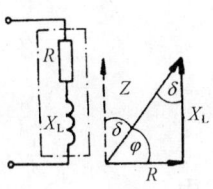

式中 $\tan\delta, d$——损失因数；

R——电阻；

X_L——感抗；

φ——U 与 I 之间的相移角；

δ——损失角；

Q——品质因数。

【例】 $R=2\Omega, X_L=80\Omega$。$\tan\delta=?$

【解】 $\tan\delta = R/X_L = 2\Omega/80\Omega = 0.025, \angle\delta = 1.43°$

(82) 电阻、感抗和容抗的串联

$$U = \sqrt{U_R^2 + (U_L - U_C)^2}$$

$$Z = \sqrt{R^2 + (X_L - X_C)^2}$$

$$X = X_L - X_C$$

$$I = \frac{U}{Z}$$

$$\cos\varphi = \frac{R}{Z} = \frac{U_R}{U}$$

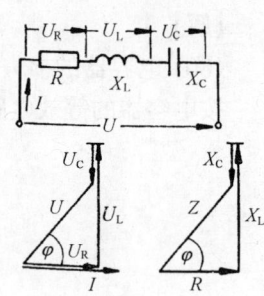

式中　　U——总电压；

U_R、U_L、U_C——分别为电阻、电感、电容上的电压；

Z——视在阻抗；

R、X_L、X_C——分别为电阻、感抗、容抗；

X——电抗；

φ——相移角。

【例】 $R=100\Omega, X_L=180\Omega, X_C=40\Omega$。$Z=?$

【解】 $Z = \sqrt{100^2 + (180-40)^2}\Omega = 172\Omega$

$\cos\varphi = R/Z = 0.58, \varphi = 54.5°$

(83) 电阻、感抗和容抗的并联

$$I = \sqrt{I_R^2 + (I_L - I_C)^2}$$

$$Z = \frac{U}{I}$$

$$Y = \sqrt{G^2 + (B_L - B_C)^2}$$

$$\frac{1}{Z} = \sqrt{\frac{1}{R^2} + \left(\frac{1}{X_L} - \frac{1}{X_C}\right)^2}$$

$$Z = \frac{R \cdot X}{\sqrt{R^2 + X^2}}, \text{其中 } X = \frac{X_L \cdot X_C}{X_L - X_C}$$

$$\cos\varphi = \frac{G}{Y} = \frac{Z}{R} = \frac{I_R}{I}$$

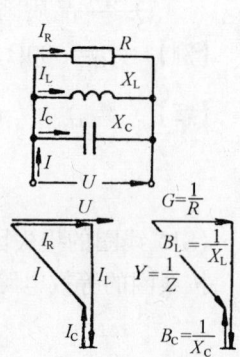

式中　　I——总电流；

I_R、I_L、I_C——分别为电阻电流、感性电流、容性电流；

Y、G——分别为导纳、电导；

B_L、B_C——分别为感性电纳、容性电纳；

Z、U、R、X_L、X_C、X、φ——意义同上一节。

【例】 $I_R=1\text{A}, I_L=2\text{A}, I_C=0.5\text{A}$。$I=?$

【解】 $I=\sqrt{I_R^2+(I_L-I_C)^2}=\sqrt{1^2+(2-0.5)^2}\text{A}=1.8\text{A}$

(84) 串联谐振电路

$$Z=\sqrt{R_V^2+(X_L-X_C)^2}$$

谐振时：

$$X_L=X_C$$

$$\omega_0 L=\frac{1}{\omega_0 C}$$

$$f_0=\frac{1}{2\pi\sqrt{LC}}$$

$$Z_0=R_v$$

$$Q=\frac{X_L}{R_v}=\frac{X_C}{R_v}$$

$$Q=\frac{1}{R_v}\sqrt{\frac{L}{C}}$$

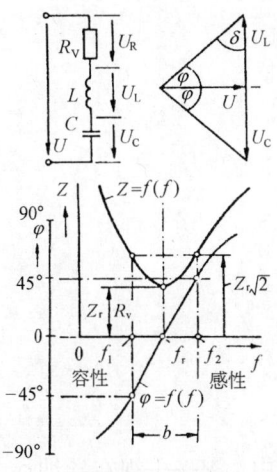

$$Q=\frac{1}{d}=\frac{1}{\tan\delta}$$

$$\Delta f=f_0/Q$$

$$\Delta f=f_2-f_1$$

式中 Z——视在阻抗；

R_v——线圈的损失电阻；

X_L、X_C——分别为感抗、容抗；

L——电感；

C——电容；

f_0——谐振频率；

Z_r——谐振阻抗；

Q——品质因数；

$d=\tan\delta$——衰减因数（损失因数）；

Δf——带宽；

f_1、f_2——分别为下限频率、上限频率。

【例】 $L=0.1\text{mH}, C=10\text{nF}, R_v=10\Omega$。$f_0=?$ $Z=?$

【解】 $f_0=\dfrac{1}{2\pi\sqrt{LC}}=\dfrac{1}{6.28\sqrt{10^{-4}\Omega\text{s}\cdot10^{-8}\frac{\text{s}}{\Omega}}}=159\text{kHz}$

$$Z=R_v=10\Omega$$

(85) 并联谐振电路

$$Y = \sqrt{G^2 + (B_L - B_C)^2}$$

当谐振时:

$$B_L = B_C$$

$$\omega_0 L = \frac{1}{\omega_0 C}$$

$$f_0 = \frac{1}{2\pi \sqrt{LC}}$$

$$Z_0 = R_p$$

$$Q = \frac{R_p}{X_L} = \frac{R_p}{X_C}$$

$$Q = R_p \sqrt{\frac{C}{L}}$$

$$d = \frac{1}{Q}$$

$$\Delta f = f_2 - f_1$$

$$\Delta f = \frac{f_0}{Q}$$

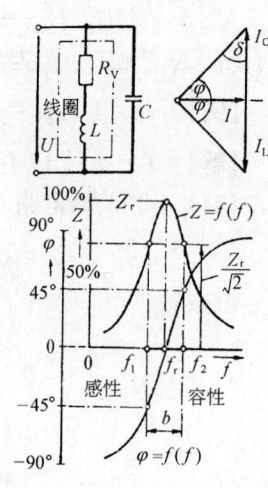

式中 Y——视在导纳;
G——电导;
B_L、B_C——分别为感性电纳、容性电纳;
Z_r——谐振阻抗;
R_p——并联电阻。

【例】 $L = 0.1\text{mH}, C = 10\text{nF}, R_p = 10\text{k}\Omega$。 $f_0 = ?$ $Z_r = ?$ $Q = ?$

【解】 $f_0 = \dfrac{1}{2\pi \sqrt{LC}} = \dfrac{1}{6.28\sqrt{10^{-4}\Omega\text{s} \cdot 10^{-8}\dfrac{\text{s}}{\Omega}}} = 159\text{kHz}$

$$Z_r = R_p = 10\text{k}\Omega$$

$$Q = R_p \sqrt{\frac{C}{L}} = 10000\Omega \sqrt{\frac{10^{-8}\dfrac{\text{s}}{\Omega}}{10^{-4}\Omega\text{s}}} = 100$$

(86) 线圈有损失电阻的并联谐振电路

$$R_p \approx \frac{L}{C \cdot R_v} = \frac{X_L^2}{R_v} = \frac{X_C^2}{R_v}$$

$$R_p \approx Q^2 \cdot R_v$$

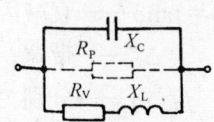

【例】 $L = 0.1\text{mH}, C = 10\text{nF}, R_v = 10\Omega$。 $R_p = ?$

【解】 $R_p \approx \dfrac{L}{C \cdot R_v} = \dfrac{10^{-4}\Omega\text{s}}{10^{-8}\dfrac{\text{s}}{\Omega} \cdot 10\Omega} = 1000\Omega$

(87) RC 低通滤波器

$$f_g = \frac{1}{2\pi RC}$$

$$\frac{U_2}{U_1} = \frac{1}{\sqrt{R^2\omega^2C^2+1}}$$

$$\tan\varphi = R\omega C$$

f_g——截止频率；

R——电阻；

C——电容；

U_1——输入电压；

U_2——输出电压；

φ——U_1 与 U_2 之间的相移角。

【例】 低通滤波器的 $R=1\text{k}\Omega, C=0.1\mu\text{F}, f_g=?$

【解】 $f_g = \dfrac{1}{2\pi RC} = \dfrac{1}{6.28\times 10^3 \times 0.1 \times 10^{-6}} = 1592\text{Hz}$

(88) RC 高通滤波器

$$f_g = \frac{1}{2\pi RC}$$

$$\frac{U_2}{U_1} = \frac{1}{\sqrt{\dfrac{1}{R^2\omega^2C^2}+1}}$$

$$\tan\varphi = \frac{1}{R\omega C}$$

(89) RL 低通滤波器

$$f_g = \frac{R}{2\pi L}$$

$$\frac{U_2}{U_1} = \frac{1}{\sqrt{\left(\dfrac{\omega L}{R}\right)^2+1}}$$

$$\tan\varphi = \frac{\omega L}{R}$$

(90) RL 高通滤波器

$$f_g = \frac{R}{2\pi L}$$

$$\frac{U_2}{U_1} = \frac{1}{\sqrt{\left(\dfrac{R}{\omega L}\right)^2+1}}$$

$$\tan\varphi = \frac{R}{\omega L}$$

(91) LC 低通滤波器

$$\omega_g = \frac{1}{\sqrt{LC}}$$

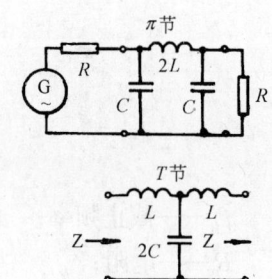

$$Z_0 = \sqrt{\frac{L}{C}}$$

$$L = \frac{Z_0}{\omega_g}$$

$$C = \frac{1}{\omega_g \cdot Z_0}$$

$$t = \frac{1}{2f_g}$$

对 π 型：$R = 0.8 Z_0$

对 T 型：$R = 1.25 Z_0$

（简化计算可令 $R = Z_0$）

ω_g——角频率；

f_g——截止频率；

L——半节的电感；

C——半节的电容；

Z_0——π 型或 T 型的波阻抗；

t——时延；

R——输出电阻或输入电阻。

【例】 π 型和 T 型滤波器，$f_g = 2\text{kHz}, R = 1\text{k}\Omega, L = ?\ C = ?$

【解】 π 型：

$$Z_0 = \frac{R}{0.8} = \frac{1\text{k}\Omega}{0.8} = 1.25\text{k}\Omega$$

$$L = \frac{Z_0}{\omega_g} = \frac{1.25\text{k}\Omega}{2\pi \cdot 2\text{kHz}} = 100\text{mH}$$

$$C = \frac{1}{\omega_g \cdot Z_0} = \frac{1}{2\pi \cdot 2\text{kHz} \cdot 1.25\text{k}\Omega} = 0.06\mu\text{F}$$

T 型：

$$Z_0 = \frac{R}{1.25} = \frac{1\text{k}\Omega}{1.25} = 800\Omega$$

$$L = \frac{Z_0}{\omega_g} = \frac{800\Omega}{2\pi \cdot 2\text{kHz}} = 64\text{mH}$$

$$C = \frac{1}{\omega_g \cdot Z_0} = \frac{1}{2\pi \cdot 2\text{kHz} \cdot 800\Omega} = 0.1\mu\text{F}$$

(92) LC 高通滤波器

（计算公式同上）

(93) 星形（或 Y 形）联接的三相发电机

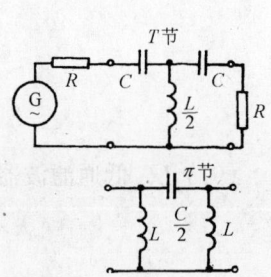

$$I = I_p$$

$$U = \sqrt{3} U_p, U_p = \frac{U}{\sqrt{3}}, U_1 = U_p$$

$$I_N = 0 = \sqrt{(I_{p1})^2 + (I_{p2})^2 + (I_{p3})^2 - I_{p1} \cdot I_{p2} - I_{p2} \cdot I_{p3} - I_{p3} \cdot I_{p1}}$$

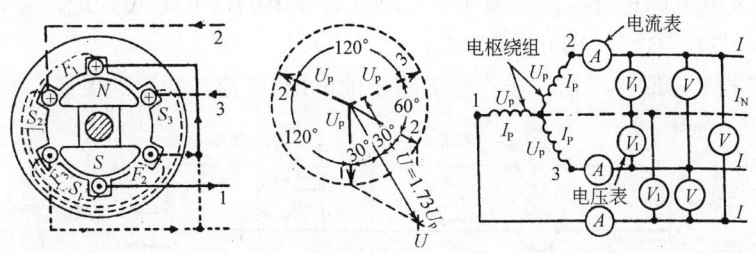

(a)发电机绕组的联接(箭头表示某一瞬时的电势方向和电流方向);
(b)向量图(有效值);(c)各部分的电压和电流(有效值)

式中 　　I——线电流;

　　　　I_p——相(绕组)电流;

　　　　I_N——中线电流;

　　I_{p1}、I_{p2}、I_{p3}——分别为相1、相2、相3的电流;

　　　　U——线电压;

　　　　U_p——相(绕组)电压;

　　　　U_1——相线与中线间的电压。

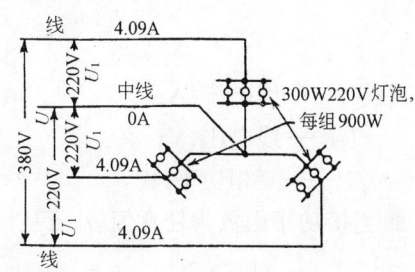

【例】 300W、220V的灯泡共三组,以丫形联接法接于三相电源电网,问电网的线电压应为多少伏?线电流为多少安?

【解】 $U = \sqrt{3} U_p = 1.73 \cdot 220V = 380V$

$$I = I_p = \frac{900W}{220V} = 4.09A$$

(94)三角形(或△形)联接的三相发电机

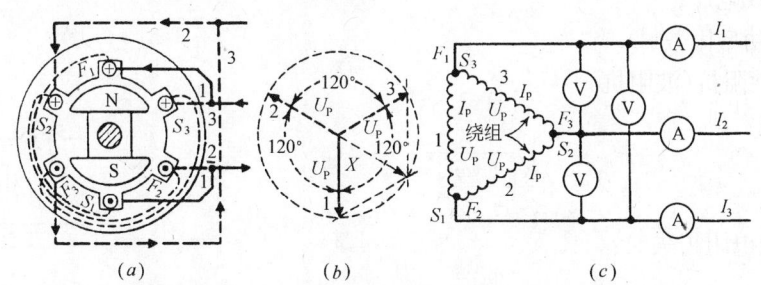

(a)发电机绕组的联接(箭头表示某一瞬时的电势方向和电流方向);
(b)向量图(有效值);(c)各部分的电压和电流(有效值)

$$I = \sqrt{3} I_p$$

$$I_p = \frac{I}{\sqrt{3}} = 0.577 I$$

$$U = U_p$$

式中 　I——线电流;

　　　I_p——相电流;

　　　U——线电压;

　　　U_p——相(绕组)电压。

【例】 若发电机的相绕组能载流100A,问此时输出的线电流是多少安?

【解】 $I=\sqrt{3}I_p=1.73 \cdot 100A=173A$

(95) △形或丫形联接平衡三线三相电路中的电压、电流和功率的关系

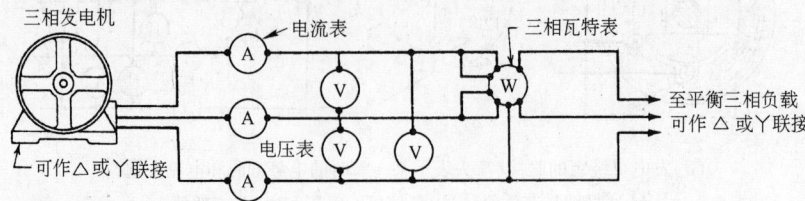

当接功率因数为1的负载时:
$$I=\frac{P}{\sqrt{3}U},\quad U=\frac{P}{\sqrt{3}I},\quad P=\sqrt{3}UI$$

式中　I——线电流,A;
　　　U——线电压,V;
　　　P——三相功率,W。

当接功率因数为任意值(小于1)的负载时:
$$功率因数\ \cos\varphi=\frac{P}{\sqrt{3}UI}$$
$$U=\frac{P}{\sqrt{3}I\cos\varphi}$$
$$I=\frac{P}{\sqrt{3}U\cos\varphi}$$

式中　I——线电流;
　　　U——线电压;
　　　$\cos\varphi$——功率因数。

(96) 特性阻抗(波阻抗)

一般情况:
$$Z=\sqrt{\frac{R'+j\omega L'}{G'+j\omega C'}}$$

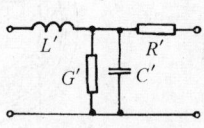

忽略导线电阻损失时:
$$Z=\sqrt{\frac{L'}{C'}}$$
$$Z=\frac{U}{I}$$

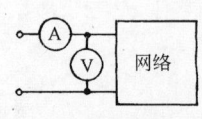

低频电缆的特性阻抗:
$$Z=\sqrt{\frac{R'}{\omega C'}}$$
$$\alpha=\sqrt{\frac{\omega R'C'}{2}}$$

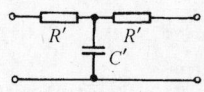

高频导线及电缆的特性阻抗:
$$Z=\sqrt{\frac{L}{C}}$$

式中 Z——特性阻抗；
L'——每千米导线电感；
C'——每千米线路电容；
R'——每千米导线电阻；
G'——每千米线路电导；
U——特性电压(测量点的电压)；
I——特性电流(测量点的电流)；
ω——传输的角频率；
α——衰减常数，N_p/km。

【例】 电缆的 $R'=100\Omega/km$，$f=1000Hz$，$C'=32nF/km$。$Z=?$ $\alpha=?$

【解】 $Z=\sqrt{\dfrac{R'}{\omega C'}}=\sqrt{\dfrac{100\Omega\cdot\Omega}{2\pi\cdot 1000\,\dfrac{1}{s}\cdot 32\cdot 10^{-9}s}}=700\Omega$

$\alpha=\sqrt{\dfrac{2\pi\cdot 1000\,1/s\cdot 100\Omega/km\cdot 32nF/km}{2}}=0.1N_p/km$

(97) 高频电缆的特性阻抗

1) 对称双导线(扁电缆)

$$Z\approx\dfrac{120}{\sqrt{\varepsilon_r}}\cdot\ln\dfrac{2a}{d}$$

$$Z\approx\dfrac{276}{\sqrt{\varepsilon_r}}\cdot\lg\dfrac{2a}{d}$$

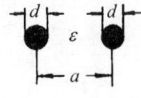

2) 同轴电缆

$$Z\approx\dfrac{60}{\sqrt{\varepsilon_r}}\cdot\ln\dfrac{D}{d}$$

$$Z\approx\dfrac{138}{\sqrt{\varepsilon_r}}\cdot\lg\dfrac{D}{d}$$

3) 对称双芯电缆

$$Z\approx\dfrac{120}{\sqrt{\varepsilon_r}}\ln\left\{\dfrac{2a[1-(a/D)^2]}{d[1+(a/D)^2]}\right\}$$

$$Z\approx\dfrac{276}{\sqrt{\varepsilon_r}}\lg\left\{\dfrac{2a[1-(a/D)^2]}{d[1+(a/D)^2]}\right\}$$

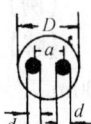

式中 Z——特性阻抗；
ε_r——相对介电常数(空气的 $\varepsilon_r\approx 1$)。

1.2.2 常用电气计算图

1. 欧姆定律计算图

图 1.2.2-1 说明电压、电流、电阻及功率之间的关系，即欧姆定律计算图。图中，电阻作为等值对角线从左至右绘入，电阻值从左上部向右下部逐渐增大；功率值也是以对角线绘入，但从左下部向右上部逐渐增大；电流标在 Y 轴上，数值从 0.1~1000mA；电压标在 X 轴上，数值从 1 至 10000V。

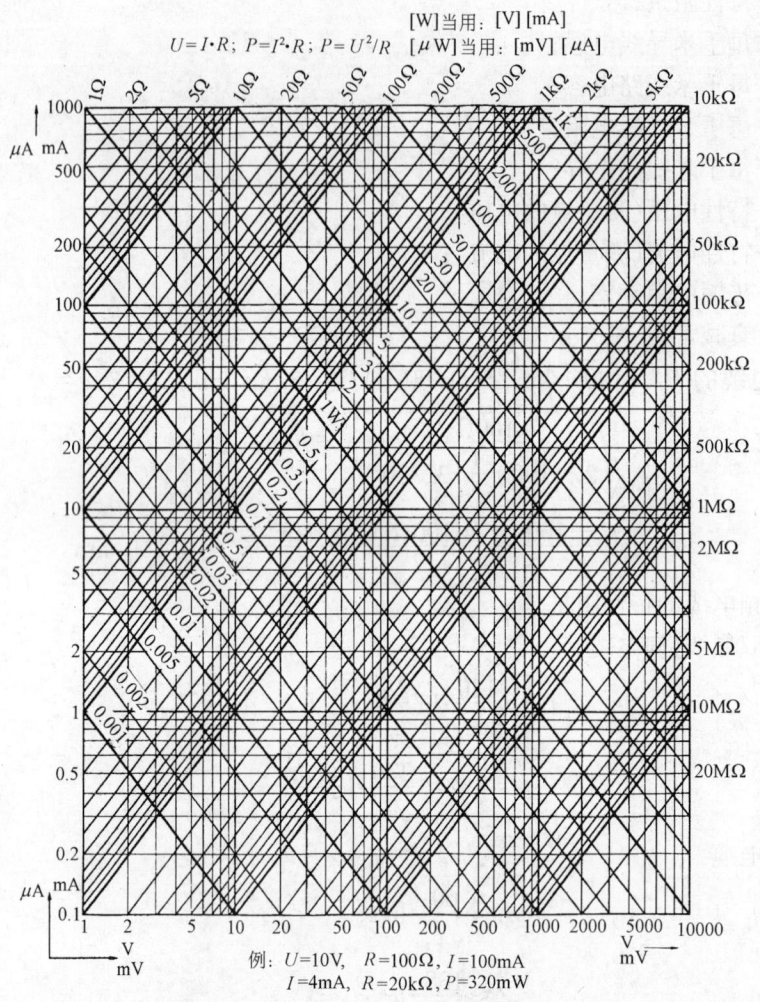

图 1.2.2-1　电压、电流、电阻及功率计算图

【例】 $U=10\text{V}, R=100\Omega, I=?$

【解】 10V 的垂线向上与代表 100Ω 斜线相交,从交点向左至电流标度,读出数值 100mA。

如果已知 $U=10\text{V}$ 及 $I=100\text{mA}$,求电阻值,则可从电流标度 100mA 向右,至 10V 垂线的交点读出电阻值为 100Ω。仿此,可从 R 和 I 求 U 及电功率 P(在此例中,通过 10V—100Ω—100mA 直线与 1W 的功率对角线相变,此时功率便是 1W)。

2. 电阻、功率及电压的关系计算图

图 1.2.2-2 是电阻、功率及电压的关系计算图,也是欧姆定律计算图的一种。用法举例:放大器的输出功率经馈线接至扬声器组,若放大器为定压输出 100V,扬声器组需要 150W,从图中即可读出扬声器组应有的等效电阻为 66.6Ω。

3. 电磁波的频率-波长计算图

图 1.2.2-3 所示是电磁波的波段划分范围以及频率与波长的对应关系。更详细的频

率-波长计算图见图1.2.2-4。

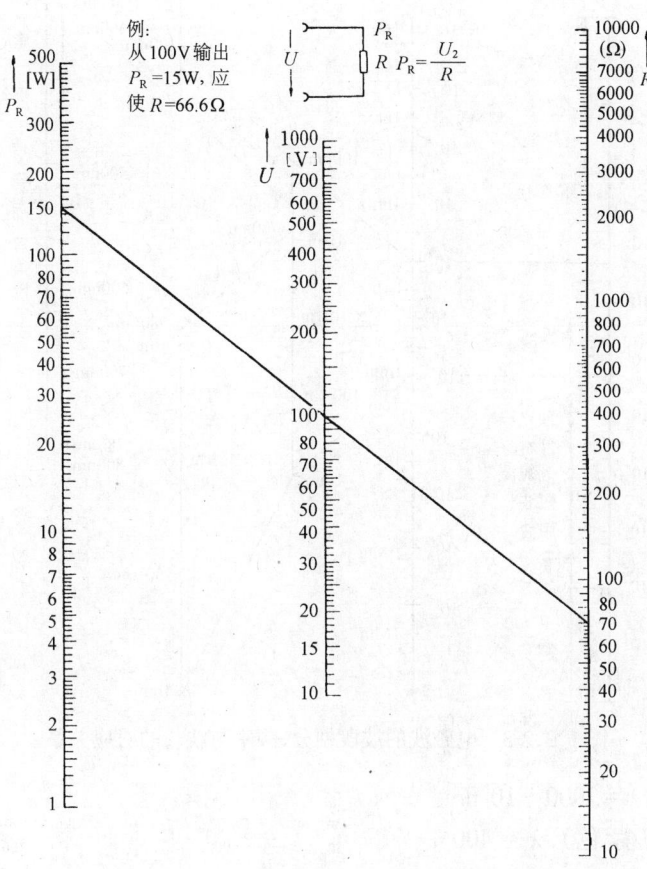

图1.2.2-2 电阻、功率及电压的关系计算图

电力工程使用频率，$f = 16\frac{2}{3} \sim 60$Hz

声频，$f = 16 \sim 20$kHz

超声，16kHz以上

万米波(超长波)，$\lambda = 10 \sim 100$km，甚低频 VLF

千米波(长波)，$\lambda = 1 \sim 10$km，低频 LF

百米波(中波)，$\lambda = 100 \sim 1000$m，中频 MF

十米波(短波)，$\lambda = 10 \sim 100$m，高频 HF

米波(超短波)，$\lambda = 1 \sim 10$m，甚高频 VHF

分米波，$\lambda = 1 \sim 10$dm，特高频 UHF

厘米波，$\lambda = 1 \sim 10$cm，超高频 SHF

毫米波，$\lambda = 1 \sim 10$mm，极高频 EHF

红外线：

A段，近红外，$\lambda = 780 \sim 1400$nm

B段，中红外，$\lambda = 1400 \sim 3000$nm

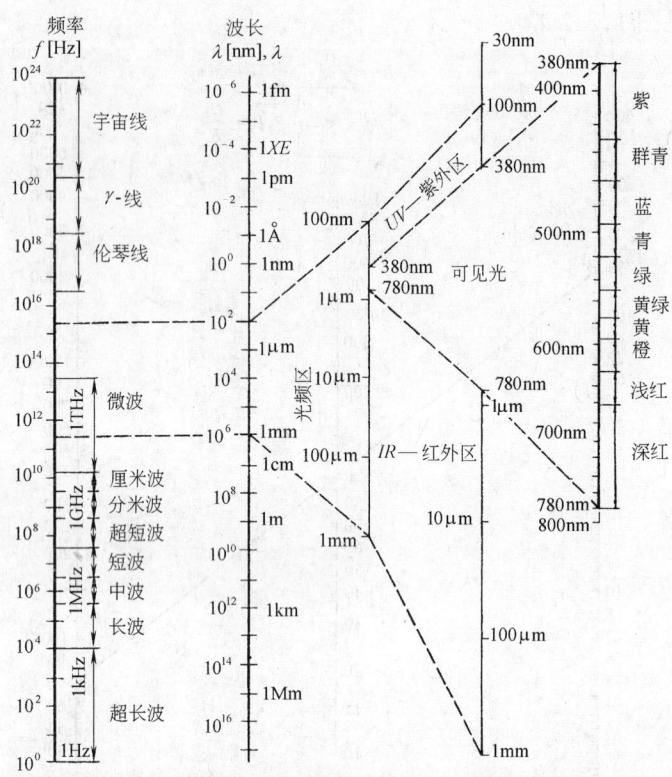

图 1.2.2-3 电磁波的波段划分,频率与波长的对应关系

C 段,远红外,$\lambda = 3000 \sim 10^6 \text{nm}$

可见光(红色/紫色),$\lambda = 400 \sim 800\text{nm}$

紫外线：

A 段,近紫外,$\lambda = 315 \sim 380 \text{nm}$

B 段,远紫外,$\lambda = 280 \sim 315 \text{nm}$

C 段,甚远紫外,$\lambda = 10 \sim 280 \text{nm}$

$1\text{Å} = 10^{-8}\text{cm}, 1\text{XE} = 10^{-11}\text{cm}$

频率与波长的换算公式：

$$\lambda = \frac{c}{f}$$

$c = 2.99792 \cdot 10^8 \, \frac{\text{m}}{\text{s}}$（电磁波在真空中的传播速度）

4. 频率—波长计算图

图 1.2.2-4 着重于波长从 30000m 至 0.3m(频率从 10kHz 至 1000MHz)一段电磁波的波长与频率的换算,是图 1.2.2-3 在这段波长范围的放大图,可以直接读得精确的数值。

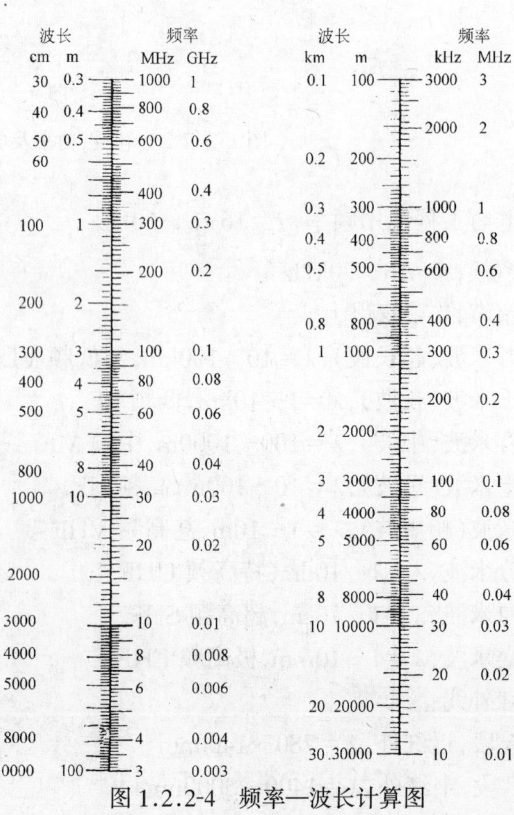

图 1.2.2-4 频率—波长计算图

在图1.2.2-4中,垂线标度的两边分别标写波长和频率,可从其中一个已知数值直接读出另一个求解的数值,例如,频率300MHz标度上相对的波长就是1m,波长5000m的频率标度上相对的频率为60kHz。

5. 电抗计算图

图1.2.2-5专门用于低频电路电容器和铁芯线圈的设计,求出电容器和线圈的无功电抗。就是说,此计算图相当于公式:$X_C = \dfrac{1}{2\pi f \cdot C}$ 及 $X_L = 2\pi f \cdot L$

图中左边垂线的标度上标有 C 值和 L 值,右边垂线的标度上标有频率分度。所求的电抗值可从中间垂线的标度上读出,中间垂线的左侧绘有 X_C 的分度,右侧绘有 X_L 的分度。

如果左边垂线所给的电容量及电感量不够用,则可将刻度值乘以10或100,同时对中间垂线的刻度值也作同样的比例变化,也就是说,对 X_L 值乘以同样的因数,对 X_C 则除以同样的因数,例如:$f=50$Hz,$C=2\mu$F,$X_C=1.6$kΩ;当 $C=20\mu$F时,$X_C=1.6$kΩ除以10,得160Ω;当 $C=200\mu$F时,$X_C=1.6$kΩ除以100,得16Ω。

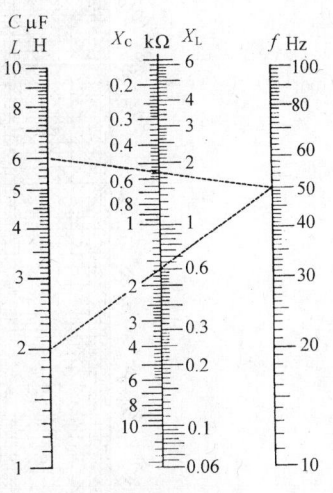

图1.2.2-5 电抗计算图

又例如:$f=50$Hz,X_L为1.9kΩ,$L=$?这时直线与左边垂线的交点是6H,这就是电抗值为1.9kΩ的线圈的电感值。

6. 电感、电容、频率、电抗综合计算图

图1.2.2-6是电感、电容、频率和电抗值综合在一起的在实际工作中十分有用的计算图,即著名的 L—C—X_L—X_C—f 计算图。利用此图可迅速查得振荡电路所需的 L 值和 C 值,还可查得电抗 X_L、容抗 X_C、谐振频率、极限频率等。

举例应用如下:

(1) $f=100$kHz,$C=500$pF,$X_C=$?

在100kHz线上向左,与代表500pF线相交,交点对下在 R 标度上读得3.2kΩ。

(2) 当 $f=100$kHz 和 $C=500$pF 时,振荡回路线圈的电感应是多大?

在100kHz/500pF线交点上沿 L 斜线读得5mH。

(3) 如果极限频率取5MHz,与3kΩ电阻并联的电容量是多大?

沿3kΩ线向上,与5MHz线之交点上读得10pF。

如果换用线圈,出现同样的极限频率的电感应为100μH。

(4) 500μH的电感与50~500pF的可变电容并联,问谐振频率包括多大的范围?

在500μH/500pF线的交点可读得谐振频率约350kHz,又在500μH/50pF线的交点读得谐振频率1MHz。故谐振频率变量 $\Delta f = 1000$kHz-350kHz$=650$kHz。

(5) 一个200kΩ与5nF的 RC 电路的极限频率是多大?

在200kΩ/5nF线交点上读得约160Hz。

7. 滤波系数计算图

这里所说的 LC-滤波器及 RC-滤波器(即低通滤波器)主要用于电源整流器中,其作用

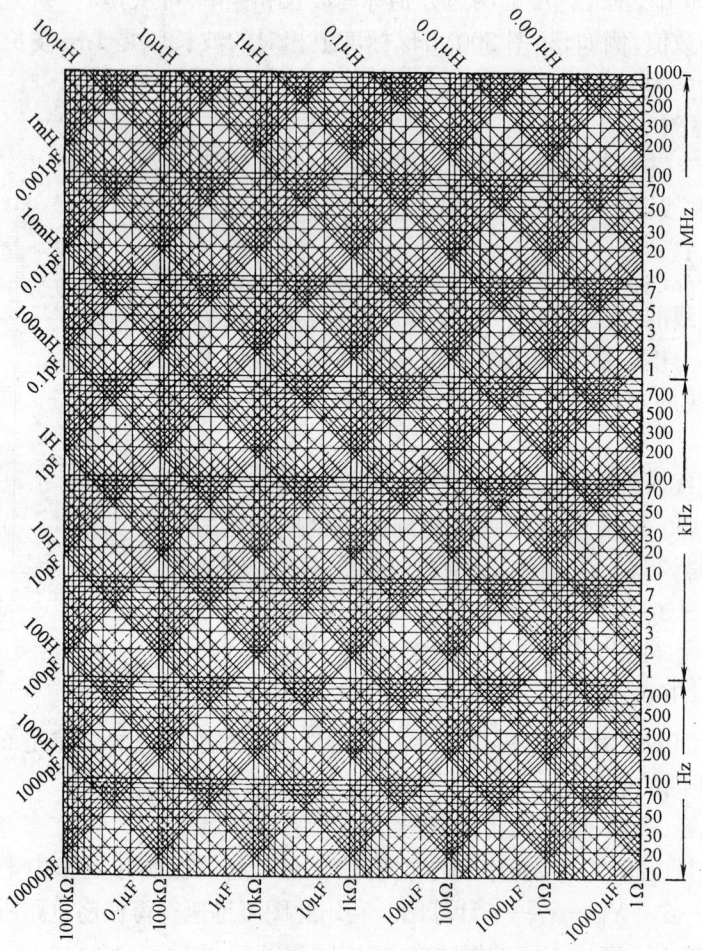

图 1.2.2-6　电感、电容、频率、电抗综合计算图

是降低叠加在直流电压上的交流分量。LC-滤波器或 RC-滤波器的"滤波系数"K 是滤波器的输入电压波动系数与输出电压波动系数之比,可从图 1.2.2-7 中迅速查出。图中,L 与 C 的乘积及 R 与 C 的乘积标在 X 轴上,滤波器的滤波系数标在 Y 轴上。

例如,一个 $250\mu F$ 的电解电容和一个 2H 的线圈电感,其乘积是 500,我们可从 X 轴上的 500 向上,与 50Hz(单相半波整流电路)斜线相交,交点向左的 Y 轴上标写有滤波系数 K 为 50;如果与 100Hz(单相全波整流或单相桥式整流)斜线相交,交点向左的 Y 轴上标写有滤波系数 K 为 200。又例如,以 $1k\Omega$ 和 $100\mu F$ 组成 RC 滤波器,对 50Hz 的滤波系数为 30,对 100Hz 为 60。

8. 元件的并联和串联计算图

图 1.2.2-8 是两个电阻并联、或两个电感并联、或两个电容串联的计算图,利用此计算图可以迅速读得计算结果。

$$电阻并联: \frac{1}{R} = \frac{1}{R_1} + \frac{1}{R_2}, 或 G = G_1 + G_2 (G 为电导值)$$

1.2 电工技术常用计算公式和计算图表

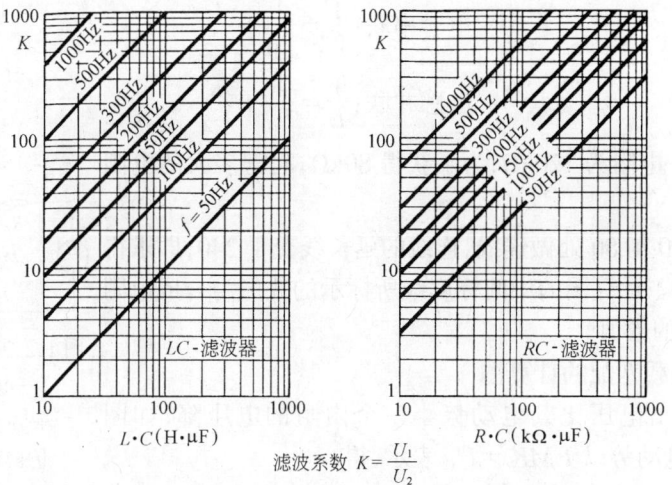

滤波系数 $K = \dfrac{U_1}{U_2}$

图 1.2.2-7 低通滤波器滤波系数计算图

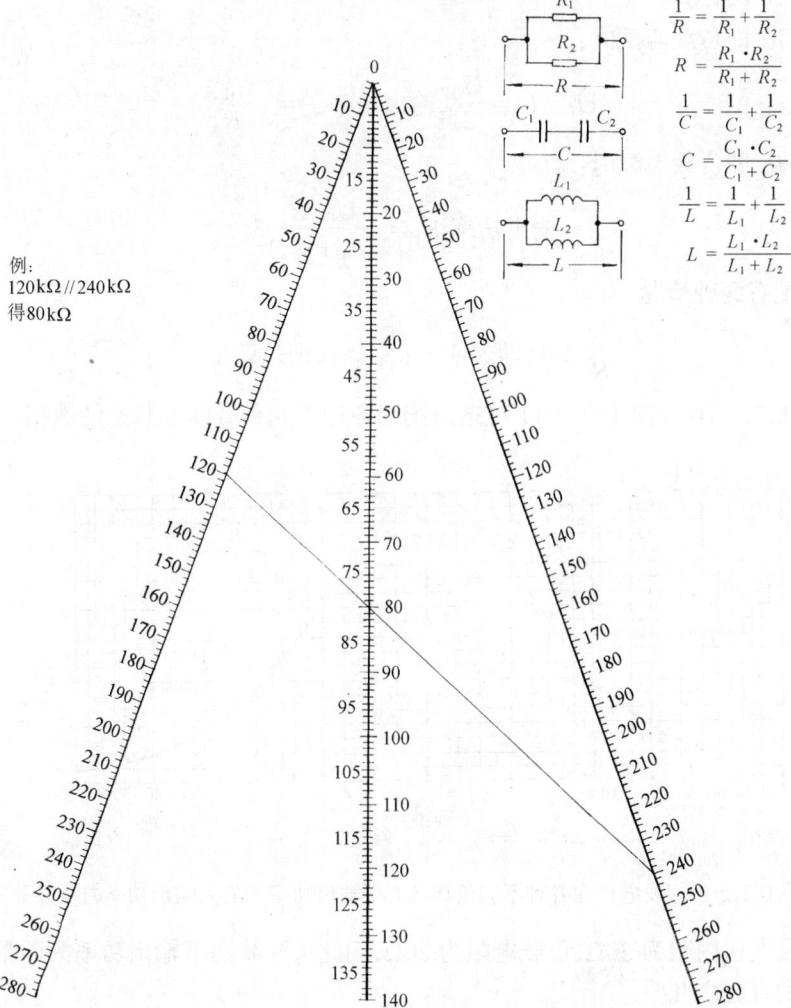

图 1.2.2-8 元件的并联和串联计算图

电容串联：$\dfrac{1}{C} = \dfrac{1}{C_1} + \dfrac{1}{C_2}$

电感并联：$\dfrac{1}{L} = \dfrac{1}{L_1} + \dfrac{1}{L_2}$

举例：现有一电阻为120kΩ，为了获得80kΩ，问需多大的电阻与之并联？

在标度上120与80处做连线，连线的延长线交于240，即求得需要240kΩ电阻。计算图的中间标度线所标示的数值为合成电阻（或电感或电容）的数值。

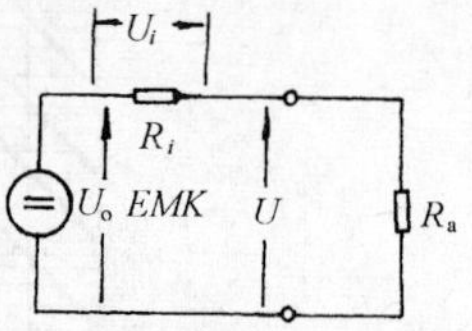

图 1.2.2-9　发电机带负载
U_0—电动势；R_i—内阻；
R_a—负载；U_i—内阻
电压降；U—负载电压

9. 发电机负载匹配的计算图

发电机的输出电压比其电动势小一个内阻的电压降，如图1.2.2-9所示。电动势以 $EMK = U_0$ 表示，得
$$U_0 - U_i = U$$
U_0 又称空载电压。

当 $R_a = R_i$ 即负载匹配时：
$$U_i = U = \dfrac{U_0}{2}, \text{输出功率 } P = \dfrac{U_0^2}{4 \cdot R_a}$$

当 $R_a \neq R_i$ 即负载失配时：
$$\text{输出功率 } P_F = \dfrac{U_0^2 \cdot R_a}{(R_i + R_a)^2}$$

负载失配有两种情况：
$$\dfrac{R_i}{R_a} > 1, \text{即欠匹配}; \dfrac{R_a}{R_i} > 1, \text{即过匹配}$$

利用图1.2.2-10及图1.2.2-11可迅速读得各种不同负载匹配状态的数据。

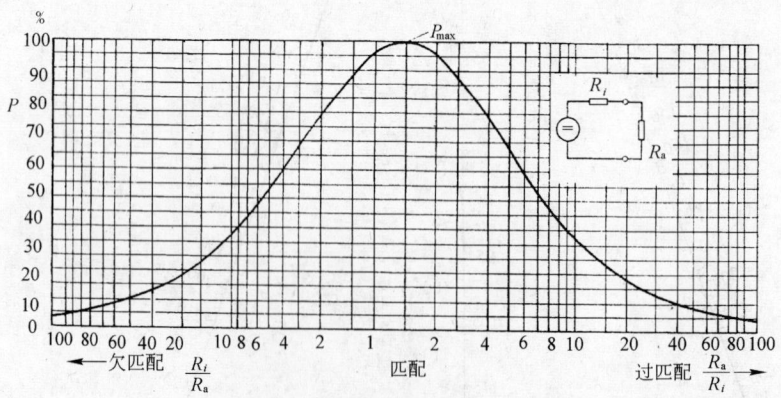

图 1.2.2-10　发电机在各种不同负载状态下输出功率为最大输出功率的百分数

【例】　发电机内阻为30Ω，负载电阻为20Ω，问此失配状态下输出功率为匹配状态下最大输出功率的百分之几？

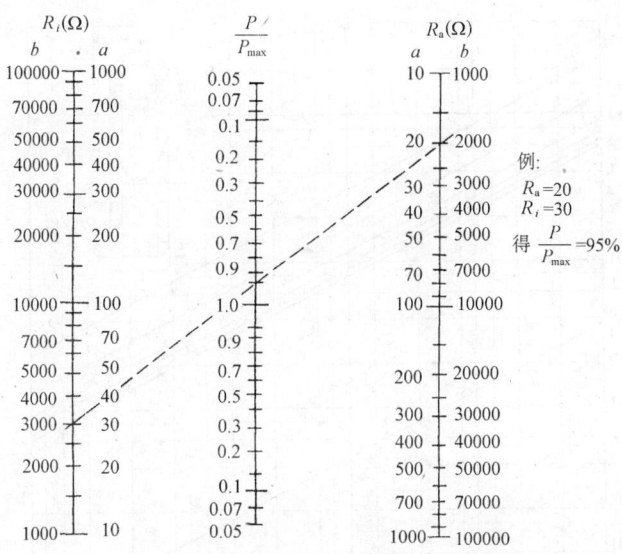

图 1.2.2-11 发电机输出功率比与不同负载的关系

【解】 因 $\dfrac{R_i}{R_a} = \dfrac{30\Omega}{20\Omega} = 1.5$，查图 1.2.2-10 曲线得 $\dfrac{P}{P_{\max}} = 95\%$。查图 1.2.2-11 同样也读得 $\dfrac{P}{P_{\max}} = 0.95$，即 95%。

10. 集肤效应及高频屏蔽层厚度计算图

如果一根质地均匀、形状或直径一致的导线连接在直流电压电源上，则流过该导线截面任何部位的电子流的大小是相同的，即电流均匀通过。

如果接上高频交流电源，情况就不一样了，高频电流主要在导线表面流过。在甚高的频率，导线的芯部没有电流，导线的有用部分颇象一条管子。电流强度的分布沿导线表面至内部按 e 函数规律不断减小，这种现象称集肤效应。

因此在高频情况下导线的电阻相对升高，这就意味着线圈的品质因数变坏，当频率超过 200kHz 时这种现象开始明显起来，所以在 200kHz～5MHz 时常使用高频辫织线，在更高的频率则需使用较大截面的导体，且表面镀以银。

高频电流沿着导体的外层流动，而此外层的厚度又随电流渗入导体内部的深度而不同。

图 1.2.2-12 表示高频电流在各种不同材料的渗入深度 α。从图可以看到，渗入深度并没有明显的极限，电流密度以 $1/e$ 的速度下降，因此，取一个等效厚度（α）来进行计算，当导线直径 $d \gg \alpha$ 时：

$$\alpha \approx 0.503\sqrt{\dfrac{\rho}{\mu_r \cdot f}}\left(\text{mm}; \dfrac{\Omega\text{mm}^2}{\text{m}}; \text{MHz}\right)$$

对于非磁性材料（金、银、铜等），相对导磁系数 μ_r 取值 1，电阻率 ρ 的数值如表 1.2.2-1。

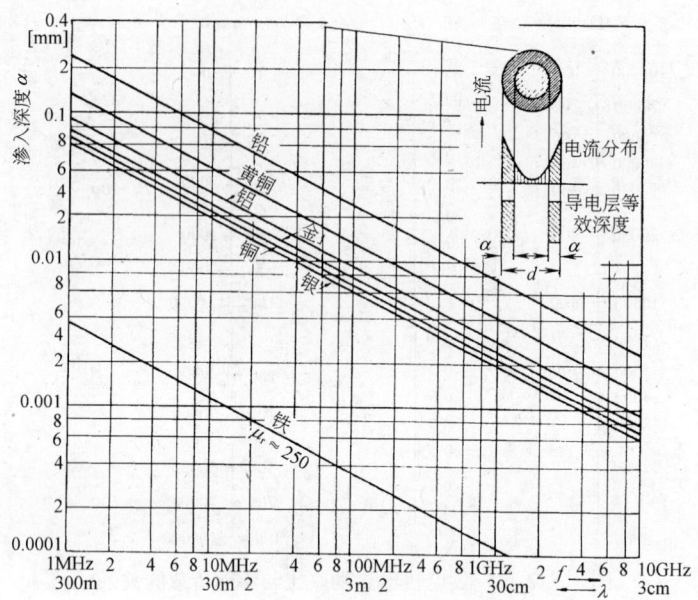

图 1.2.2-12　高频屏蔽层厚度计算图

α—高频电流的渗入深度

几种材料的电阻率　　　　　　　　　　表 1.2.2-1

材　料	$\rho\left(\dfrac{\Omega mm^2}{m}\right)$	材　料	$\rho\left(\dfrac{\Omega mm^2}{m}\right)$
银	0.01612	黄铜	0.07692
铜	0.01724	铂	0.1111
金	0.02222	钢	0.1
铝	0.03030		

若以波长 λ 代替上式中的频率，则

$$\alpha \approx 2.904 \cdot 10^{-2} \sqrt{\dfrac{\rho \cdot \lambda}{\mu_r}} \left(mm; \dfrac{\Omega mm^2}{m}; m\right)$$

【例】　工作频率 100MHz 波长为 3m，材料为金（$\mu_r=1$），渗入深度：

$$\alpha = 2.904 \cdot 10^{-2} \sqrt{\dfrac{0.0222 \cdot 3}{1}} = 7.494 \cdot 10^{-3} mm$$

在计算屏蔽时，α 值则是导电屏蔽材料的等效厚度，按屏蔽效果的要求可取屏蔽外壳的实际厚度为：

$$d \approx (5 \sim 25)\alpha$$

11．导线高频电阻计算图

由于存在集肤效应这个原因，导线的高频电阻不同于其直流电阻。高频电阻 R_0 的大小可按下式计算：

$$R_0 = 6.33 \cdot 10^{-4} \cdot \frac{l}{d} \sqrt{f \cdot \rho \cdot \mu_r} \, (\Omega)$$

式中　　d——导线直径,mm;

　　　　l——导线长度,mm;

　　　　f——频率,MHz;

　　　　ρ——电阻率,$\frac{\Omega \text{mm}^2}{\text{m}}$。

用波长代替频率,则上式变成:

$$R_0 = 0.01097 \cdot \frac{l}{d} \sqrt{\frac{\rho \cdot \mu_r}{\lambda}}$$

　　　　λ——波长,m。

从式中可以看到,损失电阻 R_0 正比于频率的平方根,$R_0 \approx a \cdot \sqrt{f}$。

【例】　频率为 100MHz,银质导线 $l = 10\text{cm}, d = 3\text{mm}$。$R_0 = ?$

【解】　$R_0 = 6.33 \cdot 10^{-4} \cdot \frac{100}{3} \sqrt{100 \cdot 0.016 \cdot 1} = 26.77 \text{m}\Omega$

图 1.2.2-13 表示几种粗细不同的导线的高频电阻变化规律,可快速查得高频电阻值。

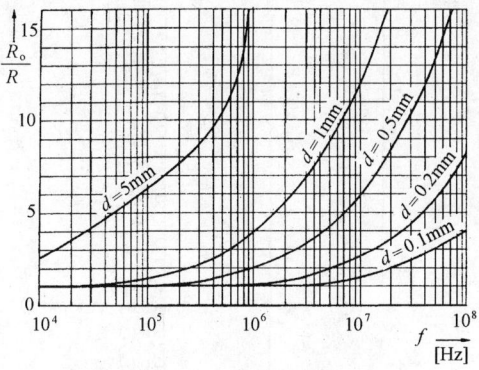

图 1.2.2-13　导线高频电阻计算图

d—导线直径;R—导线直流电阻;R_0—导线高频电阻

【例】　在 10MHz 时,线径 $d = 0.5\text{mm}$ 导线的高频电阻 $R_0 = ?$

【解】　查图得 $\frac{R_0}{R} = 6$,$R_0 = 6R$。即高频电阻是直流电阻的 6 倍。

12. 单层螺管线圈电感计算图

单层螺管线圈(疏绕、无铁芯)如图 1.2.2-14 所示,$D > l$。该线圈的电感量为:

$$L \approx 6.28 \cdot n^2 \cdot D \left(\ln \frac{4D}{l} - 0.5 \right) \quad (\text{cm;nH})$$

【例】　$D = 40\text{mm}, l = 9\text{mm}; n = 10$ 圈。$L = ?$

【解】　$L \approx 2512 \left(\ln \frac{16}{0.9} - 0.5 \right) = 5973 \text{nH} = 5.97 \mu\text{H}$

如利用计算图(图 1.2.2-14)可直接读出该种形式线圈的电感量,读图方法:绘 D 点至

$\frac{D}{l}$ 点的直线，直线与辅助线相交；再从此交点作至 n 点直线，直线交于 μH 线上的 $5.97\mu H$（例题之数值）。

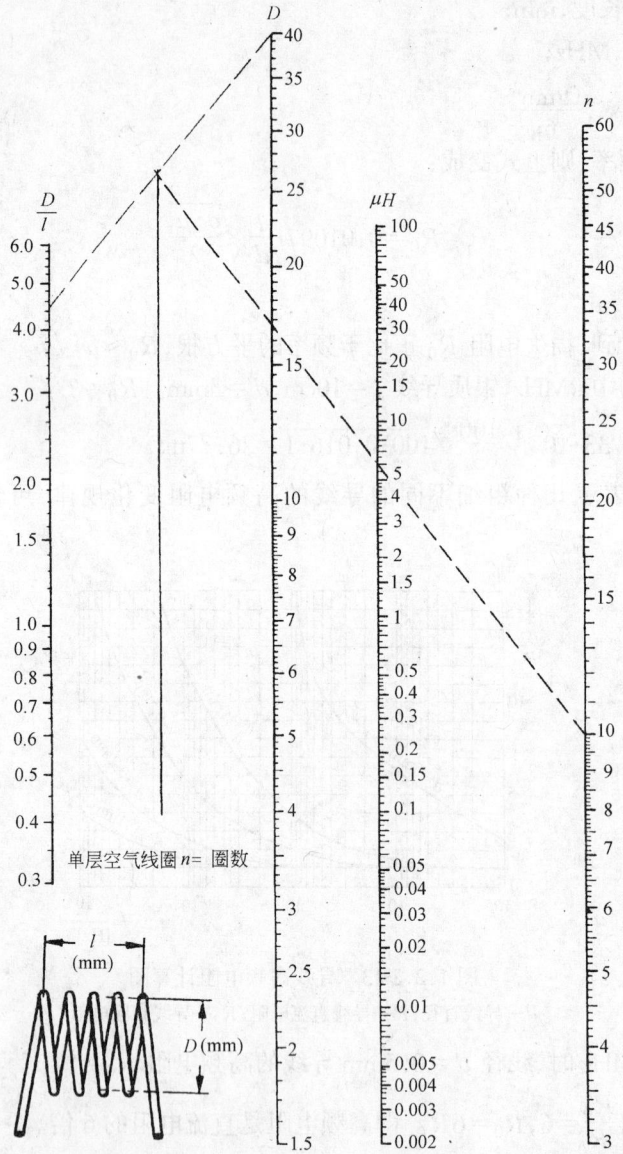

图 1.2.2-14　单层螺管空气线圈电感的计算图

13．谐振回路参数计算图

电感 L、电容 C 及谐振频率 f 有如下的关系：

$$f = \frac{1}{2\pi\sqrt{LC}}$$

LC 谐振回路参数可从图 1.2.2-15 中迅速读出。例如，假设回路的电容为 100pF，电感为 $20\mu H$，于是连结电容标尺上 100pF 之点及电感标尺上 $20\mu H$ 之点作直线，直线与频率标

尺 a 的交点即读得谐振频率为 3.6MHz。如果回路的电容为 $100\mu F$，电感为 20mH，则从频率标尺 b 上读得谐振频率为 0.114kHz。

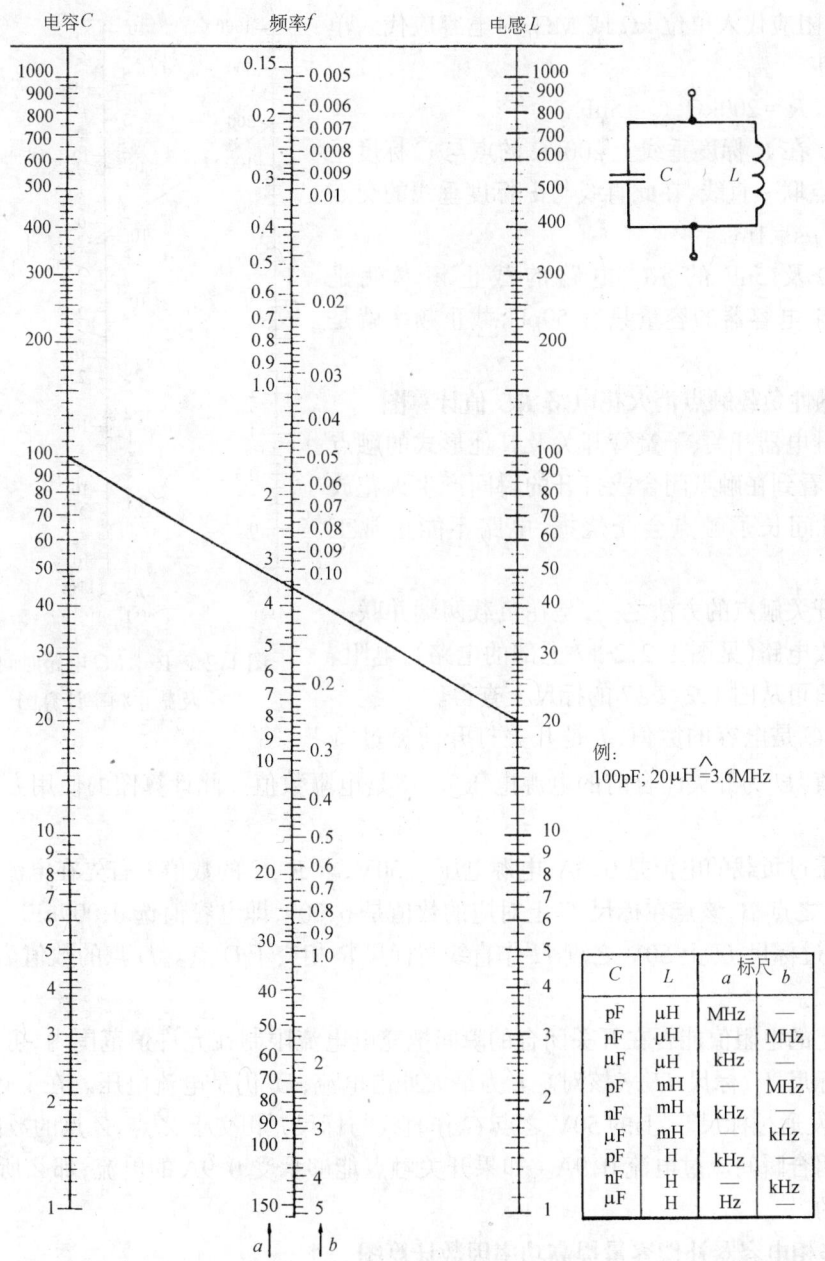

图 1.2.2-15　谐振回路参数计算图

14. RC 电路时间常数及截止频率计算图

图 1.2.2-16 可用来确定 RC 电路的时间常数及截止频率。时间常数 $\tau = R \cdot C$ 的单位用 μs 或 s，截止频率为：

$$f_g = \frac{1}{2\pi\tau}$$

截止频率的单位用 kHz 或 MHz，但在读数时应注意，对电阻应代入单位 kΩ 或 MΩ，对电容应代入单位 nF 或 μF。

【例】 $R=200\mathrm{k}\Omega$，$C=5\mathrm{nF}$。$\tau=?$

【解】 在 R 标度垂线上 200kΩ 的点与 C 标度垂线上 5nF 点联一直线，在此直线与 τ 标度垂线的交点上读得 $10^3\mu\mathrm{s}=1\mathrm{ms}$。

200kΩ 及 5nF 的 RC 电路的截止频率就是 160Hz；如果电容器的容量只有 50pF，截止频率就是 16kHz。

15. 感性负载触点消火花电路 RC 值计算图

使用继电器开关、干簧管开关及其他形式的触点开关时，常看到在触点闭合或打开的瞬间产生火花放电现象，时间长了触点会受烧损，电路不能正常工作。

保护开关触点的方法之一，是在负载两端并联一个阻容吸收电路(见图 1.2.2-17 上部的电路)，电阻、电容的数值可从图 1.2.2-17 的标尺上查得。

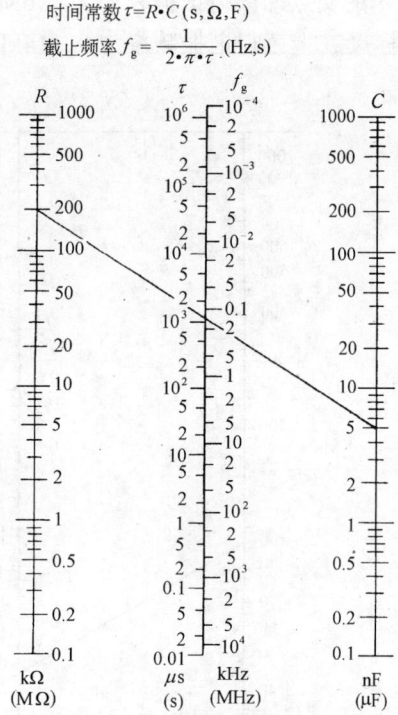

图 1.2.2-16 RC 电路时间常数及截止频率计算图

图中，C 是电容的数值，I 是开关打开前流过负载的电流值，U 为开关闭合前的电源电压值，R 是电阻数值。此计算图的使用方法举例说明如下：

假设流过负载的电流是 0.3A，电源电压为 50V，求 R、C 的数值。首先在电流标尺 I 上找到 0.3A 之点 B，该点在标尺 C 上对应的数值是 0.009，即电容值选 $0.009\mu\mathrm{F}$。然后从 B 点出发，通过标尺 U 上 50V 之点 H 作直线与标尺 R 相交于 D 点。D 点的数值为 54，即电阻值选 54Ω。

所选定的电阻值能否在开关闭合的瞬间把充电电流限制在允许值范围内，可以通过图中下部的标尺 I'、标尺 U' 来核对。I' 为最大冲击电流，U' 仍是电流电压。在上述例子中，从 D 点出发通过标尺 U' 上的 50V 之点 G 作直线与标尺 I' 相交于 Z 点，Z 点的数值为 0.9，即在开关闭合瞬间流过电流 0.9A。如果开关触点能够承受 0.9A 的电流，那么所选的 RC 值是合适的。

16. 移相电容器补偿容量提高功率因数计算图

若要使系统的功率因数由 $\cos\varphi_1$ 提高到 $\cos\varphi_2$，其补偿容量可按下式确定：

$$Q_c = P(\tan\varphi_1 - \tan\varphi_2)$$
$$= Pq$$

式中　　　Q_c——补偿电容器的容量，kVar；

P——系统的有功功率，kW；

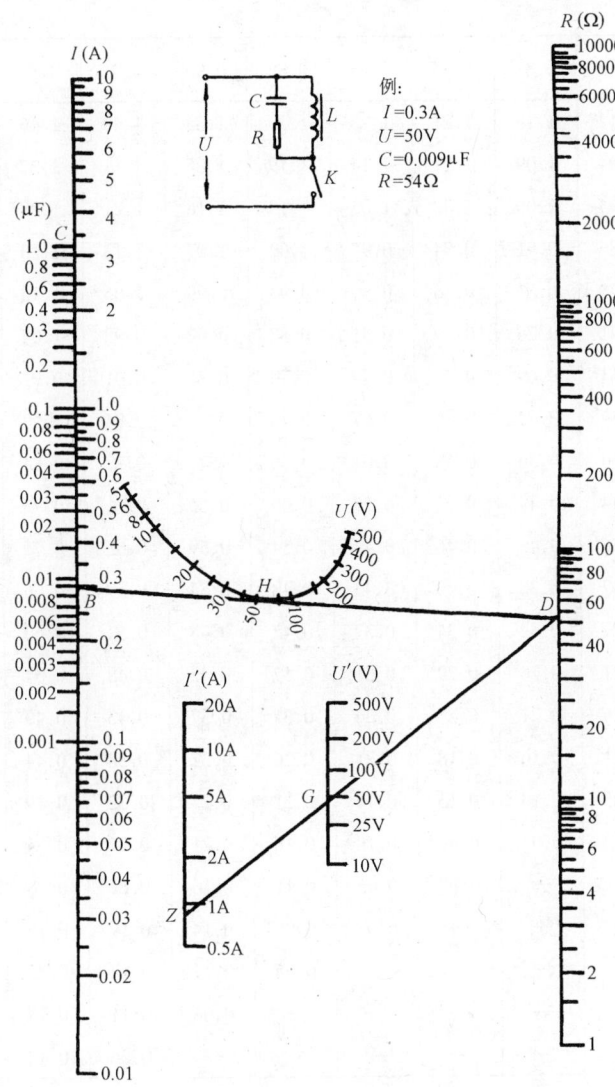

图 1.2.2-17 感性负载触点消火花电路 RC 值计算图

$\tan\varphi_1$、$\tan\varphi_2$——补偿前、后功率因数角的正切值；

$q = \tan\varphi_1 - \tan\varphi_2$——补偿率(kVar/kW)，可直接查表1.2.2-2。

补 偿 率 q(kVar/kW)　　　　　　　表 1.2.2-2

$\cos\varphi_1$ \ $\cos\varphi_2$	0.8	0.82	0.84	0.85	0.86	0.88	0.90	0.92	0.94	0.96	0.98	1.00
0.40	1.54	1.60	1.65	1.67	1.70	1.75	1.81	1.87	1.93	2.00	2.09	2.29
0.42	1.41	1.47	1.52	1.54	1.57	1.62	1.68	1.74	1.80	1.87	1.96	2.16
0.44	1.29	1.34	1.39	1.41	1.44	1.50	1.55	1.61	1.68	1.75	1.84	2.04
0.46	1.18	1.23	1.28	1.31	1.34	1.39	1.44	1.50	1.57	1.64	1.73	1.93

续表

cosφ_2 / cosφ_1	0.8	0.82	0.84	0.85	0.86	0.88	0.90	0.92	0.94	0.96	0.98	1.00
0.48	1.08	1.12	1.18	1.21	1.23	1.29	1.34	1.40	1.46	1.54	1.62	1.83
0.50	0.98	1.04	1.09	1.11	1.14	1.19	1.25	1.31	1.37	1.44	1.52	1.73
0.52	0.89	0.94	1.00	1.02	1.05	1.10	1.16	1.21	1.28	1.35	1.44	1.64
0.54	0.81	0.86	0.91	0.94	0.97	1.02	1.07	1.13	1.20	1.27	1.36	1.56
0.56	0.73	0.78	0.83	0.86	0.89	0.94	0.99	1.05	1.12	1.19	1.28	1.48
0.58	0.66	0.71	0.76	0.79	0.81	0.87	0.92	0.98	1.04	1.12	1.20	1.41
0.60	0.58	0.64	0.69	0.71	0.74	0.79	0.85	0.91	0.97	1.04	1.13	1.33
0.62	0.52	0.57	0.62	0.65	0.67	0.73	0.78	0.84	0.90	0.98	1.06	1.27
0.64	0.45	0.50	0.56	0.58	0.61	0.66	0.72	0.77	0.84	0.91	1.00	1.20
0.66	0.39	0.44	0.49	0.52	0.55	0.60	0.65	0.71	0.78	0.85	0.94	1.14
0.68	0.33	0.38	0.43	0.46	0.48	0.54	0.59	0.65	0.71	0.79	0.88	1.08
0.70	0.27	0.32	0.38	0.40	0.43	0.48	0.54	0.59	0.66	0.73	0.82	1.02
0.72	0.21	0.27	0.32	0.34	0.37	0.42	0.48	0.54	0.60	0.67	0.76	0.96
0.74	0.16	0.21	0.26	0.29	0.31	0.37	0.42	0.48	0.54	0.62	0.71	0.91
0.76	0.10	0.16	0.21	0.23	0.26	0.31	0.37	0.43	0.49	0.56	0.65	0.85
0.78	0.05	0.11	0.16	0.18	0.21	0.26	0.32	0.38	0.44	0.51	0.60	0.80
0.80	—	0.05	0.10	0.13	0.16	0.21	0.27	0.32	0.39	0.46	0.55	0.73
0.82	—	—	0.05	0.08	0.10	0.16	0.21	0.27	0.34	0.41	0.49	0.70
0.84	—	—	—	0.03	0.05	0.11	0.16	0.22	0.28	0.35	0.44	0.65
0.85	—	—	—	—	0.03	0.08	0.14	0.19	0.26	0.33	0.42	0.62
0.86	—	—	—	—	—	0.05	0.11	0.17	0.23	0.30	0.39	0.59
0.88	—	—	—	—	—	—	0.06	0.11	0.18	0.25	0.34	0.54
0.90	—	—	—	—	—	—	—	0.06	0.12	0.19	0.28	0.49

图 1.2.2-18 是采用移相电容器补偿容量提高功率因数计算图。该图的使用方法是：在图的上方找出系统原有的功率因数 $\cos\varphi_1$ 和需要达到的功率因数 $\cos\varphi_2$；在 $\cos\varphi_1$、$\cos\varphi_2$ 所对应的图的下方查出补偿率。

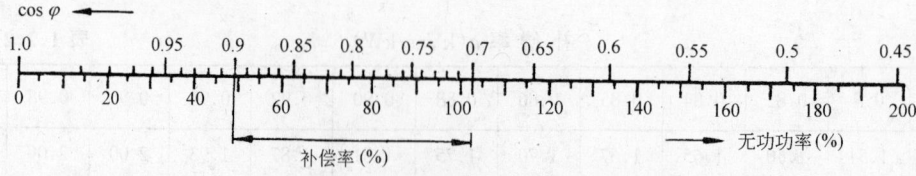

图 1.2.2-18　补偿容量提高功率因数计算图

【例】　系统功率 $P=1660\text{kW}$，功率因数 $\cos\varphi_1=0.7$，若使其提高到 $\cos\varphi_2=0.9$，应补偿的容量为多少？

【解】　由图 1.2.2-18 查得：

$$\cos\varphi_1 = 0.7 \longrightarrow 102\%$$
$$\cos\varphi_2 = 0.9 \longrightarrow 48\%$$

补偿率为 $(102-48)\% = 54\%$

补偿容量 $Q_c = 1660 \times 54\% = 900\text{kVar}$

17. 铜导线负载电流与线径的计算图

一般,在给定负载电流强度的情况下选取导线的最小直径;或做相反的推算,根据已有导线的线径计算允许通过最大的电流。首先按导线的使用环境确定导线的电流密度。

【例】 已知某设备的负载电流最大为10A,在室温下连接的铜导线直径的粗细如何?

【解】 铜导线在室温条件下使用,可选电流密度 5A/mm^2,查图 1.2.2-19 得导线直径应不小于 $\phi 1.5\text{mm}$。

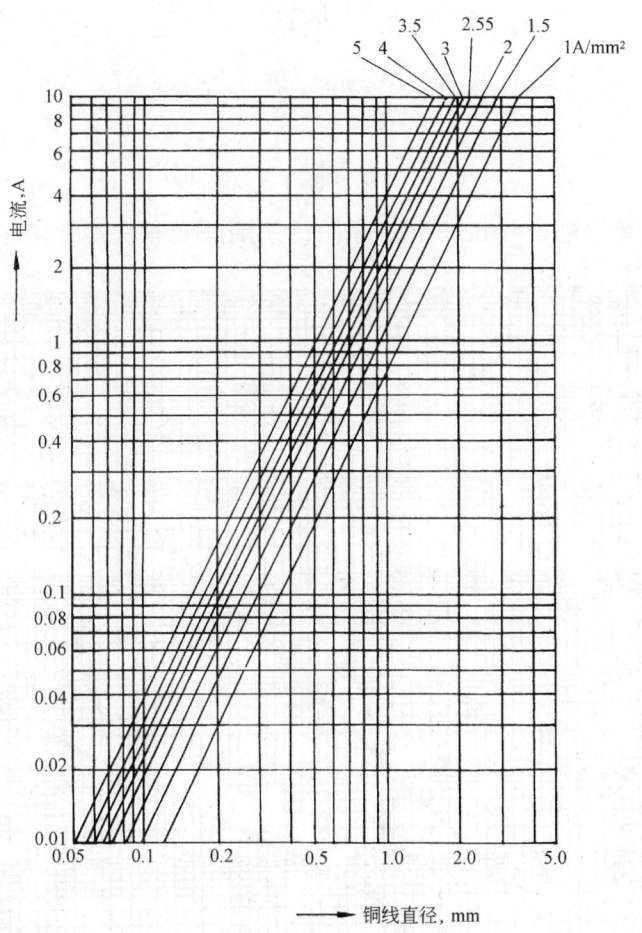

图 1.2.2-19 铜线负载电流与线径的关系

【例】 一铜线绕组在露天场地使用(自然冷却),最大工作电流为8A,已知其线径为1.8mm,求导线的最大电流密度。

【解】 查图 1.2.2-19,其最大电流密度为 3.5A/mm^2。

1.2.3 相对电平及绝对电平

1. 相对电平

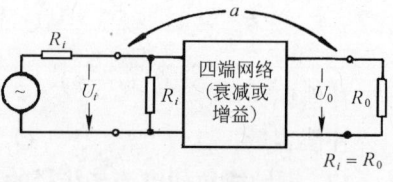

图 1.2.3-1 表示一个四端网络，U_i 为输入电压，U_0 为输出电压，$R_i = R_0$。四端网络既可以有放大增益，也可以有衰减，传输量 a 表示如下两种可能性：

增益：$a = \dfrac{U_0}{U_i} \geqslant 1$

衰减：$a = \dfrac{U_0}{U_i} \leqslant 1$

图 1.2.3-1 四端网络

传输量 a 可以用功率、电压或电流的对数来计算，并以 dB(分贝) 表示。

功率：$a = 10\lg \dfrac{P_0}{P_i}$ （dB）

电压：$a = 20\lg \dfrac{U_0}{U_i}$ （dB）

电流：$a = 20\lg \dfrac{I_0}{I_i}$ （dB）

图 1.2.3-2 是传输量 a 与 dB 值的关系图，利用此图可很快读出有关数值。

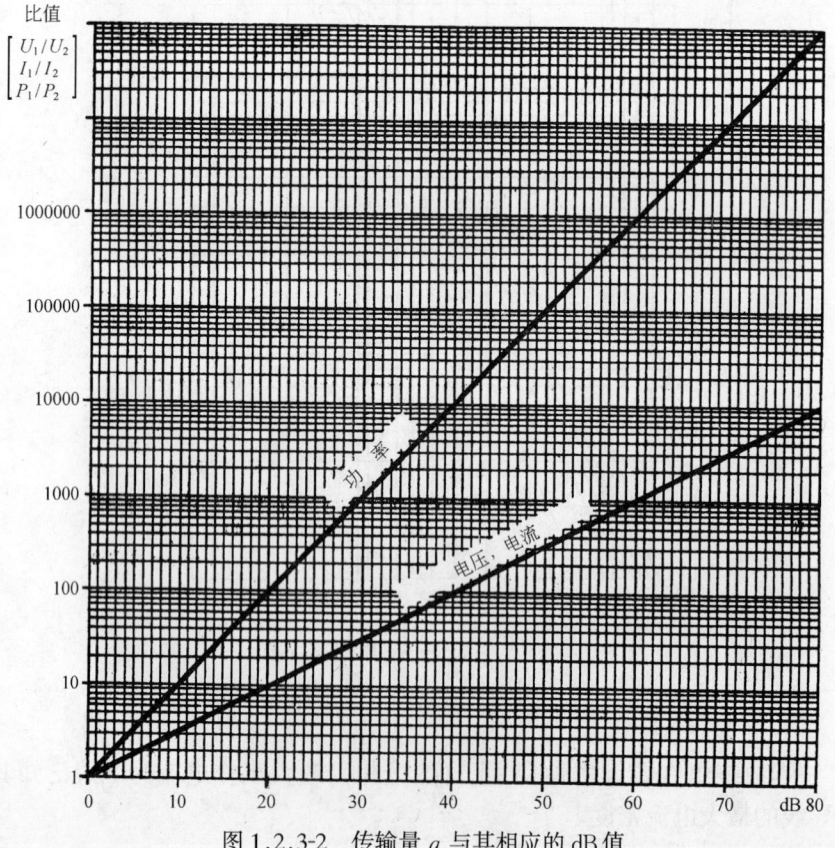

图 1.2.3-2 传输量 a 与其相应的 dB 值

表 1.2.3-1 再次给出电压及电流的增益比值、衰减比值及其相应的分贝值。

(电压、电流)增益—衰减 dB 值

表 1.2.3-1

衰减(-)	dB值	增益(+)	衰减(-)	dB值	增益(+)	衰减(-)	dB值	增益(+)	衰减(-)	dB值	增益(+)
1.0000	0.0	1.000	0.7079	3.0	1.413	0.5012	6.0	1.995	0.3548	9.0	2.818
0.9886	0.1	1.012	0.6998	3.1	1.429	0.4955	6.1	2.018	0.3508	9.1	2.851
0.9772	0.2	1.023	0.6918	3.2	1.445	0.4898	6.2	2.042	0.3467	9.2	2.884
0.9661	0.3	1.035	0.6839	3.3	1.462	0.4842	6.3	2.065	0.3428	9.3	2.917
0.9550	0.4	1.047	0.6761	3.4	1.479	0.4786	6.4	2.089	0.3388	9.4	2.951
0.9441	0.5	1.059	0.6683	3.5	1.496	0.4732	6.5	2.113	0.3350	9.5	2.985
0.9333	0.6	1.072	0.6607	3.6	1.514	0.4677	6.6	2.138	0.3311	9.6	3.020
0.9226	0.7	1.084	0.6531	3.7	1.531	0.4624	6.7	2.163	0.3273	9.7	3.055
0.9120	0.8	1.096	0.6457	3.8	1.549	0.4571	6.8	2.188	0.3236	9.8	3.090
0.9016	0.9	1.109	0.6383	3.9	1.567	0.4519	6.9	2.213	0.3199	9.9	3.126
0.8913	1.0	1.122	0.6310	4.0	1.585	0.4467	7.0	2.239	0.3162	10.0	3.162
0.8810	1.1	1.135	0.6237	4.1	1.603	0.4416	7.1	2.265	0.3126	10.1	3.199
0.8710	1.2	1.148	0.6166	4.2	1.622	0.4365	7.2	2.291	0.3090	10.2	3.236
0.8610	1.3	1.161	0.6095	4.3	1.641	0.4315	7.3	2.317	0.3055	10.3	3.273
0.8511	1.4	1.175	0.6026	4.4	1.660	0.4266	7.4	2.344	0.3020	10.4	3.311
0.8414	1.5	1.189	0.5957	4.5	1.679	0.4217	7.5	2.371	0.2985	10.5	3.350
0.8318	1.6	1.202	0.5888	4.6	1.698	0.4169	7.6	2.399	0.2951	10.6	3.388
0.8222	1.7	1.216	0.5821	4.7	1.718	0.4121	7.7	2.427	0.2917	10.7	3.428
0.8128	1.8	1.230	0.5754	4.8	1.738	0.4074	7.8	2.455	0.2884	10.8	3.467
0.8035	1.9	1.245	0.5689	4.9	1.758	0.4027	7.9	2.483	0.2851	10.9	3.508
0.7943	2.0	1.259	0.5623	5.0	1.778	0.3981	8.0	2.512	0.2818	11.0	3.548
0.7852	2.1	1.274	0.5559	5.1	1.799	0.3936	8.1	2.541	0.2786	11.1	3.589
0.7762	2.2	1.288	0.5495	5.2	1.820	0.3890	8.2	2.570	0.2754	11.2	3.631
0.7674	2.3	1.303	0.5433	5.3	1.841	0.3846	8.3	2.600	0.2723	11.3	3.673
0.7586	2.4	1.318	0.5370	5.4	1.862	0.3802	8.4	2.630	0.2692	11.4	3.715
0.7499	2.5	1.334	0.5309	5.5	1.884	0.3758	8.5	2.661	0.2661	11.5	3.758
0.7413	2.6	1.349	0.5248	5.6	1.905	0.3715	8.6	2.692	0.2630	11.6	3.802
0.7328	2.7	1.365	0.5188	5.7	1.928	0.3673	8.7	2.723	0.2600	11.7	3.846
0.7244	2.8	1.380	0.5129	5.8	1.950	0.3631	8.8	2.754	0.2570	11.8	3.890
0.7161	2.9	1.396	0.5070	5.9	1.972	0.3589	8.9	2.786	0.2541	11.9	3.936

续表

衰减(-)	dB值	增益(+)	衰减(-)	dB值	增益(+)	衰减(-)	dB值	增益(+)	衰减(-)	dB值	增益(+)
0.2512	12.0	3.981	0.1778	15.0	5.623	0.1259	18.0	7.943	0.03162	30	31.622
0.2483	12.1	4.027	0.1758	15.1	5.689	0.1245	18.1	8.035	0.028	31	35.5
0.2455	12.2	4.074	0.1738	15.2	5.754	0.1230	18.2	8.128	0.025	32	39.8
0.2427	12.3	4.121	0.1718	15.3	5.821	0.1216	18.3	8.222	0.022	33	45
0.2399	12.4	4.169	0.1698	15.4	5.888	0.1202	18.4	8.318	0.020	34	50
0.2371	12.5	4.217	0.1679	15.5	5.957	0.1189	18.5	8.414	0.018	35	56
0.2344	12.6	4.266	0.1660	15.6	6.026	0.1175	18.6	8.511	0.016	36	63
0.2317	12.7	4.315	0.1641	15.7	6.095	0.1161	18.7	8.610	0.014	37	71
0.2291	12.8	4.365	0.1622	15.8	6.166	0.1148	18.8	8.710	0.012	38	80
0.2265	12.9	4.416	0.1603	15.9	6.237	0.1135	18.9	8.810	0.011	39	89
0.2239	13.0	4.467	0.1585	16.0	6.310	0.1122	19.0	8.913	0.01	40	100
0.2213	13.1	4.519	0.1567	16.1	6.383	0.1109	19.1	9.016	0.005	45	178
0.2188	13.2	4.571	0.1549	16.2	6.457	0.1096	19.2	9.120	0.003	50	316
0.2163	13.3	4.624	0.1531	16.3	6.531	0.1084	19.3	9.226	0.002	55	560
0.2138	13.4	4.677	0.1514	16.4	6.607	0.1072	19.4	9.333	10^{-3}	60	10^3
0.2113	13.5	4.732	0.1496	16.5	6.683	0.1059	19.5	9.441	10^{-4}	80	10^4
0.2089	13.6	4.786	0.1479	16.6	6.761	0.1047	19.6	9.550	10^{-5}	100	10^5
0.2065	13.7	4.842	0.1462	16.7	6.839	0.1035	19.7	9.661			
0.2042	13.8	4.898	0.1445	16.8	6.918	0.1023	19.8	9.772			
0.2018	13.9	4.955	0.1429	16.9	6.998	0.1012	19.9	9.886			
0.1995	14.0	5.012	0.1413	17.0	7.079	0.1000	20.0	10.0000			
0.1972	14.1	5.070	0.1396	17.1	7.161	0.08912	21	11.22			
0.1950	14.2	5.129	0.1380	17.2	7.244	0.07943	22	12.58			
0.1928	14.3	5.188	0.1365	17.3	8.328	0.07079	23	14.125			
0.1905	14.4	5.248	0.1349	17.4	7.413	0.06309	24	15.848			
0.1884	14.5	5.309	0.1334	17.5	7.499	0.05623	25	17.782			
0.1862	14.6	5.370	0.1318	17.6	7.586	0.05011	26	19.952			
0.1841	14.7	5.433	0.1303	17.7	7.674	0.04466	27	22.387			
0.1820	14.8	5.495	0.1288	17.8	7.762	0.03981	28	25.118			
0.1799	14.9	5.559	0.1274	17.9	7.852	0.03548	29	28.183			

在传输通路内,如果包括有放大器,增益的 dB 值可以相加;如果有衰减环节,则衰减的 dB 值可以相减,如图 1.2.3-3 表示。

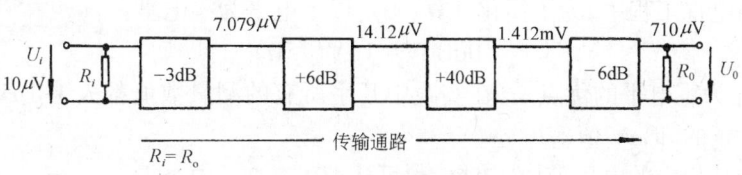

图 1.2.3-3　传输通路

比值 $\dfrac{U_0}{U_i}$ 的计算方法如下:

把传输通路中各环节的 dB 值相加得

$$\begin{array}{r} -3 \text{ dB} \\ +6 \text{ dB} \\ +40 \text{ dB} \\ \underline{-6 \text{ dB}} \\ +37 \text{ dB} \end{array}$$

由表 1.2.3-1 查得,+37dB 相当于增益 71 倍。因为 $a = \dfrac{U_0}{U_i}$,如果 $U_i = 10\mu\text{V}$,则 $U_0 = a \cdot U_i = 71 \cdot 10\mu\text{V} = 710\mu\text{V}$。

2. 绝对电平

上述表示传输量的 dB 值仅是两个量比值的对数,只是一个相对量,意义也不完整。例如,我们说电压增益多少 dB,如果不说输入电压的数值,输出电压的数值也无从知道;只有每次都说明其中的一个参考值才能知道另一个数值,例如,如果明确传输通路的输入电压为 $10\mu\text{V}$,那么,电压增益 37dB 的输出电压就是 $710\mu\text{V}$ 了,意义才算完整。

指定一个参考功率或参考电压的电平称绝对电平。

使用绝对电平首先确定一个参考功率或参考电压,为此,需要确定在某一个有电流流过的电阻上的功率和电压。因此,使用绝对电平之前还必须说明参考电阻是多大。

绝对电平的符号是在 dB 符号之后附加其他符号,例如 dBm,dBa,dBW,dBV,dBμV 等。dBm 表示使用的参考电平为 1mV,dBa 表示使用的参考电平为"绝对电平"(0dB=0.775V),dBW 表示使用的参考电平为 1W,dBV 表示使用的参考电平为 1V,dBμV 表示使用的参考电平为 $1\mu\text{V}$。

在电工上习惯以 600Ω 负载上的 0.775V 电压作为参考电压,在其上引起的 1mW $\left(P = \dfrac{U^2}{R} = 0.775^2/600 = 1\text{mW}\right)$ 功率作为参考功率,在其中产生的 1.29mA($I = \sqrt{P/R} = \sqrt{0.001/600} = 1.29\text{mA}$)电流作为参考电流,见图 1.2.3-4。

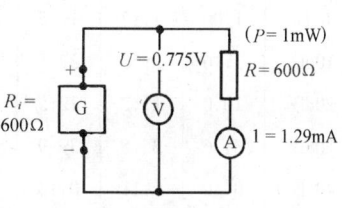

图 1.2.3-4　表示参考电阻、电压、电流、功率的电路

以 0.775V(在 600Ω 负载上)或 1mW 为参考电平时,功率和电压的电平值如图 1.2.3-5 所列。

【例】 电压电平 60dBa = 775V

功率电平 60dBa = 1kW

在天线与电视工程中,为了简化计算,确定以下电平为零电平:

$$0dB\mu V = 1\mu V(75\Omega)$$

以 $1\mu V$ 作为零电平的优点是,在实践中几乎所有的测量数值都大于 $1\mu V$,因而得到的电平数值只有正的 $dB\mu V$ 值。

电平值及其相应的电压值(在 75Ω 上)可从图 1.2.3-6 中查得。

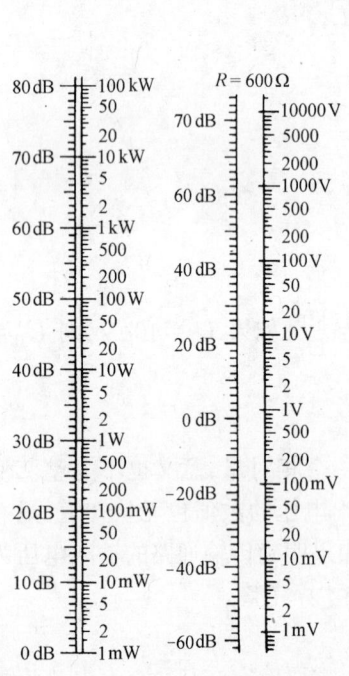

图 1.2.3-5 功率和电压的电平值
(以 0.775V 或 1mW 为参考)

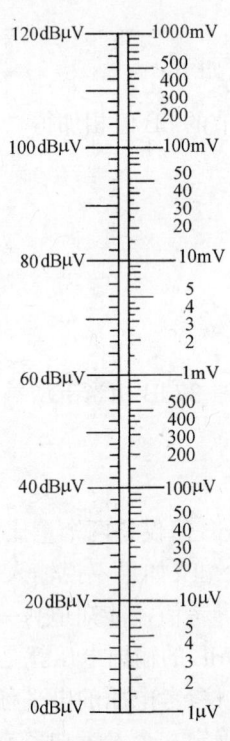

图 1.2.3-6 电平值及其对应的电压值(以 $1\mu V$ 为参考值)

表 1.2.3-2 再一次列出电平值及其对应的电压($R_i = R_0 = 75\Omega$)的计算值。

电平值及其对应的电压值　　　　表 1.2.3-2

$dB\mu V$	0dB	1dB	2dB	3dB	4dB	5dB	6dB	7dB	8dB	9dB	U_i
0dB	1.00	1.12	1.25	1.41	1.59	1.78	2.00	2.24	2.51	2.82	$\mu V/75\Omega$
10dB	3.16	3.55	3.98	4.47	5.01	5.62	6.31	7.08	7.94	8.91	$\mu V/75\Omega$
20dB	10.0	11.2	12.5	14.1	15.9	17.8	20.0	22.4	25.1	28.2	$\mu V/75\Omega$
30dB	31.6	35.5	39.9	44.7	50.1	56.2	63.1	70.8	79.4	89.1	$\mu V/75\Omega$
40dB	0.10	0.11	0.13	0.14	0.16	0.18	0.20	0.22	0.25	0.28	$mV/75\Omega$
50dB	0.32	0.36	0.40	0.45	0.50	0.56	0.63	0.71	0.79	0.89	$mV/75\Omega$
60dB	1.00	1.12	1.25	1.41	1.59	1.78	2.00	2.00	2.51	2.82	$mV/75\Omega$
70dB	3.16	3.55	3.98	4.47	5.01	5.62	6.31	7.08	7.94	8.91	$mV/75\Omega$

1.2 电工技术常用计算公式和计算图表

续表

dBμV	0dB	1dB	2dB	3dB	4dB	5dB	6dB	7dB	8dB	9dB	U_i
80dB	10.0	11.2	12.5	14.1	15.9	17.8	20.0	22.4	25.1	28.2	mV/75Ω
90dB	31.6	35.5	39.8	44.7	50.1	56.2	63.1	70.8	79.4	89.1	mV/75Ω
100dB	100	112	125	141	159	178	200	224	251	282	mV/75Ω
110dB	316	355	398	447	501	562	631	708	794	891	mV/75Ω
120dB	1000	1122	1259	1413	1585	1778	1995	2239	2512	2818	mV/75Ω

如果 $R_i = R_0 = 60Ω$ 或 $50Ω$，则对应电压值的电平值应减去1dB。

【例】 $52dBμV = 400μV(R_L = 75Ω)$，如图1.2.3-7 所示。

【解】 图1.2.3-8 表示一个共用天线电视设备系统的电平图，图中各部位标注有用 dBμV 表示的电平值(天线输出电压电平为 $52dBμV$)，从表1.2.3-2 中可以查得相应的电压伏特数。

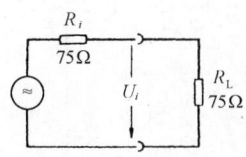

图1.2.3-7 例题图示

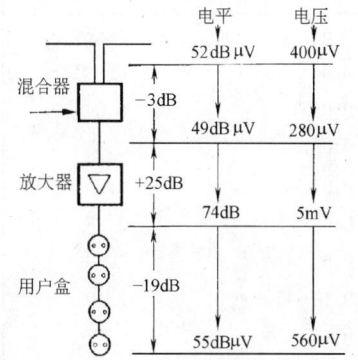

图1.2.3-8 一个共用天线电视设备系统的电平图

1.2.4 导线参数对照
1. 导线直径与截面的对照(见表1.2.4-1)

直径(mm)—截面(mm²)　　　　　表1.2.4-1

S(mm)	S(mm²)	S(mm)	S(mm²)	S(mm)	S(mm²)	S(mm)	S(mm²)
0.03	0.00071	0.24	0.04524	0.45	0.1590	0.90	0.6362
0.04	0.00126	0.25	0.04909	0.46	0.1662	0.95	0.7088
0.05	0.00196	0.26	0.05309	0.47	0.1735	1.00	0.7854
0.06	0.00283	0.27	0.05726	0.48	0.1810	1.10	0.9503
0.07	0.00385	0.28	0.06158	0.49	0.1886	1.20	1.131
0.08	0.00503	0.29	0.06605	0.50	0.1963	1.30	1.327
0.09	0.00636	0.30	0.07069	0.51	0.2043	1.40	1.54
0.10	0.00785	0.31	0.07548	0.52	0.2124	1.50	1.77
0.11	0.00950	0.32	0.08042	0.53	0.2206	1.60	2.01
0.12	0.01131	0.33	0.08553	0.54	0.2290	1.70	2.27
0.13	0.01327	0.34	0.09079	0.55	0.2376	1.80	2.55
0.14	0.01539	0.35	0.09621	0.56	0.2463	1.90	2.84
0.15	0.01767	0.36	0.1018	0.57	0.2552	2.00	3.14
0.16	0.02011	0.37	0.1075	0.58	0.2642	2.30	4.16
0.17	0.02270	0.38	0.1134	0.59	0.2734	2.50	4.91
0.18	0.02545	0.39	0.1195	0.60	0.2827	2.80	6.16
0.19	0.02835	0.40	0.1257	0.65	0.3318	3.00	7.07
0.20	0.03142	0.41	0.1320	0.70	0.3848	3.50	9.62
0.21	0.03464	0.42	0.1385	0.75	0.4418	4.00	12.57
0.22	0.03801	0.43	0.1452	0.80	0.5027	4.50	15.90
0.23	0.04155	0.44	0.1521	0.85	0.5675	5.00	19.63

设圆导线的直径为 d，其截面为 S，则

$$S = \frac{\pi}{4}d^2 \approx 0.7854d^2$$

$$d = 2\sqrt{\frac{S}{\pi}} \approx 1.1284\sqrt{S}$$

2. 铜导线直径与电阻的对照(见表 1.2.4-2)

铜导线直径—电阻 表 1.2.4-2

导线直径(裸线)(mm)	电阻(Ω/m)			
	20℃			90℃
	最小值	最大值	计算值	计算值
0.03	21.59	28.05	24.82	31.77
0.04	12.14	15.78	13.96	17.85
0.05	8.04	9.83	8.94	11.45
0.06	5.83	6.58	6.21	7.95
0.07	4.29	4.83	4.56	5.84
0.08	3.28	3.70	3.49	4.47
0.09	2.59	2.92	2.76	3.54
0.10	2.10	2.37	2.23	2.86
0.11	1.735	1.957	1.846	2.35
0.12	1.458	1.644	1.551	1.985
0.13	1.243	1.401	1.322	1.692
0.14	1.071	1.208	1.140	1.459
0.15	0.933	1.052	0.993	1.270
0.16	0.820	0.925	0.873	1.117
0.17	0.727	0.819	0.773	0.989
0.18	0.648	0.731	0.689	0.883
0.19	0.582	0.656	0.619	0.792
0.20	0.525	0.592	0.558	0.715
0.21	0.481	0.532	0.507	0.649
0.22	0.438	0.485	0.462	0.591
0.23	0.401	0.443	0.422	0.540
0.24	0.368	0.407	0.388	0.497
0.25	0.340	0.375	0.357	0.457
0.26	0.314	0.347	0.330	0.422
0.27	0.291	0.322	0.306	0.392
0.28	0.271	0.299	0.285	0.365
0.29	0.252	0.279	0.266	0.340
0.30	0.236	0.261	0.248	0.318
0.31	0.221	0.244	0.232	0.297
0.32	0.207	0.229	0.218	0.279
0.33	0.1948	0.2154	0.2051	0.263

续表

1.2 电工技术常用计算公式和计算图表

导线直径(裸线)(mm)	电 阻(Ω/m)			
	20℃			90℃
	最小值	最大值	计算值	计算值
0.34	0.1835	0.2029	0.1932	0.247
0.35	0.1732	0.1915	0.1824	0.234
0.36	0.1637	0.1810	0.1724	0.2206
0.37	0.1550	0.1713	0.1632	0.2089
0.38	0.1470	0.1624	0.1547	0.1980
0.39	0.1395	0.1542	0.1469	0.1880
0.40	0.1326	0.1466	0.1396	0.1787
0.42	0.1216	0.1317	0.1266	0.1620
0.45	0.1059	0.1147	0.1103	0.1412
0.48	0.0931	0.1008	0.0970	0.1242
0.50	0.0858	0.0929	0.0894	0.1145
0.55	0.0709	0.0768	0.0738	0.0945
0.60	0.0596	0.0645	0.0621	0.0795
0.65	0.0508	0.0550	0.0529	0.0678
0.70	0.0438	0.0474	0.0456	0.0584
0.75	0.0381	0.0413	0.0397	0.0509
0.80	0.0335	0.0363	0.0349	0.0447
0.85	0.0297	0.0322	0.0309	0.0396
0.90	0.0265	0.0287	0.0276	0.0354
0.95	0.0238	0.0257	0.0248	0.0318
1.00	0.0215	0.0232	0.0223	0.0286
1.10			0.01846	0.0236
1.20			0.01551	0.0199
1.30			0.01322	0.01693
1.40			0.01140	0.01460
1.50			0.00993	0.01271
1.60			0.00873	0.01117
1.70			0.00773	0.00990
1.80			0.00689	0.00882
1.90			0.00619	0.00793
2.00			0.00558	0.00715
2.20			0.00462	0.00592
2.50			0.00357	0.00457
3.00			0.002482	0.003180

3. 铜线、铝线、电阻线的直径、截面、重量及直流电阻(见表1.2.4-3)

导线的直径、截面、重量及直流电阻(裸线,温度20℃)　　表1.2.4-3

直径(mm)	截面(mm^2)	铜线 重量/长度 (g/km)	铜线 长度/电阻 (m/Ω)	铝线 重量/长度 (g/km)	铝线 长度/电阻 (m/Ω)	康铜线 长度/电阻 (m/Ω)	锰铜线 长度/电阻 (m/Ω)
0.03	0.000707	6.29	0.0403	1.91	0.0239	0.00141	0.00168
0.04	0.00126	11.2	0.0720	3.41	0.0427	0.00252	0.00300
0.05	0.00196	17.5	0.112	5.30	0.0664	0.00392	0.00467
0.06	0.00283	25.2	0.162	7.65	0.0960	0.00565	0.00675
0.07	0.00385	34.4	0.220	10.4	0.131	0.00769	0.00917
0.08	0.00503	44.9	0.288	13.6	0.171	0.0100	0.0120
0.09	0.00636	56.8	0.364	17.2	0.216	0.0127	0.0152
0.10	0.00785	69.9	0.448	21.2	0.268	0.0156	0.0187
0.11	0.00950	84.7	0.544	25.7	0.322	0.0190	0.0226
0.12	0.0113	101	0.646	30.4	0.383	0.0224	0.0269
0.13	0.0133	119	0.762	36.0	0.451	0.0266	0.0317
0.14	0.0154	137	0.882	41.6	0.522	0.0304	0.0367
0.15	0.0177	158	1.01	47.9	0.600	0.0353	0.0422
0.16	0.0201	179	1.15	54.4	0.681	0.0402	0.0479
0.17	0.0227	202	1.30	61.4	0.770	0.0458	0.0542
0.18	0.0254	226	1.45	68.7	0.861	0.0507	0.0605
0.19	0.0284	253	1.63	77.3	0.962	0.0567	0.0677
0.20	0.0314	280	1.80	84.8	1.06	0.0628	0.0748
0.21	0.0346	308	1.98	93.6	1.17	0.0691	0.0825
0.22	0.0380	339	2.18	103	1.29	0.0759	0.0906
0.23	0.0415	370	2.38	112	1.41	0.0829	0.0989
0.24	0.0452	403	2.58	122	1.53	0.0902	0.108
0.25	0.0491	438	2.80	133	1.66	0.0980	0.117
0.26	0.0531	474	3.04	144	1.80	0.106	0.127
0.27	0.0573	511	3.28	155	1.94	0.114	0.136
0.28	0.0616	550	3.52	167	2.09	0.123	0.147
0.29	0.0661	590	3.79	179	2.24	0.132	0.158
0.30	0.0707	629	4.03	191	2.39	0.141	0.168
0.32	0.0804	716	4.60	217	2.72	0.160	0.191
0.34	0.0908	810	5.20	244	3.08	0.181	0.216
0.35	0.0962	857	5.49	259	3.23	0.192	0.229
0.36	0.102	910	5.85	276	3.46	0.204	0.243
0.38	0.113	1010	6.47	306	3.83	0.226	0.269
0.40	0.126	1120	7.20	341	4.27	0.252	0.300
0.42	0.139	1240	7.39	376	4.72	0.278	0.331

续表

直径(mm)	截面(mm²)	铜线		铝线		康铜线	锰铜线
		重量/长度 (g/km)	长度/电阻 (m/Ω)	重量/长度 (g/km)	长度/电阻 (m/Ω)	长度/电阻 (m/Ω)	长度/电阻 (m/Ω)
0.44	0.152	1360	8.70	411	5.15	0.304	0.362
0.45	0.159	1420	9.09	430	5.38	0.317	0.379
0.46	0.166	1480	9.51	448	5.63	0.332	0.396
0.48	0.181	1610	10.4	489	6.13	0.362	0.432
0.50	0.196	1750	11.2	530	6.64	0.392	0.467
0.55	0.237	2110	13.5	640	8.01	0.473	0.565
0.60	0.283	2520	16.2	765	9.60	0.565	0.675
0.65	0.332	2960	19.0	896	10.3	0.662	0.791
0.70	0.385	3440	22.0	1090	13.1	0.769	0.917
0.75	0.442	3930	25.2	1140	14.9	0.880	1.05
0.80	0.503	4490	28.8	1360	17.1	1.00	1.20
0.85	0.567	5070	32.5	1530	19.3	1.13	1.35
0.90	0.636	5680	36.4	1720	21.6	1.27	1.52
0.95	0.709	6310	40.5	1910	24.0	1.41	1.69
1.00	0.785	6990	44.8	2120	26.8	1.56	1.87
1.1	0.950	8470	54.4	2570	32.2	1.90	2.26
1.2	1.13	10100	64.6	3040	38.3	2.24	2.69
1.3	1.33	11900	76.2	3600	45.1	2.66	3.17
1.4	1.54	13700	88.2	4160	52.2	3.04	3.67
1.5	1.77	15800	101	4790	60.0	3.53	4.22
1.6	2.01	17900	115	5440	68.1	4.02	4.79
1.7	2.27	20200	130	6140	77.0	4.58	5.42
1.8	2.54	22600	145	6870	86.1	5.07	6.05
1.9	2.84	25300	163	7730	96.2	5.67	6.77
2.0	3.14	28000	180	8480	106	6.28	7.48
2.1	3.46	30800	198	9360	117	6.91	8.25
2.2	3.80	33900	218	10300	129	7.59	9.06
2.3	4.15	37000	238	11200	141	8.29	9.89
2.4	4.52	40300	258	12200	153	9.02	10.8
2.5	4.91	43800	280	13300	166	9.80	11.7
2.6	5.31	47400	304	14400	180	10.6	12.7
2.7	5.73	51100	328	15500	194	11.4	13.6
2.8	6.16	55000	352	16700	209	12.3	14.7
2.9	6.61	59000	379	17900	224	13.2	15.8
3.0	7.07	62900	403	19100	239	14.1	16.8
3.5	9.62	85700	549	25900	323	19.2	22.9
4.0	12.60	112000	720	34100	427	25.2	30.0

4. 铜线直径与负载电流的对照（见表1.2.4-4）

负载电流—铜线直径　　　　　　　表1.2.4-4

负载电流 (mA)	最小直径(mm)在电流密度…A/mm² 下					
	1	2	2.55	3	4	5
5	0.08	0.06	0.05	0.05	0.04	0.04
10	0.11	0.08	0.07	0.06	0.05	0.05
15	0.14	0.10	0.09	0.08	0.07	0.06
20	0.16	0.11	0.10	0.09	0.08	0.07
25	0.18	0.13	0.11	0.10	0.09	0.08
30	0.20	0.14	0.12	0.11	0.10	0.09
35	0.21	0.15	0.13	0.12	0.10	0.09
40	0.23	0.16	0.14	0.13	0.11	0.10
50	0.25	0.18	0.16	0.14	0.12	0.11
60	0.28	0.19	0.17	0.16	0.14	0.12
80	0.32	0.23	0.20	0.18	0.16	0.14
100	0.36	0.25	0.22	0.20	0.18	0.16
150	0.44	0.31	0.27	0.25	0.22	0.19
200	0.50	0.36	0.31	0.29	0.25	0.22
250	0.57	0.40	0.35	0.32	0.28	0.25
300	0.62	0.44	0.39	0.35	0.31	0.27
400	0.71	0.50	0.45	0.41	0.35	0.32
500	0.80	0.56	0.50	0.46	0.40	0.35
600	0.88	0.62	0.55	0.50	0.44	0.39
800	1.00	0.71	0.63	0.57	0.50	0.45
1A	1.1	0.80	0.71	0.65	0.55	0.50
1.5A	1.4	1.00	0.85	0.80	0.70	0.60
2A	1.6	1.1	1.00	0.90	0.80	0.70
3A	1.9	1.4	1.2	1.1	0.95	0.90
4A	2.3	1.6	1.4	1.3	1.1	1.00
5A	2.5	1.8	1.6	1.5	1.3	1.1

注：具体数据参照第11章。

在给定负载电流下选取铜线的最小直径，需先视使用环境条件选择导线的电流密度，例如，露天放置的线圈（自然冷却）可选择电流密度 $4A/mm^2$。

5. 线规号码与线径对照（见表1.2.4-5）

常用线规号码与线径(″、mm)对照　　　　　　　表1.2.4-5

线规号码	SWG		BWG		BG		AWG		CWG
	″	mm	″	mm	″	mm	″	mm	mm
4/0	0.400	10.160	0.454	11.532	0.5416	13.757	0.4600	11.684	11.20
3/0	0.372	9.449	0.425	10.795	0.5000	12.700	0.4096	10.404	10.00

1.2 电工技术常用计算公式和计算图表　77

续表

线规号码	SWG		BWG		BG		AWG		CWG
	″	mm	″	mm	″	mm	″	mm	mm
2/0	0.348	0.839	0.380	9.652	0.4452	11.308	0.3648	9.266	9.00
0	0.324	8.230	0.340	8.636	0.3964	10.069	0.3249	8.252	8.00
1	0.300	7.620	0.300	7.620	0.3532	8.971	0.2893	7.348	7.10
2	0.276	7.010	0.284	7.214	0.3147	7.993	0.2576	6.544	6.30
3	0.252	6.401	0.259	6.579	0.2804	7.122	0.2294	5.827	5.60
4	0.232	5.893	0.238	6.045	0.2500	6.350	0.2043	5.189	5.00
5	0.212	5.385	0.220	5.588	0.2225	5.652	0.1819	4.621	4.50
6	0.192	4.877	0.203	5.156	0.1981	5.032	0.1620	4.115	4.00
7	0.176	4.470	0.180	4.572	0.1764	4.481	0.1443	3.665	3.55
8	0.160	4.064	0.165	4.191	0.1570	3.988	0.1285	3.264	3.15
9	0.144	3.658	0.148	3.759	0.1398	3.551	0.1144	2.906	2.80
10	0.128	3.251	0.134	3.404	0.1250	3.175	0.1019	2.588	2.50
11	0.116	2.946	0.120	3.048	0.1113	2.827	0.0907	2.305	2.24
12	0.104	2.642	0.109	2.769	0.0991	2.517	0.0808	2.053	2.00
13	0.092	2.337	0.095	2.413	0.0882	2.240	0.0720	1.828	1.80
14	0.080	2.032	0.083	2.108	0.0785	1.994	0.0641	1.628	1.60
15	0.072	1.829	0.072	1.829	0.0699	1.775	0.0571	1.450	1.40
16	0.064	1.626	0.065	1.651	0.0625	1.588	0.0508	1.291	1.25
17	0.056	1.422	0.058	1.473	0.0556	1.412	0.0453	1.150	1.12
18	0.048	1.219	0.049	1.245	0.0495	1.257	0.0403	1.024	1.00
19	0.040	1.016	0.042	1.067	0.0440	1.118	0.0359	0.912	0.90
20	0.036	0.914	0.035	0.889	0.0392	0.996	0.0320	0.812	0.80
21	0.032	0.813	0.032	0.813	0.0349	0.887	0.0285	0.723	0.71
22	0.0280	0.711	0.028	0.711	0.0312	0.795	0.0253	0.644	0.63
23	0.0240	0.610	0.025	0.635	0.0278	0.706	0.0226	0.573	0.56
24	0.0220	0.559	0.022	0.559	0.0247	0.627	0.0201	0.511	0.50
25	0.0200	0.508	0.020	0.508	0.0220	0.559	0.0179	0.455	0.45
26	0.0180	0.457	0.018	0.457	0.0196	0.498	0.0159	0.405	0.40
27	0.0164	0.417	0.016	0.406	0.0174	0.442	0.0142	0.361	0.355
28	0.0148	0.376	0.014	0.356	0.0156	0.396	0.0126	0.321	0.315
29	0.0136	0.345	0.013	0.330	0.0139	0.353	0.0113	0.286	0.280
30	0.0124	0.315	0.012	0.305	0.0123	0.312	0.0100	0.255	0.250
31	0.0116	0.295	0.010	0.254	0.0110	0.279	0.0089	0.227	0.224
32	0.0108	0.274	0.009	0.229	0.0098	0.249	0.0080	0.202	0.200
33	0.0100	0.254	0.008	0.203	0.0087	0.221	0.0071	0.180	0.180
34	0.0092	0.234	0.007	0.178	0.0077	0.196	0.0063	0.160	0.160
35	0.0084	0.213	0.005	0.127	0.0069	0.175	0.0056	0.143	0.140

续表

线规号码	SWG		BWG		BG		AWG		CWG
	″	mm	″	mm	″	mm	″	mm	mm
36	0.0076	0.193	0.004	0.102	0.0061	0.155	0.0050	0.127	0.125
37	0.0068	0.173			0.0054	0.137	0.0045	0.114	0.112
38	0.0060	0.152			0.0048	0.122	0.0040	0.102	0.100
39	0.0052	0.132			0.0043	0.109	0.0035	0.089	0.090
40	0.0048	0.122			0.0038	0.097	0.0031	0.079	0.080
41	0.0044	0.112			0.0034	0.086	0.0028	0.071	0.071
42	0.0040	0.102			0.0030	0.076	0.0025	0.064	0.063
43	0.0036	0.091			0.0027	0.069	0.0022	0.056	
44	0.0032	0.081			0.0024	0.061	0.00198	0.050	
45	0.0028	0.071			0.0021	0.053	0.00176	0.045	
46	0.0024	0.061			0.0019	0.048	0.00157	0.040	

注：SWG—美国标准线规；BWG—伯明翰线规；BG—伯明翰规；AWG—美国线规；CWG—中国线规；″—英寸符号。

6. 绝缘导线与绕组单位截面匝数的对照（见表1.2.4-6）

绝缘导线与绕组单位截面匝数的对照　　　　表1.2.4-6

导线直径 mm	导线截面 mm^2	匝数/cm^2					
		漆铜线	丝包漆铜线	丝包铜线	双丝包铜线	纱包铜线	双纱包铜线
0.03	0.00071	40000	13000	18000	8200	—	—
0.04	0.00126	26000	10000	15000	7000	—	—
0.05	0.00106	20000	7800	12000	5900	—	—
0.06	0.00283	15000	6300	10000	5000	—	—
0.07	0.00385	11000	5100	8000	4200	—	—
0.08	0.00503	9000	4300	6800	3700	—	—
0.09	0.00636	7000	3800	5800	3100	—	—
0.1	0.00785	6000	3200	5000	2800	2000	1300
0.11	0.00950	5000	2700	4500	2550	1850	1200
0.12	0.01131	4400	2400	4000	2200	1700	1120
0.13	0.01327	3600	2200	3500	2000	1550	1050
0.14	0.01539	3200	2000	3050	1800	1450	980
0.15	0.01767	2800	1900	2700	1650	1370	920
0.16	0.02011	2500	1700	2500	1500	1300	870
0.18	0.02545	2000	1300	2000	1300	1100	750
0.2	0.03142	1650	1150	1600	1100	930	680
0.22	0.03801	1400	1000	1300	980	800	540
0.25	0.04909	1100	800	1100	800	700	500
0.28	0.06158	870	680	850	680	590	420
0.3	0.07069	770	590	750	590	510	380
0.32	0.08042	690	500	680	500	450	320

续表

导线直径 mm	导线截面 mm²	匝数/cm²					
		漆铜线	丝包漆铜线	丝包铜线	双丝包铜线	纱包铜线	双纱包铜线
0.35	0.09621	580	420	550	420	400	290
0.38	0.1134	500	400	500	400	350	270
0.4	0.1257	450	360	430	360	310	250
0.42	0.1385	420	310	400	310	280	220
0.45	0.1590	370	280	360	280	260	200
0.48	0.1810	320	260	320	260	240	185
0.5	0.1964	300	250	300	250	230	175
0.55	0.2376	250	200	250	200	180	150
0.6	0.2827	210	180	210	180	165	130
0.65	0.3318	180	160	180	160	140	115
0.7	0.3848	160	135	160	135	120	100
0.75	0.4418	140	120	140	120	110	90
0.8	0.5027	120	110	120	110	98	82
0.85	0.5675	110	95	110	95	90	75
0.9	0.6362	100	88	100	88	82	70
0.95	0.7088	90	80	90	80	75	65
1	0.7854	83	73	83	73	70	60
1.10	0.951	68	60	68	60	57	49
1.20	1.131	57	50	57	50	48	40

1.3 基本电气额定值

1.3.1 额定电压

(1) 1000V 以下电气设备的额定电压

用于直流和50Hz交流的系统、电气设备和电子设备的额定电压等级见表1.3.1-1。

1000V 以下电气设备的额定电压(V)　　　　表 1.3.1-1

直流		单相交流		三相交流	
受电设备	供电设备	受电设备	供电设备	受电设备	供电设备
1.5	1.5				
2	2				
3	3				
6	6	6	6		
12	12	12	12		
24	24	24	24		
36	36	36	36	36	36
		42	42	42	42
48	48				

续表

直流		单相交流		三相交流	
受电设备	供电设备	受电设备	供电设备	受电设备	供电设备
60	60				
72	72				
		100⁺	100⁺	100⁺	100⁺
110	115				
		127*	133*	127*	133*
220	230	220	230	220/380	230/400
400▽,440	400▽,460			380/660	400/690
800▽	800▽				
1000▽	1000▽				
				1140**	1200**

注：a. 电气设备和电子设备分为供电设备和受电设备两大类。受电设备的额定电压也是系统的额定电压。
  b. 直流电压为平均值，交流电压为有效值。
  c. 在三相交流栏下，斜线"/"之上为相电压，斜线之下为线电压，无斜线者都是线电压。
  d. 带"+"号者为只用于电压互感器、继电器等控制系统的电压。带"▽"号者为使用于单台供电的电压。带"*"号者只用于矿井下、热工仪表和机床控制系统的电压。带"**"号者只限于煤矿井下及特殊场合使用的电压。

(2) 1kV 以上三相交流系统额定电压

50Hz 三相交流 1kV 以上额定电压等级见表 1.3.1-2。这一电压等级主要用于发电机、变压器、送电线路和高压用电设备。

1kV 以上三相交流系统额定电压(kV)   表 1.3.1-2

受电设备与系统	供电设备	设备最高电压
3	3.15	3.5
6	6.3	6.9
10	10.5	11.5
	13.8*	
	15.75*	
	18*	
	20*	
35		40.5
63		69
110		126
220		252
330		363
500		550
750		

注：带"*"者只适用于发电机。

(3) 中频电气设备的额定电压

一般中频(50Hz～10kHz)工业电气设备的额定电压等级见表 1.3.1-3。

1.3 基本电气额定值

一般中频工业电气设备的额定电压(V) 表1.3.1-3

类别		单相	三相(线电压)
通用电气设备		9,12,16,20,26,36,60,90,115,220,375,500,750,1000,1500,2000,3000	42,115,160,220,350
受电设备	电热装置	(250),375,500,750,1000,1500,2000,3000	—
	机床电器	—	115,220,350
	纺织电机	—	115,130*,160*
	控制微电机	9,12,16,20,26,36,60,90,115,220	—
	电动工具	—	42,220
供电设备	发电机及装置	115,220,375,500,750,1000,1500,2000,3000	115,160*,220,350,550*
	移动电源设备	115,230	208,230,400

1.3.2 额定频率

电气设备在额定参数下的频率称为额定频率。一般工业电气设备(包括通用电气设备、电热装置、机床电器、纺织电机、控制电机和电动工具)单相和三相交流频率见表1.3.2-1。

额定频率(Hz) 表1.3.2-1

电力供电系统及设备	舰船电气设备	航空电气设备	一般工业电气设备					
			通用电气设备	电热装置	机床电气设备	纺织电机	控制电机	电动工具
50	50	50	50	50	50	50	50	50
—	—	—	—	—	—	(75)	—	—
—	—	—	100	—	—	100	—	—
—	—	—	—	—	—	*133	—	—
—	—	—	150	150	150	150	—	150
—	—	—	200	—	—	200	—	200
—	—	—	—	—	(300)	—	—	—
—	—	—	—	—	—	—	(330)	—
—	400	400	400	400	400	400	400	400
—	—	—	—	—	—	—	(427)	—
—	—	—	—	(500)	—	—	(500)	—
—	—	—	600	—	600	600	—	—
—	—	—	800	—	800	—	—	—
—	—	—	1000	1000	1000	1000	1000	—
—	—	—	1500	—	1500	—	—	—
—	—	—	2500	2500	**2000 2500	—	—	—
—	—	—	—	—	(3000)	—	—	—
—	—	—	4000	4000	4000	—	—	—
—	—	—	8000	8000	—	—	—	—
—	—	—	10000	10000	—	—	—	—

注：a. 50Hz 称为工频；
  b. 带括号的值，在设计新产品时不推荐采用；
  c. *133Hz 仅限于人造纤维的纺锭用；
  d. **2000Hz 仅限于轴承磨削用；
  e. 额定频率允许偏差值规定为 ±0.2%、±0.5%、±1%、±2%、±5%、±10%六种,按设备需要选用；
  f. 电力供电系统及设备的额定频率的允许偏差值规定为 ±1%。

1.3.3 额定电流

以电流为主参数的交、直流电气设备和电子设备的额定电流见表1.3.3-1。

表1.3.3-1 额定电流值(A)

1	1.25	1.6	2	2.5	3.15	4	5	6.3	8
10	12.5	16	20	25	31.5	40	50	63	80(75)
100	125(120)	160(150)	200	250	315(300)	400	500	630(600)	800(750)
1000	1250(1200)	1600(1500)	2000	2500	3150(3000)	4000	5000	6300(6000)	8000
10000	12500(12000)	16000(15000)	20000	25000					

注：括号内的值，仅限于老产品使用。

常用高、低压电器的额定电流见表1.3.3-2和表1.3.3-3。

表1.3.3-2 常用交流高压电器的额定电流

项目	额定电流(A)
断路器隔离开关	200,400,630,(1000),1250,1600,2000,3150,4000,5000,6300,8000,10000,12500,16000,25000,25000
负荷开关	10,16,31.5,50,100,200,400,630,1250,1600,2000,3150,400,5000,6300,8000,10000,12500,16000,20000,25000
熔断器	2,3.15,5,6.3,10,16,20,31.5,40,50,(75),80,100,(150),160,200,315,400
熔丝	(3),3.15,5,(7.5),8,10,(15),16,20,3.15,40,50,80,100,(150),160,200

注：括号内的数值尽量不用。

表1.3.3-3 常用低压电器的额定电流

项目	额定电流(A)
通用开关电器	6.3(6),10,16(15),25,31.5,40,50,63(60),100,160(150),200,250,315(300),400,500,630(600),800,1000,1250,1600,2000,2500,3150,4000,5000,6300,8000,10000,12500,16000
控制电器	1,2.5,5,10,16(15),20,25,40,63(60),100,160(150),250,400,630(600),1000
熔断器的熔体	1,2,2.5,3.15(3),4,5,6.3(6),10,16(15),20,25,31.5(30),(35),40,(45),50,63(60),80,100,125,160(150),200,250,315(300),400,500,630(600),800,1000

注：括号内的数值尽量不采用。

1.4 常用数学资料

1.4.1 常用数学符号(见表1.4.1-1)

常用数学符号　　　　表1.4.1-1

符号	意义或读法	符号	意义或读法
$\overline{AB}, AB$	[直]线段 AB	$\mp$	负或正
$\angle$	[平面]角	max	最　大
$\circ$	度	min	最　小
$'$	[角]分	$\cdot, \times$	乘
$''$	[角]秒	$\dfrac{a}{b}, a/b, ab^{-1}$	a 除以 b 或 a 被 b 除
$\overset{\frown}{AB}$	弧 AB	$\sum\limits_{i=1}^{n} a_i$	$a_1 + a_2 + \cdots + a_n$
π	圆周率	$\prod\limits_{i=1}^{n} a_i$	$a_1 \cdot a_2 \cdots \cdots a_n$
$\triangle$	三角形	a^p	a 的 p 次方或 a 的 p 次幂
$\square$	平行四边形	$a^{1/2}, a^{\frac{1}{2}}$	a 的 $\dfrac{1}{2}$ 次方，
$\odot$	圆	$\sqrt{a}, \sqrt{a}$	a 的平方根
$\perp$	垂直	$a^{1/n}, a^{\frac{1}{n}}$	a 的 $\dfrac{1}{n}$ 次方，
$/\!/, \parallel$	平行	$\sqrt[n]{a}, \sqrt[n]{a}$	a 的 n 次方根
$\backsim$	相似	$\lvert a \rvert$	a 的绝对值，a 的模
$\cong$	全同或全等	sgn a	a 的符号函数
$\because$	因为	$\overline{a}, \langle a \rangle$	a 的平均值
$\therefore$	所以	$n!$	n 的阶乘
$=$	等于	f	函数 f
$\neq$	不等于	$x \to a$	x 趋于 a
$\triangleq$	相当于	$\lim\limits_{x \to a} f(x)$	x 趋于 a 时 $f(x)$ 的极限
$\approx$	约等于	$\overline{\lim}$	上极限
$\propto$	成正比	$\underline{\lim}$	下极限
$:$	比	Δx	x 的[有限]增量
$<$	小于	$\simeq$	渐近等于
$>$	大于	$\dfrac{df}{dx}$	
$\leqslant$	小于或等于	df/dx	单变量函数 f 的导
$\geqslant$	大于或等于	f'	[函]数或微商
$\ll$	远小于	Df	
$\gg$	远大于	$\dfrac{\partial f}{\partial x}$	
∞	无穷[大]或无限[大]	$\partial f / \partial x$	多变量 $x, y, \cdots$ 的函数 f 对于 x 的偏微商或偏导数
$.$	小数点	$\partial_x f$	
$\%$	百分比		
$(\ )$	圆括号或小括号		
$[\ ]$	方括号或中括号		
$\{\ \}$	花括号或大括号		
$\pm$	正或负	df	函数 f 的全微分

符　　号	意义或读法	符　　号	意义或读法
δf	f 的(无穷小)变差	cot	余　切
$\int f(x)\mathrm{d}x$	函数 f 的不定积分	sec	正　割
$\int_b^a f(x)\mathrm{d}x$	函数 f 由 a 至 b 的定积分	cosec	余　割
		arcsin	反正弦
$\iint_A f(x,y)\mathrm{d}A$	函数 $f(x,y)$ 在集合 A 上的二重积分	arccos	反余弦
		arctan	反正切
e	自然对数的底	arccot	反余切
$e^x, \exp x$	x 的指数函数(以 e 为底)	arcsec	反正割
$\log_a x$	以 a 为底的 x 的对数	arccosec	反余割
$\ln x, \log_e x$	x 的自然对数	sinh	双曲正弦
$\lg x, \log_{10} x$	x 的常用(布氏)对数	cosh	双曲余弦
$\mathrm{lb}_x, \log_2 x$	x 的以 2 为底的对数	arsinh	反双曲正弦
sin	正　弦	arcosh	反双曲余弦
cos	余　弦		
tan	正　切		

1.4.2　重要数学常数(见表 1.4.2-1)

重要数学常数　　　　　　　　　　　　　　　表 1.4.2-1

$\sqrt{0.5}=0.7071$	$\sqrt[3]{1/e}=0.716$	$1/3\pi=0.106$	$1/\pi^4=0.01026$
$\sqrt{2}=1.414$	$1/2e=0.184$	$1/4\pi=0.079$	$\sqrt[3]{\pi}=1.464$
$\sqrt{3}=1.732$	$1/e^2=0.1353$	$2/\pi=0.636$	$\sqrt[3]{2\pi}=1.845$
$\sqrt{10}=3.162$	$1/e^3=0.0497$	$90/\pi=28.648$	$\lg e=0.434$
$\sqrt{20}=4.472$	$1/\sqrt{e}=0.606$	$180/\pi=57.296$	$\ln 10=2.302$
$\sqrt{1000}=31.623$	$\lg e=0.434$	$360/\pi=114.592$	$g=9.81$
$1/\sqrt{2}=0.707$	$\pi=3.1416$	$\pi^2=9.869$	$g^2=96.236$
$1/\sqrt{3}=0.577$	$2\pi=6.283$	$2\pi^2=19.739$	$\sqrt{g}=3.132$
$1/\sqrt{10}=0.316$	$3\pi=9.425$	$(2\pi)^2=39.478$	$1/g=0.102$
$1/\sqrt{20}=0.2236$	$4\pi=12.566$	$\sqrt{\pi}=1.772$	$\pi/\sqrt{g}=9.839$
$1/\sqrt{1000}=0.0316$	$4\pi/3=4.189$	$\sqrt{2\pi}=2.507$	$6!=720$
$e=2.718$	$\pi/2=1.57$	$\sqrt{\pi/2}=1.253$	$7!=5040$
$2e=5.436$	$\pi/3=1.047$	$\sqrt{\pi/4}=0.886$	$8!=40320$
$e^2=7.389$	$\pi/4=0.785$	$\sqrt{1/\pi}=0.564$	$9!=362880$
$e^3=20.085$	$\pi/6=0.523$	$\sqrt{2/\pi}=0.798$	$10!=3628800$
$\sqrt{e}=1.648$	$\pi/180=0.017$	$\sqrt{3/\pi}=0.977$	$11!=39916800$
$\sqrt[3]{e}=1.395$	$1/\pi=0.318$	$\sqrt{4/\pi}=1.128$	$12!=479001600$
$1/e=0.3678$	$1/2\pi=0.159$	$1/\pi^2=0.101$	

1.4.3 三角函数
1. 三角函数的基本关系

$$\sin\varphi = \sqrt{1-\cos^2\varphi} = \frac{\tan\varphi}{\sqrt{1+\tan^2\varphi}} = \frac{1}{\sqrt{1+\cot^2\varphi}}$$

$$\cos\varphi = \sqrt{1-\sin^2\varphi} = \frac{1}{\sqrt{1+\tan^2\varphi}} = \frac{\cot\varphi}{\sqrt{1+\cot^2\varphi}}$$

$$\tan\varphi = \frac{\sin\varphi}{\sqrt{1-\sin^2\varphi}} = \frac{\sqrt{1-\cos^2\varphi}}{\cos\varphi} = \frac{1}{\cot\varphi}$$

$$\cot\varphi = \frac{\sqrt{1-\sin^2\varphi}}{\sin\varphi} = \frac{\cos\varphi}{\sqrt{1-\cos^2\varphi}} = \frac{1}{\tan\varphi}$$

$$\sin^2\alpha + \cos^2\alpha = 1 \quad \tan\alpha = \sin\alpha/\cos\alpha$$
$$\sin 2\alpha = 2\sin\alpha\cdot\cos\alpha \quad \cot\alpha = \cos\alpha/\sin\alpha$$
$$\cos 2\alpha = 1 - 2\sin^2\alpha \quad \tan\alpha\cdot\cot\alpha = 1$$

2. 特殊角的三角函数值(见表1.4.3-1)

特殊角的三角函数值　　　　　表 1.4.3-1

α	$\sin\alpha$	$\cos\alpha$	$\tan\alpha$	$\cot\alpha$	$\sec\alpha$	$\csc\alpha$
0	0	1	0	∞	1	∞
$\frac{\pi}{6}$	$\frac{1}{2}$	$\frac{\sqrt{3}}{2}$	$\frac{\sqrt{3}}{3}$	$\sqrt{3}$	$\frac{2}{3}\sqrt{3}$	2
$\frac{\pi}{5}$	$\frac{1}{2}\sqrt{\frac{5-\sqrt{5}}{2}}$	$\frac{1+\sqrt{5}}{4}$	$\sqrt{5-2\sqrt{5}}$	$\sqrt{\frac{5+2\sqrt{5}}{5}}$	$\sqrt{5}-1$	$2\sqrt{\frac{5+\sqrt{5}}{10}}$
$\frac{\pi}{4}$	$\sqrt{2}$	$\frac{\sqrt{2}}{2}$	1	1	$\sqrt{2}$	$\sqrt{2}$
$\frac{\pi}{3}$	$\frac{\sqrt{3}}{2}$	$\frac{1}{2}$	$\sqrt{3}$	$\frac{\sqrt{3}}{3}$	2	$\frac{2}{3}\sqrt{3}$
$\frac{\pi}{2}$	1	0	∞	0	∞	1

3. 三角函数表(见表1.4.3-2)

三　角　函　数　表　　　　　表 1.4.3-2

角度(°)(θ, 滞后角或超前角)	sin (或无功因数)	cos (或功率因数)	Tan	Cot	Sec	Csc	角度(°)(θ, 滞后角或超前角)
0	0.00000	1.00000	0.00000	∞	1.0000	∞	180
1	0.01774	0.99985	0.01745	57.290	1.0001	57.299	179
2	0.03490	0.99939	0.03492	28.636	1.0006	28.654	178
3	0.05234	0.99863	0.05241	19.081	1.0014	19.107	177
4	0.06976	0.99756	0.06993	14.301	1.0024	14.335	176
5	0.08715	0.99619	0.08749	11.430	1.0038	11.474	175
6	0.10453	0.99452	0.10510	9.5144	1.0055	9.5668	174
7	0.12187	0.99255	0.12278	8.1443	1.0075	8.2055	173

续表

角度(°)(θ,滞后角或超前角)	sin（或无功因数）	cos（或功率因数）	Tan	Cot	Sec	Csc	角度(°)(θ,滞后角或超前角)
8	0.13917	0.99027	0.14054	7.1154	1.0098	7.1853	172
9	0.15643	0.98769	0.15838	6.3137	1.0125	6.3924	171
10	0.17365	0.98481	0.17633	5.6713	1.0154	5.7588	170
11	0.19081	0.98163	0.19438	5.1445	1.0187	5.2408	169
12	0.20791	0.97815	0.21256	4.7046	1.0223	4.8097	168
13	0.22495	0.97437	0.23087	4.3315	1.0263	4.4454	167
14	0.24192	0.97029	0.24933	4.0108	1.0306	4.1336	166
15	0.25882	0.96592	0.26795	3.7320	1.0353	3.8637	165
16	0.27564	0.96126	0.28674	3.4874	1.0403	3.6279	164
17	0.29237	0.95630	0.30573	3.2708	1.0457	3.4203	163
18	0.30902	0.95106	0.32492	3.0777	1.0515	3.2361	162
19	0.32557	0.94552	0.34433	2.9042	1.0576	3.0715	161
20	0.34203	0.93969	0.36397	2.7475	1.0642	2.9238	160
21	0.35837	0.93358	0.38386	2.6051	1.0711	2.7904	159
22	0.37461	0.92718	0.40403	2.4751	1.0785	2.6695	158
23	0.39073	0.92050	0.42447	2.3558	1.0864	2.5593	157
24	0.40674	0.91354	0.44523	2.2460	1.0946	2.4586	156
25	0.42262	0.90631	0.46631	2.1445	1.1034	2.3662	155
26	0.43837	0.89879	0.48773	2.0503	1.1126	2.2812	154
27	0.45399	0.89101	0.50952	1.9626	1.1223	2.2027	153
28	0.46947	0.88295	0.53171	1.8807	1.1326	2.1300	152
29	0.48481	0.87462	0.55431	1.8040	1.1433	2.0627	151
30	0.50000	0.86603	0.57735	1.7320	1.1547	2.0000	150
31	0.51504	0.85717	0.60086	1.6643	1.1666	1.9416	149
32	0.52992	0.84805	0.62487	1.6003	1.1792	1.8871	148
33	0.54464	0.83867	0.64941	1.5399	1.1924	1.8361	147
34	0.55919	0.82904	0.67451	1.4826	1.2062	1.7883	146
35	0.57358	0.81915	0.70021	1.4281	1.2208	1.7434	145
36	0.58778	0.80902	0.72654	1.3764	1.2361	1.7013	144
37	0.60181	0.79863	0.75355	1.3270	1.2521	1.6616	143
38	0.61566	0.78801	0.78128	1.2799	1.2690	1.6243	142
39	0.62932	0.77715	0.80978	1.2349	1.2867	1.5890	141
40	0.64279	0.76604	0.83910	1.1917	1.3054	1.5557	140
41	0.65606	0.75741	0.86929	1.1504	1.3250	1.5242	139
42	0.66913	0.74314	0.90040	1.1106	1.3456	1.4945	138
43	0.68200	0.73135	0.93251	1.0724	1.3673	1.4663	137
44	0.69466	0.71934	0.96569	1.0355	1.3902	1.4395	136
45	0.70711	0.70711	1.0000	1.0000	1.4142	1.4142	135

续表

角度(°)(θ, 滞后角或超前角)	sin (或无功因数)	cos (或功率因数)	Tan	Cot	Sec	Csc	角度(°)(θ, 滞后角或超前角)
46	0.71934	0.69466	1.0355	0.96569	1.4395	1.3902	134
47	0.73135	0.68200	1.0724	0.93251	1.4663	1.3673	133
48	0.74314	0.66913	1.1106	0.90040	1.4945	1.3456	132
49	0.75471	0.65606	1.1504	0.86929	1.5242	1.3250	131
50	0.76604	0.64279	1.1917	0.83910	1.5557	1.3054	130
51	0.77715	0.62932	1.2349	0.80978	1.5890	1.2867	129
52	0.78801	0.61566	1.2799	0.78128	1.6243	1.2690	128
53	0.79863	0.60181	1.3270	0.75355	1.6616	1.2521	127
54	0.80902	0.58778	1.3764	0.72654	1.7013	1.2361	126
55	0.81915	0.57358	1.4281	0.70021	1.7434	1.2208	125
56	0.82904	0.55919	1.4826	0.67451	1.7883	1.2062	124
57	0.83867	0.54464	1.5399	0.64941	1.8361	1.1922	123
58	0.84805	0.52992	1.6003	0.62487	1.8871	1.1792	122
59	0.85717	0.51504	1.6643	0.60086	1.9416	1.1666	121
60	0.86603	0.50000	1.7320	0.57735	2.0000	1.1547	120
61	0.87462	0.48481	1.8040	0.55431	2.0627	1.1433	119
62	0.88295	0.46947	1.8807	0.53171	2.1300	1.1326	118
63	0.89101	0.45399	1.9626	0.50952	2.2027	1.1223	117
64	0.89879	0.43837	2.0503	0.48773	2.2812	1.1126	116
65	0.90631	0.42262	2.1445	0.46631	2.3662	1.1034	115
66	0.91354	0.40674	2.2460	0.44523	2.4586	1.0946	114
67	0.92050	0.39073	2.3558	0.42447	2.5593	1.0864	113
68	0.92718	0.37461	2.4751	0.40403	2.6695	1.0785	112
69	0.93358	0.35837	2.6051	0.38386	2.7904	1.0711	111
70	0.93969	0.34202	2.7475	0.36397	2.9238	1.0642	110
71	0.94552	0.32557	2.9042	0.34433	3.0715	1.0576	109
72	0.95106	0.30902	3.0777	0.32492	3.2361	1.0515	108
73	0.95630	0.29237	3.2708	0.30573	3.4203	1.0457	107
74	0.96126	0.27564	3.4874	0.28647	3.6279	1.0403	106
75	0.96592	0.25882	3.7320	0.26795	3.8637	1.0353	105
76	0.97029	0.24192	4.0108	0.24933	4.1336	1.0306	104
77	0.97437	0.22495	4.3315	0.23087	4.4454	1.0263	103
78	0.97815	0.20791	4.7046	0.21256	4.8097	1.0223	102
79	0.98163	0.19081	5.1445	0.19438	5.2408	1.0187	101
80	0.98481	0.17365	5.6713	0.17633	5.7588	1.0154	100
81	0.98769	0.15643	6.3137	0.15838	6.3924	1.0125	99
82	0.99027	0.13917	7.1154	0.14054	7.1853	1.0098	98
83	0.99255	0.12187	8.1443	0.12278	8.2055	1.0075	97

续表

角度(°)(θ，滞后角或超前角)	sin (或无功因数)	cos (或功率因数)	Tan	Cot	Sec	Csc	角度(°)(θ，滞后角或超前角)
84	0.99452	0.10453	9.5144	0.10510	9.5668	1.0055	96
85	0.99619	0.08715	11.430	0.08749	11.474	1.0038	95
86	0.99756	0.06976	14.301	0.06993	14.335	1.0024	94
87	0.99863	0.05234	19.081	0.05241	19.107	1.0014	93
88	0.99939	0.03490	28.634	0.03492	28.654	1.0006	92
89	0.99985	0.01745	57.290	0.01745	57.299	1.0001	91
90	1.00000	0.00000	∞	0.00000	∞	1.0000	90

1.4.4 复数

1. 复数的表达形式

代数式：$Z = a + jb$

三角式：$Z = \gamma(\cos\varphi + j\sin\varphi)$

指数式：$Z = \gamma e^{j\varphi}$

其关系为：

$$a = \gamma\cos\varphi$$
$$b = \gamma\sin\varphi$$
$$\gamma = \sqrt{a^2 + b^2}$$
$$\tan\varphi = \frac{b}{a}$$

2. 复数的运算

若

$$Z_1 = a + jb = \gamma_1(\cos\varphi_1 + j\sin\varphi_1) = \gamma_1 e^{j\varphi_1}$$
$$Z_2 = c + jd = \gamma_2(\cos\varphi_2 + j\sin\varphi_2) = \gamma_2 e^{j\varphi_2}$$

则

$$Z_1 \pm Z_2 = (a \pm c) + j(b \pm d)$$
$$Z_1 \cdot Z_2 = \gamma_1\gamma_2 e^{j(\varphi_1 + \varphi_2)}$$
$$Z_1/Z_2 = \frac{\gamma_1}{\gamma_2} e^{j(\varphi_1 - \varphi_2)}$$
$$Z_1^n = [\gamma_1(\cos\varphi_1 + j\sin\varphi_1)]^n = \gamma_1^n e^{jn\varphi_1}$$

3. 复功率

用有功功率和无功功率表示的视在功率称为复功率

$$复功率\ S = P + jQ$$
$$视在功率\ S = \sqrt{P^2 + Q^2} = UI$$
$$有功功率\ P = UI\cos\varphi = S\cos\varphi$$
$$无功功率\ Q = UI\sin\varphi = S\sin\varphi = P\cdot\tan\varphi$$

1.4.5 指数和对数
1. 常用指数的关系式

$$a^0 = 1(a \neq 0)$$

$$a^{-n} = \frac{1}{a^n}(a \neq 0)$$

$$a^{\frac{m}{n}} = \sqrt[n]{a^m}(a \geqslant 0)$$

$$a^m \cdot a^n = a^{m+n}(a > 0, b > 0)$$

$$a^m / a^n = a^{m-n}$$

$$(ab)^m = a^m b^m$$

$$(a/b)^m = a^m / b^m$$

2. 对数关系式

若指数 $a = b(a > 0, a \neq 1)$，则 x 称作 b 的以 a 为底的对数，记作 $x = \log_a b$。
当 $a = 10$ 时，$\log_{10} b$ 记作 $\lg b$，称以 10 为底的对数，或称常用对数；
当 $a = e$ 时，$\log_e b$ 记作 $\ln b$，称自然对数。

【例】 以 10 为底　　　　　　　以 $e = 2.7183$ 为底
$\lg 1000 = 3$，因为 $10^3 = 1000$　　　$\ln 2.7183 = 1$，因为 $e^1 = 2.7183$
$\lg 30 = 1.4771$，因为 $10^{1.4771} = 30$　$\ln 20.0855 = 3$，因为 $e^3 = 20.0855$
$\lg 2 = 0.301$，因为 $10^{0.301} = 2$　　$\ln 10 = 2.3$，因为 $e^{2.3} = 10$

(1) 运算法则：

$$\log_a(b_1 b_2 \cdots b_n) = \log_a b_1 + \log_a b_2 + \cdots + \log_a b_n$$

$$\log_a \left(\frac{b_1}{b_2}\right) = \log_a b_1 - \log_a b_2$$

$\log_a b^x = x \log_a b$（x 为任意实数）。

对于常用对数的运算，以下例子非常有用：

$\lg 100 = 2$，因为 $100 = 10^2$　　　$\lg 200 = \lg 100 + \lg 2 = 2.301$
$\lg 10 = 1$，因为 $10 = 10^1$　　　　$\lg 20 = \lg 10 + \lg 2 = 1.301$
$\lg 1 = 0$，因为 $1 = 10^0$　　　　　$\lg 2 = \lg 1 + \lg 2 = 0.301$
$\lg 0.1 = -1$，因为 $0.1 = 10^{-1}$　　$\lg 0.2 = \lg 0.1 + \lg 2 = 0.301 - 1$
$\lg 0.01 = -2$，因为 $0.01 = 10^{-2}$　$\lg 0.02 = \lg 0.01 + \lg 2 = 0.301 - 2$

(2) 换底公式：

$$\log_a b = \frac{\log_c b}{\log_c a} \quad \ln b = \frac{\lg b}{\lg e}$$

$\log_a b \cdot \log_b a = 1$
$\lg b \approx 0.4342944819 \ln b$
$\ln b \approx 2.3025850930 \lg b$

(3) 常用对数求法：
设 正数 $b = 10^n \cdot N$（n 为整数，$1 \leqslant N < 10$），则

$$\lg b = n + \lg N$$

式中　n 叫做首数，$\lg N$ 叫做尾数，尾数可通过查表或计算求得。

3. 重要对数值(见表1.4.5-1)

重要对数值　　　　　　　　　　　　表1.4.5-1

lg1 = 0.00000	$\lg\frac{1}{2}$ = 0.69897 − 1	ln1 = 0.00000	$\ln\frac{1}{2}$ = −0.69315
lg2 = 0.30103	$\lg\frac{1}{3}$ = 0.52288 − 1	ln2 = 0.69315	$\ln\frac{1}{3}$ = −1.09861
lg3 = 0.47712	$\lg\frac{1}{4}$ = 0.39794 − 1	ln3 = 1.09861	$\ln\frac{1}{4}$ = −1.38629
lg7 = 0.84510	$\lg\frac{1}{10}$ = 0.00000 − 1	ln7 = 1.94591	$\ln\frac{1}{10}$ = −2.30259
lg10 = 1.00000	$\lg\frac{1}{e}$ = 0.56571 − 1	ln10 = 2.30259	$\ln\frac{1}{e}$ = −1.00000
lg$e$ = 0.43429	$\lg\frac{1}{\pi}$ = 0.50285 − 1	ln$e$ = 1.00000	$\ln\frac{1}{\pi}$ = −1.14473
lgπ = 0.49715		lnπ = 1.14473	

常用对数与自然对数的换算：
$$\lg x = \lg e \cdot \ln x = 0.43429 \cdot \ln x ; \ln x = \ln 10 \cdot \lg x = 2.30259 \cdot \lg x$$

1.4.6 级数
常用的级数：

$$e^x = 1 + \frac{x}{1!} + \frac{x^2}{2!} + \frac{x^3}{3!} + \frac{x^4}{4!} + \cdots$$

$$e = 1 + \frac{1}{1!} + \frac{1}{2!} + \frac{1}{3!} + \frac{1}{4!} + \cdots$$

$$\sin x = \frac{x}{1!} - \frac{x^3}{3!} + \frac{x^5}{5!} - \frac{x^7}{7!} + \cdots$$

$$\cos x = 1 - \frac{x^2}{2!} + \frac{x^4}{4!} - \frac{x^6}{6!} + \cdots$$

$$\tan x = x + \frac{x^3}{3} + \frac{2x^5}{3 \cdot 5} + \frac{17x^7}{3^2 \cdot 5 \cdot 7} + \cdots$$

$$\cot x = \frac{1}{x} - \frac{x}{3} - \frac{x^3}{3^2 \cdot 5} - \frac{2x^5}{3^3 \cdot 5 \cdot 7} - \cdots$$

1.4.7 微积分
1. 导数的运算法则和基本公式

$$(c)' = 0 \quad (c \text{ 为常数})$$

$$(cu)' = cu'$$

$$(u \pm v)' = u' \pm v'$$

$$(uv)' = u'v + uv'$$

$$\left(\frac{u}{v}\right)' = \frac{vu' - uv'}{v^2}$$

$$(\log_a x)' = \frac{1}{x \ln a}$$

$$(\ln x)' = \frac{1}{x}$$

$$(a^x)' = a^x \ln a$$

$$(e^x)' = e^x$$

$$(\sin x)' = \cos x$$
$$(\cos x)' = -\sin x$$
$$(\tan x)' = \sec^2 x$$
$$(\cot x)' = -\csc^2 x$$

2. 不定积分基本公式

$$\int du = u + C.$$

$$\int u^m du = \frac{u^{m-1}}{m+1} + C.$$

$$\int \frac{du}{u} = \ln u + C.$$

$$\int \frac{du}{a^2 + u^2} = \frac{1}{a}\arctan\frac{u}{a} + C.$$

$$\int \frac{du}{u^2 - a^2} = \frac{1}{2a}\ln\frac{u-a}{u+a} + C.$$

$$\int \frac{du}{(u+a)(u+b)} = \frac{1}{b-a}\ln\frac{u+a}{u+b} + C.$$

$$\int \frac{du}{\sqrt{a^2 - u^2}} = \arcsin\frac{u}{a} + C.$$

$$\int e^u du = e^u + C.$$

$$\int a^u du = \frac{a^u}{\ln a} + C.$$

$$\int \ln u\, du = u\ln u - u + C.$$

$$\int \sin u\, du = -\cos u + C.$$

$$\int \cos u\, du = \sin u + C.$$

$$\int \tan u\, du = -\ln\cos u + C.$$

$$\int \cot u\, du = \ln\sin u + C.$$

1.4.8 布尔代数

(1) "非"运算

$$\overline{0} = 1 \qquad \overline{1} = 0 \qquad \overline{\overline{A}} = A$$

(2) "或"运算

$$0 + 0 = 0 \qquad 0 + 1 = 1$$
$$1 + 1 = 1 \qquad 1 + A = 1$$
$$0 + A = A \qquad \overline{A} + A = 1$$
$$A + A = A$$

(3) "与"运算

$$0 \cdot 0 = 0 \qquad 0 \cdot 1 = 0 \qquad 1 \cdot 1 = 1$$

$$0 \cdot A = 0 \quad 1 \cdot A = A \quad A \cdot \overline{A} = 0$$
$$A \cdot A = A$$

(4) 交换律
$$A + B = B + A \quad A \cdot B = B \cdot A$$

(5) 分配律
$$A + BC = (A + B)(A + C)$$
$$A(B + C) = AB + AC$$
$$(A + B)(C + D) = AC + AD + BC + BD$$

(6) 吸收律
$$A + AB = A$$
$$A + \overline{A}B = A + B$$
$$AB + A\overline{B} = A$$

(7) 摩根定律（反演律）
$$A + B = \overline{\overline{A}\,\overline{B}}$$
$$AB = \overline{\overline{A} + \overline{B}}$$

1.4.9 常用面积和体积的计算

1. 面积的计算（见表 1.4.9-1）

面积的计算　　　　　　　　　表 1.4.9-1

名　称	图　形	计算公式
正方形	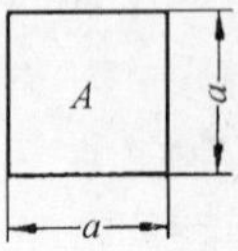	$A = a \cdot a = a^2$ $U = 4a$
长方形	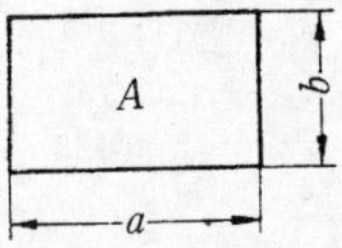	$A = a \cdot b$ $U = 2(a + b)$
平行四边形	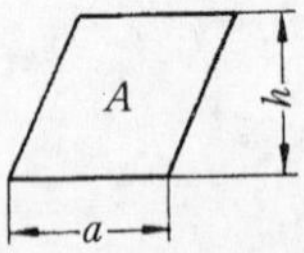	$A = a \cdot h$
三角形	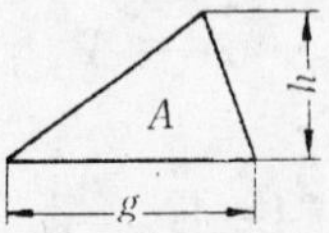	$A = \dfrac{g \cdot h}{2}$
梯形	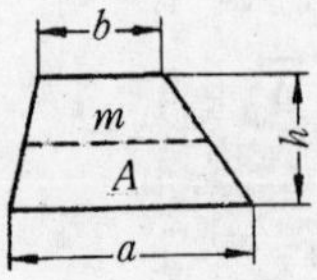	$A = \dfrac{(a + b) \cdot h}{2}$ $A = m \cdot h$

1.4 常用数学资料

续表

名 称	图 形	计算公式	
圆		$A = \dfrac{d^2 \cdot \pi}{4} = r^2 \cdot \pi$ $U = d \cdot \pi$	
圆 环		$A_D = \dfrac{D^2 \cdot \pi}{4}$ $A_d = \dfrac{d^2 \cdot \pi}{4}$ $A = A_D - A_d$	A_D—总面积 A_d—内圆面积 A—圆环面积 D—大圆直径 d—内圆直径
扇 形		$A = \dfrac{b \cdot d}{4}$ $b = d \cdot \pi \cdot \dfrac{a°}{360°}$ $d = \dfrac{4A}{b} = \sqrt{\dfrac{4A \cdot 360°}{\pi \cdot a°}}$	
弓 形		$A = \dfrac{b \cdot d}{4} - \dfrac{s(d-2h)}{4}$ $A \approx \dfrac{2}{3} \cdot s \cdot h ; b = d \cdot \pi \cdot \dfrac{a°}{360°}$ $s = d \cdot \sin \dfrac{\alpha}{2} ; h = \dfrac{d}{2}\left(1 - \cos \dfrac{\alpha}{2}\right)$	
椭 圆		$A = \dfrac{D \cdot d\pi}{4}$ $U \approx \dfrac{D + d}{2} \cdot \pi$	
正六边形		$SW \approx 0.866 \cdot e$ $e \approx 1.155 \cdot SW$ e——角尖的距离 SW——平行边的宽	

注：A—面积；U—周长。

2. 体积的计算(见表 1.4.9-2)

体积的计算　　　　　表 1.4.9-2

名 称	图 形	计算公式
正方体		$V = a^3$ $a = \sqrt[3]{V} ; D = a\sqrt{3} ; O = 6a^2$

续表

名　称	图　形	计算公式
长方体		$V = a \cdot b \cdot h$ $a = \dfrac{V}{b \cdot h}; b = \dfrac{V}{a \cdot h}; h = \dfrac{V}{a \cdot b}$ $D = \sqrt{a^2 + b^2 + h^2}; O = 2(ab + bh + ah)$
圆柱体		$V = A \cdot h = \dfrac{d^2 \cdot \pi}{4} \cdot h$ $d = \sqrt{\dfrac{4 \cdot V}{\pi \cdot h}}; h = \dfrac{V}{A}$ $M = d \cdot \pi \cdot h; O = d \cdot \pi \left(h + \dfrac{d}{2}\right)$
空心圆柱体		$V = \dfrac{\pi h}{4}(D^2 - d^2)$ $h = \dfrac{4 \cdot V}{\pi \cdot (D^2 - d^2)}; D = \sqrt{\dfrac{4V}{\pi h} + d^2}$ $d = \sqrt{D^2 - \dfrac{4V}{\pi h}}$
正方角锥体		$V = \dfrac{A \cdot h}{3} = \dfrac{a \cdot b \cdot h}{3}$ $a = \dfrac{3V}{bh}; b = \dfrac{3V}{ah}; h = \dfrac{3V}{ab}; s = \sqrt{h^2 + \dfrac{a^2 + b^2}{4}}$ $M = a\sqrt{\dfrac{b^2}{4} + h^2} + b\sqrt{\dfrac{a^2}{4} + h^2}$
圆锥		$V = \dfrac{A \cdot h}{3} = \dfrac{d^2 \pi}{4} \cdot \dfrac{h}{3}$ $d = \sqrt{\dfrac{12V}{\pi h}}; h = \dfrac{3V}{A}; s = \sqrt{h^2 + \dfrac{d^2}{4}}$ $M = \dfrac{d\pi}{2}\sqrt{h^2 + \dfrac{d^2}{4}} = \dfrac{d\pi s}{2}; O = \dfrac{d\pi}{2}\left(\sqrt{h^2 + \dfrac{d^2}{4}} + \dfrac{d}{2}\right)$
正方角锥台		$V = \dfrac{h}{3}(A_1 + A_2 + \sqrt{A_1 \cdot A_2})$ $V \approx \dfrac{A_1 + A_2}{2} \cdot h$
圆锥台		$V = \dfrac{\pi h}{12}(D^2 + d^2 + D \cdot d)$ $V \approx \dfrac{A_1 + A_2}{2} \cdot h; s = \dfrac{1}{2}\sqrt{4h^2 + (D - d)^2}$ $M = \dfrac{\pi s}{2}(D + d); O = \dfrac{\pi s}{2}(D + d) + \dfrac{\pi}{4}(D^2 + d^2)$
球		$V = \dfrac{d^3 \pi}{6}$ $V = 0.523 \cdot d^3$ $d = \sqrt[3]{\dfrac{6V}{\pi}} = \sqrt{\dfrac{O}{\pi}}$ $O = d^2 \pi$

续表

名称	图形	计算公式
球冠		$V = \dfrac{\pi h^2}{6}(3d - 2h)$ $V = \pi h \left(\dfrac{s^2}{8} + \dfrac{h^2}{6} \right)$ $M = d\pi h = \dfrac{\pi}{4}(s^2 + 4h^2)$
球面锥体		$V = \dfrac{1}{6}\pi d^2 h$ $d = \sqrt{\dfrac{6V}{\pi h}}; h = \dfrac{6V}{\pi d^2}$ $O = \dfrac{d\pi}{4}(4h + s)$
鼓形体		$V \approx \dfrac{\pi \cdot h}{12} \cdot (2D^2 + d^2)$ $h \approx \dfrac{12 \cdot V}{\pi(2D^2 + d^2)}$ $D \approx \sqrt{\dfrac{6V}{\pi \cdot h} - \dfrac{d^2}{2}}$ $d \approx \sqrt{\dfrac{12V}{\pi \cdot h} - 2D^2}$

注:V—体积;h—高;$d(D)$—直径;A—底面积;O—表面积;M—侧面积。

1.5 常用物理化学资料

1.5.1 重要的物理常数(见表 1.5.1-1)

重要的物理常数　　　　　　　表 1.5.1-1

常数名称	符号	常数值	单位
标准大气压	atm	1.01325×10^6	$\dfrac{dyn}{cm^2}$
		101325	Pa
热功当量	J	427	$\dfrac{kg \cdot m}{kcal}$
功热当量	A	1/427	$\dfrac{kcal}{kg \cdot m}$
水的密度(4℃时)	ρ	0.999973	$\dfrac{g}{cm^3}$
水银的密度(0℃时)	ρ	13.5951	$\dfrac{g}{cm^3}$
标准条件下干燥空气的密度	ρ	0.001293	
标准条件下声音在空气中的速度	v	331.4	$\dfrac{m}{s}$
真空中光速	c	2.99792×10^8	$\dfrac{m}{s}$
真空介电常数,真空电容率	ε_0	$\dfrac{1}{\mu_0 \cdot c^2} \approx \dfrac{10^7}{4\pi \cdot c^2} \approx 0.885 \cdot 10^{-11}$	$\dfrac{F}{m}; \dfrac{As}{Vm}$
真空导磁系数,真空磁导率	μ_0	$\dfrac{4\pi}{10^7} = 1.256 \cdot 10^{-6}$	$\dfrac{H}{m}; \dfrac{Vs}{Am}$

续表

常数名称	符号	常数值	单位
真空的波阻抗	Γ_0	$\sqrt{\dfrac{\mu_0}{\varepsilon_0}}=\mu_0\cdot c_0=\dfrac{1}{\varepsilon_0 c_0}\approx 376.73$	Ω
[统一的]原子质量单位	μ	$1.660277\cdot 10^{-24}$	g
电子[静止]质量	m_e	$0.9109\cdot 10^{-27}$	g
质子[静止]质量	m_p	$1.6725\cdot 10^{-24}$	g
中子[静止]质量	m_n	$1.6748\cdot 10^{-24}$	g
基本电荷,元电荷	e	$1.6021\cdot 10^{-19}$	C=As
(经典)电子半径	r_0	$2.82\cdot 10^{-15}$	m
玻尔半径	r	$5.292\cdot 10^{-11}$	m
原子核半径	r	$1.2\cdot 10^{-13}\cdot\sqrt[3]{原子重}$	cm
法拉第常数	F	$9.6487\cdot 10^4$	$\dfrac{As}{mol}$
玻尔兹曼常数	k	$1.380\cdot 10^{-23}$	$\dfrac{W\cdot s}{K}$
电子康普顿波长	λ_c	$0.2426\cdot 10^{-9}$	m
普朗克(作用量子)常数	h	$6.625\cdot 10^{-34}$	$W\cdot s^2 = J\cdot s$
重力加速度	g	9.80665	$\dfrac{m}{s^2}$
热力学温度绝对零度	t_0	-273.15	℃
理想气体标准摩尔体积	V_0	22.413	$\dfrac{dm^3}{mol}$
摩尔气体常数	R	8.3143	$\dfrac{W\cdot s}{mol\cdot K}$
电子伏特	eV	$1.6021892\cdot 10^{-19}$	J

1.5.2 化学元素(见表1.5.2-1)

化学元素表　　　　　　　　表1.5.2-1

原子序数	符号	名称	读音	原子量
1	H	氢	轻	1.00
2	He	氦	亥	4.00
3	Li	锂	里	6.94
4	Be	铍	皮	9.01
5	B	硼	朋	10.81
6	C	碳	炭	12.01
7	N	氮	淡	14.00
8	O	氧	养	16.00
9	F	氟	弗	19.00
10	Ne	氖	乃	20.17
11	Na	钠	纳	23.00
12	Mg	镁	美	24.30
13	Al	铝	吕	27.00
14	Si	硅	归	28.00

续表

原子序数	符号	名称	读音	原子量
15	P	磷	邻	31.00
16	S	硫	流	32.06
17	Cl	氯	绿	35.45
18	Ar	氩	亚	39.94
19	K	钾	甲	39.10
20	Ca	钙	盖	40.08
21	Sc	钪	抗	45.00
22	Ti	钛	太	47.90
23	V	钒	凡	50.94
24	Cr	铬	各	52.00
25	Mn	锰	猛	54.94
26	Fe	铁	铁	55.84
27	Co	钴	古	58.93
28	Ni	镍	聂	58.70
29	Cu	铜	同	63.54
30	Zn	锌	辛	65.38
31	Ga	镓	家	69.72
32	Ge	锗	者	72.50
33	As	砷	申	74.92
34	Se	硒	西	78.96
35	Br	溴	秀	79.90
36	Kr	氪	克	83.80
37	Rb	铷	如	85.47
38	Sr	锶	思	87.62
39	Y	钇	乙	89.91
40	Zr	锆	告	91.22
41	Nb	铌	尼	92.91
42	Mo	钼	目	95.94
43	Tc	锝	得	99
44	Ru	钌	了	101.0
45	Rh	铑	老	102.9
46	Pd	钯	靶	106.4
47	Ag	银	银	107.87
48	Cd	镉	隔	112.4
49	In	铟	因	114.82
50	Sn	锡	昔	118.6
51	Sb	锑	梯	121.7
52	Te	碲	帝	127.60
53	I	碘	典	126.90
54	Xe	氙	仙	131.30
55	Cs	铯	色	132.90

续表

原子序数	符 号	名 称	读 音	原子量
56	Ba	钡	贝	137.33
57	La	镧	栏	138.90
58	Ce	铈	市	140.12
59	Pr	镨	普	140.91
60	Nd	钕	女	144.2
61	Pm	钷	颇	147
62	Sm	钐	衫	150.4
63	Eu	铕	有	151.96
64	Gd	钆	轧	157.2
65	Tb	铽	特	158.92
66	Dy	镝	滴	162.50
67	Ho	钬	火	164.93
68	Er	铒	耳	167.26
69	Tm	铥	丢	168.93
70	Yb	镱	意	173
71	Lu	镥	鲁	174.96
72	Hf	铪	哈	178.4
73	Ta	钽	坦	180.95
74	W	钨	乌	183.5
75	Re	铼	来	186.21
76	Os	锇	鹅	190.2
77	Ir	铱	衣	192.2
78	Pt	铂	博	195.0
79	Au	金	金	196.97
80	Hg	汞	拱	200.5
81	Tl	铊	他	204.3
82	Pb	铅	千	207.2
83	Bi	铋	必	208.98
84	Po	钋	泼	209
85	At	砹	艾	210
86	Rn	氡	冬	222
87	Fr	钫	方	223
88	Ra	镭	雷	226
89	Ac	锕	阿	227.03
90	Th	钍	土	232.04
91	Pa	镤	仆	231.04
92	U	铀	由	238.03
93	Np	镎	拿	237.05
94	Pu	钚	不	244
95	Am	镅	眉	243
96	Cm	锔	局	247

续表

原子序数	符 号	名 称	读 音	原子量
97	Bk	锫	陪	247
98	Cf	锎	开	251
99	Es	锿	哀	254
100	Fm	镄	费	257
101	Md	钔	门	258
102	No	锘	诺	259
103	Lr	铹	劳	260
104	Rf	铲	卢	261
105	Ha	锌	亨	262

1.5.3 物质的密度(见表1.5.3-1～表1.5.3-3)

纯金属的密度 表1.5.3-1

金属名称	密度(g/cm^3)	金属名称	密度(g/cm^3)
铝	2.70	钼	10.22
钡	3.5	镍	8.9
铍	1.85	锡	7.31
铋	9.75	铂	21.45
钨	19.3	汞	13.55
铁	7.87	铅	11.35
金	19.32	银	10.50
镉	8.65	锑	6.69
钴	8.9	铬	7.2
硅	2.33	锌	7.0
镁	1.74	铱	22.42
锰	7.43	钯	12.02
铜	8.96	钛	4.54

注：表列数值是在温度为20℃时的密度。

气体的密度 表1.5.3-2

名 称	密度 $\rho(g/l)$	相对于空气的密度	名 称	密度 $\rho(g/l)$	相对于空气的密度
氮(N_2)	1.25049	0.967	空气(无CO_2)	1.293	1
氨(NH_3)	0.77140	0.596	氧(O_2)	1.42896	1.105
乙炔(C_2H_2)	1.1747	0.907	甲烷(CH_4)	0.71682	0.554
氢(H_2)	0.089882	0.0695	一氧化氮(NO)	1.340	1.037
丁烷(C_4H_{10})	2.7032	2.090	一氧化碳(CO)	1.250	0.967
氟化氢(HF)	0.921	0.7123	丙烷[$(CH_3)_2CH_2$]	2.0096	1.554
氯化氢(HCl)	1.6392	1.2678	二氧化硫(SO_2)	2.92655	2.264
氰化氢(HCH)	0.901	0.697	硫化氢(H_2S)	1.538	1.198

续表

名 称	密度 ρ(g/l)	相对于空气的密度	名 称	密度 ρ(g/l)	相对于空气的密度
二氧化碳(CO_2)	1.977	1.529	乙烷(C_2H_6)	1.356	1.049
氟(F_2)	1.696	1.312	乙烯(C_2H_4)	1.26035	0.975
氯(Cl_2)	3.214	2.485			

注:*a*. 表中的 ρ 是干燥气体在0℃和760mmHg压力下的密度。气体对空气的相对密度是假定两者在相同的压力和温度条件之下的密度之比。

b. 当计算气体的密度时,认为无杂质的水在4℃时密度为1.000g/cm³。要将气体密度 ρ 的单位由g/l化为g/cm³,须将表中 ρ 的数值除以1000。

常用材料的密度 表1.5.3-3

材料名称	密度(g/cm³)	材料名称	密度(g/cm³)
木 材*	0.4~0.6	热塑性压塑料	0.95~2.4
竹 材*	0.9	聚氯乙烯	1.35~1.40
石 墨	1.9~2.1	聚苯乙烯	0.91
水 泥	1.2	聚乙烯	0.92~0.95
石 英	2.5~2.8	有机玻璃	1.18
滑 石	2.6~2.8	泡沫塑料	0.2
碳化硅	3.10	丙 酮	0.92
云 母	2.7~3.1	汽 油	0.7~0.8
地沥青	0.9~1.5	苯	0.879
地 蜡	0.96	松 香	1.07~1.1
石 蜡	0.9	煤 油	0.80~0.82
石 棉	2.2~3.2	二甲苯	0.88
纯橡胶	0.93	冰(0℃)	0.89~0.92
平胶板	1.6~1.8	石 油	0.73~0.94
皮 革	0.4~1.2	二硫化碳	1.263
纤维纸板	1.3	松节油	0.86~0.87
平板玻璃	2.5	甲 醇	0.791
耐高温玻璃	2.23	乙 醇	0.789
石英玻璃	2.2	甲 苯	0.867
陶 瓷	2.3~2.45	醋 酸	1.049
热固性压塑料	1.4~2.1		

注:表列数值是在温度为15~20℃时的密度;带"*"者是指含水率为15%时的密度。

1.5.4 物质的熔点和沸点(见表1.5.4-1)

常用物质的熔点和沸点 表1.5.4-1

物质名称	熔 点(℃)	沸 点(℃)	物质名称	熔 点(℃)	沸 点(℃)
铝	660.1	2441	铱	2450	4399
铋	271.3	1560	镉	320	767
钨	3400	5550	钴	1495	2870
铁	1536	2870	硅	1441	3280
金	1053	2857	镁	650	1090

续表

物质名称	熔点(℃)	沸点(℃)	物质名称	熔点(℃)	沸点(℃)
锰	1244	2060	苯	5.5	80.1
铜	1084	2575	氢	-259.2	-252.8
钼	2620	4651	氯化氢	-112	-83.7
镍	1453	2914	甘油	20	290
锡	232	2600	石英玻璃	1725	2230
铂	1770	3825	无水醋酸	16.7	118
汞	-38.86	356.55	二甲苯	-47.4	139
铅	327.5	1750	甲烷	-182.5	-161.5
银	961	2212	一氧化氮	-163.6	-151.8
锑	630.1	1750	一氧化碳	-207	-192
钛	1670	3290	石蜡	50~60	350~430
碳	>3500	4825	甲醇	-93.9	64.6
铬	1860	2670	乙醇	-117	78.5
锌	419.5	910	甲苯	-95	110.6
氧	-218.4	-182.97	乙烷	-183.3	-88.6
氟	-223	-187.9	乙烯	-169.2	-103.7
氯	-101	-34.6	乙醚	-116	-34.6
丙酮	-95	56.5	水	0	100

注：均指纯净物质在760mmHg的大气压下。

1.5.5 物质的比热(见表1.5.5-1及表1.5.5-2)

固体和液体的比热 表1.5.5-1

名称	确定C的温度(℃)	比热C(cal/g·℃)	名称	确定C的温度(℃)	比热C(cal/g·℃)
铝	25	0.215	银	25	0.056
铋	25	0.030	钛	25	0.125
钨	25	0.032	锑	25	0.05
铁	25	0.118	铬	25	0.110
金	25	0.031	锌	25	0.0903
铱	25	0.031	钢(1.25%C)	10~13	0.12
镉	25	0.055	青铜	14~98	0.09
钯	25	0.058	黄铜	20~100	0.09
硅	25	0.17	康铜	0	0.098
镁	25	0.243	陶瓷	15~950	0.26
锰	25	0.114	无定形碳	26~76	0.168
铜	25	0.092	石墨	20~85	0.174
钼	25	0.060	玻璃	10~50	0.16~0.20
镍	25	0.106	石英玻璃	0~100	0.18
锡	25	0.0504	二硫化碳	0~30	0.24
铂	25	0.032	丙酮	3~23	0.52
铅	25	0.031	苯	6~60	0.41

续表

名 称	确定 C 的温度(℃)	比热 C(cal/g·℃)	名 称	确定 C 的温度(℃)	比热 C(cal/g·℃)
甘 油	15~50	0.58		40	0.9982
煤 油	18~99	0.50		60	1.0000
醋 酸	1~8	0.62		80	1.0033
冰	-10	0.53		100	1.0074
	-20	0.48	水 银	0	0.0334
甲 醇	15~20	0.57		20	0.0332
乙 醇	12~30	0.60		40	0.0331
甲 苯	0	0.386		60	0.0330
水	0	1.0094		100	0.0328
	20	1.0000			

气体的比热　　　　表 1.5.5-2

气体名称	确定 c_p 的温度(℃)	比热 c_p(cal/g·℃)	气体名称	确定 c_p 的温度(℃)	比热 c_p(cal/g·℃)
氨(蒸气)	24~200	0.536	一氧化氮	13~172	0.231
乙 炔	18	0.383	一氧化碳	26~198	0.248
丙酮(蒸气)	26~110	0.374	二氧化硫	16~202	0.134
苯(蒸气)	80	0.26	硫化氢	16~206	0.245
氢	10~200	3.409	二氧化碳	15	0.199
空 气	0~100	0.237	氯	13~202	0.124
氧	13~207	0.217	乙 烷	15	0.403
甲 烷	18~208	0.594	乙 烯	15~100	0.399

注：c_p 值是在标准压力下的比热平均值。

1.5.6　物质的热膨胀系数(见表1.5.6-1)

常用物质的热膨胀系数 α　　　　表 1.5.6-1

物质名称	确定 a 的温度(℃)	线膨胀系数 $α(10^{-4}/℃)$	物质名称	确定 a 的温度(℃)	线膨胀系数 $α(10^{-4}/℃)$
铝		0.125~0.27	镍		0.065~0.155
钨		0.027~0.046	锡		0.155~0.275
金		0.115~0.15	铂		0.066~0.095
铱		0.04~0.07	铅		0.25~0.32
镉		0.26~0.38	银		0.143~0.206
铋		0.12~0.135	锰		0.115~0.28
钴	37~237	0.12~0.13	锑		0.09~0.105
硅	37~237	0.025~0.035	铬		0.035~0.095
镁		0.15~0.29	钛	37~237	0.04~0.098
铜		0.105~0.18	锌	37~237	0.023~0.032
钼		0.03~0.055	钢	0~100	0.105
铁		0.06~0.145	软 铁	0~100	0.114

续表

物质名称	确定 a 的温度(℃)	线膨胀系数 $\alpha(10^{-4}/℃)$	物质名称	确定 a 的温度(℃)	线膨胀系数 $\alpha(10^{-4}/℃)$
青 铜	20	0.180	石英玻璃	0~80	0.004
黄 铜	0~16	0.122	冰	−10~0	0.507
康 铜	10~16	0.189	石 墨	50	0.08
铝镁合金	12~39	0.238	陶 瓷	0~100	0.03
镍铬合金	18	0.123	硬橡胶	17~25	0.77

注：a. 未列出的温度为 100~500K；
　　b. 体膨胀系数 $\beta=32$。

1.5.7 物质的导热系数（见表 1.5.7-1 及表 1.5.7-2）

固体和液体的导热系数　　表 1.5.7-1

名 称	确定 λ 的温度(℃)	导热系数 λ (cal/cm·s·℃)	名 称	确定 λ 的温度(℃)	导热系数 λ (cal/cm·s·℃)
铝	20	0.48	铬	20	0.165
铍	20	0.3847	锌	18	0.265
铋	18	0.019	软 铁	18	0.14
钨	18	0.35	武德合金	10~20	0.03
铁	20	0.141	康 铜	18	0.054
金	18	0.70	黄 铜	18	0.26
铱	17	0.140	锰镍铜合金	18	0.053
镉	18	0.22	德 银	18	0.06
钴	30	0.160	钢(1.5%C)	0	0.11
钯	100	0.182	青 铜	18	0.14
镁	0~100	0.376	石棉板	500	0.0004
铜	18	0.916	瓷 器	20	0.0025
钼	17	0.35	云 母	50	0.0018
镍	18	0.140	石 墨	7	0.012
锡	18	0.16	硬橡胶	25	0.0004
铂	17	0.165	水	41	0.00129
汞	20	0.0148		20	0.00143
铅	18	0.083		80	0.00154
银	18	0.990		90	0.0016
锑	0	0.0440	石 油	13	0.00035

气体的导热系数　　表 1.5.7-2

热力学温度 (K)	导热系数 $\lambda(10^{-5} \text{cal/cm·s·℃})$						
	氧 O_2	一氧化碳 CO	氢 H_2	甲烷 CH_4	一氧化氮 NO	二氧化碳 CO_2	空气
100	2.16	2.09	16.25	2.54	—	—	2.2
150	3.29	3.15	23.54	3.86	3.21	—	3.32
200	4.37	4.17	30.64	5.22	4.24	2.27	4.36

续表

热力学温度 (K)	导热系数 λ(10^{-5}cal/cm·s·℃)						
	氧 O_2	一氧化碳 CO	氢 H_2	甲烷 CH_4	一氧化氮 NO	二氧化碳 CO_2	空 气
250	5.39	5.11	37.09	6.64	5.23	3.08	5.27
273.1	5.84	5.52	39.65	7.34	5.67	3.48	5.66
300	6.35	6	42.27	8.19	6.19	3.98	6.1
310	6.55	6.18	43.19	8.52	6.38	4.17	6.26
320	6.75	6.35	44.11	8.86	6.57	4.37	6.42
330	6.95	6.53	45.02	9.22	6.76	4.57	6.58
350	7.38	6.88	46.85	9.98	7.13	4.99	6.9
380	8.03	7.43	49.6	11.22	7.69	5.63	7.39

注：表列气体的导热系数系理论值。

1.5.8 物质的电阻率及电导率(见表1.5.8-1至表1.5.8-3)

常用物质的电阻率　　　　　　表1.5.8-1

名 称	电阻率 $\rho(\Omega·mm^2/m)$	名 称	电阻率 $\rho(\Omega·mm^2/m)$
铝	0.0269	康 铜	0.49
铍	0.046	铜镍合金	0.33
钨	0.055	白 铜	0.42
铁	0.0971	锰镍铜合金	0.43
金	0.023	殷 钢	0.81
铱	0.053	高镍钢	0.45
钴	0.0624	武德合金	0.52(0℃)
硅	$23×10^8$	石 墨	8.0
钯	0.108	石 棉	10^{12}
镁	0.039	热固性压塑料	$10^{14} \sim 3.7×10^{17}$
锰	0.05	热塑性压塑料	$10^{16} \sim 2.1×10^{22}$
铜	0.01673	云母(片)	10^{19}
钼	0.057	瓷	$2×10^{19}$
铋	1.16	火 漆	$5×10^{19}$
镍	0.06844	虫 胶	10^{20}
锡	0.128	松 香	10^{20}
铂	0.106	聚苯乙烯	10^{21}
汞	0.965	硬橡胶	10^{22}
铅	0.20648	石 蜡	$3×10^{22}$
硫	$2×10^{23}$	安装电线的铜线芯	0.0184
银	0.016	铜圆线、扁线、母线,硬	$0.0179 \sim 0.0182$
锑	0.42	软	0.01754
钛	0.55	工业用铜,硬棒	0.0179
碳	13.75	软 棒	0.01748
铬	0.129	H62 黄铜,铸造的	0.072
锌	0.059	软 的	0.065
镉	0.074	安装电线的铝线芯	0.0310
硬铝	0.0335	铝圆线、扁线、母线	0.0295
黄铜	0.08	工业用铝(含 Al99.5%)	$0.027 \sim 0.030$
青铜	0.18		

注：对金属表列数值是指在温度18～20℃时纯金属及合金的电阻率。对绝缘体,表列数值是指在温度18～20℃时电阻率的近似值。

化学液体的电导率及电阻率(20℃时)　　表1.5.8-2

液体名称	化学符号	浓度(%)	电导率 $\left(\dfrac{S \cdot cm}{cm^2}\right)$	电阻率 $\left(\dfrac{\Omega \cdot cm^2}{cm}\right)$	液体名称	化学符号	浓度(%)	电导率 $\left(\dfrac{S \cdot cm}{cm^2}\right)$	电阻率 $\left(\dfrac{\Omega \cdot cm^2}{cm}\right)$
碳酸钠	Na_2CO_3	5	0.0450	22.2	氯化锌	$ZnCl_2$	20	0.090	11.0
		10	0.0704	14.2			30	0.092	10.8
		15	0.0833	12.0			40	0.084	11.8
氢氧化钠溶液	NaOH	5	0.196	5.1			50	0.069	16.4
		10	0.312	3.2	硫酸锌	$ZnSO_4$	5	0.019	52.4
		15	0.345	2.9			10	0.032	31.2
		20	0.323	3.1			15	0.041	24.1
		25	0.256	3.9			20	0.047	21.3
		40	0.116	8.6			25	0.048	20.9
硝酸	HNO_3	5	0.258	3.88			30	0.044	22.7
		10	0.461	2.17	氨水	NH_3	1.5	0.83×10^{-3}	1200
		15	0.613	1.63			4.0	1.11×10^3	900
		20	0.709	1.41			10.0	0.91×10^{-3}	1100
		25	0.769	1.30			15.0	0.65×10^{-3}	1550
		30	0.787	1.27	氯化铵	NH_4Cl	5	0.092	10.90
		40	0.735	1.36			10	0.178	5.63
		50	0.629	1.59			15	0.258	3.87
		80	0.267	3.75			20	0.336	2.98
		100	0.015	67			25	0.400	2.50
盐酸	HCl	5	0.395	2.53	氯化铁	$FeCl_3$	5	0.052	19.4
		10	0.629	1.59			10	0.103	9.7
		15	0.746	1.34			15	0.138	7.24
		20	0.766	1.30			20	0.098	10.2
		25	0.752	1.33			25	0.062	16.2
		30	0.662	1.51	硫酸铁	$FeSO_4$	5	0.020	50.5
		40	0.515	1.94			10	0.032	31.5
硫酸	H_2SO_4	5	0.201	4.97			15	0.041	24.5
		10	0.392	2.55			20	0.047	21.2
		15	0.543	1.84	硫酸镉	$CdSO_4$	5	0.017	68.5
		20	0.654	1.53			10	0.025	40.5
		25	0.714	1.40			15	0.031	32.0
		30	0.741	1.35			25	0.043	23.3
		40	0.680	1.47			35	0.042	23.6
		50	0.541	1.85	氢氧化钾	KOH	5	0.172	
		80	0.111	9.00			10	0.314	
		100	0.011	90			15	0.426	
氯化锌	$ZnCl_2$	5	0.048	20.7			20	0.500	2.00
		10	0.072	13.8			25	0.528	1.89
		15	0.084	11.8					

续表

液体名称	化学符号	浓度(%)	电导率 $\left(\dfrac{S \cdot cm}{cm^2}\right)$	电阻率 $\left(\dfrac{\Omega \cdot cm^2}{cm}\right)$	液体名称	化学符号	浓度(%)	电导率 $\left(\dfrac{S \cdot cm}{cm^2}\right)$	电阻率 $\left(\dfrac{\Omega \cdot cm^2}{cm}\right)$
氯化钾	KCl	5	0.069	14.5	硫酸铜	$CuSO_4$	2.5	0.011	91.7
		10	0.136	7.35			5	0.019	52.9
		15	0.202	4.95			10	0.032	31.3
		20	0.268	3.73			15	0.042	23.8
		25	0.308	3.25	氯化钠	NaCl	5	0.067	14.9
氯化铜	$CuCl_2$	5	0.048	21			10	0.120	8.3
		10	0.075	13.3			15	0.164	6.1
		15	0.090	11.1			20	0.196	5.1
		25	0.091	11			25	0.213	4.7

水、土壤和岩石的电阻率及电导率　　　　表 1.5.8-3

材　料	电阻率($\Omega mm^2/m$)	电导率(S/cm)
海水	3×10^5	0.03
河水	$10^7 \sim 10^8$	$10^{-4} \sim 10^{-3}$
蒸馏水	$(1 \sim 4) \times 10^{10}$	$(0.2 \sim 1) \times 10^{-6}$
青粘土	$10^7 \sim 10^9$	$10^{-6} \sim 10^{-3}$
泥灰土、湿泥炭土、沼土	$2 \times 10^7 \sim 5 \times 10^7$	$2 \times 10^{-4} \sim 5 \times 10^{-4}$
干泥炭土	$5 \times 10^7 \sim 10^8$	$10^5 \sim 2 \times 10^{-4}$
砂质粘土、陶土、湿砂	$10^8 \sim 2 \times 10^8$	$5 \times 10^{-6} \sim 10^{-5}$
干砂	$>2 \times 10^8$	$<5 \times 10^{-6}$
花岗石	$10^{11} \sim 10^{13}$	$10^{-7} \sim 10^{-9}$
石英	$>10^{10}$	$<10^{-6}$
大理石	10^{14}	10^{-10}
石灰石	$10^8 \sim 10^9$	$10^{-4} \sim 10^{-5}$
页岩	10^{11}	10^{-7}

注：$1\Omega mm^2/m = 10^{-4}\Omega cm$；$1S/cm = 1/cm = 1/\Omega cm = 10^{-4} Sm/mm^2$。

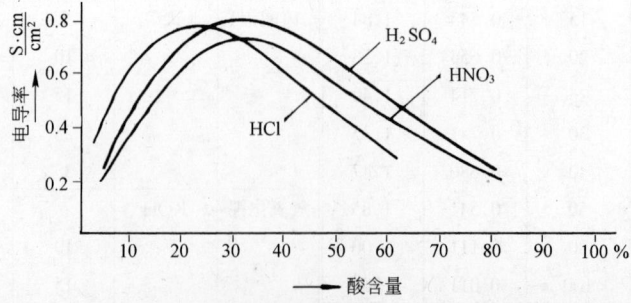

图 1.5.8-1　稀释酸的电导率与酸含量的关系

1.5.9 物质的介电常数(见表 1.5.9-1)

常用物质的介电常数　　　　　　　表 1.5.9-1

名　称	确定 ε 的温度(℃)	介电常数 ε	名　称	确定 ε 的温度(℃)	介电常数 ε
热固性塑料	18	2.3~5	陶　瓷	18	5.0~6.8
热塑性塑料	18	3~8	虫　胶	18	3.1~3.7
水	18	78.5	硬橡胶	18	2.5~2.8
胶纸板	18	3.5~5.0	氢	0	1.000264
甘　油	15	39.1	空　气	0	1.000576
变压器油	18	2.2~2.5	氧	0	1.000524
石油、煤油	21	2.1	一氧化碳	0	1.000695
石　蜡	20	2.0~2.5	二氧化碳	0	1.000946
云　母	18	5.7~7.0	聚苯乙烯	20	2.6
钛酸钡	20	1200			

注：a. 所列数值是物质对不变电场或低频电场的介电常数；
　　b. 气体物质是指在标准大气压下的数值。

1.5.10 物质的磁性(见表 1.5.10-1 和表 1.5.10-2)

硬磁材料的性能　　　　　　　表 1.5.10-1

材　料	最大能量密度 $(B \cdot H)_{max}$ (mWs/cm^3)	矫顽磁场强度 H_C(A/cm)	剩磁 B_r (T)	最大能量密度范围 磁通密度 B_m (T)	最大能量密度范围 磁场强度 H_M (A/cm)	永久导磁率 μ_p
Al Ni 120	9	500	0.58	0.34	300	4~5.5
Al Ni Co 160	12	560	0.66	0.39	330	4~5
Al Ni Co 190	14.5	610	0.75	0.45	350	4~5
Al Ni Co 220	15.5	800	0.62	0.36	450	3~4
Al Ni Co 350	26	920	0.84	0.52	560	3~4
Al Ni Co 400	30	490	1.12	0.90	370	4~5
Al Ni Co 500	35.5	500	1.2	0.95	400	4~6
Ba-铁氧体 100	6.4	1320	0.21	0.11	680	1.1~1.2
Ba-铁氧体 300	20	1520	0.35	0.2	1120	1.1~1.2

软磁材料的性能　　　　　　　表 1.5.10-2

材　料	合金含量(%)	起始导磁系数	矫顽磁场强度(A/m)	剩　磁(T)	饱和磁通密度(T)	比阻(mΩcm)
低碳钢		100	150	1.1	2.1	11
电机钢片	1.7~2.7Si	200	80~90	1.0	1.95	45
电机钢片	3~4Si	500	3	0.8	1.9	55
颗粒结构钢片	3Si	800~1500	6~10	0.7	2.0	50
软磁合金	75Ni;5Cu,2Cr	20000~30000	1.2~3	0.6	0.8	55
坡莫合金 B	45Ni	2000~4000	12	0.4	1.6	55

续表

材料	合金含量（%）	起始导磁系数	矫顽磁场强度(A/m)	剩磁(T)	饱和磁通密度(T)	比阻(mΩcm)
坡莫合金 C	78Ni;4Mo	15000~40000	2.4	0.35	0.8	60
坡莫合金 D	36Ni	1800~3000	12	0.35	1.3	90
坡莫合金 F	50Ni	400~1000	4	1.3	1.5	26
铁钒钴合金	49Co;2V	700~1000	160	1.6	2.4	26
锰-锌铁氧体		1000~2500	15~25	0.1	0.35~4	20~120·10^6
镍-锌铁氧体	(30~70MHz)	15	2000		0.23	10^9
	(8~30MHz)	30	1200		0.27	10^9
	(2~8MHz)	100	400		0.35	10^9
	(1~2MHz)	200	150		0.37	10^9
超坡莫合金	79Ni;5Mo	120000	0.4	4.5	0.8	60

注：表中给出的数值只是平均值，具体材料的性能会有不小的差异，造成差异的主要原因是热处理及机械加工不尽相同。

1.5.11 物质的电化学电压系列

以氢作参考电极，各种材料与氢在1g分子盐溶液中构成的电池，在温度18℃下其标准电压如表1.5.11-1。

材料的电化学电压   表 1.5.11-1

材料	电压(V)	材料	电压(V)
钾	-2.92	铅	-0.13
钠	-2.71	氢	0
镁	-1.87	锑	+0.2
铝	-1.66	铋	+0.23
锌	-0.76	铜	+0.340
铬	-0.74	氧	+0.393
铁	-0.44	水银	+0.78
镉	-0.41	银	+0.80
铟	-0.35	铂	+1.20
镍	-0.25	金	+1.50
锡	-0.14		

1.5.12 物质的热电偶热电势系列（见表1.5.12-1、2）

各种材料与铂或铜组成的热电偶
每100℃温差产生的热电势   表 1.5.12-1

材料	热电势(mV/100℃) 与之组成材料		材料	热电势(mV/100℃) 与之组成材料	
	铂	铜		铂	铜
铋 Bi	-6.5	-7.25	钴 Co	-1.7	-2.45
康铜 —	-3.3	-4.05	镍 Ni	-1.5	-2.25

续表

材料	热电势(mV/100℃) 与之组成材料		材料	热电势(mV/100℃) 与之组成材料	
	铂	铜		铂	铜
钯 Pd	-0.5	-1.25	锰铜 —	+0.7	-0.05
钠 Na	-0.2	-0.95	锌 Zn	+0.7	-0.05
钍 Th	-0.1	-0.85	金 Au	+0.7	-0.05
铂 Pt	±0	-0.75	银 Ag	+0.73	-0.02
汞 Hg	±0	-0.75	铜 Cu	+0.75	±0
石墨 C	+0.22	-0.53	钨 W	+0.8	+0.05
碳 —	+0.3	-0.45	镉 Cd	+0.9	+0.15
铝 Al	+0.39	-0.36	黄铜 Ms	+1.1	+0.35
钽 Ta	+0.41	-0.34	钼 Mo	+1.2	+0.45
镁 Mg	+0.42	-0.33	铁 Fe	+1.88	+1.08
锡 Sn	+0.42	-0.33	铬镍 CrNi	+2.2	+1.45
铅 Pb	+0.44	-0.31	锑 Sb	+4.75	+4.0
铑 Rh	+0.65	-0.10	硅 Si	+44.8	+44
铱 Ir	+0.66	-0.09	碲 Te	+50	+49

最常用的热电偶在不同测量温度下产生的热电势(以 0℃ 为参考温度) 表 1.5.12-2

正极→ 负极→	镍铬 NiCr 康铜	铜 Cu 康铜	铁 Fe 康铜	镍铬 NiCr 镍 Ni	铂铑 PtRh 铂 Pt
测量温度(℃)			热电势(mV)		
-200	-9	-5.7	-8.15		
-100	-6	-3.4	-4.60		
0	-0.2	0	0	0	0
100	5.5	4.25	5.37	4.04	0.64
200	12.5	9.20	10.95	8.14	1.44
300	20	18.89	16.55	12.24	2.32
400	27	20.99	22.15	16.38	3.26
500	36	27.40	27.84	20.64	4.22
600	44	34.30	33.66	24.94	5.23
700	52		39.72	29.15	6.27
800	60		46.23	33.27	7.34
900	68		53.15	37.32	8.45
1000				41.32	9.6
1100				45.22	10.77
1200				49.02	11.97
1300					13.17
1400					14.38
1500					15.58
1600					16.76

1.5.13 物质的机械性能(见表1.5.13-1、2)

室温下纯金属的机械性能 表1.5.13-1

金属名称	抗拉强度 (kgf/mm²)	弹性强度 (kgf/mm²)	屈服点 (kgf/mm²)	伸长率 %	收缩率 %	标准弹性 (kgf/mm²)	布氏硬度 (kgf/mm²)
铝	8~11	3.0	3~7	40	85	7200	20~35
铍	14	6	—	—	—	30000	140
铋	0.5~2.0	—	—	—	—	3200	9
钨	120~140	—	75	—	—	42000	350
铁	25~33	12	12.5	25~55	70~85	21000	50
金	14	1~2	3~4	30~50	90	7900	18
铱	23	—	—	2	—	52000	170
镉	6.4	0.3	1	20	50	5300	20
钯	20	—	—	55	90	12360	30
钴	24	—	—	5	—	20750	140
硅	—	—	—	—	—	11450	240
镁	17~20	1.2	2~6	15	20	4360	25
锰	脆	—	—	—	—	20160	210
铜	22	1.5	6~8	60	75	13200	35
钼	70	—	—	30	60	33000	125
镍	40~50	8	12	40	70	20500	60~80
锡	2~4	0.15	—	40	75	5500	5
铂	15	—	—	50	90	17000	25
铅	1.5	0.25	0.5~1	50	100	1700	4.0~6.0
银	18	3	3.5	50	90	8100	25
锑	0.5~1	—	—	—	—	7600	30
铬	20~28	—	—	9~17	9~23	25200	220
钛	25~30	—	—	50~70	76~88	7970	100
锌	11~15	—	9~10	5~20	70	9400	30~42

注:1kgf=9.8N。

常用材料的弹性模量及泊松比 表1.5.13-2

材料名称	拉伸弹性模量 E(N/mm²)	剪切弹性模量 G(N/mm²)	泊松比 μ
生铁	75000~85000	29000~35000	0.25
锻生铁	105000	40000	0.26
灰口铸铁、白口铸铁	80000~16000	45000	0.23~0.27
可锻铸铁			
变形铸铁	90000~16000	—	—
锻铁	200000~220000	80000~83000	0.28
钢铸件	175000	80000	—
低碳钢、高合金钢	200000~210000	78000~80000	0.28
高碳钢	~220000	85000	0.29

续表

材 料 名 称	拉伸弹性模量 $E(\text{N/mm}^2)$	剪切弹性模量 $G(\text{N/mm}^2)$	泊松比 μ
特种钢	220000～24000	80000～88000	—
镍铬钢	210000	81000	0.25～0.30
工具钢	210000～220000	80000～85000	0.29
弹簧钢	200000～210000	80000～83000	—
工业用铜	110000～130000	49000	—
冷拉制黄铜	91000～99000	35000～37000	0.32～0.42
锡青铜	90000	—	0.31
无锡青铜	110000	—	—
冷拉制青铜	91000～99000	35000～37000	0.32～0.42
德银	110000	40000	0.37
工业用铝	70000～75000	2600～27000	—
硬铝	70000	27500	—
铸造铝合金	67000～71000	24000～27000	0.32～0.36
铝镍合金	72000	27000	0.26～0.33
轧制锌	80000	32000	0.27
镁合金	42000	16000	0.25～0.30
铅	15000～17000	5500～6000	0.45
镍	200000～220000	75000	0.30
钨	355000	133000	0.27
锡	40000～54000	17000	0.33
铬	240000～250000	—	—
银	70000～80000	25000～29000	0.37
铂	160000～175000	60000～72000	0.38
铱	53000	—	—
锌	80000～100000	30000～40000	0.3
钯	100000～140000	40000～50000	0.39
金	70000～85000	26000～39000	0.41
铋	3200	12000～14000	0.33
康铜	166000	62000	0.33
锰铜	126000	47000	0.33
玻璃	50000～60000	2100～2300	0.24～0.27
有机玻璃	2000～3000	—	0.35～0.38
胶纸板	10000～18000	2500	—
胶布板、纤维板	6000～10000	2200	—
热塑性压塑料	400～4200	150～1500	0.35～0.38
橡胶	8.0	—	0.47
橡皮	4000	—	—
皮带	200～600	—	—
棉纱带	500～1400	—	—

续表

材料名称	拉伸弹性模量 $E(\text{N/mm}^2)$	剪切弹性模量 $G(\text{N/mm}^2)$	泊松比 μ
麻绳	600~1500	—	—
普通的钢筋混凝土(受压构件)	18000~43000	—	—
普通的钢筋混凝土(受弯构件)	11000~27000	—	—
竹	22000	—	—
松树	9000	—	—

注：表中的数值，对金属是在室温下的平均数值，且在虎克定律适用的范围内，有 $G = E/2(1+\mu)$ 的关系。对非金属，表中的数值是室温下的近似值。

1.5.14 材料的声学性能(见表1.5.14-1、2)

材料(介质)的声学性能　　　　表1.5.14-1

材料(介质)	声传播速度 $c(\text{cm/s})$	声特性阻抗 W_0 $(\text{g/cm}^2 \cdot \text{s})$	密度 ρ (g/cm^3)
空气	$340 \cdot 10^2$	40.80	$1.20 \cdot 10^{-3}$
水	$1480 \cdot 10^2$	$0.145 \cdot 10^6$	1.0
砖瓦	$3600 \cdot 10^2$	$0.65 \cdot 10^6$	1.8
混凝土	$3100 \cdot 10^2$	$0.81 \cdot 10^6$	2.6
软橡胶	$70 \cdot 10^2$	$1.02 \cdot 10^4$	1.45
硬橡胶	$140 \cdot 10^2$	$0.15 \cdot 10^6$	1.07
软木	$500 \cdot 10^2$	$0.012 \cdot 10^6$	0.24
松木	$3600 \cdot 10^2$	$0.20 \cdot 10^6$	0.56
软PVC	$80 \cdot 10^2$	$0.96 \cdot 10^4$	1.20
硬PVC	$1700 \cdot 10^2$	$0.22 \cdot 10^6$	1.38
玻璃	$5500 \cdot 10^2$	$1.38 \cdot 10^6$	2.50
花岗石	$3950 \cdot 10^2$	$1.07 \cdot 10^6$	2.71
大理石	$3810 \cdot 10^2$	$1.11 \cdot 10^6$	2.90
钢	$5050 \cdot 10^2$	$3.94 \cdot 10^6$	7.8
铁	$5000 \cdot 10^2$	$3.93 \cdot 10^6$	7.86
铜	$3500 \cdot 10^2$	$3.13 \cdot 10^6$	8.93
铅	$1200 \cdot 10^2$	$1.36 \cdot 10^6$	11.33
铝	$5200 \cdot 10^2$	$1.40 \cdot 10^6$	2.70
镍	$4973 \cdot 10^2$	$4.4 \cdot 10^6$	8.85
锌	$2680 \cdot 10^2$	$1.91 \cdot 10^6$	7.14
锡	$2490 \cdot 10^2$	$1.81 \cdot 10^6$	7.28
氢	$1305 \cdot 10^2$	11.00	$8.5 \cdot 10^{-5}$
氧	$316 \cdot 10^2$	$4.52 \cdot 10^4$	$1.429 \cdot 10^{-3}$
氮	$338 \cdot 10^2$	$4.23 \cdot 10^4$	$1.25 \cdot 10^{-3}$

材料的吸声系数　　　　　　　表1.5.14-2

材 料 名 称	不同频率(Hz)的吸声系数					
	125	250	500	1000	2000	4000
大理石、花岗石	0.01		0.01		0.015	
未抹灰的砖墙	0.024	0.025	0.032	0.041	0.049	0.07
抹灰的光墙面	0.013	0.015	0.02	0.028	0.04	0.05
木板条抹灰	0.024	0.027	0.03	0.037	0.036	0.034
木板墙板贴在墙上	0.05	0.06	0.06	0.1	0.1	0.1
嵌木地板	0.05	0.03	0.06	0.09	0.1	0.22
镜面玻璃			0.019			
布贴墙挂(0.5kg/m²)	0.04	0.07	0.13	0.22	0.33	0.35
丝绒贴墙挂((0.65kg/m²)	0.05	0.12	0.35	0.45	0.38	0.36
地毯铺在木地板上	0.11	0.13	0.28	0.45	0.29	0.29
矿棉(厚40mm)	0.32	0.4	0.53	0.55	0.61	0.66
玻璃棉(厚90mm)	0.32	0.4	0.51	0.6	0.65	0.6
压制木棉(厚35mm)	0.08	0.17	0.4	0.66	0.6	0.58
纤维吸音板(厚25mm)	0.12	0.19	0.35	0.48	0.72	0.55
木纤板(600×600mm、厚 3.5mm、后空50mm)	0.6	0.2	0.15	0.1	0.1	0.1
木纤板(厚4mm)贴在水泥地面上	0.04	0.04	0.03	0.03	0.03	0.02
木纤板(500×500mm、厚 4mm、后空100mm)	0.63	0.28	0.10	0.07	0.07	0.07
穿孔木纤板(500×500mm、厚 4mm、后空100mm、孔径4mm、孔距23×12mm)	0.1	0.3	0.6	0.5	0.4	0.3
塑料地面厚3mm	0.04	0.05	0.05	0.04	0.12	0.05
水泥地面	0.01	0.01	0.02	0.02	0.02	0.02
橡胶地面	0.04	0.04	0.08	0.12	0.1	0.1
硬背椅	0.02	0.02	0.034	0.035	0.04	0.04
软背椅	0.09	0.12	0.14	0.16	0.15	0.1
人	0.36	0.43	0.47	0.47	0.49	0.49

1.6 常用气象地理资料

1.6.1 电工产品的使用环境条件
1. 普通电工产品基本使用环境条件
(1) 基本使用环境条件
　　a. 海拔高度:1000m。
　　b. 最高空气温度:40℃。
　　c. 最低空气温度取下列数值之一: +5℃;-10℃;-25℃;-40℃。
　　d. 空气相对湿度:最湿月的月平均最大相对湿度为90%,同时该月的月平均最低温度为25℃。

(2) 技术要求

a. 在所选定的环境条件下，产品应满足有关技术性能要求和安全可靠地运行。

b. 在所规定的海拔高度内：

产品的允许温升随海拔高度的修正系数，由专业标准具体规定；

产品的使用性能(如电晕、动作值、外绝缘强度、灭弧性能等)受海拔影响的变换规律及其有关技术措施，由专业标准具体规定。

c. 为保证在所规定的环境条件下安全可靠地使用，应对产品(或关键性零部件)进行相应的适应性试验(如低温试验、湿热试验等)，其试验方法与考核要求由专业标准具体规定。

2. 特殊电工产品基本使用环境条件(见表1.6.1-1)

特殊电工产品基本使用环境条件　　　　　　表1.6.1-1

环境因素		环境条件					
		湿热	干热	高原			
	海拔高度(m)	≤1000	≤1000	2000	3000	4000	5000
空气温度	年最高(℃)	40	45	35	30	25	20
	年最低(℃)	0	−5	取下列数值之一： +5、−10、−25、−40	同左	同左	同左
	年平均(℃)	25	30	15	10	5	0
	月平均最高(℃)	35	43	30	25	20	15
	日平均(℃)	35	40	25	20	15	10
	最大日温差(℃)		30	30	30	30	30
空气相对湿度(%)		95(25℃)	10(40℃)	90(15℃)	90(10℃)	90(5℃)	90(0℃)
气压	最低(mmHg)	(656)	(656)	(581)	(510)	(450)	(394)
	平均(mmHg)	(675)	(675)	(600)	(529)	(465)	(409)
冷却水最高温度(℃)		33	35				
一米深地下最高温度(℃)		32	32	22	19	16	13
太阳辐射最大强度(cal/cm²·min)		1.4	1.6	1.6	1.6	1.8	1.8
最大降雨强度(mm/10min)		50	30	30	30	30	30
最大风速(m/s)		35	40	△	△	△	△
露、雪、霜、冰		△	△	△	△	△	△
霉菌		○					
盐雾		△	△				
灰尘与沙尘			○(户外) △(户内)	△	△	△	△
雷电		○					

注：表中，"○"者为必须考虑的项目，"△"者为根据具体要求考虑的项目。

1.6.2 温度、湿度、大气压力对电气装置的影响(见表1.6.2-1)

温度、湿度、大气压力对电气装置的影响   表1.6.2-1

名 称		对电气装置的影响
温度	高温	影响电气装置使用时的安全可靠性,如电子元件性能被破坏,热继电器产生误动作,电缆头流胶,电动轴承流油以及材料变质变形、加速绝缘材料劣化、缩短使用寿命
	低温	使材料机械性能降低、变硬发脆,油类粘度增加甚至凝固
	日温差和温度突变	日温差会引起凝露,使电气装置受潮,加速金属腐蚀。温度突变会使电气装置密封体遭到破坏,机械结构变形、开裂以及绝缘子破裂等
湿度	相对湿度>65%	任何物体的表面附着一层水膜,使电气绝缘的表面电阻大大降低
	相对湿度>80%	可使绝缘材料受潮、导致电气装置绝缘性能的降低
	相对湿度为80%~95%	当温度是25~30℃时,霉菌将旺盛繁殖,破坏电气装置的外观和标志等
	湿度超过临界湿度	湿度超过金属的临界腐蚀湿度时,其腐蚀速度将成倍增加。一般金属的临界湿度:铁70%~75%,锌65%,铝60%~65%
	长期低温	如木材、皮革、塑料等绝缘材料制品,会产生干燥收缩、变形、甚至龟裂。当绝对湿度低于$0.5g/m^3$时,对电机碳刷磨损有一定影响
大气压力	低气压	使空气介电强度和冷却作用降低,以空气为冷却介质的电气装置的温升将增高,使开关在空气中灭弧发生困难等

1.6.3 常用名词术语(见表1.6.3-1)

常用名词术语   表1.6.3-1

序号	名 称	含 义	电气应用说明
1	空气温度	离地面2m高,无阳光直接照射且空气流通之处的空气温度(空气流通的户内环境亦相当于这个条件)	计算、选择、校验导体载流量,考虑电气设备温升及设备安装的重要依据
2	极端最高(或最低)温度	自有气象记录以来的最高(或最低)温度值	在几十年内可能出现一次,持续时间很短,只对可靠性要求很高的产品要考虑此参数
3	年最高(或最低)温度	一年记录中所测得的最高(或最低)温度的多年平均值	是一种短时(1~5h)出现的极限值,一般电工产品在考虑可靠性和发热影响时选用之
4	月平均最高温度	每日最高温度的月平均值	允许短时过载的产品,常考虑最热月平均最高温度。在最热月里约有一半左右的天数,其最高温度接近或超过此值。月平均最高温度的出现时间较长,每年约有100h以上
5	日平均温度	一天24h温度记录的平均值,一般指一天中2时、8时、14时、20时四个时刻测得的气温平均值	一般是考虑最热日的24h平均温度,如油浸式变压器调节负荷时选用此值
6	月平均温度	日平均温度的一个月平均值	由最热月的所有日平均温度求得,它适用于温度变化幅度较小的环境,如通风不良而无热源的坑道内使用的产品选用此值

续表

序号	名称	含义	电气应用说明
7	年平均温度	月平均温度的一年12个月平均值	是全年气温变化的中间值,在设计计算变压器的使用寿命和仪器仪表校验时用此值
8	地温	与产品处于同一水平面而又不受产品散热影响之处的地下温度(一般地区地面以下0.8~1.0m深处,寒冷地区冻土层以下的温度)	计算地下电缆的载流量、电缆选型和敷设等的主要依据
9	冷却水温度	冷却产品用的引入水的温度(一般指江河湖海中距水面1m以下处的水或地下水的温度)	采用水冷的发电机组、变压器及其他大功率设备的散热计算、选型、安装的依据
10	绝对湿度	以每立方米空气中所含水汽质量的克数(g/m^3)来表示,也常以水汽压力(mmHg)来表示 温度t℃时,空气中的水汽压力P(mmHg)和水汽密度$\rho(g/m^3)$的近似关系为: $P=0.945(1+0.00367t)\rho$	电气设备绝缘强度、外壳防腐、变压器吊芯等参考数据
11	相对湿度	空气中水蒸气的密度(或压力)和同温度下饱和水蒸气的密度(或压力)之比,即相对湿度$(RH)=\dfrac{\rho}{\rho_{饱和}}\times100\%=\dfrac{P}{P_{饱和}}\times100\%$	同"10"
12	露点	空气中水蒸气的含量达到饱和(即能形成水滴)时的最高温度(这时的相对湿度为100%)	同"10"
13	大气压	通常取纬度45°处海平面的平均大气压力作为标准大气压,它相当于温度0℃时正常的重力加速度下760mmHg的压力	考虑电气绝缘强度、开关灭弧能力时参考
14	海拔高度	以平均海平面作为基准(0m)起算的陆地高度	考虑电气绝缘强度、开关灭弧能力、设备散热时参考
15	晴天	天空中云覆盖面小于天空1/10	
16	少云	天空中云覆盖面占天空的1/10~4/10	
17	多云	天空中云覆盖面占天空的4/10~8/10	
18	阴天	天空中云覆盖面大于天空的8/10	

1.6.4 大气压力、温度与海拔高度的关系(见表1.6.4-1)

大气压力、温度与海拔高度的关系　　　　表1.6.4-1

海拔高度(m)	大气压力(mmHg)	温度(℃)	海拔高度(m)	大气压力(mmHg)	温度(℃)
-300	789.44	16.95	-60	765.43	15.39
-260	783.74	16.69	0	760	15
-200	778.20	16.30	500	716.00	11.75
-160	774.53	16.04	600	707.45	11.10
-100	769.06	15.65	700	698.99	10.45

续表

海拔高度(m)	大气压力(mmHg)	温度(℃)	海拔高度(m)	大气压力(mmHg)	温度(℃)
800	690.60	9.8	3500	493.18	-7.75
900	682.50	9.15	3600	486.86	-8.40
1000	674.08	8.50	3700	480.61	-9.05
1100	665.94	7.85	3800	474.42	-9.70
1200	657.88	7.20	3900	468.30	-10.35
1300	649.90	6.55	4000	462.24	-11.00
1400	642.00	5.90	4100	456.24	-11.65
1500	634.17	5.25	4200	450.31	-12.30
1600	624.43	4.60	4300	444.44	-12.95
1700	618.76	3.95	4400	438.64	-13.60
1800	611.17	3.30	4500	432.89	-14.25
1900	603.55	2.65	4600	427.21	-14.90
2000	596.20	2.00	4700	421.58	-15.55
2100	588.83	1.35	4800	416.02	-16.20
2200	581.54	0.70	4900	410.51	-16.85
2300	574.32	-0.05	5000	405.07	-17.50
2400	567.17	-0.60	5500	378.71	-20.75
2500	560.09	-1.25	6000	353.76	-24.00
2600	553.09	-1.90	6500	330.16	-27.25
2700	546.16	-2.55	7000	307.85	-30.50
2800	539.29	-3.20	7500	286.78	-33.75
2900	532.50	-3.85	8000	266.89	-37.00
3000	525.77	-4.50	8500	248.13	-40.25
3100	519.12	-5.15	9000	230.46	-43.50
3200	512.53	-5.80	9500	213.81	-46.75
3300	506.01	-6.45	10000	198.16	-50.00
3400	499.56	-7.10			

1.6.5 我国的自然气候分区及典型气象区

我国的自然气候分成6个区,见表1.6.5-1。我国主要城市所属自然气候分区见表1.6.5-2。

我国温湿度气候分区的标准参数 表1.6.5-1

环境参数		气候分区						
		寒冷	寒温		暖温	干热	亚湿热	湿热
			Ⅰ	Ⅱ				
日平均值的年极限平均	低温(℃)	-40	-29	-26	-15	-15	-5	3
	高温(℃)	25	29	22	32	35	35	35
	RH>95%时最高温度(℃)	15	18	6	24	—	25	26
	最大绝对湿度(g/m³)	17	19	10	24	13	25	26

续表

环境参数		气候分区						
		寒冷	寒温 I	寒温 II	暖温	干热	亚湿热	湿热
年极限的平均	低温(℃)	-50	-33	-33	-20	-20	-10	5
	高温(℃)	35	37	31	38	40	40	40
	RH>95%时最高温度(℃)	20	23	12	26	15	27	28
	最大绝对湿度(g/m³)	18	21	11	26	17	27	28
绝对极限	低温(℃)	-55	-40	-45	-30	-30	15	0
	高温(℃)	40	40	34	45	45	45	40
	RH>95%时最高温度(℃)	33	26	13	28	20	29	29
	最大绝对湿度(g/m³)	22	25	13	28	20	29	29

我国主要地区温湿度分区　　　　　表 1.6.5-2

气候分区	主要地区
寒冷	漠河、呼玛、嫩江、伊春、图里河、海拉尔、满洲里、阿勒泰、清水河
寒温 I	博克图、齐齐哈尔、哈尔滨、通河、牡丹江、长春、沈阳、呼和浩特、银川、张掖、酒泉等
寒温 II	西宁、大柴旦、噶尔、帕里、阿坝、五台山等
暖温	丹东、北京、石家庄、太原、济南、延安、西安、兰州、安阳、宝鸡、徐州、峨眉山、昆明、拉萨、黄山、庐山等
干热	哈密、喀什、和田、吐鲁番、库尔勒
亚湿热	南京、上海、合肥、宜昌、汉口、长沙、赣州、南昌、南宁、桂林、九江、贵阳、巴中、成都、重庆、杭州、福州、舟山、韶关、梅县、广州、汕头等
湿热	上川岛、北海、阳江、湛江、海口

从室外架空线路设计和施工计算条件出发，按气象条件，我国共划分为7个典型气象区，见表 1.6.5-3。适用地区见表 1.6.5-4。

典型气象区　　　　　表 1.6.5-3

气象区		I	II	III	IV	V	VI	VII
大气温度(℃)	最高	+40						
	最低	-5	-10	-5	-20	-20	-40	-20
	导线覆冰	—			-5			
	最大风	+10	+10	-5	-5	-5	-5	-5
风速(m/s)	最大风	30	25	25	25	25	25	25
	导线覆冰	10						
	最高、最低气温	0						
覆冰厚度(mm)		—	5	5	5	10	10	15
冰的比重(kg/cm³)		0.9						

1.6 常用气象地理资料

典型气象区适用地区　　　　　　　　　　表1.6.5-4

序号	适用地区	气象区	最大风速 (m/s)	覆冰厚 (mm)	最低气温 (℃)
1	南方沿海受台风侵袭地区,如浙江、福建、广东、广西、上海	Ⅰ	30	—	-5
2	华东大部分地区	Ⅱ	25	5	-10
3	西南非重冰地区,福建、广东等台风影响较弱地区	Ⅲ	25	5	-5
4	西北大部分地区,华北京津唐地区	Ⅳ	25	5	-20
5	华北平原,湖北,湖南,河南	Ⅴ	25	10	-20
6	东北大部分地区,河北的承德、张家口一带	Ⅵ	25	10	-40
7	覆冰严重地区,如山东、河南部分地区、湘中、鄂北、粤北重冰地带	Ⅶ	25	15	-20

1.6.6　风力风级、降雨等级和降雨强度、地震烈度与震级（见表1.6.6-1~5）

风　力　风　级　　　　　　　　表1.6.6-1

等级	名称	相当风速 (m/s)	垂直方向单位面积的风力 (kgf/m²)	陆地地面物象
0	无风	0~0.2	0~0.003	烟几乎垂直地上升,树叶不动
1	软风	0.3~1.5	0.006~0.141	可根据飘烟测定风向,风标不动
2	轻风	1.6~3.3	0.160~0.681	树叶沙沙作响,脸上有风的感觉
3	微风	3.4~5.4	0.723~1.832	树叶及小的树枝不断徐徐摇动
4	和风	5.5~7.9	1.891~3.901	尘土、薄纸飞扬,小树枝摇摆
5	清风	8.0~10.7	4.000~7.156	小树干摆动,内河水面有小波
6	强风	10.8~13.8	7.290~11.903	大树枝摆荡,电线啸啸做声
7	疾风	13.9~17.1	12.026~18.276	小树摇摆,迎风步行感觉不便
8	大风	17.2~20.7	18.490~26.781	小树及枯树折断,迎风难行
9	烈风	20.8~24.4	27.04~37.21	毁坏烟囱及瓦块,小屋有破坏
10	狂风	24.5~28.4	37.52~50.41	树连根拔,建筑物被摧毁
11	暴风	28.5~32.6	50.77~66.42	很大破坏。陆上很少
12	飓风	大于32.6	>66.42	成灾害陆上绝少

注：$q = \dfrac{\gamma}{2g}v^2$

式中　g——当地的重力加速度, m/s² 本表内按9.8m/s²计算；
　　　γ——当地最大风速时的空气重度, kgf/m³；本表内按1.2255kgf/m³计算；
　　　v——当地最大风速, m/s；
　　　q——风力, kgf/m²。

降　雨　等　级　　　　　　　　表1.6.6-2

降雨等级	降雨量 (mm)		现象
	一天内总量	半天内总量	
小雨	1~10	0.2~5.0	雨能使地面潮湿,但不泥泞
中雨	10~25	5.1~15	雨降到屋顶上有淅淅声,凹地积水

续表

降雨等级	降雨量（mm）		现　象
	一天内总量	半天内总量	
大　雨	25～50	15.1～30	降雨如倾盆，落地四溅，平地积水
暴　雨	50～100	30.1～70	降雨比大雨还猛，能造成山洪暴发
大暴雨	100～200	70.1～140	降雨比暴雨还大，或时间长，造成洪涝灾害
特大暴雨	>200	>140	降雨比大暴雨还大，能造成洪涝灾害

降雨强度分级　　　　　　　表1.6.6-3

级　别	降雨强度 mm/10min	说　明
Ⅰ	<10	如毛毛雨
Ⅱ	30	一般暴雨
Ⅲ	50	特大暴雨

注：凡强大较大的往往集中在5～15min内降落，通常用10min内的降雨量称为降雨强度。降雨强度分级见表1.6.11-2。

地震烈度分级　　　　　　　表1.6.6-4

烈度等级	名　称	地　震　情　况	水平加速度(cm/s²)
一	无感震	人不能感觉，只有仪器可记录	≤0.25
二	微　震	少数在休息中极宁静的人有感觉，住在楼上者更容易感觉	>0.25～0.5
三	轻　震	少数人感觉地动(似有轻车从旁经过)，不能立刻断定是地震，地震来自的方向或继续时间有时约略可定	>0.5～1.0
四	弱　震	少数在室外的人和绝大多数在室内的人都有感觉，家具等物有些摇动，盆碗及窗户震动有声，屋梁、天花板等格格作响，缸里的水或敞开皿中的液体有些荡漾，个别情况惊醒睡着的人	>1.0～2.5
五	次强震	差不多人人有感觉，树木摇晃，如有风吹动，房屋及室内物体全部震动，并格格作响，悬吊物如帘子、电灯等来回摆动，挂钟停摆或乱打，器皿中满的水溅出一些，窗户玻璃出现裂纹，睡的人被惊醒，有些人惊逃户外	>2.5～5
六	强　震	人人有感觉，大部惊骇跑到户外，缸里的水激动地荡漾，墙上的挂图，架上的书，都会落下来，碗碟器皿打碎。家具移动位置或翻倒，墙上灰泥发生裂缝，不好的房屋受一定损伤。	>5～10
七	损害震	室内陈设物品及家具损伤甚大，池塘里骤起波浪并翻起浊泥，河岸砂、碛有些崩溃，井、泉水位改变，房屋有裂缝，灰泥大量脱落，烟囱破裂，骨架建筑的隔墙亦有损伤，不好的房屋严重损伤	>10～25
八	破坏震	树木摇摆有时摧折，重的家具物件移动很远或抛翻，建筑较坚固的房屋亦被损害，墙壁间起缝或部分裂坏，骨架建筑隔墙倾脱，塔或工厂烟囱倒塌，建筑特别好的烟囱顶部亦遭受破坏，陡坡或潮湿地方发生小小裂缝，有些地方滴出泥水	>25～50
九	毁坏震	坚固的建筑损伤严重，一般砖砌房屋严重破坏，有相当数量的倒塌，骨架房屋根基移动，骨架歪斜，地上裂纹颇多	>50～100

1.6 常用气象地理资料 121

续表

烈度等级	名称	地震情况	水平加速度(cm/s²)
十	大毁坏震	大的砖墙及骨架建筑连基础遭破坏,坚固的砖墙发生危险的裂缝,河堤、坝、桥梁、城垣均严重损伤,个别的被破坏,钢轨亦挠曲,地下输送管破坏,马路起裂纹与皱纹,松散软湿之地开裂相当宽及深的长沟,且有局部崩溃,崖顶岩石有部分崩落,水边惊涛拍岸	
十一	灾震	砖砌建筑全部坍塌,骨架建筑有部分保存,城墙开裂崩坏,路基堤坝断开,错离很远,地下输送管完全破坏,不能使用,地面开裂甚大,沟道纵横错乱,到处土溃山崩,地下水夹泥砂从地下涌出	>250~500
十二	大灾震	一切人工建筑无不毁坏,物体抛掷空中,山川风景变异,范围扩大,河流堵塞,造成瀑布,湖底升高,地崩山摧,水道改变等	>500~1000

注:有资料推荐:垂直最大加速度约等于水平方向的 $\frac{1}{2} \sim \frac{1}{3}$。

地震烈度与震级对照 表1.6.6-5

中国	震中烈度 I_0	六	七	八	九	十	十一	十二	公式
	震级 M	5	$5\frac{1}{2}$	$6\frac{1}{4}$	$6\frac{3}{4}$	$7\frac{1}{4}$	8	$8\frac{1}{2}$	$M=0.58I_0+1.5$
国际	震中烈度 I_0	Ⅵ~Ⅶ	Ⅶ	Ⅷ~Ⅸ		Ⅹ	Ⅺ~Ⅻ		
	震级 M	5.3	5.3~5.9	6.0~6.9		7.0~7.7	$7\frac{3}{4} \sim 8\frac{1}{2}$		

1.6.7 我国主要地区的气象资料(见表1.6.7-1)

我国主要地区的气象资料 表1.6.7-1

项目 城市	海拔高度(m)	平均气压(mbar)	平均气温(℃)	极端最高气温(℃)	极端最低气温(℃)	平均相对湿度(%)	年积雪日 d 平均	年积雪日 d 最多	最大积雪厚度(cm)	最大风速(m/s)
哈尔滨	171.7	993.7	3.6	36.4	-38.1	67	102.9	151	41	24.3
长 春	236.8	986.6	4.8	38	-36.5	65	86.2	141	18	28
沈 阳	41.6	1011.3	7.7	38.3	-30.6	65	64.7	120	20	29.7
乌鲁木齐	2160.0	—	2.0	30.5	-30.2		177.1	198	65	14
西 宁	2261.2	775.1	5.5	32.4	-26.6	58	23.1	35	18	15.1
兰 州	1517.2	847.8	9.1	39.1	-21.7	59	17.5	58	10	10
银 川	1111.5	890.4	8.5	39.3	-30.6	59	15.4	66	17	28
西 安	396.9	969.8	13.3	41.7	-20.6	71	17.8	47	22	19.1
呼和浩特	1063.0	896.0	5.6	37.3	-32.8	56	35.2	84	30	20
太 原	777.9	926.8	9.3	39.4	-25.5	60	22.8	61	16	25
北 京	31.2	1013.2	11.6	40.6	-27.4	59	16.5	36	24	23.8
天 津	3.3	1016.5	12.2	39.6	-22.9	63	13.3	31	20	26
石家庄	81.8	1007.1	12.8	42.7	-26.5	62	19.3	44	15	20
济 南	51.6	1010.5	14.2	42.5	-19.7	59	15.9	40	19	33.3
上 海	4.5	1016.0	15.7	38.9	-9.4	80	3.4	9	14	30
南 京	8.9	1015.5	15.4	40.7	-14.0	77	9.4	31	51	19.8
合 肥	23.6	1012.4	15.7	41.0	-20.6	76	12.2	33	45	21.3

续表

项目 城市	海拔高度 (m)	平均气压 (mbar)	平均气温 (℃)	极端最高 气温(℃)	极端最低 气温(℃)	平均相对 湿度(%)	年积雪日 d		最大积雪 厚度(cm)	最大风速 (m/s)
							平均	最多		
杭　州	7.2	1015.8	16.1	39.7	−9.6	82	7.4	22	16	16
南　昌	46.7	1009.4	17.5	40.6	−7.7	78	5	11	16	19
福　州	84.0	1005.0	19.6	39.3	−1.2	77	—	—	—	29
台　北	9.0	1012.9	22.3			82	—	—	—	—
郑　州	110.4	1003.4	14.2	43.0	−17.9	66	14.9	40	23	—
汉　口	23.3	1013.2	16.3	39.4	−17.3	79	9.3	31	32	20
长　沙	44.9	1005.6	17.2	40.6	−9.5	80	6	14	—	20
广　州	6.3	1012.2	21.8	38.7	0	78	—	—	—	22
南　宁	72.2	1003.9	21.6	40.4	−2.1	79	—	—	—	16
成　都	505.9	956.3	16.3	37.3	−4.6	82	0.6	4	—	16
贵　阳	1071.2	993.3	15.3	37.5	−7.8	77	3.2	7	—	16
昆　明	1891.4	810.3	14.8	31.5	−5.4	72	0.9	3	—	18
拉　萨	3658.0	651.9	7.5	29.4	−16.5	45	4.1	10	—	16
满洲里	666.8	—	−1.4	37.4	−42.7	64	122.6	171	24	—
海拉尔	612.9	941.3	−2.2	36.7	−48.5	69	140.5	168	39	—
伊　春	231.3	985.5	0.2	34.4	−43.1	71	143.1	154	33	18
齐齐哈尔	145.9	996.2	3.1	39.9	−39.5	63	84.6	115	17	26
鹤　岗	227.9	985.0	2.6	35.4	−33.6	63	122.2	146	40	20
大　庆	150.5	995.0	3.2	38.2	−37.3	64	80.2	133	21	40
鸡　西	233.1	986.0	3.5	37.1	−35.1	65	102.1	143	60	21
牡丹江	241.4	985.8	3.4	36.5	−38.3	68	101.7	136	34	24
绥芬河	296.7	955.4	2.3	34.6	−37.5	67	116	145	51	34
通　辽	178.5	994.3	5.9	39.1	−30.9	56	36	93	14	20
四　平	164.2	995.8	5.8	36.6	−34.6	66	78.3	135	18	21
延　吉	176.8	994.0	4.9	37.1	−32.2	66	80.2	129	58	>20
通　化	402.9	968.4	4.8	35.0	−36.3	71	112	151	39	34
赤　峰	571.1	948.8	6.6	42.5	−31.4	49	33.2	82	25	40
阜　新	144.0	990.5	7.4	38.5	−28.4	59	30.6	73	16	33.3
抚　顺	118.1	1002.4	7.0	36.9	−35.2	69	80.4	129	25	20
沈　阳	168.7	995.6	8.4	40.6	−31.1	52	24.7	75	17	24
本　溪	212.8	997.0	7.8	37.3	−32.3	64	80.5	125	35	—
辽　阳	10.5		8.2	38.0	−33.7	64	58.4	114	33	—
锦　州	66.3	1008.2	8.9	37.3	−24.7	59	24.1	92	23	>40
鞍　山	21.6	1014.0	8.6	36.9	−30.4	64	53.8	86	26	24
营　口	3.5	1016.6	8.8	35.3	−27.3	66	44.1	84	21	40
丹　东	15.1	1015.4	8.5	34.3	−28.0	71	42.2	90	31	28
大　连	93.5	1005.4	10.1	34.4	−21.1	68	26.7	53	37	34
克拉玛依	427.0	970.9	7.9	42.9	−35.9	48	81.6	135	25	>40
伊　宁	662.5	941.1	8.2	37.4	−40.4	66	104.9	147	89	34

续表

项目\城市	海拔高度(m)	平均气压(mbar)	平均气温(℃)	极端最高气温(℃)	极端最低气温(℃)	平均相对湿度(%)	年积雪日 d 平均	年积雪日 d 最多	最大积雪厚度(cm)	最大风速(m/s)
哈 密	737.9	930.9	9.9	43.9	-32.0	40	29.6	47	16	24
喀 什	1288.7	871.4	11.7	40.1	-24.4	50	23.7	79	20	21
玉 门	2312.4	846.9	6.9	36.7	-27.7	41	24.7	63	16	24
天 水	1131.7	887.3	10.7	37.2	-19.2	68	19.8	63	15	20
石嘴山	1092.0	892.3	8.1	37.0	-27.2	51	6.6	26	7	24
延 安	957.6	907.6	9.3	39.7	-25.4	63	21.5	57	17	16
铜 川	978.9	905.6	10.6	37.7	-18.2	64	24.1	50	15	28
宝 鸡	616.2	945.5	12.8	41.4	-16.7	69	17.4	44	16	25
汉 中	508.3	956.8	14.3	38.0	-10.1	79	3.9	14	9	14
二连浩特	964.8	904.9	3.2	39.6	-40.2	48	54.8	121	10	24
集 宁	1416.5	857.2	3.5	35.7	-33.8	52	41.4	82	30	28
阳 泉	741.9	929.9	10.7	40.2	-19.1	55	26.2	51	23	20
承 德	375.2	972.7	8.8	41.5	-23.3	54	26.9	83	27	16
唐 山	25.9	1014.3	11.0	38.9	-21.0	62	16.3	32	19	—
张家口	723.9	932.7	7.5	40.2	-26.2	51	29.5	87	31	20
保 定	17.2	1014.4	12.1	43.3	-23.7	63	18.9	59	16	28
沧 州	11.4	1015.7	12.4	42.9	-20.6	63	14.8	36	—	19
邢 台	76.8	1007.6	12.9	41.8	-22.4	64	17.4	40	15	18
德 州	21.2	1014.3	12.8	43.4	-27.0	64	16.7	43	25	28
淄 博	32.8	1012.5	13.0	42.1	-21.8	63	18.7	51	26	—
潍 坊	62.8	1009.7	12.3	40.5	-21.4	66	18.4	49	20	18
泰 安	128.8	1001.5	12.8	40.7	-22.4	65	18.9	48	20	19
青 岛	16.8	1015.6	11.9	36.9	-20.5	74	9	26	19	—
大 同	1067.6	894.8	6.4	37.7	-29.1	54	30.7	54	22	29
连云港	3.0	1016.7	14	40.0	-18.1	70	8.6	31	28	—
徐 州	43.0	1012.5	14	40.1	-22.6	71	10.7	42	25	16
清 江	15.5	1014.9	14	39.5	-21.5	77	12.5	39	24	17
南 通	5.3	1016.0	15	37.3	-10.8	81	5.1	19	16	26.3
镇 江	26.4	1013.8	15.4	40.9	-12.0	76	6.8	23	26	—
宿 县	25.8	1013.1	14.3	40.0	-23.2	71	13.7	45	22	20
蚌 埠	21.0	1014.1	15.1	41.3	-19.4	73	13.2	38	35	21.3
阜 阳	31.2	1013.2	14.8	41.4	-20.4	73	14.1	37	26	23
六 安	60.5	1009.1	15.5	41.0	-18.9	78	13.4	37	30	—
芜 湖	14.8	1014.2	16.1	39.3	-13.1	79	9.1	24	25	24
铜 陵	37.2	—	16.2	40.0	-11.9	76	9.9	29	31	—
安 庆	44.0	1011.0	16.5	40.2	-12.5	77	7.7	23	18	29
屯 溪	146.7	998.9	16.3	41.0	-10.9	79	6.0	14	17	20
宁 波	4.2	1016.2	16.2	38.7	-8.8	82	4.3	12	11	16
衢 州	66.1	1008.2	17.3	40.5	-10.4	79	6.1	15	—	19

续表

项目 城市	海拔高度 (m)	平均气压 (mbar)	平均气温 (℃)	极端最高 气温(℃)	极端最低 气温(℃)	平均相对 湿度(%)	年积雪日 d		最大积雪 厚度(cm)	最大风速 (m/s)
							平均	最多		
金 华	64.1	1008.9	17.4	41.2	−9.0	77	5.6	13	45	16
温 州	6.0	1015.0	17.9	39.3	−4.5	81	1.2	6	10	16
九 江	32.2	1011.8	17.0	40.2	−9.7	75	6.4	16	25	20
景德镇	46.3	1009.4	17.0	41.8	−10.9	79	3.4	9	13	24
宜 春	129.0	1000.5	17.2	41.6	−9.2	81	4.3	11	20	28
萍 乡	108.8	—	17.2	38.8	−8.6	82	4.4	16	21	—
吉 安	78.0	1005.6	18.3	40.2	−7.1	78	2.6	8	14	20
赣 州	123.8	999.9	19.4	41.2	−6.0	76	1.1	4	13	28
南 平	127.2	999.9	19.3	41	−5.8	79	0.4	3	4	>20
漳 州	30	1010.6	21.1	40.9	−2.1	80				
厦 门	63.2	1006.9	20.8	38.4	+2	77	—	—	—	34
安 阳	75.5	1007.4	13.5	41.7	−21.7	66	15.7	42	16	20
三门峡	389.9	971.1	13.9	43.2	−16.5	61	12.2	30	15	—
开 封	72.5	1007.9	14	42.9	−14.7	70	11.6	42	30	—
洛 阳	156.6	999.7	14.5	44.2	−18.2	65	14.3	35	25	4
商 丘	50.1	1010.6	13.9	43	−18.9	72	15.8	45	22	24
许 昌	71.9	1008	14.6	41.9	−17.4	69	15.9	47	38	—
南 阳	129.8	1001.1	14.9	40.8	−21.2	71	13.2	43	27	27
信 阳	75.9	1007.3	15	40.9	−20	77	18.8	49	44	20
老河口	91.1	1005.2	15.3	41.0	−15.7	76	1.4	38		17
随 县	96.2	—	15.6	41.1	−16.3	74	7.3	18	15	—
宜 昌	131.1	1007.8	16.9	41.4	−8.9	77	5	12	20	18
荆 州	34.7	1011.9	16.0	38.6	−14.8	81	9	31	21	18
黄 石	22.2	1013.2	17.0	40.3	−11.0	78	6.9	21	16	18
岳 阳	51.6	1009.3	16.9	38.3	−11.8	79	8.4	23	16	—
常 德	36.7	1011.7	16.9	39.8	−11.2	81	8.7	26	17	17
株 州	57.5	1008.5	17.6	40.5	−8.0	78	5	13	22	
邹 阳	249.8	986.5	17.1	39.0	−7.7	78	5.2	14	10	
衡 阳	100.6	1004.7	17.9	40.8	−7.0	79	4.1	15	16	
郴 州	184.9	993.8	17.7	41.3	−9.0	81	4.3	15	15	18
韶 关	69.3	1005.7	20.3	42.0	−4.3	76	—	—	—	25
梅 县	77.3	1104.5	21.3	39.3	−7.3	78	—	—	—	13
汕 头	1.2	1012.7	21.3	37.9	+0.4	82	—	—	—	34
湛 江	26.4	1008.4	23.1	38.1	+2.8	82	—	—	—	34
海 口	14.3	1009.1	23.8	38.9	+2.8	85	—	—	—	23.8
桂 林	166.7	994.8	18.8	39.4	−4.9	76	0.4	2	1	19
梧 州	119.2	999.3	21.1	39.2	−3.0	78	—	—	—	14
北 海	14.6	1010.0	22.6	37.1	+2.0	80	—	—	—	28
绵 阳	470.8	960.4	16.4	37.0	−5.9	78	0.3	2	1	—

续表

项目\城市	海拔高度(m)	平均气压(mbar)	平均气温(℃)	极端最高气温(℃)	极端最低气温(℃)	平均相对湿度(%)	年积雪日 d 平均	年积雪日 d 最多	最大积雪厚度(cm)	最大风速(m/s)
达 县	310.4	977.8	17.3	42.3	-4.7	79	0.3	2	4	—
南 充	297.7	979.0	17.6	41.3	-2.2	79	0.6	3	5	18
万 县	186.7	992.4	18.1	41.8	-3.7	81	0.3	1	5	
内 江	352.3	973.0	17.7	41.1	-3.0	80	0.2	1	3	
重 庆	260.6	982.9	18.3	42.2	-1.8	79	0.1	1	3	22.9
乐 山	424.2	964.8	17.2	38.1	-4.3	81	0.1	1		
自 贡	354.9	—	17.8	38.9	-2.8	79	0.1	1	2	
泸 州	334.8	974.6	18	40.3	-0.6	83	0.1	1		
宜 宾	340.8	974.0	18	39.4	-3	81	0.1	1		20
西 昌	1590.7	837.2	17.1	36.5	-3.4	61	0.9	4	9	13
遵 义	843.9	918.0	15.2	38.7	-6.5	81	3.1	8	9	10.8
安 顺	1392.9	859.8	14	34.3	-6.5	80	2.7	9		20
盘 县	1527.1	847.0	15.2	36.7	-6.4	77	1.5	4	6	20

1.6.8 各种场所对电工产品噪声的要求(见表1.6.8-1)

各种场所对电工产品噪声的要求　　　　表1.6.8-1

噪声要求 dB(A)	场所与产品举例
30~35	用于高级宾馆、播音室、录音室、高级会议室、医院、消声室等场所的产品,如摄影机、伺服电机、暖水泵等
35~40	用于图书馆、手术室、实验室、计量室、剧场等场所的产品,如精密仪器、精密设备、医疗仪器、计量用的产品、高级风扇、录音机用的电机等
40~45	一般实验室、工厂中心试验室、中心计量室、精密加工车间、一般会议室等场所用的产品,如高精机床、台扇、计量用伺服电机等
45~50	一般办公室、餐厅、仪表车间、轿车等场所用的产品,如划水器、一般风扇、变流装置等
50~60	船上的会议室、住舱、报房、驾驶台等场所用的产品
60~80	一般环境用的产品,如无高噪声的车间、船上一般舱室用的较大排气风扇、电焊机等
80~90	普通车间、有较高噪声的环境用的产品
90~100	高噪声环境,如织布车间、大型汽轮发电机车间、船舶主机舱等用的产品

电气设备的设计、生产、安装及运行一方面受环境条件(如上述气象地理因素)的影响和限制,务必适应使用的环境条件;另一方面,它的运行又会对环境产生不同程度的不良影响,如产生电磁污染、温升、噪声等,因此,使用场所对它也有严格的要求。

说明:噪声的度量通常采用声压级,单位为分贝(dB),其数学表达式为:

$$L_p = 20\lg\frac{p}{p_0}$$

式中　　L_p——声压级,dB;

　　　　p——声压,N/m^2;

p_0——基准声压,是1000Hz纯音的听觉阈声压,为 $2\times10^{-5}\mathrm{N/m^2}$。

1.7 优先数和模数

1.7.1 优先数和优先数系

优先数是一种适用于各种量值分级的、无量纲的分档数系列。优先数在工程技术中的采用,可使产品的品种得到统一和简化,且具有国际通用性。

优先数是由公比为 $\sqrt[5]{10}$、$\sqrt[10]{10}$、$\sqrt[20]{10}$、$\sqrt[40]{10}$、$\sqrt[80]{10}$,且项值中含有10的整数幂的理论等比数列导出的一组近似等比的数列。各数列分别用 $R5$、$R10$、$R20$、$R40$、$R80$ 表示,分别称为 $R5$、$R10$、$R20$、$R40$、$R80$ 优先数系。

优先数系中的任何一个项值均为优先数。

我国国家标准 GB 3211—80《优先数和优先数系》规定的优先数系基本系列见表1.7.1-1。

优先数系基本系列　　　　　　　　表1.7.1-1

序号	$R5$	$R10$	$R20$	$R40$
0	1.00	1.00	1.00	1.00
1				1.06
2			1.12	1.12
3				1.18
4		1.25	1.25	1.25
5				1.32
6			1.40	1.40
7				1.50
8	1.60	1.60	1.60	1.60
9				1.70
10			1.80	1.80
11				1.90
12		2.00	2.00	2.00
13				2.12
14			2.24	2.24
15				2.36
16	2.50	2.50	2.50	2.50
17				2.65
18			2.80	2.80
19				3.00
20		3.15	3.15	3.15
21				3.35
22			3.55	3.55
23				3.75
24	4.00	4.00	4.00	4.00
25				4.25
26			4.50	4.50

续表

序 号	R5	R10	R20	R40
27				4.75
28		5.00	5.00	5.00
29				5.30
30			5.60	5.60
31				6.00
32	6.30	6.30	6.30	6.30
33				6.70
34			7.10	7.10
35				7.50
36		8.00	8.00	8.00
37				8.50
38			9.00	9.00
39				9.50
40	10.00	10.00	10.00	10.00

电工产品的品种规格系列广泛地采用优先数系列,例如,电力变压器额定容量系列采用的是 $R10$ 系列,其容量等级系列为:50、63、80、100、125、160、200、250、315、400、500、630…kVA。

电阻器的标称阻值则采用公比为 $\sqrt[6]{10}$、$\sqrt[12]{10}$ 和 $\sqrt[24]{10}$ 的数列生产和供应。

例如,因 $\sqrt[12]{10}=1.212$,阻值的步级系数就是1.212,任何一个阻值 10^n(n 为正整数或负整数)乘以1.212就是电阻系列中的下一个阻值。若 $n=3$,其阻值系列便为:1、1.2、1.5、1.8、2.2、2.7、3.3、3.9、4.7、5.6、6.8、8.2kΩ。

1.7.2 模数和模数制

在确定组合式产品或物件的最佳组合单元尺寸时,优先数系往往不适用,而必须用模数。

以一基本数值为准的整数倍或整数分割,以此来协调单元和组合尺寸之间的配合,此基本数值称为模数。模数是产品或建筑物设计、布置中普遍重复使用的基准尺寸数。

模数制是指在模数基础上制订一整套尺寸协调标准。模数制只适用于尺寸系列。

模数制由基本模数和由基本模数派生出的组合模数和分割模数组成。

基本模数一般为100mm,其符号为 M。$1M=100$mm,$2M=200$mm,$\frac{1}{10}M=10$mm。

国际上较通用的关于模数的标准是国际电工委员会(IEC)下属的OZ模数工作组颁布的IEC导则103—80《尺寸的协调导则》。我国关于模数制的标准主要是GBJ 2—86《建筑模数协调统一标准》,这一标准规定的模数数列见表1.7.2-1。

模 数 数 列(单位 mm) 表1.7.2-1

基本模数	扩 大 模 数							分 模 数		
$1M$	$3M$	$6M$	$12M$	$15M$	$30M$	$60M$		$\frac{1}{10}M$	$\frac{1}{5}M$	$\frac{1}{2}M$
100	300	600	1200	1500	3000	6000		10	20	50
100	300							10		
200	600	600						20	20	

续表

基本模数	扩大模数						分模数		
1M	3M	6M	12M	15M	30M	60M	$\frac{1}{10}M$	$\frac{1}{5}M$	$\frac{1}{2}M$
300	900						30		
400	1200	1200	1200				40	40	
500	1500			1500			50		50
600	1800	1800					60	60	
700	2100						70		
800	2400	2400	2400				80	80	
900	2700						90		
1000	3000	3000		3000	3000		100	100	100
1100	3300						110		
1200	3600	3600	3600				120	120	
1300	3900						130		
1400	4200	4200					140	140	
1500	4500			4500			150		150
1600	4800	4800	4800				160	160	
1700	5100						170		
1800	5400	5400					180	180	
1900	5700						190		
2000	6000	6000	6000	6000	6000	6000	200	200	200
2100	6300							220	
2200	6600	6600						240	
2300	6900								250
2400	7200	7200	7200					260	
2500	7500			7500				280	
2600		7800						300	300
2700		8400	8400					320	
2800		9000		9000	9000			340	
2900		9600	9600						350
3000				10500				360	
3100			10800					380	
3200			12000	12000	12000	12000		400	400
3300				15000					450
3400					18000	18000			500
3500					21000				550
3600					24000	24000			600
					27000				650
					30000	30000			700
					33000				750
					36000	36000			800
									850
									900
									950
									1000

1.8 常用字母和罗马数字

1.8.1 拉丁字母和希腊字母(见表 1.8.1-1 和表 1.8.1-2)

拉 丁 字 母　　　　　　　　　表 1.8.1-1

大写	小写	读音	大写	小写	读音	大写	小写	读音
A	a	爱	J	j	街	S	s	爱斯
B	b	比	K	k	克	T	t	提
C	c	西	L	l	爱耳	U	u	由
D	d	低	M	m	爱姆	V	v	维衣
E	e	衣	N	n	恩	W	w	打不留
F	f	爱福	O	o	喔	X	x	爱克思
G	g	基	P	p	皮	Y	y	歪
H	h	爱曲	Q	q	克由	Z	z	挤
I	i	哀	R	r	啊耳			

希 腊 字 母　　　　　　　　　表 1.8.1-2

大写	小写	读音英文	读音中文	大写	小写	读音英文	读音中文
A	α	alpha	阿尔法	N	ν	nu	纽
B	β	beta	贝塔	Ξ	ξ	xi	克西
Γ	γ	gamma	伽马	O	o	omicron	奥密克戎
Δ	δ	delta	德耳塔	Π	π	pi	派
E	ε,ε	epsilon	艾普西隆	P	ρ	rho	洛
Z	ζ	zeta	截塔	Σ	σ	sigma	西格马
H	η	eta	艾塔	T	τ	tau	陶
Θ	θ,υ	theta	西塔	Γ	υ	upsilon	宇普西隆
I	ι	iota	约塔	Φ	φ,ϕ	phi	斐
K	κ,χ	kappa	卡帕	X	χ	chi	喜
Λ	λ	lambda	兰布达	Ψ	ψ	psi	普西
M	μ	mu	米尤	Ω	ω	omega	奥墨伽

1.8.2 罗马数字(见表 1.8.2-1)

罗 马 数 字 表　　　　　　　　　表 1.8.2-1

I = 1	VI = 6	XX = 20	LXX = 70	CC = 200	DCC = 700	M = 1000
II = 2	VII = 7	XXX = 30	LXXX = 80	CCC = 300	DCCC = 800	MCC = 1200
III = 3	VIII = 8	XL = 40	XC = 90	CD = 400	CM = 900	MCD = 1400
IV = 4	IX = 9	L = 50	XCIX = 99	D = 500	CMXC = 990	MDCC = 1700
V = 5	X = 10	LX = 60	C = 100	DC = 600	CMXCIX = 999	MM = 2000

例: XVII = 17,
MCMXCII = 1992。

第 2 章　电气图和电气技术文件的一般规定

2.1　电气图常用名词术语

1．基础术语和一般规定术语

(1) 图　用点、线、符号、文字和数字等描绘事物几何特性、形态、位置及大小的一种形式。

也可采用下述方式表述：

图是用图示法的各种表达形式的统称。

图是用图的形式来表示信息的一种技术文件。

(2) 图样　根据投影原理、标准或有关规定，表示工程对象，并有必要的技术说明的图。

(3) 简图　由规定的符号、文字和图线组成示意性的图。

也可这样表述：

用图形符号、带注释的围框或简化外形表示系统或设备中各组成部分之间相互关系及其连接关系的一种图。在不致引起混淆时，简图也可简称为图。

(4) 投影法　投射线通过物体，向选定的面投射，并在该面上得到图形的方法。

(5) 投影　根据投影法得到的图形。

(6) 图纸幅面　图纸宽度与长度组成的图面。

(7) 比例　图中图形与实物相应要素的线性尺寸之比。

(8) 字体　图中文字、字母、数字的书写形式。

(9) 图线　图中所采用的各种型式的线。

(10) 尺寸　用特定长度或角度单位表示的数值，并在技术图样上用图线、符号和技术要求表示出来。

(11) 标题栏　由名称及代号区、签字区、更改区和其他区组成的栏目。

(12) 明细栏　由序号、代号、名称、数量、材料、重量、备注等内容组成的栏目。

(13) 图框　图纸上限定绘图区域的线框。

2．电气图的表达形式和表示方法术语

(1) 表图　表明两个或两个以上变量之间关系的一种图。在不致引起混淆时，表图也可简称为图。

(2) 表格　把数据按纵横排列的一种形式。用以说明系统、成套装置或设备中各组成部分的相互关系，或者用以提供工作参数。表格也可简称为表。

(3) 单线表示法　两根或两根以上的导线在简图上只用一条线表示的方法。

(4) 多线表示法　每根导线在简图上都分别用一条线表示的方法。

(5) 集中表示法　把设备或成套装置中一个项目各组成部分的图形符号,在简图上绘制在一起的方法。

(6) 半集中表示法　为了使设备和装置的电路布局清晰,易于识别,把一个项目中某些部分的图形符号,在简图上分开布置,并用机械连接符号表示他们之间关系的方法。

(7) 分开表示法　为了使设备和装置的电路布局清晰,易于识别,把一个项目中某些部分的图形符号,在简图上分开布置,并仅用项目代号表示他们之间关系的方法。

(8) 功能布局法　简图中元件符号的布置,只考虑便于看出它们所表示的元件之间功能关系而不考虑实际位置的一种布局方法。

(9) 位置布局法　简图中元件符号的布置对应于该元件实际位置的布局方法。

3. 电气图的种类及用途术语

(1) 系统图或框图　用符号或带注释的框,概略表示系统或分系统的基本组成、相互关系及其主要特征的一种简图。

(2) 功能图　表示理论的或理想的电路而不涉及实现方法的一种简图。

(3) 功能表图　表示控制系统(如一个供电过程或一个生产过程的控制系统)的作用和状态的一种表图。

(4) 逻辑图　主要用二进制逻辑单元图形符号绘制的一种简图。只表示功能而不涉及实现方法的逻辑图,称为纯逻辑图。

(5) 电路图　用图形符号并按工作顺序排列,详细表示电路、设备或成套装置的全部基本组成和连接关系,而不考虑其实际位置的一种简图。

(6) 等效电路图　表示理论的或理论的元件及其连接关系的一种简图。

(7) 程序图　详细表示程序单元和程序片及其互连关系的一种简图。

(8) 设备元件表　把成套装置、设备和装置中各组成部分和相应数据列成的表格。

(9) 数据单　对特定项目给出详细信息的资料。

(10) 接线图或接线表　表示成套装置、设备或装置的连接关系,用以进行接线和检查的一种简图或表格。

(11) 单元接线图或单元接线表　表示成套装置或设备中一个结构单元内的连接关系的一种接线图或接线表。

(12) 互连接线图或互连接线表　表示成套装置或设备的不同单元之间连接关系的一种接线图或接线表。

(13) 端子接线图或端子接线表　表示成套装置或设备的端子以及接在外部接线(必要时包括内部接线)的一种接线图或接线表。

(14) 端子功能图　表示功能单元全部外接端子,并用功能图、表图或文字表示其内部功能的一种简图。

(15) 电缆配置图或电缆配置表　提供电缆两端位置,必要时还包括电缆功能、特性或路径等信息的一种接线图或接线表。

(16) 位置简图或位置图　表示成套装置、设备或装置中各个项目的位置的一种简图或一种图。

(17) 系统说明书　按照设备的功能而不是按设备的实际结构来划分的文件。这样的成套文件称之为功能系统说明书,一般称为系统说明书。

(18) 印制板装配图　表示各种元、器件和结构件等与印制板联接关系的图样。

(19) 印制板零件图　表示导电图形、结构要素、标记符号、技术要求和有关说明的图样。

4. 电气图符号、代号和标记术语

(1) 图形符号　通常用于图样或其他文件以表示一个设备或概念的图形、标记或字符。

(2) 符号要素　一种具有确定意义的简单图形，必须同其他图形组合以构成一个设备或概念的完整符号。

(3) 一般符号　用以表示一类产品或此类产品特征的一种通常很简单的符号。

(4) 限定符号　用以提供附加信息的一种加在其他符号上的符号。

(5) 方框符号　用以表示元件、设备等的组合及其功能，既不给出元件、设备的细节也不考虑所有连接的一种简单的图形符号。

(6) 项目　在图上通常用一个图形符号表示的基本件、部件、组件、功能单元、设备、系统等。如电阻器、继电器、发电机、放大器、电源装置、开关设备等，都可称为项目。

(7) 项目代号　用以识别图、图表、表格中和设备上的项目种类，并提供项目的层次关系、实际位置等信息的一种特定的代码。

(8) 文字符号　标明电气设备、装置和元器件的名称、功能、状态和特征的字母符号。

(9) 端子　用以连接器件和外部导线的导电件。

(10) 端子板　装有多个互相绝缘并通常与地绝缘的端子的板、块或条。

(11) 识别标记　标在导线或线束两端，必要时，标在其全长的可见部位以识别导线或线束的标记。

2.2　电气图形符号

电气图形符号通常包括电气图用图形符号和电气设备用图形符号。

2.2.1　电气图用图形符号

1. 分类和使用要求

GB 4728《电气图用图形符号》将其分为12类：

(1) 符号要素、限定符号和常用的其他符号

例如：轮廓和外壳；电流和电压种类；可变性；力、运动和流动的方向；机械控制；接地和接机壳；理想电路元件等。

(2) 导线和连接器件

例如：电线、柔软、屏蔽或绞合导线，同轴导线；端子，导线连接；插头和插座；电缆密封终端头等。

(3) 无源元件

例如：电阻器、电容器、电感器；铁氧体磁芯、磁存储器矩阵；压电晶体、驻极体、延迟线等。

(4) 半导体和电子管

例如：二极管、三极管、晶闸管；电子管；辐射探测器件等。

(5) 电能的发生和转换

例如：绕组；发电机、电动机；变压器；变流器等。

(6) 开关、控制和保护装置

例如:触点;开关、热敏开关、接近开关、接触开关;开关装置和控制装置;启动器;有或无继电器;测量继电器;熔断器、间隙、避雷器等。

(7) 测量仪表,灯和信号器件

例如:指示、积算和记录仪表;热电偶;遥测装置;电钟;位置和压力传感器;灯,喇叭和铃等。

(8) 电信:交换和外围设备

例如:交换系统、选择器;电话机;电报和数据处理设备;传真机、换能器、记录和播放等。

(9) 电信,传输

例如:通信电路;天线、无线电台;单端口、双端口或多端口波导管器件、微波激射器、激光器;信号发生器、变换器、阈器件、调制器、解调器、鉴别器、集线器、多路调制器、脉冲编码调制;频谱图,光纤传输线路和器件等。

(10) 电力、照明和电信布置

例如:发电站和变电站;网络;音响和电视的电缆配电系统;开关、插座引出线、电灯引出线;安装符号等。

(11) 二进制逻辑单元

例如:限定符号;关联符号;组合和时序单元,如缓冲器、驱动器和编码器;运算器单元;延时单元;双稳、单稳及非稳单元;移位寄存器和计数器和存贮器等。

(12) 模拟单元

例如:模拟和数字信号识别用的限定符号;放大器的限定符号;函数器;坐标转换器;电子开关等。

图形符号的使用:

图形符号应按功能,按无电压、无外力作用的正常状态示出。

图形符号应以便于识别的尺寸绘制,并尽量使图形符号之间比例适当。

为使图形符号满足计算机辅助设计的要求,图形符号应在 $M=2.5\text{mm}$ 的网格系统中绘制。由于2.5mm网格是绘制符号过程中使用的一种工具,不是图形符号的组成部分,故网格系统不随符号列出。

图形符号的连接线应与网格线重合,并终止在网格线的交叉点上。两条连接线之间至少应有 $2M(5\text{mm})$ 的间隔,否则无法标注补充信息。

图形符号的矩形长边和圆的直径应设计为 $2M$ 的倍数,对较小的图形符号则选用 $1.5M$、$1M$ 或 $0.5M$。

2. 电气系统图、电路图常用图形符号及其他符号(见表2.2.1-1)

电气系统图、电路图常用图形符号及其他符号　　　　　表2.2.1-1

名称	图形符号	名称	图形符号	名称	图形符号
直流	——— 或 ----	交直流	∿	无噪声接地(抗干扰接地)	⏚
交流	∼	接地一般符号	⏚	保护接地	⏚

续表

名 称	图形符号	名 称	图形符号	名 称	图形符号
接机壳或接底板	或	极性电容器		三相绕线转子异步电动机	
等电位		半导体二极管一般符号			
故障		光电二极管		串励直流电动机	
闪络、击穿		电压调整二极管（稳压管）		他励直流电动机	
导线间绝缘击穿		晶体闸流管（阴极侧受控）			
导线对机壳绝缘击穿	或	PNP型半导体三极管		并励直流电动机	
导线对地绝缘击穿		NPN型半导体三极管		复励直流电动机	
导线的连接	或	绕组和电感线圈			
导线的多线连接	或	电机一般符号	符号内的星号必须用下述字母代替： C—同步变流机 G—发电机 GS—同步发电机 M—电动机 MG—能作为发电机或电动机使用的电机 MS—同步电动机 SM—伺服电机 TG—测速发电机 TM—力矩电动机 IS—感应同步器	铁芯带间隙的铁芯	
导线的不连接				单相变压器电压互感器	
接通的连接片	或				
断开的连接片				有中心抽头的单相变压器	
电阻器一般符号	优选形 其他形				
电容器一般符号		三相鼠笼式异步电动机			

续表

名　称	图形符号	名　称	图形符号	名　称	图形符号
三相变压器星形-有中性点引出线的星形连接		中间断开的双向触点		带动断触点的按钮	
三相变压器有中性点引出线的星形-三角形连接		延时闭合的动合触点	或	带动合和动断触点的按钮	
		延时断开的动合触点	或	位置开关的动合触点	
电流互感器脉冲变压器	或	延时闭合的动断触点	或	位置开关的动断触点	
动合(常开)触点	或	延时断开的动断触点	或	热继电器的触点	
动断(常闭)触点		延时闭合和延时断开的动合触点		接触器的动合触点	
先断后合的转换触点		延时闭合和延时断开的动断触点		接触器的动分触点	
先合后断的转换触点	或	带动合触点的按钮		三极开关	或
				三极高压断路器	

续表

名　称	图形符号	名　称	图形符号	名　称	图形符号
三极高压隔离开关		液位继电器		热电偶	
三极高压负荷开关		火花间隙		电喇叭	
继电器线圈	或	避雷器		扬声器	
热继电器的驱动器件		熔断器		受话器	
灯		跌开式熔断器		电铃	或
电抗器	或	熔断器式开关		蜂鸣器	或
荧光灯启动器		熔断器式隔离开关		原电池或蓄电池	
转速继电器		熔断器式负荷开关			
压力继电器		示波器			
温度继电器	或				

3. 电力、照明和电信平面布置常用图形符号(见表2.2.1-2)

电力、照明和电信平面布置常用图形符号　　　表2.2.1-2

名　称	图　形　符　号	名　称	图　形　符　号
发电站	规划的　运行的	中性线	
变电所 配电所	规划的　运行的	保护线	
杆上变电所	规划的　运行的	保护和中性共用线	
地下线路		向上、向下配线	
架空线路		屏、台、箱、柜	
事故照明线		动力、照明配电箱	
50V及以下电力及照明线路		信号板、箱	
控制及信号线路（电力及照明用）		照明配电箱	
用单线表示的多回路线路			
母线		电磁阀	
交流母线	～		
直流母线		按钮盒	

名　　称	图 形 符 号	名　　称	图 形 符 号
电风扇		单极拉线开关	
单相插座		双控开关	
带保护接地插座		灯的一般符号	
带接地插孔的三相插座			
开关的一般符号		投光灯	
单极开关			
双极开关		荧光灯	
三极开关			

4. 常用电力设备在平面布置图上的标注方法(见表2.2.1-3)

常用电力设备的标注方法　　　　表2.2.1-3

序　号	类　别	标 注 方 法	说　　明
1	用电设备	$\dfrac{a}{b}$ 或 $\dfrac{a}{b}+\dfrac{c}{d}$	a——设备编号 b——额定功率,kW c——线路首端熔断片或自动开关释放器的电流,A d——标高,m
2	电力和照明设备	(1) $a\dfrac{b}{c}$ 或 $a-b-c$ (2) $a-\dfrac{b-c}{d(e\times f)-g}$	(1) 一般标注方法 (2) 当需要标注引入线的规格时 a——设备编号 b——设备型号 c——设备功率,kW d——导线型号 e——导线根数 f——导线截面,mm^2 g——导线敷设方式及部位

续表

序号	类别	标注方法	说 明
3	开关和熔断器	(1) $a\dfrac{b}{c/i}$ 或 $a-b-c/i$ (2) $a\dfrac{b-c/i}{d(e\times f)-g}$	(1) 一般标注方法 (2) 当需要标注引入线的规格时 a——设备编号 b——设备型号 c——额定电流,A i——整定电流,A d——导线型号 e——导线根数 f——导线截面,mm^2 g——导线敷设方式
4	照明变压器	$a/b-c$	a——一次电压,V b——二次电压,V c——额定容量,VA
5	照明灯具	(1) $a-b\dfrac{c\times d\times L}{e}f$ (2) $a-b\dfrac{c\times d\times L}{-}$	(1) 一般标注方法 (2) 灯具吸顶安装 a——灯数 b——型号或编号 c——每盏照明灯具的灯泡数 d——灯泡容量,W e——灯泡安装高度,m f——安装方式 L——光源种类
6	照明照度	⑮ (1) ● a (2) ● $\dfrac{a-b}{c}$	最低照度(示出 15lx) 照明照度检查点 (1) a：水平照度,lx (2) $a-b$：双测垂直照度,lx $\quad c$：水平照度,lx
7	电缆与其他设施交叉	$\dfrac{a-b-c-d}{e-f}$	a——保护管根数 b——保护管直径,mm c——管长,m d——地面标高,m e——保护管埋设深度,m f——交叉点坐标
8	安装或敷设标高	(1) ▽ ±0.00 (2) ▼ ±0.00	(1) 用于室内平面、剖面图上 (2) 用于总平面图上的室外地面数字为 m
9	导线及敷设	/// 3 n	导线根数,当用单线表示一组导线时,若需要示出导线数,可用加小短斜线或画一条短斜线加数字表示

续表

序 号	类 别	标注方法	说 明
9	导线及敷设	$\dfrac{3\times 16}{-}\times \dfrac{3\times 10}{\phi 2\frac{1}{2}''}$	导线型号规格或敷设方式的改变 (1) $3\times 16\text{mm}^2$ 导线改为 $3\times 10\text{mm}^2$ (2) 无穿管敷设改为导线穿管 $\left(\phi 2\dfrac{1}{2}''\right)$ 敷设
10	电压损失	U	电压损失 %
11	直流电压	-220V	直流电压 220V
12	交流电	$m\sim fU$ 3N~50Hz,380V	m——相数 f——频率,Hz U——电压,V 例:示出交流,三相带中性线,50Hz,380V
13	三相 交流相序	L_1 L_2 L_3 U V W	交流系统电源第一相 交流系统电源第二相 交流系统电源第三相 交流系统设备端第一相 交流系统设备端第二相 交流系统设备端第三相
14	中性线 和保护线	N PE PEN	中性线 保护线 保护和中性共用线

2.2.2 电气设备用图形符号

1. 电气设备用图形符号的基本用途

(1) 电气设备用图形符号是通过书写、绘制、印制或其他方法产生的可视图形,是一种能以简明易懂的方式来传递一种信息,表示一个实物或概念,并可以提供有关条件、相关性、及动作信息的工业语言。

(2) 设备用图形符号适用于各种类型的电气设备或电气设备部件上,使操作人员了解其用途和操作方法。

(3) 设备用图形符号也可适用于安装或移动电气设备的场合,以指出诸如禁止、警告、规定或限制等应注意的事项。这些符号也可适当地加进平面图、设计图、地形图、图表及类似的复制图中,以补充它们所包含的内容。

设备用图形符号的功能是:

(1) 识别(例如:设备或抽象概念);

(2) 限定(例如:变量或附属功能);

(3) 说明(例如:操作或使用方法);

(4) 命令(例如:应做或不应做的事);

(5) 警告(例如:危险警告);

(6) 指示(例如:方向、数量)。

2. 常用电气设备用图形符号(见表2.2.2-1)

常用电气设备用图形符号　　　　　　表 2.2.2-1

序号	名　　称	图形符号	应　用　范　围　及　说　明
1	直流电	- - -	用于各种设备。标志在只适用于直流电的设备的铭牌上，以及用于表示通直流电的端子
2	交流电	∼	用于各种设备。标志在适用于交流电的设备铭牌上，以及用于表示通交流电的端子
3	交直流通用	∼	用于各种设备。标志在交、直流通用的设备的铭牌上，以及用以表示相应的端子
4	正号、正极	+	用于各种设备。表示使用或产生直流设备的正端
5	负号、负极	—	用于各种设备。表示使用或产生直流电设备的负端
6	电池检测	⊣⊢	用于由电池供电的设备上。表示电池测试按钮和表明电池情况的灯或仪表
7	电池定位	[+]	用于电池盒(箱)上或内部。表示电池盒(箱)本身和表示盒(箱)内电池的极性和位置
8	交流/直流变换器、整流器、电源代用器	∼/⚌	用于各种设备。表示交流/直流变换器本身，在有插接装置的情况下则表示有关插座
9	直流/交流变换器	⚌/∼	用于各种设备。表示直流/交流变换器及其相应的接线端和控制装置
10	有稳定输出电压的变换器	∼/u̅-	表示供给恒定电压的变换器
11	有稳定输出电流的变换器	∼/I-	表示供给恒定电流的变换器
12	整流器(未注明类型)	▷|	用于各种设备。表示整流设备及有关接线端和控制装置
13	变压器	⊗	用于各种设备。表示电气设备可通过变压器与电力线连接的开关、控制器、连接器或端子。同样可用于变压器的包封或外壳上(如插接装置)
14	熔断器	▭	用于各种设备。表示熔断器盒及其位置

续表

序号	名称	图形符号	应用范围及说明
15	测试电压	☆	用于各种电气和电子设备。表示该设备能承受500V的测试电压。（测试电压的其他数值可以按照有关标准在符号中用一个数字表示）
16	危险电压	⚡	用于各种设备。表示危险电压引起的危险
17	Ⅱ类设备	⧈	用于各种设备。表示能满足Ⅱ类设备（双重绝缘设备）安全要求的设备
18	接地		用于各种设备。表示接地端子
19	无噪声接地		用于各种设备。表示连接到无噪声接地或无噪声接地电极的端子
20	保护接地		用于各种设备。表示在发生故障时防止电击的与外保护导体相连接的端子，或与保护接地电极相连接的端子
21	接机壳、接机架		用于各种设备。表示连接机壳、机架的端子
22	低电位信号端（电测量仪器）		用于任何种类的电测量仪器。表示信号的低电位端
23	等电位		用于各种设备。表示那些相互连接后使设备或系统的各部分达到相同电位的端子
24	输入		用于各种设备。在需要区别输入和输出的场合表示输入端

续表

序号	名 称	图形符号	应 用 范 围 及 说 明
25	输出		用于各种设备。在需要区别输入输出的场合表示输出端
26	过载保护装置(在电测量设备上)		用于任何种类的电测量设备。表示一个设备装有过载保护装置
27	复位控制过载保护装置(在电测量设备上)		用于任何种类的电测量设备。表示复位控制过载保护装置
28	通(电源)		用于各种设备。表示已接通电源,必须标在电源开关的位置,以及与安全有关的地方
29	断(电源)		用于各种设备。表示已与电源断开,必须标在电源开关位置,以及与安全有关的地方
30	准备		用于各种设备。指明设备的一部分已接通(合闸),而使设备处于准备使用状态的开关或开关位置
31	通/断(按-按)		用于各种设备。表示与电源接通或断开,以及与安全有关的地方
32	通/断(按钮开关)		用于各种设备。表示已与电源接通,必须标在电源开关或其位置上,以及与安全有关的地方
33	启动、开始(动作)		用于各种设备。表示启动按钮
34	停机、停止(动作)		用于各种设备。表示停止动作的按钮

续表

序号	名称	图形符号	应用范围及说明
35	暂停、中断		用于各种设备。表示与正在连续运转的驱动机械脱离连接,使(如磁带)运转中断的按钮
36	脚踏开关		用于各种设备。表示与脚踏开关相连接的输入端子
37	手持开关		用于各种设备。表示手持开关
38	快速启动		用于各种设备。表示诸如加工、程序控制、磁带等启动,不需要很多时间就可以达到工作速率的控制
39	快速停止		用于各种设备。表示短时间立即停止的控制
40	通电设备的一种功能正在使用,设备的一部分"通"		用于各种设备。表示开关"通"的位置,或表示一个指示器
41	通电设备的某种功能不在使用,设备的一部分"断"		用于各种设备。表示开关"断"的位置;或表示一个指示器
42	准备(设备的一部分)		用于各种设备。表示"准备"状态
43	两种状态均稳定的两功能按-按开关,"揿入"状态		用于各种设备。表示按-按开关的"揿入"状态
44	两种状态均稳定的两功能按-按开关,"放出"状态		用于各种设备。表示按-按开关的"放出"状态

续表

序号	名称	图形符号	应用范围及说明
45	莫尔斯电键		用于电信设备。表示连接莫尔斯电键的端子或控制装置
46	可变性(可调性)		用于各种设备。表示量的被控方式,被控量随图形的宽度而增加
47	调节装置的离散量值的变化		用于各种设备。表示调节装置的离散量值的变化
48	平衡		用于各种设备。表示平衡控制装置
49	调到最小		用于各种设备。表示将量值调到最小的控制
50	调到最大		用于各种设备。表示将量值调到最大的控制
51	可调整电阻范围的控制(电测量仪表)		用于任何种类的电测量设备
52	单向运动		用于各种设备。表示控制动作或被控制物,沿着所指的方向运动
53	双向运动		用于各种设备。表示控制动作或被控制物,可按标出的方向作双向运动
54	双向局限运动		用于各种设备。表示在一定限度内运动

续表

序号	名称	图形符号	应用范围及说明
55	移离参考点的效应或作用	●→	用于各种设备。表示移离一个具体的或假想的参考点或标志的某种效应或作用的方向
56	移向参考点的效应或作用	●←	用于各种设备。表示移向参考点的效应或作用方向
57	移离参考点的双向效应或作用	←●→	用于各种设备
58	移向参考点的双向效应或作用	→●←	用于各种设备
59	非同时移离和移向参考点的效应或作用	●←→	用于各种设备
60	同时移离和移向参考点的效应或作用	●→←	用于各种设备
61	从固定位置以正常速度按箭头方向移动	⊢▶	用于各种设备。表示这一功能的控制开关
62	从固定位置快速按箭头方向移动	⊢▶▶	用于各种设备。表示这一功能的控制开关
63	按箭头方向以正常速度向固定位置移动	▶⊣	用于各种设备。表示这一功能的控制开关
64	按箭头方向向固定位置快速移动	▶▶⊣	用于各种设备。表示这一功能的控制开关

续表

序号	名称	图形符号	应用范围及说明
65	正常速度运转		用于各种设备(除盒式磁带录音机外)。表示这一功能的启动按钮或开关
66	快速运转		用于各种设备
67	灯、照明、照明设备		用于各种设备。表示控制照明光源的开关
68	暗房照明(如红色适应性照明)		用于各种设备。表示暗房照明的控制装置
69	间接照明(用于控制面板等)		用于各种设备。表示对间接照明的控制
70	信号灯		用于各种设备。表示接通或断开信号灯的开关
71	钟、定时开关、计时器		用于各种设备。以识别与时间、时间开关和计时器有关的端子和控制装置
72	铃		用于控制铃的开关(按钮),如门铃
73	喇叭(报警用)		用于控制喇叭的开关,如厂用喇叭、音响报警信号
74	扬声器		用于各种设备。表示连接扬声器的插座、接线端或开关
75	扬声器/传声器		用于各种设备。表示讲话/收听转换按钮
76	听		用于各种设备。表示听的操作

序号	名 称	图形符号	应 用 范 围 及 说 明
77	讲		用于各种设备。表示讲的操作
78	耳机		用于各种设备。表示连接耳机的插座、接线端或开关

注：表中图形符号只供识别用。

2.3 电气文字符号和项目代号

2.3.1 电气图和电气技术中的文字符号

文字符号适用于电气技术领域中技术文件的编制，也可表示在电气设备、装置和元件上或其近旁，以标明电气设备、装置和元器件的名称、功能、状态和特征。但不适用于电气产品的型号编制与命名。

文字符号的目的：

　　a. 为项目代号提供电气设备、装置和元器件种类字母代码和功能字母代码；

　　b. 作为限定符号与一般图形符号组合使用，以派生新的图形符号；

　　c. 除 a、b 所述两种目的外，在技术文件或电气设备中表示电气设备及线路的功能、状态和特征。

1. 基本文字符号类别(见表2.3.1-1)

基本文字符号类别　　　　　　　　　表2.3.1-1

序 号	字母代码	项 目 种 类	举 例
1	A	组　件 部　件	分离元件放大器、磁放大器、激光器、微波激射器、印制电路板 　本表其他地方未提及的组件、部件
2	B	变　换　器 (从非电量到电量或相反)	热电传感器、热电池、光电池、测功计、晶体换能器、送话器、拾音器、扬声器、耳机、自整角机、旋转变压器
3	C	电　容　器	
4	D	二进制单元 延迟器件 存储器件	数字集成电路和器件、延迟线、双稳态元件、单稳态元件、磁芯存储器、寄存器、磁带记录机、盘式记录机
5	E	杂　项	光器件、热器件 　本表其他地方未提及的元件
6	F	保护器件	熔断器、过电压放电器件、避雷器

续表

序号	字母代码	项目种类	举例
7	G	发电机 电源	旋转发电机、旋转变频机、电池、振荡器、石英晶体振荡器
8	H	信号器件	光指示器、声指示器
9	K	继电器、接触器	
10	L	电感器 电抗器	感应线圈、线路陷波器 电抗器(并联和串联)
11	M	电动机	
12	N	模拟集成电路	运算放大器、模拟/数字混合器件
13	P	测量设备 试验设备	指示、记录、积算、测量设备 信号发生器、时钟
14	Q	电力电路的开关器件	断路器、隔离开关
15	R	电阻器	可变电阻器、电位器、变阻器、分流器、热敏电阻
16	S	控制电路的开关选择器	控制开关、按钮、限制开关、选择开关、选择器、拨号接触器、连接级
17	T	变压器	电压互感器、电流互感器
18	U	调制器 变换器	鉴频器、解调器、变频器、编码器、逆变器、变流器、电报译码器
19	V	电真空器件 半导体器件	电子管、气体放电管、晶体管、晶闸管、二极管
20	W	传输通道 波导、天线	导线、电缆、母线、波导、波导定向耦合器、偶极天线、抛物面天线
21	X	端子 插头 插座	插头和插座,测试塞孔、端子板、焊接端子片、连接片、电缆封端和接头
22	Y	电气操作的机械装置	制动器、离合器、气阀
23	Z	终端设备 混合变压器 滤波器、均衡器 限幅器	电缆平衡网络 压缩扩展器 晶体滤波器 网络

2. 双字母符号

双字母符号由一个表示种类的单字母符号与另一个字母组成,其组合形式应以单字母符号在前、另一个字母在后的次序列出。如"GB"表示蓄电池,"G"为电源的单字母符号。

只有当用单字母符号不能满足要求、需要将大类进一步划分时,才采用双字母符号,以便较详细和更具体地表示电气设备、装置和元器件。如"F"表示保护器件类,而"FU"表示熔断器,"FR"表示具有延时动作的限流保护器件等。

3. 辅助文字符号

辅助文字符号是用以表示电气设备、装置和元器件以及线路的功能、状态和特征的。如"SYN"表示同步,"L"表示限制,"RD"表示红色等。辅助文字符号也可放在表示种类的单字母符号后边组成双字母符号,如"SP"表示压力传感器,"YB"表示电磁制动器。为简化文字符号起见,若辅助文字符号由两个以上字母组成时,允许只采用其第一位字母进行组合,如"MS"表示同步电动机等。辅助文字符号还可以单独使用,如"ON"表示接通,"M"表示中间线,"PE"表示保护接地等。

常用辅助文字符号见表 2.3.1-2。

常用辅助文字符号　　　　　　　　　表 2.3.1-2

序号	名称	文字符号	序号	名称	文字符号
1	电流	A	26	反馈	FB
2	模拟	A	27	正,向前	FW
3	交流	AC	28	绿	GN
4	自动	A,AUT	29	高	H
5	加速	ACC	30	输入	IN
6	附加	ADD	31	增	INC
7	可调	ADJ	32	感应	IND
8	辅助	AUX	33	左	L
9	异步	ASY	34	限制	L
10	制动	B,BRK	35	低	L
11	黑	BK	36	闭锁	LA
12	蓝	BL	37	主	M
13	向后	BW	38	中	M
14	控制	C	39	中间线	M
15	顺时针	CW	40	手动	M
16	逆时针	CCW			MAN
17	延时(延迟)	D	41	中性线	N
18	差动	D	42	断开	OFF
19	数字	D	43	闭合	ON
20	降	D	44	输出	OUT
21	直流	DC	45	压力	P
22	减	DEC	46	保护	P
23	接地	E	47	保护接地	PE
24	紧急	EM	48	保护接地与中性线共用	PEN
25	快速	F	49	不接地保护	PU

续表

序号	名称	文字符号	序号	名称	文字符号
50	记录	R	60	饱和	SAT
51	右	R	61	步进	STE
52	反	R	62	停止	STP
53	红	RD	63	同步	SYN
54	复位	R	64	温度	T
		RST	65	时间	T
55	备用	RES	66	无噪声(防干扰)接地	TE
56	运转	RUN	67	真空	V
57	信号	S	68	速度	V
58	启动	ST	69	电压	V
59	置位,定位	S	70	白	WH
		SET	71	黄	YE

4. 电气设备常用文字符号(见表2.3.1-3)

电气设备常用文字符号　　　　　　表2.3.1-3

序号	设备、装置和元器件种类	名称	文字符号
1	组件部件	分离元件放大器	A
		激光器	A
		调节器	A
		电桥	AB
		晶体管放大器	AD
		集成电路放大器	AJ
		磁放大器	AM
		电子管放大器	AV
		印制电路板	AP
		抽屉柜	AT
		支架盘	AR
2	非电量到电量变换器或电量到非电量变换器	热电传感器	B
		热电池	B
		光电池	B
		测功计	B
		晶体换能器	B
		送话器	B
		拾音器	B
		扬声器	B
		耳机	B
		自整角机	B
		旋转变压器	B

续表

序 号	设备、装置和元器件种类	名 称	文字符号
2	非电量到电量变换器或电量到非电量变换器	模拟和多级数字变换器或传感器（用作指示和测量）压力变换器位置变换器旋转变换器（测速发电机）温度变换器速度变换器	B B B BP BQ BR BT BV
3	电容器	电容器	C
4	二进制元件 延迟器件 存储器件	数字集成电路和器件 延迟线 双稳态元件 单稳态元件 磁芯存储器 寄存器 磁带记录机 盘式记录机	D D D D D D D D
5	其他元器件	本表其他地方未规定的器件 发热器件 照明灯 空气调节器	E EH EL EV
6	保护器件	过电压放电器件、避雷器 具有瞬时动作的限流保护器件 具有延时动作的限流保护器件 具有延时和瞬时动作的限流保护器件 熔断器 限压保护器件 避雷针	F FA FR FS FU FV FL
7	发生器 发电机 电源	旋转发电机 振荡器 发生器 同步发电机 异步发电机 蓄电池 旋转式和固定式变频机 直流发电机 交流发电机 永磁发电机	G G GS GS GA GB GF GD GA GM

续表

序 号	设备、装置和元器件种类	名 称	文字符号
7	发生器 发电机 电源	水轮发电机	GH
		汽轮发电机	GT
		励磁机	GE
8	信号器件	声响指示器	HA
		光指示器	HL
		指示灯	HL
9	继电器 接触器	瞬时接触继电器	KA
		瞬时有或无继电器	KA
		交流接触器	KA
		闭锁接触继电器(机械闭锁或永磁铁式有或无继电器)	KL
		双稳态继电器	KL
		接触器	KM
		极化继电器	KP
		簧片继电器	KR
		延时有或无继电器	KT
		逆流继电器	KR
		电压继电器	KV
		电流继电器	KA
		时间继电器	KT
		频率继电器	KF
		压力继电器	KP
		控制继电器	KC
		信号继电器	KS
		接地继电器	KE
10	电感器 电抗器	感应线圈	L
		线路陷波器	L
		电抗器(并联或串联)	L
11	电动机	电动机	M
		同步电动机	MS
		可做发电机或电动机用电机	MG
		力矩电动机	MT
		异步电动机	MA
		鼠笼式异步电动机	MC
12	模拟元件	运算放大器	N
		混合模拟/数字器件	N
13	测量设备和试验设备	指示器件	P
		记录器件	P
		积算测量器件	P
		信号发生器	P

续表

序号	设备、装置和元器件种类	名称	文字符号
13	测量设备和试验设备	电流表	PA
		(脉冲)记数器	PC
		电度表	PJ
		记录仪器	PS
		时钟、操作时间表	PT
		电压表	PV
14	电力电路的开关器件	断路器	QF
		电动机保护开关	QM
		隔离开关	QS
		自动开关	QA
		转换开关	QC
		刀开关	QK
15	电阻器	电阻器	R
		变阻器	R
			R
		电位器	RP
		测量分路表	RS
		热敏电阻器	RS
		压敏电阻器	RV
		启动电阻器	RS
		制动电阻器	RB
		频敏电阻器	RF
		附加电阻器	RA
16	控制、记忆、信号电路的开关器件选择器	拨号接触器	S
		连接级	S
		控制开关	SA
		选择开关	SA
		按钮开关	SB
		液体标高传感器	SL
		压力传感器	SP
		位置传感器(包括接近传感器)	SQ
		转数传感器	SR
		温度传感器	ST
17	变压器	电流互感器	TA
		控制电路电源用变压器	TC
		电力变压器	TM
		磁稳压器	TS
		电压互感器	TV
		升压变压器	TU
		降压变压器	TD
		自耦变压器	TA

续表

序号	设备、装置和元器件种类	名称	文字符号
17	变压器	整流变压器	TR
		电炉变压器	TF
18	调制器 变换器	鉴频器	U
		解调器	U
		变频器	U
		编码器	U
		变流器	U
		逆变器	U
		整流器	U
19	电子管 晶体管	气体放电管	V
		二极管	V
		晶体管	V
		晶闸管	V
		电子管	VE
		控制电路用电源整流器	VC
20	传输通道 波导 天线	导线	W
		电缆	W
		母线	W
		波导	W
		波导定向耦合器	W
		偶极天线	W
		抛物天线	W
21	端子 插头 插座	连接插头和插座	X
		接线柱	X
		电缆封端和接头	X
		焊接端子板	X
		连接片	XB
		测试插孔	XJ
		插头	XP
		插座	XS
		端子板	XT
22	电气操作的机械器件	气阀	Y
		电磁铁	YA
		电磁制动器	YB
		电磁离合器	YC
		电磁吸盘	YH
		电动阀	YM
		电磁阀	YV
23	终端设备 混合变压器	电缆平衡网络	Z
		压缩扩展器	Z

序号	设备、装置和元器件种类	名称	文字符号
23	滤波器 均衡器 限幅器	晶体滤波器 网络	Z Z

注：本表主要摘自 GB 7159—87《电气技术中的文字符号制订通则》。

5. 电信设备常用文字符号(见表2.3.1-4)

电信及相关弱电设备文字符号　　　　　　　　表 2.3.1-4

项目种类字母代码	中文名称	文字符号	项目种类字母代码	中文名称	文字符号	项目种类字母代码	中文名称	文字符号
A	激光器	A	C	电容器	C	F	保安器	FP
	分离元件放大器	A		电容耦合	CC		保护管	FP
	电桥	AB		电容滤波	CF		保安器组	FP
	晶体管放大器	AD		可变电容	CV		阴极保护设备	FT
	群放大器	AG		双稳态元件	DB		熔断器	FU
	集成电路放大器	AJ		二进制单元	DC	G	蓄电池	GB
	线路放大器	AL		寄存器,记发器	DG		晶体振荡器	GC
	磁放大器	AM		录音头,录像头	DH		谐波发生器	GH
	调谐放大器	AN	D	数字控制	DN		振荡器	GO
	印制电路板	AP		录音机,录像机,记录器	DR		铃流发生器	GR
	支架盘	AR					信号发生器	GS
	抽屉柜	AT		双稳态电路	DS		白噪声发生器	GW
	音频放大器	AU		数字数据传输	DT		电铃	HA
	电子管放大器	AV		磁带录像机	DV		蜂鸣器	HA
B	模-数变换器	BA		热线圈	EH		蓝灯	HB
	数-数变换器	BD		热送话器	EM		电动气笛	HC
	耳机	BE	E	光电晶体管	EO		电警笛	HE
	扬声器	BL		光度计	EP	H	绿灯	HG
	微音器,话筒	BM		光栅	ER		电喇叭	HH
	送话器	BN		热保安器	ET		指示灯	HL
	压力变换器	BP		避雷器	FA		红灯	HR
	位置变换器	BQ		炭精避雷器	FC		信号灯	HS
	旋转变换器	BR	F	陶瓷避雷器	FC		透明灯	HT
	自整角机	BS		排流器	FE		白灯	HW
	温度变换器	BT		充气避雷器	FG		黄灯	HY
	速度变换器	BV		避雷针	FL	K	交流继电器	KA

续表

项目种类字母代码	中文名称	文字符号	项目种类字母代码	中文名称	文字符号	项目种类字母代码	中文名称	文字符号
K	直流继电器	KD	P	电钟	PT	U	变流器	U
K	接地继电器	KE	P	子钟	PT	U	逆变器	U
K	双稳态继电器	KL	P	母钟	PT	U	编码器	UC
K	极化继电器	KP	P	电压表	PV	U	鉴频器	UD
K	笛簧继电器	KR	P	音量表	PV	U	检波器	UE
K	监视继电器	KS	P	抖晃仪	PW	U	变频器	UF
K	信号继电器	KS	Q	开关电路	QC	U	电报译码器	UL
K	时间继电器	KT	Q	开关二极管	QD	U	混频器	UM
L	加感电缆	LC	R	电阻器	R	U	译码器	UT
L	加感线圈	LC	R	可变电阻器	R	V	晶体管	V
L	加感盘	LD	R	电阻电桥	RB	V	二极管	V
L	集总加感	LL	R	频敏电阻	RF	V	三极管	V
L	加感线路	LL	R	光敏电阻	RL	V	晶闸管	V
L	加感节距	LP	R	电位器	RP	V	光电二极管	V
L	加感套管	LS	R	分路器	RS	V	控制电路用电源的整流器	VC
M	交流电动机	M	R	压敏电阻器	RV	V	电子管	VE
M	直流电动机	M	R	热敏电阻器	RT	V	光敏三极管	VP
M	同步电动机	MS	S	控制开关	SA	W	波导	W
M	步进电动机	MT	S	选择开关	SA	W	波导定向耦合器	W
N	运算放大器	N	S	按钮开关	SB	W	天线	WA
N	自动模拟呼叫器	NA	S	液体标高传感器	SL	W	母线	WB
N	差分放大器	NO	S	压力传感器	SP	W	插接式母线	WB
N	模拟器	NS	S	位置传感器	SQ	W	导线	WC
P	电流表	PA	S	邻近探测器	SQ	W	电缆	WC
P	计数器	PC	S	移动探测器	SQ	W	偶极天线	WD
P	拨号盘测试仪	PD	S	转数传感器	SR	W	鱼骨形天线	WF
P	场强仪	PE	S	温度传感器	ST	W	中波天线	WM
P	频率表	PF	S	温度探测器	ST	W	抛物天线	WP
P	接地电阻测量仪	PG	T	变压器	T	W	菱形天线	WR
P	链路测试器	PL	T	控制电路电源用变压器	TC	W	滑触线	WT
P	微波网络分析仪	PM	T	鉴频变压器	TD	W	八木天线	WY
P	微波噪声系数测试仪	PN	T	中和变压器	TN	X	连通的连接片	XB
P	反射计	PR	T	屏蔽变压器	TR	X	断开的连接片	XB
P	电平记录仪	PS	U	整流器	U			

续表

项目种类字母代码	中文名称	文字符号	项目种类字母代码	中文名称	文字符号	项目种类字母代码	中文名称	文字符号
X	测试插孔	XJ	Y	终接器	YF	Z	滤波器	ZF
	插孔(插口)	XJ		选组器	YG		高通滤波器	ZH
	插孔排	XJ		链路(继电器)驱动器	YL		低通滤波器	ZL
	插座	XS					限幅器	ZM
	插头(插塞)	XP		晶体滤波器	ZC		均衡器	ZQ
	端子板	XT	Z	解扰器(反扰码器)	ZD		扰码器	ZS
Y	电磁铁	YA						
	驱动器	YD		地球站(地面站)	ZE			

注：本表摘自 CECS 37：91。

2.3.2 电气图和电气技术中的项目代号

1．项目代号的构成和用途

项目代号是用以识别图、图表、表格中和设备上的项目种类，并提供项目的层次关系、实际位置等信息的一种特定的代码。

项目代号由 4 个代号段构成：

(1) 种类代号：主要用以识别项目种类的代号。

种类代号中项目的种类同项目在电路中的功能无关。如各种电阻器都可视为同一种类的项目。

组件可以按其在给定电路中的作用分类。如可以根据开关用在电力电路(作断路器)或控制电路(作选择器)而赋予不同的项目种类字母代码。

(2) 位置代号：项目在组件、设备、系统或建筑物中的实际位置的代号。

(3) 高层代号：系统或设备中任何较高层次(对给予代号的项目而言)项目的代号。如热电厂中包括泵、电动机、启动器和控制设备的泵装置。

(4) 端子代号：用以同外电路进行电气连接的电器导电件的代号。

项目代号的一般构成方式：

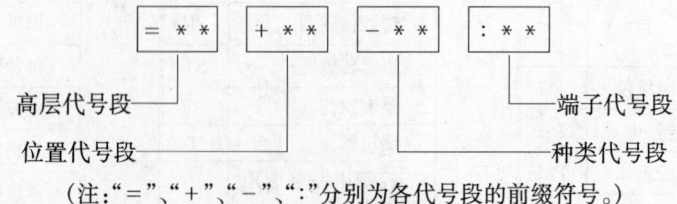

(注："="、"+"、"-"、":"分别为各代号段的前缀符号。)

2．种类代号

(1) 构成方法

通常，在绘制电路图或逻辑图等图时就要确定项目的种类代号。本标准规定了确定这些代号的各种方法。对这些方法的比较见表 2.3.2-1。

按三种方法编写种类代号的比较　　　　　　　　表 2.3.2-1

方法			方法		
1	2	3	1	2	3
B1	1	1	M1	16	41
H1	2	11	Q1	17	51
H2	3	12	Q2	18	52
H3	4	13			
H4	5	14	R1	19	61
			R2	20	62
K1	6	21			
K2	7	22	S1	21	71
K3	8	23	S2	22	72
K4	9	24	S3	23	73
K5	10	25			
K6	11	26	T1	24	81
K7	12	27	T2	25	82
K8	13	28	T3	26	83
K9	14	29			
K10	15	30	V1	27	91
			V2	28	92

表中:第 1 栏,采用方法 1,用于图 2.3.2-1 中,用字母代码加数字;
第 2 栏,按照方法 2 得到等同的代号,仅用数字序号;
第 3 栏,按照方法 3 得到等同的代号,仅用数字组。
方法 1:采用字母代码,其后加上为图中每个项目规定的数字。本方法是最常用的。
具体形式为:

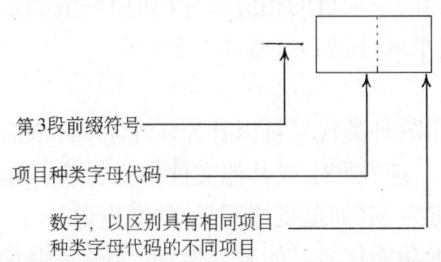

采用这种方法的示例见图 2.3.2-1。
【例】 −M1。
项目种类字母代码可由一个或几个字母组成,但是一般只采用选 1 个字母。
如采用多个字母组成字母代码,第一个字母应选自该表,而且所使用的多个字母代码应

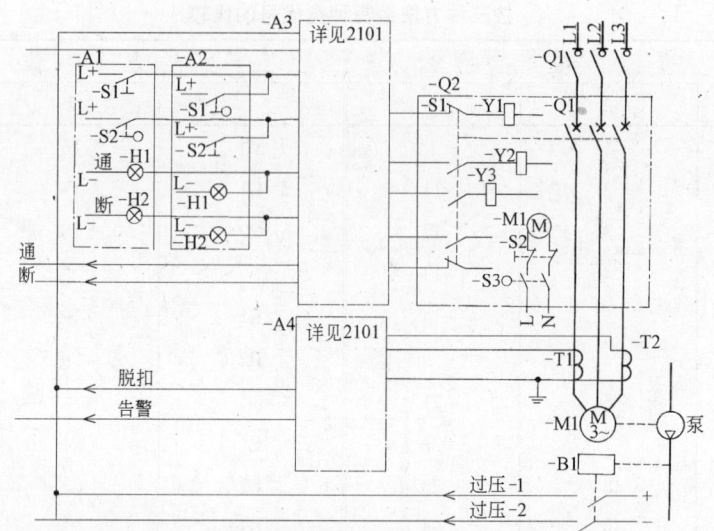

图 2.3.2-1　项目代号标注示例图(水泵控制电路)
注:项目高层代号＝P5＝P2

在图上或文件中说明。

方法 2:给每个项目规定一个数字序号,将这些数字序号和它代表的项目排列成表置于图中或附在图后。

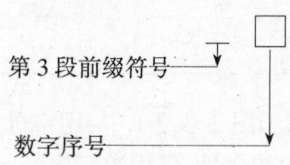

【例】 -8。

方法 3:按不同种类的项目分组编号。例如:继电器为 1、2、3…,电阻器为 11、12、13…,电容器为 21、22、23…,等,并将这些编号和它代表的项目排列成表置于图中或附在图后。

(2) 同一项目的相似部分的代号

在一张图上分开表示的同一项目的相似部分(如用分散表示法表示的继电器触点),可用圆点(·)隔开的辅助数字来区分,如 K1·1,K1·2……。

(3) 功能代号

按上述规定的方法选用的种类代号可以补充 1 个后缀,该后缀是代表特征动作或作用的字母代号,称为功能代号。应在图上或其他文件中说明该字母代码及其表示的意义。

例如:-K3M 表示功能为 M(如监视或测量)的继电器。

大部分情况下不必增加功能代号。如需要增加,为避免混淆,不应采用简化形式,而应保留位于代号中间的前缀符号。

(4) 复合项目的种类代号

在 1 个由若干项目组成的复合项目(如部件)中,种类代号应采用前述的方法。图 2.3.2-1 中的断路器 Q2 就是一个这样的部件。它由下列项目组成:

Q1,主触点组;

S1,辅助触点组;

S2,辅助触点组,当闭合和释放机构的储能单元需要储能时闭合;

S3,通-断开关;

M1,拉紧弹簧机构用的电动机;

Y1,闭合线圈;

Y2,脱扣线圈1;

Y3,脱扣线圈2。

上述每个项目的种类代号均由第3段前缀符号、一个字母代码和一个数字构成,如断路器Q2中的电动机M1的种类代号表示为-Q2-M1。当每个种类代号仅由前缀符号加一个字母代码和一个数字构成时,只要不会引起混淆,可以省略代号中间的前缀符号。因此电动机M1的种类代号可简化为-Q2M1。但是如果其中有的种类代号补充了功能代号,为避免引起混淆,在复合项目的种类代号中,则应保留位于该代号中间的前缀符号。例如-K3X1是复合项目代号的简化型式,如在K3后面增加了功能代号M,就应保留代号中间的前缀符号而写成-K3M-X1。

3. 高层代号

高层代号是表示系统或成套装置中任何较高层次项目的代号。为了说明图中某个项目在系统中属于哪一部分,或者为了表示某个项目和包括它在内的更大单元之间的关系,就要用到高层代号。和种类代号相比,高层代号具有相对性和灵活性,这是因为对由若干部分组成的系统或成套装置来说,其中每个较高层次的部分都可分别给出高层代号。这里所谓较高层次,本身就是一个相对概念。它是根据实际情况和表达的需要来确定的。例如对一个轧钢厂来说,整个工厂相对于其中的配电系统是较高层次,而配电系统相对于其中的协调控制系统又是较高层次,因此它们都可以用高层代号表示。由于各类系统或成套装置的划分方法各不相同,而且结构本身差别很大,所以难以象种类代号那样在标准中规定一个字母代码表来构成高层代号。而只能在具体使用时,根据实际情况和设计要求来设定,或者根据较高层次项目的名称、功能等信息来命名。为便于识别和交流,对所设定的高层代号的含义,应在文件或图中标明。

高层代号的形式通常是前缀符号加字母和数字,但是根据表示对象的情况,有时可以只用前缀符号加数字构成,例如单元2表示为:=2。

在图2.3.2-1的示例中,该装置的第5部分(S5)相对于其中的第2号泵装置(P2)是较高层次,而整套泵装置对其中的泵也是较高层次,这里第2号泵装置的高层代号为=P2。如果要表示P2隶属于S5,可按照如下方法进行组合,即:

```
            = S5  = P2
第5部分 S5─┘      │
  的泵装置 P2─────┘
```

此代号还可简化为=S5P2。

4. 位置代号

位置代号是用来表示项目在设备、系统或建筑物中的实际位置的代号。通过它可以迅速找到项目。这对于大型的复杂的系统、成套装置或设备尤为必要。标准规定,位置代号可以用字母或数字构成,也可以采用网格定位系统来构成,可根据需要来确定。

图 2.3.2-2 是一个包括 4 列开关柜和控制柜的开关室,其中每列都由若干个机柜构成。在该位置代号中,各列用字母表示,各机柜用数字表示,即:

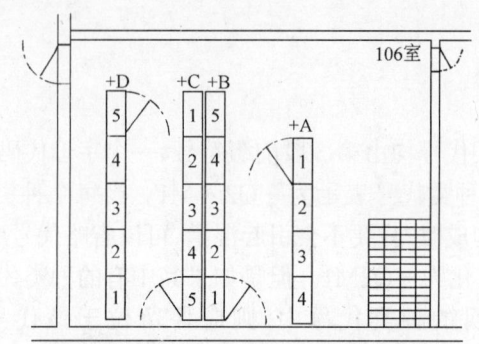

图 2.3.2-2 设备的位置代号示意图
(具有开关柜列和控制柜列 +A、+B、+C 和 +D 的开关室)

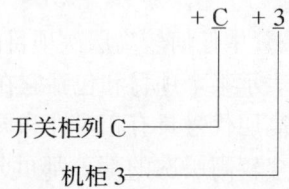

必要时,在位置代号中,可增加更多的内容。例如上述设备安装在 106 室中,则代号为:

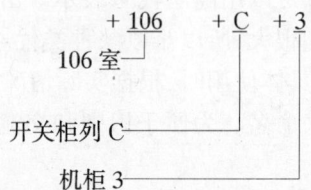

如不致引起混淆,代号中间的前缀符号可以省略。例如上述位置代号可写成:
+106C3

网络定位系统的示例见图 2.3.2-3,这样可给出更详细的位置。每个垂直和水平安装板都在各自板上给出具有同一原点的网格而形成模数定位系统,例如垂直模数从 01 到 48,水平模数从 01 到 72。项目的位置参照该项目上离安装板的网格系统原点最近的一点确定。

【例】

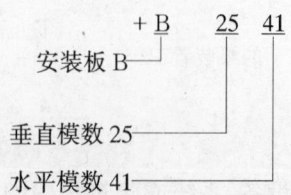

如果该项目安装在机柜 +106 +C +3 上,则代号为:

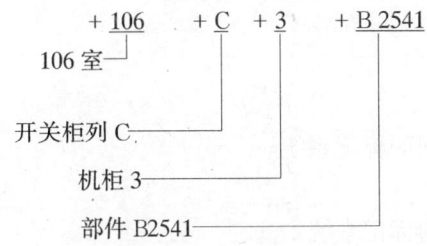

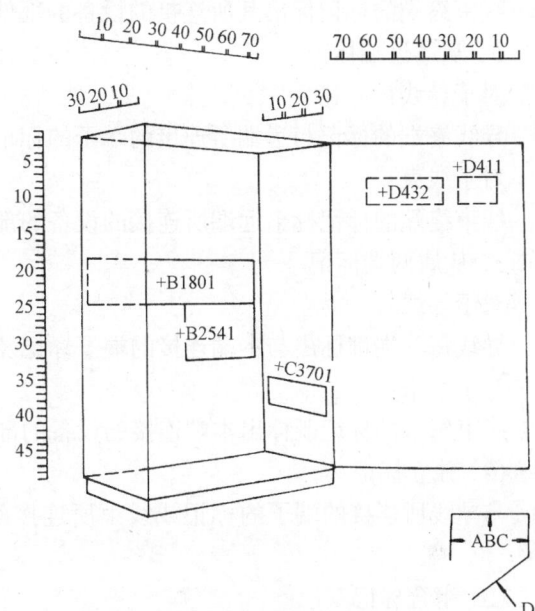

图2.3.2-3 网格定位系统示例图
(安装在较大组件上的部件的项目代号,
开关设备和控制设备组件)

5. 端子代号

端子代号是完整的项目代号的一部分。它反映的是装置或设备中同外电路进行电气连接的导电件的代号,一般用于表示接线端子、插头、插座、插孔、连接片一类元件上的端子。

当项目的端子有标记时,端子代号必须与项目上的端子相一致;当项目的端子没有标记时,应在图上设定端子代号。端子代号通常采用数字或大写字母,特殊情况下也可用小写字母。例如:

=S5P2-Q1:3　　　　表示=S5P2-Q1隔离开关的第3号端子;
=S5P2-Q2A2X1:2　　表示=S5P2-Q2A2X1端子板的第2号端子;
+C+6+B1237-A1K3:A1　表示+C+6+B1237-A1K3继电器的A1号端子。

2.4 电气图中导线和接线端子的标记方法

2.4.1 导线标记系统的类型

在电气图中,对导线作标记的目的,是提供一种方法,用以识别电路中的导线以及按照电气图对导线进行安装接线及维修时查线、拆线等。

导线标记系统的类型如图2.4.1-1。

1. 主标记

只标记导线或线束的特征,而不考虑其电气功能的标记系统。

(1) 从属标记

以导线所连接的端子的标记或线束所连接的设备的标记为依据的导线或线束的标记系统。

a. 从属本端标记

对于导线:

导线终端的标记与其所连接的端子的标记相同的标记系统。

对于线束:

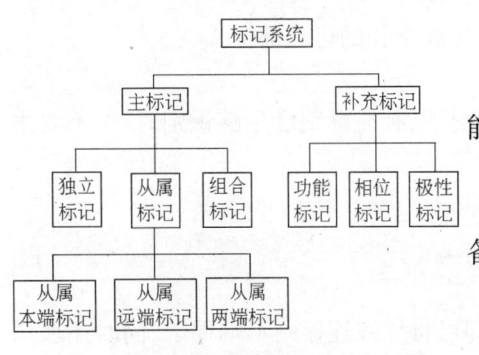

图2.4.1-1 导线标记系统
注:电气图中导线的标记方法也适用于电气装置中实际导线的标记及识别。

线束终端的标记标出其所连接的设备的部件的标记系统。

b. 从属远端标记

对于导线：

导线终端的标记与远端所连接的端子的标记相同的标记系统。

对于线束：

线束终端的标记标出远端所连接的设备的部件的标记系统。

c. 从属两端标记

对于导线：

导线每一端都标出与本端连接的端子标记及与远端连接的端子标记的标记系统。

对于线束：

线束每端的标记既标出本端连接的设备的部件，又标出远端连接的设备的部件。

(2) 独立标记

与导线所连接的端子的标记或线束所连接的设备的标记无关的导线或线束的标记系统。

(3) 组合标记

从属标记和独立标记一起使用的标记系统。

2. 补充标记

一般用作主标记的补充，并且以每一导线或线束的电气功能为依据的标记系统。

(1) 功能标记

分别地考虑每一导线的功能（例如：开关的闭合或断开，位置的表示、电流和电压的测量）的补充标记；或者一起考虑几个导线的功能（例如：加热、照明、信号、测量电路）的补充标记。

(2) 相位标记

表明导线连接到交流系统的某一相的补充标记。

(3) 极性标记

表明导线连接到直流电路的某一极性的补充标记。

2.4.2 导线的标记方法

1. 标记的基本原则

(1) 识别标记必须标在导线两端，必要时，标在导线全长的可见部位。

(2) 主标记必须是上面规定的类型之一。

(3) 导线可以带有规定的补充标记。在某些情况下，补充标记已足够识别时，可不要主标记。

2. 主标记系统的应用

(1) 从属标记

1) 从属两端标记

图 2.4.2-1 所示的系统，不需参考接线图或表即可将导线连接到本端端子，同时还表示出了远端端子，从而便于确定故障点和维修。

2) 从属本端标记

图 2.4.2-2 所示的系统较简单，但是，如果导线的实际走向不很明显，在确定故障点或

进行维修时,就可需要接线图或接线表。

3) 从属远端标记

图 2.4.2-3 的标记系统也较两端标记简单,并便于确定故障点和维修。但它通常需要接线图或接线表,以使任何接线在拆下后能正确地重新连接。

(2) 独立标记

对于独立标记(图 2.4.2-4(*a*)),即使导线上有连接点,沿导线全长通常也采用简单形式的相同标记。除了某些简单的情况以外,应使用接线图或接线表,以明确每根导线终端应接到哪一个端子上。

如果使用接线表,则接线表应表明:

导线 5 连接 A1 和 D1;

导线 6 连接 A3 和 D2。

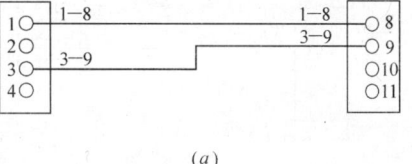
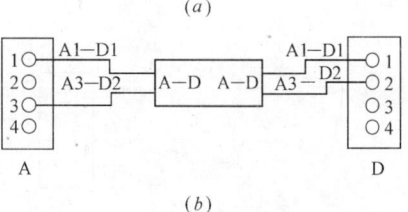

图 2.4.2-1 从属两端标记举例
(*a*)两根导线从属两端标记;(*b*)两根导线和线束(电缆)从属两端标记

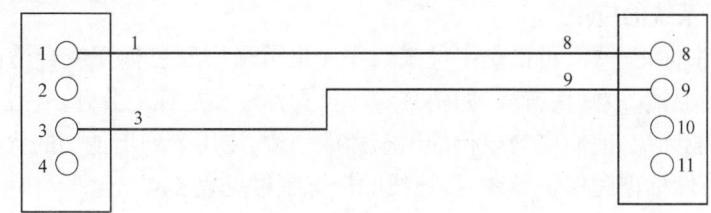

图 2.4.2-2 两根导线从属本端标记举例

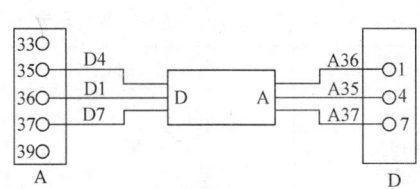

图 2.4.2-3 三根导线和线束(电缆)从属远端标记举例

注:是否使用接线图或接线表,由使用者决定。

当功能标记已足够识别时,它可以用作独立标记,而不需要附加其他标记(图 2.4.2-4(*b*))。

(3) 组合标记

组合标记(见图 2.4.2-5)具有从属标记的优点,并允许简化导线上可能需要的中间标记。

如果从属标记不完整,并且未标在导线两端,则

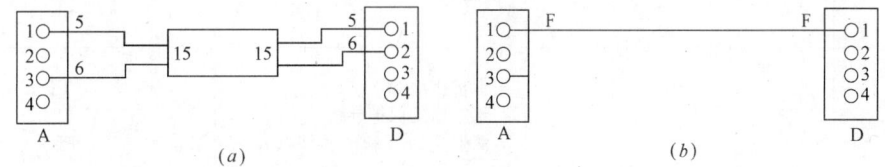

图 2.4.2-4 独立标记
(*a*)两根导线和线束(电缆)独立标记;(*b*)用功能标记作独立标记(F—表示功能)

可能需要接线图和接线表。

如果使用接线表,则接线表应表明:

导线 5 连接 A1 和 D1;

导线 6 连接 A3 和 D2(见图 2.4.2-5(*b*));

线束 15 连接端子板 A 和 D(见图 2.4.2-5(*c*))。

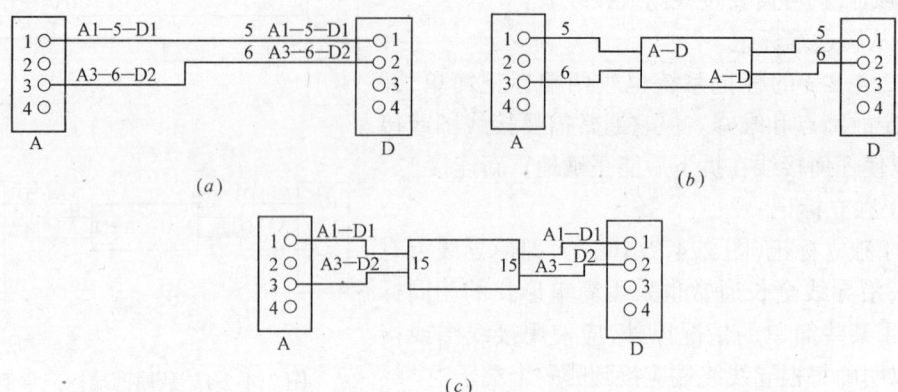

图 2.4.2-5 组合标记举例
(a)两根导线组合标记;(b)导线独立标记和线束(电缆)从属两端标记的组合标记;
(c)导线从属两端标记和线束(电缆)独立标记的组合标记

3．补充标记系统的应用

补充标记和主标记一样,可以是字母或数字。也可采用颜色标记或合适的符号。在某些情况下,为避免混淆,最好用符号(如斜杠／)将补充标记和主标记分开。

如果使用功能标记,他们应与现行的国家标准一致,或用表列出他们的含义。

相位标记、极性标记和保护导线、接地线的标记字母见表2.4.2-1。

补 充 标 记 符 号　　　　　　　　　表 2.4.2-1

序号	类别	名称	标记符号
1	相位标记	交流系统的电源：1相／2相／3相／中性线	L1　1／L2 或 2／L3　3／N
2	极性标记	直流系统的电源：正／负／中间线	L+ 或 ±／L-／M
3	保护导线和接地线标记	保护接地线／不接地的保护导线／保护接地线和中性线共用一线／接地线／无噪声接地线／机壳或机架／等电位	PE／PU／PEN／E／TE／MM／CC

4．标记的顺序

(1) 从属本端或远端标记的顺序

对应的端子标记——补充标记(需要时)。

举例见图 2.4.2-6。

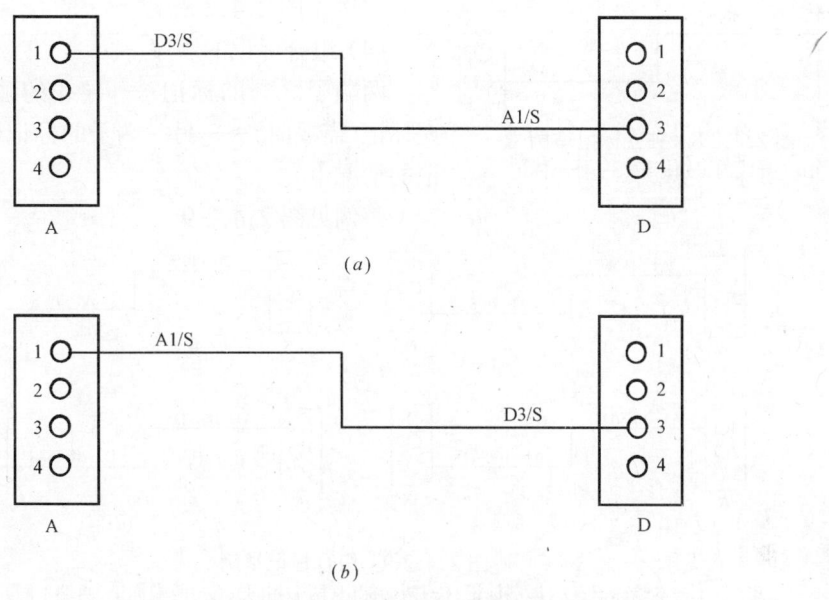

图 2.4.2-6　具有补充标记 S 的从属标记举例
(a)从属远端标记；(b)从属本端标记

(2) 从属两端标记的顺序

两端子之一的标记——补充标记(需要时)——另一端子的标记。

举例见图 2.4.2-7。

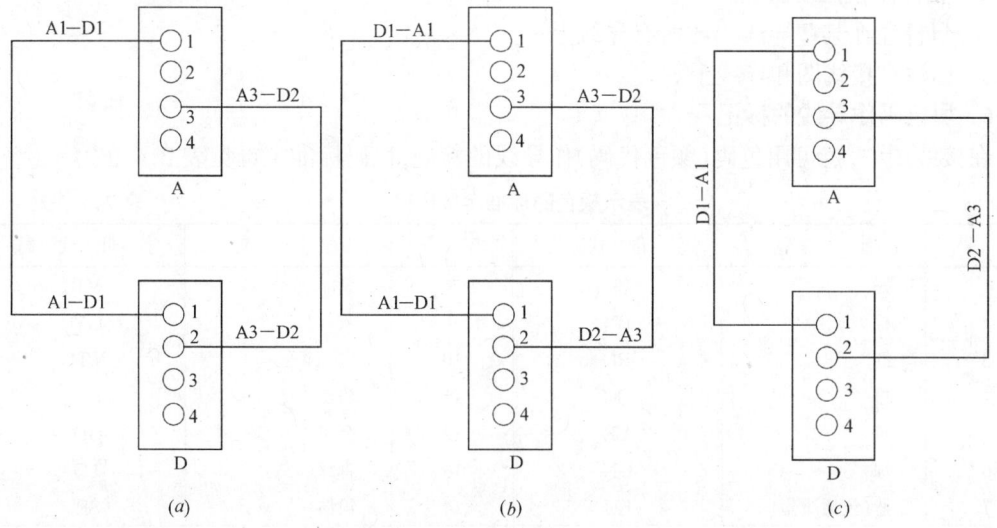

图 2.4.2-7　从属两端标记顺序举例
(a)两端相同的标记；(b)两端不同的标记；(c)只有中间标记

(3) 独立标记的顺序

导线的识别标记——补充标记(需要时)。

举例见图 2.4.2-8。

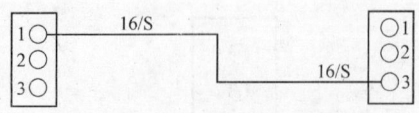

图 2.4.2-8 独立标记举例
16—导线的识别标记;S—补充标记

(4) 组合标记的顺序

两端子之一的标记——导线的独立标记——补充标记(需要时)——另一端子的标记(在从属两端标记的情况下)。

举例见图 2.4.2-9。

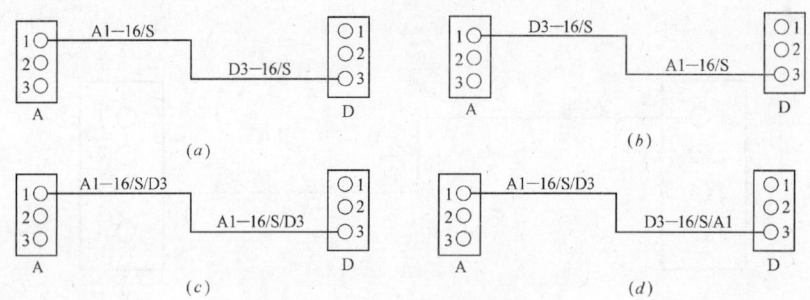

图 2.4.2-9 组合标记举例
(a)本端标记;(b)远端标记;(c)两端标记(两端相同);(d)两端标记(两端不同)

5. 导线(或线束)上的标记在接线图上的标注

(1) 在图上标出导线的标记时(如以上各图所示),该标记应放在靠近导线图形符号处。

(2) 当采用从属两端标记时,其导线两端的标记顺序,在接线图上的和导线上的必须一致。

(3) 补充标记按其功能,可以:

a. 只标注在接线图上;

b. 只标注在某些导线上或所有导线上;

c. 标注在接线图和导线上。

6. 用色码作导线的标记

在接线图中,也可用色码(颜色代码)作导线的标记,色码标准字母见表 2.4.2-2。

表示颜色的标准字母代码　　　　　　表 2.4.2-2

序号	颜色	字母代码	序号	颜色	字母代码
1	黑	BK	8	紫	VT
2	棕	BN	9	灰	GY
3	红	RD	10	白	WH
4	橙	OG	11	粉红	PK
5	黄	YE	12	金黄	GD
6	绿	GN	13	青绿	TQ
7	蓝(包括浅蓝)	BU	14	银白	SR
			15	绿—黄	GNYE

2.4.3 电气接线端子的标记方法

1. 接线端子标记的应用范围

电器接线标记是指以连接器件和外部导体的导电件的标记。适用于基本电气器件(如电阻器、熔断器、继电器、变压器、旋转电机等)和这些器件组成的设备(如电动机控制设备等)的接线端子标记。也适用于执行一定功能的导线线端(如电源、接地、机壳接地等)的识别。这些标记方法同样适用于各类技术文件,例如图、表和说明书等。

电器接线端子的标记可以采用以下方式：
  a. 按照一种公认方式明确接线端子的具体位置；
  b. 按照一种公认方式使用颜色代号；
  c. 按照一种公认方式使用图形符号；
  d. 使用字母数字符号。

上述各种方法具有同等效用。选用哪一种方法,取决于电器的类型,接线端子的实际排列以及该电器或装置的复杂性。

例如:对于插头,指明其插脚的实际位置或相对位置和它的形状则可。对于最简单的情况,仅用颜色标记即可(例如,可应用于无固定接线端子的小器件,在其绝缘布线上标上颜色代号)。图形符号最适用于标志家用电器之类的设备。对于复杂的电器和装置,需要用字母数字符号来标志。

颜色、图形符号或字母数字符号必须标志在电器接线端子处。

用颜色识别电器接线端子时,该颜色与同等效应的图形符号或字母数字符号间的对应关系必须在有关的图纸或技术文件上说明。

在某项设备的结构不允许作出接线端子的任何标记的情况下,应在有关的图纸或技术文件上说明该接线端子的位置及其相应的识别。该图纸或技术文件必须使接线端子的相对位置能够很容易地确定而不致弄错。

2. 以字母数字符号标志接线端子的基本原则

(1) 接线端子标记必须以拉丁字母和阿拉伯数字的字母数字符号为基础。

(2) 标志电器接线端子和导线线端的字母只能用大写的拉丁字母。

不能使用字母"I"和"O"。

注：a. 在文件、技术资料等中,如涉及到这种接线端子的字母标记时,最好用大写字母。如果用大写字母有困难,允许用小写字母,此时,小写字母具有同等意义。
  b. 当两个相似的字符(如小写字母"i"和数字"1")可能产生混淆时,需加以注意。

(3) 一个完整的符号是由字母和数字为基础的字符组所组成,每一个字符组由一个或几个字母或者数字组成。

在不可能产生混淆的地方,不必用完整的字母数字符号,允许省略一个或几个字符组。

在使用仅含有数字或者字母的字符组的地方,若有必要区分相连字符组时,必须在两者之间采用一个圆点"·"。

【例】 一个完整的符号1U1,如果不需要用字母U,可以进行简化；简化后的符号通常是1.1。如果没有必要区分相连的字符组,则用11。

若一个完整的符号是1U11,简化后符号通常是1.11。如果没有必要区分相连的字符组,则用111。

(4) 可以用易由电传打字机来传送的符号(如"+"、"−"和"·"等)。

3. 以字母数字符号标志接线端子的方法

(1) 单个元件两个端点用连续的两个数字来标志。例如1和2,见图2.4.3-1(a)。

(2) 单个元件的中间各端点用数字来标志,最好用自然递增数序的数字,例如 3,4,5 等。中间各端点的数字选用大于两边端点的数字,并应从靠近较小数字的端点处开始标志。例如:一个两边端点为 1 和 2 的元件的中间各端点用 3,4,5 等数字标志,见图 2.4.3-1(b)。

(3) 如果几个相似的元件组合成一个组,各个元件的端点可以按下列方式标志:

a. 在前面所规定的数字前冠以字母,例如:用 U、V、W 标志三相交流系统中的各相(见图 2.4.3-2)。

b. 不需要或不可能识别相位时,可在前面所规定的数字前冠以数字,例如:一个元件的端点用 1.1 和 1.2 标志,其他元件分别用 2.1 和 2.2 标志,而在不致引起混淆的地方分别用 11,12 和 21,22 标志(见图 2.4.3-2)。

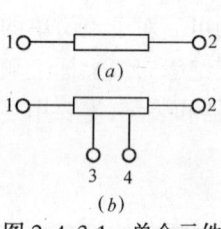
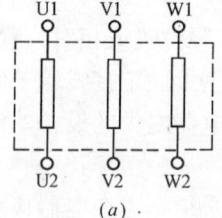
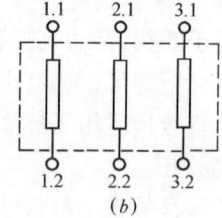

图 2.4.3-1 单个元件接线端子的标记示例
(a)两个端点的单个元件;
(b)中间抽头的单个元件

图 2.4.3-2 几个相似元件组接线端子的标记
(a)三相电器;(b)相似三元件

(4) 同类的元件组用相同字母标志时,在字母前冠以数字来区别,如 1U1、2U1,见图 2.4.3-3。

(5) 标志直流元件的字母从字母表的前部分中选用;标志交流元件的字母从字母表的后部分中选用。

(6) 标志电器和特定导线间的相互连接用字母数字符号表示,见图 2.4.3-4。

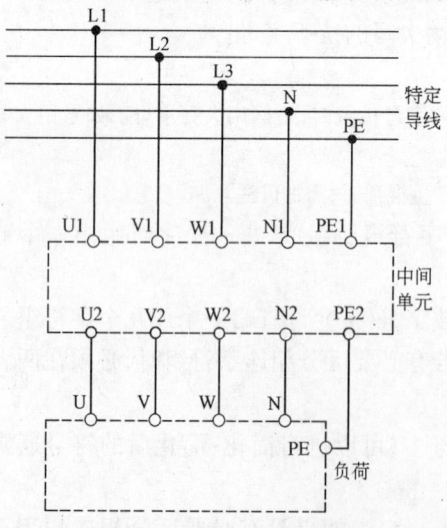
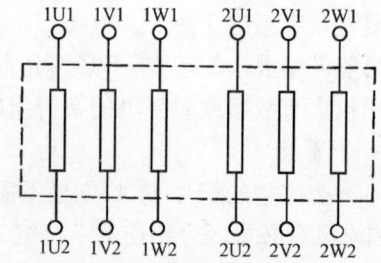

图 2.4.3-3 两组同类三相电器接线端子的标记示例

图 2.4.3-4 与特定导线相连的电器接线端子的标记

4. 与特定导线相连的电器接线端子的标记

当电器的接线端子是准备直接或间接地与三相供电系统的导线相连时,尤其是与相序有重要关系时,则用字母 U、V、W 来标志。

连接中性线、保护接地线、接地线和无噪声接地线的端子必须分别用字母 N、PE、E 和 TE 来标志。

连接到机壳或机架的端子必须用 MM 来标志,等电位的端子必须用 CC 来标志;并且,只有当它们与保护接地线或接地线不是等电位时,才用这些字母来标志。

表 2.4.3-1 列出了与特定导线相连的电器接线端子的标记方法。

特定导线接线端子的标记　　　　　表 2.4.3-1

电器接线端子的名称	标记 字母符号	标记 图形符号
交流系统 1 相	U	
交流系统 2 相	V	
交流系统 3 相	W	
交流系统 中性线	N	
保护接地	PE	
接地	E	
无噪声接地	TE	
机壳或机架	MM	
等电位	CC	

2.5 电气制图的一般规则

2.5.1 一般规定

1. 图纸

(1) 幅面

图纸幅面尺寸及其代号见表 2.5.1-1,表中加长图纸适用于基本图纸幅面不满足要求时而需要加长的图纸。

图纸幅面尺寸及其代号　　　　　表 2.5.1-1

类别	代别	尺寸 (mm)	类别	代别	尺寸 (mm)
基本幅面	A0	841×1189	加长幅面	A3×3	420×891
	A1	594×841		A3×4	420×1189
	A2	420×594		A4×3	297×630
	A3	297×420		A4×4	297×841
	A4	210×297		A4×5	297×1051

(2) 格式

图纸格式包括标题栏、图框等。标题栏方位及图框,均按"机械制图"的有关规定。

(3) 选择

在保证幅面布局紧凑、清晰和使用方便的前提下,图纸幅面的选择,应遵循(1)的规定,并应考虑:

a. 所设计对象的规模和复杂程度;

b. 由简图种类所确定的资料的详细程度;

c. 尽量选用较小幅面;

d. 便于图纸的装订和管理;

e. 复印和缩微的要求;

f. 计算机辅助设计的要求。

当图绘制在几张图纸上时,所用图纸的幅面一般应相同。

(4) 编号

所有的图都应在标题栏内编注图号,一份多张图的每张图纸都应顺序编注张次号。

(5) 图幅分区

为了便于确定图上的内容、补充、更改和组成部分等的位置,可以在各种幅面的图纸上分区,见图 2.5.1-1。

每一分区的长度一般不小于 25mm,不大于 75mm。

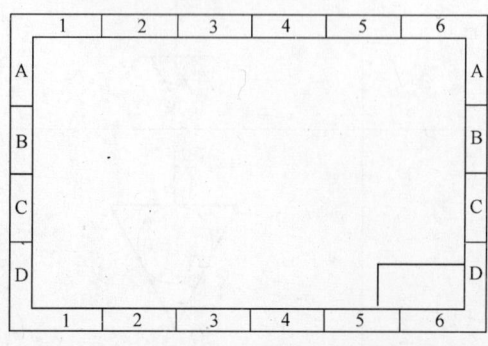

图 2.5.1-1　图幅分区示例

每个分区内竖边方向用大写拉丁字母,横边方向用阿拉伯数字分别编号。编号的顺序应从标题栏相对的左上角开始。

分区代号用该区域的字母和数字表示,如 B3、C5。

2. 图线

(1) 型式

电气图所采用图线型式见表 2.5.1-2。

电气图图线型式及应用 表 2.5.1-2

序 号	图线名称	图线型式	一 般 应 用
1	实 线	———————	基本线、简图主要内容用线、可见轮廓线、可见导线
2	虚 线	- - - - - - -	辅助线、屏蔽线、机械连接线、不可见轮廓线、不可见导线、计划扩展内容用线
3	点划线	— · — · —	分界线、结构围框线、功能围框线、分组围框线
4	双点划线	— · · — · · —	辅助围框线

(2) 宽度

图线宽度一般从以下系列中选取:0.25,0.35,0.5,0.7,1.0,1.4(mm)。

通常只选用两种宽度的图线。粗线的宽度为细线的两倍。但在某些图中,可能需要两种以上宽度的图线,在这种情况下,线的宽度应以 2 的倍数依次递增。

(3) 间距

建议平行线之间的最小间距应不小于粗线宽度的两倍,同时不小于 0.7mm。

3. 字体

字体应按"机械制图"的有关规定。

为了适应缩微的要求,推荐的字体高度如表 2.5.1-3 所示。

电气图字体最小高度 表 2.5.1-3

基本图纸幅面	A0	A1	A2	A3	A4
字体最小高度(mm)	5	3.5	2.5	2.5	2.5

4. 箭头和指引线

(1) 箭头

信号线和连接线上的箭头应是开口的,如图 2.5.1-2(a)。

指引线上的箭头应是实心的,如图 2.5.1-2(c)。

(2) 指引线

指引线应是细的实线,指向被注释处,并在其末端加注如下的标记:

如末端在轮廓线内,用一墨点,见图 2.5.1-2(b);

如末端在轮廓线上,用一箭头,见图 2.5.1-2(c);

如末端在电路线上,用一短斜线,见图 2.5.1-2(d)。

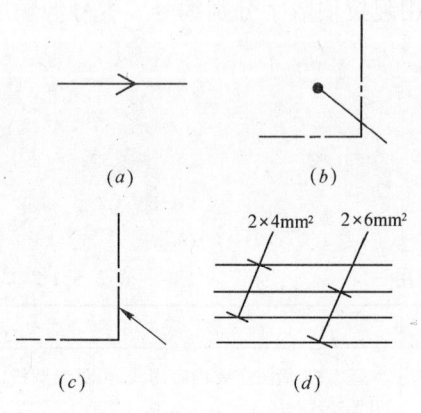

图 2.5.1-2　电气图上的箭头和指引线

5. 比例

如果需要按比例制图,例如位置图,可以从下列比例系列中选取:1:10,1:20,1:50,1:100,1:200,1:500。

当需要选用其他比例时,应按国家有关标准的规定。

2.5.2　简图的布局

简图的绘制,应做到布局合理、排列均匀、图面清晰、便于看图。

表示导线、信号通路、连接线的图线应是交叉和弯折最少的直线。可以水平地布置,如图 2.5.2-1

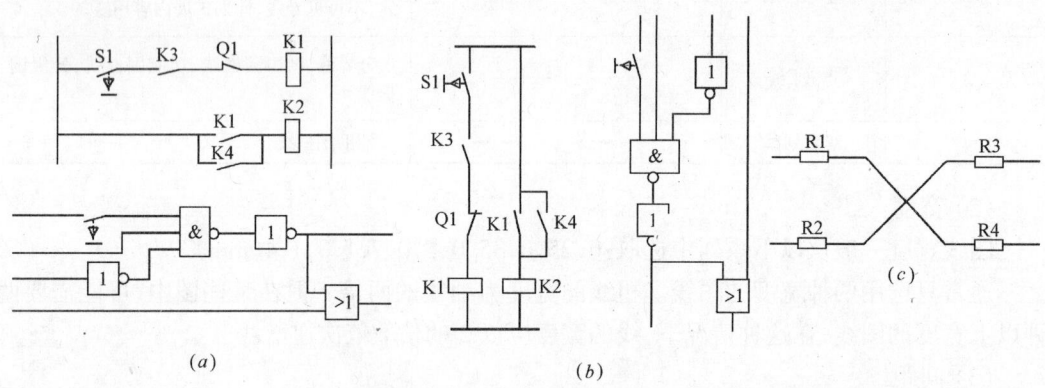

图 2.5.2-1　图线布置示例
(a)水平布置;(b)垂直布置;(c)斜交叉布置

(a)所示,或者垂直地布置,如图 2.5.2-1(b)所示。为了把相应的元件连接成对称的布局,也可以采用斜的交叉线,例如图 2.5.2-1(c)。

电路或元件应按功能布置,并尽可能按其工作顺序排列。

对因果次序清楚的简图,尤其是电路图和逻辑图,其布局顺序应该是从左到右和从上到下。例如:接收机的输入应在左边,而输出应在右边。如不符合上述规定且流向不明显,应在信息线上画开口箭头。开口箭头不应与其他任何符号(例如限定符号)相邻近。

在闭合电路中,前向通路上信号流方向应该从左到右或从上到下。反馈通路的方向则与此相反。例如图 2.5.2-2。

图的引入线或引出线,最好画在图纸边框附近。

2.5.3　图形符号

1. 符号的应用

所用图形符号应符合 GB 4728《电气图用图形符号》(见 2.2 节)的规定,在某些情况下也可适当采用 GB 5465《电气设备用图形符号》(见 2.2 节)。

如果采用上述标准中未规定的图形符号时,必须另加说明。

2.5 电气制图的一般规则 175

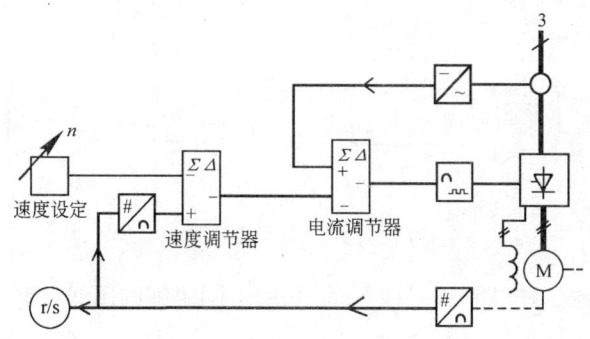

图 2.5.2-2 信号流流向布局
（开口箭头指向为信号流向）

2. 符号的选择

选择符号应遵循以下原则：

a. 尽可能采用优选形式；

b. 在满足需要的前提下，尽量采用最简单的形式；

c. 在同一图号的图中使用同一种形式。

应当指出，本标准给出的全部图例中，未用小圆点表示连接点。按照规定，也允许用小圆点表示连接点。但在同一图号的图上，只能采用其中一种方法。

举例说明如下：

对于比较简单的简图（如系统图），尤其是对于用单线表示法绘制的简图在大多数情况下，使用一般符号或简化形式的符号即可，例如变压器符号，见图 2.5.3-1(*a*)。

对于内容比较详细的简图，如一般符号不能满足时，应按有关标准加以充实。例如需要按照有关的规定充实一般符号，即在符号内加入表示绕组连接方法的限定符号和矢量符号组，见图 2.5.3-1(*b*)。

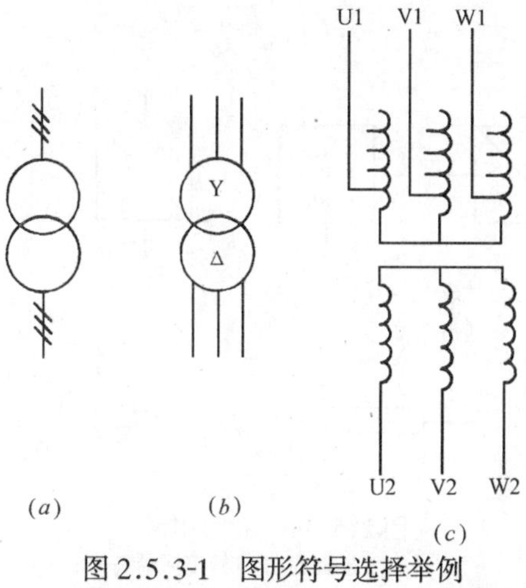

对于电路图，必须使用完整形式的图形

图 2.5.3-1 图形符号选择举例
(*a*)系统图中的变压器符号；(*b*)较详细的简图中的变压器符号；(*c*)电路图中的变压器符号

符号，例如在图 2.5.3-1(*c*)中，变压器的所有部分，如绕组、端子及其代号必须详细表示。

3. 符号的大小

在绝大多数情况下，符号的含义由其形式决定，而符号大小和图线的宽度一般不影响符号的含义。

有些情况，为了强调某些方面，或者为了便于补充信息，允许采用不同大小的符号。

图 2.5.3-2(*a*)中的三相发电机组用了两种不同的方法表示。图中一图形把三相发电机的符号画得比励磁机的符号大。

根据需要可以把符号尺寸加大绘制，以便于填入补充的代号和其他信息，如图 2.5.3-2(*b*)。

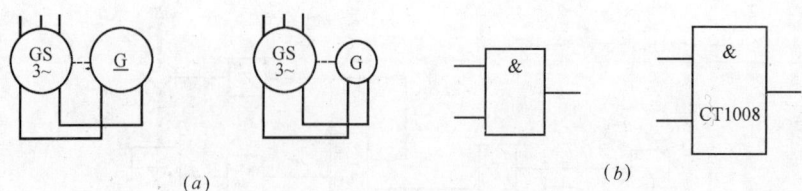

图 2.5.3-2　符号大小举例

为了突出和区分某些电路、连接线等,可采用不同粗细的图线绘制。

4. 符号的取向

大多数符号的取向是任意的。为了避免导线折弯或交叉,在不会引起错误理解的情况下,可以把符号旋转或取其镜像形态。

5. 端子表示法

标准中的图形符号,一般没有端子符号。在某些情况下,如果端子符号是符号的一部分,则端子符号必须画出。

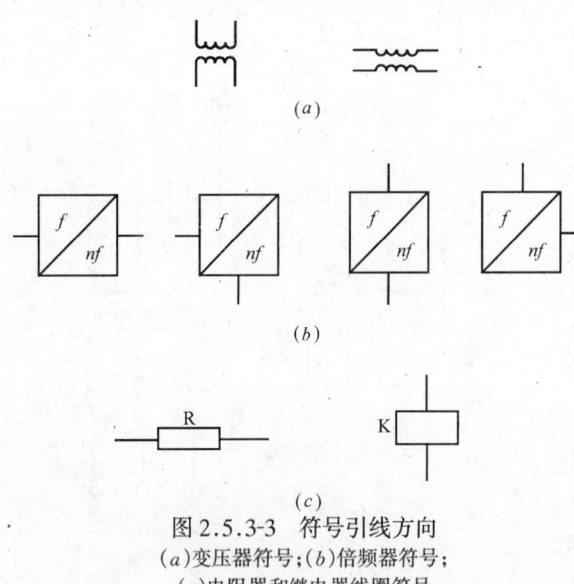

图 2.5.3-3　符号引线方向
(a)变压器符号;(b)倍频器符号;
(c)电阻器和继电器线圈符号

6. 引线表示法

标准中的图形符号,一般都画有引线,这些引线符号多数情况下仅用作示例。在不改变其符号含义的原则下,引线可取不同方向。

例如,图 2.5.3-3(a)中的变压器符号的引线方式都是允许的。

在某些情况下,引线符号的位置不加限制,例如图 2.5.3-3(b)中倍频器的不同引线方向也是允许的。

但是,在某些情况下,引线符号的位置影响符号的含义,则必须按规定绘制,例如图 2.5.3-3(c)中的电阻器(R)和继电器线圈(K)的图形符号,其引线则不能改变。

2.5.4　连接线

1. 一般规定

连接线应该用实线,计划扩展的内容应该用虚线。

一条连接线不应在与另一条线交叉处改变方向,也不应穿过其他连接线的连接点。

为了突出或区分某些电路、功能等,导线符号、信号通路、连接线等可采用不同粗细的图线来表示。例如图 2.5.4-1(a)所表示的是一个三相电力变压器以及与之有关的开关装置和控制装置的一部分,其中电源电路用加粗实线表示。又如在图 2.5.4-1(b)的框图中,特别强调了主信号通路的连接线。

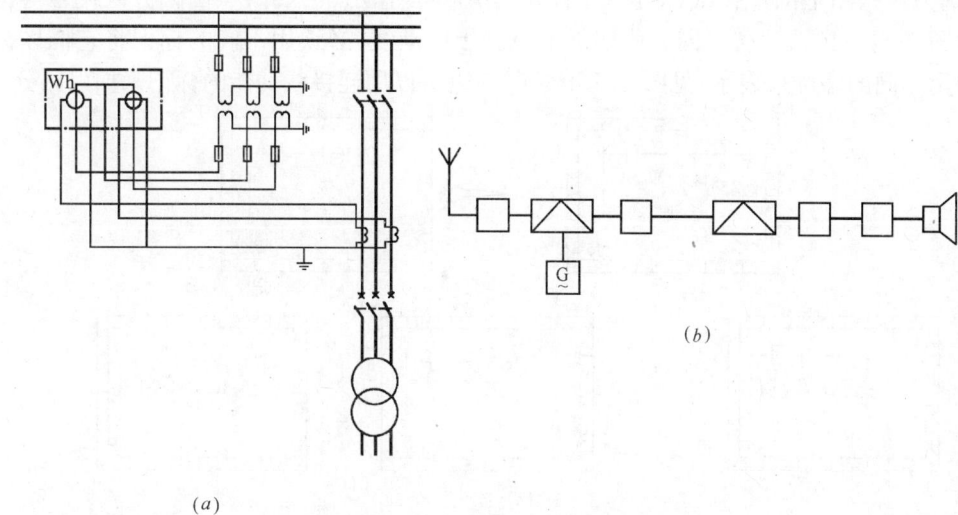

图 2.5.4-1 连接线采用不同粗细的图线
(a)突出电源电路;(b)突出主信号通路

2. 连接线分组和标记

如果有多条平行连接线,为便于看图,应按功能进行分组。不能按功能分组时,可以任意分组,每组不多于三条。组间距离应大于线间距离,见图 2.5.4-2(a)。

无论是单根的或成组的连接线,其识别标记一般注在靠近连接线的上方,也可断开连接线标注,标记也可以用来表示其去向,例如图 2.5.4-2(b)。

3. 中断线

当穿越图面的连接线较长或穿越稠密区域时,允许将连接线中断,在中断处加相应的标记,见图 2.5.4-3(a)。

去向相同的线组,也可以中断,并在图上线组的末端加注适当的标记,例如图 2.5.4-3(b)。

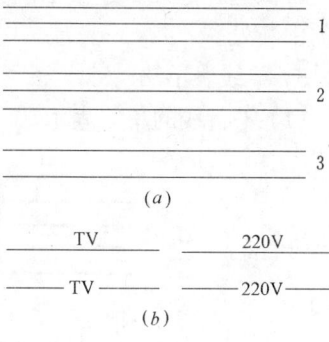

图 2.5.4-2 连接线分组和标记举例
(a)平行连接线分组;(b)连接线标记

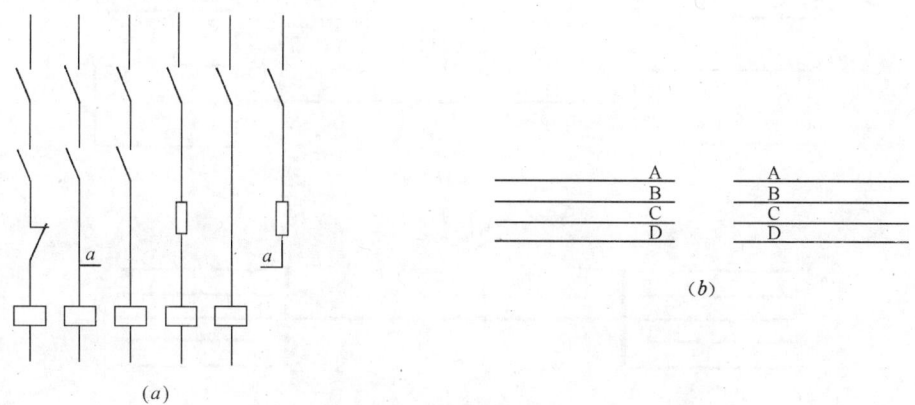

图 2.5.4-3 连接线中断举例
(a)穿越图面的连接线中断;(b)去向相同的线组中断

连到另一张图上的连接线,应该中断,并在中断处注明图号、张次、图幅分区代号等标记,例如图 2.5.4-4(a)。若在同一张图纸上有若干中断线,必须用不同的标记将它们区分开,例如用不同的字母来表示,见图 2.5.4-4(b)。也可以用连接线功能的标记来加以区分。

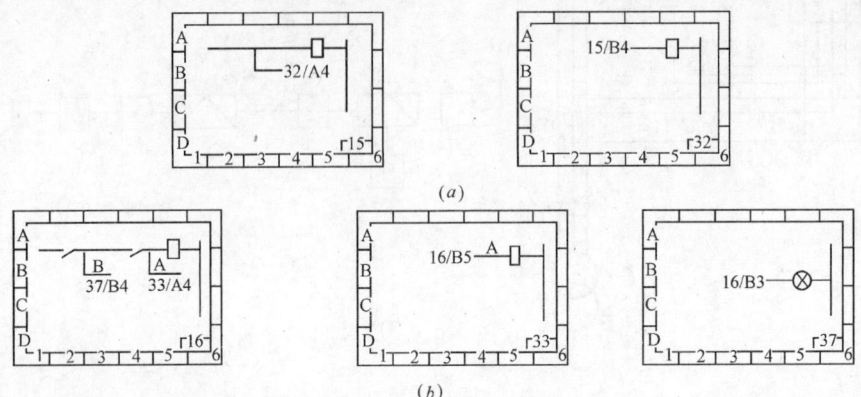

图 2.5.4-4 连接到另一图上的连接线中断

4. 可供选择的连接表示法

可供选择的几种连接法应分别用序号(1、2……或 a、b……)表示,并将序号标注在连接线的中断处。

5. 单线表示法

(1) 平行线的单线表示法

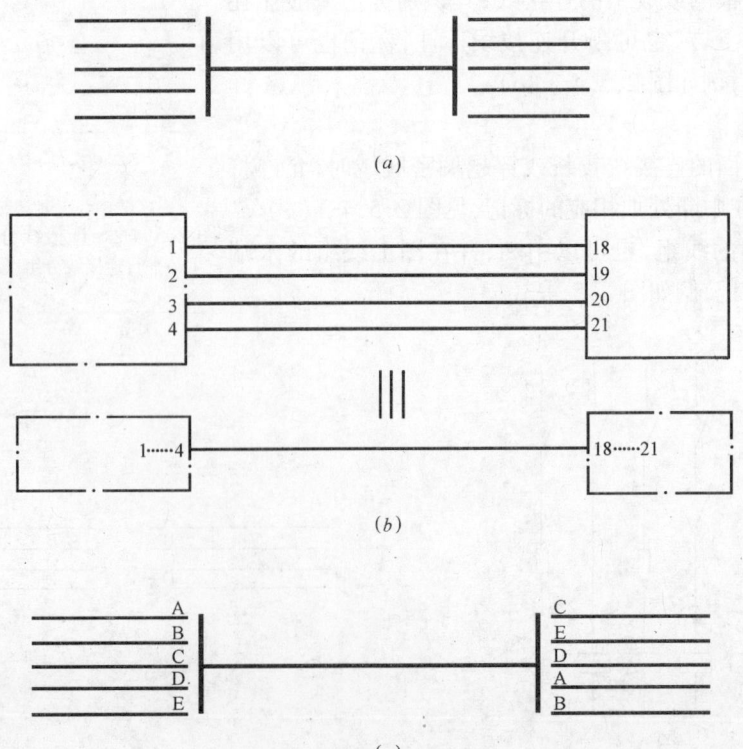

图 2.5.4-5 平行线的单线表示法

单线表示法的主要目的是避免平行线太多。平行线的几种单线表示法的形式见图 2.5.4-5。

(2) 汇入线的单线表示法

当单根导线汇入用单线表示的一组连接线时,应采用图 2.5.4-6 所示的方法表示。这种方法通常需要在每根连接线的末端注上标记符号,明显的除外。汇接处要用斜线表示,其方向应使看图者易于识别连接线进入或离开汇总线的方向。

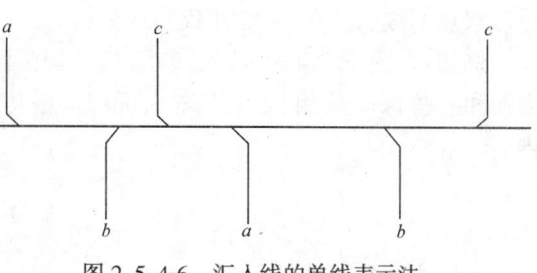

图 2.5.4-6 汇入线的单线表示法

(3) 导线根数的表示法

用单线表示多根导线或连接线,必要时要表示出根数,根数可用画在单线上的斜短划线数或数字表示。

(4) 多个相同符号引线的单线表示法

用单个符号表示多个元件,必要时应表示出元件数。"电气图用图形符号"中给出了应该如何表示的例子。在图 2.5.4-7 再补充一些示例。

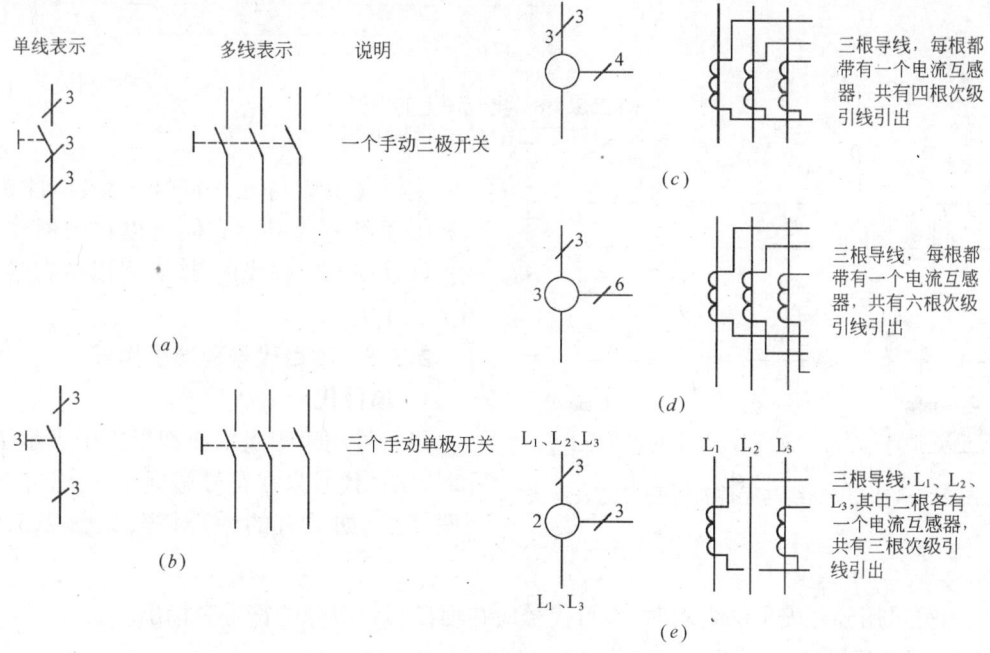

图 2.5.4-7 用单个符号表示多个元件

6. 围框

当需要在图上显示出图的一部分所表示的是功能单元、结构单元或项目组(如电器组、继电器装置)时,可以用点划线围框表示。为了图面清晰,围框的形状可以是不规则的,见图 2.5.4-8(a)。

当用围框表示一个单元时,若在围框内给出了可查阅更详细资料的标记,则其内的电路可用简化形式表示。

如果在表示一个单元的围框内的图上含有不属于该单元的元件符号,则必须对这些符号加双点划线的围框,并加注代号或注解。

例如:在图2.5.4-8(b)中,单元-Q的周围画了围框线,该单元由一个接触器、一个热继电器和一些保险丝组成。开关S_1和S_2是功能上与之有关的项目,但不装在单元-Q内。

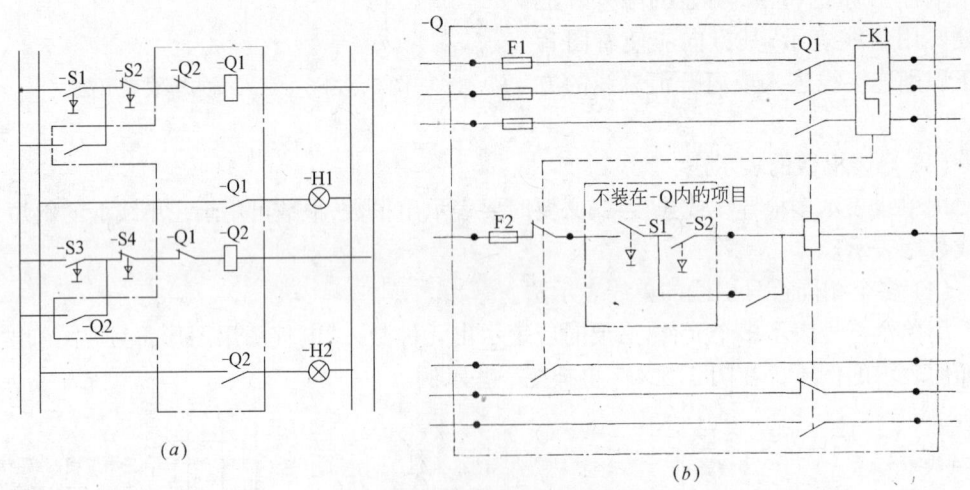

图2.5.4-8 电气图上的围框
(a)点划线围框;(b)双点划线围框

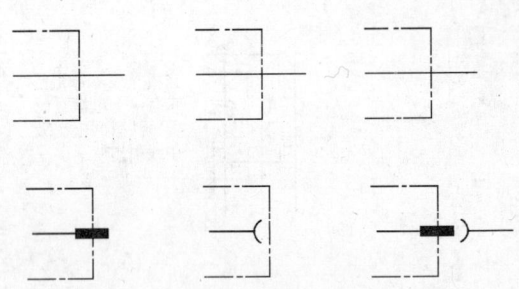

图2.5.4-9 围框线与元件符号相交的表示法

围框线不应与元件符号相交,但插头插座和端子符号除外。它们可以在围框线上,或恰好在单元围框线内,或者可以被省略,见图2.5.4-9。

2.5.5 项目代号和端子代号

1. 项目代号

当符号用集中表示法和半集中表示法表示时,项目代号只在符号旁标注一次,并与机械联接线(如果有的话)对齐,见图2.5.5-1(a)。

当符号用分开表示法表示时,项目代号应在项目每一部分的符号旁标出。

2. 端子代号

电阻器、继电器、模拟和数字硬件的端子代号应标在其图形符号的轮廓线外面。符号轮廓线内的空隙留作标注有关元件的功能和注解,如关联符、加权系数,见图2.5.5-1(b)。

对用于现场连接、试验或故障查找的连接器件(如端子、插头座等)的每一连接点都应给一个代号。

在画有围框的功能单元或结构单元中,端子代号必须标在围框内,以免被误解。如图2.5.5-2所示,在该图中,端子代号为:

−A5−X1:1、:2、:3、:4 和:5
−A5−X2:1 和:2

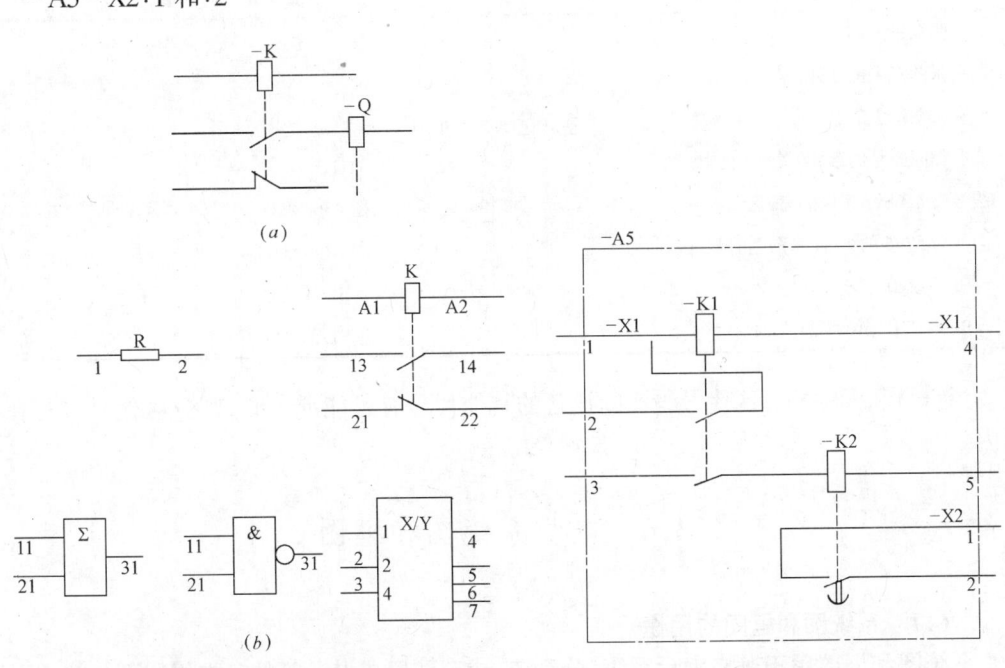

图 2.5.5-1　项目代号和端子代号的标注方法
(a)项目代号；(b)端子代号

图 2.5.5-2　画有围框的端子代号

2.5.6　注释和标志、技术数据和符号或元件在图上的位置

1. 注释和标志

当含义不便于用图示方法表达时,可采用注释。有些注释应放在它们所要说明的对象附近,或者在其附近加标记,而将注释置于图中其他部位。当图中出现多个注释时,应把这些注释按顺序放在图线边框附近。如果是多张图纸,一般性的注释可以注在第一张图上,或注在适当的张次上,而所有其他注释应注在与它们有关的张次上。

如果在设备面板上有人-机控制功能的信息标志,则应在有关图纸的图形符号附近加上同样的标志。

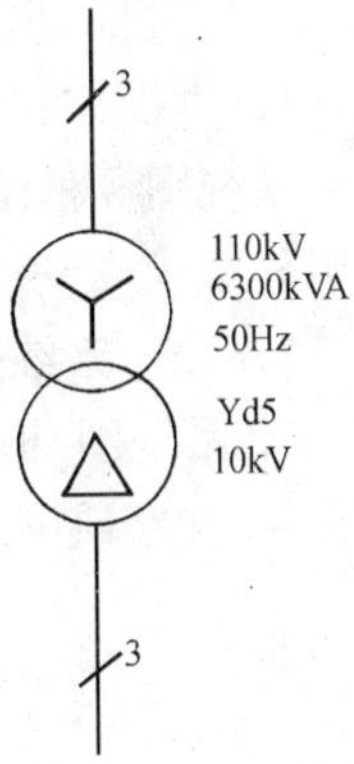

2. 技术数据的表示方法

技术数据(如元件数据)可以标在图形符号的旁边,如图 2.5.6-1,也可以把数据标在象继电器线圈那样的矩形符号内,如继电器线圈的电阻值。数据也可用表格形式给出。

图 2.5.6-1　技术数据标注示例(某三相电力变压器数据)

3. 符号或元件在图上的位置

有几种表示符号或元件位置的方法。本标准推荐已普遍采用的图幅分区法,适用于特定图种的其他表示方法在有关标准中规定。

图中每个符号或元件的位置可以用代表行的字母、代表列的数字或代表区域的字母-数字的组合来表示。必要时还需注明图号、张次,在某些应用中,也可引用项目代号,见表 2.5.6-1。

图幅分区法表示符号或元件在图上的位置　　　　表 2.5.6-1

符 号 或 元 件 位 置	标 记 写 法
同一张图纸上的 B 行	B
同一张图纸上的 3 列	3
同一张图纸上的 B3 区	B3
具有相同图号的第 34 张图上的 B3 区	34/B3
图号为 4568 单张图的 B3 区	图 4568/B3
图号为 5796 的第 34 张图上的 B3 区	图 5796/34/B3
=S1 系统单张图上的 B3 区	=S1/B3
=S1 系统多张图第 34 张的 B3 区	=S1/34/B3

当符号和元件的分区代号与实际设备的其他代号有可能混淆时,则分区代号应写在括弧内。

2.6　电气系统图和框图

2.6.1　系统图和框图的用途

系统图和框图用于概略表示系统、分系统、成套装置或设备等的基本组成部分的主要特征及其功能关系。

其用途是：

a. 为进一步编制详细的技术文件提供依据；

b. 供操作和维修时参考。

系统图和框图原则上没有区别,在实际使用中,通常,系统图用于系统或成套装置,框图用于分系统或设备。

2.6.2　系统图和框图的绘制方法

1. 系统图、框图采用符号(以方框符号为主)或带有注释的框绘制。框内的注释可以采用符号、文字或同时采用符号与文字,见图 2.6.2-1。

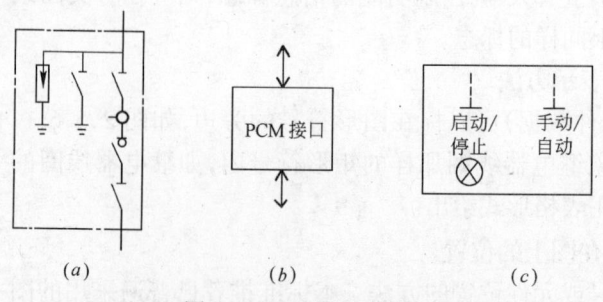

图 2.6.2-1　框的形式

(a)采用符号；(b)采用文字；(c)同时采用符号和文字

2. 系统图和框图均可在不同的层次上绘制,可参照绘图对象逐级分解来划分层次。较高层次的系统图和框图可反映对象的概况；较低层次的系统图和框图可将对象表达得较为详细。

3. 系统图、框图中各框可以按照《电气技术中的项目代号》的规定标注项目代号。通常,在系统图上多标注高层代号,在框图上多标注种类代号。

4. 系统图、框图的布局应清晰并利于识别过程和信息的流向,见图 2.6.2-2。图中标注了高层代号,如 A_1、A_2、A_3、A_{11}。框内注释采用符号。

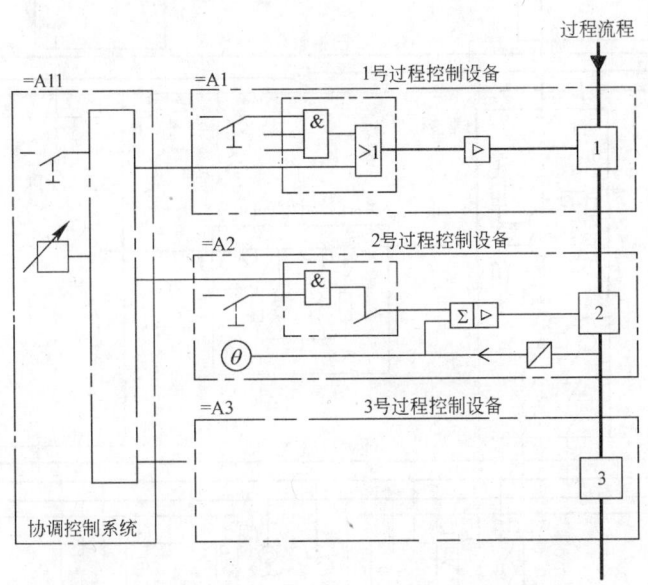

图 2.6.2-2 系统图和框图布局示例

非电过程的电气控制系统或电气控制设备的系统图、框图可以根据非电过程的流程图绘制。图上控制信号流向应与过程流向垂直绘制,见图 2.6.2-3。图中,将过程的非电量转换成电气量,实现温度、高限位、低限位及指示、记录、报警等(注:图中表示非电过程的符号是按照《过程检测和控制流程图用图形符号和文字代号》绘制的)。

5. 系统图、框图上可根据需要加注各种形式的注释和说明。例如:在连接线上可标注信号名称、电平、频率、波形、去向等,也允许将上述内容集中表示在图的空白处。

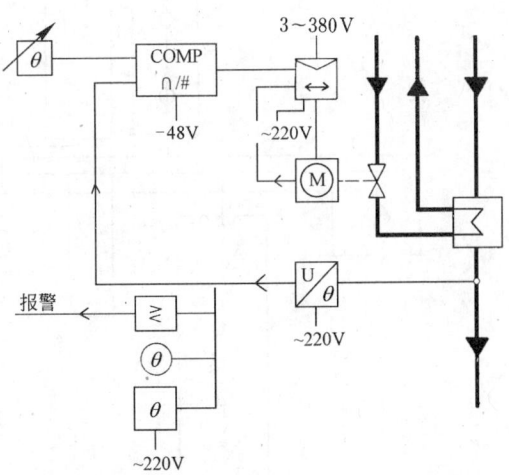

图 2.6.2-3 非电过程电气控制系统图

2.6.3 示例图

1. 系统图

图 2.6.3-1 是一配电系统的系统图,它把这一配电系统表达得较为详细。图中各框采用图形符号表示其主要特征。

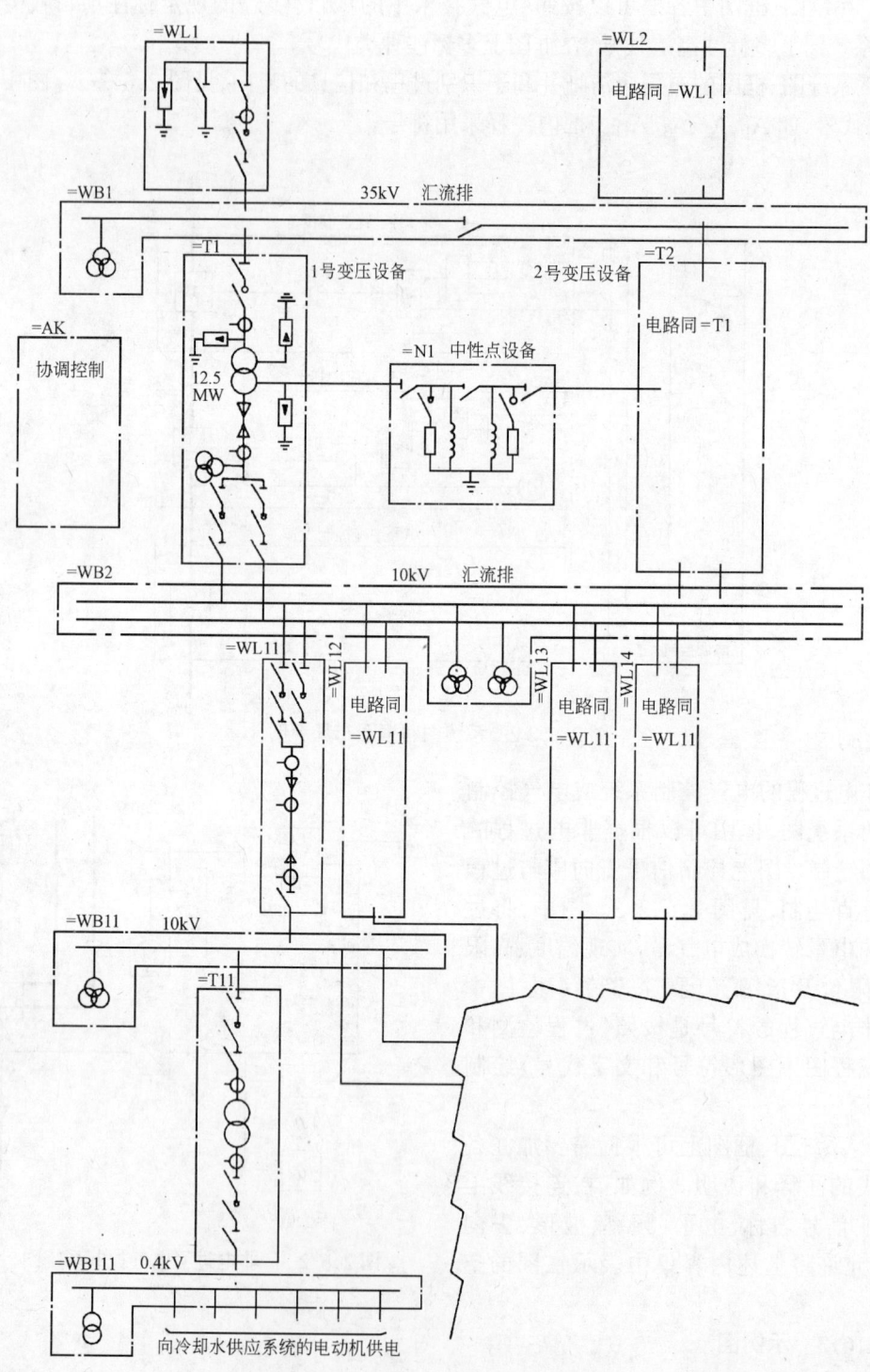

图 2.6.3-1 系统图示例(工厂配电系统图)

2. 框图

图 2.6.3-2 是电子电话交换机的框图。框内全部用文字说明各部分的主要特征。部分信号线上标注了信号名称和传输速率。外接线的去向是以其功能来标注的。

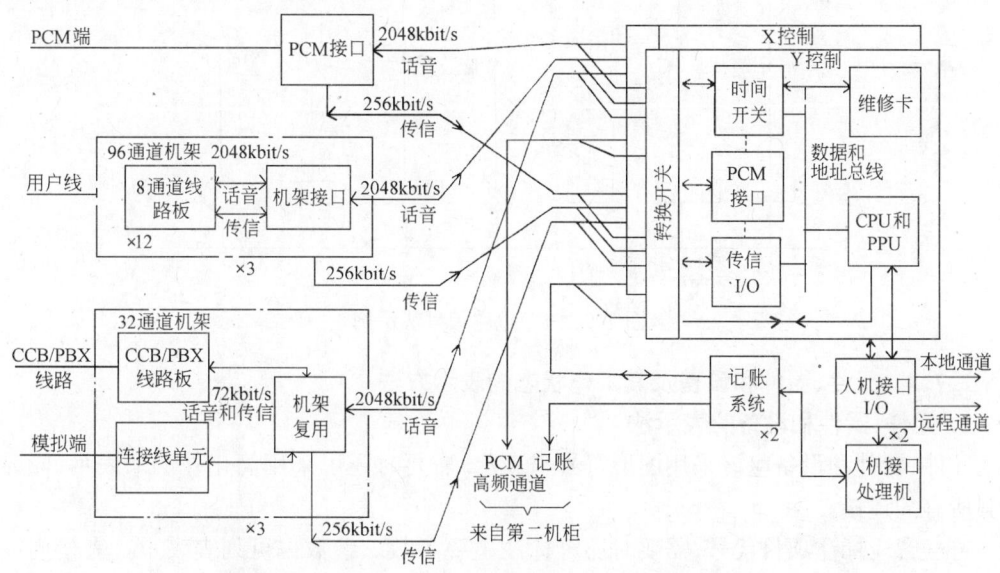

图 2.6.3-2　框图示例(电话交换机框图)

2.7　电　路　图

2.7.1　电路图的目的和用途

电路图用于详细表示电路、设备或成套装置的全部基本组成部分和连接关系。其用途是：

a. 详细理解电路、设备或成套装置及其组成部分的作用原理；

b. 为测试和寻找故障提供信息；

c. 作为编制接线图的依据。

2.7.2　图上位置的表示方法

1. 图幅分区法

分区的尺寸和标注方法见第 2.10 节。

2. 电路编号法

对电路或分支电路可用数字编号来表示其位置。数字编号应按自左至右或自上至下的顺序排列，见图 2.7.2-1。

3. 表格法

在图的边缘部分绘制一个以项目代号分类的表格。表格中的项目代号和图中相应的图形符号在垂直或水平方向对齐。图形符号旁仍需标注项目代号。

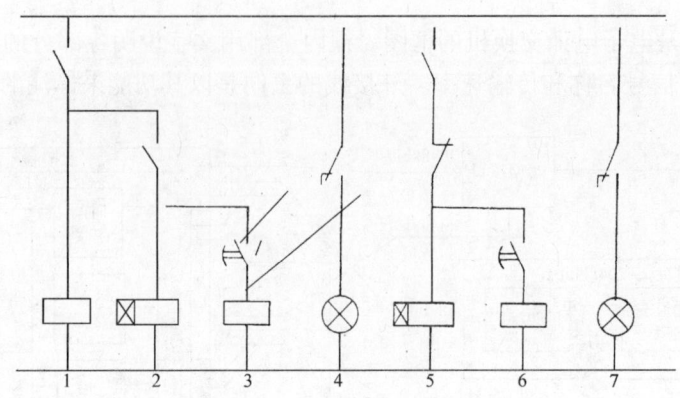

图 2.7.2-1　电路编号法示例

2.7.3　元件、器件和设备及其工作状态的表示方法

1．元件、器件和设备的表示法

元件、器件和设备应该采用图形符号来表示，需要时还可采用简化外形来表示，同时绘出其所有的连接。

符号旁应标注项目代号，需要时还可标注主要参数。参数也可列表表示。表格内一般包括项目代号、名称、型号、规格和数量等内容。

2．工作状态的表示法

元件、器件和设备的可动部分通常应表示在非激励或不工作的状态或位置。例如：

a．继电器和接触器在非激励的状态；

b．断路器和隔离开关在断开位置；

c．带零位的手动控制开关在零位位置，不带零位的手动控制开关在图中规定的位置；

d．机械操作开关，例如行程开关在非工作的状态或位置，即搁置时的情况。机械操作开关的工作状态与工作位置的对应关系应表示在其触点符号的附近。

事故、备用、报警等开关应该表示在设备正常使用时的位置。如在特定的位置时，则图上应有说明。

多重开闭器件的各组成部分必须表示在相互一致的位置上，而不管电路的实际工作状态。

2.7.4　图形符号的布置

对于在驱动部分和被驱动部分之间采用机械连接的元件、器件和设备，例如断路器和继电器等，可以使用下面所规定的方法。

1．表示方法

表示的方法有集中表示法、半集中表示法和分开表示法。

集中表示法仅适用于简单的图，见图 2.7.4-1(a)。

在采用半集中表示法的图上，机械连接线允许折弯、分支和交叉，见图 2.7.4-1(b)。

分开表示法是把一个元件各组成部分的图形符号分开布置，其关系用项目代号来表示的方法，这种方法广泛适用于内部具有机械的、磁的和光的功能联系的元件。

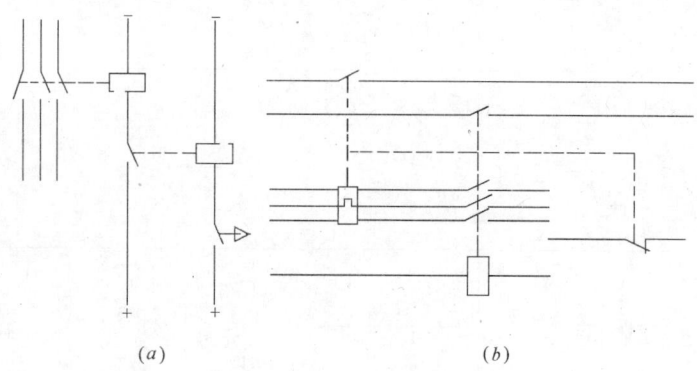

图 2.7.4-1 图形符号的集中和半集中表示法
(a)集中表示法;(b)半集中表示法

采用分开表示法的图与采用集中或半集中表示法的图给出的信息应等量,见图 2.7.4-2。在采用分开表示法的图上,为了便于理解,允许重复某些限定符号。

允许半集中表示法和分开表示法结合使用。

2. 分开表示法中的插图和表格

在使用分开表示法时,为看清元件、器件和设备的各组成部分和寻找其在图中的位置,可采用插图或表格。

插图和表格应绘制在与驱动部分的图形符号成一直线的位置上。

若受图幅所限,插图和表格也可绘制在其他位置上或另外的图上,此时应作说明。

还可以把图中所有的插图集中画在图的某一部位。

用表格法表示元器件符号在图上的位置示例见表 2.7.4-1。表中表示了某断路器主触点 1-2、3-4、5-6 和辅助触点 21-22、31-32、43-44、53-54 在图上的位置。位置用图幅分区法表示,例如"2/6",表示第 2 张图的第 6 列。空缺表示该触点没有用(未用部分)。

3. 未用部分的表示法

元件、器件和设备的未使用的部分,例如触点、绕组和端子等也可画在图上,但应加适当的标注。

在使用半集中表示法时,未用部分与其他部分应采用机械连接线连起来。

在使用分开表示法时,在插图或表格中未标注位置的触点,即是未使用的部分。

4. 触点的表示法

继电器和接触器的触点符号的动作方向应该取向一致,当触点具有保持、闭锁和延迟等功能时更应如此。但是,在用分开表示法表示的触点排列虽复杂而没有保持等功能的电路中,使电路不交叉比使触点符号取向一致更为重要。

对非电或非人工操作的触点,必须在其触点符号附近表明运行方式。为此可采用下列方法:

a. 图形

示例见表 2.7.4-2 左方纵列。其中,垂直轴上的"0"表示触点断开,而"1"表示触点闭合。

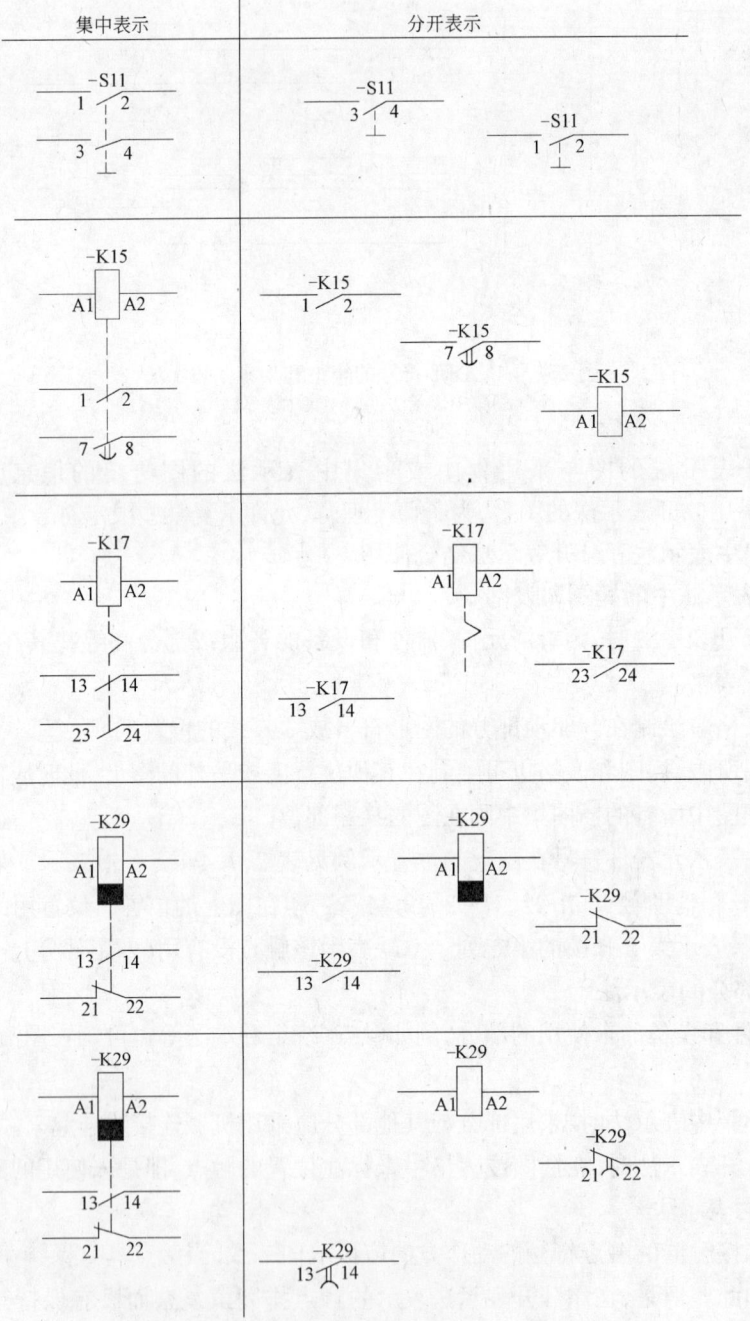

图 2.7.4-2 分开表示法及其比较

b. 操作器件的符号

例如凸轮推动的器件,可采用表 2.7.4-2 右方纵列所示的符号。

2.7 电 路 图

某断路器各触点在图上的位置(示例)　　　　　　　表 2.7.4-1

触点类别	动合触点	动断触点	位置
主触点	1-2、3-4、5-6		2/6
辅助触点	13-14		2/4
		21-22	
		31-32	
	43-44		2/5
	53-54		

注：表头中的文字也可用图形符号来代替。

触点表示法举例　　　　　　　　　　　　　　　表 2.7.4-2

序号	在电路图上表示		说明
	用图形	用符号	
1			温度等于或超过 15℃ 时触点闭合
2			温度增加到 35℃ 时触点闭合，然后温度降到 25℃ 时触点断开
3			触点在 0m/s 时闭合，在 5.2m/s 或以上时断开。当速度降低到 5m/s 时触点闭合。如果想表示复位值只有次要意义，就把复位值表示在括号内
4			触点在 60°与 180°之间闭合，也在 240°与 330°之间闭合，在其他位置断开
5			触点在位置 X 与位置 Y 之间断开，在其他位置闭合

序号	在电路图上表示 用图形	在电路图上表示 用符号	说明
6			触点仅在通过位置 X 时闭合

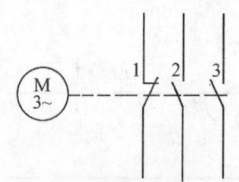

图 2.7.4-3 触点采用注释表示法举例
1—在启动位置闭合；
2—在 $100 < n \leqslant 200$r/min 时闭合；
3—在 $n \geqslant 1400$r/min 时闭合

c. 注释、标记和表格

在某些情况下，宜采用如图 2.7.4-3 所示的简要说明。图中注明了触点工作状态，例如触点 3 在 $n > 1400$r/min 时闭合。

2.7.5 电路表示法

1. 电源的表示法

电路图中，电源可用下列方法表示：

(1) 用线条表示，见图 2.7.5-1(a)。

(2) 用符号 +、- 或 L_+、L_-、L_1、L_2、L_3、N 表示，见图 2.7.5-1(b)。

(3) 同时用线条和符号表示。

所有的电源线可集中绘制在电路的一侧、上部或下部。

连接到方框符号的电源线一般应与信号流向垂直绘制，见图 2.7.5-1(c)。

(4) 对于公用的供电线（例如电源线、汇流排等）可用电源的电压值或其他标记表示。图 2.7.5-1(c) 中的电源用 220V 表示。

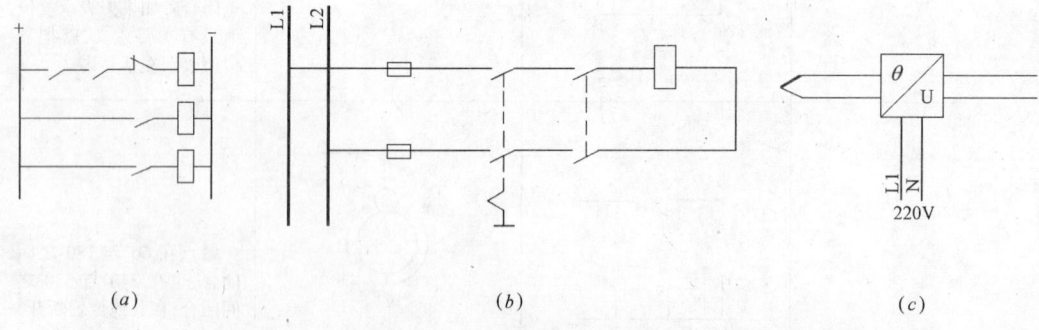

图 2.7.5-1 电源的表示方法示例

2. 主电路的表示法

在发电厂或工厂控制设备的电路图上，为了便于研究设备的功能，主电路或其一部分通常只需用单线表示。然而在某些情况下，例如为了表示互感器的连接方法，则必须用多线表示。

多相电源电路宜按相序从上至下或从左至右排列。

中性线应绘制在相线的下方或右方。

3. 电路的布局

(1) 类似项目的排列

电路垂直绘制时,类似项目宜横向对齐;

电路水平绘制时,类似项目宜纵向对齐。

(2) 功能相关项目的连接

功能上相关项目应靠近绘制,以使关系表达得清晰,见图 2.7.5-2(a);

同等重要的并联通路应依主电路对称地布置,见图 2.7.5-2(b)。

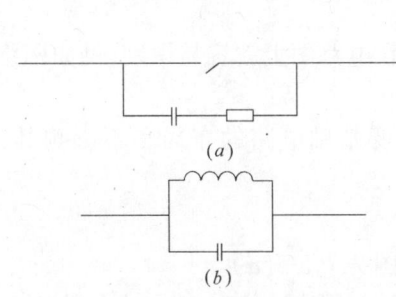

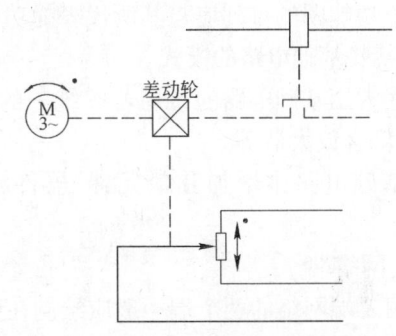

图 2.7.5-2 功能相关项目的连接
(a)从属功能相关项目;(b)同等项目

图 2.7.5-3 机械功能和电气功能
联系的连接线表示法

(3) 连接线

电路中过长的连接线可以采用前面所述的中断线的表示法。

成组的外接线可采用表格的形式,表明外接线的端子代号、电路特性及去向。

当机械功能和电气功能关系密切时,则应表示出符号之间的联系,见图 2.7.5-3。

4. 简化方法

(1) 并联电路

多个相同的支路并联时,可用标有公共连接符号的一个支路来表示,此时仍应标上全部项目代号和并联的支路数,见图 2.7.5-4。

(2) 相同电路

相同的电路重复出现时,仅需详细地表示出其中的一个,其余的电路可用适当的说明来代替。

(3) 外部或公共电路

为便于理解电路原理而绘出的外部或公共电路可用简化形式表示,并应加注查找其完整电路的标记。

(4) 功能单元

功能单元可用方框符号或端子功能图来代替。此时,应在方框符号或端子功能图上加注标记,以便查找被其代替的详细电路。

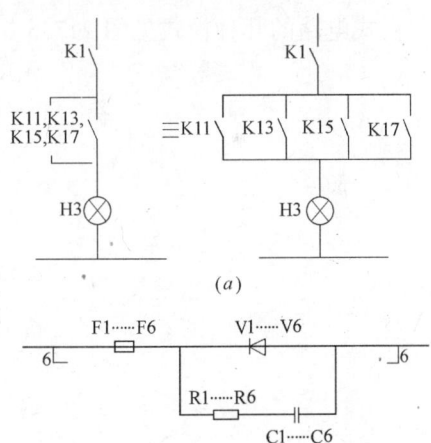

图 2.7.5-4 并联支路简化示例

端子功能图应表示出该功能单元所有的外接端子和内部功能,以便能通过对端子的测量来诊断故障,并确定故障产生在功能单元的内部还是外部。

端子功能图的内部功能可用下述方式表达:

  a．方框符号或其他简化符号;

  b．简化的电路图;

  c．功能表图;

  d．文字说明。

端子功能图的排列应与其所代表的功能单元的电路图的排列相同。

5．某些基础电路的模式

某些常用基础电路的布局若按统一的形式出现在电路图上就容易识别,例如网络、电桥、阻容耦合放大器等。

在基础电路中增加其他元件、器件时,应不改变基础电路的布局和不影响其易读性。

(1) 网络端

无源二端网络的两个端一般应绘制在同一侧,见图 2.7.5-5(a)。

无源四端网络(例如滤波器、平滑电路、衰减器和移相网络)的四个端应绘在假想矩形的四个角上,见图 2.7.5-5(b)。

(2) 桥式电路

桥式电路的几种模式见图 2.7.5-6。这些表达方式同样适用其他的元件、器件及其组合。

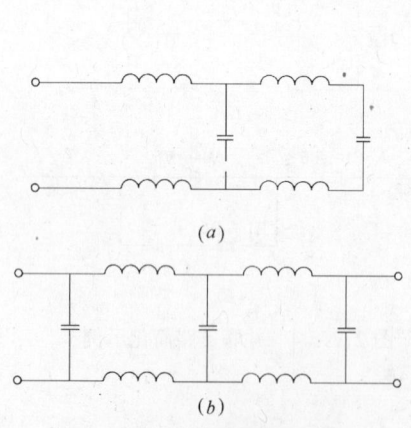

图 2.7.5-5 网络端的模式
(a)二端网络;(b)四端网络

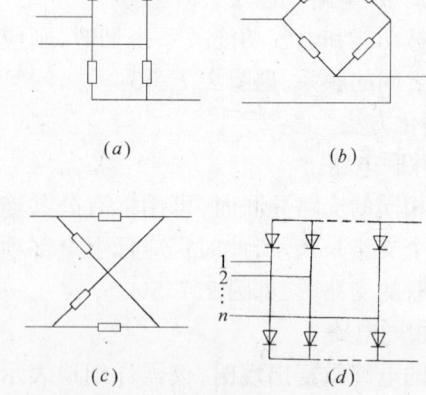

图 2.7.5-6 桥式电路的模式

(3) 阻容耦合放大级

阻容耦合放大级的模式见图 2.7.5-7。

(4) 星—三角启动电路

星—三角启动电路的模式见图 2.7.5-8。

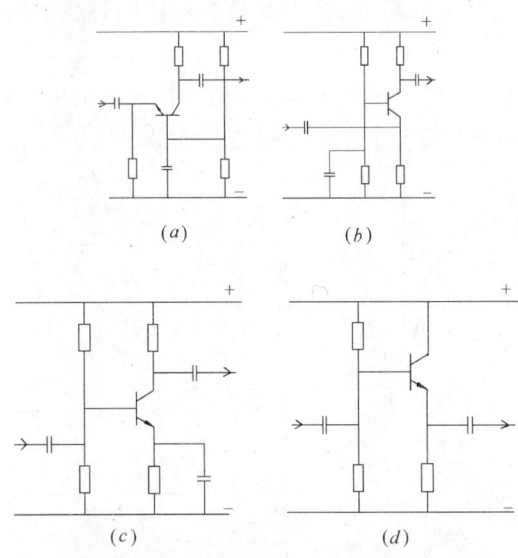

图 2.7.5-7 阻容耦合放大级模式电路
(a)、(b)共基极电路；(c)共发射极电路；
(d)共集电极电路

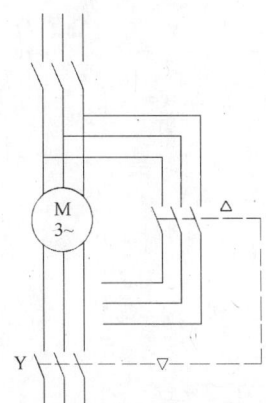

图 2.7.5-8 星—三角启动
电路的模式

2.8 电气接线图和接线表

接线图和接线表主要用于安装接线、线路检查、线路维修和故障处理。在实际应用中接线图通常需要与电路图和位置图一起使用。

接线图和接线表可单独使用也可组合使用。

接线图和接线表一般示出：项目的相对位置、项目代号、端子号、导线号、导线类型、导线截面积、屏蔽和导线绞合等内容。

2.8.1 接线图和接线表的一般表示方法

1. 项目的表示方法

接线图中的各个项目（如元件、器件、部件、组件、成套设备等）应采用简化外形（如正方形、矩形、圆形）表示，必要时也可用图形符号表示，符号旁应标注项目代号并应与电路图中的标注一致。

图形符号应符合《电气图用图形符号》的规定。

接线图中的项目代号应符合《电气技术中的项目代号》的规定。

项目的有关机械特征仅在需要时才画出。

2. 端子的表示方法

端子一般用图形符号和端子代号表示；当用简化外形表示端子所在的项目时，可不画端子符号，仅用端子代号表示。

如需区分允许拆卸和不允许拆卸的连接时，则必须在图或表中予以注明。

3. 导线的表示方法

导线在单元接线图和互连接线图中的表示方法有如下两种：

a. 连续线——表示两端子之间导线的线条是连续的。如图 2.8.1-1(*a*)中的导线 40。

b．中断线——表示两端子之间导线的线条是中断的,在中断处必须标明导线的去向。如图2.8.1-1(b)中的导线41和42。

　　导线组、电缆、缆形线束等可用加粗的线条表示。在不致引起误解的情况下也可部分加粗。单线表示法如图2.8.1-2中的线缆05和06。

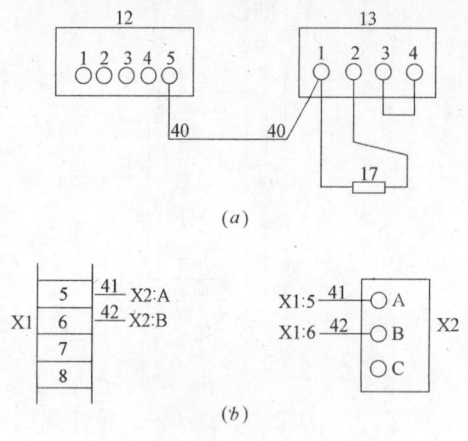

图2.8.1-1　导线的表示方法
(a)连续线;(b)中断线

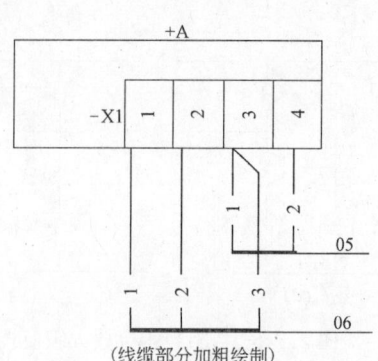

图2.8.1-2　导线组的单线表示法

　　当一个单元或成套设备包括几个导线组、电缆、缆形线束时,它们之间的区分标记可采用数字或文字。

　　接线图中的导线一般应给以标记,其方法可采用字母和数字,也可采用标准色码(参见第2.4节)。

2.8.2　单元接线图和单元接线表

　　单元接线图或单元接线表表示单元内部的连接情况,通常不包括单元之间的外部连接,但可给出与之有关的互连图的图号。

1．单元接线图

　　(1)单元接线图通常应大体按各个项目的相对位置进行布置。图2.8.2-1分别用连续线和中断线,表示了含有项目11~17和X1的单元的内部接线。

　　(2)单元接线图的视图,应选择能最清晰地表示出各个项目的端子和布线的视图,当一个视图不能清楚表示多面布线时,可用多个视图,见图2.8.2-2。

　　(3)项目间彼此叠成几层放置时,可把这些项目翻转或移动画出视图,并加注说明,见图2.8.2-3。图中,使用色码来标志各自的连接导线,并将组成A和B两个缆形线束的线条用粗线画出。点划线右侧部分为从底板前面移动后画出。

　　(4)当项目具有多层端子时,可延长被遮盖的接点以标明各层接线关系,如图2.8.2-4。

2．单元接线表

　　单元接线表一般包括线缆号、线号、导线的型号、规格、长度、连接点号、所属项目的代号和其他说明等内容。

　　单元接线表的一般格式见表2.8.2-1。该表表示了图2.8.2-1的单元连接图的内容。表中符号T_1、T_2表示为绞合线。

2.8 电气接线图和接线表　**195**

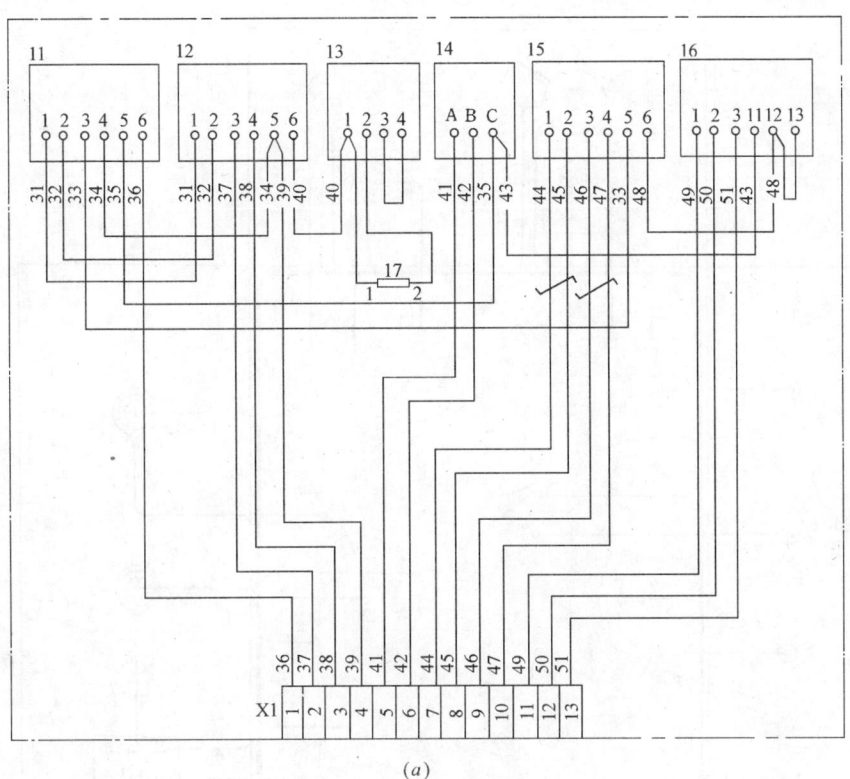

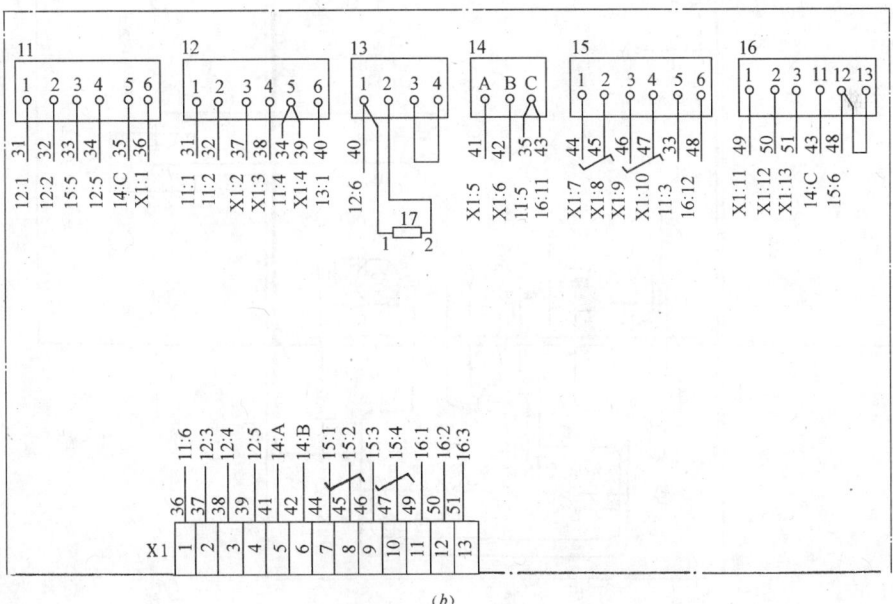

图 2.8.2-1　单元接线图示例
(a)用连续线表示；(b)用中断线表示

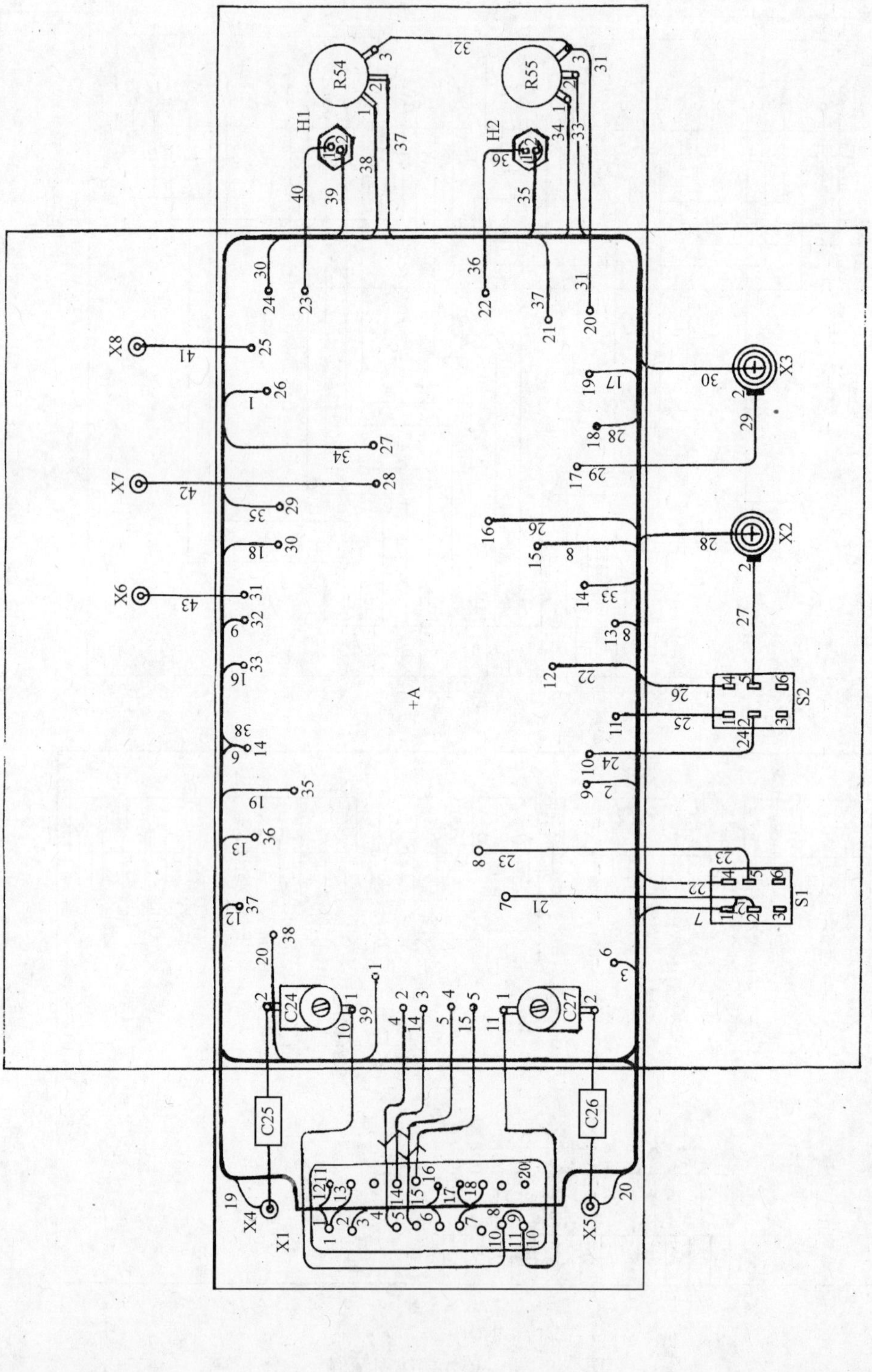

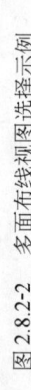

图 2.8.2-2 多面布线视图选择示例

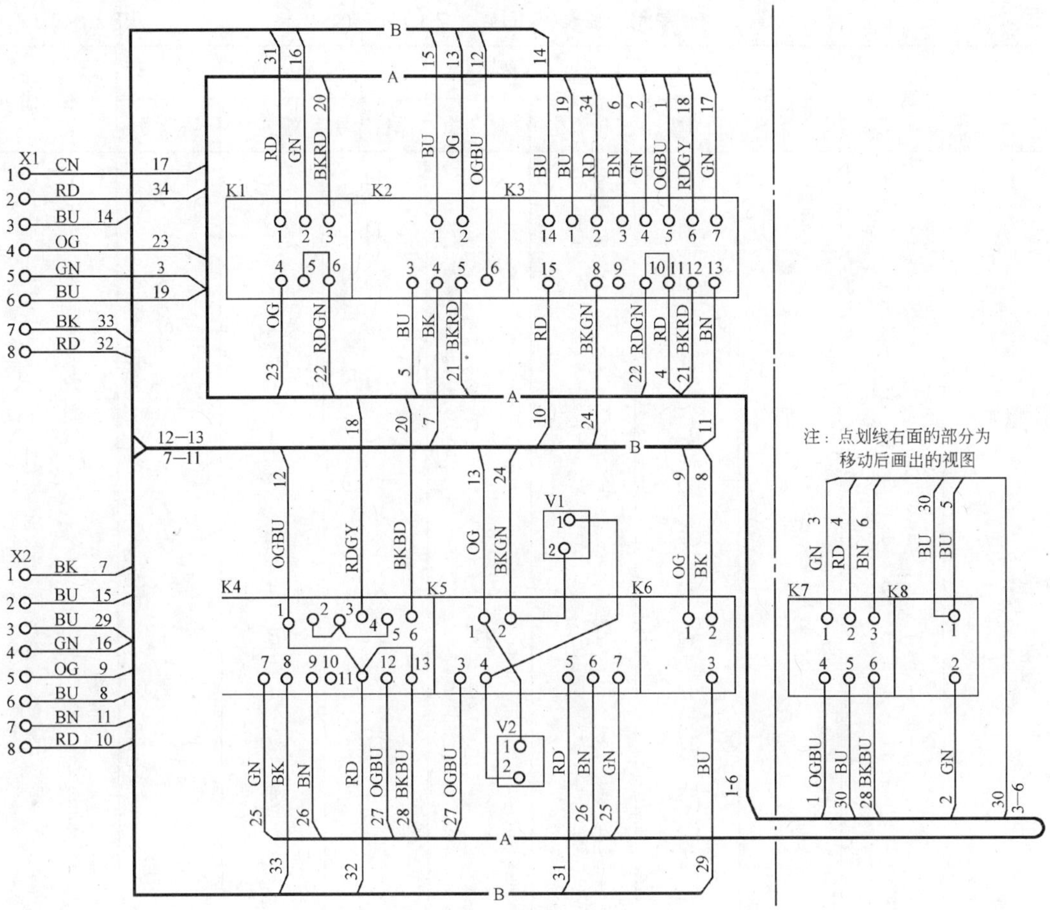

2.8 电气接线图和接线表

图 2.8.2-3 项目移动画出单元接线图示例
（导线标号用色码表示）

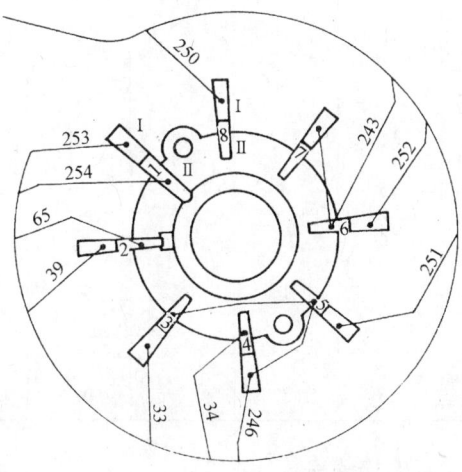

图 2.8.2-4 延长被遮盖的触点的单元接线图

单元接线表(与图 2.8.2-1 对应)　　　　　　　表 2.8.2-1

线缆号	线 号	线缆型号及规格	连接点 I			连接点 II			附 注
			项目代号	端子号	参 考	项目代号	端子号	参 考	
	31		11	1		12	1		
	32		11	2		12	2		
	33		11	3		15	5		
	34		11	4		12	5	39	
	35		11	5		14	C	43	
	36		11	6		X1	1		
	37		12	3		X1	2		
	38		12	4		X1	3		
	39		12	5	34	X1	4		
	40		12	6		13	1		
	—		13	1	40	17	1		
	—		13	2		17	2		
			13	3		13	4		连线
	41		14	A		X1	5		
	42		14	B		X1	6		
	43		14	C	35	16	11		
	44		15	1		X1	7		T_1
	45		15	2		X1	8		T_1
	46		15	3		X1	9		T_2
	47		15	4		X1	10		T_2
	48		15	6		16	12		连线
			16	12	48	16	13		连线
	49		16	1		X1	11		
	50		16	2		X1	12		
	51		16	3		X1	13		

2.8.3 互连接线图和互连接线表

互连接线图或互连接线表表示单元之间的连接情况，通常不包括单元内部的连接，但可给出与之有关的电路图或单元接线图的图号。

1. 互连接线图

互连接线图的各个视图应画在一个平面上，以表示单元之间的连接关系，各单元的围框用点划线表示。

图 2.8.3-1 分别用连续线和中断线表示了项目 +A、+B、+C 之间 107、108、109 线缆的连接关系。

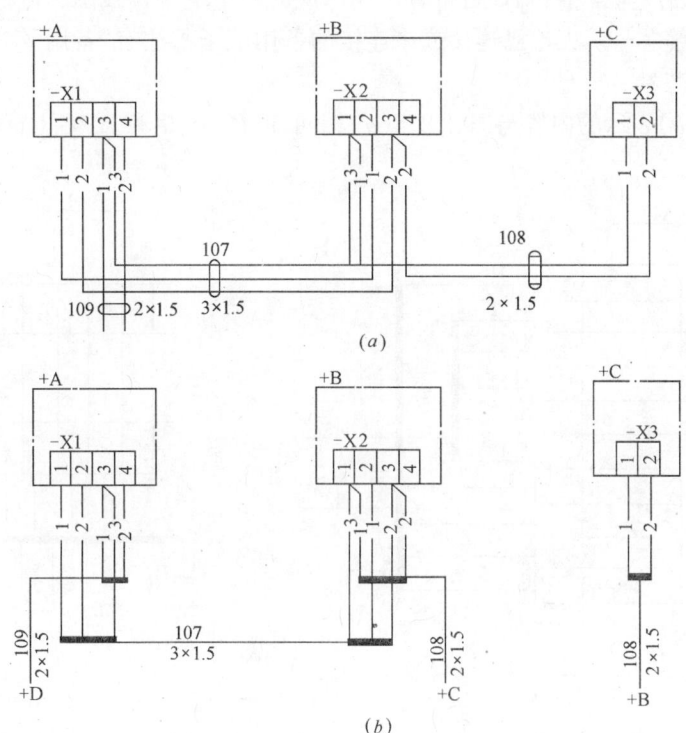

图 2.8.3-1 互连接线图
(a)用连续线表示；(b)用中断线表示

2. 互连接线表

互连接线表的内容和格式与单元接线表相同。表 2.8.3-1 的互连接线表与图 2.8.3-1 相对应。

互连接线表（与图 2.8.3-1 对应） 表 2.8.3-1

线缆号	线 号	线缆型号规格	连 接 点 Ⅰ			连 接 点 Ⅱ			附 注
			项目代号	端子号	参 考	项目代号	端子号	参 考	
107	1		+A-X1	2		+B-X2	2		
	2		+A-X1	2		+B-X2	3	108.2	
	3		+A-X1	3	109.1	+B-X2	1	108.1	
108	1		+B-X2	1	107.3	+C-X3	1		
	2		+B-X2	3	107.2	+C-X3	2		
109	1		+A-X1		107.3	+D			
	2		+A-X1	4		+D			

2.8.4 端子接线图和端子接线表

端子接线图或端子接线表表示单元和设备的端子及其与外部导线的连接关系,通常不包括单元或设备的内部连接,但可提供与之有关的图号。

1. 端子接线图

端子接线图的视图应与接线面的视图一致,各端子应基本按其相对位置表示。

图 2.8.4-1(a)是 A4 柜和 B5 台带有本端标记的两个端子接线图。每根电缆末端标志着电缆号及每根缆芯号。无论已连接或未连接的备用端子都注有"备用"字样,不与端子连接的缆芯则用缆芯号。

图 2.8.4-1(b)表示的内容与图 2.8.4(a)相同,但在 A4 柜和 B5 台上标出远端标记。

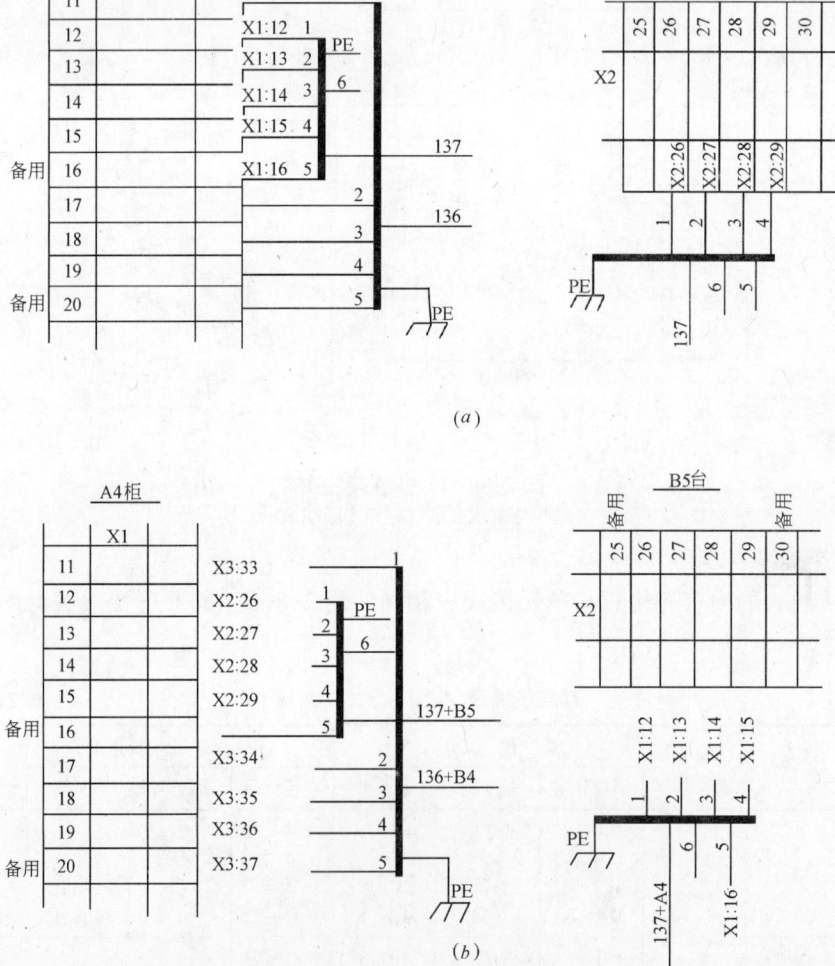

图 2.8.4-1 端子接线图
(a)带有本端标记;(b)带有远端标记

2. 端子接线表

端子接线表一般包括线缆号、线号、端子代号等内容,在端子接线表内电缆应按单元(例如柜或屏)集中填写。

端子接线表的格式见表 2.8.4-1 和表 2.8.4-2。

表 2.8.4-1 是根据图 2.8.4-1(a)带有本端标记的两个端子接线表的示例。电缆号及缆芯号注于每条线上。电缆按数字顺序组合在一起。"—"表示相应缆芯未连接,"(—)"表示接地屏蔽或保护导线是绝缘的。不管已接到或未接到端子上的备用缆芯都用"备用"表示。

表 2.8.4-2 是根据图 2.8.4-1(b),把远端标记加在端子上的两个端子接线表。

带有本端标记的端子接线表　　　　　　　　　　　表 2.8.4-1

A4 柜				B5 台		
136		A4		137		B5
	PE	接地线			PE	接地线
	1	X1:11			1	X2:26
	2	X1:17			2	X2:27
	3	X1:18			3	X2:28
	4	X1:19			4	X2:29
备用	5	X1:20		备用	5	—
137		A4		备用	6	—
	PE	(—)				
	1	X1:12				
	2	X1:13				
	3	X1:14				
	4	X1:15				
备用	5	X1:16				
备用	6	—				

带有远端标记的端子接线表　　　　　　　　　　　表 2.8.4-2

A4 柜				B5 台		
136		B4	137			A4
	PE	接地线			PE	(—)
	1	X3:33			1	X1:12
	2	X3:34			2	X1:13
	3	X3:35			3	X1:14
	4	X3:36			4	X1:15
备用	5	X3:37	备用		5	X1:16
137		B5	备用		6	—
	PE	接地线				
	1	X2:26				
	2	X2:27				
	3	X2:28				
	4	X2:29				
备用	5	—				
备用	6	—				

2.8.5 电缆配置图和电缆配置表

电缆配置图或电缆配置表表示单元之间外部电缆的敷设,也可表示线缆的路径情况。用于电缆安装时可给出安装用的其他有关资料。

导线的详细资料由端子接线图提供。

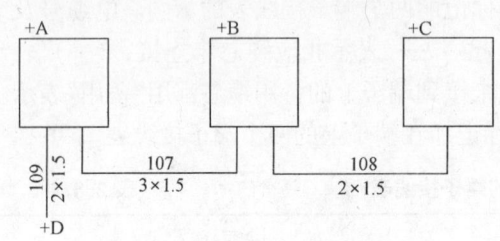

图 2.8.5-1 电缆配置图

1. 电缆配置图

电缆配置图应清晰地表示出各单元(例如机柜)间的电缆。各单元的围框用实线表示,见图 2.8.5-1。图中表示了 +A、+B、+C 之间的电缆配置情况。

2. 电缆配置表

a. 电缆配置表,一般包括线缆号、线缆类型、连接点的项目(位置)代号及其他说明等内容。

b. 电缆配置表的格式,见表 2.8.5-1。

电缆配置表(与图 2.8.5-1 对应) 表 2.8.5-1

线 缆 号	电缆型号规格	连 接 点		附 注
107	H07VV-U3×1.5	+A	+B	
108	H07VV-U2×1.5	+B	+C	
109	H07VV-U2×1.5	+A	+D	

2.9 电气系统说明书用图

2.9.1 说明书用图的用途和应用范围

编制电气系统技术文件的常规方法,是提供一些附带表图、表格、文字说明等的简图。由于当代系统日益复杂,以及需要将故障停机时间降至最短,提出了要补充编制一些按照设备的功能而不是按设备实际结构来划分的文件。这样的成套文件称之为"功能系统说明书",一般称"系统说明书"。

系统说明书适用于多处使用相同设备或停机时间为最主要考虑因素的场所。对于特殊类型的工厂及小批量生产的设备则可采用编制电气系统文件的常规方法。

在决定文件编制的具体形式时,应考虑对维修人员的培训方法和深度,以及用户所采用的维修原则等因素,并应在每一项系统或设备的采用过程中,尽早在制造厂与用户之间共同研究并达成协议。

2.9.2 功能系统文件的编制

1. 目的

功能系统文件应阐明系统工作的情况,便于培训维修人员和维修设备。

对复杂的系统或设备,找出故障部位往往比修理需要的时间更长。因此,文件的编制应把系统或设备按功能划分为若干层次,以便最有助于故障的诊断。

2. 功能化的概念

对信息流、逻辑流或系统的性能具有特定作用的操作过程,定义为"功能"。功能流是描述设备功能之间逻辑上的相互关系。这种关系使设备起到了自己的作用。以功能为基础编制的文件,主要是要掌握功能流。而在以功能为基础的图中,则将共同执行同一种功能的部分绘制在一起,不论其结构是否在一起。

3. 表示法

系统或设备按功能分成的若干层次的简图,应从概括到具体依次编制,每一层次上的信息在功能和逻辑上应与前一层次相关。

2.9.3 系统说明书用图的编制方法

1. 一般原则

为了满足上述的目的,系统说明书用简图应按下列原则编制。

(1) 适用性:编制每张图时,应突出考虑其主要用途。作为一般说明用的图仅需清楚地说明设备如何工作,专为维修人员使用的图还应包括有确定故障部位和清除故障所必需的全部信息。

(2) 功能系统文件的分层:编制功能系统文件通常采用分层次的形式,从一个概括完整系统或整套设备的简图开始,通过一系列层次分解到任何特殊情况下所要求的详细的简图。具体每张图的设计应突出表明图中所示各分系统,部件或元件之间所存在的功能相互关系。在较高层次,一般采用某种形式的框图。在低层次上,主要是使功能相关的部分易于识别。对基础电路应采用标准布置。

分层次的方法还可采用辅以着色的背景,加画阴影线或有网格线的背景,如使用颜色,每一功能级都应印在浅色背景上,同时规定使用黄色和蓝色作为背景。这样,两种颜色可表示功能的两个层次,黄、蓝两色可套印出现绿色作为第三层次的背景,也可用一种颜色的不同深浅来表示功能的分组,而用灰色阴影来表示硬件的轮廓。

还可框画特殊的框线,但应选择与表示硬件轮廓的线条易于区别的框线。

(3) 图中的文字说明:把图与有关说明材料分别编制的文件会给读者带来往返翻阅的麻烦。因而,第一在系统说明书中应将与某一简图有关的说明材料印在该图对面的一页上。第二若把简图划分为许多功能方框则说明材料可采用具有相同布局的文字方框的形式。第三将文字说明安排在各自的功能框中,三种方法都可使用。

对用波形图或时间图能说明其特性的设备用文字和图合并的方法更为适用。可将说明文字适当分段,插入波形图中,并用箭头指向有关的波形特性。

(4) 对使用者的考虑:根据使用者所具备的技能程度确定每张图的内容。为受过专门训练的人员编制的图,一般应包括更多详细资料,而说明材料应适当地简练,一般每个功能方框只加一个标题既可;为一般操作人员编制的图,应简单明了地说明每一级的用途及工作条件。还可将部件的插图,与示意符号及信号通路结合起来进一步说明系统。

(5) 对维修的考虑:维修用图应考虑工厂或设备的维修特点。可以是适合单元更换的简单的框图,也可以是能在复杂设备中确定故障部位并能检修故障的详细电路图。无论采用哪种形式,都应以简明、便利的方式提供必要的信息。因此,很多信息就会集中在一张图上,则要参照许多诸如电路图、接线图、布置图、说明文字和元器件数据表等资料,但注意下述原则:

a. 图面清晰,不应包括与维修无关的任何内容。
　　b. 每张图应精心布置,要突出信息流及各级之间的功能关系,而且可以插入文字、波形图、插图、检测值等的资料。
　　c. 不可修复器件、组件的内部电路一般不予表示,但应给出与其测试有关的资料,例如,一个密封组件的功能及其输入、输出电压。
　　d. 应表示出元器件、组件的具体安装位置。
　　e. 应标明测试点,并给出有关的测试数据。
　　f. 应表明端子位置,如集成电路及半导体管的引出端编号。
　　g. 图形符号可采用插图,使图形符号更为易懂。例如,在多位开关示意图上增加有位置标志的控制旋钮插图。
　　h. 在机电系统的简图中,应以机械联接线表示出机电联接的关系。
　　i. 可更换的并有备用件的部分,应用特别粗的框线来表示,如某个可更换的部件,在同一套图中,不止在一页中出现,则应用网格阴影框线表明。
　　注:当在一张图的某个层次上,不可能表示出所需的全部资料时,应标明参阅的图页或作相应标注,被标注的资料通常放在该图对面的一页上。

2. 框图的应用

　　框图着重于表示功能而不是硬件设备。功能框的轮廓可用前面所提出的方法确定,并应清晰地表示出信息流和逻辑流。框的大小可以按图幅布局的需要绘制。主信息通路或逻辑流可用较粗的线条突出表示。反馈通路应予以区分,例如,用双箭头,公共电源和公共信号可用干线或总线的方式在图上适当的地方分别表示,它们与功能框之间的连接用箭头标明。另一种方法是给出有适当标记的输入,标记最好是沿功能框的水平方向上书写。

　　测试点的实际位置可用插图或附图等方式表示。

　　每个功能框应有标题,并可包括文字说明,在较高的层次上,可用文字框图来说明一项设备的功能。文字框也可以用来说明低层次的简图。

3. 电路图的应用

　　电路图是系统最低层次的简图,它应给出使用维修所需的详细资料。绘制时应突出表示功能的组合和性能。每个功能级都应以适当的方式加以区分,并应有简要说明该级功能的标题,例如,缓冲放大器,十进位计数器。

　　如需要强调,可调控制装置和测试点符号应印在白色背景的围框内。

　　为了便于测试,图上必须给出接线端子编号,器件引出端等,并给出实际电路元件在设备中的位置的资料。

　　必要时可对图加注释、波形和文字说明等。如需要更多的资料,则应给出有关的文字框图或适当的补充资料。

4. 插图的应用

　　为一般操作人员编制的图,应当简单明了地说明每一级、每一功能框的用途及工作条件等。还可将部件的插图与示意符号及信号通路结合起来进一步说明系统。

2.10 与电气图相关的其他规定

2.10.1 标题栏和明细栏

1. 标题栏

标题栏一般由更改区、签字区、其他区、名称及代号区组成,也可按实际需要增加或减少。

更改区:一般由更改标记、处数、分区、更改文件号、签名和年、月、日等组成。

签字区:一般由设计、审核、工艺、标准化、批准、签名和年、月、日等组成。

其他区:一般由材料标记、阶段标记、重量、比例、共*张第*张等组成。

名称及代号区:一般由单位名称、图样名称和图样代号等组成。

标题栏的尺寸与格式举例见图 2.10.1-1。

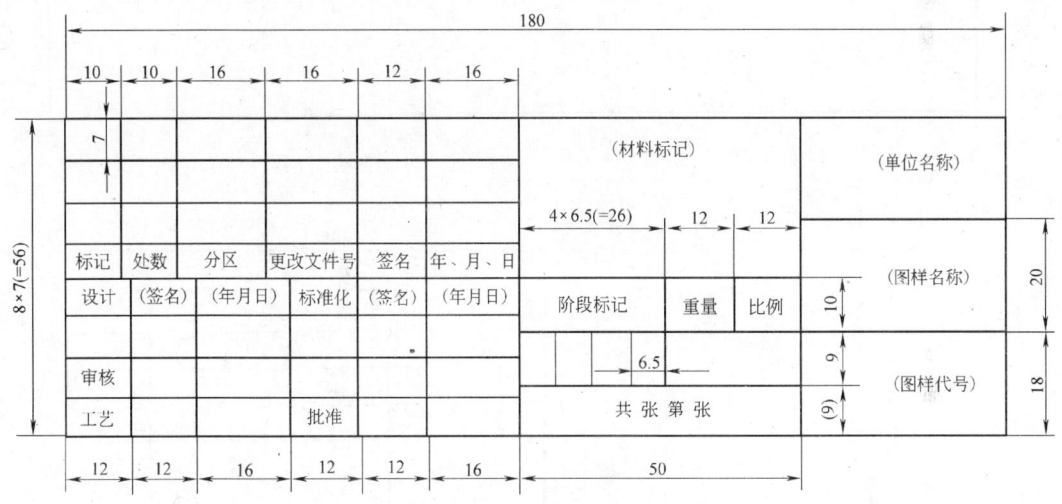

图 2.10.1-1 标题栏的格式举例

2. 明细栏

明细栏一般由序号、代号、名称、数量、材料、重量(单件、总件)、分区、备注等组成,也可按实际需要增加或减少。

序号:填写图样中相应组成部分的序号。

代号:填写图样中相应组成部分的图样代号或标准号。

名称:填写图样中相应组成部分的名称,必要时,也可写出其型式与尺寸。

数量:填写图样中相应组成部分在装配中所需要的数量。

材料:填写图样中相应组成部分的材料标记。

重量:填写图样中相应组成部分单件和总件数的计算重量。以千克(公斤)为计量单位时,允许不写出其计量单位。

分区:必要时,应按照有关规定将分区代号填写在备注栏中。

备注：填写该项的附加说明或其他有关的内容。

明细栏的尺寸与格式举例见图2.10.1-2。

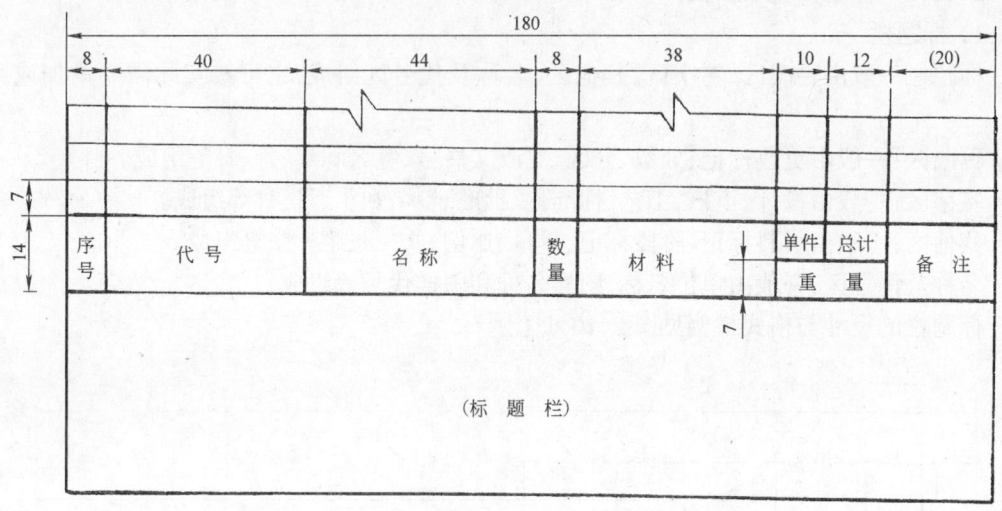

格式1

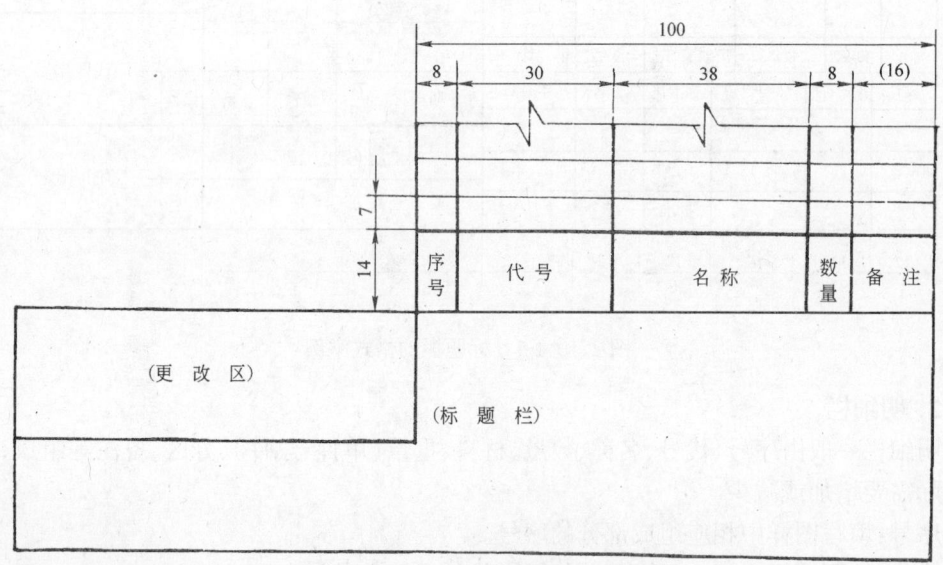

格式2

图2.10.1-2 明细栏格式举例

2.10.2 比例、图线、尺寸注法及其他

1. 比例

图样选用的比例一般应符合表2.10.2-1的规定。

2.10 与电气图相关的其他规定

图样比例 表 2.10.2-1

种 类	比 例		
原值比例	1:1		
放大比例	5:1 $5\times10^n:1$	2:1 $2\times10^n:1$	
缩小比例	1:2 $1:2\times10^n$	1:5 $1:5\times10^n$	1:10 $1:1\times10^n$

注：n 为正整数

2. 图线(见表 2.10.2-2)

图线及其应用 表 2.10.2-2

图线名称	图线型式及代号	图线宽度(mm)	一般应用
粗实线	———— A	$b=0.5\sim2$	A1 可见轮廓线；A2 可见过渡线
细实线	———— B	约 $b/3$	B1 尺寸线和尺寸界线；B2 剖面线；B3 重合剖面轮廓线；B4 螺纹的牙底线及齿轮的齿根线；B5 引出线；B6 分界线及范围线；B7 弯折线；B8 辅助线；B9 不连续的同一表面的连线；B10 成规律分布的相同要素的连线
波浪线	～～～～ C	约 $b/3$	C1 断裂处的边界线，C2 视图与剖视的分界线
双折线	—/\/\— D	约 $b/3$	D1 断裂处的边界线
虚线	- - - - F	约 $b/3$	F1 不可见轮廓线；F2 不可见过渡线
细点划线	—·—·— G	约 $b/3$	G1 轴线；G2 对称中心线；G3 轨迹线；G4 节圆及节线
粗点划线	—·—·— J	b	J1 有特殊要求的线或表面的表示线
双点划线	—··—··— K	约 $b/3$	K1 相邻辅助零件的轮廓线；K2 极限位置的轮廓线；K3 坯料轮廓线或毛坯图中制成品的轮廓线；K4 假想投影轮廓线；K5 试验或工艺用结构(成品上不存在)的轮廓线；K6 中断线

3. 尺寸注法
(1) 基本规则

1) 机件的真实大小应以图样上所注的尺寸数值为依据，与图形的大小及绘图的准确度无关。

2) 图样中的尺寸以毫米为单位时，不需标注计量单位的代号或名称，如采用其他单位，则必须注明相应的计量单位的代号或名称。

3) 图样中所标注的尺寸,为该图样所示机件的最后完工尺寸,否则应另加说明。
4) 机件的每一尺寸,一般只标注一次,并应标注在反映该结构最清晰的图形上。

(2) 尺寸数字、尺寸线和尺寸界线

1) 线性尺寸的数字一般应注写在尺寸线的上方,也允许注写在尺寸线的下方。
2) 尺寸线用细实线绘制,其终端可以有下列两种形式:

  a. 箭头。适用于各种类型的图样。
  b. 斜线(45°短划线)。采用斜线时,尺寸线与尺寸界线必须相互垂直。

3) 尺寸界线用细实线绘制,并应由图形的轮廓线、轴线或对称中心线处引出。也可利用轮廓线、轴线或对称中心线作尺寸界线。
4) 标注直径或半径时,应在尺寸数字前加注符号"ϕ"或"R"。对球面,应在符号"ϕ"或"R"前再加注符号"S"。

对于螺钉、铆钉的头部,轴、螺杆、手柄的端部等,在不致引起误解的情况下可省略符号"S"。标注弧长时,应在尺寸数字上方加注符号"⌒"。

标注厚度时,应在尺寸数字前加注符号"δ"。

4. 常用材料的剖面符号(见表2.10.2-3)

常用材料的剖面符号   表 2.10.2-3

材料	剖面符号	材料	剖面符号
金属材料 (已有规定剖面符号者除外)		木质胶合板 (不分层数)	
线圈绕组元件		基础周围的泥土	
转子、电枢、变压器和电抗器等的叠钢片		混凝土	
非金属材料(已有规定剖面符号者除外)		钢筋混凝土	
型砂、填砂、粉末冶金、砂轮、陶瓷刀片、硬质合金刀片等		砖	

2.10 与电气图相关的其他规定

续表

玻璃及供观察用的其他透明材料		格网(筛网、过筛网)	
木材	纵剖面	液体	
	横剖面		

5. 定位轴线

为了确定电气设备及其他设备的安装位置及相互关系等,通常应在设备平面布置图上标出定位轴线。凡承重墙、柱、梁等主要承重构件的位置所标的轴线,称为定位轴线。

定位轴线编号的方法是:水平方向,从左至右用顺序的阿拉伯数字编号;垂直方向,从下向上用拉丁字母(I、O、Z 不用)编号;数字和字母用点划线引出。定位轴线标志示例见图 2.10.2-1。

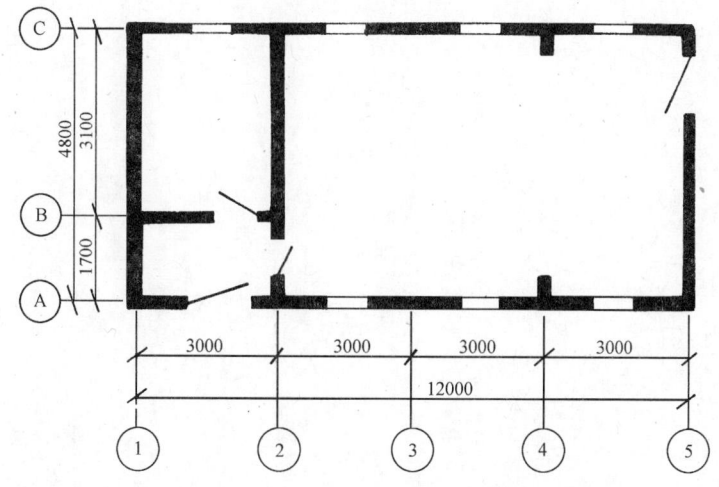

图 2.10.2-1　建筑物定位轴线(示例)

6. 方位和风向频率标记

建筑电气平面图一般按"上北下南、右东左西"表示建筑物的方位,但在许多情况下都是用方位标记表示其朝向。方位标记示例如图 2.10.2-2(a)所示,其箭头方向表示正北方向(N)。

为了表示设备安装地点所在地区一年四季风向情况,在电气平面布置图上还标示出风向频率标记,即风玫瑰图。它是按一年中各个方向吹风次数的百分数表示的。示例见图2.10.2-2(b)。

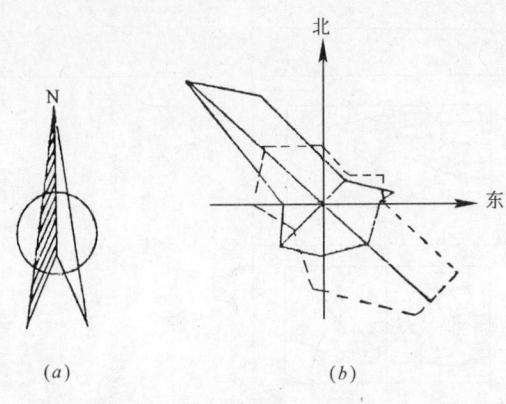

图2.10.2-2 方位和风向频率标记

第3章 电工材料和电气工作用其他材料

3.1 基本电工材料的种类和一般性能

3.1.1 导电材料的种类和一般特性

1. 金属导电材料的种类（见表3.1.1-1）

常用金属导电材料　　　　表3.1.1-1

序号	类别	特点及用途
1	一般用途导电金属材料	具有高的导电性，足够的机械强度，不易氧化，不易被腐蚀，容易加工与焊接。主要用于输送电能，传输信号和实现电磁能量的转换，如铜、铝导体、电磁线
2	电触头材料	具有良好的导电、导热、耐电磨损性能和抗熔焊性能，接触电阻小。主要用于开关电器中的触头
3	电阻合金	具有高的电阻率，电阻温度系数小，稳定性好，机械强度高。主要用于制造电阻元件
4	电热材料	电阻率较高，在高温下具有良好的抗氧化性能。主要用于各种电阻加热设备中的发热元件，将电能转换为热能
5	熔体材料	一般具有熔点低，比热、熔化潜热和气化潜热小，热导率高，蠕变和疲劳强度高，加工性好。主要用作熔断器熔体材料
6	热电偶材料	具有特定的热电特性，工作温度范围大，精确可靠。用于制造热电偶，进行温度的测量和控制
7	热双金属材料	具有不同热膨胀系数的组合。用于制造热双金属片
8	弹性合金材料	具有良好的弹性及不同的特殊性能，如导电性、无磁性或导磁性、耐热性、耐磨性。用于制造电气仪表中的弹性元件
9	电炭制品	主要由石墨等构成，其导电性能、导热性能良好，耐高温等。主要用于电机电刷、石墨电极、弧光照明等
10	超导材料	当温度达到某一临界温度后，导体的电阻消失，具有完全抗磁性等特性

2. 导电材料的基本导电特性

（1）电阻率

单位长度、单位截面积的导体所具有的电阻，称为电阻率，符号为 ρ，单位是 $\Omega \cdot mm^2/m$，或 $\Omega \cdot m$。

$$\Omega \cdot mm^2/m = 10^{-6}\Omega \cdot m$$

一般金属导电材料的导电率约为 $(1.5 \sim 100) \times 10^{-2} \Omega \cdot mm^2/m$（20℃时）。

(2) 电导率

电阻率的倒数称为电导率，符号为 γ，单位是 $m/\Omega \cdot mm^2$

$$\gamma = \frac{1}{\rho}$$

按照国际上的有关规定，退火工业纯铜在20℃时的电阻率等于 $0.01724 \Omega \cdot mm^2/m$，称为标准电阻率，所对应的电导率为 100% IACS。依次类推，铝在20℃时的电阻率为 $0.0282 \Omega \cdot mm^2/m$，则其电导率为

$$\frac{0.01724}{0.0282} \times 100\% = 61\% \text{ IACS}$$

一般金属导电材料的导电率为 $1 \sim 70 m/\Omega \cdot mm^2$，或为 $1.4 \sim 106\%$ IACS。

(3) 电阻温度系数

常用金属导体的电阻随温度升高而增加，在一定温度范围内，导体电阻与温度呈线性关系。表征这一特性可用电阻温度系数。其关系为：

$$\alpha = \frac{R - R_0}{R_0(T - T_0)} = \frac{\rho - \rho_0}{\rho_0(T - T_0)}$$

式中　R、ρ——温度 T 时的电阻和电阻率；

　　　R_0、ρ_0——温度 T_0 时的电阻和电阻率；

　　　α——电阻温度系数。

不同温度下，电阻和电阻率的换算关系为

$$R = R_0[1 + \alpha(T - T_0)]$$
$$\rho = \rho_0[1 + \alpha(T - T_0)]$$

电阻温度系数随所选择的起始温度 T_0 而异，在线性关系范围内，在不同起始温度下的电阻温度系数可用下式换算：

$$\alpha_2 = \frac{\alpha_1}{1 + \alpha_1(T_2 - T_1)}$$

式中　α_1——温度 T_1 时的电阻温度系数；

　　　α_2——温度 T_2 时的电阻温度系数。

(4) 导体的交流电阻

交流电流流过导体时，由于交流电流的集肤效应，电流主要流经导体表面和距表面一定深度的导体内，使得这部分导体电流密度增加，而另一部分导体利用率下降，实际上等于减小了导体的截面，因而导体的交流电阻大于直流电阻。其关系为：

$$R_a = KR_d$$

式中　R_a——交流电阻，Ω；

　　　R_d——直流电阻，Ω；

　　　K——交流附加系数。

电流频率越高，导体直径越大，导体电阻率越小，则 K 值越大，其范围 $K = 1 \sim 10$。

3. 单金属导电材料的基本特性（见表3.1.1-2）

3.1 基本电工材料的种类和一般性能 213

导电单金属材料主要特性及用途

表 3.1.1-2

序号	名称	符号	密度 (g/cm³)	熔点 (℃)	抗拉强度 (N/mm²)	电阻率 (20℃) (Ω·mm²/m)	导电率 (20℃) (%IACS)	电阻温度系数 (20℃) (10^{-3}/℃)	主要特性	主要用途
1	银	Ag	10.50	961.93	160~180	0.0162	106	3.80	有最好的导电性和导热性,抗氧化性好,易压力加工,焊接性好	航空导线、耐高温导线、射频电缆等导体和镀层、瓷电容器极板等
2	铜	Cu	8.90	1084.5	200~220	0.0172	100	3.93	有好的导电性和导热性,良好的耐蚀性和焊接性,易压力加工	各种电线、电缆用导体、母线和载流零件等
3	金	Au	19.30	1064.43	130~140	0.0240	71.6	3.40	导电性仅次于银和铜的金属,抗氧化性好,易压力加工	电子材料等特殊用途
4	铝	Al	2.70	660.37	70~80	0.0282	61	4.23	有良好的导电性、导热性,抗氧化性和耐蚀性,比重小,易压力加工	各种电线、电缆用导体、母线、载流零件和电缆护层等
5	钠	Na	0.97	97.8		0.0460	37	5.40	比重特小,延展性好,熔点低,活泼性大,易与水作用	有可能作实用的导体
6	钼	Mo	10.20	2620	700~1000	0.0558	30.8	3.30	有高的硬度和拉强度,耐磨、熔点高,性脆,高温易氧化,需特殊加工	超高温导体、电焊机电极、电子管栅极丝及支架等
7	钨	W	19.30	3387	1000~1200	0.0548	31.4	4.50	抗拉强度高,性脆,耐磨,熔点高,高温易氧化,需特殊加工	电光源灯丝、电子管灯丝及电极、超高温导体和电焊机电极等

续表

序号	名称	符号	密度 (g/cm³)	熔点 (℃)	抗拉强度 (N/mm²)	电阻率 (20℃) (Ω·mm³/m)	导电率 (20℃) (%IACS)	电阻温度系数 (20℃) (10⁻³/℃)	主要特性	主要用途
8	锌	Zn	7.14	419.58	110~150	0.0670	28.2	3.70	耐腐蚀性良好	导体保护层和干电池阴极等
9	镍	Ni	8.90	1455	400~500	0.0690	24.9	6.0	抗氧化性好,高温强度高,耐辐照性好	高温导体保护层,高温特殊导体,电子管阴极和阴极等零件
10	铁	Fe	7.86	1541	250~330	0.100	17.2	5.0	机械强度高,易压力加工,电阻率比铜大6~7倍,交流损耗大,耐蚀性差	在输送功率不大的线路上作广播线,电话线和爆破线等
11	铂	Pt	21.45	1772	140~160	0.105	16.4	3.0	抗氧化性和抗化学剂性等好,易压力加工	精密电表及电子仪器的零件等
12	锡	Sn	7.30	231.96	15~27	0.114	15.1	4.20	塑性高,耐蚀性好,强度和熔点低	导体保护层,焊料和熔丝等
13	铅	Pb	11.37	327.5	10~30	0.219	7.9	3.90	塑性高,耐蚀性好,比重大,熔点低	熔丝,蓄电池极板和电缆护层等
14	汞	Hg	13.55	-38.87		0.958	1.8	0.89	液体,沸点为357℃,加热易氧化,蒸汽对人体有害	水银整流器,水银灯和水银开关等

4. 铜铝导体性能比较

一般用途铜铝导体性能比较如下：

(1) 导电率,铝约为铜的61%。

(2) 密度,铝约为铜的30%。

(3) 机械强度,铝约为铜的50%。

(4) 比强度(抗拉强度/密度),铝约为铜的130%。

(5) 在单位长度电阻相同情况下,其重量铝约为铜的50%。

(6) 电阻随温度的变化,铝的电阻温度系数略大于铜,约为铜的107%。

不同温度下铜、铝导体的电阻率和导电率见表3.1.1-3。

铜铝导体在不同温度下的电阻率和导电率　　　　表3.1.1-3

温度(℃)	电阻率($\Omega \cdot mm^2/m$)		导电率(%IACS)	
	铜	铝	铜	铝
0	0.0158	0.0261	109	66
10	0.0165	0.0272	104	63
20	0.0172	0.0282	100	61
30	0.0178	0.0294	97	59
35	0.0185	0.0300	93	57
40	0.0188	0.0305	91	56
50	0.0192	0.0316	90	54
60	0.0200	0.0327	86	53
70	0.0206	0.0338	83	51
75	0.0212	0.0343	81	56
80	0.0216	0.0349	80	49
90	0.0219	0.0360	79	48
100	0.0226	0.0371	76	46

(7) 可焊接性,铝比铜差。

(8) 价格,铝资源丰富,其价格比铜低。

因此,除对导体尺寸及机械性能等有特殊要求的场合,一般应优先选用铝导电材料。

5. 导电合金和其他材料的主要特性(见表3.1.1-4)

导电合金和其他导电材料的主要特性　　　　表3.1.1-4

序号	名称	电阻率($\Omega mm^2/m$)(20℃)	电导率($m/\Omega mm^2$)(20℃)	温度系数($10^{-3}/℃$)(20℃)	密度(kg/dm^3)(18℃)	线膨胀系数($10^{-6}/℃$)(0~100℃)
1	阿尔特利合金(一种铝合金)	0.033	30.0	3.6	2.7	
2	青铜	0.18	5.56	0.5	8.1	17.5
3	因瓦合金	0.80	1.23	2.5	7.9	0.9

序号	名称	电阻率 ($\Omega mm^2/m$) (20℃)	电导率 ($m/\Omega mm^2$) (20℃)	温度系数 (10^{-3}/℃) (20℃)	密度 (kg/dm^3) (18℃)	线膨胀系数 (10^{-6}/℃) (0~100℃)
4	伊沙贝林锰青铜	0.50	2.00	−0.02		
5	康铜	0.50	2.04	−0.03	8.8	15.2
6	克房平合金(电阻合金)	0.84	1.19	0.8		
7	锰(镍)铜合金	0.42	2.32	0.01	8.4	17.5
8	黄铜	0.063	15.9	1.6	8.4	18.4
9	锌白铜	0.30	3.33	0.35	8.5	18.36
10	镍铬合金	1.09	0.92	0.04	8.4	14
11	尼克林锌白铜	0.43	2.32	0.23	8.7	
12	铂铱合金	0.32	3.13	2		9
13	铂铑合金	0.20	5.00	1.7	21.6	
14	铂银合金	0.20	5.00	0.3	19.3	
15	伍德合金(低熔点)	0.54	1.85	2.4	9.7	
其他材料						
1	石墨	22	0.046	−1.3	2.25	7.86
2	甑馏石墨	70	0.014	−0.4		
3	碳化硅	1000	0.001		2	

6. 一些液态物质的导电特性(见表3.1.1-5)

一些液态物质的导电特性　　　　表3.1.1-5

序号	名称	电阻率 $\left(\dfrac{\Omega \cdot cm^2}{cm}\right)$	电导率 $\left(\dfrac{cm}{\Omega \cdot cm^2}\right)$	温度系数 (10^{-3}/℃)	含量 (%)
1	氢氧化钾	4.2 2.6 2.4	0.24 0.38 0.42	−20 −20 −20	5 10 20
2	氯化钠水溶液	14.5 8.27	0.067 0.121	−20 −20	5 10
3	硫酸铜	52.5 31.3	0.019 0.032	−20 −20	5 10
4	氢氧化钠	5.1 3.19	0.198 0.314	−20 −20	5 10
5	氯化铵	10.9 5.61 2.98	0.092 0.178 0.335	−20 −20 −20	5 10 20

3.1.2 特种导电材料的种类和一般特性

1. 电阻材料

电阻材料的基本特性是具有高的电阻率和很低的电阻温度系数,稳定性好。电阻材料主要用于调节元件、电工仪器(如电桥、电位差计、标准电阻)、电位器、传感元件等。

常用电阻材料的种类及特性见表 3.1.2-1。

常用电阻材料的性能及主要用途　　　　　表 3.1.2-1

序号	名称	主要成分	电阻率(20℃)($\Omega\cdot mm^2/m$)	电阻温度系数($10^{-6}/℃$)	密度(g/cm^3)	抗拉强度(N/mm^2)	伸长率(%)	最高工作温度(℃)	特点	主要用途
1	康铜	Ni,Mn,Cu	0.48	50	8.9	400~600	15~30	500	抗氧化性能良好	用作调节电阻
2	新康铜	Mn,Al,Fe,Cu	0.48	50	8.0	400~550	15~30	500	抗氧化性能比康铜差,价较廉	用作调节电阻
3	镍铬	Cr,Ni	1.09	70	8.4	650~800	10~30	500	焊接性能较差	用作起动电阻
4	锰铜(0、1、2级)	Mn,Ni,Cu	0.47	-5~10	8.4	400~550	10~30	45	电阻稳定性高,焊接性能好,抗氧化性能较差	仪器仪表用
5	锰铜(F1、F2级)	Mn,Ni,Si,Cu	0.4	0~40	8.4	400~550	10~30	80	电阻对温度曲线较平坦	用作分流器
6	硅锰铜	Mn,Si,Cu	0.35	-3~5	8.4	400~550	10~30	45	电阻对温度曲线较平坦	一般仪表用
7	镍铬铝铁	Cr,Al,Fe,Ni	1.33	-20~20	8.1	800~1000	10~25	125	高电阻率,强度高	小型高阻元件用
8	镍锰铬钼	Mn,Cr,Mo,Ni	1.90	-50~50	8.1	1600	6~10	125	高电阻率,强度高	小型高阻元件用

2. 电热材料

电热材料主要用于电阻加热设备中的发热体,作为电阻接入电路中,将电能转换为热能。因此,电热材料必须具有高的电阻率,耐高温,抗氧化性好,电阻温度系数小,便于加工成形等优点。

常用电热材料的种类及特性见表 3.1.2-2。

常用电热材料的种类及特性　　　　　表 3.1.2-2

序号	名称	工作温度(℃)	特性及用途
1	镍铬合金	900~1150	电阻率较高;加工性能好,可拉成细丝;高温强度较好,用后不变脆,适用于移动式设备上;具有奥氏体组织,基本上无磁性

续表

序号	名称	工作温度(℃)	特性及用途
2	铁铬铝合金	900～1400	抗氧化性能比镍铬好；电阻率比镍铬高，密度较小，用料省；不用镍，价较廉；高温强度低，且用后变脆，适用于各种固定式设备；加工性能稍差；具有铁素体组织，有磁性
3	高熔点纯金属（铂、钼、钽、钨）	1300～2400	铂可在空气中使用，但其氧化物在高温下挥发影响使用寿命。钨、钼须在惰性气体、真空及氢中使用。钽除不适用于氢以外，其他同钨、钼；电阻率较低，电阻温度系数较大（须配调压装置，开始加热时，须降低电压，防止电流过大）；材料价高；适用于实验室或特殊电炉
4	石墨	3000	电阻率较低（须配大电流低电压调压器）；适用于真空或保护气氛中使用

3. 熔体材料

(1) 熔体材料的分类及基本特性

熔体材料主要用于熔断器的熔体，按其熔断特性分为两大类，见表3.1.2-3。

熔体材料的分类及基本特性   表3.1.2-3

序号	类别	材料	基本特性及用途
1	高熔点纯金属熔体材料	银、铜、锡、铅、锌等	熔点高，熔化时间短，用于快速熔断器或高性能熔断器，作短路保护
2	低熔点合金熔体材料	由不同成分的铋、镉、锡、铅、锑、铟等组成	熔点低，比热小，熔化时间较长，对温度反应敏感，广泛用于保护电炉、电热器等的热过负荷保护

(2) 常用低熔点熔体材料的熔点（见表3.1.2-4）

常用低熔点熔体材料的熔点   表3.1.2-4

序号	成分 (%)							熔点(℃)
	Bi	Pb	Sn	Cd	In	Zn	Hg	
1	20	20	—	—	—	—	60	20
2	45	23	8	5	19	—	—	47
3	49	18	12	—	21	—	—	57
4	50	27	13	10	—	—	—	70
5	52	40	—	8	—	—	—	92
6	53	32	15	—	—	—	—	96
7	54	26	—	20	—	—	—	103
8	55.5	44.5	—	—	—	—	—	124
9	56	—	40	—	—	4	—	130
10	29	43	28	—	—	—	—	132
11	57	—	43	—	—	—	—	138

续表

序号	成分（%）							熔点(℃)
	Bi	Pb	Sn	Cd	In	Zn	Hg	
12	—	32	50	18	—	—	—	145
13	50	50	—	—	—	—	—	160
14	15	41	44	—	—	—	—	164
15	—	—	67	33	—	—	—	177
16	—	38	62	—	—	—	—	183
17	20	—	80	—	—	—	—	200

（3）熔化电流估算

在正常空气环境条件下，纯金属熔体材料的熔化电流可按下式估算：

$$I = Kd^{3/2}$$

式中　I——熔体材料的熔化电流，A；

　　　d——线径，mm；

　　　K——金属比例常数（铅，10.8；锡，12.8；铂，40.4；铜，80）。

4．电触头材料

（1）电触头材料的分类及基本特性（见表3.1.2-5）

常用电触头材料的分类及特性　　　　　表3.1.2-5

序号	类别	品种		特性
1	强电用	复合触头材料	银-氧化镉，银-钨，铜-钨，银-铁，银-镍，银-石墨，铜-石墨，银-碳化钨	具有低的接触电阻，保证长时间通过额定电流时不会过热；电磨损和机械磨损率小，能达到较长使用寿命；抗熔焊性能好，在故障情况下能顺利分断电路；剩余电流小，灭弧能力强。当触头分断大电流时，在开关灭弧装置的配合作用下，能迅速熄灭电弧，不会引起电弧重燃或持续电弧
		真空开关触头材料	铜铋铈，铜铋银，铜碲硒，钨-铜铋锆，铜铁镍钴铋	
2	弱电用	铂族合金	铂铱，钯银，钯铜，钯铱	具有低而稳定的接触电阻和小的电磨损率，使能长期保持可靠的电接触和具有较长使用寿命。这种触头的闭合力小，故机械磨损不是重要问题。此外，这种触头材料还具有较大的最小起弧电压和最小起弧电流值，使触头尽可能在无电弧情况下操作，避免电弧腐蚀。在直流下，则还要求材料转移小
		金基合金	金银，金镍，金锆	
		银及其合金	银，银铜	
		钨及其合金	钨，钨钼	

5．热双金属

热双金属是由两个热膨胀系数相差悬殊的金属复合而成。这两种金属分别称为主动层和被动层。主动层金属的线膨胀系数约为$(17\sim27)\times10^{-6}/℃$，被动层金属的线膨胀系数约为$(2.6\sim9.7)\times10^{-6}/℃$。当电流流过热双金属或将热双金属放置在电器某一发热部位，温度升高后，双金属必然因膨胀系数不同而弯曲变形，从而产生一个推力，使与之相连的触点通断状态改变。

热双金属元件结构简单，动作可靠，广泛应用于电气控制和过载保护。

热双金属分类及用途见表3.1.2-6。

常用热双金属的种类及用途　　　　　　　　表 3.1.2-6

序号	类型	特点及用途
1	通用型	适用于多种用途和中等使用温度范围的品种，有较高的灵敏度和强度
2	高温型	适用于 300℃ 以上的温度下工作。有较高的强度和良好的抗氧化性能，其灵敏度较低
3	低温型	适用于 0℃ 以下温度工作。性能要求与通用型相近
4	高灵敏型	具有高灵敏度、高电阻等特性，但其耐腐蚀性较差
5	电阻型	在其他性能基本不变的情况下，有高低不同的电阻率可供选用。适用于各种小型化、标准化的电器保护装置
6	耐腐蚀型	有良好的耐腐蚀性。适合于腐蚀性介质中使用。性能要求与通用型相近
7	特殊型	具有各种特殊性能

3.1.3　绝缘材料的种类和一般特性

1. 绝缘材料的分类

绝缘材料种类很多，有气体绝缘材料、液体绝缘材料和固体绝缘材料。常用绝缘材料的分类及特点见表 3.1.3-1。

绝缘材料的分类及特点　　　　　　　　表 3.1.3-1

序号	类别	主要品种	特点及用途
1	气体绝缘材料	空气、氮、氢、二氧化碳、六氟化硫、氟里昂	常温、常压下的干燥空气，环绕导体周围，具有良好的绝缘性和散热性。用于高压电器中的特种气体具有高的电离场强和击穿场强，击穿后能迅速恢复绝缘性能，不燃、不爆、不老化，无腐蚀性，导热性好
2	液体绝缘材料	矿物油、合成油、精制蓖麻油	电气性能好，闪点高，凝固点低，性能稳定，无腐蚀性。主要用作变压器、油开关、电容器、电缆的绝缘、冷却、浸渍和填充
3	绝缘纤维制品	绝缘纸、纸板、纸管、纤维织物	经浸渍处理后，吸湿性小，耐热、耐腐蚀，柔性强，抗拉强度高。主要用作电缆、电机绕组等的绝缘
4	绝缘漆、胶、熔敷粉末	绝缘漆、环氧树脂、沥青胶、熔敷粉末	以高分子聚合物为基础，能在一定条件下固化成绝缘膜或绝缘整体，起绝缘与保护作用
5	浸渍纤维制品	漆布、漆绸、漆管和绑扎带	以绝缘纤维制品为底料，浸以绝缘漆，具有一定的机械强度、良好的电气性能，耐潮性、柔软性好。主要用作电机、电器的绝缘衬垫，或线圈、导线的绝缘与固定
6	绝缘云母制品	天然云母、合成云母、粉云母	电气性能、耐热性、防潮性、耐腐蚀性良好。主要用于电机、电器主绝缘和电热电器绝缘
7	绝缘薄膜、粘带	塑料薄膜、复合制品、绝缘胶带	厚度薄(0.006~0.5mm)，柔软，电气性能好，用于绕组电线绝缘和包扎固定
8	绝缘层压制品	层压板、层压管	由纸或布作底料，浸或涂以不同的胶粘剂，经热压或卷制成层状结构，电气性能良好，耐热、耐油，便于加工成特殊形状，广泛用作电气绝缘构件

续表

序号	类别	主要品种	特点及用途
9	电工用塑料	酚醛塑料、聚乙烯塑料	由合成树脂、填料和各种添加剂配合后,在一定温度、压力下,加工成各种形状,具有良好的电气性能和耐腐蚀性,可用作绝缘构件和电缆护层
10	电工用橡胶	天然橡胶、合成橡胶	电气绝缘性好,柔软、强度较高,主要用作电线、电缆绝缘和绝缘构件

2. 绝缘材料的基本电气性能

绝缘材料的基本电气性能就是其绝缘性。反映绝缘性的主要特性参数是泄漏电流、电阻率、绝缘电阻、介质损失角、击穿强度等。

(1) 泄漏电流

在绝缘材料两端加一直流电压后,会有一定的电流流过绝缘体。这一电流主要由三部分组成:

a. 瞬时充电电流。几何电容充电电流,随时间迅速减小(充电完毕);

b. 吸收电流。由缓慢极化产生,随时间逐渐减小(极化完成);

c. 漏电电流。材料电阻电流,变化很小。

漏电电流又称泄漏电流,其大小反映了材料的绝缘性,数值越小,绝缘性越好,一般为微安级。

(2) 表面电阻率和体积电阻率

在绝缘材料两端所加直流电场强度与泄漏电流之间符合欧姆定律所揭示的关系,即

$$\rho = E/j$$

式中　E——直流电场强度,V;

　　　j——泄漏电流密度,A/mm^2;

　　　ρ——电阻率。

在固体绝缘材料中,漏电电流分为表面电流和体积电流两部分,其电阻率也相应分为两部分:

表征材料表面的绝缘特性,称为表面电阻率,符号为 ρ_s,单位为 Ω;

表征材料内部的绝缘特性,称为体积电阻率,符号为 ρ_v,单位为 $\Omega \cdot cm$。绝缘材料的体积电阻率一般大于 $10^9 \Omega \cdot cm$。

(3) 绝缘电阻和吸收比

绝缘材料两端所加直流电压 U 和泄漏电流 I 之比,称为绝缘电阻 R,单位为兆欧 (MΩ)。

$$R = U/I$$

为了消除充电电流和吸收电流的影响,应读取加入直流电压一定时间以后的数值。

绝缘电阻通常采用兆欧表测量。

由于充电电流和吸收电流的影响,其绝缘电阻是变化的(导体的直流电阻是不变的)。良好的绝缘,其绝缘电阻应越来越高。用吸收比来表示。

$$K_a = R_{60}/R_{15}$$

式中 K_a——吸收比,其值越大,绝缘越好,一般应大于1.3;
R_{60}——加上直流电压后60s的电阻值,Ω;
R_{15}——加上直流电压后15s的电阻值,Ω。

在通常情况下,绝缘电阻随温度升高而减小,吸收比亦有一定变化。绝缘电阻变化关系为:

对热塑性绝缘材料,

$$R_t = R \cdot 2^{\frac{75-t}{10}}$$

对热固性绝缘材料,

$$R_t = R \cdot 1.6^{\frac{100-t}{10}}$$

式中 R_t——温度为 t℃时绝缘电阻,MΩ;
R——温度分别为75℃和100℃时的绝缘电阻,MΩ;
t——测量时的材料温度。

其换算关系亦可按表3.1.3-2确定。

绝缘电阻温度换算系数 表3.1.3-2

	测量时材料温度(℃)	70	60	50	40	30	20	10	5
换算系数	热塑性材料($2^{\frac{75-t}{10}}$)	1.4	2.8	5.7	11.3	22.6	45.3	90.5	128
	热固性材料($1.6^{\frac{100-t}{10}}$)	4.1	6.6	10.5	16.8	26.8	43.0	68.7	87

(4) 介质损失角 tanδ 值

当在绝缘材料两端加一交流电压 U 后,充电电流和吸收电流的一部分为无功电容电流,而泄漏电流主要为有功电流(电阻电流),两者的比值为:

$$\tan\delta = I_R/I_C \times 100\%$$

式中 I_R——电阻电流;
I_C——无功电流;
tanδ——介质损失正切值,%。

显然,tanδ(%)反映了材料的绝缘性,其值越小,绝缘性越好。

(5) 击穿强度

当施加于绝缘材料两端的交流电场强度高于某一临界值后,其电流剧增,绝缘材料完全失去其绝缘性能,这种现象称为击穿。其临界电场强度称为击穿强度(E_d),单位为 kV/cm 或 kV/mm。

(6) 相对介电系数

绝缘材料两端面之间相当于一电容器,其电容量为 C,其值与假定其间为真空时电容量 C_0 之比,称为相对介电系数 ε_r。

$$\varepsilon_r = C/C_0$$

ε_r 总是大于1。ε_r 越大,其绝缘性越好。

3. 常用电气绝缘材料的特性 (见表3.1.3-3)

3.1 基本电工材料的种类和一般性能

常用电气绝缘材料的主要特性　　表 3.1.3-3

绝缘材料	密度 (kg/dm³)	电阻率 (Ω·cm)	介电损失因数 $10^{-3}\tan\delta$		相对介电常数		击穿强度 (kV/mm)	热稳定性 (δ/℃)
			50Hz	1MHz	50Hz	1MHz		
氨基塑料-压制材料	1.5	10^{11}	100	—	7	6	8~15	100~120
胶木	1.3	10^{11}	5	20	4~6.5	5~10	10~12	150
琥珀	0.9~1.1	$>10^{18}$	1	5	2.8	—	50~70	250
沥青-填料	1.1~1.6	10^{15}	—	—	—	—	20~40	110
克罗分	1.3~1.7	—	1~2	—	5	—	16	—
环氧树脂	1.25	10^{16}	6	15	3.6	3.6	15~40	80
玻璃	2.5	10^{14}	5	8	8	16	20~50	150
云母	2.6~3.2	10^{16}	0.5	0.2	6	8	60~180	800
橡胶	0.95	10^{15}	5	65	2.65	—	16~50	60
胶木板	1.8	10^{11}	40	25	5	5	40~50	125
硬橡胶	1.15	10^{16}	14	7	3	—	15~40	60
胶纸板	1.4	10^{10}	80	80	5	—	20~30	120
硬瓷	2.4	10^{12}	20	10	6	6	35	800
玻璃漆布	1.4	10^{12}	—	—	—	—	—	150
空气(干燥)	1.3×10^{-3}	—	<0.1	<0.1	1	1	2.4	—
硅酸镁	2.7	10^{12}	1	2	6	6	38	500
三聚氰胺树脂	1.5	—	—	—	6	8	10~15	150
云母板(模塑)	3.0	10^{15}	1	0.3	5	5	30~38	750
云母玻璃板	2.8~3.2	10^{10}	10	18	8	5	15	400
上克罗分纸张	0.9	10^{15}	4	—	5	2.9	60	100
上石蜡纸张	0.8	10^{15}	7	38	3	—	60	100
石蜡、固体	0.9	10^{17}	4	9	2	2	15~35	35
石蜡油	0.85	—	0.08	0.3	3	3	16	—
胶纸板	1.2	10^{10}	60	90	5	5	10~20	125
酚醛树脂	1.25	10^{12}	50	30	5	5	20	155
酚醛压制材料	1.8	10^{11}	30	20	4~6	4~6	10~20	150
介电性有机玻璃	1.18	10^{15}	60	20	3.6	2.8	30~45	80
聚酰胺	1.1~1.2	10^{11}	—	20	30	6	—	60
聚乙烯	0.95	10^{16}	0.2	0.2	2.2	2.2	50	40
聚异丁烯	0.93	10^{15}	0.4	0.4	2.2	2.2	23	—
聚氨酯	1.2	10^{10}	12	45	3.4	3.2	20	50
聚苯乙烯	1.05	10^{14}	0.2	0.3	2.5	2.5	50	70
聚四氟乙烯	2.1	10^{18}	0.5	0.5	2	2	20~40	100
聚氯乙烯(PVC)	1.4	10^{13}	13	18	3.2	2.9	40~90	75

续表

绝缘材料	密度 (kg/dm³)	电阻率 (Ω·cm)	介电损失因数 $10^{-3}\tan\delta$		相对介电常数		击穿强度 (kV/mm)	热稳定性 (δ/℃)
			50Hz	1MHz	50Hz	1MHz		
硬瓷	2.2	10^{15}	15	10	5	6	30~35	600
压制厚纸板	1.2	10^9	30	50	4	4	6~11	80
石英	2.7	10^{16}	0.1	0.1	2	3		1000
石英玻璃	2.2	10^{16}	0.5	0.5	4.2	4	25~40	1000
金红石陶瓷	3.9	10^{13}	1	0.8	50~100	50~100	10~20	500
虫胶漆	1.1	10^{15}	3.8	10	3.3	—	10~15	80
硅(有机)橡胶	2.0	10^{13}	1.0	3	6	—	20~30	220
硅(有机)绝缘油	0.95	10^{14}	0.1	0.1	2.8	2.8	50	80
皂石	2.5	10^{12}	3	2	6.5	6	20~30	500
钛陶瓷	3~4.5	10^{13}	0.3~2	0.3	12~40	12~40	10~25	500
变压器油	0.84	10^{18}	0.1	0.2	2.5	2.5	12~20	80
聚苯乙烯塑料	1.05	10^{16}	0.1	0.2	2.3	2.3	50	70
硫化纤维	1.3	10^8	50	—	4		5	80
水(蒸馏)	1.0	10^{10}			80			—
软橡胶	1.0	10^{15}	15		2.5		20	50
塞璐珞	1.35	10^{10}	40	50	3	—	40	40
醋酸纤维素	1.3	10^{13}	10	60	5.5	4.5	32	40

4. 绝缘材料的耐热等级(见表 3.1.3-4)

绝缘材料的耐热等级　　　　　　　表 3.1.3-4

耐热分级	极限温度 (℃)	耐热等级定义	相当于该耐热等级的绝缘材料
Y	90	用经过试验证明,在 90℃ 极限温度下,能长期使用的绝缘材料或其组合物所组成的绝缘结构	未浸渍过的棉纱、丝及纸等材料或其组合物
A	105	用经过试验证明,在 105℃ 极限温度下,能长期使用的绝缘材料或其组合物,所组成的绝缘结构	浸渍过的或者浸在液体电介质中的棉纱、丝及纸等材料或其组合物
E	120	用经过试验证明,在 120℃ 极限温度下,能长期使用的绝缘材料或其组合物,所组成的绝缘结构	合成有机薄膜、合成有机瓷漆等材料或其组合物
B	130	用经过试验证明,在 130℃ 极限温度下,能长期使用的绝缘材料或其组合物,所组成的绝缘结构	合适的树脂粘合或浸渍、涂覆后的云母、玻璃纤维、石棉等,以及其他无机材料、合适的有机材料或其组合物
F	155	用经过试验证明,在 155℃ 极限温度下,能长期使用的绝缘材料或其组合物,所组成的绝缘结构	合适的树脂粘合或浸渍、涂覆后的云母、玻璃纤维、石棉等,以及其他无机材料、合适的有机材料或其组合物

续表

耐热分级	极限温度(℃)	耐热等级定义	相当于该耐热等级的绝缘材料
H	180	用经过试验证明,在180℃极限温度下,能长期使用的绝缘材料或其组合物,所组成的绝缘结构	合适的树脂(如有机硅树脂)粘合或浸渍,涂覆后的云母、玻璃纤维、石棉等材料或其组合物
C	>180	用经过试验证明,在超过180℃的温度下,能长期使用的绝缘材料或其组合物,所组成的绝缘结构	合适的树脂粘合或浸渍,涂覆后的云母、玻璃纤维等,以及未经浸渍处理的云母、陶瓷、石英等材料或其组合物。C级绝缘的极限温度应根据不同的物理、机械、化学和电气性能确定之

5. 绝缘材料的型号表示方法

电工绝缘材料的型号是按品种编制的,一般由4位数字组成。其格式如下:

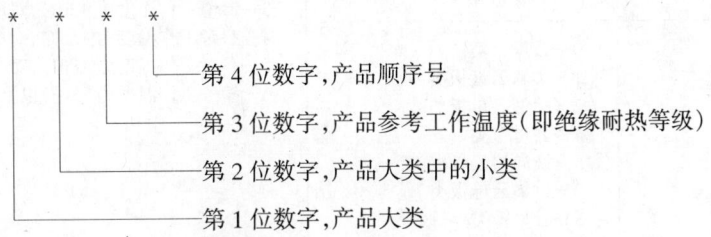

如有必要还可增加第5位数字或附加文字说明。

各种数字的含义见表3.1.3-5。

一般绝缘材料型号中数字的含义　　　　　　表3.1.3-5

第一位数字及含义	第二位数字及含义	第三位数字及含义
1—漆,树脂和胶类	0—有溶剂浸渍漆类 1—无溶剂浸渍漆类 2—覆盖漆类 3—瓷漆类 4—胶粘漆、树脂类 5—熔敷粉末类 6—硅钢片漆类 7—漆包线漆类 8—胶类	1—参考工作温度为105℃,对应于Y级; 2—参考工作温度为120℃,对应于E级; 3—参考工作温度为130℃,对应于B级; 4—参考工作温度为155℃,对应于F级; 5—参考工作温度为180℃,对应于H级; 6—参考工作温度为180℃以上,对应于C级
2—浸渍纤维制品类	0—棉纤维漆布类 2—漆绸类 3—合成纤维漆布类 4—玻璃纤维漆布类 5—混合纤维漆布类 6—防电晕漆布类 7—漆管类 8—绑扎带类	

续表

第一位数字及含义	第二位数字及含义	第三位数字及含义
3—层压制品类	0—有机底材层压板类 2—无机底材层压板类 3—防电晕及导磁层压板类 4—覆铜箔层压板类 5—有机底材层压管类 6—无机底材层压管类 7—有机底材层压棒类 8—无机底材层压棒类	1—参考工作温度为105℃,对应为Y级; 2—参考工作温度为120℃,对应为E级; 3—参考工作温度为130℃,对应为B级; 4—参考工作温度为155℃,对应为F级; 5—参考工作温度为180℃,对应为H级; 6—参考工作温度为180℃以上,对应为C级
4—塑料类	0—木粉填料塑料类 1—其他有机物填料塑料类 2—石棉填料塑料类 3—玻璃纤维填料塑料类 4—云母填料塑料类 5—其他矿物填料塑料类 6—无填料塑料类	
5—云母制品类	0—云母带类 1—柔软云母板类 2—塑型云母板类 4—云母带类 5—换向器云母板类 7—衬垫云母板类 8—云母箔类 9—云母管类	
6—薄膜、粘带和复合制品类	0—薄膜类 2—薄膜粘带类 3—橡胶及织物粘带类 5—薄膜绝缘纸及薄膜玻璃漆布复合箔类 6—薄膜合成纤维纸复合箔类 7—多种材质复合箔类	

注:a. 第四位数字为产品顺序号;
b. 表中0~9个数字中,空缺的数字供增加的新材料使用。

【例】 1032 有溶剂浸渍漆类,参考工作温度130℃,产品顺序号为2。
2012 棉纤维漆布,参考工作温度105℃,产品顺序号为2。

3.1.4 磁性材料的种类和一般特性

1. 磁性材料分类

磁性材料分为软磁材料(导磁材料)和硬磁材料(永磁材料)。两种磁性材料的特点及用途见表3.1.4-1。

磁性材料的种类及特点　　　　表3.1.4-1

序号	类别	主要品种	特点及用途
1	软磁材料	纯铁、铸铁、碳钢、低碳钢片、硅钢片、铁镍合金等	磁导率高,矫顽力低,易于饱和。用于变压器、电机、电磁铁铁芯、传递、转换能量和信息
2	永磁材料	铝镍钴合金、铁氧体、稀土钴等	矫顽力和剩余磁感应强度高,磁性稳定。用于能产生恒定磁通的磁路中,作为磁场源

2. 磁性材料的基本磁性能

磁性材料的磁性能的主要特点是：相对磁导率远大于 1；磁化过程具有明显的不可逆性，并与物质的原有磁化状态有关；外磁场消失后，仍残留一定的磁性。

(1) 磁滞回线

磁性材料的磁性能一般用磁化曲线，即磁场强度 H 和磁感应强度 B 的关系曲线（B-H 曲线）来表示。磁性物质受到交变磁化时，即磁场强度 H 周期性地在某个 $+H_m$ 和 $-H_m$ 之间变动时，B-H 曲线是一条对称于原点的闭合曲线，称为磁滞回线。不同的材料，磁滞回线的形状是不同的。

(2) 饱和磁感应强度

材料磁化至饱和时的磁感应强度，称为饱和磁感应强度，符号为 B_s，单位为 T（特拉斯），即 Wb/m^2。

通常，软磁材料的饱和磁感应强度 $B_s > 1.8T$，永磁材料的 B_s 要小一些。

(3) 剩余磁感应强度

磁场强度 H 从最大值降至零时材料的磁感应强度称为剩余磁感应强度，符号为 B_r，单位为 T。

通常，永磁材料的剩余磁感应强度较大，可达 0.5~1.5T。

(4) 矫顽力

使磁感应强度降为零时的磁场强度，称为矫顽力。符号为 H_c，单位为 A/m。

通常，软磁材料的 $H_c < 1kA/m$，永磁材料的 $H_c > 10kA/m$。

(5) 最大磁能积

永磁材料在退磁时 B 和 H 乘积的最大值 $(BH)_{max}$，称为最大磁能积，单位是 kJ/m^3。

通常，永磁材料的 $(BH)_{max} = 10 \sim 50 kJ/m^3$，有的可达 $300 kJ/m^3$。

(6) 铁损

在交流磁场作用下，磁性材料存在磁滞损耗、涡流损耗和剩余损耗。单位重量的材料在某一频率的交变磁场下的总损耗，称为铁损。符号为 P，单位为 W/kg。

为便于比较，通常用频率为 50Hz、磁感应强度 B 分别为 1.0、1.5、2.0T 时的铁损。分别记作 $P_{10/50}$、$P_{15/50}$、$P_{20/50}$。

通常，普通钢片 $P_{15/50} = 10 \sim 15 W/kg$，硅钢片 $P_{15/50} = 1 \sim 5 W/kg$。

(7) 磁导率

磁导率是反映磁性材料基本特性的重要参数之一。磁导率分别采用不同情况下的值来表示。

1) 绝对磁导率和真空磁导率：在磁化曲线上任意一点的磁感应强度 B 与磁场强度 H 之比，称为绝对磁导率 μ，$\mu = B/H$。在真空中 $\mu = \mu_0$，μ_0 称为真空磁导率，$\mu_0 = 4\pi \times 10^{-7}$ H/m（亨/米）。

2) 相对磁导率：绝对磁导率与真空磁导率之比，称为相对磁导率（μ_r），即

$$\mu_r = \mu/\mu_0$$

在不致引起混淆的情况下，μ_r 可写作 μ。

3) 起始磁导率：磁场强度 $H \to 0$ 时的磁导率极限值称为起始磁导率，记作 μ_i。

4) 最大磁导率：在整个磁化曲线上磁导率的最大值称为最大磁导率，记作 μ_m。

3.2 导体连接件

3.2.1 接线端子和接线管

1. 接线端子(接线鼻子)

接线端子俗称接线鼻子,外形结构见图3.2.1-1。

常用铜、铝接线端子见表3.2.1-1。

2. 中间连接管

(1) 种类及外形(见图3.2.1-2)

(2) 主要性能

1) 产品经压模与导体连接做成为接头后,其电气、力学性能应满足由表3.2.1-2规定的技术要求。

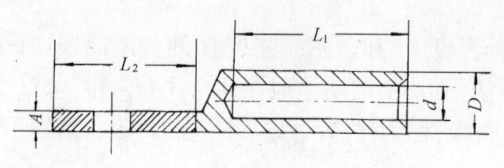

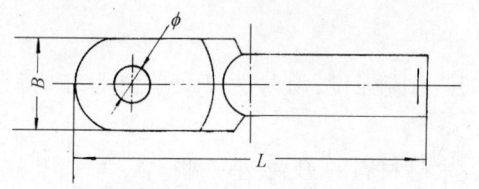

图3.2.1-1 接线端子

铜、铝接线端子 　　　　　　　　　　　　　表3.2.1-1

名　称	型　号	适用导线截面 (mm^2)	长×直径($L \times D$) (mm)	连接螺栓直径 (mm)
铜接线端子	DT-16	16	40×9	8
	-25	25	45×10	8
	-35	35	50×11	8
	-50	50	55×13	10
	-70	70	60×15	10
	-95	95	65×18	12
	-120	120	75×20	12
	-150	150	85×22	12
	-185	185	95×25	12
	-240	240	105×27	12
铝接线端子	DL-16	16	65×10	8
	-25	25	70×12	8
	-35	35	80×14	8
	-50	50	86×16	10
	-70	70	96×18	10
	-95	95	106×21	10
	-120	120	116×23	12
	-150	150	120×25	12
	-185	185	130×27	12
	-240	240	140×31	12

续表

名　称	型　号	适用导线截面 (mm²)	长×直径(L×D) (mm)	连接螺栓直径 (mm)
铜铝过渡接线端子	DTL-10	铝绞线 10	65×9	8
	-16	16	70×10	8
	-25	25	70×12	8
	-35	35	85×14	8
	-50	50	85×16	10
	-70	70	110×18	10
	-95	95	110×21	10
	-120	120	125×23	12
	-150	150	125×25	12
	-185	185	140×27	12
	-240	240	140×31	12

注：1. D—端子；L—铝质；T—铜质；
　　2. 过渡接线端子，铝线穿孔压接；
　　3. 小截面接线端子有 DT-10,6,4,2.5,1.5,1.0,0.75,0.5mm² 等，DTL-10,6,4,2.5,1.5mm² 等。

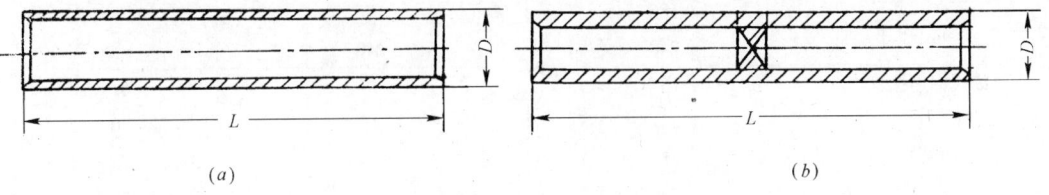

图 3.2.1-2　中间连接管
(a)接续式；(b)堵油式

技　术　指　标　　　　　　　　　　表 3.2.1-2

试验项目	要　求
直流电阻试验	电阻比率：$k_J \leqslant 1.2$ 初始离散度：$\alpha \leqslant 0.15$
拉力试验	拉力负荷：铝 $40 \times A$；最大 20kN 　　　　　铜 $60 \times A$；最大 20kN 接头承受上述的拉力负荷，于一分钟内压接连接处应不发生滑移
短路试验	电阻比率的变化率：$r_J \leqslant 0.2$
热循环试验	测量期内电阻比率离散度 $\beta: \leqslant 0.15$ 测量期内电阻比率变化率 $D_J \leqslant 0.15$ 最大电阻比率增长率 $\lambda_J: \leqslant 1.5$ 最大接头温度 $[\theta_J]_H \leqslant \theta_r$

注：θ_r—实测基准导体温度，A—导体标称截面(mm²)。

2) 经冷轧、冷挤的铜、铝半成品在表面处理前，必须退火。退火后的硬度；铜 HB 应不大于62；铝HB应不大于25。

3）产品内外表面应光洁平滑，不允许有毛刺、裂纹、锐边、折叠；端子板部要求平坦。

4）铜产品表面应镀锡，镀层应均匀，色泽一致，无脱皮；铝产品表面应经化学方法处理或抛光。

5）压接圆筒筒口加工时应采取措施，不准有尖角、卷边。

（3）技术数据（见表3.2.1-3）

中 间 连 接 管　　　　　　　　　　表 3.2.1-3

名　称	型　号	适用导线截面 (mm^2)	长×直径($L×D$) (mm)
接续式铜连接管	GT-16	16	52×9
	-25	25	56×10
	-35	35	64×11
	-50	50	72×13
	-70	70	75×15
	-95	95	82×18
	-120	120	90×20
	-150	150	94×22
	-185	185	100×25
	-240	240	110×27
接续式铝连接管	GL-16	16	62×10
	-25	25	70×12
	-35	35	75×14
	-50	50	80×16
	-70	70	88×18
	-95	95	95×21
	-120	120	100×23
	-150	150	105×25
	-185	185	110×27
	-240	240	120×31
堵油式铝连接管	GDL-25	25	75×12
	-35	35	80×14
	-50	50	80×16
	-70	70	100×18
	-95	95	105×21
	-120	120	110×23
	-150	150	120×25
	-185	185	125×27
	-240	240	134×31

注：G—连接管；T—铜质；L—铝质；D—堵油式。

3. 铝导线连接管（见表3.2.1-4）

铝导线连接管　　　　　　　　　　表3.2.1-4

名　称	套管型号	适用导线截面 (mm^2)	套管长度 (mm)
单线压接管	QL-2.5	单线　2.5	31
	YL-2.5		31
	QL-4	4	31
	YL-4		31
	QL-6	6	31
	YL-6		31
	QL-10	10	31
	YL-10		31
绞线压接管	QL-16	绞线　16	110
	YL-16		62
	QL-25	25	120
	YL-25		62
	QL-35	35	140
	YL-35		62
	QL-50	50	190
	YL-50		71
	QL-70	70	210
	YL-70		77
	QL-95	95	280
	YL-95		85
	QL-120	120	300
	YL-120		95
	QL-150	150	320
	YL-150		100

注：QL—椭圆形套管；YL—圆形套管。

4．铜铝过渡板

铜铝过渡板（PTL型）适用于发电厂和变电站铜母线与铝母线的连接。技术数据见表3.2.1-5。

PTL型铜铝过渡板　　　　　　　表3.2.1-5

规　格	主要尺寸(mm)		规　格	主要尺寸(mm)	
	铜　长	铝　长		铜　长	铝　长
PTL-4×30×150	75	75	3×30×200	90	110
5×40×160	60	86	8×60×140	60	60
5×50×110	50	60	8×80×180	80	100
5×60×190	95	95	8×100×230	115	115
6×25×130	60	70	10×60×140	60	80
6×50×200	90	110	10×80×180	80	100
6×60×120	60	60	10×100×220	100	120

5．铜铝并钩线夹

铜铝并钩线夹适用于变电所与配电线路的母线与引接直径不同的连接。技术数据见表3.2.1-6。

PTL 型并钩线夹　　　　　表 3.2.1-6

型号	适用线芯截面(mm²)		型号	适用线芯截面(mm²)	
	铜绞线	铝绞线		铜绞线	铝绞线
PTL-1	16~35	25~50	PTL-5	16~35	120~150
PTL-2	50~95	25~50	PTL-6	50~95	120~150
PTL-3	16~35	70~95	PTL-7	16~35	185
PTL-4	50~95	70~95	PTL-8	50~95	185

6. 铜铝过渡设备线夹

设备线夹适用于配电装置中母线引下线与电气设备的连接。技术数据见表 3.2.1-7。

铜铝过渡设备线夹　　　　　表 3.2.1-7

型号	适用导线截面(mm²)	型号	适用导线截面(mm²)
STL-1	35~50	STL-5	120~150
STL-2	70~95	STL-6	185~240
STL-3	35~50	STL-7	120~150
STL-4	70~95	STL-8	185~240

3.2.2　胶木接线端子和接线柱

胶木接线端子和接线柱是广泛用于电气装置中的一类导体连接件。

1. 接线端子的种类（见表 3.2.2-1）

常用接线端子的种类及用途　　　　　表 3.2.2-1

序号	类别	特点及用途
1	普通型	连接电气装置不同部分的导线
2	试验型	用于电流互感器二次绕组出线与仪表、继电器线圈之间的连接，可从其上接入试验仪表，对回路进行测试
3	试验连接型	将两个以上试验端子连接在一起，也可将试验端子与其他端子相连接
4	连接型	用于回路分支或合并
5	标记型	用于端子排的终端或中间，标记安装单位
6	标准型	用于连接控制屏内一条线路的两端
7	特殊型	可在不松动或不断开已接好的导线情况下断开回路
8	隔板	作绝缘隔板，以增加绝缘强度和爬电距离

2. 常用接线端子和端子板

外形结构式样见图 3.2.2-1，技术数据见表 3.2.2-2。端子板的组合应用见图 3.2.2-2。

常用接线端子和端子板 表 3.2.2-2

型号	名称	额定电压 (V)	额定电流 (A)	连接导线截面 (mm^2)	备注
D-1 D-2 D-3 D-4 D-5	普通端子 连接端子 终端连接端子 试验端子 连接试验端子	500	10	2.5	适用于自动控制装置中
D-6 D-7 D-8 D-9 D-10	可调电阻端子 开关端子 熔断器端子 标记端子 隔板	500	10	2.5	适用于自动控制装置中
D_1-10 D_1-10L_1 D_1-10L_2 D_1-10B D_1-10G	普通端子 联络Ⅰ型端子 联络Ⅱ型端子 标记端子 隔板	500	10	2.5	适用于电力装置和控制装置
D_1-20 D_1-20L_1 D_1-20L_2 D_1-20S D_1-20SL D_1-20B D_1-20G D_1-20Z	普通端子 联络Ⅰ型端子 联络Ⅱ型端子 试验端子 试验联络端子 标记端子 隔板 电阻端子	500	20	6	适用于电力设备中
D_1-60 D_1-60L_1 D_1-60L_2 D_1-60G	普通端子 联络Ⅰ型端子 联络Ⅱ型端子 隔板	500	60	2.5~10	
DC_1 DC_2	插接式接线板	500 500	15 10	2.5	防震性好
JX_2-10 JX_2-25 JX_2-60	接线板	500 500 500	10 25 60	2.5 6 2.5~10	适用于电力设备和控制设备中
JDR-P JDR-Z JDR-Y JDR-S JDR-B JDR-G	普通弱电端子 左强弱电端子 右强弱电端子 试验弱电端子 标记弱电端子 绝缘隔板	100 100 100 100 100	0.5 0.5 0.5 0.5 0.5	0.5~1.0 强电侧 0.5~2.5 弱电侧 0.5~1.0 （同　上）	适用于弱电回路线端连接和分线

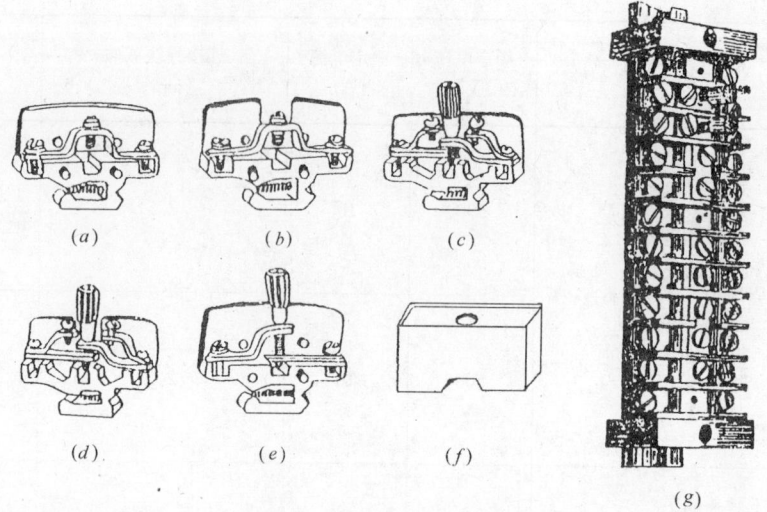

图 3.2.2-1　胶木端子和端子板
(a)一般端子；(b)连接端子；(c)试验端子；(d)试验连接端子；
(e)特殊端子；(f)终端端子；(g)端子板

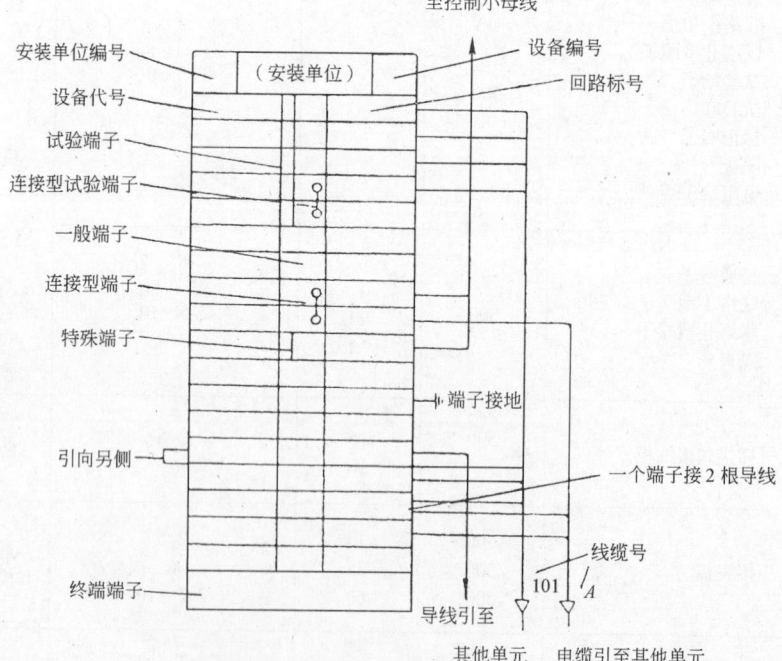

图 3.2.2-2　端子板组合及接线

3. 接线柱(见表 3.2.2-3)

常用接线柱　　　　　　　　　表 3.2.2-3

型　号	额定电压 (V)	额定电流 (A)	备　注
JS3-1	250	6	供电子仪器设备作接插导线用
JS3-2	250	6	
JS3-3	250	2	
633	250	100	供电力和电子仪器设备作接插导线用（上海仪表元件厂生产）
644	250	4	
107	250	10	
720	250	4	
900	250	10	
910	250	6	
999	250	10	

3.2.3 电刷

1. 电刷的用途和基本特性

电刷属电碳制品，也是一种应用十分广泛的导电材料和元件。电刷主要用于电机的换向器或集电环上，作为导出或导入电流的滑动接触体，它通常应满足以下条件：

a. 良好的导电性；

b. 在工作表面能形成适宜的由氧化亚铜、石墨和水分组成的润滑薄膜；

c. 磨损小，使用寿命长；

d. 在电刷下不出现对电机有害的火花；

e. 噪音小。

2. 常用电刷的种类（见表 3.2.3-1）

电机用电刷的种类特性及用途　　　　　表 3.2.3-1

序号	类别	型号	基本特征	主要应用范围
1	石墨电刷	S-3	硬度较低，润滑性较好	换向正常、负荷均匀、电压为 80～120V 的直流电机
		S-4	以天然石墨为基体、树脂为粘结剂的高阻石墨电刷，硬度和摩擦系数较低	换向困难的电机，如交流整流子电动机，高速微型直流电机
		S-6	多孔、软质石墨电刷，硬度低	汽轮发电机的集电环，80～230V 的直流电机
2	电化石墨电刷	D104	硬度低，润滑性好，换向性能好	一般用于 0.4～200kW 直流电机，充电用直流发电机，轧钢用直流发电机，汽轮发电机，绕线转子异步电动机集电环，电焊直流发电机等
		D172	润滑性好，摩擦系数低，换向性能好	大型汽轮发电机的集电环，励磁机，水轮发电机的集电环，换向正常的直流电机
		D202	硬度和机械强度较高，润滑性好，耐冲击振动	电力机车用牵引电动机，电压为 120～400V 的直流发电机
		D207	硬度和机械强度较高，润滑性好，换向性能好	大型轧钢直流电机，矿用直流电机

续表

序号	类别	型号	基本特征	主要应用范围
2	电化石墨电刷	D213	硬度和机械强度较 D214 高	汽车、拖拉机的发电机,具有机械振动的牵引电动机
		D214 D215	硬度和机械强度较高,润滑、换向性能好	汽轮发电机的励磁机,换向困难,电压在 200V 以上的带有冲击性负荷的直流电机,如牵引电动机,轧钢电动机
		D252	硬度中等,换向性能好	换向困难、电压为 120～440V 的直流电机,牵引电动机,汽轮发电机的励磁机
		D308 D309	质地硬,电阻系数较高,换向性能好	换向困难的直流牵引电动机,角速度较高的小型直流电机,以及电机扩大机
		D373		电力机车用直流牵引电动机
		D374	多孔,电阻系数高,换向性能好	换向困难的高速直流电机,牵引电动机,汽轮发电机的励磁机,轧钢电动机
		D479		换向困难的直流电机
3	金属石墨电刷	J101 J102 J164	高含铜量,电阻系数小,允许电流密度大	低电压、大电流直流发电机,如:电解、电镀、充电用直流发电机,绕线转子异步电动机的集电环
		J104 J104A		低电压、大电流直流发电机,汽车、拖拉机用发电机
		J201		电压在 60V 以下的低电压、大电流直流发电机,如:汽车发电机,直流电焊机,绕线转子异步电动机的集电环
		J204	中含铜量,电阻系数较高含铜量电刷大,允许电流密度较大	电压在 40V 以下的低电压、大电流直流电机,汽车辅助电动机,绕线转子异步电动机的集电环
		J205		电压在 60V 以下的直流发电机,汽车、拖拉机用直流起动电动机,绕线转子异步电动机的集电环
		J206		电压为 25～80V 的小型直流电机
		J203 J220	低含铜量,与高、中含铜量电刷相比,电阻系数较大,允许电流密度较小	电压在 80V 以下的大电流充电发电机,小型牵引电动机,绕线转子导步电动机的集电环

3．常用电刷的主要技术数据(见表 3.2.3-2)

常用电机用电刷主要技术数据　　　　表 3.2.3-2

序号	类别	型号	电阻 ($\Omega \cdot mm^2/m$)	洛氏硬度 (N/mm^2)	一对电刷接 触电压降 (V)	摩擦系数 不大于	额定电流 密度 (A/cm^2)	最大圆周 速度 (m/s)	使用时允许 的单位压力 (N/cm^2)
1	石墨电刷	S-3	14	220	1.9	0.25	11	25	2.0~2.5
		S-4	100	200	4.5	0.15	12	40	2.0~2.5
		S-6	20	3.9	2.6	0.28	12	70	2.2~2.4
2	电化石墨电刷	D104	11	60	2.5	0.20	12	40	1.5~2.0
		D172	13	—	2.9	0.25	12	70	1.5~2.0
		D202	25	310	2.6	0.23	10	45	2.0~2.5
		D207	27	—	2.0	0.25	10	40	2.0~4.0
		D213	31	300	3.0	0.25	10	40	2.0~4.0
		D214	29	—	2.5	0.25	10	40	2.0~4.0
		D215	30	—	2.9	0.25	10	40	2.0~4.0
		D252	13	170	2.6	0.23	15	45	2.0~2.5
		D308	40	—	2.4	0.25	10	40	2.0~4.0
		D309	38	—	2.9	0.25	10	40	2.0~4.0
		D373	52	—	2.5	0.20	15	50	3.2~3.5
		D374	57	350	3.3	0.25	12	50	2.0~4.0
		D479	25	160	2.1	0.25	12	40	2.0~4.0
3	金属石墨电刷	J101	0.09	110	0.2	0.20	20	20	1.8~2.3
		J102	0.22	90	0.5	0.20	20	20	1.8~2.3
		J104	0.25	120	0.4	0.25	20	20	1.8~2.3
		J104A	0.25	120	0.4	0.25	20	20	1.8~2.3
		J164	0.10	80	0.2	0.20	20	20	1.8~2.3
		J201	3.5	280	1.5	0.25	15	25	1.5~2.0
		J203	8	180	1.9	0.25	12	20	1.5~2.0
		J204	0.75	250	1.1	0.20	15	20	2.0~2.5
		J205	6	180	2.0	0.25	15	35	1.5~2.0
		J206	3.5	200	1.5	0.20	15	25	1.5~2.0
		J220	8	160	1.4	0.26	12	20	1.5~2.0

4. 电刷的尺寸规格

电机用电刷的尺寸规格表示为：

$$t \times a \times r$$

其中　t——电刷厚度，mm，沿换向器或集电环旋转方向的尺寸，即切向尺寸；

　　　a——电刷宽度，mm，沿换向器或集电环中心线方向尺寸，即轴向尺寸；

　　　r——电刷高度，mm，沿换向器或集电环直径方向的尺寸，即径向尺寸。

电刷尺寸规格系列见表 3.2.3-3。

电机用电刷尺寸规格系列(单位:mm)　　　　表 3.2.3-3

a $\diagdown$ t	2	2.5	3.2	4	5	6.3	8	10	12.5	16	20	25	32	40	50	r
1.6	8	8														8
2		8	8													8
2.5			8	8												8

续表

a\t	2	2.5	3.2	4	5	6.3	8	10	12.5	16	20	25	32	40	50	r
2.5			10	10	10 12.5											10 12.5
3.2		10		8 10 12.5	10 12.5	12.5 16										8 10 12.5 16
4		10	10		10 12.5	12.5 16	16 20	16 20								10 12.5 16 20
5			12.5	12.5		12.5 16	16 20 25	16 20 25	20 25 32	20 25 32	25 32	32 40				12.5 16 20 25 32 40
6.3			12.5 16	16			20 25 32	20 25 32	20 25 32	25 32	25 32 40	25 32 40 50	32 40 50			12.5 16 20 25 32 40 50

【例】 厚度为 2.5mm 的电刷有如下几种规格：$2.5 \times 3.2 \times 8, 2.5 \times 3.2 \times 10, 2.5 \times 4 \times 8, 2.5 \times 4 \times 10, 2.5 \times 5 \times 10, 2.5 \times 5 \times 12.5$(mm)。

5．电刷的使用

(1) 电刷的选型：不同的电刷性能差异很大，选型时，应综合考虑电刷性能、工作条件和使用范围，但最主要的应以使用效果为依据。如果使用效果不佳，应重新选择电刷型号。

(2) 电刷的更换：电刷磨耗到一定程度需更换新电刷。一台电机的电刷，无论是一次更换，还是分批分期更换，均应采用同类型、同批电刷，以防止由于电刷性能的差异，造成并联电刷的电流分布不均衡，影响电机的正常运转。

目前，有的电机滑入边采用润滑性能好、滑出边采用抑制火花能力强的电刷，也有正负刷杆采用不同型号电刷的，这类情况均应通过实践验证后方可正式采用之。

(3) 电刷的磨弧：为了使电刷与换向器(集电环)接触良好，新电刷应进行磨弧。磨弧一般是在电机上进行。将电刷装入刷握后，微微提起，在电刷与换向器(集电环)之间置入一条粗细适宜的玻璃砂纸，在正常弹簧压力下，按电枢旋转方向抽动。砂纸应尽量靠近换向器，以防将电刷磨圆。研磨到电刷弧面吻合为止。然后，提起电刷，取下砂纸，用风吹掉研磨下的粉末,再用软布擦拭干净。

(4) 弹簧压力:电刷的弹簧压力应按电刷的"工作条件"所推荐的压力进行。如电刷截面较小或承受繁重的过载电流时,允许提高压力50%。全部电刷上所施加的压力应相同,以免电流分布不均。压力过高,磨损加剧;压力过小,接触不稳,容易产生火花。因此,应定期用弹簧秤检查和调整压力。

(5) 间隙:电刷在刷握中应自由移动,一般电刷与刷握的间隙为0.1~0.3mm之间,以免电刷卡在刷握中或因间隙过大而使电刷在刷握中摆动。

(6) 氧化膜的保护:换向器(集电环)与电刷的接触表面形成不同程度的棕褐色氧化膜,如果电机运行是正常的,不仅有利于换向,而且可改善摩擦性能,减少摩擦副的磨损。因此,应妥善保护,不应将其擦掉。

(7) 换向器的车旋和清理:当电机的换向器或集电环的椭圆度超过0.02mm时,就应车旋、研磨,以免电刷因换向器或集电环的偏心度过大而振动。

换向器片间云母是不允许突出的,云母槽应保持在1~2mm的深度。

(8) 电刷运行中常见故障的分析与处理:见表3.2.3-4。

电刷运行中常见故障与处理方法　　　　　　　　　　表3.2.3-4

序号	故障现象	原因分析	处理方法
1	电刷磨损异常	电刷选择不当;换向器偏摆、偏心;换向片、绝缘云母凸起等	应根据电机的运行条件选配合适的电刷,并排除故障
2	电刷磨损不均匀	电刷质量不均匀或弹簧压力不均匀	更换电刷或调整弹簧压力
3	电刷下出现有害火花	a.机械原因如:换向器偏摆、偏心;换向片、绝缘云母凸起和振动等;b.电气原因如:负荷变化迅速;电机换向困难;换向极磁场太强或太弱	a.排除外部机械故障;b.选用换向性能好的电刷;c.调整气隙,移动换向极位置等
4	电刷导线烧坏或变色	a.电刷导线装配不良;b.弹簧压力不均	a.更换电刷;b.调整弹簧压力
5	电刷导线松脱	a.振动大;b.电刷导线装配不良	a.排除振源;b.更换电刷
6	换向器面拉成沟槽	电刷工作表面有研磨性颗粒,包括外部混入杂质;长期轻载、过冷、严重油污、有害气体,损害接触点间表面薄膜的形成	清扫电刷;更换电刷;排除故障
7	电刷或刷握过热	a.弹簧压力太大或不均匀;b.通风不良或电机过载;c.电刷的摩擦系数大;d.电刷型号混用;e.电刷安装不当	a.降低或调整弹簧压力;b.改善通风或减小电机负荷;c.选用摩擦系数小的电刷;d.换用同一型号的电刷;e.正确安装电刷
8	刷体破损,边缘碎裂	a.振动大;b.电刷材质软、脆	a.排除振源;b.选用韧性好的电刷;采取加缓冲压板等防振措施

续表

序号	故障现象	原因分析	处理方法
9	电机运行中出现噪音	电刷的摩擦系数大；电机及刷握振动大；空气湿度低	选择摩擦系数小的电刷；排除振源；调整湿度
10	电刷表面"镀铜"	a.由于电刷与换向器间接触不好而产生电镀作用，在电刷表面粘附铜粒；b.由于产生火花，使铜粒脱落，并积聚在电刷面上；c.局部电流密度过高	a.排除换向器偏摆，电刷跳动，弹簧压力低而不均等故障；b.消除产生火花的原因；c.排除电流密度不均的故障

3.3 绝缘材料

3.3.1 绝缘带

1. 不粘绝缘带（见表3.3.1-1）

常用不粘绝缘带的品种、规格、特性及用途　　　表3.3.1-1

序号	名称	型号	厚度(mm)	耐热等级	特点及用途
1	白布带		0.18, 0.22, 0.25, 0.45	Y	有平纹、斜纹布带，主要用于线圈整形，或导线等浸胶过程中临时包扎
2	无碱玻璃纤维带		0.06, 0.08, 0.1, 0.17, 0.20, 0.27	E	由玻璃纱编织而成，用于电线电缆绕包绝缘
3	黄漆布带	2010 2012	0.15, 0.17, 0.20, 0.24	A	2010柔软性好，但不耐油。可用于一般电机、电器的衬垫或线圈绝缘。2012耐油性好，可用于有变压器油或汽油气侵蚀的环境中工作的电机、电器的衬垫或线圈绝缘
4	黄漆绸带	2210 2212		A	具有较好的电气性能和良好的柔软性。2210适用于电机、电器薄层衬垫或线圈绝缘；2212耐油性好，适用于有变压器油或汽油气侵蚀的环境中工作的电机、电器的薄层衬垫或线圈绝缘
5	黄玻璃漆布带	2412	0.11, 0.13, 0.15, 0.17, 0.20, 0.24	E	耐热性较2010、2012漆布好。适用于一般电机、电器的衬垫和线圈绝缘，以及在油中工作的变压器、电器的线圈绝缘
6	沥青玻璃漆布带	2430	0.11, 0.13, 0.15, 0.17, 0.20, 0.24	B	耐潮性较好，但耐苯和耐变压器油性差。适用于一般电机、电器的衬垫和线圈绝缘
7	聚乙烯塑料带		0.02~0.20	Y	绝缘性能好，使用方便，用于电线电缆包绕绝缘，黄、绿、红色可区分相别

2. 绝缘胶带(见表3.3.1-2)

常用绝缘胶带的品种、规格、特点及用途   表3.3.1-2

序号	名称	厚度(mm)	组成	耐热等级	特点及用途
1	黑胶布粘带	0.23~0.35	棉布带、沥青橡胶粘剂	Y	击穿电压1000V,成本低,使用方便,适用于380V及以下电线包扎绝缘
2	聚乙烯薄膜粘带	0.22~0.26	聚乙烯薄膜、橡胶型胶粘剂	Y	有一定的电气性能和机械性能,柔软性好,粘结力较强,但耐热性低(低于Y级)。可用于一般电线接头包扎绝缘
3	聚乙烯薄膜纸粘带	0.10	聚乙烯薄膜、纸、橡胶型胶粘剂	Y	包扎服贴,使用方便,可代替黑胶布带作电线接头包扎绝缘
4	聚氯乙烯薄膜粘带	0.14~0.19	聚氯乙烯薄膜、橡胶型胶粘剂	Y	有一定的电气性能和机械性能,较柔软,粘结力强,但耐热性低(低于Y级)。供作电压为500~6000V电线接头包扎绝缘
5	聚酯薄膜粘带	0.055~0.17	聚酯薄膜、橡胶型胶粘剂或聚丙烯酸酯胶粘剂	B	耐热性较好,机械强度高。可用作半导体元件密封绝缘和电机线圈绝缘
6	聚酰亚胺薄膜粘带	0.045~0.07	聚酰亚胺薄膜、聚胺酰亚胺树脂胶粘剂	C	电气性能和机械性能较高,耐热性优良,但成型温度较高(180~200℃)。适于作H级电机线圈绝缘和槽绝缘
7	聚酰亚胺薄膜粘带	0.05	聚酰亚胺薄膜、F_{46}树脂胶粘剂	C	同上,但成型温度更高(300℃以上)。可用于H级或C级电机、潜油电机线圈绝缘和槽绝缘
8	环氧玻璃粘带	0.17	无碱玻璃布、环氧树脂胶粘剂	C	具有较高的电气性能和机械性能。供作变压器铁芯绑扎材料,属B级绝缘
9	有机硅玻璃粘带	0.15	无碱玻璃布、有机硅树脂胶粘剂	C	有较高的耐热性、耐寒性和耐潮性,以及较好的电气性能和机械性能。可用于H级电机、电器线圈绝缘和导线联接绝缘
10	硅橡胶玻璃粘带	—	无碱玻璃布、硅橡胶胶粘剂	H	同上,但柔软性较好
11	自粘性硅橡胶三角带	—	硅橡胶、填料、硫化剂	H	具有耐热、耐潮、抗震动、耐化学腐蚀等特性,但抗张强度较低。适于用半迭包法作高压电机线圈绝缘。但需注意胶带保持清洁才能粘牢
12	自粘性丁基橡胶粘带	—	丁基橡胶、薄膜隔离材料等	H	有硫化型和非硫化型两种。胶带弹性好,伸缩性大,包扎紧密性好。主要用于电力电缆联接和端头包扎绝缘

3.3.2 绝缘胶

绝缘胶广泛用于浇注电缆头和电器套管,起绝缘、密封、堵油作用。

(1) 电缆浇注胶(见表3.3.2-1)

电缆浇注胶的组成、性能和用途　　　　　　　表 3.3.2-1

序号	名称	型号	主要成分	软化点环球法(℃)	收缩率 150→20℃(%)	击穿电压(kV/2.5mm)	特性和用途
1	黄电缆胶	1810	松香或松香甘油酯、机油	40~50	≯8	>45	电气性能较好,抗冻裂性好。适于浇注10kV以上电缆接线盒和终端盒
2	沥青电缆胶	1811 1812	石油沥青或石油沥青、机油	65~75 或 85~95	≯9	>35	耐潮性较好。适于浇注10kV以下电缆接线盒和终端盒
3	环氧电缆胶		环氧树脂、石英粉、聚酰胺树脂	—	—	>82	密封性好,电气、机械性能高。适于浇注户内10kV以下电缆终端盒。用它浇注的终端盒结构简单,体积较小

(2) 沥青电缆胶的主要性能(见表 3.3.2-2)

常用沥青电缆胶的主要性能　　　　　　　表 3.3.2-2

序号	型号	软化点不低于(℃)	冻裂点不高于(℃)	电流击穿强度(kV)不小于	主要用途
1	1811-1 1812-2	45~55	-45	40	用作浇灌室外高低压电缆的终端连接线匣总门及铁路电讯器材等
2	1811-2 1812-2	55~65	-35	40	用作浇灌室外高低压电缆的终端匣、接线匣总门等,又为冷库的优良绝缘材料
3	1811-3 1812-3	65~75	-30	45	用作浇灌室外高低压电缆的终端匣、接线匣、棉纱带铝筒、铁路信号电缆等
4	1811-4 1812-4	75~85	-25	50	用在温度较高的室内,作浇灌高低压电缆的终端匣、接线匣等
5	1811-5 1812-5	85~95	-25	60	用于浇灌变压器内、外绝缘体

(3) 环氧树脂胶

环氧树脂胶主要由环氧树脂(主体)、固化剂、增塑剂、填料等组成。

1) 环氧树脂:常用环氧树脂的种类及特性见表3.3.2-3。

常用环氧树脂的种类及特性　　　　表3.3.2-3

序号	环氧树脂型号	环氧值(当量/100g)(盐酸吡啶法)	挥发物(%)不大于(110℃ 3h)	熔点(℃)	软化点(℃)(水银法)	有机氯值(当量/100g)	无机氯值(当量/100g)	特　　性
1	E-51(618)	0.48~0.54	2	—	—	0.02	0.005	为双酚A型环氧树脂,粘度低,粘合力强,使用方便
2	E-44(6101)	0.41~0.47	1	—	12~20	0.02	0.005	为双酚A型环氧树脂,粘度比E-51稍高,其他性能相仿
3	E-42(634)	0.38~0.45	1	—	21~27	0.02	0.005	为双酚A型环氧树脂,粘度比E-44稍高,收缩率较小,为常用浇注树脂
4	E-35(637)	0.3~0.4	1	—	20~35	0.02	0.005	为双酚A型环氧树脂,粘度比E-42稍高
5	E-37(638)	0.23~0.38	1	—	40~55	0.02	0.005	为双酚A型环氧树脂,粘度比E-35稍高,但收缩率小
6	R-122(6207)	—	—	185	—	—	—	为脂环族环氧树脂,耐热性高,固化物热变形温度300℃。用适当固化剂配合时粘度低
7	H-75(6201)	0.61~0.64	—	—	—	—	—	为脂环族环氧树脂,粘度低,工艺性好,可室温固化,热膨胀系数小,耐沸水
8	W-95(300,400)	1~1.03	—	55	—	—	—	为脂环族环氧树脂,固化物机械强度比双酚A型环氧树脂高50%,延伸性好,耐热性高
9	V-17(2000)	0.16~0.19	—	—	—	—	—	为环氧化聚丁二烯树脂,耐热性好
10	A-95(695)	0.9~0.95	—	95~115	—	—	—	为脂环族环氧树脂,固化物交联密度高,马丁耐热达200℃,耐电弧性优异

注:括号中的型号为旧型号。

2) 固化剂:环氧树脂必须加入固化剂后才能固化。常用固化剂有酸酐类固化剂和胺类固化剂。胺类固化剂由于毒性大,已不常用了。常用酸酐类固化剂的种类及特性见表3.3.2-4。

常用酸酐类固化剂的种类及特性　　　　　　　表3.3.2-4

序号	名称	型号或代号	外观	分子量	熔点(℃)	用量(%)	固化条件 温度(℃)	固化条件 时间(h)	特性
1	邻苯二甲酸酐	PA	白色或红色粉末	148	128~131	30~45	120	20~30	固化物电气性能好,固化时放出热量小,但易升华,固化时间长。可用于大型浇注
							130	2	
							150	10	
2	顺丁烯二酸酐	MA	白色结晶	98.06	52.8	30~40	100	2	易升华,刺激性大,固化物电气性能好,但机械性能差
							150	24	
3	均苯四甲酸二酐	PMDA	白色粉末	218	286	13~21	120	3	固化物热变形温度高,但固化工艺较复杂,成本高
							220	2	
4	内次甲基四氢邻苯二甲酸酐	NA	白色结晶	164.6	164~167	60~80	100	1	固化物耐热性好,但需高温固化,使用困难
							260	20	
5	四氢化苯二甲酸酐异构体混合物	70	低粘度液体	152	-3~-5	150~180	180		使用方便,固化物耐热性好
6	桐油酸酐	TOA	低粘度液体			100~200	100	5	使用方便,成本低,固化物弹性好,但不耐冷冻
							80	20	
7	环戊二烯顺酐加成物	647	白色或浅黄色固体		137~147	34	60~80	100	8	使用时需进行预聚合,否则气味大。固化物弹性好
							150	3	

3) 增塑剂:在环氧树脂中加入适量增塑剂,可提高固化物的抗冲击性。常用的增塑剂是聚脂树脂,一般用量为15%~20%。

4) 填充剂:为了减少固化物的收缩率,提高导热性、形状稳定性、耐腐蚀性和机械强度,以及降低成本,通常应加入适量的填充剂。常用填充剂有石英粉、石棉粉等。

3.3.3　绝缘漆

1. 有溶剂浸渍绝缘漆

有溶剂浸渍绝缘漆具有渗透性好,储存期长,使用方便,价格较便宜,但它应与溶剂稀释、混合。常用有溶剂漆见表3.3.3-1,其中的溶剂见表3.3.3-2。

常用有溶剂漆的品种、组成、特性和用途　　　　　　　表3.3.3-1

序号	名称	型号	主要组成	耐热等级	特性和用途
1	沥青漆	1010	石油沥青、干性植物油、松脂酸盐,溶剂为二甲苯和200号溶剂汽油	A	耐潮性好。供浸渍不要求耐油的电机线圈
2	油改性醇酸漆	1030	亚麻油、桐油、松香改性醇酸树脂,溶剂为200号溶剂汽油	B	耐油性和弹性好。供浸渍在油中工作的线圈和绝缘零部件
3	丁基酚醛醇酸漆	1031	蓖麻油改性醇酸树酯、丁醇改性酚醛树脂,溶剂为二甲苯和200号溶剂汽油	B	耐潮性、内干性较好,机械强度较高。供浸渍线圈,可用于湿热地区

续表

序号	名称	型号	主要组成	耐热等级	特性和用途
4	三聚氰胺醇酸漆	1032	油改性醇酸树脂、丁醇改性三聚氰胺树脂，溶剂为二甲苯和200号溶剂汽油	B	耐潮性、耐油性、内干性较好，机械强度较高，且耐电弧。供浸渍在湿热地区使用的线圈
5	醇酸玻璃丝包线漆	1230	干性植物油改性醇酸树脂	B	耐油性和弹性好，粘结力较强。供浸涂玻璃丝包线
6	环氧酯漆	1033	干性植物油酸、环氧树脂、丁醇改性三聚氰胺树脂，溶剂为二甲苯和丁醇	B	耐潮性、内干性好，机械强度高，粘结力强。可供浸渍用于湿热地区的线圈
7	环氧醇酸漆	H30-6	酸性醇酸树脂与环氧树脂共聚物、三聚氰胺树脂	B	耐热性、耐潮性较好，机械强度高，粘结力强。可供浸渍用于湿热地区的线圈
8	聚酯浸渍漆	155	干性植物油改性对苯二甲酸聚酯树脂，溶剂为二甲苯和丁醇	F	耐热性、电气性能较好，粘结力强。供浸渍F级电机、电器线圈
9	有机硅浸渍漆	1053	有机硅树脂，溶剂为二甲苯	H	耐热性和电气性能好，但烘干温度较高。供浸渍H级电机电器线圈和绝缘零部件
10	低温干燥有机硅漆	9111	有机硅树脂，固化剂，溶剂为甲苯	H	耐热性较1053稍差，但烘干温度低，干燥快。用途同1053
11	聚酯改性有机硅漆	931	聚酯改性有机硅树脂，溶剂为二甲苯	H	粘结力较强，耐潮性和电气性能好，烘干温度较1053低，若加入固化剂可在150℃固化。用途同1053
12	有机硅玻璃丝包线漆	1152	有机硅树脂，溶剂为甲苯或二甲苯	H	漆膜柔软，机械强度高。供浸涂H级玻璃丝包线
13	聚酰胺酰亚胺浸渍漆		聚酰胺酰亚胺树脂，溶剂为二甲基乙酰胺，稀释剂为二甲苯	H	耐热性优于有机硅漆，电气性能优良，粘结力强，耐辐照性好。供浸渍耐高温或在特殊条件下工作的电机、电器线圈

常用溶剂的性能及用途 表3.3.3-2

序号	名称	沸点(℃)	闪点(闭口法)(℃)	适用范围
1	溶剂汽油	120~200	33	
2	煤油	165~285	71~73	油性漆、沥青漆、醇酸漆等
3	松节油	150~170	30	
4	苯	80.1	−11	
5	甲苯	110.6	4	沥青漆、聚酯漆、聚氨酯漆、醇酸漆、环氧树脂漆和有机硅漆等
6	二甲苯	135~145	29.5	
7	丙酮	56.2	9	环氧树脂漆、醇酸漆等
8	环己酮	156.7	47	
9	乙醇	78.3	14	酚醛漆、环氧树脂漆等
10	丁醇	117.8	35	聚酯漆、聚氨酯漆、环氧树脂漆、有机硅漆等

续表

序号	名称	沸点(℃)	闪点(闭口法)(℃)	适用范围
11	甲酚	190～210	—	聚酯漆、聚氨酯漆等
12	糠醛	161.8	60(开口法)	聚乙烯醇缩醛漆
13	乙二醇乙醚	135.1	40	
14	二甲基甲酰胺	154～156	—	聚酰亚胺漆
15	二甲基乙酰胺	164～167	—	

(2) 无溶剂浸渍漆

无溶剂浸渍漆由合成树脂、固化剂和活性稀释剂组成。其特点是固化快、流动性和浸透性好，绝缘整体性好。

常用无溶剂浸渍漆见表 3.3.3-3。

常用无溶剂漆的品种、组成、特性和用途　　　表 3.3.3-3

序号	名称	主要组成	耐热等级	特性和用途
1	环氧无溶剂漆 110	6101 环氧树脂、桐油酸酐、松节油酸酐、苯乙烯	B	粘度低，击穿强度高，贮存稳定性好。可用于沉浸小型低压电机、电器线圈
2	环氧无溶剂漆 672-1	672 环氧树脂、桐油酸酐、苯基二甲胺	B	挥发物少，固化快，体积电阻高。适于滴浸小型电机、电器线圈
3	环氧无溶剂漆 9102	618 或 6101 环氧树脂、桐油酸酐、70 酸酐、903 或 901 固化剂、环氧丙烷丁基醚	B	挥发物少，固化较快。可用于滴浸小型低压电机、电器线圈
4	环氧无溶剂漆 111	6101 环氧树脂、桐油酸酐、松节油酸酐、苯乙烯、二甲基咪唑乙酸盐	B	粘度低，固化快，击穿强度高。可用于滴浸小型低压电机、电器线圈
5	环氧无溶剂漆 H30-5	苯基苯酚环氧树脂、桐油酸酐、二甲基咪唑	B	特性用途与 111 相同
6	环氧无溶剂漆 594 型	618 环氧树脂、594 固化剂、环氧丙烷丁基醚	B	粘度低，体积电阻高，贮存稳定性好。可用于整浸中型高压电机、电器线圈
7	环氧无溶剂漆 9101	618 环氧树脂、901 固化剂、环氧丙烷丁基醚	B	粘度低，固化较快，体积电阻高，贮存稳定性好。可用于整浸中型高压电机、电器线圈
8	环氧聚酯无溶剂漆 1034	618 环氧树脂、甲基丙烯酸聚酯、不饱和聚酯、正钛酸丁酯、过氧化二苯甲酰、萘酸钴、苯乙烯	B	挥发物较少，固化快，耐霉性较差。用于滴浸小型低压电机、电器线圈
9	聚丁二烯环氧聚酯无溶剂漆	聚丁二烯环氧树脂、甲基丙烯酸聚酯、不饱和聚酯、邻苯二甲酸二烯酯、过氧化二苯甲酰、萘酸钴、对苯二酚	B	粘度较低，挥发物较少，固化较快，贮存稳定性好，耐热性较 1034 高。用于沉浸小型低压电机、电器线圈

3.3 绝缘材料

续表

序号	名　称	主　要　组　成	耐热等级	特　性　和　用　途
10	环氧聚酯酚醛无溶剂漆 5152-2	6101 环氧树脂、丁醇改性甲酚甲醛树脂、不饱和聚酯、桐油酸酐、过氧化二苯甲酰、苯乙烯、对苯二酚	B	粘度低,击穿强高度,贮存稳定性好。用于沉浸小型低压电机、电器线圈
11	环氧聚酯无溶剂漆 EIU	不饱和聚酯亚胺树脂、618 和 6101 环氧树脂、桐油酸酐、过氧化二苯甲酰、苯乙烯、对苯二酚	F	粘度低,挥发物较少,击穿强度高,贮存稳定性好。用于沉浸小型 F 级电机、电器线圈
12	不饱和聚酯无溶剂漆 319-2	二甲苯树脂、改性间苯二甲酸不饱和聚酯、苯乙烯、过氧化二异丙苯	F	粘度较低,电气性能较好,贮存稳定性好。可用于沉浸小型 F 级电机、电器线圈

(3) 覆盖漆

覆盖漆主要用于覆盖经浸渍处理的线圈和绝缘零部件,在其表面形成连续均匀的漆膜,起绝缘保护作用。

覆盖漆有瓷漆和清漆两类:含有填料或颜料的漆称为瓷漆;不含填料或颜料的漆称为清漆。覆盖漆的基本特性是干燥快、附着力强、漆膜强度高,并具有耐潮、耐油、耐腐蚀等特性。

常用覆盖漆见表 3.3.3-4。

常用覆盖漆的品种、组成、特性和用途　　　　表 3.3.3-4

序号	名　称	型号	主　要　组　成	耐热等级	特　性　和　用　途
1	晾干醇酸漆	1231	干性植物油或脂肪酸改性邻苯二甲酸季戊四醇醇酸树脂、干燥剂	B	晾干或低温干燥,漆膜的弹性、电气性能、耐气候性和耐油性较好。用于覆盖电器或绝缘零部件
2	晾干醇酸灰磁漆	1321	油改性醇酸树脂、干燥剂、颜料	B	晾干或低温干燥,漆膜硬度较高,耐电弧性和耐油性好。用于覆盖电机、电器线圈及绝缘零部件表面修饰
3	醇酸灰磁漆	1320	油改性醇酸树脂、颜料	B	烘焙干燥,漆膜坚硬,机械强度高,耐电弧性和耐油性好。用于覆盖电机、电器线圈
4	晾干环氧酯漆	9120	干性植物油酸与环氧酯化物、干燥剂	B	晾干或低温干燥,干燥快,漆膜附着力好,耐潮、耐油和耐气候性好,有弹性。用于覆盖电器或绝缘零部件,可用于湿热地区
5	环氧酯灰磁漆	163	环氧树脂酯化物、氨基树脂、防霉剂	B	烘焙干燥,漆膜硬度大,耐潮、耐霉、耐油性好。用于覆盖电机、电器线圈,可用于湿热地区
6	晾干环氧酯灰磁漆	164	环氧树脂酯化物、颜料、干燥剂、防霉剂	B	晾干或低温干燥,漆膜坚硬,耐潮、耐霉、耐油性好,用于覆盖电机、电器线圈及绝缘零部件表面修饰,可用于湿热地区

续表

序号	名称	型号	主要组成	耐热等级	特性和用途
7	环氧聚酯铁红磁漆	6341	环氧树脂、酚醛树脂、已二酸聚酯树脂	B	烘焙干燥,漆膜附着力强,耐潮、耐霉、耐油性好,用于覆盖电机、电器线圈,可用于湿热地区
8	晾干有机硅红磁漆	167	有机硅树脂、醇酸树脂、颜料	H	晾干或低温干燥,漆膜耐热性高,电气性能好。用于覆盖耐高温电机、电器线圈或绝缘零部件表面修饰
9	有机硅红磁漆	1350	有机硅树脂、颜料	H	烘焙干燥,漆膜耐热性、电气性能比169好,且硬度大,耐油。用途同晾干有机硅红磁漆

3.3.4 电瓷

1. 瓷管

外形结构见图3.3.4-1,技术数据见表3.3.4-1。

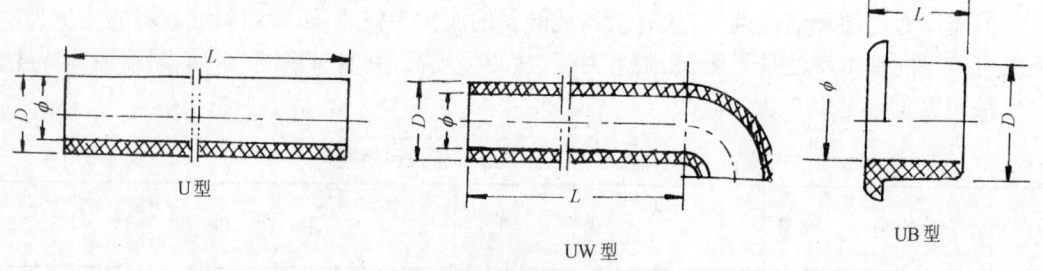

图3.3.4-1 瓷管

瓷管　　　　　　　　　　　表3.3.4-1

名称	型号	内径 d×长度 L (mm)	外径 D (mm)
直管和弯管	U-10-150	10×150	16
	UW-10-150	10×150	16
	U-15-150	15×150	24
	UW-15-150	15×150	24
	U-25-150	25×150	36
	UW-25-150	25×150	36
	U-40-150	40×150	52
	UW-40-150	40×150	52
	U-10-270	10×270	16
	UW-10-270	10×270	16
	U-15-270	15×270	24
	UW-15-270	15×270	24
	U-25-270	25×270	36

续表

名　称	型　号	内径 d×长度 L (mm)	外　径 D (mm)
直管和弯管	UW-25-270	25×270	36
	U-40-270	40×270	52
	UW-40-270	40×270	52
瓷包头	UB-10-30	10×30	16
	UB-15-30	15×30	24
	UB-25-30	25×30	36
	UB-40-30	40×30	52

注：型号说明：U—瓷管；W—弯头瓷管；B—瓷包头。

2. 瓷夹板

外形结构见图 3.3.4-2，技术数据见表 3.3.4-2。

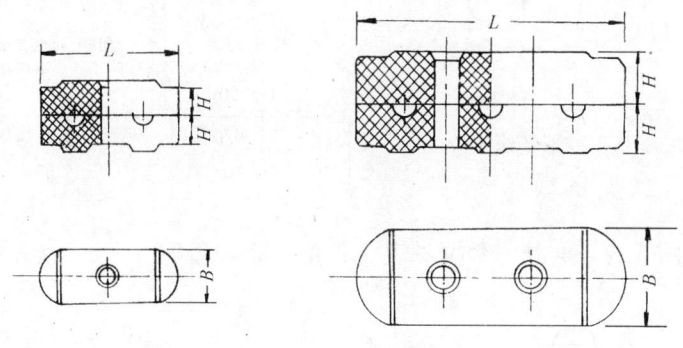

图 3.3.4-2　瓷夹板

瓷　夹　板　　　　　表 3.3.4-2

型　号	长 L×宽 B×高 H (mm)	孔　径 (mm)	槽　数
N-240-1	40×20×10	6	2
N-240-2	40×20×10	6	2
N-250-1	50×22×12	7	2
N-250-2	50×22×12	7	2
N-376-1	76×30×15	7	3
N-376-2	76×30×15	7	3

注：1. 型号含义：

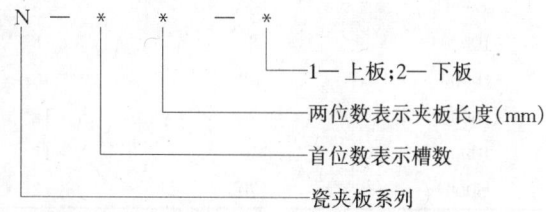

2. 与瓷夹板类同的还有塑料夹板，技术数据见表 3.3.4-3。

塑料夹板　　　　　　　　　　表3.3.4-3

型式	规格尺寸(mm)	适用导线截面(mm²)	型式	规格尺寸(mm)	适用导线截面(mm²)
圆形三线式	直径×高(d28×20)	≤2.5	长方形二线式	长×宽(31×15)	≤2.5
圆形单线式	直径×高(d30×35)	10~16	长方形三线式	长×宽(41.5×15)	≤2.5

3. 低压鼓形绝缘子

外形结构见图3.3.4-3,技术数据见表3.3.4-4。

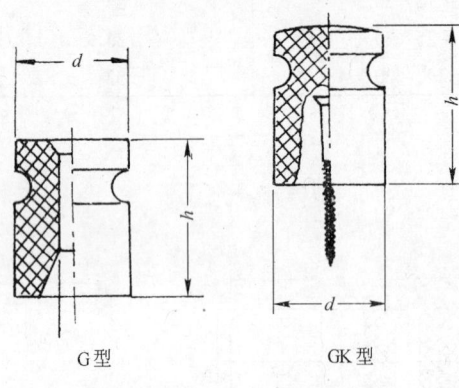

图3.3.4-3　低压鼓形绝缘子

鼓形绝缘子　　表3.3.4-4

型号	高h×直径d (mm)	孔径 (mm)
G-25	25×22	7
G-38	38×30	8
G-50	50×36	9
G-60	60×45	10
GK-50	50×36	

注：型号说明：G—鼓形；K—胶装。

4. 针式绝缘子

外形结构见图3.3.4-4,技术数据见表3.3.4-5和3.3.4-6。

 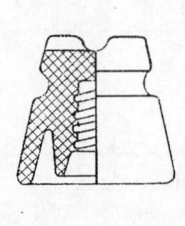 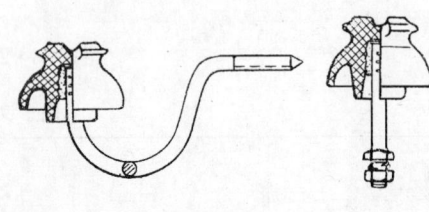

(a)　　　　　　　　　　　　(b)

图3.3.4-4　针式绝缘子
(a)低压针式；(b)高压针式

低压针式绝缘子　　　　　　　　表3.3.4-5

型号	瓷件弯曲强度(N)	主要尺寸(mm)		
		瓷件直径	螺纹直径	安装长度
PD-17	8000	80	16	35
PD-1M	8000	80	16	110
PD-1-1T	10000	88	16	
PD-1-1M	10000	88	16	
PD1-T	10000	76	12	35
PD1-M	10000	76	12	110
PD-2T	5000	70	12	35

续表

型　号	瓷件弯曲强度(N)	主　要　尺　寸　(mm)		
		瓷件直径	螺纹直径	安装长度
PD-2M	5000	70	12	105
PD-2W	5000	70	12	55
PD-1-2T	8000	71	12	35
PD-1-2M	8000	71	12	110
PD-1-3T	3000	54	10	35
PD-1-3M	3000	54	10	110

高压针式绝缘子　　　　　　　　　　　　　　表 3.3.4-6

型　号	额定电压(kV)	爬电距离(cm)	工频击穿电压(kV)	主　要　尺　寸(mm)			
				瓷件高度	瓷件直径	螺纹直径	安装长度
P-6W	6	150	65	90	125	M16	80
P-6T	6	150	65	90	125	M16	35
P-6M	6	150	65	90	125	M16	140
P-10T	10	185	78	105	145	M16	35
P-10M	10	185	78	105	145	M16	140
P-10MC	10	185	78	105	145	M16	165
PQ-10T	10	250	110	133	140	M20	40
PQ-10M	10	250	110	133	140	M20	140
FQ-10M	10	250	110	133	140	M20	165
P-15T	15	280	98	120	190	M20	40
P-15M	15	280	98	120	190	M20	140
P-15MC	15	280	98	120	190	M20	165

注：1. 型号说明

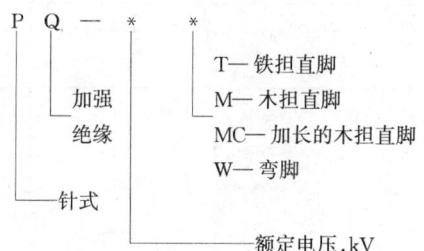

2. 对 PD 型，D—低压。

5. 蝶式绝缘子

外形结构见图 3.3.4-5，技术数据见表 3.3.4-7 和 3.3.4-8。

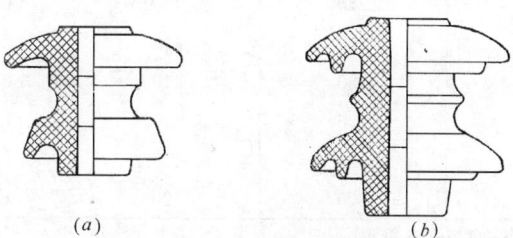

图 3.3.4-5　蝶式绝缘子
(a)低压蝶式(ED 型);(b)高压蝶式(E 型)

低压蝶形绝缘子　　　　　　　　　　表3.3.4-7

型　号	机械强度(N)	主要尺寸（mm）		
		瓷件直径	瓷件高度	内孔直径
ED-1	12000	100	90	22
ED-2	10000	80	75	20
ED-3	8000	70	65	16
ED-4	5000	60	50	16

注：型号说明：E—蝶式；D—低压。

高压蝶形绝缘子　　　　　　　　　　表3.3.4-8

型　号	机械强度(N)	工频击穿电压(kV)	主要尺寸（mm）		
			直径	高度	内孔径
E-1	20000	78	150	180	26
E-2	20000	65	130	150	26
E-10	20000	78	180	175	26
E-6	20000	65	150	145	26

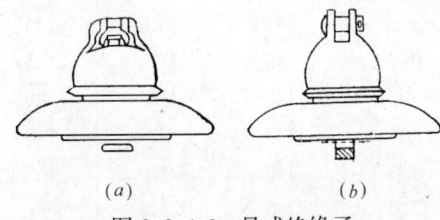

图 3.3.4-6　悬式绝缘子
(a)球头悬式；(b)槽型悬式

6. 悬式绝缘子

外形结构见图 3.3.4-6，技术数据见表 3.3.4-9。

7. 支持绝缘子

外形结构见图 3.3.4-7，技术数据见表 3.3.4-10。

悬式绝缘子　　　　　　　　　　表3.3.4-9

型　号	机电破坏负荷(t)	爬电距离(mm)	工频击穿电压(kV)	主要尺寸（mm）		
				高度	直径	钢脚直径
XP-4C	4	200	90	140	190	13C
X-3	4	200	90	140	200	14
X-3C	4	200	90	146	200	14
XP-6	6	280	110	146	255	16
XP-6C	6	280	110	146	255	13C
X-4.5	6	280	110	146	255	16
X-4.5C	6	280	110	146	255	13C
XP-7	7	280	110	146	255	16
XP-7C	7	280	110	146	255	13C
XP-10	10	280	110	146	255	16
XP-16	16	290	110	155	255	20
XP-21	21	320	120	170	280	24
XP-30	30	320	120	195	320	24

注：型号说明：X—悬式，P—盘形，C—槽形。

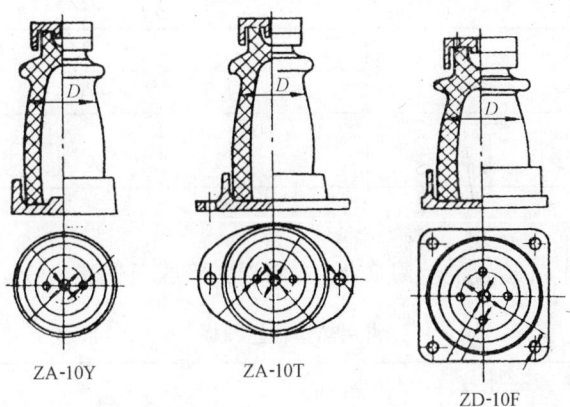

图 3.3.4-7 支持绝缘子

户内、外支持绝缘子   表 3.3.4-10

型号	额定电压(kV)	机械强度(N)	结构高度	底座外径	主要尺寸 (mm)				
					上附件孔径、孔距、孔数			下附件孔径、距数	
					中心孔	平行孔	孔距	孔径	孔距
ZA-6Y	6	3750	165	109	1×M10	2×M6	36	M12	中心孔
ZA-6T	6	3750	165	160	1×M10	2×M6	36	2×12	135
ZB-6Y	6	7500	185	136	1×M16	2×M10	46	M16	中心孔
ZB-6T	6	7500	185	215	1×M16	2×M10	46	2×15	175
ZA-10Y	10	3750	190	109	1×M10	2×M6	36	M12	中心孔
ZA-10T	10	3750	190	160	1×M10	2×M6	36	2×12	135
ZB-10Y	10	7500	215	136	1×M16	2×M10	46	M16	中心孔
ZB-10T	10	7500	215	215	1×M16	2×M10	46	2×15	175
ZC-10F	10	12500	225	175	1×M16	2×M10	66	4×15	140
ZD-10F	10	20000	235	190	1×M16	2×M10	76	4×15	155
ZD-20F	20	20000	315	220	1×M18	2×M12	76	4×18	175
ZA-35Y	35	3750	380	135	1×M10	2×M6	36	M10	中心孔
ZA-35T	35	3750	380	215	1×M10	2×M6	36	2×15	175
ZB-35F	35	7500	400	190	1×M16	2×M10	46	4×15	155
ZPA-6	6	3750	170	140		2×M8	36	2×12	50
ZPB-10	10	5000	188	160		2×M8	36	2×12	70
ZPD-10	10	20000	210	250		4×M12	120	4×15	120

注:型号说明:Z—支柱绝缘子;A、B、C、D—代表机械破坏负荷强度;P—针式(户外);S—实心(棒形)。

8. 拉紧绝缘子(见表 3.3.4-11)

拉紧绝缘子   表 3.3.4-11

型 号	机械强度(kN)	主要尺寸 (mm)		
		长度	直径	孔径
J-0.5	5	38	30	
J-1	10	50	38	
J-2	20	72	53	

续表

型 号	机械强度(kN)	主要尺寸 (mm)		
		长 度	直 径	孔 径
J-4.5	45	90	64	14
J-9	90	172	88	25

3.3.5 绝缘板

绝缘板主要用于电气装置的绝缘底板,常用塑料绝缘板见表3.3.5-1。

常用热塑性塑料板　　　　　　　　　表3.3.5-1

名 称	规 格 (mm)		耐热等级	特 点 及 用 途
	厚 度	长×宽		
有机玻璃板	1,1.5 2~10 12~25 30~40	900×1000 1000×1300 900×1300 800×1200	Y	无色透明、着色性好、耐油、耐酸碱,电气性能良好,可作仪表外壳、线圈骨架、小截面导线引线板
聚氯乙烯板	2~40	700×1600 700×1000	Y	机械性能好,电气性能良好,耐酸碱,成本低,用作绝缘结构件
聚四乙烯板	2~2.5 3~100	200×200 400×400	H	有极好的耐热、耐腐蚀性,用于制作绝缘结构件
塑料泡沫板	5~40	900×4000	Y	有弹性、耐冲击,用于制作绝缘垫板

3.4 缆线穿线线管

3.4.1 金属线管

1. 电线管(薄壁钢管)(见表3.4.1-1)

薄壁电线钢管　　　　　　　　　表3.4.1-1

公 称 直 径		外 径(mm)	壁 厚(mm)	单位重量(kg/m)
(mm)	(in)			
12	1/2	12.70	1.24	0.34
15	5/8	15.87	1.60	0.43
20	3/4	19.05	1.80	0.765
25	1	25.40	1.80	1.035
32	1¼	31.75	1.80	1.336
40	1½	38.10	1.80	1.611
50	2	50.80	2.00	2.400

注:1. 管径的 in(英寸)是习惯用法,与 mm 近似对应;
  2. 按外径表示,例:$d20$ 或 $d3/4″$。

2. 普通钢管(水煤气钢管、低压流体输送钢管)(见表3.4.1-2)

普通钢管　　　　　表3.4.1-2

公称口径 mm	公称口径 (in)	外径 (mm)	普通管 壁厚 (mm)	普通管 重量 (kg/m)	加厚管 壁厚 (mm)	加厚管 重量 (kg/m)
6	1/8″	10	2	0.39	2.5	0.46
8	1/4″	13.5	2.25	0.62	2.75	0.73
10	3/8″	17	2.25	0.82	2.75	0.97
15	1/2″	21.25	2.75	1.25	3.25	1.44
20	3/4″	26.75	2.75	1.63	3.5	2.01
25	1″	33.5	3.25	2.42	4	2.91
32	1¼″	42.25	3.25	3.13	4	3.77
40	1½″	48	3.5	3.84	4.25	4.58
50	2	60	3.5	4.88	4.5	6.16
70	2½	75.5	3.75	6.64	4.5	7.88
80	3	88.5	4.0	8.34	4.75	9.81

3. 普通金属软管

金属软管又称蛇皮铁管,常与电线管、钢管配合使用,构成导线与设备间的柔性连接。常用金属软管的规格及其与电线管、钢管的配合见表3.4.1-3。

普通金属软管及其配合　　　　　表3.4.1-3

金属软管公称直径 (mm)	配合电线管公称直径 (mm)	配合钢管直径 (mm)	金属软管公称直径 (mm)	配合电线管公称直径 (mm)	配合钢管直径 (mm)
12	15	—	32	40	32
16	20	15	38	50	40
19	25	20	51	—	50
25	32	25			

4. 普利卡金属套管

普利卡金属套管实际上是一种改进型金属软管,基本结构为镀锌钢带,辅以内外护层。普利卡金属套管的类型见表3.4.1-4,基本规格见表3.4.1-5。

普利卡金属套管的种类及特点　　　　　表3.4.1-4

序号	型号	类型	内径 (mm)	主要结构特点
1	LZ3	普通型	9.2~100.2	外层镀锌钢带,内层为电工纸
2	LZ4	基本型	9.2~100.2	外层镀锌钢带,中间层为冷轧钢带,内层为电工纸
3	LV5	耐水型	9.2~100.2	外表面覆盖一层耐韧性PVC
4	LE6	耐寒型	16.6~100.2	外表面覆盖一层耐低温PVC
5	LVH7	耐热型	9.2~100.2	外表面覆盖一层耐热PVC

续表

序号	型号	类型	内径 (mm)	主 要 结 构 特 点
6	LAL8	耐蚀型	9.2~23.8	采用金层铝带
7	LS9	船舶型	14.1~100.2	采用不锈钢带，船舶专用
8	LH10	耐热型	14.1~100.2	内外层均采用镀锌钢带，可耐250℃高温

普利卡金属套管基本型技术数据　　　　　表 3.4.1-5

规格号	内径 (mm)	外径 (mm)	螺距 (mm)	每卷长 (m)	每卷重量 (kg)
10	9.2	13.3	1.6	50	11.5
12	11.4	16.1	1.6	50	15.5
15	14.1	19.0	1.6	50	18.5
17	16.6	21.5	1.6	50	22.0
24	23.8	28.8	1.8	25	16.25
30	29.3	34.9	1.8	25	21.8
38	37.1	42.9	1.8	25	24.5
50	49.1	54.9	1.8	20	28.2
63	62.6	69.1	2.0	10	20.6
76	76.0	82.9	2.0	10	25.4
83	81.0	88.1	2.0	10	26.8
101	100.2	107.3	2.0	6	18.72

5. 金属线槽

金属线槽由线槽底和线槽盖构成，用于正常环境条件下室内布线，并有一定耐火性能，（结构参考塑料线槽），技术数据见表3.4.1-6。

金 属 线 槽　　　　　表 3.4.1-6

型 号	宽×高 (mm)	钢板厚度 (mm)	敷设导线根数举例
GXC-30	30×15	1.0	BV-1.0mm², 62根； HYV-2×0.5, 100对（电话电缆）
GXC-40	40×30	1.0	BV-1.0mm², 103根； HYV-2×0.5, 200对
GXC-45	45×30	1.2	BV-1.0mm², 112根 HYV-2×0.5, 300对
GXC-65	65×40	1.4	BV-1.0mm², 443根 HYV-2×0.5, 400对

注：型号中，G—金属钢，XC—线槽。

3.4.2 塑料线管
1. 硬塑料管
常用硬塑料管有硬聚氯乙烯管和硬PVC管，分别见表3.4.2-1和3.4.2-2。

硬聚氯乙烯管　　　　　　　　　表3.4.2-1

公称直径 (mm)	公称直径 (in)	外径 (mm)	轻型 壁厚 (mm)	轻型 重量 (kg/m)	重型 壁厚 (mm)	重型 重量 (kg/m)
15	5/8	16			20	0.14
20	3/4	20			20	0.17
25	1	25	15	0.17	25	0.27
32	1¼	32	15	0.22	25	0.35
40	1½	40	20	0.36	30	0.52
50	2	50	20	0.45	35	0.77
65	2½	63	25	0.71	40	1.11
80	3	80	25	0.85	40	1.34

注：表示方法，用外径表示，如 $d25$。

硬PVC管　　　　　　　　　表3.4.2-2

公称外径 (mm)	内径 (mm)	壁厚 (mm)	公称外径 (mm)	内径 (mm)	壁厚 (mm)
16	12	2.0	45	39	3.0
20	16	2.0	50	44	3.0
25	21	2.0	63	55.8	3.6
32	27.2	2.4	75	66.8	3.6
40	34	3.0			

2. 半硬塑料管
半硬塑料管分为平滑半硬塑料管和波纹塑料管两大类，分别见表3.4.2-3和3.4.2-4。

平滑半硬塑料管　　　　　　　　　表3.4.2-3

代号 通用型	代号 耐寒型	公称直径 (mm)	外径 (mm)	内径 (mm)	壁厚 (mm)
HY1011	HY1021	15	16	12	2.0
HY1012	HY1022	20	20	16	2.0
HY1013	HY1023	25	25	20	2.5
HY1014	HY1024	32	32	26	3.0
HY1015	HY1025	40	40	34	3.0
HY1016	HY1026	50	50	44	3.0

波纹塑料管　　　　　　　表3.4.2-4

公称直径(mm)	内径(mm)	外径(mm)	单位重量(kg/m)	生产长度(m/卷)
10	9.6	13.0	0.040	100
12	11.3	15.8	0.050	100
15	14.3	18.7	0.060	100
20	16.5	21.2	0.070	50
25	27.3	28.5	0.105	50
32	29.0	34.5	0.130	25
40	36.2	42.5	0.184	25
50	47.7	54.5	0.260	25

3. 软塑料管(见表3.4.2-5)

软塑料管　　　　　　　表3.4.2-5

内　径 (mm)	壁　厚 (mm)
1,2,3,4,5,6,8,10,12,14,16,18,20,22,25,30,32,36,40,50	0.4,0.6,0.7,0.9,1.0,1.2,1.4,1.8

4. 有机玻璃管和酚醛层压管(见表3.4.2-6)

有机玻璃管和酚醛层压管　　　　表3.4.2-6

名　称	规　格　系　列 (mm)
有机玻璃管	外径:20,25,30,35,40,45,50,55,60,70,75,80,85,90,95,100,110 壁厚:2~10 长度:300~1300
酚醛层压纸管、布管、玻璃布管	内径:6,8,10,12,14,16,18,20,22,25,28,30,35,38,40,45,50,55,60 65,70,75,80,85,90,95,100,105,110,120,130,140,150,160,180,200,220,250 壁厚:1.5,2,2.5,3,4,5,6,8,9,10,12,14,16,18,20 长度:450,600,950,1200,1450,1950,2450

5. 塑料线槽(见表3.4.2-7)

塑料线槽　　　　　　　表3.4.2-7

示意图	型　号	宽×高(b×h) (mm)
	VXC-25	25×12.5
	VXC-40	40×30
	VXC-60	60×30
	VXC-80	80×50

6. 塑料槽板(见表3.4.2-8)

塑料槽板　　　　　　　　　　　表3.4.2-8

名　称	长×宽 (mm)	槽壁厚 (mm)	名　称	长×宽 (mm)	槽壁厚 (mm)
双线槽板	(1000~1500)×30	1.0	线槽接线盒	60×34	2.0

3.5 电气安装维修常用材料

3.5.1 常用钢材

1. 镀锌铁丝(低碳钢丝)(见表3.5.1-1)

镀锌铁丝　　　　　　　　　　　表3.5.1-1

线规号	直径 (mm)	重量 (kg/卷)	抗拉力 (N/mm²)	表示方法示例
18号	1.2	25		
16号	1.6	50		
15号	1.8	50		
—	2.0	50		
14号	2.2	50	300~500	10# 或 d3.5mm
13号	2.6	50		
12号	2.8	50		
11号	3.0	50		
10号	3.5	50		
8号	4.0	50		

2. 钢丝绳(见表3.5.1-2)

常用钢丝绳　　　　　　　　　　　表3.5.1-2

7 股				19 股			
直径 (mm)	股数×线径	截面 (mm²)	抗拉力 (N/mm²)	直径 (mm)	股数×线径	截面 (mm²)	抗拉力 (N/mm²)
1.95	7×0.65	2.3		5	19×1.0	14.9	
2.40	7×0.8	3.5		6	19×1.2	21.5	
3.0	7×1.0	5.5		7	19×1.4	29.3	
3.9	7×1.3	9.3		9	19×1.8	48.3	
4.2	7×1.4	10.8	1400~2000	11	19×2.2	72.2	1400~2000
6.0	7×2.0	22.0		13	19×2.6	101.0	
6.6	7×2.2	26.6		14	19×2.8	117.0	
7.8	7×2.6	37.2		15	19×3.0	134.0	
9.0	7×3.0	49.5		16	19×3.2	153.0	
10.5	7×3.5	67.4		17.5	19×3.5	183.0	
12.0	7×4.0	87.5		19	19×3.8	215.0	

3. 圆钢(钢筋)(见表3.5.1-3)

常用圆钢   表3.5.1-3

直径系列 (mm)	表示方法示例
5,5.6,6,6.3,7,8,9,10,11,12,13,14,15,16,17,18,19,20,21,22,24,25	$d10$

4. 薄钢板(见表3.5.1-4)

常用薄钢板   表3.5.1-4

厚度系列 (mm)	表示方法示例
0.35,0.4,0.45,0.5,0.55,0.6,0.7,0.75,0.8,0.9,1.0,1.1,1.2,1.25,1.4,1.5,1.6,1.8,2.0,2.2,2.5,2.8,3.0,3.2,3.5,3.8,4.0	$\delta 0.4$ 或长×宽×厚,如 1500×900×0.5

5. 扁钢(见表3.5.1-5)

常用扁钢   表3.5.1-5

宽度 (mm)	厚 度(mm)										
	4	5	6	7	8	9	10	11	12	14	16
	重 量(kg/m)										
12	0.38	0.47	0.57	0.66	0.75						
14	0.44	0.55	0.66	0.77	0.88						
16	0.50	0.63	0.75	0.88	1.00	1.15	1.26				
18	0.57	0.71	0.85	0.99	1.13	1.27	1.41				
20	0.63	0.79	0.94	1.10	1.26	1.41	1.57	1.73	1.88		
22	0.69	0.86	1.04	1.21	1.38	1.55	1.73	1.90	2.07		
25	0.79	0.98	1.18	1.37	1.57	1.77	1.96	2.16	2.26	2.75	3.14
28	0.88	1.10	1.32	1.54	1.76	1.98	2.20	2.42	2.64	3.08	3.53
30	0.94	1.18	1.41	1.65	1.88	2.12	2.36	2.59	2.83	3.36	3.77
32	1.01	1.25	1.50	1.76	2.01	2.26	2.54	2.76	3.01	3.51	4.02
36	1.13	1.41	1.69	1.97	2.26	2.51	2.82	3.11	3.39	3.95	4.52
40	1.26	1.57	1.88	2.20	2.51	2.83	3.14	3.45	3.77	4.40	5.02
45	1.41	1.77	2.12	2.47	2.83	3.18	3.53	3.89	4.24	4.95	5.65
50	1.57	1.96	2.36	2.75	3.14	3.53	3.93	4.32	4.71	5.50	6.28
56	1.76	2.20	2.64	3.08	3.52	3.95	4.39	4.83	5.27	6.15	7.03
60	1.88	2.36	2.83	3.30	3.77	4.24	4.71	5.18	5.65	6.59	7.54
63	1.98	2.47	2.97	3.46	3.95	4.45	4.94	5.44	5.93	6.92	7.91
65	2.04	2.55	3.06	3.57	4.08	4.59	5.10	5.61	6.12	7.14	8.16
70	2.20	2.75	3.30	3.85	4.40	4.95	5.50	6.04	6.59	7.69	8.79

注：表示方法示例：-40×5。

6. 角钢(见表3.5.1-6和3.5.1-7)

常 用 等 边 角 钢　　　　　表 3.5.1-6

钢 号	尺 寸 (mm)		重 量 (kg/m)
	b	d	
2	20	3	0.889
		4	1.145
2.5	25	3	1.124
		4	1.459
3	30	3	1.373
		4	1.786
3.6	36	3	1.656
		4	2.163
		5	2.654
4	40	3	1.852
		4	2.422
		5	2.976
4.5	45	3	2.088
		4	2.736
		5	3.369
		6	3.985
5	50	3	2.332
		4	3.059
		5	3.077
		6	4.465
5.6	56	3	2.624
		4	3.446
		5	4.251
		8	6.568
6.3	63	4	3.907
		5	4.822
		6	5.721
		8	7.469
		10	9.151
7	70	4	4.372
		5	5.397
		6	6.406
		7	7.398
		8	8.373

续表

钢号	尺寸 (mm)		重量 (kg/m)
	b	d	
(7.5)	75	5	5.818
		6	6.905
		7	7.976
		8	9.030

注：表示方法示例：角钢7号或∠70×5。

常用不等边角钢　　　　　表 3.5.1-7

钢号	尺寸(mm)			重量 (kg/m)	钢号	尺寸(mm)			重量 (kg/m)
	B	b	d			B	b	d	
2.5/1.6	25	16	3	0.912	(7.5/5)	75	50	5	4.808
			4	1.176				6	5.699
3.2/2	32	20	3	1.171				8	7.431
			4	1.522				10	9.098
4/2.5	40	25	3	1.384	8/5	80	50	5	5.005
			4	1.936				6	5.935
4.5/2.8	45	28	3	1.687				7	6.848
			4	2.203				8	7.745
5/3.2	50	32	3	1.908	9/5.6	90	56	5	5.661
			4	2.494				6	6.717
5.6/3.6	56	36	3	2.153				7	7.756
			4	2.818				8	8.779
6.3/4	63	40	5	3.466	10/6.3	100	63	6	7.550
			4	3.185				7	8.722
			5	3.920				8	9.878
			6	4.638				10	12.142
			7	5.339	10/8	100	80	6	8.350
7/4.5	70	45	4	3.570				7	9.656
			5	4.403				8	10.946
			6	5.218				10	13.476
			7	6.011					

注：B—长边宽度；b—短边宽度；d—边厚。
表示方法示例：∠50/32×4。

7. 槽钢(见表 3.5.1-8)

常用槽钢　　　　　表 3.5.1-8

型号	尺寸(mm)			重量 (kg/m)
	h	b	d	
5	50	37	4.5	5.44

续表

型 号	尺 寸(mm)			重 量 (kg/m)
	h	b	d	
6.3	63	40	4.8	6.63
8	80	43	5.0	8.04
10	100	48	5.3	10.00
12.6	126	53	5.5	12.37
14a	140	58	6.0	14.53
14b	140	60	8.0	16.73
16a	160	63	6.5	17.23
16	160	65	8.5	19.74
18a	180	68	7.0	20.17
18	180	70	9.0	22.99
20a	200	73	7.0	22.63

注：h—高度；b—腿宽；d—腰宽。
表示方法示例：槽钢8#。

8. 工字钢(见表3.5.1-9)

常用工字钢　　　　　　　　　表3.5.1-9

型 号	尺 寸 (mm)			重 量 (kg/m)
	h	b	d	
10	100	68	4.5	11.2
12.6	126	74	5	14.2
14	140	80	5.5	16.9
16	160	88	6	20.5
18	180	94	6.5	24.1
20a	200	100	7	27.9
20b	200	102	9	31.1
22a	220	110	7.5	33
22b	220	112	9.5	36.4
25a	250	116	8	38.1
25b	250	118	10	42
28a	280	122	8.5	43.4
28b	280	124	10.5	47.9
32a	320	130	9.5	52.7
32b	320	132	11.5	57.7
32c	320	134	13.5	62.8
36a	360	136	10	59.9
36b	360	138	12	65.6
36c	360	140	14	71.2

注：h—高度；b—腿宽；d—腰厚。
表示方法示例：工字钢10#。

3.5.2 电气安装紧固件

1. 膨胀螺栓

膨胀螺栓由螺栓、套管、垫片等组成,广泛用于灯具、配电箱、开关等在墙面、地面的固定,其规格见表3.5.2-1,外形及安装方法见图3.5.2-1。

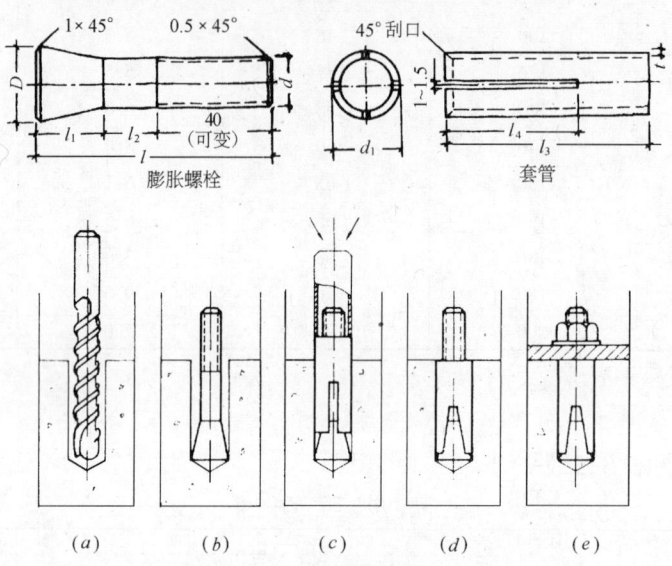

图3.5.2-1 膨胀螺栓及固定方法

(a)钻孔;(b)清除灰渣,放入螺栓;(c)锤入套管;(d)套管胀开,上端与地坪齐;(e)设备就位后,紧固螺母

膨 胀 螺 栓　　　　表3.5.2-1

螺纹规格 d	螺栓总长 l	套管		被连接件厚度 H	钻孔		允许承受拉(剪)力			
		外径 d_1	长度 l_3		直径	深度	静止状态		悬吊状态	
							拉力	剪力	拉力	剪力
(mm)							(N)			
M6	65,75,85	10	35	$l-55$	10.5	35	2354	1765	1667	1226
M8	80,90,100	12	45	$l-65$	12.5	45	4315	3236	2354	1765
M10	95,110,125,130	14	55	$l-75$	14.5	55	6865	5100	4315	3236
M12	110,130,150,200	18	65	$l-90$	19	65	10101	7257	6865	5100
M16	150,175,200,220,250,300	22	90	$l-120$	23	90	19125	1373	10101	7257

注:被连接件厚度 H 计算方法举例:
螺栓规格为 M12×130,其 $H=l-90=130-90=40$mm。
D、l_1、l_2、l_4、t 由具体产品而定,未列出。

注意事项:

(1)钻孔时采用钻头外径与套管外径相同,钻成的孔径与套管外径的差值不大于

1mm;

(2) 螺栓距混凝土边缘的最小距离,应为螺栓直径的12倍。

2. 塑料胀管(见表3.5.2-2)

塑料胀管的技术数据和要求　　　　　表3.5.2-2

公称直径 d (mm)	长度 L (mm)	适用木螺钉规格		外形结构
		直径(mm)	长度(mm)	
6	31	3.5,4	被连接件厚度+胀管长度+10	
8	48	4,4.5		
10	59	5.5,6		
12	60	5.5,6		
钻孔尺寸 (mm) 直径	混凝土:等于或小于胀管直径0.3mm; 砖块:小于胀管直径0.3~0.5mm			
钻孔尺寸 (mm) 深度	大于胀管长度10~12mm			

3. 十字自攻螺钉(见表3.5.2-3)

十字槽自攻螺钉　　　　　表3.5.2-3

公称直径 d (mm)	钉杆长度 L (mm)	推荐孔径 (mm)	采用旋具规格号	备 注
2.5	6~18	2	Ⅰ	螺杆长度系列(mm):6,8,10,12,(14),16,(18),20,(22),25,35,40,45,50
3	6~22	2.4	Ⅱ	
4	8~30	3.2	Ⅱ	
5	10~40	4	Ⅱ	十字槽平圆头自攻螺钉
6	12~50	4.8	Ⅲ	十字槽沉头自攻螺钉

4. 木螺钉

木　螺　钉　　　　　表3.5.2-4

直径 d (mm)	十字槽号	钉长 L (mm)	直径 d (mm)	十字槽号	钉长 L (mm)	直径 d (mm)	十字槽号	钉长 L (mm)
1.6	—	6~12	4	Ⅱ	12~70	(7)	Ⅲ	40~120
2	Ⅰ	6~16	(4.5)	Ⅱ	16~85	8	Ⅲ	40~120
2.5	Ⅰ	6~25	5	Ⅱ	18~100	10	Ⅳ	70~120
3	Ⅱ	8~30	(5.5)	Ⅲ	25~120			
(3.5)	Ⅱ	8~40	6	Ⅲ	25~120			

注:1. 一字槽木螺钉直径范围:$d=1.6\sim10$mm,十字槽木螺钉直径范围:$d=2\sim10$mm,十字槽号为应配合使用的十字形螺钉旋具的规格;
　　2. 沉头木螺钉直径 $d=5.5$mm 的钉长 $L=25\sim100$mm;
　　3. 钉长系列(mm):6,8,10,12,(14),16,(18),20,(22),25,30,(32),35,(38),40,45,50,(55),60,(65),70,(75),80,(85),90,100,120;
　　4. 括号内的直径和长度,尽可能不采用。

5. 螺栓

螺栓是利用螺纹连接方法,使两个零件或结构件连接成为一个整体。按螺纹精度划分为精制(即 A 级、B 级)和粗制(即 C 级),按螺纹长度划分为部分螺纹螺栓和全螺纹螺栓。常用六角头螺栓见表 3.5.2-5。

常用六角头螺栓　　　　　　表 3.5.2-5

公称直径 d (mm)	螺杆长度 l (mm)			
	精制部分螺纹	精制全螺纹	粗制部分螺纹	粗制全螺纹
3	20～30	6～30	—	—
4	25～40	8～40	—	—
5	25～50	10～50	25～50	10～40
6	30～80	12～60	30～60	12～50
8	35～80	16～80	35～80	16～65
10	40～100	20～100	40～100	20～80
12	45～120	25～120	45～120	25～100
(14)	50～140	30～140	60～140	30～140
16	55～160	35～160	65～160	35～160
(18)	60～180	35～180	80～180	35～180
20	65～200	40～200	85～200	40～200
(22)	70～220	45～200	90～220	45～220
24	80～240	50～200	90～240	50～240
30	90～300	60～200	90～300	90～300
36	110～360	80～300	110～300	70～360
42	130～400	80～500	160～420	80～420
48	～400	80～500	180～480	100～480

说明	1. 螺杆长度系列(mm):6,8,10,12,16,20,25,30,35,40,45,50,(55),60,(65),70,80,90,100,110,120,130,140,150,160,180,200,220,240,260,280,300,320,340,360,380,400,420,440,460,480,500。带括号的长度尽可能不采用。 2. 表示方法示例:M16×80。

与螺栓配套使用的还有螺母,按公称直径表示,如 $M10$。
垫片和弹簧垫圈也按公称直径表示,如 $d10$。

6. 地脚螺栓

地脚螺栓用于预埋于混凝土中,固定电气设备底座,其规格见表 3.5.2-6。

地　脚　螺　栓　　　　　　表 3.5.2-6

公称直径 d (mm)	螺栓全长 L (mm)	螺纹长度 L_0 (mm)	备　　注
6	80～160	24	螺栓全长系列(mm):80,120,160,220,300,400,500,630,800,1000,1250,1500
8	120～220	28	
10	160～300	32	
12	160～400	36	
16	220～500	57	
20	300～630	65	

续表

公称直径 d (mm)	螺栓全长 L (mm)	螺纹长度 L_0 (mm)	备注
24	300~800	70	螺栓全长系列(mm):80,120,160,220,300,400,500,630, 800,1000,1250,1500
30	400~1000	80	
36	500~1000	100	
42	630~1250	120	
48	630~1500	140	

注:表示方法示例:M20×500。

7. 螺钉

螺钉种类很多,常用一字槽和十字槽普通螺钉见表3.5.2-7和表3.5.2-8。

常用一字槽普通螺钉　　　　　表3.5.2-7

公称直径 d (mm)	螺钉长度 L(mm)		备注
	半圆头	沉头	
1	1.5~5	2~5	螺杆长度系列(mm):1.5,2,2.5,3,3.5,4,5,6,10,12,14,16,18,20,22, 25,28,30,32,35,38,40,42,45,48,50,55,60,65,70,75,80,85,90,95,100, 110,120
1.2	1.5~6	2.5~6	
1.4	1.5~10	2.5~10	
1.6	2~14	3~14	
2	2~20	3~20	
2.5	2.5~35	4~35	
3	3~80	4~80	
4	4~80	6~80	
5	5~80	8~80	
6	8~80	10~80	
8	10~80	14~80	
10	12~80	18~80	
12	18~85	18~85	
(14)	25~90	25~90	
16	30~95	25~95	
(18)	35~110	30~110	
20	40~120	35~120	

注:表示方法示例:M5×10。

十字槽普通螺钉　　　　　表3.5.2-8

公称直径 d (mm)	螺钉长度 L(mm)					采用螺钉旋具规格号	备注
	球面圆柱头	平圆头	扁圆头	球面中柱头	沉头半沉头		
2	4~20	4~20	4~20	5~20	4~20	Ⅰ	螺钉长度系列(mm):4,5,6,8,10,12,(14),16,(18),20, (22),25,(28),30,(32),35,(38),40,45,50,55,60,65,70,75, 80;括号内的长度尽可能不采用
2.5	5~35	5~35	5~35	5~35	4~35		
3	6~40	6~40	6~40	6~40	5~40	Ⅱ	
4	8~60	8~50	8~50	8~50	6~50		

续表

公称直径 d (mm)	螺钉长度 L (mm)					采用螺钉旋具规格号	备注
	球面圆柱头	平圆头	扁圆头	球面中柱头	沉头半沉头		
5	8~80	8~50	8~50	8~50	8~50	Ⅱ	螺钉长度系列(mm):4,5,6,8,10,12,(14),16,(18),20,(22),25,(28),30,(32),35,(38),40,45,50,55,60,65,70,75,80;括号内的长度尽可能不采用
6	8~80	8~50	8~50	8~50	10~50	Ⅲ	
8	12~80	12~65	12~50	12~50	14~65		
10	16~80	16~80	—	16~50	18~80	Ⅳ	
12	20~80	20~80	—	—	10~80		

注:表示方法示例:M4×10。

3.5.3 电气拖动传动件

1. 滚动轴承

滚动轴承种类很多,其中应用最广的是单列向心球轴承。这种轴承摩擦力小、转速高,可承受径向负荷或径、轴向联合负荷。小功率电动机一般均使用这种轴承。其规格见表3.5.3-1和表3.5.3-2。

常用中窄系列单列向心球轴承　　　　表3.5.3-1

轴承代号	尺寸(mm)			极限转数(r/min)	重量(kg)
	内径	外径	厚度		
34	4	16	5	25000	—
35	5	19	6	25000	—
300	10	35	11	16000	0.05
301	12	37	12	16000	0.06
302	15	42	13	16000	0.08
303	17	47	14	13000	0.11
304	20	52	15	13000	0.14
305	25	62	17	10000	0.22
306	30	72	19	10000	0.35
307	35	80	21	8000	0.42
308	40	90	23	8000	0.63
309	45	100	25	6300	0.83
310	50	110	27	6300	1.08
311	55	120	29	6300	1.37
312	60	130	31	5000	1.71
313	65	140	33	5000	2.09
314	70	150	35	5000	2.6
315	75	160	37	4000	3.1

续表

轴承代号	尺寸 (mm)			极限转数 (r/min)	重量 (kg)
	内径	外径	厚度		
316	80	170	39	4000	3.6
317	85	180	41	4000	4.3
318	90	190	43	3200	5
319	95	200	45	3200	5.7
320	100	215	47	3200	7.2
321	105	225	49	2000	8.3
322	110	240	50	2000	9.8
324	120	260	55	2000	14
326	130	280	58	2000	18
328	140	300	62	2000	22
330	150	320	65	2000	26

常用轻窄系列单列向心球轴承　　　　　　　表 3.5.3-2

轴承代号	尺寸 (mm)			极限转数 (r/min)	重量 (kg)
	内径	外径	厚度		
23	3	10	4	25000	0.002
24	4	13	5	25000	0.005
25	5	16	5	25000	0.008
26	6	19	6	25000	0.009
27	7	22	7	25000	0.013
28	8	24	8	25000	0.014
29	9	26	8	25000	0.019
200	10	30	9	19000	0.03
201	12	32	10	18000	0.037
202	15	35	11	17000	0.04
203	17	40	12	16000	0.06
204	20	47	14	14000	0.1
205	25	52	15	12000	0.12
206	30	62	16	9500	0.19
207	35	72	17	8500	0.27
208	40	80	18	8000	0.37
209	45	85	19	7000	0.42
210	50	90	20	6700	0.47
211	55	100	21	6000	0.58
212	60	110	22	5600	0.77
213	65	120	23	5000	0.98
214	70	125	24	4800	1.04
215	75	130	25	4500	1.18
216	80	140	26	4300	1.38
217	85	150	28	4000	1.75
218	90	160	30	3800	2.2

续表

轴承代号	尺寸 (mm)			极限转数 (r/min)	重量 (kg)
	内径	外径	厚度		
219	95	170	32	3600	2.6
220	100	180	34	3400	3.2
221	105	190	36	3200	3.8
222	110	200	38	3000	4.5
224	120	215	40	2600	5.15
226	130	230	40	2400	7.5
228	140	250	42	2000	9
230	150	270	45	1900	11.3
232	160	290	48	1800	14
234	170	310	52	1700	16.5
236	180	320	52	1600	17.5
238	190	340	55	1500	20.6
240	200	360	58	1400	24
244	220	400	65	1200	36.5
248	240	440	72	1000	53.9

轴承代号说明：

轴承代号由多位(可达 7 位)数字组成，其中，最后两位或一位为轴承内径或衬套内径代号，其含义见表 3.5.3-3。

轴承内径或衬套内径代号　　　　　　　　　　　表 3.5.3-3

代　号	00	01	02	03	04~99
内径(mm)	10	12	15	17	数字×5＝内径尺寸

注：1. 装在紧定套上的滚动轴承，其代号中第一、二两位数字表示衬套内径；
　　2. 内径小于 10mm 的轴承，其内径以第一位数字代表，直径系列则以第二位数字代表，同时在第三位上标记"0"。

倒数第 3 位数字(或第 2 位数字)为直径系列代号，其中：轻型系列代号为 2；中型系列代号为 3；重型系列代号为 4。

例如：23 号轴承，轻型轴承，内径 3mm。

302 号轴承，中型轴承，内径代号 02，即内径为 15mm。

2. 橡胶传动带

橡胶传动带由橡胶与帆布胶合而成，装于两皮带轮之间传递电动机等动力用。适用于两轮直径相差不大、两轴中心距离较远、转速较低的场合。

常用橡胶传动带的规格见表 3.5.3-4。

橡　胶　传　动　带　　　　　　　　　　　表 3.5.3-4

序号	宽度 (mm)	胶布层数	长度(m)
1	20,25,30,35,40,45,50,55,60 65,70,75,80,90	3~4 3~6	≥5

续表

序 号	宽 度 (mm)	胶布层数	长度(m)
2	100,125,150,175 200,225,250	4~6 4~10	≥10
3	275,300, 350,400,450,500,550,600	4~10 6~12	≥20

3. 普通三角传动带

普通三角传动带是有固定圆周长的传动带，其截面呈等腰梯形(不完全三角形)，适用于两轴中心距离较短，传动比较大的场合。

常用三角传动带的规格见表3.5.3-5。

三角传动带　　　　　　　　　　表3.5.3-5

型号	断面尺寸			内周长度 (mm)	备 注
	顶端宽度 (mm)	高度 (mm)	角度 (°)		
O	10	6.0	40	450~2000	内周长度系列(mm)：450,500,560,630, 710,800,900,1000,1120,1250,1400,1600, 1800,2000,2240,2500,2800,3150,3550, 4000,4500,5000,5600,6300,7100,8000, 9000,10000,11200,12500,14000,16000 其 他尺寸的内周长度，可根据供需协议制造
A	13	8.0	40	560~4000	
B	17	10.5	40	630~5600	
C	22	13.5	40	1250~9000	
D	32	19.0	40	3150~11200	
E	38	23.5	40	4500~16000	
F	50	30.0	40	6300~16000	

4. 活络三角带

活络三角带是由多个胶布片链接而成的，特别适用于普通三角带所没有的长度系列以及传动轮之间的距离不可调整的场合。

常用活络三角带的规格见表3.5.3-6。

活络三角传动带　　　　　　　　　　表3.5.3-6

型 号		O	A	B	C	D	E
断面尺寸	宽度(mm)	10	12.7	16.5	22	32	38
	高度(mm)	7	11	11	15	23	27
	角度(°)	40	40	40	40	40	40
每米节数		50	40	32	32	30	30

3.5.4 焊接材料

1. 结构钢电焊条

常用结构钢电焊条的种类、规格及用途见表3.5.4-1，焊条尺寸见表3.5.4-2。

常用结构钢电焊条的种类、规格及用途

表 3.5.4-1

序号	型号	相当国际型号	名称	药皮类型	焊接电源	主要用途
1	结 350	—	纯铁焊条	钛钙低氢型	直流	微碳纯铁
2	结 420	T42-0	碳钢管道专用焊条		交直流	高温高压管道
3	结 421	T42-1	低碳钢焊条	氧化钛型	交直流	一般低碳钢薄板
4	结 422	T42-2	低碳钢焊条	氧化钛钙型	交直流	较重要的低碳钢构件
5	结 422 铁	T42-2Fe	低碳钢焊条	铁粉氧化钛钙型	交直流	低碳钢高效焊接
6	结 422 铁重	T42-2Fe	低碳钢重力焊条	铁粉氧化钛钙型	交直流	低碳钢高效重力焊接
7	结 423	T42-3	低碳钢焊条	钛铁矿型	交直流	低碳钢结构
8	结 424	T42-4	低碳钢焊条	氧化铁型	交直流	低碳钢结构
9	结 425 下	T42-5	向下焊专用焊条	纤维素型	交直流	立向下焊低碳钢薄板
10	结 426	T42-6	低碳钢焊条	低氢型	交直流	低碳钢及某些普低钢
11	结 427	T42-7	低碳钢焊条	低氢型	直流	低碳钢及某些普低钢
12	结 502	T50-2	普低钢焊条	氧化钛钙型	交直流	16锰及相同强度普低钢
13	结 502 铜磷	T50-2	普低钢焊条	氧化钛钙型	交直流	铜磷系统抗大气、抗硫化氢、耐腐蚀钢
14	结 503	T50-3	普低钢焊条	钛铁矿型	交直流	与"结502"同
15	结 503 铁重	T50-3Fe	普低钢重力焊条	铁粉钛铁矿型	交直流	焊接低碳钢及相应强度普低钢高效高速重力焊
16	结 505	T50-5	底层焊条	纤维素型	交直流	不铲焊根和封底的焊接
17	结 506	T50-6	普低钢焊条	低氢型	交直流	中碳钢及某些重要的普低钢
18	结 506 铁	T50-6Fe	普低钢焊条	铁粉低氢型	交直流	某些普低钢的高效焊接
19	结 506 下	T50-6	向下焊专用焊条	低氢型	交直流	抗拉强度为 50kg/mm² 级向下焊条
20	结 506 低尘	T50-6	低尘低毒低氢型普低钢焊条	低氢型	交直流	与"结506"同，因烟尘量低，适于密封容器和通风不良场合的焊接
21	结 507	T50-7	普低钢焊条	低氢型	直流	与"结506"同
22	结 507 下	T50-7	立向下焊专用焊条	低氢型	直流	与"结506下"同
23	结 507 铜磷	T50-7	普低钢焊条	低氢型	直流	铜磷系统抗大气和抗硫化氢、耐海水腐蚀钢
24	结 553	T55-3	普低钢焊条	钛铁矿型	交直流	相应强度的普低钢结构
25	结 556	T55-6	普低钢焊条	低氢型	交直流	中碳钢及相应强度的普低钢
26	结 557	T55-7	普低钢焊条	低氢型	直流	中碳钢及相应强度的普低钢
27	结 606	T60-6	低合金高强度钢焊条	低氢型	交直流	中碳钢及相应强度的普低钢
28	结 607	T60-7	低合金高强度钢焊条	低氢型	直流	中碳钢及相应强度的普低钢
29	结 707	T70-7	低合金高强度钢焊条	低氢型	直流	低合金高强度钢

注：型号中"结"、"T"表示手工电弧焊用结构钢焊条；第一、第二位数字表示焊缝金属抗拉强度 $\frac{1}{10} \cdot N/mm^2$；第三位数字表示焊条药皮类型及适用电源种类；"铁""Fe"表示焊条药皮中含铁粉量大于30%。例如：T50-6Fe，普低碳钢焊条，含铁粉量大于30%，焊缝金属抗拉强度为500N/mm²，即50kg/mm²。

3.5 电气安装维修常用材料

焊条的尺寸　　　　　　　　　　　　　　　　　　　　　表 3.5.4-2

焊芯直径(mm)	1.6	2,2.5	3.2	4,5	6
焊条长度(mm)	200,250	250,300	350,400	400,450	400,450,500,600

2. 铸铁焊条(见表 3.5.4-3)

铸铁电焊条的种类、规格及用途　　　　　　　　　　　　表 3.5.4-3

序号	型号	名称	药皮类型	焊缝金属主要成分	焊条直径(mm)	用途
1	铸100	钢心铸铁焊条	氧化型	碳钢	3.2,4,5	焊补一般灰铸铁件及长期使用的旧钢锭模,焊后不能进行切削加工
2	铸122	铁粉型冷焊铸铁焊条	钛钙铁粉型	碳钢	3.2,4	焊补一般灰铸铁件的非加工面
3	铸208	钢心铸铁焊条	石墨型	铸铁	3.2,4,5	焊补一般灰铸铁件
4	铸238	钢心球墨铸铁焊条	石墨型	球墨铸铁	3.2,4,5	焊补球墨铸铁件
5	铸248	铸铁心铸铁焊条	石墨型	铸铁	4,5,6,8,10	焊补各种灰铸铁件,如机架、床身、齿轮箱、汽车和拖拉机缸体、缸盖、后桥等
6	铸308	纯镍铸铁焊条	石墨型	纯镍	2.5,3.2,4	焊补重要铸铁薄件和加工面,如汽缸盖、发动机座、齿轮箱和导轨等
7	铸408	镍铁铸铁焊条	石墨型	镍铁合金	3.2,4,5	焊补重要高强度铸铁件及球墨铸铁件,如汽缸、发动机座等
8	铸508	镍铜铸铁焊条	石墨型	镍铜合金	3.2,4,5	焊补强度要求不高铸铁件的加工面裂缝和砂眼
9	铸612	铜包钢心铸铁焊条	钛钙型	铜铁混合	3.2,4	焊补灰铸铁件的非加工面,如汽缸体等

注：焊接电源：交直流。

3. 铜气焊条(见表 3.5.4-4)

常用铜气焊条的种类、规格及用途　　　　　　　　　　表 3.5.4-4

序号	型号	名称	焊丝主要成分(%)	焊缝强度(N/mm²)	熔点(℃)	性能及用途
1	丝201	特制紫铜焊丝	锡1.1,硅0.4,锰0.4,铜余量	≥200	1050	焊接工艺性能优良,焊缝成型良好,机械性能较高,抗裂性能好,适用于氩弧焊、氧-乙炔气焊紫铜
2	丝202	低磷铜焊丝	磷0.3,铜余量	150~180	1060	流动性较一般紫铜好,适用于氧-乙炔气焊、碳弧焊紫铜
3	丝221	锡黄铜焊丝	铜60,锡1,硅0.3,锌余量	≥340	890	流动性和机械性能均较好,适用于氧-乙炔气焊黄铜和钎镍钢、铜镍合金、灰铸铁和钢,也用于镶嵌硬质合金刀具

续表

序号	型号	名称	焊丝主要成分（%）	焊缝强度（N/mm²）	熔点（℃）	性 能 及 用 途
4	丝222	铁黄铜焊丝	铜58,锡0.9,硅0.1铁0.8,锌余量	≥340	860	流动性和机械性能均较好，焊缝表面略呈黑斑状，焊时烟雾较少。用途与丝221相同
5	丝224	硅黄铜焊丝	铜62,硅0.5,锌余量	≥340	905	由于含硅量0.5%左右，气焊时能有效地控制锌的蒸发，消除气孔和得到满意的机械性能。用途与丝221相同

注：1. 焊缝强度指焊缝金属抗拉强度；
2. 焊丝尺寸(mm)：圈状——直径1.2；条状——直径3,4,5,6；长度650,1000。

4. 铝气焊条（见表3.5.4-5）

常用铝气焊条的种类、规格及用途　　　　表3.5.4-5

序号	型号	名称	焊丝主要成分（%）	焊缝强度（N/mm²）	熔点（℃）	性 能 及 用 途
1	丝301	纯铝焊丝	铝≥99.5	≥65	660	具有良好的可焊性和耐蚀性，优良的塑性和韧性，但强度较低。适用于焊接纯铝及对接头性能要求不高的铝合金
2	丝311	铝硅合金焊丝	硅5,铝余量	≥120	580~610	一种通用性较大的铝基焊丝，焊缝金属具有优良的抗热裂能力，也能保证一定的机械性能；常用于焊接除铝镁合金以外的铝合金
3	丝321	铝锰合金焊丝	锰1.3,铝余量	≥120	643~654	焊缝金属具有良好的耐腐蚀性能和较纯铝高的强度，可焊性及塑性也很好。途用于焊接铝锰合金及其他铝合金
4	丝331	铝镁合金焊丝	镁5,锰0.4,硅0.3,铝余量	≥200	638~660	具有良好的耐蚀性和抗热裂性，强度也较高，适用于焊接铝镁合金

注：1. 焊缝强度指焊缝金属抗拉强度；
2. 焊丝尺寸：圈状——直径1、2；条状——直径3,4,5,6；长度1000。

5. 铅焊锡丝（见表3.5.4-6）

铅锡焊丝的种类及规格　　　　表3.5.4-6

序号	牌号	名称	主要成分（%）	熔化温度（℃）	用 途
1	料600	60%锡铅焊料	锡59~61,锑≤0.8,铅余量	183~185	用于无线电零件、电器开关零件、计算分析机零件、易熔金属制品以及热处理(淬火)件的钎焊
2	料602	30%锡铅焊料	锡29~31,锑1.5~2.0,铅余量	183~256	用于钎焊铜、黄铜、镀锌薄钢板，如散热器、仪表、无线电零件、电缆护套及电动机的扎线等，应用较广
3	料603	40%锡铅焊料	锡39~41,锑1.5~2.0,铅余量	183~235	用于钎焊铜、铜合金、钢、锌制零件，如散热器、无线电零件、电器开关设备、仪表、镀锌薄钢板等，应用最广
4	料604	90%锡铅焊料	锡89~91,锑≤0.15,铅余量	183~222	用于钎焊大多数钢材、铜材及其他金属，特别是食品、医疗器材的内部钎缝

注：焊料规格(mm)直径3,4,5，丝状。

6. 聚氯乙烯焊条

聚氯乙烯焊条用于聚氯乙烯穿电线管和其聚氯乙烯塑料构件的焊接。其规格按直径表示。

常用聚氯乙烯塑料焊条的规格：
$\phi 2$、2.5、3、3.5、4(mm)。

3.5.5 油漆和润滑油脂

1．油漆及溶剂

油漆包括面漆、底漆和腻子三类，用于电气装置金属构件的防腐、保护和母线分相着色。常用油漆的种类、性能及用途见表3.5.5-1，油漆的溶剂和稀释剂见表3.5.5-2。

油漆的品种、性能及用途　　　　　表3.5.5-1

类别	名称	型号	主要特点及用途	颜色	干燥类型	稀释剂	备注
面漆	醇酸磁漆	C04-2 (C04-42)	耐气候性良好，适用于一般户内外产品的防护及装饰	红、黄、灰、绿、草绿、白、黑、棕、褐色	气干或烘干	二甲苯	烘干可提高耐水性
	氨基烘漆	A05-10	耐气候性良好，漆膜坚硬，主要用于三防产品的防护及装饰		烘干	二甲苯+乙醇(8:2)	系半光漆
	氨基静电烘漆	A05-14	同上，适用于静电喷漆用		烘干	—	
	过氯乙烯瓷漆	G04-9	干燥较快，施工方便，能打磨，有较高的耐化学腐蚀性，适用于亚热带和潮湿地区及化工产品的防护及装饰		气干	过氯乙烯稀释剂	
	灰过氯乙烯磁漆	G04-11	同上。较高的耐气候性，可用于三防产品	灰色	气干	同上	无烘干设备时，用于三防产品代替氨基烘漆
	丙烯酸瓷漆	B04-9	防护能力优良，表面光亮，价格较高，有特殊要求时采用	各色	烘干	丙烯酸漆稀释剂X-5	
	氨基锤纹漆	A10-1	耐气候性优良，漆膜坚硬，漆膜呈现锤纹，较美观。主要用于精密产品的防护及装饰	灰、草绿	烘干	二甲苯或甲苯	
	过氯乙烯锤纹漆	G10-1	同过滤乙烯磁漆，漆膜呈现锤纹，较美观。用于精密产品的防护及装饰	灰、草绿	气干	过氯乙烯稀释剂	
	铝粉醇酸耐热漆	C61-1	良好的耐气候性及较高的耐热性，对钢铁或铅制品表面有较强的附着力，适用于各种金属的防护及装饰，也可用于三防产品	铝白	烘干	二甲苯或苯	俗称银粉漆，该漆不能在150℃以上长期使用。长期使用温度在150℃以上时，可采用有机硅耐热漆
	过氯乙烯清漆	G01-5	漆膜透明光亮，干燥快。用于标牌等表面涂覆。	浅黄透明	气干	过氯乙烯稀释剂	
	环氧清漆	H01-1	附着力强，耐油、耐潮、耐化工腐蚀性良好。适用于三防产品，化工产品内表面上与油接触的金属表面涂覆(不涂底漆)	黄褐透明	烘干	二甲苯	

续表

类别	名称	型号	主要特点及用途	颜色	干燥类型	释释剂	备注
底漆	锌黄酚醛底漆	F06-8	附着力强，防锈性和耐水性良好，适用于黑色金属及有色金属（推荐用于铝及铝合金）的防锈打底	锌黄	气干或烘干	二甲苯	
	铁红过氯乙烯底漆	G06-4	作为过氯乙烯涂料配套使用时的金属打底	棕红	气干	过氯乙烯稀释剂	
	铁红醇酸底漆	G06-1	有一定防锈能力，用于户内黑色金属打底	棕红	气干或烘干	二甲苯	
	红丹醇酸底漆	C53-1	防锈能力良好，干燥较快，广泛用于户外黑色金属打底	桔红	气干或烘干	二甲苯	
	铁红环氧底漆	H06-2 (H06-1)	防锈能力优良，用于黑色金属、铜的打底	铁红	气干或烘干	二甲苯	
	锌黄环氧底漆	H06-2 (H06-1)	防锈能力优良，用铝及铝合金打底	锌黄	气干或烘干	二甲苯	
	乙烯磷化底漆	X06-1	附着力强，适用于各种金属打底，但一般不单独使用，而作为其他底漆的底层	浅黄	气干	乙醇和丁醇混合(3:1)	
	酚醛皱纹底漆	F11-1	新品种，适用于喷涂	浅黄透明	烘干		
	铁红环氧电泳底漆	H08-5	新品种，适用于电泳涂覆	棕红	烘干		
腻子	灰油性腻子	T07-2 (T07-1)	耐气候性、耐潮性不高，仅用于户内产品，填嵌金属表面缺陷	灰	气干		T07-1为铁红油性腻子，烘干型
	醇酸腻子	C07-5	性能较油性腻子好，用于一般产品，填嵌金属表面缺陷	棕红	气干		
	环氧腻子（烘干型）	H07-4	涂层坚牢，耐气候性好，适用于三防产品，缺点是砂磨困难		烘干		
	环氧腻子（气干型）	H07-5	同上。但性能稍差，可气干		气干		
	过氯乙烯腻子	G07-3	腻子涂层较薄，防锈性能一般，适用于过氯乙烯漆配套使用，填补金属表面麻孔。因其中有挥发性溶剂，故不能来回涂刮		气干		

注：括号内型号为可代用型号。

3.5 电气安装维修常用材料 277

溶剂和稀释剂　　　　　　　　　表 3.5.5-2

序号	名称	型号或级别	一般用途
1	甲苯		作油漆溶剂和稀释剂
2	二甲苯		
3	工业丙酮	一级品　二级品	
4	精馏酒精(乙醇)	普通高纯度	
5	工业正丁醇	一级品	
6	过氯乙烯漆稀释剂	X-3	
7	松节油	优级品、一级品、重级品	
8	松香水		

2. 润滑油和润滑脂(见表 3.5.5-3 和 3.5.5-4)

常用润滑油的品种和用途　　　　　　表 3.5.5-3

序号	类别	名称代号	型号	用途
1	机械润滑油	5#　7#　10#　12#	HJ4-5　HJ4-7　HJ-10　HJ-12D	用于高速机械(>5000r/min)
		20#　30#　40#	HJ-20　HJ-30　HJ-40	用于中速机械(1500~5000r/min)
		50#　70#　90#	HJ-50　HJ-70　HJ-90	用于低速机械(≤1500r/min)
2	汽油机润滑油	6#　低凝6#	HQ-6　HQ-6D	冬季用
		10#	HQ-10	夏季用
		15#	HQ-15	低速机用
3	柴油机润滑油	8#　11#	HC-8　HC-11	高速机用
		14#　16#	HC-14　HC-16	中速机用
		20#　65#	HC-20　HC-65	低速机用
4	压缩机润滑油	13#	HS-13	用于中、低压压缩机
		19#	HS-19	用于高压压缩机
5	冷冻机润滑油	13#	HD-13	用于介质为氨的冷冻机
		18#	HD-18	用于氟-12 的冷冻机
		25#	HD-25	用于氟-22 的冷冻机
		30#	HD-30	
		40#	HD-40	用于高温机
6	仪表润滑油	8#　合成8#	HY-8　HY-8H	用于各种仪表
7	齿轮润滑油	20#	HL-20	冬用
		30#	HL-30	夏用
		22#	HL57-22	冬用
		28#	HL57-28	夏用
		10#	HL58-10	冬用
		15#	HL58-15	夏用

注:型号含义举例:HJ-10,机械润滑油,平均粘度 10 厘泊。其他类同。

常用润滑脂的品种及用途

表 3.5.5-4

序号	组别	级别	名称	代号	特点及用途
1	钙基 (G)		1号钙基润滑脂 2号钙基润滑脂 3号钙基润滑脂 4号钙基润滑脂 5号钙基润滑脂 石墨钙基润滑脂	ZG-1 ZG-2 ZG-3 ZG-4 ZG-5 ZG-S	有较好耐水性,用于汽车、拖拉机和其他农机的轴承等润滑机件,适合温度≤70℃、转速 3000r/min 以下的工作条件 ZG-1 适于自动给脂系统,工作温度≤55℃的低速小负荷机械;ZG-2 适于中速、轻负荷中小型机械;ZG-3 适于中速、中负荷的中型机械和汽车、拖拉机的传动轴承,工作温度≤65℃;ZG-4 和 ZG-5 适于低速、重负荷的重型机械;ZG-S 人字齿轮、汽车弹簧及其他粗糙重负荷机械,工作温度≤60℃
2	钠基 (N)		2号钠基润滑脂 3号钠基润滑脂 4号钠基润滑脂 3号合成钠基润滑脂 4号合成钠基润滑脂	ZN-2 ZN-3 ZN-4 ZN-3H ZN-4H	耐热性好,但耐水性差,广泛用于中、重负荷机械的摩擦部位的润滑 ZN-2、ZN-3、ZN-4 的工作温度分别为≤110、120、100℃
		高温 (6)	4号高温润滑脂	ZN6-4	适用于高温下工作的发动机摩擦部分、飞机着陆轮轴和其他高温机件的润滑
3	锂基 (L)		1号锂基润滑脂 2号锂基润滑脂 3号锂基润滑脂	ZL-1 ZL-2 ZL-3	具有使用温度范围宽广的特性,可以代替钙基润滑脂,适于工作温度变化宽广的滚珠轴承等机件,使用温度不超过 120~140℃
		航空 (45)	2号航空润滑脂	ZL45-2	
4	铝基 (U)	船用 (43)	2号铝基润滑脂 1号船用润滑脂 3号船用润滑脂	ZU-2 ZU45-1 ZU45-3	具有高度的抗水性和防锈性,能很好地粘附在金属表面,故适用于船舶推进器、水上起重机、挖泥船水泵、泥浆泵、排灌设备及其他与水接触的机械的润滑、防护,也可用于汽车底盘和纺机等
5	钡基 (B)		3号钡基润滑脂	ZB-3	具有耐水、耐醇、耐热的特点,并有较好的密封性,故常用于油泵、水泵、船舶推进器及 120℃以下的高温、高压、潮湿环境下工作的重型机械等润滑 ZB10-2 还可用以密封乙醇、甘油、水和空气导管系统的结合处和开关等部位
		密封 (10)	2号多效密封润滑脂	ZB10-2	
6	钙钠基		2号钙钠基润滑脂 3号钙钠基润滑脂 2号合成钙钠润滑脂 3号合成钙钠润滑脂	ZGN-2 ZGN-3 ZGN-2H ZGN-3H	性能介于钙基脂和钠基脂,有一定耐水、耐热性,广泛用于各种类型电动机、发电机、汽车等。工作温度≤85~100℃,不宜低温使用
7	复合钙基		1号复合钙基润滑脂 2号复合钙基润滑脂 3号复合钙基润滑脂 4号复合钙基润滑脂	ZFG-1 ZFG-2 ZFG-3 ZFG-4	适合于高温工作机械摩擦作用 1号脂工作温度≤140℃; 2号脂工作温度≤160℃; 3号脂工作温度≤180℃; 4号脂工作温度≤200℃

3.5.6 其他常用材料(见表 3.5.6-1)

其他常用材料　　　　　表 3.5.6-1

序号	名 称	型号及规格	计量单位	应 用
1	电力复合脂	一级	kg	电接触保护、润滑
2	工业凡士林	中性	kg	防锈和润滑
3	硬脂酸	一级 $\delta 30\text{mm}$	kg	电缆头焊接去氧化剂
4	石蜡	白蜡 56 号,黄蜡 58 号	kg	绝缘清洗和防潮
5	汽油	70～90 号	kg	油漆稀释和清洗
6	煤油	1～2 号	kg	清洗
7	硅油	201 号	kg	电器表面防潮
8	压缩机油		kg	导线油压钳注油
9	酒精	纯度 99%	kg	清洗电器绝缘件
10	异形塑料管(号码管)	$d3.5, d6.4$	kg	线端标记用
11	接线号	$d3.5, d6.4$	个	线端标记用
12	行线槽	$L=600～2200$	个	控制屏二次线行线
13	缠绕管	$d8～20$	个	导线集束、保护及插孔
14	标牌	长方形,圆形,扇形	个	屏面设备标记
15	题名框	$10\times42, 20\times64$	个	屏面设备功能标记
16	题名片	$10\times42, 20\times64$	个	题名植字
17	绵纶绳	$d1.4, 2, 3$	kg	绑线用
18	石棉绳	SN-32, $d3～50$	kg	绝热用
19	普通橡胶板	$1140, \delta 0.5～10$	kg	一般场所绝缘垫
20	耐油橡胶板	$3001, \delta 12～50$	kg	柴油电站绝缘垫
21	电绝缘纸板	$50/50, 100/00$ $\delta 0.1～3.0$	张	电器绝缘
22	胶合板	$\delta 3～12$	张	配电板用
23	纤维板	$\delta 3, 4, 5$	张	电器垫板
24	石油沥青油纸	200, 350 号	卷	垫板、防潮
25	平板玻璃	$\delta 2, 3, 5, 6$	m²	变压器防爆筒用
26	火漆	松香石粉	kg	封装、防止改动
27	石英砂		kg	熔管填料
28	石英粉		kg	环氧树脂填充剂
29	硼砂		kg	氧焊用
30	焊锡膏		合	烙铁焊用(酸性)
31	松香		kg	烙铁焊用
32	蒸馏水	高纯度	L	蓄电池配液
33	滤油纸	300×300	张	变压器油过滤

续表

序号	名称	型号及规格	计量单位	应用
34	铝卡片（钢精扎头）	0～5号 $L=28\sim72$	合	绑扎和固定导线
35	卡钉	12～24	合	明敷绝缘导线固定
36	绑扎线	$d0.8,1.0,1.2$	卷	绑扎导线
37	铝包带	10×1	卷	架空铝绞线包扎
38	铝绑线	$d2,3.2$	卷	导线连接包扎
39	铝箔带	30×0.08	卷	电缆芯线屏蔽
40	松香焊锡丝	$d1.5,2.5$	卷	电烙铁焊接用

第4章 电动工具和电工工具

4.1 电动工具

4.1.1 电动工具的分类及特性

电动工具是运用小容量电动机或电磁铁通过传动机构驱动工作头的一种手持式或半固定式机械工具。

电动工具所用电动机主要为单相串励(排斥式)或交直流两用电动机、三相工频(50Hz)或中频(150～400Hz)异步电动机、永磁式直流电动机等。

1. 电动工具分类(见表 4.1.1-1)

电动工具分类及代号　　　　　　　　表 4.1.1-1

序号	类别	类别代号	名称	名称代号
1	金属切削类工具	J	电钻 磁座钻 电铰刀 电动刮刀 电剪刀 电冲剪 电动曲线锯 电动锯管机 电动往复锯 电动型材切割机 电动攻丝机 多用电动工具	Z C A K J H Q U F G S D
2	砂磨类工具	S	电动砂轮机 角向磨光机 软轴砂轮机 电动砂光机 角向砂光机 电动抛光机 角向抛光机	S J R G J P J
3	装配类工具	P	电扳手 电动螺丝刀 电动脱管机	B L Z
4	林木类工具	M	电刨 电动开槽机 电插	B K C

序号	类别	类别代号	名称	名称代号
4	林木类工具	M	电动带锯 电动木工砂光机 电链锯 电圆锯 电动木钻 电动木铣 电动打枝机 电动木工刃具砂轮机	A G L Y Z X H S
5	农牧类工具	N	电动剪毛机 电动采茶机 电动剪枝机 电动喷油机 电动粮食插样机	J C Z P L
6	建筑道路类工具	Z	电动混凝土振动器 冲击电钻 电锤 电镐 电动地板刨光机 电动打夯机 电动地板砂光机 电动水磨石机 电动砖瓦铣沟机 电动钢精切断机 电动混凝土钻机	D J C G B H S M X Q Z
7	铁道类工具	T	铁道螺钉电扳手 枕木电钻 枕木电镐	B Z G
8	矿山类工具	K	电动凿岩机 岩石电钻	Z Y
9	其他类工具	Q	电动骨钻 电动胸骨锯 石膏电钻 电动卷花机 电动地毯剪 电动裁布机 电动雕刻机 电动除锈机 电喷枪 电动锅炉去垢机	G X S H T C K Q P G

2. 电动工具的型号

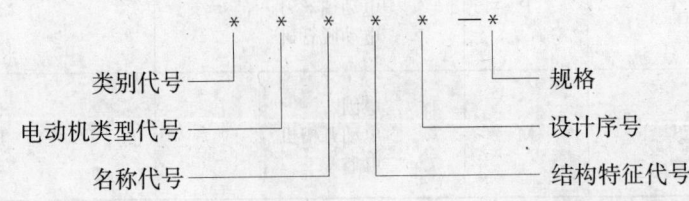

其中的类别代号和名称代号见表4.1.1-1,电动机类型代号见表4.1.1-2,结构特征代号见表4.1.1-3。

电动工具用电动机类型代号 表4.1.1-2

电动机类型	代号	电动机类型	代号
低压直流(24V以下)	0	三相工频	3
交直流两用	1	三相中频(400Hz)	4
三相中频(200Hz)	2	电磁往复	5

电动工具结构特征代号 表4.1.1-3

结构形式	代号	结构形式	代号
角向	J	高速	G
软轴式	R	直筒式	Z
台式	T	后托柄式	H
双速	S	拎挚柄式	P
多速	D		

【例】 J1Z_2-6 金属切削类电动工具(J),电动机为交直流两用(1)的电钻(Z),设计序号2,规格是最大钻孔直径6mm。

回 P1B-12 双重绝缘结构(回),装配类电动工具(P),采用交直流两用电动机(1)的电动扳手(B)。规格:装配螺丝的范围为M10~M12。

S3SR-150 砂磨类电动工具(S),三相工频交流电源(3)的电动砂轮机,结构特征为软轴式(R)。规格:砂轮直径150mm。

3. 电动工具的安全类别(见表4.1.1-4)

电动工具的安全类别 表4.1.1-4

类别	名称	特点
Ⅰ类	普通电动工具	工具中设有接地装置,绝缘结构中全部或多数部位只有基本绝缘。如果绝缘损坏,由于可接触的金属部分已接地,可防止操作者触电
Ⅱ类	双重绝缘电动工具	绝缘结构由双重绝缘或加强绝缘组成。当基本绝缘损坏后,操作者由附加绝缘与带电体隔开,不致触电
Ⅲ类	安全电压电动工具	工作电压低,确保在工具内不产生高于安全电压的电压

注:1. Ⅱ、Ⅲ类电动工具不允许在其内设置保护接地装置;
　　2. 双重绝缘标记为"回"。

4. 电动工具使用的基本要求

(1) 在一般场所,应使用Ⅱ类工具;如使用Ⅰ类工具,必须采用其他安全保护措施,如漏电保护器、安全隔离变压器等。否则,使用者必须戴绝缘手套,穿绝缘鞋或站在绝缘垫上。

(2) 在潮湿的场所或金属构架上等导电性能良好的作业场所,必须使用Ⅱ类或Ⅲ类电动工具。如果使用Ⅰ类工具,必须设置额定漏电电流不大于30mA的漏电保护器。

(3) 在狭窄场所,如锅炉、金属容量、管道内等,应使用Ⅲ类工具。如果使用Ⅱ类工具,必须设置额定漏电电流不大于15mA,动作时间不大于0.1s的漏电保护器。Ⅲ类工具的安全隔离变压器，Ⅱ类工具的漏电保护器，及电源控制箱等必须放在工作场所的外面，并应有专人监护。

(4) 工具上的电源线应满足下列要求：

a. Ⅰ类工具的电源线必须采用三芯(单相工具)或四芯(三相工具)的多股铜芯橡套软电缆(如 YHQ 型)或护套软线(如 RVV 型)。其中，绿(G)/黄(Y)双色线在任何情况下只能用作保护接地或保护接零线；

b. 工具的电源线不得任意接长或拆换。

(5) 在特殊环境，如雨雪、潮湿及存在腐蚀性、爆炸性气体的场所，使用的电动工具还必须符合相应的防护等级的安全技术要求。

(6) 电动工具在修理时，不可任意改变工具的原设计参数；不允许采用低于原有材料性能的代用材料和与原有规格不符的零部件；对工具内的绝缘衬垫、套管等不得任意拆除或更换。

(7) 电动工具经过修理后必须进行耐压试验，其标准如表 4.1.1-5。

电动工具修理后的绝缘耐压试验标准　　　表 4.1.1-5

试验电压的施加部位	试验电压值(V)		说　明
	Ⅰ类工具	Ⅱ类工具	
带电零件与外壳之间 a. 仅由基本绝缘与带电零件隔开 b. 由加强绝缘与带电零件隔开	950	2800	试验电压为工频 50Hz 正弦波

4.1.2　常用电动工具及其应用

1. 手持电钻

(1) 电钻的技术数据

常用电钻有三个系列：J1Z 系列单相交、直流两用电钻；回 J1Z 系列双重绝缘交、直流两用电钻；J3Z 系列三相工频交流电钻。

常用电钻的主要技术数据见表 4.1.2-1～表 4.1.2-3。

J1Z 系列交、直流电钻主要技术数据　　　表 4.1.2-1

序号	型号	最大钻孔直径(mm)	额定电压(V)	额定电流(A)	额定输入功率(W)	额定转速(r/min)	额定转矩(N·cm)	额定工作方式(%)	外形尺寸 长×宽×高(mm)	重量(kg)
1	J1Z-6	6	36	5.6	190	720	90	40	225×62×150	1.8
2	6	6	110	1.85	190	850	90	40	225×62×150	1.8
3	6	6	220	0.91~1.15	200~250	1200~1400	90	40	225×62×150	1.5~1.9
4	J1Z$_2$-6	6	220	1.1	240	1200	90	连续	260×70×160	1.5
5	J1Z$_3$-6	6	220	1.1	220	1200	90	连续	170×68×154	1.4
6	J1Z-6H	6	220	1.6	320	1400		连续	250×66×156	1.75
7	J1Z-10	10	220	1.6	325~370	700	240	连续	215×80×150	2~2.4
8	J1Z$_2$-10	10	220	2.1	431	700	240	连续	330×90×135	3.4

4.1 电动工具   285

续表

序号	型号	最大钻孔直径(mm)	额定电压(V)	额定电流(A)	额定输入功率(W)	额定转速(r/min)	额定转矩(N/cm)	额定工作方式(%)	外形尺寸 长×宽×高(mm)	重量(kg)
9	J1Z$_3$-10	10	220	1.5	350	700	240	连续	185×68×155	1.6
10	J1Z-13	13	220	1.5~2.4	390~460	500 600	450	40	315×120×370	3.15~4.5
11	J1Z$_2$-13	13	220	2.1	540	500	450	40	330×90×135	3.5
12	J1Z-19	19	220	3.6	640~740	290、330	1200、1300	60	345×125×145	6.5、7.5
13	J1Z-23	23	220	5.1	1000	300	2000	60	355×155×445	7.5

J3Z 系列三相交流电钻主要技术数据   表 4.1.2-2

序号	型号	最大钻孔直径(mm)	额定电压(V)	额定电流(A)	额定输出功率(W)	额定转速(r/min)	额定转矩(N/mm)	额定工作方式(%)	外形尺寸 长×宽×高(mm)	重量(kg)
1	J3Z-13	13	380	0.86	270	530	500	连续	340×115×386	4.8~6.8
2	J3Z-19	19	380	1.18	400	290	1300	60	315×125×415	6.1~8.3
3	J3Z-23	23	380	1.5	500	235	2000	60	345×125×445	8.4~11
4	J3Z-32	32	380	2.4~2.8	800 900	190	4600	60	630×168×646	17.5 19
5	J3Z-38	38	380	2.8	870	160	4650	60	600×140×654	18
6	J3Z-49	49	380	3.3	890	120	5950	60	600×140×654	19

回 J1Z 系列双重绝缘交、直流电钻主要技术数据   表 4.1.2-3

序号	型号	最大钻孔直径(mm)	额定电压(V)	额定电流(A)	额定输入功率(W)	额定转速(n/min)	额定转矩(N/cm)	额定工作方式(%)	外形尺寸 长×宽×高(mm)	重量(kg)
1	回 J1Z$_2$-4	4	220	1.1	240	2200	40	连续	260×70×160	1.2
2	回 J1Z-6	6	220	0.9~1.2	240	1200	90	连续	197×64×135	1.2~1.8
3	回 J1Z$_2$-6	6	220	1.2	240	1200	90	连续	210×62×150	1.2~1.5
4	回 J1Z$_2$-6K	6	220	0.75	165	1600		连续	210×62×145	1
5	回 J1ZZ-6	6	220	1.2	250	1200	90	连续	265×60×68	1
6	回 J1Z$_2$-10	10	220	1.6 2.1	320 430	700	240、450	连续	230×90×135	1.8 2.6
7	回 J1ZH-10	10	220	2.1	430	700	240	连续	310×82×126	3
8	回 J1ZH$_2$-10	10	220	2.1	430	700	240	连续	378×82×130	2.8 3.5
9	回 J1Z-13	13	220	2.4	430	600	450	连续	280×80×300	2.7
10	回 J1Z-13	13	220	2.1	430	500	450	连续	330×90×135	2.7 3
11	回 J1ZH-13	13	220	2.1	430	500	450	连续	310×82×126	3
12	回 J1ZH$_2$-13	13	220	2.1	430	500	450	连续	310×85×110	2.5 2.8 3.5 3.8 4.2
13	回 J1Z$_2$-16	16	220	4	810	400、500	750	连续	350×102×410	5.7
14	回 J1Z$_2$-19	19	220	4	810	330	1300	连续	350×102×410	5.7
15	回 J1Z$_2$-23	23	220	4	810	250	1700	连续	350×102×410	5.7

(2) 电钻的使用及维护

a. 为了保证安全和延长使用寿命,电钻应定期检查保养。长期搁置不用的电钻,使用前应用 500V 兆欧表测量其绝缘电阻,其值应大于 $0.5MΩ$。

b. 应根据使用场所的环境条件分别选用普通型、双重绝缘型和安全电压型电钻。对于需要将金属外壳接地的普通型电钻,应检查接地是否良好。

c. 电源电压一般不宜超过或低于电钻额定电压 $±10\%$。

d. 钻头必须锋利,钻孔时不宜用力过猛,以防过载。

e. 携动电钻时,应握持其手柄,不能利用其电源线提拉。

f. 交直流两用电钻的换向器应注意保养,电刷弹簧的压力应适当,电刷磨损到约 5mm 时,即应更换。

g. 装拆钻头应使用钻夹头钥匙,不能用其他东西敲打。

h. 定期更换轴承润滑油,交直流两用电钻的滚动轴承及齿轮箱内最好用锂基润滑脂,三相电钻用 2 号复合钙基脂,滑动轴承用 15 号机油。

(3) 电钻用钻头

常用钻头有直柄麻花钻和锥柄麻花钻两大类,常用钻头直径系列见表 4.1.2-4。

常用钻头直径系列(m) 表 4.1.2-4

0.25,0.3,0.35,0.4,0.45,0.5,0.55,0.6,0.65,0.7,0.75,0.8,0.85,0.9,0.95,1.0, 1.1,1.15,1.2,1.25,1.3,1.35,1.4,1.45,1.5,1.6,1.7,1.75,1.8,1.9,1.95,2.0, 2.05,2.1,2.15,2.2,2.25,2.3,2.4,2.5,2.6,2.65,2.7,2.8,2.9,3.0,3.15,3.2,3.3, 3.4,3.5,3.6,3.7,3.75,3.8,3.9,4.0,4.1,4.2,4.4,4.5,4.7,4.8,4.9,5.0,5.1, 5.2,5.3,5.4,5.5,5.7,5.8,5.9,6.0,6.2,6.3,6.4,6.5,6.6,6.7,6.8,6.9,7.0,7.1, 7.2,7.3,7.4,7.5,7.6,7.7,7.8,7.9,8.0,8.1,8.2,8.3,8.4,8.5,8.6,8.7,8.8,8.9, 9.0,9.1,9.2,9.3,9.4,9.5,9.6,9.7,9.8,9.9,10.0,10.1,10.2,10.3,10.4,10.5, 10.6,10.7,10.8,10.9,11.0,11.2,11.3,11.4,11.5,11.7,11.8,11.9,12.0,12.1,12.3, 12.4,12.5,12.7,12.8,12.9,13.0,13.2,13.3,13.5,13.7,13.8,13.9,14.0,14.3,14.4, 14.5,14.6,14.7,14.8,14.9,15.0,15.1,15.2,15.3,15.4,15.5,15.6,15.7,15.8,15.9, 16.0,16.2,16.3,16.4,16.5,16.6,16.8,16.9,17.0,17.1,17.2,17.3,17.4,17.5,17.6, 17.7,17.9,18.0,18.3,18.4,18.5,18.6,18.8,18.9,19.0,19.1,19.2,19.3,19.4, 19.5,19.6,19.7,19.9,20.0,20.3,20.4,20.5,20.6,20.7,20.8,20.9,21.0,21.2,21.5, 21.6,21.7,21.8,21.9,22.0,22.3,22.5,22.6,22.7,22.8,22.9,23.0,23.5,23.6,23.7, 23.9,24.0,24.1,24.3,24.5,24.6,24.7,24.8,24.9,25.0,25.3,25.5,25.6,25.9,26.0 26.1,26.3,26.4,26.5,26.6,26.9,27.0,27.5,27.7,27.8,27.9,

2. 电锤和冲击电钻

(1) 特点及用途

电锤和冲击电钻主要用于各种脆性建筑构件上凿孔、开槽、打毛。

电锤主要用于混凝土结构件的作业。

冲击电钻一般制成可调式结构,当调节在旋转无冲击位置时,可作一般电钻用;当调节在旋转带冲击位置时,装上镶有硬质合金的钻头,能在钻石、轻质混凝土构件上作业。

电锤的冲击运动常采用活塞压气结构。每运转 4h 向油杯注油一次,切忌无油运转。电动机轴承、变速机构、每运转 30h 需清洗并换油一次。

(2) 技术数据(见表 4.1.2-5 和表 4.1.2-6)

常用电锤主要技术数据 表 4.1.2-5

序号	型号	最大钻孔直径(混凝土上)(mm)	额定电压(V)	额定电流(A)	额定输入功率(W)	主轴额定转速(r/min)	额定冲击频率(min^{-1})	额定工作方式(%)	外形尺寸 长×宽×高(mm)	重量(kg)
1	回Z1C-16	16	220	2.3	480	560	2950	连续	300×85×230	4
2	回Z1C-22	22	220	2.5	530	370	2850		300×94×245	5.5
3	回Z1C-26	26	220	2.5	520	300	2650	连续	450×100×250	6.5
4	回Z1C-38	38	220	3.7	800	380	3200	连续	450×110×280	7

常用冲击电钻主要技术数据 表 4.1.2-6

序号	型号	钻孔直径(mm) 普通钢上	钻孔直径(mm) 混凝土上	额定电压(V)	额定电流(A)	额定输入功率(W)	额定转速(r/min)	额定转矩(N·cm)	额定冲击次数(min^{-1})	额定工作方式(%)	外形尺寸 长×宽×高(mm)	重量(kg)
1	回Z1J-10	6	10	220	1.2	250	1200		24000	35	290×64×157	2
2	回Z1JC-16	10	16	220	1.6	320	1500/700		30000/14000			2.5
3	回Z1JH-16	13	16	220	2.1	430(输出)	585	450	10000	连续	430×82×130	4
4	回Z1J-20	13	20	220	2.7	600	800		8000	连续		
5	Z3ZD-13	13	16	380	0.86	270(输出)	530	450	6360	连续	365×110×350	6.5

3. 电动砂轮机

(1) 种类及特点

电动砂轮机是用砂轮或磨盘进行磨削的工具。可制成直向、角向及软轴传动等多种形式。

直向砂轮机主要用于工件清理飞边、毛刺,打光焊缝,磨平表面及除锈等。

常用电动砂轮机的主要技术数据见表 4.1.2-7 和表 4.1.2-8。

单相电动直向砂轮机主要技术数据 表 4.1.2-7

序号	型号	砂轮尺寸 外径×内径×厚度(mm)	额定电压(V)	额定电流(A)	额定输入功率(W)	额定转速(r/min)	额定工作方式(%)	外形尺寸 全长(mm)	重量(kg)
1	回SIS_2-30	$\phi80×\phi20×20$	220	2.1	430	5800	连续	484	3.4
2	回SIS_2-100	$\phi100×\phi20×20$	220	2.3	470	4600	连续	484	3.3
3	SIS_2-100	$\phi100×\phi20×20$	220	2.8	580	8500(空载)	连续	484	4.3
4	回SIS_2-125	$\phi125×\phi20×20$	220	2.3	470	3400	连续	484	3.5
5	SIS_2-125	$\phi125×\phi20×20$	220	2.8	580	6600(空载)	连续	584	4.3

三相电动直向砂轮机主要技术数据　　　　　表4.1.2-8

序号	型号	砂轮尺寸 外径×内径×厚度 (mm)	额定电压 (V)	额定电流 (A)	额定输入功率 (W)	额定转速 (r/min)	额定工作方式 (%)	外形尺寸 全长 (mm)	重量 (kg)
1	S3S-100	φ100×φ20×20	380	0.5　0.3	180	2750	40	566	7
2	S3S-125	φ125×φ20×20	380	0.68	250	2700	40	566	7.5
3	-125	φ125×φ32×16	380	0.88　1.18	300	2700	60	625	8
4	-125	φ125×φ32×20	380	0.74	300　470	2700	60	543	7　8
5	$S3S_2$-150	φ150×φ32×20	380	0.68~1.33	250	2700	60	566	7~10

(2) 砂轮

砂轮是砂轮机的主要配件。不同的砂轮机应配用不同的砂轮,还应根据被加工工件选用不同磨料和不同粘合剂的砂轮。常用砂轮的规格及砂轮磨料、砂轮粘合剂见表4.1.2-9~表4.1.2-11。

常用砂轮的规格　　　　　表4.1.2-9

序号	砂轮类型	主要尺寸范围 (mm)		
		外径	厚度	孔径
1	平形砂轮	3~1100	3~200	1~305
2	双斜边砂轮	250~500	8~32	75~254
3	单斜边砂轮	250~300	6~13	75~127
4	小角度单斜边砂轮	75~350	6~25	13~127
5	单面凹砂轮	10~600	6~100	3~305
6	单面凹带锥砂轮	300~750	50~75	127~305
7	双面凹砂轮	250~900	50~275	75~305
8	双面凹带锥砂轮	600~750	75	305
9	孔槽砂轮	750	16	203
10	粘金属板砂轮	500~750	40~60	50~350
11	薄片砂轮	80~500	0.5~5	20~32
12	筒形砂轮	200~600	75~175	120~480
13	筒形带槽砂轮	250~340	75~100	125~260
14	杯形砂轮	40~250	25~100	13~150
15	碗形砂轮	50~300	25~150	13~150
16	碟形1号砂轮	75~400	8~25	13~127
17	碟形2号砂轮	175	16~20	32
18	碟形3号砂轮	225~275	18~20	40
19	磨量规砂轮	150~300	10~40	32~127

常用砂轮磨料的种类及特性　　　　　表 4.1.2-10

序号	名　称	代号	色泽	特性及用途
1	刚玉（普通氧化铝）	G	褐色或紫褐色	韧性大，适于磨削抗拉强度大的金属材料，如普通炭素钢、合金钢、可锻铸铁及硬青铜等
2	白刚玉（白色氧化铝）	GB	白色或灰白色	硬度较高，韧性较次，适于精磨工作或磨削淬火后的工件，如各种刃具及滚动轴承等
3	黑碳化硅	T	黑色	硬度大，韧性较差，颗粒锋锐，适于研磨抗拉强度小的金属材料，如铸铁、青铜、铝及非金属材料（硬橡皮等）
4	绿碳化硅	TL	绿色	比黑碳化硅还硬而脆，适于磨各种硬质合金刀具和玛瑙等

常用砂轮粘合剂的种类及特性　　　　　表 4.1.2-11

序号	合剂名称	代号	特　性
1	陶瓷结合剂（粘土结合剂）	A	能耐热、耐水、耐油和普通酸、碱的侵蚀，强度较大，但性较脆，经不起冲击，其圆周速度≤35m/s
2	橡胶结合剂	X	密度大，更富于韧性，磨纯了的砂粒很容易脱落，而使被磨工件的表面有较高的光洁度，但耐热性低，不能用油作冷却液，圆周速度可达 75m/s
3	树脂结合剂	S	强度高并富有弹性，能在高速下进行工作，但坚固性和耐热性比陶瓷结合剂小，不能用碱性（>1.5%）冷却液，圆周速度可达 50m/s

4. 电动扳手和电动螺丝刀

电动扳手和电动螺丝刀用于装卸螺纹联接件，其技术数据见表 4.1.2-12 和表 4.1.2-13。

常用电动扳手主要技术数据　　　　　表 4.1.2-12

序号	型号	适用范围	额定电压(V)	额定电流(A)	额定输入功率(W)	额定转矩(N·cm)	冲击次数(min^{-1})	边心距(mm)	额定工作方式(%)	外形尺寸 长×宽×高(mm)	重量(kg)
2	PIB-10	M8~M10	36	5.6	190	0.9	1200		40	290×95×230	1.9
3	10	M8~M10	36	5.6	190				40	260×63×152	1.9
4	10	M8~M10	220	1.1	230	20			40	260×63×152	1.9
5	回PIB-12	M10~M12	220	0.79	140~174	60	1500~1800	33~37	25	230×72×160	1.7~1.86
6	回PIB-16	M14~M16	220	1.5~2.37	320~480	150	1300~1700	43~46	25	280×90×270	3.8~4.5
7	回PIB-20	M18~M20	220	2.4	450	220	1400~1500	45	25	373×95×340	5.5
8	回PIB-24	M22~M24	220	3.2 4.09	620~740	400	1300~1800	47 50	25	350×100×360	6.5
9	回PIB-30	M24~M30	220	4.1	850	800	1600	47	25	383×90×340	6.6

电动螺丝刀主要技术数据　　　　　　　　　　　　　表 4.1.2-13

序号	型号	适用范围	额定电压(V)	额定转速(r/min)	额定转矩(N·cm)	额定工作方式(%)	外形尺寸(mm)	重量(g)	备注
1	POL-1	M1 及以下	9	1000	1.1	连续	φ23×121	≤150	带控制器
2	POL-2	M2 及以下	9	500	2.2	连续	φ23×126	≤160	带控制器
3	POL-4	M4 及以下	24	200～500	1.0	15	φ42×216	630	带控制器
4	POL-6	M4～M6	220	500	0.5	40		1700	不带控制器

5. 电剪刀

电剪刀用于剪切薄钢板、有色金属板、塑料薄板等材料。常用电剪刀的主要技术数据见表 4.1.2-14。

电剪刀主要技术数据　　　　　　　　　　　　　表 4.1.2-14

序号	型号	最大剪切厚度(mm)	额定电压(V)	额定电流(A)	额定输入功率(W)	刀杆额定往复频率(次/min)	额定工作方式(%)	外形尺寸 长×宽×高(mm)	重量(kg)
1	回JIJZ-1.5	1.5	220	1.2	250	1600	连续	255×80×150	2
2	回JIJ-1.5	1.5	220	1.1	230	3300	连续	210×64×145	2
3	回JIJZ-2	2	220	1.2	250	1200	连续	255×80×150	2
4	回JIJ-2	2	220	1.1	230	1200	连续	225×110×154	2.3
5	回JIJ$_2$-2.5	2.5	220	1.57	340	1800	连续	246×64×144	2.5
6	回JIJP-3	3	220	2.1	430	700	连续	265×83×274	4

6. 电动型材切割机

电动型材切割机利用砂轮片切割各种金属型材,如钢管、角钢、圆钢、槽钢等。切割机的砂轮片多为玻璃纤维网布增强的树脂砂轮片。

电动型材切割机的技术数据见表 4.1.2-15。

电动型材切割机主要技术数据　　　　　　　　　表 4.1.2-15

序号	型号	砂轮尺寸 外径×内径×厚度(mm)	额定电压(V)	额定电流(A)	额定功率(W)	主轴空载转速(r/min)	切割能力(mm) 钢管	角钢	圆钢	槽钢	额定工作方式(%)	外形尺寸 长×宽×高(mm)	重量(kg)
1	JIG-400	φ400×32×3	220	16.5	2200	2900	φ136×6	100×10	φ50以下	120×53	60	770×560×420	80
2	JIG-400	φ400×32×3	220	16.5	2200	2900	φ136×6	100×10	φ50以下		60	640×450×780	75
3	J3G-400	φ400×32×3	380 三相	4.83	2200	2880	φ130×6	100×10	φ30			780×370×600	76
4	J3G-400	φ400×32×3	380 三相	4.86	2200	2900	φ135×6	100×10	φ50以下	120×53		830×380×400	80
5	J3G-400	φ400×25.4×3	380 三相	4.86	2200	2900	φ135×6	100×10	φ50以下	120×53		640×450×780	75

使用电动型材切割机应注意：

a. 砂轮片安装前应先观察砂轮轴旋转方向是否与防护罩上所指的方向一致，切不可反向旋转。

b. 使用前应详细检查各紧固件是否有松动，砂轮片有否损伤、破裂，并在机身各处注油孔注油。

c. 使用的砂轮片规格不得大于规定值，以免电动机过载，绝对不能使用安全线速度低于切割线速度的砂轮片。

d. 操作要平稳，不能用力过猛，以免过载或砂轮崩裂。

4.2 电 工 工 具

4.2.1 电气安全检查工具

1. 验电器

验电器的外形结构见图 4.2.1-1。

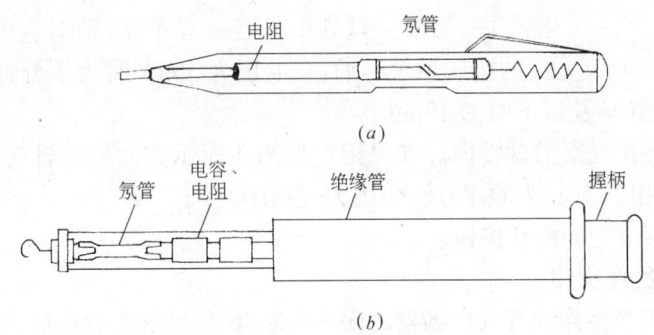

图 4.2.1-1 验电器
(a)低压验电器(试电笔)；(b)高压验电器

低压验电器(试电笔)的用途及使用方法见表 4.2.1-1。

低压验电器的使用方法　　　表 4.2.1-1

用　　途	使　用　方　法
验电	以一个手指触及尾金属部分，笔尖触及被试导体，氖灯发亮即表示被试物已带电
正负极判别	氖管前端明亮是负极，氖管后端明亮是正极
交直流判别	氖管明亮是交流，氖管较暗是直流；氖管通亮是交流，氖管一端明亮是直流
相线与零线判别	氖管明亮是相线，氖管不亮是零线
交流同相与异相的判别	两手各持验电器一支，人站在绝缘垫板上，验电器氖管不亮为同相，氖管明亮为异相

高压验电器的基本尺寸见表 4.2.1-2。

高压验电器使用注意事项：

验电时必须带上绝缘手套，穿绝缘鞋；手握握柄，不超过保护环；为了消除邻近带电体可能造成的误指示，验电器与邻近带电体应保持一定的距离，一般应大于以下数值：

高压验电器的基本长度尺寸　　　　　　　　　表 4.2.1-2

类　别	绝缘部分长度(mm)	握柄长度(mm)	全长(不包括金属钩)(mm)
10kV 验电器	320	110	680
35kV 验电器	510	120	1050

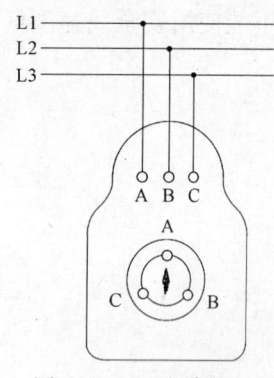

图 4.2.1-2　相序指示器及其接线

6kV,150mm；10kV,250mm；35kV,500mm。

2．相序指示器

普通相序指示器有三个星形联结的绕组和一个能自由转动的铝盘,接入三相交流电源后,铝盘转动,由其转向便可判定三相交流电源的相序。

相序指示器一般适用于三相交流电压 100～500V,频率 40～60Hz。

使用方法：

(1) 按图 4.2.1-2 接入电路。

(2) 按下按钮,观察指示灯。如果三只灯全亮,则说明三相电源完好,如果三只灯中任意一只不亮,则对应的相线已开路。按钮的按压系短时的：在电压为 500V 时为半分钟；电压为 220V 时为 5min；电压为 110V 及以下时为 10min。

(3) 通过观察孔观察铝盘转向。如果铝盘按箭头所示方向顺时针转动,则三相电源相序与接线夹所示相序相同,为顺序；反之,则为逆相序。

(4) 检查结束应立即松开按钮。

3．绝缘杆和绝缘夹钳

绝缘杆主要用来操作跌开式熔断器的闭合与断开,安装和拆除临时接地线,以及进行有关带电测量、试验等。

绝缘夹钳主要用于高压带电作业或检修。

使用绝缘杆和绝缘夹钳一定要使手位于握手部分,并应带高压绝缘手套,穿绝缘靴。

绝缘杆和绝缘夹钳的外形结构见图 4.2.1-3,其规格见表 4.2.1-3。

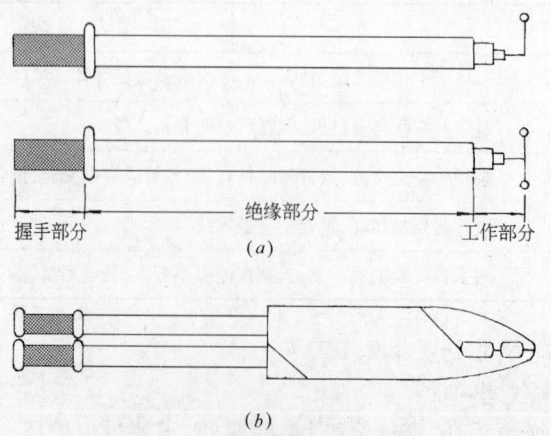

图 4.2.1-3　绝缘杆和绝缘夹钳
(a)绝缘杆；(b)绝缘夹钳

绝缘杆和绝缘夹钳的最小长度　　　　　表 4.2.1-3

序号	类别	工作电压 (kV)	户内用 绝缘部分 (m)	户内用 握手部分 (m)	户外用 绝缘部分 (m)	户外用 握手部分 (m)
1	绝缘杆	10 10~35	0.70 1.10	0.30 0.40	1.10 1.40	0.40 0.60
2	绝缘夹钳	10 10~35	0.45 0.75	0.15 0.20	0.75 1.20	0.20 0.20

4．绝缘靴和绝缘手套

绝缘靴和绝缘手套由高绝缘强度橡胶制成，是操作者带电作业的辅助绝缘工具。

绝缘靴和绝缘手套的规格：大、中、小号三种。

绝缘靴用于电气操作时，保持人体与地绝缘防止触电，同时还可防止跨步电压触电。

绝缘手套也是为了保持人体与地绝缘。使用时应戴到外衣衣袖外面，至少应戴过手腕。

5．绝缘垫和绝缘站台

绝缘垫和绝缘站台放置在开关柜、配电屏、箱等所在的地面，保持操作者与地绝缘，减少触电的危险。

绝缘垫由橡胶板、塑料板、高绝缘地毯等剪制而成，宽度约为 0.8m，长度根据需要而定。

绝缘站台的台面为硬质塑料板条或经绝缘浸漆处理过的木板条组成，四角台脚为绝缘瓷瓶。其规格约为 $0.8 \times 0.8(m)$。

6．携带型接地线

携带型接地线供临时接地用，它主要由接地端头（与接地螺栓相接）、工作端头（与设备、线路导体相接，一般为3个）、接地线（软铜绞线，其截面不小于 $25mm^2$）组成。使用方法见图 4.2.1-4。

携带型接地线一般装设在被检修设备和线路区段的电源侧，主要用来防止突然误送电，还用来消除邻近高压带电体的感应电，也用来泄除线路和设备电容的剩余静电电荷。

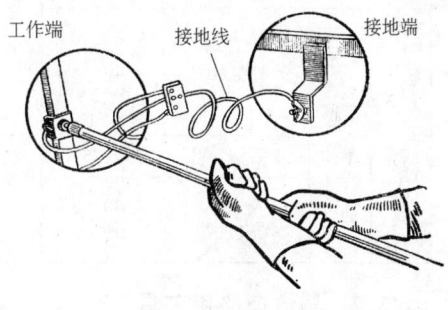

图 4.2.1-4　携带型接地线及使用方法

使用携带型接地线应注意以下几点：

a．必须验明线路和设备上确实已停电（用验电器），方可挂接地线；

b．接地必须良好，可接于原有的接地端子，也可用临时接地极。临时接地极应打入潮湿的泥土中，其深度一般不小于1m；

c．装设接地线时，必须先接接地端，后接线路和设备端；拆除时则相反；

d．对三相导体，每相都应挂接地线（三相短接），接地端同样需要接妥，否则接地线上可能仍有高电压；

e．各处连接部分都必须连接牢固。

7．电气安全工具的检验

电气安全工具是直接保护人身安全的，必须保持良好的性能，为此，必须进行定期检查和试验，其标准见表 4.2.1-4。

电气安全工具的检查和试验标准 表 4.2.1-4

序号	安全用具名称	电压(kV)	试验标准			试验周期	检查内容
			耐压试验电压(kV)	耐压持续时间	泄漏电流(mA)		
1	绝缘杆和绝缘夹钳	35 及以下	线电压的3倍,但不得低于40	5min		1~2年	机械强度、瓷瓶有无裂纹、油漆表面有无损坏。每三个月检查一次。检查时擦净表面
2	绝缘手套	各种电压	8~12	1min	9~12	半~1年	每次使用前检查。三个月擦一次
3	绝缘靴	各种电压	15~20	1~2min	7.5~10	半~1年	每次使用前检查。户外用的,用后除污;户内用的,三个月擦一次
4	绝缘鞋	1 及以下	3.5	1min	2	半年	每次使用前检查。户外用的,用后除污;户内用的,三个月擦一次
5	绝缘毯和绝缘垫	1 及以下 1 以上	5 15	以 2~3cm/s 的速度拉过	5 15	2 年	有无破洞、有无裂纹、表面有无损坏、擦洗干净。每三个月一次
6	绝缘站台	各种电压	40	2min		3 年	台面、台脚有无损坏,擦洗干净。每三个月一次
7	高压验电器	本体 35 及以下	20~25	1min		半年	有无裂纹、指示元件是否失灵。每次使用前应检验是否良好
		握手 10 及以下 35 及以下	40 105	5min		半年	

4.2.2 导体连接用工具

导体连接是指导线与导线、导线与封端(接线鼻子)之间的连接。导体连接的方法有热连接和冷连接两类方法。

导体热连接是将被连接部分加热后,采用不同的辅助材料的连接方法,如电烙铁加热连接、喷灯加热连接、炸药爆炸连接等。

导体冷连接是采用机械力压接的连接方法,使用的主要工具是压接钳和压接枪等。

1. 接线钳

(1) 结构特点:接线钳有两种主要类型,压接小截面导体的称为冷轧线钳(与一般钢丝钳外形相同),压接较大截面导体的称为冷压接钳。其外形结构见图4.2.2-1。这种接线钳携带方便、操作方法简便、工作可靠。

(2) 用途:供冷压连接较小截面的铜、铝导线,电话线的接头和封端。

(3) 规格:见表 4.2.2-1。

4.2 电工工具

常用接线钳的规格 表 4.2.2-1

序 号	名 称	长度(mm)	适用连接导线截面(mm^2)
1	冷轧线钳	200	2.5～6
2	冷压接钳	400	10～35

图 4.2.2-1 接线钳
(a)冷轧线钳；(b)冷压接钳

2. 压接钳

(1) 机械压接钳

机械压接钳是利用一中间螺杆带动两侧传动臂伸开与收拢,使压接腔内模块上下移动而压接导体。外形结构见图 4.2.2-2(a)，主要技术数据见表 4.2.2-2。

常用机械压接钳 表 4.2.2-2

序号	型 号	压接导体截面积(mm^2)	备 注
1	QXS-12	16～240	工作压力 12t
2	QX-18	16～240	工作压力 18t
3	QX-24	16～300	工作压力 24t
4	JVJ-1	6～240	
5	JVJ-2	6～300	

(2) 油压钳

油压钳主要由油箱、活塞、阀门、支架等构成。其外形结构见图 4.2.2-2(b)，它是利用液体传递压力来压接导体的。结构紧凑,主要用于工作面较狭窄的场所,如电缆芯线的压接。主要技术数据见表 4.2.2-3。

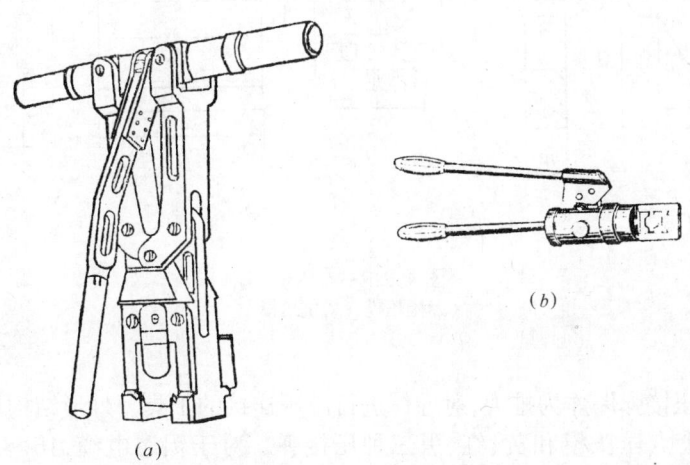

图 4.2.2-2 压接钳
(a)机械压接钳；(b)油压钳

常用油压钳 表4.2.2-3

序号	型号	工作压力(t)	压接导线截面(mm^2)	备注
1	YYQ	10	铝线 16~240 铜线 25~150	活塞行程为 17mm
2	QYS	12,18	铜铝线 16~240	

（3）电缆专用压接钳（见表4.2.2-4）

电缆专用机械压接钳 表4.2.2-4

型号	用途	最大工作力(kN)	压接范围(mm^2)		外形尺寸(mm) 长×宽×高	重量(kg)	备注
JQ-10	冷压连接终端子，圆形连接管等	100	铜芯:10~70	铝芯:10~50	400×120×62	6.2	压接成形模具分:点压,六方形,环形等供用户选择
JQ-16		160	铜芯:10~240	铝芯:10~185	600×140×82	3.8	
JQ-24		240	铜芯:10~300	铝芯:10~240	690×180×97	5	
GQ-16	压接椭圆形钳压接续管	160	铝钢绞线:35~240	铝绞线:16~185	685×155×82	4.6	

3. 压接用压模

压接用压模是与压接钳配套的压接工具,人为围压模和坑压模,其外形结构见图4.2.2-3,规格见表4.2.2-5。

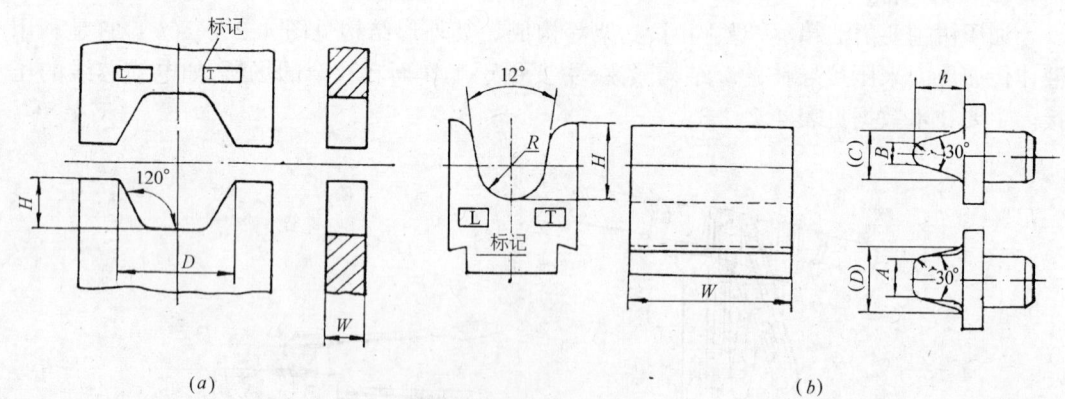

图4.2.2-3 压模
（a）围压模；（b）坑压模

4. 压接枪

压接枪是以压接弹爆炸为推力,对导体进行冷压连接的工具。外形结构见图4.2.2-4。

压接枪配整套点压压模和黄、红、黑三种压接弹。对于铝芯电缆,16~35mm^2用黄色弹,50~95mm^2用红色弹,120~240mm^2用黑色弹。爆压瞬时最大冲击力达16t,压接时间0.5s,压接枪重3.5kg。使用方便、省力、效率高,但施工成本也较高。压接枪的型号为

QBS。

压模主要尺寸(mm) 表4.2.2-5

压模型号		坑压模								围压模		
		阴模				阳模				模口宽 D +0.1 0	模腔高 H +0.05 0	模腔厚 W +0.2 -0.2
		底径		腔高 H	腔厚 W	头高 h	头纵向长		头横向长		头端倒角 r	
		2R	偏差				根部 (D)	端部 A	根部 (C)	端部 B		
T-16	L-10	9.1		10	30	5	10.68	8	5.68	3	1	7.8	3.4	
T-25	L-16	10.1		12	35	6	12.22	9	7.22	4		8.7	3.7	10
T-35	L-25	12.1	+0.10 0	13								10.2	4.4	
T-50	L-35	14.1		16	40	8	14.29	10	9.29	5		12.2	5.2	12
T-70	L-50	16.1		17								14.2	6.1	13
T-95	L-70	18.15		21.1	45	11	16.89	11	11.89	6	2	16.2	7.0	14
T-120	L-95	21.15		22.5								19.1	8.2	
T-150	L-120	23.15	+0.30 0	25	50	13	18.97	12	13.97	7		21.1	9.1	15
T-185	L-150	25.15		26.5								23.1	10.0	
T-240	L-185	28.15		29.5	55	16	21.57	13	16.57	8	2.5	26	11.2	16
T-300	L-240	31.2		32	60							29	12.5	18
T-400	L-300	35.2	+0.16 0	36.5		18	24.65	15	19.65	10	3	32.6	14.1	10
T-400	—	40.2		42	65	20		17	22.72	12		34.3	14.8	12
—	L-400	40.2		41								37.6	16.2	

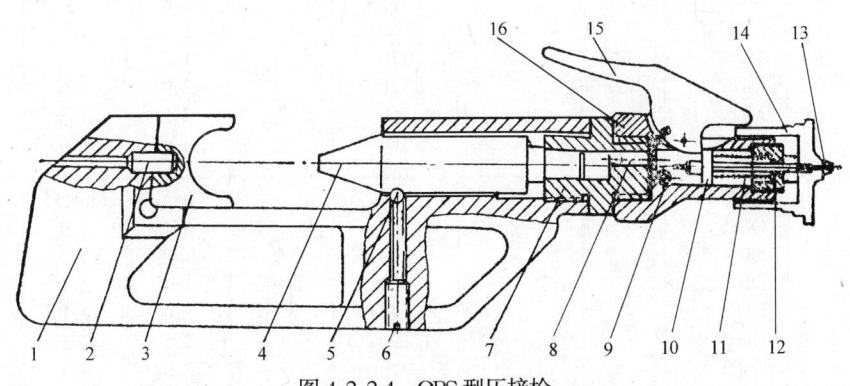

图4.2.2-4 QBS型压接枪
1—枪体;2—定位销;3—阴模;4—阳模;5—定位珠;6—螺丝;7—枪膛;8—压接弹;9—保险销;
10—撞针;11—弹簧;12—调节螺丝;13—调节螺丝;14—拉套;15—扳机;16—击发座

5. 喷灯

(1) 结构特点:喷灯有煤油喷灯和汽油喷灯两种,其结构基本相同,主要由打气筒、油筒、汽化管路等构成。喷灯的外形及内部结构见图4.2.2-5。工作时,煤油或汽油与压缩空气混合喷雾燃烧,产生高温,主要用于电缆芯线连接时加热、搪铅、搪锡、焊接地线等。

(2) 规格:见表4.2.2-6。

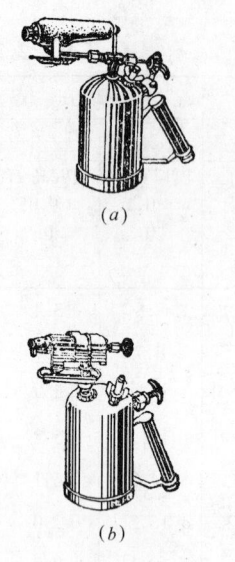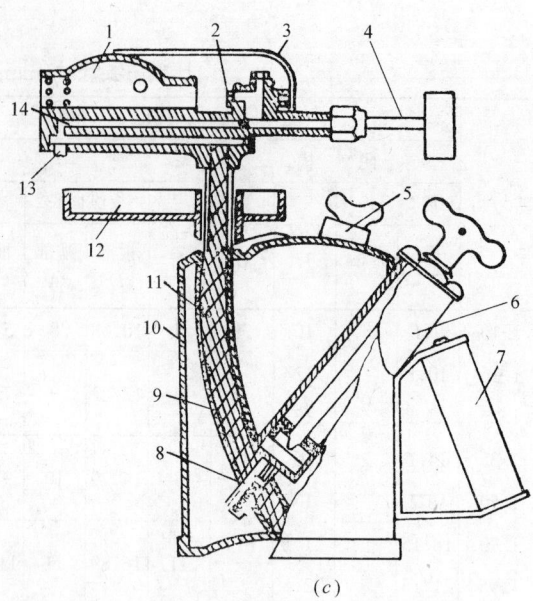

图 4.2.2-5 喷灯
(a)煤油喷灯;(b)汽油喷灯;(c)内部结构
1—燃烧腔;2—喷气孔(针形);3—挡火罩;4—调节阀;5—加油孔盖;6—打气筒;7—手柄;
8—出气口;9—吸油管;10—油筒;11—铜瓣子;12—点火碗;13—疏通口螺丝;14—气化管

常用喷灯的规格 表 4.2.2-6

序号	品种	型号	燃料	工作压力 (MPa)	火焰有效长度 (mm)	火焰温度 (℃)	贮油量 (kg)	耗油量 (kg/h)	灯净重 (kg)
1	煤油喷灯	MD-1	灯用煤油	0.25~0.35	60	>900	0.8	0.5	1.20
		MD-1.5			90		1.2	1.0	1.65
		MD-2			110		1.6	1.5	2.40
		MD-2.5			110		2.0	1.5	2.45
		MD-3			160		2.5	1.4	3.75
		MD-3.5			180		3.0	1.6	4.00
2	汽油喷灯	QD-0.5	工业汽油	0.25~0.35	70	>900	0.4	0.45	1.10
		QD-1			85		0.7	0.9	1.60
		QD-1.5			100		1.05	0.6	1.45
		QD-2			150		1.4	2.1	2.38
		QD-2.5			170		2.0	2.1	3.20
		QD-3			190		2.5	2.5	3.40
		QD-3.5			210		3.0	3.0	3.75

6. 电烙铁

(1) 结构特点:电烙铁由电加热器(一般为电阻丝)、套筒、工作焊头(烙铁头)、电源线等组成。电加热器分内热式、外热式两种。电加热器的热量传给工作焊头,加热工件,熔化焊丝。

(2) 用途:用于小截面积铜导线、封端的搪锡焊接。

(3) 规格:见表 4.2.2-7。

电烙铁的型式和规格　　　　　　　　　表 4.2.2-7

序号	型式	规格 (W)	冷态电阻(Ω)	加热方式
1	内热式	30 35 50 70 100 150 200 300	2420 1383 968 691 484 323 242 161	电热元件插入铜头腔内加热
2	外热式	30 50 75 100 150 200 300 500	1613 968 645 484 323 242 161 96.8	铜头插入电热元件内加热
3	快热式	60 100		由变压器感应出低电压大电流进行加热

4.2.3 电气钳工工具

电气钳工工具主要用于电气安装和维修工作中进行电气接线、电气装置和设备的拆装以及电气零部件的加工等小型钳工工具。

1. 电工钳和电工刀(见表 4.2.3-1)

常用电工钳和电工刀　　　　　　　　　表 4.2.3-1

序号	名称	外形	规格	用途
1	钢丝钳		长度:150,175,200mm; 工作电压:500V; 试验电压:10000V	夹持和剪断导线和其他金属丝,胶柄钳可用于低压带电作业
2	尖嘴钳		带刃口或不带刃口; 长度:130,160,180,200mm; 工作电压:500V; 试验电压:10000V	能在狭小空间作业,夹持小零件,可将导线接头弯圈,带刃口的能剪切小截面导线
3	圆嘴钳		长度:110,130,160mm; 工作电压:500V; 试验电压:10000V	适宜于电气接线中将线端弯成圆圈
4	弯嘴钳		长度:130,160,180,200mm; 工作电压:500V; 试验电压:10000V	适宜于在狭窄和凹下的工作空间使用

续表

序号	名称	外形	规格	用途
5	斜口钳		长度:130,160,180,200mm； 工作电压:500V； 试验电压:10000V	适宜于电气安装中剪切小截面导线
6	剥线钳		长度:140mm， 适用导线直径:0.6,1.2,1.7mm； 长度:180mm， 适用导线直径:0.6,1.2,1.7,2.2mm	专用于剥去铜、铝导线端部表面绝缘层
7	铅印钳		长度:150,175,200,250mm； 轧封铅印直径:9,10,11,12mm	电度表和其他电器轧封铅印
8	紧线钳	平口式 虎头式	长度:150,200,250,300,350,400mm 钳口宽度:32,40,48,54,62,70mm	架设电力、电信线路紧线用
9	电工刀		大号,长度112mm； 小号,长度88mm； 三用,长度100mm	适用于电气装修中割削电线绝缘层等
10	剥线电工刀		长度:170mm	适用10～300mm² 电线电缆绝缘层的剥切

注：工具的长度常用英寸表示：1″≈25mm，所以，100mm 为 4″，150mm 为 6″，175mm 为 7″，200mm 为 8″等。

2. 紧固工具(见表4.2.3-2)

常用紧固工具　　　　　　　表4.2.3-2

序号	名称	外形	规格	用途
1	活动扳手		长度:100,150,200,250,300,375,400,600mm; 最大开口宽度: 14,19,24,30,36,46,55,65mm	紧固和拆卸螺钉、螺母
2	一字形螺丝刀	木柄螺钉旋具 塑料柄螺钉旋具	工作长度(不含握柄长): 50,65,75,100,125,150,200,250,300,350,400mm; 工作直径:3,4,5,6,7,8,9,10mm	紧固、拆卸一字槽螺钉、木螺丝
3	十字形螺丝刀		工作长度:50,75,100,150,200,250,300,350,400mm; 工作直径:5,6,8,10mm	紧固、拆卸十字槽螺钉、木螺丝
4	套筒扳手		小12件,6件,9件,10件,13件,17件,28件,大19件	主要用于工作空间狭小、凹下螺栓、螺母的旋紧及拆卸
5	管子钳		长度:150,200,250,300,350,450,600,900,1200mm; 夹持管径:20,25,30,40,45,60,75,85,110mm	紧固和安装穿线钢管、硬塑料管等

3. 加工工具和检验工具(见表4.2.3-3)

常用加工工具和检验工具　　　　表 4.2.3-3

序号	名称	外形	规格	用途
1	台虎钳	转盘式	钳口长度:75,100,125,150,200mm	装置在工作台上,夹固工件
2	手虎钳		钳口长度:25,40,50mm	手拿。夹持轻巧工件
3	管钳		1号,2号,3号,4号。分别夹持管径 10～73,10～89,13～114,17～165mm	加工穿电线管
4	钢锯架 钢锯条	调节式	锯条长:200,250,300mm	手工锯割金属件
5	锉刀	齐头扁锉 尖头扁锉 方锉 圆锉 半圆锉 三角锉	Ⅰ号(粗锉),Ⅱ号(中锉),Ⅲ号(细锉),Ⅳ号、Ⅴ号(油光锉) 长度(不连柄):100,125,150,200,250,300,350,400,450mm	母线等锉光
6	管子割刀		1号,2号,3号,4号。分别切割管子外径:≤25,15～50,25～80,500～100mm	切割穿电线管
7	钢尺		有效测量长度:150,300,500,1000mm	测量较短工件尺寸

序号	名称	外形	规格	用途
8	钢卷尺		有效测量长度 1,2,5,10,15,20,30,50,100m	测量较大设备尺寸和距离
9	卡钳	外卡钳　内卡钳	长度：100,125,200,250,300,350,400mm	与钢尺配合，测量孔径、厚度
10	塞尺		厚度：0.02~1.00mm； 片数：11,12,13,14,17,20片； 长度：100,150,200,300mm	测量开关触头间合闸时的紧密程度
11	水平尺		长度：150,200,250,300,350,400,450,500,550,600mm 水准刻度：0.5,2mm/m	测量电气设备安装水平程度

4.2.4 射钉枪

1. 外形结构（见图 4.2.4-1）

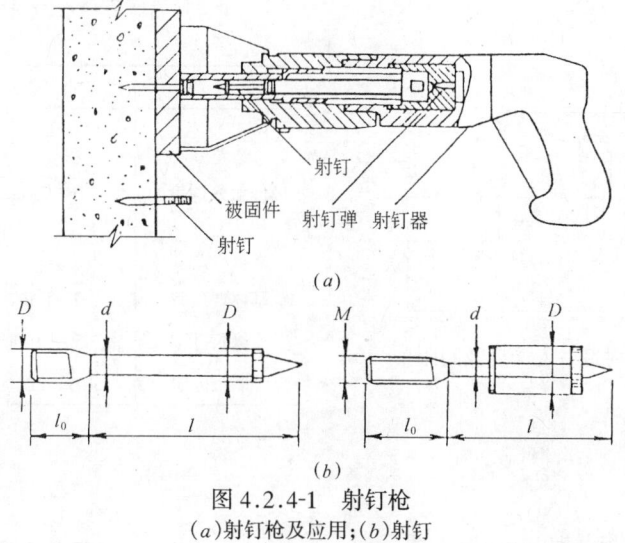

图 4.2.4-1　射钉枪
(a) 射钉枪及应用；(b) 射钉

2. 射钉

射钉的规格按射钉螺纹直径表示，见表 4.2.4-1。

常用射钉　　　　　　　　表4.2.4-1

型号	螺纹直径 D(mm)	螺纹长度 l_0(mm)	钉杆直径 d(mm)	钉杆长度 l(mm)
M4	4	15	3.5	22,27,32,42,52
M6	6	11,20	3.7	22,27,32,42,52
M8	8	15,30,35	4.5	22,27,32,42,52
M10	10	24,30	5.2	27,32,47

3. 射钉弹(见表4.2.4-2)

射钉弹　　　　　　　　表4.2.4-2

型号	示意图	口径×长度 (mm)	色标	威力	发射枪种型号举例
S_1		6.8×11	红	大	SDT-A301 SDQ603
			黄	中	
			绿	小	
			白	最小	
S_2		6.8×18	黑	最大	SDQ603 SDT-A302
			红	大	
			黄	中	
			绿	小	

4. 射钉射入深度及射钉间距

射钉在混凝土基体射入深度及射钉间距见图4.2.4-2和表4.2.4-3。

在混凝土基体射钉深度和间距　　表4.2.4-3

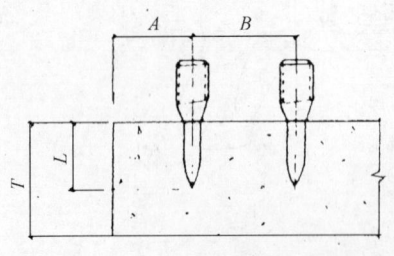

图4.2.4-2　射钉射入深度及间距

类别	尺寸关系	说明
最佳射入深度 L	27~32mm	小于27mm,承载力下降;大于32mm,破坏基体
基体厚度 T	$T \geq 2L$	
边缘尺寸 A	$A \geq 50~100$mm	
间距 B	$B \geq 2L$	

5. 注意事项

(1) 射钉

射钉钉杆长度的选取:

射钉钉杆长度=最佳射入深度+被固件厚度

若基体表面有很厚的涂敷层,还要加上涂敷层之厚度。

射钉弹威力的选取应以射钉穿过被固件、达到最佳射入深度为目的。

(2) 射钉弹

要正确选用射钉弹的型号和颜色。

要按有关爆炸和危险物品的规定进行搬运、装卸和贮存。

使用时,不要把射钉弹放置在高热物体上,不得用火或高温直接烘烤以及加热射钉弹。

(3) 射钉枪

射钉枪的选用必须与弹、钉配套、不得用错。

使用射钉枪的人员必须经过培训,按规定程序操作不得乱用。

基体必须稳定、坚实、牢固。在薄墙、轻质墙上射钉时,基体的另一面不得有人,以防射钉穿透基体伤人。

射击时,枪口与被固件、基体面应成垂直状态,并压紧。

在操作时才允许将钉、弹装入枪内。装好钉、弹的枪,严禁将枪口对人。

发现射钉枪操作不灵时,必须及时将钉、弹取出,切不可随意敲击。

射钉枪每天用完后,必须将枪机用煤油浸泡,然后擦拭上油存放。射击1000发后应进行全面清洗。

第2篇 电气设备器件及应用

- 低压开关电器　高压开关电器　成套配电装置
- 电力和电子用 RLC 器件
- 电子器件　通用电子设备
- 电工仪表　电气测量

第5章 开关电器

5.1 低压电器的基本知识

5.1.1 低压电器的分类、型号和术语

1. 低压电器的分类(见表5.1.1-1)

低压电器的分类及用途　　　　　表 5.1.1-1

类别名称		主要品种	基本型号	文字符号	用途
配电电器	断路器（自动空气开关）	塑料外壳式断路器 框架式断路器 限流式断路器 漏电保护断路器 灭磁断路器 直流快速断路器	DZ DW DZX,DWX DZL DMZ DS	QF,Q	用作线路过载、短路、漏电或欠电压保护，也可用作不频繁接通和分断电路
	熔断器	有填料熔断器 无填料熔断器 半封闭插入式熔断器 快速熔断器 自复熔断器	RT RM RC RS RZ	FU,F	用作线路和设备的短路和过载保护
	刀形开关	大电流隔离器熔断器式刀开关 开关板用刀开关 负荷开关	HR HD,HS HH,HK	QS,Q	主要用作电路隔离，也能接通分断额定电流
	转换开关	组合开关 换向开关	HZ HZ	Q,S	主要作为两种及以上电源或负载的转换和通断电路用
控制电器	接触器	交流接触器 直流接触器 真空接触器	CJ CZ CK	K	主要用作远距离频繁地起动或控制交直流电动机，以及接通分断正常工作的主电路和控制电路
	起动器	直接（全压）起动器 星三角减压起动器 自耦减压起动器	QC,QZ QX QJ	QM,Q	主要用作交流电动机的起动和正反向控制
	控制继电器	电流继电器 电压继电器 时间继电器 中间继电器 温度继电器 热继电器	JL JY JS JZ JW JR	KA KV KT KM KT FR	主要用于控制系统中，控制其他电器或做主电路的保护之用

续表

类别名称		主要品种	基本型号	文字符号	用途
控制电器	控制器	凸轮控制器 平面控制器 鼓形控制器	KT KP KG	S,Q	主要用于电气控制设备中转换主回路或励磁回路的接法,以达到电动机起动、换向和调速的目的
	主令电器	按钮 限位开关 微动开关 万能转换开关 脚踏开关 接近开关	LA LX LXW LW LT LXJ	S	主要用作接通分断控制电路,以发布命令或用作程序控制
	电阻器	铁基合金电阻	ZX	R	用作改变电路参数或变电能为热能
	变阻器	励磁变阻器 起动变阻器 频敏变阻器	BL BQ BP	R	主要用作发电机调压以及电动机的平滑起动和调速
	电磁铁	起重电磁铁 牵引电磁铁 制动电磁铁	MW MQ MZ	Y	用于起重、操纵或牵引机械装置
其他电器	保护继电器	电流继电器 电压继电器 时间继电器 中间继电器 信号继电器	DL,GL DY,LY DS DZ DX	KA KV KT KM KS	用于电力系统和设备的保护
	信号电器	信号灯 电铃	AD,XD AL	HL HL	用于各种信号
	插座、插销		AC	X	日用电器等

2. 低压电器产品型号

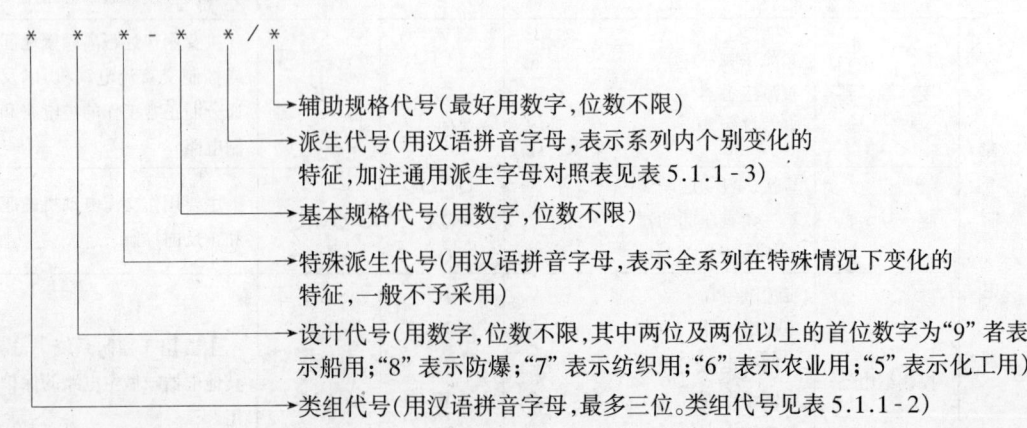

5.1 低压电器的基本知识

低压电器产品型号类组表　　　　表 5.1.1-2

代号	名称	A	B	C	D	G	H	J	K	L	M	P	Q	R	S	T	U	W	X	Y	Z
H	刀开关和转换开关				刀开关		封闭式负载开关	开启式负载开关						熔断器式刀开关	刀形转换开关				其他		组合开关
R	熔断器			插入式		汇流排式				螺旋式	封闭管式			快速	有填料管式				限流	其他	
D	自动开关										照明	灭磁			快速			万能式	限流	其他	装置式
K	控制器					鼓形						平面				凸轮				其他	
C	接触器					高压		交流				中频			时间					其他	直流
Q	起动器	按钮式		磁力式				减压							手动	油浸		星三角		其他	综合
J	控制继电器									电流				热		时间	通用		温度	其他	中间
L	主令电器	按钮								主令控制器				主令开关	足踏开关		万能转换开关	行程开关	其他		
Z	电阻器		板形元件	冲片元件		管形元件								烧结元件	铸铁元件				电阻器	其他	
B	变阻器				旋臂式							励磁	频敏	起动		石墨	起动调速	油浸起动	液体起动	滑线式	其他
T	调整器									电压											
M	电磁铁											牵引				起重					制动
A	其他			保护器	插销	灯		接线盒				铃									

加注通用派生字母　　　　表 5.1.1-3

派生字母	含 义	备 注
A、B、C…	结构设计稍有改进或变化	
J	交流、防溅式	
Z	直流、自动复位、防震	
W	无灭弧装置	
N	可逆	
S	有锁住机构、手动复位、防水式、三相、三个电源、双线圈	
P	电磁复位、防滴式、单相、两个电源、电压的	
K	开启式	
H	保护式、带缓冲装置	
M	密闭式、灭磁	
Q	防尘式、手车式	
L	电流的	
F	高返回、带分励脱扣	
T	按(湿热带)临时制造	
TH	湿热带	加注在全型号之后
TA	干热带	

【例】 HK1-10/2 开启式负载(K)刀开关(H),I_N = 10A,单相(2)。

CJ10Z-40TH 交流接触器(CJ),设计序号 10,派生重任务(Z),I_N = 40A,湿热带型(TH)。

KT14-60J/1 凸轮控制器(KT),设计序号 14,I_N = 60A,交流(J),特征代号 1,即控制 1台三相电机。

3. 低压电器常用名词术语(见表 5.1.1-4)

表 5.1.1-4 低压电器常用名词术语

序号	名词术语	含 义
1	低压电器	用于交、直流电压为 1200V 及以下的电路内,起通断、保护、控制或调节作用的电器
2	配电电器	主要用于配电电路,对电路及设备进行保护以及通断、转换电源或负载的电器
3	控制电器	主要用于控制受电设备,使其达到预期要求的工作状态的电器
4	开关电器	用于接通或分断一个或几个电路电流的电器
5	操作	动触头从一个位置转换至另一个位置
6	闭合位置	保证电器主电路中的触头处于预定通电的位置
7	断开位置	保证电器主电路中断开的触头之间具有预定电气间隙(或不通电)的位置
8	八小时工作制	电器的导电电路通以一稳定电流(对有触头的电器,其触头保持闭合;具有操作线圈的电器,其操作线圈必须通电),通电时间足够长,以达到热平衡,但超过 8h 必须分断
9	长期工作制(不间断工作制)	没有空载期的工作制,电器的导电电路通以一稳定电流,通电时间超过 8h 也不分断
10	短时工作制	有载时间和空载时间相交替且前者比后者较短的工作制。通电时间不足以使电器达到热平衡,而在二次通电时间间隔内足以使电器的温度恢复到等于周围空气温度
11	反复短时工作制(断续周期工作制)	电器的导电电路通以一稳定电流,通电时间和不通电时间有一定比值且两者均很短和循环交替着,使电器不能达到热平衡
12	操作频率	开关电器在每小时内可能实现的最高循环操作次数
13	通电持续率(ε)	电器的有载时间(T_1)与工作周期(T)之比,用百分数表示,$\varepsilon = T_1/T \times 100\%$。其中,$T = T_1 + T_2$,$T_2$ 为无载时间
14	密接通断(点动)	在很短时间内通断电动机或线圈电路,使被驱动的机构得到很小的移动
15	反接制动与反向	在电动机运转时,用反接电动机定子(或电枢)绕组的方法而使电动机快速停止或反向
16	使用类别	有关操作条件规定的组合。通常用额定工作电流的倍数、额定工作电压的倍数及相应的功率因数或时间常数来表征电器额定接通和分断能力的类别
17	开关	用来隔离电源或按规定能在正常或非正常电路条件下接通、分断电流或改变电路接法的电器
18	断路器(自动开关)	按规定条件,对配电电路、电动机或其他用电设备实行通断操作并起保护作用,即当电路内出现过载、短路或欠电压等情况时能自动分断电路的开关电器
19	熔断器	当电流超过规定值一定时间后,以它本身所产生的热量使熔体熔化而分断电路的电器
20	刀形开关	带有刀形动触头,在闭合位置与底座上的静触头相楔合的开关
21	转换开关	用于主电路,从一组联结转至另一组联结的开关
22	接触器	在正常工作条件下,主要用作频繁地接通或分断电动机等主电路,且可以远距离控制的开关电器
23	起动器	控制电动机起动与停止或反转用的可有过载保护的开关电器
24	继电器	当输入量达到预定值时动作,使所控制的电路参数发生跳跃式改变的开关电器
25	控制继电器	在电力传动系统中用作控制和保护电路或信号转换用的继电器
26	控制器	按照预定顺序转换主电路或控制电路的接线以及变更电路中参数的开关电器
27	主令电器	用作闭合或断开控制电路,以发出命令或程序控制的开关电器
28	电阻器	由于它的电阻而被使用的电器
29	变阻器	由电阻材料制成的电阻零部件与转换装置组成的电器,可在不断开电路的情况下有级地或均匀地改变电阻值
30	电磁铁	需要电流来产生并保持其磁场的磁铁。由线圈与铁心组成,通电时产生吸力,将电磁能转换为机械能,来操动、牵引某种机械装置,以完成预期目的的电器
31	额定工作电压	在规定条件下,保证电器正常工作的电压值
32	额定工作电流	在规定条件下,保证电器正常工作的电流值

5.1.2 低压电器使用环境条件
1. 一般低压电器使用环境条件(见表 5.1.2-1)

一般低压电器使用环境条件　　　　　　表 5.1.2-1

项次	项目	条件
1	环境温度	最高温度不超过 +40℃；最低温度不低于 -5℃；24h 平均温度不超过 +35℃
2	相对湿度	空气温度为 +40℃时不超过 50%；月平均温度为 25℃时，不超过 90%
3	海拔高度	不超过 2000m

2. 热带型低压电器使用环境条件(见表 5.1.2-2)

热带型低压电器使用环境条件　　　　　　表 5.1.2-2

环境因素		湿热带型	干热带型
海拔高度(m)		≤2000	≤2000
空气温度(℃)	年最高	40	45
	年最低	0	-5
空气相对湿度(%)	最湿月平均最大相对湿度	95(25℃时)①	—
	最干月平均最小相对湿度	—	10(40℃时)②
凝露		有	—
霉菌		有	—
砂尘		—	有

① 指该月的平均最低温度为 25℃。
② 指该月的平均最高温度为 40℃。

3. 高原型低压电器使用环境条件

(1) 海拔高度 2000~4000m；
(2) 周围空气最低气温不低于 -30℃，最高温度与海拔高度有关，见表 5.1.2-3。表中亦列出了海拔与最低气压的关系；
(3) 空气相对湿度不大于 90%(25℃)。

高海拔地区海拔和最高温度及最低气压的关系　　　　　　表 5.1.2-3

海拔(m)	2000	2500	3000	4000
最高气温(℃)	35	32.5	30	25
最低气压 Pa(mmHg)	77459 (581)	73059 (548)	68527 (514)	60527 (454)

4. 化工腐蚀性场所低压电器使用环境条件

(1) 环境气候条件：空气最高温度 45℃；空气最大相对湿度 90%(25℃)；有凝露。
(2) 周围空气中主要化学腐蚀介质条件：在周围空气中有一种或一种以上的化学腐蚀

介质经常或不定期存在(其允许浓度列于表 5.1.2-4),以及有酸雾、碱雾、少量腐蚀粉尘等。

周围空气中腐蚀气体允许浓度　　　　表 5.1.2-4

序号	腐蚀气体名称	允许浓度(mg/m³)	备注
1	氯气	3	
2	二氧化硫及三氧化硫	40	指二氧化硫的浓度
3	氯化氢	15	
4	氯的化合物	10	
5	氟化物	15	包括在空气中可溶于水而呈氟离子的气态氟化物(如四氟化硅)的混合物,都计算为氟化氢的浓度
6	氨气	40	

注:表中化学腐蚀介质浓度的规定,仅考虑防腐蚀要求。

5. 船用低压电器使用环境条件

(1) 环境空气温度:最高 +45℃、最低 -25℃;
(2) 空气相对湿度:≤95%;
(3) 倾斜度:≤45°;
(4) 存在凝露、盐雾、油气、霉菌、振动、冲击的作用。

6. 低压电器允许温升(见表 5.1.2-5)

一般低压电器允许温升　　　　表 5.1.2-5

序号	不同材料和零部件名称		极限允许温升(℃)		备注
			长期工作制	间断长期或反复短时工作制	
1	绝缘线圈及包有绝缘材料的金属导体	A 级绝缘	65	80	电压线圈及多层电流线圈用电阻法测量,金属导体用热电偶法测量
		E 级绝缘	80	95	
		B 级绝缘	90	105	
		F 级绝缘	115	130	
		H 级绝缘	140	155	
2	各类触头或插头	铜及铜基合金的自力式触头、插头,无防蚀层	35		热电偶法测量
		铜及铜基合金的他力式触头、插头,无防蚀层	45	65	
		铜及铜基合金的他力式插头、触头,有厚度 6~8μm 的银防蚀层	80	—	
		铜及铜基合金的他力式插头、触头,有厚 6~8μm 的锡防蚀层	66	—	
		银及银基合金触头	以不伤害相邻部件为限		

续表

序号	不同材料和零部件名称		极限允许温升(℃)		备注
			长期工作制	间断长期或反复短时工作制	
3	与外部连接的接线端头	接线端头有锡(或银)防蚀层,当指明引入导体为铝也有锡(或银)防蚀层时		55	热电偶法测量
		接线端头为铜及铜基合金材料,无防蚀层,当指明引入导体为铜或有防蚀层的铝时		45	
		接线端头为铜及铜基合金材料,有锡防蚀层,当指明引入导体为铜也有锡防蚀层时		60	
		接线端头为铜及铜基合金材料,有银防蚀层,当指明引入导体为铜也有银防蚀层时		80,还应不伤害相邻部件为限	
4	产品内部的导体连接处	铝材对铝材、铜材对铝材紧固接合处,二者均有锡防蚀层		55	热电偶法测量
		铝材对铝材、铜材对铝材紧固接合处,二者均有银防蚀层		60	
		铜材对铜材,紧固接合处无防蚀层		45	
		铜材对铜材,紧固接合处二者均有锡防蚀层		60	
		铜材对铜材,紧固接合处二者均有银防蚀层		以不伤害相邻部件为限	
		铝材对铝材、铝材对铜材、铜材对铜材焊接的导体			
5	其他	浸入有机绝缘油中工作的部件		60	温度计法或热电偶等法测量
		操作时手接触的部件	金属材料	15	
			绝缘材料	25	
		起弹簧作用的部件		以不伤害材料的弹性且不伤害相邻部件为限	
		电阻元件		由所用材料决定,且不伤害相邻部件为限	

5.2 低压熔断器

5.2.1 低压熔断器的种类及特点

1. 常用低压熔断器的种类

常用低压熔断器的种类及基本特点见表 5.2.1-1,典型结构见图 5.2.1-1。

常用低压熔断器的种类及基本特点   表 5.2.1-1

序号	名称	主要型号系列	基本特点	用途
1	插入式熔断器	RC1A	由装有熔丝的瓷盖、瓷底等组成,更换熔丝方便,分断能力小	380V 及以下线路末端,作为配电支线及电气设备的短路保护
2	螺旋式熔断器	RL1 RL2	由瓷帽、熔体、底座等组成,熔体内填石英砂,分断能力大	500V 以下、200A 以下电路中,作过载及短路保护
3	有填料封闭式熔断器	RT0	由装填有石英砂的瓷管及底座等组成,分断能力大	500V 以下、1kA 以下具有大短路电流电路中,作过载及短路保护
4	无填料密闭式熔断器	RM7 RM10	由无填料纤维密闭熔管和底座等组成,熔断能力较大	500V 以下、600A 以下电路中,短路保护及防止连续过载
5	快速式熔断器	RLS RS0	分断能力大,熔断速度快	硅半导体器件过载保护
6	管式熔断器	R1	由装有熔丝的玻璃管、底座等组成	二次电路过载及短路保护
7	高分断能力熔断器	RT16 (NT)	高分断能力	线路、设备的过载及短路保护
8	限流线	XLSG	高阻、低熔点导线,具有良好的限流性能	与自动开关配合使用

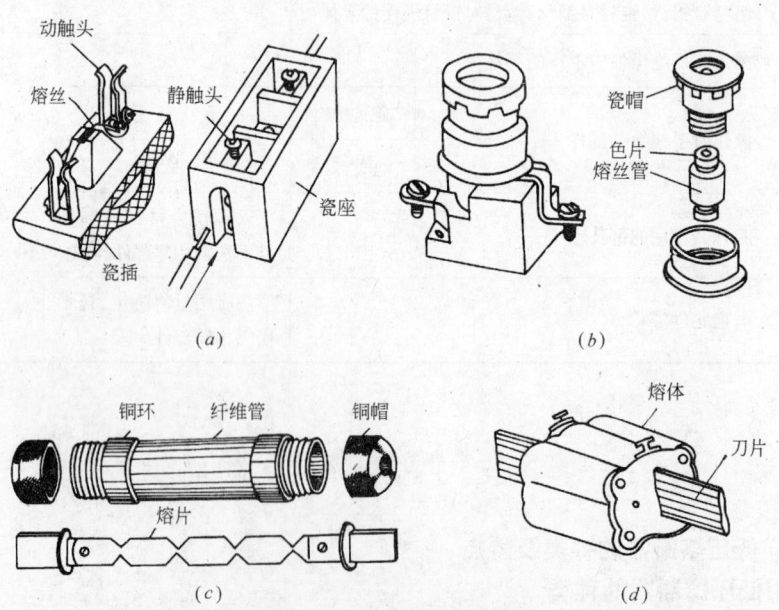

图 5.2.1-1 低压熔断器的典型结构
(a)插入式;(b)螺旋式;(c)密闭式;(d)填料密闭式

2. 型号含义

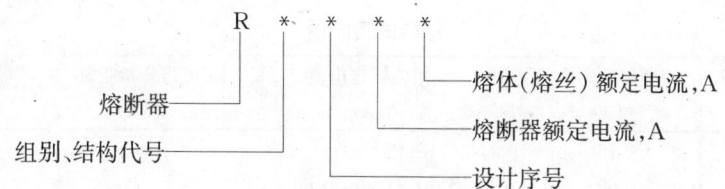

C—插入式
L—螺旋式
M—无填料密封式
T—有填料密封式
S—快速式

【例】 RC1A-10/6 插入式熔断器，额定电流10A，配用熔体额定电流6A。
RLS1-50/40 螺旋型快速式熔断器，额定电流50A，熔体额定电流40A。

3．低压熔断器基本特性参数（见表5.2.1-2）

低压熔断器基本特性 表5.2.1-2

项次	项 目	符 号	说 明 及 要 求
1	额定电压	U_N	熔断器分断前能长期承受的电压
2	额定电流	I_N	熔断器在长期工作制下，各部件温升不超过规定值时所能承载的电流
3	熔体额定电流	I_{FN}	熔断器允许安装的熔体最大工作电流
4	保护特性		熔断器的熔断时间与流过电流的关系曲线，也称熔断特性或安秒特性
5	分断能力	I_K	熔断器在额定电压下能分断的预期短路电流值。有填料保护半导体器件熔断器分断能力可达50、100、200kA
6	电弧电压	U_a	熔断器额定电压小于660V时为2500V；额定电压在661~800V时为3000V；额定电压在801~1000V时为3500V
7	过电流选择比		圆筒形帽和螺栓连接式熔断器为2:1；刀型和螺旋式熔断器为1.6:1
8	过载特性		规定在5s这一时间，主要考虑电动机的起动特性。保护半导体器件熔断器的过载特性为0.01~60s之间，应与硅元件相配合

5.2.2 常用低压熔断器技术数据

1．插入式熔断器（见表5.2.2-1）

插入式熔断器 表5.2.2-1

额定电流(A)	熔丝额定电流(A)	短路分断能力(A)	功率因数 $\cos\varphi$	分断次数
RC1A-5	1,2,3,5	250	0.8	3
-10	6,8,10	750	0.8	3
-15	12,15	1000	0.8	3
-60	40,50,60	4000	0.8	3
-100	80,100	4000	0.8	3

2. 螺旋式熔断器（见表5.2.2-2）

螺旋式熔断器　　　　　　　　　　表 5.2.2-2

型号	额定电压 (V)	熔断器额定电流 (A)	熔体额定电流 (A)	短路分断能力 (kA)	cosφ
RL1	交流380 直流440	15	2,4,6,10,15	25	0.25
		60	20,25,30,35,40,50,60		
		100	60,80,100	50	
		200	100,125,150,200		
RL2	交流380	25	2,4,6,10,16,20,25	25	0.25
		60	35,50,60		
RL6	交流500	25	2,4,6,10,16,20,25	50	0.1~0.2
		63	35,50,63		
		100	80,100		
		200	125,160,200		
RL7	交流660	25	2,4,6,10,16,20,25	25	0.1~0.2
		63	35,50,63		
		100	80,100		
RL8	交流660	16	2,4,6,16	50	0.1~0.2
		63	20,25,35,50,63		

3. 无填料密闭式熔断器（见表5.2.2-3）

无填料密闭式熔断器　　　　　　　　　表 5.2.2-3

型号	熔断器管额定电流 (A)	熔体额定电流 (A)	额定短路分断能力 (kA)	cosφ	额定电压 (V)
RM10	15	6、10、15	1.2	0.8	交流: 220,380,660 直流: 220,440
	60	15、20、25、35、45、60	3.5	0.7	
	100	60、80、100	10	0.35	
	200	100、125、160、200	10	0.35	
	350	200、225、260、300、350	10	0.35	
	600	350、430、500、600	12	0.35	

4. 有填料密封式熔断器（见表5.2.2-4）

有填料封闭管式熔断器主要技术数据　　　表 5.2.2-4

型号	定额电压 (V)	熔断体额定电流 (A)	熔体额定电流 (A)	短路分断能力 (kA)	cosφ	备注
RT0	交流380 660 直流440	50	5、10、15、20、30、40、50	50	0.1~0.2	刀形触头
		100	30、40、50、60、80、100			
		200	80、100、120、150、200			
		400	150、200、250、300、350、400			
		600	350、400、450、500、550、600			
	交流380 直流440	1000	700、800、900、1000			
	交流1140	200	30、60、80、100、120、160、200			

续表

型号	定额电压(V)	熔断体额定电流(A)	熔体额定电流(A)	短路分断能力(kA)	cosφ	备注
RT12	交流 415	20 32 63 100	2、4、6、10、16、20 20、25、32 32、40、50、63 63、80、100	80	0.1~0.2	螺栓连接式
RT14	交流 380	20 32 63	2、4、6、10、16、20 2、4、6、10、16、20、25、32 10、16、20、25、32、40、50、63	100	0.1~0.2	圆筒形帽式
RT15	交流 415	100 200 315 400	40、50、63、80、100 125、160、200 250、315 350、400	100	0.1~0.2	螺栓连接式
RT16(NT)	交流 500 660	160 250 400 630	4、6、10、16、20、25、35、40、50、63、100、125、160 80、100、125、160、200、224、250 125、160、200、224、250、300、315、355、400 315、355、400、425、500、630	50(660V) 120(500V)	0.1~0.2	刀形触头,引进产品
	交流 380	1000	800、1000	100	0.1~0.2	

5. 快速式熔断器(见表 5.2.2-5)

常用快速式熔断器主要技术数据　　　　表 5.2.2-5

型号	额定电压(V)	熔断体额定电流(A)	熔体额定电流(A)	短路分断能力(kA)	cosφ	备注
RS0	250	50 100 200 350 500	30、50 50、80 150 350 480	50	≤0.25	
	500	50 100 200 350 500	30、50 50、80 150 320 480			
	750	350 700	320 700			

续表

型号	额定电压 (V)	熔断体额定电流 (A)	熔体额定电流 (A)	短路分断能力 (kA)	$\cos\varphi$	备注
RS3	500	50 100 200 300	10、15、30、50 80、100 150、200 250、300	25	≤0.3	
	750	200 300	150 200			
	1000	450	450			
RLS1	500	10 50 100	3、5、10 15、20、25、30、40、50 60、80、100	50	≤0.25	螺旋式
RLS2	500	30 63 100	16、20、25、30 35、(45)、50、63 (75)、85、(90)、100	50	0.1~0.2	螺旋式

6. 管式熔断器(见表5.2.2-6)

管式熔断器　　　　　　　　　表5.2.2-6

熔断器额定电流 (A)	熔体额定电流 (A)	短路分断能力 (A)	回路参数	
			$\cos\varphi$	t(ms)
10	0.5、1、2、3、4、5、6、8、10	200	0.8	20±15%

7. 自复式熔断器

图5.2.2-2(a)是自复式熔断器的结构示意图。熔体4是金属钠,装在不锈钢套管5和瓷心3之中,特殊玻璃2是用来密封和固定瓷心,并作为进线端子1与不锈钢套管之间的绝缘,活塞6和氩气7是使金属钠复位用的。

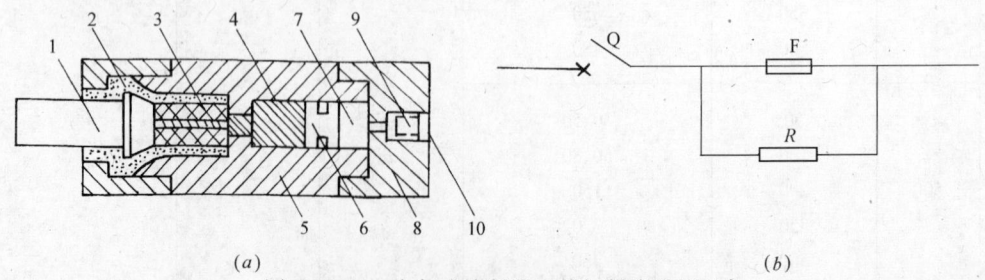

图5.2.2-2　自复式熔断器及其与断路器的配合
(a)结构;(b)与自动开关组合接线
1—进线端子;2—特殊玻璃;3—瓷心;4—熔体(金属钠);5—不锈钢套管;6—活塞;7—氩气;8—出线端子;9—螺钉;10—软铅;
Q—自动开关;F—自复式熔断器;R—电阻

通过自复熔断器的电流从进线端子1进入,经熔体(金属钠)、不锈钢套管到出线端子8

流出,当电流为正常工作电流时,金属钠是导体,电阻很小。当短路电流通过自复熔断器时,钠受热迅速气化成高温、高压和高电阻状态的气体,使电路电阻迅速增大,限制电流的增长,与自复熔断器串联的自动开关分闸,分断电路,此后,钠在极短时间内冷却,活塞6在高压惰性气体——氩气的推动下,将钠又压到瓷心3之中,重新恢复导通状态,供再次使用。

自复熔断器与一般熔断器不同,它不能最终分断电路,故必须与自动开关组合使用,如图 5.2.2-2(b)所示。正常工作时,自复熔断器的电阻很小,电阻 R 中仅流过很小的电流。在电路短路时,自复熔断器的电阻迅速增高,电阻 R 中的电流增大,接着自动开关 Q 动作,分断电流。

(1) 用途:与自动开关配合使用,起短路保护与限流作用。
(2) 主要技术数据:
  额定电压:380V;
  额定电流:100、200A;
  与自动开关组合后的分断能力:100kA;
  限流系数:≤0.1。

8. 限流线

(1) 型号:XLSG。
(2) 结构及特点:由导电线芯、石棉编织耐热层、硅橡胶耐压绝缘层构成,具有优异的限流性能。
(3) 用途:接在自动开关进线一侧(电源侧),与小容量自动开关配合,大幅度提高开关的分断能力。限流线本身不能断开电路。
(4) 主要技术数据:见表 5.2.2-7。

XLSG 型限流线主要技术数据　　　　表 5.2.2-7

规格 (mm^2)	额定电流 (A)	长度 (mm)	线芯结构 (根/mm)	耐热层厚度 (mm)	绝缘层厚度 (mm)	外径 (mm)	电阻 (Ω/m)
2.7	7.5	500、700	7/0.7	0.85	2.0	8.3	0.043
5.5	15	700	7/1.0	0.85	2.0	9.0	0.023
8.0	20	700	7/1.2	0.85	2.0	9.7	0.016

5.2.3　低压熔断器的使用

1. 熔断器选择

(1) 熔断器类型的选择

熔断器类型的选择,主要根据负载的情况来选择。例如对于容量较小的照明线路或电动机的保护,可采用 RC1A 系列半封闭式熔断器或 RM10 系列无填料封闭式熔断器,对于短路电流相当大的电路或有易燃气体的地方,则应采用 RL1 系列或 RT0 系列有填料封闭式熔断器。在电路短路电流很大时,则应采用自复式熔断器。用于硅元件及晶闸管保护的,则应采用 RS 型快速熔断器。

选用时,可参照表 5.2.1-1。

(2) 熔体额定电流的确定

a. 电气照明设备

$$I_{FN} \geqslant K_L I_N$$

式中　I_{FN}——熔体额定电流,A;
　　　I_N——照明设备额定电流,A;
　　　K_L——计算系数,见表 5.2.3-1。

计算系数 K_L　　表 5.2.3-1

熔断器型号	熔体材质	熔体额定电流 (A)	K_L 值		
			白炽灯、荧光灯、卤钨灯、金属卤化物灯	高压水银灯	高压钠灯
RL_1	铜、银	≤60	1	1.3~1.7	1.5
RC1A	铅、铜	≤60	1	1~1.5	1.1

b. 电动机

计算方法见表 5.2.3-2。

保护电动机用熔断器熔体额定电流确定方法　　表 5.2.3-2

序号	类别	计算方法	备注
1	单台电动机轻载起动	$I_{FN} = I_{MS}/(2.5~3)$	起动时间小于 3s
2	单台电动机重载起动	$I_{FN} = I_{MS}/(1.6~2.0)$	起动时间小于 8s
3	接有多台电动机的配电干线	$I_{FN} = (0.5~0.6)(I_{MS1} + I_{n-1})$	

注:I_{FN}—熔体额定电流;I_{MS}—电动机起动电流;I_{MS1}—最大一台电动机的起动电流;I_{n-1}—除去最大一台电动机外的计算电流。

c. 半导体器件

$$I_{FN} = 1.57 I_v$$

式中　I_v——半导体器件额定电流的平均值。

(3) 熔断器额定电压、电流的确定

熔断器的额定电压应按电网电压选用相应电压等级的熔断器。

熔断器额定电流应大于或等于熔体的额定电流。例如,60A 的熔体,可选额定电流为 60A 的熔断器;若常有过负荷,亦可选 100A 的熔断器。

(4) 熔断器的分断能力应大于电路可能出现的短路电流。

(5) 熔断器的配合

电路中上级熔断器的熔断时间通常为下级熔断器的 3 倍;

若上、下级熔断器为同一型号时,其额定电流等级以相差 2 倍为宜;

不同型号的熔断器一般应根据保护特性来校验。

(6) 熔断器选择计算示例

【例 5.2.3-1】 220V 照明供电系统如图 5.2.3-1。图中负荷为白炽灯。选择支线和干线用熔断器。

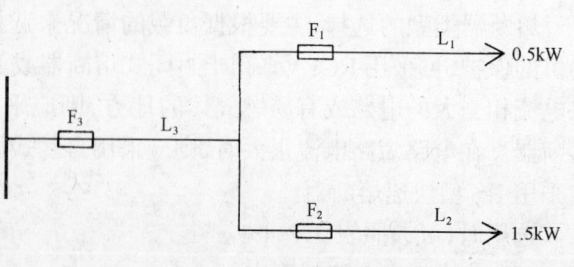

图 5.2.3-1

【解】 计算举例说明：

支线 L_1、$P_1=0.5$kW，其计算电流为

$$I_1=\frac{0.5\times10^3}{220}=2.3\text{A，则}$$

熔体额定电流为 3A，

熔断器额定电流为 5A。

其余类推，选择计算结果见表 5.2.3-3。

例 5.2.3-1 选择计算结果 表 5.2.3-3

项次	项 目	线 路 编 号		
		支线 L_1	支线 L_2	干线 L_3
1	熔断器代号	F_1	F_2	F_3
2	计算容量(kW)	0.5	1.5	2.0
3	计算电流(A)	2.3	6.8	9.1
4	熔体额定电流(A)	3	10	15
5	熔断器额定电流(A)	5	10	25
6	熔断器型号	RC1A-5/3,250V	RC1A-10/10,250V	RC1A-25/15,250V

【例 5.2.3-2】 380V 动力供电线路如图 5.2.3-2。选择支线和干线的熔断器。

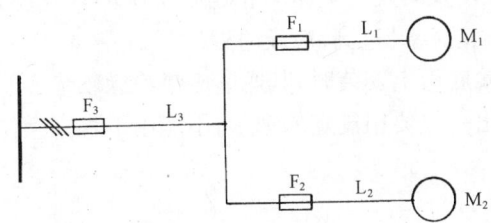

图 5.2.3-2

M—电动机；F—熔断器

【解】 由电动机的型号规格查出电动机的额定电流，计算出起动电流，然后按表 5.2.3-2 所列计算公式，选择出熔体的额定电流，再选出合适的熔断器。例如：

Y132M2-6-5.5kW 的电动机，其额定电流 $I_N=12.6$A，则起动电流 $I_S=6.5\times12.6=82$A。熔体额定电流为

$$I_{FN}=I_S/(2.5\sim3)(\text{按轻载起动})=82/(2.5\sim3)=33\sim27\text{A}$$

选为 40A；

熔断器为 RM-40/40。

其余类推，计算结果见表 5.2.3-4。

例 5.2.3-2　选择计算结果　　　　　　　　　表 5.2.3-4

项目		线路编号		
		L_1	L_2	L_3
电动机	代号	M_1	M_2	
	型号	Y132M2-6	Y160L-6	
	P_N(kW)	5.5	11	
	I_N(A)	12.6	24.6	
	I_S(A)	82	160	
熔断器	代号	F_1	F_2	F_3
	熔体选择计算电流(A)	33~27	64~53	86
	熔体额定电流(A)	40	80	125
	熔断器额定电流(A)	40	100	160
	型号	RM-40/40,380V	RM-100/80,380V	RM-160/125,380V

2. 熔断器的安装与维护

（1）熔断器及熔体的容量应符合设计要求，熔体不得用一般导体代用，也不得随意用多股熔丝绞合代用。

对于有填料熔断器，在熔体熔断后，应更换原型号的熔体；

对于密闭式熔断器，更换熔体时，应检查熔片的规格，装新熔片之前应清理管壁上的烟尘，再拧紧两头端盖。对于 RC1A 熔断器，熔丝的拧紧方向应正确，拧力适中。

（2）熔断器安装位置及相互间距应便于更换熔体。

（3）有熔断指示的熔芯，其指示器的方向应装在便于观察的一侧。在运行中应经常注意检查熔断器的指示器，以便及时发现电路单相运行情况。若发现瓷底座有沥青类物质流出，说明熔断器存在接触不良，温升过高，应及时处理。

（4）瓷质熔断器在金属底板上安装时，其底座应垫绝缘软垫。

（5）熔断器插入与拔出一般要用规定的把手，不能用手直接操作，或使用其他不合适的工具。

5.3　刀开关和转换开关

刀开关和转换开关又称为 H 系列低压开关，分为以下几类：刀形隔离开关，HD 系列；刀形隔离器，HG 系列；刀形转换开关，HS 系列；熔断器式开关，HR 系列；开关熔断器组，HH 系列；开启式刀开关，HK 系列；组合开关，HZ 系列等。刀开关和转换开关的主要用途是：隔离电源，不频繁地切断和转换电路，带灭弧装置的可切换负荷；带熔断器刀开关可对电路起过流保护作用。

5.3.1　开启式刀开关

1. 刀闸式刀开关

（1）型号：HD、HS 型

一般表示方法：

（2）结构及特点

由触刀、静触头、手柄、铰链支座、绝缘底板等构成。常用结构式样见图 5.3.1-1。

5.3 刀开关和转换开关　**325**

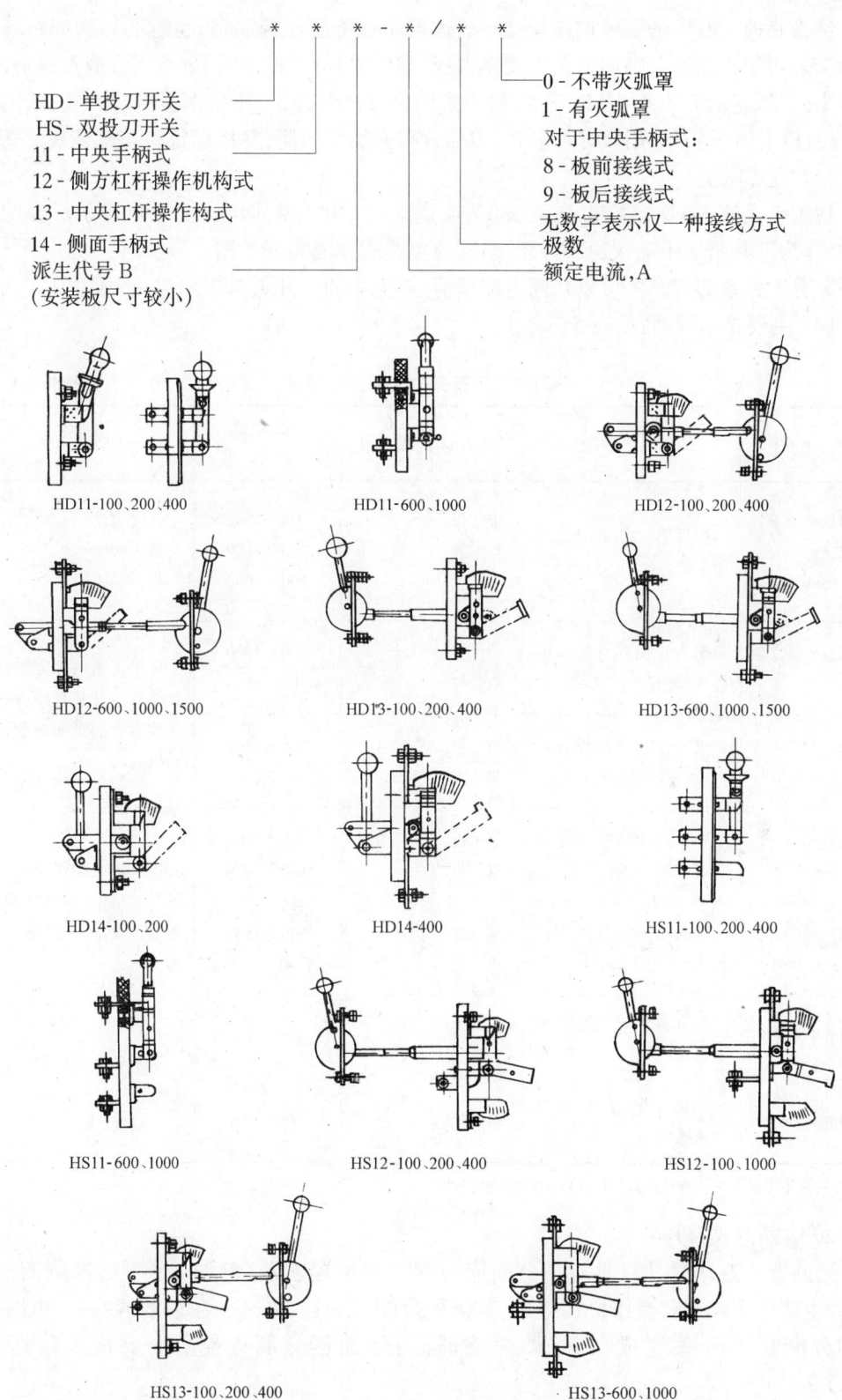

图 5.3.1-1　刀闸式刀开关的结构式样

绝缘底板一般用酚醛玻璃布板或环氧玻璃布板等层压板制造,也有的用陶瓷材料。绝缘手柄多用塑料压制。触刀材料为硬紫铜板,静插座及铰链支座用硬紫铜板或黄铜板制成。一般来说,额定电流400A及以下者,触刀采用单刀片形式,插座用铜板拼铆而成;额定电流600A及以上者,触刀采用双刀片形式,刀片分布在插座两侧,并用螺钉和弹簧夹紧。

(3) 主要用途

适用于交流50Hz、额定电压至380V或直流至440V、额定电流至1500A的成套配电装置中,作为不频繁地手动接通和分断交、直流电路或作隔离开关用。

装有灭弧室的刀开关可以切断电流负荷,其他系列刀开关只作隔离开关使用。

(4) 主要技术数据:见表5.3.1-1。

刀闸式刀开关的主要技术数据　　　　　　表5.3.1-1

型　号	结 构 型 式	转换方向	极　数	额定电流(A)	备　　注
HD11-*/*8 HD11-*/*9 HS11-*/*	中央手柄式(不装灭弧室)	单　投 单　投 双　投	1～3	100～400 100～1000 100～1000	板前接线 板后接线 板后接线
HD12-*/*1 HS12-*/*1	侧方正面杠杆操作机构式(装有灭弧室)	单　投 双　投	2～3	100～1000 100～1000	用于正面两侧方操作、前面维修的开关柜中,操作机构装在柜的正面两侧,板前接线
HD12-*/*0 HS12-*/*0	侧方正面杠杆操作机构式(不装灭弧室)	单　投 双　投	2～3	100～1500 100～1000	
HD13-*/*1 HS13-*/*1	中央正面杠杆操作机构式(装有灭弧室)	单　投 双　投	2～3	100～1000 100～1000	用于正面操作、后面维修的开关柜中,操作机构装在柜的正面,板前接线
HD13-*/*0 HS13-*/*0	中央正面杠杆操作机构式(不装灭弧室)	单　投 双　投	2～3	100～1500 100～1000	
HD14-*/*31	侧面操作、手柄式(装有灭弧室)	单　投	3	100～600	用于动力配电箱中,板前接线
HD14-*/*31	侧面操作、手柄式(不装灭弧室)	单　投	3	100～600	

注:额定电流系列:100,200,400,600,1000,1500A。

2. 熔断器式刀开关

熔断器式刀开关是以具有高分断能力的有填料熔断器(例如RT型熔断器)作为触刀,并由两个灭弧室和操作机构组成,其极限分断能力达50kA。在正常情况下,电路的接通和分断由刀开关完成;当线路短路时,由熔断器分断电路。主要技术数据见表5.3.1-2。

常用熔断器式刀开关主要技术数据　　　　　表 5.3.1-2

型　号	额定电压(V)	额定电流(A)	开关分断电流(A)	熔断电流(kA)	配用熔断器
HR3-100	AC380/DC440	100	100	50/25	RT0
-200		200	200		
-400		400	400		
-600		600	600		
-1000		1000	1000		
HR5-100	AC380/660	100	1000	50	RT16-00
-200		200	1600		RT16-1
-400		400	3200		RT16-2
-630		630	5040		RT16-3
HR6-160		160	1250/480		RT16-00
-250	AC380/660	250	2000/750		RT16-1
-400		400	3200/1200		RT16-2
-630		630	5040/1890		RT16-3
HR11-100	415	100	150		RT16-00
-200		200	300	50	RT16-1
-315		315	475		RT16-2
-400		400	600		RT16-3
HG1-20		20			
-32	380	32		50	RT14
-63		63			

5.3.2　开关熔断器组

1. 开启式负荷开关(胶盖开关)

这是一种应用最广的开关,主要用于照明、电热和小容量电动机的不频繁切换和短路保护。主要技术数据见表 5.3.2-1。

常用胶盖开关主要技术数据　　　　　表 5.3.2-1

型　号	额定电压(V)	极　数	额定电流(A)	开关的分断电流(A)	熔断器极限分断能力(A)
HK2-10/2	220	2	10	40	500
-15/2			15	60	500
-30/2			30	120	1000
-15/3			15	30	500
-30/3	380	3	30	60	1000
-60/3			60	90	1500

续表

型号	额定电压(V)	极数	额定电流(A)	开关的分断电流(A)	熔断器极限分断能力(A)
HK4-10/2	220	2	10	40	1000
-16/2			16	64	1500
-32/2			32	128	2000
-63/2			63	192	2500
-16/3	380	3	16	48	1500
-32/3			32	96	2000
-63/3			63	189	2500
HK8-10/2	220	2	10	40	1000
-16/2			16	64	1500
-32/2			32	128	2000
-16/3	380	3	16	32	1000
-32/3			32	64	2000
-63/3			63	94.5	2500

注：型号含义：

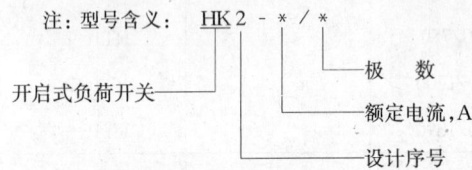

2. 封闭式负荷开关(铁壳开关)

封闭式负荷开关(即铁壳开关)由触刀、触头、熔断器、操作机构和钢板(或铸铁)外壳构成。操作机构与外壳之间装有联锁机构，使之在打开盖时，开关不能闭合；手柄处于合闸位置时，盖不能打开，以保证操作安全。操作机构采用弹簧式，能使触头快速断开与闭合，且其分合速度与手柄操作速度无关。

主要用于不频繁地手动接通和分断电力、照明负载电路，并由其熔断器作过载和短路保护。

主要技术数据见表5.3.2-2。

封闭式负荷开关　　　　　　　表5.3.2-2

型号	极数	额定电压(V)	额定电流 I_N(A)	接通与分断电流
HH3-*/2	2	220	10,15,20,30	$4I_N$
HH3-*/3	3	380	10,15,20,30,60	$4I_N$
			100,200	$2.5I_N$
HH4-*/3	3	415（380）	15,30,60	$4I_N$
			100,200	$2.5I_N$
HH12-*/3	3	415（380）	20,32,63,100,200	$4I_N$

注：型号说明：

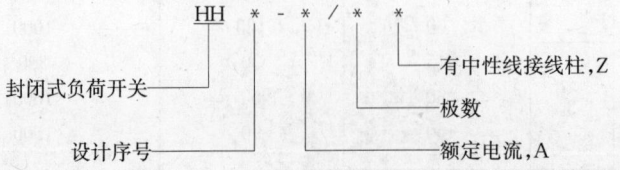

当用于控制异步电动时,其控制功率可参考表5.3.2-3。

三极铁壳开关可控制三相异步电动机功率　　表5.3.2-3

开关额定电流 (A)	380V 三相电动机功率 (kW)
10	2.2
15	3
20	4
30	7.5
60	11

5.3.3 组合开关

1. 特点和用途

组合开关由若干触头组成。触头分别装于封闭的数层绝缘腔内,动触头装在附有手柄的转轴上,随轴变换其与静触头的通断位置。可板前、板后接线。

主要用于不频繁地切换电路,控制小容量电动机的起动、变速、停止、换向,还可用于三相电压的测量电路中。

2. 主要技术数据(见表5.3.3-1)

组合开关　　表5.3.3-1

型号	额定电压 (V)	额定电流 (A)	可控电机功率(kW)及备注
HZ5-10 -20 -40 -60	380	10 20 40 60	1.7 4 7.5 10
HZ10-10 -25 -40 -60 -100	380	10 25 40 60 100	2.2 4

3. HZ10 组合开关

HZ10 组合开关的种类见表5.3.3-2,对应的内部接线图见图5.3.3-1(a)、(b)。

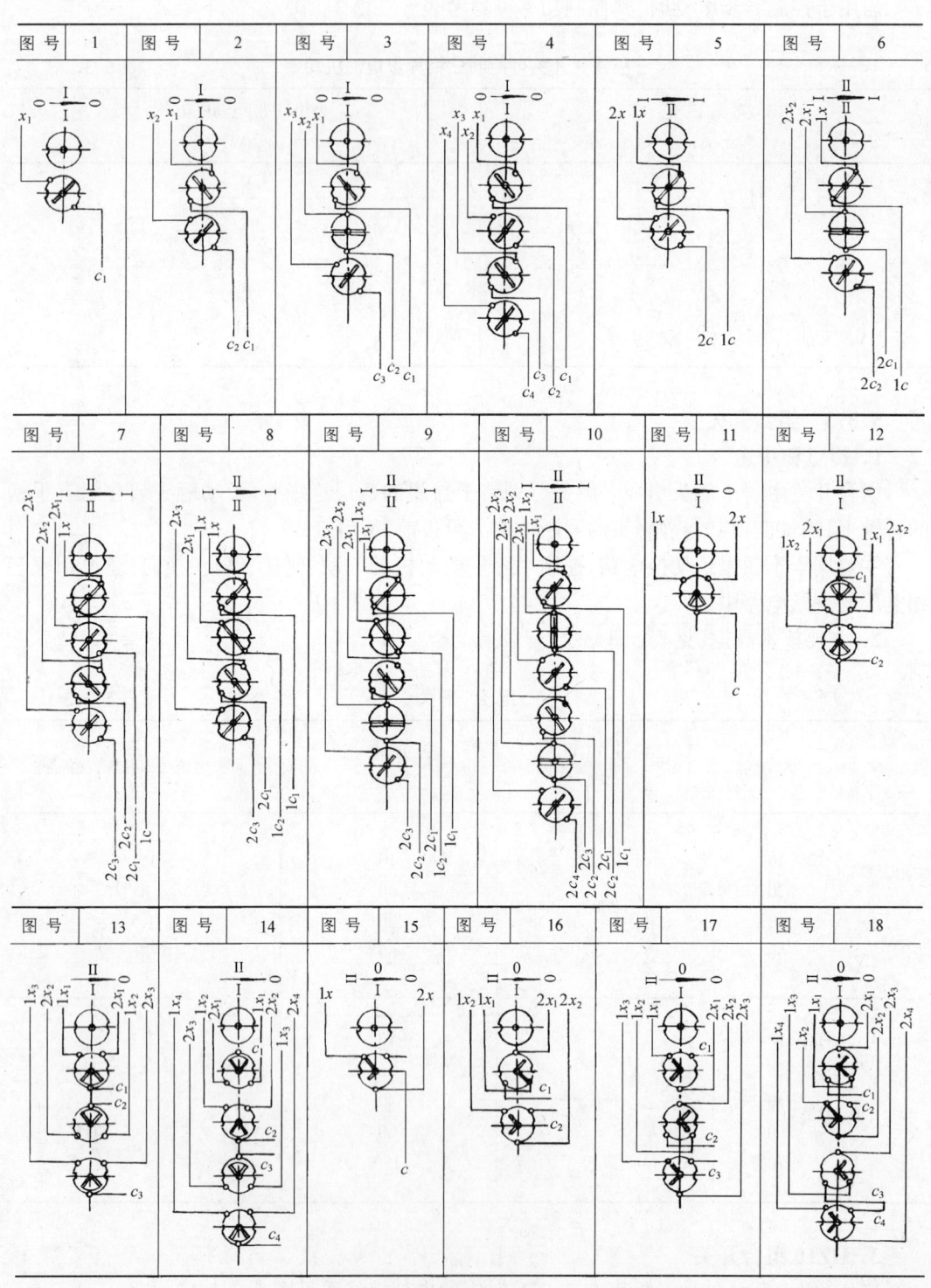

图 5.3.3-1 HZ10 型组合开关接线图(a)

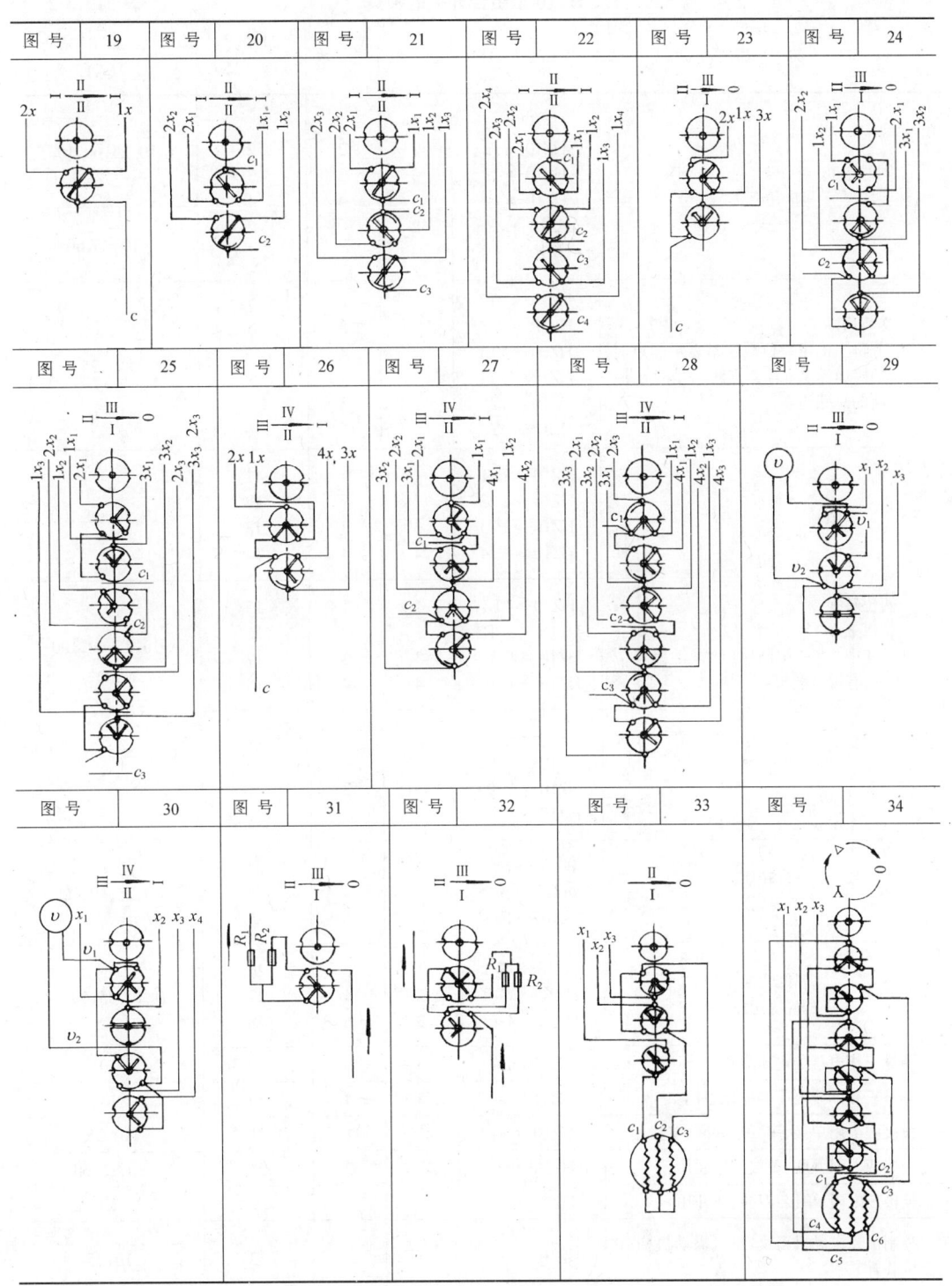

图 5.3.3-1　HZ10型组合开关接线图(b)

HZ10型组合开关的种类　　　　　表5.3.3-2

类型		产品型号	极数	层数	见接线图号	额定电流(A)
同时通断 注:"J"表示机床用开关		HZ10-＊/1	1	1	1	10,25,60,100
		HZ10-＊/2	2	2	2	
		HZ10-＊/3	3	3	3	
		HZ10-＊/4	4	4	4	
		HZ10-＊/2J	2		2	10,25,60
		HZ10-＊/3J	3	7	3	
交替通断 注:分母上的第一位数字是表示起点时的接通路数;第二位数字是表示通断的总路数		HZ10-＊/12		2	5	10,25
		HZ10-＊/13		3	6	
		HZ10-＊/14		4	7	
		HZ10-＊/24		4	8	
		HZ10-＊/25		5	9	
		HZ10-＊/26		6	10	
两位转换 ("P"表示) 注:其中"有一位断路"的操动机构有限位装置	有一位断路	HZ10-＊P/1	1	1	11	10,25,60,100
		HZ10-＊P/2	2	2	12	
		HZ10-＊P/3	3	3	13	
		HZ10-＊P/4	4	4	14	
	有二位断路	HZ10-＊/B1	1	1	15	10,25,60,100
		HZ10-＊P/B2	2	2	16	
		HZ10-＊P/B3	3	3	17	
		HZ10-＊P/B4	4	4	18	
	无断路	HZ10-＊P/01	1	1	19	10,25,60
		HZ10-＊P/02	2	2	20	
		HZ10-＊P/03	3	3	21	
		HZ10-＊P/04	4	4	22	
三位转换 ("S"表示)		HZ10-＊S/1	1	2	23	10,25,60,100
		HZ10-＊S/2	2	4	24	
		HZ10-＊S/3	3	6	25	
四位转换 ("G"表示)		HZ10-＊G/1	1	2	26	10,25,60
		HZ10-＊G/2	2	4	27	
		HZ10-＊G/3	3	6	28	
测量三相电压的电压表用		HZ10-03	3	3	29	10
测量三相四线电压的电压表用		HZ10-04	4	4	30	10
换接两电阻单接、串联或并联、单接用		HZ10-＊R2		1	31	10,25
换接两电阻并联、单接及串联用		HZ10-＊R3		2	32	10,25,60
换接三电阻、单接、双并、三并用		HZ10-＊R4				10
控制鼠笼电动机正反转用(操动机构有限位装置)		HZ10-＊N/3	3	3	33	10,25
星形—三角形起动用		HZ10-＊X/3	3	6	34	25,60
特殊规格		HZ10-＊/E＊				

5.4 空气断路器

5.4.1 空气断路器的分类及基本特性

1. 分类

常用低压空气断路器按用途分类见表5.4.1-1。两类不同结构(装置式和框架式)的比较见表5.4.1-2。

断路器按用途分类　　　　　表5.4.1-1

序号	名称	电流种类和范围	保护特性			主要用途
1	配电用断路器	交流 200~4000A	选择型 B类	二段保护：瞬时；短延时		作电源总开关和支路近电源端开关
				三段保护：瞬时；短延时；长延时		
			非选择型 A类	限流型	长延时；瞬时	支路末端开关
				一般型		
		直流 600~6000A	快速型	有极性；无极性		保护硅整流设备
			一般型	长延时；瞬时		保护一般直流设备
2	电动机保护用断路器	交流 60~630A	直接起动	一般型	过电流瞬时动作倍数$(8\sim15)I_N$	保护笼型电动机
				限流型	过电流瞬时动作倍数$12I_N$	同上，但可装在近电源端
			间接起动	过电流瞬时动作倍数$(3\sim8)I_N$		保护笼型和绕线转子电动机
3	导线保护用断路器	交流 6~125A 常用 6~63A	过载长延时；短路瞬时			用于生活建筑内电气设备和信号二次电路
4	漏电保护断路器	交流 20~200A	电磁式	漏电动作灵敏度按使用目的不同分档，如：15、30、50、75、100mA，0.1s		确保人身安全，防止因漏电而引起火灾
			集成电路式			
5	灭磁断路器	直流 200~2500A	瞬时动作，与发电机组配套			当发电机发生内、外部故障时切断励磁回路

塑壳式与万能式空气断路器的比较　　　　　表5.4.1-2

项次	项目	结构类型	
		塑壳式(装置式)	万能式(框架式)
1	基本结构	具有一个用塑料模压成形的绝缘外壳，将所有构件组装成一整体	具有一个带绝缘衬垫的金属框架，将所有构件组装在框架内
2	选择性	大都无短延时，不能满足选择性保护	有短延时，可调，可满足选择性保护
3	脱扣器种类	多数只有过电流脱扣器，由于体积限制，失压和分励脱扣器只能两者择一	可具有过电流脱扣器、欠电压脱扣器(也可有延时)、分励脱扣器、闭锁脱扣器等
4	短路通断能力	较低	较高

续表

项次	项目	结构类型	
		塑壳式（装置式）	万能式（框架式）
5	额定工作电压	较低（660V以下）	较高（至1140V）
6	定额电流	多在600A以下	一般为200~4000A,尚有5000A以上产品
7	使用范围	宜做支路开关	宜做主开关
8	操作方式	变化小,多为手操动,少数带电动机传动机构	变化多,有手操动、杠杆操动、非储能式、储能式、电动操作等
9	价格	较便宜	较贵
10	维修	不方便,甚至不可维修	较方便
11	接触防护	好	差
12	装置方式	可单独安装,也可装于开关柜内	宜装于开关柜内,有抽屉式结构
13	外形尺寸	较小	较大
14	飞弧距离	较小	较大
15	动热稳定	较低	较高

2．型号

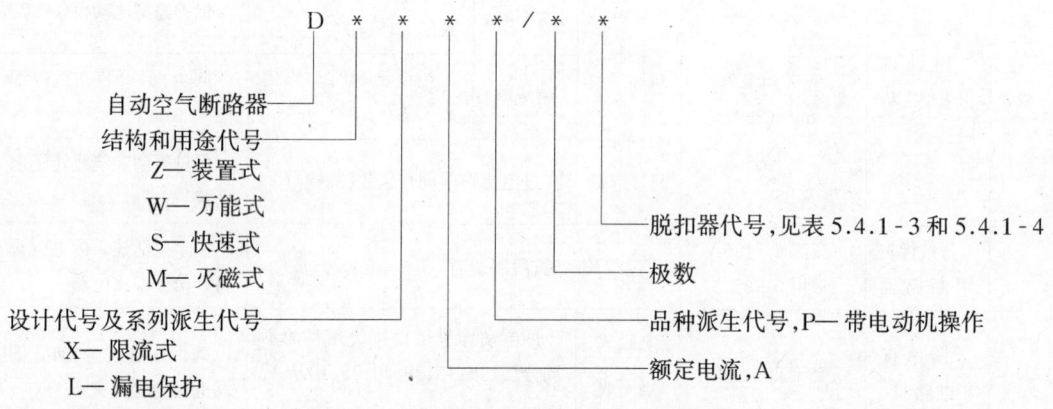

常用DZ型断路器的脱扣器及附件代号　　表5.4.1-3

脱扣方式	附件类别							
	不带附件	分励	辅助触头	失压	分励辅助触头	分励失压	二组辅助触头	失压辅助触头
无脱扣	00		02				06	
热脱扣	10		12				16	
电磁脱扣	20	21	22	23	24	25	26	27
复式脱扣	30	31	32	33	34	35	36	37

注：失压脱扣器——当电压低于一定数值时使空气开关迅速断开；
　　分励脱扣器——远距离控制使空气开关断开；
　　热脱扣器——保护电器在过载发热时使空气开关断开；
　　电磁脱扣器——在保护网络有短路时,迅速使空气开关断开；
　　辅助触点——用于控制回路和信号回路；
　　复式脱扣器——热脱扣器加电磁脱扣器。

5.4 空气断路器

常用 DW 型断路器过电流脱扣器代号　　　表 5.4.1-4

动 作 特 性	代 号
具有瞬时动作特性	1
具有长延时及瞬时动作特性	2
具有长延时及短延时动作特性	3
具有长延时、短延时及瞬时动作特性	4

【例】 DZ5-20/330　塑壳式空气断路器(DZ)，设计序列 5，$I_N = 20A$，3 极，带有复式脱扣器(30)。

DW10-400/3　万能式空气断路器(DW)，设计序列 10，$I_N = 400A$，3 极。

3. 基本特性参量(见表 5.4.1-5)

空气断路器的基本特性参量　　　表 5.4.1-5

序号	项 目	含 义 及 要 求
1	额定电压和额定绝缘电压	常用的额定电压 U_N 为：交流 220,380,660,1140V；直流 110,220,440,750,850,1000,1500V。绝缘电压大于或等于额定电压
2	额 定 电 流	常用的额定电流 I_N 为：6,10,16,20,32,40,(60),63,100,(150),160,200,250,315,400,(600),630,800,1000,1250,(1500),1600,2000,(3000),3150A 等
3	短路通断能力	在规定的操作条件下，开关接通与分断短路电流的能力，一般用 kA(有效值)表示，符号为 I_{KN}
4	限 流 特 性	限流开关应规定限流特性，限流特性是短路电流有效值与实际分断电流(限流电流)峰值的关系曲线
5	保 护 特 性	一般是指动作时间与动作电流的关系曲线。漏电保护用开关应规定漏电动作电流、动作时间和额定漏电不动作电流
6	寿 命	机械寿命和电寿命，用操作次数表示

5.4.2 常用低压空气断路器

1. 万能式空气断路器(见表 5.4.2-1)

常用 DW 型万能式空气断路器　　　表 5.4.2-1

序号	型号	额定电流(A)	机械寿命电寿命(次)	过电流脱扣器范围(A)	短路通断能力						备注
					交流			直流			
					电压(V)	电流(有效值)(kA)	$\cos\varphi$	电压(V)	电流(kA)	时间常数(s)	
1	DW5	400	10000/5000	200~400	380	20	0.4	440	—	0.01	有贮能操作，三段保护特性
		1000		400~1000		40			40		
		1500		1000~1500		40			40		

续表

序号	型号	额定电流 (A)	机械寿命电寿命 (次)	过电流脱扣器范围 (A)	短路通断能力						备注
					交流			直流			
					电压 (V)	电流(有效值) (kA)	$\cos\varphi$	电压 (V)	电流 (kA)	时间常数 (s)	
2	DW15	200	20000/10000	100~200	380 660	20 10	0.3/0.8 0.3				热磁脱扣或半导体脱扣630A 以下等级可带电磁铁操作和有抽屉式，1000A 以上等级可带电动机操作
		400	10000/5000	200~400	380 660 1140	25 15 10	0.4/0.5 0.3 0.3				
		630	10000/5000	300~630	380 660 1140	30 20 12	0.3 0.3 0.3				
		1000	5000/500	100~1000	380	40/30	0.3				
		1500	5000/500	1500		40/30	0.3				
		2500	5000/500	1500~2500		60/30	0.25				
		4000	4000/500	2500~4000		60/30	0.25				
3	DWX15	200		100~200	380	50	0.25				
		400		200~400		50	0.25				
		630		400~630		70	0.2				
4	ME630	630	20000/1000	200~400 350~630		50	0.25	40			即 DW17 型
	ME800	800		200~400、 350~630、 500~800							
	ME1000	1000		200~400、 350~630、 500~1000							
5	3WE13	630	20000/10000	200~630	500	40	0.25				
	3WE23	800		200~800							
	3WE33	1000		200~1000							
	3WE43	1250	20000/5000	320~1250							
	3WE53	1600		320~1600							
	3WE63	2000	10000/3000	800~2000		50	0.20				
	3WE73	2500		800~2500		60					
	3WE83	3150		800~3150		80					

2. 塑壳式空气断路器（见表 5.4.2-2）

常用DZ型塑料外壳式空气断路器   表5.4.2-2

序号	型号	额定电流(A)	机械寿命电寿命(次)	过电流脱扣器范围(A)	短路通断能力 交流 电压(V)	短路通断能力 交流 电流(有效值)(kA)	cosφ	短路通断能力 直流 电压(V)	短路通断能力 直流 电流(kA)	时间常数(s)	备注
1	DZ5	10	—	0.5~10	220	1	0.7	220	1.2	0.01	
		25	—	0.5~25	220	2					
		20	50000/50000	0.15~20	380	1.2					
		50	20000/12000	10~50	380	1.2					
2	DZ12-60	6~60	10000/—	6	120/200	5/3					压板式或插入式
3	DZX19-63	10~63	10000/8000	10、20、32、40、50、63	220/380	P-110 P-26	0.5				插入式安装和接线
4	S060	40	—	6、11、16、20、25、32、40	220/380	3	0.7				安装轨式
5	DZ20Y-100	100	8000/4000	16、20、32、40、50、63、80、100	380	18	0.3	220	10	0.01	统一设计更新换代产品 Y——一般型 J——较高型 G——最高型
	DZ20J-100					35	0.25		15		
	DZ20G-100					75	0.20		20		
	DZ20Y-200	200	8000/2000	(100)、125、160、180、200、(225)		25	0.25		20		
	DZ20J-200					35	0.25		20		
	DZ20G-200					70	0.20		25		
	DZ20Y-400	400	5000/1000	(200)、125、315、350、400	380	30	0.25	380	20		
	DZ20J-400					42	0.25		25		
	DZ20G-400					80	0.2		30		
	DZ20Y-630	630	5000/1000	500、630、700、800		30	0.25		25		
	DZ20J-630					65	0.20		30		
	DZ20G-800	800		500、630、700、800		75	0.20		35		
	DZ20Y-1250	1250	3000/500	(630)、(700)、800、1000、1250	380	50	0.20	380	10	0.01	
6	TO-100BA	100		50~100		12/8					
	TO-225BA	225		125~225		25/20					
	TO-400BA	400		125~400		30/25					
	TO-600BA	600		450~600		30/25					
	TG-30	30		15~30		30					
	TG-100B	100		15~100		30/25					
	TG-225	225		125~225	380/440	40/30					
	TG-400B	400		250~400		42/30					
	TG-600B	600		450~600		65/35					

3. 漏电保护空气断路器(见表5.4.2-3)

常用塑料外壳式漏电保护空气断路器　　　　表5.4.2-3

序号	型号	额定电流(A)	机械寿命电寿命(次)	过电流脱扣器范围(A)	短路通断能力							备注
					交流			直流				
					电压(V)	电流(有效值)(kA)	$\cos\varphi$	电压(V)	电流(kA)	时间常数(s)	
								额定漏电动作电流(mA)	额定漏电不动作电流(mA)	漏电动作时间(s)	
1	DZ5-20L	20	20000/20000	1、1.5、2、3、4.5、6.5、10、15、20	380	1.5	0.8	30 50 75	15 25 40	≤0.1	电磁式
2	DZ15L-40/390	40	15000/15000	6、10、15、20、30、40	380	2.5	0.7	30 50 75	15 25 40	≤0.1	
	DZ15L-40/490	40	15000/15000	6、10、15、20、30、40	380	2.5	0.7	50 70 100	25 40 50	≤0.1	
	DZ15L-60/390	60	15000/10000	10、15、20、30、40、60	380	5	0.5	30 50 70	15 25 40	≤0.1	
	DZ15L-60/490							50 75 100	25 40 50		
3	DZL16	40	2000		240	1	1	15 30	7.5 15	≤0.1	
4	DZL18	20		10、16、20	220			15 30	6 15	≤0.1	集成电路式

5.5 接触器

5.5.1 交流接触器
1. 交流接触器的分类(见表5.5.1-1)

交流接触器的分类　　　　表5.5.1-1

序号	分类原则	分类名称	主要用途
1	按主触头所控制的电路种类分	交流	作为远距离频繁地接通与分断交流电路用
		交直流	作为远距离频繁地接通与分断交流或直流电路用

续表

序号	分类原则	分类名称	主要用途
2	按主触头的位置分(当激磁线圈无电时)	常开	广泛用于控制电动机及电阻负载等
		常闭	用于能耗制动或备用电源的接通
		一部分常开,另一部分常闭	用于发电机励磁回路的灭磁或备用电源的接通
3	按主触头极数分	单极	a. 用于控制单相负载,如照明、点焊机等 b. 能耗制动
		双极	a. 交流电动机的动力制动 b. 在绕线转子电动机的转子回路中,短接起动电阻
		三极	直接起动及控制交流电动机,应用最为广泛
		四极	a. 控制三相四线制的照明线路 b. 控制双回路电动机负载
		五极	a. 组成自耦补偿起动器 b. 控制双速笼型电动机,变换绕组接法
4	按灭弧介质分	空气式	用于一般用途的接触器
		真空式	用于煤矿、石油化工企业以及电压在660V及1140V的场合
5	按有无触头分	有触点式	前面所述均为有触点式交流接触器,用途广泛
		无触点式	通常由晶闸管作为回路的通断元件,适用于频繁操作和需要无噪声等特殊场所,如冶金和化工等行业

2. 交流接触器基本特性参数(见表5.5.1-2)

交流接触器基本特性参数　　　　表5.5.1-2

项次	项目	符号	含义及标准
1	额定电压	U_N	在规定条件下,保证接触器正常工作的电压值。通常,最大工作电压即为额定绝缘电压。一个接触器常常规定几个额定电压,同时列出相应的额定电流或控制功率
2	额定电流	I_N	由电器的工作条件所决定的电流值。在380V时,额定工作电流可近似等于控制功率的2倍
3	通断能力	I	接通能力是指开关闭合时不会造成触头熔焊的能力,断开能力是指开关开断时能可靠灭弧的能力,通常,$I=(1.5\sim10)I_N$
4	动作值		接触器的吸合电压值和释放电压值。一般规定:吸合电压为线圈额定电压的85%及以上;释放电压不高于线圈额定电压的70%
5	寿命		包括机械寿命和电寿命。电寿命是指在正常操作条件下不需修理和更换零件的操作次数。机械寿命数百万次以上,电寿命不小于机械寿命的1/20
6	操作频率		每小时允许操作的次数,一般分为300、600、1200次/h
7	辅助触头额定电流		辅助触头通过的额定电流
8	吸引线圈额定电压		吸引线圈的工作电压

3. 交流接触器的型号表示方法

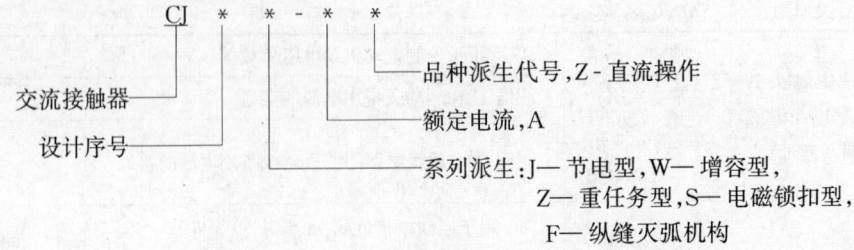

【例】 CJ10Z-40 交流接触器,设计序号10,重任务型,额定电流40A。对40A的交流接触器,在其铭牌上往往还标注控制电动机最大功率为:220V,11kW;380V,20kW。

4. 常用交流接触器(见表5.5.1-3)

常用交流接触器　　　　　　　　　　　　　表5.5.1-3

序号	型号	额定电流(A)	结构特点	主要用途
1	CJ10	5,10,20,40, 60,100,150	a. 40A及以下等级采用双断点直动式结构,正装立体布置,触头灭弧系统位于磁系统前方;60A以上等级采用双断点转动式结构,平面布置; b. 20A及以上等级均采用陶土纵缝灭弧室; c. 采用双E形铁心,迎击式缓冲装置	适用于远距离控制三相感应电动机的起动、停止、换向、变速、星-三角转换等,并可频繁操作
2	CJ12	100,150, 250,400,600	a. 单断点转动式结构,条架式平面布置; b. 采用Ⅱ型铁心,动、静铁心均装有后座式缓冲装置; c. 主触头由紫铜制成; d. 灭弧系统有多纵缝、栅片和磁吹或其组合	主要用于冶金、纺织、起重机等电气设备,供远距离接通与断开电路,还适用于频繁起动及控制交流电动机
3	CJ20	6.3,10,16, 25,40,63,100, 160,250,400, 630	a. 采用双断点直动式结构,正装立体布置; b. 40A及以下等级采用E形铁心,63A及以上等级采用U形铁心,非磁性气隙置于静铁心底部正中,可确保去磁气隙不变; c. 采用银基陶冶触头,63A及以上采用船形动触桥,静触头采用型材,并装有铁质引弧角; d. 灭弧室采用纵缝或栅片两种形式	主要用于电力系统中接通和控制电路,并与热继电器或电子式保护装置组合成电磁起动器,实现起动、控制及过负荷、断相保护
4	CJX1 (3TB)	9,12,16,22, 32	小型交流接触器	用于交流50或60Hz,电压至660V的电路及电动机控制
5	CJX2 (LC)	9,12,16,25	小型交流接触器	用于交流50或60Hz,电压至660V的电路及电动机的反接制动、反向等

序号	型号	额定电流(A)	结构特点	主要用途
6	CJX3 (3TB)	9,12,16,22, 32,45,63	小型交流接触器	用于交流 50 或 60Hz,电压至 440V 的电路及电动机的可逆控制
4	CJ* (B)	8.5, 11.5, 15.5, 22, 30, 37, 44, 65, 85, 105, 170, 245, 370,475	a. 均为双断点直动式结构,B9~B30、B460 采用正装立体布置,触头系统位于磁系统前方。B460 的铁心运动方向垂直于触头运动方向,依靠杠杆传动;B37~B370 采用倒装立体布置,磁系统位于触头系统前方; b. 采用 E 形铁心,并用高弹性橡胶和片簧制成缓冲系统,吸收碰撞能量; c. 直流磁系统有两种:交流叠片式铁心加上串联经济电阻的特制线圈与直流软钢制铁心配上直流线圈; d. 除 B460 采用开口式灭弧室外,其余各等级均为封闭式灭弧室,电弧不易喷出(引进德国 BBC 公司产品)	用于交流 50~60Hz,电压至 660V 的电力线路中,供远距离接通与断开电路,或频繁地控制交流电动机,常与 T 系列热继电器组成电磁起动器
5	CKJ-5 (真空接触器)	250,400,600	a. 400A 及以下等级采用真空灭弧室与磁系统成前后立体布置的结构,磁系统通过绝缘摇臂带动触头作轴向运动。并采用钼基镶锑、铋合金触头; b. 600A 等级采取平面布置方式,磁系统通过方轴、支持件带动灭弧室的导电杆作上下垂直运动;	用于交流 50Hz,电压至 1140V 的电力线路中,供远距离控制,并适宜于与其他保护装置组成电磁起动器,用来频繁地控制电动机

5. 交流接触器的应用

(1) 选用方法

1) 根据使用类别确定接触器的类型;

2) 根据控制对象的工作参量(电压、电流、功率、操作频率、工作制等)确定接触器的额定。其容量的确定方法见表 5.5.1-4。

交流接触器容量的一般确定方法　　表 5.5.1-4

序号	负荷类别	工作特点	负荷举例	选用方法	选用类型示例
1	一般任务电动机	操作频率不高	压缩机、泵、风机、闸门、电梯、搅拌机、空调机、冲床、剪床	$I_N \geq I_{MN}$	CJ10 CJ20 CJ□(B)
2	重任务电动机	平均操作频率 100 次/h 以上,运行于起动、点动、反向、反接制动等状态	机床工作母机、升降设备、绞盘、破碎机、离心机	$I_N \geq I_{MN}$,为了保证电寿命,可使接触器降容使用	CJ10Z CJ12

续表

序号	负荷类别	工作特点	负荷举例	选用方法	选用类型示例
3	特重任务电动机	操作频率达600~1200次/h,运行于起动、反接制动、反向等状态	印刷机、镗床、港口起重设备	大致按电寿命和起动电流选用	CJ10Z CJ12
4	电热设备	电流波动小	电阻炉、电热器	$I_N \geqslant I_{HN}$	CJ10 CJ20
5	电容器	合闸电流大	电力电容器	$I_N \geqslant 1.5 I_{CN}$	CJ10 CJ20
6	变压器	励磁涌流大	交流电弧焊机、电阻焊机	$I_N \geqslant 2 I_{TN}$	CJ10 CJ20
7	照明设备	气体放电灯起动电流大,起动时间长	高压汞灯、钠灯	$I_N \geqslant (1.1 \sim 1.4) I_{LN}$	CJ10 CJ20

注: I_N—接触器额定电流; I_{MN}—电动机额定电流; I_{HN}—电热器额定电流; I_{CN}—电容器额定电流; I_{TN}—变压器额定电流; I_{LN}—照明设备额定电流。

3) 根据控制电路要求确定吸引线圈工作电压和辅助触头容量。

【例 5.5.1-1】 一般用途三相交流异步电动机,型号为 Y100L,$P_{MN} = 3kW$,$U_{MN} = 380V$,$\cos\varphi = 0.87$,$\eta = 82\%$,选择其控制用交流接触器。

【解】 $$I_{MN} = \frac{P_{MN}}{\sqrt{3} U_{MN} \cdot \cos\varphi \cdot \eta} = \frac{3}{\sqrt{3} \times 0.38 \times 0.87 \times 0.82} = 6.4A$$

选用的交流接触器为 CJ10-10/3,380V。

(2) 交流接触器的安装检查

1) 电磁铁的铁芯表面应无锈斑及油垢,触头的接触面应平整、洁净,否则应用汽油清洗;

2) 活动部件应灵活,无卡阻;衔铁吸合后应无异常响声,触头接触紧密,断电后应能迅速断开;

3) 一般应将接触器安装在垂直面上,其倾斜角不得超过 5°,否则会影响其动作特性;

4) 应按规定留有适当的飞弧空间,以免飞弧烧坏相邻器件;

5) 接触器的灭弧罩必须完整无缺且固定牢靠,绝不允许不带灭弧罩或带破损灭弧罩运行。

6. 交流接触器的无声节电运行

交流接触器的无声节电运行是将接触器的电磁操作系统由原设计的交流操作改为直流吸持,从而大大降低铁心和短路环的功率损耗,还可降低操作电磁铁的交流噪声。

无声节电运行电路示例见图 5.5.1-1。

图中(a),按下起动按钮 SB_1,交流接触器的操作线圈 KM 在交流电源电压下激励起动,

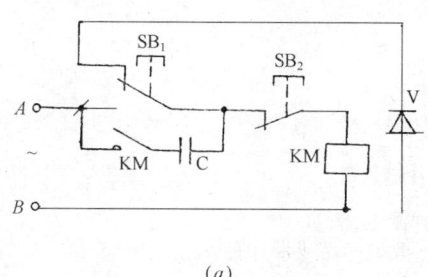 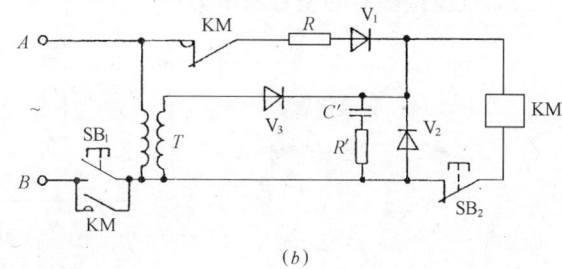

图 5.5.1-1 交流接触器无声节电运行电路
(a)电容器式；(b)变压器式

常开辅助触头 KM 闭合。放开按钮 SB_1，电容器 C 和续流二极管 V 先后接入，转变成向线圈 KM 供给脉动直流的吸持电流，即转入无声节电运行。

图中(b)，按下起动按钮 SB_1，电源经限流电阻 R、整流二极管 V_1 和续流二极管 V_2 向接触器的线圈 KM 供电，当接触器的衔铁吸动后，常闭辅助触头 KM 断开，转换为电源经变压器 T 二次绕组(降压)、整流二极管 V_3 和续流二极管 V_2 供电，即转入无声节电状态。$R'C'$ 组成阻容过电压吸收电路，对二极管进行过电压保护。变压器二次侧的输出电压分为两档，分别配用额定电流为 60~250A 和 300~600A 的交流接触器。

5.5.2 直流接触器
1. 直流接触器分类(见表 5.5.2-1)

直流接触器的分类　　　　表 5.2.2-1

序号	分类原则	分类名称	主要用途
1	按使用场合分	一般工业用	用于冶金、机床等电气设备中，主要用来控制各类直流电动机
		牵引用	用于电力机车、蓄电池运输车辆的电气设备中
		高电感电路用	用于直流电磁铁、电磁操作机构的控制电路中
2	按操作线圈控制电源分	交流	用于晶闸管整流电路中
		直流	用于直流控制的电路中
3	按主触头极数分	单极	用于一般直流电路中
		双极	用于分断后要求电路完全隔离的电路中和控制电动机正反转电路中
4	按主触头的位置分(当激磁线圈无电时)	常开	用于电动机和电阻负载电路
		常闭	用于放电电阻负载电路中
5	按有无灭弧室分	有灭弧室	用于额定电压较高的直流电路中
		无灭弧室	用于低电压直流电路中，如叉车、铲车电控设备中
6	按吹弧方式分	串联磁吹	用于一般用途接触器
		永磁吹弧	用于对小电流也要求可靠熄灭的直流电路中

2. 直流接触器的型号表示方法

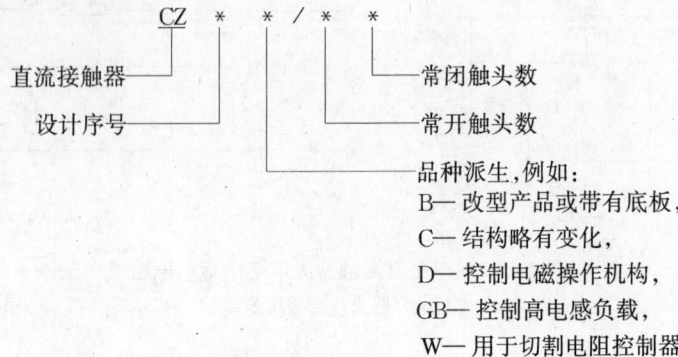

【例】 CZ18-40/20 直流接触器,设计序号18,$I_N=40A$,有2对常开触头。

CZ0-40GB/20 直流接触器,设计序号0,$I_N=40A$,用于控制高电感负载,有2对常开触头。

3. 常用直流接触器(见表5.5.2-2)。

常用直流接触器　　　　　　表5.5.2-2

序号	型号	额定电流(A)	结构特点	主要用途
1	CZ0	20 40 100 150 250 400 600	a. 150A及以下的为立式布置,所有零件都装在电磁系统上,磁系统为拍合式; b. 250A及以上为平面布置; c. 均为板前接线	一般工业用。主要用于直流电力线路中,控制直流电动机的换向或反接制动,如用于冶金、机床等电气控制设备中
2	CZ18	40 80 160 315 630	a. 采用平面布置,主触头为转动式单断点指形触头; b. 80A及以下为板前接线,160A及以上为板后接线	一般工业用。主要用于直流电力线路中,适宜于直流电动机的频繁起动、停止、反接制动
3	CZ21 CZ22	16 63	同CJ20-16 同CJ20-63	一般工业用。适宜于对直流电动机进行控制
4	CZ5	5 40 60	主触头为单极常开式,指形,直接装在衔铁上	牵引用。适用于无轨电车、起重机等用电设备中的电力和控制电路中
5	CZ0-□C □GD	40 100	采用较特殊的灭弧室结构	控制高电感负载用。主要用于控制合闸电磁铁、起重电磁铁、电磁阀等

5.5.3 由接触器构成的控制电路

1. 点动控制电路

点动控制电路见图5.5.3-1。按下铵钮S,接触器K的线圈接通电源,接触器动作。

2. 自锁和互锁控制电路

自锁电路见图5.5.3-2(a)按下S_1,接触器K动作并保持,按下S_2,K停止。这是记忆电路的一种基本形式,用于记忆外部信号。

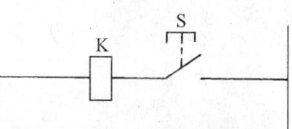

图5.5.3-1 点动控制电路
S—按钮;K—接触器

互锁电路见图5.5.3-2(b),在两个输入信号的电路中,以先动作的信号优先,另一信号因受联锁作用不会动作,例如,按下S_1,K_1动作,K_2则不能动作。

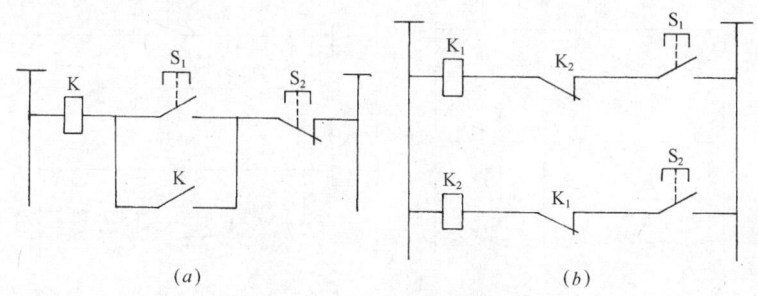

图5.5.3-2 自锁和互锁电路
(a)自锁;(b)互锁

3. 顺序控制电路

图5.5.3-3是两种不同形式的顺序电路,在多个输入信号的电路中,只能按一定顺序动作,例如图中,只能按K_1—K_2—K_3顺序动作。

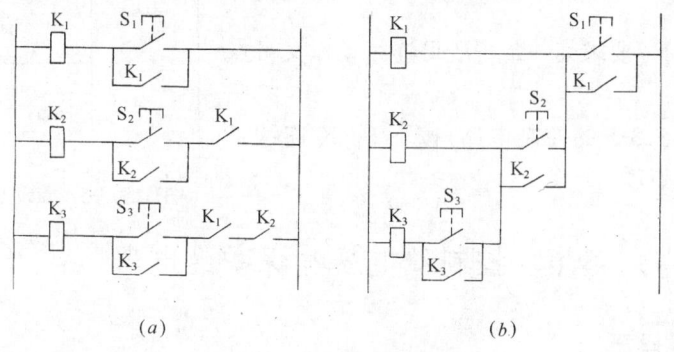

图5.5.3-3 顺序控制电路

4. 优先控制电路

优先控制电路分为先动作优先和后动作优先两种类型。

先动作优先电路见图5.5.3-4(a)。在数个输入信号的电路中,以最先动作的信号优先,在最先输入信号除去前,其他信号无法动作。例如,按下S_1,K_1动作,由于K也同时动作,其余则不能动作。

后动作优先电路见图5.5.3-4(b)。在数个信号输入的电路中,以最后动作的信号优先,前面动作所决定的状态自行解除。例如,按下S_1,K_1动作,若再按S_2,K_2动作,K_1自动停止。

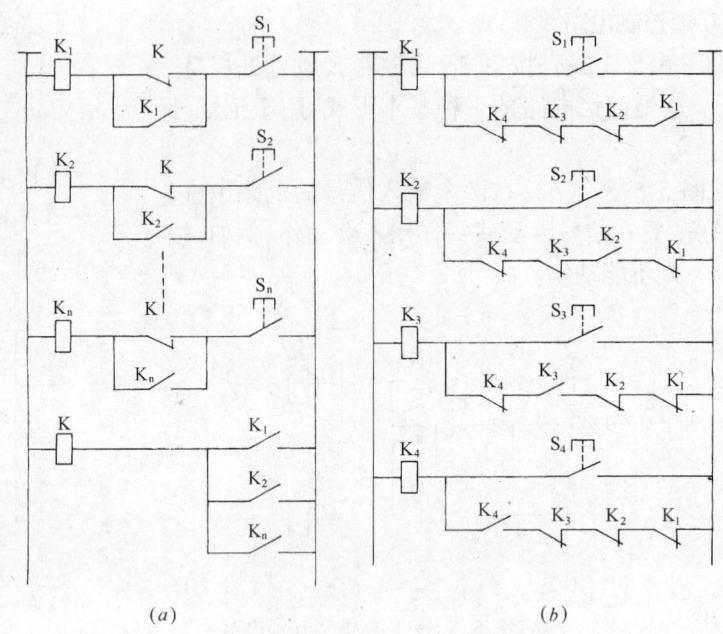

图 5.5.3-4 优先控制电路
(a)先动作优先;(b)后动作优先

利用上述这些基本控制电路,可组成多种多样的控制电路。

【例 5.5.3-1】 要求某一装置既可连续动作又可点动。

【解】 图 5.5.3-5 的控制电路,按下 S_1,K 连续工作,只按 S_2,K 为点动。

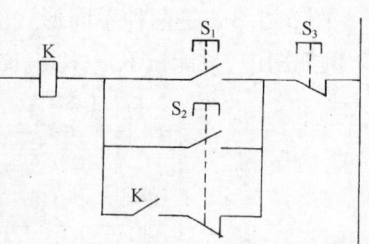

图 5.5.3-5 点动和连续控制电路

5.6 控制继电器和保护继电器

5.6.1 热继电器

1. 热继电器的分类

热继电器主要用于电动机的过载、断相及三相不平衡运行的保护及其他电气设备(如家用电器等)的发热状态控制。热继电器种类很多,其类别:

按极数分:热继电器有单极的、双极的和三极的。其中三极的又包括带有断相保护装置的和不带断相保护装置的。

按复位方式分:热继电器有能自动复位(触头断开后能自动返回到原来位置)的和能手动复位的。

按电流调节方式分:热继电器有电流调节的和无电流调节的(借更换热元件来达到改变整定电流的)。

按温度补偿分:热继电器有温度补偿的和无温度补偿的。

按控制触头分:热继电器带常闭触头的(触头动作前是闭合的),带常闭和常开触头的。触头的结构型式有:转换触头、桥式双断点等。

按带互感器分:热继电器有带互感器的和无互感器的。

按加热元件不同,热继电器的分类见表5.6.1-1。

热继电器按加热方式分类　　　　表5.6.1-1

序号	类别	结构特点
1	双金属片式	利用两种膨胀系数不同的双金属片(通常为锰镍、铜板轧制而成)受热弯曲,推动杠杆而使触头动作 应用最广
2	热敏电阻式	利用电阻值随温度变化而变化的特性制成
3	易熔合金式	利用过载电流发热使易熔合金达到某一温度值时,合金熔化而使其动作

2. 热继电器的基本特性参数(见表5.6.1-2)

热继电器基本特性参数　　　　表5.6.1-2

项次	项目	基本要求
1	动作特性 (安-秒特性)	反时限特性。对各自平衡负载,一般要求: $1.05I_N$时,2h不动作; $1.20I_N$时,2h动作; $1.50I_N$时,动作时间$\leqslant$2min; $6.0I_N$时,动作时间<5s (I_N一般为被保护电动机的满载电流)
2	热稳定性	耐受过载电流的能力。在最大整定电流时$I_{KN}\leqslant$100A,可通过10倍最大整定电流;$I_{KN}\geqslant$100A,8倍最大整定电流,能可靠动作5次(I_{KN}为热继电器额定电流)
3	控制触头容量和寿命	常开、常闭触头长期工作电流一般为3A(JR16型常闭为5A,常开为1.5A)。能操作570VA的接触器线圈1000次以上
4	复位时间	自动复位时间不大于5min 手动复位时间不大于2min
5	电流调节范围	约为66%～100%,最大为50%～100%

3. 热继电器的型号表示方法

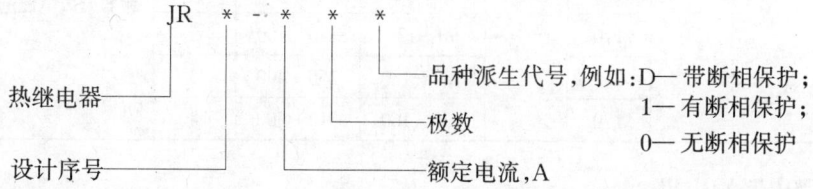

【例】 JR21-23/3-1　热继电器,设计代号21,额定电流23A,3极,带断相保护。

4. 常用热继电器(见表5.6.1-3)

常用热继电器 表5.6.1-3

序号	型号	额定电压(V)	额定电流(A)	相数	热元件 最小规格(A)	热元件 最大规格(A)	档数	主要用途
1	JR20	660	10	3	0.1~0.15	8.6~11.6	15	作为三相鼠笼型电动机的过载和断相保护,并可与CJ20型交流接触器组成新型电磁起动器,也可单独使用
			16		3.5~5.3	14~18	6	
			32		8~12	28~36	6	
			63		16~24	55~71	6	
			100		33~47	144~176	9	
			250		83~125	167~250	4	
			400		130~195	267~400	4	
			630		200~300	420~630	4	
2	JR21(K/T)(引进德国芬纳尔公司产品)	500	23	3	0.2~0.32	16~23	12	电动机过载和断相保护
3	JRS1	660	12	3	0.11~0.15	9~12.5	13	(同上)
			25		9~12.5	18~25	3	
			32		18~25	24~32	2	
4	JR53(3UA)(引进德国西门子公司产品)	660~1000	14.5	3	0.1~0.16	10~145	15	应用于电压至1000V的三相电动机过载和断相保护
			25		0.1~0.16	16~25	15	
			36		4~6.3	25~36	8	
			63		0.1~0.16	50~63	25	
			80		16~25	63~80	8	
			180		55~80	150~180	8	
			400		80~125	250~400	5	
			630		330~500	400~630	2	
5	JR*(T)(引进德国BBC公司产品)	660	16	3	0.11~0.19	12~17.6	22	作为三相感应电动机的过载保护,可与CJ*(B)型接触器组成电磁起动器
			25		0.17~0.25	26~35	22	
			45		0.25~0.40	28~45	22	
			85		6~10	60~100	8	
			105		36~52	80~115	5	
			170		90~130	140~200	3	
			250		100~160	250~400	3	
			170		100~160	310~500	4	

5. 热继电器的应用

热继电器使用的一般技术要求:

(1)热继电器的安装方向应与产品使用说明书中规定的方向相同,其误差一般不超过5°。

(2) 当热继电器与其他电器装在一起时,热继电器应尽可能装在其他电器的下方,以免受其他电器发热的影响。

(3) 与热继电器热元件连接的导线一般应符合表 5.6.1-4 的规定。

与热继电器热元件连接导线的规格   表 5.6.1-4

热元件额定电流 I_N(A)	<11	11~22	22~33	33~45	45~63	63~100	100~160
铜绝缘导线截面积 (mm²)	2.5 或 1.5	4	6	10	16	25	35 或 50

(4) 热继电器动作电流的整定。转动调整旋钮,使旋钮的刻度值与被保护设备的额定工作电流相对应。对于电动机,热继电器的动作电流通常为电动机额定工作电流 0.95~1.05 倍。

(5) 动作机构应正确可靠,可用手拨动 4~5 次进行观察。再扣按钮应灵活。在出厂时,其触头一般调为手动复位,若需自动复位,只要将复位螺钉按顺时针方向转动,并稍微拧紧即可。如需调回手动复位,则需按逆时针旋转并拧紧。

(6) 在使用过程中,应定期通电校验。此外,在设备发生事故而引起巨大短路电流后,应检查热元件和双金属片有无显著的变形。若已变形,则需通电试验。

(7) 在检查热元件是否良好时,只可打开盖子从旁察看,不得将热元件卸下。

(8) 热继电器的接线螺钉应拧紧,触头必须接触良好,盖板应盖好。

(9) 热继电器在使用中需定期用布擦净尘埃和污垢,双金属片要保持原有光泽,如果上面有锈迹,可用布蘸汽油轻轻擦除,但不得用砂纸磨光。

5.6.2 电磁式控制继电器

1. 电磁式控制继电器的种类(见表 5.6.2-1)

电磁式控制继电器的分类   表 5.6.2-1

序号	名称	动作特点	主要用途
1	电压继电器	当电路中端电压达到规定值时动作	用于电动机失压或欠电压保护以及制动和反转控制等
2	电流继电器	当电路中通过的电流达到规定值时动作	用于电动机的过载及短路保护,直流电机磁场控制及失磁保护
3	中间继电器	当电路中端电压达到规定值时动作	触头数量较多,容量较大,通过它增加控制回路数或起信号放大作用
4	时间继电器	自得到动作信号起至触头动作有一定延时	用于交直流电动机,作为以时间为函数起动时切换电阻的加速继电器,笼型电动机的自动星—三角起动、能耗制动及控制各种生产工艺程序等

注:有一类继电器,在电磁铁上采用不同的线圈或阻尼线圈后,可以实现电压、电流、中间、时间继电器的功能。这类继电器,称为通用继电器。

2. 控制继电器的型号表示方法

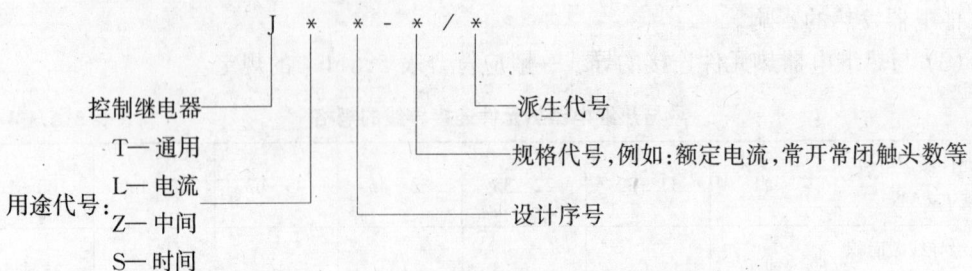

【例】 JT_4-11 通用控制继电器,设计序号4,常开触头1,常闭触头1。
JZ15-62J 中间继电器,设计序号15,常开触头6,常闭触头1。

3. 控制继电器的基本特性参数和整定特性(分别见表5.6.2-2和5.6.2-3)

控制继电器的基本特性参数　　　　　　　　　表5.6.2-2

项次	项 目	含 义 及 说 明
1	额定工作值	根据不同类别分为工作电压、电流、吸合电压、电流、释放电压、电流
2	吸合和释放时间	正常动作和延时动作。正常动作时间小于0.05s
3	灵敏度	能被吸动时所必须的最小功率或安匝数
4	返回系数	返回系数=返回电压(电流)/动作电压(电流),此值越大越好,可达0.65
5	额定工作制	如长期工作制,八小时工作制,反复短时工作制,短时工作制
6	触头接通和分断能力	接通和分断被控电路和设备的能力,电流或功率

电磁式控制继电器的整定特性　　　　　　　　表5.6.2-3

序号	继电器类型	电流种类	可调参数	可调参数范围
1	电压继电器	直流	动作电压	吸合电压 30%~50% U_N 释放电压 7%~20% U_N
2	过电压继电器	交流	动作电压	105%~120% U_N
3	过电流继电器	交流	动作电流	110%~350% I_N
		直流		70%~300% I_N
4	欠电流继电器	直流	动作电流	吸合电流 30%~65% I_N 释放电流 10%~20% I_N
5	时间继电器	直流	断电延时时间	0.3~0.4s 0.8~3s 2.5~5s 4.5~10s 9~15s

4. 常用电磁式控制继电器(见表5.6.2-4)

常用电磁式控制继电器　　　　表5.6.2-4

序号	名称	型号	常开触头数	常闭触头数	触头额定电流(A)	吸引线圈参数	动作值或整定值	主要用途
1	通用继电器	JT3	2	2	10	DC:12~400V 1.5~600A	电压:吸合电压 30%~50%U_N 释放电压 7%~20%U_N 电流:吸合电流 30%~65%I_N 释放电流 10%~20%I_N 延时3~5s	用于电力拖动自动控制中,作为电压(或中间)、电流或时间继电器用
2	通用继电器	JT4	1 2 0	1 0 2	10		吸合电压 60%~85%U_N 释放电压 10%~35%U_N 过电压用: 吸合电压 105%~120%U_N	作为零电压、过电压及中间继电器用
3	通用继电器	JT18	0 2 1	2 0 1	10	DC:24~440V 1~630A	电压型:吸合电压 30%~50%U_N, 释放电压 7%~20%U_N 电流型:吸合电流 30%~65%I_N 释放电流 10%~20%I_N	交流或直流电路中作控制用
4	高返回系数通用继电器	JT9 JT10	1	1	20	DC:12~440V 1.5~1500A	动作电压 30%~55%U_N 动作电流 24%~70%I_N	用于保护或控制直流电机励磁回路及绕线式异步电机反接用
5	电流继电器	JL12	1	1	5	5~300A	动作电流 110%~600%I_N	作为起重机上绕线型电动机或直流电机的起动、过载、过电流保护用
6	电流继电器	JL14	1	1	5	1~2500A	动作电流 30%~400%I_N	作为交直流控制电路过电流或欠电流保护用

续表

序号	名称	型号	常开触头数	常闭触头数	触头额定电流(A)	吸引线圈参数	动作值或整定值	主要用途
7	电流继电器	JL18	1	1	10	1~630A	吸合电流 AC:110%~350% I_N DC:70%~300% I_N	交直流电路中过电流保护用
8	中间继电器	JZ7	6 4 2	2 4 6	5	AC:12~500V	吸合电压 85%~105% U_N	作为增加信号大小和数量用
9	中间继电器	JZ14	6 4 2	2 4 6	5	AC:110~380V DC:24~220V	吸合电压 85%~105% U_N	作为增加信号大小和数量用
10	中间继电器	JZ15	6 4 2	2 4 6	10	AC:36~380V DC:24~220V	吸合电压 85%~105% U_N	作为增加信号大小和数量用
11	中间继电器	JZ18	2 3 4 3 4 6	2 1 0 3 2 0	6	AC:380V DC:220V	吸合电压 85%~105% U_N	作为增加信号大小和数量用
12	中间继电器	JZ(MA-A)	4	4	6 15	AC:24~400V	吸合电压 85%~105% U_N	作为增加信号大小和数量用
13	气囊式时间继电器	JS7-A	1	1	3	AC:24~380V	延时0.4~60s, 0.4~180s 动作电压 85%~105% U_N	在控制电路中,作为控制时间的元件,延时接通或断开
14	气囊式时间继电器	JS23	1	1	6	AC:36~380V	延时0.2~30s, 10~180s	在控制电路中,作为控制时间的元件,延时接通或断开
15	漏电继电器	JD2	1	1	5		额定漏电动作电流 30~300mA	安装在电源变压器中性点接地系统,它与断路器或交流接触器等组合构成漏电保护装置

5.6.3 电子式时间继电器

1. 分类和工作原理

电子式时间继电器分为晶体管阻容式时间继电器和数字式时间继电器。

数字式时间继电器采用MOS大规模集成电路,利用数码开关整定延时时间。

5.6 控制继电器和保护继电器

晶体管阻容式时间继电器的工作原理见图5.6.3-1(以JS20为例)。

电路的工作原理如下：当接通电源后，经二极管V_1整流、电容C_1滤波以及稳压管V_3稳压的直流电压，即通过R_{w2}、R_4、V_2向电容C_2以极小的时间常数快速充电。与此同时，也通过R_{w1}和R_2向电容C_2充电。电容C_2上电压在相当于U_{R5}预充电电压的基础上按指数规律逐渐升高。当此电压大于单结晶体管的峰点电压U_P时，单结晶体管导通，输出电压脉冲触发小型晶闸管V_4。V_4导通后使继电器K吸合。其触点除用来接通或分断外电路外，并利用其另一副常开触点将C_2短路，使之迅速放电。同时氖指示灯泡H起辉。当切断电源时，K释放，电路恢复原始状态，等待下次动作。只要调节R_{w1}和R_{w2}就可调整延时时间。

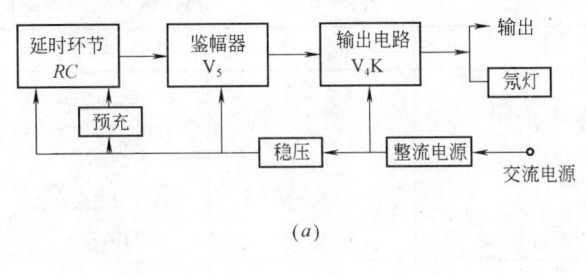

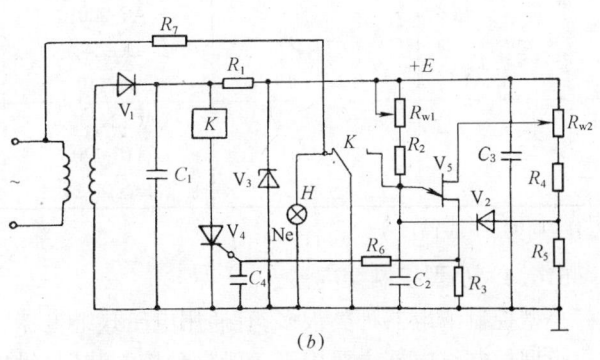

图 5.6.3-1 JS20时间继电器原理电路
(a)框图；(b)电路图

2．常用电子式时间继电器(见表5.6.3-1和5.6.3-2)

常用晶体管时间继电器　　　　　　　　表5.6.3-1

序号	型号	额定电压(V)	延时范围(s)	触点工作电流(A)
1	JSZ7	AC:24,48,110,220 DC:24,48,110	0.06~0.6,0.2~2, 2~20,6~60, 0.6~6min,0.2~2h	3
2	JS14	AC:36,110,220,380 DC:24,48,110,220	0.1~1,1~10, 6~60,30~300, 90~900	0.5~2
3	JS20	AC:36,110,220,380 DC:24,48,110	1~900	1~5
4	JSJ	AC:24,38,110,220,380 DC:24,36,110	0.1~1,0.2~10, 2~180,2~300	1~2
5	JJSB1	AC:380 DC:24	0.1~1,3~30 18~180	1~5
6	JS28	AC:220,380 DC:6,12,24,220	0.1~1,1~10, 360~3600	1~5

注：产品规格很多，表中延时范围及触点工作电流仅为举例。

常用数字式时间继电器　　　　　　　　　　　　　表 5.6.3-2

序　号	型　号	额定电压(V)	延时范围(s)	触点工作电流(A)
1	JS38	AC:24,36,110,127,220,380 DC:12,24,48,110,220	0.1～9.9, 1～99, 0.1～9.9min, 1～99min	2～3
2	JSJ4	AC:220; DC:24,48,110	0.1～1,1～10, 3～30,6～60, 12～120	2～5
3	JSS20	AC:24,36,110,220 DC:12,24	0.01～99h	3

注：同表 5.6.3-1 注。

5.6.4　小型控制继电器

小型控制继电器种类很多，有通用电磁式继电器、极化继电器、干簧继电器等。

小型控制继电器主要用于一般自动控制装置、继电保护装置、信号装置、半导体装置和通讯设备中作信号指示和起闭电路的元件，有些继电器还兼有保护作用。

由于各部门采用不同的型号编制方法，使得小型控制继电器具有多种型号系列，例如 JTX、JRX、DZM、JAG 等等。

常用小型控制继电器的主要技术数据见表 5.6.4-1。

常用小型控制继电器主要技术数据　　　　　　　　表 5.6.4-1

序号	名　称	型　号	规　格	动作整定值	备　注
1	通用继电器	JTX	AC: 6,12,24,36,110,127,220V DC:6,12,24,48,110,220V DC:20,40mA	吸合电压：5.1,10.2,20.4,30.6,93.5,108,187V 吸合电压：5.1,10.2,20.4,40.8,93.5,108V 吸合电流:18,36mA	电压型 电压型 电流型
2	通用继电器	JQX-10	AC: 6,12,24,36,48,100,110,127,200,220V DC: 6,12,24,48,60,100,200V	吸合电压： $\geqslant 85\% U_N$ 吸合电压： $\geqslant 85\% U_N$	大功率
3	通用电压继电器	JRX-4	DC:12,24V	吸合电压:10,18V	电压型
4	通用电流继电器	JRX-11	DC	吸合电流:6,9,15,25,35mA	电流型
5	通用电流继电器	JRXB-1	DC:80,66,56,44,41,30,26,24,18,17,16,13,11,9mA	吸合电流:60,46,40,32,30,22,19,17,13.5,13,12,9.5,8,6.5mA	高灵敏型

续表

序号	名称	型号	规格	动作整定值	备注
6	通用中间继电器	DZ-52 DZ-62	AC：6,12,24,36,48,60,110,127,220,380V	吸合电压： ≥85% U_N	
7	灵敏继电器	522	AC：6,12,24,36,110,127,220,380V DC：6,12,24,36,48,110,127V DC：42,29,24,21,20,18,17,15,14mA	吸合电压：5.1,10,2,20.4,30.6,93.5,108,187,323V 吸合电压：4.2,8.4,16.8,25.2,33.6,77,89V 吸合电流：37,25.7,21,18.5,18.4,16.2,14.9,13.8,12.6mA	电流型
8	灵敏继电器	121	DC：12,9,8.5,7.5,6.25,6.0,5.75,5.25,5,4mA	吸合电流：10.4,8.1,7.5,6.0,5.4,5.3,5,4.6,4.4,3.6mA	高灵敏型
9	干簧继电器	HG-33	DC：6,8,9,11,12,15,18,25mA	吸合电流：5,6,7,8,9,11,12,13,18mA	电流型

5.6.5 保护继电器的种类及特点

1. 保护继电器的种类

(1) 按功能分类(见表 5.6.5-1)

保护继电器按功能分类　　　　　　表 5.6.5-1

序号	类型	特点及用途	品种类别
1	量度继电器	一般是直接反映被保护系统电气量的变化，主要作为保护装置的起动元件、反时限元件等	电流继电器，负序电流继电器，过流继电器，电压继电器，负序电压继电器，正序电压继电器，零序电压继电器，功率继电器，功率方向继电器，逆功率继电器，差周率继电器，相序继电器，差动继电器，接地继电器，同步检查继电器，绝缘监视继电器，阻抗继电器，低频率继电器，气体继电器，温度继电器
2	有或无继电器	一般与被保护系统无直接联系，只根据电源的接通或断开而动作，主要作为继电保护装置中的辅助元件、执行元件、延时元件、信号元件等	中间继电器，时间继电器，信号继电器，计数继电器，电码继电器，闪光继电器，冲击继电器，极化继电器，干簧继电器

(2) 按工作原理分类(见表 5.6.5-2)

保护继电器按原理分类　　　　　　表 5.6.5-2

序号	类型	结构原理及特点
1	电磁型	由电磁铁、可动衔铁、线圈等组成。衔铁的动作方式有转动舌片式、吸引衔铁式、螺管线圈式。由载流线圈的磁场和电磁铁之间相互作用，使触点闭合。成本低、抗干扰性好，应用广泛
2	感应型	由电磁铁、转动铝杯、线圈等组成。由载流的两组固定线圈产生的旋转磁场，与在转动的铝杯上所感应的电流之间相互作用，使触点闭合。构成的电流继电器具有反时限特性，应用广泛
3	整流型	由变换器、二极管整流电路、极化继电器等组成。成本适中，抗干扰性好
4	晶体管型	由晶体三极管、二极管、小型变压器及电阻、电容等元件组成。利用晶体三极管的放大和开关作用原理而构成。动作速度快、灵敏度高。成本高
5	数字型	由 MOS 大规模集成电路等构成。体积小，灵敏度高

2. 型号表示法

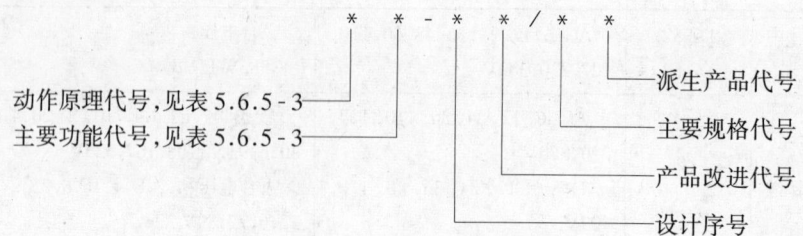

保护继电器动作原理和主要功能代号　　　　表 5.6.5-3

序号	类别	代号	含义
1	动作原理	B	半导体式
		C	磁电式
		D	电磁式
		G	感应式
		J	极化式
		L	整流式
		M	马达式(电动机式)
		S	数字式
		W	微机式
2	主要功能	C	冲击
		D	接地,定时
		G	功率方向
		H	极化
		J	计数
		JJ	绝缘监视
		L	电流
		LD	漏电
		LL	零序电流
		M	电码
		N	逆变
		P	平衡
		T	同步检查
		X	信号
		Y	电压
		Z	中间,阻抗
		ZS	具有延时的中间

【例】 DL-32/10 电磁型电流继电器,设计序号 3,线圈整定电流 10A(额定)。
GL-12/5 感应型电流继电器,设计序号 1,$I_N=5A$。

3. 主要技术参数(见表 5.6.5-4)

常用保护继电器的用途及主要技术参数   表 5.6.5-4

序号	类别	主要型号	主要技术参数	用途
1	电流继电器	DL、LL、GL、BL	动作电流、返回系数、最小动作功率、动作时间、触点容量	在继电保护装置中作为最基本的测量元件,用以进行电压、电流测量,即当电压、电流达到整定值时动作,从而发出信号或给出跳闸指令
2	电压继电器	DY、LY、BY	动作电压、返回系数、动作时间,触点容量	
3	功率方向继电器	LG、GG、BG	动作功率(电压)、最大灵敏角、动作时间、触点容量	主要用于短路的方向判别
4	差动继电器	DCD、LCD、BCH、BCD	动作电流(动作安匝)、可靠系数、动作时间、触点容量	反映被保护对象(变压器、发电机等)的线路两侧电流的大小和相位的差异,发出开关动作指令,以保护变压器、发电机等
5	时间继电器	DS	额定电压、延时时间、触点容量	作为辅助元件用于保护装置中,使被控元件达到所需的延时,并用以实现各级保护的选择性配合,使保护装置有选择性地动作
6	中间继电器	DZ、DZS	额定电压、电流、触点数量、触点容量	分别作为触点容量和数量的补充,实现必要的延时
7	信号继电器	DX	额定电压或额定电流、触点容量	指示保护装置动作的信号

5.6.6 常用保护继电器

1. 电磁型电流继电器(见表 5.6.6-1)

常用电磁型电流继电器   表 5.6.6-1

型号	最大整定电流(A)	额定电流(A) 线圈串联	额定电流(A) 线圈并联	长期允许电流(A) 线圈串联	长期允许电流(A) 线圈并联	电流整定范围(A)	返回系数
DL-31	0.0049					只有一点刻度	
	0.0064					只有一点刻度	0.8
	0.01	0.02	0.04	0.02	0.04	0.0025~0.01	
DL-32	15	10	20	15	30	3.75~15	
	0.05	0.08	0.16	0.08	0.16	0.0125~0.05	
DL-21C	0.2	0.3	0.6	0.3	0.6	0.05~0.2	
DL-31	0.6	1	2	1	2	0.15~0.6	
DL-22C	2	3	6	4	8	0.5~2	
DL-32	6	6	12	6	12	1.5~6	0.8
	10	10	20	10	20	2.5~10	
DL-23C	20	10	20	15	30	5~20	
DL-24	50	15	30	20	40	12.5~50	
DL-25C	100	15	30	20	40	25~100	
	200	15	30	20	40	50~200	0.7

2. 感应型电流继电器(见表5.6.6-2)

常用感应型电流继电器　　　　　表5.6.6-2

型　　号		额定电流(A)	整　定　值		返回系数(不小于)
			感应元件动作电流(A)	动作时间(s)①	
GL-11/10	GL-21/10	10	4、5、6、7、8、9、10	0.5、1、2、3、4	0.85
GL-11/5	GL-21/5	5	2、2.5、3、3.5、4、4.5、5		
GL-12-10	GL-22/10	10	4、5、6、7、8、9、10	2、4、8、12、16	
GL-12-5	GL-22/5	5	2、2.5、3、3.5、4、4.5、5		
GL-13/10	GL-23/10	10	4、5、6、7、8、9、10	2、3、4	0.8
GL-13/5	GL-23/5	5	2、2.5、3、3.5、4、4.5、5		
GL-14/10	GL-24/10	10	4、5、6、7、8、9、10	8、12、16	
GL-14/5	GL-24/5	5	2、2.5、3、3.5、4、4.5、5		
GL-15/10	GL-25/10	10	4、5、6、7、8、9、10	0.5、1、2、3、4	
GL-15/5	GL-25/5	5	2、2.5、3、3.5、4、4.5、5		
GL-16/10	GL-26/10	10	4、5、6、7、8、9、10	8、12、16	
GL-16/5	GL-26/5	5	2、2.5、3、3.5、4、4.5、5		

注：①当10倍动作电流时。

3. 电压继电器(见表5.6.6-3)。

常用电压继电器　　　　　表5.6.6-3

名称	型　号	最大整定电压(V)	额定电压(V)		长期允许电压(V)		电压整定范围(V)	返回系数
			线圈并联	线圈串联	线圈并联	线圈串联		
过电压	DY-21C~25C	60	30	60	35	70	15~60	0.8
	DY-31	200	100	200	110	220	50~200	
	DY-32	400	200	400	220	440	100~400	
低电压	DY-26C	48	30	60	35	70	12~48	1.25
	DY-28C、29C	160	100	200	110	220	40~160	
	DY-35	320	200	400	220	440	80~320	
	DY-36							
	DY-21C~25C/60C DY-32/60C	60	100	200	110	220	15~60	0.8

4. 中间继电器(见表5.6.6-4和表5.6.6-5)

常用DZ型中间继电器　　　　　表5.6.6-4

型　号	额定电压(V)	触点断开容量	触点数量		
			动合	动断	转换
DZ-15	DC：24,48,110,220	无感：DC220V,5A；有感：DC220V,4A	2	2	
DZ-16			3	1	
DZ-17			4		
DZ-20	AC：110,220,380	DC220V,0.5A；AC380V,3A	3	2	

5.6 控制继电器和保护继电器

续表

型　号	额定电压(V)	触点断开容量	触点数量 动合	动断	转换
DZ-51	DC: 12,24,48,60,110,220 AC: 12,24,36,110,127, 220,380	220V,2.5A	2 4	2 4	
DZ-52			4	4	2
DZ-53			4 6		2 2
DZ-54			8 4	2	

常用 DZS 型延时中间继电器　　　　　　　　　　　表 5.6.6-5

型　号	延时方式	额定数据 电压(V)	电流(A)	触点数量 动断	转换
DZS-11B	延时动作	220,110,48		2	2
DZS-12B	延时返回			2	2
DZS-13B	延时动作	24,12		3	
DZS-14B	延时返回			3	
DZS-15B	电压延时动作 电流保持	220,110 48,24,12	1,2,4 2,4,6	4	
DZS-16B		220,110 48,24,12	1,2,4 2,4,6	3	

5．时间继电器(见表 5.6.6-6)

常用时间继电器　　　　　　　　　　　表 5.6.6-6

型　号 长期工作	短期工作	额定电压(V)	延时(s)	滑动接点	拖针	延时变差(s)
DS-31C	DS-31		0.125~1.25	+		0.06
DS-31C/2	DS-31/2			+		
DS-31C/X	DS-31/X				+	
DS-31C/2X	DS-31/2X			+	+	
DS-32C	DS-32		0.5~5	+		0.125
DS-32C/2	DS-32/2	DC: 220 110 48 24		+		
DS-32C/X	DS-32/X				+	
DS-32C/2X	DS-32/2X			+	+	
DS-33C	DS-33		1~10	+		0.25
DS-33C/2	DS-33/2			+		
DS-33C/X	DS-33/X				+	
DS-33C/2X	DS-33/2X			+	+	
DS-34C	DS-34		2~20	+		0.5
DS-34C/2	DS-34/2			+		
DS-34C/X	DS-34/X				+	
DS-34C/2X	DS-34/2X			+	+	

续表

型号		额定电压 (V)	延时 (s)	滑动接点	拖针	延时变差 (s)
长期工作	短期工作					
DS-35C	DS-35	AC: 220 127 110 100	0.125~1.25	+		0.06
DS-35C/2	DS-35/2					
DS-36C	DS-36		0.5~5	+		0.125
DS-36C/2	DS-36/2					
DS-37C	DS-37		1~10	+		0.25
DS-37C/2	DS-37/2					
DS-38C	DS-38		2~20	+		0.5
DS-38C/2	DS-38/2					

注：1. 长期工作的型号，应外接外附电阻。
2. 型号分母内：2—带滑动接点；X—带拖针；2X—同时带有滑动接点和拖针。

6. 信号继电器（见表5.6.6-7）

常用信号继电器　　表5.6.6-7

型号	额定值		触点数量			
	电压型(V)	电流型(A)	动合	动断	转换	保持
DX-4	6,12,24, 48,110,220	0.01,0.015,0.02, 0.025,0.03,0.04, 0.05,0.075,0.08, 0.1,0.15,0.2,0.25, 0.5,0.75,1.0,2,4	1			3 2
DX-8	12,24,48,110, 220	0.01,0.015,0.02, 0.025,0.03,0.04, 0.05,0.075,0.08, 0.1,0.15,0.2,0.25, 0.5,0.75,1.0,2,4	1			2
DX-11	12,24,48, 110,220	0.01,0.015,0.025, 0.05,0.75,0.1,0.15, 0.25,0.5,0.75,1.0	2 1			1
DX-15	12,24,48, 110,220	0.01,0.015,0.025, 0.05,0.75,0.1,0.15, 0.25,0.5,0.75,1.0	1			1
DX-50	12,24,28, 110,220	0.01,0.015,0.025, 0.05,0.75,0.1,0.15, 0.25,0.5,0.75,1.0	2 4		2	
DXM-2A	12, 24, 48, 110, 220	0.01,0.015,0.025, 0.05,0.75,0.1,0.15, 0.25,0.5,0.75,1.0	4			

5.7 主令电器

5.7.1 按钮

1. 按钮的种类及特性

(1) 常用按钮的结构分类(见表 5.7.1-1)

常用按钮的类别及结构特点　　　　表 5.7.1-1

序号	类别	结构特点	代号
1	开启式	适用于嵌装在固定的开关板、柜面板上	K
2	保护式	带保护外壳,可防止内部零件受机械损伤,防止人触及带电部分	H
3	防水式	带密封的外壳,可防止雨水侵入	S
4	防腐式	能防止化工腐蚀性气体侵入	F
5	防爆式	能用于含有爆炸性气体的场所	B
6	旋钮式	用把手旋转操作触头的通断,固定于面板上	X
7	钥匙式	用钥匙插入操作,供专人操作,可防止误操作;一般式	Y
8	紧急式	有红色大蘑菇钮头突出于外,作紧急时切除电源用	J 或 M
9	自锁式	按钮内装有电磁机构,可自保持,用于某些试验设备和特殊设备	Z
10	带灯式	按钮装有信号灯,用于控制屏、台面板上	D
11	组合式	多个按钮组合	Z
12	联锁式	多对触点互相联锁	L

(2) 型号表示方法

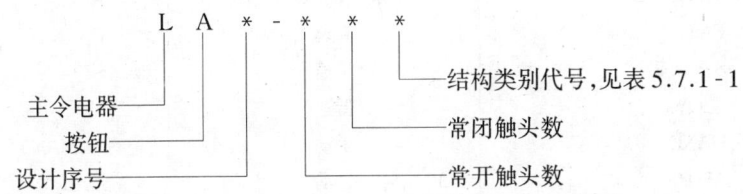

【例】 LA19-11J 按钮,设计序号 19,常开触头数 1,常闭触头数 1,结构类别为紧急式。

(3) 按钮的标志

为了示明按钮的功能,一般要在按钮的头部采用不同的颜色标志和在固定面板上标示特定的字符。分别见表 5.7.1-2 和 5.7.1-3。

按钮颜色标志　　　　表 5.7.1-2

序号	颜色	代表意义	典型用途
1	红	停车、开断 紧急停车	一台或多台电动机的停车 机器设备的一部分停止运行 磁力吸盘或电磁铁的断电 停止周期性的运行 紧急开断 防止危险性过热的开断

续表

序号	颜色	代表意义	典型用途
2	绿或黑	起动、工作、点动	控制回路激磁 辅助功能的一台或多台电动机开始起动 机器设备的一部分起动 激励磁力吸盘装置或电磁铁 点动或缓行
3	黄	返回的起动、移动出界、正常工作循环或移动-开始时去抑止危险情况	在机械已完成一个循环的始点,机构元件返回 揿黄色按钮的功能可取消预置的功能
4	白或蓝	以上颜色所未包括的特殊功能	与工作循环无直接关系的辅助功能控制 保护继电器的复位

表示按钮功能的标牌名称　　　　　　　　表 5.7.1-3

序号	标牌名称 英文	标牌名称 中文	代号
1	ON	通	ON
2	OFF	断	OFF
3	START	起动	ST
4	STOP	停止	STP
5	INCH	点动	INCH
6	RUN	运转	RUN
7	FORWARD	正转(向前)	FW
8	REVERSE	反转(向后)	R
9	FAST	高速	F
10	SECOND	中速	SE
11	SLOW	低速	SL
12	HAND	手动	M,MAN
13	AUTO	自动	A,AUT
14	RESET	复位	R,RST
15	UP	上升	UP
16	DOWN	下降	D
17	OPEN	开	OPEN,ON
18	CLOSE	关	CLOSE,OFF
19	LEFT	左	L
20	RIGHT	右	R
21	HIGH	高	H
22	LOW	低	L
23	TEST	试验	
24	JOG	微动	
25	ACKNOWLEDGE	受信	
26	EMERG STOP	紧停	

(4) 按钮的基本技术参数

a. 额定电压：有交流 660、380V 和直流 440、220V 等；

b. 额定发热电流：有 10、5A 等；

c. 额定控制容量：如交流为 300VA，直流为 60W；

d. 电寿命：通常交流为 60 万次，直流为 24 万次；

e. 机械寿命：因结构型式不同而异。如 LAZ 系列一般钮、带灯钮、蘑菇头钮、双钮、杆式钮、高平头钮为 300 万次，旋钮、钥匙钮、扳键钮为 30 万次，自锁钮、带灯自锁钮为 10 万次。

2. 常用按钮（见表 5.7.1-4）

常 用 按 钮　　　　　表 5.7.1-4

序 号	型 号	额定电压(V)	额定电流(A)	结 构 特 点
1	LA2 LA4	AC380 DC220	5	胶木绝缘基座，分为多档、多触点
2	LA10	AC380 DC220	5	具有防水式、防腐式等多种结构，外壳、面板分别为铸铝合金、薄钢板等
3	LA18	AC380 DC220	5	具有紧急使用、旋钮、钥匙钮多种类型
4	LA19	AC380 DC220	5	有带指示灯的，有单或双触桥结构
5	LA20	AC380 DC220	5	带指示灯，具有多种结构，有单钮、双钮
6	LA25	AC380 DC220	10	组合式结构，插接式连接方式可任意组合常开、常闭触点
7	LA32	AC660 CD440	10	有红、绿、黑、黄、蓝、白、透明等多种颜色标志，分别有 1～6 对触点
8	LAY1	AC380 DC220	6	具有多种结构
9	LAY3	AC660 DC440	10	具有多种结构

注：额定电压指最高电压等级。

5.7.2 行程开关

行程开关是一种将机械信号（行程）转换为电信号的开关元件，广泛用于顺序控制、变换运行方向、行程、定位、限位安全等自动控制系统中。

常用行程开关见表 5.7.2-1。

常用行程开关的种类及特点

表 5.7.2-1

序号	型号	额定电压 (V)	额定电流 (A)	结构特点	主要用途
1	LX3	AC 380 DC 220	6	有开启式,防护式,工作行程大(可达9mm)	用于机床运动机构的行程、方向控制
2	LX5	AC 380	3	微动、防尘、体积小	用于一般程序控制
3	LX8	AC 500 DC 500,100	20	带灭弧装置、控制容量大	用作安全开关或主令开关
4	LX10	AC 380 DC 220	10	有保护式、防溅式、防水式,直杆或滚轮操动,品种多	用于惯性行程较大的平移机构
5	LX19	AC 380 DC 220	5	有开启式、保护式,直杆、单、双滚轮操动,体积小	用于控制运动机械的行程、方向、速度
6	LX22	AC 380 DC 440	20	有滚轮、蜗轮、蜗杆操动,控制电流大	多用于起重机类设备
7	LX29	AC 380 DC 220	5	有直杆、滚轮等多种操动方式,有开启式、防护式,品种多、体积小	用于行程、方向、速度控制,应用广
8	LX31	AC 220、380 DC 24,110、220	0.05~1.3	品种多、体积小、控制容量小	用于电气产品的配件

型号举例:

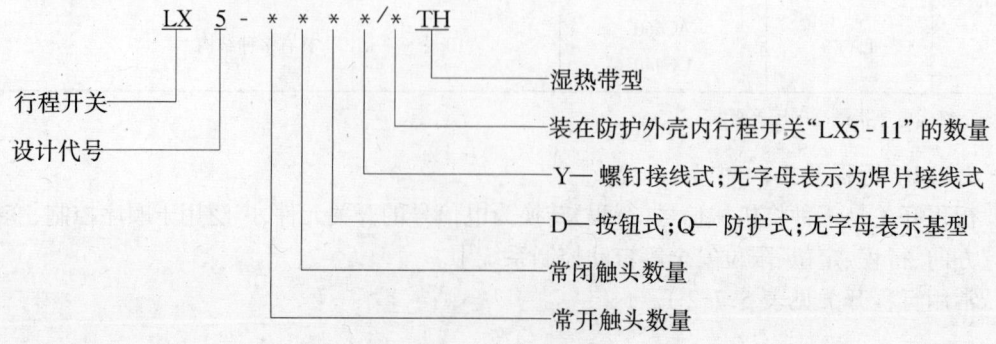

5.7.3 万能转换开关

万能转换开关由手柄、带号码牌的触头盒、可转动的触头片、定位器、自复机构、限位机构等组成,有的还带有信号灯。它具有多个档位、多对触头,可用于自动开关的远距离控制、电动机控制、仪表的换相等。

1. 常用万能转换开关(见表5.7.3-1)

常用万能转换开关的种类及特点　　　　表 5.7.3-1

序号	型号	额定电压 (V)	额定电流 (A)	结构特点及主要用途
1	LW2	AC 220 DC 220	10	档数1~8,面板为方形或圆形,可用于各种配电设备的远距离控制,电动机换向、仪表换相等
2	LW5	AC 500 DC 200	15	档数1~8,面板为方形或圆形,可用于各种配电设备的远距离控制,电动机换向、仪表换相等
3	LW8	AC 380 DC 220	10	可用于控制电路的转换,配电设备的远距离控制及各种小型电机的控制
4	LW12	AC 380 DC 220	16	小型开关。主要用于仪表、微电机、电磁阀等的控制
5	LWX1B	AC 380 DC 220	5	强电小型开关。主要用于控制电路的转换
6	LW*-10	AC 380、220 DC 220、110	10	唇舌式开关。主要用于控制电路和仪表控制电路

2. 型号表示方法

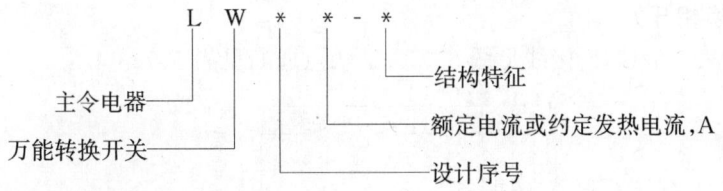

3. LW5系列万能转换开关的应用

(1) 相电压转换开关

型号为LW5-15/YH1,接线见图5.7.3-1(a),触点通断见表5.7.3-2。

由图和表可分析出开关的工作状态,例如,开关位置转至"90°",触点1-2接通,电压表

V一端与电源 L_1 接通;触点 7-8 接通,电压表 V 另一端与电源中性线 N 接通,此时电压表测量到的是 L_1 相(即 A 相)相电压。

(2) 线电压转换开关

型号为 LW5-15/YH2,接线见图 5.7.3-1(b),触点通断见表 5.7.3-3。

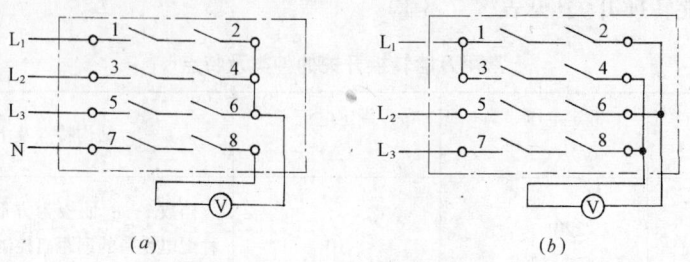

图 5.7.32-1 电压表转换开关

(a) 相电压转换(LW5-15/YH1);(b) 线电压转换(LW5-15/YH2)

注:图中串联触点表示双断点。

相电压转换开关触点通断表　　　　　表 5.7.3-2

触点	位置			
	0°	90°	180°	270°
	0	U_A	U_B	U_C
1—2	—	×	—	—
3—4	—	—	×	—
5—6	—	—	—	×
7—8	—	×	×	×

注:"×"表示接通,"—"表示断开。下同。

线电压转换开关触点通断表　　　　　表 5.7.3-3

触点	位置			
	0°	90°	180°	270°
	0	U_{AB}	U_{BC}	U_{CA}
1—2	—	—	—	×
3—4	—	×	—	—
5—6	—	×	×	—
7—8	—	—	×	×

(3) 电流换相开关

型号为 LW5-15/LH1,接线见图 5.7.3-2,触点通断见表 5.7.3-4。

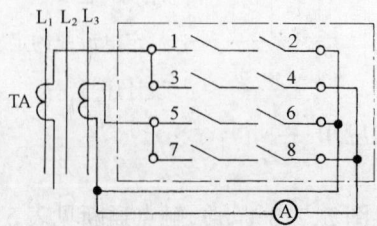

图 5.7.3-2 电流表换相开关接线(LW5-15/LH1)

5.7 主令电器

电流换相开关触点通断表　　　　　　　　　　表 5.7.3-4

触点	位置				
	左 90°		0		右 90°
	I_A		I_B		I_C
1—2	—	—	—	×	×
3—4	×	×	×	×	—
5—6	×	×	—	—	—
7—8	—	×	×	×	×

注：开关在相邻转换位置间之所以有部分触点接通，是为了避免转换过程中，电流互感器二次侧开路。

(4) 电动机可逆转换开关

型号为 LW5-15/5.5N，接线见图 5.7.3-3，触点通断见表 5.7.3-5。

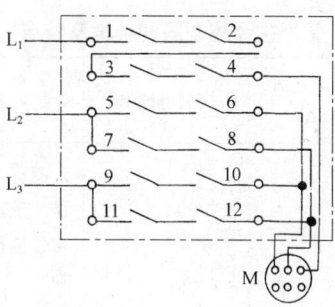

图 5.7.3-3　电动机可逆控制开关接线(LW5-15/5.5N)

电动机可逆转换开关触点通断表　　　　　　表 5.7.3-5

触点	位置		
	左 45°	0°	右 45°
	FW	OFF	BW
1—2	×	—	×
3—4	×	—	×
5—6	×	—	—
7—8	—	—	×
9—10	—	—	×
11—12	×	—	—

注：FW—正转；BW—反转；OFF—停止。

5.7.4 主令控制器

主令控制器是一种按预定程序分合触头，以达到发布命令或与其他控制线路联锁、转换目的的电器，其触头容量比万能转换开关的大，基本结构的凸轮式。

1. 分类及特点(见表 5.7.4-1)

主令控制器分类及特点　　　　　　　　　　表 5.7.4-1

类别	结构特点	控制电路数	主要系列
凸轮非调整式	凸轮不能调整,仅能按触头分合表作适当的排列组合,适于组成联动控制台,实现多点多位控制。应用万向轴承、手柄能在任意方向转动,能得到数十个位置,控制多个运行状态	6、8、10、12 等	LK5、LK18
凸轮调整式	凸轮片上开有孔和槽,凸轮片的位置能按给定的分合表进行调整。它可以通过减速器与操纵机械相连	2、5、6、8、16、24 等	LK4

2. 常用主令控制器(见表 5.7.4-2)

常用主令控制器的种类及特点　　　　　　　表 5.7.4-2

序号	型号	额定电压 (V)	额定电流 (A)	控制电路数	结构特点及主要用途
1	LK4	AC380,DC440	15	2,4,5, 6,8,16,24	有保护式、防水式,有一组或二组凸轮转轴,装于滚珠轴承上或经过减速器与传动轴相连。可按操作机构的行程,产生一定顺序的触头转换
2	LK5	AC380,DC440	10	2,4,8,10	手柄可直接操作,可自复零位。主要用于矿山、冶金、系统的电气自动控制,可以频繁操作
3	LK14	AC380,DC440	15	6,8,10,12	触头装配采用积木式双排布置,主要与PQR系列起重机控制屏配套使用
4	LK17	AC380,DC220	10		在电力传动控制系统中,作频繁转换控制线路用
5	LK18	AC380,220; DC220,110	AC2.5,4.5; DC0.4,0.8		有开启式、防护式,带立式手柄或水平式手柄。在电力传动控制中作转换电路用

3. 型号一般表示方法

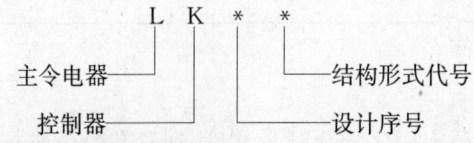

5.7.5 接近开关

接近开关的功能是当物体与开关的感应面接近到一定距离时就发出"动作"信号,以控制继电器、逻辑电路或实现某种检测手段。

1. 主要类型(见表 5.7.5-1)

接近开关的主要类型　　　　　表 5.7.5-1

序号	类别	主要功能
1	高频振荡型	检测各种金属
2	电磁感应型	检测导磁或非导磁性金属
3	电容型	检测各种导电或不导电的液体或固体
4	永磁型 磁敏元件型	检测磁场或磁性金属
5	光电型	检测不透光的所有物质
6	超声波型	检测不透过超声波的物质

2. 基本性能参数(见表 5.7.5-2)

接近开关的基本性能参数　　　　　表 5.7.5-2

序号	名称	含义
1	动作距离	开关刚好动作时,感应面(头)与物体之间的距离
2	重复精度	在额定条件下连续进行 10 次试验,其中最大或最小值与 10 次平均值之差
3	操作频率	每秒最高操作次数
4	复位行程	开关从"动作"到"复位"的距离

3. LXJ3 型接近开关(见表 5.7.5-3)

LXJ3 型接近开关主要技术数据　　　　　表 5.7.5-3

序号	型号	交流电源电压(V)	输出电压(V) "1"态	输出电压(V) "0"态	输出电流(mA)	应答距离(mm)	动作距离允许整定范围(mm)	重复定位精度(mm)	最高工作频率(次/s)	感应面方向
1	LXJ3-5	110~220	≤10	≥95%U_N	最大 100	5	5~7	≤0.03	10	顶端
2	LXJ3-10					10	10~12	≤0.05		底端 左端 右端
3	LXJ3-15				最小 20	15	15~17	≤0.10		四个方面任意调节

5.8 信号电器

5.8.1 信号灯

1. 常用信号灯的种类(见表 5.8.1-1)

常用信号灯的种类、特点及用途

表 5.8.1-1

序号	型号系列	主要特点	主要用途
1	AD0 AD1	其结构有直接式、变压器降压式、电阻降压式、辉光式，安全性能好、温升低，是全国统一设计新产品，符合 IEC 标准	配电、控制屏上的指示信号。属通用型
2	XD	采用 E 型螺口灯泡，体积较小，安装方便，其中 XD13、XD14 为较新产品	配电、控制屏上的指示信号。属通用型
3	XDN	采用氖、氩辉光灯，功耗小，寿命长	家用电器等小型电气设备上
4	XDS	为双灯式，互不混涉，可横、竖排列	信号屏上
5	DH	采用 E 型白炽灯，外形小，电压低	电子仪器设备
6	LDDH	配用发光二极管，功耗小，体积小	电子仪器设备
7	DF1	小型、矩形	电子仪器设备
8	XDC	配小型白炽灯，属超小型	电子仪器设备

型号举例

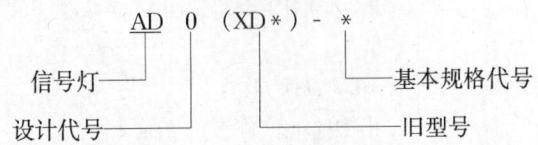

2. 常用信号灯（见表 5.8.1-2）

常用 AD0 型信号灯

表 5.8.1-2

型号规格	额定工作电压 U_e(V)		配用灯泡			灯头型号	信号颜色
	AC	DC	种类	额定值			
				电压(V)	功率(W)		
AD0-0、AD0-1(XD0、XD1)	6、(6.3)、12		白炽灯	6.3	1	E10/13	红、黄
AD0-11、AD0-12 (XD11、XD12)	6、(6.3) 12、24			12 24	1.2 1.5、(2)		
AD0-2、AD0-9(XD2、XD9)、 AD0-10(XD10)	24、36、48、110、127 220			24、48、110、127 220	8 15	E14/25-2	蓝、绿
AD0-5、AD0-6(电阻式) (XD5、XD6)	24、48、110 220、380	220、380		12 24	1.2 1.5	E10/13	无色透明
AD0-7、AD0-8(变压器式) (XD7、XD14)	24、36、48、110 127、220、380	—		12	1.2	E10/13	白
AD-13、AD0-14(辉光式) (XD13、XD14)	110、220、380	—	辉光灯	—	—	E10/13	红、黄绿、白

5.8.2 音响电器

1. 音响电器的种类（见表 5.8.2-1）

5.8 信号电器

常用音响电器的种类及特点　　　　表5.8.2-1

序号	名 称		型 号	主 要 特 点	主 要 用 途
1	电铃	拷棒式	DL	由线圈、铁芯、撞击棒和铃盘等组成，交替的电磁力驱动撞击棒，敲击铃盘，发出音响。有内击式和外击式两类	电力装置中发出事故预告信号，也广泛用于工厂、企业、公共场所作通知信号
		冲击式	DLC	结构同上，但声音较小	仪器设备报警信号、门铃
		蝉音式	DLX	由线圈、铁芯等组成，线圈中流过交流电时，导磁体对簧片产生一脉动吸力而振动发声	门铃或传递音响
2	电笛		DDJ	由电磁铁、撞杆、膜片等组成，发出的音响通过定向扩音喇叭筒传出	工矿企业、车船等作通知信号
3	电喇叭			基本结构同电笛，但无扩音喇叭	电气控制室报警信号、机动车安全行驶信号
4	蜂鸣器		FT	通常由压电陶瓷发声元件、电子振荡驱动电路等组成，可发出连续或断续蜂鸣声	电气控制室事故报警信号和家用电器报警或通知信号

2. 常用音响电器(分别见表5.8.2-2～5.8.2-6)

常用拷棒式电铃　　　　表5.8.2-2

型 号	铃径 (mm)	额定电压 (V)	功 率 (W)	音 响 (dB)	音 距 (m)	连续工作时间 (min)
DL-55	55	220	5	75	30	10
-75	75		10	75	80	10
-100	100		15	75	120	10
-125	125		15	75	120	10
-150	150		20	80	150	15
-200	200		20	80	150	15
-250	250		25	85	180	20
-300	300		25	85	180	20
-350	350		30	90	200	20

注：工作电压还有交直流6，12，24，36，48，110V等。

常用冲击式电铃　　　　表5.8.2-3

型 号	铃径（mm）	额定电压（V）	功率（W）
DLC-50	50		5
-75	75	220	6
-100	100		17

常用蝉音式电铃　　　　　　　　　表5.8.2-4

型　号	额定电压(V)	功率(W)	连续工作时间(min)
DLX-1	AC220	8	0.5
DLX-2		6	5

常用电笛　　　　　　　　　表5.8.2-5

型　号	额定电压(V)	功率(W)	音响(dB)	连续工作时间(min)
DDJ1	AC:110,127,220,380	40	90	5
DDJ2	DC:24,48,110,220	20	90	5

常用蜂鸣器　　　　　　　　　表5.8.2-6

型　号	额定电压(V)	电流(mA)	音响(dB)	工作频率(kHz)
FT27-9A_1 -9B_1	1.5~20	12	85	3.8
-24A_1 -24B_1	6~25	20	95	3.8
FT35-12C_1 -12C_2	6~20	20	90	2.2
-24C_1 -24C_2	6~25	20	95	2.2

5.9 防爆电器

5.9.1 防爆电器应用的基本知识

1. 常用名词术语(见表5.9.1-1)

常用名词术语　　　　　　　　　表5.9.1-1

序号	名　词	含　义
1	环境温度	所划场所内月(旬)平均温度
2	自燃温度	可燃的物质不需火源即能自行燃烧的物质
3	闪　点	液体表面挥发的蒸汽与空气形成的混合物,当火源接近时,能发生闪燃现象,而不能引起液体本身燃烧时的液体最低温度
4	易燃液体	闪点低于或等于45℃的液体
5	可燃液体	闪点高于45℃的液体
6	爆炸危险物质	可燃的气体、易燃的液体、闪点低于或等于场所环境温度的可燃液体、可燃的粉尘和纤维等
7	爆炸极限	爆炸危险物质与空气形成的混合物,能引起爆炸的最低浓度(下限)或最高浓度(上限)

续表

序号	名词	含义
8	爆炸性混合物	爆炸危险物质与空气形成的在爆炸极限浓度范围内的混合物
9	场所	开敞的、局部开敞的或非开敞的建筑物内部和外部区域；露天堆场、露天区域装置等
10	爆炸危险场所	能形成爆炸性混合物或爆炸性混合物能侵入，以致有爆炸危险的场所
11	火灾危险场所	有可燃物质，以致有火灾危险的场所
12	正常不带电的金属部分	电气装置中电气设备正常不带电的金属外壳、底座、构架、基础型钢；变压器的铁芯、隔离变压器一次和二次绕组间的屏蔽；电缆的金属包皮、铠装、屏蔽、金属接头盒和终端盒以及敷设电缆的支架、托盘、保护管等；布线的钢管、钢索、接线盒以及绝缘导线的屏蔽；电气仪表，照明灯具，信号装置等的金属外壳；支持绝缘子、穿墙套管等的金属底座

2. 爆炸和火灾危险场所的等级划分（见表5.9.1-2和表5.9.1-3）

爆炸和火灾危险场所等级的划分　　　　　表5.9.1-2

类别	级别	场所特征
气体或蒸汽爆炸性混合物的爆炸危险场所	Q-1	正常情况下能形成爆炸性混合物的场所
	Q-2	正常情况下不能形成，但在不正常情况下能形成爆炸性混合物的场所
	Q-3	正常情况下不能形成，但在不正常情况下形成爆炸性混合物可能性较小的场所
粉尘或纤维爆炸性混合物的爆炸危险场所	G-1	正常情况下能形成爆炸性混合物的场所
	G-2	正常情况下不能形成，但在不正常情况下能形成爆炸性混合物的场所
火灾危险场所	H-1	在生产过程中，产生、使用、加工、贮存或转运闪点高于场所环境温度的可燃液体，在数量和配置上能引起火灾危险的场所
	H-2	在生产过程中，悬浮状、堆积状的可燃粉尘或可燃纤维不可能形成爆炸性混合物，但在数量和配置上能引起火灾危险的场所
	H-3	固体状可燃物质，在数量和配置上能引起火灾危险的场所

注：a. 正常情况是指正常的开车、运转、停车等（如敞开装料、卸料等）；不正常情况是指装置或设备的事故损坏、误操作、维护不当和拆卸、检修等；
　　b. 正常情况下只能在局部地区形成爆炸性混合物时，该局部地区划为Q-1级，其余地区可划分为另一等级；
　　c. Q-1级场所的建筑物和构筑物通向露天的门窗外3m（垂直和水平）以内的空间，按Q-2级考虑。Q-2级场所的建筑物和构筑物通向露天的门窗外1m（垂直和水平）以内的空间按Q-3级考虑。

与爆炸危险场所相邻场所的等级　　　　　表5.9.1-3

爆炸危险场所等级	用有门的墙隔开的相邻场所等级	
	一道有门的墙	通过走廊或套间隔开，经过两道有门的墙
Q-1	Q-2	无爆炸或无火灾危险
Q-2	Q-3	
Q-3	无爆炸或无火灾危险	
G-1	G-2	无爆炸危险
G-2	无爆炸危险	

注：a. 门应是难燃体（耐火等级不应低于0.75h）的，有密封措施和自动关闭装置；
　　b. 隔墙应是实体的、非燃烧体（耐火等级不应低于1.5h）。隔墙上一般不宜开窗；
　　c. 与Q-1、Q-2或G-1级场所相邻的走廊或套间的两道门框之间的最短净距不应不小2m。

3. 爆炸性混合物的分级、分组(见表5.9.1-4和5.9.1-5)

爆炸性混合物按传爆能力和自燃温度的分级、分组　　　　　表5.9.1-4

级别	组别					
	T_1 (a) 450<t	T_2 (b) 300<t≤450	T_3 (c) 200<t≤300	T_4 (d) 135<t≤200	T_5 (e) 100<t≤135	T_6 (—) 85<t≤100
1	甲烷、氨、醋酸	丁醇、醋酸酐	环己烷			
2	乙烷、丙烷、丙酮、苯乙烯、氯乙烯、苯、氯苯、甲醇、甲苯、一氧化碳、醋酸乙酯	丁醇、丙烯醋酸丁酯、醋酸戊酯	戊烷、己烷、庚烷、辛烷、癸烷、硫化氢、汽油	乙醚、乙醛		一/亚硝酸乙酯
3	市用煤气	环氧丙烷、环氧乙烷、丁二烯、1.4-二氧基乙烷、乙烯	异戊二烯			
4	水煤气、氢	乙炔			二硫化碳	硝酸乙酯

注：a. 爆炸性混合物在标准试验条件下，按最大不传爆间隙分为1、2、3、4级；
　　b. 爆炸性混合物在标准试验条件下，按自燃温度T(℃)分为T_1、T_2、T_3、T_4、T_5、T_6组；
　　c. 括号内组别为旧分组标记(a、b、c、d、e)。

爆炸性混合物按最小引爆电流和自燃温度分级、分组　　　　　表5.9.1-5

级别	组别					
	T_1 (a) 450<t	T_2 (b) 300<t≤450	T_3 (c) 200<t≤300	T_4 (d) 135<t≤200	T_5 (e) 100<t≤135	T_6 (—) 85<t≤100
Ⅰ	甲烷、氨、乙烷、丙烷、丙酮、苯、甲醇、一氧化碳、醋酸、丙烯酸甲酯、苯乙烯、氯苯、甲苯、酸醋乙酯、醋酸甲酯	乙醇、丁醇、丁烷、醋酸丁酯、醋酸戊酯	环己烷、戊烷、己烷、庚烷、辛烷、癸烷、汽油	乙醚		亚硝酸乙酯
Ⅱ	丙烯腈、二甲醚、环丙烷、市用煤气			乙醚		
Ⅲ	氢	乙炔			二硫化碳	硝酸乙酯

注：a. 爆炸性混合物在标准试验条件下，按最少引爆电流分为Ⅰ、Ⅱ、Ⅲ级；
　　b. 爆炸性混合物在标准试验条件下，按自燃温度T(℃)分为T_1、T_2、T_3、T_4、T_5、T_6组(括号内a、b、c、d、e为旧标记)；
　　c. 本表仅适用于本质安全型电气设备。

4. 防爆电器的分类(见表5.9.1-6)

防爆电器分类 表5.9.1-6

序号	类型	代号	特征说明
1	增安型	e	在正常运行条件下不会产生电弧、火花或可能点燃爆炸性混合物的高温的设备结构上采取措施提高安全程度,以避免在正常和认可的过载条件下出现这些现象的电气设备
2	隔爆型	d	具有隔爆外壳的电气设备,当外壳内部发生爆炸时,不致引起外部爆炸性混合物的爆炸
3	本质安全型	i	在规定的试验条件下,正常工作或规定的故障状态下产生的电火花和热效应均不能点燃规定的爆炸性混合物的电气设备
4	正压型	p	具有正压外壳的电气设备,外壳内充保护气体,保持内部压力高于周围爆炸性环境的压力,阻止外部混合物进入外壳
5	充油型	o	全部或部分部件浸在油内使设备不能点燃油面以上的或外壳以外的爆炸性混合物的电气设备
6	充砂型	q	外壳内充填砂粒材料,使之在规定的使用条件下壳内产生的电弧、传播的火焰、外壳壁或砂粒材料表面的过热均不能点燃周围爆炸性混合物的电气设备
7	无火花型	n	机械撞击和摩擦的作用下不产生火花的电气设备
8	特殊型	s	不属于以上类型的其他防爆电气设备

5. 防爆电器在外壳上的标志(见表5.9.1-7)

防爆电器的标志 表5.9.1-7

序号	类别		标志			
	新	旧	新		旧	
			煤矿用	工厂用	煤矿用	工厂用
1	增安型	安全型	ExeⅠ	ExeⅡ	KA	A
2	隔爆型	隔爆型	ExdⅠ	ExdⅡ	KB	B
3	充油型	充油型	ExoⅠ	ExoⅡ	KC	C
4	正压型	通风充气型	ExpⅠ	ExpⅡ	KF	F
5	本质安全型	安全火花型	ExiⅠ	ExiⅡ	KH	H
6	充砂型	—	ExqⅠ	ExqⅡ		
7	无火花型	—	ExnⅠ	ExnⅡ		
8	特殊型	防爆特殊型	ExsⅠ	ExsⅡ	KT	T

5.9.2 防爆电器的使用
1. 爆炸危险场所电气设备的选型(见表5.9.2-1)

爆炸危险场所电力设备选型　　　　　　表 5.9.2-1

设备种类		场所等级 Q-1级	Q-2级	Q-3级	G-1级	G-2级
电机		隔爆型,防爆通风型	任意一种防爆类型	封闭式(IP5X级)	任意一级隔爆型,防爆通风型	封闭式(IP5X级)
电器和仪表	固定安装	隔爆型,防爆充油型,防爆通风、充气型,防爆安全火花型	任意一种防爆类型	防尘型(IP6X级),防水型(IPX6级)	任意一级隔爆型,防爆通风、充气型,防爆充油型	防尘型(IP6X级)
	移动式	防爆型,防爆充气型,防爆安全火花型	除防爆充油型以外任意一种防爆类型	除防爆充油型以外任意一种防爆类型,密封型,防水型	任意一级隔爆型,防爆充气型	
	携带式	隔爆型,防爆安全火花型	隔爆型	隔爆型,防爆安全型	任意一级隔爆型	
照明灯具	固定安装及移动式	防爆型,防爆充气型	任意一种防爆类型	防尘型	任意一级隔爆型	
	携带式	隔爆型	隔爆型	隔爆型,防爆安全型		
变压器		隔爆型,防爆通风、充气型	任意一种防爆类型	防尘型	任意一级隔爆型,防爆充油型,防爆通风、充气型	防尘型
配电装置		隔爆型,防爆通风、充气型	任意一种防爆类型	密封型	任意一级隔爆型,防爆通风、充气型	

注：a. Q-1级场所内的正常情况下,连续或经常存在爆炸性混合物的地点(如贮存易燃液体的贮罐或工艺设备内的上部空间),不宜设置电气设备。但为了测量、保护或控制的要求,可装设防爆安全火花型电气设备;

b. Q-3级和G-2级场所内电机正常运行时有火花的部件(如滑环),应采用下列类型之一的罩子:防爆通风、充气型甚至封闭式等;

c. Q-3级场所内事故排风电动机应选用任意一种防爆类型;

d. Q-2级场所内正常运行时,不发生火花的部件和按工作条件发热不超过80℃的固定安装的电器和仪表,可选用防尘型;

e. Q-3级场所内事故排风机用电动机的固定安装的控制设备(如按钮),应选用任意一种防爆类型;

f. 携带式照明灯具的玻璃罩应有金属网保护。

2. 火灾危险场所电气设备的选型(见表 5.9.2-2)

5.9 防爆电器

火灾危险场所电力设备选型　　　　表 5.9.2-2

设备种类	场所等级	H-1 级	H-2 级	H-3 级
电机	固定安装	防溅式(IPX4 级)①	封闭式(IP5X 级)	防滴式(IPX1 级)②
	移动式和携带式	封闭式(IP5X 级)		封闭式(IP5X 级)
电器和仪表	固定安装	防水型(IPX6 级)、充油型、防尘型(IP6X 级)、保护型(IP4X 级)③	防尘型(IP6X 级)	开启型(IP2X 级)
	移动式和携带式	防水型(IPX6 级)、防尘型(IP6X 级)		保护型(IP4X 级)
照明灯具	固定安装	保 护 型	防尘型⑤	开 启 型
	移动式和携带式④	防 尘 型		保 护 型
配电装置接线盒		防 尘 型		保 护 型

① H-1 级场所内,防溅式(IPX4 级)电机正常运行时有火花的部件(如滑环),应装在全封闭的罩子内;
② H-3 级场所内,不应采用正常运行时有火花的部件(如滑环)的防滴式电机,最低应选用防溅式(IPX4 级);
③ H-1 级场所内,固定安装的电器和仪表,在正常运行有火花时,不宜选用保护型(IP4X 级);
④ 照明灯具的玻璃罩,应有金属网保护;
⑤ 介质为可燃纤维的 H-2 级场所,固定安装的照明灯具,可选用普通荧光灯。

3. 爆炸和火灾危险场所电气设备的安装和维修

(1) 爆炸危险场所使用的电缆和绝缘导线,其额定电压不应低于线路的额定电压,且不得低于 500V。绝缘导线必须敷设于钢管内。

(2) 电气工作零线绝缘层额定电压应与相线相同,并应在同一护套或钢管内。

(3) 除照明回路外,电气线路在爆炸危险场所内不宜有中间接头。电气线路中使用的接线盒、拉线盒,应符合表 5.9.2-3 的要求。

接线盒、拉线盒的使用　　　　表 5.9.2-3

爆炸危险场所等级	防爆电器类型	备 注
Q-1,G-1	隔 爆 型	本安电路除外
Q-2	任意防爆类型	本安电路除外
Q-3,G-2	防 尘 型	
Q-1,Q-2	不低于场所内爆炸性混合物的级别和组别	本安电路除外

(4) 引入 Q-1 级、G-1 级场所的电气线路,在无爆炸和无火花危险场所的部分,铜芯电线可与铝芯电线连接,但需使用铜铝过渡压接管连接。

(5) 爆炸危险场所(本安电路除外)使用的绝缘导线(电线、电缆),其线芯截面积应符合表 5.9.2-4 的规定。

爆炸危险场所导线线芯最小截面积　　　　　表5.9.2-4

爆炸危险场所级别	线芯最小截面积 (mm²)					
	铜			铝		
	电力	照明	控制	电力	照明	控制
Q-1	2.5	2.5	2.5	0	0	0
Q-2	1.5	1.5	1.5	4	2.5	0
Q-3	1.5	1.5	1.5	2.5	2.5	0
G-1	2.5	2.5	2.5	0	0	0
G-2	1.5	1.5	1.5	2.5	2.5	0

注：0——表示不允许使用。

(6) 引入防爆充油型电气设备的线路，应使用耐油式电缆，否则应有防止绝缘油浸伤线芯绝缘层的措施。

(7) 变电所或配电室与 Q-1 级或 G-1 级场所共用的隔墙上，严禁通过电气线路；与 Q-2 级、Q-3 级、G-2 级场所共用的隔墙上，可通过与其有关的电气线路。

(8) 沿露天或开敞的有爆炸危险物质管道的管廊上敷设电缆或钢管配线时，应符合下列要求：

　　a. 应沿爆炸危险性较小物质管道一侧敷设；

　　b. 当管道内气体或液体蒸汽的密度大于空气密度时应在其上方，反之应在下方的左侧或右侧，要避开正下方。

(9) Q-1 级和 G-1 级场所中的单相回路的相线和零线应有短路保护，并使用双极自动空气开关同时切断相线和零线。

(10) 架空电气线路严禁跨越爆炸危险场所，两者最小水平距离为杆塔高度的 1.5 倍；与 Q-1 级场所的最小水平距离不得小于 30m。

4. 防爆电器的安装与维修

(1) 防爆电气设备的外壳和隔爆型设备观察窗上的透明板，应无损伤和裂纹；其接线盒内壁应涂耐弧漆，如内壁锈蚀漆层脱落，应予除锈补刷。

(2) 防爆电气设备的类型、级别、组别在外壳上的标志和标明在铭牌上国家检验单位签发的"防爆合格证号"应清晰齐全。

(3) 防爆电气设备宜安装在金属制作的支架上，支架应采用预埋、膨胀螺栓及焊接法固定；有振动的电气设备的固定螺栓应有防松装置。

(4) 防爆电气设备接线盒内部接线紧固后，裸露带电部分之间及与金属外壳之间的漏电距离和电气间隙，应符合表 5.9.2-5 的规定。

防爆电气设备接线盒内部裸露带电部分之间及与金属外壳之间的
最小漏电距离和电气间隙　　　　　表5.9.2-5

电压等级 (V)		漏电距离 (mm)				电气间隙 (mm)
直流	交流	绝缘材料抗漏电强度级别				
		Ⅰ	Ⅱ	Ⅲ	Ⅳ	
48 以下	60 以下	6/3	6/3	6/3	10/3	6/3
115 以下	127~133	6/5	6/5	10/5	14/5	6/5

续表

电压等级 (V)		漏电距离 (mm)				电气间隙 (mm)
直流	交流	绝缘材料抗漏电强度级别				
		Ⅰ	Ⅱ	Ⅲ	Ⅳ	
230以下	220~230	6/6	8/8	12/8	不许使用	8/6
460以下	380~400	8/6	10/10	14/10		10/6
	660~690	14	20	28		14
	3000~3800	50	70	90		36
	6000~6600	90	125	160		60
	10000~11000	125	160	200		100

注：a. 分母为电流不大于5A，额定容量不大于250W的电气设备的漏电距离和电气间隙值；
b. Ⅰ级为上釉的陶瓷、云母、玻璃；Ⅱ级为三聚腈胺石棉耐弧塑料，硅有机石棉耐弧塑料；Ⅲ级为聚四氟乙烯塑料、三聚腈胺玻璃纤维塑料、表面用耐弧漆处理的环氧玻璃布板；Ⅳ级为酚醛塑料、层压制品。

（5）防爆电气设备多余的进线口的弹性密封垫和金属垫片应齐全，并应将压紧螺母拧紧，使进线口密封。

（6）防爆电气设备在额定工作状态下，外壳表面的最高允许温度，不应超过表5.9.2-6的规定。

防爆电气设备外壳表面的极限温度　　表5.9.2-6

组　别	$T_1(a)$	$T_2(b)$	$T_3(c)$	$T_4(d)$	$T_5(e)$
温　度　(℃)	360	240	160	110	80

（7）爆炸危险场所的电气装置，不论电压高低和安装的位置，其正常不带电的金属部分，均须可靠地接地或接零。接地或接零用的螺栓，应有防松装置；接地线连接端子及上述紧固件，均应涂工业凡士林油。接地螺栓（不包括接线盒内和仪表外部的接地螺栓）的规格应符合表5.9.2-7的规定。

防爆电气设备接地螺栓的规格　　表5.9.2-7

序号	设备类型及容量等级	接地螺栓规格(mm)
1	容量为10kW以上	≥M12
2	容量为5~10kW	≥M10
3	容量为5kW以下	≥M8
4	按钮、灯具、信号电器、小型开关等	≥M6

5.10　高压开关电器

5.10.1　高压开关

1. 常用高压开关（见表5.10.1-1）

常用10kV高压开关

表 5.10.1-1

类别	型号	额定电流(A)	主要用途
户外多油断路器	SN1、SN2-10G	400,600	主要用于3~10kV配电线路的工矿企业、农村发电站及小型变电所
	SN3-10G	400,600	主要用于中小型发电厂、变电所的送电或受电线路,作为控制和切除线路故障用
	SN10-10、35	630,1000,1250,2000	主要用于发电厂、变电所及工矿企业等电力系统中,作为保护和控制高压电气设备之用,也适用于频繁操作和切断电容器组
	DW7-10	35,50,75,100,200,400	用于城市或农村10kV电网,作负荷操作、过载及短路保护供高压架空线分段或末段开关之用
户外产气断路器	QW1-10、35	200,400	适用于中小型发电厂和配电站,尤其适用于农村电网作为分合负荷电流、电容电流和过载短路保护之用
户内真空断路器	ZN-6、10、27.5 ZN1、2、3-10 ZN4-10C	100,200	广泛适用于各种场合,尤其适用于作电力系统中电容器组的控制保护开关;冶金、矿山部门的电炉变压器、轧钢机、高压电动机的频繁操作开关 电厂变电站用控制保护开关;以及保护大型硅整流装置等高压器设备使用
户内负荷开关	FN1-10 FN2-10	200 400	户内配电装置用
户外负荷开关	FW2-10 FW7-10	100,200,400,20	配电变电所高压控制
户内隔离开关	GN1-10 GN0-10	400 200,400,600,1000	户内配电装置用
户外隔离开关	GW1-10 GW9-10	200,400,630 200,400,630,1000	户外配电装置用

2. 型号说明

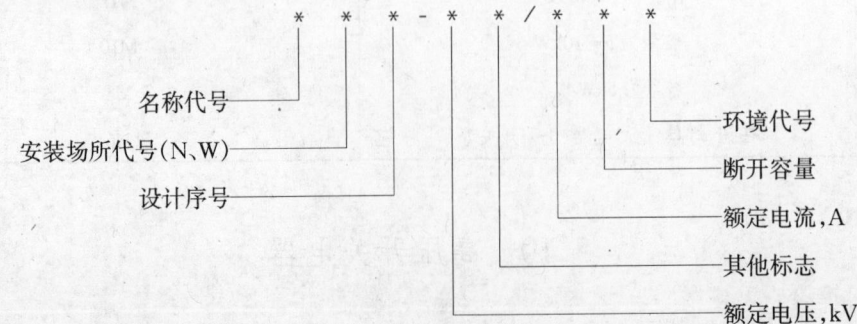

【例】 SN10-10/1000-31.5 户内型少油断路器(SN),设计序号10,$U_N = 10\text{kV}$,$I_N = 1000\text{A}$,开断能力 31.5kA。

GW1-10/200-15TH 户外式隔离开关(GW),设计序号 1,$U_N = 10$kV,$I_N = 200$A,热稳定电流 15kA,湿热带型(TH)。

3. 高压开关操动机构(见表 5.10.1-2)

高压开关操动机构　　　　　　　　　表 5.10.1-2

型号	结构型式	使用环境	配用开关	主要特点
CS2	手动式	户内	少油式断路器,如 SN1、SN2、SN10	手力合闸,手力或靠瞬时过载、延时过载、失压脱扣器电磁铁自动分闸
CS6	手动式	户内	10kV 户内型隔离开关	手力合闸、分闸
CS8	手动式	户外	10kV 户外型隔离开关	手力合闸、分闸
CD2 CD10	电磁式	户内	少油式户内型断路器,如 SN1,SN10	靠直流电磁铁分、合闸(其中 CD2 型为老产品)
CT7 CT8	弹簧式	户内	各型油断路器	由交直流两用串励电动机或手力使弹簧储能,弹簧放能,开关合闸;手力或靠脱扣器分闸

注:C—操动机构;S—手动式;D—电磁式;T—弹簧式。

5.10.2 高压熔断器

1. 常用高压熔断器(见表 5.10.2-1)

常用 10kV 高压熔断器　　　　　　　表 5.10.2-1

类别	主要型号	额定电流(A)	用途	使用注意事项
户内式熔断器	RN1,RN5	25,50,150,200	供电线路、变电站设备过载及短路保护	保护熔管的密封,防止石英砂受潮,以免发生熔管爆炸
	RN2,RN6	0.5	电压互感器短路保护	
	RNZ		直流配电装置过载及短路保护	
户外式熔断器	RW3,RW4,RW5,RW7	50,100,200	线路和电力变压器的过载及短路保护	熔丝拉紧程度适中,熔管与垂直的瓷套夹角一般为 20°~30°,以便顺利跌落
	RW9,RW10	0.5	电压互感器和电力线路短路保护	
	YR		移相电容器过载及短路保护	

注:a. 型号中,R—熔断器;W—户外;N—户内。
　　b. 常用熔断器丝(体)的规格系列:2,3,5,7.5,10,15,20,25,30,40,50,75,100,200A。

2. 高压熔断器的选配和使用

(1) 配电变压器高压侧熔丝的选配

当变压器容量 $S_{TN} \leqslant 100$kVA 时,

$$I_{FN} = (2 \sim 3) I_{TN};$$

当变压器容量 $S_{TN} > 100$kVA 时,

$$I_{FN} = (1.4 \sim 2) I_{TN}$$

式中　I_{FN}——熔丝的额定电流,A;
　　　I_{TN}——变压器高压侧额定电流。

【例】 10kV 三相配电变压器，$S_{TN}=63\text{kVA}$，采用 RW4-10 熔断器保护，选配其熔丝。

【解】 $I_{TN} = \dfrac{S_{TN}}{\sqrt{3} \cdot U_N} = \dfrac{63}{\sqrt{3} \times 10} = 3.64\text{A}$

∵ $S_{TN} < 100\text{kVA}$

∴ $I_{FN} = (2\sim3)I_{TN} = 7.3\sim11\text{A}$

选择其熔丝规格为 7.5A 或 10A。

(2) 配电线路熔断器熔丝的选配

装在分支线路上的熔断器，其熔丝按分支线路中的最大负载电流来选择；保护电缆线路的熔断器，其熔丝按电缆长期允许电流来选择。

(3) 熔断器使用注意事项

1) 熔断器的开断容量选择应适当，不能越大越好，否则可能使被保护线路或设备出现短路故障时，其短路容量小于熔断器开断容量的下限，从而造成开断时不能灭弧，引起熔管烧毁或爆炸。

2) 为防止触头过热，安装时应适当拉紧熔丝。

3) 户外式跌落式熔断器的熔管轴线应与铅垂线成 20°～30°夹角，其转动部分应灵活，以使其熔丝熔断后能迅速跌落。

5.11 低、高压成套配电装置

5.11.1 电力和照明配电箱

1. 电力配电箱

电力配电箱适用于交流 50～60Hz 或直流，电压为 500V 以下的配电系统中，作为电动机等电力设备的控制、保护和电能分配。

电力配电箱的型号表示方法：

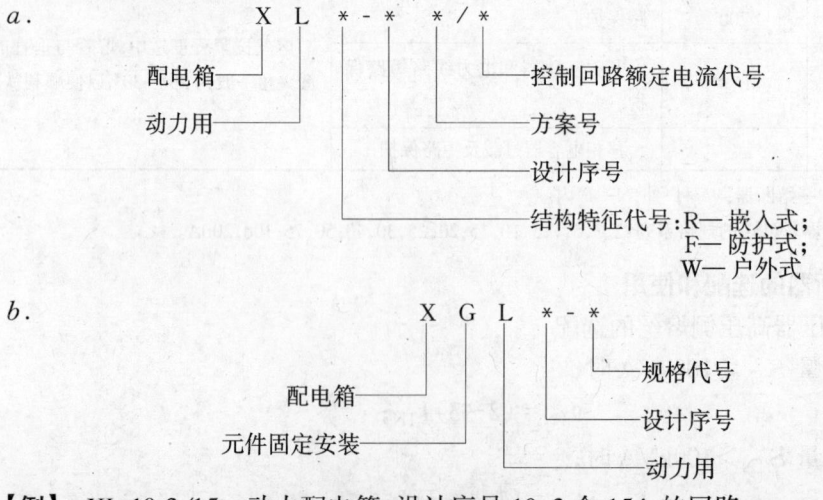

【例】 XL-10-3/15 动力配电箱，设计序号 10，3 个 15A 的回路。

2. 照明配电箱、插座箱和计量箱

照明配电箱主要用于交流 50～60Hz 或直流，电压不超过 500V 的小型配电系统中，作为照明或小功率电动机及其他电力设备的过载保护、控制和电能分配。

插座箱主要利用插座配电。

计量箱主要用于电能计量。

型号表示方法：

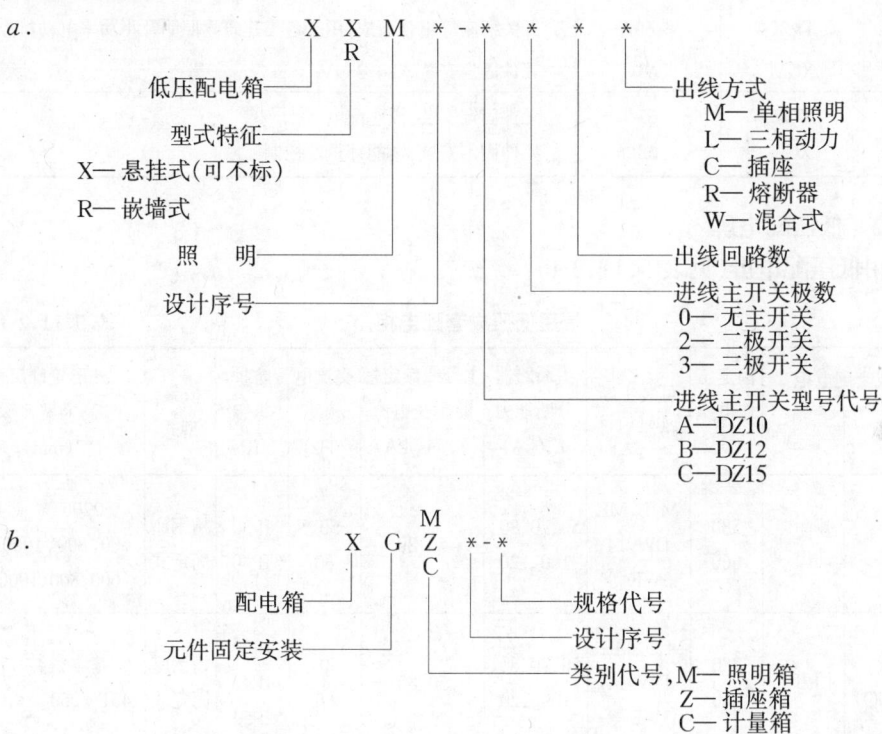

【例】 XRM$_1$-A301L 照明配电箱,嵌墙式安装,设计序号1,进线主开关为DZ10型,三相,出线开关1个,回路数1个,三相动力用。

3. 常用电力照明配电箱(见表5.11.1-1)

常用电力和照明配电箱　　　　　　　　　表5.11.1-1

名 称	型 号	额定电流(A)	特 点 及 用 途
电力配电箱	XL-9	400~600	DZ型断路器控制,动力配电用
	XL-10	15~60	HZ型组合开关和熔断器控制,动力、照明一般配电用
	XL-12	100~600	HR型熔断器式刀开关控制,单台电动机电源控制用
	XLR-2D	100~250	DZ型断路器控制,嵌入式安装,电力照明电源控制用
	XL-21	100~600	刀开关和DZ型断路器控制,馈线支路多,工矿企业动力、照明配电
	XL-31	100~600	DZ型断路器、QC型起动器控制,工厂车间动力配电和控制保护
	XGL	630	元件固定安装,380、660V
照明配电箱	XM1	10~60	DZ型断路器控制,照明和小型动力系统控制
	XM9	60	DZ型断路器控制,一般照明配电用
	XM10	60	DZ型断路器控制,一般照明配电用

续表

名称	型号	额定电流(A)	特点及用途
照明配电箱	PXG	20~63	限流型,各种民用建筑照明配电和小型电动机控制用
	DCX	≤60A	开关插座等组合而成,用于各类建筑物照明及小功率电动机控制
	XGM	63	元件固定安装,220/380V
插座箱	XGZ	63	元件固定安装,插座配电
计量箱	XGC	63	元件固定安装,电能计量及控制

5.11.2 低压配电屏

1. 常用低压配电屏(见表5.11.2-1)

常用低压成套配电柜　　　　　表5.11.2-1

序号	低压成套配电柜		额定工作电压(V)	可装主断路器型号	主断路器分断能力 I_{cs}(kA)	主母线额定短时耐受电流 I_{cm}(ls、kA)	交流电频率(Hz)	防护等级 IP	安装型式	外形轮廓尺寸 高×宽×深 (mm)
	型号	型式								
1	GCS	封闭抽出式	380 660	M、F、ME DW914 3WE 等	50、70、80、100、120	50、80	50、60	IP30 IP40	槽钢座固定式	2200×(400、600、800、1000)×(600、800、1000)
2	GHD1 (DOMINO)	抽出式	380 660	M、F、ME、DW914 3WE 等	50、70、80、100、120	50、80	50、60	IP30 IP42 IP54	槽钢座固定式	基本模数172×431×250
3	MNS	抽出式	380 660	M、F、ME DW914 3WE	50、70、80 100、120	50~100/ 105~250	50、60	IP30 IP40 IP54	槽钢座固定式	2200×(400、800、1000、1200)×(200、800、1000)
4	BFC-20A	抽屉式	380	ME DW914	30、50、60	60	50、60	IP30	槽钢座固定式	2360×(600、800、1000、1200)×(1000、1200)
5	JK	固定式	380	ME DW15 DZ20	30、50	30、50	50	IP20 IP30 IP41	槽钢座固定式	2200×(400~1000)×(650、800)
6	PGL-2-3	固定式 抽出式	380	DW15 ME	30 50	30 50	50	IP20 IP30	槽钢座固定式	2200×(400、600、800、1000)×600
7	GGD-2-3	开启式	380	DW15 ME	30 50	30 50	50	IP20 IP30 IP40	槽钢座固定式	2200×(600、800、1000、1200)×(600、800)

续表

序号	低压成套配电柜 型号	低压成套配电柜 型式	额定工作电压(V)	可装主断路器型号	主断路器分断能力 I_{cs}(kA)	主母线额定短时耐受电流 I_{cm}(ls,kA)	交流电频率(Hz)	防护等级 IP	安装型式	外形轮廓尺寸 高×宽×深(mm)
8	GZL-2 -3	开启式 封闭式	380	DW15 ME	30 50	30 50	50	IP20	槽钢座 固定式	2200+250× (400、600、1000)× 600、1000
9	GGL10-Ⅰ -Ⅱ	固定式 封闭式	380 660	DW15 ME	30 50	30 50	50	IP30	槽钢座 固定式	2200×(600、 800、1000)×500
10	CHK-2 -1 -3	固定 组合	380	DW914 ME M	30 50 65	30 50 65	50、60	IP30	槽钢座 固定式	2200×(450、 650、800、1000)× 1000
11	GCK4	抽出式	380	DZ20 ME	35 42 50	35 42 50	50	IP40	槽钢座 固定式	2200×(400、 600、800、1000)× 1000
12	LGT-6000	固定式 抽屉式	660	M、F、ME DW914	18~100	55	50、60	IP30~ IP54	槽钢座 固定式	高:模数×190+ 150 宽:模数×190+ 60

2. PGL 型交流低压配电屏

(1) 结构特点及用途

采用钢板结构,设备布置紧凑,外形尺寸为长×宽×高=(600~1000)mm×600mm×2000mm。主要用于发电厂、变电所及工矿企业作为交流50Hz,电压不超过380V的低压配电系统中电力和照明配电用。该屏为国家统一设计产品,代替原BSL和BDL型老式产品。

(2) 型号表示方法

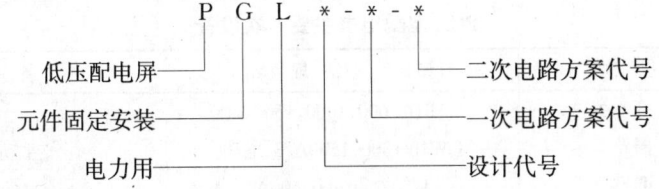

(3) 一次电路方案

PGL型配电屏一次电路分为1型和2型,两者基本相同,只是短路容量不同。1型分断能力为15kA,2型分断能力为30kA。

常用PGL1型配电屏一次电路方案见图5.11.2-1。主要一次设备见表5.11.2-1。

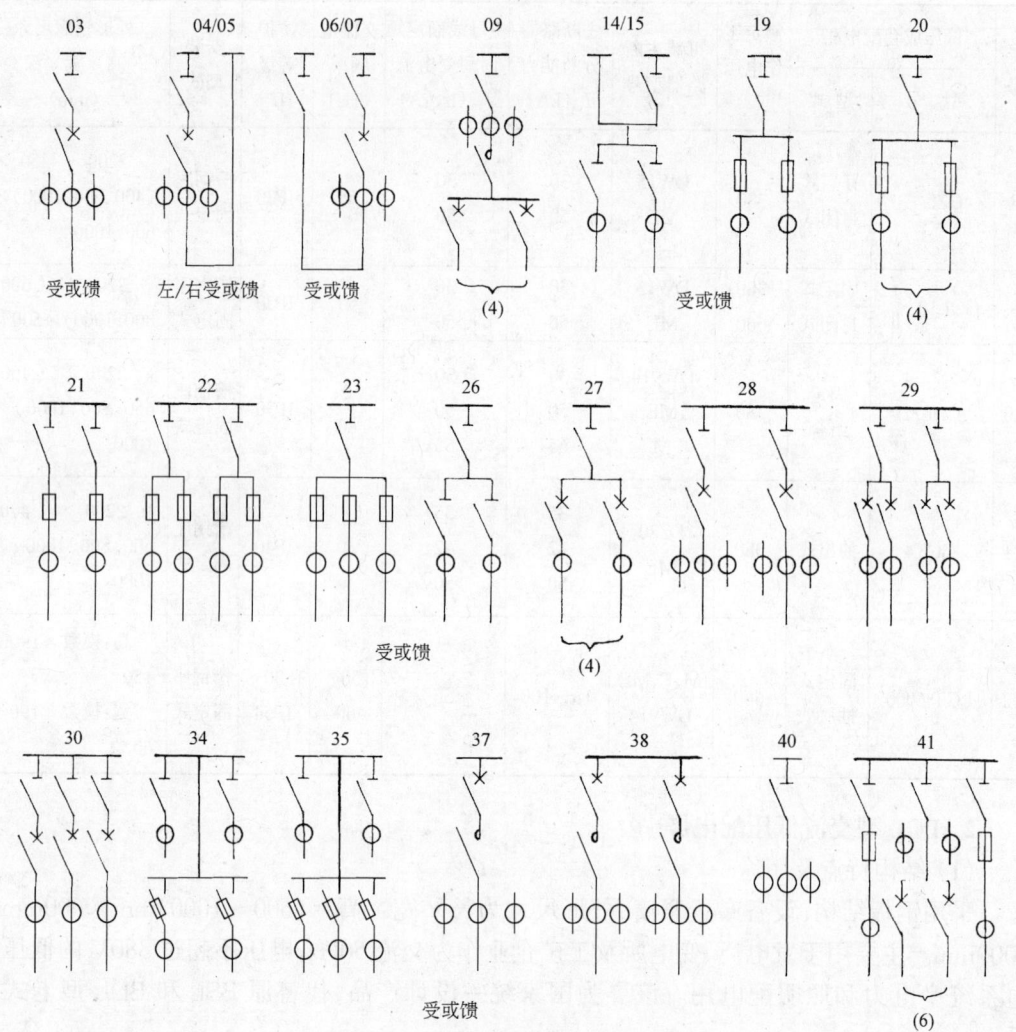

图 5.11.2-1 PGL 型配电屏一次电路方案

PGL 型配电屏主要一次设备　　　　表 5.11.2-2

序号	名称	型号及规格	备注
1	刀开关	HD13-600,1000,1500A	
2	空气断路器	DW10-1000,1500A/3,电动	手动或电动
3	熔断器	RT0-200,400,600A	
4	电流互感器	LMZJ-0.5-＊/5A	一次电流"＊"视具体情况而定
5	双投刀开关	HS13-400,600A	
6	交流接触器	CJ10-400/3A	
7	空气断路器	DZ10-100～250A/3	馈线用
8	熔断器式刀开关	HR-200,400A	

3. PGJ 型无功功率补偿屏

PGJ 型屏适用于发电厂、变电所及工矿企业配电系统中,设置电容器,且电容器数量按负载变化自动切投,从而可提高系统电压质量,减少无功损耗。补偿屏有主屏、辅助两种类型,其型号分别有 PGJ1-1、PGJ1-2、PGJ1A-1、PGJ1A-2 等。

电气主接线见图 5.11.2-2,主要设备见表 5.11.2-2,补偿容量见表 5.11.2-3。

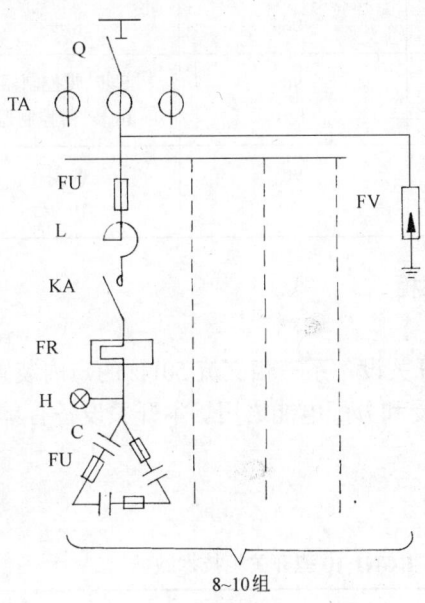

图 5.11.2-2 PGJ 型无功功率补偿屏电气主接线

PGJ 型屏主要设备元件　　　表 5.11.2-3

名　称	代号	元件型号	PGJ1A-1	PGJ1A-2	PGJ1A-3	PGJA-4
刀开关	Q	HD12-400/3	1	1	1	1
互感器	TA	LMZ1-300/5	3	3	3	3
避雷器	FA	FYS-0.5	3	3	3	3
熔断器	FU	RM3-32A	24	30	24	30
电抗器	L	KDK-12 自制	24	30	24	30
接触器	KA	CJ10-40/3A220V	8	10	8	10
热继电器	FR	JR16 60/3 32A	8	10	8	10
电容器	C	BW0.4-12-3	8	10	8	10
电流表	A	59L1 300/5	3	3	3	3
电压表	V	59L1 450V	1	1		
cosφ 表		59L1 380V/5A	1	1		
控制器		ZKW-Ⅱ	1	1		
熔断器	FU	QM1-6A	6	6	2	2
指示灯	H	XD7-380V	16	20	16	20

PGJ 型屏单台补偿容量   表 5.11.2-4

屏别	型号	单台容量(kVar)	操作步数	屏宽(mm)
主屏	PGJ1-1 PGJ1-2	72 96	6步、带控制器 8步、带控制器	800 1000
辅屏	PGJ1-3 PGJ1-4	72 96	6步 8步	800 1000
主屏	PGJ1A-1 PGJ1A-2	96 120	8步、带控制器 10步、带控制器	900 1100
辅屏	PGJ1A-3 PGJ1A-4	96 120	8步 10步	900 1100

5.11.3 3～10kV 高压开关柜

1. KGN1-10 型高压开关柜

KGN1-10 型铠装金属封闭开关设备系三相交流 50Hz 的户内装置，用于发电厂、变电所及工矿企业中的配电室，作为接受和分配电能之用。本开关设备有单母线、旁路母线及双母线三种系统。

主要技术数据见表 5.11.3-1。

KGN1-10 型开关柜技术数据   表 5.11.3-1

名称	单位	数据
额定电压	kV	3、6、10
额定电流	A	5～2500
额定开断电流	kA	16、31.5、40
额定关合电流	kA	40、80、100
额定峰值耐受电流	kA	50、80、100
额定短时耐受电流	kA	20、31.5、40
额定短路持续时间	s	4、4、2
重量	kg	~1000

型号说明：

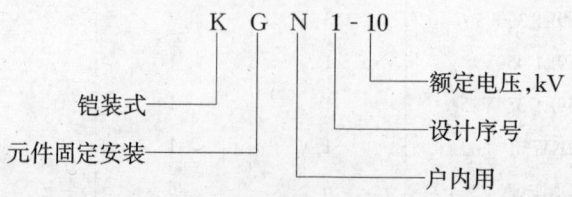

一次接线方案见图 5.11.3-1。

图 5.11.3-1 KGN1-10 型高压开关柜一次接线方案

2. KYN1-10 型手车式高压开关柜

这种开关柜采用全封闭结构,具有"五防"装置。由继电器室、手车室、母线室、电缆室四个部分组成。各部分用钢板分隔,具有架空进出线和电缆进出线及左右联络的功能。

主要技术数据见表 5.11.3-2。

KYN1-10开关柜技术数据   表5.11.3-2

名 称	单 位	开关柜在配用不同断路器时的参数		
		SN10-10Ⅰ/630	SN10-10Ⅱ/1000	SN10-10Ⅲ/$\frac{2000}{3000}$
额定电压	(kV)	3、6、10		
主母线额定电流	(A)	600	1000	1600,2500
额定短路开断电流(有效值)	kA	16,20①	31.5	40
额定关合电流(峰值)	kA	40,50①	80	125
主母线额定动稳定电流(峰值)	kA	50	80	125
主母线2s额定热稳定电流(有效值)	kA	20(4s)	31.5	40
额定绝缘水平	雷电冲击耐压(全波)	kV	75		
	工频耐压 1min	对地、相间	kV	42		
		隔离断口	kV	48		
外形尺寸(宽×深×高)	mm	800×1500(1650)×2200		800×1650(1800)×2200
防护等级		IP2X		

① 为6kV时的数值。

型号说明:

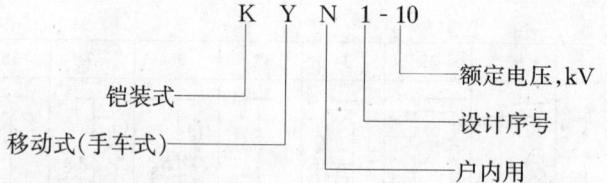

3. GG-1A(F)型固定式高压开关柜

这种开关柜是在原GG-1A型开关柜的基础上加设了"五防"程序锁板而成,以防止误入带电间隔,防止带负荷拉断隔离开关,防止误合、误分,防止带电检修,并保证油断路器与隔离开关操作的程序性,具有良好的安全性和可靠性。

开关柜有近百种一次接线方案,广泛用于发电厂、变电所作为接受与分配电能。

开关柜的额定电压为10kV,主开关油断路器的额定电流分别为200～1000A。

外形尺寸:长×宽×高=1200×1200×3110(mm)

型号说明:

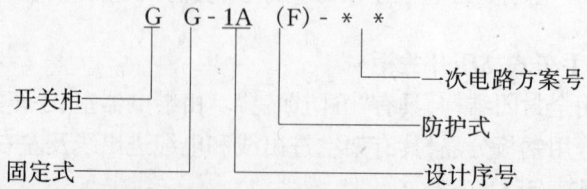

4. GG-1A(J)型高压计量柜

这种开关柜适用于发电厂、变电所中3～10kV,额定电流400A及以下母线系统作为输送和接收电能计量,通常与GG-1A(F)型开关柜配套使用。

柜内装有高压隔离开关、熔断器以及提供高压测量信号源的电流互感器、电压互感器。计量仪表安装在中间视察门内。

5. VC-10型全封闭式真空开关柜

这种开关柜由电缆进出线室、真空断路器室、水平母线室、控制室、辅助器件室等独立的组合单元构成,有防误操作装置。操作方式为电动弹簧储能式操动机构。

外形尺寸:长×宽×高=1540×800×2300(mm)

可用于变配电所及高压动力控制。

型号说明:

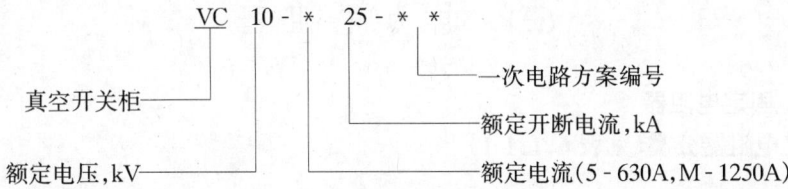

第6章 无源元件 RLC

6.1 电力电阻器

6.1.1 固定电阻器

1. 固定电阻器分类(见表6.1.1-1)

固定电阻器分类 表6.1.1-1

序号	类别	用途及特点
\multicolumn{3}{c}{按用途分}		
1	起动电阻	用于起动电动机,限制起动电流
2	调节电阻	串联在电动机励磁回路,以改变电动机转速,或用以调节电路内的电流,或改变受电器的输入端电压。一般包括直流电动机调速电阻、磁场调节电阻和磁场调压电阻
3	制动电阻	用于电动机能耗制动,以限制电动机制动时的电流
4	放电电阻	并接于电器的电压线圈和励磁绕组两端,以防止断电时线圈两端出现过电压
5	负载电阻	在试验发电机时,作为调节负载的电阻
6	限流电阻	在正常情况下,电阻值很小;电流增大时,电阻值增大,将短路电流限制在断路器额定分断电流之下
7	中性点接地电阻	接于地与发电机或变压器中性点之间,限制线路对地短路电流
8	经济电阻	在电路中与某一电气元件串联(例如接触器线圈),起动时电阻被短接,元件工作时电阻投入,使元件两端电压降低,实现经济运行
9	稳定电阻	在发电机励磁回路中,通过此电阻引入反馈量,达到稳定电压的作用
10	整定电阻	在电路中,通过调节此电阻的大小,整定某一电器的运行参数,如动作值等
11	加热电阻	为了保证电器正常工作,需对元件加热而接入的电阻
12	附加电阻	为了改善电路工作特性而附加接入的电阻
13	标准电阻	在电气测量中作为比较参考标准的电阻
\multicolumn{3}{c}{按电阻材料分类}		
1	金属电阻	由金属电阻元件制成。如由合金电阻丝绕制的电阻、铸铁电阻等。是应用最广的一类电阻
2	碳质电阻	由焦炭或其他碳素粉末加以沥青压制而成,其电阻温度系数为负值,电阻值随压力增加而减小
3	液体电阻	如在水中加入食盐或苛性钠等构成水电阻,改变电极与水的接触面或调节极间距离以改变电阻值

2. 常用金属电阻元件（见表 6.1.1-2）

常用金属电阻元件的种类、特点及用途　　　　表 6.1.1-2

序号	名称	外形	结构特点及用途	型号
1	螺旋形		由电阻线或带绕成，两端通过螺钉固定引出。结构简单，散热好，但结构刚性差，不能规格化，可靠性差。适用于直径大于1mm的线或 0.4×4mm 以上的带，绕制直径为 10~20mm。不能用于有振动场合	ZY
2	波形		用电阻带冲压成型，用螺钉或焊接引出，允许工作电流大，重量轻，安装方便	ZD
3	冲压栅片式		用合金板冲压成型，用于大电流、大容量场合时，出线用焊接或螺钉连接，元件尺寸整齐，机械强度高	ZD
4	铸铁栅片式		用电阻铸铁浇铸成型，热容量大，价格便宜，但温度系数过大，易脆裂，用叠装压紧接触时接触不密合，不稳定，性能差	ZT
5	管形		常用的为有涂料管形电阻元件：用电阻线间绕于瓷管骨架上，并涂以高温涂料（如珐琅釉层）。电阻值较大，热容量大，能防止直接机械损伤，且耐潮，适于小电流场合，如经济电阻。此外尚有无涂料有槽管形电阻和密绕管形电阻	ZG
6	板形		用电阻线或带绕于具有带槽的瓷质衬垫绝缘的钢板骨架上。带形可用焊接引出抽头，而圆线用夹紧式抽头，接触电阻往往不够稳定	ZB

3. 常用金属电阻器的种类（见表 6.1.1-3）

常用金属电阻器的种类、特点及用途　　　　表 6.1.1-3

序号	名称	型号	基本结构	用途
1	铸铁电阻器	ZX1 ZX1D	由 ZT1 大型或 ZT2 小型铸铁栅片电阻元件装配而成。电阻元件用套有云母绝缘管的两根螺杆穿在一起，并紧固在薄铁板制的左右壁上，绝缘管上固定有接线夹，以供接线	适用于交流 50Hz、660V 以下及直流 440V 以下电路中，供电机起动、调速、制动和放电等用
2	板形电阻器	ZX2	由康铜带或线绕成 ZB1 或 ZB2 型板形电阻元件，两端具有开口的长孔，供安装用	适用于交流 50Hz、600V 以下及直流 440V 以下电路中，供电机起动、调速、制动和放电等用

续表

序号	名称	型号	基本结构	用途
3	铁铬铝合金电阻器	ZX9	由铁铬铝合金电阻带轧成 ZD1～4 型波形电阻元件,其两端冲有两孔,供安装用	适用于交流 50Hz、660V 以下及直流 440V 以下电路中,供电机起动、调速、制动和放电等用
		ZX10	采用由铁铬铝合金带制成螺旋形管状电阻元件(ZY 型)	
		ZX12	采用由铁铬铝合金带轧成齿形电阻元件,按其宽度分为大、中小三种。大片与中片两端冲孔供安装用,小片两端直接由接线板联接,电阻元件用紧固螺钉压紧联接	
4	管形电阻器	ZG11	在陶瓷管上绕单层镍铜或镍铬合金电阻丝,表面经高温处理涂珐琅质保护层,电阻丝两端用电焊法连接多股绞合软铜线或连接紫铜导片作为引出端头 可调式在珐琅表面上开有使电阻丝裸露的窄槽,并装有供移动的调节夹	适用于电压不超过 500V 的低压电器设备电路中,供降低电压、电流用

注：电阻器型号：

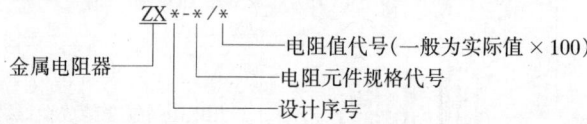

4．常用固定电阻器

(1) 铸铁电阻器　外形结构及内部接线见图 6.1.1-1,主要技术数据见表 6.1.1-4。

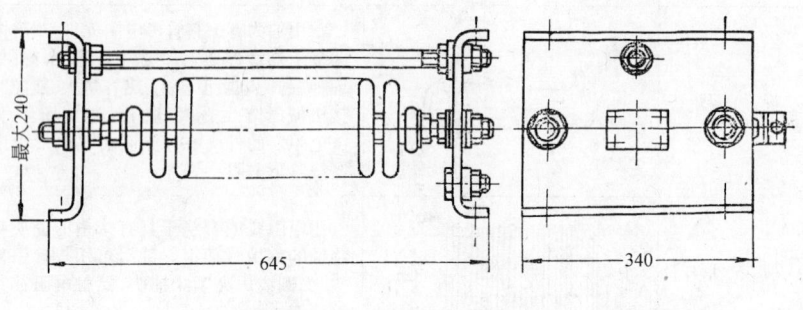

(a)

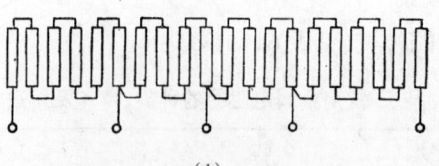

(b)

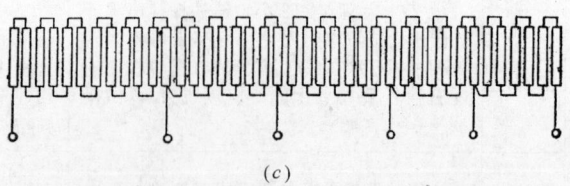

(c)

图 6.1.1-1　ZX1、ZX1D 型铸铁电阻器
(a)外形结构；(b)ZX1-1、ZX1D-1 接线；(c)ZX1-2、ZX1D-2 接线

ZX1、ZX1D型铸铁电阻器   表6.1.1-4

型号	+20℃时的电阻值(Ω)						允许负载电流(A)	发热时间常数(s)	额定功率(kW)	铸铁电阻型号	元件数量	重量(kg)
	总电阻 $R1\sim R5$ ($R1\sim R6$)	各级电阻										
		$R1\sim R2$	$R2\sim R3$	$R3\sim R4$	$R4\sim R5$	$R5\sim R6$						
ZX1、ZX1D-1/5	0.10	0.03	0.02	0.02	0.03		215	510		ZT1-5	20	41
ZX1、ZX1D-1/7	0.14	0.042	0.028	0.028	0.042		181	384		ZT1-7	20	32
ZX1、ZX1D-1/10	0.20	0.06	0.04	0.04	0.06		152	441		ZT1-10	20	36
ZX1、ZX1D-1/14	0.28	0.084	0.056	0.056	0.084		128	333		ZT1-14	20	32
ZX1、ZX1D-1/20	0.40	0.12	0.08	0.08	0.12		107	288		ZT1-20	20	30
ZX1、ZX1D-1/28	0.56	0.168	0.112	0.112	0.168	—	91	336		ZT1-28	20	30
ZX1、ZX1D-1/40	0.80	0.24	0.16	0.16	0.24		76	270		ZT1-40	20	30
ZX1、ZX1D-1/55	1.10	0.33	0.22	0.22	0.33		65	255	4.6	ZT1-55	20	29
ZX1、ZX1D-1/80	1.60	0.48	0.32	0.32	0.48		54	245		ZT1-80	20	28
ZX1、ZX1D-1/110	2.20	0.66	0.44	0.44	0.66		46	223		ZT1-110	20	27
ZX1、ZX1D-2/38	1.52	0.456	0.304	0.304	0.228	0.228	55	396		ZT2-38	40	34
ZX1、ZX1D-2/54	2.16	0.648	0.432	0.432	0.324	0.324	46	293		ZT2-54	40	30
ZX1、ZX1D-2/75	3.0	0.9	0.6	0.6	0.45	0.45	39	268		ZT2-75	40	29
ZX1、ZX1D-2/105	4.2	1.26	0.84	0.84	0.63	0.63	33	294		ZT2-105	40	29
ZX1、ZX1D-2/140	5.6	1.68	1.12	1.12	0.84	0.84	29	270		ZT2-140	40	29
ZX1、ZX1D-2/200	8.0	2.4	1.6	1.6	1.2	1.2	24	231		ZT2-200	40	26

注：a. "1D"为验证攻关达标代号；

b. 电阻器额定发热功率统一为4.6kW，其值为表中允许负载电流的平方乘以总电阻。

(2) 铁铬铝电阻　外形结构见图6.1.1-2，主要技术数据见表6.1.1-5。

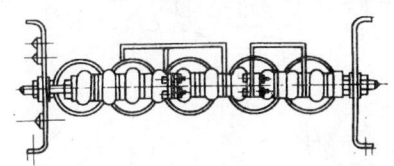 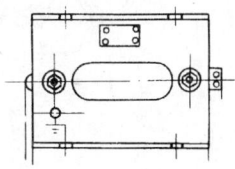

图6.1.1-2　铁铬铝电阻

ZX10型铁铬铝电阻   表6.1.1-5

型号	额定发热功率(kW)	20℃时电阻值(Ω)	允许负载电流(A)(冷态值)	发热时间常数(s)	质量(kg)	铁铬铝电阻元件	
						型号	数量
ZX10-0.10		0.10	215	186	19.2	ZD2-0.08	
ZX10-0.14		0.14	181	354	21.1	ZD2-0.112	
ZX10-0.20		0.20	152	252	18.3	ZD2-0.16	
ZX10-0.28		0.28	128	144	20.0	ZD2-0.22	

续表

型 号	额定发热功率 (kW)	20℃时电阻值(Ω)	允许负载电流(A)(冷态值)	发热时间常数 (s)	质 量 (kg)	铁铬铝电阻元件 型 号	数 量
ZX10-0.40		0.40	107	186	19.0	ZD2-0.08	
ZX10-0.56		0.56	91	354	20.9	ZD2-0.112	
ZX10-0.80		0.80	76	252	18.1	ZD2-0.16	
ZX10-1.1	4.6	1.1	64	144	19.8	ZD2-0.22	5
ZX10-1.6		1.6	54	225	19.0	ZD2-0.32	
ZX10-2.2		2.2	46	255	19.5	ZD2-0.44	
ZX10-3.0		3.0	39	192	18.2	ZD2-0.6	
ZX10-4.2		4.2	33	78	18.0	ZD2-0.84	
ZX10-5.6		5.6	29	50	17.2	ZD2-1.12	
ZX10-8.0		8.0	24	45	16.0	ZD2-1.6	
ZX10-11		11	20	90	16.1	ZD2-2.20	

(3) 管形电阻器　外形结构见图6.1.1-3,主要技术数据见表6.1.1-6。

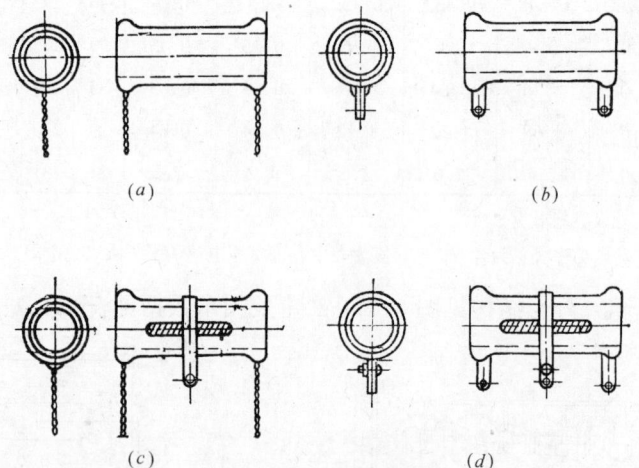

图 6.1.1-3　管形电阻器
(a)导线出线,固定式;(b)导片出线,固定式;(c)导线出线,可调式;
(d)导片出线,可调式

ZG11 型 管 形 电 阻 器　　　　表 6.1.1-6

型 号	额定功率 (W)	重量不大于 (g)	出线型式	型 号	额定功率 (W)	重量不大于 (g)	出线型式
ZG11-7.5	7.5	10	导　线	ZG11-15A	15	19	导线 可调夹
ZG11-7.5A	7.5	12	导线 可调夹	ZG11-20	20	30	导　线
ZG11-15	15	16	导　线	ZG11-20A	20	32	导线 可调夹

续表

型　号	额定功率(W)	重量不大于(g)	出线型式	型　号	额定功率(W)	重量不大于(g)	出线型式
ZG11-25	25	40	导片	ZG11-75A	75	115	导片 可调夹
ZG11-25A	25	42	导片 可调夹	ZG11-150	150	230	导片
ZG11-50	50	60	导片	ZG11-150A	150	240	导片 可调夹
ZG11-50A	50	65	导片 可调夹	ZG11-200	200	400	导片
ZG11-75	75	110	导片	ZG11-200A	200	410	导片 可调夹

注：管形电阻器允许温升为 300℃。

6.1.2　变阻器

1. 变阻器分类及特点（见表 6.1.2-1）

变阻器的分类及特点　　　　　　表 6.1.2-1

序号	型号名称	结　构　特　点	电阻元件材料	用　途
1	BL1 系列励磁变阻器	主要部件都固定在绝缘安装板上，该板又用螺栓固定于底板上，其正面装有静触头、由桥形触头组成的动触臂及接线螺针等，其反面装有管状或板状的电阻元件，这些部件都罩在一个防滴式的外壳内，手轮固定在转轴上	镍铬丝或康铜丝(带)	适用于直流电压不超过 500V 的励磁电路中调整直流或交流发电机的电压，也可用于调整直流电动机的转速
2	BL7 系列励磁变阻器	由电阻元件及转换装置组成，均安装在可移动的防护式箱壳内，电阻元件的合金带或丝绕于螺纹瓷管或板型瓷件上，转换装置联接触头均装于绝缘板上。通过转动手轮使刷形触头移动而改变电阻数值	康铜或新康铜等合金带或丝	同上，并可在电气设备电路中手动调节电压或电流
3	BQ1 系列起动变阻器、BT1 系列起动调速变阻器	由电阻元件及转换装置组成，均安装在防护式的箱壳内。电阻元件由电阻丝绕在螺纹瓷管上制成。转换装置的静触头安装在经绝缘处理的环氧玻璃布层压板上，并通过手轮的旋转带动桥式动触头与多级指式静触头接触，以改变电阻值。手柄下装有指针，以指示"停止—起动—运转"或"停止—起动—运转—调速"的位置	电阻丝	适用于 220V 以下并励和复励直流电动机起动 BT1 系列还可兼有改变励磁电流的方式来调节电动机的转速
4	BX2 系列滑线变阻器	由装在四周开有通风孔的防护式罩壳内的板形电阻元件和转换装置组成。电阻元件用高电阻合金线绕在带有瓷衬垫的钢板上，靠绝缘螺杆固定于基脚上。通过手柄在轴上滑动或手轮的转动使电刷移动来改变电阻数值。手柄或手轮附近均有指示电流增加或减少方向的指示牌	高电阻合金导线	适用于 250V 以下的电路中调整电路电流、电压
5	BX7、BX8 系列滑线变阻器	主要由陶瓷管和金属材料组成，采用氧化绝缘膜层的康铜电阻丝密绕在外表涂釉的瓷管上，装于金属支架上。变阻器的滑动装置采用导电碳精刷在电阻丝表面均匀滑动调节	康铜	适用于交流 50Hz、500V 以下及直流 440V 以下电路中校验电气仪表时改变电压电流或代替未定的实验电阻值，在实验室中作为研究试验或教学用的电压、电流调节器

序号	型号名称	结构特点	电阻元件材料	用途
6	BT2 系列三相起动调速变阻器	主要由电阻元件、转换装置和外壳组成。转换装置的静触头均安装在绝缘板上，调节装置的手轮轴与地面平行，转动手轮时其压力可调的动触头随中心轴旋转，手轴上有指针，指示操作方向	康铜或新康铜	适用于交流 50Hz、380V 以下三相绕线转子异步电动机的转子对称电路中作恒转矩负载的不频繁起动调速
7	BC1 系列瓷盘式变阻器	采用陶瓷金属结构，能在最高使用温度 350℃下正常工作。其主要结构是电阻丝绕制于陶瓷匣上。瓷匣除调节滑动接触面外，均覆以珐琅保护层，并胶合固定在陶瓷质底盘上，中心配以钢质旋轴，经绝缘瓷头联动刷握及碳精电刷，使其在电阻丝上滑动。分开启式和保护式两种，保护式即在变阻器上加有涂漆面金属防护箱壳，并配以调节手轮	电阻丝	适用于 380V 以下工业电气设备中作电流、电压调节，也可用于电站、交直流发电机、电子设备及仪器等电路调整或控制
8	BS1 系列石墨碳阻变阻器	由石墨碳精片、可动调节极板(石墨)、固定极板(石墨)及用石墨碳柱体支撑的瓷套管等组成，用绝缘板或石棉水泥板制成前后面板	石墨碳精片	适用于电压不超过 12V 的直流发电机配电线路中，及用于控制电镀槽电流、电压

2．常用变阻器

(1) 励磁变阻器　技术数据见表 6.1.2-2，应用接线见图 6.1.2-1。

常用励磁变阻器　　　　　表 6.1.2-2

型号	额定功率 (W)	极限电流 (A)	级数		重量 (kg)
			不开路接线	开路接线	
BL1-300P	300	15	32	30	6.5
BL1-450P	450	15	32	30	8.0
BL1-650P	650	15	40	38	11.5
BL1-900P	900	15	60	58	15.5
BL1-1200P	1200	15	64	62	24.0
BL1-1800P	1800	15	64	62	28.0
BL1-2400P	2400	15	64	62	32.0
BL1-2500P	2500	25	120	118	43.0
BL1-3500P	3500	25	120	118	45.0
BL1-4500P	4500	25	120	118	48.0

注：型号含义举例：BL1-300P　励磁变阻器(BL)，设计序号1，额定功率 $P_N=300W$，平面布置(P)。

(2) 起动变阻器　技术数据见表 6.1.2-3，用于直流电动机起动的接线见图 6.1.2-2。

(3) 起动调速变阻器　技术数据见表 6.1.2-4，用于直流电动机起动和调速的接线见图 6.1.2-3。

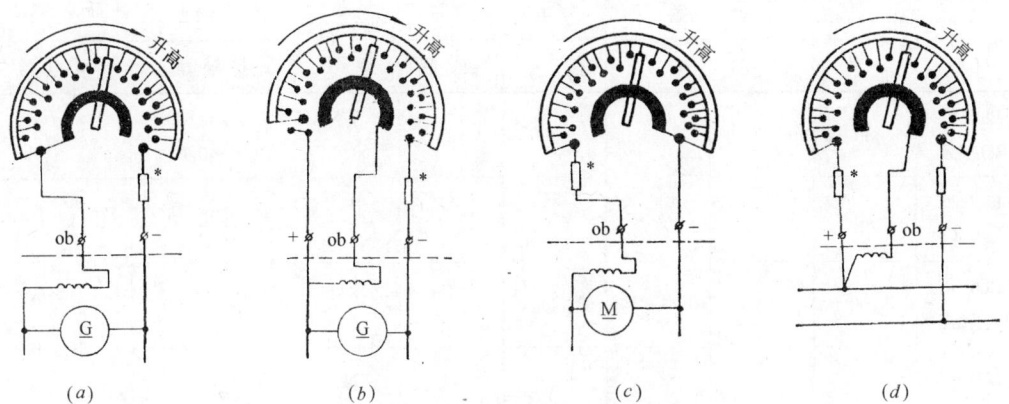

图 6.1.2-1 励磁变阻器应用接线

(a)直流发电机不开路调压;(b)直流发电机开路调压;(c)直流电动机调速;(d)电位计接线

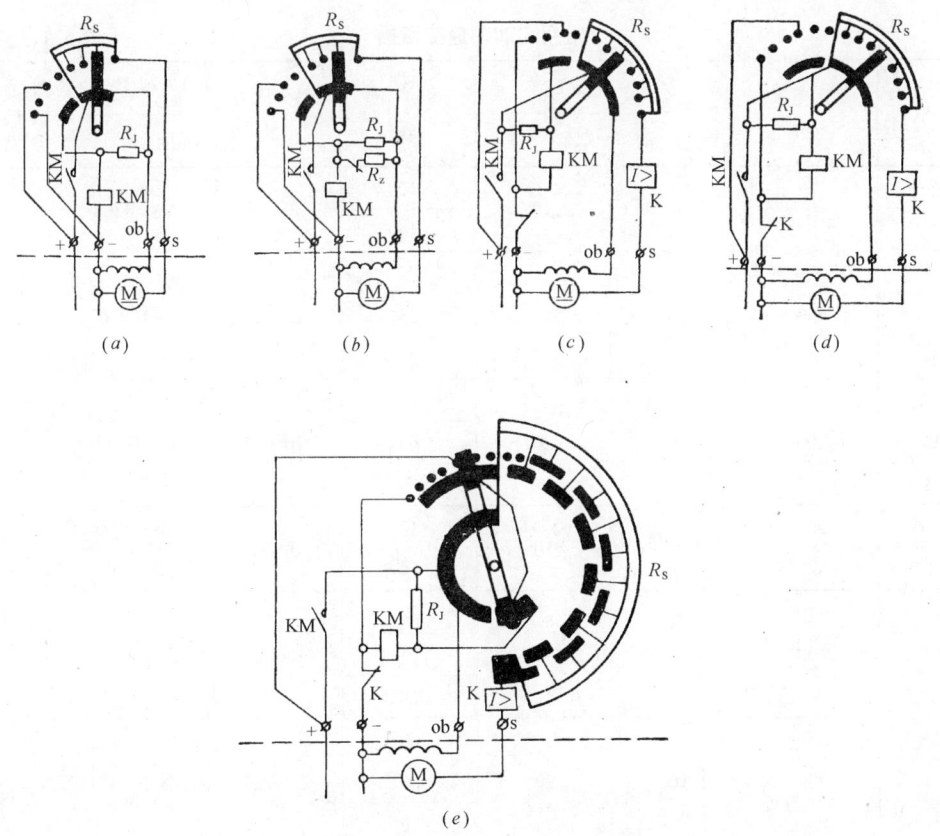

图 6.1.2-2 起动变阻器应用接线

(a)BQ1-1;(b)BQ1-1Z;(c)BQ1-2、2A;(d)BQ1-3、3A;(e)BQ1-4、4A、4B、4C

KM—直流接触器(通断主电路用,兼作欠电压保护);K—电流继电器;R_s—起动电阻;R_1—经济电阻

常用起动变阻器　　　　　　　　　　　　　　　　表6.1.2-3

型号	电流(A)	级数		电阻元件		重量(kg)	保护装置型号	
		起动	调速	型号	数量		接触器	继电器
BQ1-1 BQ1-1Z	30	4			2	5.5 6.0	CZ8-40/00 CZ8-40/01	JL1-01
BQ1-2 BQ1-2A	40	7		ZG3	6 12	12 14	CZ8-40/00	
BQ1-3 BQ1-3A	100	8	—		8 16	21 27	CZ8-100/00	
BQ1-4 BQ1-4A BQ1-4B BQ1-4C	200	12		ZB3和ZB4	6 10 14 18	52 55 60 66	CZ8-200/00	

注：型号含义举例：BQ1-2 起动变阻器(BQ)，设计序号1，电流等级2(40A)。

常用起动调速变阻器　　　　　　　　　　　　　　表6.1.2-4

型号	额定电流(A)	级数		重量(kg)	触头压力(N)	保护装置型号	
		起动	调速			接触器	继电器
BT1-3/1 BT1-3/2	40	6	10	12 14	8~12	CZ8-40/00	JL1-01
BT1-12/3 BT1-12/4 BT1-12/5	100	7	15	22 25 29	15~20	CZ8-100/00	
BT1-24/6 BT1-24/7 BT1-24/8	200	10	20	60 65 70	20~25	CZ8-200/00	
BT1-3/1 BT1-3/2	40 40	6	10	12 14	8~12	CZ8-40/00 CZ8-40/00	JL1-01
BT1-12/3 BT1-12/4 BT1-12/5	100	7	15	22 25 29	15~20	CZ8-100/00	
BT1-24/6 BT1-24/7 BT1-24/8	200	10	20	60 65 70	20~25	CZ8-200/00	

注：型号含义举例：BT1-3/1。起动调速变阻器(BT)，设计序号1，电流等级3(40A)。

(4) 瓷盘式变阻器　外形结构见图6.1.2-4，主要技术数据见表6.1.2-5。

6.1 电力电阻器

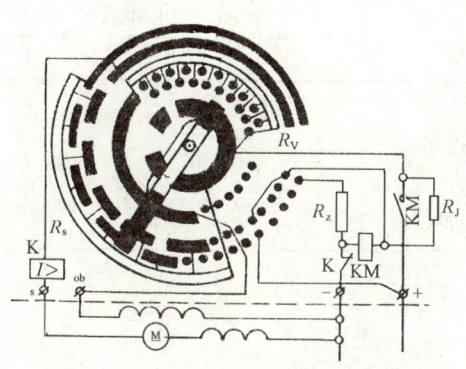

图 6.1.2-3 起动调速变阻器应用接线
R_s—起动用电阻；R_v—调速用电阻；R_J—经济电阻；R_x—保护电阻；K—电流继电器；KM—直流接触器(通断主电路，兼作欠电压保护)

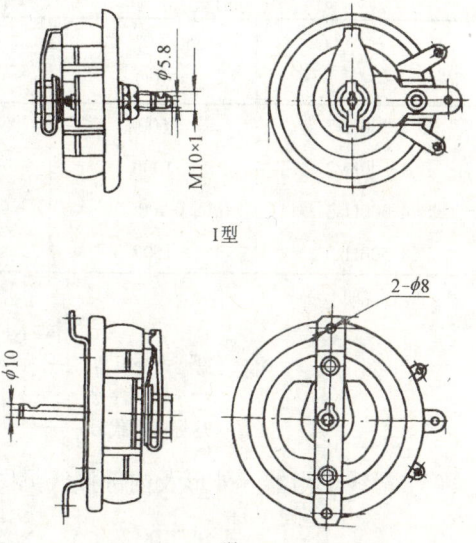

图 6.1.2-4 瓷盘式变阻器

瓷盘式变阻器 表 6.1.2-5

型 号	额定功率 (W)	最高温度 (℃)	+20℃时电阻值(Ω) 最 小	+20℃时电阻值(Ω) 最 大
BC1、BC1D-25	25	300		
BC1、BC1D-50	50	300		
BC1、BC1D-100	100	300	2	3000
BC1、BC1D-150	150	350		
BC1、BC1D-300	300	350		
BC1、BC1D-500	500	350		
BC1、BC1D-50/2	100	300		
BC1、BC1D-100/2	200	300		
BC1、BC1D-150/2	300	350	1	6000
BC1、BC1D-300/2	600	350		
BC1、BC1D-500/2	1000	350		
BC1、BC1D-150/3	450	350		
BC1、BC1D-300/3	900	350	0.65	9000
BC1、BC1D-500/3	1500	350		
BC1-150H	150	350		
BC1-300H	300	350	2	3000
BC1-500H	500	350		

续表

型　号	额定功率(W)	最高温度(℃)	+20℃时电阻值(Ω)	
			最　小	最　大
BC1-300H/2	600	350	1	6000
BC1-500H/2	1000	350		
BC1-300H/3	900	350		
BC1-500H/3	1500	350		

注：型号说明

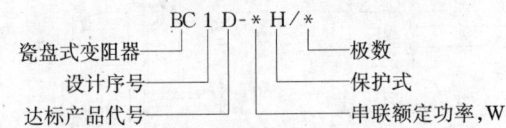

(5) 滑线变阻器　外形及内部接线见图 6.1.2-5，主要技术数据见表 6.1.2-6。

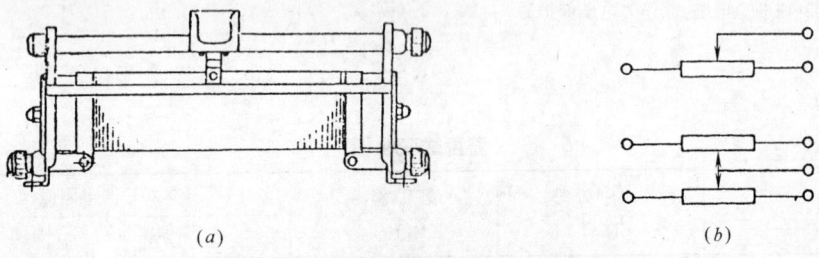

图 6.1.2-5　滑线变阻外形及内部接线
(a)外形结构；(b)内部接线示例

滑线变阻器　　　　　　　　　　　　　　表 6.1.2-6

型　号	额定电流(A)	额定电阻(Ω)	备　注
BX2-1/1~37	0.92~27.40	700~0.8	1元件
-2/1~37	0.92~27.40	1400~1.6	2元件
-4/1~34	1.6~40.50	700~1.1	4元件
-6/1~29	2.25~39.0	465~1.6	6元件
-8/1~25	3.0~40.0	350~2.0	8元件
BX7-*/11		5k~0.35	
-*/12		7k~0.72	BX7-*11~16 为 1 元件
-*/13	0.20~20.00	8.5k~0.9	BX7-*/21~24 为 2 元件
-*/14		10k~1.1	
-*/15		12k~1.26	
-*/16		14k~1.44	
-*/21		17k~1.8	
-*/22		20k~2.2	
-*/23		24k~2.52	
-*/24		28k~2.9	

(6) 频敏变阻器

频敏变阻器是一种静止的无触点电磁元件,主要由线圈和铁心构成,外形结构见图 6.1.2-6。

频敏变阻器的基本特性是其阻值随频率升高而增加。将其串入绕线型转子电路中,电机起动时,转子回路感应电势频率较高,因而频敏电阻阻值较大,可有效地降低起动电流;电机起动完毕,转子回路的感应电势频率降低,频敏电阻阻值变小,电机自动进入正常运转状态。

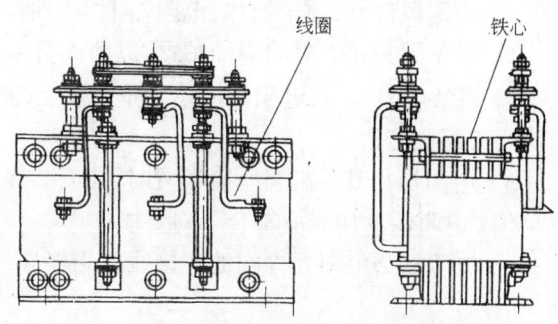

图 6.1.2-6 频敏变阻器典型结构
注:结构尺寸按实际产品而定。

频敏变阻器主要用于:

a. 绕线型转子异步电动机的起动;
b. 绕线型转子异步电动机的滑差调节;
c. 同步电动机电气制动。

常用频敏变阻器主要技术数据见表 6.1.2-7。

常用频敏变阻器　　　　表 6.1.2-7

型号	结构	铁心功率因数	变阻能力	典型用途	控制电动机功率(kW)
BP1	铁心由 12mm 山字形厚钢板制成	0.6~0.75	较好	起动带轻负载和重轻载的偶尔起动的电动机	2.2~2240
BP2	铁心由 6~8mm 山字形钢板叠成,片间有 6~10m 间隙	0.5~0.7	较好	起动反复短时工作制的电动机	0.6~125
BP3	铁心由 50×50mm 方钢制成山形铁片组成	0.7~0.75	较好	起动带轻负载和重轻载的偶尔起动的电动机	10~1120
BP4	铁片由 10mm 厚钢管外套铝环组成	0.75~0.85	较差	起动带 90% 以下负载的偶尔起动的电动机	14~1000
BP5	铁心由两层钢管和两层铝环组成	0.8~0.9	较好	起动带 100% 负载的偶尔起动的电动机	75~315

型号含义:

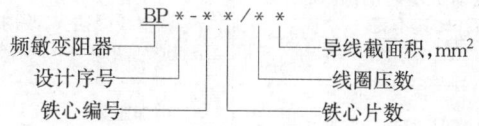

6.1.3 电阻器的使用

1. 固定电阻器和可变电阻器的安装检查与维护

(1) 电阻器和可变电阻器系高发热电器,安装时应注意:

a. 应通风良好,便于散热,电阻器上方一般不宜再安装其他电器;
　　b. 对于敞开式电阻器应加护罩,以防人员触及;
　　c. 组装电阻器时,电阻器应位于垂直面上,直接叠装的电阻器不宜超过三箱,超过三箱时应用支架固定;
　　d. 电阻器与其他电器垂直布置时,应安装在其他电器的上方。
　(2) 电阻器的接线应符合下列要求:
　　a. 电阻器与电阻元件间的连接线应用裸导线,在电阻元件允许发热条件下,能可靠接触;
　　b. 电阻器引出线夹板或螺钉应有与设备接线图相应的标号;与绝缘导线连接时,不应由于接头处的温度升高而降低导线的绝缘强度;
　　c. 多层叠装的电阻箱,引出导线应用支架固定,但不可妨碍更换电阻元件。
　(3) 变阻器的转换装置应符合下列要求:
　　a. 转换装置转动应均匀平滑,无卡阻,并有与移动方向对应的指示阻值变化的箭头标志;
　　b. 电动传动的转换装置,其限位开关及信号联锁触点的动作应准确可靠;
　　c. 齿轮传动的转换装置,允许有半个节距的窜动范围。
　(4) 电阻器内部不得有断路或短路,其直流电阻值误差应符合产品的规定。
　(5) 变阻器滑动触头与电阻的接触应良好;触头间应有足够的压力;在滑动过程中不得开路。

2. 频敏变阻器的安装、检查与维护

　(1) 频敏变阻器安装时应注意以下几点:
　　a. 应牢固地固定在基础上,当基础为铁磁物质时应在中间垫放 10mm 以上的非磁性垫片,以免影响其工作特性;
　　b. 连接线应按电动机转子额定电流选用相应的截面积;
　　c. 测量线圈对地绝缘,其绝缘电阻不小于 1MΩ。
　(2) 频敏变阻器的调整方法,见表 6.1.3-1。

频敏变阻器调整方法　　　　　　　　　表 6.1.3-1

序　号	现　　象	调　整　方　法
1	电动机刚合闸就跳闸,即起动电流太大,起动太快	a. 调整线圈抽头,改用较多匝数的抽头; b. 去掉一组并联绕组,或改为串联; c. 如已用到最多匝数,可适当另缠绕几圈
2	合闸后电动机不起动,起动电流太小,或起动后,转速不高	a. 去掉一组串联绕组,或改为并联; b. 将绕组 Y 接改为 △接; c. 调整线圈抽头,改用较少匝数抽头; d. 适当增加上下铁心气隙
3	起动时电流大,起动后转速低	a. 增加匝数; b. 增加上下铁心气隙

6.2 小型电阻器

小型电阻一般是指功率在数百瓦以下、电流在安培级以下,主要用于电子电路和其他弱信号电路中的电阻。

6.2.1 小型电阻器的种类和特性

1. 小型电阻器的种类(见表 6.2.1-1)

常用小型电阻器的种类和特点　　　　　表 6.2.1-1

序号	名称	外形	型号举例	结构特点
1	碳膜电阻		RT,RTX	将碳氢化合物在高温真空下分解,使其在瓷管或瓷棒上形成一层结晶碳膜,用刻槽的方法确定阻值。阻值范围较大,性能较稳定,工作温度为 $-55℃\sim 40℃$
2	碳质电阻		RT	将碳黑、树脂、粘土等混合物压制后经热处理而成。成本低,阻值范围广,稳定性较差
3	金属膜电阻	金属膜	RJ,RY	由金属膜构成,其阻值与金属膜材料、面积、长度有关,表面涂以棕红色或红色保护漆,综合性能优于碳膜电阻,工作温度为 $-55℃\sim 70℃$
4	线绕电阻	固定式 / 可调式	RX,RXY RXQ	由镍铬丝或锰铜丝、康铜丝绕在瓷管上构成,功率大,耐热,通常用于大功率电路中
5	热敏电阻		RRB,RRC	由热敏半导体材料构成,其阻值随温度升高而增大,或随温度升高而降低。常用于温度补偿电路中

序号	名称	外形	型号举例	结构特点
6	电位器 (可变电阻)	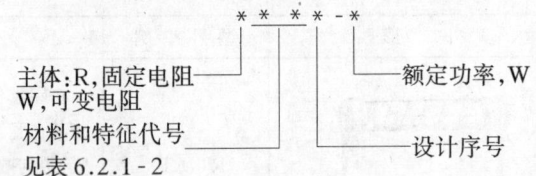	WX,WH,WT	有碳膜型、线绕型多种,阻值可调

2. 型号表示法

```
          * * * * - *
主体:R,固定电阻 ┘    └ 额定功率,W
W,可变电阻
材料和特征代号 ──────── 设计序号
见表 6.2.1-2
```

小型电阻器材料和特征代号　　　　　　　　　　　表 6.2.1-2

材料代号	特征代号
T——碳膜,P——硼碳膜,U——硅碳膜,H——合金膜,J——金属膜,Y——氧化膜,M——压敏,X——线绕	W——微调,S——实心,X——小型,J——精密,L——测量,G——高功率
R——热敏	B——温度补偿,C——温度测量,G——功率测量,P——旁热式,W——稳压,Z——正温度系数

6.2.2 小型电阻器的功率和电阻值

1. 电阻器的功率

(1) 功率系列(见表6.2.2-1)

小型电阻器功率系列　　　　　　　　　　　表 6.2.2-1

序号	类别	功率系列(W)
1	线绕电阻	0.05,0.125,0.25,0.5,1,2,4,8,10,16,25,50,75,100,150,250,500
2	非线绕电阻	0.05,0.125,0.25,0.5,1,2,5,10,25,50,100

(2) 功率值的表示方法　2W以上,用数字直接标在电阻器上;2W以下,以自身的体积表示,见表6.2.2-2。

电阻器功率与体积的关系　　　　　　　　　　　表 6.2.2-2

额定功率 (W)	RT 碳膜电阻		RJ 金属膜电阻	
	长度(mm)	直径(mm)	长度(mm)	直径(mm)
1/8	11	3.9	6~8	2~2.5
1/4	18.5	5.5	7~8.3	2.5~2.9
1/2	28.0	5.5	10.8	4.2
1	30.5	7.2	13.0	6.6
2	48.5	9.5	18.5	8.6

6.2 小型电阻器

(3) 功率值的图示表示法(见图 6.2.2-1)

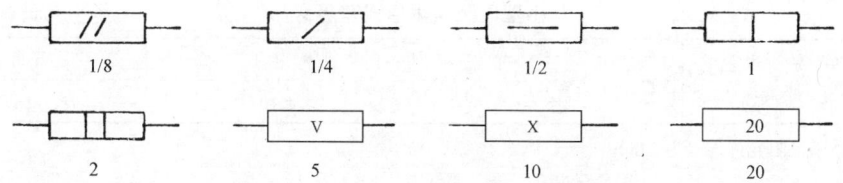

图 6.2.2-1　功率值的图示表示法(单位:W)

(4) 常用电阻的功率范围(见表 6.2.2-3)

常用电阻的功率范围　　　表 6.2.2-3

序号	类别	名称	型号	功率(W)
1	非线绕电阻	实心炭质电阻	Rs	0.125~2
		炭膜电阻	RT	0.25~10
		小型炭膜电阻	RTX	0.05、0.125
		金属膜电阻	RJ	0.5~2
		小型金属膜电阻	RJX	0.25
		氧化膜电阻	RY	0.25~2
		测量用炭膜电阻	RTL	0.125~1
		小型测量用炭膜电阻	RTL-X	0.125
2	线绕电阻	被釉耐潮线绕电阻(固定式)	RXYC	2.5~100
		被釉耐潮线绕电阻(可调式)	RXYC-T	10~100
		酚醛涂料管形线绕电阻(固定式)	RXQ	2~25
		酚醛涂料管形线绕电阻(可调式)	RXQ-T	2~25
3	电位器	碳膜电位器	WT	0.1~2
			WS	
			WH	
		线绕电位器	WX	1~10

2. 电阻器的阻值

(1) 电阻值系列(见表 6.2.2-4)

小型电阻器标称电阻值系列　　　表 6.2.2-4

允许误差	标称阻值系列
±5%	1,1.1,1.2,1.3,1.5,1.6,1.8,2,2.2,2.4,2.7,3,3.3,3.6,3.9,4.3,4.7,5.1,5.6,6.2,6.8,7.5,8.2,9.1
±10%	1,1.2,1.5,1.8,2.2,2.7,3.3,3.9,4.7,5.6,6.8,8.2
±20%	1,1.5,2.2,3.3,4.7,6.8

注:具体欧姆数值为表中系数乘以 10^n,n 为正整数或负整数。例如,当 $n=+2$ 即 $10^2=100$ 时,误差 ±20% 的电阻有 100Ω,150Ω,220Ω,330Ω,470Ω,680Ω。

(2) 电阻值误差等级(见表 6.2.2-5)

小型电阻器阻值误差等级　　　　　　　表 6.2.2-5

误 差 等 级	Ⅰ	Ⅱ	Ⅲ
允 许 误 差（%）	±5	±10	±20

注：测量膜电阻允许误差为 ±0.5%、±1%、±2%、±3%。

(3) 电阻阻值表示方法

1) 数值表示法：电阻阻值一般标注在电阻本身上，如 $5.1±10\%$ kΩ，即 5100Ω，误差 10%；200ΩⅠ，即 200Ω，误差 5%。

2) 色码表示法：小型电阻器一般用国际色码在电阻上标绘三、四个色环或色点表示其阻值和误差。国际色码表示方法见图 6.2.2-2，示例见图 6.2.2-3。其中前两个色环依次表

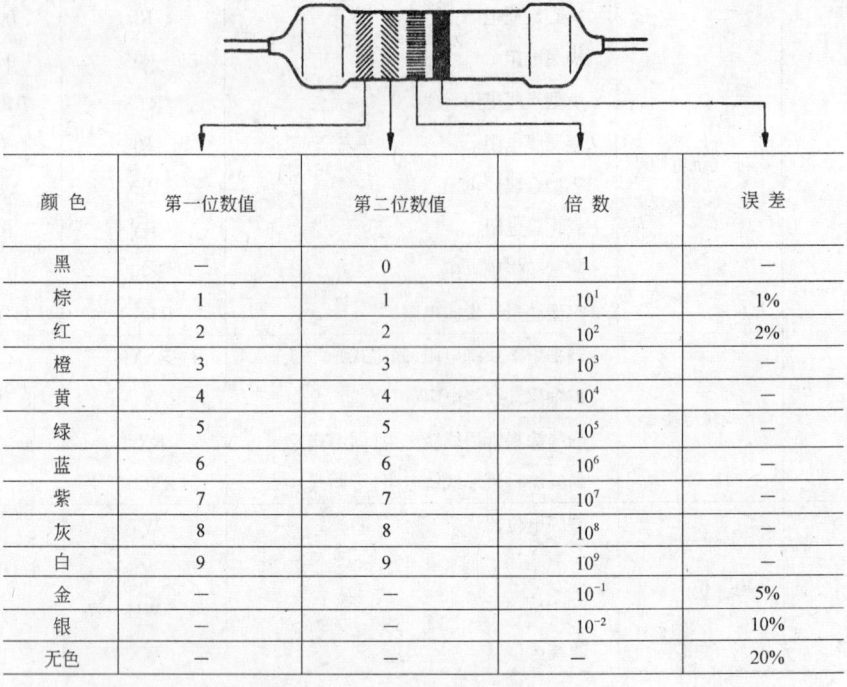

颜 色	第一位数值	第二位数值	倍 数	误 差
黑	—	0	1	—
棕	1	1	10^1	1%
红	2	2	10^2	2%
橙	3	3	10^3	—
黄	4	4	10^4	—
绿	5	5	10^5	—
蓝	6	6	10^6	—
紫	7	7	10^7	—
灰	8	8	10^8	—
白	9	9	10^9	—
金	—	—	10^{-1}	5%
银	—	—	10^{-2}	10%
无色	—	—	—	20%

图 6.2.2-2　电阻值的色码表示法

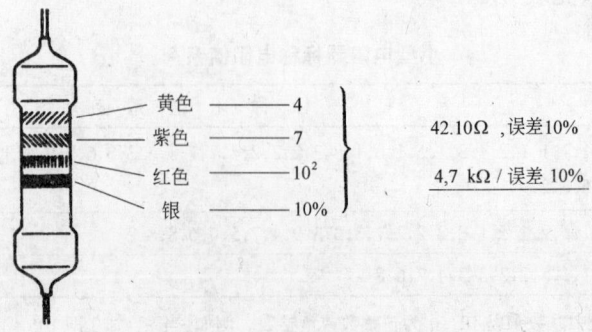

图 6.2.2-3　色码表示法示例

示电阻值的第一位和第二位数值,第三个色环表示应乘的倍数(10 的乘方),第四个色环表示电阻值的数值误差(%)。

某些精密电阻器也采用五环表示法,前三环表示电阻值的前三位有效数字,第四环表示倍数,第五环表示误差。

6.3 电力电容器

6.3.1 电力电容器的种类

1. 常用电力电容器的种类及基本用途(见表 6.3.1-1)

常用电力电容器的种类及用途　　　　表 6.3.1-1

序号	类别	型号	额定电压 (kV)	主要用途
1	并联电容器	BW、BKM、BFM、BCM、BWF、BGF 等	0.23~1.0　1.05~19.0	并联连接于工频交流电力系统中,补偿感性负荷无功功率,提高功率因数,改善电压质量,降低线路损耗
2	串联电容器	CW、CWF、CFF	0.6~2.0	串联连接于工频交流输配电线路中,补偿线路的分布电感,提高系统静、动态特性,改善线路电压质量,增大线路的输送能力
3	交流滤波电容器	AWF、AGF	1.25~18.0	通常用于电力整流装置附近交流线路一侧,与电抗器串联组成消除某次高次谐波的串联谐振电路,以达到改善电压波形的目的
4	直流滤波电容器	DW	1~500	用于含有一定交流分量的直流电路中,降低直流电路的交流分量
5	电动机电容器	EW、ECM、EMJ	0.25~0.66	与单相电动机辅助绕组相串联,以促成单相电动机起动或改善其运转特性,也可与三相异步电动机相连接,以使其可由单相电源供电,还可用于电动机的异步发电
6	防护电容器	FW、FWF	0.25~23	接于线路与地之间,用来降低大气过电压波前陡度和峰值,配合避雷器保护发电机和电动机
7	断路器电容器	JW、JWF、JY、JYF	20~180	并联连接于断路器断口上,使各断口间的电压在开断时均匀
8	脉冲电容器	MW、MY、MC、MCF	0.5~500	用于冲击电压和冲击电流发生器及振荡电路等高压试验装置,还可用于电磁成型、液电成型、储能焊接、海底探矿以及产生高温离子、激光等装置中
9	耦合电容器	OW、OY、OWF	35~750	高压端接于输电线路中,低压端经耦合线圈接地,用于载波通信,也可作为测量、控制和保护以及抽取电能
10	电热电容器	RW、RWF	0.375~2.0	用于 40~40000Hz 的电热设备中,以提高功率因数,改善电压、频率特性
11	谐振电容器	XW	0.4~0.46	在电力系统中用来与电抗器组成谐振电路
12	标准电容器	YL、YD	50~1100	与高压电桥配合,测量介质损耗和电容,也可用作电容分压

2. 型号说明

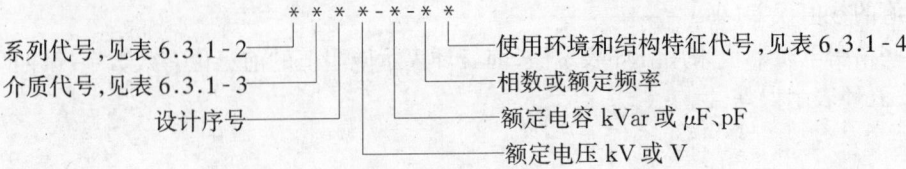

系列代号　　表6.3.1-2

序号	代号	含义	序号	代号	含义
1	B	并联电容器	8	M	脉冲电容器
2	C	串联电容器	9	Z	直流电容器
3	F	防护电容器	10	O	耦合电容器
4	Y	标准电容器	11	R	电热电容器
5	A	交流滤波电容器	12	E	交流电动机电容器
6	D	直流滤波电容器	13	X	谐振电容器
7	J	断路器电容器			

电容介质代号　　表6.3.1-3

序号	代号	含义	序号	代号	含义
1	Y	矿物油浸纸介质	10	WF	烷基苯浸复合介质
2	W	烷基苯浸纸介质	11	GF	硅油浸复合介质
3	G	硅油浸纸介质	12	TF	偏苯浸复合介质
4	T	偏苯浸纸介质	13	FF	二芳基乙烷浸复合介质
5	C	蓖麻油浸纸介质	14	BF	异丙基联苯浸复合介质
6	D	氮气介质	15	FM	二芳基乙烷浸全膜介质
7	K	空气介质	16	BM	异丙基联苯浸全膜介质
8	L	六氟化硫介质	17	KM	干湿全膜介质
9	S	石蜡介质			

使用环境和结构特征代号　　表6.3.1-4

序号	代号	含义	序号	代号	含义
1	W	户外式(户内式不表示)	5	S	水冷式(自冷式不表示)
2	H	污秽地区用	6	B	可调式
3	TH	湿热带地区用	7	K	防爆式
4	G	高原地区用	8	TA	干热带地区

【例】 BWF0.4-12-3 并联电容器，烷基苯浸复合介质，$U_N=0.4\text{kV}$，$Q_N=12\text{kVar}$，三相($C=239\mu\text{F}$)。

EW400-3 交流电动机电容器，烷基苯浸纸介质，$U_N=400\text{V}$，$C=3\mu\text{F}$。

6.3.2　常用电力电容器

1. 并联电容器(见表6.3.2-1)

常用并联电容器 表6.3.2-1

序号	型号	额定电压(kV)	相数	额定容量(kVar)	额定电容(μF)
1	BW0.23	0.23	1,3	3,5,6	40,300,351
2	BKMJ0.23	0.23	1	3,2	64
			3	5,10,15,20	100,200 300,400
3	BCMJ0.23	0.23	3	2.5,5,10,15,20,25	50,100,200,300,400
4	BW0.4 BKMJ0.4 BCMJ0.4 BWM0.4 BWF0.4	0.4	3	3,4,5,6,8,10,15, 20,25,30,40,50,60, 80,100,120	60, 80, 100, 120, 160, 200, 300, 400, 600, 800, 1000, 1200, 1600, 2000, 2400
5	BW3.15 BWF3.15	3.15	1	12, 15, 18, 20, 25, 30,40,50,60,80,100, 200	3.86,5.1,5.78,6.42, 8.0,9.6,12.8,16,19.2, 25.6,32.1,64.2
6	BWF6.3 BFF6.3 BBF6.3 BGF6.3	6.3	1	12, 14, 20, 25, 30, 40, 50, 60, 80, 100, 200,300	0.96, 1.12, 1.6, 2.0, 2.4,3.2,4.01,4.81,6.4, 8.0,16.0,24
7	BW10.5 BWF10.5 BFF10.5 BBF10.5 BGF10.5	10.5	1	20, 25, 30, 40, 50, 60, 80, 100, 120, 150, 200	0.58,0.72,0.87,1.15, 1.44, 1.73, 2.31, 2.89, 3.46,5.33,5.78

注：表中电容与电容量对应关系如下：

$$C = \frac{Q}{U^2 2\pi f} \times 10^3$$

式中 Q—kVar；U—kV；C—μF；$2\pi f = 314$。

例如：$Q = 20$kVar，$U = 10.5$kV，则：

$$C = \frac{20 \times 10^3}{10.5^2 \times 314} = 0.577 \mu F$$

2. 交流电动机用电容器（见表6.3.2-2）

常用交流电动机用电容器 表6.3.2-2

序号	型号	额定电压(V)	额定电容(μF)
1	ECMJ250	250	25,30,40,50,55,60,65,70,75
2	EMJ250	250	2~7
3	EW400 ECMJ400 EMJ400	400	1,1.2,1.5,2,2.5,3.15,4,6,8,10,12
4	ECMJ500 EMJ500	500	2,2.5,3.15,4,5,6.3,8,10,12.5,14,15,16, 18,20,25,30,40,50

注：电容器一般有圆形、方形两种规格。
EMJ 相当于旧型号 CBB。

6.3.3 电力电容器的应用

1. 并联电容器的应用

装设并联电容器,主要为了提高系统的功率因数。并联电容器可装于高压侧,也可装于低压侧,可采用 Y 接,也可采用 △ 接。常用的低压侧接线方式见图 6.3.3-1。为了消除断开后电容器中的残余电荷,保证人员的安全,还必须安装放电电阻。在低压系统中,可用白炽灯代替放电电阻。

图中,R_1 为切合电阻,对于低压移相电容器组,$R_1 = (0.2 \sim 0.3) X_C$(X_C 为电容器组的容抗)。

R_2 为放电电阻,对于低压电容器组常用白炽灯来代替。放电电阻的阻值按切断电源后电容器端头上的电压在 3min 内降至 50V 来确定。

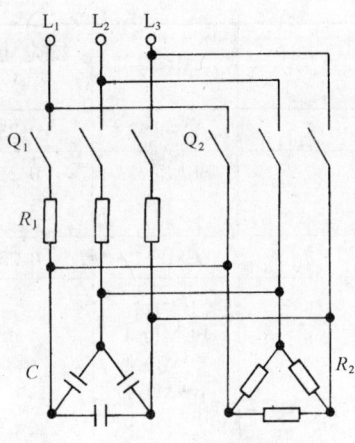

图 6.3.3-1 并联电容器接线

$$R_2 = \frac{t}{C \ln \frac{\sqrt{2} U_N}{50}} \Omega$$

式中 t——降至 50V 以下所需时间,s;
　　　C——电容器组电容,F;
　　　U_N——电容器额定电压,V。

Q_1、Q_2 为自动开关,合闸时,先闭合 Q_1,延时 0.2~0.5s 后再闭合 Q_2;断开时,先断开 Q_2,延时后再断开 Q_1。(注:并联电容器的其他连接方式,参见本书第 15 章。)

2. 交流电动机电容器的应用

(1) 单相交流电动机的起动和运行

为了获得旋转磁场,起动电动机,增大电动机的最大转矩,通常在电容式单相交流电动机的辅助绕组中串联电容器。

电容器容量选择见表 6.3.3-1。

单相电动机用电容器容量的选择　　　　表 6.3.3-1

序 号	电动机功率(W)	电动机极数	运行电容(μF)	起动电容(μF)
1	6	4	1	
2	10	4	1	
		2	1	
3	16	4	2	
		2	1	
4	25	4	2	
		2	2	
5	40	4	2	
		2	2	
6	60	4	4	
		2	4	

续表

序 号	电动机功率(W)	电动机极数	运行电容(μF)	起动电容(μF)
7	90	4	4	
		2	4	
8	120	4	4	75
		2	4	75
9	180	4	6	75
		2	6	75
10	250	4	8	100
		2	8	100

注：起动电容器一般选用电解电容器。

(2) 三相异步电动机接入单相电网运行

三相异步电动机接入单相电网运行，一般应接入电容器。电容器接入方法及电容量选择见表 6.3.3-2。

三相异步电动机改为单相运行时电容器的连接与选择　　　表 6.3.3-2

序 号	连 接 方 法	运行电容 C_p		起动电容器 C_n	
		电容量(μF)	电压(V)	电容量(μF)	电压(V)
1		$4800\dfrac{I_{1N}}{U_N}$	$1.15U_N$		$1.15U_N$
2		$2800\dfrac{I_{1N}}{U_N}$	$1.15U_N$	$(2\sim3)C_p$	$1.15U_N$
3		$1600\dfrac{I_{1N}}{U_N}$	$2.2U_N$		$2.2U_N$

续表

序 号	连接方法	运行电容 C_p		起动电容器 C_n	
		电容量(μF)	电压(V)	电容量(μF)	电压(V)
4	(见图)	$2740 \dfrac{I_{1N}}{U_N}$	$1.3U_N$	$(2\sim3)C_p$	$1.3U_N$

注：表中 I_{1N}—三相异步电动机的额定电流，A；
U_N—单相电网电压，V。
起动电容 C_n，可选用电解电容。若电源电压接 1、2 为电动机正转，接 1、3 则为反转。S 为起动开关。

【例 6.3.3-1】 某一三相异步电动机，$P_N = 1\text{kW}$，$U_{1N} = 220/380\text{V}(\triangle/\text{Y} 接)$，$I_{1N} = 4.2/2.4\text{A}$，现要接入 220V 单相电源，所用 $C_p = ?$，$C_n = ?$ $U_c = ?$

【解】 若按 Y 接（表 6.3.3-2 中"1"），

$$C_p = 4800 I_{1N}/U_N = 4800 \times \frac{2.4}{220} = 52.4\mu F$$

$$C_n = (2\sim3)C_p = 100\sim160\mu F$$

$$U_c = 1.15 U_N = 1.15 \times 220 = 250V$$

(3) 异步发电机单机运行

异步电动机改为异步发电机单机运行时，必须在异步电动机绕组两端并联适当电容器，其接线方式见图 6.3.3-2。

其电容量按下式计算：

$C = 460 I_N/U_N$（电容器 $\triangle$ 接）；

$C = 1380 I_N/U_N$（电容器 Y 接）；

式中　C——接入电容器每相容量，μF；

I_N——额定线电流，A；

U_N——额定线电压，V。

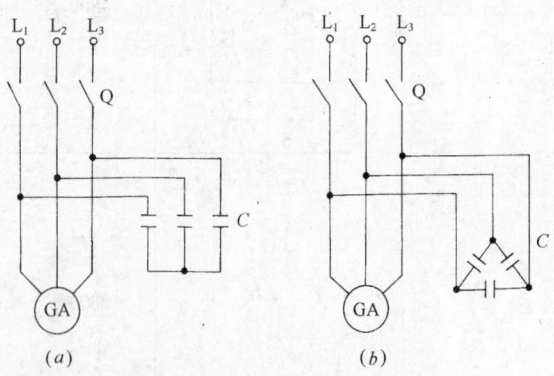

图 6.3.3-2　异步发电机单机运行
(a)电容器 Y 接；(b)电容器 $\triangle$ 接

【例 6.3.3-2】 一台三相异步电动机，$P_N = 11\text{kW}$，$U_N = 380\text{V}$，$I_N = 22.6\text{A}$，改为发电机单机运行，需要并联电容器容量为多少？

【解】 若电容器为 $\triangle$ 接，每相电容为

$$C = 460 I_N/U_N = 460 \times \frac{22.6}{380} = 27.5\mu F$$

三相总电容为：$3 \times 27.5 = 85\mu F$

若电容器为 Y 接，每相电容为

$C = 1380 I_N/U_N = 1380 \times 22.6/380 = 85\mu F$,三相总电容为 $3 \times 85 = 255\mu F$。

注意：上面关于电容量的确定方法是粗略的，应根据运行情况，适当增减；其次，电压的高低与负载大小有关，为了保持电压的稳定，必须在负载增加时增大电容量，为此，通常在较大的负载端并联适当的电容，与负载同时接入与断开。

6.4 小型电容器

6.4.1 小型电容器的种类及特点

1. 常用小型电容器的种类(见表 6.4.1-1)

常用小型电容器　　　　表 6.4.1-1

序号	名　称	外 形 示 例	型号	主 要 特 点	主要用途
1	纸介电容器	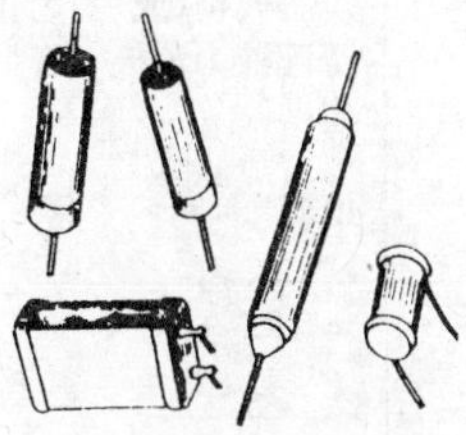	CZ	由极薄电容器纸，夹着两层金属箔作为电极，卷成圆柱体芯子，密封于铝壳或瓷管内。体积大，价格低，损耗大	低频电路
2	云母电容器	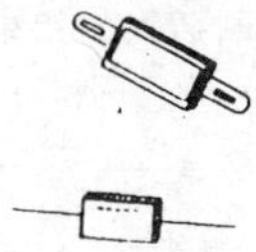	CY	由金属箔(如锡箔)与云母层层迭合后，压铸于胶木粉中。耐高压，耐高温，性能稳定，体积小，容量小	高频电路
3	油质电容器		CZ	将纸介电容器浸入电容器油中。电容量大，耐压高，体积大	大电力无线电设备中
4	陶瓷电容器	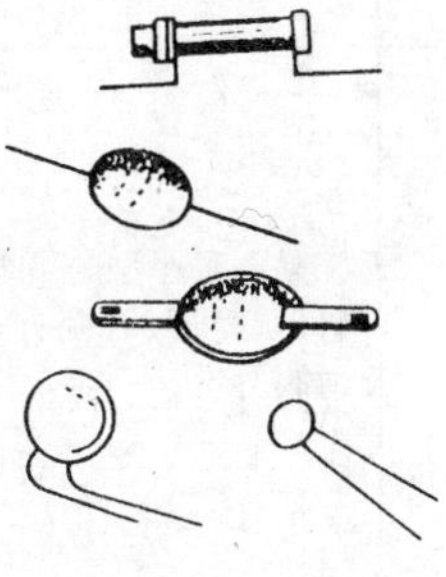	CC	以陶瓷为介质，在两面喷涂银层，烧制后喷漆。耐高温，体积小，性能稳定，容量小	高频电路

续表

序号	名称	外形示例	型号	主要特点	主要用途
5	有机薄膜电容器		CB	以聚苯乙烯或涤纶为介质。性能优良	宜用于旁路电容
6	金属化纸介电容器		CJ	由电容器纸和金属膜覆盖层制成。电容量大,高电压击穿后仍能恢复正常	低频电路
7	钽(铌)电容器		CA,CN	金属钽(或铌)为正极,稀硫酸等配液为负极。容量大,性能稳定	高性能电子设备中的电解电容
8	电解电容器		CD,CN	以铝圆筒为负极,装入电解质,插入的铝带为正极。容量大,极性固定	电源滤波电路和音频旁路
9	可变电容器		CB	按其介质材料分为空气和有机绝缘薄膜,采用开启式结构和密闭式结构,后者体积较小,防尘好	调谐电路
10	微调电容器		CW	是一种小型的可变电容器,有管形、筒形、有瓷介、云母、绝缘薄膜等	补偿或振荡电路

2. 型号说明

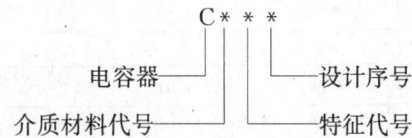

电容器的介质材料及特征代号见表6.4.1-2。

小型电容器介质材料及特征代号　　　　表 6.4.1-2

序号	类别	代号及含义
1	材料	C—瓷介，B—聚苯乙烯，Q—漆膜，N—铌，Y—云母，F—聚四氟乙烯，Z—纸介，T—钛，I—玻璃釉，L—涤纶，H—混合介质，M—压敏，O—玻璃膜，S—聚碳酸脂，A—钽
2	特征	D—电解，T—筒形，G—管形，L—立式矩形，Y—圆形，M—密封，X—小型，J—金属化，T—铁电，W—微调，B—可变

6.4.2 小型电容器的电容值及标注方法

1. 常用电容器的技术数据（见表 6.4.2-1）

常用电容器技术数据　　　　表 6.4.2-1

序号	类型	工作电压(V)	标称容量 误差 ±5%	±10%	±20%
1	纸介电容器	63～50000	100～1000pF	0.01～0.1μF	0.1～10μF
2	云母电容器	100～50000	>10pF	>10pF	>10pF
3	铝电解电容器	6～450	1～5000μF		

2. 电容器数据标注方法

(1) 色码标注方法见图 6.4.2-1。

例如，某电容器色码依次为红—棕—绿—白，引线端为黄色。由图可知，电容值为 21×10^5 pF，±10%，直流耐压 400V。

(2) 陶瓷电容器的数字标志

部分陶瓷电容器不用色标，而用数字和英文字母直接标写，方法如下：

用数字表示电容量，单位为 pF。

【例】 56，即 56pF；

562，即 5600pF（左起第三位数表示 0 的个数）。

用数字和 n 表示电容量，单位为 nF。例：1n，即 1nF。

在数字之后跟着的大写英文字母，表示电容量误差的百分数，例如 56M，即为 56pF±20%。

在大写英文字母之后跟着的小写英文字母，表示标称电压，例如 56Md，即为 56pF±20%，250V。如果没有小写英文字母，则标称电压为 500V。

电容误差及标称电压的标志见表 6.4.2-2 所列。

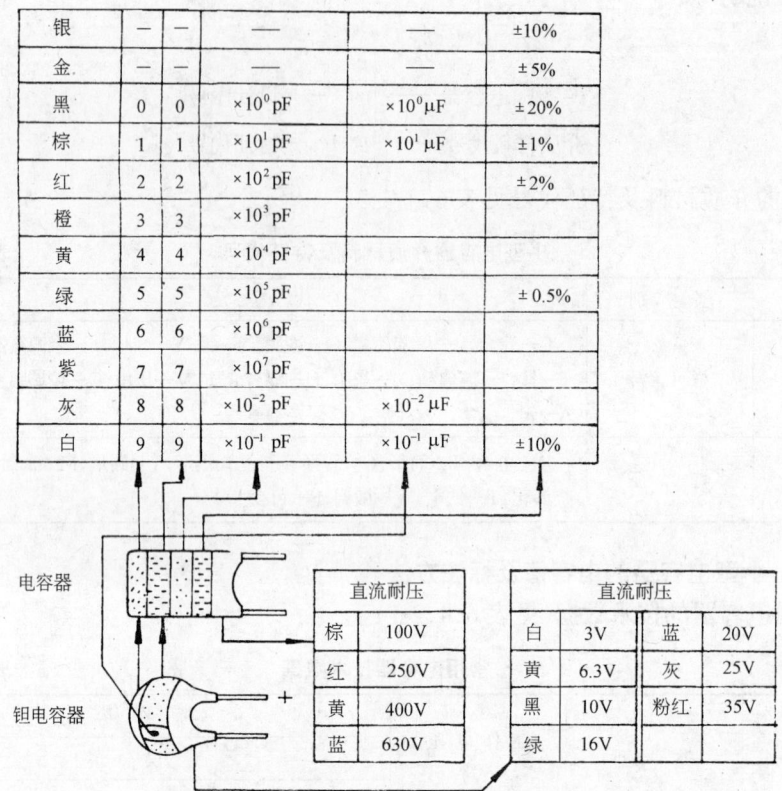

图 6.4.2-1 电容器的色码标注方法

电容误差及标称电压的标志　　　　　　　　　表 6.4.2-2

标 志	电容量误差		标 志	标 称 电 压
	C<10pF	C>10pF		
B	±0.1pF	—	a	50V~
C	±0.25pF	—	b	125V~
D	±0.5pF	±0.5%	c	160V~
F	±1pF	±1%	d	250V~
G	±2pF	±2%	e	350V~
H		±2.5%	f	500V~
J		±5%	g	700V~
K		±10%	h	1000V~
M		±20%		
P		−0……+100%	u	250V~
R		−20……+30%	v	350V~
S		−20……+50%	w	500V~
Z		−20……+80%		

6.5 电力电抗器

6.5.1 电力电抗器的种类(见表6.5.1-1)

常用电力电抗器的种类　　　　表6.5.1-1

类别	特点	品种	型号	备注
空心式	空心式电抗器只有线圈,没有铁心,实质上就是一个空心的电感线圈。磁路的磁导小,电感值也小,而且不存在饱和现象,电感值是个常数,不随通过电抗器电流的大小而改变	水泥电抗器 分裂电抗器	NK FK	限流
铁心式	铁心式电抗器的磁路是一个带间隙的铁心,铁心外面套有线圈。由于磁性材料的磁导率比空气大得多,所以铁心式电抗器的电感值也比空心式大,但超过一定电流以后,由于铁心饱和而逐渐减小。相同容量时,其体积比空心式小	并联电抗器 串联电抗器 起动电抗器 滤波电抗器 消弧线圈	BK CK QK LK X	
饱和式与自饱和式	饱和电抗器与自饱和电抗器的磁路是一个闭合的铁心,除交流工作线圈外还有直流控制线圈。它利用磁性材料非线性的特点工作。改变直流控制电流,可以改变铁心的饱和特性,从而改变交流侧的等效电感			调节电流

6.5.2 电力电抗器的应用

1. 限流

图6.5.2-1(d)中,水泥电抗器L1装于出线端,当线路发生短路时,短路电流受到限制,使母线电压不致过低。

图6.5.2-1　电抗器限流
L1—水泥电抗器;L2—分裂电抗器;Q—开关

图中(b),正常工作时,分裂电抗器L2的两臂(即两支路)电流方向相反,而两臂线圈绕向相同。由于互感的影响,每臂的有效电感很小,压降不大。当一臂所接线路发生短路故障时,电流将急剧增大,而另一臂的电流却不大,对短路臂的互感影响可以忽略,短路臂的有效电感很大,限流作用显著。

2. 电动机降压起动

图6.5.2-2中,起动电抗器L与电动机M串联。起动时,Q1闭合,Q2断开,L接入电路,电动机降压起动;起动完毕,Q2闭合,Q1断开,电抗器L被切除。电抗器的连续工作时间一般不得超过2min。

起动电抗器的选择:

$$I_N = K_q K_s I_M \quad (A)$$

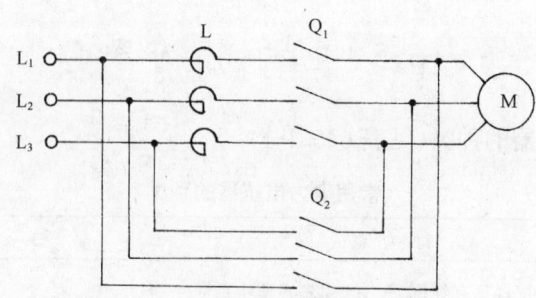

图 6.5.2-2　电抗器用于电动机起动
L—起动电抗器；Q1—起动开关；Q2—运行开关

$$X_N = (1 - K_s) U_\phi / I_N \quad (\Omega)$$
$$S_N = 3 I_N^2 X_N \times 10^{-3} \quad (kVar)$$

式中　I_N、X_N、S_N——起动电抗器的额定电流、额定电抗和额定容量；
　　　I_M、U_ϕ——电动机额定电流(A)、额定相电压(V)；
　　　K_q——起动电流与额定电流之比；
　　　K_s——起动电压与全电压之比。

3. 消弧

在中性点非直接接地系统中，变压器的中性点常通过消弧线圈接地。它的作用是：当三相线路的一相发生弧光接地故障时，产生电感电流，抵消由线路对地电容产生的电容电流，从而消除因电容电流存在而引起故障点的电弧持续，避免故障范围扩大，提高电力系统供电的可靠性。大容量发电机定子绕组对地电容很大，也经常在中性点接消弧线圈。

消弧线圈在中性点不接地电力系统中的接线见图 6.5.2-3。

消弧线圈的选择：

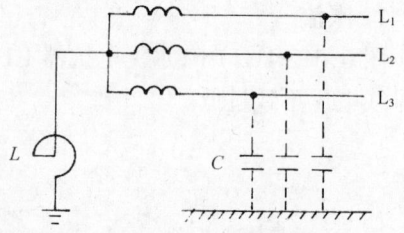

图 6.5.2-3　电抗器消弧
L—消弧线圈；C—线路对地电容

$$I_N = 3 \times 2\pi f C U_\phi \quad (A)$$
$$X_N = 1/3 \times 2\pi f C \quad (\Omega)$$
$$S_N = U_\phi I_N \times 10^{-3} \quad (kVar)$$

式中　I_N、X_N、S_N——消弧线圈的额定电流、额定电抗和额定容量；
　　　C——线路对地电容，F；
　　　U_ϕ——线路相电压，V；
　　　f——频率，Hz。

实际运行时，消弧线圈的电抗值应略小于额定电抗值 X_N。

6.6　小型电感器

6.6.1　小型电感器的种类及特性

1. 常用小型电感器的种类(见表 6.6.1-1)

6.6 小型电感器

常用小型电感器　　　　　　　　表 6.6.1-1

序号	名　称	外形示例	特点及用途
1	低频扼流圈		用于低频电路中，主要起限流滤波作用，常与电容器配合构成低频滤波电路，滤除残余交流成分
2	高频阻流圈		用于高频电路中，用来阻碍高频电流的通过。高频阻流圈常与电容器串联或并联，构成滤波电路，以达到分频的目的
3	固定电感器		固定电感器的电感量用色环表示，以示与其他电感器的区别，又称之为色码电感器。这种电感器具有体积小、重量轻、结构牢固、安装方便等优点，因而广泛地应用于收录音机、电视机、录像机及其他电子仪器设备中作滤波、扼流、振荡及延时等电路
4	振荡线圈		振荡线圈常与电容器配合组成谐振电路。在半导体收音机中，中周也是一种振荡线圈，又称中频变压器，内部有尼龙衬架、I字形磁心、线圈及磁帽，以金属外壳封装
5	天线线圈		在收音机中，为了提高其输入回路的灵敏度与选择性，常采用磁性天线。由于其导磁能力增大，聚集无线电磁波的能力增强，使线圈中能感应出较大的信号电压，从而使收音机的接收灵敏度得以提高
6	空心线圈		这种线圈是没有磁心的，用铜丝（或镀银丝）在一定直径的圆棒上绕制脱胎而成。例如收音机中的调频天线及超高频发射天线等

序号	名称	外形示例	特点及用途
7	可调磁心线圈		这类线圈中设有可调磁心,调节其磁心即可改变线圈的电感量,例如收音机中的振荡线圈,电视机中的行频振荡线圈等

2. 小型电感器的性能参数(见表6.6.1-2)

小型电感器的性能参数　　　　　表6.6.1-2

项次	名称	符号	含义	备注
1	电感量	L	与线圈匝数、直径、铁心、结构等有关的基本参数	小的为 $1\sim100\mu H$,大的可达 $30H$ 以上
2	品质因数	Q	在某一频率交流电压下运行,线圈的感抗与线圈直流电阻的比值,$Q=2\pi fL/R$	Q 值越大,线圈损耗越小,Q 值一般为数十至数百
3	额定电流	I_N	允许通过的电流	大功率线圈应考虑的参数
4	分布电容	C_0	线圈匝之间实际存在的电容,影响线圈工作的稳定性	C_0 宜小

6.6.2 常用小型电感器

小型电感器种类品种很多,其中LG型电感器通用性强,应用广泛,主要用于滤波、谐振等电子电路,其主要技术数据见表6.6.2-1。

LG型电感器　　　　　表6.6.2-1

电感量系列(μH)	电感量偏差(%)	频率(kHz)	Q值	额定电流(mA)
1,1.2,1.5,1.8,2.2,2.7,3.3,3.9,4.7,5.6,6.8,8.2	$\pm5\sim\pm10$	$1\sim800$	$40\sim80$	50,150,300,700,1600(5档)

注:电感量系列为表列数据的 n 次方($n=0.1,1,10,100$),电感值的色标代码与电阻器类同,参见图6.2.2-2。

小型电感器的型号一般表示方法如下:

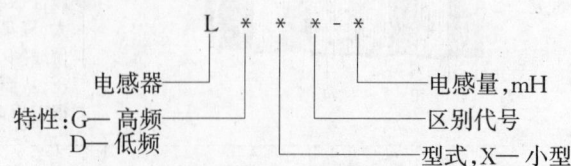

第 7 章 电子元器件及其应用

7.1 分立半导体器件型号命名方法

1. 半导体器件的型号由五个部分组成

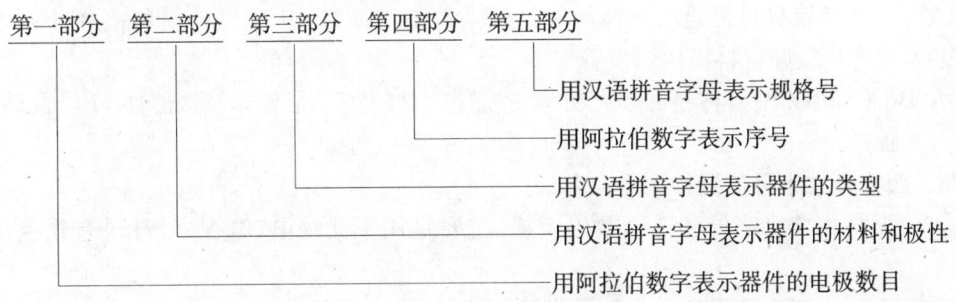

注：场效应器件、半导体特殊器件、复合管、PIN 型管，激光器件的型号命名只有第三、四、五部分。

第一部分		第二部分		第 三 部 分				第四部分	第五部分
用数字表示器件的电极数目		用汉语拼音字母表示器件的材料和极性		用汉语拼音字母表示器件类别				用数字表示器件序号	用汉语拼音字母表示规格号
符号	意 义	符号	意 义	符号	意 义	符号	意 义		
2	二极管	A	N 型,锗材料	P	普 通 管	D	低频大功率管		
3	三极管	B	P 型,锗材料	V	微 波 管		(f_a＜3MHz, P_C≥1W)		
		C	N 型,硅材料	W	稳 压 管	A	高频大功率管		
		D	P 型,硅材料	C	参 量 管		(f_a≥3MHz, P_C≥1W)		
		A	PNP 型,锗材料	Z	整 流 器	T	可控整流器		
		B	NPN 型,锗材料	L	整 流 堆		（晶闸管）		
		C	PNP 型,硅材料	S	隧 道 管	Y	体效应器件		
		D	NPN 型,硅材料	N	阻 尼 管	B	雪 崩 管		
		E	化合物材料	U	光电器件	J	阶跃恢复管		
				K	开 关 管	CS	场效应器件		
				X	低频小功率管	BT	半导体特殊器件		
					(f_a＜3MHz, P_C＜1W)	FH	复 合 管		
				G	高频小功率管	PIN	PIN 型管		
					(f_a≥3MHz, P_C＜1W)	JG	激光器件		

注：新型或个别半导体器件的命名方法有可能不符合此表，应予注意。

2. 型号组成部分的符号及其意义

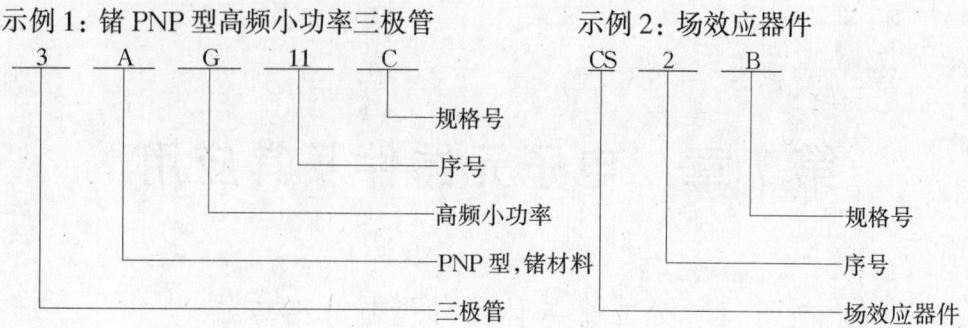

示例3：
2AP1　N型锗材料普通二极管
2DW7A　P型硅材料稳压二极管
3AD30A　PNP型锗材料低频大功率三极管
3DG8C　NPN型硅材料高频小功率三极管
BT33C　半导体特殊器件（单结晶体管）

附：西欧分立半导体器件型号命名法

标准型号：由2个字母和3个数码组成，主要是用于无线电、电视、磁性录音设备的器件。

工业型号：由3个字母和2个数码组成，除了用于上述设备外，尤其是用于工商业设备的器件。

第1个字母表示制造材料
A　锗材料
B　硅材料
C　Ⅲ、Ⅴ族材料，如镓、砷化物
R　光敏元件及霍尔发生器的材料

第2个字母表示使用目的
A　普通二极管
B　变容（调谐）二极管
C　低频晶体三极管
D　低频功率晶体三极管
F　高频晶体三极管
P　光敏半导体元件
Q　发光半导体元件
S　开关用晶体三极管
U　功率开关管
Z　稳压二极管（齐纳二极管）

第3个字母，一般是字母Z或Y或X等。
跟在字母后面的数码一般为流水号，没有技术含义。
示例：
二极管　AA116　锗普通二极管
　　　　BAY44　硅普通二极管
三极管　BC107/109　硅低频小信号三极管
　　　　BD　135　硅低频小功率三极管

7.2 半导体管

7.2.1 半导体二极管
1. 半导体二极管的特性及主要参数

二极管是一种电流—电压不对称、非线性特性的电子元件,按制造材料的不同分为硅二极管和锗二极管,两者之间的特性有明显的差别,图 7.2.1-1 表示两种材料二极管的特性曲线。从图中可以看到,锗二极管的电流上升率无论在导通区还是截止区都比硅二极管的要小得多。

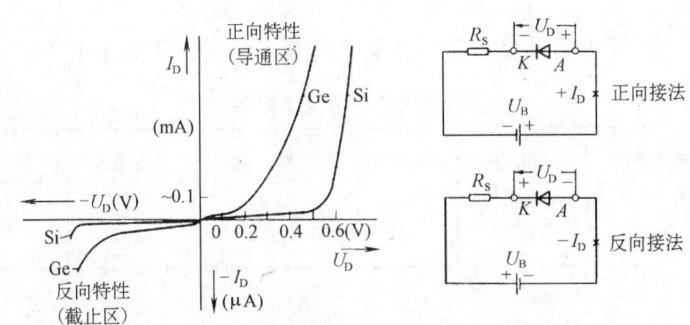

图 7.2.1-1 二极管的伏安特性

(1) 正向导通电压

加在二极管两端使二极管的电流有明显上升的正向电压称为正向导通电压,或门坎电压,其数值如下:

$$+U_D(锗管) \approx 0.2V$$
$$+U_D(硅管) \approx 0.6V$$

受温度影响的数值是 $U_T \approx (1.7 \sim 2)\text{mV}/℃$。

(2) 等效电路图

二极管的等效电路如图 7.2.1-2 所示。

(3) 导通电阻(正向电阻)、截止电阻(反向电阻)

导通电阻和截止电阻的数值如表 7.2.1-1 所列。

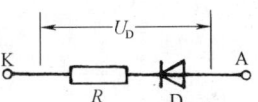

图 7.2.1-2 二极管等效电路

二极管的正向电阻和反向电阻　　　　表 7.2.1-1

	正向电阻 $R_D(\Omega)$	反向电阻 $R_S(M\Omega)$
锗二极管	25～500	>0.5
硅二极管	10～150	>10
开关二极管	约 0.5	>10
硅整流二极管	约 0.8	>10

当导通电流 100mA 以下时,硅二极管正向电阻可由下式求出,此式在温度 20～30℃ 范围内计算结果相当精确:

$$R_D \approx \frac{25}{I_D}(\text{mA};\Omega); \text{如系开关管}, R_D \approx \frac{0.5 \sim 5}{I_D}$$

式中 I_D 为二极管的电流。

(4) 二极管的主要参数

1) 最大整流电流 在规定的散热条件下,二极管长期运行允许通过的最大正向平均电流。

2) 最高反向工作电压 最高反向工作电压(又称最高反向峰值电压)是反向击穿电压的 1/2。部分小容量二极管的最高反向工作电压为反向击穿电压的 2/3。

3) 反向电流 在给定的反向电压下通过二极管的反向电流值。反向电流越小,二极管的单向导电性越好。

常用半导体二极管的型号及主要参数见表 7.2.1-2 至表 7.2.1-4。

表 7.2.1-2 硅整流二极管技术数据

型号	最大整流电流 I_F(A)	最高反向工作电压 U_R(V)	正向压降 U_F (V)	频率 f (kHz)	最高结温 T_{JM} (℃)	铝散热片 (mm)	外形
2CZ52A	0.10	25	≤1.0	3	150	自然冷却	ED-2 型、EA 型(见本表末附图)
2CZ52B		50					
2CZ52C		100					
2CZ52D		200					
2CZ52E		300					
2CZ52F		400					
2CZ52G		500					
2CZ52H		600					
2CZ52J		700					
2CZ52K		800					
2CZ52L		900					
2CZ52M		1000					
2CZ52N	0.10	1200	≤1.0	3	150	自然冷却	ED-2 型、EA 型
2CZ52P		1400					
2CZ52Q		1600					
2CZ52R		1800					
2CZ52S		2000					
2CZ52T		2200					
2CZ52U		2400					
2CZ52V		2600					
2CZ52W		2800					
2CZ52X		3000					
2CZ53A	0.30	25	≤1.0	3	150		ED-2 型、EA 型
2CZ53B		50					
2CZ53C		100					
2CZ53D		200					

续表

型　号	最大整流电流 I_F(A)	最高反向工作电压 U_R(V)	正向压降 U_F (V)	频率 f (kHz)	最高结温 T_{JM} (℃)	铝散热片 (mm)	外　形
2CZ53E		300					
2CZ53F		400					
2CZ53G		500					
2CZ53H		600					
2CZ53J		700					
2CZ53K		800					
2CZ53L		900					
2CZ53M		1000					ED-2型、EA型
2CZ53N	0.30	1200	≤1.0	3	150		
2CZ53P		1400					
2CZ53Q		1600					
2CZ53R		1800					
2CZ53S		2000					
2CZ53T		2200					
2CZ53U		2400					
2CZ53V		2600					
2CZ53W		2800					
2CZ53X		3000					
2CZ54A		25					
2CZ54B		50					
2CZ54C		100					
2CZ54D		200					
2CZ54E		300					
2CZ54F		400					
2CZ54G		500					
2CZ54H		600					
2CZ54J		700					
2CZ54K		800					
2CZ54L	0.50	900	≤1.0	3	150	自然冷却	EE型
2CZ54M		1000					
2CZ54N		1200					
2CZ54Q		1400					
2CZ54P		1600					
2CZ54R		1800					
2CZ54S		2000					
2CZ54T		2200					
2CZ54U		2400					
2CZ54V		2600					
2CZ54W		2800					
2CZ54X		3000					

续表

型 号	最大整流电流 I_F(A)	最高反向工作电压 U_R(V)	正向压降 U_F (V)	频 率 f (kHz)	最高结温 T_{JM} (℃)	铝散热片 (mm)	外 形
2CZ55A		25					
2CZ55B		50					
2CZ55C		100					
2CZ55D		200					
2CZ55E		300					
2CZ55F		400					
2CZ55G		500					
2CZ55H	1	600	≤1.0	3	150	60×60×1.5 自然冷却	EE 型
2CZ55J		700					
2CZ55K		800					
2CZ55L		900					
2CZ55M		1000					
2CZ55N		1200					
2CZ55P		1400					
2CZ55Q		1600					
2CZ56A		25					
2CZ56B		50					
2CZ56C		100					
2CZ56D		200					
2CZ56E		300					
2CZ56F		400					
2CZ56G		500					
2CZ56H	3	600	≤0.8	3	140	80×80×1.5 自然冷却	EF 型
2CZ56J		700					
2CZ56K		800					
2CZ56L		900					
2CZ56N		1000					
2CZ56P		1200					
2CZ56Q		1400					
2CZ57A		25					
2CZ57B		50					
2CZ57C		100					
2CZ57D		200					
2CZ57E		300					
2CZ57F	5	400	≤0.8	3	140	100cm² 自然冷却	EF 型
2CZ57G		500					
2CZ57H		600					
2CZ57J		700					
2CZ57K		800					
2CZ57L		900					

续表

型号	最大整流电流 I_F(A)	最高反向工作电压 U_R(V)	正向压降 U_F (V)	频率 f (kHz)	最高结温 T_{JM} (℃)	铝散热片 (mm)	外形
2CZ57M	5	1000	≤0.8	3	140	100cm² 自然冷却	EF型
2CZ57N		1200					
2CZ57P		1400					
2CZ58A	10	25	≤0.8	3	140		EG-1型
2CZ58B		50					
2CZ58C		100					
2CZ58D		200					
2CZ58E		300					
2CZ58F		400					
2CZ58G		500					
2CZ58H		600					
2CZ58J		700					
2CZ58K		800					
2CZ58L		900					
2CZ58M		1000					
2CZ58N		1200					
2CZ58P		1400					
2CZ59A	20	25	≤0.8	3	140	400cm² 自然冷却	EG-1型
2CZ59B		50					
2CZ59C		100					
2CZ59D		200					
2CZ59E		300					
2CZ59F		400					
2CZ59G		500					
2CZ59H		600					
2CZ59J		700					
2CZ59K		800					
2CZ59L		900					
2CZ59M		1000					
2CZ59N		1200					
2CZ59P		1400					
2CZ60A	50	25	≤0.8	3	140	600cm² 风冷	EG-3型
2CZ60B		50					
2CZ60C		100					
2CZ60D		200					
2CZ60E		300					
2CZ60F		400					
2CZ60G		500					
2CZ60H		600					

续表

型 号	最大整流电流 I_F(A)	最高反向工作电压 U_R(V)	正向压降 U_F(V)	频率 f(kHz)	最高结温 T_{JM}(℃)	铝散热片(mm)	外 形
2CZ60J		700					
2CZ60K		800					
2CZ60L	50	900	≤0.8	3	140	600cm² 风冷	EG-3型
2CZ60M		1000					
2CZ60N		1200					
2CZ60P		1400					

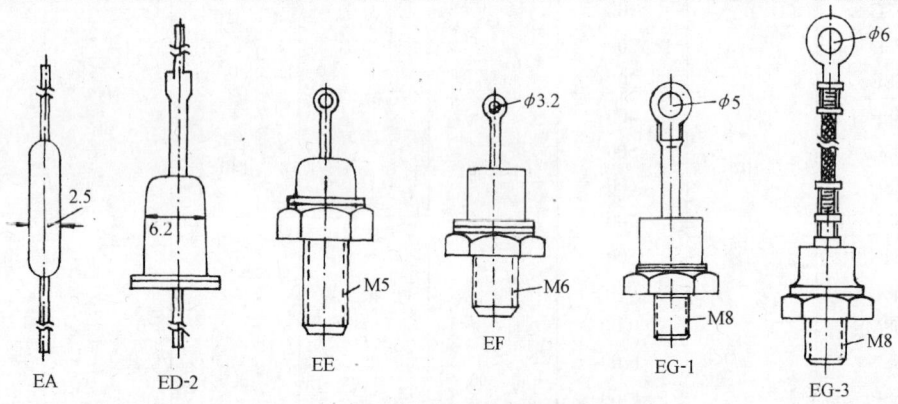

表7.2.1-2图 硅整流二极管外形

国外型号硅二极管技术参数　　　　　表7.2.1-3

型 号		1N4001～1N4007							1N5401～1N5407							BYX 38/600
		··1	··2	··3	··4	··5	··6	··7	··1	··2	··3	··4	··5	··6	··7	
最大反向电压 U_R	V	50	100	200	400	600	800	1000	100	200	300	400	500	600	800	600
最大平均电流 I_o	A	\multicolumn{7}{c	}{1}	\multicolumn{7}{c	}{3}	6
最大尖峰电流 $\hat{i}$	A	\multicolumn{7}{c	}{10}	\multicolumn{7}{c	}{20}	50
管压降 U_F	V	\multicolumn{7}{c	}{<1}	\multicolumn{7}{c	}{<1}	<1.7
反向漏电流 I_R	μA	\multicolumn{7}{c	}{<5}	\multicolumn{7}{c	}{<5}	—

注：1N……为塑料壳，BYX38/600为金属壳。

国外型号小电流(信号)二极管技术参数　　　　　表7.2.1-4

型 号		1N4148	BAV10	1N6263	AA143 锗管
最大平均电流 I_o	mA	150	300	10	60
最大尖峰电流 $\hat{i}$	mA	450	600	—	—
最大反向电压 U_R	V	100	60	60	25
管压降 U_F	V	<1	<1	<0.41	<0.33
反向漏电流 I_R	nA	<25	<100	<200	<20·10³
恢复时间 t_{rr}	ns	<5	<6	<1	—

注：均为玻璃壳。1N6263为肖特基二极管。

2. 半导体二极管使用注意事项

(1) 半导体二极管的种类很多,在使用时要根据管子的性能和使用场合进行选择。

1) 普通二极管:如 2AP1~2AP9、2CP1~2CP21 等适用于高频检波、限幅及小电流整流。

2) 整流二极管:如 2CZ11~2CZ27、2CZ52~2CZ57 等,适用于不同功率的整流。

3) 开关二极管:如 2AK1~2AK4、2CK1~2CK19、2CK42~2CK45 等,适用于脉冲电路及开关电路中。

4) 稳压二极管:如 2CW1~2CW10、2DW1~2DW7、2CW100~2CW121 等,适用于各种稳压电路中。

此外,使用二极管时还应考虑二极管不同的制造材料及结构、性能特点,进行合理的选择。从图 7.2.1-1 中可以看到,锗管的伏安特性比较平展,门坎电压较低,故锗管仅适用于小信号的检波和限幅,或低电压的整流;但硅管的热稳定性比锗管的要好,因而硅管适用于环境温度较高且温度变化较大的场合;在高频工作时则需选用点接触型二极管,因其极间电容量较小,正因为如此,在快速的逻辑电路中也采用点接触型二极管;而在电流较大的电路中,大多采用面结型二极管。

(2) 半导体二极管在电路中所承受的反向峰值电压和正向电流不能超过额定值。如电感电路中,反向额定峰值电压要选择得比线路工作电压大 2 倍以上。

(3) 半导体二极管的正、反向电流受温度的影响很大,特别是大功率整流二极管,要注意其散热问题。

(4) 锗二极管的工作温度不大于 100℃,硅二极管的最高工作温度可达 200℃。

(5) 焊接温度。如果管脚引线焊端距离管壳≥5mm,当焊接温度≤245℃时最长焊接时间为 10s;如果焊端距离管壳为 2~5mm,焊接时间减至 3s。焊接时建议用镊子钳住管脚引线靠管壳的一边,以便把热量导引出去。在施焊前要将管脚引线刮净,最好先浸一层锡,焊接要迅速,电烙铁的功率一般以 25W 为宜。

3. 二极管的应用

(1) 二极管在整流电路中的应用

利用半导体二极管的单向导电性(伏安特性的不对称性)可以构成各种整流电路,如单相半波整流电路、单相全波整流电路、单相桥式整流电路、三相半波整流电路、三相全波整流电路和各种型式倍压整流电路等。

a. 典型整流电路及其性能,见表 7.2.1-5。

整流电路及其性能 表 7.2.1-5

	单相半波电路	单相全波电路	桥式电路	三相半波电路	三相桥式电路
原理电路 U_2—变压器次级电压 I_e—变压器次级电流 U_d—直流电压 I_d—输出直流电流 U_w—纹波电压有效值					

续表

	单相半波电路	单相全波电路	桥式电路	三相半波电路	三相桥式电路
电源 50Hz 整流输出的纹波最低频率	50Hz	100Hz	100Hz	150Hz	300Hz
电阻负载或阻感负载					
直流电压与交流电压之比	$\frac{U_d}{U_2}=0.45$	$\frac{U_d}{U_2}=0.9$	$\frac{U_d}{U_2}=0.9$	$\frac{U_d}{U_2}=0.67$	$\frac{U_d}{U_2}=1.3$
有效纹波系数	$EW=\frac{U_w}{U_d}$ ≒121%	$EW≈48.5\%$	$EW≈48.5\%$	$EW≈18.7\%$	$EW≈4.2\%$
直流电流与交流电流之比	$\frac{I_d}{I_e}=0.64$	$\frac{I_d}{I_e}=1.4$	$\frac{I_d}{I_e}=1.0$	$\frac{I_d}{I_e}=0.17$	$\frac{I_d}{I_e}=1.22$
阻容负载					
直流电压与交流电压之比	$\frac{U_d}{U_2}=1.17$	$\frac{U_d}{U_2}=1.26$	$\frac{U_d}{U_2}=1.26$	$\frac{U_d}{U_2}=0.75$	$\frac{U_d}{U_2}=1.41$
有效纹波系数	$EW≈5\%$	$EW≈5\%$	$EW≈5\%$	$EW≈5\%$	$EW≈0.5\%$
直流电流与交流电流之比	$\frac{I_d}{I_e}=0.48$	$\frac{I_d}{I_e}=0.9$	$\frac{I_d}{I_e}=0.64$	$\frac{I_d}{I_e}=1.33$	$\frac{I_d}{I_e}=1.2$
时间常数 $\tau=R_L C_L$	100ms	50ms	50ms	6.6ms	3.3ms
电路常数 k	4.8ms	1.8ms	1.8ms	0.75ms	0.18ms
优点	成本较便宜	适用于较大功率	比单相全波省去一半绕组	适用于大功率	适用于很大功率
缺点	只适用于小功率	变压器需有两个绕组	—	—	造价较高,U_d 没有固定参考电位

b. 倍压整流电路及其性能,见表 7.2.1-6。

倍压整流电路及其性能　　　　　　　　　　表 7.2.1-6

二倍压整流电路	二倍压整流电路	三倍压整流电路	六倍压整流电路
$U_d≈2\cdot\sqrt{2}U_2$	$U_d≈2\cdot\sqrt{2}U_2$	$U_d≈3\cdot\sqrt{2}U_2$	$U_d≈6\cdot\sqrt{2}U_2$
$k=3.2$(使用半导体整流元件)	$k=4.5$	$k=3.5$	—
优点:输出电压少受负载影响	一端接零电位	输出电压稍为受负载影响	一端为零电位端
缺点:无零电位端,因而滤波的作用不大		两端均不为零电位,因而滤波的作用不大	输出电压严重地受负载的影响

c. 阻容负载整流电路

在整流电路中为了获得平稳的输出直流电压,常在整流输出端并接电容器,利用电容器的充放电作用滤去负载上部分交流成分。图 7.2.1-3 表示电容性负载在单相半波整流电路中的滤波性能。

负载电容的滤波作用计算如下:

负载电容 $\quad C_L = \dfrac{I_L \cdot \tau}{U_d}$

式中 I_L ——负载电流,A;

$\quad\quad U_d$ ——直流电压,V;

$\quad\quad \tau$ ——时间常数,s。

纹波电压(有效值) $U_W = \dfrac{k \cdot I_L}{C_L}$

有效纹波系数 $\quad EW = \dfrac{U_W}{U_d}$

波动系数 $\quad W = \dfrac{\Delta U}{U_d} \approx 2 \cdot \sqrt{2} EW$

式中 k ——电路常数(见表 7.2.1-5、6);

$\quad\quad U_W$ ——纹波电压(有效值)。

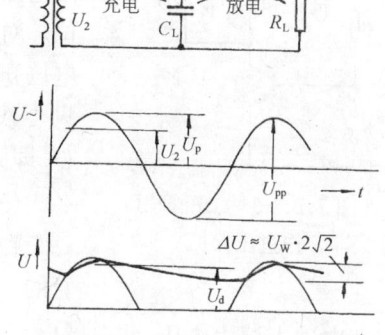

图 7.2.1-3 有 C_L 整流电路的电压曲线

这里虽然仅以单相半波整流为例加以计算说明,但计算方法也适用于其他形式的整流电路。

【例】 在桥式整流电路的输入端加电压 $U_2 = 10\text{V}$,输出直流电流为 2A,从表 7.2.1-5 中查得 $\tau = 50\text{ms}, k = 1.8\text{ms}$。求 C_L、U_W 及 W。

【解】 $U_d = 1.26 U_2 = 1.26 \cdot 10\text{V} = 12.6\text{V}$

$$C_L = \frac{I_L \cdot \tau}{U_d} = \frac{2\text{A} \cdot 50 \cdot 10^{-3}\text{s}}{12.6\text{V}} = 7936 \mu\text{F}(\text{选用 } 10\text{mF})$$

纹波电压有效值 $U_W = \dfrac{k \cdot I_L}{C_L} = \dfrac{1.8 \cdot 10^{-3}\text{s} \cdot 2\text{A}}{10^{-2}\text{F}} = 0.36\text{V}$

有效纹波系数 $EW = \dfrac{U_W}{U_d} = \dfrac{0.36\text{V}}{12.6\text{V}} = 0.028$

波动系数 $W = \dfrac{\Delta U}{U_d} \approx 2 \cdot \sqrt{2} EW = 2.83 \cdot 0.028 = 0.079$

(2) 二极管在数字技术中的应用

数字电路中大量使用了半导体二极管。图 7.2.1-4(*a*)表示"与"门电路,图 7.2.1-4(*b*)

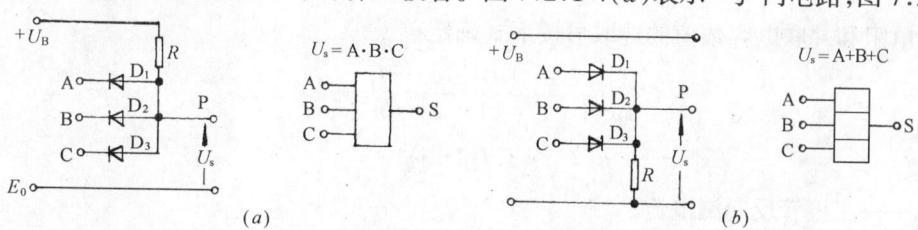

图 7.2.1-4 二极管门电路

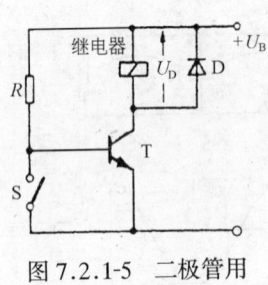

图 7.2.1-5 二极管用作过压保护

表示"或"门电路,这两种门电路均利用了二极管的开关作用。门电路的各个输入端电位均以公共端(E_0)的电位作为参考电位。对于"与"门,只有所有输入端 A、B、C 都为高电位(或均无电位)时,输出端 P 的电位 U_s 才能出现高电位。对于"或"门,只要 A、B、C 当中有一个输入端为高电位 $+U_B$ 时,P 点的电位 U_s 即为高电位 $+U_B$。

(3) 二极管用作过压保护

在图 7.2.1-5 中,三极管以电感(继电器)为负载,当三极管的电流截止时(例如开关 S 合上),由于电感中磁场的突然变化,在电感上感生电压,此电感电压与电源电压 $+U_B$ 串联加在三极管的集极上,可能将三极管击穿。

若将一个二极管 D 并联在此电感上,二极管便把感应电压限制在 0.6V 左右,保护了三极管免受击穿。

(4) 二极管稳定工作点

用二极管来稳定放大器工作点的电路如图 7.2.1-6 所示。其中,二极管接在基极电源分压器电路中(它对功放晶体三极管有热控制作用),当环境温度或晶体三极管的温度升高时,二极管两端的电压 U_D 减小,从而基极分压器上的电压也减小,三极管的电流 I_C 也减小。当基-射极二极管和二极管 D 有相同的热特性时,电路有良好的温度稳定性,即 D 起到稳定工作点的作用。

(5) 二极管的串联使用

如果二极管的反向电压不够高,在高压电路中又需要使用二极管,这时就必须把二极管串联使用。在这种情况下需在串联的每一个二极管上各并联一个数值相等的电阻,以强迫均分反向电压。还需附带并联一个电容器,以减小可能产生过压而损坏,如图 7.2.1-7 所示。

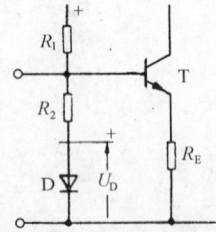

图 7.2.1-6 二极管稳定工作点

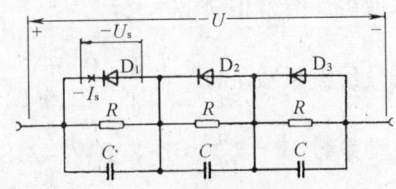

图 7.2.1-7 二极管的串联使用

并联电阻和并联电容数值的选取可按下式确定:

$$R \leq \frac{1}{I_R}\left(\frac{U_R}{1+a} - \frac{U-U_R}{(1-a)\cdot(n-1)}\right)$$

$$C_P \approx 5 \cdot I_D(\text{nF})$$

式中 I_R——二极管反向漏电流;

U_R——二极管最高反向工作电压;

a——电阻的误差系数,$a = \dfrac{\Delta R}{R}$;

U——电路的最大反电压;

n——节数;

I_D——二极管电流(数学平均值)。

【例】 硅整流二极管 2CZ82D:$U_{RM}=200\text{V}$;$I_R=100\text{nA}(20℃\text{时})$。电路上的最大电压为 800V;电阻的误差 ±10%(即 $a=0.2$)。使用 $n=6$ 节电路。故

$$R \leqslant \frac{1}{0.1 \cdot 10^{-6}} \cdot \left(\frac{200}{1+0.2} - \frac{800-200}{(1-0.2)(6-1)} \right) = 16.10^7 \Omega = 16\text{M}\Omega$$

如 $I_D=0.1\text{A}$,则得:

$$C_p \approx 5 \cdot I_D = 5 \cdot 0.1 = 500\text{pF}$$

7.2.2 稳压二极管

1. 稳压二极管的特性曲线

稳压管工作在其反向特性段,如图 7.2.2-1 所示。

在反向特性段上,起先有一段像普通二极管的反向特性的不稳定区,然后过渡到反向电压几乎不随反向电流而变的稳定工作段。在反向特性曲线上有一明显的膝点,然后直线下降。

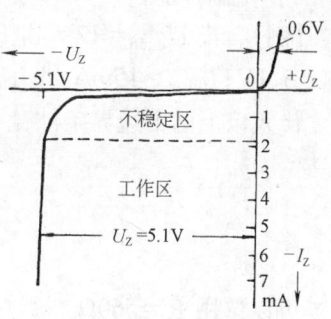

图 7.2.2-1 稳压二极管的伏安特性

用来解释稳压特性的是齐纳效应和雪崩效应:当电场强度超过一定数值(对硅晶体 $U>2 \cdot 10^5 \text{V/cm}$)后,把电子从晶体共价键内分列出来(从而也产生空穴),因而产生了大量运动的载流子;当场强足够高时,由于电子的运动速度与加速度的增高,就从晶格内击出新的电子,导电机构像雪崩般地大量增加,故稳压二极管又称齐纳二极管。

稳压二极管稳定电压(U_Z)的高低与其晶体内部的掺杂有关。

2. 温度系数

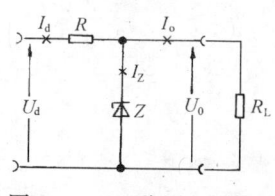

图 7.2.2-2 稳压二极管的稳压电路

稳压管的稳压数值约在 5.5V 以下有负温度系数,电压大于 7.5V 则有正温度系数,分界点约在 6V 左右。因此,当需要稳定的电压值比较高时,为了减小受温度的影响可以考虑用多个 6V 的稳压管子串联,也可选用正、负两种温度系数的管子搭配使用。

3. 稳压二极管的稳压电路

最简单的稳压电路由稳压二极管及与之串联的电阻 R 组成,如图 7.2.2-2 所示。图中各种参数按以下原则选择:

(1)稳压管 Z 的选择

稳压管 Z 的选择,主要是确定稳压管的主要参数 U_Z、I_Z 及 P_M。

$$U_Z = U_0$$

$$I_{Z\max} \geqslant (2 \sim 3) I_{0\max}$$

$$P_M > U_Z(I_Z + I_{0\max})$$

(2)串联电阻 R 的计算

串联电阻 R 的数值由输入电压 U_d 的大小、通过稳压管的电流及负载电流之和来决定。要考虑到,一方面在输入电压最高及负载电阻 R_L 最大时使通过稳压管的电流不会超过额定值;另一方面在输入电压最低及负载电流最大时电路的稳压效果又不至丧失,这就必须保持足够大的稳压管电流。为此,R 的阻值应按以下两个边界条件来决定:

$$R_{min} \geqslant \frac{U_{dmin} - U_0}{I_{Zmin} + I_{0max}}$$

和

$$R_{max} \leqslant \frac{U_{dmax} - U_0}{I_{Zmax} + I_{0min}}$$

式中　U_{dmin}、U_{dmax}——输入电压 U_d 的最小值和最大值,可根据实际情况或要求来确定;

　　　U_0——负载要求的输出电压;

　　I_{0max}、I_{0min}——负载要求的最大输出电流和最小输出电流;

　　I_{Zmin}、I_{Zmax}——稳压管的最小稳定电流和最大稳定电流(查手册)。

【例】　若 $U_{dmin} = 12V$ 和 $U_{dmax} = 18V$,$I_{Zmin} = 3mA$ 和 $I_{Zmax} = 12mA$(查半导体管手册),$U_0 = 5.1V$,$I_{0max} = 15mA$ 和 $I_{0min} = 5mA$。

代入以上两个边界条件:

$$R_{min} = \frac{12V - 5.1V}{3mA + 15mA} = 383\Omega$$

$$R_{max} = \frac{18V - 5.1V}{12mA + 5mA} = 758\Omega$$

可以选用 $R = 560\Omega$。

从图 7.2.2-1 中可以看到,在稳压管特性曲线的拐弯部分工作是不稳定的,而且会产生较大的噪声,因此,稳压管不宜工作在特性曲线的拐弯段,且宜在稳压管两端并联一个 $0.1\mu F \sim 0.47\mu F$ 的电容器,以降低噪声干扰。

(3) 输入电压 U_d 的选择

$$U_d = (2 \sim 3) U_0$$

(4) 图 7.2.2-2 稳压电路的滤波系数

$$滤波系数\ S = \frac{\frac{\Delta U_d}{U_d}}{\frac{\Delta U_0}{U_0}} = \frac{\Delta U_d \cdot U_0}{\Delta U_0 \cdot U_d}$$

滤波系数 S 还可以用图 7.2.2-2 中的串联电阻 R 和稳压管的微变动态内阻来计算(每个稳压管的微变动态内阻可从生产厂家给出的特性参数中查得):

$$滤波系数\ S = \frac{U_0}{U_d} \cdot \frac{R + r_d}{r_d}$$

式中 r_d 为微变动态内阻。

当 $R > r_d$ 时:

$$S = \frac{U_0}{U_d} \cdot \frac{R}{r_d}$$

【例】　按图 7.2.2-1 及图 7.2.2-2 稳压管的齐纳电压为 5.1V。查手册得 $r_d = 2\Omega$;给定

$U_d = 15V, R = 1000\Omega$,输入电压可从 15V 变至 18V,即 $\Delta U_d = 3V$。求输出电压的变化量 $\Delta U_0 = ?$

因
$$S = \frac{5.1V}{15V} \cdot \frac{1000\Omega}{2\Omega} = 170$$

故
$$\Delta U_0 = \frac{\Delta U_d \cdot U_0}{S \cdot U_d} = \frac{3 \cdot 5.1}{170 \cdot 15} = 0.006V$$

4. 稳压管的其他应用实例

除了以上稳压电路之外,稳压管还有非常广泛的用途,图 7.2.2-3(a)～(l)是其中一部分应用的实例。

图 7.2.2-3(a),交流电压的稳压与限幅。对较大的交流电压,电路的输出波形似矩形波。在正半波时,D_1 稳压导通(输出 U_z),D_2 处于正向导通(0.6V);在负半波时,D_1 及 D_2 的导通情况与以上相反。

图 7.2.2-3(b),与图 7.2.2-3(a)相似。一般用于需要正、负半波两个方向限幅输出的电路。

图 7.2.2-3(c),与图 7.2.2-3(b)相似。特别适用于受调幅(AM)信号叠加干扰的调频

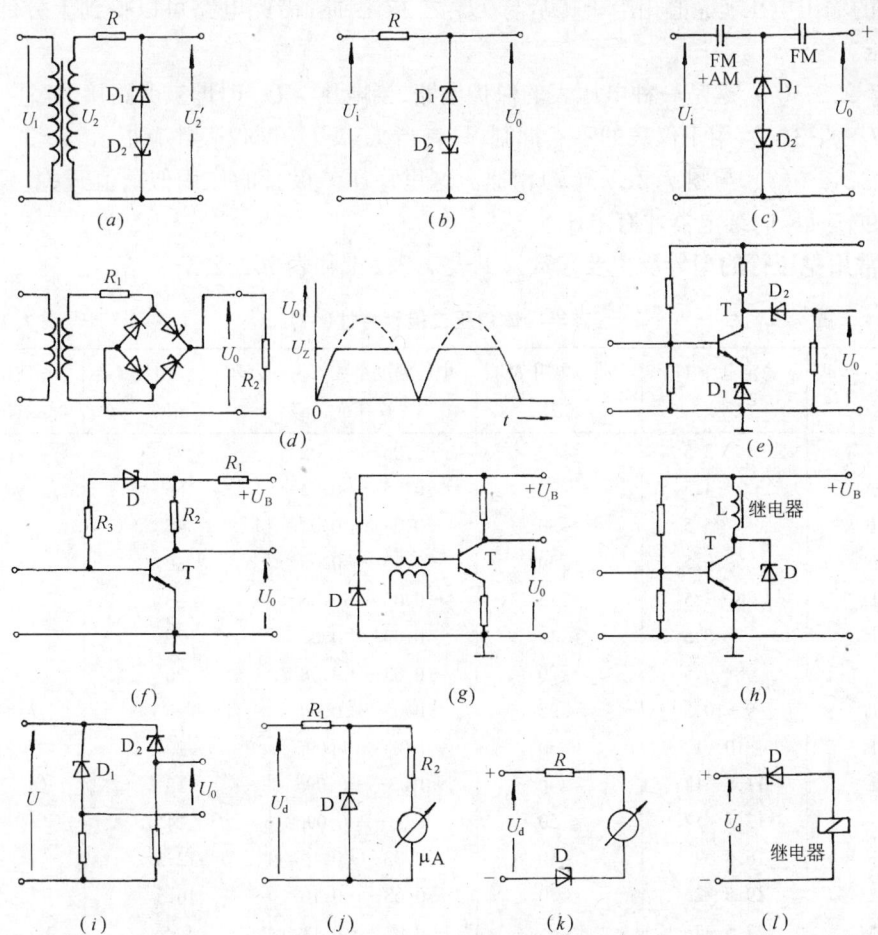

图 7.2.2-3 稳压二极管的应用实例

(FM)电压的限幅。

图 7.2.2-3(d),齐纳二极管用作桥式整流元件,在正向导电下(0.6V)工作。当交流电压过高时起限幅作用,因此,这种电路能给出稳定的输出电压。二极管 $D_1 \sim D_4$ 应具有相同的击穿电压,整流时导通的二极管的正向电压降为 0.6V,不参与整流的二极管处于反向截止状态。一旦输出电压 U_0 大于截止电压(击穿电压),处于反向状态的二极管便导通,起着限制输出电压升高的作用。

图 7.2.2-3(e),D_1 用以产生三极管的偏压,D_2 作为至下一级的耦合元件,以补偿电压的跃升,常用于直流电压放大器及测量仪器。

图 7.2.2-3(f),稳压管接于宽带放大器的偏压电路,其中 R_1 和 R_2 调节电压负反馈,R_3 和 U_Z 结合调节基极电流的大小。

图 7.2.2-3(g),在放大器的电感耦合电路中,稳压二极管用以获得稳定的偏压。

图 7.2.2-3(h),稳压二极管用来保护以电感为负载的三极管,使用条件是:$U_Z > U_B$(电源电压)。正的感应电压 $> U_Z$ 经二极管接地,负的感应电压沿二极管的正向(0.6V)接地。

图 7.2.2-3(i),用稳压二极管来获得较低的稳定电压是有困难的。在这个桥式电路中,稳定的输出电压 U_0 值相当于 U_{Z1} 与 U_{Z2} 之差,因此,借此电路可以得到十分低的稳定输出电压。

图 7.2.2-3(j),这是一种电压表的保护电路,当电压 $> U_Z$ 时即被旁路接地。

图 7.2.2-3(k),用于仪表的零点抑制,只有当 $U_d > U_Z$ 时仪表才有指示。

图 7.2.2-3(l),与图 7.2.2-3(k)相似。这里稳压二极管的作用似阈值开关,只有当输入电压 $U_d > U_Z$ 时继电器才有电压。

5. 常用稳压管的型号及主要参数 见表 7.2.2-1 和表 7.2.2-2。

硅半导体稳压二极管特性(一) 表 7.2.2-1

型 号	稳定电压 U_Z (V)	动态电阻 R_Z (Ω)	电压温度系数 C_{TV} (%/℃)	最大工作电流 I_{ZM} (mA)	正向压降 U_F (V)
2CW7	2.5~3.5	≤80	-0.06~+0.02	71	
2CW7A	3.2~4.5	≤70	-0.05~+0.03	55	
2CW7B	4~5.5	≤50	-0.04~+0.04	45	
2CW7C	5~6.5	≤30	-0.03~+0.05	38	
2CW7D	6~7.5	≤15	-0.03~+0.06	33	
2CW7E	7~8.5	≤15	-0.03~+0.07	29	
2CW7F	8~9.5	≤20	-0.03~+0.08	26	
2CW7G	9~10.5	≤25	-0.03~+0.09	23	≤1
2CW7H	10~12	≤30	-0.03~+0.095	20	
2CW7I	11.5~14	≤40	-0.03~+0.095	18	
2CW7J	13.5~17	≤50	-0.03~+0.095	14	
2CW7K	16.5~20	≤60	-0.03~+0.10	12.5	
2CW7L	19.5~23	≤70	-0.03~+0.10	10.5	
2CW7M	22.5~26	≤85	-0.03~+0.11	9.5	
2CW7N	25.5~30	≤100	-0.03~+0.11	8	

硅半导体稳压二极管特性(二)　　　　表 7.2.2-2

型号	最大耗散功率 P_{ZM} (W)	稳定电压 U_Z (V)	最大工作电流 I_{ZM} (mA)	正向压降 U_F (V)	动态电阻 R_z (Ω)	电压温度系数 C_{TV} (10^{-4}/℃)
2CW50		1~2.8	83			-9
2CW51		2.5~3.5	71			-9
2CW52		3.2~4.5	55			-8
2CW53		4~5.8	41			-6~4
2CW54		5.5~6.5	38			-3~5
2CW55		6.2~7.5	33			6
2CW56		7~8.8	27			7
2CW57		8.5~9.5	26			8
2CW58		9.2~10.5	23			8
2CW59		10~11.8	20			9
2CW60		11.5~12.5	19			9
2CW61		12.2~14	16			9.5
2CW62	0.25	13.5~17	14	≤1	20~400	9.5
2CW63		16~19	13			10
2CW64		18~21	11			10
2CW65		20~24	10			10
2CW66		23~26	10			10
2CW67		25~28	9			10
2CW68		27~30	8			10
2CW69		29~33	7			10
2CW70		32~36	7			10
2CW71		35~40	6			10
2CW72		7~8.8	29			7
2CW73		8.5~9.5	25			8
2CW74		9.2~10.5	23			8
2CW75	0.25	10~11.8	21	≤1	6~40	9
2CW76		11.5~12.5	20			9
2CW77		12.2~14	18			9.5
2CW78		13.5~17	14			9.5
2CW100		1~2.8	330			-9
2CW101		2.5~3.5	280			-8
2CW102		3.2~4.5	220			-6~4
2CW103		4~5.8	165			-3~5
2CW104		5.5~6.5	150			6
2CW105		6.2~7.5	130			7
2CW106		7~8.8	110			8
2CW107	1	8.5~9.5	100	≤1	10~500	8
2CW108		9.2~10.5	95			9
2CW109		10~11.8	83			9
2CW110		11.5~12.5	76			10
2CW111		12.2~14	66			10
2CW112		13.5~17	58			11
2CW113		16~19	52			11

续表

型号	最大耗散功率 P_{ZM} (W)	稳定电压 U_Z (V)	最大工作电流 I_{ZM} (mA)	正向压降 U_F (V)	动态电阻 R_z (Ω)	电压温度系数 C_{TV} (10^{-4}/℃)
2CW114		18~21	47			11
2CW115		20~24	41			11
2CW116		23~26	38			11
2CW117		25~28	35	≤1	10~500	11
2CW118		27~30	33			11
2CW119		29~33	30			12
2CW120		32~36	27			12
2CW121		35~40	25			12
2CW130		3~4.5	660			-8
2CW131		4~5.8	500			-6~4
2CW132		5.5~6.5	460			-3~5
2CW133		6.2~7.5	400			6
2CW134		7~8.8	330			7
2CW135		8.5~9.5	310			8
2CW136		9.2~10.5	280			8
2CW137		10~11.8	250			9
2CW138		11.5~12.5	230			9
2CW139	3	12.2~14	200	≤1	6~300	10
2CW140		13.5~17	170			10
2CW141		16~19	150			11
2CW142		18~21	140			11
2CW143		20~24	120			11
2CW144		23~26	110			11
2CW145		25~28	105			11
2CW146		27~30	100			11
2CW147		29~33	90			12
2CW148		32~36	80			12
2CW149		35~40	75			12

7.2.3 变容二极管

变容二极管的结构与硅整流二极管相似,但它工作在反向特性区。在变容二极管中,在PN结交界处的P型半导体的一侧有位置固定带负电的受主原子,在交界处N型半导体的一侧有位置固定带正电的施主原子。在PN结近旁的P型半导体中存在可以移动的空穴,在PN结近旁的N型半导体中存在可以自由运动的电子。如图7.2.3-1(a)所示,在PN结中形成一个空间电荷区,其宽度由当时存有的空穴及自由电子决定。由于阻挡层内只有很少的自由载流子,它很像一层绝缘体,因此在PN结间形成一个电容器,其电容量的大小受空穴和自由电子所占区间宽窄的影响,由外加电压大小来决定。

如果升高加在二极管上的反向电压,则可以扩宽二极管内部形成的空间电荷区,从而减小反向工作二极管的电容量。图7.2.3-1(b)所示是变容二极管的典型特性曲线。

使用变容二极管时应注意:既不能在正向加上正电压,又不能在反向加上较3V小得多的反向电压。如果是前一种情况,当电压幅度>+0.6V时,电流将到达极限值;如果在后一种情况,电压-电容特性处于严重非线性段。因此,变容二极管的电压不宜小于-3V,正常

7.2 半导体管

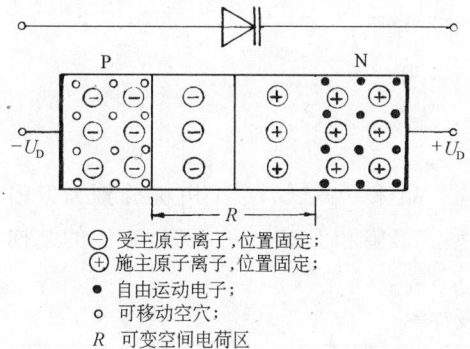
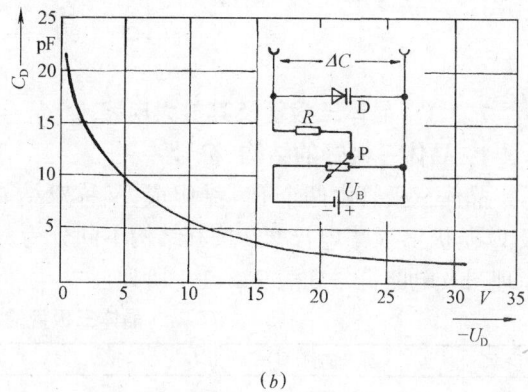

⊖ 受主原子离子,位置固定；
⊕ 施主原子离子,位置固定；
● 自由运动电子；
○ 可移动空穴；
R 可变空间电荷区

图 7.2.3-1 变容二极管的结构及特性曲线

的工作电压宜在 $-3V \sim -30V$ 之间。

变容二极管(图 7.2.3-2(b))的等效电路如图 7.2.3-2(a)所示。常用变容二极管的型号及其主要参数见表 7.2.3-1 和表 7.2.3-2。

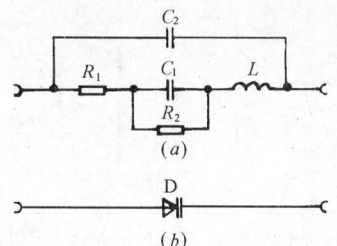

图 7.2.3-2 变容二极管的等效电路
C_1——可变电容,数值随二极管型号而异；
C_2——两端接线对外壳的电容,约 $0.1 \sim 0.4 pF$；
R_1——接线和接头的串联电阻,约 $0.3 \sim 1\Omega$；
R_2——二极管的反向电阻,与电容并联,$>10M\Omega$；
L——接线电感,约 $2 \sim 5nH$

变容二极管的主要参数　　　　表 7.2.3-1

型　号	电　容　量　C_A		最高反向工作电压 $U_R(V)$
	0V	$-10V$	
2CC12A	10pF	1.8pF	10
2CC12B	20pF	2.5pF	10
2CC12C	30pF	3pF	10
2CC13A	125pF	30pF	10
2CC13B	230pF	60pF	10
2CC1	125pF	30pF	>10
2CC2	230pF	60pF	>10

国外型号变容二极管技术参数　　表 7.2.3-2

型　号		BB112	BB139
最大电容 C_{max}	pF	500(当 $U_{R1}=1V$)	50(当 $U_{R1}=1V$)
最小电容 C_{min}	pF	20(当 $U_{R2}=9V$)	5(当 $U_{R2}=25V$)
反向电流 I_R	nA	<50(当 $U_R=12V$)	<50(当 $U_R=30V$)
用　途		短、中、长波调谐	超短波调谐

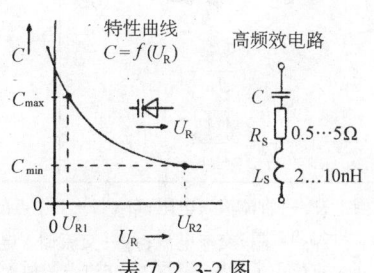

表 7.2.3-2 图

7.3 晶体三极管

7.3.1 晶体三极管及其放大电路

1. 晶体三极管的结构、符号

晶体三极管由两个 PN 结组成,又称双结晶体管。晶体三极管的三个电极分别为发射极 E、基极 B 及集电极 C。按其结构不同分为 NPN 型三极管和 PNP 型三极管,它们的结构原理图及电路符号如表 7.3.1-1 所列。

晶体三极管的结构及符号 表 7.3.1-1

	原 理 图	符 号	电流符号	电压符号
NPN 型	C 集电极 / B 基极—集电结/发射结 / E 发射极	C / B / E	I_C / I_B / $-I_E$ / $-I_E = +I_C + I_B$	U_{CB} / U_{BE} / U_{CE}
PNP 型	C 集电极 / B 基极—集电结/发射结 / E 发射极	C / B / E	$-I_C$ / $-I_B$ / I_E / $-I_C = I_E + I_B$	U_{CB} / U_{BE} / U_{CE}

注:I_E—发射极电流;I_C—集电极电流;I_B—基极电流;U_{CE}—集电极—发射极之间电压;U_{BE}—基极—发射极之间电压;U_{CB}—集电极—基极之间电压。

2. 晶体三极管的特性及工作状态

晶体三极管的伏安特性可以全面地反映各电极的电压与电流之间的关系。主要有三种特性,即输入特性、电流控制特性及输出特性,如表 7.3.1-2 所列。

晶体三极管的特性曲线 表 7.3.1-2

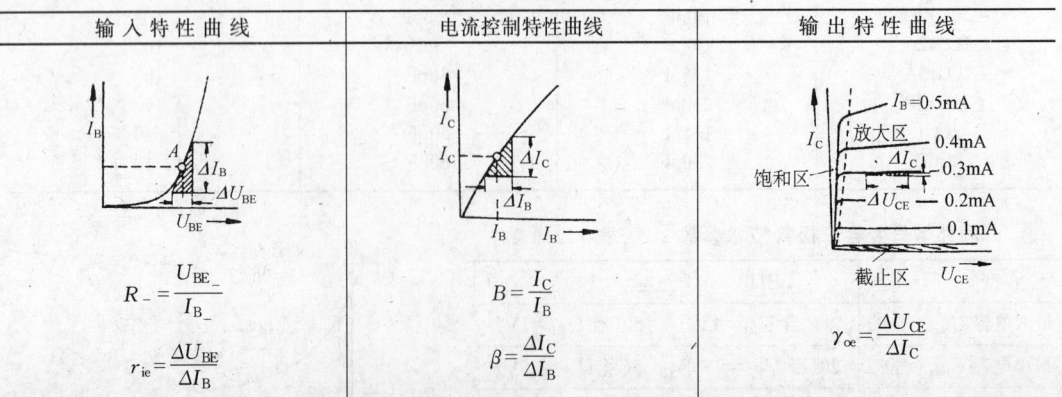

输入特性曲线	电流控制特性曲线	输出特性曲线
$R_- = \dfrac{U_{BE-}}{I_{B-}}$ / $r_{ie} = \dfrac{\Delta U_{BE}}{\Delta I_B}$	$B = \dfrac{I_C}{I_B}$ / $\beta = \dfrac{\Delta I_C}{\Delta I_B}$	$\gamma_{oe} = \dfrac{\Delta U_{CE}}{\Delta I_C}$

注:R_-—直流输入电阻;U_{BE-}—工作点的基射极直流电压;I_{B-}—工作点的基极直流电流;ΔU_{BE}—基极交流电压;ΔI_B—基极交流电流;r_{ie}—交流输入电阻;γ_{oe}—交流输出电阻;ΔU_{CE}—输出交流电压;ΔI_C—输出交流电流;B—直流电流放大系数;β—交流电流放大系数。

输出特性曲线分为三个区,即截止区、放大区和饱和区,分别对应三极管的三种工作状态,即截止状态,放大状态及饱和状态。

3. 晶体三极管的三种基本电路

晶体三极管,不论是PNP型还是NPN型,均可工作于三种基本电路,即共发射极电路、共基极电路及共集极电路。所谓共射极、共基极、共集极电路,系指电路中的输入回路和输出回路是以发射极、或基极、或集电极为公共电极而言。

表7.3.1-3所列是NPN型晶体三极管的共发射极电路、共基极电路、共集极电路及三种电路的特点。为便于了解采用元件的基本数值和工作情况,所有这三种电路都附注有电压值和元件参数。

晶体三极管的三种基本电路 表7.3.1-3

	共发射极电路	共基极电路	共集极电路
输入阻抗 Z_i	中 等 $Z_{ie}=1\sim50\mathrm{k}\Omega$	小,$<1\mathrm{k}\Omega$ $Z_{ib}\approx\dfrac{Z_{ie}}{\beta}$	大(分压器偏置) $Z_{ic}\approx\beta\cdot R_L$
输出阻抗 Z_o	大 $Z_{oe}>1\sim100\mathrm{k}\Omega$	很 大 $Z_{ob}\approx Z_{oe}\cdot\beta$	小 $Z_{oc}\approx\dfrac{Z_{oe}+R_G}{\beta}$
电流放大系数	大 β	<1 $\beta_b\approx\dfrac{\beta}{\beta+1}$	大 $\beta_c\approx\beta+1$
电压放大系数	大	大	$<(1\sim0.97)$
功率放大系数	很 大	大	$<(1\sim0.97)$
限极频率	低 f_T	高 $f_b\approx f_T\cdot\beta$	低 $\approx f_T$
相位移	180°	0°	0°

注:β——小信号电流放大系数;

R_L——(外部)负载电阻;

R_G——信号内阻;

e、b、c——分别表示共发射极电路、共基极电路及共集极电路。

4. 晶体三极管基本偏置电路

为了使晶体三极管在传输信号过程中减少失真,必须给由晶体三极管组成的放大器设置适当的静态工作点。当放大器的电源电压 U_B 和集电极负载 R_C 一定时,工作点就取决于基极电流 I_B,这个电流就是所谓偏流,提供偏流的电路称偏置电路。改变偏置电路中的电阻就可以调节偏流,改变静态工作点。

晶体三极管放大级的基本偏置电路及其性能如表 7.3.1-4 所列。

晶体三极管放大级基本偏置电路及其性能 表 7.3.1-4

	固定偏流式	电压负反馈式	电流负反馈式	电压分压器式
电路及参数	$R_1 = \dfrac{U_{R1}}{I_B}$ $U_{R1} = U_B - U_{BE}$	$R_1 = \dfrac{U_{CE} - U_{BE}}{I_B}$ $U_{CE} = U_B - I_C R_C$	$R_1 = \dfrac{U_{R1}}{I_B}$ $U_{R1} = U_B - U_{BE} - U_{RC}$	$I_q = (2 \cdots 10) I_B$ $R_1 = \dfrac{U_{R1}}{I_q + I_B}$ $U_{R1} = U_B - U_{RE} - U_{BE}$ $R_2 = \dfrac{U_{R2}}{I_q}$ $U_{R2} = U_{RE} + U_{BE}$
性能特点	1. 电路简单 2. 偏置电路损耗小 3. 稳定性差	1. 电路简单 2. 比较稳定 3. 失真可减小,但放大倍数下降 4. 当 R_C 很小时稳定性较差	1. 电路简单 2. 工作点较稳定,R_E 越大稳定性越好 3. R_E 越大信号不失真的输出幅度越小	1. 具有电压负反馈式及电流负反馈式偏置电路的特点 2. 使用较普遍

5. 电路设计与工作点确定实例

为了确定中小功率硅三极管共发射极接法放大级的工作点,了解图 7.3.1-1 中所列数值是非常重要的。

(1) 基极-发射极电压 U_{BE}

为使电路工作在晶体三极管的线性放大区,电压 U_{BE} 应在 0.5~0.7V 之间(硅管),一般情况下取

$$U_{BE} = 0.6V$$

(2) 电流放大系数

基极电流与集电极电流之间有如下关系:

$$B = \frac{I_C}{I_B} (I_C、I_B \text{ 单位取 mA})$$

B 为直流电流放大系数,最好从晶体管手册中查取。对小信号放大可令 $B = \beta$(β 为交

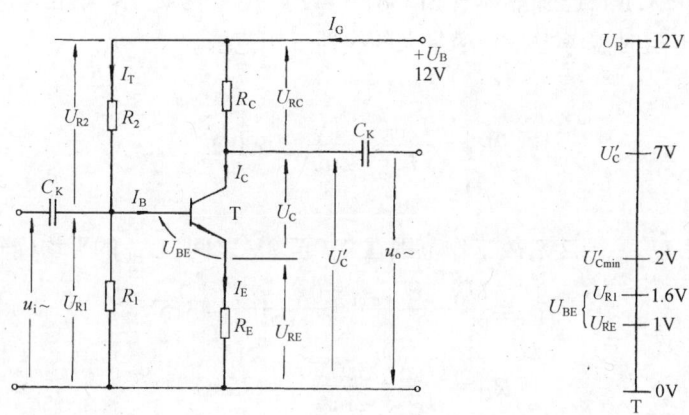

图 7.3.1-1　硅三极管共发射极接法放大电路

流电流放大系数)。

(3) 发射极电阻

为了尽量减小温度漂移,应选取 $U_{RE} > 0.7V$。一般取 $U_{RE} \approx 1V$。

U_{RE} 是在发射极电阻上的直流电压降,$U_{RE} = I_E \cdot R_E$。

(4) 基极电压分压器

电压 $U_{R1} = U_{BE} + U_{RE} = 1.6V$。为了保持此电压稳定,采用 R_1 及 R_2 构成的分压器,并使

$$I_T \geqslant 10 \cdot I_B$$

一般取 $I_T = 10 I_B$。

(5) 最小集电极电压

对小信号放大的晶体管,为了工作可靠集电极电压最小应不低于 1V(饱和电压为 0.3V),所以

$$U_C \geqslant 1V$$

故

$$U'_{Cmin} > U_{RE} + U_C = 2V$$

(6) 选择 U_C

为了使晶体管能有较大的不失真工作范围,电压 U'_C 应选取 U'_{Cmin} 与 U_B 的中值。

例:若电源电压 $U_B = 12V$ 及 $U'_{Cmin} = 2V$,则选取集电极静态对地电压 $U'_C = 7V$。这个数值提供了同样大小的正值(7V 至 12V = 5V)和负值(7V 至 2V = 5V)的摆动范围。如果输入信号幅度小,要求输出电压不大,则可不按这个原则选择 U_C 的数值。

由图 7.3.1-1 可得出:

$$I_G = I_C + I_T;$$
$$I_E = I_C + I_B(因 I_B \ll I_C,故可近似 I_E = I_C);$$
$$U_{R1} + U_{R2} = U_B; \quad U_{RE} + U_C = U'_C;$$
$$U_{RE} + U_{BE} = 1.6V; \quad U_B = U_{RC} + U'_C;$$
$$U'_C = U_C + U_{RE}$$

(7) 晶体三极管放大级的计算实例

【例】 按图 7.3.1-1,已知晶体管 3DG6,$B=200$,$U_B=9V$,$I_C=2mA$(选用),试确定各电阻阻值。选择电阻时需考虑得到尽量大的线性工作范围。

① R_E:

$$R_E = \frac{U_{RE}}{I_E} = \frac{1V}{2mA} = 500\Omega$$

② R_C:

由以上(6)得 $U'_{Cmin}=2V$,故工作范围在 2V 至 9V 之间,U_{RC}的平均(静态)电压:

$$U_{RC} = \frac{U_B - U'_{Cmin}}{2} = \frac{9V - 2V}{2} = 3.5V$$

故

$$R_C = \frac{U_{RC}}{I_C} = \frac{3.5V}{2mA} = 1.75k\Omega$$

③ R_1 及 R_2:

因 $B = \frac{I_C}{I_B}$;$I_B = \frac{I_C}{B} = \frac{2mA}{200} = 10\mu A$

取 $I_T \geqslant 10I_B$,即 $>100\mu A$,现选取 $I_T=150\mu A$(按以上所述选此值可不必要)

故

$$R_2 + R_1 = \frac{U_B}{I_T} = \frac{9V}{150\mu A} = 60k\Omega$$

因

$$U_{R1} = U_{RE} + U_{BE} = 1.6V$$

故

$$R_1 = \frac{U_{R1}}{I_T} = \frac{1.6V}{150\mu A} = 10.66k\Omega$$

$$R_2 = 60k\Omega - 10.66k\Omega = 49.34k\Omega$$

选标准值 $R_1=10k\Omega$ 及 $R_2=51k\Omega$。

6. 晶体三极管放大级的增益

晶体三极管放大级的小信号增益,按三种基本电路分别计算如下。

(1) 共发射极电路小信号的增益

共发射极小信号放大电路如图 7.3.1-2 所示(以分压器式偏置的共发射极电路为例)。

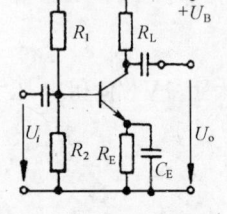

图 7.3.1-2 共发射极小信号放大电路

电流增益 $K_i = \beta \cdot \frac{r_o}{r_o + R_L}$

电压增益 $K_u = K_i \frac{R_L}{r_{ie}}$

$$K_u = \frac{\beta}{r_{ie}} \cdot \frac{r_o \cdot R_L}{r_o + R_L}$$

功率增益 $K_p = K_i \cdot K_u$

式中 β——$= h_{21e}$,晶体管的共发射极电路的短路电流放大系数(可从晶体管特性手册中查得),$\beta = \frac{\alpha}{1-\alpha}$,一般在 10~250 之间;$\alpha$ 为共基极电路的电流放大系数;

r_o——$= \frac{1}{h_{22e}}$,共发射极电路的空载输出阻抗,h_{22e}为共发射极电路的空载输出

电导(可从晶体管特性手册中查得);

r_{ie}——= h_{11e},共发射极电路的短路输入阻抗;

R_L——负载电阻。

【例】 晶体三极管的短路输入阻抗 $h_{11e}=2.7\text{k}\Omega$,短路电流放大系数 $h_{21e}=220$,空载输出电导 $h_{22e}=40\mu\text{S}(微西)$,$R_L=5\text{k}\Omega$。求 K_i、K_u 及 $K_p=?$

【解】

$$K_i = \beta \frac{r_o}{r_o + R_L} = 220 \frac{\frac{1}{40\mu\text{S}}}{\frac{1}{40\mu\text{S}} + 5\text{k}\Omega} = 183$$

$$K_u = K_i \cdot \frac{R_L}{r_{ie}} = 183 \cdot \frac{5\text{k}\Omega}{2.7\text{k}\Omega} = 340$$

$$K_p = K_i \cdot K_u = 183 \times 340 = 62220$$

(2) 共基极电路小信号的增益

共基极电路的小信号放大电路如图 7.3.1-3 所示。

输入阻抗 $r_{ib} \approx \dfrac{r_{ie}}{\beta}$

电流放大系数 $\alpha = \dfrac{\beta}{1+\beta} \approx 1 \approx K_{ib}$

电压增益 $K_{ub} \approx \dfrac{R_L}{r_{ib}}$

功率增益 $K_{pb} \approx \dfrac{R_L}{r_{ib}}$

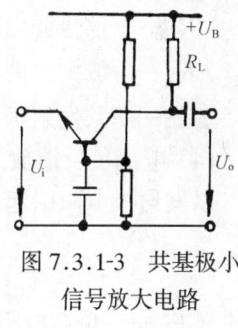

图 7.3.1-3 共基极小信号放大电路

式中 r_{ib}——共基极电路的输入阻抗(可从晶体管手册中查出共发射极电路的输入阻抗 r_{ie} 后换算而得);

r_{ie}——= h_{11e},共发射极电路的短路输入阻抗;

α——共基极电路的电流放大系数,一般 $\alpha = 0.9 \sim 0.99$;

β——= h_{21e},共发射极电路的短路电流放大系数;

R_L——负载电阻。

【例】 共发射极电路的晶体管的 $h_{11e}=2.7\text{k}\Omega$,$h_{21e}=220$,$h_{22e}=40\mu\text{S}$。求共基极电路的增益(设 $R_L = 5\text{k}\Omega$)。

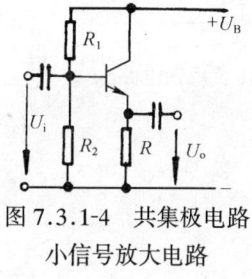

图 7.3.1-4 共集极电路小信号放大电路

【解】 $r_{ib} = \dfrac{r_{ie}}{\beta} = \dfrac{h_{11e}}{h_{21e}} = \dfrac{2.7\text{k}\Omega}{220} = 12.3\Omega$

$K_{ub} \approx \dfrac{R_L}{r_{ib}} = \dfrac{5\text{k}\Omega}{12.3\Omega} = 406.5$

$K_{ib} \approx 1$

$K_{pb} \approx K_{ub} = 406.5$

(3) 共集极电路小信号的增益

共集极电路的小信号放大电路如图 7.3.1-4 所示。

输入阻抗 $r_{ic} \approx \beta \cdot R_L$

电路总输入阻抗 $\dfrac{1}{r_{i总}} = \dfrac{1}{r_{ic}} + \dfrac{1}{R_1} + \dfrac{1}{R_2}$

输出阻抗 $r_{oc} \approx \dfrac{R_G + r_{ie}}{\beta}$

电流放大系数 $\gamma = \beta + 1 \approx K_{ic}$

电压增益 $K_{uc} \approx 1$

功率增益 $K_{pc} \approx \gamma$

式中　r_{ic}——晶体管共集极电路的输入阻抗；

　　　r_{oc}——输出阻抗(可从晶体管特性手册中查出共发射极电路的 r_{ie} 后再换算而得)；

　　　$r_{i总}$——电路的总输入阻抗；

　　　γ——电流放大系数；

　　　K_{ic}——共集极电路的电流增益；

　　　R_G——信号源内阻；

　　　R_L——放大级的负载电阻；

　　　β——共发射极电路的短路电流放大系数。

(4) 电流负反馈放大电路

以发射极电阻引起电流负反馈的共发射极电路如图 7.3.1-5 所示。

$$电压增益\ K_u \approx \dfrac{R_L}{R_E}$$

式中　R_L——负载电阻；

　　　R_E——发射极电阻。

(5) 电压负反馈放大电路

电压负反馈放大电路例如图 7.3.1-6 所示，负反馈电压引自三极管的集电极，R_g、C_g 串联构成负反馈网路。

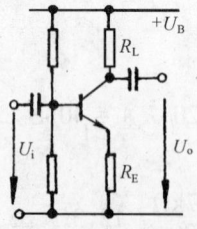

图 7.3.1-5　电流负反馈电路

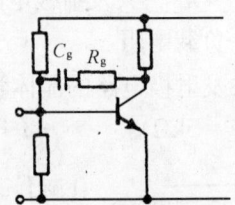

图 7.3.1-6　电压负反馈电路

$$反馈系数\ \alpha = \dfrac{U_g}{U_{0\sim}}$$

$$电压增益\ K'_u = \dfrac{K_u}{1 + \alpha K_u}$$

式中　$U_{0\sim}$——输出交流电压；

U_g——反馈电压；

K_u——无负反馈时的电压增益；

K'_u——加负反馈后的电压增益。

7. 常用晶体三极管的型号及主要参数（见表 7.3.1-5～8）

常用低频中、小功率晶体三极管型号及主要参数　　　表 7.3.1-5

型号	用途	直流参数			交流参数	极限参数			电极位置图
		集-基极反向截止电流 I_{CBO} (μA)	集-发极反向截止电流 I_{CEO} (μA)	共发射极直流放大系数 h_{FE}	共发射极电流放大系数 $h_{fe}(\beta)$	集-射反向击穿电压 BU_{CEO} (V)	集电极最大容许电流 I_{CM} (mA)	集电极最大耗散功率 P_{CM} (mW)	
3AX1	低放	≤30	≤250	—	≥10	≥10	10	150	①或②
3AX2									
3AX3		≤15	≤300						
3AX4			≤500						
3AX5	前置		≤350		≥10				
3AX 21	低放	≤12	≤325	30～85	—	≥12	30	100	①
3AX 21A		—	—	20～200		≥9			
3AX 22	功放	≤12	≤300	40～150	—	≥18	100	125	
3AX 22A		—	—	20～200		≥10			
3AX 25A	低放	≤150		10～90		40	400	200	④
3AX 25B						60			
3AX 25C						80			
3AX 25D						100			
3AX 27	低放	≤20	≤300		>12	≥10	50	100	①
3AX 28					>20				
3AX 29	振荡	≤10	≤500		>35				
3AX 30					>50				
3AX 31A	低放	≤20	≤1000	40～200	—	≥12	125	125	①
3AX 31B	功放	≤10	≤750	50～150		≥18			
3AX 31C	振荡	≤6	≤500			≥25			
3AX 31D	低放	≤12	≤750	30～150		≥12	30	100	
3AX 31E	前置		≤500	20～85					
3AX41	功放	≤50	—	≥20	—	≥30	300	300	②
3AX42A	低放	≤25		20～200			20	100	①
3AX 42B	低放	≤12	—			≥12			
3AX 42C				30～150					
3AX 42D	前置								
3AX 42E									

续表

型号	用途	直流参数			交流参数	极限参数			电极位置图
		集-基极反向截止电流 I_{CBO} (μA)	集-发极反向截止电流 I_{CEO} (μA)	共发射极直流放大系数 h_{FE}	共发射极电流放大系数 $h_{fe}(\beta)$	集-射反向击穿电压 BU_{CEO} (V)	集电极最大容许电流 I_{CM} (mA)	集电极最大耗散功率 P_{CM} (mW)	
3AX 45A	低放	≤30	≤1000	20～250		≥10	200	200	①
3AX 45B		≤15	≤750	40～200	—	≥15			
3AX 45C	功放	≤30	≤1000	30～250		≥10			
3AX 61				≥20		≥30	500	500	③
3AX 62	功放	≤100	—	≥50	—				
3AX 63				≥20		≥60			
3AX 71A	低放	≤20	≤1000	30～200		≥12	125	125	④
3AX 71B		≤10	≤750		30～150	≥18			
3AX 71C	功放	≤6	≤500	50～150		≥25			
3AX 71D	低放	≤12	≤750			≥12	30	100	
3AX 71E	前置		≤500						
3AX 81A		≤30	≤1000	30～250		≥10	200	200	④
3AX 81B	功放	≤15	≤700	40～200	—	≥15			
3AX 81C		≤30	≤1000	30～250		≥10			
2Z800A		≤80	≤2000			≥18	500	500	①
2Z800B	功放	≤60	≤1500	45～150	—	≥25			
2Z800C			≤1300			≥30			
2Z800D		≤40	≤800			≥45			
3BX1A					≥10	≥10		150	⑧
3BX1B					≥15				
3BX1C	低放	≤20	—	—	≥20	≥15	—		
3BX1D					≥35				
3BX1E					≥10	≥25			
3DX 101						≥10		300	⑦
3DX 102	低速								
3DX 103		≤1	—	9～15	≥10	>10	20		
3DX 104						≥30			
3DX 105	开关					≥40			
3DX 106						≥60			
3DX2A	低放			10～20		≥15	100	500	⑥
3DX2B	功放	≤5	≤25		—	≥30			
3DX2C				20～30		≥15			

续表

型号	用途	直流参数			交流参数	极限参数			电极位置图
		集-基极反向截止电流	集-发极反向截止电流	共发射极直流放大系数	共发射极电流放大系数	集-射反向击穿电压	集电极最大容许电流	集电极最大耗散功率	
		I_{CBO} (μA)	I_{CEO} (μA)	h_{FE}	$h_{fe}(\beta)$	BU_{CEO} (V)	I_{CM} (mA)	P_{CM} (mW)	
3DX2D		≤5	≤25	20~30	—	≥30	100	500	⑥
3DX2E				≥30		≥15			
3DX2F						≥30			
3DX3A	低放	≤3	≤10	9~20	—	≥15	30	200	⑥
3DX3B						≥30			
3DX3C				20~30		≥15			
3DX3D						≥30			
3DX3E				≥30		≥15			
3DX3F						≥30			
3CX ⎰ 200A 201A 202A 3DX ⎱ 200B 201B 202B	低放互补功放	≤1	≤2	55~400	—	≥12 ≥18	300	300	③④或⑤
3CX203 A 3DX203 B	互补功放	≤5	≤20	55~400	—	≥15 ≥25	700	700	⑦
3CX204 A 3DX204 B						≥15 ≥25			⑩
DX 213A	功放	≤5	≤20	55~400		≥15	500	700	⑦
DX 213B						≥25			
DX 213C						≥40			
DX 214A						≥15			
DX 214B						≥20			
DX 214C						≥40			
3CX3A		≤0.5	≤1	20~1000		≥15	300	300	⑦
3CX3B						≥20			
3CX3C						≥30			
3CX3D						≥40			
3CX3E						≥50			

常用高频中、小功率晶体三极管型号及主要参数　　　表 7.3.1-b

型号	用途	集电极最大耗散功率 P_{CM} (mW)	集电极最大容许电流 I_{CM} (mA)	共发射极或共基极电流放大系数（交流）h_{fe} 或 h_{fb}	集-基极反向截止电流 I_{CBO} (μA)	集-发极反向截止电流 I_{CEO} (μA)	集-射极反向击穿电压 BU_{CEO} (V)	电极位置图
3AG1B 3AG1C 3AG1D 3AG1E	中放 高放 振荡 变频	50	10	20～200 30～200	≤7	—	≥10	⑤
3AG6C 3AG6D 3AG6E	高放 振荡	50	10	30～250	≤10	—	≥10	⑤
3AG 29 3AG 29A 3AG 29B 3AG 29C	高放	150	50	≥30*	≤10	—	≥15	⑫
3AG 31 3AG 32	中放 高放	75	50	≥20 ≥30	≤8 ≤5	—	≥30**	⑪
3AG 33 3AG 34 3AG 35 3AG 36 3AG 37	高放 振荡	60	30 20	>24	≤10 ≤3 ≤2	—	—	⑪
3AG 38A 3AG 38B	中速开关	120	80	≥20 ≥30	≤10 ≤8	≤350 ≤300	≥10 ≥12	⑬
3AG 61 3AG 62 3AG 63 3AG 64	高放	500	150	40～300 40～150 80～200	≤70 ≤50 ≤30 ≤20	≤500 ≤200 ≤100	≥20 ≥30 ≥35	⑭
3AG 71 3AG 72	中速开关 中放同步分离	50	10	≥30	≤10	≤600	≥10	⑤或④
3AG 87A 3AG 87B 3AG 87C	超高频放大 混频 振荡	300	50	≥8 ≥10	≤10	—	≥15	⑦
TF 301 TF 302	高放	100	20	30～60 50～90	≤1	≤3	≥12	⑮

7.3 晶体三极管

续表

型号	用途	集电极最大耗散功率 P_{CM} (mW)	集电极最大容许电流 I_{CM} (mA)	共发射极或共基极电流放大系数（交流）h_{fe}或h_{fb}	集-基极反向截止电流 I_{CBO} (μA)	集-发极反向截止电流 I_{CEO} (μA)	集-射极反向击穿电压 BU_{CEO} (V)	电极位置图
TF 303	变频	100	20	80～125	≤1	≤3	≥12	⑮
TF 304				105～155				
TF 305	振荡			135～185				
TF 306				165～250				
3AK 11	中电平	120	70		<30		25	⑤或⑪
3AK 12				30～150		—	>20	
3AK 13	高速		60		<10		≥15	
3AK 14								
3AK 15	开关		100	30～250				
3AK 20A	高速开关	50	20	30～150	≤5	≤100	≥12	⑤
3AK 20B	视预放					≤50		
3AK 20C	同步分离							
3DG 200 A	高放	100	20	25～270	≤0.1	≤0.5	≥15	⑮
3DG 201 B	变频						≥25	⑧
3DG 202 C	振荡				≤0.05	≤0.1		⑨
3DG 203							≥20	⑰
3DG 204	调频机	100	10	25～120	≤0.1	≤0.5	≥15	⑧
3DG 205	高频头							⑨
3DG1		200	20	h_{fe} ≥9	≤50	—	≥10△	⑯或⑮
3DG1A	高放							
3DG1B							≥25△	
3DG1C								
3DG4A	高放	300	30	20～180	≤0.1	≤0.1	≥30	⑮
3DG4B							≥15	
3DG4C	振荡						≥30	
3DG4D							≥15	
3DG4E	中放						≥30	
3DG4F				10～250			≥15	
3DG6A	高放	100	20	10～200	≤0.1	≤0.1	≥15	⑪
3DG6B	振荡							
3DG6C	中放			20～200	≤0.01	≤0.01	≥20	

续表

型 号	用途	集电极最大耗散功率 P_{CM} (mW)	集电极最大容许电流 I_{CM} (mA)	共发射极或共基极电流放大系数（交流）h_{fe}或h_{fb}	集-基极反向截止电流 I_{CBO} (μA)	集-发极反向截止电流 I_{CEO} (μA)	集-射极反向击穿电压 BU_{CEO} (V)	电极位置图
3DG6D		100	20	20~200	≤0.01	≤0.01	≥30	⑪
3DG8A	高放	200	20	≥10	≤1	≤1	≥15	⑮
3DG8B	变频			≥20	≤0.1	≤0.1	≥25	
3DG8C	振荡							
3DG8D							≥60	
3DG 11A	（同 上）	100	30	≥10	≤0.1	≤0.1	≥9	⑮
3DG 11B				≥20				
3DG 12A	高放	700	300	20~200	≤1	≤10	≥30	⑮
3DG 12B	振荡						≥45	
3DG 12C							≥30	
3DG 18A	超高频	100	10	10~200	≤0.1	≤0.5	≥12	⑮
3DG 18B	放大							
3DG 18C	振荡							
3DC 27A	视放	1000	300	≥20	≤1	≤10	≥75	⑮
3DC 27B	高压						≥100	
3DC 27C	开关						≥150	
3DA 87A		1000	100	≥20	≤1	≤5	≥80	⑮
3DA 87B	视放						≥150	
3DA 87C	振荡						≥200	
3DA 87D	放大						≥250	
3DA 87E							≥300	
3DG 111	高放中放	400	—	≥20	≤0.5	≤0.5	≥20	⑮
3DG 116	视 放				≤0.1	≤0.1	≥140	
3DG 118A	（同 上）	400	—	≥10	—	≤1	≥180	⑮
3DG 118B				≥20		≤0.1		

型 号	用途	集电极最大耗散功率 P_{CM} (mW)	集电极最大容许电流 I_{CM} (mA)	共发射极直流放大系数 h_{FE}	集-射极饱和压降 U_{CES} (V)	集-射极反向截止电流 I_{CEO} (μA)	集-射极反向击穿电压 BU_{CEO} (V)	电极位置图
3DK2A	高速	200	30	30~150	≤0.35	≤0.1	≥20	⑦
3DK2B	开关							

7.3 晶体三极管

续表

型号	用途	集电极最大耗散功率 R_{CM} (mW)	集电极最大容许电流 I_{CM} (mA)	共发射极直流放大系数 h_{FE}	集-射极饱和压降 U_{CES} (V)	集-射极反向截止电流 I_{CEO} (μA)	集-射极反向击穿电压 BU_{CEO} (V)	电极位置图
3DK2C		200	30	30~150	≤0.35	≤0.1	≥15	
3DK4	高速开关功放	700	800	20~200	≤1.5	≤10	≥15	
3DK4A							≥30	
3DK4B					≤1		≥45	
3DK4C							≥30	
2G210 A (3DG56) B	超高频放大混频振荡	100	15	≥20	—	≤0.1	≥20	⑦
3DG75		150						
3DG79A		100	20		—	≤0.1	≥20	
3DG79B								
3DG79C								
2G910	超高频放大振荡	100	10	≥10	—	≤0.5	≥12	
2G211 (3DG80)		200	30	≥30	≤0.35	≤0.1	≥20	
2G911		100	10	≥20	≤0.35	≤0.1	≥10	
DG304A	超高频放大，中放（末级中放）	300	30	≥20	≤0.35	≤1	≥15	⑦
DG304B							≥20	
DG304C							≥40	
3CG3A	高放视预放同步分离振荡	300	30	≥20	≤0.5	≤0.1	≥15	⑦
3CG3B				≥30			≥25	
3CG3C				≥50			≥35	
3CG3D				≥30			≥45	
3CG3E				≥50			≥45	
3CG 14A	高放同步分离	100	15	30~200	≤0.8	≤0.1	≥25	⑦
3CG 14B								
3CG 14C								
3CG 21	高放振荡视预放同步分离	300	50	40~200	≤0.5	≤10	≥15	⑦
3CG 21A						≤1	≥15	
3CG 21B							≥25	
3CG 21C							≥40	
3CG 21D							≥55	
3CG 21E							≥70	
3CG 21F							≥85	

续表

型号	用途	集电极最大耗散功率 R_{CM} (mW)	集电极最大容许电流 I_{CM} (mA)	共发射极直流放大系数 h_{FE}	集-射极饱和压降 U_{CES} (V)	集-射极反向截止电流 I_{CEO} (μA)	集-射极反向击穿电压 BU_{CEO} (V)	电极位置图
3CG21G		300	50	40～200	≤0.5	≤1	≥100	⑦
3CG 23A	高放振荡	700	150	40～200	≤0.5	≤1	≥15	⑦
3CG 23B							≥25	
3CG 23C							≥40	
3CG 23D							≥55	
3CG 23E							≥70	
3CG 23F							≥85	
3CG 23G							≥100	

常用低频大功率晶体三极管型号及主要参数　　　　表 7.3.1-7

型号	用途	直流参数		极限参数				电极位置图
		集-基反向截止电流 I_{CBO} (μA)	共发射极电流(直)放大系数 h_{FE}	集-基反向击穿电压 BU_{CBO} (V)	集-射反向击穿电压 BU_{CEO} (V)	集电极最大容许电流 I_{CM} (A)	集电极最大容许耗散功率 P_{CM} (W)	
3AD1	低频功率放大及直流电压变换	≤400	≥20	45		1.5	1W	⑱
3AD2		≤400	≥40	45		1.5	加 120×120	
3AD3		≤400	≥60	45		1.5	×3mm	
3AD4		≤400	≥20	70		1.5	散热片	
3AD5		≤400		70		1.5	10W	
3AD6A		≤400	≥12	50	18	2	1W 加 120×	⑲
3AD6B		≤300	≥12	60	24	2	120×4mm	
3AD6C		≤300	≥12	70	30	2	散热片 10W	
3AD 11		≤500	≥5	60		5		⑱
3AD 12		≤400	15～40	70		5	加 200×200	
3AD 13		≤400	10～40	40		5	×4mm	
3AD 14		≤400	15～40	60		5	散热片	
3AD 15		≤400	≥30	60		5	20W	
3AD 16		≤400	≥30	40		5		
3AD 17		≤400	≥30	40		5		
3AD 18A		≤1000	≥25	80	40	15	$P_{CM}=\dfrac{90-T}{R_t}$	⑳
3AD 18B		≤1000	≥15	50	20	15	T—壳温	
3AD 18C		≤1000	≥15	80	60	15	R_t—热阻	
3AD 18D		≤1000	≥25	120	60	15	=1℃/W	
3AD 30A		≤500	12～100	50	12	4	2W 加 200×	⑲
3AD 30B		≤500	12～100	60	18	4	200×4mm	
3AD 30C		≤500	12～100	70	24	4	散热片 20W	

续表

型号	用途	直流参数		极限参数				电极位置图
		集-基反向截止电流 I_{CBO} (μA)	共发射极电流(直)放大系数 h_{FE}	集-基反向击穿电压 BU_{CBO} (V)	集-射反向击穿电压 BU_{CEO} (V)	集电极最大容许电流 I_{CM} (A)	集电极最大容许耗散功率 P_{CM} (W)	
3AD 31A	低频功率放大及直流电压变换	≤500	≥20	45	20	6	1W加120×120×4mm散热片10W	⑲
3AD 31B		≤500	≥20	60	30	6		
3AD 31C		≤400	≥20	90	40	6		
3AD 31D		≤400	≥20	120	50	6		
3AD 35A		≤400	≥20	60	20	15	2W加300×300×4mm散热片50W	㉑
3AD 35B		≤300	≥20	80	40	15		
3AD 35C		≤200	≥20	100	60	15		
3DD1A		<15	≥12	≥35	≥15	0.3	加散热片 1W	①
3DD1B		<15	12~25	≥35	≥30	0.3		
3DD1C		<15	25~35	≥35	≥30	0.3		
3DD1D		<15	≥35	≥35	≥30	0.3		
3DD1E		<15	≥20	≥35	≥30	0.3		
3DD2		≤50	≥10	F:100	A:20 B:30 C:45 D:60 E:80 F:100 G:120	0.5	3 加散热片	⑲
3DD3		≤100	≥10			0.75	5	
3DD4		≤100	≥10			1.5	10	
3DD5		≤300	≥10			2.5	25.5	
3DD6A		≤500	≥10		30	5	50 加散热片	㉑
3DD6B		≤500	≥10		45	5	50	
3DD6C		≤500	≥10		60	5	50	
3DD6D		≤500	≥10		80	5	50	
3DD6E		≤500	≥10		100	5	50	
3DD7A		100	10~20	50	40	6	75 加散热片	㉑
3DD7B		100	10~20	70	60	6	75	
3DD7C		100	>20	120	100	6	75	
3DD8A		100	10~20	60	50	7.5	100 加散热片	㉑
3DD8B		100	10~20	70	60	7.5	100	
3DD8C		100	>20	120	100	7.5	100	
3BD6A				30	10			②
3BD6B		≤500	20~140	40	15	2	10	
3BD6C				50	20			
3DD 261A			7~180	≥500	≥300		50	㉑
3DD 261B				≥700	≥400			
3DD 261C				≥900	≥500			
3DD 261D				≥1100	≥600			
3DD 261E				≥1300	≥700			
3DD 261F				≥1500	≥800			

续表

型 号	用途	直 流 参 数		极 限 参 数				电极位置图
		集-基反向截止电流 I_{CBO} (μA)	共发射极电流(直)放大系数 h_{FE}	集-基反向击穿电压 BU_{CBO} (V)	集-射反向击穿电压 BU_{CEO} (V)	集电极最大容许电流 I_{CM} (A)	集电极最大容许耗散功率 P_{CM} (W)	
3DD 262A 3DD 262B	低频功率放大及直流电压变换		7～180	≥500 ≥700	≥300 ≥400		75	
3DD 265A 3DD 265B 3DD 265C			7～180	≥500 ≥700 ≥900	≥300 ≥400 ≥500		100	⑲
3DD 269A 3DD 269B 3DD 269C			7～180	≥500 ≥700 ≥900	≥300 ≥400 ≥500		150	㉑
3DD 270A 3DD 270B 3DD 270C			7～180	≥500 ≥700 ≥900	≥300 ≥400 ≥500		200	⑲
3DD 275A 3DD 275B 3DD 275C			7～180	≥500 ≥700 ≥900	≥300 ≥400 ≥500		300	⑲

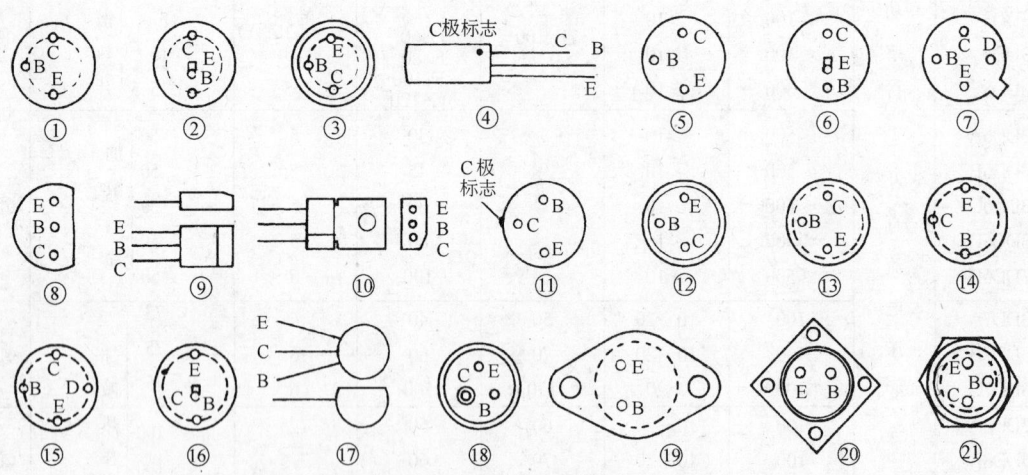

表 7.3.1-5～7 附图　晶体三极管的电极位置图

三极管共发射极直流电流放大系数 h_{FE} 分档色标					表 7.3.1-8
h_{FE} 分档	0～15	15～25	25～40	40～55	55～80
色 标	棕	红	橙	黄	绿
h_{FE} 分档	80～120	120～180	180～270	270～400	400 以上
色 标	蓝	紫	灰	白	黑

8. 组合晶体管电路

组合晶体管是由两个或多个晶体三极管并把它们的电极直接连结而成的晶体管,可以用分立晶体三极管构成,也可以制成集成电路。常见的有两类。

(1) 达林顿(Darlington)电路 如图 7.3.1-7(a),达林顿晶体管电路的三个外接端子 B'、C'、E' 的性能如同单个晶体三极管的一样,合成的总特性用图左边所列的式子表达。达林顿电路的最大特点是电流增益很高,是组成此电路各个晶体管电流增益的乘积,因而所需的输入电流很小。但需要输入电压 $U_{B'E'}$ 较大,因为输入电路是两个基-射电路的串联,不过,这个缺点在图 7.3.1-7(b) 所示的互补达林顿电路中得到克服。互补电路的特性表达式列在图的右边。

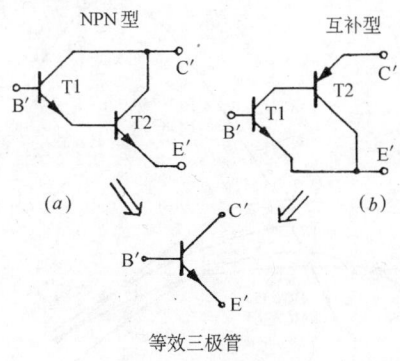

输入电压 $U_{B'E'} = U_{BE1} + U_{BE2}$
直流电流放大系数 $B' \approx B_1 \cdot B_2$
交流电流放大系数 $\beta' \approx \beta_1 \cdot \beta_2$
输入阻抗 $r_{B'E'} \approx 2r_{BE1}$
跨导 $S' \approx \dfrac{S_1}{2} \cdot \beta_2$
输出阻抗 $r_{C'E'} \approx r_{CE2} // \dfrac{r_{CE1}}{\beta_2}$

$U_{B'E'} = U_{BE1}$
$B' \approx B_1 \cdot B_2$
$\beta' \approx \beta_1 \cdot \beta_2$
$r_{B'E'} \approx r_{BE1}$
$S' \approx S_1 \cdot \beta_2$
$r_{C'E'} \approx r_{CE2} // \dfrac{r_{CE1}}{\beta_2}$

图 7.3.1-7 达林顿电路及其特性参数
(a)NPN 型达林顿电路;(b)互补达林顿电路

几种常用达林顿管的型号及其特性参数见表 7.3.1-9。

常用达林顿管的型号及其特性参数   表 7.3.1-9

	NPN 管型号		BC517	BC875/877	BD675/677/679	BDX53A/53B	TIPL790	MJ3000	TIPL774
	PNP 管型号		BC516	BC876/878	BD676/678/680	BDX54A/54B		MJ2500	
极限参数	集-射电压 U_{CEO}	V			45/60/80	60/80	120	60	450
	集-基电压 U_{CBO}	V	40	60/80	45/60/80	60/80	150	60	550
	射-基电压 U_{EBO}	V	10	5	5	5	8	5	8
	集电极电流 I_C	A	0.4	1	4	8	10	10	20
	损耗功率 P_{tot}(25℃)	W	0.6	0.8	25	45	45	110	130
	结温 T_j	℃	150	150	150	150	150	200	200
电流增益 B			>30000	>1000	>500	>1000	>100	>1000	>100

续表

传输频率 f_T	MHz	220	200	
漏电流(25℃) I_{CES}	nA	<100	<100	

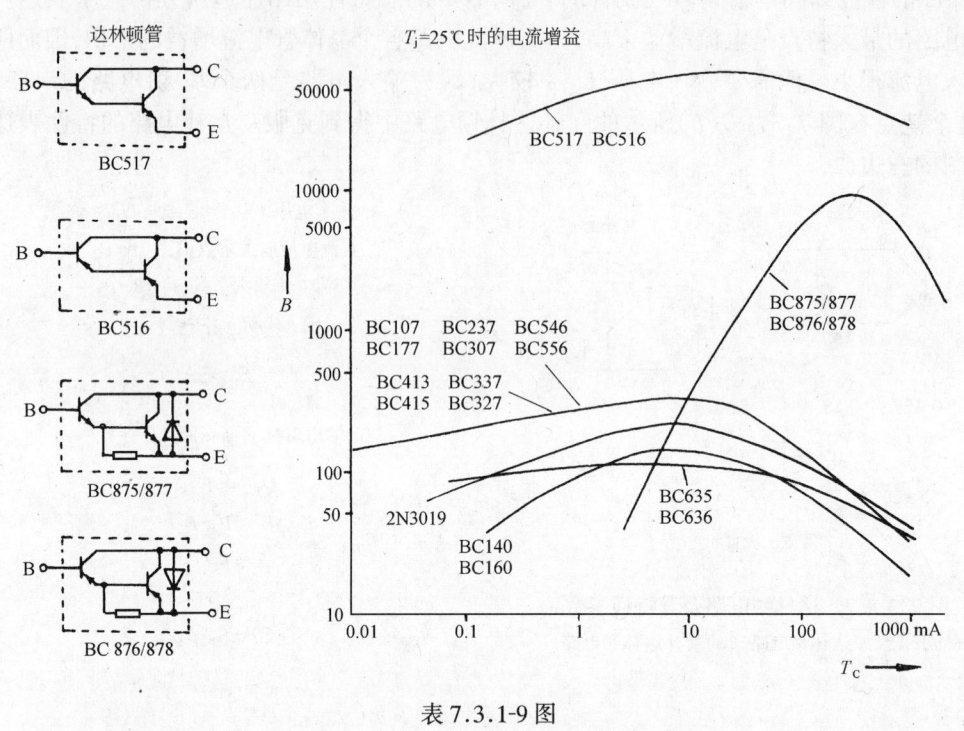

表 7.3.1-9 图

(2) 维勒(Widlar)电路 它是一种镜像电流组合电路,如图 7.3.1-8(a),由于晶体三极管 T1 的集电极与基极短接,T1 工作在 $U_{CE1}=U_{BE}\approx 0.6\sim 0.7V$ 范围内。两个三极管的基-射电压 U_{BE} 相同,当两管特性相同时,在同一温度下集电极电流 I_{C1} 和 I_{C2} 也相等。在忽略相对较小的基极电流之后,输出电流 I_{C2} 与其控制电流 I_S 也相等(I_S 可由电阻 R_1 调节),所

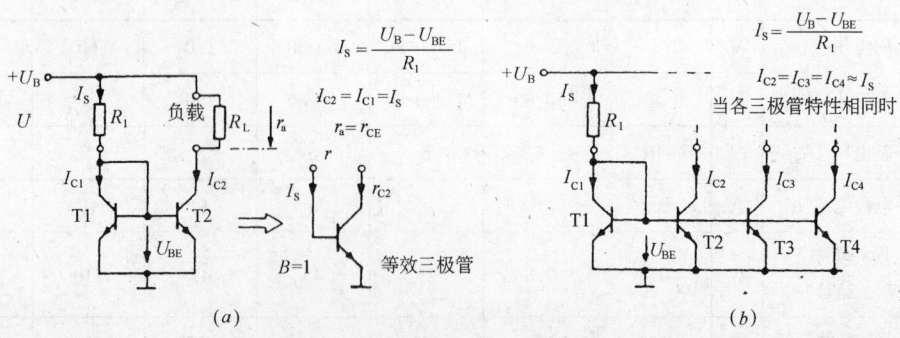

图 7.3.1-8 镜像电流电路
(a)基本电路(维勒电路);(b)多倍镜像电流电路

以此电路的特性基本上如同一只电流增益 $B=1$ 的晶体三极管。它常被用在集成块中作为恒流源电路。

图 7.3.1-8(b)的电路把输出管由 1 个扩展为多个。如果把输出管的集电极都集中连接在一起,电流的变比就是 3:1,或者电流增益 $B=3$。在集成电路制作中,实际上把输出管输出侧的面积扩大就相应地获得大于 1 的电流变比,反之,把输出侧的面积缩小,相应地电流变比就小于 1。

(3) 其他镜像电流电路 在电路的输出侧插入一只发射极电阻 R_E,可使电流变比小于 1,如图 7.3.1-9(a)所示。由于在 R_E 上有电压降,使基-射极电压有了差异,按图得:

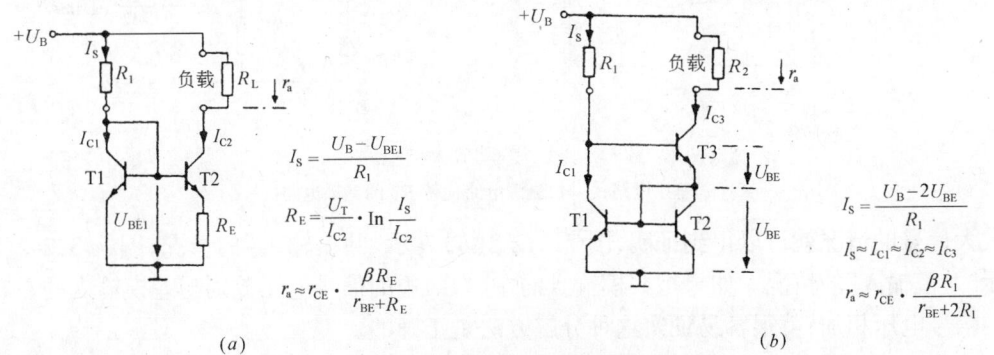

图 7.3.1-9 其他镜像电流电路
(a)有发射极电阻的镜像电流电路;(b)维森(Wilson)电路

$$U_{BE1} - U_{BE2} = I_{C2} \cdot R_E$$

以及

$$I_{C1}/I_{C2} = e^{\frac{U_{BE1} - U_{BE2}}{U_T}}$$

式中 U_T——与温度有关的电压计算量,以伏特(V)为量纲,称温度电压。在室温下 U_T=26mV。

由此可得确定电阻 R_E 的方程式,如果已经给定 I_{C2} 和 I_S,便可设计 R_E 了。但电路中由于存在电流负反馈,使输出电阻 r_a 也升高了。为了克服这个缺点,有时不使用 R_E,而在电路中增加一只 T3,如图 7.3.1-9(b)所示的电路,称维森(Wilson)电路。

7.3.2 差动放大器

差动放大器(又称分差放大器)的电路如图 7.3.2-1(a)所示,两只特性相同的晶体三极管以发射极直接耦合,两管的发射极电流之和 I_0 流经电阻 R_E 至第二电源的负极。按电路所安排的阻值及电源电压,在静止状态($u_1=u_2=0$)可计算得电流 $I_0\doteq1.4$mA,此电流均分至两只晶体管,电路各点的静态电位如图所注。

单端输入($u_1>0,u_2=0$)时,左管电流升高,右管电流下降;集电极 C_1 及 C_2 的电位做相反的变化。在此过程中,T_2 工作于共基极电路,T_1 是 T_2 的前置射极跟随器。但对于各管的集电极输出而言,电路又是一个有电流负反馈的共发射极电路,反馈电阻为(R_E // 1/S)≈1/S。由于电路对称,如从另一边输入,所述这些作用则互相对换。

图 7.3.2-2(a)表示双端输入且 $u_1>u_2$ 的情况,假定基极及集电极电位的变化是阶跃式的。在两个集电极上产生的电位变化幅度正比于输入"电压差"$u_D=u_1-u_2$ 的大小,这个性能正是差动放大器命名的含义,这一点,如果按图 7.3.2-2 把输入信号分解为两部分看

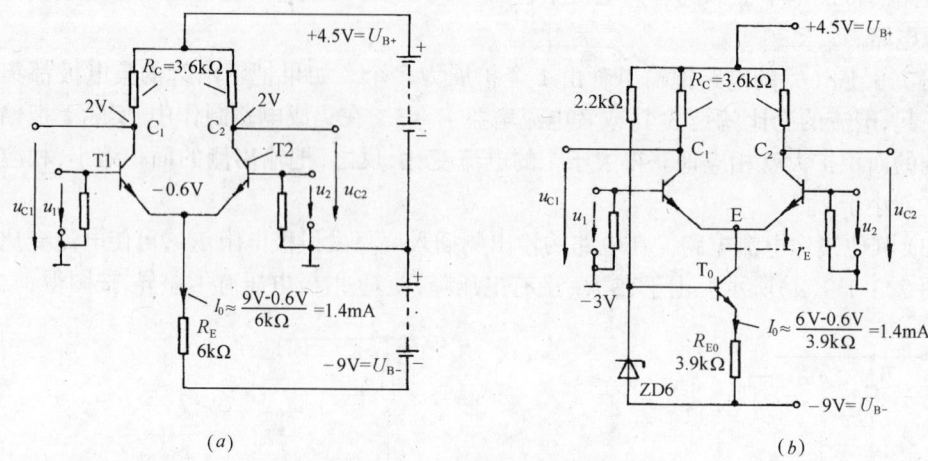

图 7.3.2-1 差动放大器电路
(a)基本电路;(b)恒流源电路代替 R_E 的差动电路

它放大信号的情况就可以得到证明,图 7.3.2-2(b)表示"共模输入"的情况,图 7.3.2-2(c)表示"差模输入"的情况。如果把共模输入的左、右两边的信号电压分别与差模输入的左、右边的信号电压相加,就很容易证实这种分解方法是正确的。

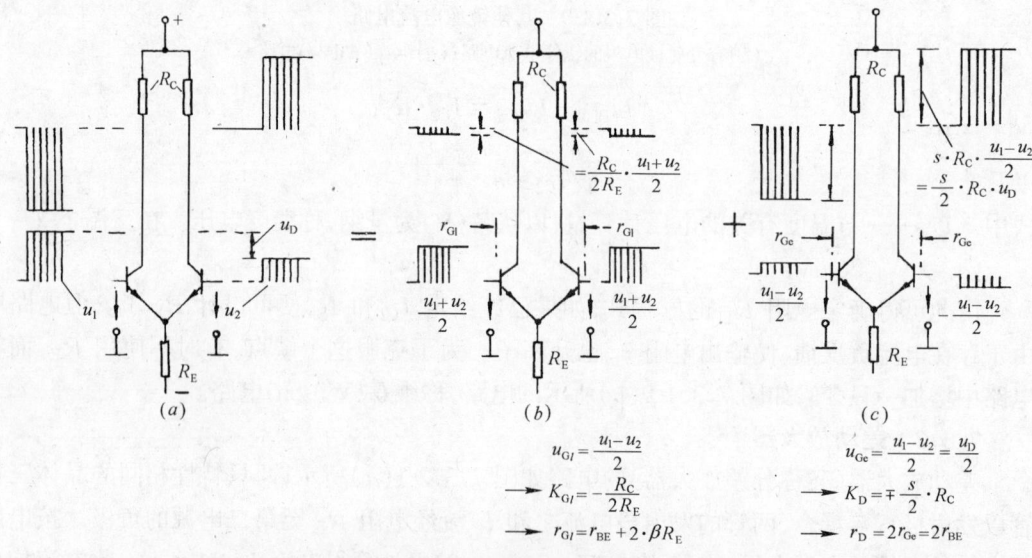

图 7.3.2-2 传输特性的分析
(a)全过程;(b)共模输入;(c)差模输入

在纯粹的共模输入($u_1 = u_2$)时,每边晶体管工作于有电流负反馈的共发射极电路,负反馈电阻应为 $2R_E$,因 $2R_E // 2R_E = R_E$。共模电压放大倍数记作 K_{Gl},共模输入电阻记作 r_{Gl}。

在纯粹的差模输入($u_1 = -u_2$)时,每边晶体管工作于共发射极电路,但在 R_E 上没有引起负反馈,因为两管的发射极电流的变化量大小相等方向相反。对于差动电压 $u_D = u_1 - u_2$,在每边集电极可得到差动电压放大倍数 K_D;基极之间的分差输入电阻由于两个基-射

7.4 运算放大器(线性集成电路)

区的串联,其数值应为 $r_D = 2r_{BE} = 2r_{Ge}$(此处 r_{Ge} 为差模输入每边的输入电阻)。

共模放大倍数愈小愈好,很明显,当 $R_E \to \infty$ 时,共模放大倍数趋于无限小。为使 R_E 很大,发射极电流 I_o 就应保持恒定,解决的办法是用一个恒流源电路代替电阻 R_E,如图 7.3.2-1(b) 所示。由于在电阻 R_{E0} 上引起电流负反馈,从发射极的 E 点看出来,可以得到很大的分差电阻 $r_E \approx r_{CEo} \cdot [1 + S_o(r_{BEo} // R_{Eo})]$(数量级 10MΩ)。由此得到共模放大倍数很小,且共模抑制比甚大(共模抑制比 CMRR $G = K_D/K_{Gl}$)。温度的变化及其他的干扰以同样程度影响两边晶体管 T_1 及 T_2,可视为一种共模信号,在很高的共模抑制比的情况下可使它们不起作用。

差动式放大电路有四种不同的接法,即:(1)双端输入双端输出;(2)单端输入单端输出;(3)双端输入单端输出;(4)单端输入双端输出。它们的电路原理图和性能比较见表 7.3.2-1。

差动式电路四种接法的比较   表 7.3.2-1

接法	电路原理图	放大倍数	输入、输出电阻	特点	用途
双端输入双端输出	(电路图)	$K = -\dfrac{\beta R'_{fz}}{R_{b1} + \gamma_{be}}$ $R'_{fz} = R_c // \dfrac{R_{fz}}{2}$	$\gamma_{sr} = 2(R_{b1} + \gamma_{be})$ $\gamma_{sc} = 2R_c$	共模输入时输出为0,放大倍数与单管相等	直流放大器的前级,而输入、输出信号不需一端接地时
单端输入单端输出	(电路图)	$K \approx -\dfrac{1}{2} \cdot \dfrac{\beta R'_{fz}}{R_{b1} + \gamma_{be}}$ $R'_{fz} = R_c // R_{fz}$	$\gamma_{sr} \approx 2(R_{b1} + \gamma_{be})$ $\gamma_{sc} = R_c$	靠 R_e 对共模信号的强负反馈作用,抑制零点漂移,放大倍数为单管一半	用在输入输出均需一端接地的地方。常用在控制系统及稳压电源中
双端输入单端输出	(电路图)	$K = -\dfrac{1}{2} \cdot \dfrac{\beta R'_{fz}}{R_{b1} + \gamma_{be}}$ $R'_{fz} = R_c // R_{fz}$	$\gamma_{sr} = 2(R_{b1} + \gamma_{be})$ $\gamma_{sc} = R_c$	靠 R_e 对共模信号的负反馈作用减小零点漂移,放大倍数为单管一半	将双端输入转为单端输出,常用在输入级和中间级
单端输入双端输出	(电路图)	$K \approx -\dfrac{\beta R'_{fz}}{R_{b1} + \gamma_{be}}$ $R'_{fz} = R_c // \dfrac{R_{fz}}{2}$	$\gamma_{sr} \approx 2(R_{b1} + \gamma_{be})$ $\gamma_{sc} = 2R_c$	放大倍数与单管相等	将单端输入转为双端输出,常用在输入级

注:K—放大倍数;U_{sr}—输入电压;γ_{sr}—输入电阻;γ_{be}—b-e 间的交流电阻;R_{fz}—负载电阻;U_s—输出电压;γ_{sc}—输出电阻;β—晶体管共发射极线路电流放大系数。

7.4 运算放大器(线性集成电路)

7.4.1 运算放大器的基本电路

运算放大器的原理电路如图 7.4.1-1(a)所示,由差动输入级(T1 及 T2)、中间放大级(T3)和末级(T4)构成。有两个输入端,分别以 P 和 N 标记;一个输出端,以 A 标记(也有用其他符号标记)。均以"地"为参考点,即正、负工作电源的公共接地点。各放大级之间为直流耦合,因此是直流放大器,可放大直流电压,其上限频率大约为 100kHz,特殊应用时工作频率在 1000MHz 以上。

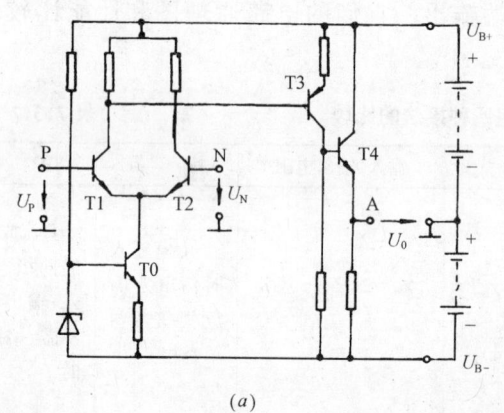 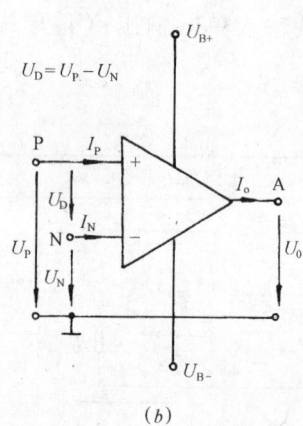

图 7.4.1-1 运算放大器
(a)基本电路;(b)电路符号

在理想情况下(共模抑制比为无穷大),只放大差分电压 $U_D = U_P - U_N$。在输出开路时电压放大倍数称为空载放大倍数 K_0,此时放大倍数为最大,一般大于 10000≈80dB。中间放大级一般是多级放大电路,它的任务除了提高电压增益之外,还达到转移电平的目的,使当 $U_D = 0$ 时输出电压 U_0 也为零。

如果从静止状态(零状态)出发考虑,在 P 端上加正的输入电压 U_P 引起正的输出电压 U_0;在 N 端上加正的输入电压 U_N 则引起负的输出电压。故如图 7.4.1-1(b)所示(运算放大器以三角形符号表示,有两个输入端和一个输出端等),在 P 输入端画正号,在 N 输入端画负号,前者称同相输入端,后者称反相输入端。

图 7.4.1-2(a)表示运算放大器的传输特性曲线,也是一条有代表性的控制特性曲线,在正、负饱和线段之间的近似线性的工作范围内,由于有很高的电压增益,其分差变化量 $\Delta U_D < 1\text{mV}$。饱和电压 U_S 一般比工作电源电压 U_B 小 1~2V。但是,此特性曲线常常不通过坐标的 0 点,而如虚线所绘移动一个距离。这个零点偏移电压称输入失调电压 U_{IO}(是正还是负随具体的集成块而异)。

大多数运算放大器都可以用外接电位器来补偿零点偏移,图 7.4.1-2(b)是 741 型、TL081 型等集成块的零点偏移补偿调节电路。但是这种补偿可能被温度变化、工作电源电压变化或加在两个输入端的共模电压 u_{Gl} 所破坏,从而会使传输特性曲线向左或向右移动,又形成新的失调电压,即 U_{osT}、U_{osB} 及 U_{osG}。

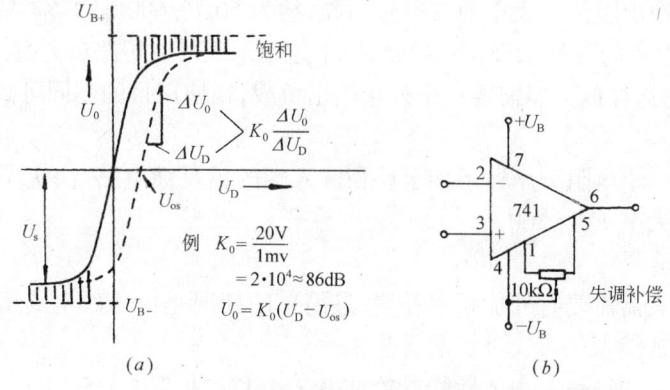

图 7.4.1-2 运算放大器的传输特性
(a)传输特性曲线 (b)输出零点调整

$$U_{osT} = \frac{\partial U_{os}}{\partial T} \cdot \Delta T \quad (温度漂移,典型值 10 \frac{\mu V}{K})$$

$$U_{osB} = \frac{\partial U_{os}}{\partial U_B} \cdot \Delta U_B \quad (工作电压漂移,典型值 50 \frac{\mu V}{V})$$

$$U_{osG} = \frac{\partial U_{os}}{\partial U_{Gl}} \cdot \Delta U_{Gl} \quad (共模漂移,典型值 20 \frac{\mu V}{V})$$

工作电压漂移 U_{osB} 值和共模电压漂移值在手册中一般以其倒数的 dB 值给出,前者称工作电压抑制比(SVRR),后者称共模抑制比(CMRR)。

运算放大器的结构和特性除以上所述之外,还归纳如下：

在实际应用中,运算放大器常以三角形符号来表示,通常只画出一对差动输入端子以及一个输出端子。另外还有电源端、调零端及频率补偿端等,根据需要画出或不画出。不同型号的运算放大器,各引线端的作用也不相同,使用时须按产品说明书接线。

(1) 输入端

运算放大器的两个输入端,标"－"号的为反相输入端,标"＋"号的为同相输入端。当把一个交流信号电压加在反相输入端时,在输出端的输出电压相移 180°;交流信号电压加在同相输入端时,输出电压则没有相移(≈0°)。输入电压和输出电压均以两个供电电源的"地"端为参考端。

(2) 工作电压

运算放大器设有两个供电电源端子,一个为正,一个为负。由此可知,运算放大器需要两个对称的电源,以输入、输出的参考电位为参考。工作电压的数值有 $2 \times 24V$, $2 \times 15V$, $2 \times 5V$ 等(特殊的运算放大器只有一个供电电源端子)。

(3) 输入阻抗

运算放大器的输入阻抗一般在 $100k\Omega$ 以上,典型的为 $1M\Omega$。有 FET 输入(输入场效应管)的运算放大器,其输入阻抗在 $10M\Omega$ 以上。特殊运算放大器的输入阻抗则很低,只有 75Ω。

(4) 输出阻抗

运算放大器输出阻抗的大小随其型号而异,约为50Ω~600Ω。常常在后面接有一个由NPN和PNP管组成的互补末级,在多数情况下这个末级可以短路(即短路输出端也不致损坏)。有些型号的运算放大器需要一个外接输出负载,视使用目的不同可高至10kΩ。

(5) 反馈

输出电压经一个电阻分压器后接至反相输入端的负反馈电路,决定了放大器增益的大小。电压增益常大至 $K_u = 500$。

(6) 频率补偿

有些运算放大器需要有外加频率补偿,最简单的情况是由 RC 电路组成。新型运算放大器有内部频率补偿。

常用运算放大器型号及主要性能参数见表7.4.1至表7.4.1-5。

常用运算放大器型号及主要性能参数　　表7.4.1-1

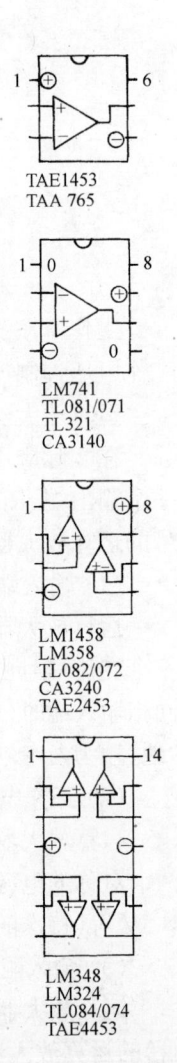

TAE1453
TAA 765

LM741
TL081/071
TL321
CA3140

LM1458
LM358
TL082/072
CA3240
TAE2453

LM348
LM324
TL084/074
TAE4453

	型号		TAA765/TAE1453	LM741	TL321	TL081/071	CA3140
极限参数	电源电压 U_B	V	±1.5~±18	±5~±18	3~30	±4~±18	±3~±18
	差动电压 U_D	V	±U_B	±30	±32	±30	±8
	输出电流 I_o	mA	70/100	20	20	10	10
输入静止电流 I_i		nA	500/100	<500	<250	<0.2	<0.05
失调电流 I_{os}		nA	200/50	<200	<50	<0.1	<0.02
失调电压 U_{os}		mV	<6/<5	<6	<7	<6	<15
失调电压漂移		μV/K	6/6	12	7	10	8
输入电阻 r_D		MΩ	0.2	2	1	>1000	>1000
空载增益 K_o		dB	>80	>85	90	>90	>90
共模抑制比 G		dB	>70	90	85	>85	>85
传输截止频率 f_T		MHz	15	1	1	3	4
转换速率 SR		V/μs	>9/>20	0.5	0.5	13	9
频率特性的补偿			外接	内设	内设	内设	内设
有无失调补偿			无	有	无	有	有
2 单元型			TAE2453	LM1458(747)	LM358(2904)	TL082/072	CA3240
4 单元型			TAE4453	LM348(4741)	LM324(2902)	TL084/074	

7.4 运算放大器(线性集成电路)

特殊运算放大器型号及主要性能参数 表 7.4.1-2

	型　号		TLC251/271	OP07	ICL7650	LM318	AD847
极限参数	电源电压 U_B	V	1(4)~16	±5~±32	±8	±5~±20	±5~±15
	差动电压 U_D	V	±16	±30			±6
	输出电流 I_o	mA	10	20	3/20	15	20
输入静止电流 I_i		nA	<0.15	3	0.01	<300	<5000
失调电流 I_{os}		nA	<0.1	<2	0.005	<200	<500
失调电压 U_{os}		mV	<12	<0.075	<0.005	<10	<3
失调电压漂移		μV/K	5	0.2	0.01		15
输入电阻 r_D		MΩ	>1000	>20	>1000	0.5	0.3
空载增益 K_0		dB	>80	>100	>120	>80	70
共模抑制比 G		dB	>70	>110	130	100	>80
传输截止频率 f_T		MHz	>0.1	1	2	15	50
转换速率 SR		V/μs	>0.05	0.1	2.5	>50	300
频率特性的补偿			内设	内设	内设	内设	内设
有无失调补偿			有	有		有	有
2 单元型			TLC252/272	OP270/271			
4 单元型			TLC254/274	OP470/471			

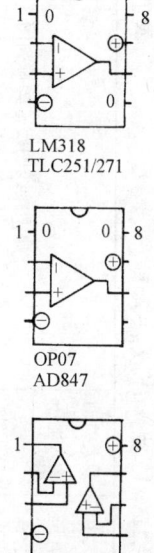

LM318
TLC251/271

OP07
AD847

OP270/271
TLC252/272

OP470/471
TLC254/274

大功率运算放大器的主要性能参数 表 7.4.1-3

	型　号		TCA365	TCA1365	LM675	LM12	PA12
极限参数	工作电源电压 U_B	V	±4~±18	±3~±20	±10~±30	±5~±40	±10~±50
	差动电压 U_D	V	±U_B	±U_B	±U_B	±U_B	±(U_B-3V)
	输出电流 I_o	A	3	3.5	3	10	15
	损耗功率 P_{tot}	W	15	15	15	35	70
输入静态电流 I_i		μA	<1	<1	<2	<1	0.03
失调电压 U_{os}		mV	<10	<10	<5	<15	<6
输入电阻 r_D		MΩ	1	5			200
空载增益 K_0		dB	90	80	90	90	100
截止频率 f_T		MHz	2	1	5	0.7	4
转换速度 SR		V/μs	5	0.5	8	9	4

注：除 PA12 外所有运算放大器均有热过载保护和短路保护；壳温≤80℃。

表 7.4.1-4 常用运算放大器型号及主要性能参数规范：$V_+ = 12\text{V}, V_- = -6\text{V}, T_A = 25°\text{C}$

典型接线图及管脚排列图

名称符号	输入失调电压 V_{IO} (mV)	输入失调电流 I_{IO} (μA)	输出电压幅度 V_{OPP} (V)	开环增益 A_{VD} (dB)	共模抑制比 $CMRR$ (dB)	共模电压范围 V_{ICR} (V)	最大输出电流 I_{OM} (mV)	最大电源电压 $V_{\pm M}$ (V)	最大差动输入电压 V_{IDM} (V)
测试条件	$R_b = 50\Omega$	$R_s = 2\text{k}\Omega$	$R_L = 100\text{k}\Omega$	$f = 1\text{kHz}$					
BG301A	≤10	≤5	≥±4	≥66	≥70				
BG301B	≤5	≤2	≥±4.5	≥66	≥70	+0.8			
BG301C	≤2	≤1	≥±4.5	≥66	≥80	−4.3			
BG301D	≤1	≤0.5	≥±4.5	≥66	≥80				

表 7.4.1-5 常用运算放大器型号及主要性能参数规范：$V_+ = 15\text{V}, V_- = -15\text{V}, T_A = 25°\text{C}$

典型接线图及管脚排列图

名称符号	输入失调电压 V_{IO} (mV)	输入失调电流 I_{IO} (μA)	输出电压幅度 V_{OPP} (V)	开环增益 A_{VD} (dB)	共模抑制比 $CMRR$ (dB)	共模电压范围 V_{ICR} (V)	最大输出电流 I_{OM} (mA)	最大电源电压 $V_{\pm M}$ (V)	最大差动输入电压 V_{IdM} (V)
测试条件	$R_b = 50\Omega$	$R_s = 50\text{k}\Omega$	$R_L = 10\text{k}\Omega$	$f = 20\text{Hz}$	$R_b、R_L$ 同左	$R_B = 100\text{k}\Omega$			
BG305A	≤15	≤300	≥±10	≥94	≥60	≥±2	≥±3		
BG305B	≤10	≤200	≥±12	≥100	≥70	≥±5	≥±3		
BG305C	≤10	≤50	≥±12	≥100	≥70	≥±5	>±3		
BG305D	≤5	≤200	≥±12	≥106	≥80	+6 / −12	≥±3	≥±18	
BG305E	≤5	≤50	≥±12	≥106	≥80	+16 / −12	≥±3		≥14

7.4 运算放大器(线性集成电路)

续表

名称	符号	测试条件	输入失调电压 V_{IO} (mV) $R_b=50\Omega$	输入失调电流 I_{IO} (μA) $R_s=50k\Omega$	输出电压幅度 V_{OPP} (V) $R_L=10k\Omega$	开环增益 A_{VD} (dB) $f=20Hz$	共模抑制比 $CMRR$ (dB) $R_b、R_L$ 同左	共模电压范围 V_{ICR} (V) $R_B=100k\Omega$	最大输出电流 I_{OM} (mA)	最大电源电压 $V\pm M$ (V)	最大差动输入电压 V_{IdM} (V)	典型接线图及管脚排列图
	F006A		≤10	≤300	≥±10	≥86	≥70			≥±18	≥±30	
	F006B		≤5	≤200	≥±10	≥94	≥80	≥±12				
	F006C		≤2	≤100	≥±12	≥94	≥80					
	F007A		≤10	≤300	≥±10	≥86	≥70			≥±18	≥±30	
	F007B		≤5	≤200	≥±10	≥94	≥80	≥±12				
	F007C		≤2	≤100	≥±12	≥94	≥80					
	F008A		10	300	±10	86	80	±6		±18	±30	
	F008B		5	200	±10	96	90	±12				
	F008C		2	100	±12	100	90	±12				

续表

名称符号	测试条件	输入失调电压 V_{IO} (mV)	输入失调电流 I_{IO} (μA)	输出电压幅度 V_{OPP} (V)	开环增益 A_{VD} (dB)	共模抑制比 CMRR (dB)	共模电压范围 V_{ICR} (V)	最大输出电流 I_{OM} (mA)	最大电源电压 $V\pm M$ (V)	最大差动输入电压 V_{IdM} (V)	典型接线图及管脚排列图
	$R_b=50\Omega$	$R_s=50\mathrm{k}\Omega$	$R_L=10\mathrm{k}\Omega$	$f=20\mathrm{Hz}$	R_b,R_L同左	$R_B=100\mathrm{k}\Omega$					
F011A		8	0.3	±10	80	70				±30	
F011B		5	0.06	±10	94	80					
F011C		2	0.03	±10	100	80					
F032-2A		≤5	0.2	±12	≥120	≥90	±8	≥5			
F032-2B		≤3	0.1	±12	≥120	≥100	±10				
F032-2C		≤1	0.05	±12	≥120	≥105	±12				

7.4.2 特选运算放大器集成电路及其他电路

1. TAA765 型运算放大器

TAA765 型是一个多用途的运算放大器,图 7.4.2-1 是它的内部详细电路,外接双电源 $\pm U_B < 18V$(特性参数见本章表 7.4.1-1)。由 T1—T2 差动放大级及 T5 恒流源组成输入电路。对共模信号,T1 和 T2 的电流各是 T5 的一半。T3 和 T6 是恒流调节电路,使输入级有很高的共模抑制比。

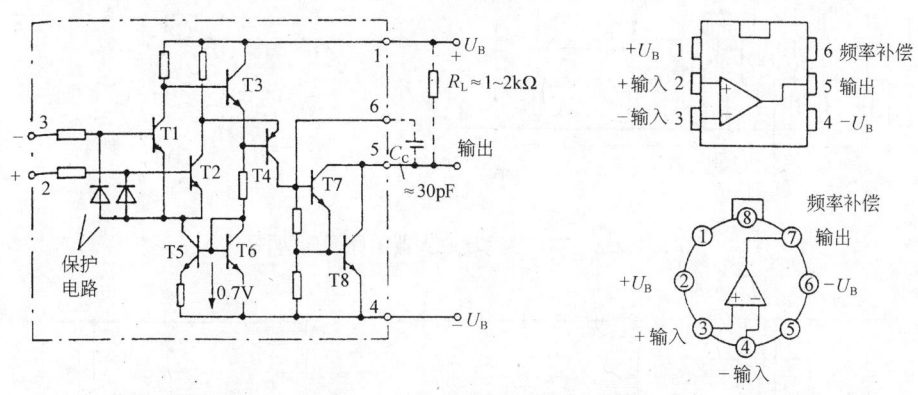

图 7.4.2-1 TAA765 型运算放大器电路及管脚图

在差模输入时,T1 及 T2 的电流增减做相反的变化,它们的集电极电位同时也做相反的变化,集电极所形成的电位差控制 T4,T3(作为射极跟随器)补偿 T4 的门限电压。T4 控制由 T7—T8 组成的达林顿末级,末级是开路式集电极输出。外接电容器 C_c 作频率特性校正之用,如运算放大器用作开关器,可不用此电容器。T8 的电源可大至 70mA。

2. LM741 型运算放大器

图 7.4.2-2 所示是 741 型运算放大器的电路,它主要由一个输入差动放大级(T1、T2、T3、T4)、一个中间放大级(T15、T16)和一个互补的推挽末级(T20、T21)组成。T14 是一个 U_{BE} 增幅器,给 T20、T21 提供一起始偏压,使末级有一小的静态电流(参阅 7.5.2 节的图 7.5.2-3),以克服交越失真。晶体管 T18、T19 和 T17 在正常情况下不导通,它们是限流器,只当输出负载电流超过一定的数值($>20mA$)时才导通;T18 直接作用于末级 T20 的基极,T19 导通后则经过 T17 来控制 T15 的基极,间接地对 T21 加以保护。T15 与 T16 组成达林顿电路,是中间放大器,由恒流源的 T13 作为负载并供给直流电流。T13 与 T12 构成镜像电源源,T12 和 T11 共同有基准电流 I_{Ref} 流过,同时还导出一个较此基准电源小的电流 I_{C10},此电流经 T8、T9 的镜像电流源确定了输入级的直流供电电流。在输入级,T1 和 T2 是射极跟随器,T3 和 T4 是直接连接的共基极电路,以 T5、T6 组成的镜像电流源作为高阻负载。T7 用来构成 T5、T6 的偏置电路。T15 是第一级(差动)的输出负载。在 T15 上的电容 C_c 可改善内部的频率响应和消除自激振荡。

3. 失调的调节电路

许多运算放大器集成块没有连接失调调节(调零)电位器的引脚,但有时由外部调零又非常必要,这时可以选用图 7.4.2-3 中的电路。这些电路基本上属于加法器或减法器电路。要求正、负电源电压比较稳定,如果稳定性达不到要求,宜采用中点抽头接地的电位器,如图

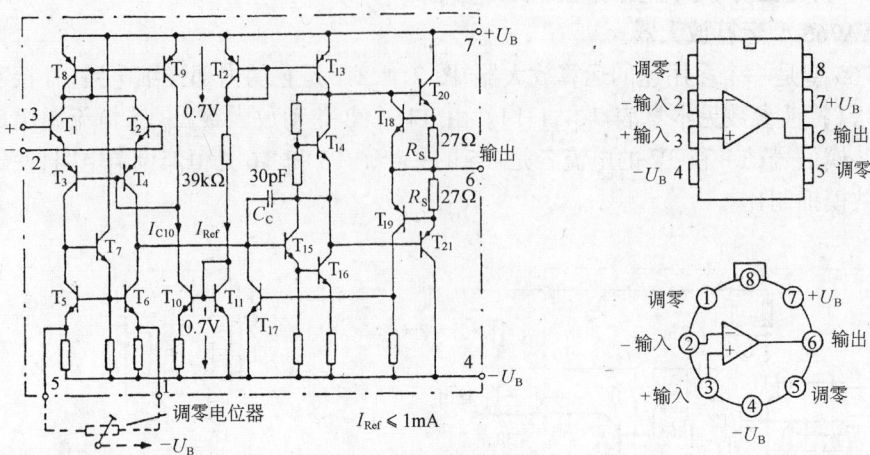

图 7.4.2-2　741型运算放大器电路及管脚图

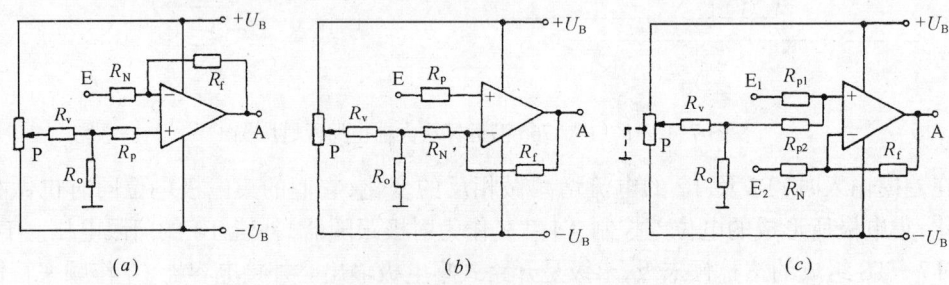

图 7.4.2-3　运算放大器的失调调节(调零)
(a)反相放大器；(b)同相放大器；(c)差动放大器
$P=10\sim 50\text{k}\Omega, R_v=100\text{k}\Omega, R_o=10\sim 50\Omega, R_p=R_N\parallel R_f, R_{p1}\parallel R_{p2}\parallel = R_N\parallel R_f$

7.4.2-3(c)的虚线所示。

7.4.3　运算放大器用作电压比较器

图 7.4.3-1(a)所示是运算放大器用作电压比较器的电路。为简便清晰起见,两个直流工作电源的接线没有绘在电路图中。在 P 输入端上接有一恒定的比较电压 U_V,在 N 输入端上所加的电压一旦超过这个比较电压 U_V,输出电压便转变为负向饱和,否则就是正向饱和。如图 7.4.3-1(b)所示,若 u_N 为三角形电压波,则输出端便是与其反相的方波。若把这

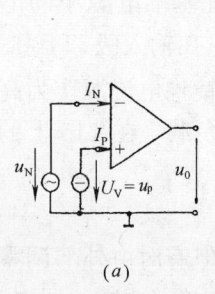
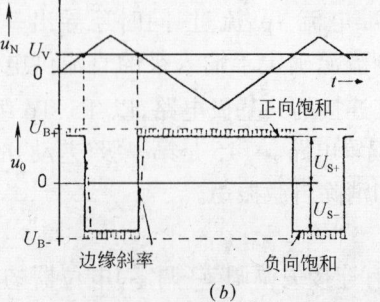
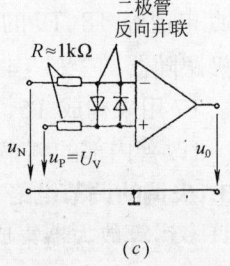

图 7.4.3-1　运算放大器用作电压比较器
(a)基本电路；(b)电压—时间图；(c)保护电路

两个输入电压交换接到两个输入端,则输出电压与三角波同相的方波。

从运算放大器的传输特性可知,为了完全控制其输出从一种饱和状态转变到另一种饱和状态,输入的差动电压 U_D 的幅值必须稍为超过失调电压 U_{os}。而在比较器实际运行时输入电压经常是一个大得多的数值,不但成为超输入控制而且引起严重的翻转延迟。图 7.4.3-1(c)所示是以两只反向并联二极管作为保护电路,它可以把输入的差动电压限制在 ±0.6V 左右,用此电路虽然超输入电压仍不可避免,但却使运算放大器集成块得到保护。新型的运算放大器的内部均设有保护电路,能承受几伏的差动电压。

7.4.4 运算放大器的各种应用电路

本节列出各种用途的运算放大器基本线路,这些线路已适当加以理想化,再加上简要说明。使用时只需对相应线路元件作适当的计算,便可满足不同的需要。

图 7.4.4-1 所示是无负反馈同相放大器。正的信号使放大器的输出达到正的工作电压极限;反之,负极性信号使输出电压达到负的工作电压极限。

$$+ U_0 = (+ U_i) \cdot K_0$$

式中 K_0 为运算放大器的电压放大倍数。

图 7.4.4-2 所示放大器与图 7.4.4-1 的相似,但输入信号加在反相输入端 E_1。正的输入信号导致负的输出电压,反之亦然。

$$- U_0 = (+ U_i) \cdot K_0$$

图 7.4.4-1 和图 7.4.4-2 可用作由小输入信号控制的电子开关。

图 7.4.4-3 与图 7.4.4-1 相似,但有负反馈,放大倍数为:

$$K_0 = \frac{R1 + R2}{R2}; U_0 = U_i \cdot K_0$$

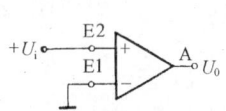

图 7.4.4-1 极限(开关)器

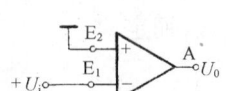

图 7.4.4-2 极限(开关)器

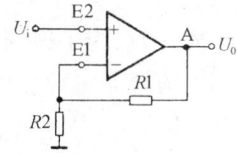

图 7.4.4-3 同相放大器

它是带负反馈、同相放大器的基本线路,输入阻抗很高。

图 7.4.4-4 与图 7.4.4-3 相似,但为反相端输入,输入阻抗由 $R2$ 的数值决定。

$$K_0 = \frac{R1}{R2};$$
$$- U_0 = U_i \cdot K_0$$

图 7.4.4-5 与图 7.4.4-4 相似,但输入信号无接地端。

图 7.4.4-6 与图 7.4.4-3 相似,但此处的负反馈系数为 1,因此输入端 $E2$ 的输入阻抗甚高,输入电流约为 10^{-10}A,而电压放大系数约为 1。输出电压跟随输入电压,简称电压跟随器,或称阻抗变换器。

图 7.4.4-7 是一个不受负载变化影响的可调恒压源电路。齐纳二极管 Z 提供一个按 $R1$ 与 $R2$ 之比变化的稳定参考电压,因此输出电压十分稳定,内阻低,可调。

$$K_0 = \frac{R1}{R2}; I_{E1} \approx \frac{U_z}{R}; U_0 \approx I_i \cdot R1 \text{。}$$

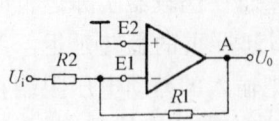 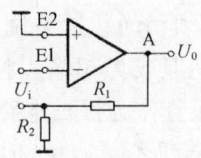 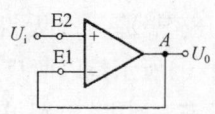

图 7.4.4-4　反相放大器　　　图 7.4.4-5　输入无接地端的放大器　　　图 7.4.4-6　电压跟随器

图 7.4.4-8 与图 7.4.4-7 相似，但输出电压大小固定不变。

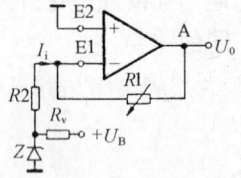 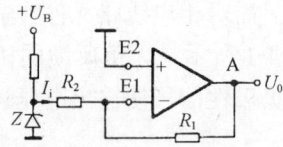

图 7.4.4-7　可调恒压源　　　　　　　图 7.4.4-8　恒压源

$$K_0 = \frac{R1}{R2}; I_{E1} \approx \frac{U_z}{R}$$
$$U_0 \approx I_i \cdot R1 \text{。}$$

图 7.4.4-9 与图 7.4.4-8 相似，但 $R1$ 用作负载电阻，有一恒定电流流过此负载电阻。

图 7.4.4-10，这里电流 I_i 按所选用负反馈电阻 R 的比率被变换成输出电压。从电流的注入来看，这线路与图 7.4.4-4 相似，电流 I_i 的大小可由 U_0 及 R 求出，输入电流 I_{E1} 可忽略不计。

$$U_0 = -I_i \cdot R$$

图 7.4.4-11，为了得到较大的输出电流，在运算放大器的输出端接上一个射极跟随器。最大输出电流视晶体管 T 的允许功率损耗而定。

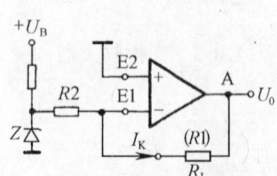 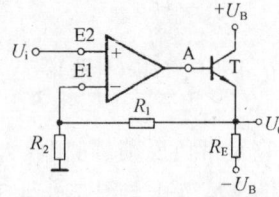

图 7.4.4-9　恒流源　　　图 7.4.4-10　电流-电压变换器　　　图 7.4.4-11　射极输出器

$$K_0 = \frac{R1}{R2}$$

图 7.4.4-12，为了输出更大的电流，在运算放大器的输出端接上一个两管互补的末级。与图 7.4.4-11 相同，负反馈引自输出级。

$$K_0 = \frac{R1}{R2}$$

图 7.4.4-13 所示为加法器电路。电压 $U_i' \cdots U_i''$ 产生流过 $R2 \cdots R2''$ 及 $R1$ 的电流，并引起正比的电压变化。输入电流的作用之和控制输出电压。

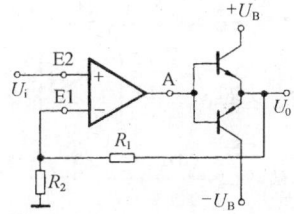

图 7.4.4-12 互补输出级

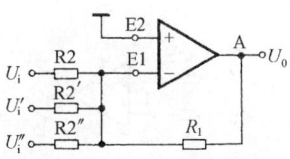

图 7.4.4-13 加法器

$$U_0 = -R1\left(\frac{U_i}{R2} + \cdots + \frac{U_i''}{R2''}\right)$$

例 $U_i = U'_i = U''_i = 1V$；

$$R2 = R2' = R2'' = 1k\Omega;$$
$$R1 = 1k\Omega;$$
求 $U_0 = ?$

解 $U_0 = (-)1k\Omega\left(\frac{1V}{1k\Omega} + \frac{1V}{1k\Omega} + \frac{1V}{1k\Omega}\right) = (-)3V$

图 7.4.4-14 所示的减法器就是差动放大器的基本线路，输入的控制电压为电压 U_{i2} 与 U_{i1} 之差。

$$U_0 = \frac{R1}{R2}(U_{i2} - U_{i1});$$
$$R3 = R1, R4 = R2$$

图 7.4.4-15，用运算放大器的开环增益来精确测定输入变化电压 $U1$ 或 $U2$ 过零的情况。当输出电压与输入电压之差大于 0.6V 时，二极管电路接通，加入负反馈使增益下降。

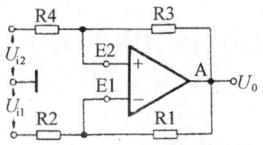

图 7.4.4-14 减法器

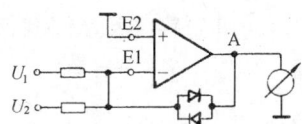

图 7.4.4-15 零指示器

输出电压 U_0 对输入电压 U_1 之差 $<\pm0.6V$ 时：

$$U_0 = (U1 - U2)\cdot K_0$$

K_0 为开环放大倍数。

图 7.4.4-16 表示电压比较器。这是一个多用途的线路，用于比较两个电压时，当两者一有差值便输出一个信号(运算放大器工作在开环状态)。

$$U_0 = (U_{i1} - U_{i2})\cdot K_0$$

图 7.4.4-17，这里两个电压接至一个输入端，U_r 为参考电压。与图 7.4.4-15 相似，输入电压较小时，运算放大器的增益很大；输入电压较大时，随输出电压的极性不同经 D1 或 D2 加入负反馈，此时运算放大器的放大倍数减至 $(R4 + R1)/R1$ 或 $(R5 + R1)/R1$。

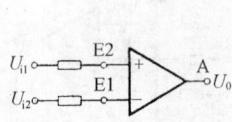

图 7.4.4-16　比较器

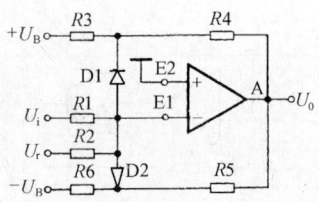

图 7.4.4-17　输出幅度可调的比较器

$$U_0 = (U_i - U_r) \cdot K_0 (小信号电压时)$$

$$限幅时\ K_0 = \frac{R5 + R1}{R1}。$$

图 7.4.4-18，利用无负反馈运算放大器的电压高增益，可以在输入端作电流或电压的精密比较。小于 $100\mu V$ 的电压变化即能产生相当大的输出信号。齐纳二极管的作用是防止运算放大器超输入。稳压管的稳压数值决定了负反馈的接入。在 E2 端加正反馈，R4-R3 产生滞后特性。

$$U_0 = (U_{E1} - U_{E2}) \cdot K_0$$

图 7.4.4-19 与图 7.4.4-18 相似，但这里没有滞后特性。这里的输出电压不仅在正方向而且在负方向也受到限幅。限幅的数值由选用的稳压二极管 Z 确定，四只硅二极管在正的或负的极限情况导通，并使 Z 接通 A—E1 点。

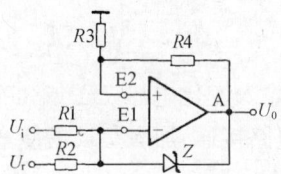

图 7.4.4-18　精密电压/电流比较器

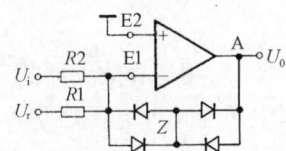

图 7.4.4-19　对称限幅的比较器

$$I_i = \frac{U_i}{R}$$

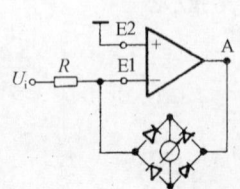

图 7.4.4-20 所示电路用于交流低电压的测量。由于整流二极管的特性曲线的非线性，在一般的电路中，当输入电压较低时（$U_i <$ 1V）会出现严重误差。如果使用这里的电路，在 mV 范围内仪表仍得到线性的刻度。

图 7.4.4-20　精密整流器

$$I_i = \frac{U_i}{R}$$

图 7.4.4-21(a) 所示电路的用途与图 7.4.4-20 的相似。R_L 可看做下一级放大器的输入阻抗。为了能对低电压作无负荷的测量，可取 $R_L > 100k\Omega$。在图 7.4.4-20 或图 7.4.4-21 电路，测低至 0.5mV 的电压用 $\leq 100\mu A$ 的表头能得到线性的刻度。选用一般的运算放大器，测量频率的上限可达 100kHz。

图 7.4.4-21(b) 所示为测量用的精密全波整流器。积分电容 C 根据仪表的用途选择。

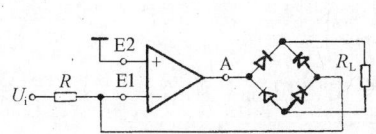
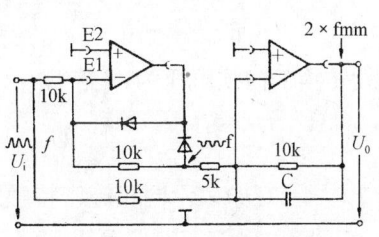

图 7.4.4-21(a)　仪表用整流器　　　　　图 7.4.4-21(b)　仪表用精密整流器

图 7.4.4-22 所示电路的振荡频率主要由电容器 C 和电阻 $R1$ 确定。当反相输入端的电平达到同相输入端的电平时，运算放大器即转换状态。振荡周期 $T = 2R_1C \cdot \ln\left(1 + 2 \cdot \dfrac{R}{R_1}\right)$，$f = \dfrac{1}{T}$。

图 7.4.4-23 表示单稳态触发器电路，当输入信号时单稳态电路即被触发，并保持在被触发状态，直至同相输入端达到某一电平电路才返回原始状态。触发的延续时间与电容 C 的大小成比例。

图 7.4.4-24，在负反馈支路中接入一个晶体三极管，利用它的非线性电阻特性可以产生"对数"负反馈，使输出电压与输入电压成对数的关系。

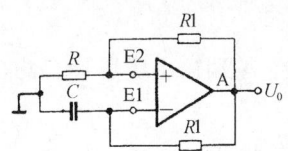 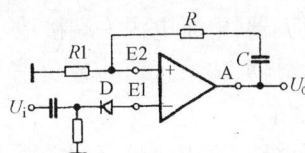 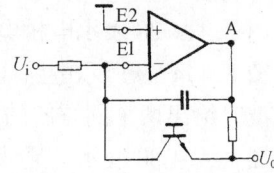

图 7.4.4-22　无稳态多谐振荡器　　图 7.4.4-23　单稳态触发器　　图 7.4.4-24　对数放大器

$$U_0 = C \cdot \lg U_i$$

图 7.4.4-25 表示积分器电路。图中输入电压经时间 t 积分，输出电压可表示为：

$$U_0 = \dfrac{1}{RC}\int_0^t U_i \cdot dt$$

图 7.4.4-26，在这个电路中输入信号被微分，故输出电压正比于输入电压对时间的微分商，表示为：

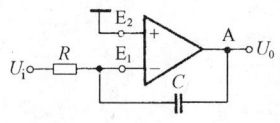

图 7.4.4-25　积分器　　　　　　　　图 7.4.4-26　微分器

$$U_0 = -RC\dfrac{dU_i}{dt}$$

图 7.4.4-27(a)表示施密特触发器电路。如果加上参考电压 U_r，该电路也可用作比较器。当 $U_i > -U_r$ 时输出跳变至负向饱和。同相输入端的电压为：

$$U_{E2} = U_o \cdot \frac{R4}{R4+R5}$$

触发转换的门坎电压为:

$$U_i = U_r + U_o\left(\frac{R4}{R4+R5}\right)$$

图 7.4.4-27(b)表示同相施密特触发器电路。电平由电位器 P 调节。

$$R_i \approx R$$

图 7.4.4-27(c)表示反相施密特触发器电路。电平由电位器 P 调节。

$$R_i > P$$

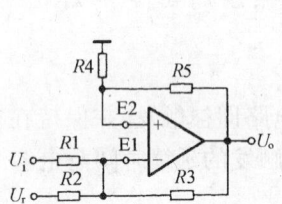 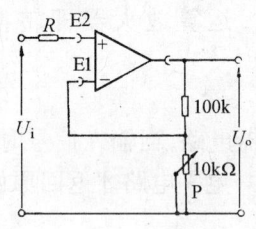 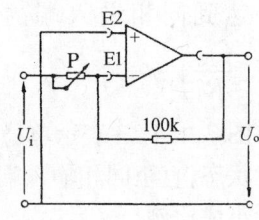

图 7.4.4-27(a) 有回滞特性施密特触发器(兼作比较器)　　图 7.4.4-27(b) 同相施密特触发器　　图 7.4.4-27(c) 反相施密特触发器

图 7.4.4-28 表示电桥电流放大器,电桥电源一端接地。

图 7.4.4-29 所示电路如同微分器,输入正信号或负信号均在 A 端输出尖脉冲,故来一个方波时给出两个同方向的尖脉冲。

图 7.4.4-30 表示低通滤波器电路,每十倍频率的电压下降约 40dB。

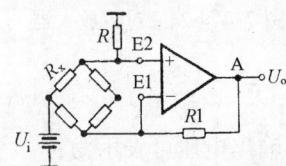 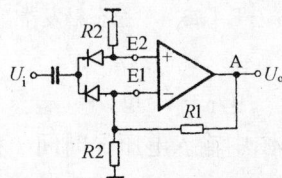 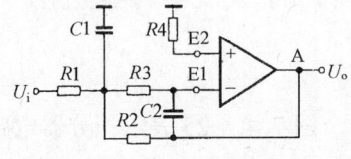

图 7.4.4-28 电桥电流放大器　　图 7.4.4-29 尖脉冲形成器　　图 7.4.4-30 低通滤波器

直流电压的放大倍数为:

$$K_U = \frac{R2}{R1};$$

角频率 $f_0 = \frac{1}{2\pi}\sqrt{\frac{1}{R3 \cdot C1 \cdot R2 \cdot C2}}$

图 7.4.4-31 表示低通滤波器电路。直流电压放大倍数为 1。角频率按下式计算:

$$f_0 = \frac{1}{2\pi}\sqrt{\frac{1}{R1 \cdot C1 \cdot R2 \cdot C2}}$$

图 7.4.4-32 表示带通滤波器电路,适用于只允许一定范围的频率通过。

图 7.4.4-33 表示有双 T 节的带阻滤波器电路,其衰减可通过改变 R4 与 R3 的比值来调整,可达 50dB。角频率为:

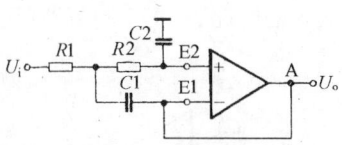
图 7.4.4-31 低通滤波器

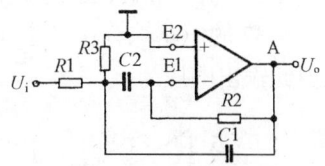
图 7.4.4-32 带通滤波器

$$f_0 = \frac{1}{2\pi \cdot R2 \cdot C2}$$

电路中选 $R1 = \frac{R2}{2}$ 及 $C1 = 2C2$。

图 7.4.4-34(a)表示 RC 带通滤波器电路,基本衰减量由 R 调节,角频率为:

$$f_0 = \frac{1}{2\pi \cdot R \cdot C}$$

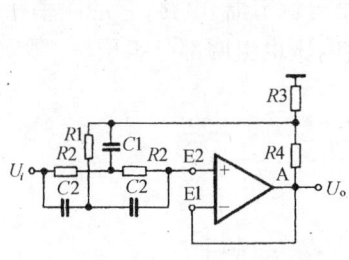
图 7.4.4-33 带阻滤波器

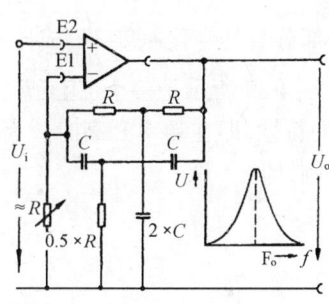
图 7.4.4-34(a) RC 带通滤波器

图 7.4.4-34(b)表示 LC 带通滤波器,衰减量可调,其角频率为:

$$f_0 = \frac{1}{2\pi \sqrt{L \cdot C}}$$

图 7.4.4-35 的电路与图 7.4.4-4 相同,此放大器又称反相 P(比例)调节器,因为输出电压与输入电压之比等于 $R1$ 与 $R2$ 之比,即

$$K_u = -\frac{U_o}{U_i} = -\frac{R1}{R2}$$

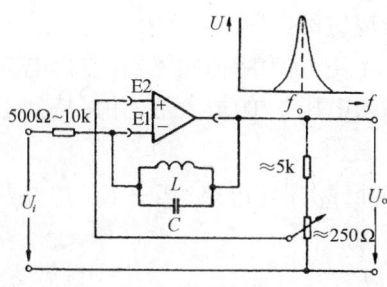
图 7.4.4-34(b) LC 带通滤波器

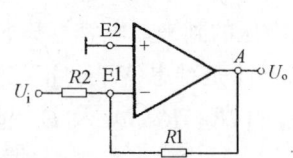
图 7.4.4-35 P调节器(比例调节器)

图 7.4.4-36 与图 7.4.4-25 相同,图 7.4.4-25 的积分器又称 I(积分)调节器。

图 7.4.4-37 的电路综合了图 7.4.4-35 和图 7.4.4-36 的电路,称 P-I 调节器(比例-积分调节器),因此输出电压为:

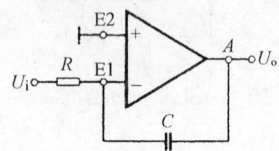 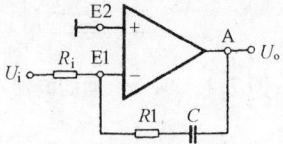

图 7.4.4-36　I 调节器(积分调节器)　　　　图 7.4.4-37　P-I 调节器(比例-积分调节器)

$$U_o = \frac{R1}{R_i} \cdot U_i + \frac{1}{R_i \cdot C} \int U_i \mathrm{d}t$$

这里,反相输入端输入,输出转 180°,即 $-U_o = f(U_i)$。

图 7.4.4-38 表示 P-D 调节器(比例-微分调节器)电路,在较高的频率时它的放大倍数减小。P-D 调节器的输出信号由两部分组成,其中一部分与输入电压的大小成比例(P 部分),另一部分与其变化速度 $\frac{\mathrm{d}U_i}{\mathrm{d}t}$ 成比例(D 部分)。

图 7.4.4-39 所示是一个 PID 调节器(比例-积分-微分调节器)电路,它的频率特性似 P-I 调节器的特性,即在频率升高时放大倍数下降。输出电压也由两部分组成,一部分与输入电压成比例,即

$$K_u \cdot U_i, 相当于 \frac{R1}{R_i} \cdot U_i;$$

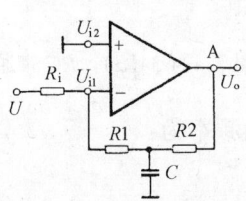

图 7.4.4-38　P-D 调节器(比例-微分调节器)　　　　图 7.4.4-39　P-D-I 调节器

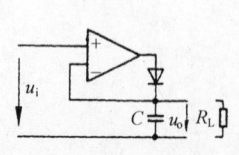 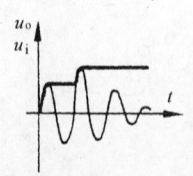

图 7.4.4-40　峰值整流器

另一部分为积分(称 I)部分,由流经 R1 和 R_i 对电容 C 充电电流来决定。这个电流与输入电压成比例,因而电容器的电压与电压 U_i 的时间积分成比例。

图 7.4.4-40 为峰值整流器,输出电容器 C 充电到输入电压 u_i 的最大值,并保持到下一个更高的输入电压的到来。电容器只通过负载电阻 R_L 放电。

图 7.4.4-41 是维恩(Wien)正弦波低频(1Hz~100kHz)振荡电路,其中 RC 串并联构成维恩分压器,R_1、R_2、R_3、D_1 及 D_2 起负反馈及稳幅作用。

振荡频率 $f_o = 1/2\pi RC$

电压增益 $K_0 = 3$

负反馈电路元件的选用应使电路的

最大电压增益 $K_{\max} = 1 + \dfrac{R_2}{R_1} \approx 3.1$

最小电压增益 $K_{\min} \approx 1 + \dfrac{R_2 /\!/ R_3}{R_1} \approx 2.9$

图 7.4.4-42 是由两个比较器组成的"窗口电压比较器",后接与门电路。输入电压 U_I 低于参考电压 U_{r1} 或高于参考电压 U_{r2} 时,输出 U_o 均为低电位;U_I 介于二者之间时输出 U_o 为高电位。"窗口"的边缘可调节 U_{r1}、U_{r2} 确定。这种比较器常用于产品的分选(如电阻元件阻值的分档),有三种输出状态,说明输入信号"正好"、"太高"或"太低"。

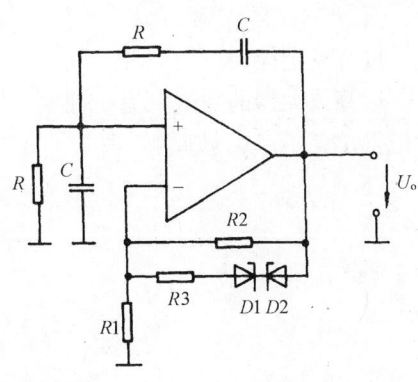

图 7.4.4-41　正弦波低频振荡器

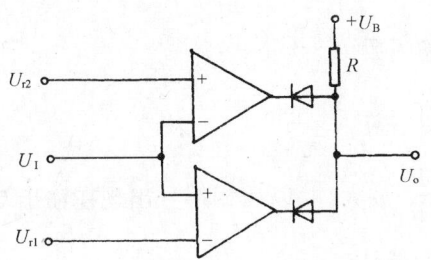
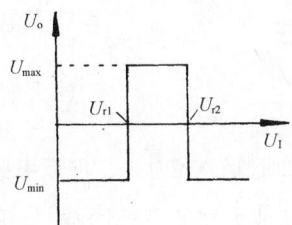

图 7.4.4-42　窗口电压比较器

7.4.5　运算放大器用作电压放大器

运算放大器基本上有两种连接方式,一种为反相输入,另一种为同相输入。此外,信号也可以同时从反相端和同相端输入,这种输入方式称差动输入。

1. 反相输入电压放大器

图 7.4.5-1 表示反相输入电压放大器。运算放大器的空载增益 K_0 很高,但不是 ∞,由图得:

$$U_o = -U_I K_0$$
$$U_i = U_I + I_1 R_1$$

图 7.4.5-1　反相输入电压放大器

$$I_2 = (U_o - U_I)/R_2$$

按节点定律，$I_1 + I_2 + I_I = 0$

运算放大器的输入电流 I_I 很小，与流过电阻 R_1 及 R_2 的电流相比可以忽略不计，因此近似得 $I_1 + I_2 = 0$，从而

$$I_1 = -I_2 = -(U_o - U_I)/R_2，或$$
$$I_1 = (U_I - U_o)/R_2;$$
$$I_2 = -I_1$$
$$I_2 = (-U_o/K_0 - U_o)/R_2$$

故得 输入电压 $U_i = -\dfrac{R_1}{R_2}(U_o/K_0 + U_o)$

因为运算放大器的空载增益 K_0 很大，在 $10^4 \sim 10^6$ 之间，所需的输入电压 $U_I = -U_o/K_0$ 很小，与其他数量相比就可以略去，即近似看成 $U_I = 0$，故得

$$放大电路传输函数 \quad U_o = -\dfrac{R_2}{R_1}U_i$$

$$放大电路电压增益 \quad K = \dfrac{U_o}{U_i} = -\dfrac{R_2}{R_1}$$

可以看到，输入电压 U_i 被按电阻之比 $\dfrac{R_2}{R_1}$ 放大，并以反相符号出现在输出端，电路的增益 K 与运算放大器的空载增益 K_0 无关。

电路的输入阻抗 $R_i = U_i/I_1 = R_1$，因为放大器在正常的输出电压下其输入电压 U_I 总是近似为 0。电路在线性工作范围，反相输入端的节点电位总是近于同相输入端的电位，如果同相输入端处于 0 电位，则节点的电位可看成假想的 0 点（虚地）。在这种情况下输入阻抗 R_i 等于输入电压与假想零点之间的 R_1，即

$$输入阻抗 \quad R_i = R_1$$

【例】 一内阻为 200Ω、空载电压为 200mV 的信号源，经反相电压放大器被放大为 10V，试计算电路增益及 R_2、R_1 的数值。

【解】 电路需要增益 $K = 10V/0.2V = 50$。

为了限制分布电容的影响 R_2 不能过大，选取 $R_2 = 100\text{k}\Omega$。

因反相输入电路的增益 $K = \dfrac{R_2}{R_1}$，故 $R_1 = \dfrac{R_2}{K} = 100\text{k}\Omega/50 = 2\text{k}\Omega$。此阻值应由一电阻与信号源内阻组成，故尚须阻值 $R_1 = 2\text{k}\Omega - 500\Omega = 1.5\text{k}\Omega$。

2. 同相输入电压放大器

在同相输入电压放大器（图 7.4.5-2）电路中，输出电压 U_o 经分压器 R_1、R_2 反馈至反相输入端，在 R_1 上分得的电压 U_n 数值等于输入电压 U_i，因而

$$U_i = U_n = U_o\dfrac{R_1}{R_1 + R_2}$$

$$传输函数 \quad U_o = U_i\left(\dfrac{R_1 + R_2}{R_1}\right)$$

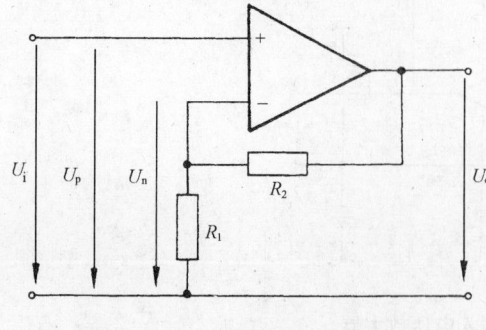

图 7.4.5-2 同相输入电压放大器

$$= U_i(1 + R_2/R_1)$$

电路增益 $K = R_2/R_1 + 1$

可见,输入电压与输出电压同相。当 $R_2=0$,输出电压与输入电压在数值上相等($U_o = U_i$),即电路增益 $K=1$。

若 $R_2=0$,R_1 亦可不用,这时电路变成变抗器。输入阻抗 R_i 很大,信号源只需供给运算放大器很小的输入电流。电路的输入阻抗 $R_i = R_{io} \cdot K$,这里 R_{io} 是运算放大器本身的输入阻抗。

电路的输出阻抗很小。

3. 差动电压放大器

图 7.4.5-3 表示两个输入电压 U_{i1} 和 U_{i2} 的减法电路。电路是一个反相输入运算放大器,同时有第 2 输入电压 U_{i1} 经分压器加至同相输入端。

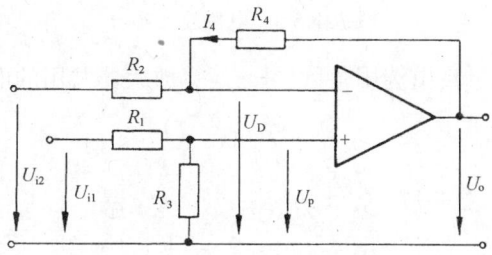

图 7.4.5-3 差动放大器电路

由图得 $U_o = U_{R4} + U_n = U_{R4} + U_p$

$$U_p = U_{i1}\frac{R_3}{R_1 + R_3}$$

R_4 上的电压:$U_{R4} = I_4 R_4 = \dfrac{U_o - U_{i2}}{R_2 + R_4} \cdot R_4$

把以上两式代入第 1 式,得

$$U_o = \frac{U_o - U_{i2}}{R_2 + R_4} \cdot R_4 + U_{i1}\frac{R_3}{R_1 + R_3}$$

传输函数

$$U_o = U_{i1}\frac{R_3(R_2 + R_4)}{R_2(R_1 + R_3)} - U_{i2}\frac{R_4}{R_2}$$

$$= U_{i1}\frac{R_3(R_2/R_4 + 1)R_4}{R_2(R_1/R_3 + 1)R_3} - U_{i2}\frac{R_4}{R_2}$$

当 $R_1/R_3 = R_2/R_4$ 时

$$U_o = \frac{R_4}{R_2}(U_{i1} - U_{i2})$$

$$= \frac{R_3}{R_1}(U_{i1} - U_{i2})$$

可见,如果反相输入端及同相输入端的电阻比相等,输出电压只决定于两个输入电压之差 $U_{i1} - U_{i2}$。

差动电路常用以放大惠斯登电桥中对角的电压,如图 7.4.5-4 所示。电桥桥臂电阻 ($R_{B1} \sim R_{B4}$) 可以由纯电阻、热敏电阻或光敏元件(如光电二极管、光敏电阻)等组成。此电路还可用以放大交流 L、C 电桥的电压,只要在使用的频率下电路还有足够的增益。因此,差动电路在测量、调节及控制技术方面有非常广泛的用途。

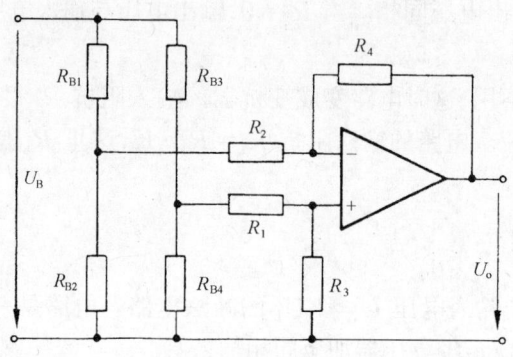

图 7.4.5-4 电桥放大器

电桥的电源电压 U_B 可自由选用,可以是与运算放大器共用的电压,也可以是其他正的或负的电压。

7.5 功率放大器

7.5.1 推挽功率放大器

功率放大器一般都采用推挽式电路,如图 7.5.1-1(a)所示,主要由两个互补射极跟随器和一个共用负载电阻 R_L 构成。当输入交流信号电压 u_1 时两管交替工作,在正半波($u_1 > 0$)时上管工作,输出功率给负载,同时下管截止;在负半波($u_1 < 0$)时下管工作,输出功率给负载,同时上管截止。推挽电路的输入-输出特性曲线如图 7.5.1-1(b)所示,它是两个射极跟随器各自特性的综合。综合特性曲线不如虚线所示的线性特性那样理想,原因是晶体管工作于这一类工作方式的输入特性曲线在零点附近严重弯曲(有一门限电压 U_S),因此,当输入正弦波时输出电压波形有了失真(如图(a)所示),称交越失真。

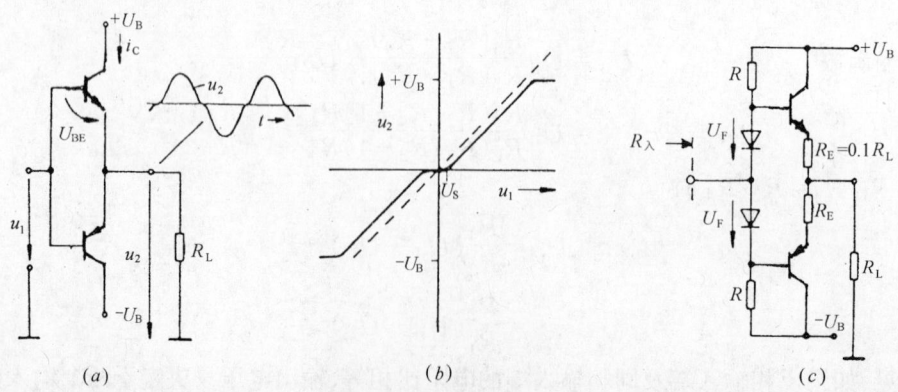

图 7.5.1-1 推挽电路

(a)B类推挽电路;(b)传输特性曲线;(c)AB类推挽电路

这一类工作方式的三极管没有静态电流,称 B 类工作。B 类工作方式的放大器优点在于,当输入信号为零(静止)时不消耗电能,其缺点则是交越失真。不过,只要让其有些小静态电流(AB类工作方式),这个缺点就可以大大减轻。实现AB类工作方式的电路如图7.5.1-1(c),在输入电路中插入两个二极管,各有电压 $U_F \approx 0.6V$,使三极管有静态电流,同时又接入电阻 R_E 产生电流负反馈,使静态电流不致过大。为使三极管能受控完全导通,流过二极管的整定电流必须足够大,至少相当于三极管所需的基极电流。这时动态输入电阻 $R_\lambda \approx R /\!/ R /\!/ B \cdot R_L$(其中 B—电流增益)。

图7.5.1-2(a)所示是以运算放大器为推动级、失真较小的AB类工作的功率放大器电路,其电压增益主要由运算放大器的负反馈分压器 R_f—R_N 来确定,因为输出级的电压增益约等于1。该电路的缺点是推动电流 i_T 较大,输入电阻 R_λ 低,那些输出电流小于10mA的运算放大器在此不宜选用。

图7.5.1-2(b)的电路工作于纯B类,功率管没有静态电流,但功率级被放在负反馈环内,因而交越失真很小,是一个比较好的电路,可看成是扩展了的运算放大器电路,或称功率运算放大器。调整时,总使差动电压 u_D 近似为零。电路的电压增益由分压器 R_f—R_N 确定,大约为11,输出最大幅度约7V,亦即输入幅度 $\hat{u}_1 \approx 0.65V$。

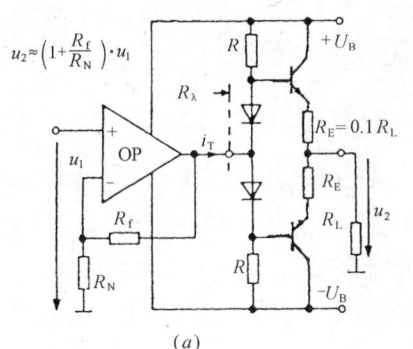 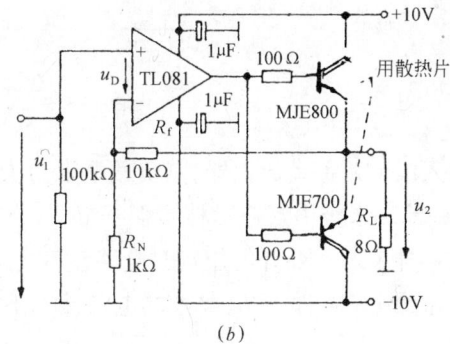

(a) (b)

图7.5.1-2 推挽功率放大器,末级互补
(a)AB类放大器;(b)B类放大器,末级用互补达林顿管

7.5.2 低频功率放大器

按前一节所述的功率放大器电路方案,很容易构成一般使用的低频功率放大器。因为低频功率放大器只传输交流信号,故输入、输出均可用电容器耦合,这样,只用一个直流工作电源就够了。这时运算放大器的同相输入端的静态电位可从电阻分压器取得,大约为直流电源电压 U_B 的一半。

在图7.5.2-1电路中,所有电容器对交流电而言均呈短路状态,所以该低频功率放大电路与功率运算放大器电路相似,在20Hz以上的频率工作其特性也相同,电压增益由负反馈电阻分压器 R_f—R_N 确定,增益约为11。

当频率很低时,由于 C_N 的存在,负反馈电

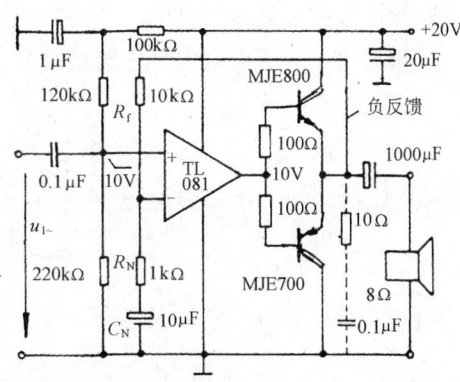

图7.5.2-1 低频功率放大器

阻与地分离,输出电压经 R_f 全部加至输入端,电位为电源电压的一半(10V)。RC 电路(10Ω、$0.1\mu F$)对较高的频率提供一个电阻分路,是个衰减环节,抑制高频自激振荡。

图 7.5.2-2 所示是一幅比较优秀的电路方案,功率高至 100W。末级工作于 AB 类工作方式,使管子有一小的静态电流以减小失真。工作电源为正、负两个电源,对地对称馈给,避免了在输出端使用很大的耦合电容器。

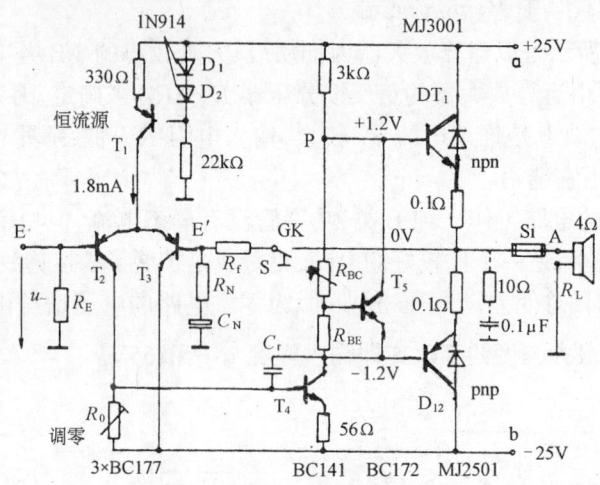

图 7.5.2-2 AB 类功率放大器

输入级使用差动放大器,其负载电阻为 R_0 及推动管 T_4 的输入电路。T_4 的静态电流可由 R_0 调节。末级由互补达林顿管子组成,它们的静态电流由 T_5 和分压电阻 R_{BE}—R_{BC} 电路调整。开关 S 在断开的位置时电路没有负反馈,此时调节 R_0 改变 T_4 的静态电流,使 P 点的电位为 1.2V 时,输出点 A 的电位接近于零。同时调节 R_{BC} 使末级管有几 mA 的静态电流。

开关 S 放在 GK 位置(有负反馈)时,此电路实际上就是一个同相输入的功率运算放大器。

信号频率高于 20Hz 时,电容器 C_N 对交流电短路,电压增益由 R_f—R_N 分压器决定。在 $R_f=47k\Omega$,$R_N=1.2k\Omega$ 时电压增益约为 40,亦即,输出最大 $\hat{u}_2 \approx 22V$ 时输入 0.5V 就够了,此时相当于在 4Ω 的电阻上大约有 60W。

三极管 T_5(与基极电压分压器结合)的作用似一只可调的齐纳二极管 Z,见图 7.5.2-3。

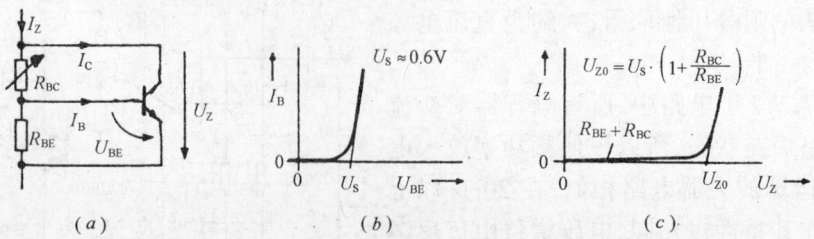

图 7.5.2-3 三极管用作可调二极管(U_{BE} 增幅器)
(a)电路;(b)三极管特性曲线;(c)电路特性曲线

在电压 U_Z 较低时只有较小的电流 I_Z 流过电阻 R_{BE} 和 R_{BC}，随着 U_Z 的升高三极管开始导通，I_Z 如图 7.5.2-3(c)陡峭上升，此时 $U_Z \approx U_{Z0}$ 几乎不变。在图 7.5.2-2 的放大器电路中，通过 U_Z 调节末级的基-射极电压，从而调节末级的静态电流。

以上所述的低频功率放大器电路现已有现成的集成块，内部包含短路保护和热过载保护，功率大至 10W，使用时只需按说明书接上几个电容电阻和工作电源。

图 7.5.2-4 是几种低频推挽放大器末级的电路方案，均为互补对称电路。使用达林顿组合管的电路，输出级的管子有异型管(NPN 和 PNP 管)和同型管(NPN 和 NPN 管)两种，选用同型管比较容易配对。电源供给有使用双电源和单电源两种，使用单电源时因输出端的静态电位为电源电压的一半，故负载须经电容 C 耦合。

电路中未绘出偏置电路部分。

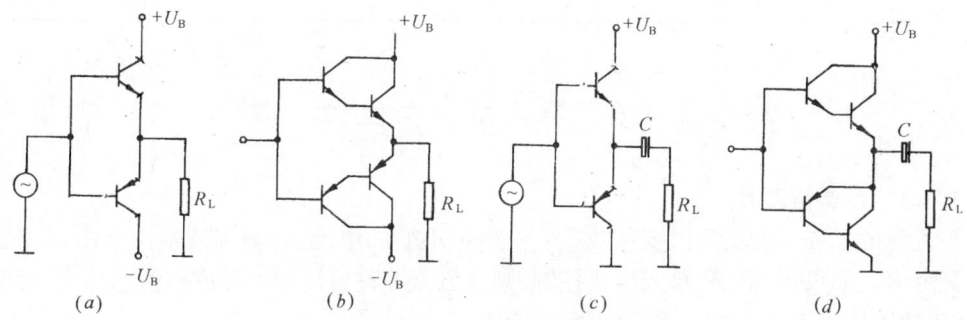

图 7.5.2-4 推挽电路的几种方案

(a)互补对称推挽放大器，两只晶体管为异型管，双电源，负载直接耦合；(b)互补对称推挽放大器，用达林顿管，双电源，负载直接耦合；(c)互补对称推挽放大器，单电源，负载经电容耦合；(d)半互补推挽放大器，输入管为异型管，输出管为同型管，单电源，负载经电容耦合

常用低频功率三极管性能参数见表 7.3.1-7，低频功率放大器(集成块)的性能参数见表 7.5.2-1。

低频功率放大器(集成块)的性能参数　　　　表 7.5.2-1

型　　号		TBA820M	TBA800	TBA810S	TDA2003	TDA2006	TDA2004
工作电源电压	V	3～16	5～30	4～20	8～18	±6～±15	8～18
静态电流	mA	5	10	12	50	50	70
电压增益	dB	≈40					
输入电阻	kΩ	5000	5000	5000	100	5000	200
负载电阻	Ω	4～16	8～16	4	2～4	4～8	2～4
输出功率(最大)	W	2	5	7	8	10	2×10
上限频率	kHz	20	20	20	15	50	15
失真系数	%	0.5	0.5	0.5	0.2	0.2	0.3
允许输出电流	A	1.5	1.5	2.5	3.5	3	2×3.5

型号	TBA820M	TBA800	TBA810S	TDA2003	TDA2006	TDA2004
内设保护电路	无	无	热	短路保护和热过载保护		

注：TDA2003 的应用电路举例如图：

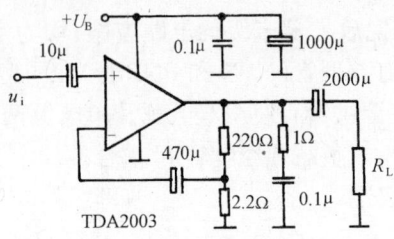

7.6 恒流源和恒压源

7.6.1 可调恒流源

恒流源的任务一般是为可变负载产生一恒定不变的电流，其内阻或输出电阻在理想情况为无穷大。如果恒流源受输入电压控制，则该恒流源称可调恒流源或称为电压-电流变换器；如果输入电压不变，输出电流就恒定不变。

若负载无需接地电位，可按图 7.6.1-1(a)电路把负载接于正相输入运算放大器反馈回路中。负载电流 i_L 可以这样来调节，当运算放大器的 $U_D=0$ 时，在电阻 R_N 上的电压等于输入的控制电压 U_1，则输出的负载电流 $i_L\left(=\dfrac{U_1}{R_N}\right)$ 恒定，与负载电阻的大小无关。这样，图 7.6.1(a)便是正相输入的运算放大器恒流源电路。

图 7.6.1-1(b)是反相输入的运算放大器恒流源电路。在此电路中输入的控制电源与负载相连且承担负载电流，这是一个缺点，所以它的应用仅限于小电流的范围，同时也只用于负载不接地的情况。

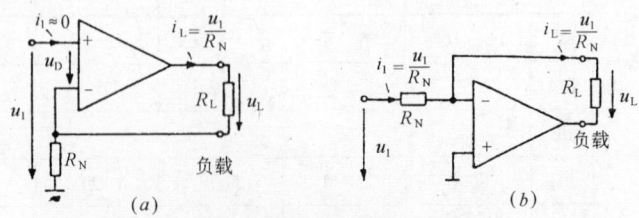

图 7.6.1-1 负载不接地的恒流源电路
(a)同相输入；(b)反相输入

如果负载必需一端接地且所需的电流又不大(＜5mA)，则可使用图 7.6.1-2 的电路，图 7.6.1-2(a)为运算放大器的同相输入电路，图 7.6.1-2(b)为运算放大器的反相输入电路，二者在保持如框线内的电阻关系时，则负载电流 i_L 也按图内的关系式计算。

如果需要供给负载较大的电流(至几安培)，则需使用大功率运算放大器，可按图 7.6.1-3 的电路连接，一般情况下，各反馈电阻的数值相等，并大于 R_{so}。此时，在图 7.6.1-3

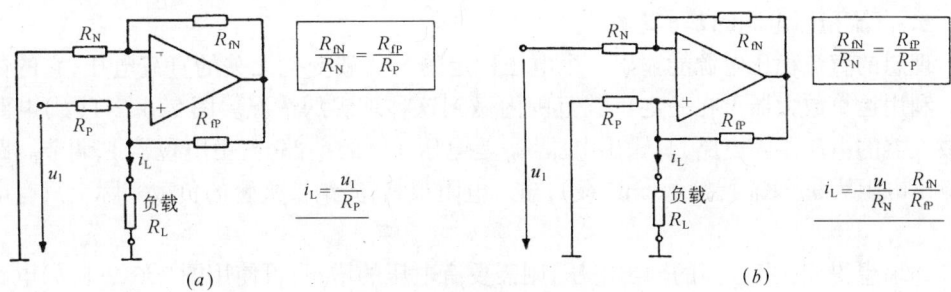

图 7.6.1-2 负载一端接地小电流恒流源电路
(a)同相输入;(b)反相输入

(a)运算放大器的同相输入端(P 输入)及反相输入端(N 输入)的电压有:
$$u_P = (u_1 + i_L R_L)/2$$
$$u_N = i_L(R_L + R_s)/2$$

因 $u_P = u_N$,故 $i_L \approx \dfrac{u_1}{R_s}$

对于图 7.6.1-3(b),按以上算得的负载电流应加一个负号。两图中的 T 是使负载电流尽可能恒定的微调电阻。

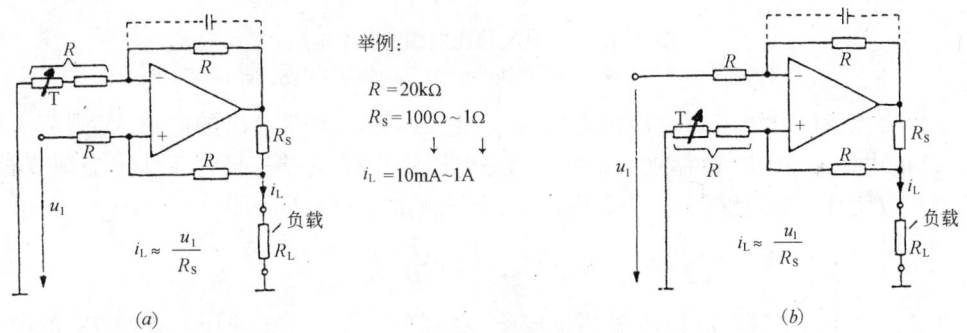

图 7.6.1-3 负载一端接地且电流较大的恒流源电路
(a)同相输入;(b)反相输入

图 7.6.1-4 电路是在运算放大器之后加一晶体管电流放大器,进一步扩大输出电流,计算式中的 B 为电流放大系数。

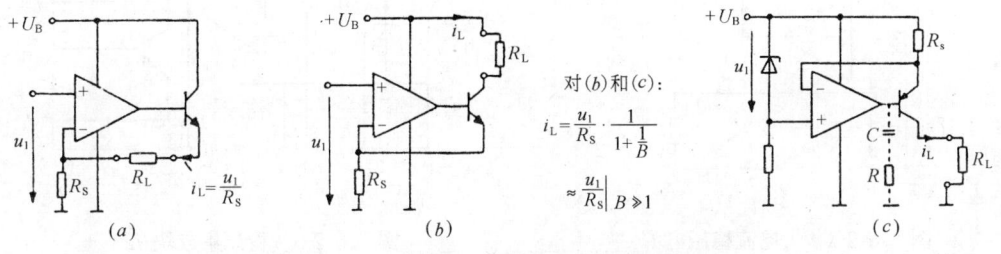

图 7.6.1-4 扩大负载电流的恒流源电路
(a)负载没有接地端;(b)负载接在工作电源的正极上;(c)负载一端接地

7.6.2 直流稳压电源

1. 直流稳压电源的基本电路

理想的直流稳压电源能输出一个电压稳定的与负载变化无关的直流电压,它的内阻为零。利用运算放大器可在一定负载范围内做到这种理想的情况。图 7.6.2-1(a)电路是运算放大器的电压跟随电路,其输出电压 u_o 是电压 U_Z 的一部分,由电位器 P 调节。跟随器的输出电阻为 r_o/K_0 特别低(mΩ 级),输入电阻很高,齐纳二极管的负载实际上只有电位器 P。

如果想得到比 U_Z 高的输出电压,则需要有电压的增益,可使用图 7.6.2-1(b)电路。其中,二极管 Z 需要的电压从稳定的输出电压经电阻 R 引回,因而二极管的电流电压很稳定,运放器工作也很稳定。图 7.6.2-1(c)中增加了一个 RC 低通电路,是为了抑制二极管 Z 的嘈音。

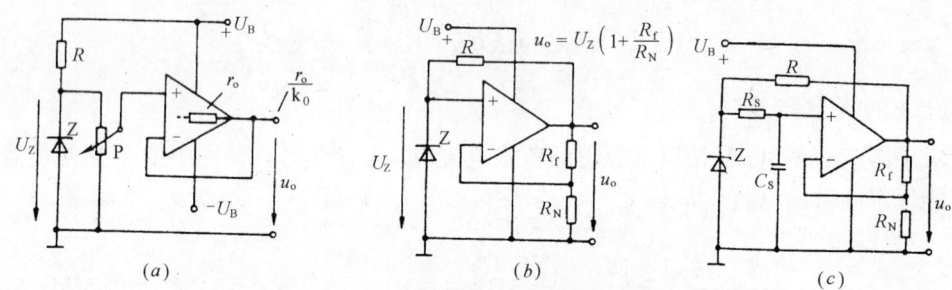

图 7.6.2-1 直流稳压电源的基本电路

(a)可调电压的稳压电源;(b)不可调电压的稳压电源;(c)噪音低的稳压电源

如果直流稳压电源需要给出的电流比直接从运算放大器给出的电流大,则应采用图 7.6.2-2 的电路,此图中,运算放大器可认为是电压调节器,外接三极管 T 为电流调节器。当运放闭环增益足够大、且失调电压 U_{os} 可忽略时,$u_N \approx U_Z$,即

$$u_o \approx U_Z \cdot \left(1 + \frac{R_f}{R_N}\right)$$

图 7.6.2-3 是中等电流稳压器的集成化电路(型号 723),在硅片上有约 7V 的参考电压,有运算放大器及调节管 T,另外还有二极管 Z 和限流用的三极管 T_L,可联结成直流电压为 2~37V、负载电流超过 100mA 的稳压器,工作电源电压 U_B 至少要比输出电压高 3V。

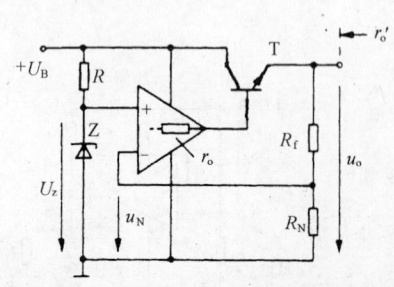

图 7.6.2-2 大电流稳压电源

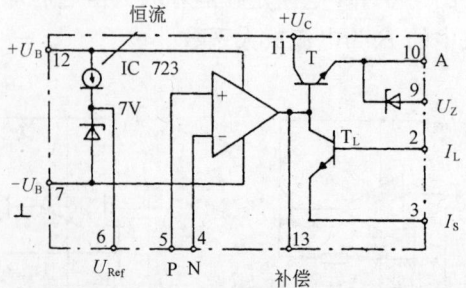

图 7.6.2-3 稳压集成块 723

图 7.6.2-4 是两个电路例子,输出电压分别是 $U_o > U_{Ref}$ 及 $U_o < U_{Ref}$。图 7.6.2-4(a)完

对应于图 7.6.2-3 的电路,只多了一只所谓"传感电阻"R_s 与内部三极管 T_L 相连,起限流作用。当流过 R_s 的输出电流 i_a 足够大,在 R_s 上的电压降达到 0.6V,T_L 饱和导通,从而减小 T 的基极电流,限制输出电流。适当选择 R_s 的阻值,可以确定限流的起始范围,当 R_s = 12Ω 时输出电流大约限制在 50mA 左右(12Ω·50mA = 0.6V)。

电路中 100pF 电容器用以改善运算放大器的频率特性,提高它的稳定度。电阻 R_P 和 0.1μF 电容器的作用如图 7.6.2-1(c)所示,用以抑制输入的干扰影响。

图 7.6.2-4(b)电路的参考电压取自 R_1—R_2 分压器,因此输出电压低于 7V。

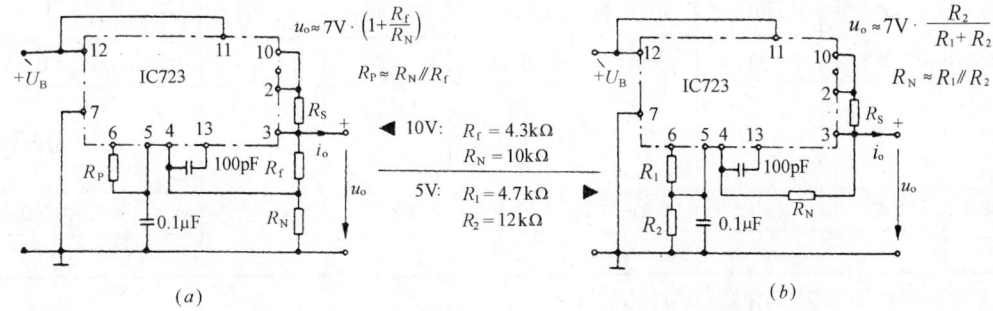

图 7.6.2-4 通用稳压集成块 723 及其外部接线

常用集成稳压块的型号及其主要性能参数,见表 7.6.2-1 及表 7.6.2-2。

常用集成稳压块的主要性能参数   表 7.6.2-1

型 号	输入输出电压极性	最大工作电压 U_B (V)	输出电压 U_o (V)	最大输出电流 (A)	最高晶体工作温度 (℃)	最小电压降 U_D (V)	热阻 R_{thJU} (K/W)	最大耗散功率 P_{tot} (W)
7805			5					
7806			6					
7808			8					
7809			9					
7812	正	35	12	1	150	≈2	65	
7815			15					
7818			18					
7820			20					
7824			24					
7905			−5					
7906			−6					
7908			−8					
7909			−9					
7912	负	−35	−12	1	150	≈2	65	
7915			−15					
7918			−18					
7920			−20					
7924			−24					

续表

型号	输入输出电压极性	最大工作电压 U_B (V)	输出电压 U_o (V)	最大输出电流 (A)	最高晶体工作温度 (℃)	最小电压降 U_D (V)	热阻 R_{thJU} (K/W)	最大耗散功率 P_{tot} (W)
317	正	40	可调	1.5	150	≈2	65	
337	负	−40	可调	1.5	150	≈2	65	
L200	正	40	可调	2	150	≈2	50	
78HG	正	40	可调	5	150	≈2	40	
723	正	40	2～37	0.15				0.6
78L05 78L10 78L15	正	30	5 10 15	0.1				内部限制
LM317L	正	40	1.2～37	0.1				内部限制
TL431	正	37	2.5～36	0.15				0.7

注:集成块内均有负载短路保护,以防过载发热。

常用集成稳压块的主要性能参数　　　　　　表 7.6.2-2

型号	输入电压 U_i(V)	输出电压 U_o(V)	最大输出电流 I_{omax}(A)
5G14A	15	4～6	0.02
5G14B	25	4～15	0.02
5G14C	35	4～25	0.02
5G14D	45	4～35	0.02
5G14E	55	4～45	0.02
WA724H	36	4.5～24	0.03
WB724H-2	36	4.5～24	2.00
WB824-2	36	$24^{+1.5}_{-1}$	2.00

2. 几种集成稳压块的应用电路

图 7.6.2-5(a)为 78×× 型集成块与整流、滤波元件组成的直流稳压电源。由于在滤波电容 C_L 与稳压块之间不可避免地存在接线电感,容易产生自动调节电路的振荡,因此在集成块的输入端 E 与接地端 M 之间直接接一个陶瓷电容器 C_i(大约 $0.1\mu F$),同时在输出端并接一个电容器 C_o(大约 $1\mu F$)。有时在集成块的输入端 E 与输出端 A 之间接一个二极管,以保护集成块在电容性负载情况下一旦输入电压脱落时免受反向电流的损害。

图 7.6.2-5(b)为 79×× 型集成块与整流、滤波元件组成的直流稳压电源,负极性输出。图 7.6.2-5(c)为正、负输出对称直流稳压电源。图 7.6.2-5(d)为 5G14 型集成块的稳压电源,输出电压可调。

为了扩大图 7.6.2-5(a)稳压电路的输出电流,可在电路中增加一个功率晶体管 T_1 及电阻 R_{s1},如图 7.6.2-6(a)所示,设置电阻 R_{s1} 是为了使 T_1 得到适当的偏流。图 7.6.2-6(b)的电路又在图(a)电路的基础上增加 T_1 的过流保护元件 T_2 及 R_{s2},当 T_1 的电流超过一

7.6 恒流源和恒压源

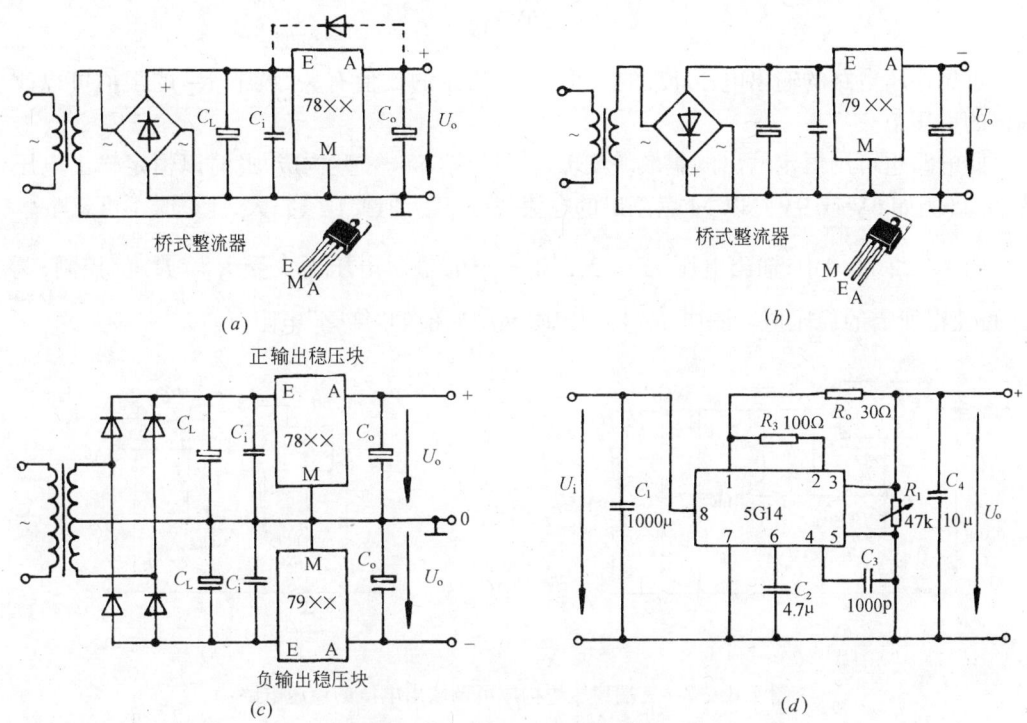

图 7.6.2-5 集成稳压块的应用电路
(a) 78×× 型的接线,正极输出;(b) 79×× 型的接线,负极输出;
(c) 正、负极输出对称电路;(d) 5G14 型的接线,正极输出

定数值时 R_{s2} 上的电压使 T_2 饱和导通,限制 T_1 的基-射极电压,从而保护了 T_1。集成块 78×× 内部也有其本身的过流保护电路。

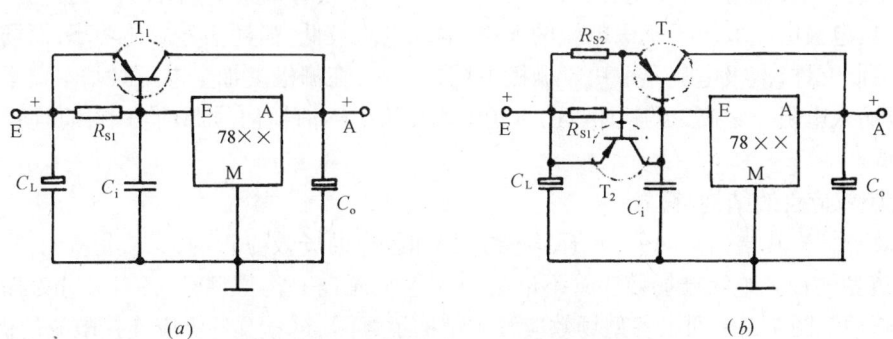

图 7.6.2-6 扩大集成稳压块电路的输出电流
(a) 在电路中增加输出管 T_1;(b) 输出管有过流保护

虽然许多三端稳压块其输出电压恒定不变,没有调压端子,但是利用外部的接线仍可构成可调输出电压的稳压器,图 7.6.2-7 是这种电路的典型实例。

图 7.6.2-7(a) 中 $U_o = U_{Ref} + I_2 \cdot R_2 = U_{Ref} + \left(\dfrac{U_{Ref}}{R_1} + I_{Ref} \right) \cdot R_2$

当 $R_1 = 240\Omega$(推荐值)时 I_{Ref} 可忽略,则

$$U_o \approx 1.25\text{V} \cdot \left(1 + \frac{R_2}{R_1}\right)$$

可见稳压电路的输出电压 U_o 的大小与 R_2/R_1 的比值有关，调节 R_2 的阻值可以改变输出的稳压值。

此电路也可用恒定输出的集成块 78L××型或 78××型构成，此时以恒定输出电压代替 U_{Ref}（例如 6V 或 9V），以 M 点流出的电流代替 I_{Ref}，但要比 I_{Ref} 大，计算时不可忽略。

图 7.6.2-7(b)中，输出电压 $U_o \approx 2.5\left(1 + \frac{R_2}{R_1}\right)$，输出电压再次受 R_1—R_2 的控制，调节 R_2 可获得所需的稳压值。图中 R_s 是确定限流起始值的"传感"电阻。

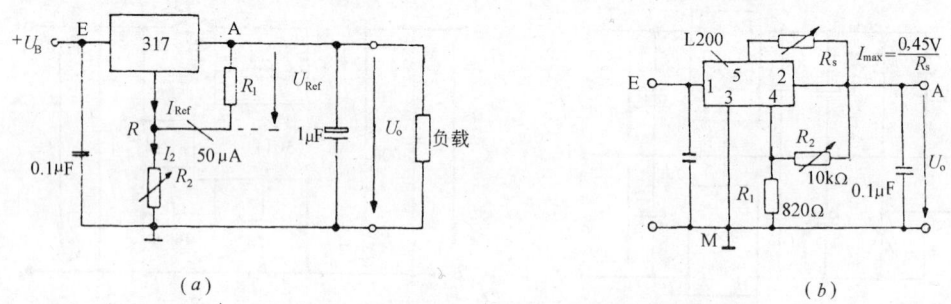

图 7.6.2-7　三端稳压块构成可调输出电压的稳压电路
(a)由 317 型集成块构成；(b)由 L200 型集成块构成

7.7　场效应晶体管

场效应晶体管（简称场效应管）有三个电极——源极 S、漏极 D 及栅极 G，对应于晶体三极管的发射极 E、集电极 C 及基极 B。但与晶体管相比较有很大差别，晶体三极管是电流控制元件，集电极电流取决于基极电流的大小，输入电阻较低，消耗信号源的功率；而场效应管是电压控制元件，漏极电流只取决于栅极电压的大小，在栅极上加上电压时基本上不取用电流，所以输入电阻非常高，可达 $10^6 \text{M}\Omega \sim 10^{12} \text{M}\Omega$，几乎不消耗信号源的功率，而且管子内部噪音很低。

1. 场效应管的结构、符号

场效应管按其结构不同分为结型场效应管和绝缘栅场效应管两大类，每类有 N 沟道型和 P 沟道型两种。绝缘栅场效应管不论是 N 沟道型还是 P 沟道型管，各自又分为耗尽型和增强型两种。图 7.7-1 列出各型场效应管的结构示意图、符号及各极应连接电源的极性。

所谓"结型"场效应管系指这类管子的栅极与漏极（或源极）之间制作有"PN 结"，工作时加在栅极上的直流偏置电压总是使 PN 结处于反向接法，故只有非常小的反向电流通过 PN 结，从而获得很高的输入电阻，阻值一般在 $10^6 \text{M}\Omega \sim 10^8 \text{M}\Omega$ 之间。

所谓"绝缘栅"场效应管系指这类管子的栅极与导电沟道之间制作有二氧化硅绝缘层，故其栅极的输入电阻值比结型场效应管的栅极输入电阻更高，可达 $10^8 \text{M}\Omega \sim 10^{12} \text{M}\Omega$。

2. 场效应管的特性

场效应管的工作特性主要有两个：一个是栅极电压 U_{GS} 与漏极电流 I_D 的关系（在

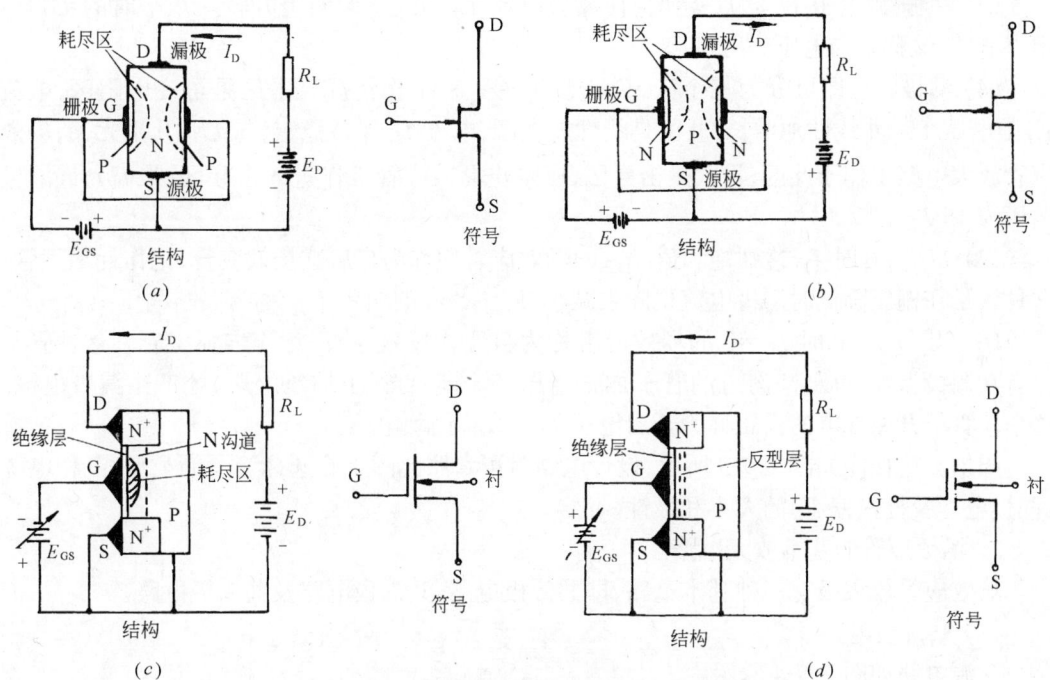

图 7.7-1 场效应管的结构示意图及符号
(a)N 沟道结型场效应管;(b)P 沟道结型场效应管;
(c)N 沟道耗尽型绝缘栅场效应管;(d)N 沟道增强型绝缘栅场效应管

某一漏极电压下),即输入电压与输出电流的关系,称为转移特性,它反映栅极电压对漏极电流的控制能力;另一个是漏极电流 I_D 与漏极电压 U_{DS} 的关系(在某一栅极电压下),即输出电流与输出电压的关系,称为漏极特性。

图 7.7-2 所示是结型场效应管的典型转移特性及漏极特性。

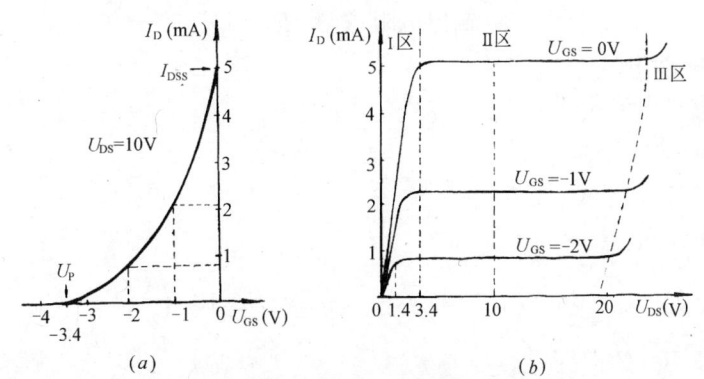

图 7.7-2 结型场效应管的典型特性曲线
(a)结型场效应管的转移特性;(b)结型场效应管的漏极特性

(1) $U_{GS}=0$ 时的漏极电流称为饱和漏电流 I_{DSS}。

(2) 使漏极电流 I_D(或源极电流 I_S)接近于零(一般降至 1~10μA)的栅极电压称为夹断电压 U_P。夹断电压的大小与漏极的工作电压 U_{DS} 的高低有关。

(3) 在栅-源电压 U_{GS} 为一定时,使漏极电流 I_D 曲线从倾斜上升转入水平时的 U_{DS} 称拐点电压,又称饱和电压。

(4) 漏极特性图可分为三个区,说明管子有三种工作情况。Ⅰ区是可变电阻区,电流 I_D 随电压 U_{DS} 非线性地增长;Ⅱ区是线性放大区,电流 I_D 保持稳定,与 U_{DS} 几乎无关,场效应管放大电路工作于此区;Ⅲ区是击穿区,应防止场效应管工作进入击穿区,最高允许漏极电压为 15V~20V。

(5) $U_{GS}=0$ 时 I_D 达到饱和值 I_{DSS} 的场效应管均称为自启式场效应管,记作耗尽型管。这种管子在栅压降低时漏极电流也随之减小,使 $I_D \approx 0$ 的栅压 U_{GS} 称为夹断电压 U_P。

(6) 当 $U_{GS}=0$ 时 $I_D=0$ 的场效应管称为自闭式场效应管,记作增强型管。这种管子只有在栅极上加电压(N沟道的管子加正电压,P沟道的管子加负电压)才产生漏极电流。这个使管子开始导电的栅压称为开启电压 U_T,或称门坎电压。

归纳上述性能如图 7.7-3 所示,设计电路时可参照此图正确选择管子的类型、工作电源(漏极电源及栅极偏压)的大小和极性。

3. 场效应管的基本放大电路

场效应管放大级有三种基本电路,即共源极电路、共漏极电路及共栅极电路。

(1) 共源极电路

共源电路如图 7.7-4 所示。

$$源极电阻 \ R_S = \frac{-U_{GS}}{I_D}$$

$$直流负载电阻 \ R_L = \frac{U_B - U_{DS} + U_{GS}}{I_D}$$

$$电压增益 \ K_S \approx S \cdot \frac{r_{DS} \cdot R_L}{r_{DS} + R_L}$$

$$K_S \approx S \cdot R_L$$

$$输入电阻 \ R_{iS} \approx R_2$$

$$输出电阻 \ R_{oS} \approx R_L$$

式中　U_{GS}——栅-源电压;

　　　I_D——漏极电流;

　　　U_{DS}——漏-源电压;

　　　S——跨导,mA/V;

　　　r_{DS}——漏-源电阻。

例　$U_{GS}=-2V, I_D=5mA, U_B=15V, U_{DS}=5V, S=10\dfrac{mA}{V}$。

问 $R_S=?, R_L=? \ \Omega, K_S=?$

解
$$R_S = \frac{-U_{GS}}{I_D} = \frac{-(-2V)}{5mA} = 400\Omega$$

$$R_L = \frac{U_B - U_{DS} + U_{GS}}{I_D} = \frac{15V - 5V - 2V}{5mA} = 1.6k\Omega$$

$$K_S \approx S \cdot R_L = 10\frac{mA}{V} \cdot 1.6k\Omega = 16$$

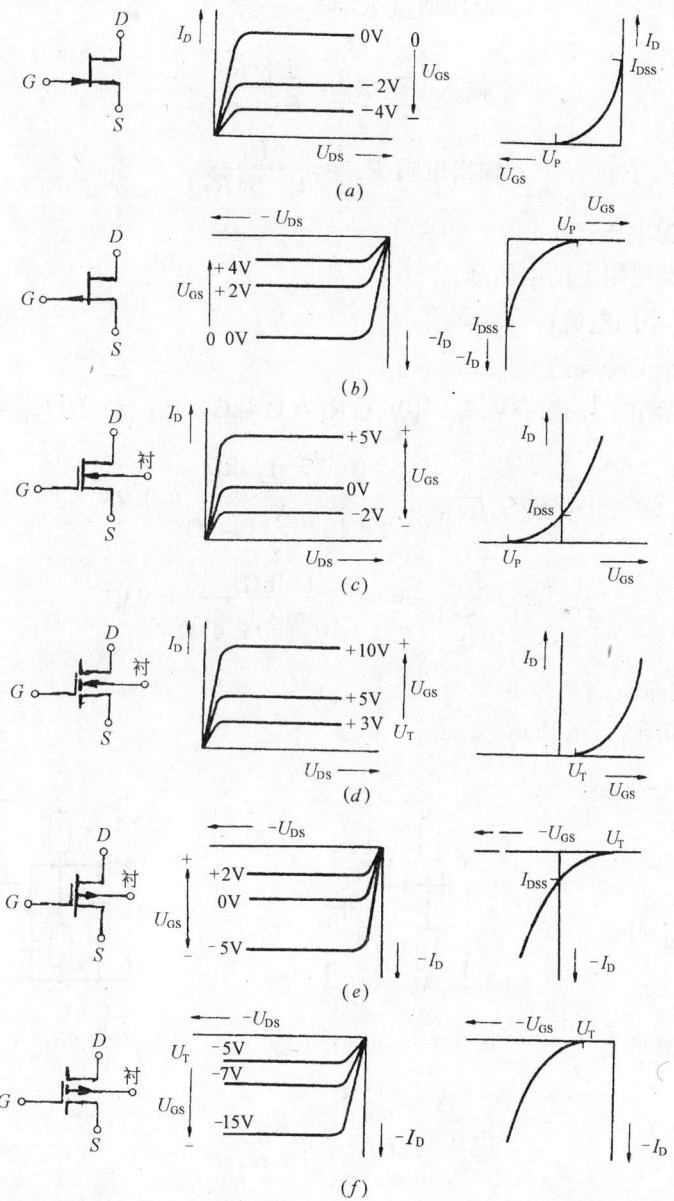

图 7.7-3 各类型场效应管的符号、漏极特性、转移特性、电压极性及电压范围
(a)N沟道结型,U_{DS+},U_{GS-};(b)P沟道结型,U_{DS-},U_{GS+};(c)N沟道绝缘栅耗尽型,U_{DS+},$U_{GS-}\leftrightarrow +$;
(d)N沟道绝缘栅增强型,U_{DS+},U_{GS} $U_T\leftrightarrow +$;(e)P沟道绝缘栅耗尽型,U_{DS-},$U_{GS+}\leftrightarrow -$;
(f)P沟道绝缘栅增强型,U_{DS-},$U_{GS-}\leftrightarrow U_T$

(2) 共漏极电路(源极输出器)

共漏极电路如图 7.7-5 所示。

$$R_1 = \frac{U_B - U_{RL} - U_{GS}}{I_q}$$

$$R_2 = \frac{U_{RL} + U_{GS}}{I_q}$$

$$电压增益\ K_D \approx \frac{S \cdot R_L}{1 + S \cdot R_L}$$

$$输入电阻\ R_{iD} = \frac{R_1 \cdot R_2}{R_1 + R_2}$$

$$输出电阻\ R_{OD} \approx \frac{R_L}{1 + S \cdot R_L}$$

式中　U_B——电源电压；

　　　U_{RL}——负载电阻上的电压降；

　　　I_q——R_1 中的电流；

　　　S——管子的跨导。

例　共漏极电路的 $U_{RL}=7V$，$I_q=10\mu A$，$R_L=1.4k\Omega$。$R_{oD}=?\ \Omega$，$K_D=?$

解
$$K_D \approx \frac{S \cdot R_L}{1 + S \cdot R_L} = \frac{10\ \frac{mA}{V} \cdot 1.4k\Omega}{1 + 10\ \frac{mA}{V} \cdot 1.4k\Omega} = 0.93$$

$$R_{oD} \approx \frac{R_L}{1 + S \cdot R_L} = \frac{1.4k\Omega}{1 + 10\ \frac{mA}{V} \cdot 1.4k\Omega} = 93\Omega$$

(3) 共栅极电路

共栅极电路如图 7.7-6 所示。

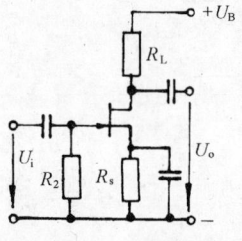
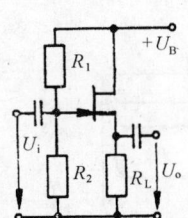
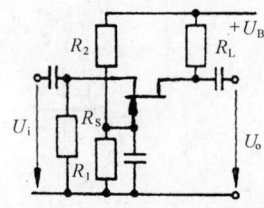

图 7.7-4　共源极电路　　　　图 7.7-5　共漏极电路　　　　图 7.7-6　共栅极电路

$$电压增益\ K_G \approx \frac{R_L \cdot S}{1 + R_S \cdot S}$$

$$输入电阻\ R_{iG} \approx R_S + \frac{1}{S}$$

$$输出电阻\ R_{OG} \approx R_L$$

式中　S——场效应管的跨导。

场效应管的三种基本放大电路的性能比较见表 7.7-1(以结型场效应管为例)。

4．场效应管的应用及注意事项

场效应管可以在放大和开关两种状态下工作，因此被广泛应用于放大、振荡、调制和开关等电子电路中。场效应管的输入阻抗很高，动态变化范围大，低噪声和低温度系数，因此适用于要求输入阻抗高、噪声低的放大器及有强辐射的场合。此外，有些场效应管的漏极和源极是可以互换的，耗尽型绝缘栅场效应管工作时栅极电压可正可负，灵活性大。

场效应管的三种基本放大电路的性能比较　　　　表 7.7-1

线路	共源极电路	共漏极电路	共栅极电路
等效电路(仅考虑交流信号电路部分)	(图)	(图)	(图)
实际电路	(图)	(图)	(图)
电压增益 K_u	大(约 20) $K_u \approx S \cdot R_L = S(R_1 // R_2)$	小于 1	大 $K_u \approx S \cdot R_L = S(R_1 // R_2)$
上限频率	小(约 125kHz)	大(约 10MHz)	中(约 140kHz)
输入电阻 R_i	大(约 1MΩ)	很大(约 10MΩ)	小(约 1kΩ) $R_i \approx 1/S$
输出电阻 R_o	大(约 20kΩ) $R_o \approx R_L = R_1 // R_2$	小(约 1kΩ) $R_o \approx 1/S$	大(约 20kΩ) $R_o \approx R_L = R_1 // R_2$
输出电压与输入电压的相位关系	倒相(≈180°)	同相(≈0°)	同相(≈0°)

注：S—跨导，有时以 g_m 表示。

由于绝缘栅场效应管的输入阻抗非常高，在栅极上感应出的电荷很难泄放，电荷的累积使电压升高，易使管子尚未使用就已击穿。因此绝缘栅场效应管在使用时必须注意以下几点：

(1) 防止栅极感应击穿的关键在于避免栅极悬空，通常在栅源两极间跨接一个数千欧的电阻，使累积电荷不致过多。

(2) 在保存时，应使三个电极短路，把管子焊到电路上或取下时，应先将各级短路。

(3) 安装测试时所用的电烙铁、仪器及电路本身要有良好的接地。为了避免电烙铁漏电或感应击穿，最好把烧热了的电烙铁先拔开电源再进行焊接，并先焊接场效应管的源级。

(4) 对有特殊要求的电路，如阻抗变换器等，必须采取严格的防潮措施，以免由于潮湿的影响，而使阻抗显著降低。

5．常用场效应管的型号及参数(见表 7.7-2 及表 7.7-3)

场效应管型号及参数　　　　表 7.7-2

型号	饱和漏电流 I_{DSS} (mA)	夹断电压 U_P (V)	栅源直流输入电阻 R_{GS} (Ω)	共源小信号低频跨导 S (μA/V)	最大漏源电压 $U_{(BR)DS}$ (V)	最大栅源电压 $U_{(BR)GS}$ (V)	最大漏源电流 I_{DSM} (mA)	最大耗散功率 P_{DM} (mW)
3DJ2D	0.3							
3DJ2E	0.3~1	≤|-9|	>10⁷	≥1500	20	20	20	100
3DJ2F	1~3							
3DJ2G	3~10							
3DJ3A								
3DJ3B		≤|-9|		≥6000	20	20		100
3DJ3C								
3DJ6D	0.3							
3DJ6E	0.5~1	≤|-9|	>10⁷	≥1000	20	20	15	100
3DJ6F	1~3							
3DJ6G	3~10							
3DJ7F	1~3.5							
3DJ7G	3~11							
3DJ7H	10~19	≤|-9|	≥10⁷	≥3000	20	20	15	100
3DJ7I	17~25							
3DJ7J	24~35							
3DJ8F	1~3.5							
3DJ8G	3~11							
3DJ8H	10~18	≤|-9|	≥10⁷	≥6000	20	20	15	100
3DJ8I	17~25							
3DJ8J	24~35							
3DJ8K	34~70							
3DJ8K								
3DJ9F	1~3.5							
3DJ9G	3~6.5							
3DJ9H	6~11	<|-7|	≥10⁷	≥6000	20	20	15	100
3DJ9I	10~18							
3DJ9J	17~25							
3DO1D	0.3	≤|-1.5|						
3DO1E	0.3~1	≤|-3|	≥10⁹	≥1000	20	20	15	100
3DO1F	1~3	≤|-5|						
3DO1G	3~10	≤|-9|						
3DO4D	0.3							
3DO4E	0.3~1	≤|-9|	≥10⁹	≥2000	20	20	15	100
3DO4F	1~3							
3DO4G	3~10							
3DO6A	1	U_T |-(2.5~5)|	≥10⁹	≥2000	20	20		100
3DO6B	1	|U_T|-3|						
3DO7E-B	1	<|-2|	≥10¹²	≥3000	20	10	10	80
3DO7F-B	1~3	<|-3|						

注：3DJ2~9 为 N 沟道结型；3DO1~4 为 N 沟道绝缘栅耗尽型；
3DO6 为 P 沟道绝缘栅增强型。

结型场效应管型号及参数 表 7.7-3

型号	饱和漏电流 I_{DSS} (mA)	夹断电压 U_P (V)	栅源电流 I_{GS} (nA)	共源跨导 S (ms)	最大漏源电压 U_{DS} (V)	最大栅源电压 U_{GS} (V)	最大栅源电流 I_{GS} (mA)	最大耗散功率 P_{DM} (mW)
BF245A	2~6.5	-0.5~-2.5	-5 (25℃)	1~6	±30	-30	10	300
BF245B	6~15	-1.5~-4						
BF245C	12~25	-3~-8						
2N5460	-1~-5	0.75~6	5	1~6	±40	+40	-10	300
2N5461	-2~-9	1~7.5						
2N5462	-4~-16	1.8~9						
2N4393	5~30	-0.5~-3	-0.1	—	±40	-40	50	1800
2N5116	-5~-25	1~4	0.5		±30	+35	-50	500

注：BF245A、B、C，2N4393 为 N 沟道结型；
2N5460~2N5462，2N5116 为 P 沟道结型。

7.8 单结晶体管

1. 单结晶体管的结构和特性

在一块高电阻率的 N 型硅半导体基片的两端引出两个欧姆接触电极，分别称第一基极 b_1、第二基极 b_2。这两个基极之间硅片的电阻 r_{bb} 约为 3~10kΩ。在硅片靠近 b_2 处用扩散法或合金法渗入 P 型杂质，引出电极，成为发射极 e。e 对 b_1 或 b_2 形成 PN 结。因为有两个基极一个 PN 结，故这种管子称双基二极管或单结晶体管。其结构、符号及等效电路如图 7.8-1 所示。

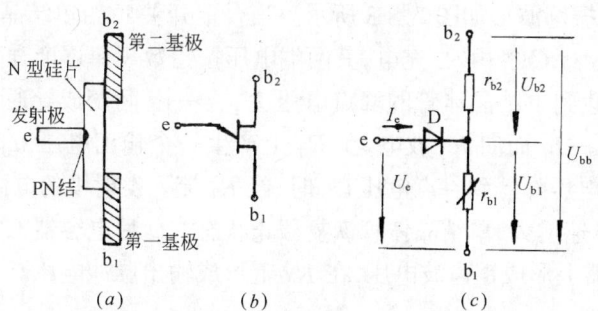

图 7.8-1 单结晶体管的结构、符号及等效电路
(a)结构；(b)符号；(c)等效电路

发射极 e 与第一基极 b_1 之间等效为一个 PN 结和一个纯电阻 r_{b1}，发射极 e 与第二基极 b_2 之间等效为一个 PN 结和一个纯电阻 r_{b2}。其中 r_{b1} 电阻值随发射极电流 I_e 而变化，r_{b2} 电阻值基本保持不变。发射结具有单向导电性，等效为一只二极管 D。

在两个基极 b_1、b_2 之间加电压 U_{bb} 时(见等效电路图)，r_{b1} 上的电压为

$$U_{b1} = \frac{r_{b1}}{r_{b1} + r_{b2}} U_{bb} = \frac{r_{b1}}{r_{bb}} U_{bb} = \eta U_{bb}$$

$$\eta = \frac{r_{b1}}{r_{b1} + r_{b2}}$$

式中 η 称分压比,其值在 $0.3 \sim 0.9$ 之间。

若在发射极 e 加上电压 U_e,则:

当 $U_e < U_{b1}$ 时,PN 结处于反向偏置,二极管截止,发射极只有很小的漏电流;

当 $U_e \geqslant U_{b1} + U_D$($U_D$ 为二极管正向电压降,约 0.7V),PN 结正向导通,发射极电流 I_e 开始出现,此时由于 PN 结沿电场方向向 N 型硅片中注入大量的空穴至第一基区复合,使电阻 r_{b1} 急剧减小,I_e 骤然增大,此时即使 U_e 下降 I_e 也在增大。r_{b1} 这种电压随电流增大反而下降的特性称为负阻特性。

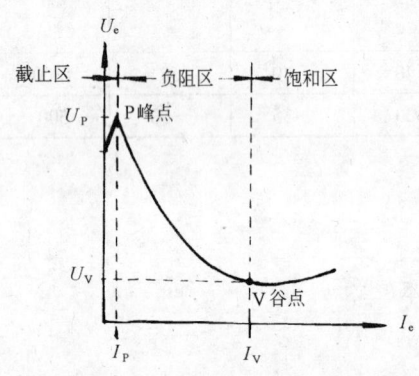

图 7.8-2 单结晶体管的伏安特性

管子由截止区进入负阻区的临界点称为峰点,与其对应的发射极电压、电流分别称为峰点电压 U_P 和峰点电流 I_P。显然

$$U_P = U_D + \eta U_{bb}$$

随着发射极电流 I_e 不断上升,允许 U_e 不断下降,降到某一点后就不再下降了,以后特性便进入饱和区,这点称为谷点。谷点的发射极电压及电流分别称谷点电压 U_v 及谷点电流 I_v。显然,U_v 是维持单结晶体管导通的最小发射极电压,只要 $U_e < U_v$,管子重新截止。单结晶体管的这种特性如图 7.8-2 所示。

2. 单结晶体管弛张振荡电路

利用单结晶体管的负阻特性和 RC 的充放电特性,可以组成非正弦波弛张振荡电路,广泛用做产生触发可控硅的脉冲源。

弛张振荡电路及振荡波形如图 7.8-3 所示。当合上开关 K 给单结晶体管振荡电路加上直流电压 U_E 时,电容器 C 经由 R_e 充电,其两端电压按指数规律逐渐升高。当 C 两端电压(即发射极电压 U_e)达到单结晶体管的峰点电压 U_P,e—b_1 间变成导通,第一基极电阻 r_{b1} 突然变小,C 迅速经 e—b_1 而向 R_1 放电,在 R_1 上产生一个输出电压 u_0 脉冲。由于 R_e 的阻值较大,当 C 上的电压降低到谷点电压 U_v 时,经 R_e 流入发射极的电流小于谷点电流,于是 e—b_1 间电阻 r_{b1} 迅速增大,单结晶体管恢复截止状态。此后电容器 C 又重新充电重复上述过程,结果在电容器上形成锯齿波电压,在 R_1 上形成输出脉冲电压。

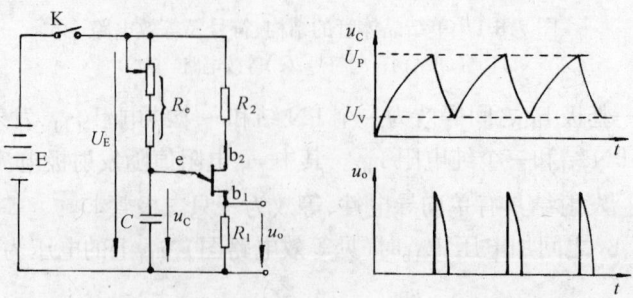

图 7.8-3 单结晶体管弛张振荡电路及振荡波形

电路元件：

R_1：50～1000Ω，数值的大小影响输出脉冲幅度和宽度；

R_2：200～600Ω，用作温度补偿；

C：0.047～0.5μF，影响振荡频率和输出脉冲的宽度；

R_e：10～100kΩ，要求满足条件 $\frac{U_E-U_P}{I_P} > R_e > \frac{U_E-U_v}{I_v}$，如过大，单结晶体管的 U_e 达不到峰点电压；如过小，单结晶体管的 I_e 大于谷点电流，不能截止，电路均不能振荡。

锯齿波的振荡周期 $T \approx R_e C \ln \frac{1}{1-\eta}$

重复频率 $f = \frac{1}{T}$

式中 η——分压比。

【例】 $R_e = 100\text{k}\Omega$，$C = 0.1\mu\text{F}$，$\eta = 0.7$。问 $T=?$ $f=?$

【解】 $T = R_e C \cdot \ln \frac{1}{1-\eta} = 100\text{k}\Omega \cdot 0.1\mu\text{F} \cdot \ln \frac{1}{1-0.7} = 12\text{ms}$

$$f = \frac{1}{T} = \frac{1}{12\text{ms}} = 83\text{Hz}$$

3. 常用单结晶体管型号及主要参数(见表 7.8-1)

常用单结晶体管型号及主要参数　　表 7.8-1

型号	分压比 η	基极间电阻 R_{bb} (kΩ)	发射极与基极间反向电压 U_{eb1o} (V)	发射极饱和压降 U_{es} (V)	峰点电流 I_P (μA)	基极 b_2 耗散功率 P_{b2M} (mW)	管脚图
BT 31A	0.3～0.55	3～6	≥60	≤5	≤2	300	
BT 31B	0.3～0.55	5～10	≥60	≤5	≤2	300	
BT 31C	0.45～0.75	3～6	≥60	≤5	≤2	300	
BT 31D	0.45～0.75	5～10	≥60	≤5	≤2	300	
BT 31E	0.65～0.85	3～6	≥60	≤5	≤2	300	
BT 31F	0.65～0.85	5～10	≥60	≤5	≤2	300	
BT 32A	0.3～0.55	3～6	≥60	≤5	≤2	300	
BT 32B	0.3～0.55	5～10	≥60	≤5	≤2	300	
BT 32C	0.45～0.75	3～6	≥60	≤5	≤2	300	
BT 32D	0.45～0.75	5～10	≥60	≤5	≤2	300	
BT 32E	0.65～0.85	3～6	≥60	≤5	≤2	300	
BT 32F	0.65～0.85	5～10	≥60	≤5	≤2	300	
BT 33A	0.3～0.55	3～6	≥60	≤5	≤2	500	
BT 33B	0.3～0.55	5～10	≥60	≤5	≤2	500	
BT 33C	0.45～0.75	3～6	≥60	≤5	≤2	500	(同上)
BT 33D	0.45～0.75	5～10	≥60	≤5	≤2	500	
BT 33E	0.65～0.85	3～6	≥60	≤5	≤2	500	
BT 33F	0.65～0.85	5～10	≥60	≤5	≤2	500	
BT 35A	0.3～0.4	≥2	≥30	<4	<4	500	
BT 35B	0.4～0.5	≥2	≥60	<4	<4	500	(同上)
BT 35C	0.5～0.65	≥2	≥30	<4.5	<4	500	
BT 35D	>0.65	≥2	≥60	<4.5	<4	500	

7.9 晶 闸 管

7.9.1 晶闸管

1. 晶闸管元件的外形及电路符号

如图7.9.1-1所示,图(a)是小电流晶闸管的外形,图(b)是螺栓形晶闸管与散热器的安装形式。一般来说,小电流晶闸管的阳极与外壳连通,只有少数偶尔是阴极与外壳连通。图(c)是晶闸管的电路符号,晶闸管的三个电极即阳极、阴极及控制极(又称门极)分别以字母 A、C(或 K)及 G 表示,元件的箭头方向表示导通电流的方向。

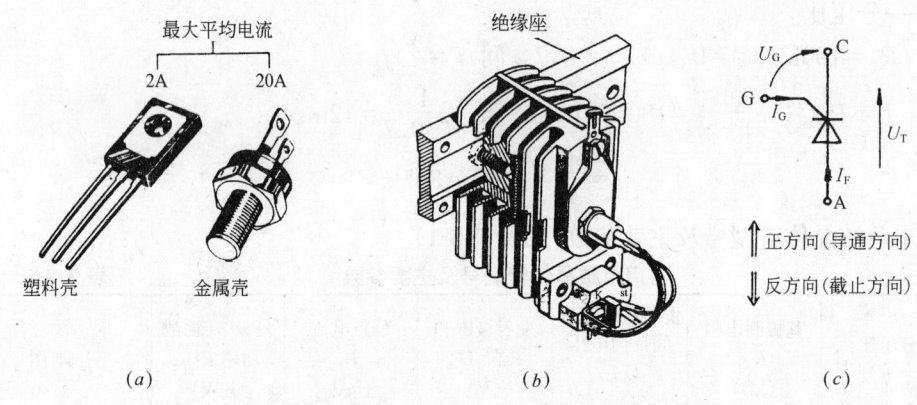

图 7.9.1-1 晶闸管元件的外形和电路符号
(a)外形;(b)螺栓形晶闸管装上散热器;(c)电路符号

2. 晶闸管的特性

(1) 输出特性　晶闸管元件的工作方式可用它的输出特性(伏安特性)曲线来表示,如图 7.9.1-2(a)。

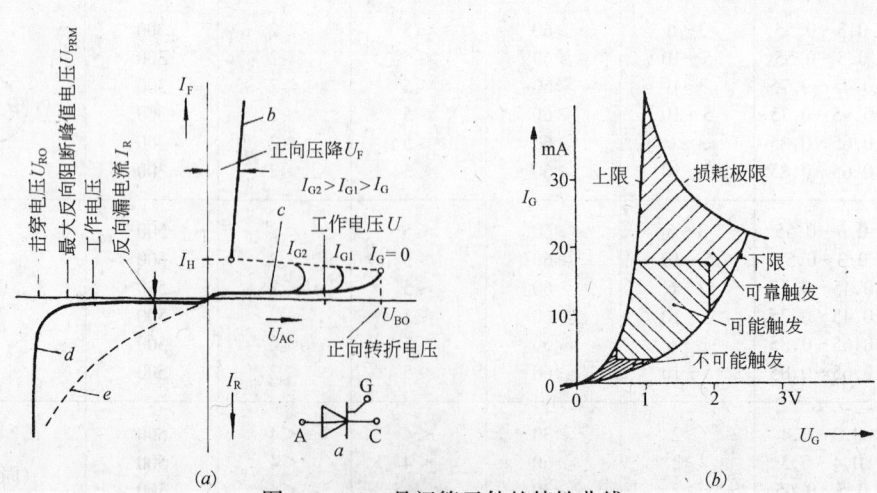

图 7.9.1-2 晶闸管元件的特性曲线
(a)输出特性(伏安特性)曲线;(b)输入特性曲线;
注:a—电路符号;b 导通特性曲线;c—正向阻断特性曲线;
d—晶体温度25℃时反向阻断特性曲线;e—晶体温度125℃时反向阻断特性曲线

由于晶闸管晶体结构的原因,在其阳极上加上两种极性(正的、负的)电压而当它没有被触发之前均不会导通,一直处于阻断状态。

借助在控制极(门极、或栅极)上注入载流子(控制极电流)的方法,可使在正向电压下阻断的 PN 结导通。控制极电流 I_G 愈大,愈容易在较低的正向阳极电压下被触发导通。

如果在阳极与阴极之间的电流足够大(大于维持电流),则导通后的晶闸管即使没有控制极电流也能保持导通状态。

若阳极电流降低到一定值(维持电流)之下,则晶闸管又从新返回阻断状态。也就是说,这个一定值的导通电流是在晶闸管触发后控制极脉冲结束时必需流过的最小电流,以便保持晶闸管的导通。晶闸管开启电流的大小与控制极脉冲的高度、持续时间的长短及晶体的温度有关。在较高的晶体温度、较高较宽的控制极脉冲下,开启电流实际上与维持电流的大小是一致的。低的晶体温度、较低较短的控制极脉冲会将开启电流提高到维持电流的 3~10 倍。

如果将正向阻断电压提高到超过了允许值,则漏电流就如同控制极电流一样会"点燃"晶闸管。

$$电压安全系数 f_s = \frac{最大反向阻断峰值电压}{工作电压最大值} = \frac{U_{PRM}}{U_{max}} \geqslant 1.5 \sim 3$$

$$工作电压 U \leqslant \frac{正向转折电压 U_{BO}}{电压安全系数}$$

$$正向电流 I_F = \frac{U - U_F}{R} \approx \frac{U}{R}$$

式中　U——工作电压(电源电压);

　　　U_F——正向压降(约 1.0~1.5V);

　　　R——晶闸管负载电阻。

(2) 输入特性　控制极电流与控制极电压的关系犹如晶体二极管特性,也称晶闸管的输入特性,如图 7.9.1-2(b)所示。由于控制极的导通电阻较高,要想得到足够的触发电流 I_G,就需要加入几伏的控制极触发电压 U_G;又由于控制极特性的分散性,同时受温度的影响,所以图中有上限和下限两条特性线,在二者之间的范围又可划分为不可触发、可能触发及可靠触发三个区域。粗略估计,所需的触发电流大致是晶闸管允许长期工作最大平均电流 I_F 的 1‰,而控制极与阴极间的反向负电压 U_{GRM} 应限制在允许范围内。

3. 晶闸管元件的分类及特征　见表 7.9.1-1。

晶闸管元件的类型及特征　　　　表 7.9.1-1

类型代号	KP	KK	KG	KN	KS
电路符号					
名　称	普通晶闸管整流元件	快速晶闸管整流元件	可关断晶闸管整流元件	逆导晶闸管元件	双向晶闸管元件

续表

类型代号	KP	KK	KG	KN	KS
性能特征	反向阻断,控制极信号开通	反向阻断,控制极信号开通。关断时间短,开通速度快	控制极正信号开通,负信号关断	反向导通,控制极信号开通(相当于普通可控硅与整流管反并联)	双向均可由控制极信号开通(相当于两只可控硅反并联)
主要用途	整流器、逆变器、变频器等	中频电源等	步进电机电源、汽车点火系统、直流开关、彩色电视机扫描电路	逆变器、斩波器	电子开关、调光器、调温器等

4. 晶闸管元件的主要参数

晶闸管元件主要参数符号及意义如下:

U_{BO}——正向转折电压。元件正向从阻断状态转向导通状态的电压。

U_{PFM}——最大正向阻断峰值电压。在控制极断路和正向阻断条件下,可以重复加于正向的峰值电压,此电压规定为小于正向转折电压 100V。

U_F——正向压降。在规定环境温度、标准散热和元件导通条件下,通以工频正弦半波额定正向平均电流时,阳极与阴极间的电压平均值。

I_F——正向电流。在规定环境温度、标准散热和元件导通条件下,阳极与阴极间可连续通过的工频正弦半波电流的平均值。

I_{FL}——正向平均漏电流。正向阻断、控制极断路和额定结温条件下,阳极与阴极间加以工频正弦半波正向阻断峰值电压时的正向平均电流。

$\dfrac{du}{dt}$——正向电压上升率。在额定结温、控制极断路和正向阻断条件下,元件在单位时间内所能允许上升的正向电压,通常用 V/μs 来表示。正向电压上升率未超过规定值时,可控硅元件不会转入导通状态,如超过,电容位移电流如同控制极电流一样会触发晶闸管。

I_H——维持电流。在规定环境温度、控制极断路和元件导通时,要保持元件处于导通状态所必须的最小正向电流。

U_{PRM}——最大反向阻断峰值电压。在控制极断路和额定结温的条件下,可以重复加在元件上的反向峰值电压。此电压规定为元件的反向漏电流急速增加、反向特性曲线开始弯曲时的电压减去 100V。

U_{R0}——反向转折电压,又称反向最高测试电压。在控制极断路条件下,加于反向的峰值电压,此电压规定为反向漏电流急速增加、反向特性曲线开始弯曲时的电压。

U_G——控制极触发电压。在规定环境温度和阳极与阴极间加以一定的电压条件下,触发可控硅元件,使元件从阻断状态转变为导通状态所需要的最小控制极直流电压。

I_G——控制极触发电流。在规定环境温度及阳极与阴极间加以一定正向电压时,使其从阻断状态变为导通状态所需的最小控制极直流电流。

U_{GN}——控制极不触发电压。在规定环境温度及阳极与阴极间加以一定正向电压时，保持元件阻断状态所能加的最大控制直流电压。

U_{GRM}——控制极最大反向电压。在规定额定结温条件下，在控制极与阴极间所能加的最大反向峰值电压。

I_{GN}——控制极不触发电流。在规定环境温度及阳极与阴极间加以一定正向电压时，保持元件阻断状态所能加的最大控制极直流电流。

t_{on}——开通时间。在规定的环境温度下，通以一定的正向电流，元件自加以控制讯号至进入导通状态所需要的时间。

t_{off}——关断时间。在额定结温条件下，元件从切断正向电流，使元件重新处于阻断状态，直到控制极恢复控制能力为止所需的时间。

I_R——反向漏电流。一般受温度的强烈影响。

5. 晶闸管的保护

(1) 晶闸管的过电流保护：为了防止晶闸管元件过电流（如过载运行、负载短路等原因），应在阳极电路中设置快速熔断器RD如图7.9.1-3(a)所示。一般生产厂家给出晶闸管极限的负载电流对时间积分值 $\int I^2 t$，它是鉴定晶闸管晶体发热的主要数值，不能超过。要注意熔断器的安秒特性，熔断器极限的负载电流对时间的积分值应较晶闸管的略小。

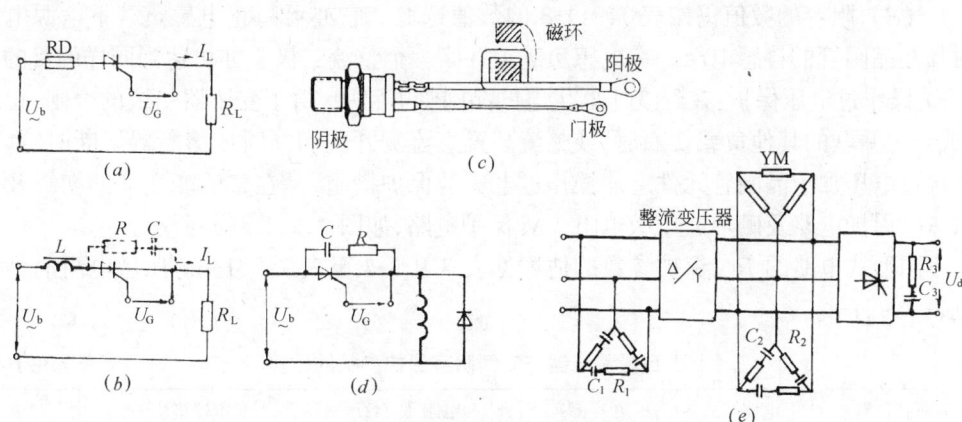

图 7.9.1-3　晶闸管元件的保护措施

(a)过电流保护；(b)限制电流上升率；(c)限流电感的设置形式；(d)换相过压保护；(e)操作过电压保护

表7.9.1-2所列是几种普通型晶闸管元件选配快速熔断器的情况。快速熔断器的型号及规格见表7.9.1-7。

与晶闸管元件串联时快速熔断器的选配　　　　表7.9.1-2

晶闸管元件型号	并联路数	快速熔断器额定电流(A)
KP50	1	80
KP100	1	150
KP200	1	300
KP500	1	600
KP500	2	500
KP500	3路以上	400

(2) 限制电流上升率:在晶闸管电路中串入一个小电感,或并联 RC 电路,如图 7.9.1-3(b)。电感量的大小按下式计算:

$$L = \frac{\hat{U}}{\mathrm{d}i/\mathrm{d}t}$$

式中　L——电感量,H;

　　　$\hat{U}$——电源电压峰值,V;

　　　$\mathrm{d}i/\mathrm{d}t$——允许的电流上升速度,A/s。

限流电感的设置如图 7.9.1-3(c)所示,将一个磁芯套在晶闸管的阳极电路中。

RC 的选用数值大致如表 7.9.1-3 所列。

晶闸管元件侧阻容保护参数选择　　　表 7.9.1-3

$\mathrm{d}i/\mathrm{d}t$	R	C	可控硅额定正向电流(A)
0.5…1A/μs	27…100Ω	0.5μF	20~100
1…5A/μs	18…33Ω	2μF	100~500

(3) 过电压保护:

1) 换相过电压保护:由于晶闸管的载流子积蓄效应,使晶闸管在换相时电流不立即减小到零,可能引起较大的过电压。为防止换相过电压可在晶闸管元件上并联阻容电路,如图 7.9.1-3(d),阻容的数值仍按表 7.9.1-3 的数值选取。它亦可防止电感负载下电源电压过零时加在晶闸管的自感电压。在电感负载上并联一个整流二极管亦可达到同样的目的。

2) 操作过电压保护:在经变压器供电的晶闸管电路中,由于变压器初级的合闸、拉闸瞬间,或与之并联的其他负载切断时,或整流装置直流侧开关切断时或熔断器熔断时,都有可能产生过电压加于晶闸管元件上。操作过电压的保护措施,是在整流变压器的初级及次级并联 RC 保护电路及硒堆或压敏电阻 YM 保护电路,如图 7.9.1-3(e)所示。

不同形式电路的 RC 保护参数的估算见表 7.9.1-4 至表 7.9.1-6。压敏电阻的型号规格见表 7.9.1-8。

小容量整流器交流侧阻容保护参数的估算　　　表 7.9.1-4

阻容所在位置	电路形式	电容 $C_2(\mu F)$	电阻 $R_2(\Omega)$	变压器接法	K
整流变压器二次侧	单相 200VA 以下	$700 \times \dfrac{P_\mathrm{s}}{(U_\mathrm{PRM})^2}$	$100\sqrt{\dfrac{U_\mathrm{d}}{I_\mathrm{d}C\sqrt{f}}}$ ($f=50\mathrm{Hz}$)	Y/Y—一次侧中点不接地	150
	单相 200VA 以上	$400 \times \dfrac{P_\mathrm{s}}{(U_\mathrm{PRM})^2}$		Y/△—一次侧中点不接地	300
	三相 5000VA 以下	$K \cdot \dfrac{P_\mathrm{s}}{(U_\mathrm{PRM})^2}$		其他接法	900

注:P_s—整流变压器容量,VA;

　　U_PRM—晶闸管最大反向峰值电压,V;

　　U_d—整流输出电压,V;

　　I_d—整流输出电流,A;

　　f—电源频率,Hz;

　　K—系数,与整流变压器接法有关。

(R_2,C_2 所在位置参阅图 7.9.1-3(e))。

大容量整流器交流侧阻容保护参数的估算　　　　　　　　　　表 7.6.1-5

电路形式	整流变压器二次侧		整流变压器一次侧	
	电容 $C_2(\mu F)$	电阻 $R_2(\Omega)$	电压 $C_1(\mu F)$	电阻 $R_1(\Omega)$
单相桥式	$29000\left(\dfrac{I_{02}}{fU_2}\right)$	$0.3\dfrac{U_2}{I_{02}}$	$29000\left(\dfrac{I_{01}}{fU_1}\right)$	$0.3\dfrac{U_1}{I_{01}}$
三相桥式	$10000\left(\dfrac{I_{02}}{fU_{2x}}\right)$	$0.3\dfrac{U_{2x}}{I_{02}}$	$10000\left(\dfrac{I_{01}}{fU_x}\right)$	$0.3\dfrac{U_{1x}}{I_{01}}$
三相半波	$8000\left(\dfrac{I_{02}}{fU_{2x}}\right)$	$0.36\dfrac{U_{2x}}{I_{02}}$		
双反Y形带平衡电抗器	$7000\left(\dfrac{I_{02}}{fU_{2x}}\right)$	$0.42\dfrac{U_{2x}}{I_{02}}$		

注：I_{01}—整流变压器一次侧空载相电流(A)，它的大小可通过实验测得，或按$(0.05\sim 0.1)I_e$计算，I_e为变压器一次侧额定相电流；
I_{02}—折算到整流变压器二次侧的空载相电流(A)；
U_1、U_2—单相变压器一次侧和二次侧的额定电压(V)；
U_{1x}、U_{2x}—三相变压器一次侧和二次侧的额定线电压(V)。
（阻容的位置见图 7.9.1-3(e)）

整流器直流侧阻容保护参数的估算　　　　　　　　　　表 7.6.1-6

阻容所放位置	电路形式	电容 $C_3(\mu F)$	电阻 $R_3(\Omega)$
直流输出端	单相桥式	$120000\left(\dfrac{I_{02}}{fU_2}\right)$	$0.25\dfrac{U_2}{I_{02}}$
	三相桥式	$120000\left(\dfrac{1}{fU_{2x}}\right)$	$0.058\dfrac{U_{2x}}{I_{02}}$
	三相半波	$40000\left(\dfrac{I_{02}}{fU_{2x}}\right)$	$0.173\dfrac{U_{2x}}{I_{02}}$

注：表中符号意义同表 7.9.1-5，阻容的位置参阅图 7.9.1-3(e)。

快速熔断器的型号及规格　　　　　　　　　　表 7.9.1-7

系 列	额定电压(V)	熔体额定电流(A)	安秒特性(s)	分断电流(kA)
RLS 螺旋式,有熔断指示器	500V 以下	3,5,10	$3I_e$,小于 0.3	40
		15,20,25,30,40,50	$3.5I_e$,小于 0.12 $4I_e$,小于 0.06	
		60,80,100	$4.5I_e$,小于 0.02	
		15,20,25,30,40,50	$1.75I_e$,小于 0.6 $4I_e$,小于 0.2 $6I_e$,小于 0.2	80
RS3 汇流排式,可装辅助开关	500	10,15,30,50,80,100,150,200,250,300	$3.5I_e$,小于 0.06 $4I_e$,小于 0.02	25(100A 以下) 50(100A 以上)
	250	10,15,20,25,30,40,50,80	$3.5I_e$,小于 0.06 (100A 以下)	25
	500	100,150,200,250,300	$4.5I_e$,小于 0.02 (100A 以上)	50
	750	200,300	$4I_e$,小于 0.02	50

压敏电阻部分型号及主要参数　　　　表 7.9.1-8

型号规格	标称电压 (V)	容量偏差 (%)	通流容量 (kA)	残压比 $\dfrac{U_{100A}}{U_{1mA}}$	残压比 $\dfrac{U_{3kA}}{U_{1mA}}$
MY31-33/0.5 MY31-33/1	33	±10	0.5 1	≤3.5	
MY31-47/0.5 MY31-47/1	47	±10	0.5 1	≤3.5	
MY31-68/1 MY31-68/3	68	±10	1 3	≤3	≤3.5
MY31-100/1 MY31-100/3	100	±10	1 3	≤2.2	≤3
MY31-150/1 MY31-150/3	150	±10	1 3	≤2.2	≤3
MY31-200/1 MY31-200/3	200	±5	1 3	≤2	≤2.5
MY31-300/1 MY31-300/3	300	±5	1 3	≤2	≤2.5
MY31-470/1 MY31-470/3 MY31-470/5 MY31-470/10	470	±5	1 3 5 10	≤1.8	≤2.2
MY31-560/1 MY31-560/3 MY31-560/5 MY31-560/10	560	±5	1 3 5 10	≤1.8	≤2.2
MY31-680/1 MY31-680/3 MY31-680/5 MY31-680/10	680	±5	1 3 5 10	≤1.8	≤2.2
MY31-750/1 MY31-750/3 MY31-750/5 MY31-750/10	750	±5	1 3 5 10	≤1.8	≤2.2
MY31-910/3 MY31-910/5 MY31-910/10	910	±5	3 5 10	≤1.8	≤2.2
MY31-1100/3 MY31-1100/5 MY31-1100/10	1100	±5	3 5 10	≤1.8	≤2.2
MY31-1300/3 MY31-1300/5 MY31-1300/10	1300	±5	3 5 10	≤1.8	≤2.2
MY31-1600/3 MY31-1600/5 MY31-1600/10	1600	±5	3 5 10	≤1.8	≤2.2

3) 事故过电压保护:主要是在整流变压器的一次侧、必要时也在二次侧设置避雷器,防止因雷电引起的过电压。

(4) 限制电压上升率:在晶闸管元件上并联 RC 电路,如果没有此 RC 电路,在电源电压接入的瞬间,即使门极电压为零,晶闸管也可能导通。RC 电路的参数可从图 7.9.1-4 中查出。

【例】 负载电流 $I_L = 10A$

$$di/dt = 10A/\mu s$$
$$du/dt = 10V/\mu s$$

从图 7.9.1-4 中读得 $R = 2.8k\Omega$、$C = 0.013\mu F$。

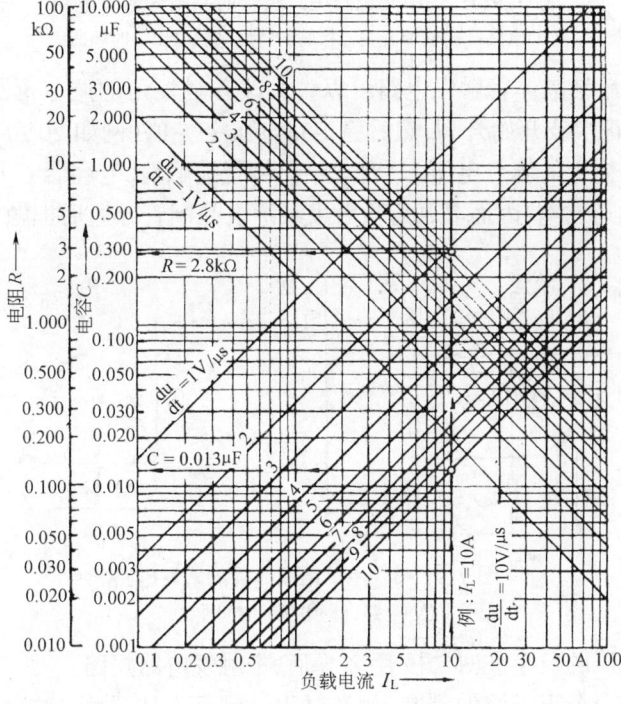

图 7.9.1-4 限制晶闸管电压上升率的 RC 环节的计算图

如果晶闸管元件上已经并联有 RC 电路(例如为了换相过电压保护),那么它也起到了限制电压上升率的作用。

6. 晶闸管的触发电路

图 7.9.1-5(a)所示是用交流开关二极管构成的简单触发电路。交流开关二极管是一个三层二极管,似一只基极开路的晶体三极管,由于其对称结构而具有对称的转折特性(见图 7.9.1-5(b)),典型的转折电压$|U_{BR}| = 30V$。

当晶闸管 T 的门极电路开路时,RC 分压器中点有一个较交流电源电压 $u_\sim$ 滞后的移相电压 u_c(见图 7.9.1-5(c)的虚线)。当 u_c 超过交流开关二极管的转折电压 U_{BR}、保护二极管门限及晶闸管门极—阴极的门限电压值时,交流开关二极管从截止转为导通,电容器 C 向门极电路放电,门极电流触发晶闸管。调节电阻 R 可以把触发角移至 90°之后,但随着相

移的增加电压 u_c 的幅度也同时减小。

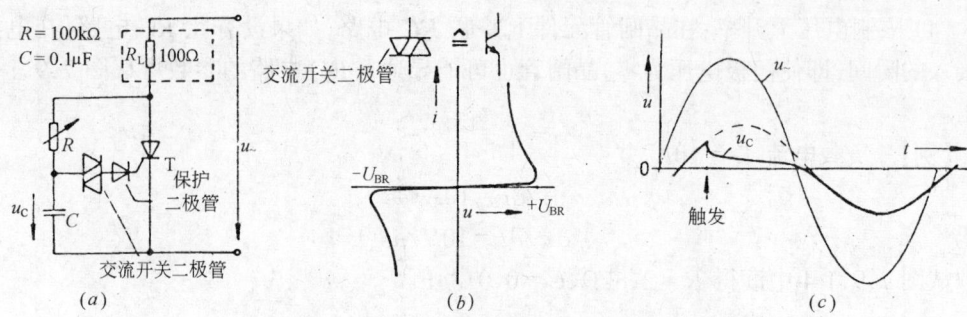

图 7.9.1-5　用交流开关二极管的晶闸管触发电路
(a)电路；(b)交流开关二极管的特性；(c)电压—时间曲线

图 7.9.1-6 的单结晶体管触发电路可以大大改善触发角的调节范围。电压 u_Z 随着交流电源电压 $u_\sim$ 的正半波开始升高，然后稳定在电压 U_{ZO} 值(例如 20V)。电容器 C 经电阻 R 充电到达单结晶体管的峰点电压 U_p 时单结晶体管被触发，电容器 C 通过 R_G 和晶闸管的门极—阴极通路迅速放电，因而晶闸管被触发导通。晶闸管导通后把触发电路短路。

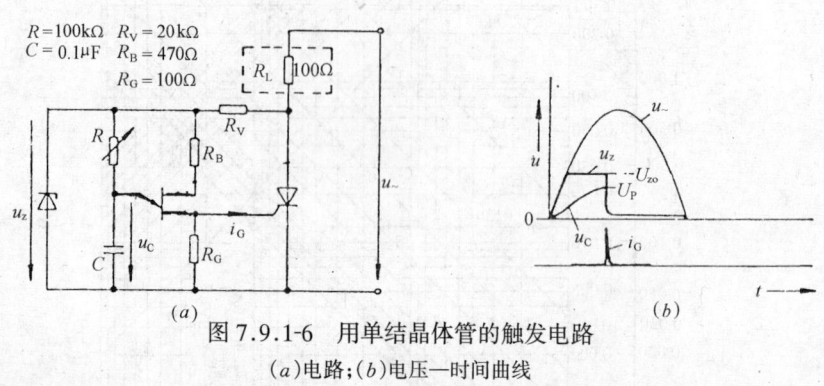

图 7.9.1-6　用单结晶体管的触发电路
(a)电路；(b)电压—时间曲线

在交流电源电压的负半波时二极管 Z 导通，把触发电路短路。

随着交流电下一个正半波的到来，触发过程又重复上述过程。电容器 C 的充电速度、触发时间点或触发角均由电阻 R 调节。

晶闸管接在交流电网上工作，而触发控制电路常常需要与电网分离，因此设置输入变压器和脉冲变压器如图 7.9.1-7，图中交流电经整流桥整流，每半波在稳压二极管上形成梯形

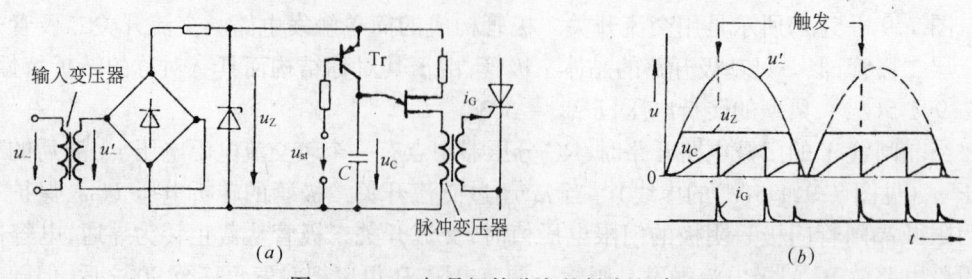

图 7.9.1-7　与晶闸管分离的触发电路
(a)电路；(b)电压—时间曲线

电压波 u_Z，给电容器 C 充电，电容器与单结晶体管协调工作产生触发脉冲电流输给晶闸管。在此，电容器 C 的充电速度由电流调节管 T_r 的控制电压 u_{st} 来调节，每半波的第一个脉冲触发晶闸管，同一半波期内以后的所有其他脉冲都不再起作用。

交流电源每一半波电压结束时，电压 u_z 下降至零，电容器 C 完全放电（通过单结晶体管），交流电源电压下一次过零变正时触发电路，重复以上过程，因此，触发电路工作输出脉冲与电网电压同步。

图 7.9.1-8 所示的触发电路采用集成块 UAA145，工作电源是 ±15V，内部的脉冲发生器与电网电压同步，触发脉冲的宽度和触发角的大小均可调节（触发角可由控制电压 u_{st} 连续调节），组件有两个输出端（10 和 14 脚），每半个周期交替输出一个脉冲。

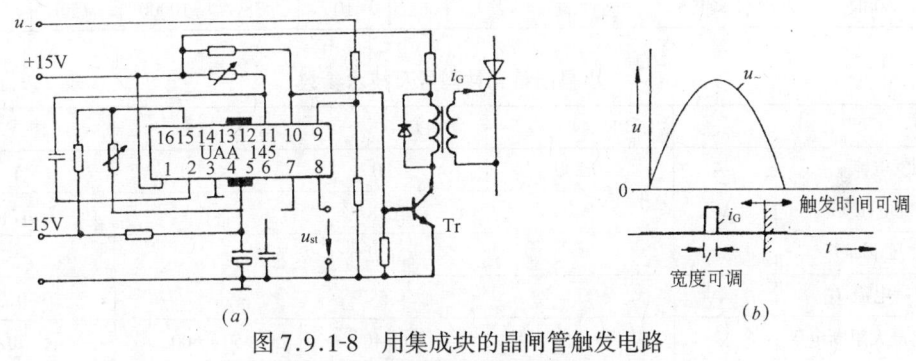

图 7.9.1-8 用集成块的晶闸管触发电路
(a) 电路；(b) 电压—时间曲线

7. 常用可控制硅元件型号及主要参数

（见表 7.9.1-9 至表 7.9.1-11）。

KP 系列晶闸管元件技术参数　　　　　表 7.9.1-9

型号	额定正向平均电流 I_F (A)	正向阻断峰值电压 U_{PF} (V)	反向阻断峰值电压 U_{PR} V	正向平均漏电流 I_{FL} (mA)	反向平均漏电流 I_{RL} (mA)	最大正向平均电压降 U_F (V)	最大维持电流 I_H (mA)	控制极触发电压 U_G (V)	控制极触发电流 I_G (mA)	电压上升率 du/dt (V/μs)	5s 过载倍数	冷却方式
KP$_1$	1	30~3000	30~3000	<1	<1	≤1.2	20	≤2.5	≤20	20	2	自然冷却
KP$_5$	5			<1.5	<1.5	≤1.2	40	≤3.5	≤50	<20	2	
KP$_{10}$	10			<1.5	<1.5	≤1.2	40	≤3.5	≤70	20	2	
KP$_{20}$	20			<2	<2	≤1.2	60	≤3.5	≤70	20	2	
KP$_{30}$	30			<2	<2	≤1.2	60	≤3.5	≤100	20	2	
KP$_{50}$	50			<2.5	<2.5	≤1.2	60	≤3.5	≤100	20	2	
KP$_{100}$	100			<5	<5	≤0.9	80	≤4	≤150	20	2	强迫风冷
KP$_{200}$	200			<5	<5	≤0.8	100	≤4	≤200	20	2	
KP$_{300}$	300			<10	<10	≤0.8	100	≤4	≤250	—	—	
KP$_{500}$	500			<10	<10	≤0.8	100	≤4	≤250			
KP$_{800}$	800			<10	<10	≤0.8	120	≤4	≤300			
KP$_{1000}$	1000			<10	<10	≤0.8	150	≤4	≤300			

小电流晶闸管元件型号及技术参数 表 7.9.1-10

型 号	触发电流 I_G (mA)	触发电压 U_G (V)	维持电流 I_H (mA)	恢复时间 (μs)	最大阻断尖峰电压 (V)	最大阳极平均电流 (A)	最大阳极尖峰电流 (A)	最大电压上升率 (V/μs)	最大结温 T_j (℃)	结-壳之间热阻 R_{thJG} (K/W)
TIC 106E	<0.2	<1.2	<5	7.7	500	3.2	30	10	110	3.5
TIC 126E	<20	<1.5	<40	11	500	7.5	100	100	110	2.4
BT152/600R	<30	<1	<60	35	600	13	200	200	115	1.1
BT157/1200R	<200	<1.5			1200	3.2	20	10000	120	2
BTV58/600R	<200	<1.5			600	10	75	10000	120	1.5

小晶闸管元件型号及技术参数 表 7.9.1-11

型 号		BRX44~49	PO100..	MRC22-2~8	BRY39
触发电流 I_G	μA	<200	<20	<200	1
触发电压 U_G	V		<0.8		0.5
管压降 U_F	V		<1.7		—
维持电流 I_H	mA		<5		<0.25
正反向最大阻断电压	V	25~400	100~400	50~600	70
最大阳极平均电流	A	0.4	0.5	0.6	0.25
最大阳极峰值电流	A	3	7	15	2.5
最高结温	℃		125		150

以上型号系列的允许正反向阻断电压数值列表如下：

正反向最大阻断电压	30V	50V	100V	200V	300V	400V	600V
型 号	BRX44	BRX45	BRX46	BRX47	BRX48	BRX49	—
			PO100AA	PO100BA	PO100CA	PO100DA	—
		MCR22-2	MCR22-3	MCR22-4	MCR22-5	MCR22-6	MCR22-8

7.9.2 晶闸管元件的应用

1. 晶闸管整流器

在整流电路中，输出直流电压受控制角（或导通角）的控制，二者的关系称可控整流电路的控制特性。不同的可控整流电路有不同的控制特性。

图 7.9.2-1(a)是一个单相半波以纯电阻为负载的可控整流电路。在输入电压的正半波内，晶闸管承受正向电压，如果在 t_1 时刻给门极加入触发脉冲，晶闸管导通，负载上就得到电压，当输入电压到零时，晶闸管关断。在输入电压的负半波内，晶闸管承受反向电压，不会导通。在第二个正半波内，再在相应的 t_2 时刻加入触发脉冲，晶闸管又会导通……。这样，负载上就得到直流电压 U_d，波形如图 7.9.2-1(d)所示。

在晶闸管承受正向电压的时间内，改变触发脉冲的输入时刻（称为触发脉冲的移相），负载上得到的电压也随之改变，这样就可以控制输入电压的大小。

晶闸管上承受的电压波形如图 7.9.2-1(e) 所示。其最大正向、反向电压均为输入交流电压的峰值 $1.414U_2$。

晶闸管在正向电压下不导通的范围称控制角(α)，而导通的范围则称为导通角(θ)。在单相半波电路中，晶闸管移相范围是 180°，最大导通角也是 180°，如图 7.9.2-1(d) 所示。

当控制角 α 为 180°，即导通角 θ 为 0°时，晶闸管全关断，输出电压为零。当 α 为 0°，即 θ 为 180°时，晶闸管全导通，相当于不可控的单相半波整流，输出电压波形如图 7.9.2-2(a) 所示。

此时：

$$\frac{U_d}{U_2} = 0.45, \frac{I}{I_d} = 1.57$$

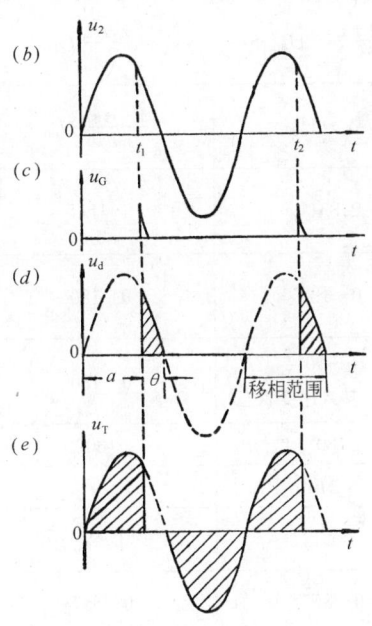

图 7.9.2-1 单相半波可控整流
(a)接线图；(b)输入电压波形；
(c)触发脉冲波形；(d)负载电压波形；
(e)晶闸管上电压波形

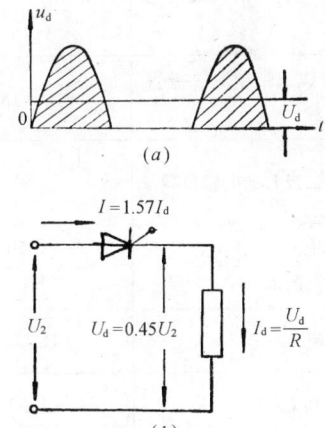

图 7.9.2-2 单相半波可控整流电路
晶闸管全导通时的输入与输出
(a)波形图；(b)数量关系

式中　U_2——输入交流电压有效值，一般取自电源变压器的副边；
　　　U_d——输出直流电压平均值；
　　　I——输入电流有效值；
　　　I_d——输出电流平均值。

纯电阻负载时，电流波形与电压波形相似，电流大小由欧姆定律决定，即 $I_d = \frac{U_d}{R}$。导通角愈小，输出电流波形的脉动系数就越大，电流的有效值与平均值的比也愈大。

以上是单相半波纯电阻负载的可控整流电路的电量关系。至于各种不同形式的可控整流电路，在不同性质负载下，它们的基本电量关系见表 7.9.2-1。

几种可控整流电路，在不同的控制角 α 时，其负载直流平均电压与交流电源相电压之比 U_d/U_2，如图 7.9.2-3 及图 7.9.2-4 所示。

晶闸管整流电路的基本电量关系

表 7.9.2-1

整流电路名称		单相半波	单相全波	单相半控桥
电路图				
直流输出电压	全导通($\alpha=0$)时,U_{d0}	$0.45U_2$	$0.9U_2$	$0.9U_2$
	某一移相角 α 时 U_d（电阻或带续流二极管电感负载）	$\dfrac{1+\cos\alpha}{2}U_{d0}$	$\dfrac{1+\cos\alpha}{2}U_{d0}$	$\dfrac{1+\cos\alpha}{2}U_{d0}$
	某一移相角 α 时 U_d（无续流二极管电感负载）	—	$\cos\alpha\cdot U_{d0}$	$\dfrac{1+\cos\alpha}{2}U_{d0}$
晶闸管最大正向电压和最大反向电压峰值 U_{Tm}		$1.41U_2$	$2.83U_2$	$1.41U_2$
移相范围	电阻负载或带续流二极管的电感负载	$0\sim180°$	$0\sim180°$	$0\sim180°$
	无续流二极管的电感负载	—	$0\sim90°$（$\alpha>90°$转入逆变状态）	$0\sim180°$
晶闸管最大导通角		$360°$	$180°$	$180°$
输出电压最低脉动频率		$1f$	$2f$	$2f$
流过晶闸管电流（电阻负载全导通）	平均电流 $\bar{I}_A$	$1I_d$	$0.5I_d$	$0.5I_d$
	有效值电流 I_A	$1.57I_d$	$0.785I_d$	$0.785I_d$
	波形系数 = 有效值/平均值	1.57	1.57	1.57
流过晶闸管电流（电感负载全导通）	平均电流 $\bar{I}_A$	$0.5I_d$	$0.5I_d$	$0.5I_d$
	有效值电流 I_A	$0.707I_d$	$0.707I_d$	$0.707I_d$
	波形系数 = 有效值/平均值	1.41	1.41	1.41
变压器次级线电流有效值 I_{VL}($\alpha=0$ 时)		$1.57I_d$	$0.785I_d$	$1.11I_d$
变压器初级线电流有效值 I_L($\alpha=0$ 时)			$1.11I_d$①	$1.11I_d$
P_{PS}/P_{d0}			1.23	
P_{SS}/P_{d0}		3.49	1.74	

续表

整流电路名称	单相全控桥	晶闸管作开关管单相桥	三相半波
电路图			
直流输出电压 — 全导通($\alpha=0$)时,U_{d0}	$0.9U_2$	$0.9U_2$	$1.17U_2$
直流输出电压 — 某一移相角 α 时 U_d(电阻或带续流二极管电感负载)	$\dfrac{1+\cos\alpha}{2}U_{d0}$	$\dfrac{1+\cos\alpha}{2}U_{d0}$	$\cos\alpha \cdot U_{d0}(0°\leqslant\alpha\leqslant30°)$ $0.557[1+\cos(\alpha+30°)]U_{d0}$ $(30°\leqslant\alpha\leqslant150°)$
直流输出电压 — 某一移相角 α 时 U_d(无续流二极管电感负载)	$\cos\alpha \cdot U_{d0}(0°\leqslant\alpha\leqslant90°)$ $0(90°\leqslant\alpha\leqslant180°)$	—	$\cos\alpha \cdot U_{d0}$
晶闸管最大正向电压和最大反向电压峰值 U_{Tm}	$1.41U_2$	$1.41U_2$ 可控硅不受反向电压	$2.45U_2$
移相范围 — 电阻负载或带续流二极管的电感负载	$0\sim180°$	$0\sim180°$	$0\sim150°$
移相范围 — 无续流二极管的电感负载	$0\sim90°$	—	$0\sim90°$ ($\alpha>90°$转入逆变状态)
晶闸管最大导通角	$180°$	$360°$	$120°$
输出电压最低脉动频率	$2f$	$2f$	$3f$
(流过晶闸管电流)(电阻负载全导通) — 平均电流 $\bar{I}_A$	$0.5I_d$	$1I_d$	$0.333I_d$
(流过晶闸管电流)(电阻负载全导通) — 有效值电流 I_A	$0.785I_d$	$1.11I_d$	$0.587I_d$
(流过晶闸管电流)(电阻负载全导通) — 波形系数=有效值/平均值	1.57	1.11	1.76
(流过晶闸管电流)(电感负载全导通) — 平均电流 $\bar{I}_A$	$0.5I_d$	$1I_d$	$0.333I_d$
(流过晶闸管电流)(电感负载全导通) — 有效值电流 I_A	$0.707I_d$	$1I_d$	$0.577I_d$
(流过晶闸管电流)(电感负载全导通) — 波形系数=有效值/平均值	1.41	1	1.73
变压器次级线电流有效值 I_{VL}($\alpha=0$ 时)	$1.11I_d$	$1.11I_d$	$0.587I_d$
变压器初级线电流有效值 I_L($\alpha=0$ 时)	$1.11I_d$①	$1.11I_d$①	$0.817I_d$①
P_{PS}/P_{d0}	1.23		1.21
P_{SS}/P_{d0}	1.23		1.71

续表

整流电路名称		三相半控桥	三相全控桥	双反星形带平衡电抗器
电路图				
直流输出电压	全导通($\alpha=0$)时，U_{d0}	$2.34U_2$	$2.34U_2$	$1.17U_2$
	某一移相角 α 时 U_d（电阻或带续流二极管电感负载）	$\dfrac{1+\cos\alpha}{2}U_{d0}$	$\cos\alpha \cdot U_{d0}(0°\leqslant\alpha\leqslant 60°)$ $[1+\cos(\alpha+60°)]U_{d0}$ $(60°\leqslant\alpha\leqslant 120°)$	$\cos\alpha \cdot U_{d0}(0°\leqslant\alpha\leqslant 60°)$ $[1+\cos(\alpha+60°)]U_{d0}$ $(60°\leqslant\alpha\leqslant 120°)$
	某一移相角 α 时 U_d（无续流二极管电感负载）	$\dfrac{1+\cos\alpha}{2}U_{d0}$	$\cos\alpha \cdot U_{d0}$	$\cos\alpha \cdot U_{d0}$
晶闸管最大正向电压和最大反向电压峰值 U_{Tm}		$2.45U_2$	$2.45U_2$	$2.45U_2$
移相范围	电阻负载或带续流二极管的电感负载	$0\sim 180°$	$0\sim 120°$	$0\sim 120°$
	无续流二极管的电感负载	$0\sim 180°$	$0\sim 90°$ ($\alpha>90°$转入逆变状态)	$0\sim 90°$ ($\alpha>90°$转入逆变状态)
晶闸管最大导通角		$120°$	$120°$	$120°$
输出电压最低脉动频率		$6f$	$6f$	$6f$
流过晶闸管电流（电阻负载全导通）	平均电流 $\bar{I}_A$	$0.333I_d$	$0.333I_d$	$0.167I_d$
	有效值电流 I_A	$0.587I_d$	$0.587I_d$	$0.289I_d$
	波形系数=$\dfrac{\text{有效值}}{\text{平均值}}$	1.76	1.76	1.73
流过晶闸管电流（电感负载全导通）	平均电流 $\bar{I}_A$	$0.333I_d$	$0.333I_d$	$0.167I_d$
	有效值电流 I_A	$0.577I_d$	$0.577I_d$	$0.289I_d$
	波形系数=$\dfrac{\text{有效值}}{\text{平均值}}$	1.73	1.73	1.73
变压器次级线电流有效值 I_{VL}（$\alpha=0$ 时）		$0.817I_d$①	$0.817I_d$①	$0.294I_d$①
变压器初级线电流有效值 I_L（$\alpha=0$ 时）		$0.817I_d$	$0.817I_d$	$0.415I_d$
P_{PS}/P_{d0}			1.046	1.046
P_{SS}/P_{d0}			1.046	1.505

注：① 当变压器的变比为1时。

$P_{d0}=U_{d0} \cdot I_{d0}$ 直流负载功率（$\alpha=0$）；P_{PS}—变压器初级视在功率；P_{SS}—变压器次级视在功率。

几种可控整流电路,在不同的控制角 α 时,其负载直流平均电压与交流电源相电压之比 U_d/U_2,如图 7.9.2-3 及图 7.9.2-4 所示。

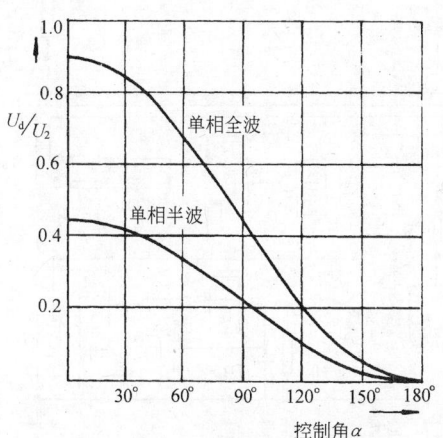

图 7.9.2-3 单相半波、单相全波可控整流电路平均电压与控制角的关系
（负载为纯电阻或有续流二极管）

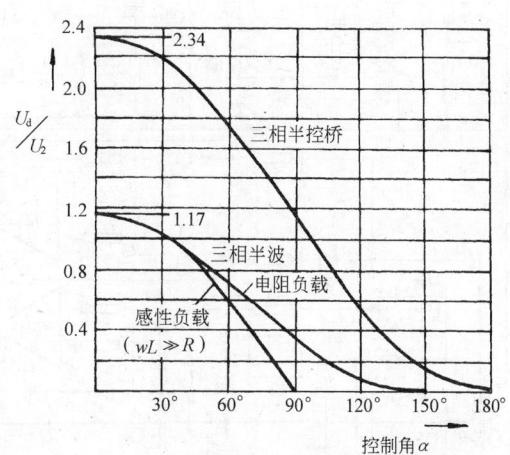

图 7.9.2-4 三相可控整流电路平均电压与控制角的关系
U_2—交流电源相电压；U_d—整流平均电压

图中,曲线的斜率表示控制角 α 对平均电压的控制灵敏度,斜率愈大,α 的控制能力愈大,控制灵敏度愈高。单相全波可控整流特性曲线的斜率比单相半波可控整流特性曲线的斜率要大,它们的斜率最大的位置都是在 $\alpha=90°$ 处,说明在此控制角它的控制能力最大,对全波可控整流的控制比对半波可控整流的控制要灵敏得多。同理,也可分析了解其他型式的可控整流电路的控制性能。

2. 晶闸管直流稳压器

利用运算放大器很容易构成直流稳压电路(见第 7.6.2 节),还有许多可直接利用现成的集成稳压块(如 78×× 及 79×× 型等)。不过,那些由运算放大器构成的直流稳压电路和集成稳压块的输出直流电压和直流电流都不大,电压从几伏到十几伏,电流从几毫安到 1a 左右,属于小功率稳压器。如果需要电流为几十安乃至几百安、电压为几十伏乃至几百伏的大功率稳压器,就得由大功率的晶闸管构成了。

在晶闸管整流电路中,利用移相触发的方法,可以改变整流输出的电压平均值及电流平均值。从调节负载(如自动控制设备)直流电压(或功率)的大小来讲,移相触发的确是一种灵活有效的方法。如果我们的着眼点不是改变负载直流电压的大小,而是要加给负载精确的稳定直流电源电压,利用移相触发的方法也是最方便不过的了。例如,由于某种原因(如外加电源电压不稳或负载变动)引起整流输出直流电压变动,当输出直流电压 U_d 变高时,立即把触发脉冲向后移,增大控制角 α,输出平均电压 U_d 就会降下来,恢复到原来的数值;反之,如果某种原因使输出直流电压变低,又立即把触发脉冲向前移,减小控制角 α,输出平均电压 U_d 就会升高,恢复到原来的数值。这个控制的过程时间很短,反映很快,那么整流输出直流电压就稳定了。

图 7.9.2-5 所示是晶闸管单相半控桥整流电路及其稳压的控制电路。主整流桥的交流输入为 100V,整流后经 LC 滤波,输出为 -50V 左右,输出直流电流的大小视设计而定,可大至 60A。

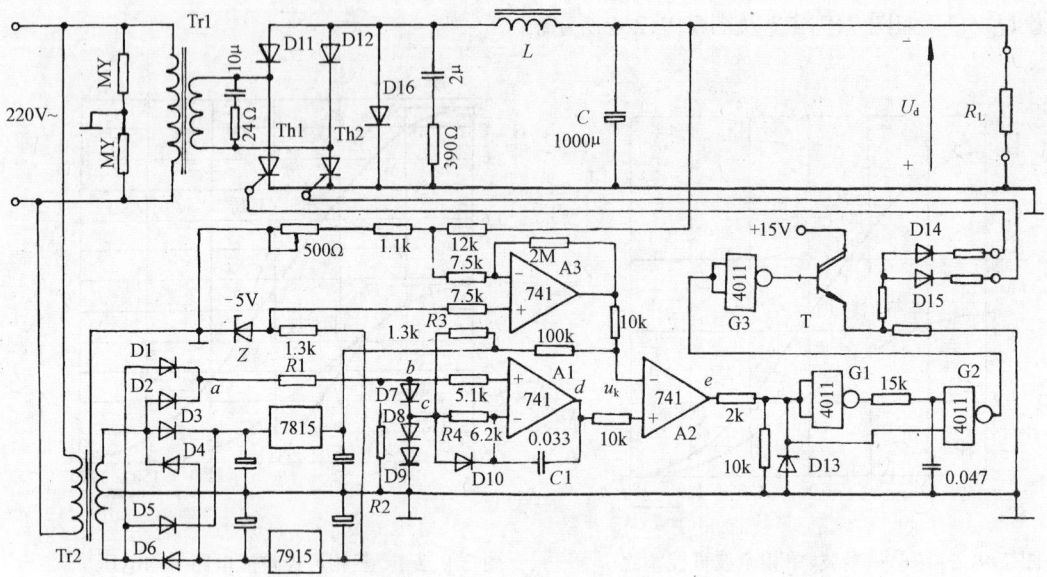

图 7.9.2-5 晶闸管单相半控桥整流电路及其稳压控制电路

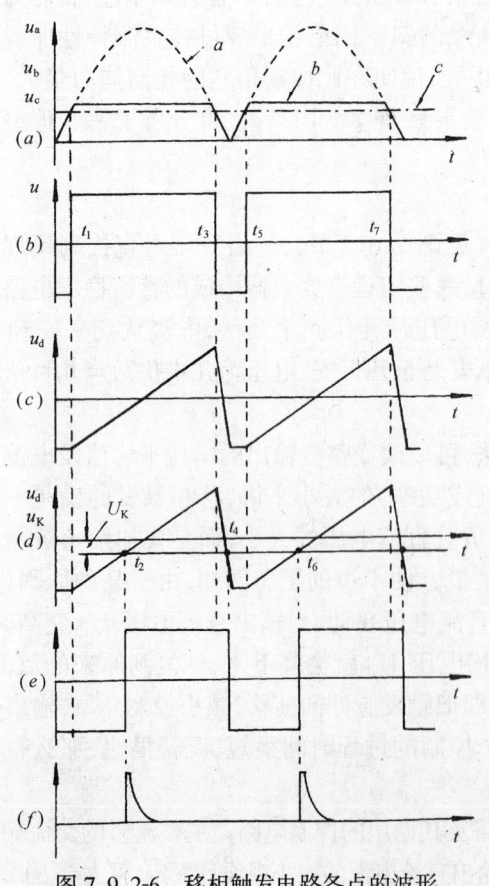

图 7.9.2-6 移相触发电路各点的波形

变压器 Tr.2 与 D3～D6 组成一个小整流电路,经稳压块 7815 及 7915 稳压后分别输出 +15V 及 -15V 电压,提供控制电路及各集成电路所需的直流电源。

自动稳压所需的移相触发控制,可用图 7.9.2-6 的波形说明如下。

变压器 Tr.2 副边交流电压经 D1、D2 加至 R_1,a 点的电位曲线是电网一个周期内的两个正半波。b 点的电位是正半波经 R_1、D7～D9 削成的梯形波,如图 7.9.2-6 (a) 中的 b 曲线。c 点的电位是 +15V 直流电压经电阻 R_3 加至 D8 和 D9 两个二极管的管压降,恒定不变,见图 7.9.2-6(a) 的 c 曲线。

b、c 两点的电位经 5.1kΩ 电阻分别输至电压比较器 A1 的同相输入端和反相输入端,输出端 d 点的电位由两个输入端电位的高低决定,在 t_1～t_3 期间,同相输入端的电位高于反相输入端的电位,输出端的电位达到正的最大值(接近正工作电源电压 +15V)。在 t_3～t_5 期间,反相输入端的电位高于同相输入端的电位,输出端的电位达到负的最大值(接近工作电源电压 −15V),如果不接电容器 C_1,d 点的电位曲线如图 7.9.2-6(b),是一个矩形波。实际上接有电容器 C_1,C_1 在 d 点有正电压时充电,充电电流流经电阻 $R_4$$d$ 点的电位斜线缓缓上升;当 d 点有负电压时,C_1 反向放电,放电电流流经 D10、R_3 及直流电源,C_1 快速放电后转为反向充电,d 点的电位降至负的最大值,所以,d 点电位变化是一个锯齿波形如图 7.9.2-6(c)所示。

A2 也是电压比较器,在反相输入端施加移相控制电压 U_K,见图 7.9.2-6(d),与正相输入端的锯齿波电压相互比较,情况与 A1 相似,在电位曲线相互交越时(如 t_2)输出电位跳变的矩形波,如图 7.9.2-6(e)所示。

e 点输出的矩形波先被 D13 切去负向波,再由两个与门 G1 及 G2 构成的单稳态电路把上升沿形成适当宽度的负向脉冲输出,再由非门 G3 转为正脉冲如图 7.9.2-6(f)的波形,激励达林顿管 T,T 作为射极跟随器输出两路脉冲,分别触发阳极为正半波时的那个晶闸管。

这里,脉冲出现的时刻是在图 7.9.2-6(e)矩形波的上升沿之时,时间就在控制电压 U_K 水平线与锯齿波斜线交越的时刻。关键就在于 U_K 的电位高低反映主整流输出直流电位的高低。

A3 是一个比较放大器,电压放大倍数由一只 2MΩ 的负反馈电阻限定。正相输入端加 −5V 的基准电压。反相输入端加主整流直流输出的采样电压,经电阻分压器分压后取得,也是 −5V 左右,此电压与基准电压比较,将差值放大后在输出端输出一个作晶闸管移相触发的控制电压 U_K,即图 7.9.2-6(d)中 u_K 水平线代表的数值。若由于某种原因引起主整流输出电压偏高(偏负),采样后输至 A3 反相输入端的电压与正相输入端的基准电压的差值也偏负,由于反相输入偏负,则经放大并反相后输出电压(U_K)就向正的方向偏移,即图 7.9.2-6(d)中的 u_K 水平线向上移,它与锯齿波的交越时间 t_5 向后移,导致触发脉冲后移,晶闸管的导通角减小,主整流输出电压降低。若由于某种原因引起主整流输出电压偏低,则 u_K 水平线向下移,导致触发脉冲前移,晶闸管导通角增大,主整流输出电压升高,这就是自动稳压的反馈控制过程,使整流器成为稳压整流器。

3. 晶闸管交流调节器

晶闸管交流调节器是利用晶闸管的开关作用把电路周期性地接通和断开,并改变接通和断开的时间比值,从而可以连续改变负载电流。

交流调节器主要用于下列几个方面:

照明调光;

加热调节;

感应电动机的转速调节;

高压整流器初级控制或用电器侧的电流控制。

交流调节器的输出电压不含直流分量,在多相电路中每相的电压波形是相同的。

交流调节器有两种工作方式:

(1) 移相控制 移相控制的工作方式如图 7.9.2-7(a)所示,在电源电压的正半波和负半波改变晶闸管的触发时间,改变电路的导通角,从而调节负载电流的大小。实现这种控制的电路举例如图 7.9.2-8,两只晶闸管作反向并联。在这电路中,由于需要引入两个相位相反的触发脉冲,设置两个隔离的脉冲变压器 Tr_2 和 Tr_3,当每个正脉冲及负脉冲到来的时候,只触发一只可控硅。

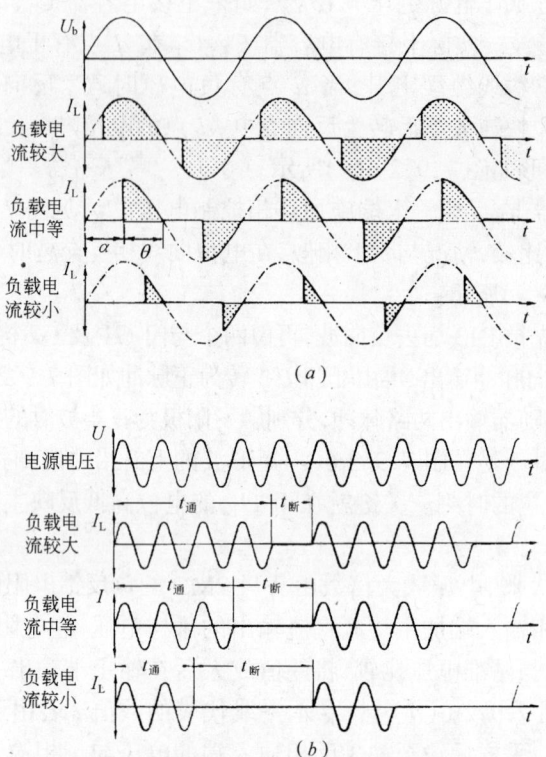

图 7.9.2-7 交流调节器的工作方式
(a)移相控制;(b)波群控制
α—触发角(控制角);θ—导通角

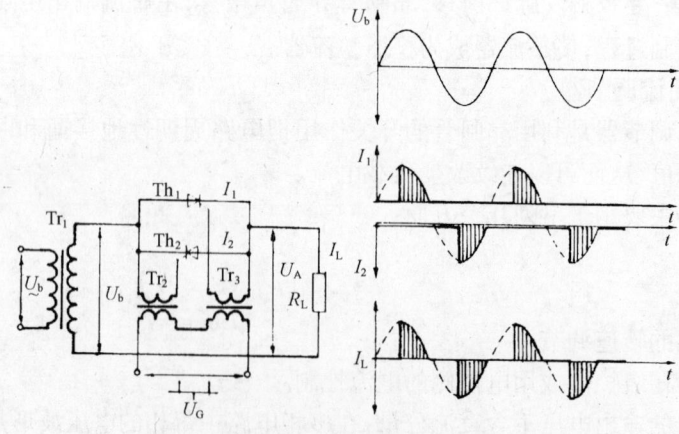

图 7.9.2-8 移相控制反向并联晶闸管的交流调节器

负载电流的基波频率与电源频率相同。但因电网中有断断续续的电流冲击,且有较高的谐波分量,容易干扰无线电的接收,引起仪器仪表的误差。因此,设备使用的功率受到限制。

(2)波群控制 波群控制的交流调节器工作方式如图 7.9.2-7(b)所示,把一定数量完整的电网电压波有节奏地交替接通和断开,改变接通时间与断开时间的比值,就调节了负载的有效电流。

实现这种调节方式的电路举例如图 7.9.2-9。由于晶闸管必须在电网电压一个周期电压过零时开始被触发,故需使用"零电压开关"。在图 7.9.2-9(a)中,零电压开关的工作原理是:当控制点 A 为低电平(负电位)时,T_3 导通。C_4 在交流电源的负半波充电,并在电压过零到正半波时把其电荷经 D_6 引到晶闸管 Th_1,使之导通;Th_1 导通后 C_5 充电,待交流电压过零到负半波时触发晶闸管 Th_2。

图中的 R_8、D_3、C_3 是降压半波整流电路,产生供电子开关工作的直流电源。

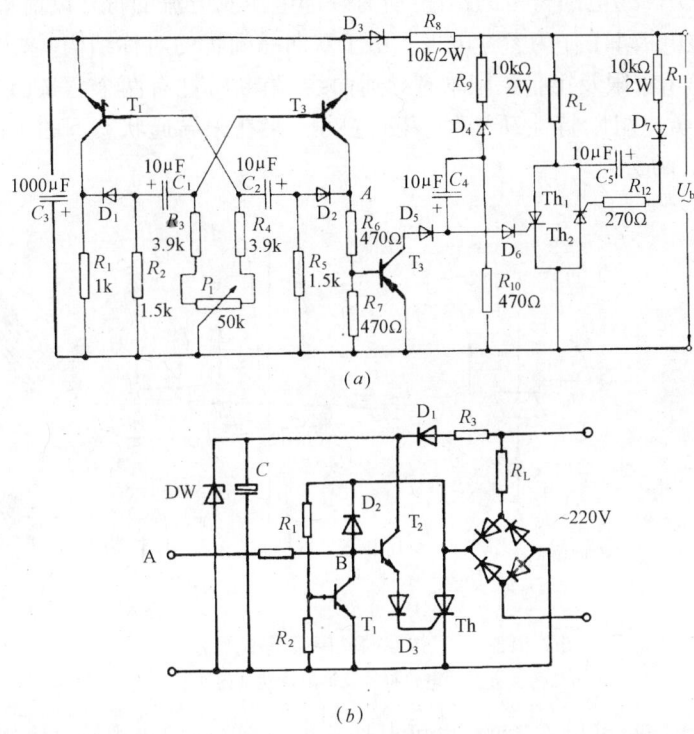

图 7.9.2-9 交流调节器电路
(a)有多谐振荡器和零电压开关的交流调节器;(b)有零电压开关的交流调节器

调节 P_1 可改变多谐振荡器(这里作电子开关)的矩形波的波形系数,以改变 A 点电位变化的时间比例,如同改变图 7.9.2-7(b)中的 $t_{通}/t_{断}$ 比值,就调节了负载的有效电流。

在图 7.9.2-9(b)中,D_1、R_3、DW 及 C 组成降压半波整流电路,产生供电子电路工作的直流电源。

当控制端 A 点为高电平时,T_2 虽处于允许导通状态,但在交流电压非过零处,T_1 一直处于导通状态,将 B 点电位箝在低电平,使 T_1 截止,只有在交流电压过零处,T_1 截止,T_2 导通,触发晶闸管 Th,使之导通,负载 R_L 得电。

当控制端 A 点为低电平时,T_2 总是处于截止状态,负载 R_L 没有电流。

调节控制端 A 点电位的高低变化时间比例,也就调节了晶闸管通断时间之比。

波群控制的交流调节方式,在电网中没有冲击负载电流,谐波频谱相控的下移,较少干扰无线电的接收。但负载电流的频率较电源频率低得多,且电流的变化只是近似地连续。

现在已有多种晶闸管触发集成电路,参阅表 7.9.3-2。

7.9.3 三端双向晶闸管

1. 三端双向晶闸管的结构及特性

三端双向晶闸管又称交流开关三极管,它由多层晶体构成,如图 7.9.3-1(a),相当于两个三极可控硅的反并联电路,每个可控硅的阴极与另一个可控硅的阳极连接,因此,即是阳极又是阴极,分别称主电极 1(记为 H1 或 MT1)和主电极 2(记为 H2 或 MT2),门极 G 为原来两个可控硅共用,它处于主电极的一侧,两个方向的门极电流(流入或流出)均能触发双向可控硅。按图 7.9.3-1(b)电路符号的标注,所有外部电压及电流的符号以箭头指定的方向确定其正方向,以主电极 H1 作为参考电极。由于双向晶闸管的对称结构,输出特性曲线对称于坐标零点,在第Ⅰ象限及第Ⅲ象限均有导通曲线;阻断特性有两个意义,它既表示三端双向晶闸管一半的负向阻断特性,同时又表示了另一半在未导通状态下的正向阻断特性。外形如图 7.9.3-1(c)所示。

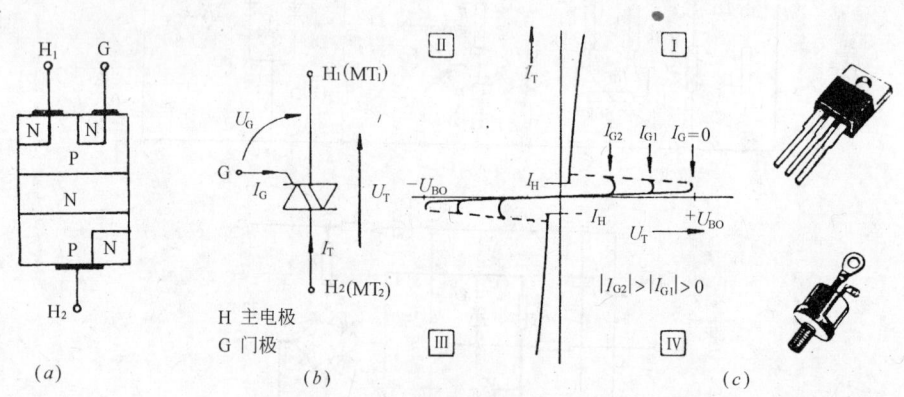

图 7.9.3-1 三端双向晶闸管基本概念
(a)结构示意;(b)电路符号及输出特性;(c)外形

门极电流(触发电流)可以选正的,也可以选负的,当选定门极电流 I_G 以后就可按图 7.9.3-2(a)的输入特性确定所需的门极电压 U_G。有四种可能的触发类型如图 7.9.3-2(b)所示,它们是按输出特性所在的第Ⅰ象限和第Ⅲ象限标定的,四种触发类型为Ⅰ$^+$、Ⅰ$^-$、Ⅲ$^+$ 及Ⅲ$^-$类。图中所标注的电流 I_G 数值只说明各类触发所需的电流参考值(以阳极平均电流为 5A 的样品为例),显然,Ⅰ$^+$类触发的触发灵敏度最高,而Ⅲ$^+$类触发的触发灵敏度最低。如同普通晶闸管一样,一经触发使主电极电流达到维持电流之后继续加门极触发电流就没有必要了,而且触发功率也不应超过规定值。

由于三端双向晶闸管的两部分互相影响,其动态参数 du/dt 及 di/dt 较普通三极晶闸管的约小 10 倍,因此三端双向晶闸管较少用在高压、大电流的可控整流电路中,而常用在交流单相或三相调压器中。

三端双向晶闸管的阻断电压一般都制成仅为普通三极晶闸管的 1/3,热极限电流仅为三极晶闸管的 1/10。

与普通三极晶闸管比较,三端双向晶闸管的应用有其优点,特别是用于交流电的调节,它使电路大大简化。例如调节灯泡的亮度或调节小型交流电动机的转速,电路比较简单,如

图 7.9.3-3(a),只用 RC 分压器与二端交流开关管即可构成触发电路。图中 R、C 是保护电路,防止瞬间电压快速升高损坏晶闸管;电感电容滤波电路是为消除对邻近无线电设备的干扰而设的。

若电位器的阻值从较高的位置开始逐渐减小,直到触发双向晶闸管,电压电流的波形如图 7.9.3-3(b)。这里是在正半波触发的(第 I^+ 类触发,触发灵敏度高),开始触发时的触发角为 $α_0$,此后的触发角 $α$ 变小,原因是每次触发从电容器 C 上冲击式取出电荷,引起电压 u_c 的相移,触发时间点向前移,使灯泡在点亮之初马上达到"中等亮"的程度,若要暗些还需把电位器 P 向高阻回调。改善的方法是在门极电路段串联一个限流电阻(100Ω)。

常用三端双向晶闸管的型号及技术参数,见表 7.9.3-1。

三端双向晶闸管元件型号及技术参数　　　表 7.9.3-1

型号	触发电流 I_G (mA)	触发电压 U_G (V)	维持电流 I_H (mA)	最大阻断电压 (V)	最大电流有效值 (A)	最大尖峰电流 (A)	最大电压上升率 (V/μs)	最大结温 T_j (℃)	结-壳之间热阻 R_{thJG} (K/W)
Q401E3	10	<2	<15	±400	1	16	25/1	125	
TLC336A	10(25)	<3	8	±600	3	30	20/4	110	15
TIC206M	5(10)	<2	<15	±600	4	30	50/2	110	7.8
TIC216M	5(10)	<2.2	<30	±600	6	60	50/5	110	2.5
TIC225M	10(30)	<2	<20	±600	8	70	50/5	110	2.5
TIC236M	50	<2	<40	±600	12	100	400/2	110	2

注:括号内的数字是 III^+ 类的触发电流,触发类别见图 7.9.3-2。

2. 三端双向晶闸管的应用例

三端双向晶闸管主要用于 5A 以下的交流调节器及交流开关器。常用来调节灯泡的亮度(即减光器)和调节小型交流电动机的转速。电路中需要有抗干扰环节和保护环节,图 7.9.3-4 比上节所述电路(图 7.9.3-3)多了一个附加 RC 节,C_2 作为"点火"电容器 C_1 的缓冲电容,补充 C_1 每次点火后电荷的损失,因此,u_c 电压曲线(见图 7.9.3-2)只受到很小的干扰,上节所述触发后起始电流过大的情况明显地减轻了。

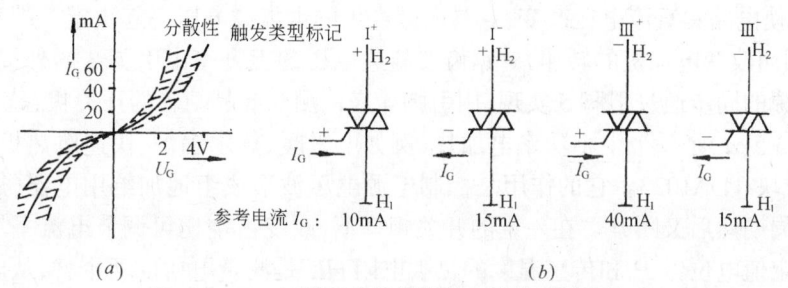

图 7.9.3-2　三端双向晶闸管输入特性及触发类型
(a)输入特性;(b)触发类型
注:I_G 的数值是一只平均电流为 5A 的样品的触发电流参考值。

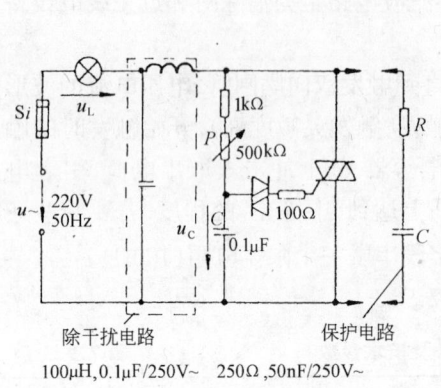
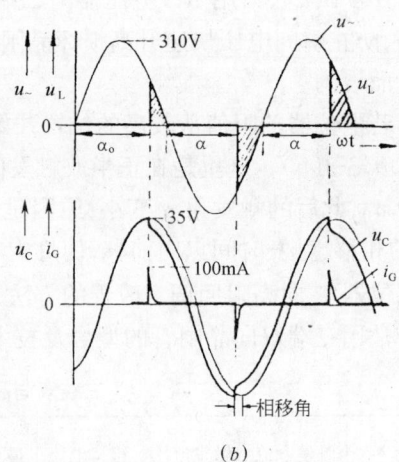

图 7.9.3-3 三端双向晶闸管交流调节器
(a)电路;(b)电压电流波形

使用专门的集成触发块可以进一步改善上述调节器的工作性能,图7.9.3-4(b)是以集成块 TEA1007 构成的电机转速调节电路,直接地接在交流电网上使用。集成块所需的直流工作电压经二极管 D 及内部稳压管 Z 产生,由电容器 C 滤波,转速由电位器 P 调节。

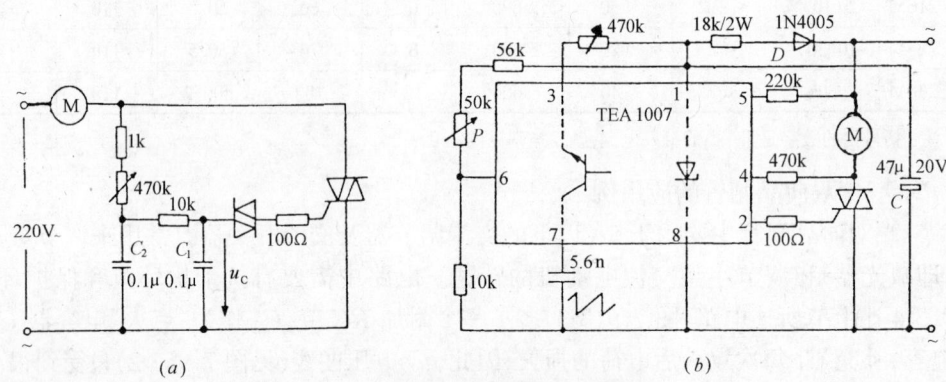

图 7.9.3-4 用导通控制的转速调节器
(a)惯用电路;(b)用集成块电路

调节 P 使电路一直流电压改变,它与内部产生的锯齿波电压一起决定三端双向晶闸管的导通角(因而改变电动机的转速)。锯齿波斜边电压的上升率由引脚 3 的外接电阻调节,锯齿波与电源的同步通过引脚 5 实现,用引脚 4 来检测双向晶闸管的开关状态。

图 7.9.3-5(a)是一个中小功率电加热(例如电采暖、热水锅炉、快速电热板)的调节电路,使用集成块 TDA1023。它的作用是控制电源电压波形成组地加给用电器(加热器),连续接通几个周期然后又断开。在一定的开关频率下,改变占空比可调节电流平均值或功率平均值。给定值电位器 P 和传感温度的热敏电阻 HL 是测量电桥的两个臂,从电桥上得到比较电压 U_V。如图 7.9.3-5(b)所示。比较电压的高度与内部锯齿波一起改变着三端双向晶闸管的工作比或占空比。集成块内有一个过零检测器,使电路只在电网电压过零时接通负载,以减小对电网产生开关干扰。

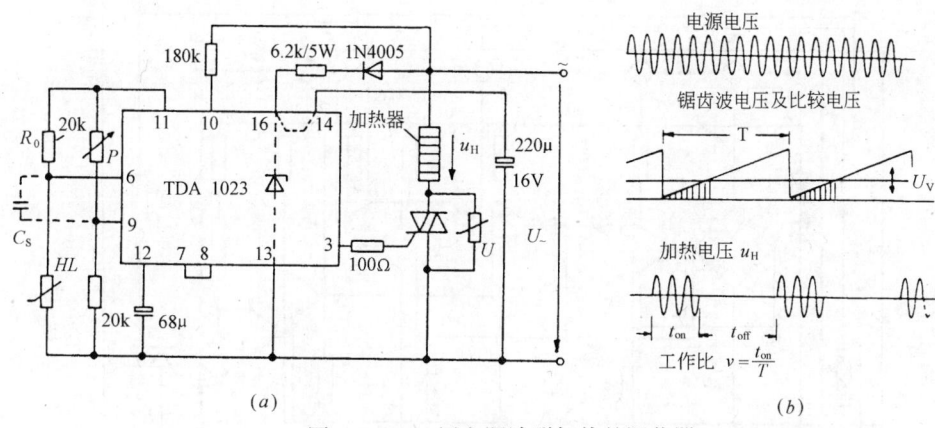

图 7.9.3-5 用电源波群加热的调节器
(a)电路;(b)工作解释图

若温度传感器的接线较长,还应避免杂散电压对输入电路的影响,在输入端接一个电容器 C_s(≈10nF)。

图 7.9.3-6 所示是两点式开关加热(例如取暖)的调节器电路,内有集成块 TDA1024。若引脚 5 的电位比引脚 4 的给定值电位稍高,它便在交流电压每次过零时产生一个由引脚 2 流出的电流脉冲,触发双向晶闸管。引脚 4 的电位由给定值电位器 P 给定(例如给定室温)。温度低于给定值,发热体便接通电源,温度高于给定值,发热体便断开电源。为了避免临界时频繁的闪烁效应,接通、断开应有一定的滞后过程,如图 7.9.3-6(b)所示,滞后电压 ΔU 的大小由电阻 R_{HYS} 调整,ΔU 是引脚 3 对引脚 1 的电压,当引脚 3 开路($R_{HYS} \to \infty$)及短路($R_{HYS}=0$)时,电压在 20mV~300mV 之间变化。

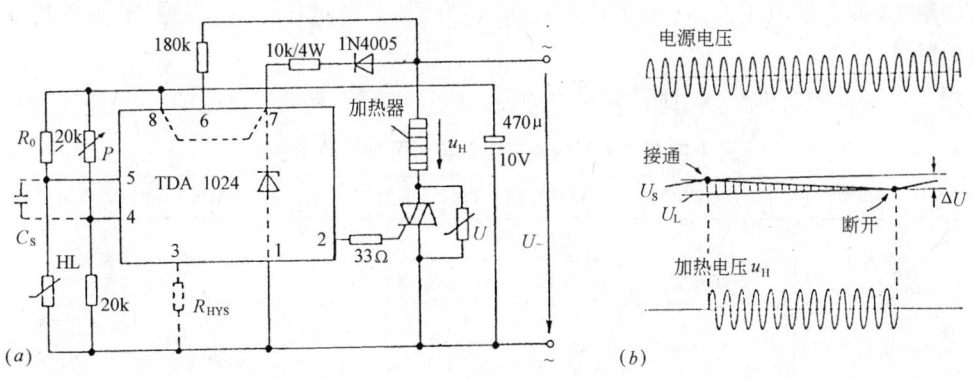

图 7.9.3-6 用两点式开关加热的调节器
(a)电路;(b)工作解释图

图 7.9.3-7 所示是一个以集成块作波群控制的完整电路,其工作方式如下:

集成块 CA3059 经外接串联降低电阻 R_N 直接接于 220V 电网上,C_1 是滤波电容器。D_1 及 D_2 限制加于集成电路的交流电压约 8V。D_7 及 D_{13} 与外接电容 C_1 一起构成单相半波整流电路,得直流电压约 6V。$D_3 \sim D_6$ 桥电路及晶体管 Ts1 组成一个零点检测器,当加在他们之上的电网电压低于 2.1V 时 Ts1 截止,便引起 Ts6 完全导通、Ts7 截止及达林顿管 Ts8、

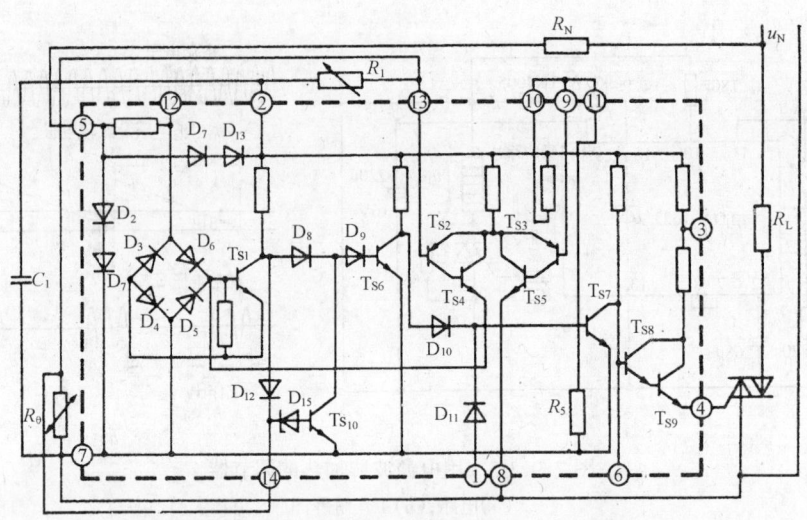

图 7.9.3-7　波群控制用集成块 CA3059 的电路

R_L—负载电阻；R_N—电源端上的串联降压电阻；R_θ—热敏电阻；
C_1—内部整流的滤波电容器；R_1—温度给定值调节电阻

Ts9导通,在输出端输出一电流脉冲,触发三端双向晶闸管,负载 R_L 加热。

以上情况是假定1端没有大于1.2V的正电压的,否则 Ts7 会导通,没有脉冲输出。

热敏电阻 R_θ 上的电压不可小于 R_5 上的参考电压,否则差动放大器的 Ts2 和 Ts4 管导通,从而 Ts1 导通、Ts6 截止、Ts7 导通,Ts8 没有得到控制信号,加热停止。

如果热敏电阻 R_θ 被短路,14端(称保险端子)上的电压下降,那么 Ts6 截止,Ts7 导通,Ts8 及 Ts9 也截止,不输出脉冲。

如果14端上的电压太高(例如开路),D_{15} 变为导通,同时 Ts10 也导通,Ts6 则截止,亦不输出脉冲。

用于控制晶闸管的集成电路的型号及其主要技术参数,见表 7.9.3-2。

用于控制晶闸管的集成电路型号及主要技术参数　　　　表 7.9.3-2

型　号		TDA1024	TDA1023	U217B	TEA1007	UAA145
功能/工作方式		零电压开关			控制导通角	
		通-断开关	控制电压波群/通-断开关			
主要用途		用于双向晶闸管调温			用于双向晶闸管调速	用于普通晶闸管调整
工作电压		220V~或+8V	220V~或+12V	220V~或-9V	220V~或-15V	220V~及±15V
耗　电	mA	10	10	2	3	+30/-15
触发类别		I^+,III^+			I^-,III^-	
脉冲幅度	mA	100~400	100	150	20	
脉冲持续时间	μs	100~300	100~200	200~400	10~60	100~500

7.10 光电元件

光电元件的基础材料有 Si(硅)、Ge(锗)、CdSe(硒化镉)、CdS(硫化镉)、…等。用这些材料可制成硅光电池、硅光电二极管或三极管、锗光电二极管或三极管、硫化镉光敏电阻等,它们的相对光谱灵敏度如图 7.10.1-1 所示。

7.10.1 光电池(太阳能电池)

光电池是一种大面积 PN-结的半导体元件,入射光的能量使半导体中的载流子获得自由和漂移,从而在外电路出现电压和电流。

硅光电池光谱灵敏度的最大值在光波波长 400~1100nm 之间,与太阳光的光谱分布曲线大致相对应。

在几千勒克斯(lx)的照度下,光电池的光电压可达约 500mV 的最大值,而当受光面积为一定时其短路电流随照度成正比升高。

把光电池元件作串联或并联,可得较高的开路电压或较大的短路电流。在实际电路中,输出电压的高低及电流的大小由负载电阻的阻值及照度等因素决定。

硅光电池的典型特性见图 7.10.1-1,其参数如下。

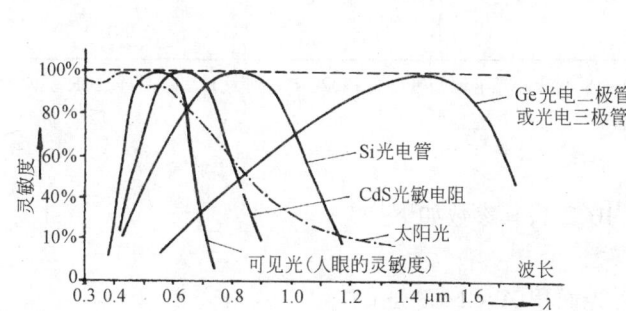

图 7.10.1-1 几种光电元件的相对光谱灵敏度

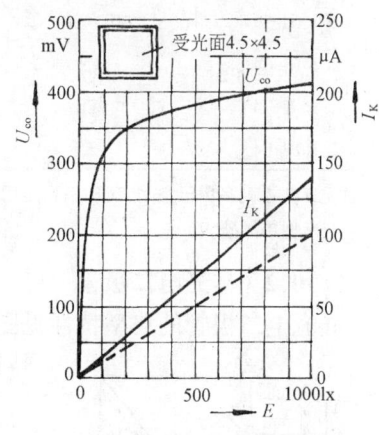

图 7.10.1-2 硅光电池的输出空载电压及短路电流与照度的关系
U_{∞}—空载电压;I_K—短路电流

特性参数(25℃):

光电灵敏度 $S = 25 \sim 430 nA/lx$(随面积大小而异);

空载电压 $U_{\infty} = 170 \sim 350 mV$(照度为 100lx 时)

$U_{\infty} = 300 \sim 400 mV$(照度为 1000lx 时);

空载电压的温度系数 $TK \approx -2.6 mV/K$;

短路电流的温度系数 $TK \approx 0.2\%/K$。

极限参数:

反向电压 $U_R = 1V$;

工作环境温度 $T = -55 \sim +100℃$。

常用硅光电池的性能见表7.10.1-1。

硅光电池(太阳能电池)性能　　　　　表 7.10.1-1

型号	尺寸(mm)	电性能(光强:100mW/cm²;温度:30℃)		
		开路电压(mV)	短路电流(mA)	转换效率(%)
2DR₂	2×5	>480	>1.8	10~12
2DR4	2×10	>480	>4	
2DR6	4×4	>480	>6	
2DR20	10×10	>500	>20	
2DR50	10×20	>500	>50	10~12
2DR 160	20×20	520	160	>12
2DR 75	φ20	>500	50~95	10~12
2DR 85	φ25	>500	85~145	10~12
2CR 11-14	2.5×5	450~600	2~4	6~12
2CR 21-24	5×5		4~8	
2CR 31-34	5×10		9~15	
2CR 41-44	10×10		18~30	
2CR 51-54	10×20		36~60	
2CR 61-64	φ5		31~53	
2CR 71-74	φ20		50~90	
2CR 81-84	φ25		88~140	

注: 2DR 系列多用于空间，2CR 系列多用于地面。制造硅光电池的基础材料，2DR 系列为 P 型单晶硅，2CR 系列为 N 型单晶硅。

7.10.2 硅光电二极管

硅光电二极管的典型特性见图 7.10.2-1，其参数如下。

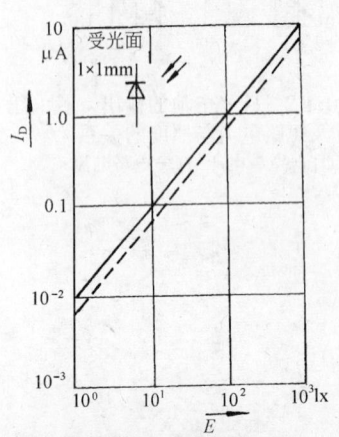

图 7.10.2-1 硅光电二极管的光电流与照度的关系

特性参数：

受光面积 $A = 1 \sim 8 \text{mm}^2$；

光电灵敏度 $S = 10 \sim 70 \text{nA/lx}$；

暗电流 $I_d = 0.005 \sim 7 \text{nA}$；

极限频率 $f_g = 1 \sim 500 \text{MHz}$；

短路电流的温度系数 $TK \approx 0.1 \sim 0.2\%/\text{K}$；

空载电压的温度系数 $TK \approx -2.6 \text{mV/K}$；

最大灵敏度时的照射光波长 $\lambda = 800 \sim 850 \text{nm}$。

极限参数：

反向电压 $U_R = 7 \sim 50 \text{V}$；

结温 $T_j = 125℃$；

功耗 $P_t = 100 \sim 300 \text{mW}$。

常用光电二极管的性能见表 7.10.2-1。

光电二极管性能　　　　　　　　　表 7.10.2-1

型号	暗电流 I_d (nA)	光电流 $I_D(\mu A)$ 5lx 时	光电流 $I_D(\mu A)$ 1000lx	开路电压 (mV)	击穿电压 U_R (V)	光谱灵敏峰值 λ_m (Å)	光谱灵敏区 $\Delta\lambda$ (Å)
2CU-L$_1$	<100				>6		
2CU-L$_2$	<10				>6		
2CU-L$_3$	<1				>6		
		>0.25	>50	>300		5700~6500	4200~8500
2CU-L$_4$	<100				>15		
2CU-L$_5$	<10				>15		
2CU-L$_6$	<1				>15		
PBX63	0.015	0.05	10	400	>7		
PBX90	5	0.2	50	400	>32		

7.10.3 光电晶体三极管及光电晶闸管

光电晶体三极管似普通 NPN 双结晶体三极管,但它的基-集二极管被制成光电二极管,故可用图 7.10.3-1(a)的符号来表示光电晶三极管,基极引脚原则上可以不要,但也有仍然接上的,以便能够附带用电来控制。光电晶体三极管的光电流(即集极电流 I_C)由光控的基极电流引起,并等于基极电流的 $(1+B)$ 倍(B 为电流放大系数),它的典型输出特性如图 7.10.3-1(b),暗电流如同普通三极管的漏电流 $I_{CEO}=(1+B)\cdot I_{CBO}$。特性参数如下。

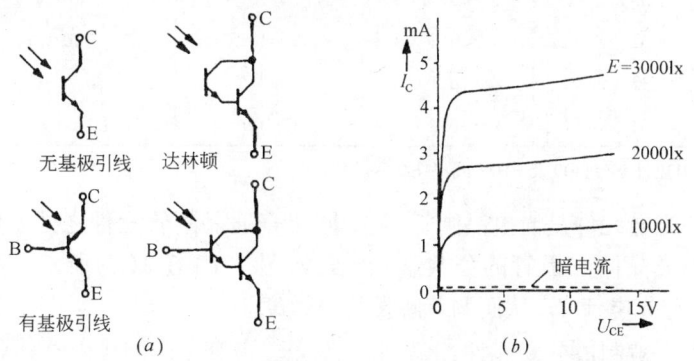

图 7.10.3-1　硅光电晶体三极管
(a)电路符号；(b)输出特性

特性参数(25℃)：

集-射极漏电流 $I_{CEO}=5\sim25$ nA($U_{CE}=30$V、照度 $E=0$ 时)；

集-射极饱和电压 $U_{CES}=0.15\sim0.35$V($I_C=500\mu A$、$I_B=25\mu A$、照度 $E=0$ 时)；

集-基极光电二极管的光电灵敏度 $S=1.1\sim2.6$ nA/lx；

受光光敏面面积 $A=0.12\sim0.6$ mm^2；

最大光电灵敏度的受光波波长 $\lambda=800\sim870$ nm。

极限参数：

集-射极电压 $U_{CEO}=30\sim100$V；

射-基极电压 $U_{EBO}\approx5$V；

集电极电流 $I_C = 50 \sim 100$ mA；

集电极最大电流 $I_{CM} \approx 200$ mA；

结温 $T_j \approx 125$℃；

功耗 $P_t = 100 \sim 300$ mW。

几种光电晶体三极管的型号及性能参数见表7.10.3-1。

光电晶体三极管型号及性能参数　　　表 7.10.3-1

型号	最高工作电压 U_M (V) $I_{CEO}=I_D$	暗电流 I_D (μA) $U_{CE}=U_M$	光电流 I_C (mA) $U_{CE}=10$V 1000lx	上升下降时间 (μs) $R_t=100\Omega$ $U_{CE}=15$V	耗散功率 P_c (mW)
3DU2A	≥15	≤0.5	≥0.2	≤10	20
3DU2B	≥30	≤0.1	≥0.3	≤10	20
3DU2C	≥30	≤0.1	≥1	≤10	20
3DU5A	≥15	≤1	≥2	≤100	100
3DU5B	≥30	≤0.5	≥2	≤100	100
3DU5C	≥30	≤0.5	≥3	≤100	100
BP103BⅡ	35	<0.1	2.5~5	<10	210
BP103BⅢ	35	<0.1	4~8	<10	210
SFH309	35	<0.2	1~5	<10	165
BPX81Ⅲ	32	<0.2	1.6~3.2	<10	100
BPW14A/B	32	<0.1	3~4.5	1.7	250
BPX99(达林顿)	32	<0.2	>100	80/60	330

注：BP103BⅡ、BP103BⅢ、SFH309 及 BPX81Ⅲ型没有基极引线。

另一种重要的光电元件是光电晶闸管，它不同于普通晶闸管元件之处主要在于以光电二极管代替二个集成晶体三极管的公共基-集结，如图 7.10.3-2(a) 所示。通过外接电阻 R_{GC} 可以泄放一部分光电流 I_p，从而调节触发的灵敏度。

光电晶闸管很少被制成分立元件，多数是与发光二极管一起制成光电耦合器。

图 7.10.3-2(b) 表示光电双向晶闸管元件，它是二只光电晶闸管的反并联，是一种受光控制的交流电开关。

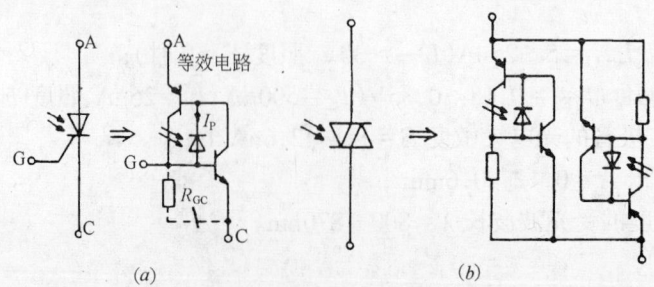

图 7.10.3-2　光电晶闸管
(a)光电晶闸管；(b)光电双向交流开关

7.10.4 光敏电阻

光敏电阻由硫化镉、硒化镉、硫硒化镉等主要材料制成。光敏电阻的亮电阻是照度的函数，见图 7.10.4-1，其参数如下。

特性参数：

暗电阻 $R_0 = 1 \sim 100\text{M}\Omega$；

亮电阻（照度为 1klx 时）$R_1 = 0.3 \sim 3.5\text{k}\Omega$；

最灵敏时的波长 $\lambda_s = 500 \sim 700\text{nm}$；

响应时间 $t_r \approx 1 \sim 50\text{ms}$；

温度系数 $TK = 0.4 \sim 1\%/\text{K}$。

极限参数：

功耗 $P_t = 500\text{mW}$；

工作电压 $U_B = 50 \sim 150\text{V}$；

环境温度 $T = -30 \sim +70\text{°C}$。

硫化镉光敏电阻的特性参数见表 7.10.4-1。

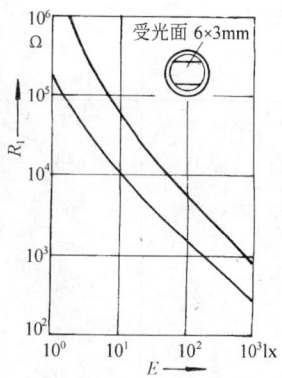

图 7.10.4-1 典型的光敏电阻特性

R_1—亮电阻；E—照度

表 7.10.4-1 UR 系列硫化镉光敏电阻特性参数

型号	敏感波长范围 (μm)	峰值波长 (μm)	耗散功率 (mW)	最大偏压 (V)	响应时间 上升 (ms)	响应时间 下降 (ms)	暗阻 (MΩ)	光电特性 100lx (kΩ)	光电斜率	温度系数 (%/°C)
UR-74A	0.4~0.8	0.54	50	100	40	30	1	0.7~1.2	0.52~0.55	-0.2
UR-74B	0.4~0.8	0.54	30	50	20	15	10	1.2~4	0.7~0.95	-0.2
UR-74C	0.5~0.9	0.72	50	100	6	4	100	0.5~2	1	-0.5

7.10.5 发光二极管

发光二极管一般使用磷化镓(GaP)、砷铝化镓(GaAlAs)、磷砷化镓(GaAsP)、砷化镓(GaAs)等为主要材料并掺杂不同元素制成。发光二极管的辐射方向性如图 7.10.5-1 所示，其发光颜色及特性参数随制造使用的材料不同而差异，如表 7.10.5-1 所列。

极限参数：

反向电压 $U_R = 3 \sim 5\text{V}$；

正向电流 $I_F = 30 \sim 50\text{mA}$；

冲击电流（$t < 10\mu\text{s}$）$i_f = 1 \sim 4\text{A}$；

结温 $T_j = 125\text{°C}$；

功耗 $P_t = 100 \sim 300\text{mW}$。

发光二极管的型号及特性参数见表 7.10.5-2。

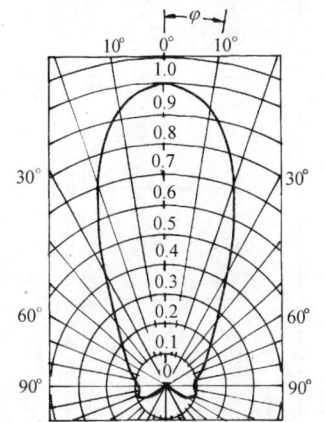

图 7.10.5-1 发光二极管的光辐射方向性

7.10.6 光电耦合器

光电耦合器是由发光元件和受光元件组合以光为传导耦合媒介来实现电信号传输的半导体器件，其输入端与输出端在电气上是绝缘的，因此它是一种隔离性能好、抗干扰能力强、响应速度快的耦合器件。

发光二极管特性参数　　　　　　表 7.10.5-1

	λ_p (nm)	$\Delta\lambda$ (nm)	效率 (%)	20mA 时		t_r (ns)
				Φ_v(mlm)	U_F(V)	
红 外 GaAs	930				1.3	
红 色 GaAlAs	650	20	3	80	1.8	50
红 色 GaAsP	660	20	0.6	80	1.6	50
橙 色 GaAsP	635	40	0.6	50	2.0	100
黄 色 GaAsP	585	40	0.1	20	2.2	100
绿 色 GaP	565	40	0.2	60	2.4	400
蓝 色 SiC	470		0.05		4.0	
蓝 色 GaN	440		0.1		4.5	

注：λ_p——最大辐射的波长；
　　$\Delta\lambda$——半值辐射的波谱宽度；
　　Φ_v——光通量；
　　U_F——正向管压降；
　　t_r——发光响应时间。

发光二极管的型号及特性参数　　　　　　表 7.10.5-2

型 号	极限功率 P_{CM} (mW)	极限工作电流 I_{FM} (mA)	反向击穿电压 U_{BR} (V)	反向电流 I_R (μA)	正向电压 U_F (V)	正向工作电流 I_F (mA)	发光峰值波长 λ_P (Å)	发光颜色	光通量 Φ (mlm)
BT 201A BT 201E BT 201F	100	70	≥5	≤100	≤2	20	6550	红色	1.5 3 4
BT202A BT202E	30	20	≥5	≤100	≤2	5	6550	红色	0.7 1.2
BT 203A BT 203E BT 203F	100	70	≥5	≤100	≤2	10	6550	红色	1.5 3 4
BT 301A BT 301B	100	60	≥5	≤100	1.1~1.3	40	5500	绿色	0.6 0.4
LD 707A LD 707B LD 707C	100	40	≥5	≤100	≤2.7	20	5650	黄绿色	3 8 14
LD 708A LD 708B LD 708C	100	40	≥5	≤100	≤2.7	20	5650	黄绿色	3 8 14
LD 709A LD 709B LD 709C	100	40	≥5	≤100	≤2.7	20	5650	黄绿色	3 8 14

续表

型 号	极限功率 P_{CM} (mW)	极限工作电流 I_{FM} (mA)	反向击穿电压 U_{BR} (V)	反向电流 I_R (μA)	正向电压 U_F (V)	正向工作电流 I_F (mA)	发光峰值波长 λ_P (Å)	发光颜色	光通量 Φ (mlm)
LD710A LD710B LD710C	100	40	≥5	≤100	≤2.7	20	5650	黄绿色	3 8 14
LD711A LD711B LD711C	100	40	≥5	≤100	≤2.7	20	5650	黄绿色	3 8 14
LD712A LD712B LD712C	100	40	≥5	≤100	≤2.7	20	5650	黄绿色	3 8 14
LD713A LD713B LD713C	100	40	≥5	≤100	≤2.7	20	5650	黄绿色	3 8 14
LD714A LD714B LD714C	100	40	≥5	≤100	≤2.7	20	5650	黄绿色	3 8 14

注：BT 系列为磷砷化镓发光二极管，LD 系列为磷化镓发光二极管。用于仪器、电子设备及收录机等作指示灯。

光电耦合器可由不同种类的发光元件和受光元件组合而成，常用的有由发光二极管与光电二极管组合的光电耦合器(又称二极管-二极管光电耦合器)、由发光二极管与光电三极管组合的光电耦合器(又称二极管-三极管光电耦合器)及由发光二极管与光电晶闸管组合的光电耦合器等。

1．二极管-三极管光电耦合器

(1) 二极管-三极管光电耦合器的符号及特性

二极管-三极管光电耦合器的电路符号如图 7.10.6-1(a)所示。其工作情况可用输入特性、输出特性及传输特性来表示，见图 7.10.6-1(b)(c)。

1) 输入特性

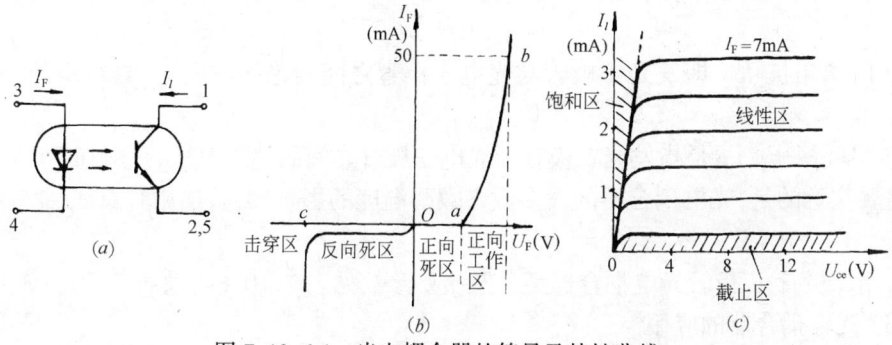

图 7.10.6-1 光电耦合器的符号及特性曲线
(a)符号；(b)输入特性；(c)输出特性

光电耦合器的输入端是发光二极管,因此它的输入特性就是发光二极管的伏安特性,如图7.10.6-1(b)所示。发光二极管的伏安特性与普通晶体二极管的伏安特性基本相同,差别仅在于它的正向死区较大,即门坎电压(正向管压降)较大,约为0.9~1.1V,只有当外加电压大于这个数值时二极管才能发光;此外,它的反向击穿电压值较低,约为6V左右,比普通二极管的反向击穿电压要小得多,因此在使用时要注意输入端的反向电压不要大于6V。

2) 输出特性

光电耦合器的输出端是光电三极管,因此光电三极管的输出伏安特性就是它的输出特性,如图7.10.6-1(c)所示。光电三极管的输出特性与普通晶体三极管的输出特性相似,也分为饱和区、线性区和截止区,差别仅在于它是以注入发光二极管的电流 I_F 为参变量。在正常情况下,管子工作在线性区,即当 I_F 变化时,集电极电流(即光电流) I_l 跟着作线性变化。

3) 传输特性

当光电耦合器工作在线性区时,输入电流 I_F 与输出电流 I_l 成线性对应关系,这种线性关系用电流传输比 β 来表示,即

$$\beta = \frac{I_l}{I_F} \times 100\%$$

β 值的大小反映光电耦合器信号传输能力的大小。光电耦合器的输出电流与输入电流的比值(I_l/I_F)总是小于1,通常 β 用百分数来表示。但是,如果输出管是达林顿管,则电流传输比可大于1。

(2) 常用光电耦合器的型号及主要参数

光电耦合器的一些参数如最大工作电流、正向压降、反向漏电流、反向耐压及饱和压降等与一般晶体二极管、三极管的意义相同,此外它还特有如下一些参数:

1) 暗电流 I_d:当注入发光二极管电流 $I_F=0$(二极管不发光)及光电三极管 c—e 极间加以正向电压 U_{ce} 时,由于热运动就有微弱的电流流过光电三极管的集电极,称为暗电流 I_d。它类似普通硅晶体三极管的穿透电流,但比普通硅晶体三极管的穿透电流要小得多,一般在 0.1μA 以下。

2) 电流传输比 β:在直流工作状态下,光电三极管输出电流 I_l 与注入发光二极管电流 I_F 的比值 β,称为电流传输比。在线性范围内,电流传输比 β 用(I_l/I_F)×100%来表示,二极管-二极管光电耦合器的 β 值一般在百分几以下,二极管-三极管光电耦合器的 β 在 10~80%。

3) 隔离阻抗 R_g:即发光二极管与光电三极管之间的绝缘电阻,一般在 $10^9 \sim 10^{11}\Omega$ 之间。

4) 极间耐压 U_g:是指发光二极管与光电三极管之间的绝缘电压,一般在 500V 以上。

需要注意的是,光电耦合器的大多数参数受温度的影响较大,使用时要注意环境温度的变化。

常用二极管-三极管光电耦合器型号及主要参数见表 7.10.6-1 及表 7.10.6-2。

(3) 光电耦合器的应用

光电耦合器具有抗干扰、隔噪声、响应快和寿命长等特点,因此它在电子线路中有广泛的用途。

7.10 光电元件

二极管-三极管光电耦合器 GD210 系列部分型号及参数　　　　表 7.10.6-1

型号	输入特性				输出特性			传输特性			管脚
	最大工作电流 I_{Fmax} (mA)	正向压降 U_F (V)	反向耐压 U_r (V)	反向漏电流 I_r (μA)	暗电流 I_d (μA)	光电流 I_l (μA)	最高工作电压 U_{max} (V)	电流传输比 β (%)	隔离阻抗 R_g (Ω)	极间耐压 U_g (V)	
测试条件		$I_F=$10mA	$I_r \leqslant$100μA	$U_r \leqslant$3V	$I_F=0$ $U_l=10$V	$I_F=10$mA	在 I_d 下	$I_F=10$mA			
GD 211A	50	1.5	$\geqslant$5	$\leqslant$50	$\leqslant$0.1	20~50	30	0.25~0.5	10^{11}	>500	
GD 211	50	1.1	$\geqslant$5	$\leqslant$50	$\leqslant$0.1	50~75	30	0.5~0.75	10^{11}	>500	
GD 212	50	1.1	$\geqslant$5	$\leqslant$50	$\leqslant$0.1	75~100	30	0.75~1.0	10^{11}	>500	
GD 213	50	1.1	$\geqslant$5	$\leqslant$50	$\leqslant$0.1	100~150	30	1.0~2.0	10^{11}	>500	
GD 214	50	1.1	$\geqslant$5	$\leqslant$50	$\leqslant$0.1	150~200	30	2.0~2.5	10^{11}	>500	
GD 215	50	1.1	$\geqslant$5	$\leqslant$50	$\leqslant$0.1	200~300	30	2.5~3.0	10^{11}	>500	

二极管-三极管光电耦合器 GD 310 系列部分型号及参数　　　　表 7.10.6-2

型号	输入特性				输出特性			传输特性			管脚
	最大工作电流 I_{Fmax} (mA)	正向压降 U_F (V)	反向耐压 U_r (V)	反向漏电流 I_r (μA)	暗电流 I_d (μA)	光电流 I_l (mA)	饱和压降 U_{ces} (V)	电流传输比 β (%)	隔离阻抗 R_g (Ω)	极间耐压 U_g (V)	
测试条件		$I_F=$10mA	$I_r=$100μA	$U_r=$3V	$I_F=0$ $U_{ce}=$20V	$I_F=10$mA $R_l=500\Omega$ $U_{ce}=10$V	$I_F=$20mA $U_l=10$V $I_l=2$mA	$I_F=10$mA $U_{ce}=20$V			
GD 311A	50	1.1	$\geqslant$5	$\leqslant$50	$\leqslant$0.1	1~2	$\leqslant$2.5	10~20	10^{11}	>500	
GD 312A	50	1.1	$\geqslant$5	$\leqslant$50	$\leqslant$0.1	2~4	$\leqslant$2.5	20~40	10^{11}	>500	
GD 313A	50	1.1	$\geqslant$5	$\leqslant$50	$\leqslant$0.1	4~6	$\leqslant$2.5	40~60	10^{11}	>500	
GD 314A	50	1.1	$\geqslant$5	$\leqslant$50	$\leqslant$0.1	6~8	$\leqslant$2.5	60~80	10^{11}	>500	
GD 315A	50	1.1	$\geqslant$5	$\leqslant$50	$\leqslant$0.1	8~10	$\leqslant$2.5	80~100	10^{11}	>500	
GD 311	50	1.1	$\geqslant$5	$\leqslant$50	$\leqslant$0.1	1~2	$\leqslant$3	10~20	10^{11}	>500	
GD 312	50	1.1	$\geqslant$5	$\leqslant$50	$\leqslant$0.1	2~4	$\leqslant$3	20~40	10^{11}	>500	
GD 313	50	1.1	$\geqslant$5	$\leqslant$50	$\leqslant$0.1	4~6	$\leqslant$3	40~60	10^{11}	>500	
GD 314	50	1.1	$\geqslant$5	$\leqslant$50	$\leqslant$0.1	6~8	$\leqslant$3	60~80	10^{11}	>500	
GD 315	50	1.1	$\geqslant$5	$\leqslant$50	$\leqslant$0.1	8~10	$\leqslant$3	80~100	10^{11}	>500	

注：最大容许功耗 $P_{Fm}=50$mW；$P_{cm}=125$mW。

1) 光电耦合器组成的脉冲信号传输电路

图 7.10.6-2(a) 是二极管-三极管光电耦合器及与其连接用以传输脉冲信号的外部电路，控制发光二极管(LED)电流的元件是与它并联的晶体三极管。

当正的脉冲输入时，输入晶体三极管饱和导通，集电极为低电位，发光二极管的 $I_F=0$，耦合器中的接收晶体管截止呈高阻状态，A 点为高电位；反之，当输入为低电位时，二极管发光，耦合器中的接收晶体三极管饱和导通呈短路状态，A 点为低电位。故输出脉冲与输入脉冲同步。

图 7.10.6-2(b)是在光电耦合器输出侧增加一只 PNP 型晶体三极管并构成正反馈的光电触发电路,这样,输出脉冲信号的前后沿更为陡峭。其中,光电三极管的基极引线也被利用起来参与反馈电路,小电容器(180pF)作为电路翻转的"加速电容器"。

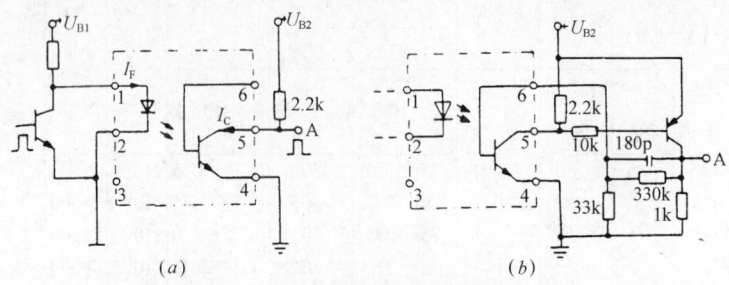

图 7.10.6-2 光电耦合器用于脉冲信号传输
(a)通用耦合电路;(b)光电触发器电路

2) 光电耦合器组成的模拟信号传输电路

如果发光元件和接收元件均处于可连续控制状态,则该光电耦合器就可用于模拟技术设备,图 7.10.6-3(a)是一个传输低频信号电路的例子,输入侧相当于一个供发光二极管电流的可控电流源,输出侧相当于一个受电流控制的射极跟随器。当光电耦合器的电流传输比 $B=1$ 时,从输入到输出的电压传输系数就大致等于电阻之比 R_{E2}/R_{E1}。当电流传输比 $B<1$ 时电压传输系数也相应减小。

图 7.10.6-3(b)是一个耦合器输出侧电路,从另加的输出级引回负反馈,因此光电三极管的工作点比较稳定,失真也大为减小。

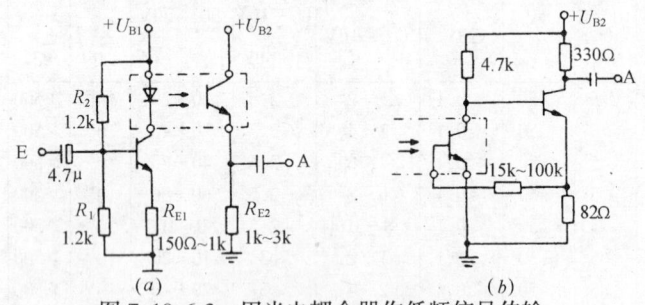

图 7.10.6-3 用光电耦合器作低频信号传输
(a)基本电路;(b)有负反馈电路

图 7.10.6-4 是一个线性很好、对温度变化工作点又能稳定的电路,它的光电耦合器中除了有输出侧的受光二极管外,还有第二个接收元件(光电二极管)作光的反馈。正的输入电压 u_1 引起流过发光二极管的电流 i_F。发光二极管以同样的方式照射光电二极管 D_1 和 D_2,产生同样的电流 i_{p1} 和 i_{p2}。这里

$$i_{p1}=i_1=\frac{u_1}{R_1}, i_{p2}=i_{p1}=\frac{u_2}{R_2}, A_u=\frac{u_2}{u_1}=\frac{R_2}{R_1}$$

式中 A_u——电压传输系数。

这种电路由于输入与输出之间电气上是分离的,所以称分离放大器或绝缘放大器。

2. 二极管-晶闸管光电耦合器

由发光二极管与光电双向晶闸管组合制成的光电耦合器称二极管-双向晶闸管光电耦合器,或简称双向晶闸管光电耦合器。由发光二极管与光电晶闸管组合制成的光电耦合器称二极管-晶闸管光电耦合器,或简称晶闸管光电耦合器。

用晶闸管光电耦合器或双向晶闸管光电耦合器作无触点交流电开关有非常广泛的用途,它的优点是,控制电路与工作电路在电气方面能完全分离。

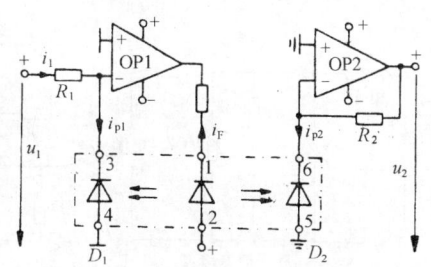

图 7.10.6-4 用分离放大器作模拟信号传输(输入正电压)

这类开关最简单的例子如图 7.10.6-5(a) 所示,双向晶闸管(无门极引线)一有光照立即导通;若无光照,在半波结束电流低于维持电流时又恢复截止状态,成为电路的无触点开关。R_sC_s 是它的保护电路,其作用是降低截止状态下加给双向晶闸管电压的上升率。

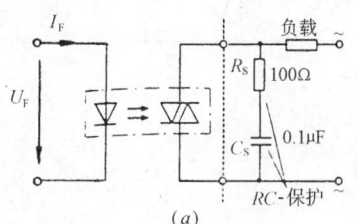 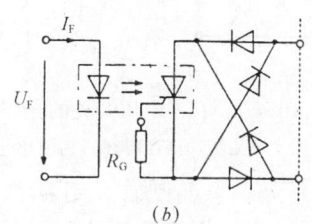 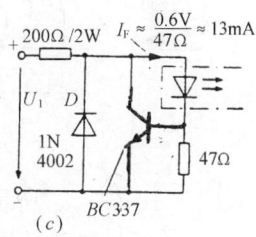

图 7.10.6-5 光控交流电开关基本电路

(a)用二极管-双向晶闸管光电耦合器;(b)用二极管-晶闸管光电耦合器;(c)输入的保护电路

如果工作电路有整流桥,可用晶闸管光电耦合器代替双向晶闸管光电耦合器,如图 7.10.6-5(b),门极电阻 R_G(10~100kΩ)用来调整晶闸管触发的灵敏度,阻值愈大,灵敏度愈高。控制电流 I_F 足够大时,电阻的取值可以小些,这样可提高抗干扰的能力。

若输入的发光二极管受门电路的控制,则应串入一限流电阻。图 7.10.6-5(c) 的限流是在发光二极管上并联一只晶体三极管,这样扩大了控制电压 U_1 的允许变动范围。二极管 D 则是防止输入电压极性错接造成的损坏。

以一般光电耦合器构成的交流电开关,其通断电流的能力只在 0.5A 以下。如果要开、关更大的电流,就宜在图 7.10.6-5(a)、(b)电路之后加接功率级电路,如图 7.10.6-6 所示,这时耦合器的输出电流够功率级晶闸管的点燃电流就可以了。R_sC_s 及压敏电阻 VDR 是输出级的保护元件。

所有的功率输出级均设有门极泄放电阻(1kΩ),以便泄放内外的漏电流,防止误触发,电阻 R_v 的作用是限制门极电流。图 7.10.6-6(b)中 R_v 引自滤波电路,对电源电压的瞬变有防止误触发的作用。

图 7.10.6-6(c)中二极管的作用是防止反向电压加至晶闸管的门-阴极电路。

上述开关电路晶闸管的缺点是在交流电压的任何相角均有可能被接通。改善的方法是,使双向晶闸管或普通晶闸管只在交流电网电压过零时刻被触发,这样,接通瞬间的过电流及由此产生对电网的干扰就可以大大降低,这样的交流电开关称零电压开关。

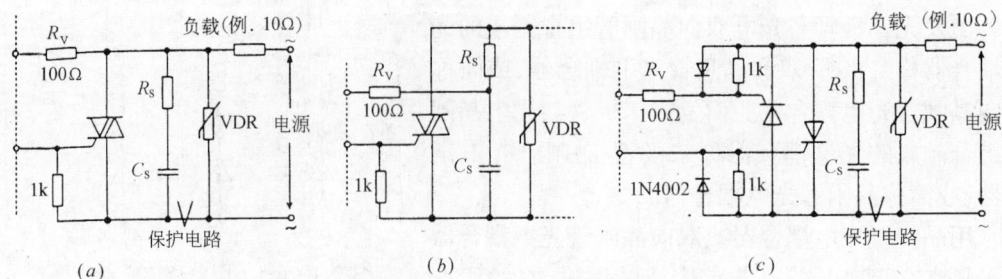

图 7.10.6-6 功率级及保护电路

(a)双向晶闸管及其保护电路；(b)改进的保护电路；(c)用功率晶闸管的功率级

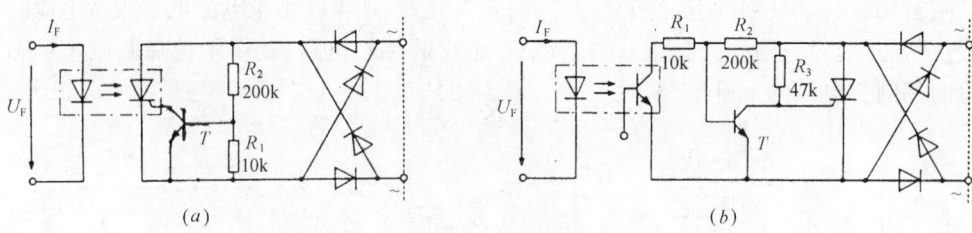

图 7.10.6-7 有零电压开关的光控交流电开关

(a)利用光电晶闸管耦合器；(b)利用光电三极管耦合器

图 7.10.6-7(a)所示是用二极管-晶闸管光电耦合器组成的零电压开关电路，它以图 7.10.6-5(b)为基础，仅增加了一个过零检测器或一个禁止高电压触发的晶体管 T。

如果发光二极管已被接通，在电压过零后晶闸管便被触发。然而，每当交流电网电压过零后超过 12V，跨接在分压器 R_1—R_2 上晶体管 T 便导通，把门极-阴极短路，进而阻止晶闸管在这个时候开始触发。在下一个半波到来时也是同样的情况。

图 7.10.6-7(b)表示用普通二极管-三极管光电耦合器和一只小晶闸管组成的零电压开关。晶闸管的触发电流流过电阻 R_3，还经晶体管 T 分流。在发光二极管被接通的情况下，晶体管 T 只在电压过零后很短时间内截止，正是在这个时间晶闸管便进入了触发状态。

几种二极管-晶闸管光电耦合器型号及参数见表 7.10.6-3。

二极管-晶闸管光电耦合器型号及参数　　　　表 7.10.6-3

型号	输入输出之间最大允许直流电压(V)	主电极最大反向峰值电压(V)	主电极最大电流(A)	最大输入(发光二极管)电流 I_F (mA)	最大输入(发光二极管)反向电压(V)	触发电流(mA)	维持电流(mA)	漏电流(μA)	是否包含零电压开关
H11C4	3500	200	0.3	60	6	<20	0.5	<10	无
H11C1	3500	400	0.3	60	6	<20	0.5	<10	无
MOC 3021	2500	400 (220~)	0.1	50	3	<15	0.1	<0.1	无
MOC 3041	2500	400 (220~)	0.1	60	3	<15	0.2	<0.1	有
BRT/2H	5300	600	0.3	20	6	<5	<1	<10	无
BRT22	5300	600	0.3	20	6	<5	<1	<10	有

注：H11C4 型及 H11C1 型为二极管-晶闸管光电耦合器，其他型号为二极管-双向晶闸管光电耦合器。

7.11 正弦波振荡器

7.11.1 RC 低频振荡器
1. 文氏电桥振荡器

产生频率范围在 1Hz~100kHz 的正弦波,一般使用文氏电桥振荡器,其基本电路如图 7.11.1-1(a)所示。首先假定电路中的开关 S 处于断开位置。运算放大器的外部电路是一个 RC 电桥电路,电桥的一边是电阻 R_f—R_N 分压器,另一边是文氏分压器。可以这样想像,电路在虚线的位置切开,并加一交流电压 $u_{1\sim}$,则在输出端便得同相电压 $u_{2\sim}$(同相运行),在分开的位置(即文氏分压器的输出)便有一个移相电压 $u'_{2\sim}$。不同频率的 $u'_{2\sim}$ 有不同的相移,当 $f=f_0=\dfrac{1}{2\pi RC}$ 时 $u'_{2\sim}$ 与 $u_{1\sim}$ 同相,于是得:

$$u'_{2\sim} = \frac{1}{3} u_{2\sim}$$

因
$$u_{2\sim} = u_{1\sim} \cdot \left(1 + \frac{R_f}{R_N}\right)$$

故得 电压增益 $K_s = \dfrac{u'_{2\sim}}{u_{1\sim}} = \dfrac{1}{3} \cdot \left(1 + \dfrac{R_f}{R_N}\right)$

这就是被切开电路的环路增益。

如果把切开点闭合,在 $K_s = 1$ 时振荡就能自己保持。但是为了确保它能自激起振,应使 $\dfrac{R_f}{R_N}$ 之比稍大于 2,即 $K_s > 1$。这样,振荡就可因电路自身的噪音而激起,直到振幅到达一个极限为止。这里,波形有些失真是不可避免的。

在开关 S 断开及工作电压 $U_B = \pm 10V$ 的情况下,把 $f = f_0$ 的电压 $u_{1\sim}$ 从切开点加给运算放大器,便可以得到如图 7.11.1-1(b)的传输特性曲线,它与 $K_s = 1$ 的直线相交点的振荡幅度 $\hat{u}_2 = 3 \cdot \hat{u}'_2 \approx 9V$。

开关 S 闭合时的传输特性曲线与以上相似,但此时的输出幅度 $\hat{u}_2 \approx 7V$,特性曲线略为下弯,因为 Z 二极管开始导通,增加了负反馈。串联电阻 $R_{fz} \approx 5 \cdot R_f$ 使负反馈经 Z 二极管支路缓缓增加,从而波形失真较小。

图 7.11.1-2(a)所示电路与图 7.11.1-1(a)近似,但在辅助支路中用的是普通二极管。振荡幅度可调,幅度可调大直到 $R_f = 2R_N$ 对应的 $K_s = 1$ 之时。

在图 7.11.1-2(b)中,文氏分压器的中点 M 经电阻与电源连接。内阻 $R = 2R // 2R$ 并没有变化。因接入 $C_N(1/\omega C_N \ll R_N)$,运放以增益等于 1(跟随器)把一半的电源电压传至输出端,因此,振荡的输出对称于中点的电位。

图 7.11.1-2(c)中,振荡频率可用一个电阻 $\alpha \cdot R$ 来调节,α 可在 0.1~10 范围内变化。由此变化引起加至同相输入端的负反馈的变化对放大器的环路增益没有影响,因为安排了经 OP2 的第二条正反馈电路,使到 OP1 的同相输入端的负反馈不论是增加或减弱均得到补偿。在 $R_f = R$ 条件下,$f = f_0$ 时的环路增益 $K_s = 1$,与调节参数 α 无关。为使起振容易,R_f 的取值应稍大于 R。

2. RC 移相振荡器

RC 移相振荡器电路如图 7.11.1-3(a)、(b)所示,移相电路各用三节 RC,放大器用运

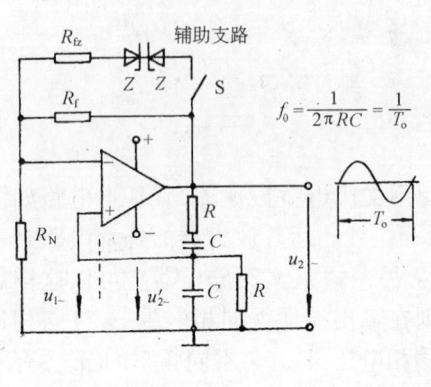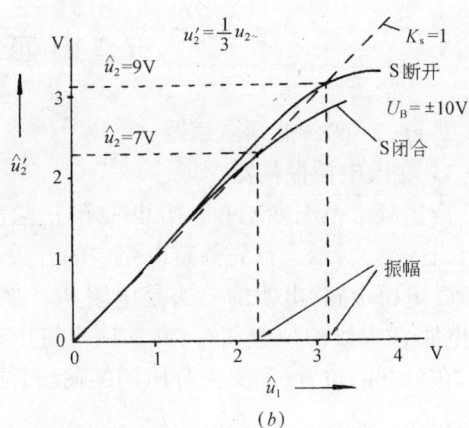

图 7.11.1-1　文氏电桥正弦波振荡器
(a)电路；(b)传输特性

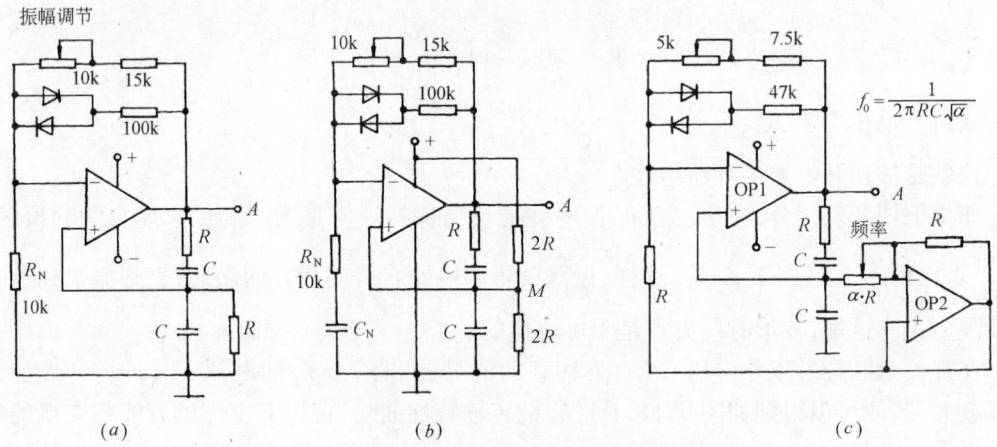

图 7.11.1-2　振幅可调的文氏电桥振荡器
(a)双电源电路；(b)单电源电路；(c)频率可调

算放大器，振荡频率 $f_0 = \dfrac{1}{2\pi\sqrt{6}RC}$，$R_f \geqslant 29R_N$。

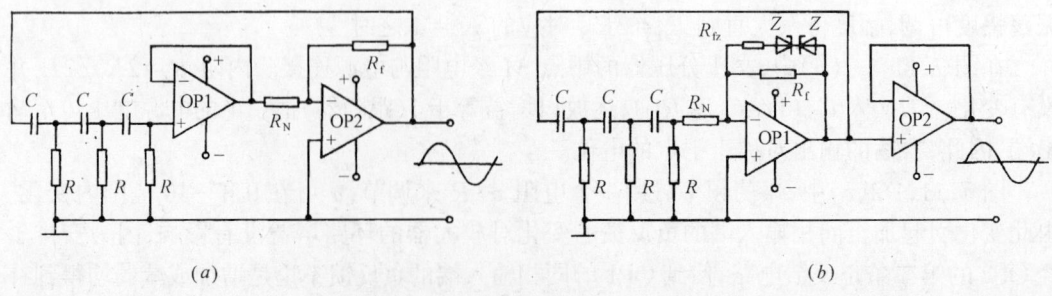

图 7.11.1-3　RC 移相振荡器电路

图(a)有中间缓冲级，图(b)有输出缓冲级(跟随器)，增大带负载能力，稳定振荡频率，图中的齐纳二极管 Z 及 R_{fz} 电路起稳幅作用。

7.11.2 各种典型正弦波振荡电路

(见图 7.11.2-1)。

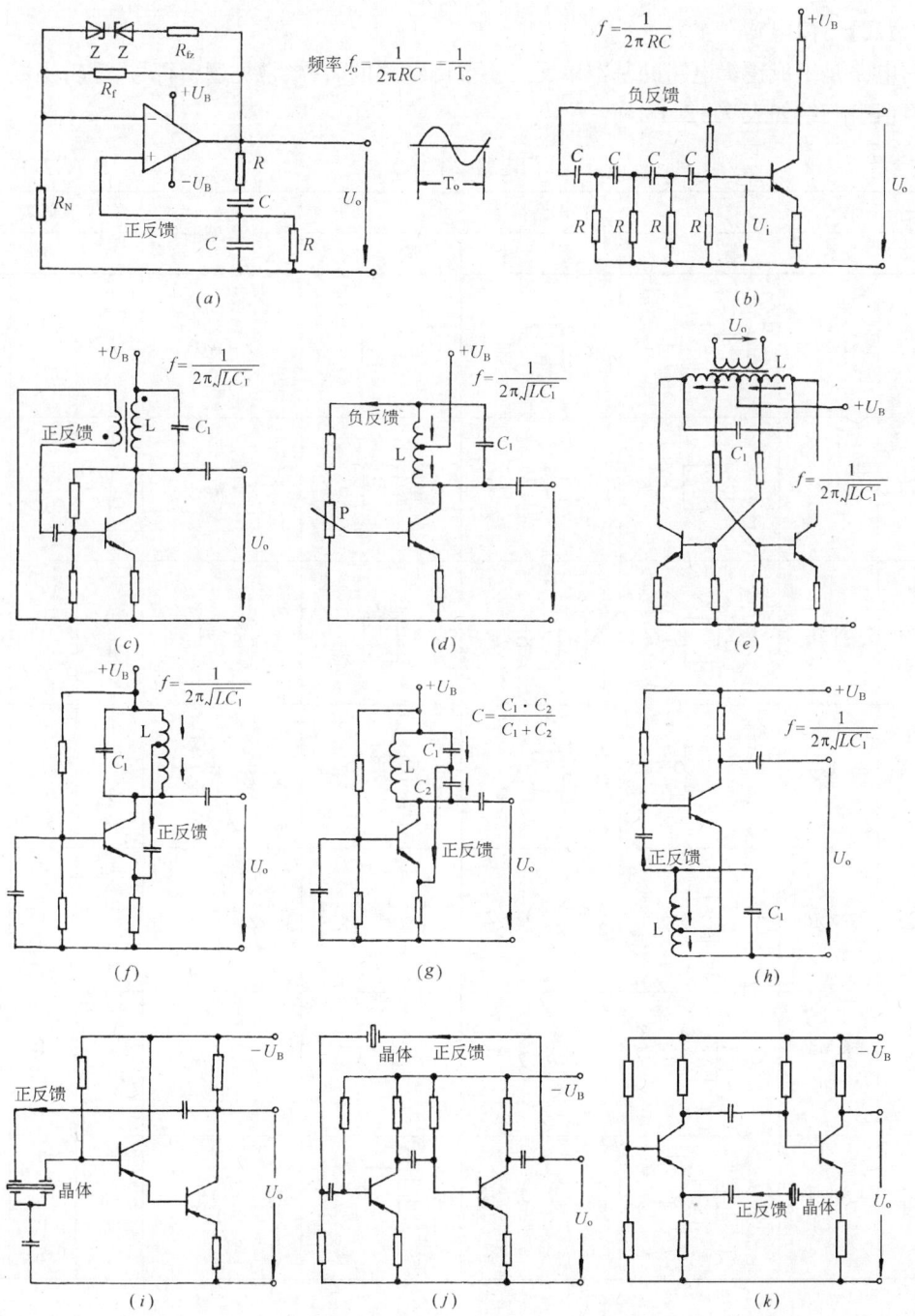

图 7.11.2-1 各种典型正弦波振荡电路

(a)文氏电桥振荡器;(b)RC 相移振荡器;(c)LC 变压器耦合振荡器;(d)LC 振荡器(哈特莱线路);(e)LC 振荡器(推挽哈特莱);(f)LC 振荡器(考毕兹线路);(g)LC 振荡器(考毕兹电容抽头式);(h)LC 振荡器(共集电极线路);(i)石英晶体振荡器(用于低频);(j)石英晶体振荡器(用于高频);(k)石英晶体振荡器(用于甚高频)

7.12 门电路、双稳态触发器、555时基集成电路

7.12.1 门电路

门电路是组成逻辑电路的基本单元。主要门电路的名称、常见逻辑符号、逻辑函数表达式及真值表归纳如表 7.12.1-1。

门电路(2输入)   表 7.12.1-1

名称		门电路符号			逻辑表达式	真值表		
中文	英文	标准	美国	英国		A	B	Z
与门	AND				$Z=A \cdot B$	0 0 1 1	0 1 0 1	0 0 0 1
或门	OR				$Z=A+B$	0 0 1 1	0 1 0 1	0 1 1 1
非门	NOT				$Z=\overline{A}$	0 1		1 0
与非门	NAND				$Z=\overline{A \cdot B}$	0 0 1 1	0 1 0 1	1 1 1 0
或非门	NOR				$Z=\overline{A+B}$	0 0 1 1	0 1 0 1	1 0 0 0
异或门	Exclusive-OR				$Z=A \oplus B$	0 0 1 1	0 1 0 1	0 1 1 0
异或非门	Exclusive-NOR				$Z=\overline{A \oplus B}$	0 0 1 1	0 1 0 1	1 0 0 1

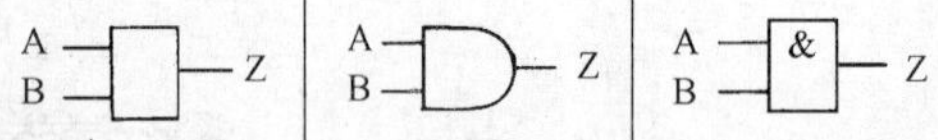

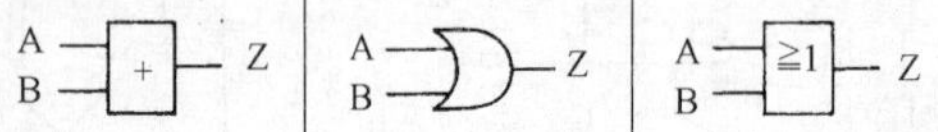

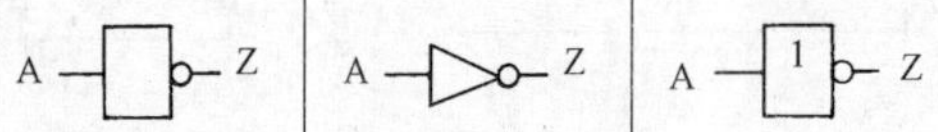

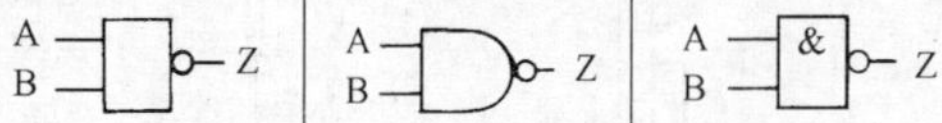

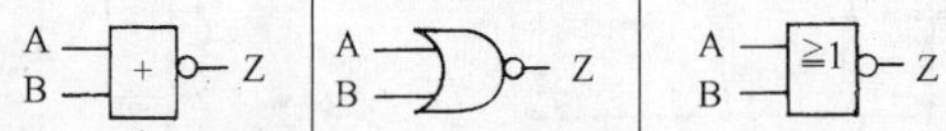

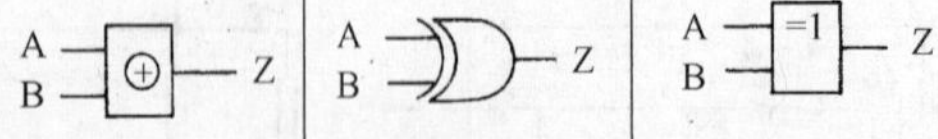

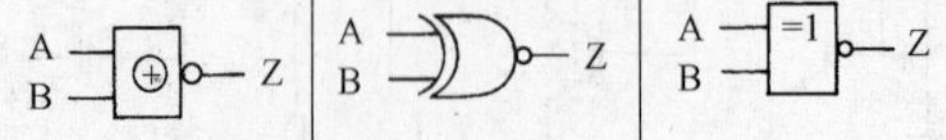

门电路由电子元件构成,图7.12.1-1是门电路的构成几个实例。多数门电路制成集成块。

图7.12.1-1(a)为反相器,反相器就是非门,因为将高电平输入反相器时,输出为低电平。反之,输入低电平时,输出为高电平。

7.12 门电路、双稳态触发器、555时基集成电路

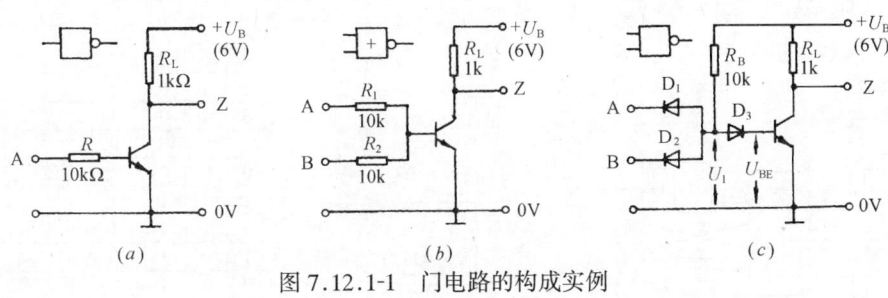

图 7.12.1-1 门电路的构成实例
(a)非门电路;(b)或门电路;(c)与非门电路

图 7.12.1-1(b)为或非门电路,此电路很像图 7.12.1-1(a)的非门电路,但它有两个(或多个)输入端 A 和 B。当 A 或 B 和 A 及 B 二者为低电平时,输出便为高电平。

非门是只有一个输入端的或非门。

图 7.12.1-1(c)为与非门,电路的左边是一个二极管与门,右边是非门。所以它实际上是由一级与门及一级非门串联而成,因而输入与输出之间是与非的关系。电路中因 R_B 的降压 U_1 的电压约为 1.2V,U_{BE} 约为 0.6V,晶体三极管饱和导通,输出为低电平。当 A 或 B 和 A 及 B 二者为低电平(0V)时,晶体三极管截止,输出为高电平。

或门的构成:在或非门的后面串接一个非门,就成为或门。

与门的构成:在与非门的后面串接一个非门,就成为与门。

7.12.2 双稳态触发器

双稳态触发器(下称触发器)分为 RS、JK、T、D 四种类型。

1. RS 触发器

基本 RS 触发器的逻辑电路、逻辑符号和特性表如图 7.12.2-1 所示。

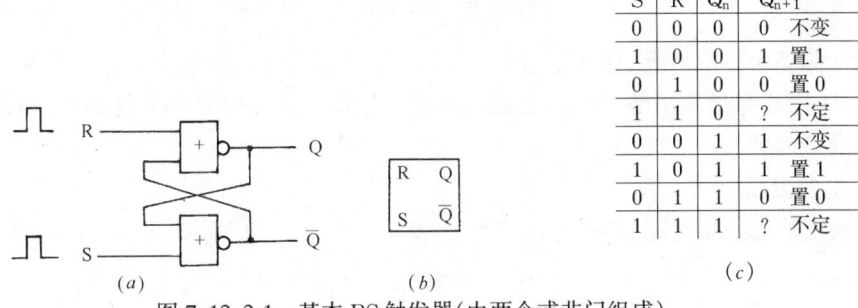

图 7.12.2-1 基本 RS 触发器(由两个或非门组成)
(a)逻辑电路;(b)逻辑符号;(c)特性表

RS 触发器有两个输入端:S 和 R;两个输出端:Q 和 $\overline{Q}$。

RS 触发器有两种状态:触发器的 1 状态:$Q=1$、$\overline{Q}=0$;触发器的 0 状态:$Q=0$、$\overline{Q}=1$。

RS 触发器的下一个输出状态(次态)Q_{n+1} 与输入端(R、S)信号及现在的输出状态(现态)Q_n 的关系,用特性表来表示。

在没有控制时钟脉冲下直接受 R、S 端信号控制的 RS 触发器称基本 RS 触发器。

图 7.12.2-1 的基本 RS 触发器由两个或非门交叉耦合组成。

基本 RS 触发器也可由两个与非门交叉耦合组成,其逻辑电路、逻辑符号及特性表如图

7.12.2-2 所示。

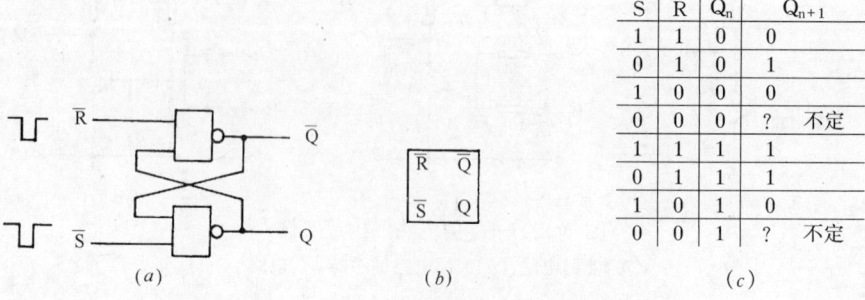

图 7.12.2-2　基本 RS 触发器(由两个与非门组成)
(a)逻辑电路；(b)逻辑符号；(c)特性表

2. JK 触发器

JK 触发器的逻辑电路、逻辑符号及特性表如图 7.12.2-3 所示。

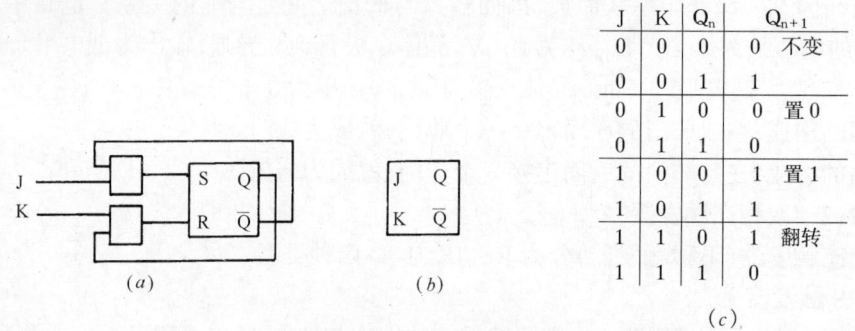

图 7.12.2-3　JK 触发器
(a)逻辑电路；(b)逻辑符号；(c)特性表

从特性表中可以看到，JK 触发器与 RS 触发器不同，在 RS 触发器中，当两个输入端都为 1 时，输出状态是不定的；而在 JK 触发器中，当两个输入端都为 1 时触发器也翻转一次，输出有确定的状态。

3. T 触发器

T 触发器的逻辑电路、逻辑符号及特性表如图 7.12.2-4 所示。

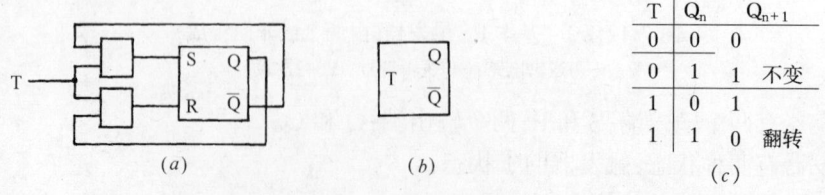

图 7.12.2-4　T 触发器
(a)逻辑电路；(b)逻辑符号；(c)特性表

即把 JK 触发器的两个输入端连结，每加一个信号则触发器翻转一次。

4. D 触发器

D 触发器的逻辑电路、逻辑符号及特性表如图 7.12.2-5 所示。D 触发器的输出状态仅取决于控制脉冲 L 到达时输入端 D 的状态。

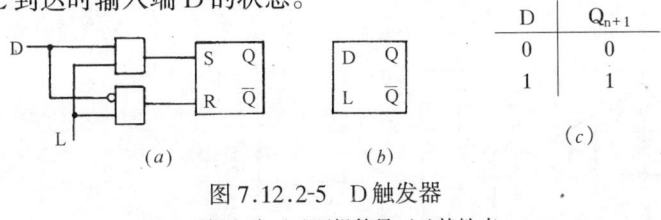

图 7.12.2-5 D 触发器
(a)逻辑电路;(b)逻辑符号;(c)特性表

5. 同步触发器

同步触发器的逻辑电路及逻辑符号如表所列。

同步触发器输出状态的变化是在时钟脉冲(CP)的操作下发生的,即与时钟脉冲同步。而触发器输出什么状态则由输入端决定,与时钟脉冲无关。它区别于在没有时钟脉冲下直接受输入端信号控制的触发器。

同步触发器逻辑电路及逻辑符号 表 7.12.2-1

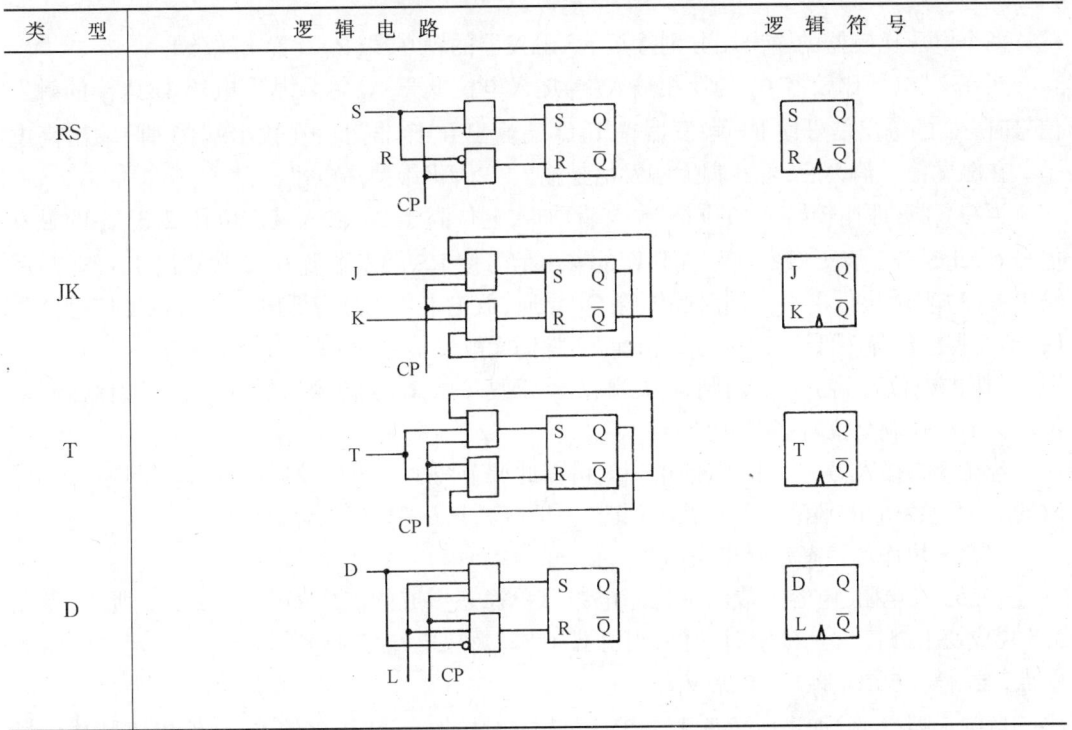

7.12.3 555 时基集成电路

555 时基集成电路是一种将模拟功能与逻辑功能结合在同一硅片上的集成电路,可用以构成延时发生器、定时器、振荡器、电压变换器、脉冲发生器、脉宽调制器,……。大量应用于各种电子控制、电子检测、音响报警、仪器仪表、家用电器、电子玩具以及许多高科技领域。

1. 555 时基集成电路的等效功能电路

555 时基集成电路的等效功能电路及其封装如图 7.12.3-1 所示。内部三个 $5k\Omega$ 电阻组成电压分压器,把电源电压 V_{DD} 按电阻比率分为 $2/3V_{DD}$ 和 $1/3V_{DD}$,分别加至电压比较器 A_1 的反相输入端和 A_2 的同相输入端,作为两个比较器的输入基准电压。

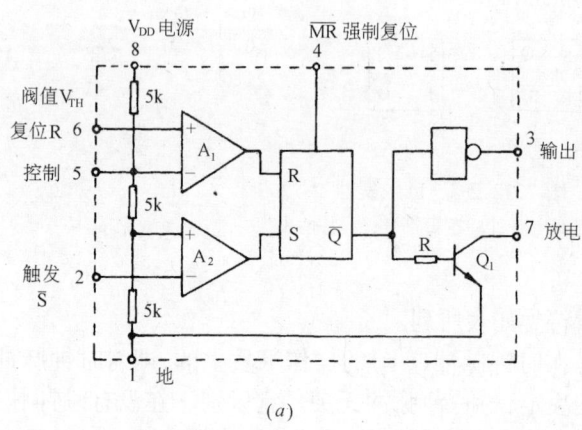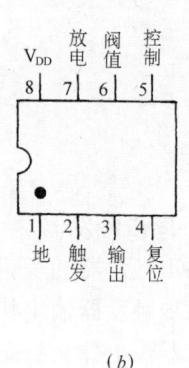

图 7.12.3-1　555 等效功能电路及其封装
(a)等效功能电路；(b)8 脚双列直插型

两个电压比较器的输出端分别接至 RS 触发器的置 0 端(R)及置 1 端(S)。

当在 2 脚(即比较器 A_2 的反相输入端)加入电位低于 A_2 输入基准电压 $1/3V_{DD}$ 的触发信号时，A_2 的输出信号使 RS 触发器置 1，$\overline{Q}$ 端输出 0，经非门后在输出端(3 脚)输出高电平。在触发信号消失后，若 6 脚无触发信号输入，3 脚仍维持高电平。

当在 6 脚(即比较器 A_1 的同相输入端)加入电位高于 A_1 输入基准电压 $2/3V_{DD}$ 的触发信号时，此时若 2 脚无触发信号，则 A_1 的输出信号使 RS 触发器置 0，$\overline{Q}$ 端输出 1，经非门后输出端(3 脚)输出低电平。同时晶体管 Q_1 导通，放电端(7 脚)为低电平。在触发信号消失后，即 6 脚电位降至低于 $2/3V_{DD}$，若此时 2 脚仍无触发信号，3 脚仍维持低电平。

4 脚的电位若低于 0.3V，则置 RS 触发器于复位状态，3 脚输出低电平。4 脚称强制复位端。不需强制复位时，此脚应接至 V_{DD}。

若在 5 脚接入另一个电压(或电阻)，可借此调节两个电压比较器的输入基准电压，即可改变上、下触发的电平值。此脚在不用时，一般接一只 $0.01\mu F$ 电容器到地。

2. 555 用作单稳态延时电路

由 555 及电阻、电容组成的单稳态电路及单稳态形成的波形如图 7.12.3-2 所示，是在 555 集成块上外接 R_A、C 定时元件，阀值端(6 脚)及放电端(7 脚)并接于 R_AC 定时电路的中点，强制复位端(4 脚)接电源 V_{DD}。

当在 $\overline{S}$ 端(2 脚)加进电位低于 $1/3V_{DD}$ 的负向脉冲(v_T)时，比较器 A_2 输出正脉冲信号使 RS 触发器置 1，$\overline{Q}$ 端为低电平，555 的输出端(3 脚)变为高电平。同时，放电管 Q_1 截止，电容器 C 开始充电，此时电路进入暂稳态。

电源 V_{DD} 通过 R_A 对 C 充电使电容器上的电压按指数规律上升，电容器的起始电压是放电管 Q_1 截止之初的导通饱和压降 V_{ces}。当 C 上的电压(即 6 脚的电压)上升高于 $2/3V_{DD}$ 时，比较器 A_1 输出正脉冲信号使 RS 触发器置 0，555 输出低电平，暂稳态结束。同时放电管 Q_1 饱和导通，电容器 C 上的电荷经放电管迅速放电至低电平(V_{ces})，整个电路复原至稳态。

在暂稳态期间，电容器 C 上的电压的变化为：

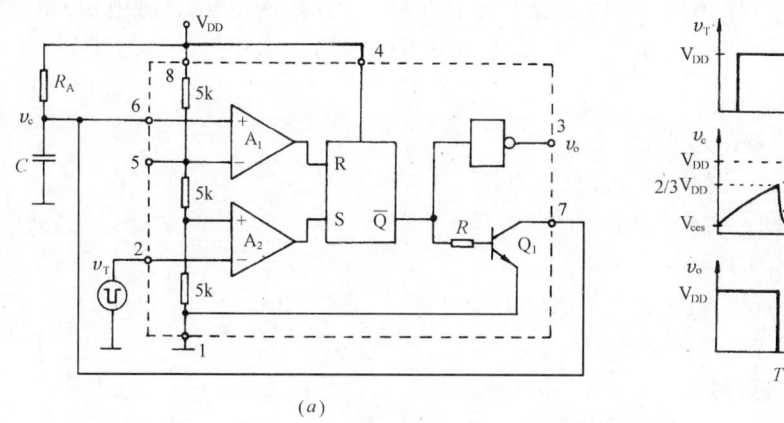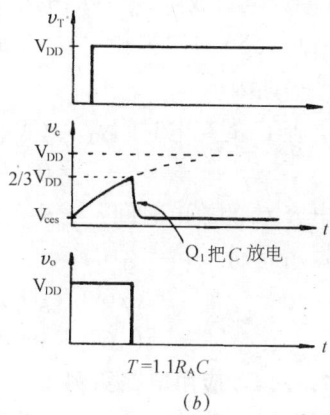

图 7.12.3-2 555 单稳态触发器
(a)单稳态触发器电路;(b)触发延时波形

$$v_c = V_{ces}e^{-\frac{t}{R_AC}} + V_{DD}(1 + e^{-\frac{t}{R_AC}})$$

暂稳态的延时时间：

$$T = R_A C \ln \frac{V_{DD} - V_{ces}}{V_{DD}/3}$$

因 $V_{ces} \ll V_{DD}$，故 $T = R_A C \ln 3 \approx 1.1 R_A C$

3. 555 用作无稳态多谐振荡器

555 与电阻 R_A、R_B 和电容器 C 如图 7.12.3-3(a)连接便构成无稳态多谐振荡器电路。

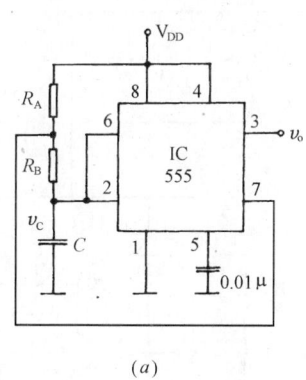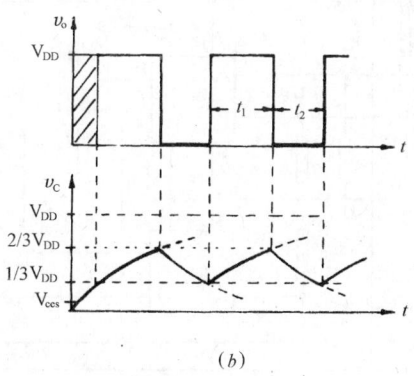

图 7.12.3-3 无稳态多谐振荡器
(a)电路;(b)波形

接通电源 V_{DD} 之初，因 C 未充电其上的电压低于 $1/3V_{DD}$，555 置位，v_0 输出高电平；同时内部放电管 Q_1 截止(7 脚相当于开路)，电源 V_{DD} 通过 R_A、R_B 对 C 充电，2 脚电位随 C 上端电压 v_c 按指数规律上升，波形如图 7.12.3-3(b)。

当电容器 C 上的电压上升至 6 脚的阈值电平 $2/3V_{DD}$ 时，555 复位，输出 v_0 变为低电平。与此同时，555 内部放电管 Q_1 饱和导通，7 脚仅有饱和导通的低电位 V_{ces}。电容器 C

经 R_B 和放电管放电,电容器的电压 v_c 按指数规律下降。当 v_c 的电位(2 脚电位)下降至 $1/3V_{DD}$ 时,555 再次被触发置位,重复上述过程,输出端(3 脚)输出矩形的振荡波形。在振荡一个周期内:

电容 C 的充电时间 $t_1 = (R_A + R_B)C\ln 2$
$$= 0.69(R_A + R_B)C$$

电容 C 的放电时间 $t_2 = R_B C\ln 2 = 0.69 R_B C$

振荡周期 $T = t_1 + t_2$
$$= 0.69(R_A + R_B)C + 0.69 R_B C$$
$$= 0.69(R_A + 2R_B)C$$

7.12.4 应用电路实例

以下列举数种电子电路作为本节门电路、触发器及 555 时基电路的应用实例。

1. 自动门控制电路

商店、旅馆、图书馆或有空调房室的大门设置电子控制的自动门(拉门或其他形式的门),出入比较方便,尤其对老、幼、残疾者如此。

构成自动门的主要组成部件是电动机、牵动门板的拖动机构(拉绳、导轮等)、装在门框左右侧小型压力开关(当门全开或全关时由门板触动使开关触头动作)以及相应的控制电路。

图 7.12.4-1 是一种自动门电子控制电路,输入控制信号由分别装在大门内、外附近的按钮开关给出;如果要实现全自动控制,则配以红外探头或其他类型的接近开关,以便当有人走近时自动给出开门信号。

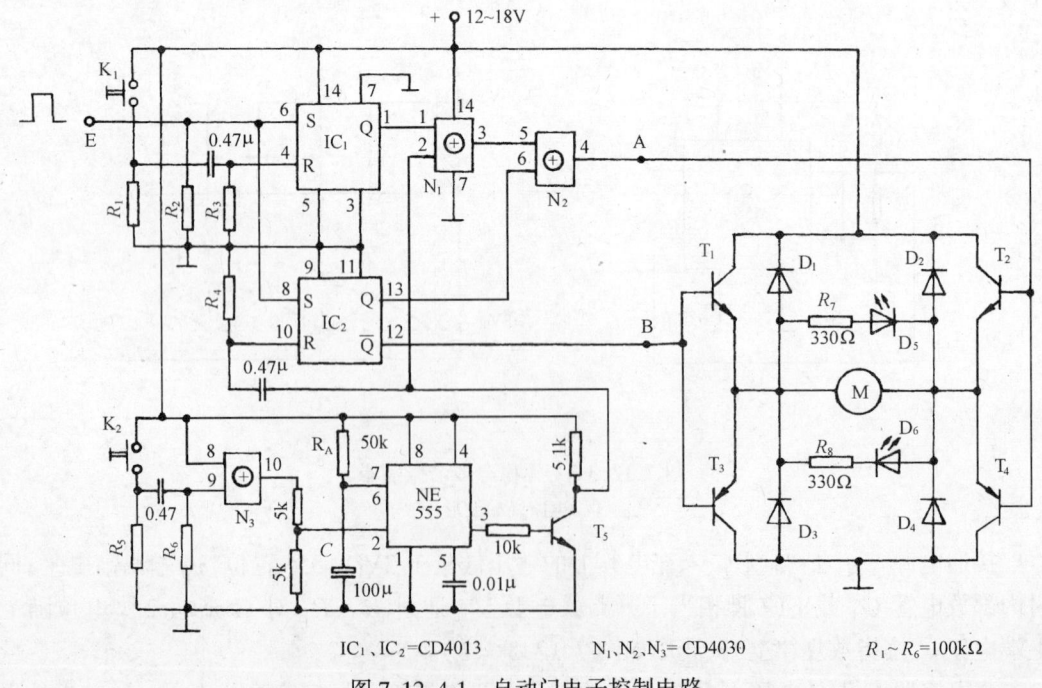

图 7.12.4-1 自动门电子控制电路

晶体三极管 $T_1 \sim T_4$ 组成电桥电路，依据加在 T_1、T_3 及 T_2、T_4 基极的逻辑电平来决定直流电动机为正转、反转或静止状态。这些晶体管的选用视电动机所需耗电量而定（一般约为 500mA），T_1 与 T_2 同型，T_3、T_4 为其互补型。

若在 IC_1 的 6 脚加入一正脉冲（图中的 E 端），则 IC_1、IC_2 触发器置 1，门电路 N_2 的 4 脚（即 A 点）为高电平，IC_2 和 12 脚（即 B 点）为低电平，使 T_1、T_3 导通（T_1、T_4 截止），直流电动机 M 得电正转，把门打开。

当门全开时门板触及开关 K_2，K_2 的触头闭合使 N_3 输出负脉冲，触发由 555 组成的单稳延时电路，在延时时间（$t \approx 1.1 R_A C$）内晶体管 T_5 的集极输出由原来的高电平转为低电平，使 N_2 的 4 脚也变为低电平，T_2 及 T_3 截止，M 失电停转，自动门暂停并保持开启状态。数秒钟后（可改变 R_A、C 的数值调节）单稳延时结束，555 复位，T_5 的集极输出复原为高电平，给 IC_2 的 R 端输入一置 0 脉冲，使 IC_2 的 12 脚 $\overline{Q}$ 端转为高电平，同时 N_2 的 4 脚转为低电平，T_1、T_4 导通（T_2、T_3 截止），电动机 M 反转，关门。如果在关门过程中又在 IC_1 的 6 脚加入正脉冲（有人要开门），则 M 变为正转，把门打开。

当门完全关闭时，门板碰触开关 K_1 使之闭合，IC_1 置 0，输出端 Q（1 脚）变为低电平，N_2 的 4 脚（A 点）及 IC_2 的 12 脚（B 点）同为高电平，T_1、T_4 和 T_2、T_3 均截止，M 停转，门控电路处于"等待"状态。

2. 光控路灯

根据自然光的强弱自动开启或熄灭的电灯常用于道路、亭院的照明，实现开关无人管理。这种光控电灯电路如图 7.12.4-2 所示，由变压器降压整流、光敏元件及 555 等组成。白天，光敏电阻 2CU2B 受光照呈低阻，555 因 6 脚电平高于 $2/3 V_{DD}$ 而翻转复位，3 脚为低电平，J_1 释放，电灯不亮，入夜，2CU2B 呈高阻，555 因 2 脚电平低于 $1/3 V_{DD}$ 而触发置位，J_1 吸合，电灯亮。既自动化，又能节电。

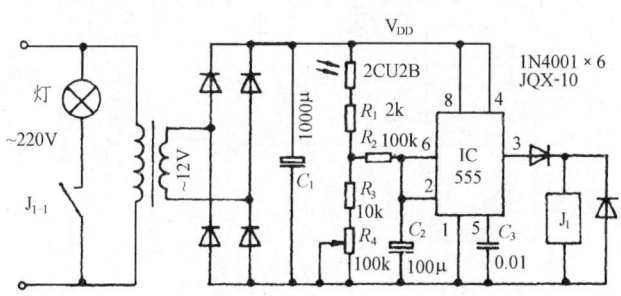

图 7.12.4-2 光控路灯电路

555 置位与复位之间有 $1/3 V_{DD}$ 的电位差，即电路有回差特性，可减少光敏元件在临界状态电灯频繁闪动。电位器 R_4 用来调节触发点的照度。

3. 天黑自动闪光路标灯

闪光路标灯用作道路施工、危险场地的标示，提醒行人行车注意。如图 7.12.4-3 所示，电路主要由光控开关和 555 多谐振荡器等组成。白天，光敏管 3DU5 受光照内阻低，加至开关管 TWH8778 的 5 脚控制电压不足以使其开通，后续电路无电。天黑后，3DU5 呈高阻，5 脚的控制电压超过 1.6V，TWH8778 导通，555 得电振荡，3 脚为高电平时触发晶闸管 Th 点亮灯泡;3脚为低电平时SCR截止,熄灭灯泡。555输出的振荡频率$f=1/1.44(R_2+R_3)C_2$,图示参数对应的频率约1Hz。

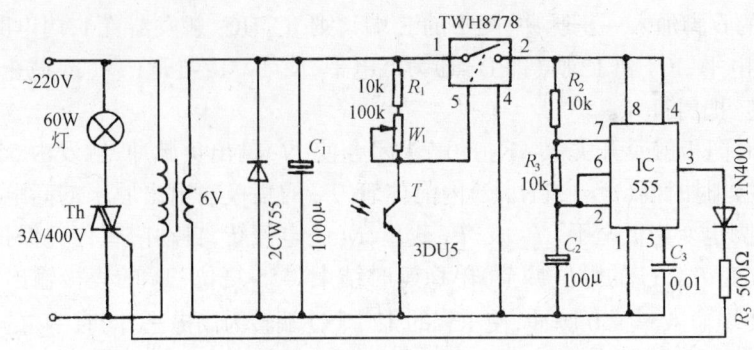

图7.12.4-3 天黑自动闪光路标灯电路

4. 延时照明自熄灯

延时照明自熄灯常用于楼梯、走廊等公共场所,按动按钮启动照明片刻之后自熄,以节约电能。如图7.12.4-4所示,电路主要由电容降压整流电路、定时电路及可控硅控制灯泡电路组成。555接成单稳延时模式,按钮"开"一经按动,2脚电平低于触发电平555置位,3脚高电平触发可控硅立即点亮灯泡,单稳延时$t_d=1.1R_4C_4$,延时结束555复位,3脚返回低电平,灯泡自熄。图示参数对应的延时约3min,延时时间的长短可改变开关K的位置来调节。

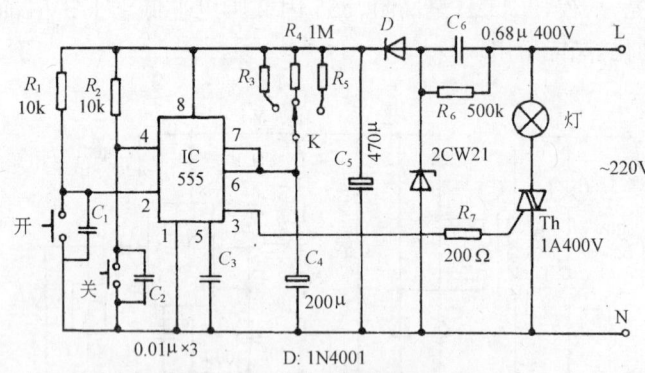

图7.12.4-4 延时照明自熄灯电路

5. 橱窗自动照明灯

橱窗、画廊、读报亭等公共展览和阅览场所常使用自动照明延时自熄灯。白天自然采光,天入黑自动点亮,经数小时后自动熄灭。电路如图7.12.4-5所示,由整流稳压、光电开关、脉冲振荡和计数延时电路组成。

白天,光敏二极管2DU受光呈低阻,JC_1(555)的6脚电平高于$2/3V_{DD}$,复位,3脚为低电平,J_1不动作。天黑时,2DU呈高阻,2脚电平低于$1/3V_{DD}$,555置位,3脚转为高电平,C_5瞬间充电电流使J_1吸合,J_1的一对触头J_{1-2}闭合点亮电灯;另一对触头J_{1-1}闭合给后续电路供电。

7.12 门电路、双稳态触发器、555时基集成电路　553

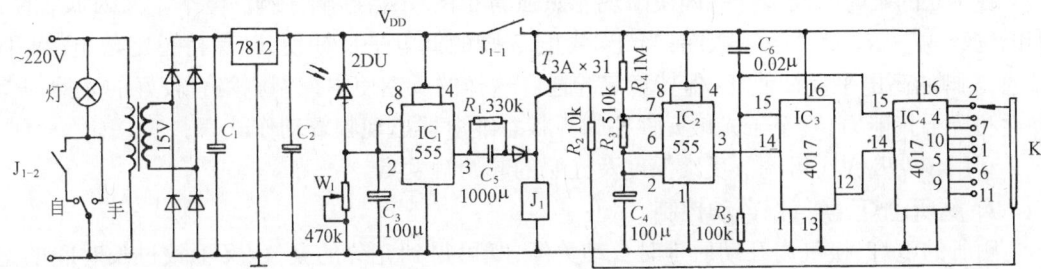

图 7.12.4-5　橱窗自动照明电路

以 IC_2(555)为主组成脉冲振荡电路。IC_3 及 IC_4 为十进计数/脉冲分配 CD4D17。

因 C_6 的电压不能突变,触头 J_{1-1} 闭合的瞬间把电源正电压加至 IC_3、IC_4 的 15 脚清零,使 IC_4 的 9 个输出端均变为低电位,此低电位经过选择开关 K 引至晶体三极管 T(3AX31) 的基极,T 管的电流使 J_1 保持吸合。

IC_2 得电后起振,振荡周期 $T=0.7(R_4+2R_3)C_4$,约 2min,输出的振荡脉冲作为 IC_3 的计数输入(14 脚)。12 脚的进位脉冲接至下一级 IC_4 的计数输入端。

IC_4 的 9 个输出端随着计数脉冲的到来依次出现高电平脉冲。当计数到某一脉冲时(由开关 K 预置)脉冲的高电平经 K 回送至 T 管的基极,使 T 管截止,J_1 失电释放,定时结束。

图示的电路参数约延时 3h。改变振荡电路的时间常数$(R_4+2R_3)C_4$可改变灯点亮的时间。

6. 抗干扰光控电路

抗干扰光控电路如图 7.12.4-6 所示。当天暗光照较弱时,光敏管 3DU 32 呈高阻,降压大,稳压管 Z 及三极管 T_2 截止,从而 C_1 通过 R_4、W_3 充电,经一延时时间 $t_{d1}=1.1(R_4+R_{w3})C_1$ 后 IC_1(555)复位,3 脚为低电平,D_1 导通使 IC_2(555)的 2 脚也为低电平,IC_2 置位,T_3 导通,J_1 得电其触点接通被控制的电器(例如点亮灯泡)。

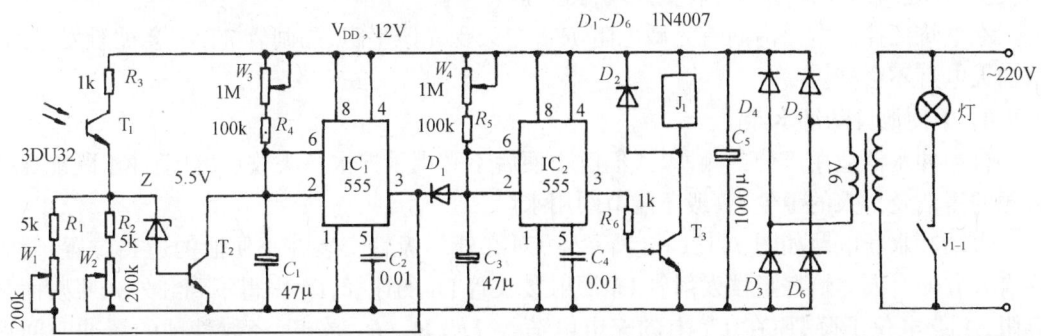

图 7.12.4-6　抗干扰光控电路

当晨曦光照较强时,3DU32 管呈低阻,降压小,Z 被击穿,T_2 导通,IC_1 因 2 脚电位低而置位,3 脚输出高电平,此时 D_1 起隔离作用,C_3 通过 R_5、W_4 充电,经一延时时间 $t_{d2}=1.1(R_5+R_{w4})C_3$ 后 IC_2 复位,J_1 释放关断电器(例如熄灭灯泡)。

在 IC_2 的延时时间 t_{d2} 内,即使出现光照强弱变化,不会影响 3 脚的电平。又因 IC_1 的 3 脚电位经 W_1、R_1 反馈至输入端:当 T_2 截止,3 脚的低电平反馈使 T_2 保持稳定截止;当 T_2 导通,3 脚的高电平反馈使 T_2 保持稳定导通。这样的反馈使本控制电路有较好的光照回差特性和抗干扰能力,不至于光敏元件在临界状态继电器出现频繁动作。

利用 W_1 及 W_2 可调节反馈深度及光照的起始触发点。

7. 厕所电灯、换气扇自动控制

厕所的电灯、换气扇开动后延时自动关停,既可得到充分的换气,又不致过长时间的运转。其控制电路如图 7.12.4-7 所示,由磁控开关、单稳态延时电路、电灯风扇电路和电容降压整流电路组成。

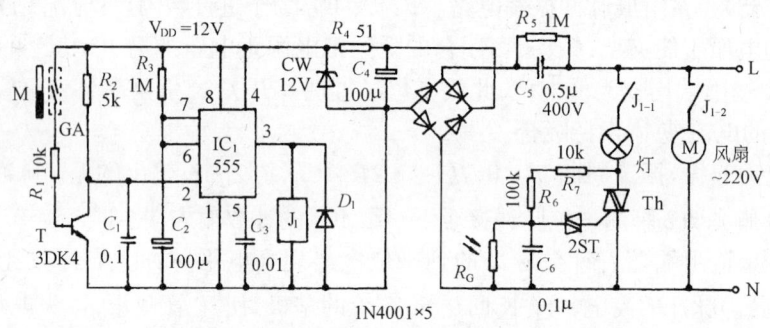

图 7.12.4-7 厕所电灯、换气扇自动控制电路

干簧开关 GA 和磁铁 M 分别安装在厕所的门框和门板边缘,门关上后 M 与 GA 贴近,使 GA 内的两触头分离,T 管截止,TC_1(555)的 2 脚电平高于 $1/3V_{DD}$,IC_1 处于复位状态,J_1 释放,电灯风扇无电。

当有人上厕所时,门开使 M 与 GA 分离,GA 内两触头接合,T 管导通,集极电位下降低于 $1/3V_{DD}$,555 置位,J_1 吸合,接通电灯、换气扇电路,C_2 亦开始充电,当 6 脚电压升至 $2/3V_{DD}$ 时,555 复位,延时 $t_d = 1.1R_3C_2$,约 2min,电灯、换气扇关停。门一经打开,虽立刻再关上,在延时时间内亦不会改变此动作过程。

在电灯的控制电路内尚有光敏电阻 R_G,白天受光照呈阻,晶闸管 Th 不会被触发导通,故白天电灯不会亮。

8. 小便池自动冲水器

自动冲水器适用于公共厕所,人们解小便后不必用手拧水龙头放水,自动冲水既能保持公厕的清洁及个人的卫生,一般还能节约用水。

自动冲水器电路如图 7.12.4-8 所示,一对红外二极管安装在小便池的适当位置,使其在有人方便时人体恰好阻挡发射管 D_1 照射接收管 D_2 的途径,D_2 因得不到红外光照射而呈高阻,A 点电位下降,原在 C_1 上的充电电荷经 D_3、R_3、R_5 放电,经数秒钟的缓冲时间后 555 因 2 脚电位低于 $1/3V_{DD}$ 而置位,3 脚输出高电平去触发晶闸管 Th 元件,电磁阀 DF 得电放水。

人离去后 D_2 又在红外光照射下呈低阻,A 点电位升高,C_1 经 D_2、R_2、R_4 充电,延时 $t_d = 1.1(R_{D2} + R_2 + R_4)C_1$ 约 15s 后 6 脚电压升至阀值 $2/3V_{DD}$ 时 555 复位,3 脚变低电平,Th 截止,DF 无电自停。

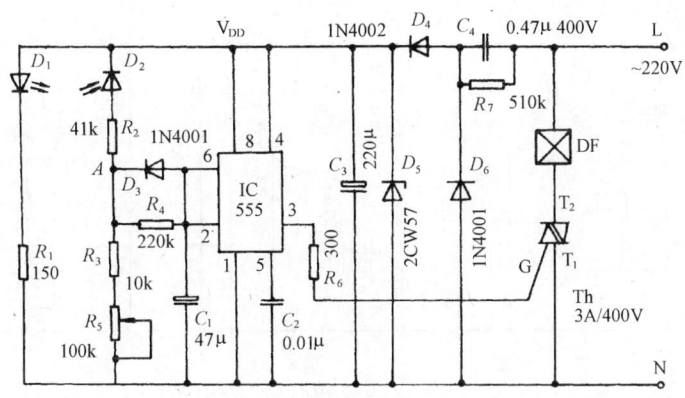

图 7.12.4-8 小便池自动冲水器电路

9. 红外线自动水阀控制器

自动放水洗手常是车站、餐馆及旅店等公共场所的需要,也是医院、手术室及传染病房的需要。红外线自动水阀控制电路如图 7.12.4-9 所示,由红外发射器、接收器及水阀控制电路组成。IC_1(555)和 R_1、R_2、C_1 等组成无稳态多谐振荡器,振荡频率 $f = 1.44/(R_1 + R_2)C_1$,约 1kHz,输出激励 HG41 发出脉冲红外光。红外光经透镜聚焦成光束后照射光敏三极管 3DU41,它受光后呈低阻,使 IC_2(555)因 2 脚电平低于 $1/3V_{DD}$ 而置位,3 脚输出高电平,继电器 J_1、电磁阀 DF 均不动作。

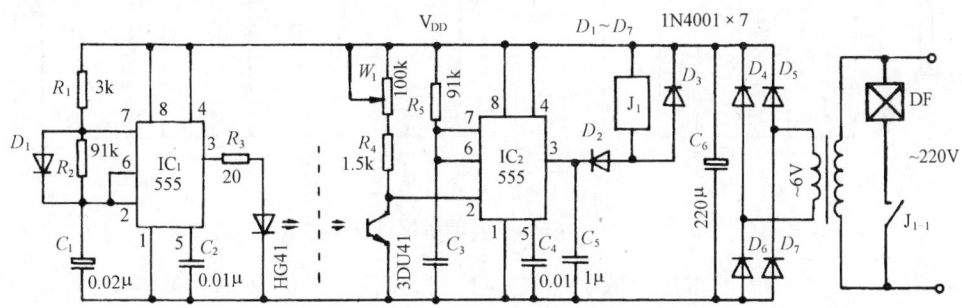

图 7.12.4-9 红外线自动水阀控制电路

红外发光管及接收管分别安装在水龙头水口下方的两侧。当有人洗手时,手伸至水口的下方正好遮断红外光束,3DU41 不受光照呈高阻,IC_2 的 2 脚电平高于 $1/3V_{DD}$,处于待翻转复位状态,当 C_3 通过 R_5 迅速充电至 $2/3V_{DD}$ 阀值电平时,IC_2(555)复位,3 脚输出低电平,J_1 吸合,DF 得电放水。洗毕,手离开后 3DU41 又受红外光照射,恢复关水状态。

10. 水箱水位自动控制

要保持水箱、水池有一定的水位最好是实行自动控制,图 7.12.4-10 所示水位自动控制电路由降压整流电路、双稳态电路、水位探测电路和抽水电动机等组成。

当水位低于探极 B 时,晶体三极管 T_2 集极电流增大,IC_1(555)的 2 脚电位低于 $1/3V_{DD}$,555 置位,J_1 吸合,电磁闸 C 得电起动抽水电动机 M 抽水。待水箱水位升至探极 A 时,晶体三极管 T_1 集电极电流减小,IC_1 的 6 脚电位高于 $2/3V_{DD}$,555 复位,J_1、C 均释放,抽

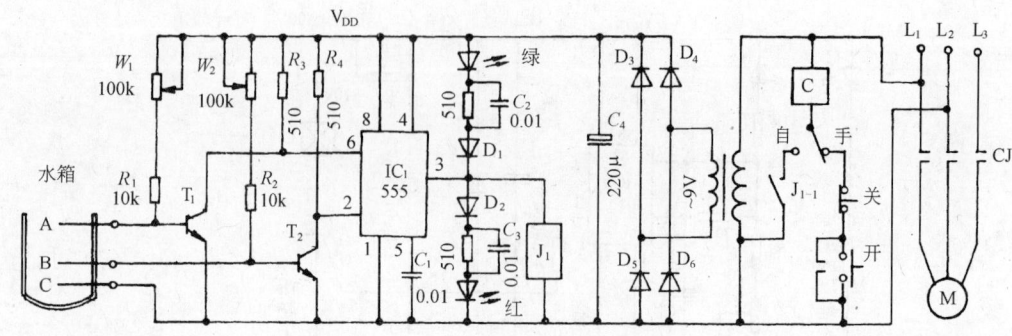

图 7.12.4-10　水箱水位自动控制电路

水机停转。

上述过程翻复运行,保持水箱水位在探极 A 与 B 之间。

11. 水塔、水井水位自动控制

水塔缺水水位低时,抽水机起动抽水;水塔进水水位高了,抽水机停止运转。但水塔水位低时抽水机的起动需以水井有足够高的水位为条件,以避免抽水机空转。图 7.12.4-11 的电路可实现这种水塔水位有条件的自动控制。

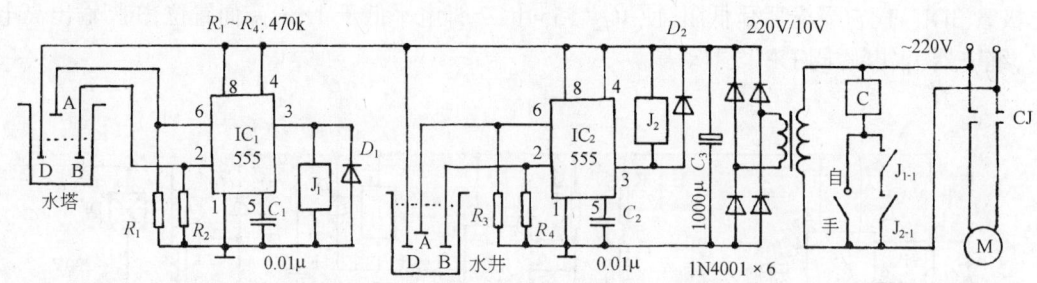

图 7.12.4-11　水塔、水井的水位自动控制电路

如图所示,当水塔内的水位线低于探极 B、D 时,IC_1(555)的 2 脚为低电位,置位,J_1 吸合,J_{1-1} 闭合;此时如果水井的水位线高于探极 A,IC_2(555)的 6 脚为高电平,复位,J_2 吸合,J_{2-1} 也闭合,电磁闸 C 得电起动抽水电动机;若此时水井水位线低于探极 B、D,IC_2 的 2 脚为"地"电位,置位,J_2 失电,触点 J_{2-1} 打开,抽水机不会运转。

当水塔的水位线高至探极 A 时,IC_1 的 6 脚电平高于其阀值电平,复位,抽水停止。

第8章 电工仪表和电气测量

8.1 基本知识

8.1.1 常用术语和基本概念

1. 常用术语（见表8.1.1-1）

电工仪表与电气测量常用名词术语　　　　　　　表8.1.1-1

序号	名　词	含　　义
1	电工仪表	实现电磁测量过程所需技术工具的总称
2	直接测量	将被测量与作为标准的量直接比较，或用带有特定刻度的仪表进行测量，例如用电压表测量电路的电压
3	间接测量	通过对与被测量有一定函数关系的几个量进行直接测量，然后再按函数关系计算出被测量。例如，转速 n 的测量，可将转速转换为电气量 e，然后利用 $e=f(n)$ 的函数关系计算出转速 n
4	组合测量	在直接测量具有一定函数关系的某些量的基础上，通过联立求解各函数关系式来确定被测量的大小，例如要测量电阻温度系数 α 和 β，可分别测出 20℃ 和 θ_1、θ_2 时的电阻值，分别代入公式 $R_\theta = R_{20}[1+\alpha(\theta-20)+\beta(\theta-20)^2]$，联立解之得出 α 和 β
5	测量误差	测量结果对被测量真值的偏离程度
6	准　确　度	测量结果与被测量真值间相接近的程度
7	精　确　度	测量中所测数值重复一致的程度
8	灵　敏　度	仪器仪表读数的变化量与相应的被测量的变化量的比值
9	分　辨　率	仪器仪表所能反映的被测量的最小变化值
10	量程(量限、测量范围)	仪器仪表在规定的准确度下对应于某一测量范围内所能测量的最大值
11	基　准　器	用当代最先进的科学技术，以最高的精确度和稳定性建立起来的专门用以规定、保持和复现某种物理计量单位的特殊量具或仪器
12	标　准　器	根据基准复现的量值，制成不同等级的标准量具或仪器

2. 仪表误差和准确等级

(1) 误差及其表达式见表8.1.1-2。

误差及其表达式　　　　　　　表8.1.1-2

序号	误　　差	定　　义	表　达　式
1	绝对误差	测量值 x_i 和真值 x_0 之差，用 Δx 表示	$\Delta x = x_i - x_0$

序号	误差	定 义	表 达 式
2	相对误差	绝对误差 Δx 与真值 x_0 之比的百分数,用 γ 表示	$\gamma = \dfrac{\Delta x}{x_0} \times 100\%$
3	引用误差	绝对误差 Δx 与仪表上限值 x_m 之比,用 γ_m 表示	$\gamma_m = \dfrac{\Delta x}{x_m}$
4	最大引用误差	最大绝对误差与仪表上限值 x_m 之比的百分数,用 k 表示	$k = \dfrac{|\Delta x_m|}{x_m} \times 100\%$

(2) 仪表的准确度

仪表的准确度用仪表的最大引用误差表示,共分为 7 级,其基本误差在标尺工作部分所有分度线上不应超过表 8.1.1-3 的规定。

仪表的准确度等级   表 8.1.1-3

准确度等级	0.1	0.2	0.5	1.0	1.5	2.5	4.0
基本误差(%)	±0.1	±0.2	±0.5	±1.0	±1.5	±2.5	±4.0

(3) 准确度和误差的关系

1) 准确度表明了仪表可能产生的最大误差。

【例 9.1.3-1】 仪表的量程为 5A,准确度为 0.5 级,求其可能产生的最大误差。

【解】 $\Delta m = 5\text{A} \times 0.5\% = 0.025\text{A}$。

2) 电表读数越接近量程,测量结果的误差越小。

【例 9.1.3-2】 仪表的量程为 0~5~10A,准确度等级为 1.0 级,若用此表测量 4A 的电流,应选哪一量程?

【解】 若选 10A 量程,其误差为:

$$\Delta m = 10 \times 1\% = 0.1\text{A}$$

$$r_m = \frac{\Delta m}{x_0} \times 100\% = \frac{0.1}{4} \times 100\% = 2.5\%$$

若选 5A 量程,其误差为:

$$\Delta m = 5 \times 1\% = 0.05\text{A}$$

$$r_m = \frac{0.05}{4} \times 100\% = 1.25\%$$

选用 5A 量程,其测量误差小得多。

8.1.2 电工仪表的种类及特点

1. 常用电工仪表分类(见表 8.1.2-1)

常用电工仪表的分类   表 8.1.2-1

序号	类 型	基 本 原 理	范 例	基 本 特 点
1	直读指示仪表	电量直接转换成指针偏转角	指针式电表	使用方便,准确度较高,最常用
2	比 较 仪 表	与标准器比较,并读取二者比值	惠斯登电桥	准确度高
3	图 示 仪 表	显示两个相关量的变化关系	示波器	直观,准确度较低
4	数 字 仪 表	模拟量转换成数字直接显示	数字式电表	读数方便,准确度高

2. 指示式电工仪表

常用指示式仪表的结构原理见图8.1.2-1,特点及用途见表8.1.2-2。

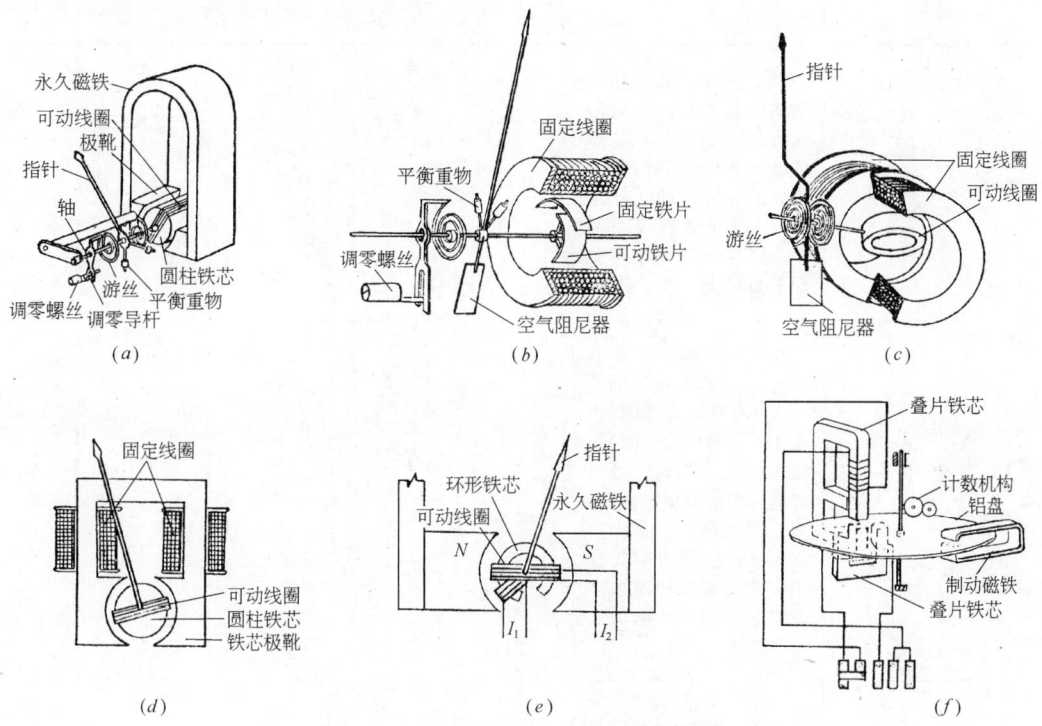

图 8.1.2-1　常用指示式仪表的结构原理
(a)磁电式;(b)电磁式;(c)电动式;(d)铁磁电动式;(e)流比计;(f)感应式

常用指示式仪表的特点及用途　　　　表 8.1.2-2

序号	名称	标志符号	工 作 原 理	测量范围 电压(V)	测量范围 电流(A)	最高准确等级	优 点	缺 点	制成仪表类型
1	磁电式(动圈式)		线圈处于永久磁铁的气隙磁场中,当线圈中有被测电流流过时,通有电流的线圈在磁场中受力并带动指针而偏转。当与弹簧反作用力矩平衡时,便获得读数	$10^{-3} \sim 10^3$	$10^{-11} \sim 10^2$	0.1	标度均匀,灵敏度和准确度较高,读数受外界磁场的影响小	表头本身只能用来测量直流(当用整流装置后也可用来测量交流),过载能力差	A,V,Ω
2	电磁式(动铁式)		在线圈内有一块固定铁片和一块装在转轴上的动铁片,当线圈中有被测电流通过时,定铁片和动铁片同时被磁化,并呈同一极性。由于同性相斥的缘故,动铁片便带动转轴一起偏转。当与弹簧反作用力矩平衡时,便获得读数	$1 \sim 10^3$	$10^{-3} \sim 10^2$	0.1	适用于交、直流测量,过载能力强可无需辅助设备而直接测量大电流可用来测量非正弦量的有效值	标度不均匀,准确度不高,读数受外磁场影响	A,V,Hz,$\cos\phi$,同步表

续表

序号	名称	标志符号	工作原理	测量范围		最高准确等级	优点	缺点	制成仪表类型
				电压(V)	电流(A)				
3	电动式		仪表由固定线圈和活动线圈所组成。当它们通有电流后，由于载流导体磁场间的相互作用（或说载流导体间的相互作用）因而使活动线圈偏转。当与弹簧反作用力矩平衡时，便获得读数	$1\sim 10^3$	$10^{-3}\sim 10^2$	0.1	适用于交、直流测量，灵敏度和准确度比用于交流的其他型式仪表为高，可用来测量非正弦量的有效值	标度不均匀，过载能力差，读数受外磁场影响大	A，V，W，Hz，$\cos\phi$，同步表
4	铁磁电动式		作用原理基本上同电动式，只是通有电流的活动线圈是在励磁线圈（绕在衔铁上的固定线圈）的磁场中受力偏转。当与弹簧反作用力矩平衡时，便获得读数。它是为消除外界磁场对电动式仪表读数的影响和增加仪表的偏转力矩对电动式仪表改变而成的	$10^{-1}\sim 10^3$	$10^{-3}\sim 10^2$	0.2	适用于交、直流测量，有较大的转动力矩，较其他类型仪表耐震动，受外界磁场影响小，可做成广角度的表	标度不均匀，准确度较低	A，V，W，Hz，$\cos\phi$
5	感应式		仪表由一个或数个绕在铁芯上的线圈和铝盘组成。当线圈中通有交流电时，在气隙中便产生交变磁通。铝盘在交变磁通的作用下，感应产生涡流，此涡流在交变磁通的磁场中受力，于是使铝盘转动。由于制动磁铁和可动部分的铝盘相互作用产生了制动力矩，它和转速成比例，当转动力矩和制动力矩大小相等方向相反时转速达到平衡	$10\sim 10^3$	$10^{-1}\sim 10^2$	0.5	转矩大，过载能力强，受外界磁场影响小	只能用于定频率的交流电，准确度较低	电度表（Wh）
6	流比计（比率计）		在同一根转轴上装有二只交叉的线圈，二线圈在磁场（磁电式流比计磁场由永久磁铁建立，电动式流比计磁场由另一个线圈建立）中所受的作用力矩相反。其偏转决定于两个线圈中通过的电流之比值 I_1/I_2 故叫流比计。因为这种仪表没有反作用力弹簧，不用时指针可停在任意位置				具有磁电式和电动式的某些优点，可做成多种类型的仪表，能消除外界的影响（如电压，频率的波动等）	标度不均匀，过载能力差	$M\Omega$，$\cos\phi$，Hz

8.1.3 电工仪表的型号表示方法

1. 型号的基本构成

(1) 开关板式指示电表

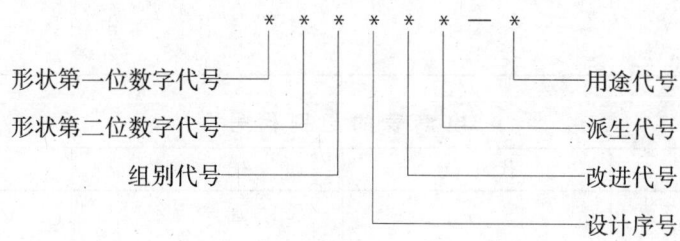

(2) 实验室用电表

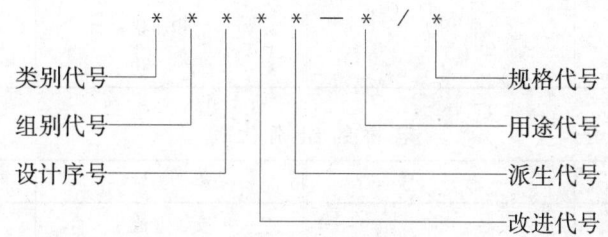

2. 类别代号(见表8.1.3-1)

电工仪表的类别代号　　　　　　　表8.1.3-1

序号	类别	代号	序号	类别	代号
1	指示电表	—	11	电感度量	G
2	电度表	D	12	标准度量	B
3	各种专用仪表	M	13	自动控制仪器	K
4	仪用互感器	H	14	电位差计	U
5	测磁仪器	C	15	示波器	S
6	自动记录电表	L	16	数字电表	P
7	微电计	A	17	校验装置	X
8	电阻度量	Z	18	遥测电表	J
9	电桥	Q	19	附件配件	F
10	电容度量	R	20	其余	Y

3. 组别代号(见表8.1.3-2～表8.1.3-6)

指示电表的组别代号　　　　　　　表8.1.3-2

组别	代号	组别	代号
谐振(振簧)式	B	静电式	Q
磁电式	C	热线式	R
电动式	D	双金属式	S
热电式	E	电磁式	T
感应式	G	光电式	U
整流式	L	电子式	Z

专用仪表的组别代号 表8.1.3-3

组 别	代 号	组 别	代 号
万用表、复用表	F	交 流	S
钳 型 表	G	组合成套仪表	Z
整 流 式	L	其 余	Y

电度表的组别代号 表8.1.3-4

组 别	代 号	组 别	代 号
安培小时计	A	直 流	J
标 准	B	打点记录	L
单 相	D	三相三线	S
伏特小时计	F	三相四线	T
总 耗	H	无 功	X

电桥的组别代号 表8.1.3-5

组 别	代 号	组 别	代 号
复 用	F	交 流	S
直 流	J	其 余	Y

数字电表的组别代号 表8.1.3-6

组 别	代 号	组 别	代 号
欧 姆 表	C	相 位 表	X
检 验 装 置	F	伏 特 表	Z
频 率 表	P	其 余	Y

4. 用途代号(见表8.1.3-7)

电工仪表的用途代号 表8.1.3-7

名 称	符 号	名 称	符 号
电 流 表	A, mA, μA, kA	整 步 表	S
电 压 表	V, mV, μV, kV	相 位 表	φ
有功功率表	W, kW, MW	功率因数表	cosφ
无功功率表	Var, kVar, MVar	电 量 表	Q
欧 姆 表	Ω, mΩ, μΩ, kΩ, MΩ	多 用 表	V—A, V—A—Ω 等
频 率 表	Hz, MHz		

5. 形状特征代号

开关板指示电表形状特征示意图见图8.1.3-1,代号见表8.1.3-8。

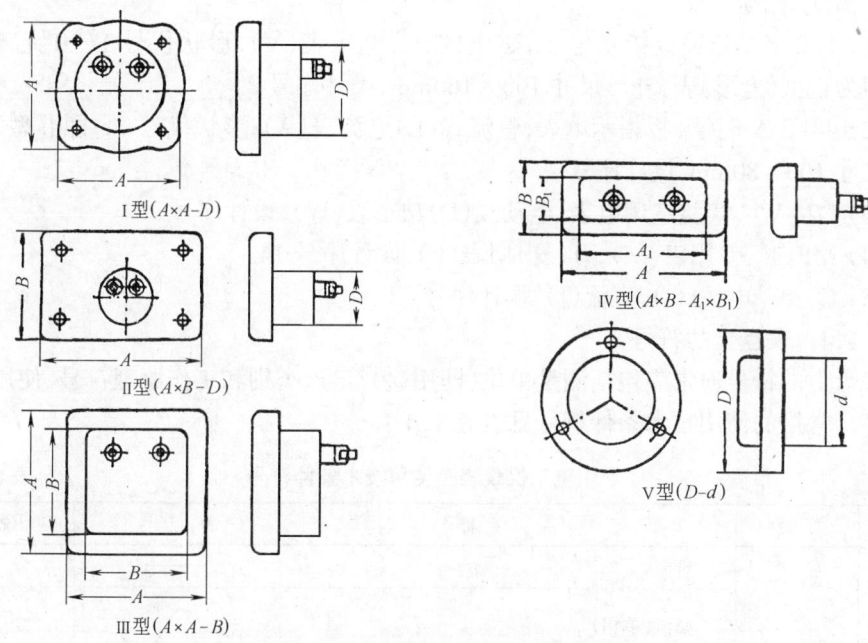

图 8.1.3-1 开关板指示电表形状特征
A—长度；B—宽度；D、d—直径

开关板指示电表形状特征代号　　表 8.1.3-8

形状第一位代号 （面板最大尺寸） （mm）		形状第二位代号 （外壳形状尺寸特征）						
		0	1	2	4	5	6	9
1	150~200	160×160 -150 Ⅲ	185×185 -120 Ⅰ				160×160 -150×70 Ⅳ	186×186 Ⅲ
2	200~400		220×220 -210 Ⅲ					其他
4	100~120	110×110 -100 Ⅲ	110×110 -100 Ⅰ		110×85 -60 Ⅱ			其他
5	120~150	135×135 -120 Ⅰ	135×110 -80 Ⅱ	130×105 -70 Ⅱ				120×100 Ⅱ
6	80~100	85×65 -40 Ⅱ		85×85 -80 Ⅰ		85—70 Ⅴ	100—80 Ⅴ	80×60 Ⅱ
8	50~80		65×65 -60 Ⅰ	80—65 Ⅴ				其他
9	50 及以下	30×30 -25 Ⅰ	45×45 -40 Ⅰ					40×12 Ⅳ

6. 型号举例

(1) 1C2-V　开关板指示电表,磁电式(C)电压表(V),形状代号1("0"省略,实际为10),即为Ⅲ型(方形)表,外形尺寸160×160mm,设计序号2。

(2) 44L2-A　关开板指示电表,整流式(L)电流表(A),形状代号44,即Ⅱ型(矩形)表,外形尺寸100×80mm,设计序号2。

(3) D26-W　实验室用电表,电动式(D)功率表(W),设计序号26。

(4) MF14　专用表(M),万(复)用表(F),设计序号14。

(5) QJ23　电桥(Q),直流(J),设计序号23。

8.1.4　表盘上的符号

表盘上的符号通常应包括测量单位(即用途)符号、类别和工作原理符号、使用技术条件符号等。常用的使用技术条件符号见表8.1.4-1。

电工仪表表盘使用技术条件符号　　　　表8.1.4-1

序号	类别	名　　称	符　　号	说　　明
1	电流种类	直流	—	
		交流(单相)	∼	
		直流和交流	≂	
		具有单元件的三相平衡负载交流	≋	
2	准确等级	以标度尺量限百分数表示的准确度等级	1.5	例:1.5级
		以标度尺长度百分数表示的准确度等级	∨1.5	例:1.5级
		以指示值的百分数表示的准确度等级	①.5	例:1.5级
3	工作位置	标度尺位置为垂直的	⊥	
		标度尺位置为水平的	⊓	
		标度尺位置与水平面倾斜成一角度	∠60°	例:60°
4	绝缘强度	不进行绝缘强度试验	☆	
		绝缘强度试验电压为2kV	☆2	
5	端钮	负端钮	−	
		正端钮	+	
		公共端钮(多量限仪表和复用电表)	✳	

续表

序号	类别	名 称	符 号	说 明
5	端钮	接地用的端钮(螺钉或螺杆)		
		与外壳相连接的端钮		
		与屏蔽相连接的端钮		
6	调零器	调零器		
7	外界条件	Ⅰ级防外磁场(例如磁电系)		可不标注
		Ⅰ级防外磁场(例如静电系)		
		Ⅱ级防外磁场及电场		
		Ⅲ级防外磁场及电场		
		Ⅳ级防外磁场及电场		
		A组仪表		
		B组仪表		
		C组仪表		

8.2 电流、电压表和电流、电压测量

8.2.1 常用开关板式电流、电压表
1. 磁电式直流电流、电压表(见表8.2.1-1)

磁电式直流电流、电压表   表8.2.1-1

电表型号	测量范围	接入方法	准确度等级	外形尺寸(mm)
1C2-A 1C7-A	1～3～5～10～15～20～30～50～75～100～150～200～300～500mA	直接接通	1.5	160×160×95
	75～100～150～200～300～500～750A 1～1.5～2～3～4～5～6～7.5～10kA	外附分流器		
1C2-V 1C7-V	3～7.5～15～30～50～75～100～150～250～300～450～600V	直接接通		
	1～1.5～3kV	外附附加电阻		

2．电磁式交流电流、电压表（见表8.2.1-2）

电磁式交流电流、电压表   表8.2.1-2

电表型号	测量范围	接入方法	准确度等级	外形尺寸(mm)
1T1-A	0.5～1～3～5～7.5～10～15～20～30～50～75～100～150A	直接接通	1.5～2.5	160×160×95
	0.2～10kA	经电流互感器		
1T1-V	15～30～60～75～100～150～250～300～450～500V	直接接通		
	0.6～460kV	经电压互感器		

注：可用于直流。

3．电动式交流电流、电压表（见表8.2.1-3）

电动式交流电流、电压表   表8.2.1-3

电表型号	测量范围	接入方法	准确度等级	外形尺寸(mm)
1D7-A	0.5～1～2～3～5～10～15～20～30～50A	直接接入	1.5	160×160×145.5
	5～10～15～20～30～50～75～100～150～200～300～400～600～750A	经电流互感器		
	1～1.5～2～3～4～5～6～7.5～10kA			
1D7-V	15～30～50～75～150～250～300～450～600V	直接接通		
	3.6～7.2～12～18～42～150～300～460kV	经电压互感器		

4．整流式交流电流、电压表（见表8.2.1-4）

整流式交流电流、电压表   表8.2.1-4

型号	准确度等级	测量范围	备注
44L1-A	1.5	0.5～1～2～3～5～10～20A	直接接通
59L1-A		5～10～15～20～30～50～75～100～150～200～300～400～600～750A	经电流互感器
69L1-A			
85L1-A		1～1.5～2～3kA	

续表

型号	准确度等级	测量范围	备注
44L1-V	1.5	15～30～50～75～150～250～300～450V	直接接通
59L1-V		450～600V	
69L1-V		3.6～7.2～12～18～42～150～300～460kV	经电压互感器
85L1-V			

注：电表外形尺寸：
$100 \times 80 \times 66$(mm)（44L1 型）；
$120 \times 100 \times 70$(mm)（59L1 型）；
$80 \times 64 \times 58$(mm)（69L1 型）；
$64 \times 56 \times 52$(mm)（85L1 型）。

8.2.2 常用实验室用电流、电压表

实验室指示式电流、电压表一般采用磁电式直流、电磁式和电动式交直流表，分别见表8.2.2-1～表8.2.2-3。

磁电式直流电流、电压表　　　　　表8.2.2-1

序号	型号	测量范围	准确度等级	外形尺寸(mm)(长×宽×厚)
1	C 4-A	0.015～30A	0.5	
2	C 4-mA	0.15～60mA	0.5	$300 \times 200 \times 117$
3	C 4-V	3～600V	0.5	
4	C 4-mV	15～3000mV	0.5	
5	C 7-μA	1～100μA	1.0	$300 \times 200 \times 116$
6	C 28-V	3～400V	0.5	$220 \times 170 \times 110$
7	C 29-μA	1～1000μA	0.5	$270 \times 206 \times 127$
8	C 30-V	3～600V	1.0	$135 \times 105 \times 57$
9	C 30-mV	75～1500mV	1.0	
10	C 30-A	0.3～30A	1.0	
11	C 30-mA	1.5～1000mA	1.0	
12	C 31-V	3～600V	0.5	$220 \times 170 \times 100$
13	C 31-mV	45～3000mV	0.5	
14	C 31-A	7.5～30A	0.5	
15	C 31-μA	10～1000μA	0.5	
16	C 36-A	0.005～10A	0.2	$270 \times 206 \times 127$
17	C 36-V	3～600V	0.2	
18	C 42-A	0.01～5A	0.1	$270 \times 206 \times 127$
19	C 42-V	1.5～600V	0.1	

电磁式交、直流电流、电压表　　　　　表8.2.2-2

序号	型号	测量范围	准确度等级	外形尺寸(mm)(长×宽×厚)
1	T 2-mA	25～500mA	0.5	$230 \times 190 \times 115$
2	T 2-A	0.5～10A	0.5	
3	T 2-V	15～300V	0.5	
4	T 10-A	1～10A	0.5	$205 \times 150 \times 90$

续表

序号	型号	测量范围	准确度等级	外形尺寸(mm)（长×宽×厚）
5	T 10-V	7.5~600V	0.5	
6	T1 5-A	0.5~10A	0.5	215×185×94.3
7	T1 5-V	75~600V	0.5	
8	T1 9-mA	10~500mA	0.5	220×170×95
9	T1 9-A	0.5~10A	0.5	
10	T 19-V	7.5~600V	0.5	
11	T 20-A	2.5~50A	1.5	270×180×115
12	T 20-V	30~450V	1.5	
13	T 24-mA	15~300mA	0.2	315×230×135
14	T 24-A	0.5~10A	0.2	
15	T 24-V	15~600V	0.2	
16	T 51-mA	10~1000mA	0.5	210×150×95
17	T 51-A	2.5~10A	0.5	
18	T 51-V	1.5~600V	0.5	

电动式交、直流电流、电压表　　　　表 8.2.2-3

序号	型号	测量范围	准确度等级	外形尺寸(mm)（长×宽×厚）
1	D 2-A	0.5~10A	0.2	360×350×142
2	D 2-V	75~300V	0.2	
3	D 2-mA	25~500mA	0.2	
4	D 8-V	1.5~600V	0.5	289×232×172
5	D 8-mA	1~100mA	0.5	
6	D 9-mA	25~500mA	0.5	285×220×160
7	D 9-A	1~10A	0.5	
8	D 9-V	50~450V	0.5	
9	D 19-A	0.5~10A	0.5	283×210×178
10	D 19-V	75~600V	0.5	
11	D 26-mA	150~500mA	0.5	285×220×164
12	D 26-A	0.5~20A	0.5	
13	D 26-V	75~600V	0.5	

8.2.3 电流和电压测量

1. 直流电流测量

（1）接线方法

测量直流小电流，采用直接接入法，见图 8.2.3-1(a)；测量大电流，一般采用外附分流器接法，见图中(b)。

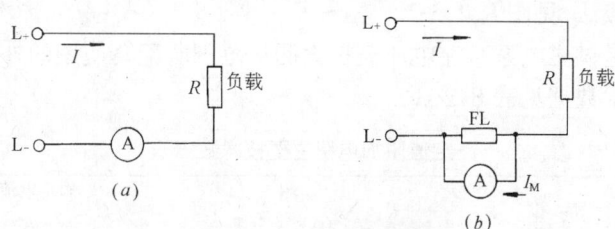

图 8.2.3-1 直流电流测量
(a)直接接入法;(b)外附分流器接法
FL—分流器,A—直流电流表

(2) 分流器选用

常用分流器见表 8.2.3-1。

常用分流器　　　　　表 8.2.3-1

序号	型号	准确度等级	输出电压降 (mV)	量限范围 (A)
1	FL-2 (固定式)	0.5 (2~4000A)	45	2,3,5,10,15,20,30,50,75,100,150,200,300, 500,750,1000,1500,2000,3000,4000,5000, 6000,7500,10000
		1.0 (5000~10000A)	75	
2	FL-27 (固定式)	0.2	45、75	50,75,100,150,200,300,500,750,1000,1500, 2000,3000,4000
	FL-27 (携带式)	0.2	45、75	50,75,100,150,200,300
3	FL-13	0.5	75	7.5,10,15,20,30,50
4	FL-29	0.5 (75~750A)	75	75,100,150,200,250,300,400,500,600,750, 1000,1500,2000,2500,3000,4000,5000,6000, 7500
		1.0 (1000~6000A)		

如果没有适用的与表头配套的定值分流器,可按下式设计计算分流电阻:

$$R_{FL} = \frac{R_M \cdot I_M}{I - I_M}$$

式中　R_{FL}——分流电阻,Ω;
　　　R_M——表头内阻,Ω;
　　　I——待测的额定电流,A;
　　　I_M——表头满刻度的额定电流,A。

(3) 注意事项

测量直流电流时,要注意仪表的极性和量程;采用分流器时,应将分流器的电流端子(外侧的两个端子)接入电路,由表头引出的外附定值导线应接在分流器的电位端子上;一般外附定值导线是与仪表、分流器配套使用的,如果外附定值导线不够长,可用其他导线代用,但应使替代导线的电阻等于 0.035Ω。

2. 直流电压测量

直流低电压采用直接接入法,高电

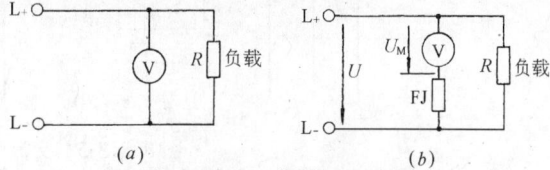

图 8.2.3-2 直流电压测量
(a)直接接入法;(b)带附加电阻的接法
FJ—附加电阻;V—直流电压表

压采用附加电阻的接法,见图 8.2.3-2。

定值附加电阻是供磁电系直流电压表扩大测量范围时配套使用的外附装置。常用外附定值电阻的主要技术数据见表 8.2.3-2。

定值附加电阻主要技术数据 表 8.2.3-2

序号	型号	精度	量限 (A)	额定电流 (mA)	电阻材料
1	FJ-17	0.5	750,1000,1500	5	漆包康铜线
2	FJ-40	0.5	750,1000,1500,2000,3000	1	金属膜电阻

如果没有适用的与表头配套的定值附加电阻器,可按下式设计计算附加串联电阻:

$$R_{FJ} = R_M \cdot \left(\frac{U}{U_M} - 1\right)$$

式中　R_{FJ}——附加串联电阻,Ω;

　　　R_M——表头内阻,Ω;

　　　U——待测的额定电压,V;

　　　U_M——表头满刻度的额定电压,V。

3. 交流电流测量

低电压小电流通常采用直接接入法。高电压或低电压大电流则需使用电流互感器。用一表测量多相电流还需接入电流换相开关。

交流电流测量的基本接线见图 8.2.3-3。

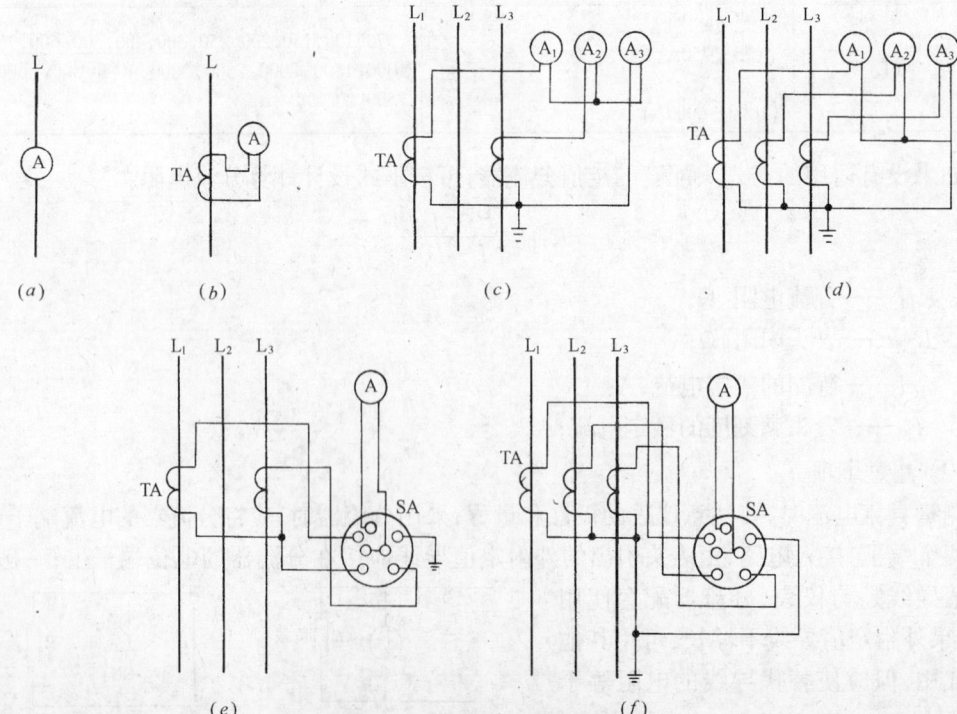

图 8.2.3-3　交流电流测量
(a)直接接入法;(b)经电流互感器接入;(c)两互感器三表测量三相电流;(d)三互感器三表测量三相电流;
(e)两互感器一表一转换开关测量三相电流;(f)三互感器一表一转换开关测量三相电流
TA—电流互感器,SA—电流换相开关

4. 交流电压测量

低电压可采用直接接入法,高电压还需接入电压互感器,用一表测量多相电压还需接入电压转换开关。

测量接线见图 8.2.3-4。

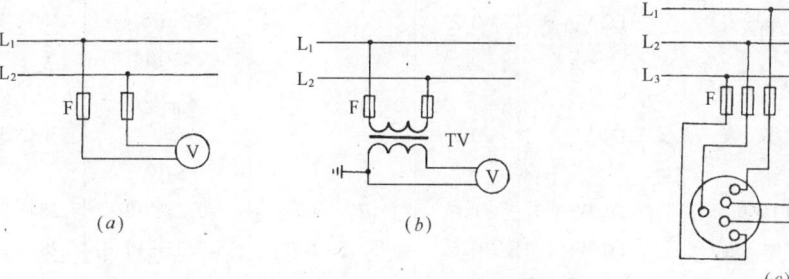

图 8.2.3-4 交流电压测量
(a)直接接入;(b)经电压互感器接入;(c)用一表测量三相电压(高电压时需接入电压互感器)
TV—电压互感器;SV—电压换相开关;F—熔断器

8.3 功率表和功率测量

8.3.1 常用功率表

常用指示式功率表见表 8.3.1-1 和表 8.3.1-2。

常用开关板式功率表　　　　表 8.3.1-1

序号	名称	型号	准确度等级	量限 电压(V)	量限 电流(A)	备注
1	三相有功功率表	1D1-W 1D5-W	2.5	100,127, 220,380	5	铁磁电动式,方形,可直接接入
2	单相或三相 有功功率表	6L2-W				整流式,方形,可直接接入
3	有功功率表	44L1-W 59L2-W				整流式,矩形,经功率变换器接入
4	三相无功功率表	1D1-Var 1D5-Var				铁磁电动式,方形,可直接接入
5	单相或三相 无功功率表	6L2-Var				整流式,方形,可直接接入
6	无功功率表	44L1-Var 59L2-Var				整流式,矩形,经功率变换器接入

常用实验室用功率表   表 8.3.1-2

序号	名称	型号	准确度等级	测量范围 电压(V)	测量范围 电流(A)	外形尺寸(mm)(长×宽×厚)
1	功率表	D1-W	0.5	150	5	230×190×115
2	功率表	D2-W	0.2	75/150/300	0.5/1 2.5/5 5/10	360×350×142
3	功率表	D4-W	0.1	75/150/300	0.5/1 2/4 5/10	368×350×165
4	低功率因数功率表	D5-W	1.0	75~600	0.25~10	289×232×172
5	功率表	D8-W	0.5	37.5~600	0.05~10	289×232×172
6	功率表	D9-W	0.5	150~300	0.15~10	285×220×160
7	功率表	D26-W	0.5	75~600	0.5~20	285×220×164
8	功率表	D28-W	0.5	30~600	0.02~10	150×205×90
9	功率表	D33-W	1.0	75~600	0.5~10	295×230×215
10	功率表	D34-W	0.5	25~600	0.25~10	285×270×164

8.3.2 功率表选择与使用

1. 功率表选择

功率表选择一般原则见表 8.3.2-1。

功率表选择的一般原则   表 8.3.2-1

序号	项目	选择条件	备注
1	电压	仪表额定电压应大于或等于被测电路工作电压	可附加交流电压互感器或直流分压器
2	电流	仪表额定电流应大于或等于被测电路工作电流	可附加交流电流互感器或直流分流器
3	功率因数	被测电路功率因数小于0.3时,应选择低功率因数功率表	

【例 8.3.2-1】 两个负载,估计参数如下:
负载 1:$P_1=800W, \cos\varphi=0.8, U_1=220V$;
负载 2:$P_2=800W, \cos\varphi=0.8, U_2=36V$。
选择功率表。

【解】
$$I_1 = \frac{P_1}{U_1\cos\varphi} = \frac{800}{220\times0.8} = 4.55A;$$
$$I_2 = \frac{P_2}{U_2\cos\varphi} = \frac{800}{36\times0.8} = 27.8A。$$

所以,测量负载 1,功率表的量程应为 300V,5A;

测量负载 2,功率表的量程应为 37.5V,30A。通常没有这么大电流量程的功率表,故应接入 30/5A 的电流互感器,这样,功率表的量程可选为 37.5V,5A。

2. 功率表接线

功率表有电流、电压线圈两个独立的支路,为了使接线不致发生错误,通常在电流、电压端钮的一端标有"＊"、"±"、"·"或"↑"等标记。具有同种标记的称为同名端或发电机端,其正确接线方式见图 8.3.2-1。

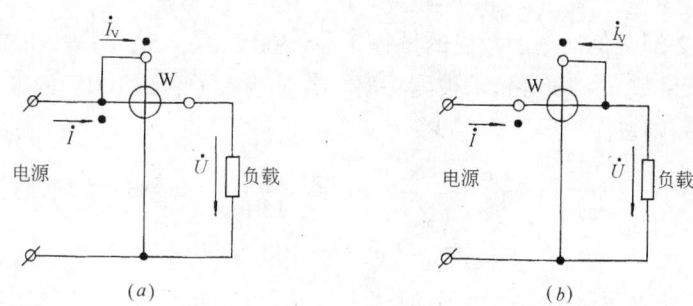

图 8.3.2-1 功率表接线
(a)电压线圈前接;(b)电压线圈后接
I—负载电流;U—负载电压;I_V—流过电压线圈电流

接线规则是:

(1) 电流发电机端接电源侧,另一端接负载端,即负载电流由发电机端流向另一端;

(2) 电压发电机端接电流端钮的任一端,另一电压端接负载的另一端;

(3) 电压线圈前接(图(a)),功率表计入了电流线圈的功率损耗;电压线圈后接(图(b)),功率表计入了电压线圈的功率损耗。为了减少测量误差,通常小电流、高电压负载,且采用电压线圈前接;大电流、低电压负载,宜采用电压线圈后接。电流线圈内阻小小于负载电阻时,宜采用电压线圈前接;电压线圈内阻大大于负载电阻时,宜采用电压线圈后接;

(4) 经互感器接入的功率表,应将互感器的极性一并考虑。

3. 功率表计量读数

功率表计量读数及其计算见表 8.3.2-2。

功率表计量读数及计算　　　　　　　　表 8.3.2-2

序 号	类 别	计算方法	符 号 说 明
1	一般功率表	$W = C\alpha$ $C = \dfrac{U_N I_N}{\alpha_m}$	W——被测功率数,W C——功率表分格常数,W/格 α——指针偏转格数 α_m——标尺满刻度格数 U_N——功率表电压量程,V I_N——功率表电流量程,A
2	低功率因数表	$W = C\alpha$ $C = \dfrac{U_N I_N \cos\phi}{\alpha_m}$	$\cos\phi$——功率表额定功率因数
3	接入交流互感器	$W = C\alpha K_V K_A$	K_V——电压互感器变比 K_A——电流互感器变比
4	接入直流分流、分压器	$W = C\alpha n_V n_A$	n_V——分压器的分压比 n_A——分流器的分流比

注:未说明符号同序号 1。

【例 8.3.2-2】 功率表的量程 $U_N=450V$,$I_N=5A$,满刻度格数 $\alpha_m=150$ 格,指针偏转格数 $\alpha=100$ 格,求被测功率大小。

【解】
$$C=\frac{U_N I_N}{\alpha_m}=\frac{450\times 5}{150}=15\text{W/格}$$
$$W=C\alpha=15\times 100=1500\text{W}$$

【例 8.3.2-3】 低功率因数表的量程 $U_N=300V$,$I_N=5A$,$\cos\varphi=0.2$,满刻度格数 $\alpha_m=150$,指针偏转格数 $\alpha=100$ 格,求被测功率。若是接入了 380/100V 的电压互感器和 50/5A 的电流互感器,则被测功率应为多少?

【解】
$$C=\frac{U_N I_N \cos\varphi}{\alpha_m}=\frac{300\times 5\times 0.2}{150}=2\text{W/格}$$
$$W=C\alpha=2\times 100=200\text{W}$$

若接入了互感器,
$$K_V=380/100=3.8$$
$$K_A=50/5=10$$
$$\begin{aligned}W&=C\alpha K_V K_A\\&=2\times 100\times 3.8\times 10=7600\text{W}\\&=7.6\text{kW}\end{aligned}$$

8.3.3 直流和单相交流功率测量

1. 直流和单相交流功率测量的一般方法(见表 8.3.3-1)

直流和单相交流功率测量一般方法　　　表 8.3.3-1

序号	方法	电路图	功率计算	说明
1	电流-电压表法	(电路图:电流表外接)	$P=UI$	高电压、小电流情况下采用；R—负载电阻
		(电路图:电流表内接)	$P=UI$	低电压、大电流情况下采用
2	功率表法	(电路图:功率表,电压支路前接)	$P=W$ $=C\alpha$	高电压、小电流情况下采用；W—仪表计数;C—仪表分格常数;α—指针偏转格数
		(电路图:功率表,电压支路后接)	$P=W$ $=C\alpha$	低电压、大电流情况下采用

注:高电压、大电流时,根据具体情况分别接入分流、分压器或电流、电压互感器(参考表 8.3.3-2);交流时,R 为 Z。

2. 单相交流功率测量的其他方法(见表8.3.3-2)

测量单相交流功率的其他方法　　　　　表8.3.3-2

序号	方　法	电　路　图	功率计算	说　　明
1	功率表经互感器接入法		$P = K_V K_A W$	K_V——电压互感器 TV 变比 K_A——电流互感器 TA 变化
2	三电压表法		$P = \dfrac{U_1^2 - U_2^2 - U_3^2}{2R}$	R 为阻值很小的无感电阻
3	三电流表法		$P = \dfrac{(I_1^2 - I_2^2 - I_3^2)R}{2}$	R 为阻值很大的无感电阻
4	电压、电流、功率因数表法		$P = UI\cos\varphi$	

8.3.4 三相交流有功功率测量

1. 三相对称电路功率的测量

测量三相对称电路功率通常采用一表法,功率表的接线见图8.3.4-1。功率表电压线圈接相电压,电流线圈接一相电流。对于三相三线电路,为了获得一相电压,通常接图(b)制造一人工中性点。人工中性点的电阻 R 一般与功率表电压支路附加电阻相同。

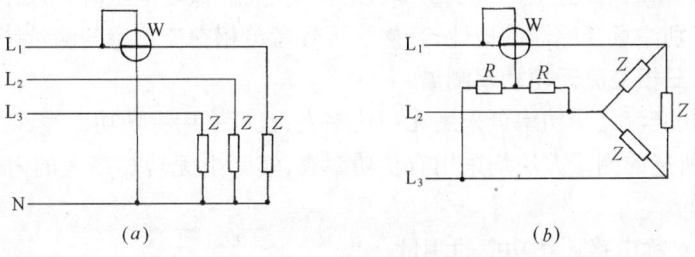

图 8.3.4-1　三相对称电路功率的测量
(a)三相四线电路;(b)三相三线电路
W—功率表;Z—负载阻抗;R—电阻

三相交流功率 P 为

$$P = 3W$$

式中 W——功率表读数,按第8.3.2节的计算方法确定。

若接入了电压、电流互感器,其值还应乘以互感器的变化。

2. 三相三线电路功率的测量

三相三线对称或不对称电路功率的测量通常采用"两表法"接线,见图8.3.4-2。

三相交流功率 P 为

$$P = W_1 + W_2$$

式中 W_1、W_2——功率表的读数。

读数时应注意,当负载的功率因数等于或小于0.5时,其中有一功率表的读数为0或为负值。在这种情况下,应把该表的电流线圈两端互换,这时,该功率表的计数应为负值,即三相功率为两表读数之差(代数和)。

3. 三相四线不对称电路功率的测量

在三相四线不对称系统中,必须应用三个功率表进行测量,其接线见图8.3.4-3。

三相交流功率 P 为

$$P = W_1 + W_2 + W_3$$

式中 W_1、W_2、W_3——各功率表的读数。

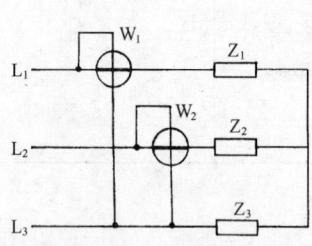

图8.3.4-2 三相三线电路
功率测量的两表法接线

W_1、W_2—功率表;Z_1、Z_2、Z_3—负载阻抗

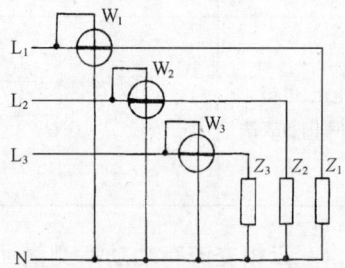

图8.3.4-3 测量三相四线不对称
电路功率的三表法接线

4. 大电流或高电压三相交流功率的测量

当三相电路的电流、电压大于功率表的额定电流、额定电压时,常需配用电流、电压互感器,这时应特别注意互感器的极性,其接线可参考单相交流功率的测量接线。

8.3.5 三相交流无功功率测量

测量三相交流无功功率可采用无功功率表,也可采用有功功率表,两者的接线原理是一致的。下面所述的测量方法均采用有功功率表,实际上无功功率表的内部接线就是根据这一原理实现的。

1. 三相对称电路无功功率的测量

三相对称电路无功功率的测量可采用一表法,也可采用两表法,其接线见图8.3.5-1。

三相无功功率的读数:

对于一表法,

$$Q = \sqrt{3}W;$$

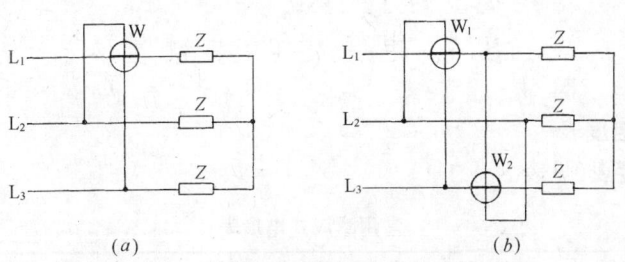

图 8.3.5-1 三相对称电路无功功率的测量
(a)一表法;(b)两表法
W—有功功率表;Z—负载阻抗

对于两表法,
$$Q = \frac{\sqrt{3}}{2}(W_1 + W_2)$$

式中　Q——三相无功功率,Var;
　　W_1、W_2——功率表读数。

2. 三相不对称电路无功功率的测量

三相不对称电路无功功率的测量可采用两表法或三表法,其接线见图 8.3.5-2。图(a)的电路中,电阻 R 是为了制造一人工中性点而接入的,其阻值与功率表电压线圈支路的附加电阻相近。

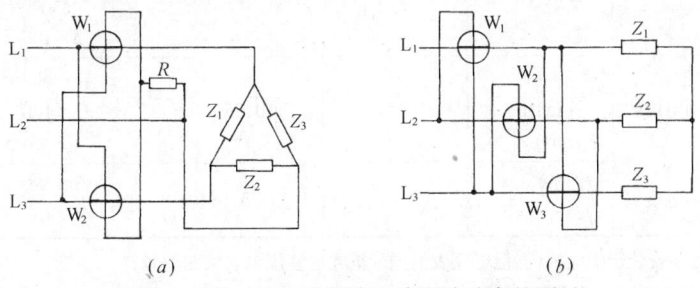

图 8.3.5-2 三相不对称电路无功功率的测量
(a)两表法;(b)三表法
W_1、W_2、W_3—有功功率表;Z_1、Z_2、Z_3 负载阻抗;R—附加电阻

三相交流无功功率的读数:
对于两表法,
$$Q = \sqrt{3}(W_1 + W_2)$$

对于三表法,
$$Q = \frac{1}{\sqrt{3}}(W_1 + W_2 + W_3)$$

式中　Q——三相无功功率,Var;
　　W_1、W_2、W_3——功率表读数。

8.4 电度表和电能测量

8.4.1 常用电度表

1. 感应式电度表(见表8.4.1-1)

常用感应式电度表　　　　　　表8.4.1-1

序号	名　称	型　号	准确度等级	额定电流(A)	额定电压(V)	备　注
1	直流电度表	DJ1	2.0	5~40	110/220	
2	单相交流有功电度表	DD20 DD28 DD28-1 DD103 DD862	2.0	2,5,10 1,2,5,10,20 5,10,20 3,5,10	220	DD28已列入淘汰产品
3	三相四线有功电度表	DT1/a DT6 DT8 DT10 DT862	2.0 2.0	5,10,25,40,80, 3×5	380/220 380/220	
4	三相四线无功电度表	DX9 DX10	3.0 3.0	3×5 3×5	3×380 3×100 3×380 3×100	
5	三相三线有功电度表	DS8 DS10 DS1/a	2.0	5,10,25,3×5,	3×380 3×100 3×220	
6	三相三线无功电度表	DX8 DX15	3.0	3×5,5,10,	3×380 3×100	

注：a. 电度表主要安装于配电板内，但电度表的型号按实验室用电表编制型号。
　　b. 电度表的最大工作电流一般为额定电流的2倍(在表面上用括号内数字表示)，有的为其额定电流的4倍。

2. 电卡式预付费电度表

(1) 常用类型(见表8.4.1-2)

常用电卡式预付费电度表　　　　　表8.4.1-2

序号	名　称	型号系列	准确级	额定电流(A)	额定电压(V)	金额显示位数
1	单相电度表	DDY DYF DG	2.0	5,10,16,20	220	4位、6位
2	三相电度表	DTY	2.0	5,10,20,40	220/380	6位

(2) 主要性能

1) LED数码管显示多种信息

计量并显示用户累加的购、用电量(金额)；

显示电表常数；

显示报警电量(金额)数量；

实现用户预先用电的功能,将电能转化为商品,电量(金额)用尽时电度表自动切断供电电源。

2) 记忆功能

电表内电量(金额)及其他信息在停电时自动保护,也不会因供电电路长期停电而丢失。

3) 监测功能

当用户表内剩余电量(金额)达到报警下限时,电表显示报警电量(金额)(三相表电铃继电器接通电铃),提醒用户及时购电。(表内剩余电量(金额)低于报警下限后,剩余电量(金额)每递减1个字,显示器自动显示若干秒,以示警告。)

以显示器上小数点闪动做电表采样指示。机械表计度器读数可以提供用户累积用电量。

4) 辩伪功能:本预付费电度表在使用非指定IC卡等介质时不会接受或工作。真正做到一表一卡,不能随意更换或复制IC卡。

5) 防窃电功能:无论电表表盘正盘正转或反转,微电脑仍正常计量用户使用电能。

6) 叠加功能:用户将新购电量(金额)的IC卡插入表内时,表内剩余电量(金额)能与新购入的电量(金额)数叠加。

7) 信息反馈功能:随时插入用户购电IC卡,电表都将实际运行的数据写入IC卡,经IC卡反馈给售电管理系统,供售电部门监督用户用电情况。

8) 用电负荷监控功能:当用户超负荷(在220VAC参比电压下电流超过120%)用电时,预付费电表可自动中断供电,提示用户减少用电负荷。

(3) 使用方法

1) 用户安装本电表时,应到供电部门营业处办理开户、建档,供电部门对本表进行初始化,用户购买IC卡及相应的电量(金额)。

2) 将购买电量的IC卡插入表内后,指示灯亮一次,数码管显示表内剩余电量(金额)和本次购买的电量(金额)之和,即表示购买的电量(金额)已正确输入电度表内(若原来处于断电状态,此时可以恢复供电)。然后将IC卡拔出保管好以备以后查询和购电之用;若数码管未显示电量数字或数字不准,则表示IC卡有问题或电度表出现故障,应找供电部门处理。

3) 电表加电后,数码管显示电度表内剩余电量(金额)几秒钟,加载后电表开始工作,机械表圆盘每转一圈数码管上的小数点闪亮一次(三相表闪亮二次),此刻说明电表运行正常,当剩余电量(金额)小于报警电量(金额)下限时,电度表数码管长亮(三相表电铃继电器接通电铃),提醒用户购电,用户应携带购电的IC卡到供电部门售电处购买电量(金额)后,将IC卡插入电表,电表读取数据后将IC卡取出保存好以备查询或下次购电;若用户没有购电,电度表剩余电量(金额)用尽后,电度表自动断电(三相表控制欠压开关断电),直至插入购电(金额)后的IC卡电表开始供电。

4) 用户将有效的IC卡插入电度表内,电表将用户当前使用的情况数据写在IC卡上,下次购电时可通过售电管理系统检查用户用电情况。如电度表未在示警电量(金额)以下,用户想查询剩余电量(金额),将IC卡插入电度表,插卡后电度表数码管显示当前剩余电量(金额),几秒种后熄灭。

5) 一表对应一卡,用户卡只能在自己的表上使用,在其他电度表上不起作用。

6) 插入表常数卡电度表将自动显示:U单价,H表常数,L报警电量(金额),Pt,Ct值。

8.4.2 电度表接线
1. 单相交流电度表接线(见图8.4.2-1)

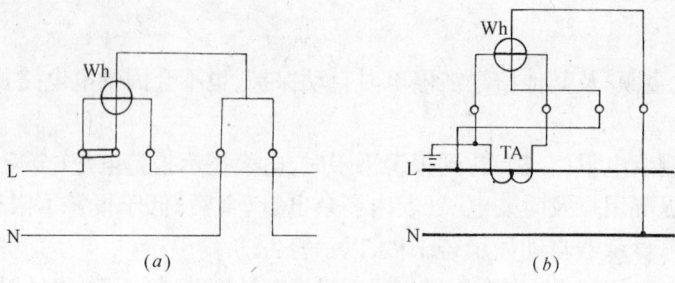

图 8.4.2-1 单相交流电度表接线
(a)直接接入;(b)经电流互感器接入
Wh—电度表;TA—电流互感器

2. 三相电度表接线(见图8.4.2-2)

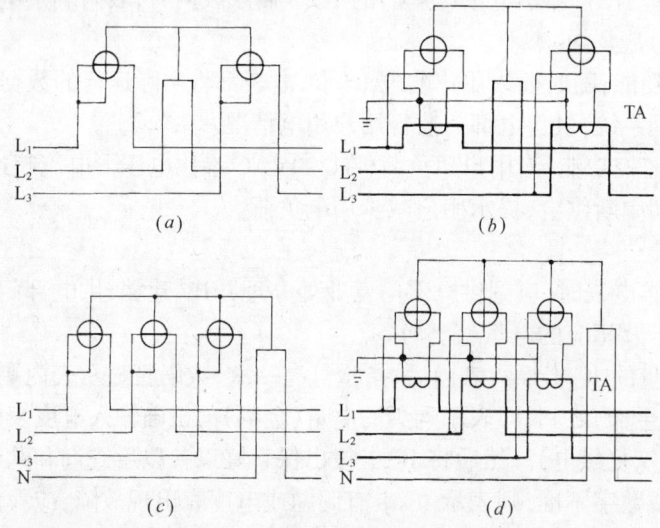

图 8.4.2-2 三相电度表接线
(a)三相三线有功电度表直接接入;(b)三相三线有功电度表经电流互感器接入;
(c)三相四线有功电度表直接接入;(d)三相四线有功电度表经电流互感器接入

8.4.3 电度表选择与使用
1. 电度表选择(见表8.4.3-1)

电度表选择方法　　　　　　　　　表8.4.3-1

序号	项目	选择条件	备注
1	工作电压	负载额定电压与电度表额定电压相等	可选用电压互感器或分压器
2	工作电流	负载工作电流应小于电度表额定电流	可选用电流互感器或分流器
3	最大工作电流	负载最大工作电流应小于电度表最大工作电流	电度表最大工作电流一般为额定电流的(2~4)倍
4	准确度等级	有功功率表一般为2.0级 无功功率表一般为3.0级 附件一般为0.5级	附件包括互感器、分流和分压器

2. 电度表读数

(1) 直接接入时,可从电度表直接读数,单位为 kWh(度);
(2) 直接接入且表盘上有"×10"或"×100"时,应将读数乘以10或100;
(3) 接入了互感器、分流器、分压器时,读数应乘以互感器、分流器、分压器的变比;
(4) 用一只电度表计量对称三相电路电能时,还应乘以3。

【例8.4.3-1】 一单相电度表计量对称三相电路电能,所接电流互感器变比 $K_A = 50/5A$,电度表表盘上有"×100"的标记,今读得表盘数为491.77。计算电度数。

【解】
$$W = 491.77 \times 100 K_A \times 3$$
$$= 491.77 \times 100 \times 50/10 \times 3$$
$$= 1475310 \text{kWh}$$

8.5 电桥和电阻测量

8.5.1 常用电桥

常用直流、交流电桥见表8.5.1-1。

常用电桥主要技术数据　　　　　　　　表8.5.1-1

序号	名称	型号	主要规格	准确度	外形尺寸(mm) 重量(kg)	特点及用途
1	携式直流单臂电桥	QJ23	测量范围:1~999900Ω 比较臂:9×1;9×10;9×100;9×1000欧四个读数盘 比例臂:×0.001;×0.01;×0.1;×1;×10;×100;×1000七档比例臂	0.2	240×180×140 2	适用测直流电阻 内附:检流计 干电池
2	单臂电桥	QJ39	测量范围:1~9999×10³Ω	0.1		测量各种导体直流电阻值
3	线路试验器	QJ43	测量范围:1~999900Ω 基本量程:10~9999Ω	0.1	230×180×130 5	可测各种导体电阻并可测量电缆的故障点 内附: 晶体管放大器 检流计工作电源
4	携式线路故障测试器	QJ45	测量范围:1~1011000Ω	0.1	230×210×145	可测电阻及混线接地、断、错交线等通讯线路故障
5	携式直流双臂电桥	QJ26/1	测量范围:10^{-4}~11Ω 基本量程:10^{-3}~11Ω 使用温度:10~35℃	0.2	200×150×150 <1.5	适合测量低值电阻,如电机、变压器绕线组电阻、金属导体等 内附:晶体管放大器,检流计

续表

序号	名称	型号	主要规格	准确度	外形尺寸(mm) 重量(kg)	特点及用途
6	携式直流单双臂电桥	QJ31	测量范围:单桥 $10\Omega\sim 1M\Omega$ 双桥 $1\sim 0.001\Omega$	0.2	$335\times 260\times 155$ 5.2	测量直流电阻值
7	携式直流双臂电桥	QJ44	测量范围:$0.00001\sim 11\Omega$	0.2	$300\times 255\times 150$	测量直流低值电阻
8	直流单双臂电桥	QJ5	测量范围: 双臂电桥:$0.000001\sim 0.00001\Omega$ $0.000010001\sim 0.0001\Omega$ $0.00010001\sim 0.001\Omega$ $0.0010001\sim 100\Omega$ 单臂电桥:$50\sim 100000\Omega$ $100010\sim 1000000\Omega$ 绝缘电阻:$\geqslant 1000M\Omega$	0.05	$451\times 321\times 212$ 13	测量导体电阻值
9	电雷管测试仪	QJ41	测量范围:电雷管 $0\sim 3\sim 9\Omega$ 导电线 $0\sim 3000\Omega$	1.5	$150\times 90\times 70$ 1	检测电爆网路和电雷管的直流电阻
10	携带式直流双臂电桥	QJ42	测量范围:$0.0001\sim 11\Omega$	2	$231\times 210\times 141$	测量直流低值电阻
11	单臂电桥	QJ37	测量范围:$1\sim 10^7\Omega$ 基本量程:$10^2\sim 10^5\Omega$ 比较臂零电阻$<0.02\Omega$	0.01	$754\times 280\times 170$ 15	精密测量直流电阻用 内附:晶体管稳压电源
12	单双两用电桥	QJ17	测量范围: 双桥:$10^{-6}\sim 100\Omega$ 单桥:$100\Omega\sim 1M\Omega$	0.02	$460\times 293\times 143$ 12	用于精密测量直流电阻
13	测温双臂电桥	QJ18	测量范围:$0.1110\sim 111.2110\Omega$ 最小步进值:0.0001Ω 使用温度:$15\sim 30℃$	0.02	$413\times 254\times 155$ 8.2	在温度计量时用作精密测量二等标准铂电阻温度计的电阻
14	单双臂两用电桥	QJ36	测量范围: 单臂电桥:$10^2\sim 10^6\Omega$ 双臂电桥:$10^{-6}\sim 10^2\Omega$ 基本量程:$10^{-3}\sim 10^5\Omega$	0.02	$565\times 330\times 180$ 约 16	用于测量导体电阻(代替 QJ16 型) 配用 AC15/6 或 AC15/2 和 AC15/4 检流计
15	万能电桥	QS14	电阻:$1\times 10^{-1}\sim 10^6\Omega$ 电容:$1\times 10^{-5}\sim 10^2\mu F$ 电感:$1\times 10^{-5}\sim 10^2H$ 损耗角:$1\times 10^{-4}\sim 6\times 10^{-1}$	0.5	$420\times 290\times 230$ $410\times 250\times 220$	用于测量电容、电感及电容损耗角正切值等电气参数
16	交流电桥	QS1	高压测量电压为 $5\sim 10kV$ 电容:$0.3\times 10^{-4}\sim 0.4\mu F$ 介质损耗角正切(tgδ)$0.005\sim 0.6$ 低	5	$500\times 280\times 290$ 20	用于测量各种绝缘套管、瓷瓶变压器或旋转电机线圈,电缆

8.5.2 直流电阻测量
1. 直流电阻常用测量方法(见表 8.5.2-1)

测量直流电阻常用方法及其应用场合　　　　表 8.5.2-1

序号	方法	测量范围(Ω)	误差(%)	应用
1	双臂电桥法	$10^{-6} \sim 10^2$	$2 \sim 0.01$	适用于测量小电阻
2	单臂电桥法	$10 \sim 10^6$	$1 \sim 0.01$	适用于测量大电阻
3	欧姆表法	$10^{-2} \sim 10^6$	$5 \sim 0.5$	估算电阻、检查零值电阻
4	电压表-电流表法	$10^{-3} \sim 10^6$	$1 \sim 0.2$	适用于测量接触电阻等
5	电位差计法	$10^{-2} \sim 10^6$	$0.1 \sim 0.005$	实验室采用
6	数字欧姆表法	$10^{-2} \sim 10^8$	$0.1 \sim 0.02$	方便,适用于各种场合

2. 电压表—电流表法(见表 8.5.2-2)

测量直流电阻的电压表-电流表法　　　　表 8.5.2-2

序号	方法	电路图	电阻值计算	应用
1	电压表前接	(电路图)	$R_x = U/I$	适用测量较大电阻
2	电压表后接	(电路图)	$R_x = U/I$	适用测量较小电阻

3. 电位差计法

电路见图 8.5.2-1。其原理是:利用开关 S 转接,分别测出 R_n 和 R_x 两端的电压 U_n 和 U_x,则 R_x 为

$$R_x = \frac{U_x}{U_n} R_n$$

4. 直流电桥法

电路见图 8.5.2-2。其原理是:调节电阻 R 使电桥平衡,即检流计 P 指示为零,则被测电阻 R_x 为

$$R_x = R_2/R_1 \cdot R = CR$$

式中　$C = R_2/R_1$——比率臂。

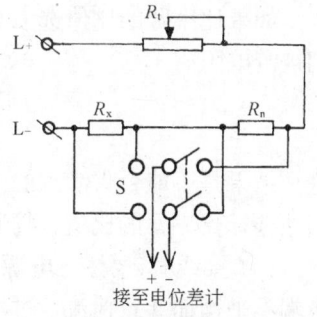

图 8.5.2-1　电位差计法测电阻
R_n—标准电阻;R_x—被测电阻;
R_t—调节电阻;S—转换开关

8.5.3 直流电桥使用方法
1. 电桥一般使用方法

(1) 根据被测电阻值的大致范围和对测量准确度的要求,选择合适的电桥。所选择电桥的准确度应略高于被测电阻所允许的误差。

(2) 如果检流计需要外接,在选择检流计时,其灵敏度应选择得合适。如果灵敏度太高,则电桥难以平衡,若灵敏度太低,又达不到应有的测量精度。一般对检流计选择的原则

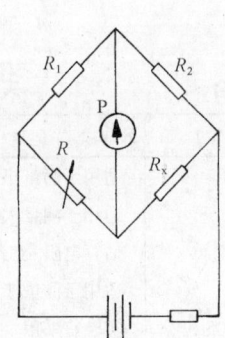 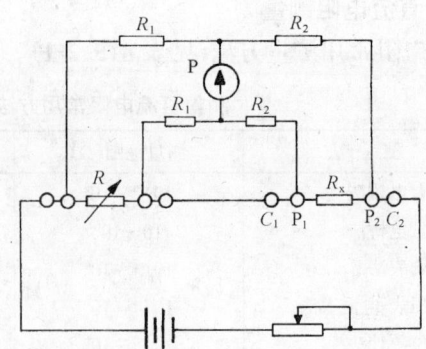

图 8.5.2-2 直流电桥法测电阻
(a)单臂电桥;(b)双臂电桥

是,在调节比较臂最低档时,检流计有明显的变化即可。

(3) 如果需要外接电源,电源的正极应接到电桥面板上标有"+"符号的接线柱上,负极接到标有"-"符号的接线柱上。外接电源的电压应根据电桥的说明书来选择,一般电源电压为 3~4.5V。为了保护检流计,在电源支路中最好串联一个可调电阻,测量时,可以逐渐减小电阻,以提高电桥的灵敏度。

(4) 将被测电阻 R_x 接到电桥面板上标有 R_x 的两个接线柱上。估计被测电阻值的大小,恰当地选择"比率臂"的比值。选择比值的原则是,应使比较臂可调电阻的各档得到充分的应用,以提高读数的精度。例如,若用 QJ23 型直流单臂电桥测量一个阻值为 3Ω 左右的电阻,这时,比率臂的比值应选择 0.001 档,当电桥平衡时,比较臂可以读到四位数,如果比较臂四个读数盘的读数为 3174,则被测量电阻

$$R_x = \frac{R_2}{R_1}R = 0.001 \times 3174 = 3.174\Omega$$

如果比率臂的比值选为 0.1,电桥平衡时,比较臂可调电阻只能读出后面两位数为 32,则被测电阻

$$R_x = \frac{R_2}{R_1}R = 0.1 \times 32 = 3.2\Omega$$

这个结果是不能令人满意的。显然,对比率臂比值的这种选择是很不恰当的。由此可见,恰当地选择比率臂的比值,对测量结果的准确度是很重要的。

(5) 接线时,要注意电源和检流计的极性。所有接头处要拧紧,以免因接触不好使电桥极端不平衡而导致检流计过流而损坏。

(6) 测量时,先将电源支路按钮开关按下并锁住。接通电源,然后按下检流计按钮,反复调节比较臂和比率臂,使检流计指示为零。此时,电桥达到平衡。在调节过程中,通过检流计的电流可能很大,因此,不要旋紧检流计按钮,只能在每次调节时,试探性的按一下,观察平衡情况,当检流计偏转不大时,方可按紧检流计按钮,进行反复调节。

(7) 测量完毕后,应先放开检流计按钮,再放开电源支路按钮。在测量具有电感的元件时,更应遵守这个次序,否则,因电源断开产生较大的感应电势而导致检流计损坏。

2. 双臂电桥使用方法

(1) 被测电阻 R_x 应有 4 个端钮,并应严格遵守规定的接线方式,如测量电机、变压器绕

组等没有专门电流接头和电位接头的电阻时,可自行根据接线要求引出 4 个头。

(2) 在选用标准电阻时,应尽量使其与被测电阻在同一数量级,最好满足 $\frac{1}{10}R_x < R_n < 10R_x$。

(3) 双臂电桥的电源最好采用容量较大的蓄电池,电压为 1.5~4.5V,为了使电源回路中的电流不致过大而损坏标准电阻和被测电阻,在电流回路中应接入一个可调电阻和直流电流表。在进行测量时,要求对不同的被测电阻调整电源的电压,以提高其灵敏度。但是,电源电压必须与桥路电阻的容许功率相适应,不能盲目地提高电源电压。

3. 其他注意事项

在某些特殊情况下,还应注意以下几点:

(1) 对含有电容的元件进行测量时,应先放电 1min 后再进行。

(2) 温度对电阻数值影响较大,测量时应记录当时元件的温度。为了便于分析比较通常换算到 75℃ 时的数值。

(3) 精密测量时,为了消除接触电势等因素对测量结果的影响,在测量时应改变电源的极性,两次测量,取其平均值。

8.6 兆欧表和绝缘电阻测量

8.6.1 常用兆欧表

1. 兆欧表分类(见表 8.6.1-1)

常用兆欧表的种类、特点及用途　　　　表 8.6.1-1

序号	类别	典型电路图	结构构成	主要系列	特点及用途
1	交流发电机式		交流发电机、整流器、磁电式双动圈流比计	ZC1、ZC7、ZC11、ZC25、ZC40	结构简单,工作可靠,价格较便宜,适用于测量电器和线路的绝缘电阻
2	直流发电机式		直流发电机、磁电式双动圈流比计	0101、2525、5050、1010	结构简单,价格便宜,工作电压较低,适用于测量电器的绝缘电阻

续表

序号	类别	典型电路图	结构构成	主要系列	特点及用途
3	整流式		交流电源、变压器、整流器、流比计	ZC13	工作平稳,电压低,适用于测量低压电器的绝缘电阻
4	晶体管式		直流电源,振荡器、升压器、倍压整流器、流比计	ZC14、ZC15、ZC30、ZC44	体积小,重量轻,工作电压高,适用于测量电器和线路的绝缘电阻

2. 常用兆欧表(见表8.6.1-2 和 8.6.1-3)

常用手摇发电机式兆欧表主要技术数据　　表8.6.1-2

序号	型号	额定电压(V)	测量范围(MΩ)	准确度等级	备注
1	ZC11-1	100	0～500	1.0	交流发电、硅二极管整流
	ZC11-2	250	0～1000	1.0	
	ZC11-3	500	0～2000	1.0	
	ZC11-4	1000	0～5000	1.0	
	ZC11-5	2500	0～10000	1.5	
	ZC11-6	100	0～20	1.0	
	ZC11-7	250	0～50	1.0	
	ZC11-8	500	0～1000	1.0	
	ZC11-9	50	0～200	1.0	
	ZC11-10	2500	0～2500	1.5	
2	ZC25-1	100	0～100	1.0	交流发电、二极管整流
	ZC25-2	250	0～250	1.0	
	ZC25-3	500	0～500	1.0	
	ZC25-4	1000	0～1000	1.0	
3	ZC40-1	50	0～100	1.0	交流发电、二极管整流
	ZC40-2	100	0～200	1.0	
	ZC40-3	250	0～500	1.0	
	ZC40-4	500	0～1000	1.0	
	ZC40-5	1000	0～2000	1.0	
	ZC40-6	2500	0～5000	1.5	

续表

序号	型号	额定电压(V)	测量范围(MΩ)	准确度等级	备注
4	0101	100	0~100	1.0	直流发电
	2525	250	0~250	1.0	
	5050	500	0~500	1.0	
	1010	1000	0~1000	1.0	

常用晶体管式兆欧表主要技术数据　　　　表 8.6.1-3

序号	型号	额定电压(V)	电阻测量范围(MΩ)	电流测量范围(A)	准确度等级	备注
1	ZC30-1 ZC30-2	2500 5000	0~20000 0~50000		1.5	磁电式双动圈流比计指示
2	ZC36 型超高阻计	10;100;250; 500;1000	$1\sim10^{11}$ 共分八档	$10^{-5}\sim10^{-14}$ 共分八档	5	电流极性 "+"或"-"
3	ZC43 型超高阻计	10;100;250; 500;1000	$1\sim10^{11}$ 共分八档	$10^{-5}\sim10^{-14}$ 共分八档	10	电流极性 "+"或"-"
4	ZC42-1 ZC42-2 ZC42-3	100;250 250;500 500;1000	0~100~200 0~200~500 0~500~1000		1.5	用作电视机、电风扇、电冰箱,洗衣机等家用电器的绝缘测量
5	ZC44-1 ZC44-2 ZC44-3 ZC44-4	50 100 250 500	0~50 0~100 0~200 0~500		1.5	体积小,重量轻

8.6.2　兆欧表的使用和绝缘电阻测量

1. 兆欧表的选择

一般应根据被测对象选择兆欧表工作电压,举例见表 8.6.2-1。

兆欧表选择举例　　　　表 8.6.2-1

序号	被试对象	被试设备额定电压(kV)	兆欧表工作电压(V)
1	一般电磁线圈	0.5 及以下	500
		0.5 以上	1000
2	电机绕组、变压器绕组	0.5 及以下	500~1000
		0.5 以上	1000~2500
3	低压电器	0.5 及以下	500~1000
4	高压电器	1.2 以上	2500
5	高压电瓷、母线		2500
6	低压线路	0.5 以下	500~1000
7	高压线路		2500

2. 绝缘电阻测量前的准备

(1) 测量前必须切断被测设备的电源,任何情况下都不允许带电测量;

(2) 切断电源后,还必须将带电体短接,对地放电。
(3) 有可能感应出高电压的设备,在可能性没有消除以前,不可进行测量;
(4) 被测物表面应擦拭干净,以消除设备表面放电带来的误差。

3. 兆欧表放置位置

(1) 兆欧表应放在平稳的地方,以免摇动手柄时晃动造成读数误差;
(2) 有水平调节装置的兆欧表,应调整到合格位置;
(3) 放置地点应远离大电流导体和有外磁场的场合。

4. 兆欧表本身的检查

摇动手摇发电机至额定转速(一般为 120r/min)或接上电源,兆欧表指示应为"∞";若将仪表两端短接,指针指示应为"0"(瞬间完成)。如不能达到这一要求,经调整无效者,说明兆欧表已有故障。

5. 兆欧表接线

兆欧表的三个接线柱及其接线见表 8.6.2-2,接线示例见图 8.6.2-1。

兆欧表接线柱及其接线 表 8.6.2-2

序 号	名 称	符 号	用 途
1	线 路	L	与被试物对地绝缘的导体相接
2	地	E	与被试物外壳或另一导体相接
3	保 护	G	与被试物保护遮蔽环或其他不需测量部分相接

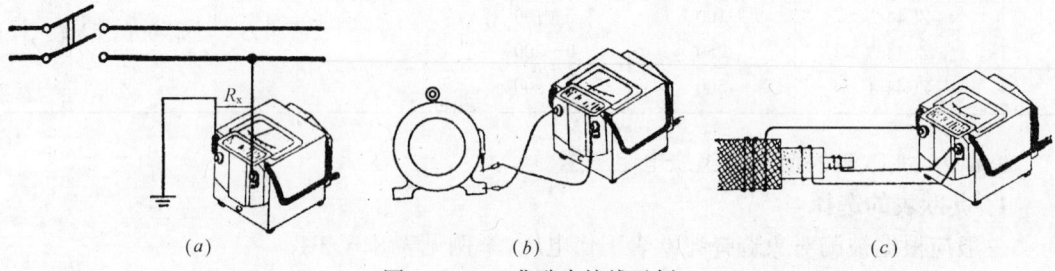

图 8.6.2-1 兆欧表接线示例
(a)测量线路对地绝缘;(b)测量电机绕组对外壳绝缘;(c)测量电缆芯线绝缘

6. 绝缘电阻测量

(1) 摇动手摇发电机,其转速应稳定,一般为 120r/min,其转速误差应在 ±20% 以内;
(2) 绝缘电阻值随加电压时间而变化,应读取加电压 1min 后的数值;
(3) 绝缘电阻与环境因素有一定关系,为便于比较,应记录环境温度、湿度等。

7. 拆线

(1) 仪表在带电情况下,不能拆除接线;
(2) 对有大电容的被试设备,必须在仪表断电后对地放电 1~3min,才能拆除接线。

8. 注意事项

(1) 在进行测量前后对被测物一定要进行充分放电,以保障设备及人身安全。
(2) 在雷电或邻近带高压导体的设备时,禁止用绝缘电阻表进行测量,只有在设备不带电又不可能受其他电源感应而带电时才能进行。

(3) 仪表发电机摇把为额定转速时,其端钮间不允许突然短路,以免损坏仪表。

(4) 仪表使用时须小心轻放,避免剧烈震动,以防轴尖宝石轴承受损而影响指示。

(5) 仪表保存于周围空气温度 0～+40℃ 相对湿度不超过 85% 的地方,且空气中不含有腐蚀性气体。

8.7 万用电表和钳形电表

8.7.1 万用表

1. 常用万用表的种类(见表 8.7.1-1)

常用万用表的种类　　　　　　　　　表 8.7.1-1

序号	类别	特点及功能	主要产品系列
1	袖珍式万用表	体积小,结构简单,价格便宜,通常只能测量 500V 以下交直流电压,500mA 以下直流电流,1MΩ 以下直流电阻	MF15,MF16,MF27,MF30,MF72
2	中型便携式万用表	体积、价格适中,可测量 2500V 以下交直流电压,10A 以下(至 μA 级)直流电流,20MΩ 以下电阻等	500 型,MF4,MF10,MF14,MF25,MF64
3	高精度万用表	具有放大电路,价格贵,可测量交直流电流、电压等	MF18,MF20,MF24,MF35
4	电子电路测量用万用表	灵敏度高,频率响应好,功能齐全,价格较贵,可测量高频电路参量	MF45,MF60,MF63
5	数字式万用表	将被测模拟量转换成数字量,液晶显示,精度高,读数方便,功能较全	PF5,PF3,2215,2010

2. 万用表面板结构和主要功能件(见图 8.7.1-1)

3. 万用表的功能应用

(1) 检查电路通路

1) 调零。将转换开关置于"Ω"位置,选择"$R \times 1\Omega$"档,将两表笔短接,指针向右偏转至 0。若不偏至 0,可调电阻调零旋钮;若还不能偏转至 0,则应更换表内电池。对中档以上万用表,$R \times 100\Omega$ 以下档;电池电压为 1.5V;$R \times 1k\Omega$ 以上档,电池电压为 9～15V。

2) 将两表笔接于被测电路两端,若指针指示为 0,电路直接接通;若指针不动,电路不通;若指针指示到一定位置,电路中有电阻元件(如线圈、电阻等)。

3) 对于数字式万用表,可用音响档位检测,其方法是,先将两表笔短接,听到音响,表明电表正常,然后将两表笔与被测电路两端相接,电表有音响信号则表示电路接通。

(2) 电阻的测量　根据被测电阻的范围选择电阻档位,电表调零后,两表笔与被测电阻相接。调整档位,使指针指示在刻度较中间的位置,其读数乘以档位倍率,即为被测电阻值。

(3) 电容器的检查　用电阻档测量。将两表笔与电容器两端相接,指针向右偏转至 0,然后,指针慢慢向左偏转,即电阻逐渐升高,至一定值。这一情况表明,电容器正常。若指针偏至 0 后不动,表明电容器已短路损坏;若指针一开始就指向高阻位置,表明电容器已断线

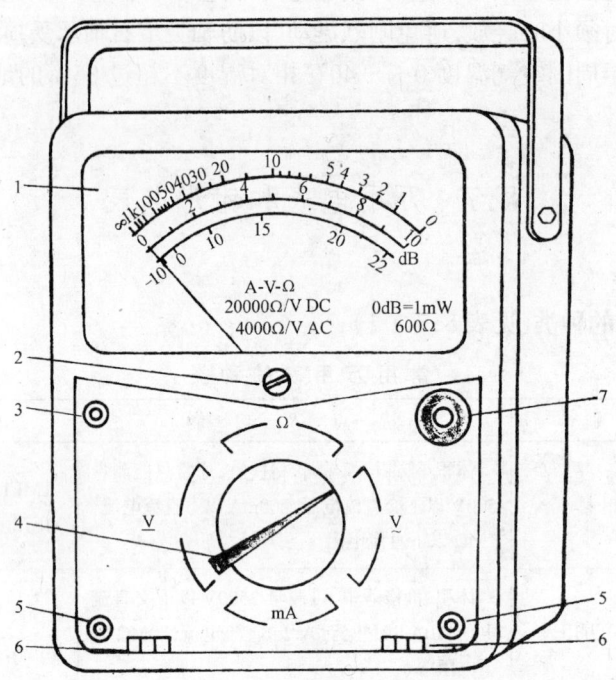

图 8.7.1-1 万用表面板结构和主要功能件
1—刻度板；2—指针调零旋钮；3—2500V 插孔；4—功能转换开关；
5—测试插孔；6—晶体管测试插孔；7—电阻调零旋钮

损坏。

(4) 二极管的检查

1) 极性检查：选择开关置于"$R \times 100\Omega$"位置，两表笔与二极管两端相接。若读数为数百欧姆，则与负表笔相接的一端为二极管正极；若读数为数千欧姆，则正表笔相接的一端为二极管正极。

2) 正反向电阻测量：在常温下，一般二极管正向电阻为数百欧以下，反向电阻为数千欧姆以上，按上面所述接线，若正向电阻越小，反向电阻越大，则二极管质量越好。

3) 注意事项：

电阻档选择"$R \times 100\Omega$"为宜，若为 $R \times 1\Omega$ 档，电流太大；$R \times 1K\Omega$ 档，电压太高；均可能使二极管损坏。

测量时，若反向电阻很小，则表示二极管已击穿损坏；若正向电阻很大，则表示二极管已断线损坏。

(5) 电压的测量

根据电源种类选择档位区，交流置于"AC"区，直流置于"DC"区。

根据被测电压范围选择量程。若不清楚被测电压范围，应先选择高档位。

调零。用螺丝刀旋动表头螺钉，使指针指向 0 位。

将两表笔与被测电路两端相接，即被测电路与万用电表并联，读取电压值。

(6) 电流的测量　将被测电路断开，断开的两线端与两表笔相接，即将万用表串入电路中,其测量方法与电压测量基本相同。

(7) 晶体管放大倍数 h_{FE} 测量

1) 将功能选择开关旋至"h_{FE}"档,测试棒短接,调整电阻调零钮,指针调"0",然后断开。

2) 将被测的晶体管脚分别插入相应的 PNP 型或 NPN 型的"abc"插孔内,在"h_{FE}"刻度线上读数。

(8) L、C 和 dB 值的测量

电感 L、电容 C 和音频电平 dB 值都是在功能选择开关的交流"10V"档位上进行测量。

1) L、C 的测量

将开关转至交流"10V"位置,然后按图 8.7.1-2 接线,在相应的"L"或"C"刻度线上读取电感值"H"或电容值"μF"(均在 50Hz 频率下)。

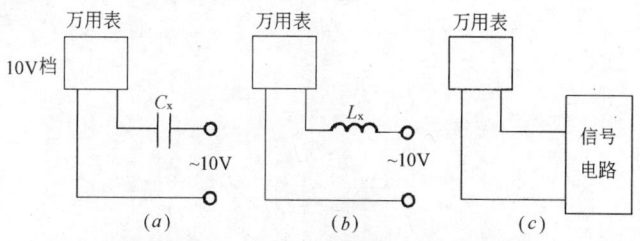

图 8.7.1-2 用万用表测量 L、C 和 dB 值
(a)电容的测量;(b)电感的测量;(c)分贝值测量
C_x、L_x——被测电容、电感

2) dB 值测量

将开关转至交流"10V"位置,然后按图 8.7.1-2 接线,在相应的"dB"刻度上读取音频电平值"dB"。

8.7.2 钳形电表

1. 常用钳形电表(见表 8.7.2-1)

常用钳形电表 表 8.7.2-1

型　号	测量范围(A)	准确度等级	外形尺寸(mm)
MG20	0～200,0～300,0～400 0～500,0～600	5.0	308×107×70
MG21	0～750,0～1000,0～1500		
MG24	电流:0～5～25～50～250A 电压:0～300～600V	2.5	160×82×36
MG4	电流:0～10～30～100～300～1000A 电压:0～150～300～600V	2.5	315×90×60
T-301	0～10～25～50～100～250A 0～10～25～100～300～600A 0～10～30～100～300～1000A	2.5	385×110×75
T-302	0～10～50～250～1000A 0～300～600V		

2. 钳形电表的使用

(1) 进行电流测量时,被测载流导线的位置应放在钳口中央,以免产生误差。

(2) 测量前应先估计被测电流或电压大小,选择合适的量程。或先选用较大量程测量,然后再测视测电流、电压大小,减小量程。

(3) 为使读数准确,钳口两个面应保证很好接合。如有杂声,可将钳口重新开合一次。如果声音依然存在,可检查在接合面上是否有污垢存在。如有污垢,可用汽油擦干净。

(4) 测量后一定要把调节开关放在最大电流量程位置,以免下次使用时,由于未经选择量程而造成仪表损坏。

(5) 测量小于5A以下电流时,为了得到较准确的读数,在条件许可时,可把导线多绕几圈放进钳口进行测量,但实际电流数值应为读数除以放进钳口内的导线根数。

第3篇 电气装置和建筑电气

- 交流异步电动机 直流电机 起动、调速和制动电气控制
- 电力变压器 互感器 调压器 小型变压器
- 电线电缆 架空电力线路 电缆线路 室内配电线路 导体连接工艺
- 电气照明技术 照明灯具 电光源照明附件 电气插座
- 建筑弱电工程 智能建筑 BAS、CAS、OAS 系统 通信 有线电视 电声和有线广播 消防 安全防范
- 内燃机发电站 电站用柴油机 小型同步发电机 励磁调压和并车装置
- 供电和用电 供电计算 用电管理

第9章 中小型电机及其控制

9.1 电机的基本知识

9.1.1 电机分类

1. 按功能分类

按功能不同,电机可分为发电机、电动机、变流机和控制电机。常用的发电机为同步发电机;常用的电动机为异步电动机(鼠笼式和绕线式);变流机包括变频机、升压机、感应调压器、调相机等。

2. 按电流类型分类

按电流类型,电机分为直流电机和交流电机。交流电机又分为同步电机和异步电机,亦可按电流相数分为三相交流电机和单相交流电机。

3. 按结构尺寸分类

见表9.1.1-1。

常用电机按结构尺寸分类   表9.1.1-1

项次	类别	机座号	机座中心高(mm)	定子铁芯外径(mm)	功率(kW)
1	大型电机	16及以上	>630	>1000	
2	中型电机	11~15	315~630	500~1000	
3	小型电机	1~9	80~315	100~500	
4	分马力电机	1			0.1~1.1
5	微型电机				<0.1

4. 按防护结构分类

电机的防护结构用防护等级代号表示,工程上采用表9.1.1-2的分类方式。

电机按防护结构分类   表9.1.1-2

项次	类别	含义
1	开启式	电机除必要的支承结构外,对于转动及带电部分没有专门的防护
2	防护式	电机机壳内部的转动部分及带电部分有必要的机械防护,以防止意外的接触,但不明显地妨碍通风。可分为网罩式、防滴式、防溅式
3	封闭式	电机机壳的结构能阻止机壳内外空气的自由交换,但并不要求完全的封闭
4	防水式	电机机壳的结构阻止具有一定压力的水进入电机内部
5	水密式	当电机浸没在水中时,电机机壳的结构能阻止水进入电机内部
6	潜水式	电机在规定的水压下,能长期在水中运行
7	隔爆式	电机机壳的结构足以阻止电机内部的气体爆炸传递到电机外部而导致电机外部燃烧气体的爆炸

9.1.2 电机外壳的防护等级和冷却方式

1. 外壳的防护等级

电机(含一般低压电器)外壳的防护等级用代号表示,其格式为

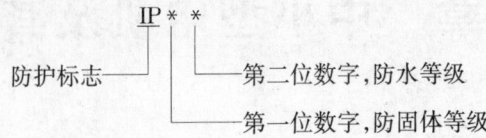

第一位数字表示第一种防护型式,即防止固体异物进入内部及防止人体触及内部的带电或运动部分的防护,见表 9.1.2-1。

外壳防护等级第一位数字的含义　　　　　　　表 9.1.2-1

防护等级	简　称	定　　义
0	无防护	没有专门的防护
1	防护大于 50mm 的固体	能防止直径大于 50mm 的固体异物进入壳内 能防止人体的某一大面积部分(如手)偶然或意外地触及壳内带电或运动部分,但不能防止有意识地接近这些部分
2	防护大于 12mm 的固体	能防止直径大于 12mm 的固体异物进入壳内 能防止手指触及壳内带电或运动部分①
3	防护大于 2.5mm 的固体	能防止直径大于 2.5mm 的固体异物进入壳内 能防止厚度(或直径)大于 2.5mm 的工具、金属线等触及壳内带电或运动部分①②
4	防护大于 1mm 的固体	能防止直径大于 1mm 的固体异物进入壳内 能防止厚度(或直径)大于 1mm 的工具,金属线等触及壳内带电或运动部分①②
5	防　尘	能防止灰尘进入达到影响产品正常运行的程度 完全防止触及壳内带电或运动部分①
6	尘　密	完全防止灰尘进入壳内 完全防止触及壳内带电或运动部分①

① 对用同轴外风扇冷却的电机,风扇的防护应能防止其风叶或轮辐被试指触及。在出风口,试指插入时,其直径为 50mm 的护板应不能通过。
② 不包括泄水孔,泄水孔应不低于第 2 级的规定。

第二位数字表示第二种防护型式,即防止水进入内部达到有害程度的防护,见表 9.1.2-2。

外壳防护等级第二位数字的含义　　　　　　　表 9.1.2-2

防护等级	简　称	定　　义
0	无 防 护	没有专门的防护
1	防 滴	垂直的滴水应不能直接进入产品内部
2	15°防滴	与铅垂线成 15°角范围内的滴水应不能直接进入产品内部
3	防 淋 水	与铅垂线成 60°角范围内的淋水应不能直接进入产品内部
4	防 溅	任何方向的溅水对产品应无有害的影响
5	防 喷 水	任何方向的喷水对产品应无有害的影响

续表

防护等级	简　　称	定　　义
6	防海浪或强力喷水	猛烈的海浪或强力喷水对产品应无有害的影响
7	浸　　水	产品在规定的压力和时间下浸在水中，进水量应无有害的影响
8	潜　　水	产品在规定的压力下长时间浸在水中，进水量应无有害的影响

如只需单独标志一种防护型式的等级时，则被略去数字的位置应以"x"替补，例如：IPx3、IP4x。

对电机产品，还可以采用下列附加字母：

R——管道通风电机；

W——气候防护式电机；

S——在静止状态下进行第二种防护型式试验的电机；

M——在运转状态下进行第二种防护型式试验的电机。

其中，R、W 标于 IP 和数字之间，S、M 标于数字之后。

【例】　IP43"4"表示能防止直径大于 1mm 的固体异物；"3"表示能防止淋水；IPx8 表示只能防潜水("8")。

2. 冷却方式

电机的冷却方式的代号为

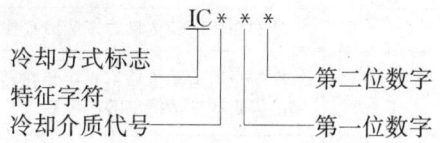

冷却介质代号见表 9.1.2-3。

冷却介质的代号　　　　　　　　　表 9.1.2-3

序　号	冷却介质	代　号	序　号	冷却介质	代　号
1	空　气	A	5	水	W
2	氢　气	H	6	油	U
3	氮　气	N	7	二氧化碳	C
4	氟里昂	F			

第一位数字表示冷却回路的布置方式，见表 9.1.2-4。

冷却回路布置方式及代号　　　　　　表 9.1.2-4

代号	简　称	含　义
0	自由循环	冷却介质由周围自由流入电机或流过电机表面并自由返回
1	进口管或进口孔道循环	冷却介质由电机周围介质以外的来源通过进口管道流入电机，然后自由流入周围环境
2	出口管或出孔道循环	冷却介质由周围自由流入电机，然后通过出口管(孔)送至离电机周围介质较远处
3	进出口管道循环	冷却介质由电机周围介质以外的来源通过进口管流入电机，然后通过出口管道送至离电机周围介质较远处

续表

代号	简称	含义
4	机壳表面冷却(用周围环境介质)	一次冷却介质在闭合回路内循环,并通过机壳表面把热量逸散到周围介质
5	装入式冷却器(用周围环境介质)	一次冷却介质在闭合回路内循环,通过与电机成为一体的装入式冷却器把热量传给周围环境介质
6	装在电机上面的冷却器(用周围环境介质)	一次冷却介质在闭合回路内循环,通过独立装在电机上的冷却器把热量传给周围环境介质
7	装入式冷却器(不用周围环境介质)	一次冷却介质在闭合回路内循环,通过与电机成为一体的装入式冷却器把热量传给二次冷却介质,后者不是周围环境介质
8	装在电机上面的冷却器(不用周围环境介质)	一次冷却介质在闭合回路内循环,通过独立装在电机上的冷却器把热量传给二次冷却介质,后者不是周围环境介质

第二位数字表示电机冷却介质的驱动方式,见表 9.1.2-5。

冷却介质驱动方式及代号　　　　　　表 9.1.2-5

代号	简称	含义
0	自由对流	冷却介质的运动依靠温差,转子风扇的作用极微
1	自循环	冷却介质运动依靠转子的风扇作用或直接安装在转子轴上的风扇
2	整装式非独立传动循环	冷却介质运动依靠不直接装在转子轴上的整装式部件的作用,例如由齿轮或皮带拖动的内风扇
3	装在电机上的非独立部件循环	冷却介质循环依靠电机上电动或机动的中间部件,例如一只由主机线端供电的电动机拖动的风扇
4		备用
5	整装式独立部件循环	冷却介质运动依靠与主机动力无关的整体部件,例如由一只电动机带动的内风扇,此电动机与主机不是同一电源
6	装在电机上的独立部件循环	冷却介质运动依靠在电机上的中间部件,其动力与主机无关
7	由完全分开和独立的部件促成循环或由冷却系统压力促成循环	冷却介质运动依靠不装在电机上的独立电动或机动部件,或依靠冷却系统的压力
8	由相对运动循环	冷却介质运动依靠电机在冷却介质中的相对运动

【例】 ICA01 冷却介质为空气(A),自由循环,驱动方式靠转子轴端风扇。冷却介质空气代号 A 可省略,可表示为 IC01。

9.1.3 电机接线和旋转方向标志

1. 接线标志

电机通过其接线柱与电源或负载相连接,接线柱应有接线标志。

接线标志一般按顺序由数字、英文大写特征字母、数字三部分组成,例如 1U2。对各个绕组规定的特征字母见表 9.1.3-1,各种电机绕组常用接线标志示例见图 9.1.3-1。

电机接线标志的特征字母　　　　　　　　　表 9.1.3-1

电机型式	绕组名称	特征字母
直流电机和单相交流换向器电机	电枢绕组 换向极绕组 补偿绕组 串联励磁绕组 并联励磁绕组 他励励磁绕组 直轴辅助绕组 交轴辅助绕组	A B C D E F H J
无换向器交流电机	通过直流的励磁绕组	F
	三相电机次级绕组	K L M
	初级绕组星形中点 次级绕组星形中点	N Q
	三相电机初级绕组	U V W
	其他绕组	R S T X Y Z

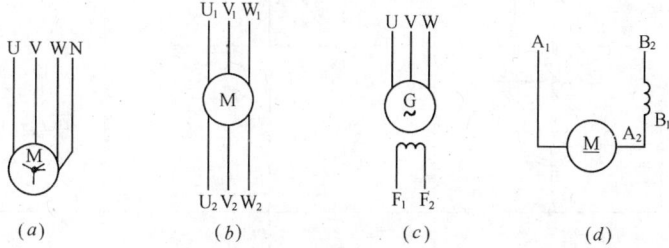

图 9.1.3-1　电机接线端子标记示例
(a)中性点引出的三相电机;(b)中性点不引出,绕组 6 端引出;(c)三相交流发电机;(d)直流电动机

2. 旋转方向

对于只有一个轴伸或有两个不同直径轴伸的电机,其旋转方向是指从轴伸端或从大直径轴伸端看到的转子旋转方向。如电机有两个直径相同的轴伸或没有轴伸,则看旋转方向的人应站在:

(1) 如一端有换向器或集电环,则应在无换向器或集电环端观察;

(2) 如一端有换向器,另一端有集电环,则应在集电环端观察。

无换向器三相交流电机,接线标志的字母顺序与端电压时间相序同方向时,电机为顺时针方向旋转。

9.1.4 电机安装型式

电机有卧式和立式两种安装型式。卧式安装用字母 B 代表,立式安装用字母 V 代表。例如,电机有两个端盖式轴承,机座有底脚,卧式底脚安装,其安装方式标记为 B3。

常用的几种安装型式见表 9.1.4-1。

电机的常用安装型式及代号　　　　　表 9.1.4-1

序号	代号	示意图	端盖式轴承数量	机座有或无底脚	特　点
1	B3		2	有	底脚安装
2	B5		2	无	一端端盖上的凸缘有通孔,借凸缘安装
3	B6		2	有	安装在墙上
4	B7		2	有	安装在墙上
5	B8		2	有	安装在顶板上
6	B35		2	有	一端端盖上的凸缘有通孔,借底脚并附用凸缘安装
7	V1		2	无	一端端盖上的凸缘有通孔,借凸缘在底部安装

续表

序号	代号	示意图	端盖式轴承数量	机座有或无底脚	特点
8	V3		2	无	安装在顶板上
9	V5		2	有	借底脚安装
10	V6		2	有	借底脚安装
11	V15		2	有	一端端盖上的凸缘有通孔,借凸缘在底部安装
12	V36		2	有	一端端盖上的凸缘有通孔,借凸缘在顶部安装

9.1.5 电机运行工作制和温度限值

1. 运行工作制

电机运行工作制说明了电机承受负载的情况,包括起动、电制动、空载、停机和断能,以及这些阶段的持续时间和先后次序。电机常用的运行工作制见表9.1.5-1。

电机运行工作制　　　　　　表9.1.5-1

项次	名称	代号	含义
1	连续工作制	S_1	在铭牌规定的额定值条件下,电机可以保证长期连续运行
2	短时工作制	S_2	在铭牌规定的条件下,电机只能在限定的时间内短时运行。短时运行的时间标准为:10、30、60、90min
3	断续周期工作制	S_3	在铭牌规定的额定值下,电机只能断续周期性使用。工作周期一般为10min。负载的持续率 $\varepsilon=15\%$、25%、40%、60% 之一种
4	包括起动的断续周期工作制	S_4	

项次	名称	代号	含义
5	包括电制动的断续周期工作制	S_5	
6	连续周期工作制	S_6	额定负载和空载连续周期运行
7	包括电制动的连续周期工作制	S_7	负载持续率 $\varepsilon = 100\%$
8	包括负载和转速相应变化的连续周期工作制	S_8	
9	非周期工作制	S_9	非周期负载和转速变化的工作制

2. 绝缘等级和温度限值

电机绝缘按其耐热性分为 A、E、B、F、H 五种等级。由于绕组绝缘的寿命随温度升高而呈指数下降,运行时绕组绝缘最热点的温度不得超过表 9.1.5-2 的规定。

电机绕组绝缘等级及其温度限值   表 9.1.5-2

绝缘等级	A	E	B	F	H
最热点温度(℃)	105	120	130	155	180

9.1.6 电机型号表示方法

电机型号组成一般格式为

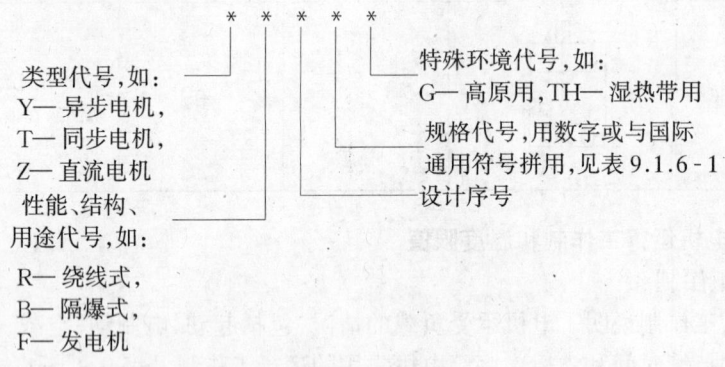

电机的规格代号   表 9.1.6-1

序号	类别	规格代号表示方法
1	中小型异步电动机	机座中心高(mm)—机座长度(字母)—铁芯长度(数字代号)—极数
2	大型异步电动机	功率(kW)—极数/定子铁芯外径(mm)
3	中小型同步电动机	机座中心高(mm)—机座长度(字母)—极数
4	大型同步电动机	功率(kW)—极数/定子铁芯外径(mm)
5	中小型同步发电机	功率(kW)—极数
6	中小型直流电机	机座代号(数字)—铁芯长度代号(数字)

注:a. 机座长度的字母代号:S—短机座,M—中机座,L—长机座。
   b. 由于产品厂家不同,类型多样,其表示方法亦有区别,此表仅是一般表示方法。

【例】 Y112S-6　中小型异步电动机,中心高112mm,短机座(S),6极。
　　　　Y355M2-4　异步电动机,机座中心高355mm,中机座(M),2号铁芯长,4极。
　　　　Y630-10/1180　异步电动机,630kW,10极,定子铁芯外径1180mm。
　　　　T2x-10-4　同步发电机(T),相复励(x),10kW,4极。
　　　　Z2-12　直流电动机,设计序号2,机座代号1,铁芯长度代号2。

9.2　中小型三相异步电动机的种类和基本特性

9.2.1　三相异步电动机的种类

常用三相异步电动机的种类及用途见表9.2.1-1。

常用中小型三相异步电动机　　　　表9.2.1-1

序号	系列名称	型号(新系列)	型号(老系列)	机座号与功率范围	外壳防护型式	冷却方式	安装方式	使用特点和场合	与基本系列的关系及其主要特征	备注
1	小型三相异步电动机(封闭式)	Y(IP44)	JO2	0.55~160kW(4极) H80~H315 12种机座号83个规格	IP44	ICO 141	IMB3 IMB35 IMV1	为一般用途笼型三相异步电动机,可以用于起动性能、调速性能及转差无特殊要求的机器与设备的配套,如金属切削、机床、水泵、鼓风机、运输机械、农业机械等。IP44型外壳防护结构为封闭式,能防止灰尘、水滴大量地进入电机内部,适用于灰尘多、水土溅飞的场所	功率等级与安装尺寸的关系与德国DIN42672和DIN42673标准相同	基本系列
2	小型三相异步电动机(防护式)	Y(IP23)	J2	11~250kW(4极) H160~H315 7种机座共64个规格	IP23	ICO 1	IMB3 IMB35	IP23型外壳防护结构为防护式,能防止水滴或其他杂物从垂直线成60°角的范围内,落入电机内部,适用于周围环境较干净、防护要求较低的场所		
3	高效率三相异步电动机	YX	补缺	2.2~90kW(4极) H100~H280 9种机座43个规格	IP44	ICO 141	IMB3 IMB35 IMV1	电机效率指标较基本系列平均提高3%,适用于运行时间较长、负载率较高的场合,可较大幅度地节约电能	在基本系列(IP44)的基础上采用较好的磁性材料,增加有效材料的用量,改进设计,采取工艺措施等降低各种损耗。功率等级与安装尺寸的关系与Y系列同	派生系列

续表

序号	系列名称	型号 新系列	型号 老系列	机座号与功率范围	外壳防护型式	冷却方式	安装方式	使用特点和场合	与基本系列的关系及其主要特征	备注
4	变极变速三相异步电动机	YD	JDO2	0.55～90kW(4极) H80～H280 11种机座 103个规格	IP44	ICO 141	IMB3 IMB35 IMV1	电机转速可逐级调节,有双速、三速、四速三种类型,具有转速变换的特性,调节方法比较简单,如与适当的控制开关配合,可以简化或代替机床传动中的齿轮箱,降低噪声	定子利用一套绕组(三速、四速采用两套绕组),改变接线方法,除引出线为9～12根外,结构及外形尺寸同Y系列(IP44)	派生系列
5	低振动、低噪声三相异步电动机	YZC	JJO2	0.55～15kW(4极) H80～H160 7种机座 36个规格	IP44	ICO 141	IMB3 IMB35 IMV1	主要用于精密机床配套,可满足JB 1180-71《精密机床用小型电动机的振动和噪声分级标准》中有关异步电动机部分指标的要求	在基本系列Y(IP44)系列上选用低噪声电机专用轴承,提高加工精度,提高转子平衡精度,改进电磁参数等措施。功率等级与安装尺寸的关系与Y系列同	派生系列
6	高转差率(滑差)异步电动机	YH	JHO2	0.9～66kW(4极)(ε=25%) H80～H280 11种机座号58个规格	IP44	ICO 141	IMB3 IMB35 IMV1	具有较高的堵转转矩、较小的堵转电流、转差率高、机械特性软的特点 电动机负载持续率(ε)分为15%、25%、40%、60%四种,适用于传动飞轮力矩较大,具有冲击性负荷、起动及逆转次数较多的机械配套,如剪床、冲床、锻冶机械及小型起重运输机械等	除转子采用小槽、深槽及采用电阻系数高的铝合金材料外,其他均与Y系列(IP44)同	派生系列
7	隔爆型三相异步电动机	YB	BJO2	0.55～160kW(4极) H80～*H315 12种机座号83个规格	IP44 或 IP54	ICO 141	IMB3	电机结构考虑隔爆措施,可用于燃性气体或蒸气与空气形成的爆炸性混合物的场所 适用于煤矿固定式设备的为KB(Ⅰ类),适用于工厂的有B2d(ⅡAT4)、B3d(ⅡBT4)型	与Y系列(IP44)基本系列同,仅结构特征和外形尺寸有差异,适应煤矿需要,电压设计成220/380V或380/660V两种,F级绝缘,但温升作B级考核	派生系列
8	防爆安全型三相异步电动机	YA	JAO2	0.55～90kW(4极) H80～H280 11种机座号65个规格	IP54	ICO 141	IMB3 IMB35	适用于Q2类爆炸危险的场合(即在正常情况下没有爆炸危险,仅在不正常或事故情况下,爆炸性混合物可达到爆炸浓度的场所)	其功率等级和安装尺寸相应关系在大功率部分要比Y系列(IP44)有所降低。定子温升限值要求低10℃(电阻法不超过70K)并规定转子堵转温升值。定子绕组配有保护装置	派生系列

9.2 中小型三相异步电动机的种类和基本特性

续表

序号	系列名称	型号 新系列	型号 老系列	机座号与功率范围	外壳防护型式	冷却方式	安装方式	使用特点和场合	与基本系列的关系及其主要特征	备注
9	电磁调速电动机	YCT	JZT	0.55～90kW H112～H355 10种机座号19个规格	电动机 IP44	ICO 141	IMB3	是一种恒转矩无级调速电动机，具有结构简单、控制功率小、调速范围广等特点。调速比1:2～1:10；转速变化率精度可达到<3%	电磁调速电动机是由电磁转差离合器(也称电磁离合器)和拖动电动机(Y系列 IP44)两部分组成，它与测速发电机控制器组成交流调速驱动装置	
10	齿轮减速电动机	YCJ	JTC	电动机：0.55～15kW 减速器：输出转矩9～3400NM 输出转速15～600r/min	IP44	ICO 141	IMB3	是专用于低速大转矩机械传动的驱动装置，适用于矿山、轧钢、制糖、造纸、化工、橡胶等工业 该电动机只准使用联轴器或正齿轮与传动机构联接	齿轮减速电动机是由Y系列电机与齿轮减速器直接耦合而成，减速器采用外啮合渐开线圆柱齿轮，可正反两个方向传递功率(转矩)	派生系列
11	傍磁制动电动机	YEP	JZD	0.55～11kW(4极) H80～H160 6种机座号18个规格	IP44	ICO 141	IMB3 IMB35	该电动机具有制动快、结构紧凑、工艺简单的特点，可使用在起动运输机械、升降工作机械及其他要求迅速和准确停车的场合，作主传动或辅助传动用 电动机工作方式为S3，其负载持续率ε为25%，制动时间可达到0.2s内	其功率等级及安装尺寸均与Y系列(IP44)同，转子非轴伸端装有分磁块及制动装置，它与电动机组成一体	派生系列
12	电磁铁制动电动机	YEJ	补缺	0.55～45kW H80～H225 9种机座号53个规格	电动机 IP44 制动装置 IP23	ICO 141	IMB3 IMB35	用途同上 该电动机为连续工作方式(S_1)，制动时间在0.4～1.5s范围内	电磁铁制动电动机是由电动机与电磁铁制动器组合的产品，可与Y系列基本型及派生系列组合成适于各种要求的制动电动机，通用性高，但轴向长度长	派生系列
13	立式深井泵用异步电动机	YLB	JLB2 DM JTB	5.5～132kW H132～H280 6种机座号20个规格	IP23 (H160～280) IP44 (H132)	ICO1 ICO 141	IMV6	是驱动立式深井泵的专用电动机，安装时将水泵轴通过电动机的空心轴与顶上轴端联轴器相连，采用钩头键连接传动。适用于广大农村及工矿吸取地下水之用	YLB系列除H132机座在Y系列(IP44)上派生，其余五种机座号均在Y系列(IP23)上派生 机座不带底脚，安装型式为V6(即立式)。下端盖上有凸缘(配泵体)无轴伸	派生系列

续表

序号	系列名称	型号 新系列	型号 老系列	机座号与功率范围	外壳防护型式	冷却方式	安装方式	使用特点和场合	与基本系列的关系及其主要特征	备注
14	绕线转子三相异步电动机	YR(IP44)	JRO2	4～132kW(4极) H132～ △280 7种机座号 34个规格	IP44	ICO141	IMB3	能在较小的起动电流下,提供较大的起动转矩,并能在转子回路中增减外接电阻以改变其转速,适用于对起动转矩高及需要小范围的调速传动装置上 YR(IP44)为封闭结构,可用于灰尘较多、水土飞溅的场所 YR(IP23)为防护式结构,能防止水滴从与垂直方向成60°的范围内进入电机内部,可用于周围环境较干净的场所	转子为绕线式,功率等级与安装尺寸的关系比基本系列降低1～2级,与德国 DIN42678 和 42679 标准相同 采用碳刷集电环安放在非轴伸端盖外的总体结构	派生系列
		YR(IP23)	JR2	7.5～132kW(4极) H160～ △280 6种机座号 37个规格	IP23	ICO1	IMB3			
15	户外型三相异步电动机	Y-W	JO2-W	0.55～90kW(4极) H80~H280 11种机座号65个规格	IP54 或 IP55	ICO141	IMB3 IMB35 IMV1	适用于一般户外环境的潮气、霉菌、盐雾、雨水、雪、风沙、日辐射、严寒(-20℃)等气候条件以及户内有腐蚀性气体或腐蚀性粉尘的场所 根据使用环境条件两个系列分为户外、轻腐蚀、中等腐蚀、强腐蚀等四种防护类型	在Y系列(IP44)电动机基础上采取加强结构密封和材料工艺防腐等措施,其性能指标和外形尺寸与基本系列相同	派生系列
16	化工防腐蚀型三相异步电动机	Y-F	JO2-F							
17	船用三相异步电动机	Y-H	JO2-H	0.55～90kW(4极) H80~H280 11种机座号65个规格	IP44 或 IP54	ICO141	IMB3 IMB35	适用于海洋、江河上一般船舶,能适应环境空气温度为50℃、海拔0m,空气相对湿度不大于95%,并伴有凝露、盐雾、油雾及霉菌等场合,并能经受冲击,振动及颠簸	在Y系列(IP44)上派生,根据船舶使用的特点,在机座接线盒的结构和材料上、在绝缘处理上和电磁设计上均作了考虑	派生系列
18	摆线针轮减速电动机	YXJ		配套电机0.55～55kW(6极) H80~H280 机座号9个 传动比9种	IP44	ICO141	IMB3	具有减速比大(一般速比可达87:1)、体积小、重量轻的特点,效率比齿轮减速器高,且噪声低 使用场合同齿轮减速电动机	摆线针轮减速电动机是摆线针轮减速器与电动机(Y系列)相连成一体的减速装置 配套的电动机轴伸与减速器联成一体,要求轴伸精度及偏摆等公差提高到一级到二级	派生系列

续表

序号	系列名称	型号 新系列	型号 老系列	机座号与功率范围	外壳防护型式	冷却方式	安装方式	使用特点和场合	与基本系列的关系及其主要特征	备注
19	起重冶金三相异步电动机	YZ	JZ2	1.5～30kW H112～250 7个机座11个规格	IP44（一般环境用） IP54（冶金环境用）	H112～H132 ICO 041 H160～ICO141	IMB3 IMB35 IMV1	适用于冶金辅助设备及各种起重机电力传动用的动力设备，电动机工作制，YZ系列分S2、S3、S4、S5、S6五种类型，YZR系列分S2、S3、S4、S5、S6、S7、S8七种类型，其基准工作制为S3，40%（即工作制为S3，基准负载持续率为40%，每一工作周期为10min）其他工作制的功率按基准工作制时定额功率的实际温升值确定，由制造厂在产品样本中给出	本系列为特殊专用产品，因其使用在断续工作制的特殊场合，其电磁参数及结构型式均不同于Y系列基本型强调使用的可靠性，绝缘等级采用F级及H级，分别用于环境温度不超过40℃和60℃的场所	专用系列
		YZR	JZR2	1.5～200kW H112～H400 11个机座32个规格						
20	井用潜水三相异步电动机	YQS2 YQS	JQS YQS	3～185kW 150～300井径 4个机座号44个规格	IP×8	ICW-08 W41	IMY3	是驱动井用潜水泵的专用电动机与井用潜水泵组装成井用潜水电泵，潜入井下水中长期工作，适合于广大农村、城市工矿企业和高原山区城乡抽取地下水之用	本系列为特殊专用产品，其电磁参数结构型式均不同于基本型，本系列电机特点是外径尺寸小，电机细长，内部采用充水式密封结构，导线采用耐水漆包线，机座无底脚，用凸缘安装	专用系列

9.2.2 三相异步电动机基本技术参量和铭牌内容

1. 基本技术参量（见表9.2.2-1）

三相异步电动机的基本技术参量   表9.2.2-1

分类	名称	符号	含义
输入电气量	电流种类	~	交流
	电压	U	接线端子间的线电压，常用电压等级为380/220V
	相数	m	对称三相
	频率	f	我国规定为50Hz(工频)
	功率因数	$\cos\phi$	
	有功功率	P_1	输入的有功功率，W 或 kW $P_1=\sqrt{3}UI\cos\phi$
	无功功率	Q_1	输入的无功功率，Var 或 kVar $Q_1=\sqrt{3}UI\sin\phi$
	电流	I	输入电流 $I=\dfrac{P_1}{\sqrt{3}U\cos\phi}$
	堵转电流	I_{st}	定子通电而使转子不动时的定子电流

分类	名称	符号	含义
输出机械量	功率	P	轴端输出的机械功率 W,或 kW $P=\eta P_1$
	转速	n	转子的旋转速度,r/min
	同步转速	n_1	气隙中旋转磁场的旋转速度,r/min
	转差率	S	$S = \dfrac{n_1 - n}{n_1} \times 100\%$
	额定转矩	T_N	输出额定功率 P_N 时的转矩,N·m 或 kg·m $T_N = \dfrac{P_N}{1.027n} \text{kg·m} = \dfrac{P_N}{0.1047n} \text{N·m}$
	起动转矩	T_s	转速为零时的转矩,即电动机在接通电源开始的瞬间所产生的转矩,kg·m 或 N·m
	最大转矩	T_{max}	转矩的最大值,kg·m 或 N·m
	过载能力	K	$K = \dfrac{T_{max}}{T_N}$
	最小转矩	T_{min}	起动过程中最小转矩,通常采用最小转矩对额定转矩的倍数表示
	堵转转矩	T_{st}	定子通电而使转子不动需要的转矩,通常采用堵转转矩对额定转矩的倍数表示
损耗	损耗	ΔP	$\Delta P = P_1 - P$
	效率	η	$\eta = P/P_1$
	温升	Δt	电动机中损耗以热量的形式被消耗,电动机温度上升。绕组的工作温度与环境温度的差值称为温升

2. 铭牌内容

电动机的铭牌主要标注电动机的运行条件及各种定额,作为选择、使用、维护电动机的主要依据。铭牌的主要项目如下:

(1) 型号。

(2) 功率:电动机在额定运行条件下,轴端输出的机械功率,用 W 和 kW 表示,也有的用 HP(马力)表示。

(3) 接法:电动机三相绕组的引出线头的接线方法,常用的接法见图 9.2.2-1~图 9.2.2-3。

(4) 电压、电流:电动机在额定运行条件下,定子绕组外接电源线电压和线电流。有的电动机标有两种电压、电流,这是与不同的接法相对应的,例如,某电机铭牌上标有电压为 220/380V,电流为 14.7/8.49A,接法为 △/Y。这说明,电源三相线电压为 220V 时,接成 △,电流为 14.7A;电源三相线电压为 380V 时,接成 Y,电流为 8.49A。

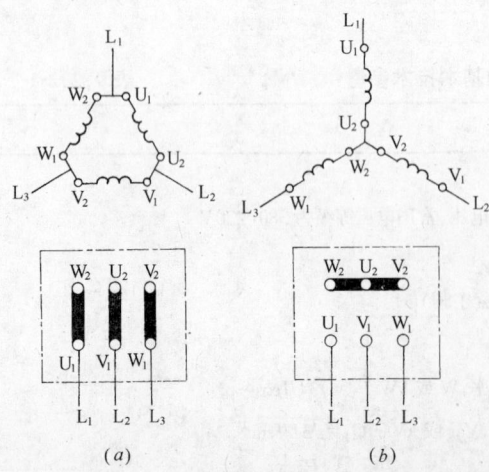

图 9.2.2-1 三相异步电动机绕组 Y/△接法
(a)220V 时△接;(b)380V 时 Y 接

9.2 中小型三相异步电动机的种类和基本特性

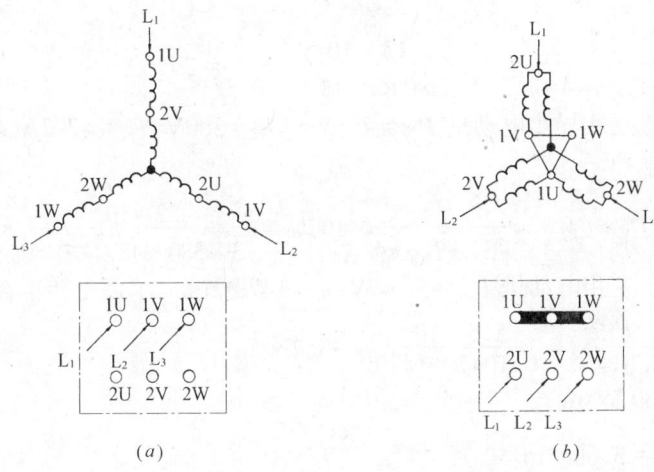

图 9.2.2-2 三相双速异步电动机绕组接法
(a)Y 接,低转速;(b)YY 接,高转速

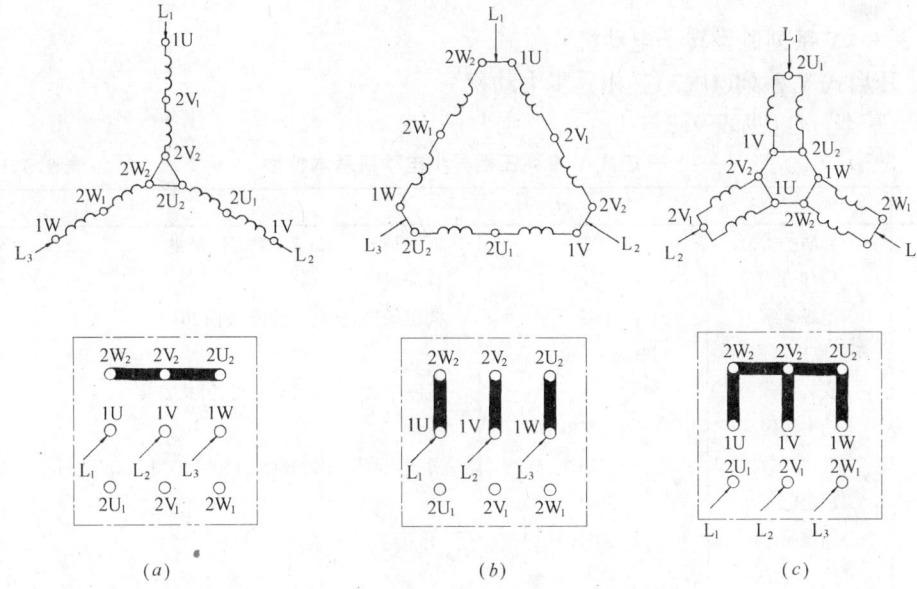

图 9.2.2-3 三相双速异步电动机绕组 Y/△接法
(a)Y 接,低转速;(b)△接,低转速;(c)YY 接,高转速

(5) 定额:电动机允许的持续运转时间,分为连续、短时(运行时间分别为 10、30、60、90min)、断续(持续率分别为 15%、25%、40%、60%)三种运行方式。

(6) 频率:电源频率,工频为 50Hz。

(7) 转速:转子的额定转速,r/min。

(8) 温升:按环境温度为 40℃时电机绕组的温升,例如,铭牌上规定温升为 75℃,则电机绕组温度可达到 75+40=115℃。

3. 运行参数计算示例

【例 9.2.2-1】 三相异步电动机 $P_N=15\text{kW},U_N=380\text{V},\cos\phi=0.88,\eta=87.5\%$,求定

子输入电流 I_1。

【解】 $I_1 = \dfrac{P_N}{\sqrt{3}\,U_N\cos\phi\cdot\eta} = \dfrac{15\times 10^3}{\sqrt{3}\times 380\times 0.88\times 0.875} = 29.6\text{A}$

【例 7.2.2-2】 三相异步电动机 $P_N = 22\text{kW}, U_N = 380\text{V}, I_N = 42.2\text{A}, \cos\phi = 0.89$，求效率 η。

【解】 $\eta = P_N/P_1 \times 100\% = \dfrac{P_N}{\sqrt{3}\,U_N I_N \cos\phi}\times 100\% = \dfrac{22\times 10^3}{\sqrt{3}\times 380\times 42.2\times 0.89}\times 100\% = 89\%$。

【例 7.2.2-3】 三相电动机 $P_N = 5.5\text{kW}, n = 1470\text{r/min}$，求额定转矩 T_N。

【解】 $T_N = \dfrac{P_N}{0.1047 n} = \dfrac{5.5\times 10^3}{0.1047\times 1470} = 35.7\text{N·m}$

$\because 1\text{kg·m} = 9.807\text{N·m}$

$\therefore T_N = \dfrac{35.7}{9.807} = 3.6\text{kg·m}$

9.3 常用中小型三相异步电动机技术数据

9.3.1 Y 系列笼型转子电动机

1. 开启式 Y 系列(IP23)三相异步电动机

(1) 基本特性(见表 9.3.1-1)

开启式 Y 系列三相异步电动机基本特性　　　表 9.3.1-1

项次	项 目	特 性	说 明
1	外壳防护等级	IP23	能防护大于 12mm 的固体，防淋水
2	冷却方式	IC_0	自扇风冷
3	绝缘等级	B级	绕组最热点温度允许达到 130℃
4	机座中心高	H160～280mm	
5	安装方式	B3	机座带底脚，端盖无凸缘，卧式安装
6	功率等级	5.5～132kW	
7	极 数	2,4,6,8	对应同步转速为 3000,1500,1000,750r/min
8	额定电压	380V	
9	额定频率	50Hz	
10	接 法	△接	
11	起动方式	全压或减压	
12	传动方式	联轴器，正齿轮，带轮	带轮传动只适用于：30kW 以下，4 极；75kW 以下，8 极

(2) 主要用途

本系列电动机由于为开启式结构，只适用于不含易燃、易爆或腐蚀性气体和较为清洁的自然场所。主要用于驱动各种无特殊性能要求的机械设备，如：机床、泵、风机、压缩机、运输机械等。

(3) 型号含义

电动机的型号由四个部分组成：第一部分汉语拼音字母 Y，表示异步电动机；第二部分数字，表示机座中心高(机座带底脚和机座不带底脚时相同)；第三部分英文字母为机座长度代号(S—短机座，M—中机座，L—长机座)，字母后的数字为铁芯长度代号；第四部分横线后的数字为电动机极数。例如：

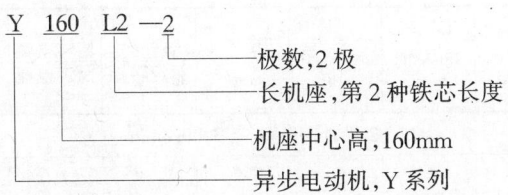

(4) 功率、转速和机座号(见表9.3.1-2)

Y系列(IP23)的功率、机座号与同步转速的对应关系　　　表9.3.1-2

机座号	同步转速 (r/min)				
	3000	1500	1000	750	600
	功率 (kW)				
160M	15	11	7.5	5.5	—
160L$\frac{1}{2}$	18.5	15	11	7.5	—
	22	18.5	—		
180M	30	22	15	11	—
180L	37	30	18.5	15	—
200M	45	37	22	18.5	—
200L	55	45	30	22	—
225M	75	55	37	30	—
250S	90	75	45	37	—
250M	110	90	55	45	—
280S	—	110	75	55	—
280M	132	132	90	75	—
315S$\frac{1}{2}$	160	160	110	90	55
	185				
315M1^A_B	200	185	132	110	75
	220	200			
315M2^A_B	250	220	160	132	90
		250			

注：S、M、L后面的数字1、2，和A、B分别代表同一机座号和转速下不同的功率。

(5) 主要技术数据(见表9.3.1-3)

开启式Y系列(IP23)三相异步电动机　　　表9.3.1-3

型号	额定功率 (kW)	转速 (r/min)	电流 380V时 (A)	效率 (%)	功率因数 cosϕ	堵转转矩 额定转矩	堵转电流 额定电流	最大转矩 额定转矩	噪声 [dB(A)]	重量 (kg)
2极同步转速3000r/min										
Y160M-2	15	2928	29.3	88	0.88	1.7	7.0	2.2	85	—

续表

型号	额定功率 (kW)	转速 (r/min)	电流 380V时 (A)	效率 (%)	功率因数 cosφ	堵转转矩/额定转矩	堵转电流/额定电流	最大转矩/额定转矩	噪声 [dB(A)]	重量 (kg)
2极同步转速3000r/min											
Y160L1-2	18.5	2929	35.2	89	0.89	1.8	7.0	2.2	85	—
Y160L2-2	22	2928	41.8	89.5	0.89	2.0	7.0	2.2	85	160
Y180M-2	30	2938	56.7	89.5	0.89	1.7	7.0	2.2	88	—
Y180L-2	37	2939	69.2	90.5	0.89	1.9	7.0	2.2	88	220
Y200M-2	45	2952	84.8	91	0.89	1.9	7.0	2.2	90	—
Y200L-2	55	2950	100.8	91.5	0.89	1.9	7.0	2.2	90	310
Y225M-2	75	2955	137.9	91.5	0.89	1.8	7.0	2.2	92	380
Y250S-2	90	9266	164.9	92	0.89	1.7	7.0	2.2	97	—
Y250M-2	110	2965	199.4	92.5	0.90	1.7	7.0	2.2	97	465
Y280M-2	132	2967	238	92.5	0.90	1.6	7.0	2.2	99	750
4极同步转速1500r/min											
Y160M-4	11	1459	22.4	87.5	0.85	1.9	7.0	2.2	76	—
Y160L1-4	15	1458	29.9	88	0.86	2.0	7.0	2.2	80	—
Y160L2-4	18.5	1458	36.5	89	0.86	2.0	7.0	2.2	80	160
Y180M-4	22	1467	43.2	89.5	0.86	1.9	7.0	2.2	80	—
Y180L-4	30	1467	57.9	90.5	0.87	1.9	7.0	2.2	87	230
Y200M-4	37	1473	71.1	90.5	0.87	2.0	7.0	2.2	87	—
Y200L-4	45	1473	85.5	91	0.87	2.0	7.0	2.2	89	310
Y225M-4	55	1476	103.6	91.5	0.88	1.8	7.0	2.2	89	380
Y250S-4	75	1480	140.1	92	0.88	2.0	7.0	2.2	93	—
Y250M-4	90	1480	167.2	92.5	0.88	2.2	7.0	2.2	93	490
Y280S-4	110	1482	202.4	92.5	0.88	1.7	7.0	2.2	93	—
Y280M-4	132	1483	241.3	93	0.88	1.8	7.0	2.2	96	820
6极同步转速1000r/min											
Y160M-6	7.5	971	16.7	85	0.79	2.0	6.5	2.0	78	—
Y160L-6	11	971	23.9	86.5	0.78	2.0	6.5	2.0	78	150
Y180M-6	15	974	31	88	0.81	1.8	6.5	2.0	81	—
Y180L-6	18.5	975	37.8	88.5	0.83	1.8	6.5	2.0	81	215
Y200M-6	22	978	43.7	89	0.85	1.7	6.5	2.0	81	—
Y200L-6	30	975	58.6	89.5	0.85	1.7	6.5	2.0	84	295
Y225M-6	37	982	70.2	90.5	0.87	1.8	6.5	2.0	84	360
Y250S-6	45	983	86.2	91	0.86	1.8	6.5	2.0	87	—
Y250M-6	55	983	104.2	91	0.87	1.8	6.5	2.0	87	465

9.3 常用中小型三相异步电动机技术数据

续表

型 号	额定功率 (kW)	转 速 (r/min)	电 流 380V时 (A)	效 率 (%)	功率因数 cosφ	堵转转矩/额定转矩	堵转电流/额定电流	最大转矩/额定转矩	噪 声 [dB(A)]	重 量 (kg)
\multicolumn{11}{c}{6极 同步转速 1000r/min}
Y280S-6	75	986	104.8	91.5	0.87	1.8	6.5	2.0	90	—
Y280M-6	90	986	166.8	92	0.88	1.8	6.5	2.0	90	820
\multicolumn{11}{c}{8极 同步转速 750r/min}
Y160M-8	5.5	723	13.5	83.5	0.73	2.0	6.0	2.0	72	—
Y160L-8	7.5	723	18	85	0.73	2.0	6.0	2.0	75	150
Y180M-8	11	727	25.1	86.5	0.74	1.8	6.0	2.0	75	—
Y180L-8	15	726	34	87.5	0.76	1.8	6.0	2.0	83	215
Y200M-8	18.5	728	40.2	88.5	0.78	1.7	6.0	2.0	83	—
Y200L-8	22	729	47.7	89	0.78	1.8	6.0	2.0	83	295
Y225M-8	30	734	61.7	89.5	0.81	1.7	6.0	2.0	86	360
Y250S-8	37	735	76.3	90	0.80	1.6	6.0	2.0	86	—
Y250M-8	45	736	92.8	90.5	0.79	1.8	6.0	2.0	88	465
Y280S-8	55	740	1124	91	0.80	1.8	6.0	2.0	88	—
Y280M-8	75	740	151	91.5	0.81	1.8	6.0	2.0	91	820

2. 封闭式Y系列(IP44)三相异步电动机

(1) 基本特性(见表9.3.1-4)

封闭式Y系列三相异步电动机基本特性　　表9.3.1-4

项次	项 目	特 性	说 明
1	外壳防护等级	IP44	防护大于1mm的固体,防溅,封闭式
2	冷却方式	IC_0	自扇风冷
3	绝缘等级	B	绕组最热点温度可达130℃
4	机座中心高	H80~280mm	
5	安装方式	B3	机座带底脚,端盖无凸缘
		B5	机座无底脚,端盖有凸缘
		B35	机座带底脚,端盖有凸缘
6	绕组接法	Y或△	3kW及以下为Y接
			4kW及以上为△接
7	功率等级	0.55~200kW	
8	额定电压	380V	可制成346、600、660V
9	额定频率	50Hz	可制成60Hz

(2) 主要用途

本系列电动机为一般用途的电动机,适用于驱动无特殊要求的各种机械设备,如金属切削机床、鼓风机、水泵等。由于电动机有较好的起动性能，因此也适用于某些起动转矩有较高要求的机械，如压缩机等。

(3) 功率、转速和机座号(见表9.3.1-5)

Y系列(IP44)的功率、机座号与同步转速的对应关系　　表 9.3.1-5

机座号	同步转速 (r/min)				
	3000	1500	1000	750	600
	功率 (kW)				
$80\genfrac{}{}{0pt}{}{1}{2}$	0.75	0.55	—	—	—
	1.1	0.75			
90S	1.5	1.1	0.75	—	—
90L	2.2	1.5	1.1	—	—
$100L\genfrac{}{}{0pt}{}{1}{2}$	3	2.2	1.5	—	—
		3			
112M	4	4	2.2	—	—
$132S\genfrac{}{}{0pt}{}{1}{2}$	5.5	5.5	3	2.2	—
	7.5				
$132M\genfrac{}{}{0pt}{}{1}{2}$	—	7.5	4	3	—
			5.5		
$160M\genfrac{}{}{0pt}{}{1}{2}$	11	11	7.5	4	—
	15			5.5	
160L	18.5	15	11	7.5	—
180M	22	18.5	—	—	—
180L	—	22	15	11	—
$200L\genfrac{}{}{0pt}{}{1}{2}$	30	30	18.5	15	—
	37		22		
225S	—	37	—	18.5	—
225M	45	45	30	22	—
250M	55	55	37	30	—
280S	75	75	45	37	—
280M	90	90	55	45	—
315S	110	110	75	55	45
$315M\genfrac{}{}{0pt}{}{1}{2\\3}$	132	132	90	75	—
	160	160	110	90	55
	—	—	132	110	75

(4) 主要技术数据(见表9.3.1-6)

封闭式 Y 系列(IP44)三相异步电动机

表 9.3.1-6

型号	额定功率 (kW)	满载时 转速 (r/min)	电流 (A)	效率 (%)	功率因数 cosϕ	堵转电流 额定电流	堵转转矩 额定转矩	最大转矩 额定转矩	转动惯量 (kg·m²)	重量 (kg)
同步转速 3000r/min											
Y801-2	0.75	2830	1.81	75	0.84	6.5			0.00075	16
Y802-2	1.1	2830	2.52	77	0.86				0.00090	17
Y90S-2	1.5	2840	3.44	78	0.85		2.2		0.0012	22
Y90L-2	2.2	2840	4.74	80.5	0.86				0.0014	25
Y100L-2	3.0	2870	6.39	82	0.87			2.3	0.0029	33
Y112M-2	4.0	2890	8.17	85.5	0.87				0.0055	45
Y132S1-2	5.5	2900	11.1	85.5	0.88				0.0109	64
Y132S2-2	7.5	2900	15.0	86.2	0.88				0.0126	70
Y160M1-2	11	2930	21.8	87.2	0.88	7.0			0.0377	117
Y160M2-2	15	2930	29.4	88.2	0.88				0.0449	125
Y160L-2	18.5	2930	35.5	89					0.0550	147
Y180M-2	22	2940	42.2	89			2.0		0.075	180
Y200L1-2	30	2950	56.9	90					0.124	240
Y200L2-2	37	2950	69.8	90.5					0.139	255
Y225M-2	45	2970	83.9	91.5	0.89			2.2	0.233	309
Y250M-2	55	2970	103	91.5	0.89				0.312	403
Y280S-2	75	2970	140	92					0.597	544
Y280M-2	90	2970	167	92.5					0.675	620
Y315S-2	110	2980	203	92.5					1.18	980
Y315M-2	132	2980	242	93		6.8	1.8		1.82	1080
Y315L1-2	160	2980	292	93.5					2.08	1160
Y315L2-2	200	2980	365	93.5					2.41	1190
同步转速 1500r/min											
Y801-4	0.55	1390	1.51	73	0.76	6.0	2.4		0.0018	17
Y802-4	0.75	1390	2.01	74.5	0.76	6.0			0.0021	18
Y90S-4	1.1	1400	2.75	78	0.78	6.5	2.3		0.0021	22
Y90L-4	1.5	1400	3.65	79	0.79				0.0027	27
Y100L1-4	2.2	1430	5.03	81	0.82			2.3	0.0054	34
Y100L2-4	3.0	1430	6.82	82.5	0.81				0.0067	38
Y112M-4	4.0	1430	8.77	84.5	0.82				0.0095	43
Y132S-4	5.5	1440	11.6	85.5	0.84	7.0	2.2		0.0214	68
Y132M-4	7.5	1440	15.4	87	0.85				0.0296	81
Y160M-4	11	1460	22.6	88	0.84				0.0747	123
Y160L-4	15	1460	30.3	88.5	0.85				0.0918	144

续表

型号	额定功率(kW)	满载时				堵转电流/额定电流	堵转转矩/额定转矩	最大转矩/额定转矩	转动惯量(kg·m²)	重量(kg)
		转速(r/min)	电流(A)	效率(%)	功率因数 cosφ					
同步转速 1500r/min										
Y180M-4	18.5	1470	35.9	91	0.86	7.0	2.0	2.2	0.139	182
Y180L-4	22	1470	42.5	91.5	0.86	7.0	2.0	2.2	0.158	190
Y200L-4	30	1480	56.8	92.2	0.87	7.0	1.9	2.2	0.262	270
Y225S-4	37	1480	69.8	91.8	0.87	7.0	1.9	2.2	0.406	284
Y225M-4	45	1480	84.2	92.3	0.87	7.0	1.9	2.2	0.469	320
Y250M-4	55	1480	103	92.6	0.88	7.0	2.0	2.2	0.66	427
Y280S-4	75	1480	140	92.7	0.88	7.0	1.9	2.2	1.12	562
Y280M-4	90	1480	164	93.5	0.88	7.0	1.9	2.2	1.46	667
Y315S-4	110	1490	201	93.5	0.89	6.8	1.8	2.2	3.11	1000
Y315M-4	132	1490	240	94	0.89	6.8	1.8	2.2	3.62	1100
Y315L1-4	160	1490	289	94	0.89	6.8	1.8	2.2	4.13	1160
Y315L2-4	200	1490	362	94.5	0.89	6.8	1.8	2.2	4.94	1270
同步转速 1000r/min										
Y90S-6	0.75	910	2.3	72.5	0.70	6.0	2.0	2.0	0.0029	23
Y90L-6	1.1	910	3.2	73.5	0.72	6.0	2.0	2.0	0.0035	25
Y100L-6	1.5	940	4.0	77.5	0.74	6.0	2.0	2.0	0.0069	33
Y112M-6	2.2	940	5.6	80.5	0.74	6.0	2.0	2.0	0.0138	45
Y132S-6	3	960	7.2	83	0.76	6.0	2.0	2.0	0.0286	63
Y132M1-6	4	960	9.4	84	0.77	6.0	2.0	2.0	0.0357	73
Y132M2-6	5.5	960	12.6	85.3	0.78	6.0	2.0	2.0	0.0449	84
Y160M-6	7.5	960	17.0	86	0.78	6.5	2.0	2.0	0.0881	119
Y160L-6	11	970	24.6	87	0.78	6.5	2.0	2.0	0.116	147
Y180L-6	15	970	31.6	89.5	0.81	6.5	2.0	2.0	0.207	195
Y200L1-6	18.5	970	37.7	89.8	0.83	6.5	1.8	2.0	0.315	220
Y200L2-6	22	970	44.6	90.2	0.83	6.5	1.8	2.0	0.360	250
Y225M-6	30	980	59.5	90.2	0.85	6.5	1.8	2.0	0.547	292
Y250M-6	37	980	72	90.8	0.86	6.5	1.8	2.0	0.834	408
Y280S-6	45	980	85.4	92	0.87	6.5	1.8	2.0	1.39	536
Y280M-6	55	980	104.9	91.6	0.87	6.5	1.8	2.0	1.65	595
Y315S-6	75	990	141	92.8	0.87	6.5	1.6	2.0	4.11	990
Y315M-6	90	990	169	93.2	0.87	6.5	1.6	2.0	4.78	1080
Y315L1-6	110	990	206	93.5	0.87	6.5	1.6	2.0	5.45	1150
Y315L2-6	132	990	246	93.8	0.87	6.5	1.6	2.0	6.12	1210

续表

型号	额定功率(kW)	满载时 转速(r/min)	满载时 电流(A)	满载时 效率(%)	满载时 功率因数 cosϕ	堵转电流/额定电流	堵转转矩/额定转矩	最大转矩/额定转矩	转动惯量(kg·m²)	重量(kg)
同步转速 750r/min											
Y132S-8	2.2	710	5.8	81.0	0.71	5.5			0.0314	63
Y132M-8	3	710	7.7	82.0	0.72				0.0395	79
Y160M1-8	4	720	9.9	84.0	0.73	6.0	2.0		0.0753	118
Y160M2-8	5.5	720	13.3	85.0	0.74	6.0			0.0931	119
Y160L-8	7.5	720	17.7	86.0	0.75	5.5			0.126	145
Y180L-8	11		25.1	86.5	0.77		1.7		0.203	184
Y200L-8	15		34.1	88.0	0.76		1.8		0.339	250
Y225S-8	18.5	730	41.3	89.5	0.76		1.7	2.0	0.491	266
Y225M-8	22	730	47.6	90.0	0.78	6.0			0.547	292
Y250M-8	30		63	90.5	0.80		1.8		0.834	405
Y280S-8	37		78.2	91.0	0.79				1.39	520
Y280M-8	45		93.2	91.7	0.80				1.65	892
Y315S-8	55	740	114	92.0	0.80				4.79	1000
Y315M-8	75	740	152	92.5	0.81	6.5	1.6		5.58	1100
Y315L1-8	90		179	93.0	0.82				6.37	1160
Y315L2-8	110		218	93.3	0.82	6.3			7.23	1230
同步转速 600r/min											
Y315S-10	45		101	91.5	0.74				4.79	990
Y315M-10	55	590	123	92.0	0.74	6.0	1.4	2.0	6.37	1150
Y315L2-10	75		164	92.5	0.75				7.15	1220

9.3.2 YR 系列绕线转子电动机

1. 开启式 YR 系列(IP23)三相异步电动机

(1) 基本特性(见表 9.3.2-1)

开启式 YR 系列三相异步电动机基本特性　　　　表 9.3.2-1

项次	项目	特性	说明
1	外壳防护等级	IP23	能防护大于 12mm 的固体, 防淋水
2	冷却方式	IC_0	自扇风冷
3	绝缘等级	B 级	绕组最热点温度可达 130℃
4	机座中心高	H160~280mm	
5	安装方式	B3	机座带底脚, 卧式安装
6	功率等级	7.5~132kW	
7	额定电压	380V	
8	额定频率	50Hz	
9	绕组接法	△, Y	定子△联结, 转子 Y 联结
10	起动方法	串电阻起动	转子回路中串起动电阻或频敏电阻等起动装置

(2) 主要用途

本系列电动机由于为开启式结构,只适用于不含易燃、易爆或腐蚀气体,较为清洁的自然场所。本系列电动机能在较小起动电流下,提供较大的起动转矩,并能在一定范围内调节速度。他广泛应用于下述场合:

需要比鼠笼型更大的起动力矩;

馈电线路容量不足以起动鼠笼型转子电动机;

起动时间较长和起动比较频繁;

需要小范围调速;

联成"电轴"作同步传动等。

(3) 型号含义

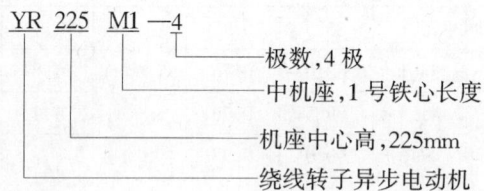

(4) 主要技术数据(见表9.3.2-2)

开启式 YR 系列(IP23)三相异步电动机　　　　表 9.3.2-2

型号	额定功率(kW)	满载时				最大转矩/额定转矩	转子电压(V)	转子电流(A)	噪声(声功率级)[dB(A)]	转动惯量(kg·m²)	重量(kg)
		转速(r/min)	电流380V(A)	效率(%)	功率因数cosφ						
同步转速 1500r/min											
YR160M-4	7.5	1421	16.0	84	0.84	2.8	260	19	83	0.099	
160L1-4	11	1434	22.6	86.5	0.85	2.8	275	26	83	0.122	
160L2-4	15	1444	30.2	87	0.85	2.8	260	37	85	0.149	
180M-4	18.5	1426	36.1	87	0.38	2.8	197	61	85	0.25	
180L-4	22	1434	42.5	88	0.88	3.0	232	61	85	0.273	
200M-4	30	1439	57.7	89	0.88	3.0	255	76	83	0.455	
200L-4	37	1448	70.2	89	0.88	3.0	316	74	89	0.553	335
225M1-4	45	1442	86.7	89	0.88	2.5	240	120	92	0.65	350
225M2-4	55	1448	104.7	90	0.88	2.5	288	121	92	0.74	380
250S-4	75	1453	141.7	90.5	0.80	2.5	449	105	92	1.338	140
250M-4	90	1457	167.9	91	0.89	2.5	524	107	92	1.5	490
280S-4	110	1458	201.3	91.5	0.89	3.0	349	196	92	2.275	
280M-4	132	1463	239.0	92.5	0.89	3.0	419	194	92	2.598	880
同步转速 1000r/min											
YR160M-6	5.5	949	12.7	82.5	0.77	2.5	279	13	79	0.143	
160L-6	7.5	949	16.9	83.5	0.78	2.5	260	19	80	0.164	160
180M-6	11	940	24.2	84.5	0.78	2.8	146	50	80	0.313	

续表

型号	额定功率 (kW)	满载时 转速 (r/min)	电流 380V(A)	效率 (%)	功率因数 cosφ	最大转矩/额定转矩	转子电压 (V)	转子电流 (A)	噪声(声功率级) [dB(A)]	转动惯量 (kg·m²)	重量 (kg)
同步转速 1000r/min											
YR180L-6	15	947	32.6	85.5	0.79	2.8	187	53	83	0.37	
200M-6	18.5	949	39	86.5	0.81	2.8	187	65	83	0.543	
200L-6	22	955	45.5	87.5	0.82	2.8	224	63	83	0.638	315
225M1-6	30	955	59.4	87.5	0.85	2.2	227	86	86	0.809	335
225M2-6	37	964	73.1	89	0.85	2.2	287	82	86	0.934	365
250S-6	45	966	88	89	0.85	2.2	307	93	89	1.653	450
250M-6	55	967	105.7	89.5	0.86	2.2	359	97	89	1.88	490
280S-6	75	969	141.8	90.5	0.88	2.5	392	121	92	2.88	
280M-6	90	972	166.7	91	0.89	2.5	481	118	92	3.513	880
同步转速 750r/min											
YR160M-8	4	703	10.5	81	0.71	2.2	262	11	77	0.142	
160L-8	5.5	705	14.2	81.5	0.71	2.2	243	15	77	0.162	160
180M-8	7.5	692	18.4	82	0.73	2.2	105	49	80	0.309	
180L-8	11	699	26.8	83	0.73	2.2	140	53	80	0.368	
200M-8	15	706	36.1	85	0.73	2.2	153	64	83	0.536	
200L-8	18.5	712	44	86	0.73	2.2	187	64	83	0.63	
225M1-8	22	710	48.6	86	0.78	2.0	161	90	83	0.791	365
225M2-8	30	713	65.3	87	0.79	2.0	200	97	86	0.905	390
250S-8	37	715	78.9	87.5	0.79	2.0	218	110	86	0.605	450
250M-8	45	720	95.5	88.5	0.79	2.0	264	09	88	1.833	500
280S-8	55	723	114	89	0.82	2.2	279	125	88	2.638	
280M-8	75	725	152.1	90	0.82	2.2	359	131	91	3.428	880

2. 封闭式 YR 系列(IP44)三相异步电动机

(1) 基本特性

本系列电动机的基本特性与 IP23 类同,但机座中心高为 H132-280mm,范围较大,功率范围为 4～75kW,防护性能为 IP44(防直径大于 1mm 的固体进入电机,防任一角度淋水)。

(2) 主要用途

电动机具有良好的密封性,广泛适用于矿山、冶金、机械工业及粉尘较多、环境较恶劣的场合中驱动各种不同机械。

(3) 主要技术数据(见表 9.3.2-3)

封闭式 YR 系列（IP44）三相异步电动机 表 9.3.2-3

型号	功率 (kW)	转速 (r/min)	电流 380V (A)	效率 (%)	功率因数 $\cos\phi$	最大转矩 额定转矩	转子电压 (V)	转子电流 (A)	噪声(声功率级) [dB(A)]	转动惯量 $(kg\cdot m^2)$	重量 (kg)
同步转速 1500r/min											
YR132M1-4	4	1440	9.3	84.5	0.77	3.0	230	11.5	82	0.0895	80
132M2-4	5.5	1440	12.6	86.0	0.77	3.0	272	13.0	82	0.104	95
160M-4	7.5	1460	15.7	87.5	0.88	3.0	250	19.5	86	0.238	130
160L-4	11	1460	22.5	89.5	0.88	3.0	276	25.0	86	0.294	155
180L-4	15	1465	30.0	89.5	0.85	3.0	278	34.0	90	0.448	205
200L1-4	18.5	1465	36.7	89.0	0.86	3.0	247	47.5	90	0.8	265
200L2-4	22	1465	43.2	90.0	0.86	3.0	293	47.0	90	0.862	290
225M1-4	30	1475	57.6	91.0	0.87	3.0	360	51.5	92	1.58	380
225M2-4	37	1480	71.4	91.5	0.86	3.0	289	79.0	92	2.17	440
250M2-4	45	1480	85.9	91.5	0.87	3.0	340	81.0	94	2.37	490
280S-4	55	1480	103.8	91.5	0.88	3.0	385	70.0	94	4.09	670
280M-4	75	1480	140.0	92.5	0.88	3.0	354	128.0	98	5.04	800
同步转速 1000r/min											
YR132M1-6	3	955	8.2	80.5	0.69	2.8	206	9.5	81	0.127	80
132M2-6	4	955	10.7	82.0	0.69	2.8	230	11.0	81	0.148	95
160M-6	5.5	970	13.4	84.5	0.74	2.8	244	14.5	81	0.3	135
160L-6	7.5	970	17.9	86.0	0.74	2.8	266	18.0	85	0.3598	155
180L-6	11	975	23.6	87.5	0.81	2.8	310	22.5	85	0.676	205
200L1-6	15	975	31.8	88.5	0.81	2.8	198	48.0	88	1.075	280
225M1-6	18.5	980	38.3	88.5	0.83	2.8	187	62.5	88	1.617	335
225M2-6	22	980	45.0	89.5	0.83	2.8	224	61.0	88	1.77	365
250M1-6	30	980	60.3	90.0	0.84	2.8	282	66.0	91	3.0	450
250M2-6	37	980	73.9	90.5	0.84	2.8	331	69.0	91	3.245	490
280S-6	45	985	87.9	91.5	0.85	2.8	362	76.0	94	5.45	680
280M-6	55	985	106.6	92.0	0.85	2.8	423	80.0	94	6.03	730
同步转速 750r/min											
YR160M-8	4	715	10.7	82.5	0.69	2.4	216	12.0	79	0.298	135
160L-8	5.5	715	14.2	83.0	0.71	2.4	230	15.5	79	0.357	155
180L-8	7.5	725	18.4	85.0	0.73	2.4	255	19.0	82	0.624	190
200L1-8	11	725	26.6	86.0	0.73	2.4	152	46.0	82	1.07	280
225M1-8	15	735	34.5	88.0	0.75	2.4	169	56.0	85	1.75	365
225M2-8	18.5	735	42.1	89.0	0.75	2.4	211	54.0	85	1.98	390
250M1-8	22	735	48.1	89.0	0.78	2.4	210	65.5	85	2.96	450
250M2-8	30	735	66.1	89.5	0.77	2.4	270	69.0	88	3.33	500
280S-8	37	735	78.2	90.5	0.79	2.4	281	81.5	88	5.37	680
280M-8	45	735	92.9	92.0	0.80	2.4	359	76.0	90	6.56	800

9.3.3 YD 系列变极多速电动机

(1) 基本特性(见表 9.3.3-1)

YD 系列变极多速电动机基本特性　　表 9.3.3-1

项 次	项 目	特 性	说 明
	外壳防护等级	IP44	防护大于 1mm 的固体,防溅
	冷却方式	IC0	自扇风冷
	绝缘等级	B 级	绕组最热点温度为 130℃
	机座中心高	H80~280mm	
	安装方式	B3	机座带底脚,端盖上无凸缘的结构型式
		B5	机座不带底脚,端盖上带大于机座的凸缘的结构型式
		B35	机座带底脚,端盖上带大于机座的凸缘的结构型式
	功率等级	0.45~82kW	
	额定电压	380V	
	极数比	4/2,6/4,8/6,12/6	双 速
		6/4/2,8/4/2,8/6/4	三 速
		12/8/6/4	四 速

(2) 主要用途

YD 系列变极多速电动机是利用改变定子绕组的接线方法以改变电动机的极数来达到变速的。电动机具有可随负载的不同要求而有级地变化功率和转速的特性,从而可达到与负载的合理匹配,这对简化变速系统和节约能源有很大意义。因此它广泛应用于机床、矿山、冶金、纺织等工业部门的各式万能、组合、专用金属切削机床以及需要变速的各种传动机构。

(3) 速比和绕组接线方式(见表 9.3.3-2 和图 9.3.3-1)

多速电动机速比和绕组接线方式　　表 9.3.3-2

速 比	同 步 转 速 (r/min)							
	1500/3000	1000/1500	750/1500	750/1000	500/1000	1000/1500/3000	750/1500/3000	750/1000/1500	500/750/1000/1500
联 结	△/YY					Y/△/YY		△/Y/YY	△/△/YY/YY
出线端数	6					9			12

(4) 型号示例

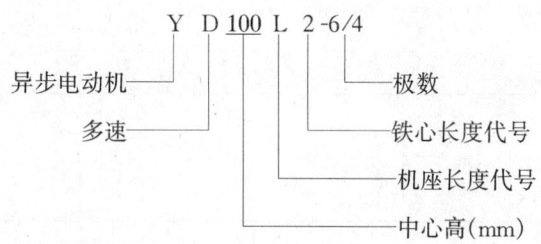

(5) 基本技术参数(见表 9.3.3-3)

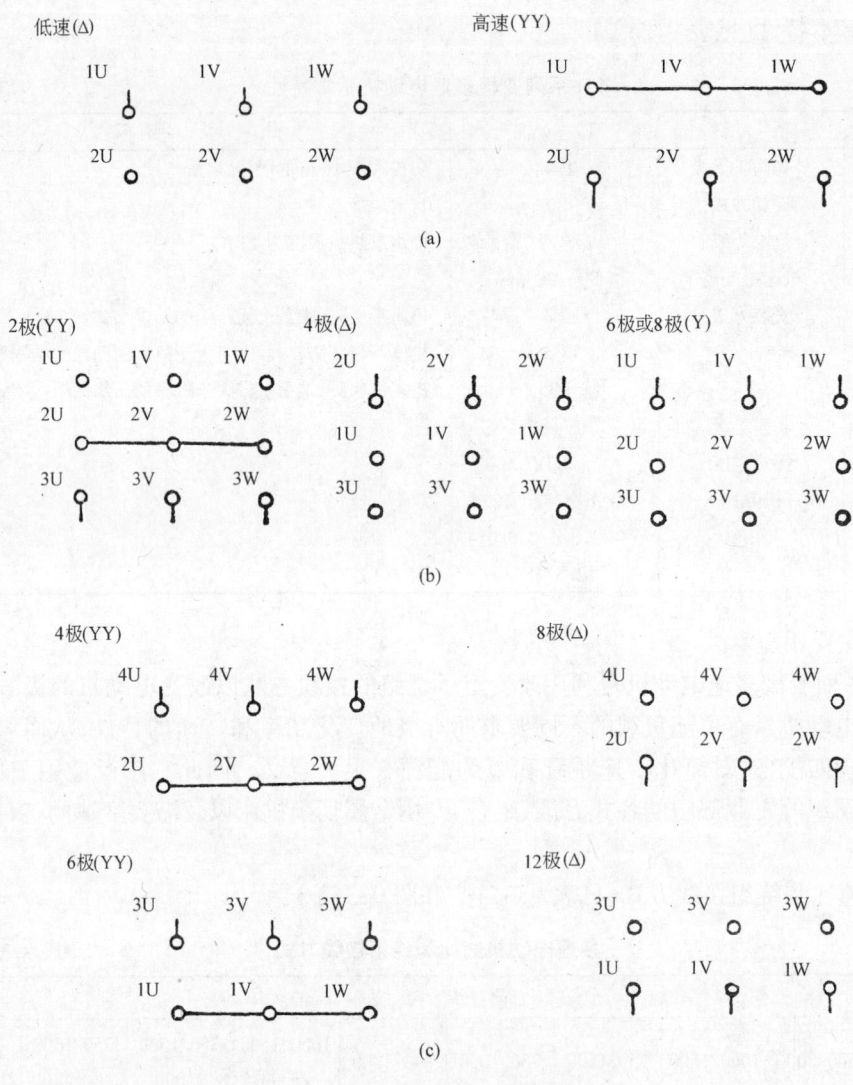

图 9.3.3-1 多速电动机绕组接线图
(a)双速；(b)三速；(c)四速

YD 系列多速电动机基本参数　　表 9.3.3-3

中心高	同步转速 (r/min)								
	1500/3000	1000/1500	750/1500	750/1000	500/1000	1000/1500/3000	750/1500/3000	750/1000/1500	500/750/1000/1500
	功 率 (kW)								
80 1	0.45/0.55	—							
80 2	0.55/0.75	—	—		—	—	—	—	—
90S	0.85/1.1	0.65/0.85		0.35/0.45					

续表

中心高	同步转速 (r/min)								
	1500/3000	1000/1500	750/1500	750/1000	500/1000	1000/1500/3000	750/1500/3000	750/1000/1500	500/750/1000/1500
	功率 (kW)								
90L	1.3/1.8	0.85/1.1	0.45/0.75	0.45/0.65	—	—	—	—	—
100L₁/₂	2/2.4 2.4/3	1.3/1.8 1.5/2.2	0.85/1.5	0.75/1.1	—	0.75/1.3/1.8	—	—	—
112M	3.3/4	2.2/2.8	1.5/2.4	1.3/1.8	—	1.1/2/2.4	0.65/2/2.4	0.85/1/1.5	—
132S	4.5/5.5	3/4	2.2/3.3	1.8/2.4	—	1.8/2.6/3	1/2.6/3	1.1/1.5/1.8	—
132M₁/₂	6.5/8	4/5.5	3/4.5	2.6/3.7	—	2.2/3.3/4 2.6/4/5	1.3/3.7/4.5	1.5/2/2.2 1.8/2.6/3	—
160M	9/11	6.5/8	5/7.5	4.5/6	2.6/5	3.7/5/6	2.2/5/6	3.3/4/5.5	—
160L	11/14	9/11	7/11	6/8	3.7/7	4.5/7/9	2.8/7/9	4.5/6/7.5	—
180M	15/18.5	11/14	—	7.5/10	—	—	—	—	—
180L	18.5/22	13/16	11/17	9/12	5.5/10	—	7/9/12	3.3/5/6.5/9	
200L₁/₂	26/30	18.5/22	14/22 17/26	7.5/13 9/15	—	—	10/13/17	4.5/7/8/11 5.5/8/10/13	
225S	32/37	22/28	—	—	—	—	14/18.5/24	—	
225M	37/45	26/34	24/34		12/20	—	17/22/28	7/11/13/20	
250M	45/55	32/42	30/42		15/24	—	24/26/34	9/14/16/26	
280S	60/72	42/55	40/55		20/30	—	30/34/42	11/18.5/20/34	
280M	72/82	55/72	47/67		24/37	—	34/37/50	13/22/24/40	

9.3.4 AO2 系列小功率(小马力)三相异步电动机

1. 基本特性

小功率电动机是指折算到转速为 1500r/min、连续额定功率小于 1.1kW 的电动机,亦称小马力电动机。

(1) 外壳防护型式:全封闭式。

(2) 安装结构:具有以下四种型式:

B3 型,机座有底脚,端盖上无凸缘;

B34 型,机座有底脚,端盖上有小凸缘,轴伸在凸缘端;

B14 型,机座无底脚,端盖上有小凸缘,轴伸在凸缘端;

B5 型,机座无底脚,端盖上有大凸缘,轴伸在凸缘端。

(3) 功率范围:16~750W。

(4) 电源:$U=380$V,三相;$f=50$Hz。

2. 主要用途

广泛使用于各种小型机床、医疗器械、电子仪器及家用电器上。

3. 型号表示方法 举例说明如下：

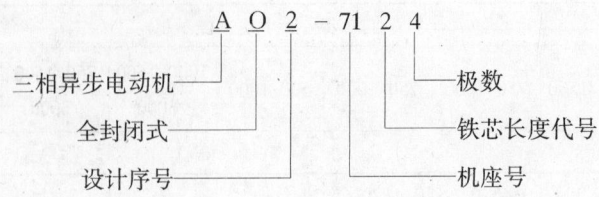

4. 主要技术数据（见表9.3.4-1）

AO2 小功率三相异步电动机 表 9.3.4-1

机座号	型　号	功率 (W)	电流 (A)	电压 (V)	频率 (Hz)	转　速 (r/min)	堵转转矩 额定转矩	最大转矩 额定转矩
45	AO2-4512	16	0.09			2800	2.2	2.4
	AO2-4522	25	0.12			2800	2.2	2.4
	AO2-4514	10	0.12			1400	2.2	2.2
	AO2-4524	16	0.17			1400	2.2	2.4
50	AO2-5012	40	0.18			2800	2.2	2.4
	AO2-5022	60	0.24			2800	2.2	2.4
	AO2-5014	25	0.22			1400	2.2	2.4
	AO2-5024	40	0.26			1400	2.2	2.4
56	AO2-5612	90	0.32			2800	2.2	2.4
	AO2-5622	120	0.37			2800	2.2	2.4
	AO2-5614	60	0.33			1400	2.2	2.2
	AO2-5624	90	0.33			1400	2.2	2.4
63	AO2-6312	180	0.52			2800	2.2	2.4
	AO2-6322	250	0.69			2800	2.2	2.4
	AO2-6314	120	0.47	380	50	1400	2.2	2.4
	AO2-6324	180	0.65			1400	2.2	2.4
71	AO2-7112	370	0.97			2800	2.2	2.4
	AO2-7122	550	1.38			2800	2.2	2.4
	AO2-7114	250	0.83			1400	2.2	2.4
	AO2-7124	370	1.16			1400	2.2	2.4
80	AO2-8012	750	1.75			2800	2.2	2.4
	AO2-8022	1100	2.55			2800	2.2	2.4
	AO2-8014	550	1.55			1400	2.2	2.4
	AO2-8024	750	2.00			1400	2.2	2.4
	AO2-8016	370	1.37			980	2.0	2.2
	AO2-8026	550	1.86			980	2.0	2.2
90	AO2-90S2	1500	3.4			2800	2.2	2.4
	AO2-90L2	2200	4.7			2800	2.2	2.4
	AO2-90S4	1100	2.7			1400	2.2	2.4
	AO2-90L4	1500	3.6			1400	2.2	2.4
	AO2-90S6	750	2.25			980	2.0	2.2
	AO2-90L6	1100	3.15			980	2.0	2.2

9.4 三相异步电动机启动、控制、调速和制动

9.4.1 笼型异步电动机全压直接启动

1. 全压、直接启动的基本条件

(1) 启动时电动机端子处的电压不低于表9.4.1-1的规定。

启动时电动机端子处的电压　　　　　　表 9.4.1-1

序 号	类 别	端子电压(不低于)
1	经常启动	$90\%U_N$
2	不经常启动(每班不超过2次)	$85\%U_N$
3	单独供电,不影响其他工作机械	$(80\%\sim 70\%)U_N$

注：U_N—电源额定电压。

(2) 启动功率不超过供电设备和电网的过载能力。电动机允许全压启动的功率与电源容量之间的关系见表9.4.1-2。

按电源容量确定允许全压启动的鼠笼型异步电动机最大功率　　表 9.4.1-2

序 号	电源类别	计算标准	全压启动电动机最大功率(kW)	
			经常启动	不经常启动
1	配电网	三相短路容量 S_d,kVA	$3\%S_d$	
2	变电所	主变压器额定容量 S_N,kVA	$20\%S_N$	$30\%S_N$
3	变压器—电动机组	变压器额定容量 S_N,kVA	$80\%S_N$	
4	小容量发电厂	发电机额定功率 P_N,kW	$10\%P_N$	$12\%P_N$
5	柴油发电机(200kW以下)	发电机额定功率 P_N,kW		
		a. 手动调压	$10\%P_N$	
		b. 炭阻式自动调压	$12\%P_N$	$15\%P_N$
		c. 可控硅调压(带励磁机)	$12\%P_N$	$25\%P_N$
		d. 相复励自动调压	$15\%P_N$	$30\%P_N$
		e. 三次谐波励磁调压	$15\%P_N$	$50\%P_N$

(3) 电动机本身能满足全压启动大电流冲击的动稳定和热稳定的要求。
(4) 生产机械能承受全压启动时的冲击转矩。

2. 全压直接启动设备

(1) 全压直接启动设备种类及应用范围(见表9.4.1-3)。

常用直接启动设备　　　　　　表 9.4.1-3

序 号	开关类别	型号举例	应 用 条 件
1	胶盖开关(开启式负荷开关)	HK1、HK2 (15、130、60A)	不频繁启动,5.5kW以下,与熔断器配合,开关额定电流一般不小于电动机额定电流的3倍

续表

序号	开关类别	型号举例	应用条件
2	铁壳开关(封闭式负荷开关)	HH2、HH3、HH4 (10、15、20、30、60A)	不频繁启动,15kW以下,与熔断器配合,开关额定电流一般不小于电动机额定电流的2倍
3	组合开关	HZ5、HZ10	不频繁启动,10kW以下,与熔断器配合,开关额定电流一般不小于电动机额定电流的1.5~2.5倍
4	交流接触器	CJ10	频繁启动,75kW以下,与熔断器配合,开关额定电流一般大于电动机额定电流
5	磁力启动器	QC8、QC10	频繁启动,75kW以下,主要由交流接触器、熔断器、热继电器等构成,按设备要求确定电动机功率
6	断路器	DZ5、DZ15、DZ20	不频繁启动,各种容量电动机,开关带自动脱扣器

(2) 全压启动器
1) 型号:QC(电磁式);QS(手动式)。
2) 特点及用途:见表9.4.1-4。

全压启动器的特点及用途 表9.4.1-4

序号	类型	特点及用途
1	电磁式	供远距离频繁控制三相笼型异步电动机的直接启动、停止及可逆转换,并具有过载、断相及失压保护作用
2	手动式	供不频繁控制三相笼型异步电动机的直接启动、停止,可具有过载、断相及欠压保护作用。由于结构简单、价廉、操作不受电网电压波动影响,故特别适于广大农村使用

3) 主要技术数据:(见表9.4.1-5)。

常用全压启动器主要技术数据 表9.4.1-5

序号	型号	额定电流(A)	控制电动机最大功率(kW) 220V	控制电动机最大功率(kW) 380V	吸引线圈额定电压(V)	备注
1	QC10-1/*	5	1.2	2.2	AC:36,110,127,220,380;DC:48,110,220	由CJ10接触器与JR15热继电器等组成
	-2/*	10	2.2	4		
	-3/*	20	5.5	10		
	-4/*	40	11	20		
	-5/*	60	17	30		
	-6/*	100	20	50		
	-7/*	150	47	75		
2	QC12-1	20	1.2	2.2	AC:36,110,220,380	由CJ10接触器与JR16热继电器等组成
	-2	20	2.2	4		
	-3	20	5.5	10		
	-4	60	11	20		
	-5	60	17	30		
	-6	150	29	50		
	-7	150	47	75		

9.4 三相异步电动机启动、控制、调速和制动　627

续表

序号	型号	额定电流(A)	控制电动机最大功率(kW) 220V	控制电动机最大功率(kW) 380V	吸引线圈额定电压(V)	备注
3	QC20 -1/1 -3/1 -3/2 -3/3 -3/4	16 16 32 63 80	4 4 10 17 22	7.5 7.5 17 30 40		
4	QC（MSB） B9 B12 B16	8.5 11.5 15.5		4 5.5 7.5	AC: 24,48, 110,220, 380,500	引进德国BBC公司产品，可控制660V电机
5	QS-5	10 15		2.6 4.5	AC: 220,380	
6	QS-6	4 6		0.75 1.5	AC: 220,380	

3. 380VY型电动机全压启动及附属设备选择(见表9.4.1-6)

表 9.4.1-6　380V Y型鼠笼型电动机直接启动设备的选择

电动机 功率(kW)	电动机 额定电流(A)	电动机 启动电流(A)	选用熔断器 RL1 熔管电流/熔体电流(A)	选用熔断器 RM10 熔管电流/熔体电流(A)	选用熔断器 RT10 熔管电流/熔体电流(A)	选用熔断器 RT0 熔管电流/熔体电流(A)	铁壳开关 HH 额定电流(A)	启动器 QC10 等级和热元件额定电流(A)	自动开关 型号	自动开关 脱扣器整定电流(A)	BLX、BLV导线截面(mm²)钢管直径(mm)
0.55	1.5	10	15/4	15/6	20/6	50/10	15/5	2/6,2.4	DZ5-20/330	2	2.5,G15
0.75	2.0	13	15/5	15/6	20/6	50/10	15/10	2/6,2.4		3	
1.1	2.7	18	15/6	15/6	20/10	50/10	15/10	2/6,3.5		3	
1.5	3.7	24	15/10	15/10	20/15	50/10	15/10	2/6,5		4.5	
2.2	5.0	35	15/15	15/15	20/20	50/15	15/15	2/6,7.2		6.5	
3	6.8	48	60/20	60/20	30/20	50/20	15/15	2/6,7.2		10	
4	8.8	62	60/30	60/25	30/20	50/30	30/20	2/6,11		10	
5.5	11.6	81	60/35	60/35	30/30	50/30	30/25	3/6,11		15	
7.5	15.4	108	60/50	60/45	60/40	50/40	30/30	3/6,16		20	
11	22.6	158	100/80	60/45	60/50	50/50	60/40	4/6,24		25	4,G20
15	30	212	100/80	100/80	60/60	100/60	60/60	4/6,33		40	6,G20
18.5	36	251	100/80	100/80	100/80	100/80	100/80	5/6,50		50	10,G25
22	43	298	100/100	100/80	100/80	100/80	100/80	5/6,50		50	10,G25
30	57	398	100/100	200/125	100/100	100/100	200/100	5/6,72	DZ10-100/330	80	16,G32
37	70	489	100/100	200/160	—	200/120	200/120	6/6,70		80	25,G32
45	84	589	—	200/160	—	200/150	200/150	6/6,100		100	35,G40
55	103	718	—	200/200	—	200/200	200/200	7/6,110		120	50,G50
75	140	978	—	350/225	—	400/250	300/250	7/6,150	DZ10-250/330	160	70,G50

注：表中与电动机功率相对应的额定电流和启动电流，均为4极电动机，如不为4极，应参考产品样本适当调整。

4. 全压启动控制电路

(1) 接触器控制单向运转电路(见图 9.4.1-1)

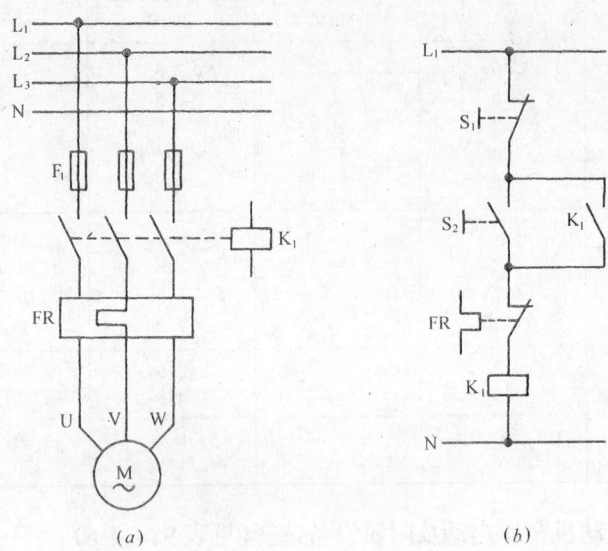

图 9.4.1-1 三相异步电动机全压启动单向运转控制电路
(a)主电路；(b)控制电路
F1—熔断器；K1—三相交流接触器；FR—三相热继电器；S1—停止按钮；
S2—启动按钮；M—三相异步电动机
(注：按下 S2，K1 接通，电动机启动并运转；按下 S1，K1 断开，电动机停止；过负荷时，热继电器 FR 动作；过电流时，熔断器 F1 熔断，都使电动机的电源切除。)

(2) 手动控制正反转运转电路，电路见图 9.4.1-2，触点通断状态见表 9.4.1-1。

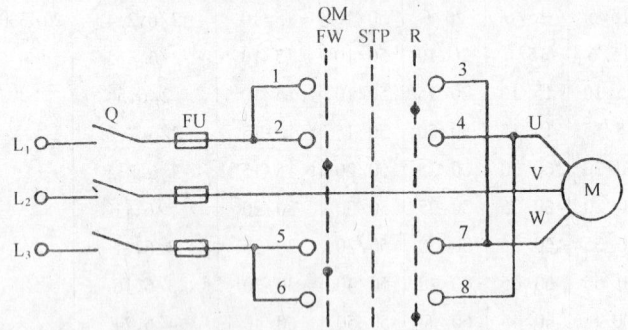

图 9.4.1-2 手动直接启动正反向运转控制电路
Q—刀开关；FU—熔断器；QM—转换开关

图 9.4.1-2 中转换开关 QM 触点通断表　　　　　表 9.4.1-1

位 置	端 子				说 明
	1—2	2—4	5—7	6—8	
FW	0	1	1	0	正 转
STP	0	0	0	0	停 止
R	1	0	0	1	反 转

注：1—接通；0—断开。

(3) 接触器控制正反转运转电路(见图9.4.1-3)

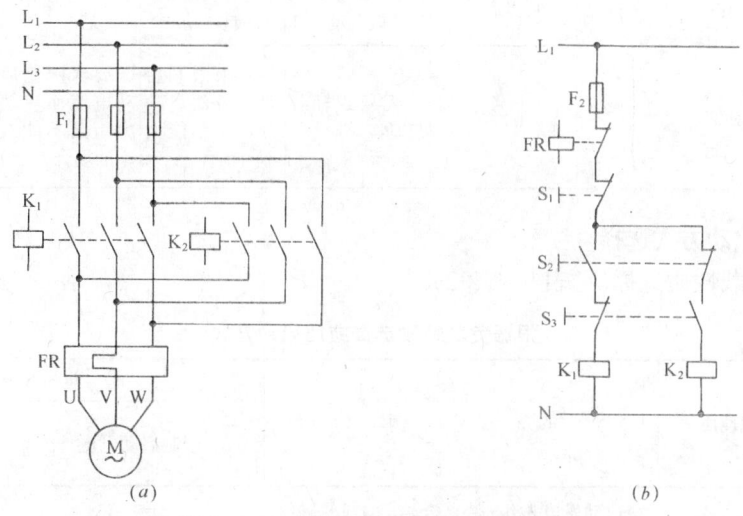

图9.4.1-3 直接启动正反转控制电路
(a)主电路;(b)控制电路
F1—主电路熔断器;F2—控制电路熔断器;K1—正向运转接触器;K2—反向运转接触器;
FR—热继电器;S1—停止按钮;S2—正向运转启动按钮;S3—反向运转启动按钮
(注:按下S2,K1接通,电动机正向运转;按下S3,K2接通,电动机反向运转;按下S1,电动机停止运转。)

9.4.2 笼型异步电动机减压启动
1. 减压启动方式及特点(见表9.4.2-1)

常用减压启动控制的种类及特点　　　　　　　　表9.4.2-1

项次	项目	直接启动	Y-△减压启动	延边三角形起动	自耦减压启动	电阻(或电抗)减压启动
1	启动时电动机端电压	U_N	$0.58U_N$(相电压)	$(0.7 \sim 0.8)U_N$	$(0.5 \sim 0.8)U_N$	$(0.5 \sim 0.8)U_N$
2	启动电流	I_S	$0.33I_S$	$(0.5 \sim 0.7)I_S$	$(0.5 \sim 0.8)I_S$	$(0.5 \sim 0.8)I_S$
3	启动转矩	T_S	$0.33T_S$	$\sim 0.49T_S$	$(0.25 \sim 0.64)T_S$	$(0.25 \sim 0.64)T_S$
4	启动时对电源电压的影响	最大	小	较小	较小	一般
5	启动时对机械的冲击	最大	小	较小	较小	较小
6	启动过程中力矩变化情况	加速力矩大	力矩增加不大	力矩有增加	力矩有所增加	力矩增加较快
7	最大转矩	大	较小	一般	一般	较大
8	启动时间	最短	较长	较短	较短	较短
9	线路复杂性	最简单	简单	复杂	最复杂	较复杂
10	价格	最便宜	便宜	一般	较贵	较贵

续表

项次	项 目	直接启动	Y-△减压启动	延边三角形起动	自耦减压启动	电阻(或电抗)减压启动
11	适用对象	一般	无载或轻载启动	要求限制启动电流而启动力矩又不能太小的场合	要求限制启动电流而启动力矩又不能太小的场合	Y-△不能启动的场合及启动时要求对机械冲击较小的场合

2. 减压启动方式选择

（1）按负载性质选择（见表 9.4.2-2）

根据负载性质选择减压启动方式　　　　表 9.4.2-2

序号	负载性质	负 载 举 例	起 动 方 式	
			限制启动电流	减小启动时对机械的冲击
1	无载或轻载启动	电动发电机组；带离合器的工业机械，如卷扬机、绞盘和带卸料机的破碎机；车床、钻床、铣床、圆锯、带锯等	星-三角减压启动；电阻或电抗减压启动	
2	负载转矩与转速成平方关系	离心泵、叶轮泵、螺旋泵、轴流泵；离心式鼓风机和压缩机、轴流式风扇和压缩机	延边三角形减压启动；自耦减压启动、电抗减压启动	
3	摩擦负载	水平传送带、活动台车、粉碎机、混砂机、压延机、电动门等	延边三角形减压启动；电阻或电抗减压启动	电阻减压启动
4	阻力矩小的惯性负载	离心式分离机、脱水机、曲柄式压力机	星-三角或延边三角形减压启动；自耦减压启动；电抗减压启动	
5	恒转矩负载	往复泵和压缩机、罗茨鼓风机、容积泵、挤压机	延边三角形减压启动；电阻或电抗减压启动	电阻或电抗减压启动
6	重力负载	卷扬机、倾斜式传送带类机械；升降机；自动扶梯类机械		电抗减压启动
7	恒重负载	长距离皮带运输机、链式传送机、织机、卷纸机、夹送辊		电抗减压启动

（2）按电源容量选择　对常用变压器供电，其减压启动方式选择原则见表 9.4.2-3。

根据电源容量选择减压启动方式　　　　表 9.4.2-3

电动机功率(kW)／变压器容量(kVA)	0.35～0.58	0.58 以上
启动方式选择	用串联电阻、电抗的方式或用星-三角减压启动	用延边三角形变换方式或自耦减压方式启动

3. 减压启动器

常用减压启动器的种类及用途见表 9.4.2-4，主要技术数据见表 9.4.2-5。

9.4 三相异步电动机启动、控制、调速和制动

减压启动器的种类及用途　　　　　　　　　　　　　　　　表 9.4.2-4

序号	类别		主要用途
1	星-三角启动器	自动	供三相笼型异步电动机作星-三角启动及停止用,并具有过载、断相及失压保护作用。在启动过程中,时间继电器能自动地将电动机定子绕组由星形转换为三角形联接
		手动	供三相笼型异步电动机作星-三角启动及停止用
2	自耦减压启动器	自动	供三相笼型异步电动机作不频繁地减压启动及停止用,并具有过载、断相及失压保护作用
		手动	
3	电抗减压启动器		供三相笼型异步电动机的减压启动用,启动时利用电抗线圈来降压,以限制启动电流
4	电阻减压启动器		供三相笼型异步电动机或小容量直流电动机的减压启动用,启动时利用电阻元件来降压,以限制启动电流
5	延边星-三角启动器		供三相笼型异步电动机作延边三角形启动,并具有过载、断相及失压保护作用 在启动过程中,将电动机绕组接成延边三角形,启动完毕时自动换接成三角形

常用减压启动器主要技术数据　　　　　　　　　　　　　　表 9.4.2-5

序号	启动器名称	型号	380V 控制电动机功率(kW)	操作频率	启动时间(s)
1	手动星-三角启动器	QX1	13、30	两次操作间隔 120s	13kW 时<15 30kW 时<25
2	自动星-三角启动器	QX3	13、30	30 次/h,两次操作间隔为 90s	
3	手动自耦减压启动器	QJ3	10、14、17、20、22、28、30、40、45、55、75	二次操作间隔 4h	<30~60
4	自动自耦减压启动器	XJ01	14、20、28、40、50、55、75、100、115、135、190、225、260、300	二次操作间隔 4h	<120
5	电阻减压启动器	QJ7	20	二次操作间隔 4h	<40
6	延边三角形启动器	XJ1	11、15、18.5、22、30、37、45、55、75、90、110、125		
7	无触点减压启动器	QJW6	22		

注:型号字母含义:Q—启动器,J—减压,X—星-三角启动,W—无触点。

4. 减压启动控制电路

基本控制电路见图 9.4.2-1~9.4.2-4,只示出主电路。

9.4.3 绕线式异步电动机启动

1. 频敏变阻器启动

在转子回路中串入频敏变阻器。由于频敏电阻值随频率增高而增加,在启动过程中,转子电流的频率随转速升高(转差率减小)而降低,频敏电阻值随转速升高而减小,从而获得了恒转矩的机械特性。

频敏变阻器启动原理电路见图 9.4.3-1。

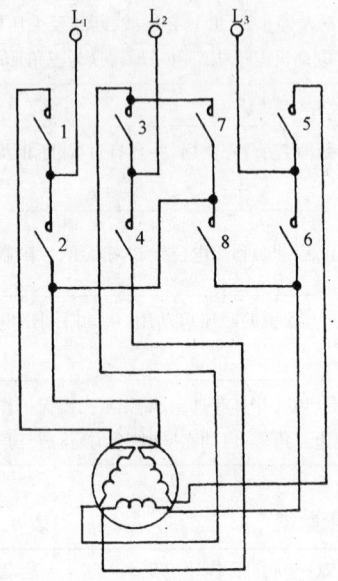

图 9.4.2-1　Y-△减压启动控制
（1、4、5、7、8 闭合，Y 接启动；1、2、3、4、5、6 闭合，△接运行）

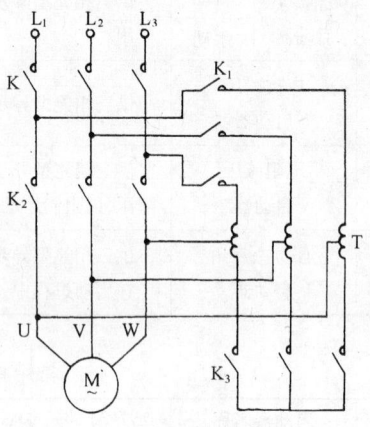

图 9.4.2-2　自耦减压启动控制
T—自耦变压器；K—接触器
（K_1、K_3 闭合，K_2 断开，自耦减压启动；
K_2 闭合，K_1、K_3 断开，全压运行）

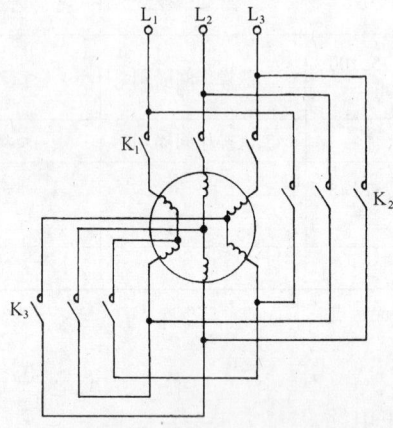

图 9.4.2-3　延边三角形减压启动控制
（K_1、K_2、K_3 闭合，延边三角形接启动；
K_1、K_2 闭合，K_3 断开，三角形接运行）

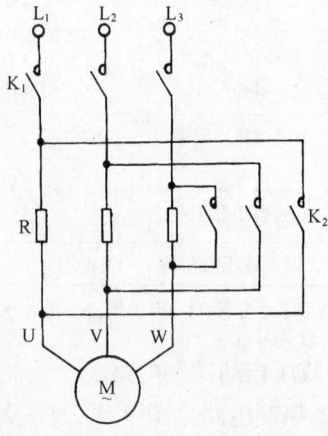

图 9.4.2-4　电阻（或电抗）减压启动控制
（K_1 闭合，K_2 断开，电阻或电抗减压启动；
K_1、K_2 闭合，全压运行）

常用的 XQP 系列频敏变阻器启动器主要技术数据见表 9.4.3-1。

9.4 三相异步电动机启动、控制、调速和制动

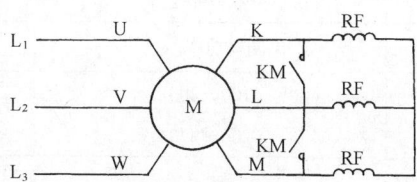

图 9.4.3-1 频敏变阻器启动原理电路
RF—频敏变阻器；KM—启动开关（启动时断开，启动完毕闭合）

XQP 系列频敏变阻器启动器主要技术数据　　　　表 9.4.3-1

序 号	型 号	控制电动机功率（kW）	电流互感器变比	热继电器整定电流（A）
1	XQP-14~40	14~17 20~22 28~30 40		29~35 40~45 56~60 80~85
2	XQP-45~60	45 55~60	200/5 200/5	2.4 2.7~3.0
3	XQP-65~150	65~75 80 95~100 110~150	200/5 300/5 300/5 400/5	3.5 2.6~2.8 3.0~3.3 2.6~3.0

2. 电阻分级启动

电阻分级启动是在绕线型电机转子回路串入一定的电阻、采用控制器或接触器手动或自动依次切除部分电阻，实现电机的分级启动。

电阻分级启动适用于频繁启动，以满足于增减速度频繁的机械上的绕线型电动机。

电阻分级启动控制电路见图 9.4.3-2。启动分级级数与电动机功率的关系见表 9.4.3-2。

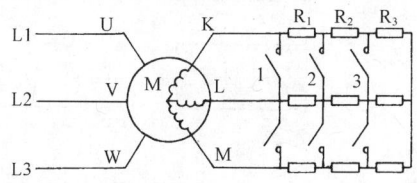

图 9.4.3-2 绕线型电动机电阻分级启动控制电路
R_1、R_2、R_3—分级启动电阻；1、2、3—电阻短接开关

电阻分级级数与电动机功率的关系　　　　表 9.4.3-2

序 号	电动机功率（kW）	级 数
1	0.75~7.5	1
2	10~20	2
3	20~35	2~3
4	35~55	3
5	60~95	4~5

序　号	电动机功率(kW)	级　　数
6	100~200	4~5
7	200~370	6

9.4.4 电动机软启动装置

1. 软启动的基本原理

软启动装置是采用大功率晶闸管(可控硅)作为交流电动机主回路的开关元件,通过控制晶闸管(可控硅)的导通角,实现电压的平滑爬升和下降,从而实现电动机的平滑启动和停止,避免了电动机突然启动和停止对电动机及其拖动的水泵、风机、压缩机等的影响,并减少了电动机启动时对电网电压的冲击。

软启动装置基本构成框图见图 9.4.4-1。

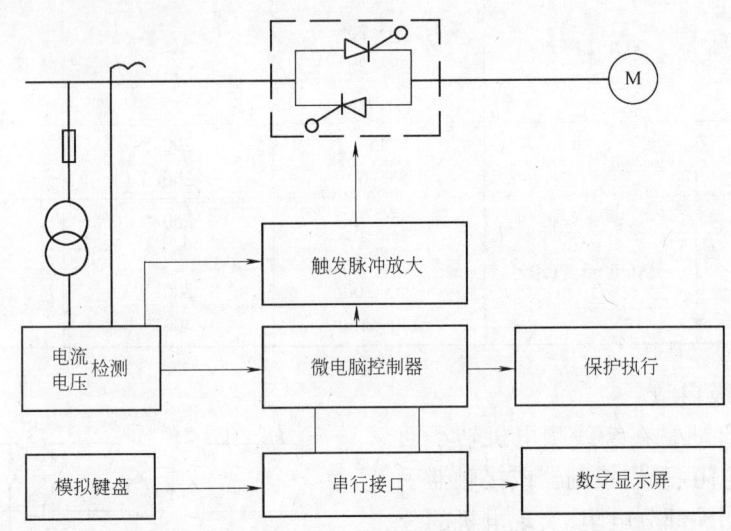

图 9.4.4-1 软启动装置构成框图

其核心部件是晶闸管、晶闸管触发器和微电脑控制器。

2. 常用软启动装置

(1) KTR 型软启动装置

KTR 交流电动机软启动装置,是采用大功率晶闸管做为主回路的开关元件,通过控制它的导通角以实现软特性的电压爬升。该系统工作时对电网无过大冲击,可大大降低系统的容量;对机械传动系统的震动小、齿轮及轴连接器启动转矩平滑稳定。

该产品主要适用于交流电动机拖动的风机、水泵、皮带传送、牵引等以及需要软启动软停止控制的场合。

该产品为微机控制的机电一体化产品,具有高新技术组成控制系统,内设多重保护功能和较强的自检测、自诊断功能,并具有数字状态显示窗口,可根据窗口的显示字样,能很方便的显示系统工作运行的状态和发生故障后显示故障原因及准确位置。

型号意义:

9.4 三相异步电动机启动、控制、调速和制动

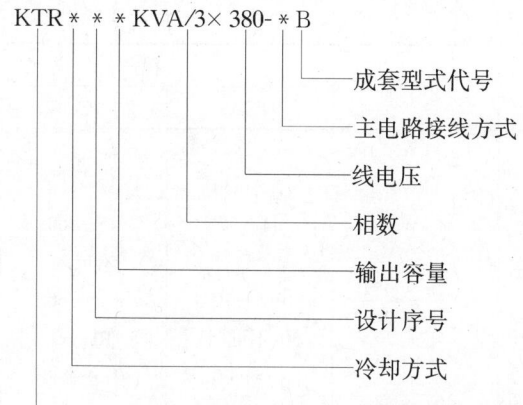

说明：设计序号5——表示启动电流限制为 $2.5I_N$，过电流保护动作值为 $3.0I_N$；
　　　　6——表示启动电流限制 $3.6I_N$，过电流保护动作值为 $4.0I_N$。
主要线路接线方式1——表示三相四线电路，双向控制；
　　　　　　　2——表示三相三角形电路，双向控制；
　　　　　　　3——表示三相三线电路，双向控制。
冷却方式——柜式结构均为自冷A；
　　　　　壁挂式结构均为风冷F。

常用KTR软启动装置的主要技术参数见表9.4.4-1。

KTR 软 启 动 装 置　　　　表 9.4.4-1

额定功率 P_N(kW)	相 数 (m)	频 率 (Hz)	额定输入电压 U_{1N}(V)（有效值）	额定输出电压 U_{2N}(V)（有效值）	额定输出电流 I_{2N}(A)（有效值）
22	3	50	380	378	50
40	3	50	380	378	90
60	3	50	380	378	130
80	3	50	380	378	170
110	3	50	380	378	215
135	3	50	380	378	260
185	3	50	380	378	340
240	3	50	380	378	430
320	3	50	380	378	565

(2) PS*型软启动装置

PS*型软启动装置有三种基本类型：PSA、PSD、PSDH。主要技术特性见表9.4.4-2。

PS* 软 启 动 装 置　　　　表 9.4.4-2

序号	项 目	单 位	特　　性		
			PSA	PSD	PSDH
1	运用场合		一般启动	一般启动	重载启动

续表

序号	项目	单位	特性 PSA	PSD	PSDH
2	功率范围 220~230V	kW	4~18.5	22~250	7.5~220
	380~415V	kW	7.5~30	37~450	15~400
	500V	kW	11~37	45~560	18.5~500
3	内部电子过载继电器功能		无	有或无	有
4	启动斜坡时间	s	0.5~30	0.5~60	0.5~60
5	初始电压	%	30(不可调)	10~60	10~60
6	停止斜坡时间	s	0.5~60	0.5~240	0.5~240
7	运用场合		一般启动	一般启动	重载启动
8	级落电压	%	无	100~30	100~30
9	启动电流极限		2~5x/e	2~5x/e	2~5x/e
10	可调额定电机电流	%	无	70~100	70~100
11	节能功能		无	有	有
12	脉冲突跳启动		无	有	有
13	大电流开断		无	有①	有
14	信号继电器用于启动斜坡完成				
15	运行		有	有	有
16	故障		无	有	有
17	过载		无	有①	有

注：①—带电子过载继电器。

PS*软启动装置的选用见表9.4.4-3。

PS*软启动装置的选用　　　　　　　　　　　表9.4.4-3

序号	被启动设备	选用类型及特性
1	泵	选用PSA或PSD型。PSD软启动器有一特别的泵停止功能(级落电压)，使在停止斜坡的开始瞬间降低电机电压，然后再继续线性地降至最终值。这提供了停止过程可能的最软的停止方法
2	鼓风机	当启动较小的风机时，PSA或PSD都可选择，而对于带负荷大的大型风机，应选择PSDH型 其内部过载继电器可保护电机不致启动太频繁，频繁启动可能引起过热
3	空气压缩机	选用PSA或PSD。选用PSD可以优化功率因数从而提高电机的效率，减少空载时的能量消耗
4	传送带	选择PSA或PSD。如果输送带的启动时间较长应选择PSDH
5	其他设备	软启动器亦可推荐用于螺旋式输送机、旋转输送机、液压泵、滑轮提升机、环形锯、搅拌机等 用所有运行数据进行更精确的计算，对于破碎机、轧机、离心机及带形锯是必要的

9.4.5　异步电动机调速
1. 调速基本原理

三相异步电动机的转速为

$$n = \frac{60f}{P}(1-s)$$

式中　n——电动机转速，r/min；
　　　f——频率，Hz；
　　　s——转差率；
　　　P——磁极对数。

因此，三相异步电动机的调速可通过改变电源频率、改变磁极对数、改变转差率三种途径来实现，分别称为变频调速、变极调速、变转差率调速。

2. 变频调速

(1) 基本原理：采用晶闸管变频装置（早期多用变频机组）改变电源频率，其原理接线见图9.4.5-1。图(a)中，频率为 f_1 的三相交流电，经由晶闸管组成的整流装置 A_1 变为直流，再经 A_2 逆变为频率为 f_2 的三相交流电，电动机 M 则在频率为 f_2 的电源下工作。图(b)中，频率为 f_1 的三相交流

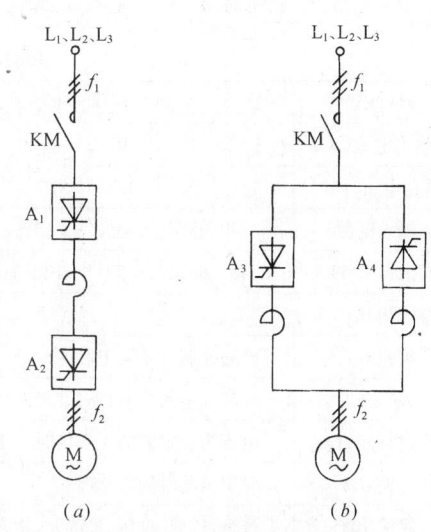

图 9.4.5-1　变频调速原理图
(a) 交流—直流—交流变频；(b) 交流—交流变频
KM—交流接触器；$A_1 \sim A_4$—晶闸管整流装置

电经由 A_3、A_4 双向整流，变为频率为 f_2 的三相交流电，向电动机 M 供电。通过改变各晶闸管的导通情况，可以实现频率 f_1 向 f_2 的无级变化。

两种变频调速方式比较见表9.4.5-1。

电流型变频与电压型变频主要特点比较　　　　表 9.4.5-1

变频器类别 比较项目	电　流　型	电　压　型
直流回路滤波环节	电抗器	电容器
输出电压波形[①]	决定于负载，当负载为异步电动机时，为近似正弦波	矩形
输出电流波形[①]	矩形	决定于逆变器电压与电动机的电动势，有较大谐波分量
输出动态阻抗	大	小
再生制动（发电制动）	方便，不需附加设备	需要附加电源侧反并联逆变器
过电流及短路保护	容易	困难
动态特性	快	较慢，用 PWM 则快
对晶闸管要求	耐压高，对关断时间无严格要求	一般耐压可较低，关断时间要求短
线路结构	较简单	较复杂
适用范围	单机，多机	多机，变频或稳频电源

注：① 指三相桥式逆变器，既不采用脉冲宽度调制也不进行多重叠加。

(2) 适用电动机类型：主要用于鼠笼型三相异步电动机，如辊道、高速传动、同步协调等用途的电动机。

(3) 主要特点：转速变化率小，恒转矩，无级调速，可逆或不可逆，效率高，但装置较复杂。

(4)常用变频器 常用全数字式通用型变频器的规格性能见表9.4.5-2。

常用变频器主要技术数据　　　　表9.4.5-2

容量(kVA)	2	4	6	10	15	25	35	50	60	100	150	200	230
输出电流(A)	3	6	9	15	23	38	53	76	91	152	228	304	350
适用电机(kW)	0.75	2.2	3.7	5.5	7.5	15	18.5	30	37	55	90	132	160
输入电源	三相380V(+10%～-15%)、50～60Hz												
输出频率(Hz)	0.5～60;0.5～50;1～120;3～240;最高400												
输出电压(V)	380												
控制方式	磁通控制正弦波PWM												
频率精度	最高频率的±0.1%(25℃±10℃)												
过载能力	电流为额定值的1.5倍时为1min(50kVA以下);电流为额定值的1.3倍时为30s(50kVA以上)												
变换效率	额定负载时约为95%												
保护功能	过流、过载、过压、失速、缺相												
显示	51种显示功能												
外端子功能	转速、电压、力矩、闭环、正、反转、启动、停止、故障信号、转速预置												
设置场所	室内(无尘埃、无腐蚀性气体)												
环境温度	-10～+40℃												
相对湿度	90%以下(无凝露)												
振动	0.5G以下												

注：变频器种类繁多,性能差异较大,本表列出的是国产较通用的一种。

3．变极调速

(1)基本原理：利用接触器改变电动机定子绕组间的连接,使其改变极对数以达到调速的目的。例如图9.4.5-2中,不同的连接方式,使绕组中部分线圈的电流方向发生变化,由2极变为4极。

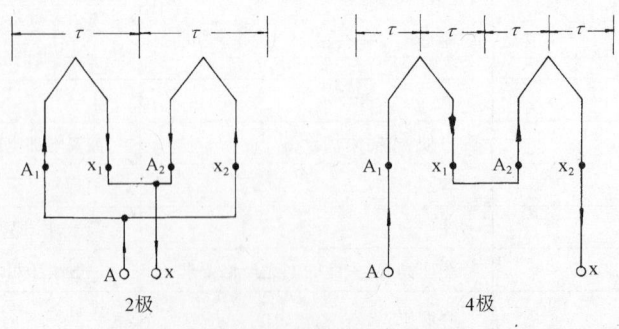

图9.4.5-2 变极调速示例(2极变4极)

τ—极距

(2)适用电动机类型：用于变极笼型异步电动机,例如,机床、木工机械、化工搅拌机等只要求几种变速的机械。

(3)主要特点：简单,有级调速,恒转矩或恒功率。

4. 变转差率调速

(1) 基本原理：变转差率调速可采用改变定子电压、转子串电阻、静止串级和转差离合器等方法。

改变定子电压可采用自耦变压器调压，但近年来多采用晶闸管调压。图 9.4.5-3 是利用两个晶闸管 V_1、V_2 双向整流(亦可采用一个双向晶闸管)，将电源电压 U_1 变为 U_2。改变晶闸管的导通时间，即改变了 U_2 的大小。电压调节是无级的，因而电动机调速也是无级的。

图 9.4.5-4 是通过开关 K_1、K_2、K_3 的切换，改变转子串联电阻 R 的大小，实现电动机调速。

图 9.4.5-5 是在电动机和负载之间安装一电磁离合器 YC，电磁离合器的工作电源来自晶闸管 V，通过调节晶闸管的控制电源可改变离合器 YC 的阻力矩，实现电动机对负载的调速。

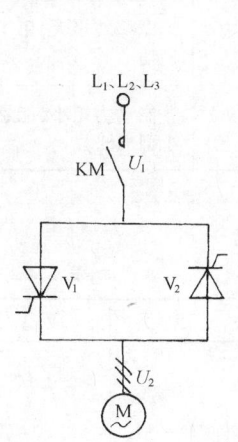
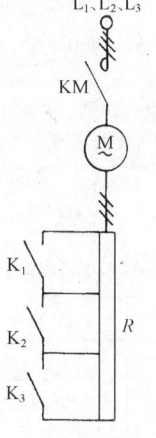
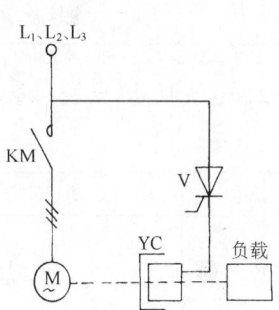

图 9.4.5-3 改变定子电压调速　　图 9.4.5-4 改变转子电阻调速　　图 9.4.5-5 电磁离合器调速
KM—接触器；V_1、V_2—晶闸管　　K_1、K_2、K_3—开关；R—串联电阻　　YC—电磁离合器；V—晶闸管

图 9.4.5-6 为静止串级改变转差率调速的原理接线图。其工作原理是在绕线型转子电动机上，利用硅整流器和晶闸管，将转子电路内频率为 f_2、电压为 U_2 的转差电压经整流—逆变后，又经变压器 T 升压，变成与电动机电源频率 f_1、电压 U_1 相等，从而使转子的部分功率反馈到电网去，控制晶闸管 V_2 便可实现调节反馈功率的大小，即实现了调速的目的。

(2) 适用电动机类型：定子调压适用于具有高阻抗转子的鼠笼型电动机或串接有变阻器的绕线型电动机；转差离合器适用于装有转差离合器的电磁调速鼠笼型异步电动机；转子串电阻和串级调速适用于绕线型异步电动机。

(3) 主要特点：定子调压调速转速变化率大，效率低，可平滑调速；转差离合器调速转速变化率较小，效率低，可

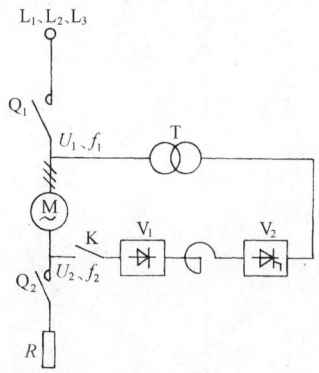

图 9.4.5-6 静止串级调速
K—控制继电器；V_1—整流器；
V_2—逆变器；T—升压变压器

平滑调速；转子串电阻调速转速变化率大,效率低,可平滑调速,装置简单；串级调速效率高,装置复杂。

9.4.6 异步电动机制动

异步电动机制动可采用机械制动方法、电气制动方法或两种方法兼之。

1. 机械制动(见表9.4.6-1)

异步电动机的机械制动方法　　　　表9.4.6-1

序号	制动器	基本原理	制动力	主要特点
1	电磁制动器	电磁铁吸合时,弹簧压缩；电磁铁释放后,在弹簧力作用下,抱闸将转轴抱住	弹簧力	行程小,冲击力小,能频繁动作
2	电动-液压制动器	在液压力作用下,弹簧被压缩；减小压力,弹簧力减小,利用弹簧力和重力,抱闸将转轴抱住	弹簧力、重锤力	冲击小；调节液压缸行程,可实现缓慢停机
3	带式制动器	在外力作用下,带片将转轴抱住	弹簧力、手动力、液压力	摩擦转矩大,用于紧急制动
4	圆盘式制动器	在外力作用下,外圆盘与转轴上的圆盘接触,在摩擦力作用下,转轴停转	弹簧力、电磁力、液压力	制动力矩小,能悬吊在小型机械上

2. 电气制动(见表9.4.6-2)

异步电动机电气制动方法　　　　表9.4.6-2

序号	名称	电气接线图	基本原理	特点	应用
1	能耗制动		在 Q_1 断开、三相交流电源被切除后,Q_2 闭合,定子绕组接上直流电源,在气隙中产生一磁场,转子切割这一磁场,产生一制动力矩。直流电流越大,制动力矩越大,通常这一电流为定子额定电流的1~2倍	制动转矩较平滑,且方便地改变；制动转矩随转速下降而减小；可使生产机械较可靠地停止,能量不能回馈电网,效率较低	适用于经常启动,频繁逆转,并要求迅速准确停车的机械
2	回馈制动		在重物 W 的重力作用下,电动机的转速 n 超过其同步转速,电机变为发电状态,在运行中产生一制动电磁转矩 T	能量可回馈电网；效率高,只能在高于同步转速时得到制动转矩；低速时不宜采用	适用于位能负载场合,如起重机等

续表

序号	名称	电气接线图	基本原理	特 点	应 用
3	反接制动		Q_1 断开后，Q_2 闭合，电源相序改变，产生一反向电磁制动转矩	有较强的制动效果；制动转矩大且稳定；制动到转速为 0 时，应切断电源，否则会反向再启动	适用于经常正、反转运行的机械笼型电机只有小功率（10kW 以下）才能采用

9.5 三相异步电动机安装、检查和试验

9.5.1 电动机的一般检查

1．电机安装时应进行下列检查：

(1) 盘动转子不得有磁卡声；

(2) 润滑脂情况正常，无变色、变质及硬化等现象；

(3) 测量滑动轴承电机的空气间隙，其均匀度应符合产品的规定，若无规定时，各点空气间隙的相互差值不应超过 10%；

(4) 电机的引出线接线鼻子焊接或压接良好，且编号齐全；

(5) 绕线型转子电机需检查电刷的提升装置，提升装置的动作顺序应是先短路集电环，然后提升电刷。

2．当电机有下列情况之一者，应进行抽芯检查：

(1) 出厂日期超过制造厂保证期限时；

(2) 经检查，质量有可疑时；

(3) 试运转有异常情况时。

3．电机抽芯检查应符合下列要求：

(1) 电机内部清洁无杂物；

(2) 电机的铁芯、轴颈、滑环等应清洁，无伤痕、锈蚀现象，通风孔无阻塞；

(3) 线圈绝缘层完好，绑线无松动现象；

(4) 定子槽楔应无断裂、凸出及松动现象，每根槽楔的空间长度不应超过 1/3，端部槽楔必须牢固；

(5) 转子的平衡块应紧固，平衡螺栓应锁牢，风扇方向应正确，叶片无裂纹；

(6) 鼠笼型转子导条和端环的焊接应良好，无裂纹；

(7) 电机绕组连接正确，焊接良好；

(8) 检查电机的滚动轴承：轴承工作面应光滑清洁；轴承的滚动体与内外圈接触良好，无松动，转动灵活无卡涩；加入轴承内的润滑脂，应填满其内部空隙的 2/3；同一轴承内不得

填入两种不同的润滑脂。
9.5.2 电动机的一般试验
1. 测量线圈的绝缘电阻和吸收比

(1) 试验标准

额定电压为 1000V 以下者,常温下绝缘电阻应不低于 0.5MΩ;

额定电压为 1000V 以上者,在接近运行温度时的绝缘电阻,定子线圈应不低于 1MΩ/kV,转子线圈应不低于 0.5MΩ/kV;

1000V 以上的电动机应测量吸收比,其标准为:

$$R_{60}/R_{15} \geqslant 1.2$$

式中 R_{60}——60s 时绝缘电阻;

R_{15}——15s 时绝缘电阻。

(2) 试验方法

绝缘电阻和吸收比通常采用绝缘电阻表(摇表)测量。绝缘电阻表的选择见表 9.5.2.1。

绝 缘 电 阻 表 的 选 择   表 9.5.2-1

序 号	电动机额定电压(V)	绝缘电阻表的规格(V)
1	≤500	500
2	500～300	1000
3	>3000	2500

绝缘电阻和吸收比通常应测量定子绕组间、定子绕组对转子绕组、定子、转子对地的值。为了便于对在不同温度下测得的绝缘电阻值进行比较,通常应换算到同一温度下的绝缘电阻。对热塑性绝缘换算到 75℃,对 B 级热固性绝缘换算到 100℃,其换算系数 K 见表 9.5.2-2。

线圈绝缘电阻换算系数 K 表 9.5.2-2

	线 圈 温 度(℃)	70	60	50	40	30	20	10	5
K 值	热塑性绝缘	1.4	2.8	5.7	11.3	22.6	45.3	90.5	128
	B 级热固性绝缘	4.1	6.6	10.5	16.8	26.8	43	68.7	87

换算系数 K 亦可按下式计算:

对热塑性绝缘,$K = 2^{\frac{75-\theta}{10}}$;

对 B 级热固性绝缘,$K = 1.6^{\frac{100-\theta}{10}}$。

式中 θ——测量时线圈的温度。

【例 9.5.2-1】 热固性电动机,在冷态 20℃ 时测得绕组对地绝缘电阻为 35MΩ,求绕组温度为 100℃ 时的绝缘电阻。

【解】 由表 9.5.2-2 查得 $K = 43$,

100℃ 时的绝缘电阻为:

$$R = 35/K = 35/43 = 0.81\text{MΩ}$$

2. 测量线圈的直流电阻

(1) 试验标准

1000V 以上或 100kW 以上的电动机各相线圈的直流电阻的相互差别应不超过其最小值的 2%；

中性点未引出的电动机，可测量线间直流电阻，其相互差别应不超过其最小值的 1%。(1000V 以下、100kW 以下的电机直流电阻标准可参考这一规定。)

(2) 试验方法

通常采用直流电桥测量。绕组电阻大于 1Ω 时，常用单臂电桥；小于 1Ω 时，应使用双臂电桥；每个绕组至少测量 3 次，取其平均值作为实际值。

3. 电动机线圈交流耐压试验

(1) 试验标准

定子线圈试验电压标准见表 9.5.2-3。

电动机定子线圈交流耐压试验标准　　　　表 9.5.2-3

电动机额定电压(kV)	3	6	10
试 验 电 压 (kV)	5	10	16

绕线式电动机转子线圈试验电压标准见表 9.5.2-4。

绕线式电动机转子线圈试验电压标准　　　　表 9.5.2-4

序 号	类 别	标 准 (V)	说 明
1	不可逆的	$0.75(2U_0+1000)$	U_0 为转子静止时，在定子线圈上施加额定电压，转子线圈开路时两端的电压
2	可逆的	$0.75(4U_0+1000)$	

4. 绕线型电动机转子绝缘电阻和直流电阻试验

试验标准：

绝缘电阻应不低于 0.5MΩ；

直流电阻与出厂值相比，其差别应不超过 10%；调节过程中，电阻值的变化应有规律。

5. 绕组极性检查

(1) 交流电源法：按图 9.5.2-1(a) 两种方法中任意一种接线，通以低压电源(36V 以下)，灯泡指示如图所示，说明三相绕组极性正确，即绕组头尾标志正确。

(2) 剩磁法。如图中(b)所示，用万用表毫安档进行测试。转动电动机的转子，转子中的剩磁在定子三绕组中感应出三相电动势 e，因此，在这种接线情况下，若万用表指针不偏转($i=0$)，说明电动机极性正确。

9.5.3 电动机试运行

1. 空载试运行

(1) 电动机的第一次启动一般在空载情况下进行，空载运行时间为 2h。

(2) 空载运行过程中应注意观测空载电流 I_0 的大小及其变化；空载电流三相不平衡一般不超过 10%；空载电流的大小参照表 9.5.3-1。

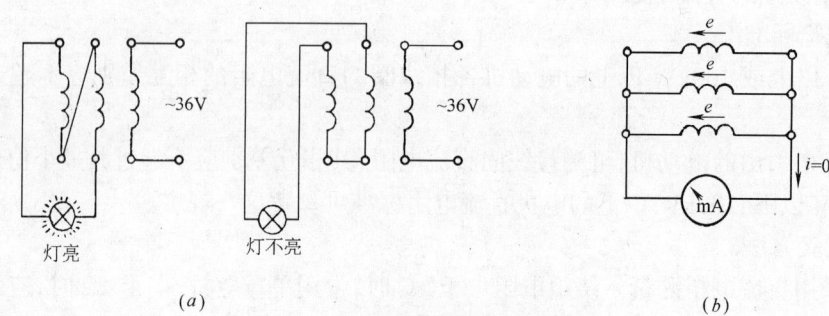

图 9.5.2-1 绕组极性检查试验
(a)交流电源法；(b)剩磁法

电动机空载电流与额定电流百分比参考值　　　　表 9.5.3-1

极 数	功　率　（kW）					
	0.125 以下	0.125~0.5	0.55~2	2.2~10	11~50	50~100
2	75~95	45~70	40~55	30~45	25~35	18~30
4	80~96	65~85	45~60	35~55	25~40	20~30
6	85~98	70~90	50~65	35~65	30~45	22~33
8	90~98	75~90	50~70	37~70	35~50	25~35

（3）电机在试运行中应进行下列检查：
电机的旋转方向符合要求，无杂声；
滑环及电刷的工作情况正常；
电机无过热现象；
电机的振动(双振幅值)应不大于表 9.5.3-2 的规定。

电机的振动标准　　　　表 9.5.3-2

同步转速（r/min）	3000	1500	1000	750 及以下
双振幅值(mm)	0.05	0.085	0.10	0.12

2. 带负荷试运行

（1）交流电动机带负荷连续启动次数，如无产品规定时，可按下列规定：
在冷态时，可连续再启动 2 次；
在热态时，可连续再启动 1 次。
（2）三相电流任何一相电流值与其三相平均值相差不允许超过 10%。
（3）电动机各部最高允许温升不应超过表 9.5.3-3 的规定。

三相异步电动机最高允许温升(℃)(环境温度为 40℃ 时)　　　　表 9.5.3-3

电机部位	绝　缘　等　级									
	A		E		B		F		H	
	温度计法	电阻法	温度计法	电阻法	温度计法	电阻法	温度计法	电阻法	温度计法	电阻法
定子绕组	55	60	65	75	70	80	85	100	105	125

续表

电机部位	绝缘等级									
	A		E		B		F		H	
	温度计法	电阻法	温度计法	电阻法	温度计法	电阻法	温度计法	电阻法	温度计法	电阻法
绕线型转子绕组	55	60	65	75	70	80	85	100	105	125
定子铁芯	60		75		80		100		125	
滑环	60		70		80		90		100	
滑动轴承	45									
滚动轴承	60									

9.5.4 电动机常见故障分析与处理

常见故障分析与处理见表 9.5.4-1。

三相异步电动机常见故障的分析与处理 表 9.5.4-1

序号	故障现象	原 因 分 析	处 理 方 法
1	不能起动或起动困难	a. 熔断器熔断或自动开关跳闸 b. 启动转矩小 c. 电压太低 d. 电路中有接触不良点或断点 e. 绕组断线 f. 电刷接触不良 g. 接线错误 h. 负载过大 i. 皮带打滑	a. 熔丝及自动开关热继电器等的整定值太小。根据电动机的容量、工作条件更换熔丝或重新调整动作值 b. 改变启动方法,提高启动转矩 c. 检查电源电压,找出原因,提高供电电压,选择合适的降压启动方法 d. 检查电动机端子电压,测量三相电流,判别故障所在相别,然后逐一检查:熔丝是否更换;热继电器是否复位;开关,熔断器触头是否接触良好;各处线头是否松动;控制电路是否接通 e. 测量各绕组的直流电阻,判断绕组的好坏 f. 调整绕线型电动机滑环电刷的接触压力,修理接触面或更换电刷 g. △接误接成 Y 接,或绕组首尾接错。改正接线 h. 经手摇确认,如启动时间太长,应减少负载或改变启动方法 i. 负载转动惯量较大或负载较重时,应减少负载或改变启动方法
2	转速偏低	a. 电源电压太低 b. 笼型转子断条 c. 绕线转子一相断线或启动变阻器接触不良 d. 电刷与滑环接触不良 e. 负载阻力矩过大 f. 定子绕组断线或接线错误	a. 检查端子电压 b. 注意转子导条与端环的连接,修复断条 c. 查明原因,排除故障 d. 调整电刷压力,改善接触 e. 选用功率较大的电机或减轻负载 f. 查明原因,排除故障
3	电动机过热	a. 过载 b. 冷却通风管道阻塞 c. 冷却用空气温度过高 d. 缺一相运行 e. 绕组匝间短路 f. 绕组接地 g. 电源电压过高或过低 h. 电压不平衡	a. 在测量电压、电流后减少负载 b. 尘土及杂物等将管道堵塞,应清扫 c. 这是排出后的热风又被送入进风口之故,应改变安装地点,或用管道从外界吸入空气 d. 检查接线有无错误,是否接触不良。修复 e. 检查绕组后修理 f. 检查后修复 g. 造成损耗增加,检查电源电压 h. 电压不平衡造成电流不平衡,损耗增加,检查电源电压

续表

序号	故障现象	原 因 分 析	处 理 方 法
4	振动很大且有严重的异音和噪声	a. 气隙中有杂物 b. 转子与定子相擦 c. 轴承松动 d. 滑环表面粗糙，电刷品种不良 e. 负载连接不良 f. 单相运行 g. 轴向间隙过大 h. 负载不平衡 i. 基础太弱 j. 固定螺栓未拧紧	a. 抽出转子后清除 b. 由于轴承磨损造成气隙不均所致，更换轴承 c. 更换轴承 d. 修理滑环表面，更换电刷 e. 适当调整，使之与轴中心线吻合 f. 检查电路，恢复三相运行 g. 调整轴承或增加垫片 h. 调整负载平衡状态 i. 重新制作基础 j. 重新紧固螺栓
5	电流表指针来回摆动	a. 笼形转子断条 b. 绕线型转子一相电刷接触不良或断路 c. 绕线型转子滑环短路装置接触不良	a. 修复断条 b. 调整电刷压力，改善接触 c. 修理或更换短路装置
6	轴承过热	a. 轴弯曲 b. 皮带张力过大 c. 皮带轮直径太小，皮带打滑 d. 润滑脂不足或过多 e. 润滑脂老化 f. 径向或轴向负荷过大 g. 轴承珠破碎 h. 油沟堵塞 i. 润滑油或润滑脂牌号不对 j. 轴承磨损	a. 调直或更换轴 b. 调整皮带 c. 调换皮带轮 d. 增加或减少润滑脂 e. 解体轴承，更换润滑脂 f. 重新改进负荷的连接方法 g. 更换轴承珠 h. 解体检查并清扫 i. 更换 j. 更换轴承

9.6 三相异步电动机选择和应用

9.6.1 电动机类型选择
1. 按使用环境条件选择（见表9.6.1-1）

按使用环境条件选择电动机的类型　　　　表 9.6.1-1

序 号	使用环境条件	要求电动机的防护型式	类 型 举 例
1	正常环境	一般防护型	普通型、开启式、封闭式
2	湿热、潮湿场所	湿热带型	湿热带型(TH)、普通型加防湿处理
3	干热、高温场所	干热带型	干热带型(TA)、高绝缘等级电机
4	粉尘较多场所	封闭型	防护等级 IP44 型电机
5	户外、露天场所	封闭型	防护等级不低于 IP23、接线盒为 IP54 型电机
6	有腐蚀性气体场所	防腐型	防护等级不低于 IP54 型电机
7	有爆炸危险的场所	防爆型	YB 型电机
8	水中	潜水型	

2. 按传动特性选择(见表9.6.1-2)

异步电动机适用的传动特性 表9.6.1-2

序号	类别	类型	适用的传动特性	传动机械举例
1	笼型	普通型	a. 不需要调速； b. 采用变频、调压、加转差离合器等调速方式可获得较好的调速特性	泵、风机、阀门普通机床、起重机等
		深槽型、双笼型	启动时静负荷转矩或飞轮力矩大，要求有较高的启动转矩	压缩机、粉碎机、球磨机等
		高转差型	周期性波动负载长期工作制，要求利用飞轮储能	锤击机、剪断机、冲压机、活塞压缩机等
		变极型	a. 只需要几种转速，不要求连续调速； b. 配以转差离合器可提高调速性能	纺织机、印染机、木工机床、高频发电机组等
2	绕线型		电网容量小，对启动有要求，负载启动转矩较大，启动、制动频繁，用笼型电机不能满足要求时，要求调速范围不大，可利用变转差率调速的场合	运输机、提升机、压缩机等

3. 转速及传动机构选择

(1) 一般中、高转速机械(如泵、压缩机、风机等)宜选用相应转速电动机，直接传动。

(2) 不调速的低速机械(如球磨机等)，宜选用适当转速的电动机，通过减速机构传动。

(3) 要求调速的机械，其电动机的额定转速应与工作机械的最高转速相适应。

(4) 频繁启动、制动的断续工作机械，其电动机的转速除应满足其最高稳定工作速度之外，还应从保证其最大的加、减速而选择合适的传动比，以使生产机械获得高生产率。

(5) 自冷风扇式电动机的散热效能与转速有关，不宜长期低速运行，否则，需采取通风散热措施。转速的选择应考虑这一因素。

9.6.2 电动机功率选择计算

功率选择计算见表9.6.2-1。

电动机功率选择计算 表9.6.2-1

序号	负荷类别	电动机功率计算公式	说明
1	垂直起重	$P \geqslant 9.8 \dfrac{WvK}{\eta}$	W——被起吊物重，kg； K——系数，无配重时，$K=1$；有配重时，$K=0.5\sim0.6$； （无配重／有配重示意图） v——向上提升速度，m/s； η——传动装置效率，见表9.6.2-2； P——电动机输出功率，W

续表

序号	负荷类别	电动机功率计算公式	说明
2	水平牵引	$P \geqslant 9.8 \dfrac{\mu W v}{\eta}$	W——物体重量，kg； v——水平前进速度，m/s； μ——摩擦系数，车轮在钢轨或平坦路面滚动时，$\mu=0.01\sim0.03$；在恶劣路面上滚动时，$\mu=0.1\sim0.2$； η——效率，$\eta=0.7\sim0.9$
3	旋转运动	$P \geqslant 1.027 \dfrac{Tn}{\eta}$	T——转矩，kg·m； n——转速，r/min； η——传动效率，参见表9.6.2-2
4	泵	$P \geqslant \dfrac{QH\rho}{6.12\eta} \times 10^3$	Q——流量，m³/min； H——扬程，m； ρ——流体密度，kg/dm³； η——效率，一般为0.3～0.7
5	风机	$P \geqslant \dfrac{QH}{6.12\eta}$	Q——风量，m³/min； H——风压，mmH₂O； η——效率，一般为0.45～0.55

常用传动装置效率 η 表 9.6.2-2

序号	传动装置	效率	序号	传动装置	效率
1	齿轮传动	0.96～0.98	5	平皮带传动	0.94～0.98
2	链条传动	0.98	6	三角皮带传动	0.9
3	蜗轮传动	0.41～0.66	7	支座轴颈	0.94～0.99
4	钢索传动	0.9			

注：多级或混合传动，$\eta = \eta_1 \cdot \eta_2 \cdot \eta_3 \cdots\cdots$。

【例 9.6.2-1】 起重物重量为 2t，以 10m/min 的速度上升，无配重，齿轮传动，求电动机功率。

【解】 $W = 2t = 2000\text{kg}$；

$v = 10\text{m/min} = \frac{1}{6}\text{m/s}$；

$\eta = 0.96$（查表 9.6.2-2）；

$K = 1$（无配重）。

则 $P \geqslant 9.8 \dfrac{WvK}{\eta} = 9.8 \times \dfrac{2000 \times 1}{6 \times 0.96}$

$= 3402.8\text{W}$

可选用额定功率为 4kW 的电动机。

【例 9.6.2-2】 某物体作水平运动，$W = 1000\text{kg}$，$v = 10\text{m/s}$，$\mu = 0.1$，$\eta = 0.8$，求驱动电动机功率 P。

【解】 $P = 9.8 \dfrac{\mu W v}{\eta} = 9.8 \times \dfrac{0.1 \times 1000 \times 10}{0.8} = 12250\text{W} = 12.25\text{kW}$

可选用额定功率为 15kW 的电动机。

【例 9.6.2-3】 某机床切削工件最大半径 $r = 30\text{cm}$，切削力 $F = 15\text{kg}$，转速为 600 r/min，传动效率为 0.85，求驱动电动机功率。

【解】 $P = 1.027 \dfrac{Tn}{\eta} = 1.027 \dfrac{Frn}{\eta}$
$= 1.027 \times \dfrac{15 \times 0.3 \times 6000}{0.85}$
$= 3262\text{W} = 3.262\text{kW}$

可选额定功率为 4kW 的电动机。

【例 9.6.2-4】 某水泵流量为 $0.56\text{m}^3/\text{min}$,总扬程为 10m,效率为 0.6,求配用电动机的功率(水的密度 $\rho = 1\text{kg}/\text{dm}^3$)。

【解】 $P = \dfrac{QH\rho}{6.12\eta} \times 10^3 = \dfrac{0.56 \times 10 \times 10^3}{6.12 \times 0.6} = 1525\text{W} = 1.525\text{kW}$

可选额定功率为 1.5kW 的电动机。

9.6.3 三相异步电动机的特殊应用

1. 异步发电机

(1) 并网运行

当异步电动机三相绕组接入电网,并用原动机驱动电机转子,使其转速超过同步转速时,电动机即作发电机运行,向电网输送电功率。异步发电机需要从电网吸收无功电流来励磁,从而降低了电网的功率因数,因而应用较少。

(2) 单机运行

在异步电动机定子端并联一组适当容量的电容量,只要电机本身有剩磁(无剩磁时可在电机定子绕组上接一电池充电一会即可),由原动机驱动电机转子,即能建立电压发电。电容器容量的选择及接线见第 6 章。

2. 三相异步电动机作单相运行

只要在电动机的定子绕组上串联或并联适当的电容器,三相电动机即可接入单相电源而运行。其启动性能、过载能力及功率因数都较好,但功率只能达到三相时的 70%。

单相运行时电容器容量的选择及接线见第 6 章。

3. 绕线型异步电动机同步运行

电动机启动以后,将转子绕组适当改接,并通入直流励磁电流,即可以同步转速运行。同步运行时转子绕组的连接方法见图 9.6.3-1。图中,I_2 为通入转子绕组的励磁电流。

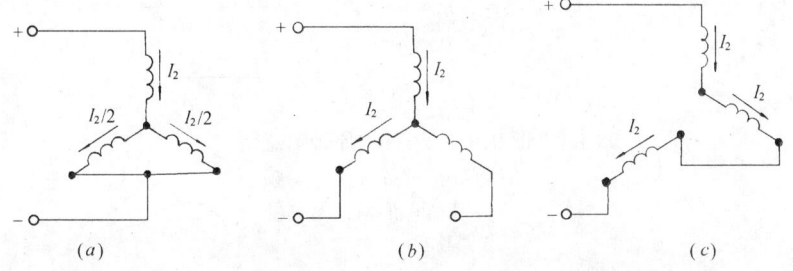

图 9.6.3-1 绕线型异步电动机作同步运行时转子绕组接线方式
(a)串并联;(b)两相串联;(c)三相串联

4. 绕线型异步电动机作变频机使用

异步电动机接入频率为 f_1 的电源,则在转子绕组中感应电动势的频率 f_2 为:

$$f_2 = sf_1$$

式中，s 为转差率。

如果用另一台电动机与这台电动机联轴，拖动这台电动机的转子转动，即改变了这台电动机的转差率 s，从而改变了频率 f_2。这就是变频的原理。

图 9.6.3-2(a) 中，M 作为电动机，驱动绕线型电动机 M_F（这里可称为变频发电机）逆旋转磁场方向旋转。若忽略其中的运行误差，则电机 M_F 的转差率 s_F 为：

$$s_F = \frac{n_F + n_M}{n_F} = 1 + \frac{P_F}{P_M}$$

则变频机 M_F 的转子绕组输出的电源频率

$$f_2 = s_F f_1 = \left(1 + \frac{P_F}{P_M}\right) f_1$$

式中 n_F——电机 M_F 的旋转磁场转速；

n_M——电机 M 的旋转磁场转速；

P_F、P_M——电机 M_F、M 的磁极对数；

f_1——电源频率；

f_2——变频后的频率，$f_2 > f_1$。

图 9.6.3-2(b) 常用于降频，这时电机 M 已运行于异步发电状态，所获得的变频后的频率为：

$$f_2 = \left(\frac{P_M}{P_F + P_M}\right) f_1$$

式中符号含义同前。

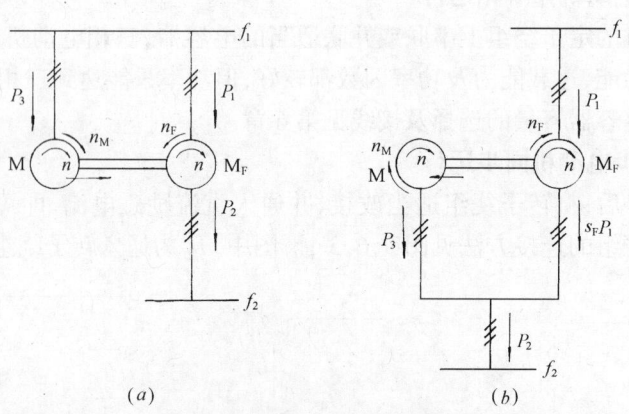

图 9.6.3-2　变频原理示意图
(a) 用于增频；(b) 用于降频
M—辅助电机；M_F—变频机

9.7　单相交流异步电动机

9.7.1　单相交流异步电动机的种类和基本特性

1. 单相电动机的种类及基本原理(见表 9.7.1-1)

9.7 单相交流异步电动机

单相异步电动机的种类及原理   表 9.7.1-1

序号	名称	原理电路图	启动装置	基本原理
1	分相启动电动机	(L,S,Z,U,N)	内附离心开关	为了达到电流分相而产生旋转磁场,获得启动转矩,副绕组常选用截面积较小的导线或将部分线圈反绕,从而使副绕组的电阻相对电抗,其比值较大。又称电阻启动分相电动机
2	电容启动电动机	(L,S,C_n,Z,U,N)	内附启动用电容器及离心开关	启动时,副绕组串接一电容器,转速升高后,离心开关将副绕组及电容器切除
3	电容运转电动机	(L,C_p,Z,U,N)	内附运行用电容器	无论启动或运转,串接电容器的副绕组始终与电源相接
4	双值电容电动机	(L,S/C_p,C_n,Z,U,N)	内附启动电容、离心开关、运行电容	在启动及运转时,分别将不同电容量的电容器接入副绕组电路。又称电容启动及运行电动机
5	推斥电动机	(L,U,N)	内附换向器、电刷、换向器短路环	转子绕组使用和直流电动机的电枢绕组一样的绕组,并配置换向器,故又称为单相换向器启动电动机
6	罩极电动机	(L,U,Z,N)	短路线圈	在定子磁极的凸出部分安放短路绕组(短路环)。由定子绕组产生的主磁通与由短路绕组中感应电流所形成的合成磁通与主磁通之间有一相位差,因而获得旋转磁场

注:电路图中,U—主绕组;Z—辅助绕组;C_n—启动电容;C_p—运转电容;S—离心开关。

2. 单相电动机的基本特性(见表 9.7.1-2)

单相异步电动机的基本特性   表 9.7.1-2

序号	名称	型号	转矩特性	输出功率(W)	极数	起动转矩	停转转矩	起动电流	效率(%)	用途	备注
1	分相启动电动机	BO	(T-n 曲线图)	20~400	2,4,6	中 (125%~200%)	中 (200%~300%)	大 (500%~600%)	50~62	缝纫机、钻床、浅井水泵、吹风机、鼓风机、办公机械、农业机械	价格较低,缺点是启动电流大,制造大容量比较困难

序号	名称	型号	转矩特性	输出功率(W)	极数	起动转矩	停转转矩	起动电流	效率(%)	用途	备注
2	电容启动电动机	CO		100~400	2 4 6	大(200%~300%)	中(200%~300%)	中(400%~500%)	45~62	泵、压缩机、工业用洗衣机、冷冻机、农业机械、输送机	启动电流小,启动转矩大,适用于需要重载启动及电源电压波动大的地方
3	电容运转电动机	DO		35~200	2 4 6	小(50%~100%)	中(200%~300%)	小(300%~400%)	40~62	鼓风机、洗衣机、办公机械	启动电流及满载电流都不大,运行特性优良。适用于对启动转矩无要求的场所。因为没有启动开关,所以故障少

序号	名称	型号	转矩特性	输出功率(W)	极数	启动转矩	停转转矩	启动电流	效率(%)	$\cos\phi$	用途	备注
4	电容启动及运行电动机	EO		100~750	2 4 6	大(250%~350%)	中(200%~300%)	大(400%~500%)	40~62	0.9	泵、压缩机、冷冻机、农业机械	用途与电容电动机相同,更适合于对启动转矩有一定要求的地方
5	推斥电动机	G		100~750(1000)	4	极大(400%~600%)	大(230%~330%)	极小(300%~400%)	45~68	0.5~0.67	泵、压缩机、冷冻机、工业用洗衣机、农业机械	适用于电源电压降落大及要求启动转矩大的地方。因为有换向器,所以维修工作比其他电动机更需要有一定的技术
6	罩极电动机	FO		1.4~4.0	2	小(40%~50%)	—	中(400%~500%)	15~30		电唱机、天棚通风扇	主要应用在小型的民用机器上。因为没有启动开关,所以坚固耐用

9.7.2 单相交流异步电动机接线标志和正反转控制

1. 接线标志(见表9.7.2-1)

9.7 单相交流异步电动机

单相电动机接线标志 表 9.7.2-1

序 号	类 别	标 志 字 母
1	定子主绕组	U1、U2
2	定子辅助绕组	Z1、Z2
3	离心开关端子	V1、V2

2. 正反转控制

(1) 正反转控制方法(见表 9.7.2-2)

常用单相异步电动机正反转控制的方法 表 9.7.2-2

序号	名 称	正 反 转 控 制 方 法
1	分相启动式	改变主绕组或辅助绕组的接法
2	电容启动式	改变主绕组或辅助绕组的接法
3	电容运行式	改变主绕组或辅助绕组的接法;对于主、辅绕组完全相同的电机可改变电容接法
4	电容启动及运行式	改变主绕组或辅助绕组的接法
5	推斥式	挪动电刷位置。在运行中改变方向困难
6	罩极式	一般都不能改变旋转方向,可采用两个绕组来改变方向

(2) 电容运转电动机改变电容接法正、反转控制

电容运转电动机正向或反向固定接线图见图 9.7.2-1。图(a)中,运转电容 C_p 与辅助绕组 Z 串联,假定为正转;图(b)中,改变了接线,运转电容 C_p 与主绕组 U 串联,电机则为反转。

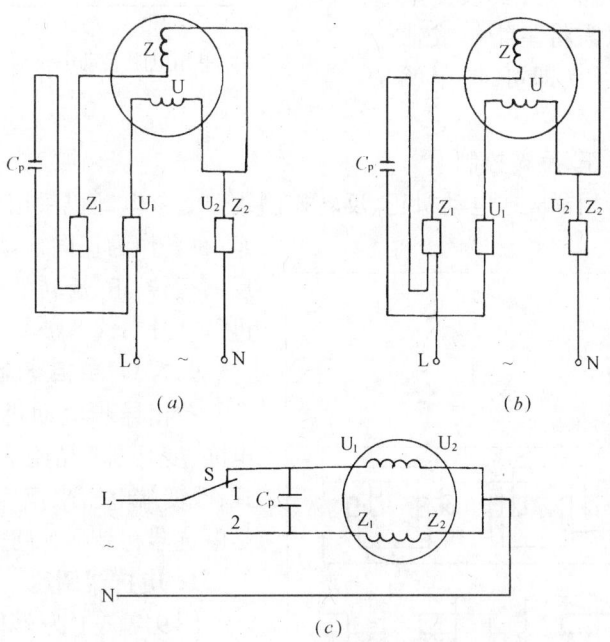

图 9.7.2-1 电容运转式电动机正反转控制
(a)、(b)改变接线;(c)转换开关控制

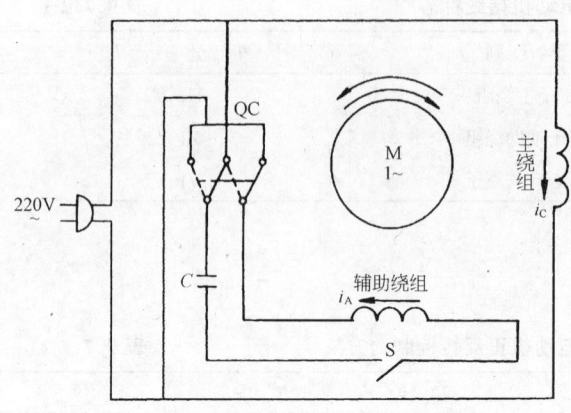

图 9.7.2-2　单相电容启动电动机正、反转控制电器

图 9.7.2-2 为单相电容启动电动机正、反转控制线路。从图中可以看出,当转换开关 QC 处在图中实线位置时,辅助绕组电流 i_A 超前于主绕组电流 i_C,这时电动机正向运转,当转动 QC 后即改变了电流方向。

(4) 电阻启动电动正、反转控制

图 9.7.2-3 为单相电阻启动电动机正、反转控制线路。从单相异步电动机的工作原理可以知道,要改变电动机的旋转方向,只需将主绕组或辅绕组的两根接线端互换即可,图中就是采用这种方法。

(5) 罩极电动机正、反转控制

图 9.7.2-4 为单相罩极式电动机正、反转控制线路。该电动机采用两套分布式罩极绕

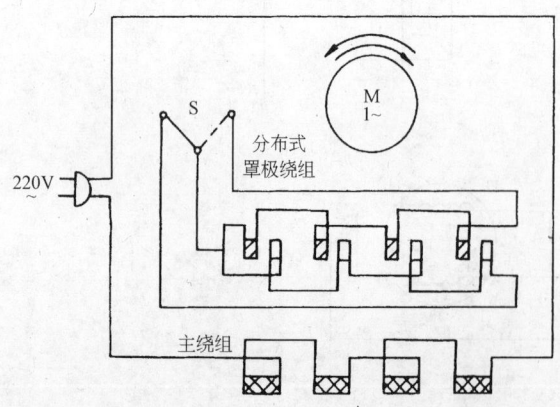

图 9.7.2-4　单相罩极式电动机正、反转控制电路

主、辅绕组完全相同的电容运转式电动机正反转自动控制电路图见图 9.7.2-1(c)。图(c)中,将转换开关 S 转向"1",运行电容 C_p 与辅助绕组 Z 串联,电动机为正转(假定);转换开关 S 转向"2",运行电容 C_p 与主绕组 U 串联,电动机则为反转。这种正反转控制方法广泛应用于要求频繁换向的工作机械,例如,家用洗衣机在洗涤时就是采用定时器作转换开关 S,控制其正反转的。

(3) 电容启动电动机正、反转控制

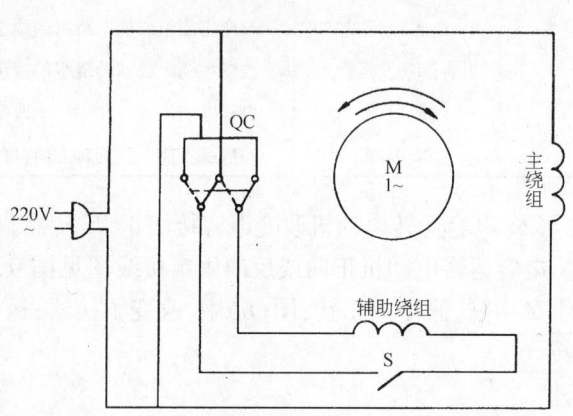

图 9.7.2-3　单相电阻启动电动机正、反转控制电路

组,一套作为正向启动用,另一套则用于反向运转,正、反转的转换通过开关 S 来进行。分布式罩极绕组嵌在定子槽中。

9.7.3　单相交流异步电动机调速

单相异步电动机可采用调节电阻、电抗、变压器、晶闸管和绕组抽头等方式,改变端电压来调速,其中常用的方法是电抗器和晶闸管调速。

1. 电抗器调速

图 9.7.3-1 为单相电容电动机电抗调速带指示灯控制线路。该线路是将起降压作用的电抗器串接在电动机内,用

改变电抗器的线圈抽头来进行调速。线路配置有指示灯,通过开关S的换档作速度变换。

2. 绕组抽头调速

图9.7.3-2(a)为单相电容电动机辅助绕组抽头调速控制线路。该线路具有电动机绕组结构简单的特点。采用从定子辅助绕组上直接抽头来进行调速,因而没有其他附加措施,通过开关S即可调速。

图中(b)为单相电容电动机L-1型抽头调速三速控制线路。当调速开关S转至1号位置时,电动机高速运行;开关转至2号位置时,电动机作中速运转;S转至3号位置时,因调速绕组全部串入主绕组,故转速最低。

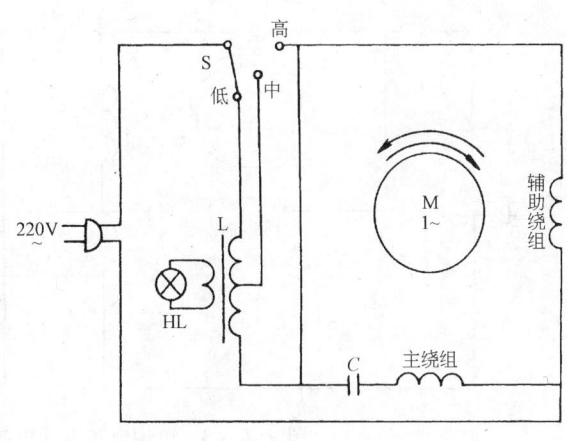

图9.7.3-1 单相电容电动机电抗调速

3. 晶闸管调速

图9.7.3-3为单相电容电动机晶闸管电子调速控制线路。晶闸管电子调速线路很多,本图为较简单经济的一种,是一种电压调速型控制线路。从图中可以看出,通过调节移相元件 $R1$ 来调节晶闸管 V 的导通角进行调压。当 $R1$ 的阻值小时,V 的导通角大,这时线路电流大,电动机转速高,而 $R1$ 阻值大时则结果相反。

4. 自耦变压器调速

利用自耦变压器改变绕组电压调速,通常有两种情况:主、副绕组同时变压(同电压);主、副绕组只有一个变压(异电压)。

图9.7.3-4(a)为单相电容电动机主、辅绕组异电压调速控制线路。利用自耦变压器的调压特性来直接降低主、辅绕组的电压,均能对电动机进行调速。本图中调速前后主绕组电压变化比例较辅助绕组要大。

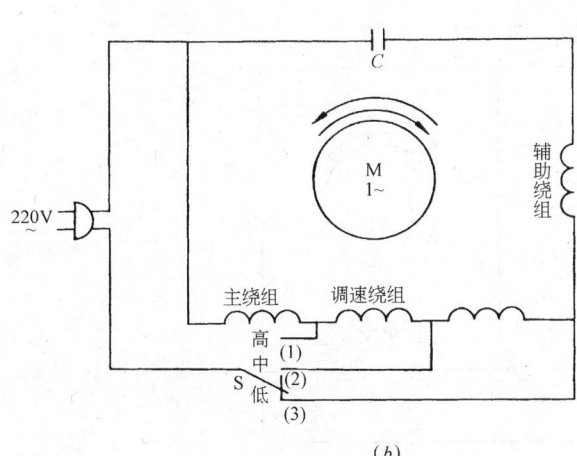

图9.7.3-2 绕组抽头调速
(a)辅助绕组抽头;(b)调速绕组抽头

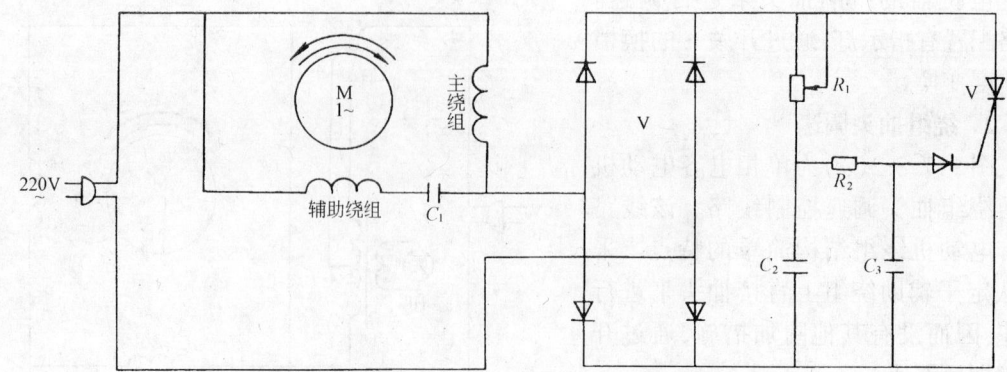

图 9.7.3-3　单相电容电动机晶闸管电子调速

图 9.7.3-4(b)为单相电容电动机主、辅绕组同电压调速控制线路。该线路中主、辅绕组是并接在一起后,再经自耦变压器去降压调速的,因而电动机不论在哪档转速下,主、辅绕组的电压均是相等的。

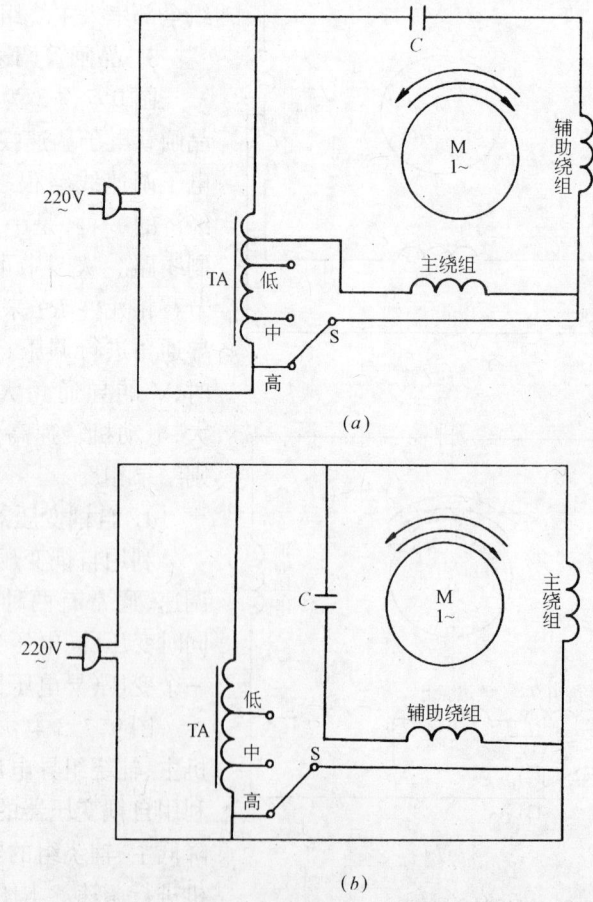

图 9.7.3-4　自耦变压器调速
(a)主、副绕组异电压;(b)主、副绕组同电压

5. 变极调速

图 9.7.3-5 为单相异步电动机变极调速控制线路。从电机学中我们知道,采用庶极接法的绕组比显极接法时的极对数要多一倍,因此在一套绕组中应用显、庶极两种接法的变换,就可以得到两种不同的转速。

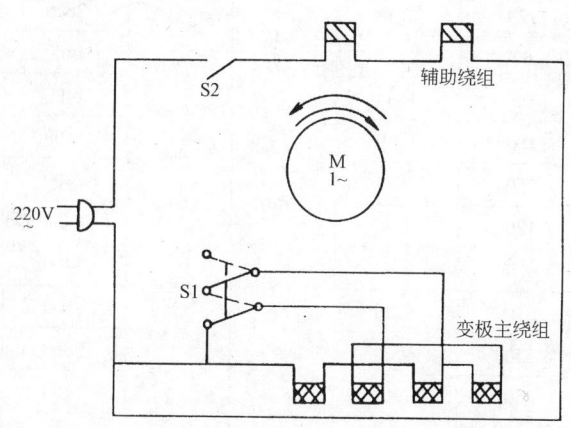

图 9.7.3-5 单相异步电动机变极调速控制电路

9.7.4 常用单相交流异步电动机

1. 常用单相电动机的型号和安装方式

(1) 型号说明

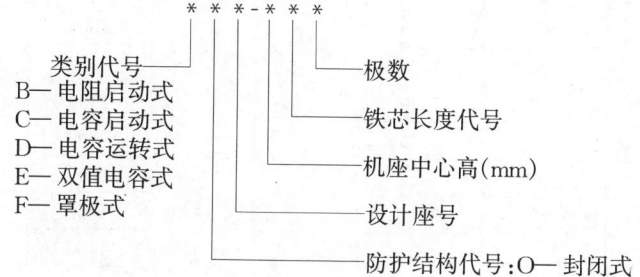

【例】 DO2-4522 单相电容运转异步电动机(D),封闭式(O),设计序号 2,机座中心高 45mm,铁芯长度代号 2,极数 2(即同步转速 3000r/min)。

(2) 安装方式

单相异步电动机一般有 4 种安装结构型式:

1) B3 型　机座有底脚,端盖上无凸缘;
2) B34 型　机座有底脚,端盖上有小凸缘,轴伸在凸缘端;
3) B14 型　机座无底脚,端盖上有小凸缘,轴伸在凸缘端;
4) B5 型　机座无底脚,端盖上有大凸缘,轴伸在凸缘端。

2. 常用单相异步电动机主要技术数据(见表 9.7.4-1~9.7.4-7)

BO2 系列单相电阻启动异步电动机　　　　　　　　　　　　　　表 9.7.4-1

机座号	型号	功率 (W)	电流 (A)	电压 (V)	频率 (Hz)	转速 (r/min)	堵转转矩 额定转矩	最大转矩 额定转矩
63	BO2-6312	90	1.09	220	50	2800	1.5	1.8
	BO2-6322	120	1.36			2800	1.4	1.8
	BO2-6314	60	1.27			1400	1.7	1.8
	BO2-6324	90	1.64			1400	1.5	1.8
71	BO2-7112	180	1.89			2800	1.3	1.8
	BO2-7122	250	2.40			2800	1.1	1.8
	BO2-7114	120	1.9			1400	1.5	1.8
	BO2-7124	180	2.47			1400	1.4	1.8
80	BO2-8012	370	3.36			2800	1.1	1.8
	BO2-8022	550	4.65			2800	1.1	1.8
	BO2-8014	250	3.11			1400	1.2	1.8
	BO2-8024	370	4.24			1400	1.2	1.8

CO2 系列单相电容启动异步电动机　　　　　　　　　　　　　　表 9.7.4-2

机座号	型号	功率 (W)	电流 (A)	电压 (V)	频率 (Hz)	转速 (r/min)	堵转转矩 额定转矩	最大转矩 额定转矩
71	CO2-7112	180	1.90	220	50	2800	3.0	1.8
	CO2-7122	250	2.40			2800	3.0	1.8
	CO2-7114	120	1.90			1400	3.0	1.8
	CO2-7124	180	2.49			1400	3.0	1.8
80	CO2-8012	370	3.36			2800	2.8	1.8
	CO2-8022	550	4.65			2800	2.8	1.8
	CO2-8014	250	3.11			1400	2.8	1.8
	CO2-8024	370	4.24			1400	2.5	1.8
	CO2-8016	180	3.41			980	2.5	1.8
	CO2-8026	250	4.21			980	2.5	1.8
90	CO2-90S2	750	6.00			2800	2.5	1.8
	CO2-90L2	1100	8.21			2800	2.5	1.8
	CO2-90S4	550	5.57			1400	2.5	1.8
	CO2-90L4	750	6.77			1400	2.5	1.8
	CO2-90S6	370	5.27			980	2.5	1.8
	CO2-90L6	550	6.94			980	2.5	1.8
100	CO2-100L12	1500	11.24			2800	2.5	1.8
	CO2-100L22	2200	16.10			2800	2.5	1.8
	CO2-100L14	1100	9.50			1400	2.5	1.8
	CO2-100L24	1500	12.45			1400	2.5	1.8
	CO2-100L16	250	9.01			980	2.2	1.8
	CO2-100L26	1100	12.21			980	2.2	1.8

9.7 单相交流异步电动机

DO2 系列单相电容运转异步电动机　　　　　　　　表 9.7.4-3

机座号	型号	功率(W)	电流(A)	电压(V)	频率(Hz)	转速(r/min)	堵转转矩额定转矩	最大转矩额定转矩
45	DO2-4512	10	0.14			2800	0.60	1.8
	DO2-4522	16	0.22			2800	0.60	1.8
	DO2-4514	6	0.13			1400	0.60	1.8
	DO2-4524	10	0.20			1400	0.60	1.8
50	DO2-5012	25	0.32			2800	0.60	1.8
	DO2-5022	40	0.45			2800	0.50	1.8
	DO2-5014	16	0.23			1400	0.60	1.8
	DO2-5024	25	0.40			1400	0.50	1.8
56	DO2-5612	60	0.57			2800	0.50	1.8
	DO2-5622	90	0.78			2800	0.50	1.8
	DO2-5614	40	0.55			1400	0.35	1.8
	DO2-5624	60	0.71			1400	0.50	1.8
63	DO2-6312	180	1.37	220	50	2800	0.4	1.6
	DO2-6322	250	1.84			2800	0.4	1.6
	DO2-6314	120	1.06			1400	0.55	1.6
	DO2-6324	180	1.54			1400	0.55	1.6
71	DO2-7112	370	2.60			2800	0.35	1.6
	DO2-7122	550	3.76			2800	0.35	1.6
	DO2-7114	250	2.07			1400	0.5	1.6
	DO2-7124	370	2.95			1400	0.45	1.6
80	DO2-8012	750	4.98			2800	0.33	1.6
	DO2-8022	100	7.02			2800	0.33	1.6
	DO2-8014	550	4.25			1400	0.4	1.6
	DO2-8024	750	5.45			1400	0.35	1.6
90	DO2-9012	1500	9.44			2800	0.3	1.6
	DO2-9022	2200	13.67			2800	0.3	1.6
	DO2-9014	1100	7.65			1400	0.35	1.6
	DO2-9024	1500	10.15			1400	0.3	1.6

EO2 系列单相双值电容异步电动机　　　　　　　　表 9.7.4-4

机座号	型号	功率(W)	电压(V)	频率(Hz)	同步转速(r/min)
71	EO2-7112	250	220	50	3000
	EO2-7114	180	220	50	1500
	EO2-7122	370	220	50	3000
	EO2-7124	250	220	50	1500

机座号	型号	功率(W)	电压(V)	频率(Hz)	同步转速(r/min)
80	EO2-8012	550	220	50	3000
	EO2-8014	370	220	50	1500
	EO2-8022	750	220	50	3000
	EO2-8024	550	220	50	1500
90	EO2-90S2	1100	220	50	3000
	EO2-90S4	750	220	50	1500
	EO2-90L2	1500	220	50	3000
	EO2-90L4	1100	220	50	1500

FO2 系列单相罩极式异步电动机　　表 9.7.4-5

机座号	型号	功率(W)	电压(V)	频率(Hz)	同步转速(r/min)
45	FO-4512	4	220	50	3000
	FO-4514	2	220	50	1500
	FO-4522	6	220	50	3000
	FO-4524	4	220	50	1500
50	FO-5012	10	220	50	3000
	FO-5014	6	220	50	1500
	FO-5022	16	220	50	3000
	FO-5024	10	220	50	1500
56	FO-5612	25	220	50	3000
	FO-5614	16	220	50	1500
	FO-5622	40	220	50	3000
	FO-5624	25	220	50	1500

G 系列单相串励电动机　　表 9.7.4-6

型号	功率(W)	电压(V)	额定电流(A)	转速(r/min)	最大转矩/额定转矩(倍)
G-3614	8	220	0.14	4000	1.5
G-3624	15	220	0.22	4000	1.5
G-3634	25	220	0.32	4000	1.5
G-3616	15	220	0.20	6000	1.8
G-3626	25	220	0.29	6000	1.8
G-3636	40	220	0.42	6000	1.8
G-3618	25	220	0.28	8000	3.0
G-3628	40	220	0.40	8000	3.0
G-3638	60	220	0.57	8000	3.0

9.7 单相交流异步电动机   661

续表

型　号	功　率 (W)	电　压 (V)	额定电流 (A)	转　速 (r/min)	最大转矩 额定转矩 (倍)
G-36112	40	220	0.37	12000	4.5
G-36212	60	220	0.53	12000	4.5
G-36312	90	220	0.77	12000	4.5
G-4514	40	220	0.45	4000	1.7
G-4524	60	220	0.64	4000	1.7
G-4534	90	220	0.91	4000	1.7
G-4516	60	220	0.59	6000	2.5
G-4526	90	220	0.85	6000	2.5
G-4536	120	220	1.08	6000	2.5
G-4518	90	220	0.82	8000	4.0
G-4528	120	220	1.03	8000	4.0
G-4538	180	220	1.5	8000	4.0
G-45112	120	220	0.99	12000	6.0
G-45212	180	220	1.43	12000	6.0
G-5614	120	220	1.15	4000	2.0
G-5624	180	220	1.70	4000	2.0
G-5634	250	220	2.32	4000	2.0
G-5616	180	220	1.60	6000	3.0
G-5626	250	220	2.15	6000	3.0
G-5636	370	220	3.08	6000	3.0
G-5618	250	220	2.08	8000	5.0
G-5628	370	220	2.9	8000	5.0
G-5638	550	220	4.18	8000	5.0
G-7114	370	220	3.32	4000	2.0
G-7124	550	220	4.92	4000	2.0
G-7134	750	220	6.7	4000	2.0
G-7116	550	220	4.45	6000	3.5
G-7126	750	220	6.0	6000	3.5
G-45132	250	220	1.93	12000	6.0

YC 系列单相电容启动电动机　　　　　　　　表 9.7.4-7

型　号	功　率 (W)	电　压 (V)	额定电流 (A)	极　数	转　速 (r/min)
YC-90S-2	0.75	220	5.94	2	2900
YC-90L-2	1.10	220	8.47	2	2900

续表

型号	功率(W)	电压(V)	额定电流(A)	极数	转速(r/min)
YC-100L1-2	1.50	220	11.24	2	2900
YC-100L2-2	2.20	220	16.1	2	2900
YC-112M-2	3	220	21.6	2	2900
YC-132S-2	3.7	220	26.3	2	2900
YC-90S-4	0.55	220	5.57	4	1450
YC-90L-4	0.75	220	6.77	4	1450
YC-100L1-4	1.1	220	9.52	4	1450
YC-100L2-4	1.5	220	12.5	4	1450
YC-112M-4	2.2	220	17.5	4	1450
YC-132S-4	3	220	23.5	4	1450
YC-132M-4	3.7	220	28	4	1450
YC-90S-6	0.25	220	4.21	6	950
YC-90L-6	0.37	220	5.27	6	950
YC-100L1-6	0.55	220	6.94	6	950
YC-100L2-6	0.75	220	9.01	6	950
YC-112M-6	1.1	220	12.2	6	950
YC-132S-6	1.5	220	14.7	6	950
YC-132M-6	2.2	220	20.4	6	950

9.8 直流电机特性和常用类别

9.8.1 直流电机励磁方式和绕组标记

1. 励磁方式(见图9.8.1-1)

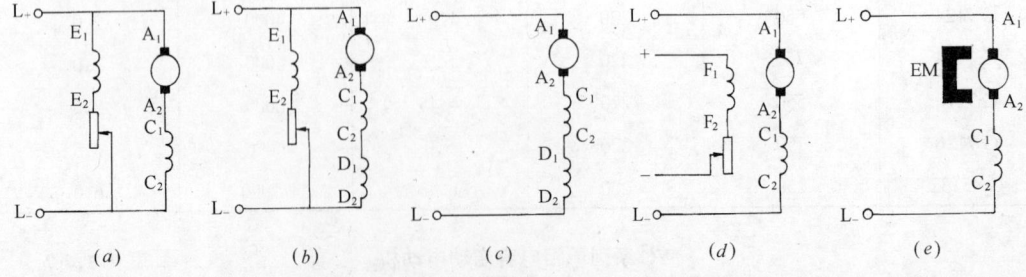

图 9.8.1-1 直流电机常见励磁方式
(a)并励式;(b)复励式;(c)串励式;(d)他励式;(e)永磁式
A_1、A_2—电枢绕组;C_1、C_2—补偿绕组;D_1、D_2—串励绕组;E_1、E_2—并励绕组;F_1、F_2—他励绕组;EM—永久磁铁

2. 绕组标记(见表9.8.1-1)

绕组出线端标记　　　　　　　表9.8.1-1

序 号	绕组名称	出线端标记			
		新标准规定		旧标准规定	
		始 端	末 端	始 端	末 端
1	电枢绕组	A_1	A_2	S_1	S_2
2	换向绕组	B_1	B_2	H_1	H_2
3	串励绕组	D_1	D_2	C_1	C_2
4	并励绕组	E_1	E_2	B_1	B_2
5	他励绕组	F_1	F_2	T_1	T_2
6	补偿绕组	C_1	C_2	BC_1	BC_2

注：在图9.8.1-1中，绕组标记与本表是一致的。

9.8.2 直流电机的基本特性

1. 直流电动机的基本特性(见表9.8.2-1)

直流电动机的类别及特性　　　　　　　表9.8.2-1

序号	励磁方式	启动转矩/额定转矩	短时过载转矩/额定转矩	转速变化率(%)	调速特性	用 途
1	他励或并励	2~2.5	一般为1.5，带补偿绕组时为2.5~2.8	5~20	削弱磁场恒功率调速，调速比可达1:2到1:4	用于启动转矩稍大的恒速负载和要求调速的传动系统
2	复励	较大，可达4	3.5	25~30	削弱磁场调速，调速比可达1:2	用于要求启动转矩较大，转速变化不大的负载
3	串励	很大，可达5	4	很大	用外接电阻与串励绕组串并联，或绕组串并联来调速	用于启动转矩很大，转速允许较大变化的负载
4	永磁	2~4	1.5~4	3~15	改变电枢电压调速，调速范围大	自动控制中作执行元件

2. 直流发电机的基本特性(见表9.8.2-2)

直流发电机的类别及特性　　　　　　　表9.8.2-2

序号	励磁方式	电压变化率(%)	特 性	用 途
1	他励	5~10	输出端电压随负载电流增加而降低，调节励磁电流来调压	用于电动机—发电机—电动机系统，实现电动机大范围调速
2	并励	20~40	输出端电压随负载电流增加而降低，降低幅度较他励时大	充电、电镀、电解等用直流电源
3	复励	<6	输出端电压在负载变化时变化较小	独立直流电源
4	串励	—	有负载时才能输出电压，负载电流增加，电压升高	作升压机
5	永磁	1~10	输出电压与转速成正比	作测速发电机

3. 直流电机额定参数(见表9.8.2-3)

直流电机主要额定参数范围　　　　表9.8.2-3

序号	类别	参数范围 电动机	参数范围 发电机
1	功率(kW)	0.37,0.55,0.75,1.1,1.5,2.2,3,4,5.5,7.5,10,13,17,22,30,40,55,75,100,125,160,200,250,320,400,500,630,800,1000	0.7,1.0,1.4,1.9,2.5,3.5,4.8,6.5,9,11.5,14,19,26,35,48,67,90,115,145,185,240,300,370,470,580,730,920,1150
2	电压(V)	110,160,220,440,630,800,1000	6,12,24,36,48,72,115,230,460,630,800,1000
3	转速(r/min)	3000,1500,1000,750,600,500,400,320,250,200,160,125,100,80,63,50,40,32,25	3000,1500,1000,750,600,500,427,375,333,300

注：直流电机额定功率和额定转速之比，相当于电机的转矩。电机转矩的大小决定了电机的几何尺寸。所以，通常以额定转速和功率来划分直流电机的大小：$n \leqslant 1500\text{r/min}$、$P \leqslant 200\text{kW}$ 的为小型机；$n = 1000 \sim 1500\text{r/min}$、$P \leqslant 1250\text{kW}$ 的为中型机；$n < 1000\text{r/min}$、$P > 1250\text{kW}$ 的为大型机。

4. 直流电机型号表示方法

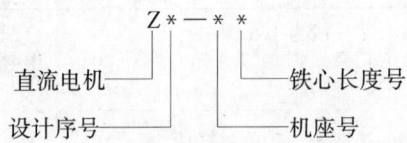

【例】Z2-112 直流电机，第二次改型设计，机座号11,2号铁心。

9.8.3　常用直流电机

1. Z2 系列直流电动机和发电机

(1) 基本特性(见表9.8.3-1)

Z2 系列小型直流电机基本特性　　　　表9.8.3-1

项次	项目	基本特性
1	功率等级	微电机系列:0.4kW 以下 小型电机系列:0.6~100kW 中型电机系列:100kW 以上
2	电压等级	电动机:110,220V 发电机;115,230V
3	转速等级	电动机:600~3000r/min 发电机:960~2850r/min
4	绝缘等级	1~3 号机座： 转子为 E 级,定子为 B 级； 4~11 号机座： 转子和定子均为 B 级
5	通风方式	一般为自通风式(自带风扇轴向抽风式),7~11 号机座电动机为外部通风式(自带鼓风机)

9.8 直流电机特性和常用类别

续表

项次	项目	基本特性
6	安装方式	B3,卧式,机座带有底脚,1~11号机座 B34,卧式,机座带有底脚,端盖有凸缘1~8号机座 B14,卧式,机座不带底脚,端盖有凸缘1~6号机座 V1,立式,机座不带底脚,端盖有凸缘(轴伸向下)1~11号机座 V15,立式,机座带有底脚,端盖有凸缘(轴伸向下)1~8号机座
7	传动方式	用联轴器、正齿轮、V型带传动
8	励磁方式	有并励和他励两种,一般为并励,少量带串励绕组
9	主要用途	发电机用作照明、动力电源或作为其他恒压供电之用; 电动机用于恒速或转速调节范围不大于2:1的电力拖动系统中

(2) 基本特性参数和规格(见表9.8.3-2~9.8.3-6)

Z2系列电动机功率和转速等级　　　　　　　　　表9.8.3-2

型号	功率(kW)				
	3000r/min	1500r/min	1000r/min	750r/min	600r/min
Z2-11	0.8	0.4			
Z2-12	1.1	0.6			
Z2-21	1.5	0.8	0.4		
Z2-22	2.2	1.1	0.6		
Z2-31	3	1.5	0.8	0.4	
Z2-32	4	2.2	1.1	0.8	
Z2-41	5.5	3	1.5	1.1	
Z2-42	7.5	4	2.2	1.5	
Z2-51	10	5.5	3	2.2	
Z2-52	13	7.5	4	3	
Z2-61	17	10	5.5	4	
Z2-62	22	13	7.5	5.5	
Z2-71	30	17	10	7.5	
Z2-72	40	22	13	10	
Z2-81		30	17	13	
Z2-82		40	22	17	
Z2-91		55	30	22	17
Z2-92		75	40	30	22
Z2-101		100	55	40	30
Z2-102		125	75	55	40
Z2-111		160	100	75	55
Z2-112		200	125		

注:1. 虚线箭头旁数字为削弱磁场恒功率运行的最高允许转速。
　　2. 粗线框内电动机的电压有110及220V两种,框外电动机电压仅有220V一种。

Z2 系列发电机功率和转速等级　　　表 9.8.3-3

型号	发电机 功率 (kW)			调压发电机	
	2850r/min	1450r/min	960r/min	2850r/min	1450r/min
Z2-21	1.1	—		1.1	0.6
Z2-22	1.7	0.8		1.5	0.8
Z2-31	2.4	1.1		2.2	1.1
Z2-32	3.2	1.7		3	1.5
Z2-41	4.2	2.4		4	2.2
Z2-42	6	3.2		5.5	3
Z2-51	8.5(9)	4.2		7.5	4
Z2-52	11	6		10	5.5
Z2-61	14	8.5		13	7.5
Z2-62	19	11		17	10
Z2-71		14			13
Z2-72		19			17
Z2-81		26	14		22
Z2-82		35	19		30
Z2-91		48	26		40
Z2-92		67	35		55
Z2-101		90	48		75
Z2-102		115	67		100
Z2-111		145	90		125
Z2-112		180	115		160

注：a. 粗线框外发电机的电压仅有 230V 一种，调压发电机仅有 220/320V 一种。
　　b. 2850r/min 的发电机为复励；1450 及 960r/min 有复励和他励两种。

Z2 系列电动机基本转速　　　表 9.8.3-4

转速(r/min)	3000	1500	1000	750	600
机座号	1～7	1～11	2～11	3～11	9～11
功率范围(kW)	0.8～40	0.4～200	0.4～125	0.6～75	1717～55

注：电动机采用交流工频同步转速为电动机的基本转速。

Z2 系列发电机基本转速　　　表 9.8.3-5

转速(r/min)	2850	1450	960
机座号	2～6	2～11	8～11
功率范围(kW)	1.1～19	0.8～180	14～115

注：发电机采用异步电动机的转速为基本转速。

Z2 系列电动机转速和转矩对应关系 表 9.8.3-6

型号	功率(kW)	电压(V)	转速(r/min)	力矩(N·m)	转矩(N·m) 1500 r/min	1000 r/min	600 r/min	300 r/min	100 r/min
Z2-11	0.4	110	1700	2.31	2.28	2.283	2.12	1.92	1.66
Z2-12	0.6	220	1700	3.37	3.30	3.23	2.96	2.56	2.02
Z2-21	0.8	220	1700	4.50	4.43	4.36	4.14	3.80	3.47
Z2-22	1.1	220	1700	6.17	5.94	5.73	5.19	4.86	4.21
Z2-31	1.5	110	1700	8.03	7.84	7.64	7.35	6.66	6.17
Z2-32	2.2	220	1700	12.25	11.84	11.53	10.90	10.17	8.82
Z2-41	3	110	1700	13.52	17.15	16.56	14.7	12.83	11.47
Z2-42	4	220	1700	21.17	20.58	19.40	18.6	17.15	12.35
Z2-51	5.5	220	1700	32.05	30.38	29.4	25.68	21.07	16.46
Z2-52	7.5	220	1700	40.77	38.81	46.45	40.47	32.73	18.52
Z2-61	10	110	1700	56.25	51.74	49.98	44.69	33.52	28.61
Z2-62	13	110	1700	69.09	68.6	64.09	62.23	49	29.99
Z2-71	17	220	1700	95.55	95.55	95.55	79.97	58.8	41.36
Z2-72	22	110	1700	123.48	123.48	123.48	101.92	76.05	53.70
Z2-81	30	220	1700	168.56	168.56	168.56	110.94	96.63	68.89
Z2-82	40	220	1700	224.42	224.42	224.42	157.78	137.2	97.80
Z2-91	30	220	1200	239.12		239.12	239.12	185.71	126.42
Z2-92	40	110	1200	316.54		316.54	316.54	235.2	166.6
Z2-101	55	220	1200	437.08		437.08	437.08	341.04	245
Z2-102	75	220	1200	597.8		597.8	597.8	475.3	339.08
Z2-111	100	220	1200	795.26		764.4	713.44	578.2	392
Z2-112	125	220	1200	994.7		970.2	891.8	725.2	488.04

注:在自通风方式下的他励式电动机。

2. Z3 系列直流电动机和发电机

(1) 基本特性及用途(见表 9.8.3-7)

Z3 系列小型直流电机基本特性 表 9.8.3-7

项次	项目	基本特性
1	功率等级	0.25~200kW
2	电压等级	电动机:110、160、220、400V; 发电机:115、230V
3	绝缘等级	均为 B 级,绕组温升不超过 80℃(电阻法测量)
4	励磁方式	电动机为并励和他励,6~10 号机座带有少量串励绕组; 发电机为复励和他励
5	冷却通风方式	一般为自通风式,8~10 号机座电动机为外通风式

续表

项次	项目	基本特性
6	安装方式	机座号 11～102,B3,卧式； 机座号 11～73,B34、B35,卧式； 机座号 11～62,B5、B14,卧式； 机座号 11～102,V1、V18,立式； 机座号 11～73,V15,立式
7	传动方式	1～7号机座可用联轴器、正齿轮、V型带传动；8～10号机座可用联轴器、正齿轮传动
8	主要用途	同Z2系列

(2) 主要性能参数和规格(见表9.8.3-8和9.8.3-9)

Z3系列直流电动机　　　　　表9.8.3-8

机座号	额定功率 (kW)	向下调速 前的转速 (r/min)	额定转速 (r/min)	电枢电流(占额定电流的百分比)				
				1500r/min	1000r/min	700r/min	400r/min	150r/min
11	0.25	1700	1500					
12	0.37	1700	1500					
21	0.55	1700	1500					
22	0.75	1700	1500					
31	1.1	1700	1500					
32	1.5	1700	1500					
41	2.2	1700	1500					
42	3	1700	1500					
51	4	1700	1500					
52	*5.5	1700	1500					
61	*7.5	1700	1500					
62	*10	1700	1500	100%	90%	85%	72%	61%
71	*13	1700	1500					
72	*17	1700	1500					
73	*22	1700	1500					
81	*30	1700	1500					
82	*40	1700	1500					
83	*30	1200	1000					
91	40	1200	1000					
92	55	1200	1000					
91	*75	1200	1000					
101	*100	1200	1000					
102	125	1200	1000					

注：a. 表列为向下调速的转速数值，需先削弱磁场使电机转速升高至此转速后，方能降低电枢电压向下调速。
　　b. 粗线框内电动机的电压有160及220V两种,框外的有220V一种,带"*"号者有440V一种。

Z3 系列直流发电机　　　　　　　表 9.8.3-9

机 座 号	额定功率 (kW)	额定电压 (V)	额定转速 (r/min)	备 注
41	2.2	115,230		
42	3.0	115,230		
51	4.2	115,230		
52	6.0	115,230		
61	8.5	115,230		
62	11	115,230		
71	14	115,230		
72	19	115,230	1450	复励或他励
73	26	230		
81	35	230		
82	48	230		
83	67	230		
91	90	230		
92	115	230		
101	145	230		
102	180	230		

3. Z4 系列小型直流电动机

Z4 系列小型直流电动机是我国 20 世纪 80 年代最新系列产品。该系列电动机广泛使用于冶金、机床、造纸、染织、印刷、水泥、塑料等工业部门,适用于调速范围广、过载能力 1.6 倍的电力拖动。恒功率弱磁向上调速范围对于不同规格可以达到额定转速的 1.0~3.8 倍,恒转矩降低电枢电压向下调速最低可至 20r/min。

Z4 系列直流电动机不仅可用直流电源供电,更适用于静止整流电源供电,转动惯量小,有较好的动态性能,并能承受较高的负载变化率,适用于需要平滑调速、效率高、自动稳速、反应灵敏的控制系统。本直流电动机的定额为连续工作制的连续定额,在海拔不超过 1000m、环境空气温度不超过 40℃ 的地区,电动机能定额运行。

额定电压为 160V 的电动机,在单相桥式整流器供电情况下一般需带电抗器工作,外接电抗器的电感数值在铭牌上注明。额定电压为 440V 的电动机,均不需外接电抗器。

Z4 系列电动机的基本特性见表 9.8.3-10。

Z4 系列小型直流电动机基本特性　　　表 9.8.3-10

项 次	项 目	基 本 特 性
1	功率等级	1.5~450kW,共 28 个功率等级
2	电压等级	160V,440V
3	转速等级	3000、1500、1000、750、600、500、400r/min
4	绝缘等级	均为 F 级

续表

项次	项 目	基 本 特 性
5	励磁方式	他励,一般不带串励绕组。中心高 100～280mm,电机无补偿绕组； 中心高 315～350mm,电机有补偿绕组
6	冷却通风方式	中心高 100～180mm,全封闭自冷 中心高 160～250mm,外通风式 中心高 160～132mm,自通风式
7	安装方式	中心高 100～355mm,B3,卧式有底脚 中心高 100～315mm,B35,卧式有底脚,端盖有凸缘 中心高 100～280mm,V15,立式有底脚,端盖有凸缘

4. ZSL4 系列小型直流电动机

ZSL4(自扇冷)系列小型直流电动机是 Z4 系列小型直流电动机的派生系列,机座号由 100～160,绝缘等级为 F 级。它可用于冶金、机床、造纸、染织、印刷、水泥、铁路等工业部门,适用于调速范围广的电力拖动。恒功率弱磁向上调速范围对于不同规格可以达到额定转速的 1.2～2 倍。该电动机调压调速分两种类型：一种是降低电枢电压调速时为恒转矩,在电流连续时最低转速可至 300r/min；另一种是降低电枢电压调速时为变转矩,在电流连续时,最低转速可至 1000r/min。电动机由静止电力变流器供电,转动惯量小,有较好的动态性能,并能承受较高的负载变化率。适用于需要平滑调速,效率高,自动稳速,反应灵敏的控制系统。ZSL4 系列直流电动机采用硬性功率等级,功率范围由 0.55kW 至 45kW 共分十六个等级,额定电压有 160、440V 两种,额定转速有 3000、1500r/min,恒转矩调速还有 1000、750r/min。励磁方式为他励,励磁电压为 180V。除上述规定的等级外根据用户需要也可以生产特殊要求的电机。额定电压为 160V 的电动机运行时需外接电抗器,其数值按照电动机铭牌上选取,额定电压为 440V 的电动机运行时不需要外接电抗器。

本系列电动机与 Z4 基本系列电动机相比,无鼓风机,使电动机的外形尺寸变小。

型号含义：

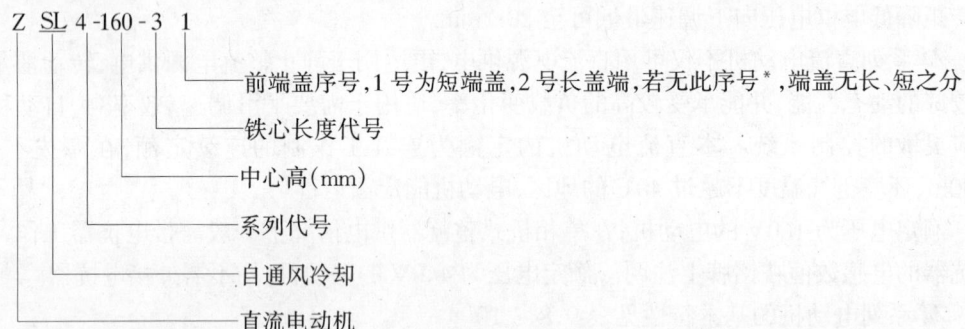

注：* 对于 ZSL4-112/4-2 型号而言,"/"后第一位数字代表极数,第二位数字为铁心长度序号。

5. ZYN 系列永磁直流电动机

ZYN 系列钕铁硼永磁直流电动机是新设计和制造的高效节能电机,采用了钕铁硼永磁材料。

ZYN 系列电动机容量、电压、转速及安装尺寸等基本符合 Z4 系列直流电动机和 IEC 标准,因此互换性、配套性好。

ZYN 系列性能指标以效率为例,比 Z4 系列和 AEG 公司的 4 系列平均提高 6% 左右,过载能力提高 25% 左右，填补了中小型永磁直流电动机的空白。

该电动机省去了励磁回路，缩小了整体的体积，减轻了整体的重量，电机正、反转控制方便，电机转动惯量小，并有较好的动态性能和能承受较高的负载变化率，适用于平滑调速、自动稳速，反应灵敏的控制系统。

ZYN 系列电机可用三相全控桥式整流电源，不外接平波电抗器而长期工作。额定电压 160V 的电机由单相桥式整流电源供电。此时电枢回路须接入电抗器，以抑制脉动电流，同时也适用于直流发电机组供电。

ZYN 系列电机采用 B 级绝缘，在工作环境不含有对绝缘有腐蚀作用的气体，且周围空气温度不超过 40℃，电动机能额定运行。

ZYN 系列直流电动机额定功率 0.55～220kW，25 个等级；额定电压 160、440V 两种；转速 3000、1500、1000、750、600、500r/min 共六种。除上述外，可派生其他功率、电压及转速的电动机。

ZYN 系列电动机广泛用于冶金、机床、造纸、印刷、纺织、印染、水泥、塑料、铁路等工业部门，适应于静止电力变流器供电、调压调速（不能弱磁调速）、过载能力为 2 倍的电力拖动系统。

型号含义：

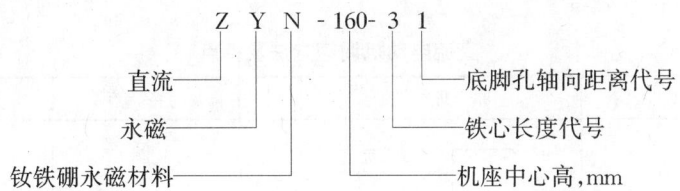

9.9 直流电机的使用

9.9.1 直流电动机启动

直流电动机启动转矩大、效率高，但由于电机内阻小，启动电流大，因此，通常应采取限制启动电流的措施。

1. 直接启动

直接启动是将直流电源直接加到电动机上进行全压启动。由于受到启动电流的限制，这种方法只宜用于 1kW 以下的电机。

2. 在电枢回路串联电阻启动

在电枢回路串联电阻启动，可以限制启动电流，但由于启动过程中要消耗能量，所以只用于中、小型电动机的启动。

启动电阻为一多级可变电阻（如 RQ 型、RT 型可变电阻），将其串入电枢回路，在启动过程中逐级短接。RQ、RT 的规格及其接线参见图 9.9.1-1 是

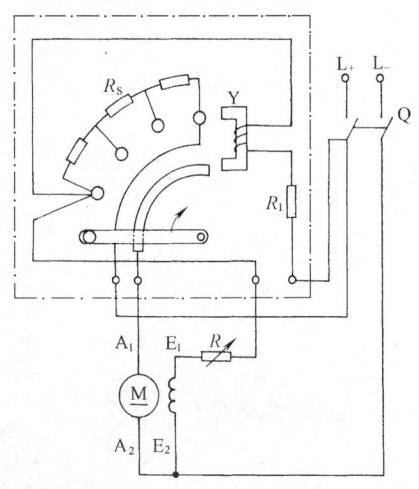

图 9.9.1-1 电枢回路串联电阻启动电路
Q—电源开关；R_S—启动变阻器；Y—无压释放电磁铁；R_1—经济电阻；R—磁场电阻；A_1-A_2—电枢绕组；E_1-E_2—并励绕组

常用的手动启动接线图。接通电源开关 Q 后,用手沿顺时针方向转动手柄,启动电阻 R_s 依次短接;待全部短接后,手柄被无压释放电磁铁 Y 吸住,启动完毕。

3. 调节电压启动

如果电动机为他励式或电源为可调的晶闸管整流电源,可采用调节电压从零电压开始平滑启动。

9.9.2 直流电动机调速

直流电动机的转速 n 为

$$n = \frac{U - I_a(R_a + R)}{C\Phi}$$

式中　U——电源电压;
　　　I_a——电枢电流;
　　　R_a——电枢电阻;
　　　R——电枢串联电阻;
　　　Φ——磁通;
　　　C——常数。

因此,可通过改变电源电压 U、调节电阻 R、改变励磁电流即改变磁通 Φ 来调速。调速方法及特点见表 9.9.2-1。

直流电动机调速方法及特点　　　　　　　　表 9.9.2-1

序号	调速方法	原理图	主要特点	适用范围
1	改变电源电压	（电路及特性曲线图，$U_1>U_2>U_3$）	a. 通常保持磁通 Φ 不变; b. 有较大的调速范围; c. 有较好的低速稳定性; d. 功率随电压的下降而下降	a. 适用励磁方式为他励的电动机; b. 适用于额定转速下的恒转矩调速
2	调节励磁电流	（电路及特性曲线图，$\Phi_1>\Phi_2>\Phi_3$）	a. 保持端电压 U 不变,在磁场回路中串可变电阻减小磁场电流和 Φ 使转速 n 上升; b. 转速的上升使换向困难,电枢反应去磁作用使电机运行稳定性差; c. 由于电枢电流 I_a 不变,U 不变,故功率 P 不变	a. 适用于额定转速以上的调速; b. 恒功率调速

续表

序号	调速方法	原理图	主要特点	适用范围
3	调节电枢回路电阻		a. 保持 U 不变,Φ 不变,转速随 R 增加而降低; b. 电机机械特性软当电枢电流 I_a 不变时,可作恒转矩调速,但低速时,输出功率随 n 的降低而减小,而输入功率不变,因此效率低,不经济	这种调速方法只适用于额定转速以下,不需要经常调速,且机械特性要求较软的调速

9.9.3 直流电动机制动

直流电动机制动方法及特点见表 9.9.3-1。

直流电动机制动方法及特点　　　　表 9.9.3-1

序号	制动方法	原理图	制动过程及特点	适用范围
1	能耗制动	$I_a = \dfrac{E_a}{R_a + r}$	a. 保持励磁不变,电动机的电枢回路从电网断开,并立即将开关反投接入制动电阻,电枢电流反向,电磁转矩与电机的转向相反; b. 电机作发电机运行,向制动电阻供电,能量消耗于电阻 r 中; c. 因发电机的电磁转矩总是与转向相反,电机处于制动状态; d. $I_a \leqslant (1.5 \sim 2) I_N$ $r = \dfrac{E}{I_a} - R_a$	用于使机组迅速停转
2	回馈制动	$I_a = \dfrac{E_a - U}{R_a}$	a. 保持励磁不变,当转速 n 上升到一定程度 $U < E_a$,电枢电流反向,电磁转矩与转向相反; b. 制动时,电机作发电机运行; c. 制动过程中,向电网馈电	只能用于限制转速过分升高

续表

序号	制动方法	原理图	制动过程及特点	适用范围
3	反接制动	$I_a = \dfrac{U + E_a}{R_a + r}$	a. 改变电枢电流 I_a 或励磁电流 I_f 的方向,即能产生与电机转向相反的转矩 M; b. 不能同时改变电枢电流 I_a 与励磁电流的方向,否则将起不到制动的作用; c. 制动时在电枢回路需串联一电阻 r,以限制制动电流; d. 采用此法,在机组停转时,应及时切断电源以防止发生反向再启动; e. 对于复励电动机制动时,并励、串励两绕组中电流方向应保持一致	用于要求迅速制动停转并反转

9.9.4 直流电动机换向器和电刷的使用

1. 换向器的维护

(1) 换向器表面应光滑,无毛刺、黑斑、油垢等。对油垢,应用干净柔软的白布沾酒精擦拭;对锈蚀黑斑,应用 00 号细纱布研磨(不得使用金刚砂布);若其表面不平程度达到 0.2mm 时应用车床车光。

(2) 换向片边缘倒角为 0.5mm×45°,换向器云母沟下刻深度见表 9.9.4-1。

换向器云母沟下刻深度　　　　表 9.9.4-1

序号	换向器直径 (mm)	下刻深度 (mm)	序号	换向器直径 (mm)	下刻深度 (mm)
1	50 以下	0.5	3	151～300	1.2
2	50～150	0.8	4	>300	1.5

2. 电刷的维护

(1) 同一组刷握应均匀排列在同一直线上。

(2) 刷握的排列,一般应使相邻不同极性的一对刷架彼此错开,以使换向器均匀磨损。

(3) 各组电刷应调整在换向器的电气中性线上。

(4) 带有倾斜角的电刷,其锐角尖应与转动方向相反。

(5) 同一电机上必须使用同一型号、同一制造厂的电刷。

(6) 电刷的编织带或导线应连接牢固,接触良好,不得与转动部分或弹簧片相碰触,具有绝缘垫的电刷,绝缘垫应完好。

(7) 电刷在刷握内应能上下自由移动,电刷与刷握的间隙应符合制造厂规定,一般为 0.10～0.20mm。

(8) 恒压弹簧应完整无机械损伤,其型号及压力要求应符合产品规定;非恒压弹簧,其压力应符合制造厂规定。若无规定时,应调整到不使电刷下冒火的最低压力,同一刷架上每个电刷的压力应力求均匀,一般为 1.5～2.7N/cm²(0.015～0.027MPa)。

(9) 电刷接触面应与换向器弧度相吻合,接触面积不应小于单个电刷截面的75%。

(10) 运行时,电刷应在换向器的整个表面内工作,不得靠近换向器的边缘。

3. 火花等级

电机带负载运行时,电刷下的火花等级见表9.9.4-2。

火花等级表 表9.9.4-2

火花等级	电刷下的火花程度	换向器及电刷的状态
1	无火花	
$1\frac{1}{4}$	电刷边缘仅小部分(约1/5～1/4刷边长)有断续的几点点状火花	换向器上没有黑痕及电刷上没有灼痕
$1\frac{1}{2}$	电刷边缘大部分(大于1/2刷边长)有断续的较稀的粒状火花	换向器上有黑痕出现,但不发展,用汽油擦其表面即能除去,同时在电刷上有轻微灼痕
2	电刷边缘大部分或全部有连续的较密的粒状火花,开始有断续的舌状火花	换向器上有黑痕出现,用汽油不能擦除,同时电刷上有灼痕。如短时出现这一级火花,换向器上不出现灼痕,电刷不致被烧焦或损坏
3	电刷的整个边缘有强烈的舌状火花,拌有爆裂声音	换向器上的黑痕相当严重,用汽油不能擦除,同时电刷上有灼痕。如在这一火花等级下短时运行,则换向器上将出现灼痕,同时电刷将被烧焦或损坏

注:a. 电机处于不大于$1\frac{1}{2}$级火花内,对电机无有害影响,允许电机长期连续运行。

b. 2级及3级火花,仅允许电机在短时过载,电机启动和运行中切换转向时出现;不允许长期存在于换向器上,否则将严重灼伤换向器,以致最后造成不能正常工作的恶果。

9.9.5 直流电机常见故障及处理

直流电机常见故障及处理方法见表9.9.5-1。

直流电机常见故障及处理方法 表9.9.5-1

序号	故障现象	原因分析	处理方法
1	电刷下火花过大	a. 电刷与换向器接触不良 b. 刷握松动或装置不正 c. 电刷压力大小不当或不匀 d. 换向器表面不光洁,不圆或有污垢 e. 换向片间云母凸出 f. 电刷位置不在中性线上 g. 电刷磨损过度,或所用牌号及尺寸与技术要求不符 h. 过载或负载剧烈波动 i. 电机底脚松动发生震动 j. 换向极线圈短路 k. 电枢曾过热,电枢绕组与换向器脱焊 l. 检修时将换向极线圈接反	a. 研磨电刷接触面,并令其在轻载下运转半小时至一小时 b. 紧固或纠正刷握装置 c. 用弹簧秤校正电刷压力为1.5～2.7 N/cm²(调整刷握弹簧压力或调换刷握) d. 清洁或研磨换向器表面 e. 换向器刻槽,倒角再研磨 f. 调整刷杆座至原有记号之位置,或至火花情况最良好之位置,(发电机可在空载下调整至电压最高之位置) g. 按制造厂原用之牌号及尺寸,更换新电刷 h. 恢复正常负载 i. 紧固底脚螺钉 j. 检查换向极线圈,将绝缘损坏处进行修理 k. 用毫伏计检查换向片间之电压降是否平衡,如某二片之间电压降特别大,说明该处有脱焊现象须进行重焊 l. 用罗盘试验换向极极性,并纠正之(换向极与主极性关系,顺电机旋转方向,发电机为n-N-s-S 电动机为n-S-s-N)

续表

序号	故障现象	原因分析	处理方法
1	电刷下火花过大	m. 电刷之间的电流分布不均匀 n. 换向极在过载时饱和 r. 所用电机选型不当	m. 校正电刷压力；如系电刷牌号不一致，须按原用之牌号及尺寸更换新电刷 n. 恢复正常负载 r. 检查所用电机之性能保证值（标准）是否符合使用的工作条件
2	发电机电压不能建立	a. 剩磁消失 b. 激磁线圈出线接反 c. 旋转方向错误 d. 激磁电路中断 e. 电枢短路 f. 电刷接触不良	a. 另用直流电通入激磁绕组，使产生剩磁 b. 按接线图纠正激磁线圈出线之联接 c. 改变旋转方向（按箭头所示之方向） d. 检查激磁线圈及磁场变阻器之联接是否松脱或接错磁场线圈或变阻器内部是否断路 e. 检查换向器表面及接头片是否有短路之处，或用电压降法测试电枢绕组是否短路 f. 检查刷握弹簧是否松弛或脱扣
3	电动机不能启动	a. 线路中断 b. 启动时负载过重 c. 启动力矩太小 d. 电刷接触不良 e. 电刷位置不正常 f. 串激绕组接反 g. 启动器与电机连接不正确	a. 检查线路是否完好，启动器联接是否正确；保险丝是否熔断，励磁欠压继电器是否动作 b. 移去过载部分 c. 检查所用启动器是否合适 d. 检查刷握弹簧是否松弛 e. 按电刷架标记，调整刷架位置 f. 按接线图标注接线 g. 在电枢与电源接通前，应先接通励磁绕组，并达到额定励磁电压
4	发电机电压过低	a. 并激磁场线圈部分短路 b. 转速太低 c. 电刷不在正常位置 d. 片间短路 e. 换向极线圈接反 f. 串激磁场线圈接反 g. 负荷过重	a. 分别测量每一线圈之电阻，修理或调换电阻特别低的线圈 b. 提高原动机转速至额定值 c. 按所刻记号，调整刷杆座位置 d. 云母片拉槽清除导电粉尘 e. 用罗盘试验换向极极性，并纠正之 f. 互换串激圈两个出线 g. 移去过载部分
5	电动机转速不正常	a. 励磁绕组回路中断，励磁电压过低或失压 b. 电刷不在正常位置 c. 电枢及磁场线圈短路 d. 串激电动机轻载或空载运转 e. 串激磁场线圈接反	a. 检查磁场线圈联接是否良好，接错，磁场线圈或调速器内部是否断路，励磁欠压继电器是否动作，励磁电压是否正常 b. 按所刻记号调整刷杆座位置 c. 检查是否短路（磁场线圈须每极分别测量电阻） d. 停止轻载或空载运转 e. 互换串激线圈两个出线
6	电枢冒烟	a. 长时过载 b. 换向器或电枢短路 c. 发电机负载短路 d. 电动机线端电压过低 e. 电动机选型不当直接启动或反向运转过于频繁 f. 定子转子铁心相擦	a. 立即切断电源检查，冷却后恢复正常负载 b. 是否有导电粉尘、金属切屑落入换向器或电枢绕组，用电压降法检查是否短路 c. 检查线路是否有短路 d. 恢复电压至正常值 e. 检查电机的性能保证值（标准）是否满足使用的工作条件 f. 检查电机空气隙是否均匀，有无杂物存在，轴承是否磨损，装配是否良好

续表

序号	故障现象	原因分析	处理方法
7	磁场线圈过热	a. 并激磁场线圈部分短路 b. 发电机转速太低 c. 发电机或电动机磁场电压长时超过额定值	a. 分别测量每一线圈电阻,修理或调换电阻特别低的线圈 b. 提高转速至额定值 c. 恢复磁场电压至额定值
8	其他	a. 机壳漏电 b. 并激(带有少量串激稳定绕组)电动机启动电流大,启动时发生转向正、反摆动现象 c. 轴承漏油	a. 电机绝缘电阻过低,用500V兆欧表测量线圈对机壳之绝缘电阻,如低于1MΩ应加以烘干; 　接线头碰机壳; 　出线板或线圈绝缘局部损坏,须检查修理; 　接地装置不良,加以纠正 b. 串激线圈接反,互换串激线圈两个出线 c. 润滑脂加得太满或所用润滑脂质量不符要求; 　轴承温度过高

第10章 变压器

10.1 电力变压器的基本知识

10.1.1 电力变压器分类(见表10.1.1-1)

电力变压器分类及特点　　　　　表10.1.1-1

序号	分类方法	类别	主要特点	应用范围
1	功能	升压变压器	一次绕组匝数少,二次绕组匝数多	供升高电压用
		降压变压器	一次绕组匝数多,二次绕组匝数少	供降低电压用
		联络变压器	一、二次绕组匝数取决于一、二次系统电压	供不同电压系统联络用
		配电变压器	直接供用电负载的降压变压器	供降压配电用
2	相数	单相变压器	只有一个铁心、两个绕组。单台可供单相负载。三台按一定方式联结起来可组成三相变压器组,可用来变换三相电压,而每台单相容量只有总容量的1/3,因而每台变压器的体积、重量均较小,制造、运输较方便	在大电力系统中当容量很大时及配电系统中单相负载很大或专对单相负载(如路灯)供电时采用。电力系统中用的接成三相变压器组
		三相变压器	一般双绕组三相变压器有六个绕组(其中三个一次绕组、三个二次绕组)和一个共同的三芯柱铁心。在三相总容量相同的情况下,它与三台单相组成的变压器组相比,具有造价低、占地小等优点	广泛用于工厂供电系统及城市配电系统中,在大电力系统中当容量不太大时也优先采用
3	绕组型式	双绕组变压器	每相两个绕组,其中一个为一次绕组,另一个为二次绕组,可变换一个电压。一、二次绕组之间通过磁路联系,没有电联系	广泛用于变换一个电压的场合
		三绕组变压器	每相三个绕组,其中一个为一次绕组,另两个为二次绕组,可将一次电压变换为两个二次电压。三个绕组间也只有磁联系	用于需两个二次电压的场合
		自耦变压器	二次绕组与一次绕组有一部分是公用的,即有一部分为公共绕组,因此其一、二次绕组间除有磁的联系外,尚有电的联系。与普通变压器相比,具有体积小、节约材料和投资、运行费用低等优点	常用于电力系统中作联络变压器用。自耦变压器在实验室中应用甚为普遍,主要作为调压用
4	绕组导体	铜绕组变压器	绕组导体材质为铜。与同容量的铝绕组变压器相比,导体材料用量较少,使外形尺寸略有缩小,但价格较贵	用于大容量变压器及低损耗配电变压器,应用越来越广
		铝绕组变压器	绕组导体材质为铝。铝绕组变压器与同容量的铜绕组变压器在功率损耗方面基本相同,只是用材较多,但价格低廉	用作配电变压器

10.1 电力变压器的基本知识

续表

序号	分类方法	类别	主要特点	应用范围
5	绕组绝缘	油浸式变压器	绕组和铁心浸于绝缘油中。绝缘油除具有绝缘功能外,还有散热和灭弧功能。油浸式变压器与干式变压器相比,具有较好的绝缘和散热性能,且价较低廉,便于检修,但油为可燃物质,故有易燃易爆的危险	广泛用作电力变压器,但不宜用于易燃易爆场所
		干式变压器	绕组和铁心不浸在绝缘油中。干式变压器有三种类型:①开启式,其绕组和铁心直接置于大气中,利用空气来绝缘和散热;②封闭式,其绕组和铁心被密封在外壳内,因而散热条件差,只用于矿井等环境;③浇注式,用浇注的环氧树脂作为绝缘和散热介质,结构简单,体积小,重量轻,主要用作小容量配电变压器	广泛用于安全防火要求较高的场所,如高层建筑的屋内变电所、地下变电所、国防工程及矿井内变压装置等
6	冷却方式	自冷式变压器	利用绕组和铁心周围介质来自然地散热冷却,因此最为简单经济。油浸式变压器则利用其绝缘油的自然循环冷却	一般中小容量的电力变压器多为自冷式
		风冷式变压器	利用通风机来给变压器通风散热。油浸式变压器的风扇通常安装在每组散热油管的内侧或底部	用于大容量电力变压器及散热条件较差的场所
		强迫油冷式变压器	利用油泵来强迫油浸式变压器的绝缘油加速循环散热冷却	用于大容量的油浸式变压器
		水冷式变压器	利用冷却的循环水或喷射的冷却水来带走油浸式变压器散热油管的热量	用于大容量的油浸式变压器
7	调压方式	无载调压变压器	又称"无励磁调压变压器",在变压器高压绕组上有 $U_N \pm 5\% U_N$ 的分接头,可利用变压器外壳上面装设的分接开关在变压器断电时进行调节。在二次电压总的接近于额定值时,则分接开关置于 U_N 的主接头位置。如二次电压总的高于额定值时,则分接开关应置于 $+5\% U_N$ 的分接头位置。如二次电压总的低于额定值时,则分接开关应置于 $-5\% U_N$ 的分接头位置。这种变压器较为经济,但不能随负载变动进行调压	广泛应用于对调压要求不是很高的场所,特别是 10kV 及以下的配电变压器宜优先选用这种型式
		有载调压变压器	它配有有载分接开关、有载调压控制器及有关附件。能在负载下调节变压器一次绕组的分接头,使其输出电压稳定在规定的范围内,满足负载对电压水平的要求	主要用于 10kV 及以上的电力系统中及对电压水平要求很高的场所
8	铁芯材质	热轧硅钢片的变压器	热轧硅钢片采用热轧工艺制成,与冷轧硅钢片比较,其导磁性能较差,铁损较大	老的变压器一般采用此种硅钢片铁心,现已不再使用
		冷轧硅钢片的变压器	冷轧硅钢片采用冷轧工艺制成,其导磁性能好,铁损较小	新的变压器均采用此种硅钢片铁心
9	结构类型	普通变压器	包括一般油浸式和干式变压器。其导电部分是外露的	应用于一般正常环境
		全封闭变压器	具有密封结构,将导电部分密封,具有防尘、防腐、防爆功能	用于多尘、有腐蚀性及易爆场所
		防雷变压器	其联结方式特别,耐雷水平较高	用于多雷地区

10.1.2 电力变压器的基本特性

1. 主要特性参量

电力变压器将电能转换成电能,在转换过程中存在一定的电气损耗,其主要特性参量见表10.1.2-1。

电力变压器的主要特性参量　　　　表10.1.2-1

类别	名称	符号	单位	说明
输入/输出电气量	电压	U_1/U_2	kV 或 V	对三相变压器,指线电压
	变比	K		
	电流	I_1/I_2	A	
	功率(容量)	S_1/S_2	kVA	$S_1 \approx S_2$
	相数	m		单相或三相
	频率	f_1/f_2	Hz	$f_1=f_2$
损耗	空载损耗	ΔP_0	W 或 kW	铁损,近似不变损耗
	负载损耗	ΔP_K	W 或 kW	铜损,依负载大小而变化
	效率	η	%	
	温升	$\Delta \theta$	℃	
其他	短路电压	u_K	%	
	联结组			原、副边电压相位差

2. 容量

电力变压器的容量又称为表观功率或视在功率,是指变压器二次侧输出的功率,通常用kVA表示。三相电力变压器的额定容量等级见表10.1.2-2,其中,组成三相变压器组的单相变压器为表中数值的1/3。

三相电力变压器容量等级　　　　表10.1.2-2

序号	类别	容量等级(kVA)	说明
1	国家规定额定容量	30,50,63,80,100,125,160,200,250,315,400,500,630,800,1000,1250,1600,2000,2500,……	按R10优先数系列排列
2	老式变压器额定容量	10,20,30,50,75,100,135,180,240,320,420,560,750,1000,1800,……	按R8优先数系列排列,已淘汰

注:本手册只讨论2500kVA及以下的配电变压器。

3. 额定电压和电压比

在正常运行时规定加在一次侧的端电压,称为一次侧额定电压(U_{1N})。当变压器空载时,一次侧加上额定电压后,二次侧测量到的电压,称为二次侧额定电压(U_{2N})。在三相变压器中,额定电压均指线电压。常用油浸式电力变压器的额定电压组合见表10.1.2-3。

常用油浸式电力变压器额定电压组合　　　　表10.1.2-3

容量	电压组合(kV)	
(kVA)	高压	低压
30~1600	6,10	0.4
630~6300	6,10	3.15,6.3

容　量 (kVA)	电　压　组　合　(kV)	
	高　压	低　压
50～1600	35	0.4
800～31500	35 (38.5)	3.15～10.5 (3.3～11)

空载时,变压器一次与二次侧端电压之比称为电压比 K。

$$K = U_{1N}/U_{2N}$$

对于单相变压器和绕组联结方式相同(Y/Y 或 △/△)的三相变压器,电压比即为绕组匝数比。

$K>1$ 为降压变压器,$K<1$ 为升压变压器。

4. 额定电流

在正常运行时,即变压器二次侧输出额定容量时,一、二次侧流过的电流称为额定电流(I_{1N}、I_{2N}),在三相变压器中,此电流均指线电流。

$$单相时, I_{1N} = \frac{S_N}{U_{1N}}$$

$$I_{2N} = \frac{S_N}{U_{2N}}$$

$$三相时, I_{1N} = \frac{S_N}{\sqrt{3} U_{1N}}$$

$$I_{2N} = \frac{S_N}{\sqrt{3} \cdot U_{2N}}$$

式中　S_N——变压器的额定容量,kVA;

U_{1N}、U_{2N}——一、二次侧额定电压,kV。

【例 10.1.2-1】 三相电力变压器,$S_N = 200$kVA,$U_{1N}/U_{2N} = 10/0.4$kV,求高、低压侧额定电流。

【解】

$$I_{1N} = \frac{S_N}{\sqrt{3} U_{1N}} = \frac{200}{\sqrt{3} \times 10} = 11.5\text{A}$$

$$I_{2N} = \frac{S_N}{\sqrt{3} U_{2N}} = \frac{200}{\sqrt{3} \times 0.4} = 289\text{A}$$

5. 短路电压

在额定频率下,变压器一侧绕组短接,另一侧施加电压,当电流达到额定值时,外施的电压称为短路电压,亦称阻抗电压。用百分数表示为:

$$u_K = \frac{I_N \cdot Z_K}{U_N} \times 100\% = \frac{U_Z}{U_N} \times 100\%$$

式中　U_Z——外施电压;

U_N——外施电源一侧的变压器额定电压;

I_N——外施电源一侧的变压器额定电流;

Z_K——变压器的短路阻抗。

常用的双绕组电力变压器的短路电压的参考值见表 10.1.2-4。

双绕组电力变压器短路电压参考值　　　　表 10.1.2-4

电压等级(kV)	6~10	35	60	110	220
短路电压(%)	4~4.5	6.5~8	8~9	10.5	12~24

(1) 短路电压与短路电流的关系

短路电压的大小决定了变压器输出侧发生短路时短路电流的大小。当系统为无穷大容量,即输入电压基本恒定时,输出端若发生三相短路,则其短路电流 I_K

$$I_K = \frac{100}{u_K} \cdot I_N$$

【例 10.1.2-2】 已知电力变压器 $S_N = 100\text{kVA}$, $u_K = 4\%$, $U_{1N}/U_{2N} = 10/0.4\text{kV}$。求当二次侧发生三相短路时,一、二次侧的短路电流。

【解】

$$I_{1K} = \frac{100}{u_K} \cdot I_{1N} = \frac{100}{4} \times \frac{100}{\sqrt{3} \times 10} = 144.3\text{A}$$

$$I_{2K} = \frac{100}{u_K} \cdot I_{2N} = \frac{100}{4} \times \frac{100}{\sqrt{3} \times 0.4} = 3608.5\text{A}$$

(2) 短路电压与并联运行变压器容量的分配关系

短路电压的大小决定了并联变压器容量的分配。若有两台变压器,其额定容量分别为 S_{IN}、S_{IIN},短路电压分别为 u_{IK}、u_{IIK},在其他条件相同的情况下,则两台变压器分别承担的负荷为 S_I、S_{II},其关系为:

$$S_I/S_{IN} : S_{II}/S_{IIN} = \frac{1}{u_{IK}} : \frac{1}{u_{IIK}}$$

【例 10.1.2-3】 已知:

变压器 I, $S_{IN} = 500\text{kVA}$, $u_{IK} = 4\%$;

变压器 II, $S_{IIN} = 500\text{kVA}$, $u_{IIK} = 4.5\%$。

其他条件相同。这两台变压器并联运行,共同承担 1000kVA 的负荷,求各变压器的负荷。

【解】

$$\begin{cases} \dfrac{S_I}{500} : \dfrac{S_{II}}{500} = \dfrac{1}{4} : \dfrac{1}{4.5} \\ S_I + S_{II} = 1000 \end{cases}$$

联立解之得: $S_I = 529.4\text{kVA}$

$S_{II} = 470.6\text{kVA}$

短路阻抗小的一台变压器过载。

6. 空载电流

当变压器二次侧开路,一次侧施加额定频率的额定电压时,其中所流过的电流为空载电流 I_0,用百分数表示为

$$I_0 = (I_0/I_{1N}) \times 100\%$$

电力变压器空载电流约为 1%~3%。

7. 损耗（见表 10.1.2-5）

电力变压器的损耗　　　　　表 10.1.2-5

序号	名称	符号及表达式	含义
1	空载损耗	ΔP_0	一个绕组加上额定频率的额定电压，其余绕组开路时，变压器消耗的有功功率
2	短路损耗	ΔP_K	在短路电压状态下，变压器消耗的有功功率
3	总损耗	$\Delta P = \Delta P_0 + \Delta P_K \beta^2$	$\beta = \dfrac{S}{S_N}$——负载系数（所带负荷与额定容量之比）
4	无功损耗	$\Delta Q = (I_0\% + u_K\% \beta^2) S_N / 100$	

注：损耗的有关计算见第 15 章。

8. 效率

变压器二次侧输出功率 P_2 与一次侧输入功率之比，称为变压器效率 η。

$$\eta = P_2 / P_1 \times 100\%$$

通常，中小型电力变压器的效率在 95% 以上。

9. 励磁涌流

当变压器空载合闸时，由于铁芯饱和而产生很大的励磁电流，称为励磁涌流。励磁涌流大大超过稳定的空载电流，甚至可达额定电流的 5 倍以上。

10. 联结组

变压器绕组连接方式的种类及代号见表 10.1.2-6。

绕组连接方式及代号　　　　　表 10.1.2-6

类别及连接方式		代号	
		高压绕组	中、低压绕组
单相变压器		I	i
三相变压器	星形	Y	y
	三角形	D	d
	曲折形	Z	z
	有中性点引出时	YN, ZN	yn, zn

不同绕组间电压相位差用钟时数（0～11）表示，规定为：高压绕组电压相量取作 0 点位置，中、低压绕组电压相量所指的小时数就是联结组别。双绕组变压器常用联结组见表 10.1.2-7。

双绕组电力变压器常见联结组　　　　　表 10.1.2-7

联结组	相量图和结线图	特性	应用范围
I, i0			单相变压器

续表

联结组	相量图和结线图	特　性	应用范围
Y,yn0		绕组导线填充系数大，机械强度高，绕组承受相电压，绝缘用量少，可实现三相四线供电，但有三次谐波磁通，其磁通将在金属构件中引起涡流损耗	小容量三相三柱式铁芯的配电变压器
Y,zn11		在二次或一次遭受冲击过电压时，同一芯柱上的两个半绕组的磁势互相抵消，一次侧不会感应过电压，但二次绕组需增加15.5%的材料用量	防雷性能高的配电变压器
Y,d11		二次绕组为三角形结线，三次谐波可以循环流通，其电压互相抵消	中性点不接地的35kV以上的大、中型变压器

10.1.3　电力变压器的温升和冷却

1. 温升

电力变压器的温升限值见表10.1.3-1。

电力变压器的温升限值　　　　　　　　　表10.1.3-1

型　式	部　位	温升限值（℃）
油浸式	绕组：绝缘耐热等级 A 顶层油 铁芯本体 油箱及结构件表面	65（电阻法测量值） 55（温度计测量值） 使相邻绝缘材料不受损伤的温升 80

续表

型 式	部 位	温升限值（℃）
干式	绕组:绝缘耐热等级 A	60
	E	75
	B	80(均为电阻法的测量值)
	F	100
	H	125
	C	150
	铁芯和其他部分	使铁芯本体和其他部分不受损伤的温升

注：电力行业标准 DL/T572-95 规定：配电变压器在正常周期性负载条件下,当负载电流为额定电流1.5倍时,与绝缘材料接触的金属部件温度不应超过140℃,顶层油温限值为105℃。在正常情况下,自然循环冷却变压器的顶层油温一般不宜经常超过85℃。

2. 冷却方式

电力变压器的冷却方式由冷却介质及循环种类组成,其标志通常由四个代号排列来表示,依次为：绕组冷却介质及循环种类、外部冷却介质及循环种类。各种冷却方式及代号见表10.1.3-2。

电力变压器冷却方式及代号　　　　　　　　　　表 10.1.3-2

类 别	冷 却 方 式	代 号
冷却介质种类	矿物油或相当的可燃性合成液体	O
	不燃性合成绝缘液体	L
	气体	G
	水	W
	空气	A
循环种类	自然循环	N
	强迫循环(油非导向)	F
	强迫导向油循环	D
举 例	油浸自冷	ONAN
	油浸风冷	ONAF
	强迫油风冷	OFAF
	强迫油水冷	OFWF

10.1.4 电力变压器的调压方式

电力变压器的调压方式一般是在高压绕组上抽出适当的分接头,以无励磁调压(一次与电网断开)和有载调压(二次带负荷)方式进行中性点、中部和线端的调压,通过改变高压绕组的匝数,即改变电压比,达到调压的目的。调压方式和适用范围见表10.1.4-1。常用的10kV电力变压器无励磁调压分接开关的外形结构和接线图见图10.1.4-1,有载调压开关的外形结构和接线图见图10.1.4-2。

电力变压器调压方式和适用范围　　　　　　　　表 10.1.4-1

调压方式	额定电压(kV)	调压范围(%)	调压级差(%)	级 数	调压形式	分接开关
无励磁调压	6~63	±5	5	3	中性点、中部调压	中性点、中部开关
	35~220	±2×2.5	2.5	5	中部调压	中部开关
	6~10	±4×2.5	2.5	9	中性点、中部调压	有载或选择开关
有载调压	35	±3×2.5	2.5	7	中性点、中部调压	有载或选择开关
	63~220	±8×1.25	1.25	17	中性点调压	有载开关

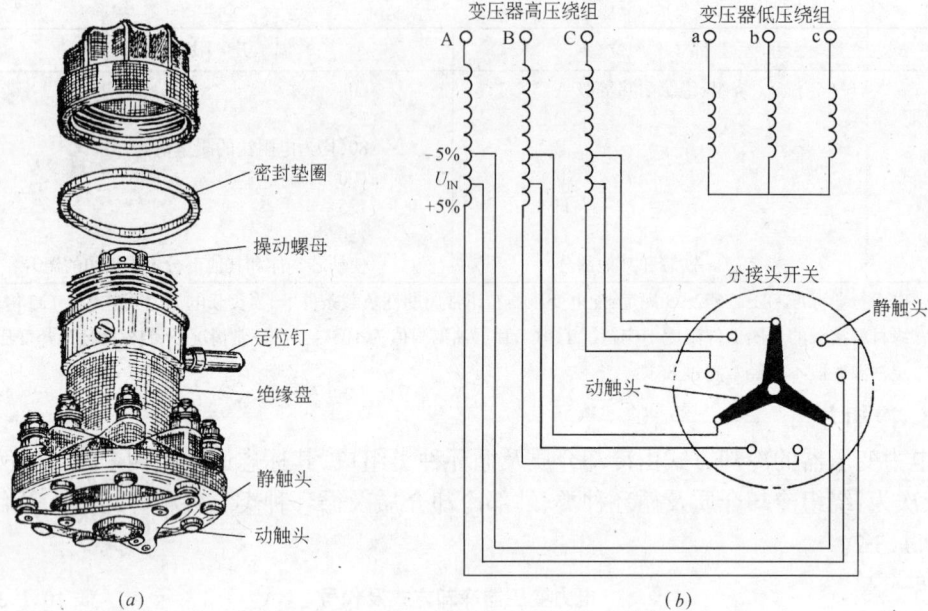

图 10.1.4-1　10kV 电力变压器无励调压开关的外形结构和接线
(a)外形结构;(b)接线图

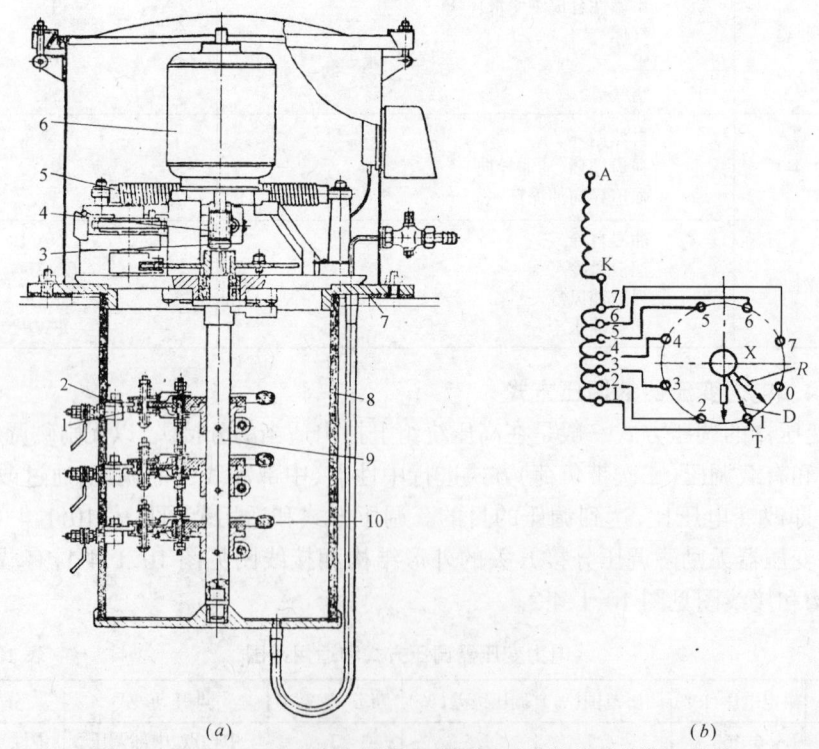

图 10.1.4-2　10kV 电力变压器有载调压开关的外形结构和接线
(a)外形结构;(b)内部接线图
1—动触头;2—定触头;3—斜齿轮;4—蜗杆;5—弹簧;6—电动机;
7—变压器箱盖;8—绝缘筒;9—选切开关轴;10—限流电阻
D—动触头;T—定触头,X—选切开关轴;R—限流电阻

10.1.5 电力变压器的型号表示方法

电力变压器的型号通常由表示相数、冷却方式、调压方式、绕组线芯材料等的符号和表示额定容量、一次额定电压的数值及联结组组成。

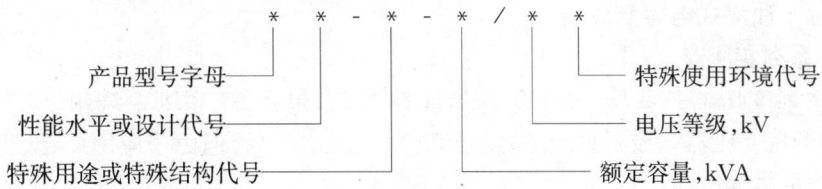

产品型号字母的含义见表 10.1.5-1,特殊用途或特殊结构代号见表 10.1.5-2。

电力变压器产品型号代号　　　　　　　　　　　表 10.1.5-1

序号	类别	字母	含义	说明
1	绕组耦合方式	O	自耦	独立绕组不表示
2	相数	D	单相	
		S	三相	
3	线圈外绝缘介质	G	干式(空气)	变压器油(J)一般不表示
		Q	气体	
		C	浇注式	
		CR	包封式	
		N	难燃液体	
4	冷却装置	F	风冷	自冷不表示
		S	水冷	
5	油循环方式	P	强迫油循环	自然循环不表示
6	调压方式	Z	有载调压	无励磁调压不表示
7	线圈导体	L	铝线	铜线不表示
		B	铜箔	
		LB	铝箔	
8	绕组数	S	三绕组	双绕组不表示
		F	分裂绕组	

电力变压器特殊用途或特殊结构代号　　　　　　　表 10.1.5-2

字母	含义	字母	含义
M	密闭式	C	串联用
Q	起动用	B	防雷保护用
T	调压用	K	高阻抗
QY	电源牵引用	Z	低噪声用
D	带△不引出绕组	L	电缆引出
G	隔离用	X	现场组装式

【例】 SL7-200/10 Y,yn0　三相油浸自冷式铝线电力变压器,额定容量为 200kVA,高压侧额定电压为 10kV,第 7 次设计,联结组为 Y,yn0。

10.2 常用10kV配电变压器

10.2.1 油浸式电力变压器

1. S7系列变压器

这一系列变压器是我国1982年开始研制的,它包括S7系列铜绕组、SL7铝绕组和SZL7有载调压变压器。该系列变压器虽然已列入淘汰产品,但由于应用广泛,仍是正在运行的变压器的主导产品。

常用S7、SL7、SZL7变压器的主要技术数据见表10.2.1-1~10.2.1-3。

SL7型10kV铝线双绕组无励磁调压电力变压器　　　　表10.2.1-1

型号	容量(kVA)	电压(kV)高压	电压(kV)低压	损耗(W)空载	损耗(W)短路	阻抗电压(%)	空载电流(%)	连接组	总重(kg)	轨距(mm)
SL7-30/10	30	6;6.3;10	0.4	150	800	4	2.8	Yyn0	317	400
-50/10	50	6;6.3;10	0.4	180	1150	4	2.6	Yyn0	480	400
-63/10	63	6;6.3;10	0.4	220	1400	4	2.5	Yyn0	525	550
-80/10	80	6;6.3;10	0.4	270	1650	4	2.4	Yyn0	590	550
-100/10	100	6;6.3;10	0.4	320	2000	4	2.3	Yyn0	685	550
-125/10	125	6;6.3;10	0.4	370	2450	4	2.2	Yyn0	790	550
-160/10	160	6;6.3;10	0.4	460	2850	4	2.1	Yyn0	945	550
-200/10	200	6;6.3;10	0.4	540	3400	4	2.1	Yyn0	1070	550
-250/10	250	6;6.3;10	0.4	640	4000	4	2.0	Yyn0	1235	660
-315/10	315	6;6.3;10	0.4	760	4800	4	2.0	Yyn0	1470	660
-400/10	400	6;6.3;10	0.4	920	5800	4	1.9	Yyn0	1790	660
-500/10	500	6;6.3;10	0.4	1080	6900	4	1.9	Yyn0	2050	660
-630/10	630	6;6.3;10	0.4	1300	8100	4.5	1.8	Yyn0	2760	820
-800/10	800	6;6.3;10	0.4	1540	9900	4.5;5.5	1.5	Yyn0	3200	820
-1000/10	1000	6;6.3	3.15	1800	11600	4.5;5.5	1.2	Yd11	3980	820
-1250/10	1250	6;6.3	3.15	2200	13800	4.5;5.5	1.2	Yd11	4650	1070
-1600/10	1600	10	3.15;6.3	2650	16500	4.5;5.5	1.1	Yd11	5620	1070
-2000/10	2000	6;6.3	3.15	3100	19800	5.5	1.0	Yd11	5430	1070
-2500/10	2500	10	3.15;6.3	3650	23000	5.5	1.0	Yd11	6330	1070

S7型10kV铜线双绕组无励磁调压电力变压器　　　　表10.2.1-2

型号	容量(kVA)	电压(kV)高压	电压(kV)低压	损耗(W)空载	损耗(W)短路	阻抗电压(%)	空载电流(%)	连接组	总重(kg)	轨距(mm)
S7-50/10	50	10,6,6.3	0.4	175	875	4	2.2	Y,yn0	450	400
-100/10	100			296	1450		2.1		755	400
-160/10	160			462	2080		1.8		1070	400
-200/10	200			505	2470		1.5		1180	550
-250/10	250			600	2920		1.5		1400	550
-315/10	315			720	3470		1.5		1550	550
-400/10	400			865	4160	4	1.5		1850	660
-500/10	500			1030	4920		1.45		2150	660
-630/10	630			1250	5800	5	0.82		2510	660

10.2 常用10kV配电变压器

续表

型号	容量(kVA)	电压(kV) 高压	电压(kV) 低压	损耗(W) 空载	损耗(W) 短路	阻抗电压(%)	空载电流(%)	连接组	总重(kg)	轨距(mm)
-800/10	800			1500	7200		0.8		3000	820
-1000/10	1000			1750	10000		0.75		3550	820
-1250/10	1250			2050	11500		0.7		4200	820
-1600/10	1600			2500	14000		0.65		5050	820

SZL7型10kV铝线双绕组有载调压电力变压器　　表10.2.1-3

型号	容量(kVA)	电压(kV) 高压	电压(kV) 低压	损耗(W) 空载	损耗(W) 短路	阻抗电压(%)	空载电流(%)	连接组	总重(kg)	轨距(mm)
SZL7-200/10	200	10	0.4	540	3400	4	3.5	Yyn0	1260	550
-250/10	250	10	0.4	640	4000	4	3.2	Yyn0	1450	660
-315/10	315	10	0.4	760	4800	4	3.2	Yyn0	1695	660
-400/10	400	10	0.4	920	5800	4	3.2	Yyn0	1975	660
-500/10	500	10	0.4	1080	6900	4	3.2	Yyn0	2220	600
-630/10	630	10	0.4	1400	8500	4.5	3	Yyn0	3140	820
-800/10	800	10	0.4	1660	10400	4.5	2.5	Yyn0	3605	820
-1000/10	1000	10	0.4	1930	12180	4.5	2.5	Yyn0	4585	820
-1250/10	1250	10	0.4	2350	14490	4.5	2.5	Yyn0	5215	820
-1600/10	1600	10	0.4	3000	17300	4.5	2.5	Yyn0	6100	820

2. S9系列节能变压器(见表10.2.1-4)

S9型10kV铜线双绕组无励磁调压电力变压器　　表10.2.1-4

型号	容量(kVA)	电压(kV) 高压	电压(kV) 低压	损耗(W) 空载	损耗(W) 短路	阻抗电压(%)	空载电流(%)	连接组	总重(kg)
S9-30/10	30	10, 6.3, 6±5%	0.4	130	600	4	2.1	Y,yn0	340
-50/10	50			170	870		2.0		460
-63/10	63			200	1040		1.9		510
-80/10	80			240	1250		1.8		590
-100/10	100			290	1500		1.6		650
-125/10	125			340	1800		1.5		790
-160/10	160			400	2200		1.4		930
-200/10	200			480	2600		1.3		1045
-250/10	250			560	3050		1.2		1250
-315/10	315			670	3650		1.1		1430
-400/10	400			800	4300		1.0		1650
-500/10	500			960	5100		1.0		1900
-630/10	630			1200	6200	4.5	0.9		2830
-800/10	800			1200	7500		0.8		3220
-1000/10	1000			1400	10300		0.7		3950
-1250/10	1250			1950	12000		0.6		4650
-1600/10	1600			2400	14500		0.6		5210

10.2.2 干式电力变压器

1. SC 系列干式变压器(见表10.2.2-1)

SC 系列 6～35kV 树脂绝缘干式变压器的技术数据   表 10.2.2-1

型号	额定容量 (kVA)	额定电压(kV) 一次	额定电压(kV) 二次	联结组别	损耗 (kW) 空载	损耗 (kW) 负载	阻抗电压 (%)	空载电流 (%)	外形尺寸(mm) 长(L)	外形尺寸(mm) 宽(W)	外形尺寸(mm) 高(H)	总重 (kg)
SC-30/10	30	10, (11, 10.5, 6, 6.3, 3.15)	0.4, (6.3, 6, 3.15, 3, 0.69)	D,yn11, Y,yn0 或其他	0.24	0.56	4	3.2	880	600	700	330
SC-50/10	50				0.29	0.96	4	2.8	880	600	715	350
SC-80/10	80				0.36	1.38	4	2.2	910	600	940	470
SC-100/10	100				0.40	1.59	4	2.2	930	740	1010	530
SC-125/10	125				0.44	1.88	4	2.2	930	740	1100	610
SC-160/10	160				0.54	2.15	4	2.2	1080	740	1085	800
SC-200/10	200				0.65	2.50	4	2.2	1080	740	1150	880
SC-250/10	250				0.75	2.88	4	1.8	1110	740	1180	1010
SC-315/10	315				0.84	3.25	4	1.8	1160	850	1270	1225
SC-400/10	400				1.03	3.75	4	1.8	1170	850	1430	1450
SC-500/10	500				1.20	4.62	4	1.8	1265	850	1410	1820
SC-630/10	630				1.45	5.95	4	1.8	1485	850	1593	2405
SC-630/10	630				1.40	6.40	6	1.3	1550	850	1345	2020
SC-800/10	800				1.65	7.95	6	1.3	1560	1070	1530	2445
SC-1000/10	1000				2.10	9.35	6	1.3	1630	1070	1680	2930
SC-1250/10	1250				2.40	11.30	6	1.3	1640	1070	1980	3580
SC-1600/10	1600				2.90	13.70	6	1.3	1770	1070	2045	4555
SC-2000/10	2000				3.50	16.30	6	1.3	1920	1070	1920	4840

2. SCL 系列树脂干式变压器(见表10.2.2-2)

SCL 型 10kV 铝线圈干式变压器   表 10.2.2-2

型号	容量 (kVA)	电压 (kV) 高压	电压 (kV) 低压	损耗 (W) 空载	损耗 (W) 短路	阻抗电压 (%)	空载电流 (%)	连接组	总重 (kg)
SCL-30/10	30	6,10	0.4	250	620	4	5	Y,yn0 或 D,yn0	300
-50/10	50			395	890	4	5		520
-80/10	80			510	1150	4	4		630
-100/10	100			620	1450	4	4		690
-125/10	125			730	1700	4	4		810
-160/10	160			860	1950	4	4		880
-200/10	200			970	2350	4	3		960
-250/10	250			1150	2750	4	3		1180
-315/10	315			1330	3250	4	3		1330
-400/10	400			1600	3900	4	3		1530
-500/10	500			1850	4850	4	3		1850
-630/10	630			2100	5650	4	3		2100
-800/10	800			2400	7500	6	2.5		2300
-1000/10	1000			2800	8200	6	2.5		2800
-1250/10	1250			3350	11000	6	2.5		3360
-1600/10	1600			3950	13300	6	2.5		4200
-2000/10	2000			4700	15700	6	2.5		5200

10.3 配电变压器安装、检查和干燥

10.3.1 变压器本体及附件安装

1. 变压器基础

一般中、小型配电变压器的基础式样见图 10.3.1-1。变压器底部若带滚轮,还应在基础顶部安装 -200×8 的扁钢和直径 $d16mm$ 的圆钢,其位置由变压器轨距而定。

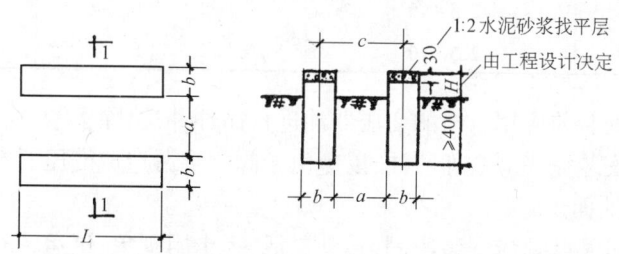

图 10.3.1-1 配电变压器基础式样

变压器基础尺寸要求见表 10.3.1-1。

配电变压器基础主要尺寸　　　　表 10.3.1-1

类型	容量 (kVA)	电压 (kV)	轨距 (mm)	L (mm)	c (mm)	b/a 混凝土	b/a 砖
户外式	30~50	6,10/0.4	400	800	400	300/240	370/180
	63~200		550	1000	550	300/250	370/180
	250~500		660	1200	660	300/360	370/290
	630~1000		820	1600	820	300/520	370/450
户内式	30~50	6,10/0.4	400	800	400	300/240	370/180
	63~200		550	1000	550		370/180
	250~500		660	1200	660		370/290
	620~1000		820	1600	820		370/450

注:变压器轨距应与实际产品相符。

2. 本体就位

装有气体继电器的变压器,应使其顶盖沿气体继电器气流方向有 1%~1.5% 的升高坡度(或按制造厂规定)。

当变压器需与封闭母线连接者,其低压套管中心线应与封闭母线安装中心线相符;

装有滚轮的变压器,滚轮应能转动灵活,在变压器就位后,应将滚轮用能拆卸的制动装置加以固定。

3. 密封处理

变压器的所有法兰连接处,应用耐油橡胶密封垫(圈)密封,密封垫(圈)应无扭曲、变形、裂纹、毛刺,密封垫(圈)应与法兰面的尺寸相配合;

法兰连接面应平整、清洁,密封垫应擦拭干净,安放位置准确,其搭接处的厚度应与其原

厚度相同,压缩量不宜超过其厚度的三分之一。

4. 冷却装置安装

(1) 冷却装置在安装前应进行密封检查,检查方法及要求见表10.3.1-2。

冷却装置密封检查方法及要求　　　　　　　　　表10.3.1-2

变压器冷却装置	压缩空气检查(表压力)(Pa)	变压器油检查(表压力)(Pa)	不渗漏持续时间(min)
一般散热器	0.5×10^5	0.7×10^5	30
强迫油循环风冷却器	2.5×10^5	2.5×10^5	30
强迫油循环水冷却器	2.5×10^5	2.5×10^5	60

(2) 冷却装置安装前应用合格的变压器油进行循环冲洗,除去杂质。

(3) 冷却装置安装完毕应立即注油,以免由于阀门渗漏造成变压器本体油位降低,使变压器绝缘部分露出油面。

(4) 风扇电动机及叶片应安装牢固,转动灵活,无卡阻现象;试运转时应无振动、过热或与风筒碰擦等情况,转向正确;电动机电源配线应采用具有耐油性能的绝缘导线,靠近箱壁的绝缘导线应用金属软管保护;导线排列应整齐,接线盒密封良好。

(5) 管路中的阀门应操作灵活,开闭位置正确;外接油管路在安装前应进行彻底除锈并清洗干净;管路安装后,油管应涂黄漆,水管应涂黑漆,并应有流向标志。

(6) 水冷装置停用时,应将存水放尽,以防天寒冻裂。

5. 安全保护装置安装

一般配电变压器安全保护装置的种类及作用见表10.3.1-3。

变压器的安全保护装置　　　　　　　　　表10.3.1-3

装置名称	作用与效果	应用范围
气体继电器	当变压器内部故障产生气体或油面下降,继电器动作发出信号或作用于电源开关跳闸	800kVA 以上
温度计	监测变压器温升	所有变压器
温度继电器	监测温升,使发出信号	800kVA 以上
安全气道	故障时释放变压器油、气	800kVA 以上
压力释放器	油箱内部压力大于49kPa时,自动释放压力	800kVA 以上
接地螺栓	外壳接地保护	所有变压器

(1) 气体继电器安装

气体继电器安装前应进行校验整定,整定值见表10.3.1-4。

气体继电器的整定值　　　　　　　　　表10.3.1-4

项　目	整定参量	整　定　值
信号触点动作值	气体体积	$200 \sim 250 cm^3$
跳闸触点动作值	油气流速	
a. 强迫油循环		$1.1 \sim 1.25 m/s$
b. 油自循环		$0.6 \sim 1.0 m/s$

气体继电器应水平安装,其顶盖上标志的箭头应指向储油柜,与连通管的连接应密封良好,见图 10.3.1-2。

浮子式气体继电器接线时,应将电源的正极接至水银侧的接点,负极接于非水银侧的接点。

变压器运行前应打开放气塞,直至全部放出气体继电器中的残余气体时为止。

(2) 温度计和温度继电器的安装

变压器顶盖上的温度计应安装垂直,温度计座内应注以变压器油,且密封良好;

温度计和温度继电器安装前应进行校验,信号接点动作正确,导通良好。信号接点动作整定值见表 10.3.1-5。

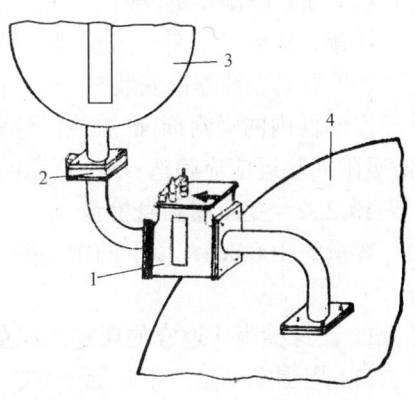

图 10.3.1-2 气体继电器的安装
1—气体继电器;2—蝶阀;3—储油柜;4—油箱

温度继电器动作整定值　　　　　　　　　表 10.3.1-5

项　目	整定值(℃)	项　目	整定值(℃)
冷却风扇停止	45	冷却风扇起动	55
报　警	85		

膨胀式温度继电器的细金属软管,其弯曲半径不得小于 50mm,且不得有压扁或剧烈的扭曲。

(3) 安全气道的安装

安全气道安装前内壁应清拭干净;

安全气道的隔膜应完整,其材料和规格应符合产品规定,不得任意代用(隔膜的爆破压力一般为 5×10^4 Pa)。

6. 变压器油保护装置安装

变压器油保护装置见表 10.3.1-6。

变压器油保护装置　　　　　　　　　表 10.3.1-6

装置名称	作用与效果	适用范围
一般储油柜	减少与空气接触面积	所有油浸式变压器
隔膜式、胶囊式储油柜	隔绝空气,防止受潮	8000kVA 以上
油封吸湿器	干燥吸入的空气	100kVA 以上
吸附净油器	直接净化运行油	3150kVA 以上
全封闭充氮装置	隔绝空气,防止受潮	8000kVA 以上

(1) 储油柜的安装

储油柜安装前应放尽残油,清洗干净;注油后,检查油标指示与实际油面是否相符。

胶囊式油柜的胶囊应完整无渗漏,胶囊沿长度方向与储油柜的长轴保持平行。胶囊口应密封良好,呼吸畅通。

(2) 油封吸湿器的安装

吸湿器内装的变色硅胶应是干燥的,下部油杯里要注入适量的变压器油。

(3) 吸附净油器的安装

净油器内的吸附剂(硅胶或活性氧化铝)应干燥处理,一般规定为 140℃、8h 或 300℃、2h;吸附剂装罐前应筛选;净油器滤网安装位置应装于出口侧。

10.3.2 变压器器身检查

容量为 1000kVA 以下的中小型电力变压器,若发现异常情况,安装时必须进行器身检查。

1. 器身检查应遵守的规定及注意事项

(1) 周围空气温度不宜低于 0℃,变压器器身温度不宜低于周围空气温度;当器身温度低于周围空气温度时,宜将变压器加热,使其器身温度高于周围空气温度 10℃。

(2) 器身暴露在空气中的时间,不应超过下列规定:

空气相对湿度不超过 65% 时,16h;

空气相对湿度不超过 75% 时,12h。

时间计算规定如下:带油运输的变压器,从开始放油计算起;不带油运输的变压器,从揭开顶盖或打开任一堵塞算起,至注油开始为止。

(3) 器身起吊时,吊索的夹角不宜大于 60°,必要时可采用控制吊梁。起吊过程中,器身与箱壁不得有碰撞现象。

(4) 器身检查完毕,必须用合格的变压器油进行冲洗,清理油箱底部,不得有遗留杂物。

2. 器身检查的项目和要求

(1) 所有螺栓应紧固,并有防松措施;绝缘螺栓应无损坏,防松绑扎完好。

(2) 铁芯应无变形;铁轭与夹件间的绝缘垫应完好。

(3) 打开夹件与铁轭接地片后,铁轭螺杆与铁芯、铁轭与夹件、螺杆与夹件间的绝缘应良好;如铁轭采用钢带绑带时,应检查钢带对铁轭的绝缘是否良好。铁芯应无多点接地现象;铁芯与油箱绝缘的变压器,接地点应直接引至接地小套管,铁芯与油箱绝缘应良好。

(4) 线圈绝缘层应完整,无缺损、变位现象。

(5) 各组线圈应排列整齐,间隙均匀,油路无堵塞。

(6) 线圈的压钉应紧固,止回螺母应拧紧。

(7) 绝缘围屏绑扎牢固,围屏上所有线圈引出处的密封应良好。

(8) 引出线绝缘包扎紧固,无破损、拧弯现象;引出线固定牢靠,其固定支架应坚固;引出线的裸露部分应无毛刺或尖角,其焊接应良好;引出线与套管的连接应牢靠,接线正确。

(9) 电压切换装置各分接点与线圈的连接应紧固正确;各分接头应清洁,且接触紧密,弹力良好;所有接触到的部分,用 0.05mm×10mm 塞尺检查,应塞不进去;转动接点应正确地停留在各个位置上,且与指示器所指位置一致;切换装置的拉杆、分接头凸轮、小轴、销子等应完整无损;转动盘应动作灵活,密封良好。

(10) 防磁隔板应完整,且固定牢固,无松动现象。

10.3.3 变压器干燥

1. 新装油浸式变压器不需干燥的条件

(1) 带油运输的变压器:

绝缘油电气强度合格,油中无水份;

绕组绝缘电阻或吸收比符合规定;

介质损失角正切值 tanδ(%)符合规定(电压等级在 35kV 以下及容量在 1250kVA 以下者不作要求)。

(2) 充氮运输变压器:

器身内保持正压;

残油中不含有水份,电气强度不低于 30kV。

注入合格油后:绝缘油电气强度合格油中无水份;绝缘电阻或吸收比符合规定;介质损失角正切值 tanδ(%)符合规定。

2. 变压器干燥的一般技术要求

(1) 变压器在进行干燥时,必须对各部件温度进行监视,其标准见表 10.3.3-1。

(2) 变压器采用真空干燥时,应先进行预热,待箱壁温度达 85~110℃时,将箱内抽成 20×10^3Pa 真空度,然后每小时均匀地增高 6.7×10^3Pa 直至极限允许值为止。一般中小型变压器的真空度不得超过 5.1×10^4Pa。抽真空时,应监视箱壁的弹性变形,其最大值不超过壁厚的 2 倍。

变压器干燥时各部温度　　　表 10.3.3-1

类 别	部 件	温 度（℃）
不带油时	箱 壁	120~125
	箱 底	110~115
	绕 组	<95
带油时	油 温	<85
热风干燥	风 温	<100
干式变压器	绕 组	按绝缘等级而定

(3) 在保持温度不变的情况下,线圈的绝缘电阻下降后再回升,35kV 及以下的变压器持续 6h;60kV 及以上的变压器持续 12h 保持稳定,且无凝结水产生时,则可认为干燥完毕。

(4) 变压器经干燥后应进行器身检查,所有螺栓压紧部分应无松动,绝缘表面应无过热等异常情况。如不能及时检查时,应先注以合格油,油温可预热至 50~60℃。

3. 变压器的干燥方法

变压器常用的干燥方法及其比较见表 10.3.3-2。干燥时的设备布置及电气接线分别见图 10.3.3-1~10.3.3-4。

电力变压器干燥方法及其比较　　　表 10.3.3-2

方法	铁 损 法	铜 损 法	漏 磁 法	热 油 法	热 风 法
基本原理	在油箱外壁缠绕磁化线圈,其涡流损耗产生热量进行干燥	利用电流在变压器绕组内产生的铜耗进行干燥	在绕组中通以单相交流电,产生零序磁通,在铁芯、铁轭、油箱部位产生涡流损耗进行干燥	利用循环的热油进行干燥	将热风吹入油箱内进行干燥
优点	电源容量小,一般为变压器额定容量 0.25%~0.5%;各种交流电压电源可用;测量绝缘和调节温度方便	方法简便;热量从绝缘内部产生,温升快	电源易获得,耗能小,热量主要由芯部产生,温升快	方法较简便,温度调节方便,安全	干燥效果较好

续表

方法	铁损法	铜损法	漏磁法	热油法	热风法
缺点	油箱发热向内传,绝缘部分升温慢,干燥时间长;要用较多的导线和保温材料;要拆除附件	电源容量大,可达变压器额定容量的10%;外加电压可能很高;温度调节困难	与变压器结构及接线有关,有些变压器不能应用;易产生局部过热	温度过高,对油的质量有影响;需用专用设备	需要专用设备
应用	适合各型变压器	适合小型变压器	适合中小型变压器	适合于轻度受潮变压器	适合于轻度受潮变压器

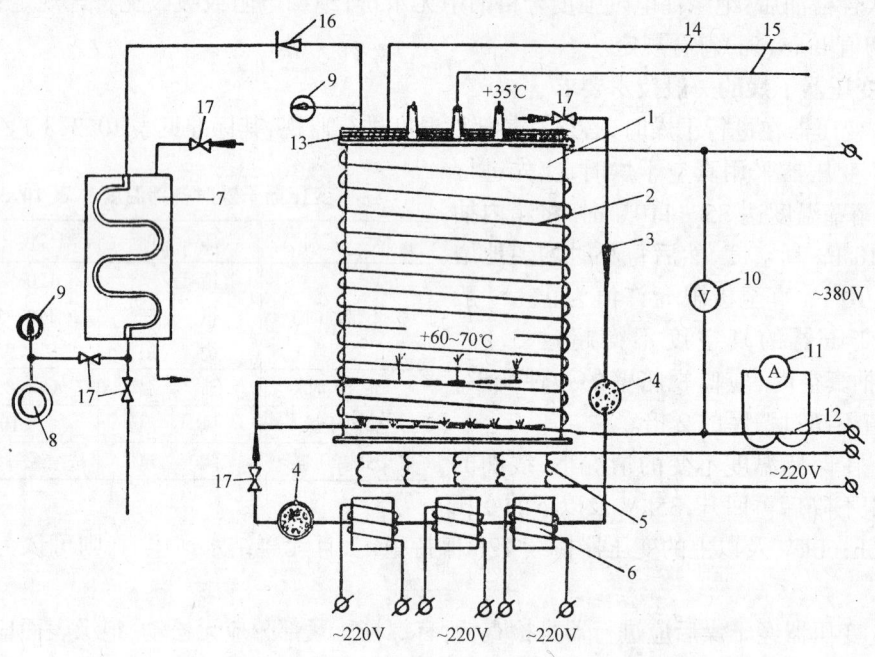

图10.3.3-1 真空铁损法干燥变压器的布置

1—油箱;2—磁化线圈;3—空气引入管 $\phi 3/4''$;4—吸湿器;5—电炉;6—空气加热罐;7—冷凝器;8—真空泵;9—真空表;10—电压表;11—电流表;12—电流互感器;13—保温层;14—测温电阻引线;15—线圈引线;16—逆止阀;17—阀门

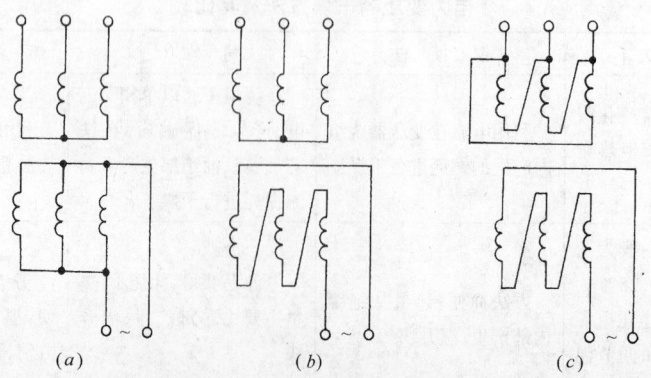

图10.3.3-2 漏磁法干燥变压器接线

(a)Y,yn0 联结的变压器;(b)D,yn0 联结的变压器;(c)D,d 联结的变压器

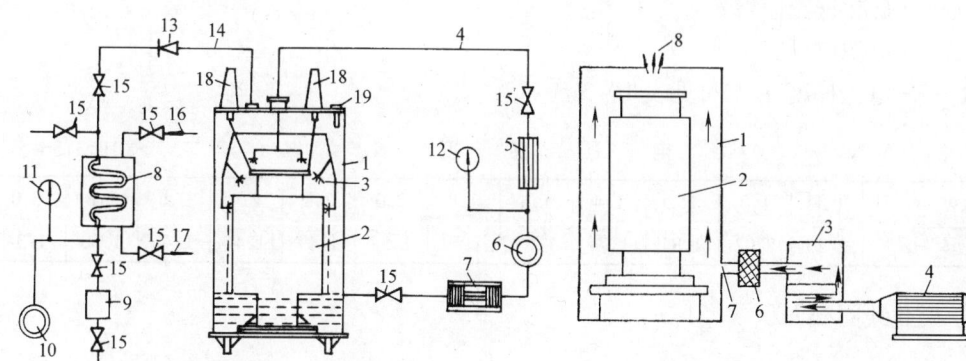

图 10.3.3-3 热油雾化法干燥变压器的布置
1—油箱;2—芯部;3—喷嘴;4—热油管路;5—加热器;6—油泵;
7—过滤器;8—冷凝器;9—排水器;10—真空泵;11—真空表;
12—压力表;13—逆止阀;14—真空管路;15—阀门;16—冷却水
进口;17—冷却水出口;18—线圈引线套管;19—温度计

图 10.3.3-4 热风干燥变压器的布置
1—干燥室;2—变压器芯部;3—缓冲风道;
4—电加热器;5—送风机;6—金属滤网;
7—进风口;8—出风口

4. 铁损法干燥变压器所需功率和磁化线圈的选择

(1) 干燥所需功率

$$P = KA(\theta_1 - \theta_2)$$

式中 P——所需功率,kW;
A——油箱外表面积,m^2;
θ_1——周围环境温度,℃;
θ_2——干燥时油箱表面最高温度,℃;
K——散热系数,见表 10.3.3-3。

散热系数 K 表 10.3.3-3

序 号	变压器油箱结构	系数 K	
		不保温时	保温时
1	平面油箱	12×10^{-3}	5×10^{-3}
2	带管式散热器油箱	16×10^{-3}	6×10^{-3}

(2) 油箱表面有效单位面积消耗的功率

$$\Delta P = \frac{P}{A_0} = \frac{P}{lh}$$

式中 ΔP——有效单位面积消耗的功率,kW/m^2;
A_0——油箱表面有效面积,m^2;
l——油箱顶盖周长,m;
h——油箱高,m。

(3) 磁化线圈匝数

$$n = \frac{U}{l} K_u$$

式中　n——磁化线圈匝数；
　　　U——电源电压，V；
　　　K_u——电压梯度，m/V，见表10.3.3-4。

电 压 梯 度 K_u　　　表10.3.3-4

$\Delta P(kW/m^2)$	0.8	1.0	1.2	1.4	1.6	1.8	2.0	2.2	2.4	2.6	2.8	3.0
$K_u(m/V)$	2.26	2.02	1.84	1.74	1.65	1.59	1.54	1.49	1.44	1.41	1.38	1.34

(4) 磁化线圈截面积

$$S = \frac{I}{\delta}$$

式中　S——磁化线圈截面积，mm^2；
　　　δ——导线允许电流密度，A/mm^2，铜线，$\delta = 2\sim3A/mm^2$；铝线 $\delta = 1\sim2A/mm^2$；
　　　I——磁化电流，A，按下式计算：

$$I = \frac{P}{U\cos\phi} \times 10^3$$

式中　$\cos\phi = 0.5\sim0.7$。

【例10.3.3-1】某配电变压器有关参数如表10.3.3-5。采用铁损法干燥。油箱保温，环境温度 $\theta_1 = 30℃$，加热温度 $\theta_2 = 110℃$。确定干燥时的有关参数（电源电压 $U = 220V$）。

某配电变压器外形参数　　　表10.3.3-5

外 形 尺 寸(m)				油箱面积(m^2)		油箱结构
周 长	长	宽	高	A	A_0	
2.8	1.28	0.795	1.53	5.2	3.1	管式散热器油箱

【解】计算过程及结果如下：
由表10.3.3-3查得 $K = 6 \times 10^{-3}$，

$$P = KA(\theta_2 - \theta_1) = 6 \times 10^{-3} \times 5.2(110 - 30) = 2.5kW,$$

$$\Delta P = \frac{P}{A_0} = \frac{2.5}{3.1} = 0.81, 由表6.3.3-4查得$$

$K_u = 2.25$，则 $n = \frac{U}{l}K_u = \frac{220}{2.8} \times 2.25 = 177$ 匝，

$$I = \frac{P \times 10^3}{U \cdot \cos\varphi} = \frac{2.5 \times 10^3}{220 \times 0.6} = 18.9A,$$

$$S = \frac{I}{\delta} = \frac{18.9}{1.5} = 12.5, 选16mm^2 的铝导线。$$

5. 铜损法干燥容量的确定

$$S = 1.25 u_K S_N$$

式中　S——干燥用电源容量，kVA；
　　　u_K——变压器短路电压，%；
　　　S_N——变压器额定容量，kVA。

6. 漏磁法干燥容量的确定

$$P = KA(\theta_2 - \theta_1)$$

式中　P——干燥用电源容量，kW；
　　　K——散热系数，见表 6.3-9；
　　　A——油箱表面积，m^2；
　　　θ_1——环境温度，℃；
　　　θ_2——绕组温度，$\theta_2 = 60 \sim 70$℃。

电源电压按下式确定：

$$U = \sqrt{\frac{PZ_0}{\cos\phi} \times 10^3} \quad (V)$$

式中　Z_0——零序阻抗，Ω，由实验确定；
　　　$\cos\phi$——功率因数，$0.5 \sim 0.7$。

7. 热风干燥法计算

干燥用热风温度一般为 $100 \sim 105$℃。在这一温度下所需热风量 Q 为：

$$Q = 1.5V \quad m^3/min$$

式中　V——干燥室容积，m^3。

如用电加热器作热源，所需电功率 P 为：

$$P = 0.02Q(\theta_2 - \theta_1) \quad (kW)$$

式中　θ_2——入口温度，℃；
　　　θ_1——环境温度，℃。

10.3.4 变压器油处理

1. 变压器油的检验

对准备注入变压器油箱的油及运行变压器中的油，通常应进行简化分析检验。简化分析检验项目及标准见表 10.3.4-1。

变压器油简化分析项目及标准　　　　　表 10.3.4-1

项次	项目		标　　准	
			新油及再生油	运 行 中 油
1	酸值(mgKoH/g)		<0.03	<0.1
2	水溶性酸和碱(pH 值)		无	≥4.2
3	闪点(℃)		DB-10、25，>140 DB-45　>135	比新油或前次 测量值<5
4	机械杂质		无	无
5	水　分		无	无
6	游离碳		无	无
7	电气击穿强度 (kV)	15kV 及以下	>35	>20
		20～35kV	>35	>30
8	$\tan\delta$(%)		注入前 90℃时<0.5 注入后 70℃时<0.5	70℃时<2

2. 变压器油过滤

变压器油过滤的方法及特点见表 10.3.4-2。

变压器油过滤的方法及特点　　　　　　　表 10.3.4-2

方 法	压 力 过 滤 法	离 心 分 离 法	真 空 喷 雾 法
主要设备	压力式滤油机	离心式滤油机	真空滤油机
原 理	用油泵压力迫使油通过滤纸,除去其杂质和水分	利用离心力将密度大于油的水分、杂质分离出去	把加热的油在负压容器内,用喷嘴将油雾化,油中的水分自行扩散与油分离,并被真空泵抽出,油再经压滤器滤去其杂质
优 点	除去杂质效率高;可以吸去油中水分;可在常温下操作;方法简便	能除去大量杂质和水分	除水分效率高;抽真空能排去油中气体;可滤去杂质
缺 点	消耗大量滤纸	消除细微杂质效果不好,并且将杂质细化更有害	设备较复杂;需要加热,促使油氧化
应用情况	常 用	不常用	常 用

(1) 压力式滤油法

压力式滤油法的工作系统图 10.3.4-1。

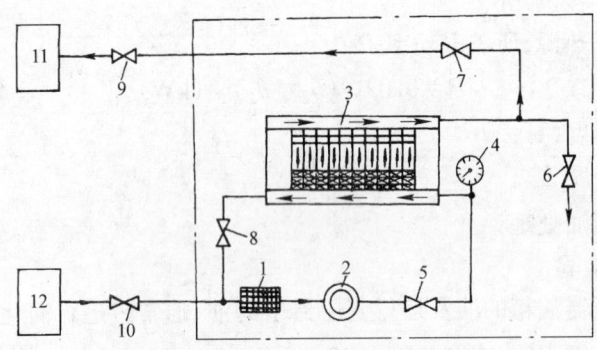

图 10.3.4-1　压力式滤油法的工作系统
1—滤网;2—油泵;3—过滤器;4—压力表;5、7~10—控制阀门;
6—取油样阀门;11—净油罐;12—污油罐

操作步骤是:先打开出油管路的阀门 7 和 9,然后起动油泵 2,再打开进油阀门 5 和 10;停机过程相反。

1) 滤油工艺:

a. 滤油前应将全部滤油设备(滤油机、管道、油罐等)清洗干净;

b. 滤油纸应是中性,抗拉强度在 $250N/cm^2$ 以上,滤纸应在 80~90℃ 的烘箱内烘 24h 以上;

c. 每隔放滤纸 2~3 张,0.5~1h 更换一次,每次可只换去进油侧的那一张,将新纸放于出油侧。用过的滤纸,经变压器油清洗后,烘干还可继续使用,一般可使用 2~4 次。对一般脏污的油,滤纸的消耗定额大致是每吨油耗油 1kg;

d. 滤油机的正常工作压力为 $2×10^5~3×10^5 Pa$,超过 $5×10^5 Pa$,说明滤纸太脏,应予更换,最高压力不能超过 $6×10^5 Pa$;

e. 滤网每工作10～15h后,应清洗一次;

f. 为了提高滤油效率,最好使油加温至50～60℃;

g. 滤油一般在晴天进行;如在雨天进行,应采取防尘、防雨等措施。

2) 滤油设备:

常用压力式滤油机的基本工作性能见表10.3.4-3。

压力式滤油机主要技术数据　　　　　表10.3.4-3

序号	型号	工作能力 (1/min)	工作压力 (Pa)	最高压力 (Pa)	吸入高度 (m)	电动机功率 (kW)
1	LY-50	50	0.3×10^6	0.6×10^6	4	1.1
2	LY-100	100	0.3×10^6	0.6×10^6	4	2.2
3	LY-125	125	0.3×10^6	0.6×10^6	4	2.2
4	LY-150	150	0.4×10^6	0.6×10^6	4	3.0

(2) 真空滤油法

真空滤油法工作系统图10.3.4-2。

1) 操作步骤:

a. 开机:先开启进油阀1、4,启动进油泵3,此时旁路阀6和出油阀12均应关闭,待油位达油位计上限时,停止进油泵,关闭进油阀1,打开旁路阀6,开动真空泵10、加热器5和出油泵14,进行油循环,加热至油温和真空度都达到要求值后,关旁路阀6,打开进、出油阀1、12,即可进行滤油;

b. 运行:根据油温度表16指示,调节加热器的功率,保持油温;维持尽可能高的真空度;

c. 输油:关闭阀门4,开启阀门1、6、12及进油泵3,油便由旁路管经二级滤网输送出;

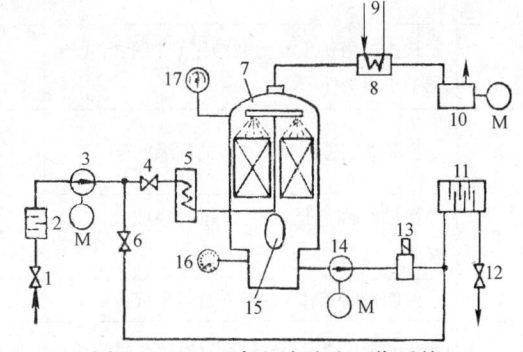

图10.3.4-2　真空滤油法工作系统
1、4、6、12—阀门;2—金属滤网;3—进油泵;5—电加热器;
7—真空罐;8—冷凝器;9—冷却水;10—真空泵;11—压滤器;13—电磁阀;14—出油泵;15—油位计;16—温度表;
17—真空表;M—电动机

d. 停机:关闭进油阀1,停进油泵和加热器,接着停真空泵、出油泵和关闭出油阀12。

2) 滤油工艺:

a. 不进油时,不得开动油泵,防止油泵齿轮磨损;

b. 油泵不开时,不得开启加热器,防止油温过高使油老化和损坏设备,油泵和加热闭锁装置应动作正确;

c. 真空泵停车在某一位置时,下次再开时有可能不会转动,此时应立即停车,再将皮带盘动一下,即可启动。运行中注意泵的油位和温度,泵内油位低加真空泵油,运行温度不允超过70℃,否则应拆开清洗换油;

d. 如真空度达不到铭牌值,应仔细检查真空筒、管路法兰、接头、油泵的轴封等处的密封情况,并加以处理。如真空度仍提不高,要检查真空泵;

e. 凝结器必须接通自来水,使水蒸汽凝结,并定期排放,否则危害真空泵;

f. 灯光盒应与光电管对正。用纸遮光试验电磁阀应动作。当真空泵不开时,油无泡沫,光电管不动作是正常情况;

g. 电磁阀不可在关断情况下运行,那样会造成油泵损坏,电磁阀的开度可用转动电磁吸铁盒前的螺丝来调节。

10.4 配电变压器检测试验

10.4.1 配电变压器检测试验项目及标准

配电变压器在安装和运行维护过程中的质量检测项目及标准见表10.4.1-1。

配电变压器检测试验项目及标准　　　　　　表10.4.1-1

项次	试验项目	标准
1	测量线圈连同套管一起的直流电阻	相间差别应不大于三相平均值的4%;线间差别应不大于三相平均值的2%
2	检查所有分接头的变压比	与制造厂铭牌数据相比,应无显著差别,且应符合变压比的规律
3	检查三相变压器的联结组别和单相变压器的引出极性	与变压器标志(铭牌及顶盖上的符号)相符
4	测量线圈连同套管一起的绝缘电阻	换算到同一温度下的绝缘电阻应不低于出厂试验数据的70%,或不低于表10.4.2-1的允许值
5	测量线圈连同套管一起的吸收比 R_{60}/R_{15}	在 10~30℃ 时,$R_{60}/R_{15} \geqslant 1.3$(35kV 及以下)
6	线圈连同套管一起的交流耐压试验	(见表10.4.2-4)
7	作器身检查时,测量穿芯螺栓、轭铁夹件、绑扎钢带对铁轭、铁芯、油箱及线圈压环的绝缘电阻	使用 1000V 或 2500V 兆欧表测量,其值不作规定。铁芯只允许一点接地
8	油箱中绝缘油试验	(见表10.3.4-1)
9	检查相序	必须与电网相序一致

注:必要时还须进行空载试验和短路试验。

10.4.2 配电变压器检测试验方法

1. 直流电阻测量试验

直流电阻试验的目的是检查变压器分接开关是否正常,绕组回路的连接是否良好。

直流电阻的测量通常采用直流电桥法。电阻在 10Ω 以上时,采用单臂电桥;电阻在 10Ω 以下时,采用双臂电桥。也可以采用伏安法。

直流电阻试验应分别测量分接开关各个位置时的高、低压绕组的直流电阻。

三相电阻不平衡度按下式计算

$$不平衡度 = \frac{三相最大值 - 最小值}{平均值} \times 100\%$$

通常,变压器为 Y 接时只测量线间电阻;变压器为 Δ 接时只测量相间电阻。

变压器出厂试验数据中的直流电阻大小一般都是换算成 75℃ 时数值,实测数值如果要与出厂数据比较,则必须换算成 75℃ 的数值。换算关系为:

$$R_{75} = KR_\theta$$

式中　R_{75}——换算到 75℃ 时的电阻值;
　　　R_θ——测量时线圈温度为 θ(℃)时的电阻值;
　　　K——换算系数,

$$K = \frac{\alpha + 75}{\alpha + \theta}$$

其中　α——温度换算系数,铝线为 225,铜线为 235。

2. 电压比测量

电压比测量就是测量不同侧绕组在分接开关不同位置下电压的大小,验证其比值是否等于电压比。

测量方法一般有两种:一是采用 0.1 级电压比电桥测量;二是双电压表法,即在高压侧施加 100V 的电压,测量低压侧的电压,计算出电压比,即变比。

$$K = U_1 / U_2$$

式中　U_1、U_2——高、低压侧电压。

3. 绝缘电阻和吸收比的测量

绝缘电阻和吸收比一般采用 2500V 兆欧表测量,应测量高、低压绕组及对油箱(地)之间的绝缘。

测量工作应在气温 5℃ 以上的干燥天气(湿度不超过 75%)进行,测量时断开其他设备,擦净套管,并记录下变压器的温度。

绝缘电阻与变压器的容量、电压等级有关,与绝缘受潮情况等多种因素有关。所测结果通常不低于前次测量数值的 70%,即认为合格,亦可参考表 10.4.2-1 所规定的值。

油浸式电力变压器绝缘电阻参考值(MΩ)　　　　表 10.4.2-1

高压线圈电压等级 (kV)	温　度　℃							
	10	20	30	40	50	60	70	80
0.4	220	130	65	35	18			
3~10	450	300	200	130	90	60	40	25
20~35	600	400	270	180	120	80	50	35
60~220	1200	800	540	360	240	160	100	70

当测量温度与产品出厂试验温度不相符时,可按表 10.4.2-2 换算到同温度时数值进行比较。

油浸式电力变压器绝缘电阻的温度换算系数　　　　表 10.4.2-2

温度差(℃)	5	10	15	20	25	30	35	40	45	50	55	60
系数 K	1.2	1.5	1.8	2.3	2.8	3.4	4.1	5.1	6.2	7.5	9.2	11.2

$$R_{\theta 2} = R_{\theta 1}/K$$

式中，$R_{\theta 2}$、$R_{\theta 1}$ 为温度 θ_2、θ_1 时的绝缘电阻值。

【例 10.4.2-1】 某 10kV 配电变压器高压侧对地的绝缘电阻值，出厂试验时为 50MΩ（75℃时），今在 30℃时测得其绝缘电阻值为 60MΩ。其绝缘电阻是否符合要求？

【解】 $\Delta\theta = \theta_2 - \theta_1 = 75 - 30 = 45℃$，由表 10.4.2-2 查得 $K = 6.2$，则所测得的绝缘电阻值换算到 75℃时为：

$R_{75} = R_{30}/K = 60/6.2 = 9.7\text{MΩ}$，$R75 < 50 \times 70\% = 35\text{MΩ}$，故不符合要求。但变压器是否就不能运行，还需根据其他因素而定。

吸收比 R_{60}/R_{15}（从测量开始 60s 和 15s 时的绝缘电阻）的标准，在 10～30℃时：

35kV 及以下的产品，$R_{60}/R_{15} \geqslant 1.3$；

60kV 及以上的产品，$R_{60}/R_{15} \geqslant 1.5$。

4. 极性和结线组别的判定

极性和结线组别的判定通常采用交流双电压表法，其接线图见图 10.4.2-1。

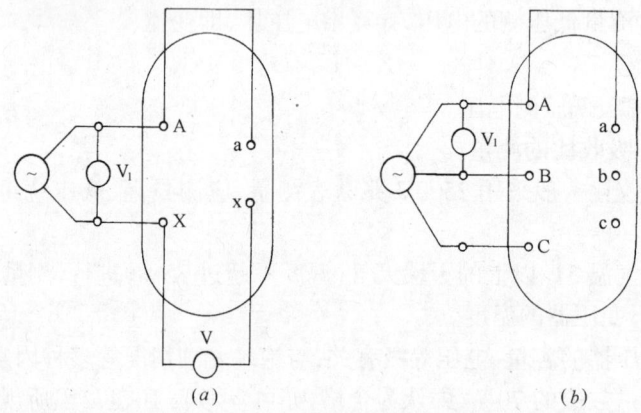

图 10.4.2-1 极性和结线组判定试验接线
(a) 单相变压器；(b) 三相变压器

高压侧加一单相或三相交流电压，在低压侧测量，单相变压器测量 U_{Xx}，三相变压器分别测量 U_{Bb}、U_{Bc}、U_{Cb}，则可按表 10.4.2-3 进行计算比较，以判定变压器的极性和结线组。

极性和结线组别判定计算方法及比较　　　　表 10.4.2-3

序号	类别	极性和结线组	电压大小关系
1	单相变压器	减极性，I，i0	$U_{Ax} > U_{Xx}$
2	三相变压器	Y，y0	$U_{Bb} = (K-1)U_{AB}$
			$U_{Cb} = U_{B0} = \sqrt{1-K+K^2}\, U_{AB}$
3	三相变压器	Y，d1	$U_{Cb} = \sqrt{1+K^2}\, U_{AB}$
			$U_{Bb} = U_{Bc} = \sqrt{1-\sqrt{3}K+K^2}\, U_{AB}$

注：a. K 为变压器变比；
　　b. U_{AB} 为所加电源电压。

5. 工频交流耐压试验

耐压试验也是检查变压器绝缘强度的手段,其试验接线见图 10.4.2-2,试验电压标准见表 10.4.2-4。

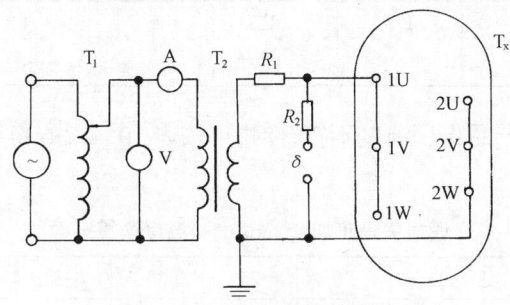

图 10.4.2-2 交流耐压试验接线图
T_1—自耦变压器;T_2—升压试验变压器;δ—球间隙;
R_1—保护电阻;R_2—阻尼电阻;T_x—被试变压器

交流耐压试验电压标准　　　　　　　　　表 10.4.2-4

额定电压 (kV)	试验电压(kV)		试验时间 (min)
	出厂试验	交接或大修后试验	
0.4 及以下	5	4 (2)	1
3	18	15	
6	25	21	
10	35	30	
15	45	38	
20	55	47	
35	85	72	

注:括号中数字为 1965 年以前产品的规定值。

试验注意事项:变压器在试验前必须静放一定的时间,以使油中的气泡排出。35kV 以下的变压器注油后要静放 24h;试验电压升至 40% 以后,应以每秒 3% 的速度均匀升压;绝缘电阻低于允许值时,不得进行耐压试验。

6. 变压器油的击穿电压试验

检查变压器油绝缘强度的重要方法是对变压器油进行击穿电压试验,其试验接线与图 10.4.2-2 基本相同,但不要阻尼电阻 R_2。

试验一般在 10~70℃ 下进行,将油装入清洁的标准油杯中,油杯中两电极距离调至 2.5mm,静放 10min 以消除油中气泡,然后以不大于 3kV/s 的速度升压,直至击穿为止。试验 5 次,每次间隔 1min。5 次结果的平均值即为油的击穿电压值。

7. 介质损失角正切值 tanδ 的测量

电压在 35kV 及以上,且容量在 1250kVA 及以上的变压器必须测量线圈连同套管一起的介质损失角正切值 tanδ。小容量的变压器视条件也可测量 tanδ。

被测线圈的 tanδ 值应不超过产品出厂试验数据的 130%,或不超过表 10.4.2-5 中的允许值。

介质损失角正切值 tanδ(%)允许值　　　　　　　　表 10.4.2-5

高压线圈电压等级	温度（℃）						
	10	20	30	40	50	60	70
35kV 以上	1	1.5	2	3	4	6	8
35kV 及以下	1.5	2	3	4	6	8	11

当测量时的温度与产品出厂温度不符合时，可按表 10.4.2-6 换算到同一温度时的数值进行比较。

介质损失角正切值 tanδ(%)温度换算系数　　　　　　　表 10.4.2-6

温度差(℃)	5	10	15	20	25	30	35	40	45	50
换算系数	1.15	1.3	1.5	1.7	1.9	2.2	2.5	3.0	3.5	4.0

8. 泄漏电流的测定

电压为 35kV 及以上且容量为 3150kVA 及以上的变压器必须测量线圈连同套管一起的直流泄漏电流值。试验电压标准见表 10.4.2-7。读取 1min 的值，但泄漏电流值不作规定，只供比较。

油浸式电力变压器直流泄漏试验电压标准　　　　　　　表 10.4.2-7

线圈额定电压(kV)	3	6~10	20~35	35 以上
直流试验电压(kV)	5	10	20	40

10.5　电力变压器运行和维护

10.5.1　电力变压器一般运行条件

1. 变压器的运行电压一般不应高于该运行分接额定电压的 105%。对于特殊的使用情况（例如变压器的有功功率可以在任何方向流通），允许在不超过 110% 的额定电压下运行，对电流与电压的相互关系如无特殊要求，当负载电流为额定电流的 $K°$（$K \leqslant 1$）倍时，按以下公式对电压 U 加以限制。

$$U(\%) = 110 - 5K^2$$

并联电抗器、消弧线圈、调压器等设备允许过电压运行的倍数和时间，按制造厂的规定。

2. 无励磁调压变压器在额定电压 ±5% 范围内改换分接位置运行时，其额定容量不变。如为 -7.5% 和 10% 分接时，其容量按制造厂的规定；如无制造厂规定，则容量应相应降低 2.5% 和 5%。

有载调压变压器各分接位置的容量，按制造厂的规定。

3. 油浸式变压器顶层油温一般不超过表 10.5.1-1 的规定（制造厂有规定的按制造厂规定）。当冷却介质温度较低时，顶层油温也相应降低。自然循环冷却变压器的顶层油温一般不宜经常超过 85℃。

经改进结构或改变冷却方式的变压器，必要时应通过温升试验确定其负载能力。

干式变压器的温度限值应按制造厂的规定。

油浸式变压器顶层油温一般规定值　　　表 10.5.1-1

冷 却 方 式	冷却介质最高温度(℃)	最高顶层油温(℃)
自然循环自冷、风冷	40	95
强迫油循环风冷	40	85
强迫油循环水冷	30	70

4．变压器三相负载不平衡时,应监视最大一相的电流。

接线为 YN,yn0 的大、中型变压器允许的中性线电流,按制造厂及有关规定。接线为 Y,yn0(或 YN,yn0)和 Y,Zn11(或 YN,zn11)的配电变压器,中性线电流的允许值分别为额定电流的 25% 和 40%,或按制造厂的规定。

10.5.2　电力变压器试运行

变压器的试运行,是指变压器开始带电,并带一定负荷即可能的最大负荷,运行 24h 所经历的过程。

1. 试运行前的检查

变压器试运行前应进行全面检查,确认其可投入试运行的条件。检查项目如下:

(1) 变压器本体、冷却装置及所有附件均无缺陷,且不渗油;

(2) 轮子的制动装置应牢固;

(3) 油漆完整,相色标志正确,接地可靠;

(4) 变压器顶盖上无遗留杂物;

(5) 事故排油设施完好;消防设施齐全;

(6) 储油柜、冷却装置、净油器等油系统上的油门均应打开;油门指示正确;

(7) 高压套管的接地小套管应予接地;电压抽取装置不用时,其抽出端子也应接地;套管顶部结构的密封应良好;

(8) 储油柜和充油套管的油位应正常;

(9) 电压切换装置的位置应符合运行要求;有载调压切换装置远方操作应动作可靠,指示位置正确;

(10) 新装、大修、事故检修或换油后的变压器,在施加电压前静止时间不应少于以下规定:

110kV 及以下 24h;

220kV 及以下 48h;

500kV 及以下 72h。

装有储油柜的变压器,带电前应排尽套管升高座、散热器及净油器等上部的残留空气。对强油循环变压器,应开启油泵,使油循环一定时间后将气排尽。开泵时变压器各侧绕组均应接地,防止油流静电危及操作人员的安全。

2. 试运行过程及其检查

(1) 接于中性点接地系统的变压器,在进行冲击合闸时,其中性点必须接地;

(2) 变压器第一次投入时,可全电压冲击合闸,如有条件时应从零起升压;冲击合闸时,变压器一般可由高压侧投入;

(3) 第一次受电后,持续时间应不少于 10min,变压器应无异常情况;

(4) 变压器应进行5次全电压冲击合闸,并应无异常情况,励磁涌流不应引起保护装置的误动;

(5) 变压器并列前,应先核对相位,相位应一致;

(6) 带电后,检查变压器及冷却装置所有焊缝和连接面,不应有渗油现象。

10.5.3 电力变压器负载运行

1. 变压器负载状态分类(见表10.5.3-1)

电力变压器负载状态分类　　　　表10.5.3-1

序号	类别	说明
1	正常周期性负载	在周期性负载中,某段时间环境温度较高,或超过额定电流,但可以由其他时间内环境温度较低,或低于额定电流所补偿。从热老化的观点出发,它与设计采用的环境温度下施加额定负载是等效的
2	长期急救周期性负载	要求变压器长时间在环境温度较高,或超过额定电流下运行。这种运行方式可能持续几星期或几个月,将导致变压器的老化加速,但不直接危及绝缘的安全
3	短期急救负载	要求变压器短时间大幅度超额定电流运行。这种负载可能导致绕组热点温度达到危险的程度,使绝缘强度暂时下降

2. 变压器正常周期性负载的运行

(1) 变压器在额定使用条件下,全年可按额定电流运行。

(2) 变压器允许在平均相对老化率小于或等于1的情况下,周期性地超额定电流运行。

(3) 当变压器有较严重的缺陷(如冷却系统不正常、严重漏油、有局部过热现象、油中溶解气体分析结果异常等)或绝缘有弱点时,不宜超额定电流运行。

3. 变压器长期急救周期性负载的运行

(1) 长期急救周期性负载下运行时,将在不同程度上缩短变压器的寿命,应尽量减少出现这种运行方式的机会;必须采用时,应尽量缩短超额定电流运行的时间,降低超额定电流的倍数,有条件时(按制造厂规定)投入备用冷却器。

(2) 当变压器有较严重的缺陷(如冷却系统不正常,严重漏油,有局部过热现象,油中溶解气体分析结果异常等)或绝缘有弱点时,不宜超额定电流运行。

(3) 过载能力和过载运行时间

变压器属于静止电器,具有较高的过载能力。变压器的过载能力及其允许过载运行时间与环境温度有关,与起始负载率有关。常用的油浸自冷或风冷变压器的过载能力和运行时间见表10.5.3-2。

油浸自冷或风冷变压器过载能力和过载运行时间　　　　表10.5.3-2

起始负载率		0.5			0.7			0.9		1.0
冷却介质温度(℃)		0	20	40	0	20	40	0	20	0
过载运行时间 (h)	0.5	>2	>2	1.77	>2	1.93	1.58	>2.0	1.69	1.93
	2	1.73	1.53	1.30	1.67	1.46	1.18	1.58	1.32	1.52
	6	1.37	1.21	1.01	1.35	1.18	0.96	1.32	1.12	1.30
	24	1.16	1.00	0.82	1.16	1.00	0.82	1.16	1.00	1.16

注:a. 变压器热时间常数为3h;

b. 过载率≤1.5为正常过负荷;过载率>1.5为事故过负荷;

c. 起始负载率为日平均负载率。

【例10.5.3-1】 某油浸自冷变压器 $S_N=500\text{kVA}$,一般带负荷 $S=350\text{kVA}$,若要供负荷 $S_1=730\text{kVA}$,变压器可过负荷时间为多少(冷却介质温度为20℃)?

【解】 起始负载率为 $S/S_N=350/500=0.7$,

过负荷率为 $S_1/S_N=730/500=1.46$。

冷却介质温度为20℃

由表10.5.3-2查得允许过载时间为2h。

4. 短期急救负载的运行

(1) 短期急救负载下运行,相对老化率远大于1,绕组热点温度可能大到危险程度。在出现这种情况时,应投入包括备用在内的全部冷却器(制造厂有规定的除外),并尽量压缩负载、减少时间,一般不超过0.5h。当变压器有严重缺陷或绝缘有弱点时,不宜超额定电流运行。

(2) 中小型变压器0.5h短期急救负载允许的负载系数 $K2$ 见表10.5.3-3。

0.5h 短期急救负载的负载系数 $K2$ 表10.5.3-3

变压器 类 型	急救负载前的 负载系数 $K1$	环 境 温 度 ℃							
		40	30	20	10	0	-10	-20	-25
配电变压器 (冷却方式 ONAN)	0.7	1.95	2.00	2.00	2.00	2.00	2.00	2.00	2.00
	0.8	1.90	2.00	2.00	2.00	2.00	2.00	2.00	2.00
	0.9	1.84	1.95	2.00	2.00	2.00	2.00	2.00	2.00
	1.0	1.75	1.86	2.00	2.00	2.00	2.00	2.00	2.00
	1.1	1.65	1.80	1.90	2.00	2.00	2.00	2.00	2.00
	1.2	1.55	1.68	1.84	1.95	2.00	2.00	2.00	2.00
中型变压器 (冷却方式 ONAN 或 ONAF)	0.7	1.80	1.80	1.80	1.80	1.80	1.80	1.80	1.80
	0.8	1.76	1.80	1.80	1.80	1.80	1.80	1.80	1.80
	0.9	1.72	1.80	1.80	1.80	1.80	1.80	1.80	1.80
	1.0	1.64	1.75	1.80	1.80	1.80	1.80	1.80	1.80
	1.1	1.54	1.66	1.78	1.80	1.80	1.80	1.80	1.80
	1.2	1.42	1.56	1.70	1.80	1.80	1.80	1.80	1.80

5. 过载运行和变压器使用寿命

按照一般规定,变压器在额定负载下运行,线圈平均温升为65℃。通常,线圈最热点温升比平均温升约高13℃,即78℃。若环境温度为20℃,则线圈最热点温度为98℃。在此温度下使用,变压器的使用寿命可达20年以上。在过载运行情况下,线圈最热点温度将升高,从而导致变压器寿命降低。线圈最热点的温度 $\theta_{\max}$ 时寿命损失率与98℃时正常寿命损失率之比,称为相对寿命损失。相对寿命损失与 $\theta_{\max}$ 的关系见表10.5.3-4。

不同温度下的相对寿命损失 表10.5.3-4

线圈最热点温度 $\theta_{\max}$(℃)	80	86	92	98	104	110	116	122	128	134	140
相对寿命损失 ν	0.125	0.25	0.5	1.0	2.0	4.0	8.0	16.0	32	64	128

若在过负荷情况下运行,或环境温度升高,导致线圈温度升高,为了使寿命保持正常使用寿命,其运行时间必须减少,其关系见表10.5.3-5。

在不同最热点温度下,每天允许运行的小时数　　　　　表10.5.3-5

线圈最热点温度 θ_{max}(℃)	98	101.5	104	107.5	110	113.5	116	119.5	122	125.5	128	131.5
每天允许运行的小时数(h)	24	16	12	8	6	4	3	2	1.5	1.0	0.75	0.5

10.5.4　电力变压器并联运行

两台或两台以上的变压器一、二次绕组端子各自并联运行称为并联运行。并联运行应满足四个条件:

(1) 联结组别相同。如不同,在一定条件下可以改变其线端排列而使其相同,例如,奇数组别1、5、9和11、7、3的变压器适当改变端头标记接线便可以并联运行;偶数组别12、4、8和2、6、10的变压器适当改变端头标记接线也可实现并联运行。

(2) 电压比相同。如不同,而在任何一台都不会过载时可以并联运行,但应避免空载运行,不使其产生大的空载环流。

(3) 阻抗电压相同。如不同,而在任何一台都不会过载时也可以并联运行,但宜使容量大的一台变压器阻抗电压小一些,以改善负载的分配。

(4) 并联运行变压器的容量差别不宜太大,其容量之比一般不宜超过3:1,否则容易造成小容量变压器过负荷。

10.5.5　电力变压器常见故障分析与处理(见表10.5.5-1)

电力变压器常见故障分析与处理　　　　　表10.5.5-1

序号	故障现象	原因分析	检查和处理方法
1	温升过高	a. 铁芯片间绝缘损坏 b. 穿心螺杆绝缘损坏,铁芯短路 c. 铁芯多点接地 d. 铁芯接地片断裂 e. 线圈匝间短路 f. 线圈绝缘降低 g. 分接开关接触不良 h. 过负荷 i. 漏磁发热	a. 测量片间绝缘电阻,两片间在6V直流电压下,其电阻应大于0.8Ω b. 测量穿心螺杆绝缘电阻,加强绝缘 c. 找出接地点,处理 d. 重新连接 e. 测量线圈直流电阻,比较三相平衡程度 f. 测量线圈对地和线圈之间的绝缘电阻 g. 转动分接开关多次或调整分接开关压力和位置 h. 减少负荷,缩短过负荷运行时间 i. 检查载流体周围铁件发热情况
2	响声异常	a. 过负荷 b. 电压过高 c. 铁芯松动 d. 线圈、铁芯、套管局部击穿放电 e. 外壳表面零部件固定不牢,与外壳相碰 f. 内部发生严重故障,变压器油剧烈循环或沸腾	a. 检查输出电流 b. 检查电压 c. 吊芯检查铁芯 d. 找出放电部位后采取措施 e. 固定好零部件 f. 立即断开电源,找出原因,排除故障后,才能运行
3	三相输出电压不对称	a. 三相负载严重不对称 b. 匝间短路 c. 三相电源电压不对称 d. 高压侧一相缺电	a. 测量三相电流,其差值不超过25% b. 找出短路点后修理 c. 检查电源电压 d. 检查高压侧开关合闸情况,特别是熔丝是否熔断

续表

序号	故障现象	原因分析	检查和处理方法
4	输出电压偏低	a. 分接开关位置不当 b. 电网电压低	a. 调整分接开关,例如从"Ⅱ"调至"Ⅲ" b. 不能处理
5	并联运行时空载环流大	a. 联结组别不同 b. 两台变压器分接开关调整档位不相同 c. 变比有差异	a. 变换接线组别,做定相试验 b. 调整分接开关 c. 视情况处理
6	并联运行时负载分配不均	a. 阻抗电压不等 b. 额定容量相差悬殊	a. 通过短路试验,测定阻抗电压 b. 一般不能超过3:1

10.6 常用小型变压器

10.6.1 小型干式变压器

(1) 型号:DG、SG。其含义:

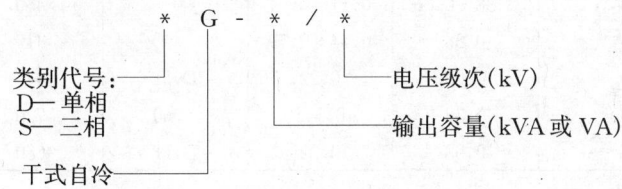

【例】 DG—1/0.5 单相干式变压器,额定输出容量1kVA,电压等级500V。

(2) 特点及用途:户内空气自冷。适用于交流50Hz,电压至500V的电路中,作为一般电器和照明灯的电源变压器。

(3) 主要技术数据:见表10.6.1-1和10.6.1-2。

DG型单相干式变压器主要技术数据   表10.6.1-1

型号	容量 (kVA)	电压 (kV)		总重 (kg)	外形尺寸 长×宽×高 (mm)
		高压	低压		
DG-0.05/0.5	0.05	0.127~0.38	0.012~0.22	4	130×140×150
-0.1/0.5	0.1	0.127~0.38	0.012~0.22	10	155×140×180
-0.25/0.5	0.25	0.127~0.38	0.012~0.22	14	245×175×230
-0.5/0.5	0.5	0.127~0.38	0.012~0.22	15.5	245×175×230
-1/0.5	1	0.127~0.38	0.012~0.22	22.4	245×175×290
-1.5/0.5	1.5	0.127~0.38	0.012~0.22	28.5	285×225×340
-2/0.5	2	0.127~0.38	0.012~0.22	32	285×225×340
-2.5/0.5	2.5	0.127~0.38	0.012~0.22	37	285×225×340
-3/0.5	3	0.127~0.38	0.012~0.22	41	365×255×380
-4/0.5	4	0.127~0.38	0.012~0.22	62.7	385×305×390
-5/0.5	5	0.127~0.38	0.012~0.22	65	385×305×390

注:因生产厂家不同,其数据略有差异。本节下同。

SG 型三相干式变压器主要技术数据　　　　表 10.6.1-2

型 号	容 量 (kVA)	电压 (kV) 高 压	电压 (kV) 低 压	连接组	总 重 (kg)	外形尺寸 长×宽×高 (mm)
SG -0.15/0.5	0.15	0.38~0.22	0.036~0.22	Yy0	19	175×93×140
-0.5/0.5	0.5	0.38~0.22	0.036~0.22	Yd11	28	230×100×220
-1.0/0.5	1.0	0.38~0.22	0.036~0.22	Dd0	34	269×130×260
-1.5/0.5	1.5	0.38~0.22	0.036~0.22	Dy11	38	296×130×260
-2/0.5	2	0.38~0.22	0.036~0.22		43	340×145×320
-2.5/0.5	2.5	0.38~0.22	0.036~0.22		48	340×145×320
-3/0.5	3	0.38~0.22	0.036~0.22		49	340×145×320
-4/0.5	4	0.38~0.22	0.036~0.22		51	350×155×320
-5/0.5	5	0.38~0.22	0.036~0.22		65	450×260×405
-10/0.5	10	0.38~0.4	0.044~0.22		180	540×260×470
-20/0.5	20	0.38~0.036	0.04~0.4		250	
-30/0.5	30	0.38~0.4	0.14~0.33		320	690×280×610
-40/0.5	40	0.38~0.66			430	690×330×610
-50/0.5	50	0.38~0.66	0.11~0.24		480	890×310×640
-63/0.5	63	0.38	0.44~0.79		410	910×370×740
-80/0.5	80	0.08	0.22	Dy11	475	940×380×790
-100/0.5	100	0.38	0.345	Yyn0	720	950×380×385
-125/0.5	125	0.08	0.22	Dy11	680	1060×450×915

10.6.2 照明变压器

(1) 型号:JMB(J—局部,M—照明,B—变压器)。

(2) 特点及用途:单相自冷,结构简单,容量小,主要用于低压局部照明电源,例如供安全行灯电源,故这种变压器又称行灯变压器。

(3) 主要技术数据:见表 10.6.2-1。

JMB 型照明变压器主要技术数据　　　　表 10.6.2-1

型 号	额定容量 (kVA)	额定电压 (V) 初 级	额定电压 (V) 次 级	外形尺寸 长×宽×高 (mm)	重 量 (kg)
JMB -0.05	0.05			210×128×90	3.8
-0.1	0.1			210×128×100	4.2
0.15	0.15			210×128×110	5
-0.2	0.2			210×128×115	5.5
-0.25	0.25			210×128×124	6
-0.3	0.3	380、220、 380/220	36、24、12、36~ 12、36~24、36~ 24~12、127、 127~36、127~36 ~6.3、220	210×128×130	8
-0.4	0.4			210×128×140	10
-0.5	0.5			260×170×200	14
-1	1			280×190×200	20
-1.5	1.5			280×200×200	24
-2	2			300×240×250	30
-3	3			320×260×250	40
-4	4			340×280×250	50
-5	5			340×300×250	56

10.6.3 控制变压器

(1) 型号:BK,BKC(B—变压器,K—控制用,C—C型铁芯结构)。

(2) 特点及用途:单相自冷,容量很小。通常设有控制、照明、信号灯等多个电压的第二次绕组,主要用于机械控制电器或局部照明电源。

(3) 主要技术数据:见表10.6.3-1。

BK、BKC型控制变压器主要技术数据 表10.6.3-1

型 号	额定容量 (VA)	初级额定电压 (V)	次级额定电压 (V)	外形尺寸 长×宽×高 (mm)	重 量 (kg)	铁心截面 宽×厚 (mm)
BK -25	25		0.5,	72×72×85	0.95	24×26
-50	50		1,	86×79×92	1.7	28×36
-100	100		2,	98×90×106	3.1	32×48
-150	150		6.3,	104×115×130	4.5	32×61
-300	300		9,	165×160×170	7.5	50×52
-400	400	220,	12,	165×170×170	9.5	50×62
-500	500	380,	24,	165×190×170	12.5	50×82
-1000	1000	420,	36,	165×230×170	16.5	50×122
-1500	1500	660,	48,	198×220×221	24	64×106
-2000	2000	440/220	60,	198×275×221	36	64×160
BKC-25	25		72,	75×85×90	0.8	35×12.5
-50	50		90,	85×85×110	1.25	35×19
-100	100		110,	100×105×115	2	45×20
-150	150		127,	110×105×130	2.4	45×20.5
-250	250		220	125×115×142	3.3	45×23.5

10.6.4 大电流变压器

(1) 型号:DDG(D—低压,D—单相,G—干式)。

(2) 特点及用途:高压绕组为圆筒式或饼式,低压绕组多用铜板绕成单匝或用多股铜线绕成饼式,低压电压借改变绕组串并联来改变。主要用于交流电流互感器、开关等的电流、连续负载试验。

(3) 主要技术数据:见表10.6.4-1。

DDG型低压大电流变压器主要技术数据 表10.6.4-1

型 号	容 量 (kVA)	电压 (kV) 高 压	电压 (kV) 低 压	总 重 (kg)
DDG -5/0.5	5	0.38~0.22	0.0027~0.0107	80
-10/0.5	10	0.38~0.22	0.004~0.016	125
-20/0.5	20	0.4~0.22	0.004~0.024	169
-30/0.5	30	0.38~0.22	0.007~0.028	214
-50/0.5	50	0.65~0.22	0.0045~0.018	415
-100/0.5	100	0.38~0.22	0.006~0.048	620
-120/0.5	120	0.38	0.006~0.048	700
-180/0.5	180	0.65~0.38	0.014~0.072	1150
-315/0.5	315	0.38	0.024~0.096	1700

10.6.5 试验变压器

(1) 型号:YD(Y—试验用,D—单相)。

(2) 特点及用途:试验变压器一般为单相;二次电压较高而电流较小,单台试验变压器二次电压可达750kV以上,电流通常为0.1~1A,最大不超过4A;二次绕组首尾端绝缘水平不同,首端为高电位,末端接地或通过电流表接地;试验变压器多为短时工作制,允许使用时间一般为30min。主要用于对各种电气产品、绝缘材料等进行绝缘性能试验,如耐压试验、介质损失 $\tan\delta$ 测定等。

(3) 主要技术数据:见表10.6.5-1。

YD型试验变压器主要技术数据　　　　表10.6.5-1

型号	容量 (kVA)	电压 (kV) 高压	电压 (kV) 低压	损耗 (W) 空载	损耗 (W) 短路	阻抗电压 (%)	空载电流 (%)	连接组
YD-3/20	3	20	220		150	5.9	14.5	I,i0
-3/50	3	50	220		85	3.7	3.9	
-5/50	5	50	220/380		198	4.4	6.7	
-10/50	10	50	220		280	3.9	3.0	
-10/100	10	100	220		274	5.4	6.5	
-25/25	25	25	220		400	5.2	6.8	
-25/100	25	100	220		600	5.2	4.6	
-50/50	50	50	380		1140	4.5	4.6	
-50/150	50	150	380		154	3.5	10	
-100/100	100	100	380		2140	10	2	
-100/150	100	150	380		2490	12.5	2.2	
-150/50	150	50	380		2814	5.7	1.1	
-200/50	200	50	380			4.8	1.9	
-200/150	200	150	380			6.7	2.1	
-250/250	250	250	380			11.5		
-400/100	400	100	380	1156	3870	10	1.5	
-500/150	500	150	380	1700	3800	7.2	2.5	
-500/250	500	250	380	1620	4470	12.5	4	
-750/60	750	60	380	1450	8620	6.7		

10.7 仪用互感器和调压器

10.7.1 电流互感器

1. 电流互感器的基本特性

电流互感器是将高压系统中的电流或低压系统中的大电流变为低压小电流的设备,它与测量仪表中的电流元件、继电器中的电流元件配合使用,供测量和继电保护之用。反映电流互感器的基本特性参量有以下几个方面:

(1) 额定电压等级和额定电流等级

电流互感器的额定电压等级:

0.5、10、15、20、35kV 等。

额定一次电流等级：

5、10、15、20、30、40、50、75、100、150、200、300、400、600、(800)、1000、1500、2000、3000、4000、5000、6000、7500(8000)、10000、15000、25000A。

额定二次电流一般为 5A，特殊用途互感器为 1A。

各种电压等级电流互感器的电流规格见表 10.7.1-1。

各种电压等级电流互感器的电流规格　　表 10.7.1-1

序号	额定电压（kV）	额定一次电流(A)	额定二次电流(A)
1	0.5	5～25000	5 或 1
2	10	5～6000	
3	15～20	800～15000	
4	35	15～15000	

(2) 二次负载

二次负载可用容量 VA 表示，亦可用负载阻抗 Ω 表示。

$$Z_2 = \frac{S_2}{I_2^2}$$

式中　S_2——二次负载 VA；

　　　I_2——二次额定电流，5A 或 1A；

　　　Z_2——二次负载阻抗，Ω。

二次负载的标准值见表 10.7.1-2。

电流互感器二次负载的标准值　　表 10.7.1-2

二次负载(VA)	5	10	15	20	25	30	40	50	60	80	100
二次额定电流(A)	5										
负载阻抗(Ω)	0.2	0.4	0.6	0.8	1.0	1.2	1.6	2.0	2.4	3.2	4.0
功率因数 $\cos\phi$	0.8(滞后)										

(3) 准确级次

在满足一定的使用条件下，电流互感器可以达到规定的准确级次。测量用电流互感器的准确级次及误差限值见表 10.7.1-3。

测量用电流互感器的标准准确级次及误差限值　　表 10.7.1-3

序号	准确级次	负荷范围	电流误差（±%）					相位误差（±分）				
			额定电流百分数									
			5	20	50	100	120	5	20	50	100	120
1	0.1	$(0.25～1)S_{2N}$	0.4	0.2	—	0.1	0.1	15	8	—	5	5
2	0.2		0.75	0.35	—	0.2	0.2	30	15	—	10	10
3	0.5		1.5	0.75	—	0.5	0.5	90	45	—	30	30
4	1		3.0	1.5	—	1.0	1.0	180	90	—	60	60
5	3	$(0.5～1)S_{2N}$	—	—	3.0	—	3.0					
6	5		—	—	5.0	—	5.0					

注：S_{2N} 为额定二次负荷。

(4) 保护用电流互感器的10%误差曲线

当电流互感器一次电流成倍增加时,铁芯趋于饱和;二次电流减小时,去磁作用减小,也使铁芯趋于饱和,从而引起互感器误差增加。为了保证互感器有一定的准确度(变比误差小于或等于10%,角度误差小于或等于7°),应限制二次负载和一次电流倍数,即在保证其误差不超过允许值的前提下,如二次负载较大,则允许的一次电流倍数就小;如二次负载较小,则允许的一次电流倍数就大。为此,制造厂将保护用电流互感器按照允许的误差绘制出一次电流倍数和相应的二次负载的关系曲线,这就是保护用电流互感的10%误差曲线。

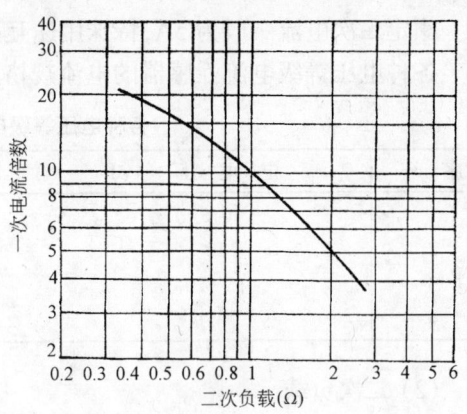

图 10.7.1-1 10%误差曲线示例

【例 10.7.1-1】 图 10.7.1-1 是某型电流互感器的 10%误差曲线,该电流互感器的变比为 200/5A。若一次最大工作电流为 1000A,按 10%误差曲线确定其允许的二次负载;若二次负载为 0.6Ω,按 10%误差曲线确定其允许的一次电流。

【解】 一次电流倍数为 1000/200 = 5,由曲线查得二次负载为 2Ω,即负载小于 2Ω 时,其误差不超过 10%;

二次负载为 0.6Ω,由曲线查得一次电流倍数为 13,即一次电流为 200×13 = 2600A,其误差不超过 10%。

(5) 极性及其校验

电流互感器通常为减极性。极性标志如图 10.7.1-2(a)标志符号相同的一、二次绕组接线端为同极性,例如 L_1、K_1,L_2、K_2 为同极性。

极性校验接线如图 10.7.1-2(b)合上开关 S,mA 表指针正方向偏转,则 L_1、K_1 为同极性。

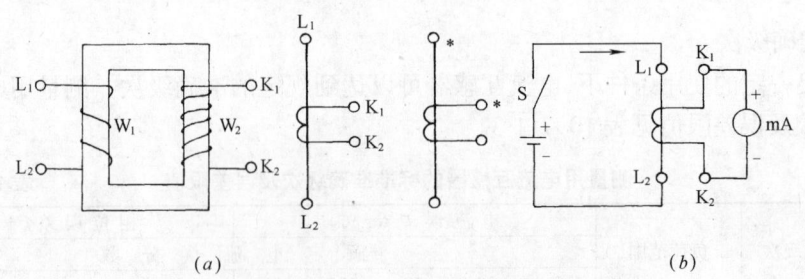

图 10.7.1-2 极性及其校验
(a)极性标志;(b)极性校验方法

2. 电流互感器的接线及其应用

(1) 接线方案

电流互感器在三相电路中的接线及特点见表 10.7.1-4。

电流互感器接线及特点 表 10.7.1-4

序号	名称	接线图	特点	应用范围
1	单相接线	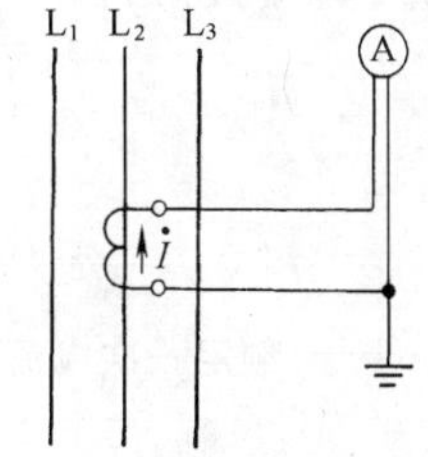	反映一相电流	三相对称负荷的测量,单相短路保护
2	三相星形接线	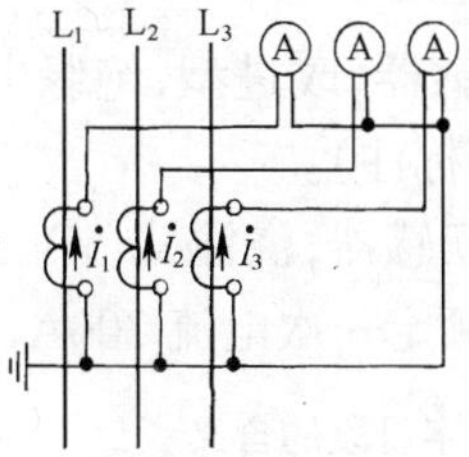	反映三相电流	三相不对称负荷的测量,各种短路保护
3	不完全星形接线	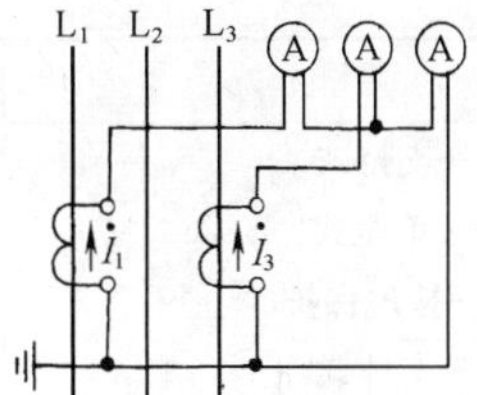	$\dot{I}_2 = \dot{I}_1 + \dot{I}_3$ 反映三相电流	三相负荷的测量,L_2 相短路不能保护
4	两相差式接线	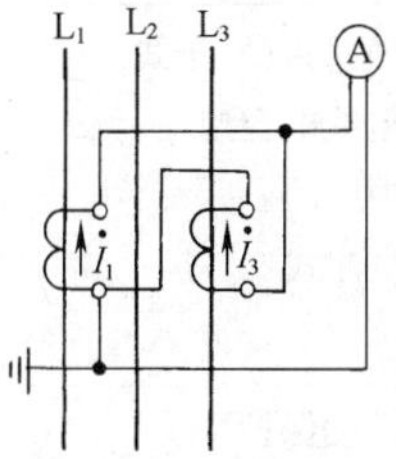	$\dot{I}_2 = \dot{I}_1 - \dot{I}_3$	某些继电保护或测量
5	零序接线	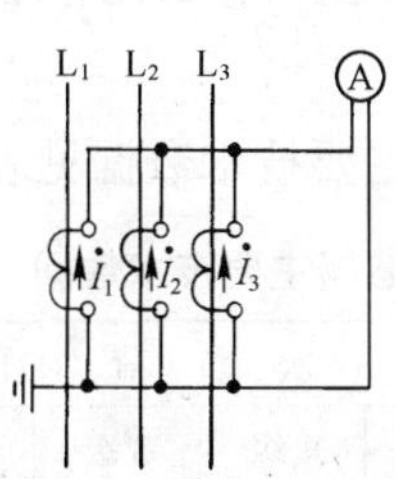	$\dot{I}_0 = \dot{I}_1 + \dot{I}_2 + \dot{I}_3$ 反映零序电流	零序保护

注:接线图中的电流表仅表示反映的电流,实际上是某种装置一个或几个电流线圈。

(2) 使用注意事项

1) 电流互感器二次侧必须可靠接地,一般只应有一个接地点;

2) 二次侧在运行中任何情况下均不得开路,否则会有高压危险;

3）电气测量仪表应尽量与继电保护装置分开接至互感器不同的二次绕组。如共用一组二次绕组时，保护装置一般接于测量仪表之前，以便在校验仪表时，保护装置仍投入工作；

4）当几种仪表接于同一互感器的二次绕组时，其接线顺序一般先接指示和计量仪表，再接记录仪表，最后接发送仪表。

3．电流互感器的型号表示方法

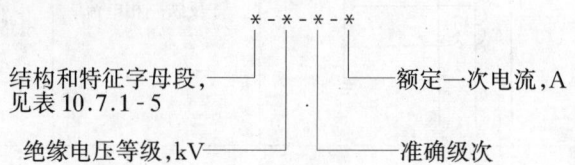

【例】LQG-0.5-0.5-100　线圈式电流互感器，改进型，绝缘电压等级0.5kV，准确级次0.5级，额定一次电流100A，二次电流5A（不标注）。

LFZJB-10-0.5/B-300/5　多匝式（F）电流互感器，浇注式（Z），加大容量（J），有保护级（B），绝缘电压等级10kV，准确级次0.5/B级，额定一次电流300A，二次电流5A。

电流互感器型号中字母段的含义　　　　　表 10.7.1-5

字母排列次序	代　号　含　义		说　明
1	L—电流互感器		名　称
2	A—穿墙式 C—瓷箱式 F—多匝式 M—母线式 Q—线圈式 Y—低压的	B—支持式 D—单匝式 J—接地保护 Z—支柱式 R—装入式	结构型式
3	C—瓷绝缘的 K—塑料外壳的 M—母线式 S—速饱和的 W—户外式	G—改进过的，干式 L—电缆电容型 P—中频的 Z—浇注式	外绝缘及其他
4	B—保护级	D—差动保护	特殊用途

注：在电流互感器型号的第二位字母以后，如出现字母 J 和 Q 时，J 代表加大容量，Q 代表加强式。

4．常用电流互感器主要技术数据

常用的 0.5kV、10kV 电压等级的电流互感器主要技术数据见表 10.7.1-6 和 10.7.1-7。

常用低压（0.5kV 级）电流互感器主要技术数据　　　　　表 10.7.1-6

| 型　号 | 额定电流比 | 二次组合 | 二次负荷（Ω） | | | | | 备　注 |
			0.2级	0.5级	1级	3级	B级	D级	
LQG-0.5	5～400/5 600～800/5	0.5		0.4	0.6				线圈式
LQG$_2$-0.5(TH)	5～400/5 600～800/5								
LQG$_3$-0.5	200 300/1								

续表

型号	额定电流比	二次组合	二次负荷 (Ω)						备注
			0.2级	0.5级	1级	3级	B级	D级	
LM-0.5	5～600/5			0.2					母线式
	75～600/5			7.5	0.2	0.4			
	800～2000/5	0.5		0.4	0.8				
	3000～5000/5			0.4					
LYM-0.5	800～1000/5				0.8				
	750～5000/5			0.8					
	7500、10000/5			1.2					
	15000～25000/5			2					
LMZ-0.5	5～400/5			0.2	0.3				母线式，浇注式结构
	500～800/5			0.4					
	1000～5000/5			0.8					
LMZ$_1$-0.5	5～400/5			0.2	0.3				
	500～600/5	0.5/3		0.4					
LMZJ-0.5	5～800/5	0.5		0.4	0.6				
	1000～3000/5	0.5/3/1		0.8	1.2	2			
		0.5/1/3							
LMZJ$_1$-0.5	5～800/5	0.5		0.6					
	5～800/5			0.4	0.6				
	1000～3000/5			0.8	1.2	2			
LMZB-0.5	5～800/5					1			
LRZB-0.5	300～1200/5	B					1		
LMK-0.5	5～600/5	0.5		0.2	0.3				母线式，塑料外壳结构
LMKJ-0.5	5～1500/5	0.5		0.4	0.6				
LMKJ$_1$-0.5	5～800/5			0.4	0.6				
LMKB-0.5	5～800/5	0.5				1			
LMK$_1$-0.5	15～600/5	0.5		0.2					

常用10kV级电流互感器主要技术数据　　　　表 10.7.1-7

型号	额定电流比	二次组合	二次负荷 (Ω)						备注
			0.2级	0.5级	1级	3级	B级	D级	
LA-10	5～1000/5	0.5/3、D/D		0.4		0.6			穿墙式
		0.5/D、1/3							
LAJ-10	5～800/5	0.5/D、D/D、1/D、0.5/0.5		0.8				0.8	
	1000～1500/5	0.5/D、D/D、1/D、0.5/0.5		1.6				1.6	
	2000～6000/5	0.5/D、D/D、1/D		2.4		1			
LAJ$_1$-10	20～400/5			1				0.6	
	500/5			1	1			0.6	
	600～800/5			1				0.8	
	1000～1500/5			1.6				0.8	
	2000～6000/5			2.4				1.0	
LBJ-10	400～800/5	0.5/D、D/D		1、0.8				0.6；0.8	支持式
	1000～1500/5	0.5/0.5、0.5/D、D/D		1.2；1.6				0.8；1	
	2000～6000/5	0.5/D、0.5/0.5、D/D		2；2.4				1；1.2	

续表

型　号	额定电流比	二次组合	二次负荷（Ω）						备　注
			0.2级	0.5级	1级	3级	B级	D级	
LJB$_1$-10	400～800/5	0.5/D、D/D		1				0.6；0.8	支持式
	1000～1500/5			1.6				0.8	
	2000～6000/5			2.4				0.8	

10.7.2　电压互感器

1. 电压互感器的基本特性

电压互感器是将一交流高电压变换成一个安全的低电压，以便连接仪表和继电器。电压互感器的特性参量如下：

（1）额定电压

电压互感器的一次额定电压应与电力线路的额定电压一致，常用的一次额定电压等级有 0.38、3、6、10、35kV 等。

二次额定电压通常为 100V。

（2）准确级次

测量用电压互感器的准确级次及误差限值见表 10.7.2-1。

测量用电压互感器准确级次及误差限值　　表 10.7.2-1

准确级次	误　差　限　值		电压范围（%）	负载范围（%）
	电压误差（±%）	相位误差（±分）		
0.1	0.1	5	(80～120)%×U_{1N}	(25～100)%×S_{2N}
0.2	0.2	10		
0.5	0.5	20		
1	1.0	40		
3	3.0	—		

注：U_{1N} 为额定一次电压，S_{2N} 为额定二次负载（VA）。

（3）二次负载

在确定的误差限值条件下，电压互感器允许的二次负荷称为额定负载，见表 10.7.2-2。电压互感器的最大负载一般不超过误差准确级次 3 级时额定负载的 2 倍。

电压互感器额定二次负载　　表 10.7.2-2

序　号	互感器种类	额定一次电压（kV）	相应准确级次下的额定二次负载（VA）		
			0.5级	1级	3级
1	单　相双线圈	0.38	15	25	60
		3	25	40	100
		6、10、15、20	50	80	200

续表

序号	互感器种类	额定一次电压(kV)	相应准确级次下的额定二次负载(VA)		
			0.5级	1级	3级
2	单相三线圈	$\frac{3}{\sqrt{3}}$	25	40	100
		$\frac{6}{\sqrt{3}}, \frac{10}{\sqrt{3}}, \frac{15}{\sqrt{3}}, \frac{20}{\sqrt{3}}$	50	80	200
3	三相双线圈三线圈	3	45	75	180
		6	75	120	300
		10,15,20	120	180	450

2. 电压互感器的接线及其应用

(1) 接线方案

单相双线圈的电压互感器可以单相使用,也可以用两台接成 V/V 形作三相使用。三相三线圈电压互感器的第三线圈接成开口三角形,正常运行时,由于系统三相电压对称,第三线圈感应的三相电压之和为零,一旦发生单相接地故障,第三线圈出现一个零序电压,通常为100V,基本接线方案见表10.7.2-3。

电压互感器接线方案及应用　　　表 10.7.2-3

序号	类别	联结方案	适用范围
1	一个单相电压互感器	(a)	适用于电压对称的三相线路,供仪表、继电器接于一个线电压
2	两个单相电压互感器接成 V/V 形	(b)	适用于三相三线制线路,供仪表、继电器接于各个线电压,广泛用于高压系统中作为电压、电能测量
3	三个单相电压互感器接成 YN,yn0 形	(c)	适用于三相三线制和三相四线制线路,可供接要求线电压的仪表、继电器,并可供接要求相电压的绝缘监察用的三个电压表(对三相三线制线路)

序号	类别	联结方案	适用范围
4	三个单相三绕组电压互感器或一个三相三绕组五芯柱电压互感器接成 YN，yn0/d 形	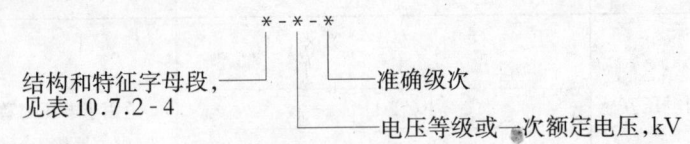 (d)	适用于三相三线制线路，接成 yn0 的二次绕组，供接要求线电压的仪表、继电器及作绝缘监察用的电压表；接成开口三角形的辅助二次绕组，则构成零序电压过滤器；供接作绝缘监察用的电压继电器

(2) 使用注意事项

1) 电压互感器负荷的分配应尽量使三相负荷平衡，以免因一相负荷过大而影响仪表和继电器的准确度；

2) 电压互感器的二次侧中性点或绕组引出端子之一应接地。其接地线一般应经过接线端子排。

3) 电压互感器二次侧不得短路，因此，在其二次侧一般应装设熔断器作短路保护。

3. 电压互感器的型号表示方法

```
        *-*-*
结构和特征字母段，┘ │ └── 准确级次
见表 10.7.2-4       └──── 电压等级或一次额定电压，kV
```

电压互感器型号中字母段的含义　　　表 10.7.2-4

字母排列顺序	代号含义	说明
1	J——电压互感器	名称
2	D——单相 S——三相 C——串级式	相数
3	J——油浸式 C——瓷箱式 Z——浇注式 G——干式 R——电容分压式	结构型式
4	B——三相带补偿线圈 J——接地保护 W——三线圈三相三柱旁轭式铁心结构	特殊用途

【例】 JDG-0.5　单相(D)电压互感器，干式结构(G)，绝缘电压等级 0.5kV。

JSJW-10　三相(S)电压互感器，油浸式(J)，三线圈三相三柱旁轭式铁芯结构(W)，即五柱式带剩余电压绕组结构。

4. 常用电压互感器(见表10.7.2-5)。

常用电压互感器主要技术数据　　　表10.7.2-5

型　号	额定电压(V)			二次绕组额定输出(VA)				极限输出 (VA)	联结组	备　注
	一次绕组	二次绕组	剩余电压绕组	0.2级	0.5级	1级	3级			
JDZ-0.38	380	100		15	25	60	120		I,i0	浇注式
JDG$_6$-0.38	380						100			干式
JDG-0.5	380						200			
	220、380、500						120			
	220、380、500			25	40	100	120			
JDG$_4$-0.5	220、380、500			15	25	50	100			
JDG$_6$-0.5	220、380、500			15	25	50	120		YN,yn0	剩余电压绕组
JSGW-0.5	380、500		100/3	50	80	200	400			80VA,6P 干式
JDZ-3	1000、300			30	50	80	200		I,i0	浇注式
JDZ$_1$-3	3000/√3	100/√2		30	50	80	200			
JDZ$_2$-3	1140	100		40			100			
	600			40			100			
JDZ$_6$-3	3000、6000、10000	100		25、50、50	40、80、80	100、200、200	200、400、400			
JDJ-3	3000			30	50	100	240			油浸式
JDZJ-3	1000～3000/√3			30	50	80	200		I,i0i0	浇注式剩余电压绕组 20VA,6B
JDZJ$_1$-3	10500、16000/√3	100/√3	100/3	20			100			
JDZX$_6$-3	3000			25	40	100	200			剩余电压绕组 40VA,6P 浇注式
	6000、10000			50	80	200	400		I,i0	浇注式
JDZ-6	1000～3000	100		30	50	100	200			
	6000	100		50	80	200	400			
JDJ-6	3000	100		30	50	120	240		I,i0	油浸式
	6000			50	80	120	400			
JSJW-6	3000		100/3	50	80	200	400		YN,yn0	
				45	75	180	360		Y,yn0	
JDZ-10	1000	100		80	150	300	500		J,i0	浇注式
JDJ-10	10000	100		80	150	320	640		I,i0	油浸式
JDJ$_{10}$-10			80	150	300		600			
JDZX$_6$-10	3000/√3	100/√3	100/3	25	40	100	200		I,i0 i0	浇注式
	6000、10000/√3	100/√3		50	80	200	400			
JSJW-10	10000	100	100/3	120	200	480	960		YN,yn0	油浸式
JSJB-10	10000	100		120	200	480	960			

10.7.3　调压器

1. 常用调压器的种类和型号表示方法

常用调压器分为接触式调压器和感应式调压器,其型号表示方法如下:

调压器型号中字母段含义 表10.7.3-1

字母排列顺序	基本含义	字母含义	字母排列顺序	基本含义	字母含义
1	种类	T—调压器;TN—自动调压器	3	绝缘结构	G—干式;J—油浸式
2	相别	D—单相;S—三相	4	调压方式	C—接触式;A—感应式

【例】 TDGC-2/0.25 单相(D)调压器(T),干式(G),接触式(C),额定容量2kVA,电压级次0.25kV。

TSJA-30/0.5 三相油浸自冷感应调压器,额定容量30kVA,电压级次0.5kV。

2. 接触式调压器

(1) 结构特点及用途:接触调压器属于自耦变压器,改变电刷在线圈裸露表面上的接触位置,就能改变输出电压的大小。其特点是效率高,波形及调压性好,可带负荷平滑无级调压,且体积小,重量轻。广泛用于实验室、小型工业电炉、电讯设备、整流装置、家用电器等。

(2) 容量及电压范围:0.1~100kVA,500V以下。

(3) 主要技术数据:见表10.7.3-2。

常用接触式调压器 表10.7.3-2

名称	型号	输出容量 (kVA)	输入电压 (V)	输出电压 ($\cos\varphi=1$) (V)	最大输出电流 (A)	额定电压时空载损耗 (W)	额定电流时短路损耗 (W)	空载电流 (%)
单相接触调压器	TDGC2-0.2	0.2	220	0~250	0.8	3.5	6.5	0.1
	-0.5	0.5	220	0~250	2	6	17	0.2
	-1	1	220	0~250	4	10	25	0.25
	-2	2	220	0~250	8	15	42	0.3
	-3	3	220	0~250	12	18	55	0.4
	-4	4	220	0~250	16	20	65	0.5
	-5	5	220	0~250	20	22.5	75	0.6
	-7	7	220	0~250	28	26	95	0.7
	-10	10	220	0~250	40	33	140	1.0
	-15	15	220	0~250	60	53	230	1.5
	-20	20	220	0~250	80	67	300	2.0
	-30	30	220	0~250	120	101	460	3.0
三相接触调压器	TSGC2-3	3	380	0~430	4	30	75	0.25
	-6	6	380	0~430	8	45	126	0.3
	-9	9	380	0~430	12	54	165	0.4
	-12	12	380	0~430	16	60	195	0.5
	-15	15	380	0~430	20	67.5	225	0.6
	-20	20	380	0~430	27	78	260	0.7
	-30	30	380	0~430	40	99	420	1.0

3. 感应式调压器

(1) 结构特点及用途:感应调压器主要由壳体、铁心、绕组、油箱等组成,其结构原理类似于一堵转的绕线式异步电动机,能量转换关系类似于一变压器。它是借助于手轮或伺服电动机带动传动机构,使定子、转子产生相对角位移,从而改变定子或转子绕组感应电势的相位(三相)、幅值(单相),以实现无级调压。其特点是调压范围大,波形及调压特性较好,但结构较复杂。主要用作一般试验电源、发电机励磁、工业电炉等。

(2) 容量及电压范围：10～1000kVA，10kV 及以下。
(3) 主要技术数据：见表 10.7.3-3。

常用感应式调压器　　　　　表 10.7.3-3

型　号	额定输出容量（kVA）	相数	频率（Hz）	输入电压（V）	输入电流（A）	负载电压（cosϕ=0.8）(V)	负载电流（A）	空载电流（%）	总损耗（75℃）(W)
TDJA-16/0.5	16	1	50	220	87	0～400	40	13	1000
				380	52	0～650	24.6		
TDJA-20/0.5	20	1	50	220		0～400	50	14	1270
				380		0～500	40		
				380		0～650	31		
TDJA-25/0.5	25	1	50	220		0～250	100	14	1600
				220	134.5	0～400	63	12.5	1400
				380		0～60	417	23	2400
				380	81	0～500	50	13	1400
				380	77.6	200～500	50	8.6	1000
				380	80.5	0～650	39	12.5	1400
TDJA-30/0.5	30	1	50	220		0～400	75	13	1730
				380		0～500	60		
				380		0～650	46		
TDJA-35/0.5	35	1	50	220		0～70	500	13	1730
TDJA-40/0.5	40	1	50	220	216	0～400	100	12	2000
				380	123.5	200～500	80	8.2	1400
				380	127	0～650	61.5	12	2000
TDJA-50/0.5	50	1	50	220		0～60	833	22	4000
				220		0～250	200	13.5	2800
				220		0～400	125	12.5	2600
				380		0～70	714	22	4500
				380		0～420	119	11.9	2800
				380		0～500	100	12.5	2600
				380		0～650	77	12.5	2600
				380		0～100	500	22	4500
TDJA-56/0.5	56	1	50	380	181	0～420	134	13.5	2800
TDJA-63/0.5	63	1	50	220	339	0～400	157.5	11.5	2800
				380	195.4	0～500	126	12	2800
				380	193	200～500	126	7.8	2000
				380	201	0～650	97	11.5	2800

续表

型　号	额定输出容量 (kVA)	相 数	频 率 (Hz)	输入电压 (V)	输入电流 (A)	负载电压 ($\cos\phi$ = 0.8)(V)	负载电流 (A)	空载电流 (%)	总损耗 (75℃)(W)
TSJA-25/0.5	25	3	50	380	47.5	0~650	22.2	12.5	1600
TSJA-30/0.5	30	3	50	380		0~380	46	14	2250
						0~420	41	14	2250
						0~500	35	13	1900
						0~650	27	13	1900
TSJA-35/0.5	35	3	50	380	62.8	0~420	48.2	14	2250
TSJA-40/0.5	40	3	50	380		0~220	105	18.5	3200
					71.5	0~500	46.2	12.5	2250
					71.5	200~500	46.2	8.2	1600
					74.5	0~650	35.5	12	2250
TSJA-50/0.5	50	3	50	380		0~380	76	13.5	3200
						0~420	69	14	3200
						0~500	58	12.5	2900
						0~650	45	12.5	2900
TSJA-56/0.5	56	3	50	380	104	0~420	77	13.5	3200
TSJA-63/0.5	63	3	50	380	114	0~500	72.8	12	3200
					112.5	200~500	72.8	7.8	2200
					115	0~650	56	11.5	3200

第11章 电线电缆和电气线路

11.1 常用电线电缆

11.1.1 电线电缆的分类和基本结构
1. 分类(见表11.1.1-1)

常用电线电缆的分类及其特点　　　　　　　　　表 11.1.1-1

序号	类别	主要用途	基本特点	品种系列
1	裸导线	架空电力线路和配电装置母线等	导体裸露;要求导线的电阻系数小,以减少线路的电压降和电能损耗;用于110kV及以上的线路时,电晕损耗和对外界电磁波干扰小,机械强度高,耐大气腐蚀能力强	铜、铝绞线,钢芯铝绞线,矩形母线等
2	电气装备用电线电缆	户内动力、照明配线,电气装置的安装连接线等	有绝缘层和一般的保护层;电气性能优良、稳定;有足够的机械强度和柔软性;运行安全可靠	橡皮、塑料绝缘电线和通用电缆
3	电力电缆	地下电网、发电站和变电所的引出线路,工矿企业内部供电线路	有良好的绝缘层、保护层等,绝缘强度高,输送功率大,有较长的使用寿命	粘性油浸纸绝缘、橡皮绝缘、塑料绝缘电缆,通用橡套电缆
4	控制电缆	配电装置中仪表、电器控制电路连接及信号电路连接	有良好的保护层和绝缘层,机械强度高,运行可靠	橡皮绝缘、塑料绝缘控制电缆
5	通信电缆	传输电话、电报、电视、广播数据和其他电信息	通过高频小电流,工作稳定,抗干扰能力强	对称电缆、同轴电缆、射频电缆
6	电磁线	用于电机、电器绕组,以实现电磁能量转换	有良好的高强度绝缘层,工作可靠、截面小	绕组线、漆包线、绕包线

2. 基本结构

(1) 导电线芯

导电线芯的材料一般采用铝、铜、钢等优良导电体。

导电线芯的标称截面积系列如表11.1.1-2。

(2) 绝缘层材料:纤维、丝、橡皮、塑料、纸等。

(3) 内保护层材料:棉纱或玻璃丝编织、橡皮护套、塑料护套、铝皮护套、铅皮护套等。

(4) 外保护层材料:麻被、钢带、钢丝等。

(5) 屏蔽层材料:半导电塑料、半导电橡皮、铜带、铜丝编织带等。

导电线芯的标称截面积　　　表 11.1.1-2

项次	类别	标称截面积系列(mm²)
1	基本系列	0.012,0.03,0.06,0.12,0.2,0.3,0.4,0.5,0.75,1.0,1.5,2.0,2.5,4,6,10,16,25,35,50,70,95,120,150,185,240,300,400,500,630,800,1000
2	实心铜导体	0.035～6
3	实心铝导体	2.5～6
4	绞合铜导体	0.5～800
5	绞合铝导体	10～400
6	电力电缆	2.5～800
7	三相四芯线中的中性线	(40%～60%)相线截面积
8	通用控制电缆	0.75～10

注：电磁线按标称直径表示，0.018～0.112mm；通信电缆根据其用途分别用阻抗、外径、频率等表示。

11.1.2 裸电线

1. 裸电线的种类及型号表示方法

(1) 种类(见表 11.1.2-1)

常用裸电线的种类　　　表 11.1.2-1

序号	类别	名称	型号	截面范围(mm²)	外形结构及说明
1	母线	铜硬母线	TMY	160～1000	用于配电装置
		铝硬母线	LMY	160～1000	
		铜软母线	TMR	160～1000	
2	裸绞线	铜绞线	TJ	10～400	用于低压架空线
		铝绞线	LJ	10～600	
		钢芯铝绞线	LGJ	10～400	用于高压架空线
		钢绞线	GJ	25～120	结构同铜、铝绞线 主要用于拉线

型号说明见表 11.1.2-2。

裸电线型号字母含义　　　表 11.1.2-2

类别、用途 (或以导体区分)	特　　征			派　　生
	形状	加工	软、硬	
T-铜线 L-铝线 T-天线 M-母线 C-电车用	Y-圆形 G-沟形	J-绞制 X-镀锡 N-镀镍 K-扩径	R-柔软 Y-硬 F-防腐 G-钢芯 G-光亮铜杆 W-无氧铜杆	A 或 1-第一种(或 1 级) B 或 2-第二种(或 2 级) 3-第三种(或 3 级) 630-标称截面(mm²) 800-标称截面(mm²)

【例】 LGJ—95　钢芯铝绞线，95mm²。

TMY—40×5　硬铜母线,40mm×5mm。

2. 常用裸电线

(1) 铜、铝矩形母线(见表11.1.2-3~11.1.2-4)

常用 TMY 型母线的主要技术数据　　表 11.1.2-3

母线规格 $b \times a$(mm×mm)	单位重量 (kg/m)	母线规格 $b \times a$(mm×mm)	单位重量 (kg/m)
40×4	1.42	80×6.3	4.48
40×5	1.78	100×6.3	5.60
50×5	2.22	80×8	5.68
50×6.3	2.80	100×8	7.11
63×6.3	3.52	100×10	8.89

注:母线电阻率不大于 $0.01777\Omega \cdot mm^2/m$,电阻温度系数为 $0.00381/℃$。

常用 LMY 型母线的主要技术数据　　表 11.1.2-4

母线规格 $b \times a$(mm×mm)	单位重量 (kg/m)	母线规格 $b \times a$(mm×mm)	单位重量 (kg/m)
40×4	0.43	80×6.3	1.3
40×5	0.54	100×6.3	1.62
50×5	0.68	80×8	1.72
50×6.3	0.81	100×8	2.16
63×6.3	0.97	100×10	2.7

注:母线的抗拉强度为 $68.6N/mm^2$,电阻率为 $0.028264\Omega \cdot mm^2/m$(20℃时),电阻温度系数为 $0.00407/℃$。

(2) 裸绞线(见表11.1.2-5~11.1.2-8)

TJ 型铜绞线主要技术数据　　表 11.1.2-5

标称截面 (mm²)	根数/直径 (n/mm)	铜截面 (mm²)	导线直径 (mm)	直流电阻 (Ω/km20℃)	拉断力 (N)	重量 (kg/km)	制造长度 (m)
10	7/1.33	9.73	3.99	1.87	3580	88	5000
16	7/1.68	15.5	5.04	1.20	5700	140	4000
25	7/2.11	24.5	6.33	0.740	8820	221	3000
35	7/2.49	34.5	7.47	0.540	12400	311	2500
50	7/2.97	48.5	8.91	0.390	17450	439	2000
70	19/2.14	68.3	10.70	0.280	24500	618	1500
95	19/2.49	92.5	12.45	0.200	33300	837	1200
120	19/2.80	117	14.00	0.158	42100	1058	1000
150	19/3.15	148	15.75	0.123	51800	1338	800
185	37/2.49	180	17.43	0.103	64800	1627	800
240	37/2.84	234	19.88	0.0780	84300	2120	800
300	37/3.15	288	22.05	0.0620	101000	2608	600
400	37/3.66	389	25.62	0.0470	136500	3521	600

LJ 型铝绞线的主要技术数据

表 11.1.2-6

标称截面 (mm²)	根据/直径 (n/mm)	实际铝截面 (mm²)	导线直径 (mm)	直流电阻 (Ω/km20℃)	拉断力 (N)	单位重量 (kg/km)	制造长度 (m)
10	3/2.07	10.1	4.46	2.896	1630	27.6	4500
16	7/1.70	15.9	5.10	1.847	2570	43.5	4500
25	7/2.12	24.7	6.36	1.188	4000	67.6	4000
35	7/2.50	34.4	7.50	0.854	5550	94.0	4000
50	7/3.00	49.5	9.00	0.593	7500	135	3500
70	7/3.55	69.3	10.65	0.424	9900	190	2500
95	19/2.50	93.3	12.50	0.317	15100	257	2000
95	7/4.14	94.2	12.42	0.311	13400	258	2000
120	19/2.80	117.0	14.00	0.253	17800	323	1500
150	19/3.15	148.1	15.75	0.200	22500	409	1250
185	19/3.50	182.8	17.50	0.162	27800	504	1000
240	19/3.98	236.4	19.90	0.125	33700	652	1000
300	37/3.20	297.6	22.40	0.0996	45200	822	1000
400	37/3.70	397.8	25.90	0.0745	56700	1099	800
500	37/4.14	498.1	29.98	0.0595	71000	1376	600
600	61/3.55	603.8	31.95	0.0491	81500	1669	500

LGJ 型钢芯铝绞线主要技术数据

表 11.1.2-7

标称截面 (mm²)	芯线结构 (n/mm) 铝	芯线结构 (n/mm) 钢	计算外径 (mm)	直流电阻 (Ω/km20℃)	拉断力 (N)	计算重量 (kg/km)
10	6/1.5	1/1.2	4.5	2.774	3670	42.9
16	6/1.8	1/1.8	5.4	1.926	5300	61.7
25	6/2.2	1/2.2	6.6	1.289	7900	92.2
35	6/2.8	1/2.8	8.4	0.796	11900	149
50	6/3.2	1/3.2	9.6	0.609	15500	195
70	6/3.8	1/3.8	11.4	0.432	21300	275
95	28/2.07	7/2.0	13.68	0.315	34900	401
95	7/4.14	7/2.0	13.68	0.312	33100	398
120	28/2.3	7/2.0	15.2	0.255	43100	492
120	7/4.6	7/2.0	15.2	0.253	40900	492
150	28/2.53	7/2.2	16.72	0.211	50800	598
185	28/2.88	7/2.5	19.02	0.163	65700	774
240	28/3.22	7/2.8	21.28	0.130	78600	969
300	28/3.8	19/2.0	25.20	0.0935	111200	1348
400	28/4.17	19/2.2	27.68	0.0778	134300	1626

GJ 型镀锌钢绞线的主要技术数据　　　　　　　　表 11.1.2-8

标称截面积 (mm²)	结构 根数/直径 (n/mm)	钢截面 (mm²)	绞线直径 (mm)	拉断力 (N) 钢线抗拉强度 (N/mm²)					参考载流量 (A)	单位重量 (kg/km)
				1100	1250	1400	1550	1700		
25	7/2.2	26.6	6.6	26300	29900	33500	37100	40700	70	228
35	7/2.6	37.2	7.8	36800	41800	46800	51800	56800	80	318
50	7/3.0	49.5	9.0	49000	55600	62300	69000	75700	90	424
70	19/2.2	72.2	11.0	71500	81200	91000	100000	110000	120	615
95	19/2.5	93.2	12.5	92300	105000	117000	130000	142000	150	795
120	19/2.8	116.9	14.0	116000	131000	147000	163000	179000	175	995

11.1.3　电气装备用绝缘电线电缆

1. 分类及型号表示方法

电气装备用电线电缆按用途分为布电线、安装线缆、一般工业移动电器线缆、电话软线等。

型号组成：

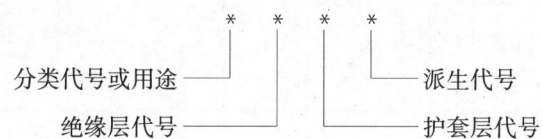

字母含义：见表 11.1.3-1。

电气装备用绝缘电线的型号字符含义　　　　　　　表 11.1.3-1

分类代号或用途		绝　缘		护　套		派　生	
符号	意　义	符号	意　义	符号	意　义	符号	意　义
A	安装线缆	V	聚氯乙烯	V	聚氯乙烯	P	屏蔽
B	布电线	F	氟塑料	H	橡套	R	软
F	飞机用低压线	Y	聚乙烯	B	编织套	S	双绞
Y	一般工业移动电器用线	X	橡皮	L	腊克	B	平行
T	天线	ST	天然丝	N	尼龙套	D	带形
HR	电话软线	SE	双丝包	SK	尼龙丝	T	特种
HP	配线	VZ	阻燃聚氯乙烯	VZ	阻燃聚氯乙烯	P_1	缠绕屏蔽
I	电影用电缆	R	辐照聚乙烯	ZR	具有阻燃性	W	耐气候、耐油
SB	无线电装置用电缆	B	聚丙烯				

【例】　BLX—70　布线用铝芯橡皮绝缘电线，70mm²。
　　　　RXS—2×0.2　双绞形橡皮绝缘软电线，2×0.2mm²。

2. 常用绝缘电线(见表 11.1.3-2)

常用绝缘电线　　表 11.1.3-2

类别	名称	型号	额定电压(V)	芯数	截面范围(mm^2)	外形结构及说明
橡皮绝缘线	铜芯橡皮线 铝芯橡皮线	BX BLX	300/500	1	0.75~240 2.5~240	室内外配线
	铜芯氯丁橡皮线 铝芯氯丁橡皮线	BXY BLXY	300/500	1	0.75~240 2.5~240	结构同上,价格较便宜
	铜芯软橡皮线	BXR	300/500	1	0.75~185	柔性好
塑料绝缘线	铜芯塑料线 铝芯塑料线	BV BLV	300/500 450/750	1	0.2~185 1.0~185	室内外配线
	铜芯塑料护套线 铝芯塑料护套线	BVV BLVV	300/500	1,2,3	0.75~10 2.5~10	绝缘好,可直接敷设
	铜芯软塑料线	BVR	450/750	1	0.75~50	柔软线芯
	铜芯耐热塑料线 铝芯耐热塑料线	BV-105 BLV-105	450/750	1	0.5~6 2.5~10	耐高温
日用电线	铜芯塑料软线	RV	300/500	1	0.12~6	
	铜芯橡皮软线	RX	300/500	1	0.2~2.5	
	并行塑料软线	RVB	300/500	1,2,	0.12~4	2~3 芯
	绞形塑料软线	RVS	300/500	1,2	0.12~4	2 芯
	塑料护套软线	RVV	300/500	1,2,3	0.12~6	1~4 芯
	橡皮护套软线	RXX	300/500	1,2,3	0.12~6	1~4 芯

续表

类别	名称	型号	额定电压(V)	芯数	截面范围(mm²)	外形结构及说明
屏蔽安装线	塑料绝缘屏蔽线	AVP	300/300	1,2,3,4,5,6	0.12~0.75	具有屏蔽作用,用于仪表、电讯设备安装接线
	塑料护套屏蔽线	AVVP			0.12~0.4	
	橡皮绝缘屏蔽线	AXP			0.12~0.75	
	橡皮护套屏蔽线	AXXP			0.12~0.4	

3. 移动电器用电缆

(1) 通用橡套电缆(见表 11.1.3-3)

通用橡套软电缆　　　　　　　表 11.1.3-3

序号	名称	型号	额定电压(V)	芯数	截面范围(mm²)	主要用途
1	轻型橡套电缆	YQ,YQW	300/300	2,3	0.3~0.5	轻型移动设备和工具
2	中型橡套电缆	YZ,YZW	300/500	2,3,4,5	0.75~6	各种移动设备和工具
3	重型橡套电缆	YC,YCW	450/750	1	1.5~400	有较大外力的移动设备
				2	1.5~95	
				3,4	1.5~150	
				5	1.5~25	

注:ⓐ额定电压指 U_0/U;ⓑ"W"型电缆具有耐气候性和耐油性;ⓒ —Z_R型电缆具有阻燃性;ⓓ四芯"三大一小"结构中截面配合如下:3×1.5+1×1.0;3×2.5+1×1.5;3×4+1×2.5;3×6+1×4;3×10+1×6;3×16+1×6;3×25+1×10;3×35+1×10;3×50+1×16;3×70+1×25;3×95+1×35;3×120+1+35;3×150+1×50。

(2) 电焊机电缆(见表 11.1.3-4)

电 焊 机 电 缆　　　　　　　表 11.1.3-4

序号	名称	型号	额定电压(V)	芯数	截面范围(mm²)	主要用途
1	天然胶电焊机电缆	YH	200	1	10~150	电焊机二次侧接线及连接电焊钳
2	氯丁胶电焊机电缆	YHF	200	1	10~150	
3	耐温电焊机电缆	YHE85℃ YHY85℃	100	1	10~150	耐高温场所

11.1.4 电力电缆

1. 橡皮绝缘电力电缆

(1) 型号说明

字母含义见表 11.1.4-1。

橡皮绝缘电缆字符含义　　　　　表 11.1.4-1

序号	类别	字符	含义
1	橡皮电缆	X	橡皮绝缘
2	导体	T	铜(可省略)
		L	铝
3	内护层	Q	铅 包
		V	聚氯乙烯护层
		F	氯丁胶护层

序号	类别	字符	含义
4	外护层	2	钢带铠装麻被
		20	裸钢带铠装
		29	内钢带铠装

【例】 XLV——铝芯橡皮绝缘聚氯乙烯护套电力电缆。

（2）种类及规格（见表 11.1.4-2～11.1.4-4）

常用橡皮绝缘电力电缆的品种、型号及用途　　表 11.1.4-2

序号	名称	型号 铜芯	型号 铝芯	特点及用途
1	橡皮绝缘聚氯乙烯护套电力电缆	XV	XLV	不能承受较大的机械外力的作用，敷设在室内电缆沟及管道中
2	橡皮绝缘氯丁橡皮护套电力电缆	XF	XLF	不能承受较大的机械外力的作用，敷设在室内电缆沟及管道中
3	橡皮绝缘聚氯乙烯护套内钢带铠装电力电缆	XV_{29}	XLV_{29}	能承受一定外力作用，敷设在地下
4	橡皮绝缘裸铅包电力电缆	XQ	XLQ	不能承受较大的机械外力作用，敷设在室内电缆沟中
5	橡皮绝缘铅包钢带铠装电力电缆	XQ_2	XLQ_2	同 XV_{29}、XLV_{29}
6	橡皮绝缘铅包裸钢带铠装电力电缆	XQ_{20}	XLQ_{20}	不能承受大的拉力，敷设在室内、沟内、管道中

橡皮绝缘电力电缆电压等级和截面范围　　表 11.1.4-3

型号	额定电压（V） 500 线芯标称截面(mm^2)	额定电压（V） 6000 线芯标称截面(mm^2)	主线芯数	中性线芯数
XLV XLF	2.5～630	—	1	0
XV XF	1～240	—		
XLQ	2.5～630	4～500		
XQ	1～240	2.5～400		
XLV XLF	2.5～240	—	2	0
XV XF XQ	1～185	—		
XLV_{29} XLQ XLQ_2 XLQ_{20}	4～240	—		
XV_{29} XQ_2 XQ_{20}	4～185	—		
XLV XLF	2.5～240	—	3	0 或 1
XV XF XQ	1～185	—		
XLV_{29} XLQ XLQ_2 XLQ_{20}	4～240	—		
XV_{29} XQ_2 XQ_{20}	4～185	—		

主线芯与相对应的中性线线芯标称截面积 表 11.1.4-4

主线芯(mm^2)	中性线芯(mm^2)	主线芯(mm^2)	中性线芯(mm^2)
1	1	50	16
1.5,2.5	1.5	70	25
4	2.5	95,120	35
6	4	150,185	50
10,16	6	240	70
25,35	10	—	—

注：主线芯为 2.5mm^2 的铝芯电缆，其中性线芯也为 2.5mm^2。

2．塑料绝缘电力电缆

（1）型号说明

字符含义见表 11.1.4-5。

塑料绝缘电力电缆字符含义 表 11.1.4-5

序号	类别	字符	含义
1	绝缘	V YJ	聚氯乙烯绝缘 交联聚乙烯绝缘
2	导体	T L	铜芯（一般不表示） 铝芯
3	内护层	V Y Q LW	聚氯乙烯 聚乙烯 铅包 皱纹铝套
4	外护层	22 32 23 33 4*	钢带铠装，聚氯乙烯外护套 细钢丝铠装，聚氯乙烯外护套 钢带铠装，聚乙烯外护套 细钢丝铠装，聚乙烯外护套 粗钢丝铠装

【例】 VV_{22}——聚氯乙烯绝缘聚氯乙烯护套钢带铠装电力电缆。

YJV_{43}——交联聚乙烯绝缘聚氯乙烯护套粗钢丝铠装电力电缆。

（2）种类及规格（见表 11.1.4-6～11.1.4-9）

聚氯乙烯绝缘电力电缆的种类及用途 表 11.1.4-6

序号	名称	型号 铜芯	型号 铝芯	特点及用途
1	聚氯乙烯绝缘聚氯乙烯护套电力电缆	VV	VLV	敷设在室内、隧道内及管道中，不能受机械外力作用
2	聚氯乙烯绝缘聚乙烯护套电力电缆	VY	VLY	
3	聚氯乙烯绝缘钢带铠装聚氯乙烯护套电力电缆	VV_{22}	VLV_{22}	敷设在地下，能承受机械外力作用，但不能承受大的拉力
4	聚氯乙烯绝缘钢带铠装聚乙烯护套电力电缆	VV_{23}	VLV_{23}	

续表

序号	名称	型号 铜芯	型号 铝芯	特点及用途
5	聚氯乙烯绝缘细钢丝铠装聚氯乙烯护套电力电缆	VV_{32}	VLV_{32}	敷设在室内、矿井中,能承受机械外力作用,并能承受相当的拉力
6	聚氯乙烯绝缘细钢丝铠装聚乙烯护套电力电缆	VV_{33}	VLV_{33}	
7	聚氯乙烯绝缘粗钢丝铠装聚氯乙烯护套电力电缆	VV_{42}	VLV_{42}	敷设在水中,能承受较大的拉力
8	聚氯乙烯绝缘粗钢丝铠装聚乙烯护套电力电缆	VV_{43}	VLV_{43}	

聚氯乙烯绝缘电力电缆电压等级及截面范围　　表 11.1.4-7

型号 铜芯		型号 铝芯		芯数	额定电压 (kV) 0.6/1	1.8/3	3.6/6 6/6 6/10
					标 称 截 面 (mm²)		
VV	VY	—		1①	1.5~800	10~800	10~1000
—		VLV	VLY		2.5~1000	10~1000	10~1000
VV_{22}	VV_{23}	VLV_{22}	VLV_{23}		10~1000	10~1000	10~1000
VV	VY	—		2	1.5~185	10~185	10~150
—		VLV	VLY		2.5~185	10~185	10~150
VV_{22}	VV_{23}	VLV_{22}	VLV_{23}		4~185	10~185	10~150
VV	VY	—		3	1.5~300	10~300	10~300
—		VLV	VLY		2.5~300	10~300	10~300
VV_{22}	VV_{23}	VLV_{22}	VLV_{23}		4~300	10~300	10~300
VV_{32}	VV_{33}	VLV_{32}	VLV_{33}		—	—	16~300
VV_{42}	VV_{43}	VLV_{42}	VLV_{43}		—	—	16~300
VV	VY	VLV	VLY	3+1	4~300	10~300	—
VV_{22}	VV_{23}	VLV_{22}	VLV_{23}		4~300	10~300	—
VV	VY	VLV	VLY	4	4~185	10~185	—
VV_{22}	VV_{23}	VLV_{22}	VLV_{23}		4~185	10~185	—

① 单芯电缆铠装应采用非磁性材料或采用减少磁损耗结构。

常用交联聚乙烯绝缘电力电缆的品种、型号及用途　　表 11.1.4-8

序号	名称	型号 铜芯	型号 铝芯	特点及用途
1	交联聚乙烯绝缘聚氯乙烯护套电力电缆	YJV	YJLV	敷设在室内、沟道中及管子内,也可埋设在土壤中,不能承受机械外力作用,但可经受一定的敷设牵引
2	交联聚乙烯绝缘聚乙烯护套电力电缆	YJY	YJLY	(同 YJV、YJLV 型)
3	交联聚乙烯绝缘聚氯乙烯护套内钢带铠装电力电缆	YJV_{22}	$YJLV_{22}$	敷设在土壤中,能承受机械外力作用,但不能承受大的拉力
4	交联聚乙烯绝缘聚乙烯护套钢带铠装电力电缆	YJV_{23}	$YJLV_{23}$	(同 YJV_{22}、$YJLV_{22}$)

续表

序号	名称	型号 铜芯	型号 铝芯	特点及用途
5	交联聚乙烯绝缘聚氯乙烯护套裸细钢丝铠装电力电缆	YJV_{32}	$YJLV_{32}$	敷设在室内、隧道内及矿井中,能承受机械外力作用,并能承受相当的拉力
6	交联聚乙烯绝缘聚氯乙烯护套内细钢丝铠装电力电缆	YJV_{33}	$YJLV_{33}$	敷设在水中或具有落差较大的土壤中,电缆能承受相当的拉力
7	交联聚乙烯绝缘聚氯乙烯护套裸粗钢丝铠装电力电缆	YJV_{42}	$YJLV_{42}$	敷设在室内、隧道内及矿井中,能承受机械外力作用,并能承受较大的拉力
8	交联聚乙烯绝缘聚氯乙烯护套内粗钢丝铠装电力电缆	YJV_{43}	$YJLV_{43}$	敷设在水中,能承受较大的拉力

交联聚乙烯绝缘电力电缆的电压等级和截面范围 表 11.1.4-9

型号		芯数	额定电压 (kV)					
			0.6/1	1.8/3	3.6/6,6/6	6/10,8.7/10	8.7/15~12/20	18/20~26/35
			标 称 截 面 （mm²）					
YJV	YJLV	1①	1.5~800	10~800	25~1200	25~1200	35~1200	50~1200
YJY	YJLY		2.5~1000	10~1000	25~1200	25~1200	35~1200	50~1200
YJV_{32}	$YJLV_{32}$		10~1000	10~1000	25~1200	25~1200	35~1200	50~1200
YJV_{33}	$YJLV_{33}$		10~1000	10~1000	25~1200	25~1200	35~1200	50~1200
YJV_{42}	$YJLV_{42}$		10~1000	10~1000	25~1200	25~1200	35~1200	50~1200
YJV_{43}	$YJLV_{43}$		10~1000	10~1000	25~1200	25~1200	35~1200	50~1200
YJV	YJLV	3	1.5~300	10~300	25~300	25~300	35~300	35~300
YJY	YJLV		2.5~300	10~300	20~300	25~300	35~300	35~300
YJV_{22}	$YJLV_{22}$		4~300	10~300	25~300	25~300	35~300	35~300
YJV_{23}	$YJLV_{23}$		4~300	10~300	25~300	25~300	35~300	35~300
YJV_{32}	$YJLV_{32}$		4~300	10~300	25~300	25~300	35~300	35~300
YJV_{33}	$YJLV_{33}$		4~300	10~300	25~300	25~300	35~300	35~300
YJV_{42}	$YJLV_{42}$		4~300	10~300	25~300	25~300	35~300	35~300
YJV_{43}	$YJLV_{43}$		4~300	10~300	25~300	25~300	35~300	35~300

① 单芯电缆铠装应采用非磁性材料或采用减少磁损耗结构。

3．纸绝缘电力电缆

（1）型号说明

字符含义见表 11.1.4-10,外护层代号见表 11.1.4-11。

纸绝缘电缆型号字符含义 表 11.1.4-10

绝缘	导体	内护套	特征	外护层
Z-纸	T-铜 L-铝	Q-铅套 L-铝套	CY-充油 F-分相 D-不滴流 C-滤尘用	02,03,20,21,22,23,30,31,32,33,40,41,42,43,441,241 等

注：铜芯代表字母 T 一般省略不写。

电缆外护层的数字表示　　　　　　　　　　　　　　　表 11.1.4-11

标 记	铠 装 层	标 记	外 被 层
0	无	0	无
1	—	1	纤维层
2	双钢带(24-钢带、粗圆钢丝)	2	聚氯乙烯套
3	细圆钢丝	3	聚乙烯套
4	粗圆钢丝(44-双粗圆钢丝)	4	

(2) 种类及规格(见表 11.1.4-12～11.1.4-14)

油浸纸绝缘电缆的品种、型号及用途　　　　　　　　　表 11.1.4-12

序号	名 称	型 号 铜 芯	型 号 铝 芯	特点及用途
1	纸绝缘裸铅包电力电缆	ZQ、ZQD	ZLQ、ZLQD	敷设于室内、沟道中及管内,无机械损伤无腐蚀处
2	纸绝缘铅包一级外护层电力电缆	ZQ_{11}、ZQD_{11}	ZLQ_{11}、$ZLQD_{11}$	敷设于室内、沟道中及管内,无机械损伤无腐蚀处
3	纸绝缘铅包钢带铠装一级外护层电力电缆	ZQ_{12}、ZQD_{12}	ZLQ_{12}、$ZLQD_{12}$	敷设在土壤中,能承受机械损伤但不能受大的拉力
4	纸绝缘铅包裸钢带铠装一级外护层电力电缆	ZQ_{120}、ZQD_{120}	ZLQ_{120}、$ZLQD_{120}$	敷设在室内、沟道中及管内,能承受机械损伤但不能受大的拉力
5	纸绝缘铅包钢带铠装二级外护层电力电缆	ZQ_{22}、ZQD_{22}	ZLQ_{22}、$ZLQD_{22}$	敷设在室内、沟道中及土壤中,有较强的防腐能力
6	纸绝缘铅包细钢丝铠装一级外护层电力电缆	ZQ_{13}、ZQD_{13}	ZLQ_{13}、$ZLQD_{13}$	敷设在土壤中,能承受机械损伤,并阴承受相当的拉力
7	纸绝缘铅包裸细钢丝铠装一级外护层电力电缆	ZQ_{130}、ZQD_{130}	ZLQ_{130}、$ZLQD_{130}$	敷在室内及矿井中,能承受机械损伤并能承受相当的拉力
8	纸绝缘铅包粗钢丝铠装一级外护层电力电缆	ZQ_{15}、ZQD_{15}	ZLQ_{15}、$ZLQD_{15}$	敷在水中,土壤中,能承受较大的外压力和拉力
9	纸绝缘铅包粗钢丝铠装二级外护层电力电缆	ZQ_{25}、ZQD_{25}	ZLQ_{25}、$ZLQD_{25}$	敷在水中,能承受较大的拉力
10	纸绝缘分相铅包钢带铠装一级外护层电力电缆	ZQF_{12}、$ZQDF_{12}$	$ZLQF_{12}$、$ZLQDF_{12}$	(同 ZQ_{12})
11	纸绝缘分相铅包裸钢带铠装一级外护层电力电缆	ZQF_{120}、$ZQDF_{120}$	$ZLQF_{120}$、$ZLQDF_{120}$	(同 ZQ_{120})
12	纸绝缘分相铅包粗钢丝铠装二级外护层电力电缆	ZQF_{25}、$ZQDF_{25}$	$ZLQF_{25}$、$ZLQDF_{25}$	(同 ZQ_{25})

粘性油浸纸绝缘电缆的电压等级及截面范围　　　　　表 11.1.4-13

电缆型号	芯数	截面范围 (mm²)			
		1kV	6kV	10kV	35kV
ZQ、ZLQ、ZQ_{11}、ZLQ_{11}	1	2.5～625	10～500	16～500	50～300
ZQ_{12}、ZLQ_{12}、ZQ_{120}、ZLQ_{120}、ZQ_{22}、ZLQ_{22}		4～625	10～500	16～500	

电缆型号	芯数	截面范围 (mm²)			
		1kV	6kV	10kV	35kV
ZQ、ZLQ、ZQ_{11}、ZLQ_{11}、ZQ_{12}、ZLQ_{12} ZQ_{22}、ZLQ_{22}、ZQ_{120}、ZLQ_{120} ZQ_{13}、ZLQ_{13}、ZQ_{130}、ZLQ_{130}、ZQ_{23}、ZLQ_{23}	2	2.5～150 25～150			
ZQ、ZLQ、ZQ_{11}、ZLQ_{11}、ZQ_{12}、ZLQ_{12} ZQ_{22}、ZLQ_{22}、ZQ_{120}、ZLQ_{120} ZQF_{12}、$ZLQF_{12}$、ZQF_{120}、$ZLQF_{120}$ ZQ_{13}、ZLQ_{13}、ZQ_{130}、ZLQ_{130}、ZQ_{23}、ZLQ_{23} ZQ_{15}、ZLQ_{15}、ZQ_{25}、ZLQ_{25}	3	2.5～300 25～300	16～240	16～300	50～185
ZQ、ZLQ、ZQ_{11}、ZLQ_{11}、ZQ_{12}、ZLQ_{12} ZQ_{120}、ZLQ_{120}、ZQ_{22}、ZLQ_{22} ZQ_{13}、ZLQ_{13}、ZQ_{130}、ZLQ_{130}、ZQ_{23} ZLQ_{130} ZQ_{25}、ZLQ_{25}、ZQ_{15}、ZLQ_{15}	4	4～185 16～185 25～120			

不滴流油浸纸绝缘电力电缆的电压等级及截面范围　　　表 11.1.4-14

电缆型号	芯数	截面范围 (mm²)			
		1kV	6kV	10kV	35kV
ZQD、ZLQD、ZQD_{11}、$ZLQD_{11}$、ZQD_{12}、 $ZLQD_{12}$、ZQD_{22}、$ZLQD_{22}$	1	25～800	50～630	50～630	50～500
ZQD_{25}、$ZLQD_{25}$		50～630	50～630	50～630	50～500
ZQD、ZLQD、ZQD_{11}、$ZLQD_{11}$、ZQD_{12}、 $ZLQD_{12}$、ZQD_{22}、$ZLQD_{22}$	2	4～150	—	—	50～500
ZQD_{13}、$ZLQD_{13}$		25～150	—	—	—
ZQD_{15}、$ZLQD_{15}$、ZQD_{25}、$ZLQD_{25}$		50～150	—	—	—
ZQD、ZLQD、ZQD_{11}、$ZLQD_{11}$、ZQD_{12}、 $ZLQD_{12}$、ZQD_{22}、$ZLQD_{22}$	3	4～300	16～300	16～300	—
ZQD_{15}、$ZLQD_{15}$、ZQD_{23}、$ZLQD_{23}$		25～300	25～300	25～300	50～240
ZQD_{120}、$ZLQD_{120}$、$ZQDF_{15}$、$ZLQDF_{15}$		25～300	25～300	25～300	50～240
ZQD_{11}、$ZLQD_{11}$、ZQD_{12}、$ZLQD_{12}$、ZQD_{13}、 $ZLQD_{13}$、ZQD_{22}、$ZLQD_{22}$、ZQD_{15}、ZLQ_{15}、 ZQD_{25}、$ZLQD_{25}$	4	10～300			

11.1.5 控制电缆

(1) 型号说明

字符含义见表 11.1.5-1。

控制电缆型号中字符含义　　　　　　表11.1.5-1

类别用途	导体	绝缘	护套、屏蔽特征	外护层	派生、特性
K-控制电缆 系列代号	T-铜芯① L-铝芯	Y-聚乙烯 V-聚氯乙烯 X-橡皮 YJ-交联聚乙烯 绝缘	Y-聚乙烯 V-聚氯乙烯 F-氯丁胶 Q-铅套 P-编织屏蔽	02,03 20,22 23,30 32,33	80,105 1,2

注：① 铜芯代表字母"T"型号中一般略写。

外护层及派生、特性数字含义：

　　1——铜丝缠绕屏蔽；80——耐热+80℃塑料；R——软结构线芯；

　　2——铜带绕包屏蔽；105——耐热+105℃塑料。

【例】　KXQ23——橡皮绝缘铜芯控制电缆，铅套，钢带铠装，聚乙烯外护层。

(2) 种类及规格(见表11.1.5-2～11.1.5-3)

常用控制电缆的种类及用途　　　　　　表11.1.5-2

序号	电缆名称	型号	主要用途
1	铜芯聚乙烯绝缘聚乙烯护套控制电缆	KYV	固定敷设
2	铜芯聚乙烯绝缘铜丝编织总屏蔽聚乙烯护套控制电缆	KYYP	固定敷设
3	铜芯聚乙烯绝缘铜丝缠绕总屏蔽聚乙烯护套控制电缆	KYYP$_1$	固定敷设
4	铜芯聚乙烯绝缘铜带绕包总屏蔽聚乙烯护套控制电缆	KYYP$_2$	固定敷设
5	铜芯聚乙烯绝缘钢带铠装聚乙烯护套控制电缆	KY$_{23}$	固定敷设
6	铜芯聚乙烯绝缘聚乙烯护套裸细铜丝铠装控制电缆	KYY$_{30}$	固定敷设
7	铜芯聚乙烯绝缘细钢丝铠装聚乙烯护套控制电缆	KY$_{33}$	固定敷设
8	铜芯聚乙烯绝缘铜带绕包总屏蔽细钢丝铠装聚乙烯护套控制电缆	KYP$_{233}$	固定敷设
9	铜芯聚乙烯绝缘聚氯乙烯护套控制电缆	KYV	固定敷设
10	铜芯聚乙烯绝缘铜丝编织总屏蔽聚氯乙烯护套控制电缆	KYVP	固定敷设
11	铜芯聚乙烯绝缘铜丝缠绕总屏蔽聚氯乙烯护套控制电缆	KYVP$_1$	固定敷设
12	铜芯聚乙烯绝缘铜带绕包总屏蔽聚氯乙烯护套控制电缆	KYVP$_2$	固定敷设
13	铜芯聚乙烯绝缘钢带铠装聚氯乙烯护套控制电缆	KY$_{22}$	固定敷设
14	铜芯聚乙烯绝缘细钢丝铠装聚氯乙烯护套控制电缆	KY$_{32}$	固定敷设
15	铜芯聚乙烯绝缘铜带绕包总屏蔽细钢丝铠装聚氯乙烯护套控制电缆	KYP$_{232}$	固定敷设
16	铜芯聚氯乙烯绝缘聚乙烯护套控制电缆	KVY	固定敷设
17	铜芯聚氯乙烯绝缘铜丝编织总屏蔽聚乙烯护套控制电缆	KVYP	固定敷设
18	铜芯聚氯乙烯绝缘铜丝缠绕总屏蔽聚乙烯护套控制电缆	KVYP$_1$	固定敷设
19	铜芯聚氯乙烯绝缘铜带绕包总屏蔽聚乙烯护套控制电缆	KVYP$_2$	固定敷设
20	铜芯橡皮绝缘聚氯乙烯护套控制电缆	KXV	固定敷设
21	铜芯橡皮绝缘钢带铠装聚氯乙烯护套控制电缆	KX$_{22}$	固定敷设
22	铜芯橡皮绝缘钢带铠装聚乙烯护套控制电缆	KX$_{23}$	固定敷设
23	铜芯橡皮绝缘氯丁橡套控制电缆	KXF	固定敷设
24	铜芯橡皮绝缘裸铅包控制电缆	KXQ	固定敷设
25	铜芯橡皮绝缘铅包聚氯乙烯护套控制电缆	KXQ$_{02}$	固定敷设
26	铜芯橡皮绝缘铅包聚乙烯护套控制电缆	KXQ$_{03}$	固定敷设
27	铜芯橡皮绝缘铅包裸钢带铠装控制电缆	KXQ$_{20}$	固定敷设
28	铜芯橡皮绝缘铅包钢带铠装聚氯乙烯护套控制电缆	KXQ$_{22}$	固定敷设
29	铜芯橡皮绝缘铅包钢带铠装聚乙烯护套控制电缆	KXQ$_{23}$	固定敷设
30	铜芯橡皮绝缘铅包裸细钢丝铠装控制电缆	KXQ$_{30}$	固定敷设

11.1 常用电线电缆

常用控制电缆的截面范围和芯数　　　　表 11.1.5-3

电缆型号	导线截面(mm²)						
	0.75	1.0	1.5	2.5	4	6	10
	芯　　数						
KVV,KYV,KXV,KXF,KYVD,KXVD	4,5,7,14,19,24,30,37				4,5,7,10,14	4,5,7,10	—
KLYV, KLVV, KLYVD	—	—	4,5,7,10,14,19,24,30,37		4,5,7,10,14	4,5,7,10	
KLXV,KLXVD	—	—		4,5,7,10,14,19,24,30,37	4,5,7,10,14	4,5,7,10	
KVV$_{29}$, KYV$_{29}$, KXV$_{29}$	19,24,30,37		10,14,19,24,30,37	7,10,14,19,24,30,37	4,5,7,10,14	4,5,7,10	—
KLVV$_{29}$,KLYV$_{29}$, KLXV$_{29}$				7,10,14,19,24,30,37	4,5,7,10,14	4,5,7,10	
KXFR,KVVR	4,5,7,10,14,19,24,30,37			—	—	—	—

11.1.6 电缆附件

1. 电缆附件的种类和型号表示方法

电缆附件是指电缆封端、接续、支护等部件，主要有终端盒、压力供油箱、中间连接盒、芯线连接金具、电缆桥架等。

电缆附件的型号编制方法及字符含义见表 11.1.6-1。

电缆附件型号字符含义　　　　表 11.1.6-1

类　别	特　　　征		派　　　生		
	不同式样	不同材料	截面(mm²)	芯　数	规格编号
B—过渡接线棒	D—鼎足式、堵油式	C—瓷	10	1(单芯)	1,2
D—接线端子	M—密封式	H—环氧树脂	16	2(双芯)	3,4
G—连接管套	G—倒挂式	L—铝及铝合金	25	3(三芯)	5,6
J—线夹子	R—绕包式	N—尼龙	35	4(3+1)或四芯等截面	7,8
L—连接盒	S—扇形线芯	T—铜	50		9,10
N—户内用终端盒	YS—液压接	TL—铜铝	…		11,21
Q—压接钳	XS—机械压接	V—聚氯乙烯塑料	240		150,…
TQ—套(首套)	BS—爆炸力压接	Q—铅			等
W—户外用终端盒	Z—整体式	Z—纸			
ZK—开敞式终端	J—挤包绝缘式、紧压	G—钢材			
ZF—封闭式终端	Y—圆形线芯用	B—玻璃钢			
JT—直通接头					
JS—塞止接头					
XY—压力供油箱					

注：铜材代号 T，一般省略。

【例】 WDH—25——鼎足式户外终端盒,环氧树脂绝缘,适用于25mm²线芯。
DTL—70——铜—铝过渡接线端子,适用于70mm²线芯。

2．常用电缆终端盒

(1) WDZ型户外式整体电缆终端盒

本产品用作电力电缆户外终端接线装置,起电缆终端绝缘、密封、导体连接作用。适用电压级为1~10kV;三芯或四芯标称截面为16~240mm²;铜芯或铝芯的纸绝缘(铝套或铅套)及橡皮或塑料绝缘电力电缆。

结构特点:产品壳体分别由两种不同材料制造,铸铁制造其产品重量为24kg;耐蚀铸铝合金制造,产品重量为14kg。

外形结构见图11.1.6-1。

图11.1.6-1 WDZ型电缆终端盒

(2) WG型倒挂式户外终端盒

WG系列倒挂式铸铁电缆终端盒是用作电缆户外终端接线装置,起电缆终端绝缘、密封、导体连接的作用。按壳体大小共分为两种规格,适用于1~10kV 截面为16~240mm²(铜芯、铝芯)的铝套、铅套及橡塑护套等电力电缆。

适用范围:见表11.1.6-2。

WG型终端盒适用范围　　　　表11.1.6-2

型　号	电　压　等　级　(kV)	截　面　(mm²)	壳 体 号
WG-Ⅰ	1~10	120~240	2
WG-Ⅱ	1~10	16~95	1

注:不宜用于严重污秽地区(如大型热电站,供工厂煤矿附近和经常有浓雾的工业区)。有鸟害或严重积雪地区选用倒挂式比较适宜。

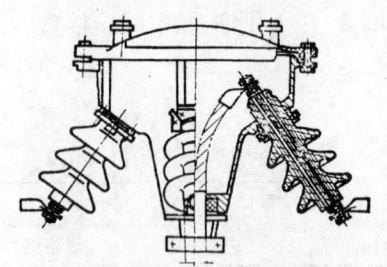

图11.1.6-2 WG型终端盒

外形结构见图11.1.6-2。

(3) WS、NS型扇形电缆终端盒

WS系列户外扇形铸铁电缆终端盒是用作电缆户外终端接线装置,起电缆终端绝缘、密封、导体连接的作用。按壳体大小分两种规格,适用于1~10kV三芯截面为10~240mm² 铜芯或铝芯的铅包、铝包、皱纹钢管以及橡皮塑料护套等电力电缆。

NS型系列户内扇形铸铁电缆终端盒是用作电缆户内终端接线装置,起电缆终端绝缘、密封、导体连接的作用。按壳体大小分2种规格,适用于1~10kV三芯,截面为1~240mm²(铜芯或铝芯)的铅套、铝套以及橡皮塑料护套等电力电缆。该系列与WD、WS系列户外安装电缆终端盒零件可通用。

适用范围:见表11.1.6-3和11.1.6-4。

WS型产品适用范围　　表11.1.6-3

型　号	适　用　范　围		
	1kV	6kV	10kV
	电缆标称截面 (mm²)		
WS-1	16~185	16~120	16~95
WS-2	240	150~240	20~246

注:电压级6kV及以下选用普通型,10kV的电缆则选用加强型。

NS型产品适用范围　　表11.1.6-4

型　号	适　用　范　围		
	1kV	6kV	10kV
	电缆标称截面 (mm²)		
NS-231	16~185		
NS-232	240	10~240	16~240

外形结构见图 11.1.6-3。

(4) WDH、NTH 环氧树脂电缆终端盒

WDH 型户外环氧树脂电缆终端,具有体小质轻,结构简单,安装方便,电气性能耐化学药品性好,粘附力强,机械强度高等特点。

在南方高温、多雨、强日晒、雷暴频繁地区以及北方严寒,风暴多雪地区可安全运行。

本产品适用于 10kV 及以下,芯数为三芯、四芯,截面为 $16\sim240mm^2$ 油浸纸绝缘电力电缆,在一般环境条件下的户外终端。

主要绝缘和密封材料:户外环氧外壳,环氧冷浇制、自粘性橡胶带、铜或铝接线端子等。

NTH 型用于 10kV 及以下,$16\sim24mm^2$ 截面三芯、四芯的油浸绝缘电缆户内终端。

外形结构见图 11.1.6-4。

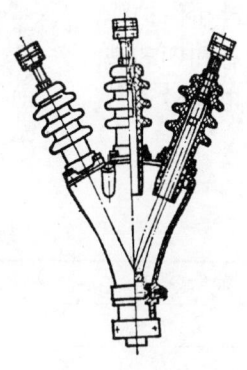

图 11.1.6-3 WS、NS 型电缆终端盒

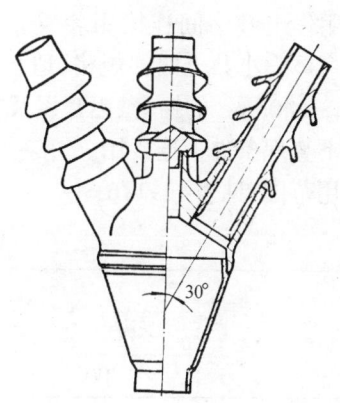

图 11.1.6-4 WDH 型电缆终端盒

(5) NTN 型尼龙电缆终端盒

本产品适用于 10kV 及以下,$16\sim240mm^2$ 铜芯或铝芯油纸电缆的户内安装起绝缘、密封、导体连接作用。本产品采用增强尼龙制造,固强度高,体积小,电气性能稳定。结构有整体式和分离式两种,施工简便。

适用范围:见表 11.1.6-5。

NTN 型系列产品适用范围 表 11.1.6-5

系列	适用的截面(mm²) 规格	电压(kV) 芯数	1 三芯	1 四芯	3 三芯	6 三芯	10 三芯	每只重量(kg)
NTN-40	NTN-41			16~50				0.335
	NTN-42			70~95				0.425
	NTN-43			120~185				0.7
NTN-30	NTN-31		16~50		16~50	16~25		0.33
	NTN-32		70~120		70~120	35~70	16~50	0.4
	NTN-33		150~240		150~240	95~185	70~150	0.65
	NTN-34					240	185~240	0.75

注:电缆敷设标商应不大于 15m。终端盒使用场所不应有严重的酸碱等化学气体和化学反应。

外形结构见图 11.1.6-5。

(6) WR、NR 型热塑型电缆终端盒

本产品用于电缆芯数为三芯或四芯,电压等级 0.5～10kV,电缆线芯截面为 10～240mm² 的橡皮、塑料、交联聚乙烯绝缘电缆在一般环境下户内户外终端。

主要绝缘和密封材料:分支手套、雨罩、自粘性橡胶带、塑料胶粘带、半导电胶带、铜或铝接线端子等。

3. 常用电缆中间连接盒

(1) LB(整体式)、LBT(对接式)型铸铁电缆中间连接盒

LB 系列整体式铸铁电缆中间盒和 LBT 系列对接式铸铁电缆中间盒是用作电缆中间连接用装置,起导体连接、绝缘、密封和保护作用。按盒体大小共分四种规格,适合于 1～10kV 双芯、三芯和四芯截面从 16～240mm² 的铅套、铝套以及橡皮塑料护套等电力电缆隧道敷设和地下直埋条件下连接用。

适用范围:见表 11.1.6-6。

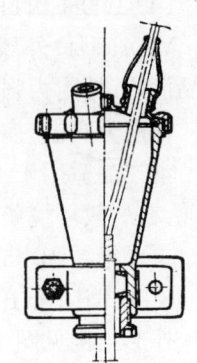

图 11.1.6-5 NTN 型电缆终端盒

表 11.1.6-6 LB、LBT 中间盒适用范围

型 号	额定电压及标称截面 (mm²)			
	四 芯	三 芯		
	1kV	1kV	6kV	10kV
LB-1、LBT-1	16～25	25～35		
LB-2、LBT-2	35～95	50～120	16～70	16～50
LB-3、LBT-3	120～185	150～240	95～185	70～150
LB-4、LBT-4			240	185～240

外形结构见图 11.1.6-6。

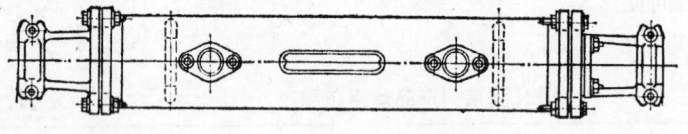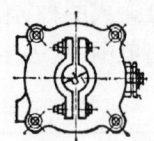

(a) LB 系列

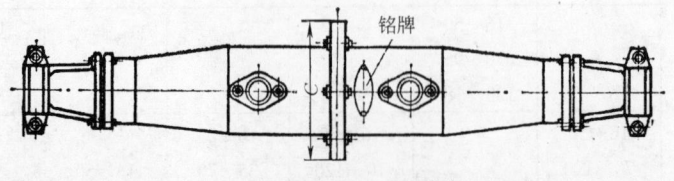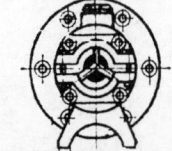

(b) LBT 系列

图 11.1.6-6 LB、LBT 型电缆中间盒

(2) LL、LBL 型整体式铸铝电缆中间连接盒

LL系列整体式铸铝电缆连接盒,是用作电缆与电缆连接的装置。起导体连接、绝缘、密封和保护作用。本系列规格适合于20kV,25~240mm², 35kV50~185mm² 的分相铅套、铝套。等电力电缆隧道敷设和地下直埋条件下连接用。

LBL系列整体式铸铝单芯电缆连接盒,是用作单芯电缆与单芯电缆连接用的装置。起导体连接、绝缘、密封和保护作用。本系列按盒体大小共分两种规格,适合于1~10kV,截面为10~500mm² 的铅套、铝套以及橡皮塑料护套等单芯电力电缆隧道敷设和地下直埋式条件下连接用。使用范围见表11.1.6-7。

LBL型电缆中间盒使用范围　　　　　　　　　　　　表11.1.6-7

型号	适用电缆标称截面（mm²）			
	1kV	3kV	6kV	10kV
LBL-1	16~150	16~150	16~120	16~95
LBL-2	185~625	185~625	150~500	120~500

外形结构与LB、LBT型基本相同。

4. 电缆导体接线端子和连接管

铜、铝接线端子和连接管主要用于35kV及以下电力电缆导体用压接型铜、铝接线端子和连接管,铜、铝导体截面范围分别为16~400mm²、10~400mm²,对固定敷设用的其他电线电缆亦可参照采用。

常用接线端子和连接管的种类见表11.1.6-8。

常用接线端子和连接管　　　　　　　　　　　　表11.1.6-8

序号	型号	名称（简称）	用途
1	DTS DTJS	非密封式短型非紧压导体用铜接线端子（短型铜端子） 非密封式短型紧压导体用铜接线端子（短型紧压铜端子）	适合电力电缆等铜绞合导体,在导体连接处,密封要求不高且不要求承受很大拉力时
2	DT DTJ	非密封式长型非紧压导体用铜接线端子（铜端子） 非密封式长型紧压导体用铜接线端子（紧压铜端子）	
3	DTM DTMJ	密封式长型非紧压导体用铜接线端子（密封式铜端子） 密封式长型紧压导体用铜接线端子（密封式紧压铜端子）	适合油浸纸、交联聚乙烯绝缘电力电缆等铜绞合导体,在导体连接处,要求能堵油或防潮并能承受较高拉力时
4	DLM DLMJ	密封式长型非紧压导体用铝接线端子（密封式铝端子） 密封式长型紧压导体用铝接线端子（密封式紧压铝端子）	
5	GTS GTJS	直通式短型非紧压导体用铜连接管（短型铜连接管） 直通式短型紧压导体用铜连接管（短型紧压铜连接管）	适合电力电缆等铜绞合导体,在导体连接处,不要求承受很大拉力时
6	GT GTJ	直通式长型非紧压导体用铜连接管（铜连接管） 直通式长型紧压导体用铜连接管（紧压铜连接管）	
7	GL GLJ	直通式长型非紧压导体用铝连接管（铝连接管） 直通式长型紧压导体用铝连接管（紧压铝连接管）	
8	GLM GLMJ	堵油式长型非紧压导体用铝连接管（堵油式铝连接管） 堵油式长型紧压导体用铝连接管（堵油式紧压铝连接管）	适合油浸纸绝缘与挤出绝缘电力电缆等铝绞合导体,在导体连接处,要求能堵油并能承受较高拉力时

11.1.7 电磁线

1. 电磁线的型号表示方法

型号中字符含义见表11.1.7-1。

电磁线型号中字符含义   表11.1.7-1

类　别(以绝缘层区分)				导　体		派　生
绝缘漆	绝缘纤维	其他绝缘层	绝缘特征	导体材料	导体特征	
Q—漆包绕组线系列代号	M—棉纱	B—玻璃丝	B—编织	T—铜线	B—扁线	1—1级薄漆膜
QA—聚氨酯漆	SB—玻璃丝	V—聚氯乙烯	C—醇酸浸渍	L—铝线	D—带箔	2—2级厚漆膜
QG—硅有机漆	SR—人造丝	YM—氧化膜	E—双层	TWC—无磁性铜	J—绞制	3—3级特厚漆膜
QH—环氧素	ST—天然丝	M—绝缘薄膜	G—硅有机浸渍或改性漆		R—柔软	Ⅰ—第Ⅰ型
QQ—缩醛漆	Z—纸	……等	J—加厚			Ⅱ—第Ⅱ型
QXY—聚酰胺亚胺漆	……等		N—自粘性			130;155;180
QY—聚酰亚胺漆			N·F—耐冷冻			……等
QZ—聚酯漆			S—三层;彩色			表示热级
……等						

【例】 SBECB——双玻璃丝色扁铜线。

QZG1——改性聚酯漆包铜圆线,1级。

2. 常用电磁线的品种及特性(见表11.1.7-2)

漆包线、绕包线、特种电磁线的主要品种及其特点与用途   表11.1.7-2

类别	产品名称	型号	规格 (mm)	耐温指数 (℃)	特　点		主要用途
					优　点	局　限　性	
漆包线	油性漆包线	Q	0.02~2.50	105	(1) 漆膜均匀 (2) 介质损耗角正切小	(1) 耐刮性差 (2) 耐溶剂性差(对使用浸剂漆应注意)	中、高频线圈及仪表、电器的线圈
	缩醛漆包圆铜线 缩醛漆包扁铜线	QQ-1 QQ-2 QQ-3 QQB	0.02~2.50 a边0.8~5.6 b边2.0~18.0		(1) 热冲击性优 (2) 耐刮性优 (3) 耐水解性良好	漆膜卷绕后产生湿裂(浸渍前须在120℃左右加热1h以上,消除裂痕)	普通中小电机微电机绕组,油浸变压器线圈、电器仪表用线圈
	聚氨酯漆包圆铜线	QA-1 QA-2	0.015~1.00	—	(1) 在高频条件下,介质损耗角正切小 (2) 可直接焊接,无需刮去漆膜 (3) 着色性好	(1) 过负载性能差 (2) 热冲击及耐刮性尚可	要求Q值稳定的高频线圈、电视用线圈和仪表用的微细线圈
	聚酯漆包圆铜线 聚酯漆包扁铜线	QZ-1/155/Ⅰ QZ-2/155/Ⅰ QZ-1/155/Ⅱ QZ-2/155/Ⅱ QZB	0.02~2.50 a边0.8~5.6 b边2.0~18.0	155	(1) 耐电压性能优 (2) 软化击穿性优	(1) 耐水解性差 (2) 与含氯高分子化合物不相容	通用中小型电机绕组、干式变压器和电器仪表的线圈

续表

类别	产品名称	型号	规格（mm）	耐温指数（℃）	特点 优点	特点 局限性	主要用途
漆包线	改性聚酯亚胺漆包圆铜线 改性聚酯亚胺漆包扁铜线	QZYH-1 QZYH-2 QZYHB	0.06~2.50 a边0.8~5.6 b边2.0~18.0	180	(1) 热冲击性能优 (2) 软化击穿性能优 (3) 耐冷冻剂性能优 (4) 耐热性能优	与含氯高分子化合物不相容	高温电机、制冷装置中电机的绕组，干式变压器线圈，仪器仪表的线圈
漆包线	聚酰胺酰亚胺漆包圆铜线 聚酰胺酰亚胺漆包扁铜线	QXY-1 QXY-2	0.06~2.50	200	(1) 耐热性热冲击性软化击穿性优 (2) 耐刮性优 (3) 耐化学药品性、耐冷冻剂性优	与含氯高分子化合物不相容	高温、重负荷电机、牵引电机、制冷装置的绕组、干式变压器和仪器仪表的线圈
漆包线	聚酰亚胺漆包圆铜线	QY-1 QY-2	0.02~2.50	220	(1) 耐热性最优 (2) 软化击穿热冲击性优、能承受短期过载负荷 (3) 耐低温性优 (4) 耐辐照性优 (5) 耐溶剂、耐化学药品性优	(1) 耐刮性尚可 (2) 耐碱性差 (3) 耐水解性差 (4) 漆膜经卷绕后产生湿裂（浸渍前须在150℃左右，加热1h以上，消除裂痕）	耐高温电机、干式变压器线圈、密封继电器及电子元件
漆包线	耐冷冻剂漆包圆铜线	QF	0.6~2.50	105	在密闭装置中能耐潮、耐致制剂	漆膜经卷绕后，产生湿裂（浸渍前须在120℃左右加热1h以上，消除裂痕）	空调设备和制冷设备电机的绕组
漆包线	自粘性漆包圆铜线	QAN	0.10~0.44	120	不需要浸渍处理经一定温度烘焙后能自行粘合成型	不推荐在过负载条件下使用	电子元件和无骨架线圈
漆包线	耐热型自粘性漆包圆铜线 自熄型自粘性漆包圆铜线	QZN —	0.05~0.80 0.05~0.50	130 120	同上 耐化学药品性良 粘结力强 有阻燃性		微电机、仪表、电视、无骨架线圈 电器和无骨架线圈
漆包线	改性聚酯亚胺-聚酰胺酰亚胺复合漆包圆铜线 改性聚酯亚胺-聚酰胺酰亚胺复合漆包扁铜线	QZYH/QXY QZYHB/QXYB	0.06~2.50 a边0.8~5.6 b边2.0~18.0	180	(1) 耐热冲击性能优 (2) 软化击穿性能优 (3) 耐冷冻剂性能优 (4) 耐化学药品性能优	与含氯高分子化合物不相容	高温电机、制冷装置电机的绕组，干式变压器线圈

续表

类别	产品名称	型号	规格 (mm)	耐温指数 (℃)	特点 优点	特点 局限性	主要用途
绕包线	纸包圆铜线 纸包扁铜线	Z ZB	1.0~5.6 a边 0.9~5.6 b边 2.0~18.0	105	用作油浸变压器线圈、耐电压击穿性优	绝缘纸容易破裂	油浸变压器的线圈
绕包线	聚酰胺纤维纸（Nomex）纸包圆铜线 聚酰胺纤维纸（Nomex）纸包扁铜线	— —		200	(1) 能经受严酷的加工工艺 (2) 与干、湿式变压器通常使用原材料能相容 (3) 无工艺污染		用于高温干式变压器的线圈、中型高温电机的绕组
绕包线	双玻璃丝包圆铜线 双玻璃丝包扁铜线	SBEC SBECB	0.25~6.0 a边 0.9~5.6 b边 2.0~18.0	130 155 180	(1) 过负载性优 (2) 耐电晕性优	(1) 弯曲性较差 (2) 耐潮性较差	中型、大型电机的绕组
绕包线	双玻璃丝包空心扁铜线	—	—	130	通过氢冷可降低周围温度	线硬加工困难	大型电机、汽轮发电机、水轮发电机的绕组
绕包线	聚酰胺薄膜绕包圆铜线 聚酰胺薄膜绕包扁铜线	Y YB	2.5~6.0 a边 2.0~5.6 b边 2.0~16.0	220	(1) 耐热性和耐低温性优 (2) 耐辐照性优 (3) 高温下耐电压性优	在含水密封系统中易水解	高温电机和特殊场合使用电机绕组
特种电磁线	换位导线	QQLBH	a边 1.56~3.82 b边 4.7~10.8	105	(1) 简化绕制线圈工艺 (2) 无循环电流，线圈内涡流损耗小 (3) 比纸包线槽满率高	弯曲性能差	大型变压器线圈
特种电磁线	聚乙烯绝缘尼龙护套湿式潜水电机绕组线	QYN SYN	5.0mm² 23.6mm²	70	(1) 耐水性良好 (2) 护套机械强度高	槽满率低	潜水电机绕组

注：表中仅列圆铜漆包线、扁铜漆包线，也可根据需要制成圆铝漆包线、扁铝漆包线。

3．常用电磁线的主要技术数据(见表 11.1.7-3)

常用电磁线的主要数据

表 11.1.7-3

线径 (mm)	标称截面 (mm²)	直流电阻 (20℃时) (Ω/m)	聚酯漆包线 最大外径 (mm)	聚酯漆包线 重量 (kg/km)	最大外径 (mm) 双丝包线	最大外径 (mm) 单丝漆包线	最大外径 (mm) 双丝漆包线	单玻璃丝漆包线
0.05	0.00196	10.08	0.065	0.018	0.16	0.14	0.18	
0.06	0.00283	6.851	0.080	0.028	0.17	0.15	0.19	
0.07	0.00385	4.958	0.090	0.038	0.18	0.16	0.20	
0.08	0.00503	3.754	0.100	0.049	0.19	0.17	0.21	
0.09	0.00636	2.940	0.110	0.062	0.20	0.18	0.22	
0.10	0.00785	2.466	0.125	0.075	0.21	0.19	0.23	
0.11	0.00950	2.019	0.135	0.091	0.22	0.20	0.24	
0.12	0.01131	1.683	0.145	0.1073	0.23	0.21	0.25	
0.13	0.01327	1.424	0.155	0.1253	0.24	0.22	0.26	
0.14	0.01539	1.221	0.165	0.145	0.25	0.23	0.27	
0.15	0.01767	1.059	0.180	0.166	0.26	0.24	0.28	
0.16	0.0201	0.9264	0.190	0.188	0.28	0.26	0.30	
0.17	0.0227	0.8175	0.200	0.212	0.29	0.27	0.31	
0.18	0.0254	0.7267	0.210	0.237	0.30	0.28	0.32	
0.19	0.0284	0.6503	0.220	0.263	0.31	0.29	0.33	
0.20	0.0314	0.5853	0.230	0.290	0.32	0.30	0.35	
0.21	0.0346	0.5296	0.240	0.320	0.33	0.32	0.36	
0.23	0.0415	0.4396	0.265	0.383	0.36	0.35	0.39	
0.25	0.0491	0.3708	0.290	0.452	0.58	0.37	0.42	
0.28	0.0616	0.3052	0.320	0.564	0.41	0.40	0.45	
0.31	0.0755	0.2473	0.35	0.690	0.44	0.43	0.48	
0.33	0.0855	0.2173	0.37	0.780	0.47	0.46	0.51	
0.35	0.0962	0.1925	0.39	0.876	0.49	0.48	0.53	
0.38	0.1134	0.1626	0.42	1.030	0.52	0.51	0.56	
0.40	0.1257	0.1463	0.44	1.165	0.54	0.53	0.58	
0.42	0.1835	0.1324	0.46	1.290	0.56	0.55	0.60	
0.45	0.1590	0.1150	0.49	1.415	0.59	0.58	0.63	
0.47	0.1735	0.1052	0.51	1.570	0.61	0.60	0.65	
0.50	0.1964	0.09269	0.54	1.834	0.64	0.63	0.68	
0.53	0.221	0.08231	0.58	2.010	0.67	0.67	0.72	0.73
0.56	0.246	0.07357	0.61	2.269	0.70	0.70	0.75	0.76
0.60	0.283	0.06394	0.65	2.581	0.74	0.74	0.79	0.80
0.63	0.312	0.05790	0.68	2.813	0.77	0.77	0.83	0.83
0.67	0.353	0.05109	0.72	3.199	0.82	0.82	0.87	0.88
0.71	0.396	0.04608	0.76	3.575	0.86	0.86	0.91	0.93
0.75	0.442	0.03904	0.81	3.998	0.91	0.91	0.97	0.97
0.80	0.503	0.03351	0.86	4.569	0.96	0.96	1.02	1.02
0.85	0.567	0.03192	0.91	5.189	1.01	1.01	1.07	1.07
0.90	0.636	0.02842	0.96	5.865	1.06	1.06	1.12	1.12

续表

线径 (mm)	标称截面 (mm²)	直流电阻 (20℃时) (Ω/m)	聚酯漆包线 最大外径 (mm)	重量 (kg/km)	最大外径 (mm) 双丝包线	单丝漆包线	双丝漆包线	单玻璃丝漆包线
0.95	0.709	0.02546	1.01	6.711	1.11	1.11	1.17	1.17
1.00	0.785	0.02294	1.07	7.156	1.17	1.18	1.24	1.25
1.06	0.882	0.02058	1.14	8.245	1.23	1.25	1.31	1.31
1.12	0.958	0.01839	1.20	8.910	1.29	1.31	1.37	1.37
1.18	1.094	0.01654	1.26	9.782	1.35	1.37	1.43	1.43
1.25	1.227	0.01471	1.33	11.10	1.42	1.44	1.50	1.50
1.30	1.327	0.01358	1.38	12.00	1.47	1.49	1.55	1.55
1.35	1.431	0.01282	1.43	12.90				
1.40	1.539	0.01169	1.48	13.90	1.57	1.59	1.65	1.65
1.50	1.767	0.01016	1.58	15.99	1.67	1.69	1.75	1.75
1.60	2.01	0.008915	1.69	18.40	1.78	1.80	1.87	1.87
1.70	2.27	0.007933	1.79	20.37	1.88	1.90	1.97	1.97
1.80	2.54	0.007064	1.89	22.81	1.98	2.00	2.07	2.07
1.90	2.84	0.006331	1.99	25.40	2.08	2.10	2.17	2.17
2.00	3.14	0.005706	2.09	28.20	2.18	2.20	2.27	2.27
2.12	3.53	0.005071	2.21	31.40	2.30	2.32	2.39	2.39
2.24	3.94	0.004557	2.33	36.00	2.42	2.44	2.51	2.51
2.36	4.37	0.004100	2.45	41.23	2.54	2.56	2.63	2.63
2.50	4.91	0.003648	2.59	44.51	2.68	2.70	2.77	2.77

11.2 电线电缆的基本特性和安全载流量

11.2.1 电线电缆的基本特性

1. 电阻和电抗

电线电缆线路电阻和电抗的计算方法见表11.2.1-1。

电线电缆的电阻和电抗的计算　　　　　表11.2.1-1

序号	类别	计算式	说　　明
1	电阻	$R = R_0 L$ $R_0 = \dfrac{\rho}{S}$	R_0——单位长度的电阻,Ω/km; L——电线电缆长度,km; S——线芯截面积,mm²; ρ——电阻率,Ω·mm²/km; $\rho_{cu}=18.4, \rho_{Al}=31.0$(20℃时)
2	电抗	$X = X_0 L$ $X_0 = 0.145 \lg \dfrac{2a_{av}}{d} + 0.016 \mu_r$	X_0——单位长度的电抗,Ω/km; a_{av}——线间几何均距,mm; d——导线直径,mm; μ_r——导线的相对磁导率,铜、铝的 $\mu_r=1$

三相线路单位长度每相电阻和电抗见表11.2.1-2和11.2.1-3。

11.2 电线电缆的基本特性和安全载流量

三相线路单位长度每相电阻 R_0

表 11.2.1-2

类别			导线(线芯)截面积(mm^2)												
			2.5	4	6	10	16	25	35	50	70	95	120	150	185	240
导线		温度(℃)					每 相 电 阻 ($\Omega \cdot km^{-1}$)									
	LJ	50					2.07	1.33	0.96	0.66	0.48	0.36	0.28	0.23	0.18	0.14
	LGJ	50							0.89	0.68	0.48	0.35	0.29	0.24	0.18	0.16
绝缘导线	铝芯	50	13.33	8.25	5.53	3.33	2.08	1.31	0.94	0.65	0.47	0.35	0.28	0.22	0.18	0.14
		60	13.80	8.55	5.73	3.45	2.16	1.36	0.97	0.67	0.49	0.36	0.29	0.23	0.19	0.14
	铜芯	50	8.40	5.20	3.48	2.05	1.26	0.81	0.58	0.40	0.29	0.22	0.17	0.14	0.11	0.09
		60	8.70	5.38	3.61	2.12	1.30	0.84	0.60	0.41	0.30	0.23	0.18	0.14	0.12	0.09
电力电缆	铝芯	55					2.21	1.41	1.01	0.71	0.51	0.37	0.29	0.24	0.20	0.15
		60	14.38	8.99	6.00	3.60	2.25	1.44	1.03	0.72	0.51	0.38	0.30	0.24	0.20	0.16
		75	15.13	9.45	6.31	3.78	2.36	1.51	1.08	0.76	0.54	0.40	0.31	0.25	0.21	0.16
		80					2.40	1.54	1.10	0.77	0.56	0.41	0.32	0.26	0.21	0.17
	铜芯	55					1.31	0.84	0.60	0.42	0.30	0.22	0.17	0.14	0.12	0.09
		60	8.54	5.34	3.56	2.13	1.33	0.85	0.61	0.43	0.31	0.23	0.18	0.14	0.12	0.09
		75	8.98	5.61	3.75	3.25	1.40	0.90	0.64	0.45	0.32	0.24	0.19	0.15	0.12	0.10
		80					1.43	0.91	0.65	0.46	0.33	0.24	0.19	0.15	0.13	0.10

三相线路单位长度每相电抗 X_0

表 11.2.1-3

类别			导线(线芯)截面积(mm^2)												
			2.5	4	6	10	16	25	35	50	70	95	120	150	185	240
导线		线距(mm)					每 相 电 抗 ($\Omega \cdot km^{-1}$)									
	LJ	600					0.36	0.35	0.34	0.33	0.32	0.31	0.30	0.29	0.28	0.28
		800					0.38	0.37	0.36	0.35	0.34	0.33	0.32	0.31	0.30	0.30
		1000					0.40	0.38	0.37	0.36	0.35	0.34	0.33	0.32	0.31	0.31
		1250					0.41	0.40	0.39	0.37	0.36	0.35	0.34	0.34	0.33	0.32
		1500					0.42	0.41	0.40	0.38	0.37	0.36	0.35	0.35	0.34	0.33
		2000					0.44	0.43	0.41	0.40	0.40	0.39	0.37	0.37	0.36	0.35
	LGJ	1500							0.39	0.38	0.37	0.35	0.35	0.34	0.33	0.33
		2000							0.40	0.39	0.38	0.37	0.37	0.36	0.35	0.34
		2500							0.41	0.41	0.40	0.39	0.38	0.37	0.37	0.36
		3000							0.43	0.42	0.41	0.40	0.39	0.39	0.38	0.37
		3500							0.44	0.43	0.42	0.41	0.40	0.40	0.39	0.38
		4000							0.45	0.44	0.43	0.42	0.41	0.40	0.40	0.39
绝缘线	明敷	100	0.327	0.312	0.300	0.280	0.265	0.251	0.241	0.229	0.219	0.206	0.199	0.191	0.184	0.178
		150	0.353	0.338	0.325	0.306	0.290	0.277	0.266	0.251	0.242	0.231	0.223	0.216	0.209	0.200
	穿管敷设		0.127	0.119	0.112	0.108	0.102	0.099	0.095	0.091	0.081	0.085	0.083	0.082	0.081	0.080
纸绝缘电缆	1kV		0.098	0.091	0.087	0.081	0.077	0.067	0.065	0.063	0.062	0.062	0.062	0.062	0.062	0.062
	6kV							0.099	0.088	0.083	0.079	0.076	0.074	0.072	0.071	0.070	0.069
	10kV							0.110	0.098	0.092	0.087	0.083	0.080	0.078	0.077	0.075	0.073

2. 绝缘电阻(见表11.2.1-4)

常用电线电缆的绝缘电阻参考值　　表 11.2.1-4

序号	类别	每千米绝缘电阻(MΩ)　(20℃时,不小于)
1	屏蔽绝缘电线	2
2	通用橡套电缆	50
3	控制电缆	聚乙烯绝缘:100 橡皮绝缘:50 聚氯乙烯绝缘:1.5mm² 以下,40;其他截面,10
4	橡皮绝缘电力电缆	50mm² 及以下:50 70~185mm²:35 240mm² 以上:20
5	塑料绝缘电力电缆	聚氯乙烯电缆:1kV;40;6kV;60 聚乙烯电缆:6kV,1000;10kV,1200;35kV,3000 交联聚乙烯电缆:6kV,1000;10kV,1200;35kV,3000
6	油浸纸绝缘电力电缆	1~3kV:50 6kV 及以上:100

3. 工作温度(见表11.2.1-5)

常用电线电缆线芯允许长期工作温度　　表 11.2.1-5

序号	电线电缆种类	额定电压(kV)	允许长期工作温度(℃)
1	塑料、橡皮绝缘线	0.5	65
2	油浸纸绝缘电力电缆	1~3	80
		6	65
		10	60
		20~35	50
3	聚氯乙烯绝缘电力电缆	1	65
		6	65
4	橡皮绝缘电力电缆		65
5	通用橡套电缆	0.5	65
6	交联聚氯乙烯电力电缆	6~10	90
		35	80
7	裸绞线		70~90

11.2.2 电线电缆的安全载流量

常用电线电缆的安全载流量(分别见表 11.2.1-1~11.2.2-10)

单根导线在空气中明敷的安全载流量(A)　　　　表 11.2.2-1

导线工作温度:65℃;环境温度;25℃;适用电线型号:BX、BLX、BXF、BLXF、BV、BLV、BVR

导线截面 (mm²)	橡皮绝缘		塑料绝缘	
	铜 线	铝 线	铜 线	铝 线
0.75	18	—	16	—
1	21	—	19	—
1.5	27	19	24	18
2	—	—	—	—
2.5	35	27	32	25
4	45	35	42	32
6	58	45	55	42
10	85	65	75	59
16	110	85	105	80
25	145	110	138	105
35	180	138	170	130
50	230	175	215	165
70	285	220	265	205
95	345	265	325	250
120	400	310	375	285
150	470	360	430	325
185	540	420	490	380
240	660	510	—	—
300	770	610	—	—
400	940	730	—	—
500	1100	850	—	—
630	1250	980	—	—

塑料绝缘软线和护套线在空气中明敷的安全载流量(A)　　　　表 11.2.2-2

导线工作温度:65℃;环境温度;25℃;适用电线型号:RV、RVV、RVB、RVS、BFB、RFS、BVV、BLVV

导线截面 (mm²)	一 芯		二 芯		三 芯	
	铜 线	铝 线	铜 线	铝 线	铜 线	铝 线
0.12	5	—	4	—	3	—
0.2	7	—	5.5	—	4	—
0.3	9	—	7	—	5	—
0.4	11	—	8.5	—	6	—
0.5	12.5	—	9.5	—	7	—
0.75	16	—	12.5	—	9	—
1	19	—	15	—	11	—
1.5	24	—	19	—	14	—
2	28	—	22	—	17	—
2.5	32	25	26	20	20	16
4	42	34	36	26	26	22
6	55	43	47	33	32	25
10	75	59	65	51	52	40

穿管导线的安全载流量(A)　　表11.2.2-3
导线工作温度:65℃;环境温度:25℃

导线截面 (mm²)	二铜芯 钢管		二铜芯 塑料管		二铝芯 钢管		二铝芯 塑料管		三铜芯 钢管		三铜芯 塑料管		三铝芯 钢管		三铝芯 塑料管		四铜芯 钢管		四铜芯 塑料管		四铝芯 钢管		四铝芯 塑料管	
	X	V	X	V	X	V	X	V	X	V	X	V	X	V	X	V	X	V	X	V	X	V	X	V
1	15	14	13	12	—	—	—	—	14	13	12	11	—	—	—	—	12	11	11	10	—	—	—	—
1.5	20	19	17	16	15	15	14	13	18	17	15	15	14	13	12	11.5	17	16	14	13	12	11	11	10
2.5	28	26	25	24	21	20	19	18	25	24	22	21	19	18	17	16	23	22	20	19	16	15	15	14
4	37	35	33	31	28	27	25	24	33	31	30	28	25	24	23	22	30	28	26	25	23	22	20	19
6	49	47	43	41	37	35	33	31	43	41	38	36	34	32	29	27	39	37	34	32	30	28	26	25
10	68	65	59	56	52	49	44	42	60	57	52	49	46	44	40	38	53	50	46	44	40	38	35	33
16	86	82	76	72	66	63	58	55	77	73	68	65	59	56	52	49	69	65	60	57	52	50	46	44
25	113	107	100	95	86	80	77	73	100	95	90	85	76	70	68	65	90	85	80	75	68	65	60	57
35	140	133	125	120	106	100	95	90	122	115	110	105	94	90	84	80	110	105	98	93	83	80	74	70
50	175	165	160	150	133	125	120	114	154	146	140	132	118	110	108	102	137	130	123	117	105	100	95	90
70	215	205	195	185	165	155	153	145	193	183	175	167	150	143	135	130	173	165	155	148	133	127	120	115
95	260	252	240	230	200	190	184	175	235	225	215	205	180	170	165	158	210	200	195	185	160	152	150	140
120	300	290	276	270	230	220	210	200	260	250	240	210	195	190	180	245	230	227	215	190	172	170	160		
150	340	330	320	305	260	250	250	230	310	300	290	275	240	225	227	207	280	265	265	250	220	200	205	185
185	385	380	360	355	295	285	282	265	355	340	330	310	270	255	252	335	320	300	300	280	250	230	232	215

注:X—橡皮线;V—塑料线。

500V通用橡套电缆安全载流量(A)　　表11.2.2-4
芯线最高工作温度65℃,环境温度25℃

导线截面 (mm²)	型号及芯数							
	YQ、YQW		YZ、YZW			YC、YCW			
	二芯	三芯	二芯	三芯	四芯	一芯	二芯	三芯	四芯
0.3	7	6							
0.5	11	9	12	10	9				
0.75	14	12	14	12	11				
1			17	14	13				
1.5			21	18	18				
2			26	22	22				
2.5			30	25	25	37	30	26	27
4			41	35	36	47	39	34	34
6			53	45	45	52	51	43	44
10						75	74	63	63
16						112	98	84	84
25						148	135	115	116
35						183	107	142	143
50						226	208	176	177
70						289	259	224	224
95						353	318	273	273
120						415	371	316	316

低压橡皮绝缘电缆安全载流量(A) 表 11.2.2-5

芯线最高工作温度 65℃,环境温度 25℃

导线截面 (mm²)	敷 设 在 空 气 中						直 埋 地					
	铜 芯			铝 芯			铜 芯			铝 芯		
	一芯	二芯	三芯	一芯	二芯	三芯	一芯	二芯	三芯	一芯	二芯	三芯
1	20	17	15				29	23	20			
1.5	25	21	18				36	29	25			
2.5	34	28	24	27	22	19	48	38	33	38	30	26
4	45	37	32	35	30	25	64	50	43	50	40	34
6	57	47	40	45	37	32	80	63	54	64	50	43
10	80	66	57	62	52	45	111	86	74	87	67	58
16	107	89	76	83	69	59	148	114	98	115	88	76
25	141	118	101	110	93	79	191	147	125	150	115	98
35	172	144	124	135	113	97	232	175	151	182	138	118
50	218	184	158	171	144	124	289	217	186	227	170	146
70	265	223	191	208	175	150	348	259	220	273	204	173
95	323	271	234	253	213	184	413	306	263	323	240	206
120	371	312	269	291	246	212	471	347	298	369	273	234
150	429	362	311	337	285	245	531	395	336	417	311	264
185	494	414	359	388	327	284	602	443	380	473	350	300
240	590			465			702			553		

低压塑料绝缘电缆安全载流量(A) 表 11.2.2-6

芯线最高工作温度 65℃,环境温度 25℃

导线截面 (mm²)	敷 设 在 空 气 中				直 埋 地			
	铜 芯		铝 芯		铜 芯		铝 芯	
	二芯	三芯	二芯	三芯	二芯	三芯	二芯	三芯
4	36	31	27	23	45	39	35	30
6	45	39	35	30	56	49	43	38
10	60	52	46	40	73	66	56	51
16	81	71	62	54	100	87	76	67
25	106	96	81	73	131	115	100	88
35	128	114	99	88	157	139	121	107
50	160	144	123	111	191	172	147	133
70	197	179	152	138	233	223	180	162
95	240	217	185	167	278	247	214	190
120	278	252	215	194	320	283	247	218
150	319	292	246	225	361	324	277	248
185		333		257		361		279
240		392		305		421		324

油浸纸绝缘铜芯电力电缆安全载流量(A)　　表 11.2.2-7

电缆芯数×截面 ($n \times \text{mm}^2$)	空气中敷设 ZQ_1、ZQ_2、ZQ_{20}、ZQ_3、ZQ_{30}		空气中敷设 ZQ		直埋地下敷设 ZQ_2、ZQ_3	
	1～3kV	10kV	1～3kV	10kV	1～3kV	10kV
3×2.5	30	—	28	—	33	—
3×4	40	—	37	—	43	—
3×6	52	—	46	—	54	—
3×10	70	—	60	—	70	—
3×16	95	75	80	65	93	75
3×25	125	100	110	90	123	100
3×35	155	125	130	110	150	120
3×50	190	155	165	135	180	150
3×70	235	190	205	170	220	180
3×95	285	230	255	210	240	215
3×120	335	265	295	240	300	245
3×150	390	305	345	275	340	280
3×185	450	355	390	320	390	315
3×240	530	420	450	370	450	365

注：1. 周围环境温度25℃。
　　2. 导线线芯最高允许工作温度：1～3kV 为 80℃；10kV 为 60℃。

油浸纸绝缘铝芯电力电缆安全载流量(A)　　表 11.2.2-8

电缆芯数×截面 ($n \times \text{mm}^2$)	空气中敷设 ZLQ_1、ZLQ_2、ZLQ_{20}、ZLQ_3、ZLQ_{30}		空气中敷设 ZLQ		直埋地下敷设 ZLQ_2、ZLQ_3	
	1～3kV	10kV	1～3kV	10kV	1～3kV	10kV
3×2.5	24	—	22	—	26	—
3×4	32	—	28	—	33	—
3×6	40	—	35	—	42	—
3×10	55	—	48	—	55	—
3×16	70	60	65	50	70	60
3×25	95	80	85	70	95	75
3×35	115	95	100	85	115	95
3×50	145	120	130	105	140	115
3×70	180	145	160	130	165	140
3×95	220	180	195	160	195	165
3×120	255	205	225	185	230	185
3×150	300	235	265	210	260	215
3×185	345	270	300	245	300	240
3×240	410	320	350	285	340	280

注：同表 11.2.2-7 的注。

裸绞线的安全载流量(A)　　　　　　　　　　　表 11.2.2-9

芯线最高工作温度 70℃，环境温度 25℃

截面(mm²)	TJ	LJ	LGJ	截面(mm²)	TJ	LJ	LGJ
4	50			70	340	265	275
6	70			95	415	325	335
10	95	75		120	485	375	380
16	130	105	105	150	570	440	445
25	180	135	135	185	645	500	515
35	220	170	170	240	770	610	610
50	270	215	220	300	890	680	700

矩形铝导体安全载流量(A)　　　　　　　　　　　表 11.2.2-10

导体尺寸 $h \times b$(mm²)	单条		双条		导体尺寸 $h \times b$(mm²)	单条		双条	
	平放	竖放	平放	竖放		平放	竖放	平放	竖放
25×4	292	308			80×6.3	1100	1193	1517	1649
25×5	332	350			80×8	1249	1358	1858	2020
40×4	456	480	631	655	80×10	1411	1535	2185	2375
40×5	515	543	719	756	100×6.3	1363	1481	1840	2000
50×4	565	594	779	820	100×8	1547	1682	2259	2455
50×5	637	671	884	930	100×10	1663	1807	2613	2840
63×6.3	872	949	1211	1319	125×6.3	1693	1840	2276	2474
63×8	995	1082	1511	1644	125×8	1920	2087	2670	2900
63×10	1129	1227	1800	1954	125×10	2063	2242	3152	3426

11.3 电线电缆的选用

11.3.1 电线电缆类型的选用

1. 选用的一般原则

电线电缆的选用，一般按下列原则进行：

(1) 按使用环境和敷设方法选择电线电缆的类型；

(2) 按机械强度选择线芯的最小截面；

(3) 按允许温升(即允许载流量)选择电线电缆线芯的截面；

(4) 按允许电压损失选择电线电缆线芯的截面；

(5) 按(2)、(3)、(4)条件选择的电线电缆具有几种规格的截面时，应取其中较大的一种；

(6) 必要时需按经济电流密度确定电线电缆的截面；

(7) 从经济和实用的观点出发，应贯彻导电体"以铝代铜"、绝缘材料"以塑料代橡胶"、电缆护层"以铝代铅"的原则。

2. 常用电线类型的选用

(1) 裸电线：结构简单、价格便宜、安装和维修方便，架空电线应选用裸绞线，并优先选用铝绞线和钢芯铝绞线。

(2) 塑料绝缘电线:绝缘性能良好,价格较低,无论明敷或穿管均可代替橡皮绝缘线,但不能耐高温,易老化,所以不宜在户外敷设。

(3) 橡皮绝缘线:绝缘性能良好,柔软性较好,耐油性差,可在一般环境中使用,带有玻璃丝编织保护层的橡皮线耐磨性、耐气候性较好,可用于户外或穿管敷设。

(4) 氯丁橡皮绝缘线:耐油性好,不延燃,不易霉,耐气候性好,可在户外敷设。常用绝缘电线的选用举例见表 11.3.1-1。

常用电线类型选用举例　　　　　　　　　表 11.3.1-1

使用场合		塑料绝缘电线						橡皮绝缘电线		
		BLV BV	BVR	BLVV BVV	BLV-105 BV-105	RV RVB RVS	RVV	BLX BX	BXR	RX RXS RXB
建筑物内	厂房内动力、照明	*	0	1	0	0	0	*	0	0
	配电干线	*	1	0	0	0	0	*	1	0
	日用电器住宅室内照明	0	0	0	0	*	1	0	0	*
室外架空,沿墙动力、照明		*	0	1	0	0	0	*	0	0
进户线		0	0	*	0	0	1	0	0	0
设备、电器、仪表内部安装线	大型	*	1	0	*	0	0	*	1	0
	中小型	1	*	0	0	1	0	1	0	0
设备、电器、仪表电源线	固定敷设	*	0	1	0	0	1	*	0	1
	移动使用	0	0	0	0	*	*	0	0	*
特殊环境	高温	0	0	0	*	0	0	0	0	0
	高湿(浴室,冷藏室)	0	0	*	0	0	0	0	0	0
	严寒	0	0	0	0	0	0	0	0	0
	接触油类	1	1	1	1	1	1	0	0	0
	易燃	*	*	*	*	*	*	0	0	0

注: *—优先选用;1—可以选用;0—不宜选用。

3. 常用电力电缆类型的选用

(1) 聚氯乙烯绝缘及护套电力电缆:重量轻,弯曲性能较好,接头制作简便,耐油、耐酸碱腐蚀,不延燃,没有敷设高差的限制,价格较便宜,但电气绝缘性能略差,可广泛用于户内、户外。

(2) 橡皮绝缘电力电缆:弯曲性能较好,可在严寒气候下敷设,特别适用于水平高差大和垂直敷设的场合。它不仅适用于固定敷设的线路,也可用于定期移动的固定敷设线路。橡套软电缆还可用于连接移动式电气设备。但橡皮绝缘电缆耐热、耐油性差。

(3) 交联聚氯乙烯绝缘聚氯乙烯护套电力电缆:性能优良,结构简单,重量轻,载流量大,敷设水平高差不受限制,但它能延燃,价格较贵。

(4) 油浸纸绝缘电力电缆:电气绝缘性能优良,耐热能力强,允许运行温度较高,但弯曲性能差,敷设高差有一定限制。

(5) 在考虑(1)、(2)、(3)、(4)各因素后,还应根据敷设方式和环境条件选择一定外护层和铠装的电缆。电缆护层和铠装的选用见表 11.3.1-2。

电缆外护层和铠装的选用　　　　　　　　表 11.3.1-2

护套或外护层	铠 装	代号	敷 设 方 法						环 境 条 件					备注
			室内	电缆沟	隧道	管道	竖井	埋地	水下	易燃	移动	多砾石	一般腐蚀	严重腐蚀	
裸铝护套(铝包)	无	L	1	1	1	0	0	0	0	1	0	0	0	0	
裸铝护套(铝包)	无	Q	1	1	1	1	0	0	0	1	0	0	0	0	
一般橡套	无	X	1	1	1	1	0	0	0	0	1	0	1	0	
不延燃橡套	无	F	1	1	1	1	0	0	0	1	1	0	1	0	耐油
聚氯乙烯护套	无	V	1	1	1	1	0	1	0	0	0	0	1	0	
聚乙烯护套	无	Y	1	1	1	1	0	1	0	0	0	0	1	1	
普通外护层 (仅用于铅护套)	裸钢带	20	1	1	1	0	0	0	0	1	0	0	0	0	
	钢带	2	1	1	△	0	0	0	0	1	0	0	0	0	
	裸细钢丝	30	0	0	0	0	1	0	0	1	0	1	0	0	
	细钢丝	3	0	0	0	0	△	1	1	1	0	1	0	0	
	裸粗钢丝	50	0	0	0	0	1	0	0	1	0	1	0	0	
	粗钢丝	5	0	0	0	0	△	1	1	△	0	1	0	0	

注："1"表示适用，"△"表示外护层为玻璃纤维时适用，"0"表示不宜选用。

11.3.2 按机械强度选择电线的截面积

满足机械强度要求的电线线芯的最小截面积见表 11.3.2-1。

按机械强度允许的导线最小截面　　　　　　　表 11.3.2-1

序号	类别	用途	导线最小截面(mm²)		
			铝线	铜线	铜芯软线
1	照明灯头引下线	照明用灯头引下线 民用建筑,屋内 工业建筑,屋内 屋外	1.5 2.5 2.5	0.5 0.8 1	0.4 0.5 1
2	在绝缘支持件上明敷绝缘导线,其支持点间距为	架设在绝缘支持件上的绝缘导线,其支持点间距为 <1m,屋内 屋外 1~2m,屋内 屋外 ≤6m ≤12m ≤25m	1.5 2.5 2.5 2.5 4 6 10	1 1.5 1 1.5 2.5 2.5 4	
3	护套和穿管导线	固定敷设护套线 穿管敷设的绝缘导线	2.5 2.5	1 1	1
4	移动式设备用导线	移动式用电设备用导线 生活用 生产用		0.2 1.0	
5	接地线	有保护 无保护	2.5 4	1.5 2.5	
6	架空线	低压 高压	LJ 16 35	LGJ 16 25	

11.3.3 按安全载流量选择电线电缆的截面积

按安全电流选择电线电缆的基本条件是

$$I_{30} \leqslant I_{al}$$

式中 I_{30}——线路计算电流,A;

I_{al}——安全载流量,A,查表 11.2.2-1~11.2.2-10。

选择计算时应注意以下几点:

(1) 当敷设环境温度不同于表中数值时,其载流量 I_y 应乘以校正系数 K_t,K_t 为

$$K_t = \sqrt{\frac{\theta_M - \theta_1}{\theta_M - \theta_N}}$$

式中 θ_M——电线电缆最高允许工作温度;

θ_1——敷设环境温度;

θ_N——额定环境温度,一般规定是空气中为 25℃,地下为 15℃。

电线电缆的允许载流量在不同环境温度下的校正系数 K_t 按上式计算出的数值见表 11.3.3-1。

不同环境温度时校正系数 K_t 表 11.3.3-1

额定环境温度(℃)	线芯最高温度(℃)	校正系数 K_t										
		-5	0	+5	+10	+15	+20	+25	+30	+35	+40	+45	+50
15	80	1.14	1.11	1.08	1.04	1.00	0.96	0.92	0.88	0.83	0.78	0.73	0.68
25		1.24	1.20	1.17	1.13	1.09	1.04	1.00	0.95	0.90	0.85	0.80	0.74
15	70	1.71	1.18	1.09	1.045	1.00	0.955	0.905	0.85	0.79	0.74	0.67	0.60
25		1.29	1.24	1.20	1.15	1.11	1.05	1.00	0.94	0.88	0.81	0.74	0.67
15	65	1.18	1.14	1.10	1.05	1.00	0.95	0.89	0.84	0.77	0.71	0.63	0.55
25		1.32	1.27	1.22	1.17	1.12	1.06	1.00	0.94	0.87	0.79	0.71	0.61
15	60	1.20	1.15	1.12	1.06	1.00	0.94	0.88	0.82	0.75	0.67	0.57	0.47
25		1.36	1.31	1.25	1.20	1.13	1.07	1.00	0.93	0.85	0.76	0.66	0.54
15	55	1.22	1.17	1.12	1.07	1.00	0.93	0.86	0.79	0.71	0.61	0.50	0.36
25		1.41	1.35	1.29	1.23	1.15	1.08	1.00	0.91	0.82	0.71	0.58	0.41
15	50	1.25	1.20	1.14	1.17	1.00	0.93	0.84	0.76	0.66	0.54	0.37	
25		1.48	1.41	1.34	1.26	1.18	1.09	1.00	0.89	0.78	0.63	0.45	

(2) 当穿管电线超过表中所列数量,或者并行敷设电线管、电缆根数较多时,其载流量应适当减小。

(3) 对于单相或两相三线供电线路,其零线截面积与相线截面积相同;对于三相四线供电线路,其总零线截面积约为相线截面积的 40%~60%。

(4) 为了使电线电缆在线路短路时不致烧毁,一般情况下,应使电线电缆的允许载流量与保护装置的动作电流适当配合,其配合关系见表 11.3.3-2。

11.3 电线电缆的选用

电线电缆允许载流量与保护装置动作电流的配合　　　表 11.3.3-2

线路类别	电线电缆种类及敷设方式	配合关系 熔断器	配合关系 自动开关	符号说明
动力支线	裸线,穿管绝缘线及电缆	$I_y \geqslant I_{FN}/2.5$	$I_y \geqslant I_{Q1}$	I_y—电线电缆允许载流量;
动力干线		$I_y \geqslant I_{FN}/1.5$	$I_y \geqslant I_{Q2}/4.5$	I_{FN}—熔体额定电流;
动力支线	明敷单芯绝缘线	$I_y \geqslant I_{FN}/1.5$		I_{Q1}—带长延时脱扣的动作电流;
照明线路		$I_y \geqslant I_{FN}$		I_{Q2}—带瞬时脱扣的动作电流

【例 11.3.3-1】 某三相电动机 $P_N = 15kW$,$U_N = 380V$,$I_N = 29.4A$,采用 BLV 型导线,穿金属管敷设,选择其导线截面积。

【解】 由表 11.2.2-3 查得塑料绝缘铝导线 3 根穿金属管时,$6mm^2$ 导线 $I_{al} = 32A$,此电流大于电动机额定电流(即计算电流)29.4A,故可选为 $BLV - 3 \times 6mm^2$。

11.3.4 按允许电压损失选择电线电缆的截面积

(1) 线路的电压损失

线路的电压损失一般计算方法为

$$\Delta u\% = \frac{PR + QX}{10 U_N^2}$$

式中　$\Delta u\%$——线路电压损失相对值$\left(\frac{\Delta U}{U_N} \times 100\%\right)$;

P、Q——线路供电有功、无功负荷,kW、kVar;

R、X——线路阻抗,Ω;

U_N——线路额定电压,kV。

当线路截面积较小,或线路采用电缆或穿管敷设,或线路供电负荷的功率因数较高时,可采用以下简化计算:

$$\Delta u\% = \frac{\Sigma PL}{C \cdot S} = \frac{\Sigma M}{CS}$$

式中　P——供电负荷,kW;

L——供电距离,m;

M——负荷矩,kW·m;

S——导线截面积,mm^2;

C——计算常数,见表 11.3.4-1。

计算常数 C　　　表 11.3.4-1

线路额定电压(V)	供电系统	计算公式	C 值 铜芯线	C 值 铝芯线
380/220	三相四线	$10\gamma U_N^2$	77	46.3
380/220	两相三线	$4.44\gamma U_N^2$	34	20.5
220	单相或直流	$5\gamma U_N^2$	12.8	7.75
110			3.2	1.9
36			0.34	0.21
24			0.153	0.092
12			0.038	0.023

注:γ—导线电导率(m/mm^2·Ω)。

(2) 常用设备允许电压偏移值和供电线路允许电压损失 Δu_{al}(%)(见表 11.3.4-2 和表 11.3.4-3)

各种用电设备端允许的电压偏移范围　　　　　　　　　　表 11.3.4-2

序号	用电设备种类及运转条件	允许电压偏移值(%)	
		−	+
1	电动机		
	(1) 连续运转(正常计算值)	5	5
	(2) 连续运转(个别特别远的电动机)		
	a 正常条件下	8～10	
	b 事故条件下	10～12	
	(3) 短时运转(如在起动相邻大型电动机时)	20～30[①]	
	(4) 起动时的端子上		
	a 频繁起动	10	
	b 不频繁起动	15[②]	
2	感应电炉(用变频机组供电时)	同电动机	
3	电阻炉、电弧炉	5	5
4	吊车电动机(起动时校验)	15	
5	电焊设备(在正常尖峰焊接电流时持续工作)	8～10[③]	
6	照明		
	(1) 室内照明在视觉要求较高的场所		
	a 白炽灯	2.5	5
	b 气体放电灯	2.5	5
	(2) 室内照明在一般工作场所	6	
	(3) 露天工作场地	5	
	(4) 事故照明、道路照明、警卫照明	10	
	(5) 12～36V 的照明	10	

注：① 对于根据转矩要求来选择的电动机，其电压偏移值应根据计算确定。
② 电压偏移值应满足起动转矩的要求。
③ 电焊设备一般指电压波动；对于电渣焊允许电压波动值为 −15%，+5%。

线路允许电压损失　　　　　　　　　　表 11.3.4-3

序号	线路类别	允许电压损失(%)	序号	线路类别	允许电压损失(%)
1	配电线路	5～7	5	电热供电线路	10
2	照明线路	5	6	通信供电线路	5
3	户内照明线路	1.0～2.5	7	变压器出口至接户线末端	5～7
4	事故照明线路	10			

【例 11.3.4-1】 某一负荷 $P=30$kW，采用 380/220V 供电电压，导线型号为 BLX，供电距离 $L=100$m。按允许电压损失选择导线截面积。

【解】 由表 11.3.4-2 查得 $\Delta U_{al} = 5\%$；

由表 11.3.4-1 查得 $C = 46.3$，

$$S = \frac{M}{C \cdot \Delta U_{al}} = \frac{30 \times 100}{46.3 \times 5} = 13 \text{mm}^2$$

取 $S = 16\text{mm}^2$，零线 $S_0 = 10\text{mm}^2$，

其导线为 BLX−3×16+1×10mm²。

可以验证,此截面满足机械强度与允许温升的要求。

11.3.5 按经济电流密度选择电线电缆的截面积

对于经常处于满负荷运行(即年最大运行小时数大)的线路,可按经济电流密度选择电线电缆的截面积,其计算公式为:

$$S \geqslant I_{30}/J$$

式中 I_{30}——线路计算电流,A;

J——经济电流密度,A/mm²,见表11.3.5-1。

经济电流密度 J 表 11.3.5-1

导线类别	经济电流密度 (A/mm²) 年最大负荷利用小时 (h)		
	<3000	3000～5000	>5000
铜裸导线和母线	3.0	2.25	1.75
铝裸导线和母线	1.65	1.15	0.9
铜芯电缆	2.5	2.25	2.0
铝芯电缆	1.92	1.73	1.54
备注	相当于一班工作制	相当于两班工作制	相当于三班工作制

11.4 室内配电线路

11.4.1 室内布线方式和基本要求

1. 常用布线方式及其代号(见表11.4.1-1和表11.4.1-2)

室内布线方式及其代号 表 11.4.1-1

序号	布线方式	习用代号	新代号	备注
1	瓷瓶或瓷珠布线	CP	K	生产场所使用
2	塑料线槽布线	VCB	PR	
3	金属线槽布线	JCB	MR	
4	穿焊接钢管布线	G	SC	
5	穿电线管布线	DG	MT	
6	穿硬塑料管布线	VG	PC	
7	穿阻燃塑料管布线	VG	FPC	
8	穿软塑料管布线	VRG	—	
9	用电缆桥架布线	DQ	CT	生产场所,多根导线电缆使用
10	瓷夹布线	CJ	PL	
11	塑料线夹布线	VJ	PCL	
12	穿蛇皮管布线	SG	FMC	
13	直接布线	QD	DB	塑料护套线,卡钉固定

室内配电线路敷设部位及其代号 表 11.4.1-2

序号	敷设部位	习用代号	新代号	备注
1	沿钢索敷设	S	M	
2	沿梁或跨梁敷设	LM	AB	明敷
3	沿柱或跨柱敷设	ZM	AC	明敷
4	沿墙面敷设	QM	WS	明敷
5	沿天棚或顶板面敷设	PM	CE	明敷
6	吊顶内敷设	PNM	SCE	明敷
7	暗敷在梁内	LA	BC	
8	暗敷在柱内	ZA	CLC	
9	墙内敷设	QA	W	
10	地板或地面下敷设	DA	FR	
11	暗敷在屋面或顶棚内	PA	CC	

应用举例：

(1) BLV-3×6+1×2.5-CP-LM(习用)
　　BLV-3×6+1×2.5-K-AB(新)

含义：铝芯塑料绝缘电线，3根相线，均为 $6mm^2$，1 根中性线，$2.5mm^2$，瓷珠配线，沿梁敷设。

(2) BLX-3×4-DG20-QA(习用)
　　BLX-3×4-MT(ϕ20)-W(新)

含义：铝芯橡皮绝缘线，3 根，均为 $4mm^2$，穿电线管墙内暗敷，电线管直径 20mm。

2. 常用布线方式的应用场所(见表 11.4.1-3)

常用布线方式应用场所　　　　　表 11.4.1-3

导线类别	敷设方式	干燥		潮湿	特别潮湿	高温	震动	多尘	酸碱盐腐蚀	火灾危险场所	爆炸危险场所	室外
		生活	生产									
塑料护套线	直敷布线	1	1	△	0	0	△	△	△	0	0	0
绝缘线	瓷(塑料)夹布线	1	1	0	0	0	0	0	0	0	0	0
	鼓形绝缘子布线	1	1	△	△	1	1	△	0	0	0	△
	针式绝缘子布线	0	1	1	1	1	1	△	△	0	0	1
	焊接钢管布线	1	1	1	△	1	1	1	△	1	1	△
	电线管布线	1	1	△	0	1	1	1	0	1	0	0
	硬塑料管布线	1	1	1	1	0	△	1	1	△	0	0
裸导体	绝缘子明敷	0	1	△	△	1	1	△	△	0	0	0

注："1"表示可采用；"0"表示不能采用；"△"表示视具体情况可采用。

3. 布线的基本要求

(1) 导线的连接

导线的连接应符合以下要求：

a. 在剖开导线的绝缘层时，不应损伤线芯；

b. 铜(铝)导线的中间连接和分支连接应使用熔焊、镴焊、线夹、瓷接头或压接法连接；

c. 截面为 $10mm^2$ 及以下的单股铜芯线、截面为 $2.5mm^2$ 及以下的多股铜芯线和单股铝芯线与电气器具的端子可直接连接，但多股铜芯线应先拧紧，搪锡后再连接；

d. 多股铝芯线和截面超过 $2.5mm^2$ 的多股铜芯线的终端，应焊接或压接端子(鼻子)后，再与电气器具的端子连接(带有插接式端子除外)；

e. 绝缘导线的中间和分支接头处，应用绝缘带包缠均匀、严密，并不得低于原有的绝缘强度；在接线端子的端部与导线绝缘层的空隙处，应用绝缘带包缠严密。

(2) 从室外引入到室内的导线，在进入墙内一段应用绝缘导线，穿墙保护管的外侧应有防水措施。

(3) 明配线路的中心线允许偏差应符合表 11.4.1-4 所列数值的规定。

明配线路的中心线允许偏差值　表 11.4.1-4

配线方式	允许偏差 (mm)	
	水平线路	垂直线路
瓷夹板配线	5	5
瓷柱或瓷瓶配线	10	5
塑料护套线配线	5	5
槽板配线	5	5

(4) 防腐措施：

a. 引入线及线路敷设用的各种金属构架、铁件和明配铁管均应做防腐处理。

其方法,除设计另有说明外,均刷樟丹油一道、灰油漆两道;

  b. 埋入底层地面素混凝土内的铁管,应刷沥青油一道;埋入对金属管有腐蚀性的垫层(焦渣层)中的铁管,均应用水泥做全面保护;塑料管,应在铺设垫层前,对其线盒、线管接头处以及相应的部位用水泥先行稳固,以防因外力碰撞造成脱出或移位;

  c. 埋入砖墙内的铁管,原有防腐层时,可不再刷防腐涂料;无防腐层时,需刷樟丹油一道。

(5) 铁管配线及钢索配线的所有非导电部分的铁件,均应做好相互连接和跨接,使它成为一个连续导体并且接地。

(6) 明配铁管的附件,包括灯头盒、接线盒和开关盒等,需用明装式;暗配铁管,则用暗式附件;塑料管配线的附件用塑料制品。

(7) 金属管配线工程中,应尽量配用金属制品的附件。管子入盒时,外侧应套锁母,内侧装护口;如采用塑料制品的附件时,除应做好跨接地线外,金属管入箱盒的要求相同。

(8) 塑料管配线工程中,必须采用塑料制品的附件,禁止使用金属盒。塑料管入盒时,可不装锁母和护口,但暗配时须用水泥注牢。

(9) 敷设在有人进入的木吊顶内的各种线管,在进入灯盒时,其内、外侧均应装锁母固定,以防因吊顶变形而脱出。

(10) 引入灯盒的配管,以四条以下为宜;超过四条时,应选用大型灯盒。

(11) 各种管配线通过伸缩沉降缝时,需按伸缩沉降方式不同做好伸缩装置。塑料管配线要求与铁管相同。

(12) 布线线路与各种管道的最小间距应符合表 11.4.1-5 的规定。

线路与管道的最小间距(mm)　　　　　表 11.4.1-5

类　　别		穿　　管	绝缘线明配	裸导线架空
蒸汽管	平　行	1000 (500)	1000 (500)	1500
	交　叉	300	300	1500
暖、热水管	平　行	300 (200)	300 (200)	1500
	交　叉	100	100	1500
通风、上下水压 缩空气管	平　行	100	200	1500
	交　叉	50	100	1500

注:1. 表内有括号者为在管道下边的数据。
　　2. 在达不到表中距离时,应采取下列措施:
　　　① 蒸汽管——在管外包隔热层后,上下平行净距可减至 200mm。交叉距离须考虑便于维修,但管线周围温度应经常在 35℃ 以下;
　　　② 暖、热水管——包隔热层;
　　　③ 裸导线——在裸导线处加装保护网。
　　3. 裸导线应敷设在管道的上面。

(13) 过墙管倾斜方向及倾斜度规定如下:干燥房间至潮湿房间,往潮湿房间倾斜 5°;潮湿房间至潮湿房间,往湿度较大房间倾斜 5°;干燥房间可保持水平。

(14) 明配线工程中,需采用暗装插座或暗装开关时,引下的一段线路应采用塑料管敷于墙内,其他接线盒及开关盒等,均应用塑料制品,禁止采用铁盒。

(15) 明配线需调直导线敷设。导线与导线交叉、导线与其他管道交叉及穿墙等,均需套以绝缘管或做隔绝处理。导线引至灯位及开关方台处,应在方台上面敷设,以保持与墙面的绝缘距离。

(16) 瓷柱及瓷瓶配线的绑线,采用橡皮绝缘线时,使用一般纱包绑线;使用塑料线时,应用相同颜色的聚氯乙烯铜或铁绑线。受力瓷瓶绑双花,加档瓷瓶可绑单花,线路终端绑回头。

(17) 木槽板应用干燥无节、无裂纹的木材制成;线槽内需涂刷绝缘漆,与建筑物接触部分涂防腐漆;槽板盖除设计另有要求外,均涂白色油漆。

(18) 槽板底用螺丝固定,槽板盖用螺丝固定,线路接头需放在接线盒中。槽板接头需做成斜口,底盖应错开,分支线路应做成丁字接法或加装接线盒。

(19) 塑料或瓷质线夹的线槽应具有防滑肋。

(20) 塑料线夹可用粘接法固定,其底面应有网纹。

(21) 线路及电具等应采用胀管螺栓、胀管螺丝、预埋铁件及预下木砖等方法进行固定,严禁使用木塞法。3kg以上的灯具,须采用预埋铁件的方法。

(22) 车间内钢索配线,跨距在20m以上时,用直径4.5~6mm的钢绞线;跨距在20m以下时,可用直径4mm的镀锌铅丝3条绞合架设。

(23) 钢索两端需用穿墙螺栓固定,并用双螺母紧牢。钢索中间固定点间距不应大于12m。

(24) 钢索配管的接头及灯头处需用专用接线盒及灯头盒。钢索配塑料护套线时,应用塑料接线盒。

(25) 沿梁明配线可采用弓板法或胀管法,弓板法需用螺母固定瓷瓶,胀管法需在铁板上钻孔套丝。

(26) 安装母线的所有金属部件均应镀锌,夹板与母线接触处应除掉母线表面氧化层,并涂工业凡士林油。

(27) 在分线箱以及配电盘内的导线需要分接导线时,为了便于检修和调换,不宜将多根导线成束地焊成一体(即"鸡爪"形),应采用接线端子进行联接,其接续方式和要求如下:

  a. 将各条导线的接线端头配接相适应的接线端子(小截面单芯导线可直接做成环形),用大于其中最大导线截面2倍的矩形母线作为接线板(但最小截面应不小于60mm^2,其厚度不小于3mm),然后将各分引导线的接线端子依次排列,用相应的机螺丝、螺母、垫圈和弹簧垫圈进行紧固,最后再用橡胶包布和绝缘胶布缠裹;

  b. 接线端子及矩形母线接线板所用材料,铜芯导线时应为铜制品;铝芯导线时应为铝制品;如为铜和铝端子相压接时,应将铜制接线端子做涮锡处理;

  c. 用以紧固的机螺丝应不小于M5。

(28) 暗管敷设的灯头盒,开关盒以及接线盒的"敲落孔",除对实装管孔必须敲落外,其他供做备用的"敲落孔"一律不得敲落;当暗装在具有易燃结构部位时,应对其周围的易燃物做好防火隔热处理。导线的接续,应符合操作要求,经过处理后放置在盒内。

(29) 暗管敷设工程在竣工交付验收时,应将施工中电线管路变更部分的实际敷设部位

(包括分线盒和接线盒以及管线规格)和走向,在竣工图中修正并清楚标明以供维修管理之用。

(30) 在接零系统中,引入线的中性线在进户处应做好重复接地。

11.4.2 室内布线方法

1. 直敷布线

(1) 直敷布线的条件(见表11.4.2-1)

室内直敷布线的条件　　　　　　　表 11.4.2-1

序号	类别	条件	备注
1	环境、场所	正常环境室内场所和挑檐下室外场所	建筑物顶棚内不得采用
2	导线类型	绝缘护套线,如 BLVV、BVV 塑料绝缘护套线	
3	导线截面积	≤6mm²	最大不得超过 10mm²

(2) 布线方法

直敷布线常用的方法是绝缘卡钉或铝卡片固定,见图11.4.2-1。

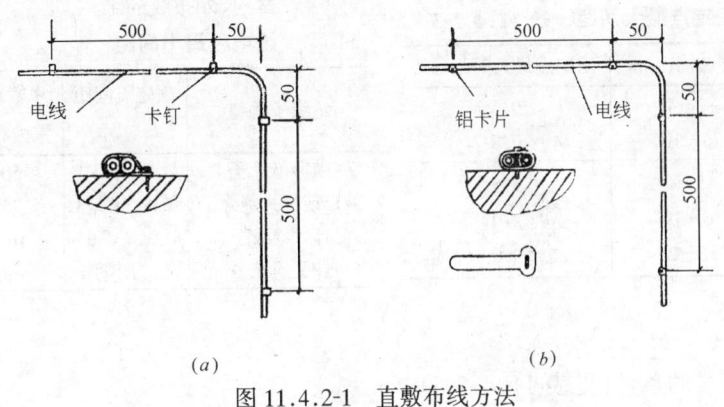

图 11.4.2-1　直敷布线方法
(a)卡钉固定;(b)铝卡片固定

固定点间距一般不大于 500mm。

导线至地面距离:水平方向不小于 2.5m;垂直方向不小于 1.8m。

2. 线夹和绝缘子布线

(1) 线夹和绝缘子布线的条件(见表11.4.2-2)

线夹和绝缘子布线的条件　　　　　　　表 11.4.2-2

序号	类别	条件	备注
1	环境、场所	瓷(塑料)线夹布线一般适用于正常环境的室内场所 鼓形、针式绝缘子适用室内,也可适用于室外场所	建筑物顶棚内严禁采用
2	导线类型	绝缘导线,例如 BX、BLX、BV、BLV 型导线	
3	导线截面积	线夹布线,≤10mm² 绝缘子布线,≤25mm²	

(2) 布线方法

布线方法见图 11.4.2-2。

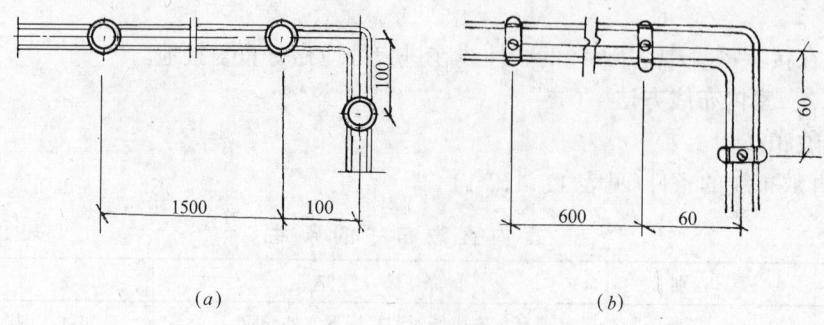

图 11.4.2-2　线夹和绝缘子布线
(a)鼓形绝缘子布线；(b)线夹布线

布线时，导线的固定点间距，导线的间距，高温或腐蚀性场所导线的间距及导线至建筑物表面最小净距分别见表 11.4.2-3 和表 11.4.2-4。

室内沿墙、顶棚布线的绝缘电线固定点最大间距　　表 11.4.2-3

布线方式	电线截面(mm²)	固定点最大间距(m)
瓷(塑料)线夹布线	1～4	0.6
	6～10	0.8
鼓形绝缘子布线	1～4	1.5
	6～10	2.0
	16～25	3.0

室内、外布线的绝缘电线最小间距　　表 11.4.2-4

绝缘子类型	固定点间距 L (m)	电线最小间距(mm)	
		室内布线	室外布线
鼓形绝缘子	L≤1.5	50	100
鼓形或针式绝缘子	1.5＜L≤3	75	100
针式绝缘子	3＜L≤6	100	150
针式绝缘子	6＜L≤10	150	200

3. 线管布线

(1) 线管布线的条件(见表 11.4.2-5)

线管布线的条件　　表 11.4.2-5

序号	类别	条件	备注
1	环境、场所	金属管线适用于一般室内外，但对金属无严重腐蚀的场所；潮湿场所采用水煤气钢管，干燥场所可采用电线管；硬质塑料管适用于一般室内场所和有酸碱腐蚀性介质场所；半硬塑料管主要适用于混凝土板孔布线	
2	导线类型	绝缘导线	
3	管线内径和导线截面积	3 根以上导线穿于同一根线管时，其总截面积(含外护层)不应超过管内截面积的 40%；两根导线穿于同一线管时，管内径不应小于两根导线外径之和的 1.35 倍(立管可取 1.25 倍)	管线选择参见表 11.4.2-7
4	穿管	穿金属管的交流回路，应将同一回路的所有相线和中性线穿于同一管内；不同回路的线路一般不应穿于同一线管内	否则产生涡流发热

(2) 布线方法

1) 线管明敷时,其固定点间距应符合表 11.4.2-6 的规定。

明敷线管固定点间的最大距离(m)　　　　　　　　　　　　表 11.4.2-6

线管种类	标 称 管 径 (mm)				
	15～20	25～32	40	50	63～100
水煤气钢管(G)	1.5	2	2	2.5	2.5
电线管(DG)	1	1.5	2	2	—
硬塑料管(VG)	1	1.5	1.5	2	2

2) 管路较长或有弯时,管线相互连接处宜加装拉线盒。两个拉线点之间的距离应符合以下要求:

对无弯的管路,不超过 30m;

两个拉线点之间有一个弯时,不超过 20m;

两个拉线点之间有两个弯时,不超过 15m;

两个拉线点之间有三个弯时,不超过 8m。

3) 线管管径与绝缘导线截面的配合,见表 11.4.2-7。

橡皮、塑料绝缘电线穿管用线管内径的选择　　　　　　　　　表 11.4.2-7

截面 (mm²)	2 根单线			3 根单线			4 根单线			5 根单线			6 根单线		
	DG	G	VG	DG	G	VG	DG	G	VG	DG	G	VG	DG	G	VG
1.5	15	15	15	20	15	20	25	20	20	25	20	25	25	20	25
2.5	15	15	15	20	15	20	25	20	25	25	20	25	25	25	25
4	20	15	20	25	20	20	25	20	25	25	25	25	32	25	32
6	20	15	20	25	20	25	25	25	25	32	25	32	32	25	32
10	25	20	25	32	25	32	40	32	40	40	32	40	50	40	40
16	32	25	32	40	32	40	40	32	40	50	40	50	50	50	50
25	40	32	32	50	32	40	50	40	50	50	50	50	50	50	50
35	40	32	40	50	40	50	50	50	50	70	50	70	70	50	70
50	50	40	50	50	40	50	70	50	70	80	70	70	80	70	75
70	70	50	70 (80)	80	70	70 (80)	80	80	80	—	80 (100)	80	—	100	—
95	70 (80)	70	70 (80)	80	70 (80)	—	80	80 (100)	—	100	100	—	100	—	—
120	80	70	80 (80)	—	80	—	100	100	—	100	—	—	100	—	—
150	80	80	—	—	100	—	100	—	—	—	—	—	—	—	—

注:1. 表中代号:DG 为电线管,G 为焊接钢管,VG 为硬塑料管,亦可分别用新符号 MT、SC、PC 表示。

2. 电线管及塑料管按外径计,钢管按内径计。

3. 管内容线面积为 1～6mm² 时,按不大于内孔总面积 33% 计算;10～50mm² 时,按 27.5% 计算;70～150mm² 时,按 22% 计算。

4) 线管的连接

水煤气钢管可采用焊接或螺纹连接;

电线管只能采用螺纹连接；
塑料管通常采用套接，见图11.4.2-3，插入深度见表11.4.2-8。

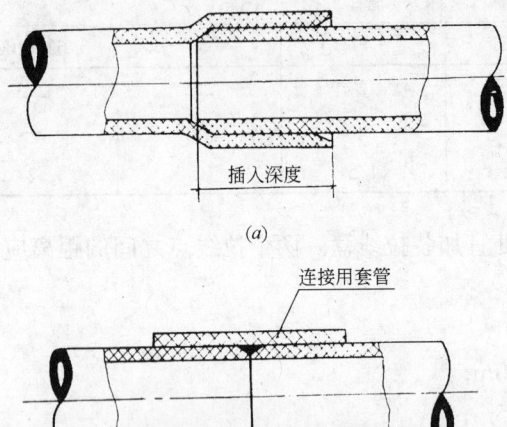

图11.4.2-3 硬塑料管的连接
(a)插入法连接；(b)套接法连接

插入法连接时的插入深度 表11.4.2-8

塑料管管径(mm)	插入深度(mm)
16	20~25
20	25~30
25	30~40
32	40~50
40	50~60
50	60~70

4．线槽布线

(1) 线槽布线的条件(见表11.4.2-9)

线槽布线的条件 表11.4.2-9

序号	类别	条件	备注
1	环境，场所	金属线槽布线和塑料线槽布线均适宜于正常环境的室内明敷；对金属有严重腐蚀的场所不应采用金属槽布线；在高温和易受机械损伤的场所不宜采用塑料线槽布线	
2	导线类型	橡皮或塑料绝缘导线	
3	线槽和导线截面积及根数	载流电线和电缆的总截面(含外护层)不应超过线槽内截面的20%，根数不超过30根；控制和信号线的总截面不应超过线槽内截面的50%，根数不限	不同导线在同一金属线槽内布线，规定同金属线管

5．布线方法

(1) 线槽的固定

金属线槽一般应在下列部位设置吊架或支架：

直线段不大于3m或线槽接头处；

线槽首端、终端及进出接线盒0.5m处；

线槽转角处。

塑料线槽槽底固定点应根据线槽规定而定，一般不应大于表11.4.2-10的数值。

11.4 室内配电线路

塑料线槽固定点最大间距　　　　表 11.4.2-10

线槽宽度(mm)	20~40	60	80~120
固定点间距(m)	0.8	1.0	0.8

(2) 线槽附件的布置

金属线槽或塑料线槽布线,在线路连接、转角、分支和终端处应采用相应的附件。布线方法见图 11.4.2-4,相应线槽附件见图 11.4.2-5。

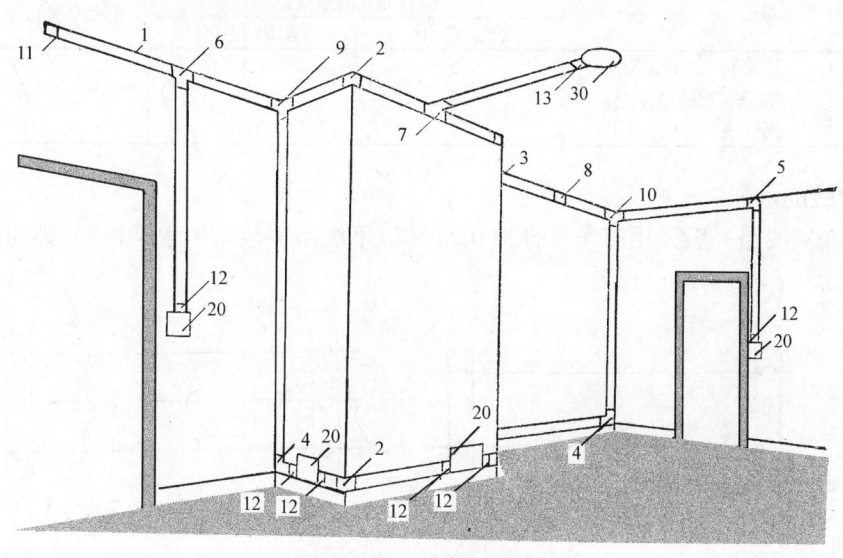

图 11.4.2-4　线槽布线方法
(图中数字对应的线槽和附件见图 11.4.2-5)

图 11.4.2-5　线槽和附件

11.5 架空配电线路

11.5.1 架空配电线路的一般规定

1. 导线的选用(见表 11.5.1-1)

导线的最小截面积(mm^2)　　　　　　　　　表 11.5.1-1

序 号	导 线 种 类	6~10kV 高压线路		0.5kV 及以下低压线路
		居民区	非居民区	
1	铝绞线　　　(LJ 型)	35	25	16
2	钢芯铝绞线(LGJ 型)	25	16	16
3	铜绞线　　　(TJ 型)	16	16	6

2. 导线的排列

6~10kV 线路一般采用三角形排列 0.5kV 以下线路一般采用水平排列,排列顺序见图 11.5.1-1。

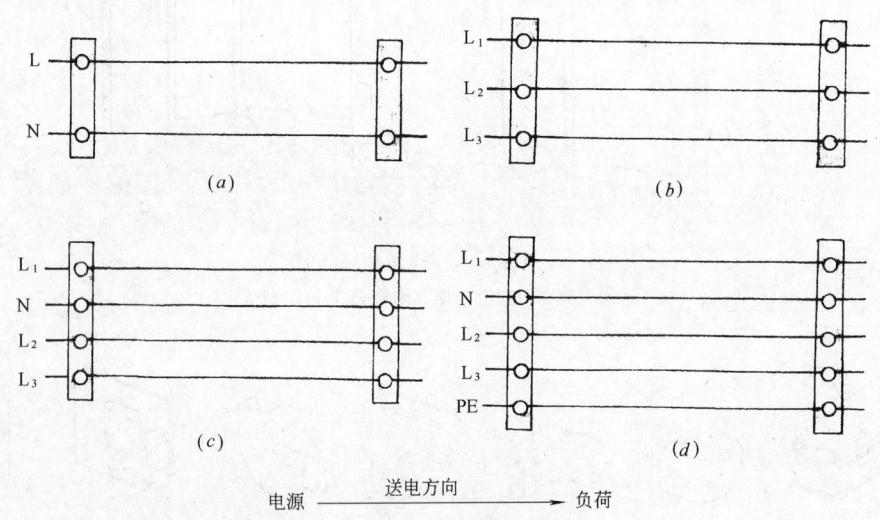

图 11.5.1-1　低压架空线路导线排列顺序
(a)单相两线;(b)三相三线;(c)三相四线;(d)三相五线
L_1、L_2、L_3—相线;N—中性线;PE—接地线

3. 绝缘距离和限距的规定

(1) 导线间距离(见表 11.5.1-2)

导线间的最小距离(m)　　　　　　　　　表 11.5.1-2

序 号	线路类别	档　距　(m)						
		40 及以下	50	60	70	80	90	100
1	6~10kV 线路	0.6	0.65	0.7	0.75	0.85	0.9	1.0
2	低压线路	0.3	0.4	0.45	0.5	—	—	—

注:a. 表中所列数值适用于导线的各种排列方式。
　　b. 靠近电杆的两导线间的水平距离,对于低压线路不应小于 0.5m。

11.5 架空配电线路

(2) 同杆多回路线路横担间距(见表11.5.1-3)

同杆架设的线路横担之间的最小垂直距离(m)　　　表11.5.1-3

序 号	导线排列方式	直线杆	分支或转角杆
1	高压与高压	0.80	0.45/0.60
2	高压与低压	1.20	1.00
3	低压与低压	0.60	0.30

注：表中转角或分支线横担距上面的横担取0.45m,距下面的横担取0.6m。

4. 线路限距(见表11.5.1-4～11.5.1-6)

导线与地面的最小距离(m)　　　表11.5.1-4

序 号	线路经过地区	线路电压 (kV)	
		6～10	<1
1	居民区	6.5	6
2	非居民区	5.5	5
3	交通困难地区	4.5	4

注：1. 居民区指工业企业地区、港口、码头、市镇等人口密集地区。
　　2. 非居民区指居民区以外的地区,均属非居民区。有时虽有人、有车到达,但房屋稀少,亦属非居民区。
　　3. 交通困难地区——车辆不能到达的地区。

导线的最小净空距离(m)　　表11.5.1-5

序号	导线经过地区	线路电压(kV)	
		6～10	<1
1	步行可到达的山坡	4.5	3
2	步行不能到达的山坡、峭岩	1.5	1

导线与建筑物的最小距离(m)　表11.5.1-6

序号	类 别	线路电压(kV)	
		6～10	<1
1	垂直距离	3	2.5
2	水平距离	1.5	1.0

5. 交叉跨越(见表11.5.1-7)

架空配电线路与铁路、道路、管道及各种架空线路交叉或接近的基本要求　　　表11.5.1-7

项 目	铁路	道路	架空弱电线路①	架空电力线路(kV)			管 道②
				<1	6～10	35	
导线在跨越档内接头	不得接头						不得接头
跨越档针式绝缘子或瓷横担支撑方式	双固定		双固定	6～35kV 线路跨越 6～10kV 线路为双固定			双固定
最小垂直距离 (m) 线路电压(kV)	至轨顶	至承力索或接触线	至路面	至被跨越线	至被跨越线		至管道任何部分管道上人管道不上人
6～10	7.5	3.0	7.0	2.0	2.0	3.0	3.0 3.0
<1	7.5	3.0	6.0	1.0	1.0	2.0	3.0	2.5 1.5

续表

项目		铁 路		道 路	架空弱电线路①	架空电力线路(kV)			管道②
						<1	6~10	35	
最小水平距离(m)	线路电压(kV)	电杆外缘至轨道中心		电杆外缘至路基边缘或明沟边缘	最大风偏情况下与边导线间距	最大风偏情况下与边导线间距			最大风偏情况下边导线至管道任何部分
		交叉	平行						
	6~10	3.0	3.0	0.5	2.0	2.5	2.5	5.0	2.0
	<1	3.0	3.0	0.5	1.0	2.5	2.5	5.0	1.5

① 配电线路与弱电线路接近时,最小水平距离值未考虑对弱电线路的危险和干扰影响。
② 管道上的附属设施均应视为管道的一部分。架空线路与管道交叉时,交叉点不应选在管道的检查平台和阀门处,与管道交叉跨越或平行接近时,管道应接地。

6. 接户线

由高低压线路至建筑物第一个支持点之间的一段架空线,称为接户线。接户线敷设的一般要求如下:

(1) 低压接户线的档距不宜大于25m,档距超过25m时,宜设接户杆。接户杆的档距不应超过40m。

(2) 低压接户线应采用绝缘导线,导线截面应根据负荷计算电流和机械强度确定,并应考虑今后发展的可能性。其最小允许截面见表11.5.1-8。

低压接户线的最小截面　　　　　表11.5.1-8

序号	接户线架设方式	档距(m)	最小截面(mm²)	
			绝缘铜线	绝缘铝线
1	自电杆上引下	10以下	2.5	4.0
		10~25	4.0	6.0
2	沿墙敷设	6及以下	2.5	4.0

(3) 高压接户线的档距不宜大于30m。其截面不应小于下列数值:
铜绞线,16mm²;
铝绞线,25mm²。

(4) 低压接户线的线间距离不应小于表11.5.1-9所列数值。

低压接户线的线间距离　　　　　表11.5.1-9

序号	架设方式	档距(m)	线间距离(mm)
1	自电杆上引下	25及以下	150
		25以上	200
2	沿墙敷设	6及以下	100
		6以上	150

低压接户线的零线和相线交叉处,应保持一定的距离或采用绝缘措施。

高压接户线的线间距离,不应小于450mm。

(5) 接户线在进线处的对地距离,不应小于下列数值:

低压接户线,2.7m;

高压接户线,4.5m。

(6) 跨越街道的低压接户线,至路面中心的垂直距离不应小于下列数值:

通车街道,6m;

胡同(里)、弄、巷,3m。

(7) 低压接户线与建筑物有关部分的距离,不应小于下列数值:

与接户线下方窗户的垂直距离,300mm;

与接户线上方阳台或窗户的垂直距离,800mm;

与窗户或阳台的水平距离,750mm;

与墙壁、构架的距离,50mm。

(8) 不同金属、不同规格的接户线,不应在接户线档距内连接。跨越通车道路的接户线,不准有接头。

自电杆引下的导线截面为16mm^{2}及以上的低压接户线,应使用低压蝶式绝缘子。

11.5.2 电杆及埋设

1. 杆型

常见杆型(以10kV线路为例)见图11.5.2-1,各种杆型的特点见表11.5.2-1。

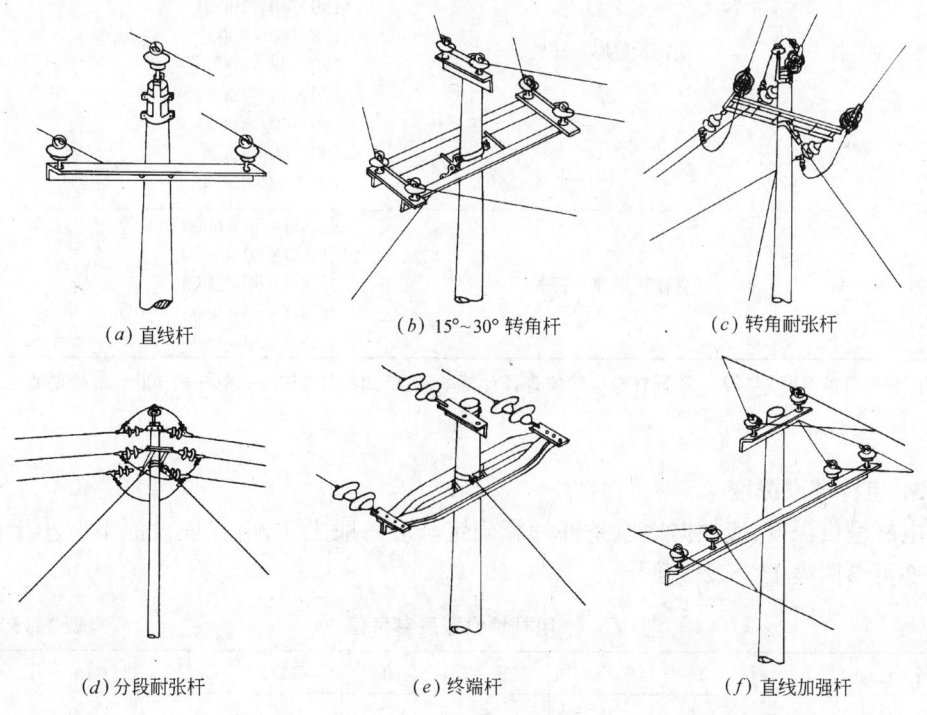

图11.5.2-1 10kV线路常见杆型

常用杆型的特点 表11.5.2-1

型 式		特 点
直线型	直线杆(中间杆)	正常情况下不承受沿线路方向较大的不平衡张力； 断线时不能限制事故范围； 紧线时不能用它来支持导线的拉力； 一般不能转角,有的能转不大于5°的小转角
耐张型	耐 张 杆	正常情况下能承受沿线路方向较大的不平衡张力； 断线时能限制事故范围； 紧线时能用以支持导线拉力； 能转不大于5°的小转角
	转 角 杆	特点同耐张杆,但位于线路的转角点,转角一般分30°、45°、60°、90°几种；30°以下的电杆结构与直线杆类似
	终 端 杆	特点同转角杆,但位于线路的起端和终端；有时因受地形、地面建(构)筑物的限制转角大于90°
	特 殊 杆	有跨超杆、换位杆、分支杆等

2. 混凝土电杆(见表11.5.2-2)

常用混凝土电杆 表11.5.2-2

名 称	规 格 (mm)	
锥 形 杆	梢径×壁厚×杆长	150×40×6000 150×40×7000 150×40×8000 150×40×10000 170×40×8000 170×40×9000 170×40×10000 190×40×10000 190×40×12000 190×50×15000
等 径 杆	直径×壁厚×杆长	上 300×50×6000 中 300×50×6000 下 300×50×6000 上 300×50×9000 下 300×50×9000

注：锥形杆的锥度为1/75。不同杆段位置的直径计算举例：已知梢径150mm,距杆梢7000mm处的直径为 $150 + 7000 \times \frac{1}{75} = 243$mm。

3. 电杆埋设深度

电杆埋设深度,应根据地质条件计算确定。对一般土质,电杆埋设深不应小于杆长的1/6,亦可参照表11.5.2-3确定。

电杆埋设深度参考值 表11.5.2-3

杆高 (m)	6	7	8	9	10	11	12	13	15
埋深 (m)	1.5	1.5	1.5	1.6	1.7	1.8	1.9	2.0	2.3

4. 电杆基础

(1) 电杆基础土壤特性(见表11.5.2-4)

电杆基础土壤特性 表 11.5.2-4

土壤类别	重力密度 (kN/m³)	计算上拔角 (°)	计算抗剪角 (°)	被动土抗力 (kN/m³)	容许耐压力 (kPa)
大块碎石	19.60	32	40	90.16	392.0
中砂、粗砂	17.64	30	37	70.56	392.0
细砂、粉砂	15.68	23	28	43.41	196.0
坚硬粘土	17.64	30	45	102.90	294.0
硬塑粘土	16.66	25	35	61.45	225.4
可塑粘土	15.68	20	30	47.04	176.4

(2) **安全系数** 电杆基础的上拔及倾覆安全系数不应小于表 11.5.2-5 的规定。

电杆基础上拔倾覆稳定安全系数 表 11.5.2-5

杆型	直线杆	耐张杆	转角或终端杆
稳定安全系数	1.5	1.8	2.0

(3) 底盘和卡盘(见表 11.5.2-6)

电杆底盘和卡盘 表 11.5.2-6

类别	型号	规格	强度
底盘	DP6	600×600	极限下压力:185.22kN
	DP8	800×800	234.22kN
	DP10	1000×1000	307.72kN
	DP12	1200×1200	445.90kN
卡盘	KP8	800×300	极限抗弯矩 3.53kN·m
	KP10	1000×300	5.49kN·m
	KP12	1200×300	7.84kN·m

11.5.3 横担和绝缘子

1. 横担的种类和用途(见表 11.5.3-1)

横担种类和用途 表 11.5.3-1

横担类型	适用杆型	承受荷载
单横担	直线杆,15°以下转角杆	导线的垂直荷载
双横担	15°~45°转角杆,耐张杆(两侧导线拉力差为零)	导线的垂直荷载
	45°以上转角杆,终端杆,分歧杆	(1) 一侧导线最大允许拉力的水平荷载 (2) 导线的垂直荷载
	耐张杆(两侧导线有拉力差),大跨越杆	(1) 两侧导线拉力差的水平荷载 (2) 导线的垂直荷载
带斜撑的双横担	终端杆,分歧杆,终端型转角杆	(1) 一侧导线最大允许拉力的水平荷载 (2) 导线的垂直荷载
	大跨越杆	(1) 两侧导线的拉力差的水平荷载 (2) 导线的垂直荷载

2. 横担的材料

横担材料一般采用镀锌角钢,也可采用瓷横担。常用角钢横担材料见表 11.5.3-2 和 11.5.3-3。

6～10kV 线路横担材料的选择　　表 11.5.3-2

档距	50m												90m												
杆型	直线				耐张				终端				直线				耐张				终端				
覆冰(mm)	0	5	10	15	0	5	10	15	0	5	10	15	0	5	10	15	0	5	10	15	0	5	10	15
LJ-25	∟63×6				2×∟63×6				2×∟63×6				∟63×6				2×∟63×6				2×∟63×6			
LJ-35																								
LJ-50									2×∟75×8												2×∟75×8			
LJ-70																								
LJ-95																								
LJ-120									2×∟90×8												2×∟90×8			
LJ-150																								
LJ-185																						2×∟63×6*			
LJ-240					2×∟75×8				2×∟63×6*				∟75×8				2×∟75×8				②			
LGJ-16	∟63×6				2×∟63×6				2×∟63×6				∟63×6				2×∟63×6				2×∟63×6			
LGJ-25									2×∟75×8												2×∟75×8			
LGJ-35																								
LGJ-50									2×∟90×8												2×∟90×8			
LGJ-70																								
LGJ-95																								
LGJ-120																		2×∟75×8				2×∟63×6*		
LGJ-150					2×∟75×8				2×∟63×6*															
LGJ-185																								
LGJ-240				①	2×∟90×8				②				∟75×8				2×∟90×8				2×∟75×8*			

* 为带斜撑的横担。　① 为∟75×8。　② 为 2×∟75×8*。

低压线路横担选择　　表 11.5.3-3

类型	2 线横担											
杆型	直线杆				<45°转角杆、耐张杆				终端杆			
覆冰(mm)	0	5	10	15	0	5	10	15	0	5	10	15
LJ-16	∟40×4				2×∟40×4				2×∟40×4			
LJ-25									2×∟50×5			
LJ-35												
LJ-50												
LJ-70									2×∟63×6			
LJ-95												
LJ-120					2×∟50×5							
LJ-150				①					2×∟75×8			
LJ-185												

类型	4 线横担											
杆型	直线杆				<45°转角杆、耐张杆				终端杆			
覆冰(mm)	0	5	10	15	0	5	10	15	0	5	10	15
LJ-16	∟50×5				2×∟50×5				2×∟63×6			
LJ-25												
LJ-35									2×∟75×8			
LJ-50					2×∟63×6							
LJ-70									2×∟90×8			
LJ-95												
LJ-120	∟63×6											
LJ-150				②	2×∟75×8				2×∟75×8*			
LJ-185												

注：* 为带斜撑横担；① 为∟50×5；② 为∟75×8。

3. 横担的长度(见表 11.5.3-4)

4. 横担安装位置

(1) 直线杆,装在负荷侧;
(2) 承力杆,装在张力的反向侧;
(3) 直线杆多层横担应装设在同一侧。

5. 绝缘子的种类及用途(见表 11.5.3-5)

常用横担的长度 表 11.5.3-4

线路类别	横担种类	长度(mm)
低压线路	二线式	850
	四线式	1400
	五线式	1800
6~10kV 线路		1500,1800

常用绝缘子分类及用途 表 11.5.3-5

序号	类别	基本型号	用途
1	针式绝缘子	P	一般用于 10kV 及以下的直线杆和合力不大的转角杆
2	蝶形绝缘子	E	主要用于低压线路终端、耐张及转角杆上。在 6~10kV 线路中可与悬式绝缘子组成绝缘子串,从而简化金具结构
3	悬式绝缘子	X	主要用于高压线路中
4	拉紧绝缘子	J	用于拉线上,作为拉线对地绝缘和连接
5	瓷横担绝缘子	S	用于线路中,作绝缘与支持用,可取代针式绝缘子及部分悬式绝缘子

6. 绝缘子的选用(见表 11.5.3-6~11.5.3-8)

按线路电压和横担材料选用针式绝缘子 表 11.5.3-6

线路电压(kV)	铁横担	木横担
10	P-15T	P-10M
6	P-10T	P-6M
0.38	PD-1T	PD-1M

悬式绝缘子串片数的确定 表 11.5.3-7

线路电压(kV)	悬垂串片数	耐张串片数
6~10	1	2
35	2~3	3~4
110	6~7	7~8
220	12~13	13~14

蝶形绝缘子的选用 表 11.5.3-8

导线型号及规格	绝缘子型号	导线型号及规格	绝缘子型号
LJ-35mm² 及以下	ED-4	LJ-70~185mm²	ED-2
LJ-35~70mm²	ED-3	LJ-185mm² 及以上	ED-1

注:按 380V 线路、档距为 50m 考虑,只供参考。

7. 绝缘子串组装(见图 11.5.3-1)

11.5.4 拉线

1. 拉线方式

拉线方式分为普通拉线、V 形拉线、水平拉线和弓形拉线四种。常见普通拉线结构见图 11.5.4-1。

拉线应根据电杆的受力情况装设,拉线与电杆的夹角一般采用 45°,如受地形限制,可适当减小,但不应小于 30°。

跨越道路的水平拉线,对路面中心的垂直距离,不应小于 6m,拉线柱的倾斜角一般采用 10°~20°。

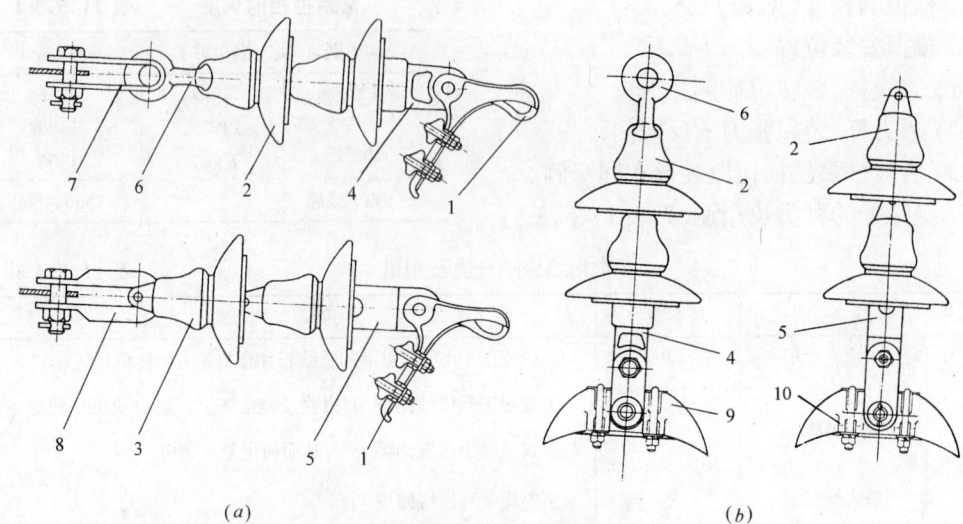

图 11.5.3-1　绝缘子串组装
(a)水平(耐张);(b)垂直

1—耐张线夹,NLD 型;2—盘形悬式绝缘子,XP-7 型;3—盘形悬式绝缘子,XP-7C 型;4—碗头挂板,W-7 型;
5—平行挂板,PS-7 型;6—球头挂环,Q-7 型;7—直角挂板,Z-7 型;8—U 型挂环,U-7 型;9—悬垂线夹,XGU-5 型;
10—悬垂线夹,XGU-2 型

注：型号供参考。

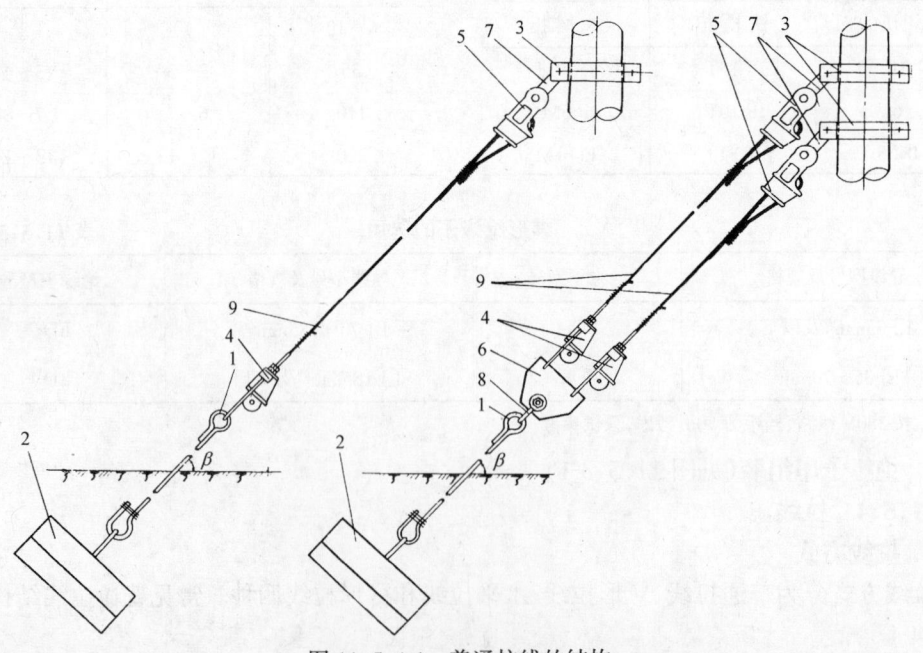

图 11.5.4-1　普通拉线的结构

1—拉线棒;2—拉线盘;3—拉线抱箍;4—UT 型线夹;5—楔型线夹;
6—双拉线联板;7—平行挂板;8—U 型挂板;9—钢绞线

注：拉线角度 β 由设计确定,一般为 30°～45°。

2. 拉线材料

拉线应采用镀锌钢绞线或镀锌铁线,其截面应根据计算确定。常用拉线的规格和抗拉强度见表11.5.4-1。

拉线规格及抗拉强度 表11.5.4-1

拉线型号		计算截面 (mm^2)	瞬时破坏应力 (N/mm^2)	安 全 系 数	拉线最大允许拉力 (N)
镀锌铁线	T-3/φ4	37.7	370	2.5	5600
	T-5/φ4	62.8	370	2.5	9300
	T-7/φ4	88.0	370	2.5	13000
镀锌钢绞线	GJ-25	26.6	1200	2.0	16000
	GJ-35	37.2	1200	2.0	22000
	GJ-50	49.5	1200	2.0	30000
	GJ-70	72.2	1200	2.0	43000
	GJ-100	101.0	1200	2.0	60000

3. 拉线棒

拉线的底把一般均采用圆钢制成拉线棒形式。拉线棒除承受计算拉力所必需的直径外,还应增加2~4mm作为腐蚀的补偿。按规定拉线棒直径不应小于16mm,一般选用 φ16、φ19、φ22、φ25……等六种拉线棒规格,并减少2mm作为计算的有效直径。各拉线棒的允许拉力以及与拉线的配合见表11.5.4-2。

拉线棒计算 表11.5.4-2

拉线棒直径 (mm)	有效直径 (mm)	有效截面 (mm^2)	允许应力 (N/mm^2)	拉线棒允许拉力 (N)	配合拉线型号	拉线最大允许拉力 (N)
16	14	154	160	24600	GJ-25	16000
					GJ-35	22000
19	17	227	160	36300	GJ-50	30000
22	20	314	160	50000	GJ-70	43000
25	23	491	160	78500	GJ-100	60000
28	26	531	160	84900	2×GJ-70	86000
34	32	804	160	128000	2×GJ-100	120000

4. 拉紧绝缘子

钢筋混凝土电杆的拉线,一般不装设拉线绝缘子。如拉线从导线之间穿过,应装设拉线绝缘子。在拉线断线的情况下,拉线绝缘子距地面不应小于2.5m。

拉紧绝缘子选择见表11.5.4-3。

拉线绝缘子选择　　　　　　表 11.5.4-3

拉 线 种 类	绝 缘 子 型 号	
	J-4.5	J-9
镀锌钢绞线（mm²）	25,35	50
镀锌铁线（股）	3,5,7	9,11

5. 拉线盘（见表 11.5.4-4）

拉线盘及其应用　　　　　　表 11.5.4-4

序 号	拉线盘型号	规 格（mm）	极限拉力(kN)	埋 深 (m)
1	LP6	600×300	80.85	1.2
2	LP8	800×400	137.20	1.2
3	LP10	1000×500	203.84	1.2

11.5.5　导线弛度计算

1. 理论计算

相邻两杆之间的水平距离，称为档距，用符号 L 表示；相邻两杆导线悬挂点的假想连线与导线最低点间的垂直距离，称为该档导线的弛度（又称垂弧），用符号 f 表示。见图 11.5.5-1。

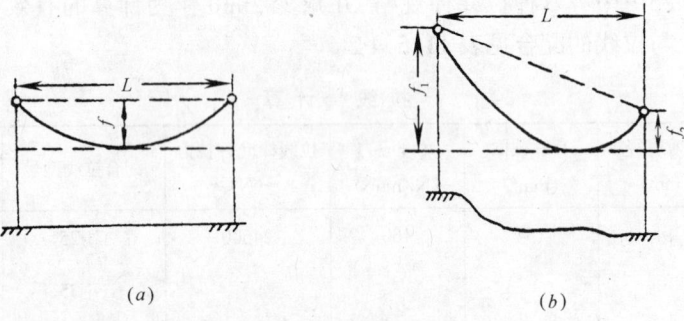

图 11.5.5-1　导线的弛度
(a)相邻两杆等高程；(b)相邻两杆不等高程

导线弛度的理论计算公式：

$$f=\frac{gL^2}{8\sigma}$$

式中　f——导线某档内的弛度，m；
　　　g——导线一档的比载，N/m·mm²；
　　　L——导线的档距，m；
　　　σ——导线的应力，N/mm²。

2. 表格法

对于 0.38～10kV 线路，可按表 11.5.5-1 大致确定导线的弛度（该表适用于风速小于 25m/s 的气象条件）。

架空线路导线的弛度(m)　　　　　表 11.5.5-1

导线截面 (mm²)	环境温度 (℃)	档距 (m) 50	60	70	80	90	100	110	120	50	60	70	80	90	100	110	120
		铝绞线 (LJ)								钢芯铝线 (LGJ)							
10	-10									0.15	0.25	0.38	0.55	0.97	1.40	1.50	1.95
	0									0.18	0.31	0.48	0.78	1.16	1.57	2.10	2.60
	10									0.22	0.37	0.63	0.96	1.35	1.80	2.30	2.80
	20									0.30	0.50	0.80	1.15	1.60	2.00	2.50	3.00
	30									0.42	0.64	0.94	1.29	1.71	2.15	2.60	3.10
16	-10	0.20	0.38	0.65	1.05	1.48	2.00	2.55	3.18	0.13	0.20	0.28	0.37	0.49	0.61	0.82	1.50
	0	0.30	0.51	0.83	1.23	1.68	2.20	2.75	3.37	0.17	0.26	0.35	0.47	0.58	0.73	0.98	2.60
	10	0.40	0.68	1.02	1.43	1.85	2.32	2.90	3.50	0.22	0.33	0.43	0.57	0.71	0.88	1.18	2.80
	20	0.55	0.83	1.18	1.55	2.02	2.55	3.10	3.67	0.28	0.42	0.55	0.70	0.89	1.08	1.37	3.00
	30	0.68	0.97	1.32	1.71	2.16	2.70	3.24	3.85	0.39	0.55	0.69	0.88	1.04	1.30	1.60	3.10
25	-10		0.25	0.42	0.62	0.90	1.32	1.75	2.23	0.17	0.23	0.32	0.40	0.52	0.66	0.80	0.98
	0		0.35	0.55	0.80	1.15	1.55	1.96	2.40	0.18	0.28	0.37	0.50	0.63	0.80	0.97	1.18
	10		0.47	0.73	1.00	1.32	1.77	2.17	2.70	0.25	0.35	0.48	0.63	0.79	0.97	1.17	1.40
	20		0.63	0.90	1.18	1.55	1.95	2.40	2.85	0.35	0.48	0.63	0.80	0.95	1.14	1.36	1.57
	30		0.77	1.05	1.40	1.75	2.12	2.60	3.05	0.52	0.62	0.78	0.95	1.13	1.33	1.52	1.80
35	-10		0.26	0.36	0.50	0.72	0.98	1.33	1.73		0.23	0.32	0.41	0.52	0.66	0.81	1.00
	0		0.33	0.48	0.65	0.90	1.20	1.60	1.95		0.28	0.38	0.50	0.64	0.80	0.96	1.18
	10		0.46	0.63	0.85	1.10	1.45	1.80	2.22		0.36	0.48	0.63	0.78	0.96	1.15	1.39
	20		0.60	0.83	1.03	1.30	1.66	2.00	2.45		0.47	0.63	0.77	0.95	1.15	1.37	1.60
	30		0.78	1.01	1.20	1.50	1.85	2.23	2.65		0.60	0.77	0.95	1.15	1.35	1.57	1.85
50	-10		0.26	0.33	0.44	0.60	0.80	1.10	1.38		0.15	0.25	0.30	0.38	0.45	0.55	0.67
	0		0.34	0.45	0.57	0.75	1.00	1.35	1.60		0.27	0.30	0.37	0.43	0.49	0.66	0.80
	10		0.45	0.68	0.72	0.96	1.22	1.60	1.85		0.23	0.33	0.43	0.54	0.64	0.80	0.94
	20		0.60	0.75	0.90	1.06	1.33	1.73	2.10		0.30	0.42	0.55	0.67	0.80	0.95	1.10
	30		0.77	0.92	1.12	1.36	1.65	2.10	2.35		0.42	0.55	0.66	0.78	0.95	1.15	1.30

3. 安装曲线法

安装曲线示例见图 15.5.5-2。该曲线对应的气象条件见表 11.5.5-2。

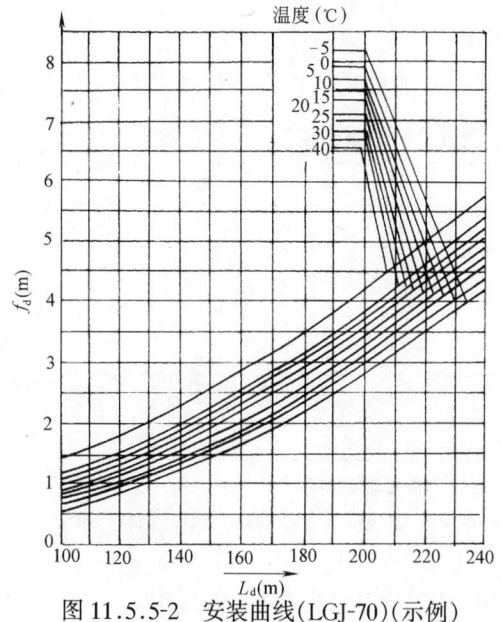

图 11.5.5-2　安装曲线(LGJ-70)(示例)

气 象 条 件　　　表 11.5.5-2

气象条件	温度（℃）	风速（m/s）	覆冰（mm）
年平均气温	15	0	—
最高气温	40	0	—
最低气温	-10	0	—
最大风速	5	25	—
正常覆冰	-5	10	5

弛度的计算方法是

$$f_c = (L_c/L_d)^2 \cdot f_d/K$$

式中　f_c——观测档在 t℃时的弛度，m；

L_c——观测档的档距，m；

L_d——观测档所在耐张段的代表档距，$L_d = \sqrt{\Sigma L^3 / \Sigma L}$（$L$——档距），m；

f_d——由 L_d，对应于 t℃，在图 11.5.5-2 的安装曲线上查得的弛度，m；

K——初伸长系数，对铝绞线或钢芯铝绞线，$K=1.12$；对铜绞线，$K=1.07$；对钢绞线，$K=1.05$。

【例 11.5.5-1】　某线路一耐张段的代表档距 $L_d = 200$m，观测档档距 $L_c = 242$m，环境温度为 15℃，求观测档的弛度。

【解】　已知温度 15℃，$L_d = 200$m，由图 11.5.5-2 的曲线查得 $f_d = 3.4$m，则

$$f_c = (L_c/L_d)^2 \cdot f_d/K = (242/200)^2 \times 3.4/1.12 = 4.44\text{m}$$

11.6　电　缆　线　路

11.6.1　电缆敷设

1. 电缆敷设的一般要求

(1) 敷设的全部路径应满足所使用的电缆允许弯曲半径要求。见表 11.6.1-1。

电缆敷设的弯曲半径与电缆外径的比值（最小值）　表 11.6.1-1

电缆护套类型		电力电缆		控制电缆等
		单芯	多芯	多芯
金属护套	铅	25	15	15
	铝	30*	30*	30
	皱纹铝套和皱纹钢套	20	20	20
非金属护套		20	15	无铠装 10 有铠装 15

注：1. 表中比值未注明者，包括铠装和无铠装电缆。
　　2. 电力电缆中包括油浸纸绝缘电缆（包括不滴流电缆）和橡皮、塑料绝缘电缆。
　　* 铝包电缆外径<40mm 时的比值为 25。

(2) 电缆支持点间距离，应符合表 11.6.1-2 的规定。

电缆支架间或固定点间的最大间距(m)　　　表 11.6.1-2

敷 设 方 式	塑料护套,铅包,铝包,钢带铠装		钢丝铠装电缆
	电力电缆	控制电缆	
水平敷设	1.0	0.8	3.0
垂直敷设	1.5	1.0	6.0

　　(3) 电缆层架间距:35kV 三芯电缆为 300mm,35kV 单芯及 6～10kV 交联聚乙烯绝缘电缆为 200～250mm,控制电缆为 120mm;当采用难燃封闭槽盒时,层架间距为 $h+80$(h 表示槽盒外壳高度)。

　　(4) 电缆在支架上水平敷设时,电力电缆间净距不应小于 35mm,且不应小于电缆外径。控制电缆间净距不作规定。在沟底敷设时 1kV 以上的电力电缆与控制电缆间净距不应小于 100mm。

　　(5) 电缆在支架上水平敷设时,在终端,转弯及接头两侧应加以固定,垂直敷设则在每一支持点处固定。

　　(6) 敷设电缆和计算电缆长度时,均应留有一定的裕量。

　　(7) 电缆在室外明敷时,宜有遮阳措施。

　　(8) 对运行中可能遭受机械损伤的电缆部位(如在非电气人员经常活动的地坪以上 2m 及地中引出的地坪下 0.2m 范围)应采取保护措施。

2. 直埋敷设:

　　(1) 敷设深度不应小于 0.7m。

　　(2) 当冻土层厚超过 0.7m 时,应将电缆敷设在冻土层下或采取防护措施。

　　(3) 禁止电缆在其他管道上下平行敷设。

　　(4) 直埋电缆敷设前应将沟底铲平夯实。

3. 敷设于保护管或排管内:

　　(1) 保护管或排管内径不应小于电缆外径的 1.5 倍。

　　(2) 保护管的弯曲半径不应小于所穿电缆的最小允许弯曲半径。

　　(3) 当电缆有中间接头时,应放在电缆工作井中。

　　(4) 一般每管只穿一根电缆。

　　(5) 电缆进入排管的端口处应有防止电缆外护层受到磨损的措施。

　　(6) 石棉水泥管,混凝土管块电缆排管穿过铁路,公路及有重型车辆通过的场所时,应选用混凝土包封敷设方式。当石棉水泥管排管敷设在可能发生位移的土壤中(如流砂层、八级及以上地震基本烈度区、回填土地段等)应选用钢筋混凝土包封敷设方式。当石棉水泥管顶距地面不足 500mm 时,应根据工程实际另行计算确定配筋数量。

　　(7) 敷设电缆排管时,排管向工作井侧应有不小于 0.5% 的排水坡度。

　　(8) 电缆排管应在终端、分支处、敷设方向及标高变化处设置工作井。在直线段工作井间的距离不宜大于 100m。

4. 敷设于电缆构筑物中:

　　(1) 在电缆隧道,电缆沟夹层等中有重要回路电缆时,严禁含有易燃气、油管路,也不得含有可能影响环境温升持续超过 5℃ 的供热管路。

(2) 电缆沟、电缆隧道应考虑分段排水,底部向集水井应有不小于0.5%的坡度,每隔50m设一集水井。

(3) 电缆在支架上敷设时,电力电缆在上,控制电缆在下。1kV以下的电力电缆和控制电缆可并列敷设,当双侧设有支架时,1kV以下的电力电缆和控制电缆,尽可能与1kV以上的电力电缆分别敷于不同侧支架上,当并列明敷时,其净距不应小于150mm。

(4) 电缆隧道长度大于7m时,两端应设出口。当长度小于7m时,可设一个出口。两个出口间距超过75m时应增加出口。

(5) 电缆隧道内应有照明,电压不超过36V。

(6) 电缆沟、隧道一般采用自然通风。电缆沟和隧道内的温度不应超过最热月的日最高温度平均值加5℃,如缺乏准确计算资料,则当功率损失达150～200W/m时,应考虑机械通风。具体工程设计应与通风专业密切配合。

5．电缆阻火:

(1) 电缆进入沟、隧道、夹层、竖井、工作井、建筑物以及配电屏、开关柜、控制屏、保护屏时,应做阻火封堵。电缆穿入保护管时管口应密封。

(2) 在电缆隧道及重要回路电缆沟中,应在下列部位设置阻火墙:

  a．电缆沟、隧道的分支处;

  b．电缆进入控制室、配电装置室、建筑物和厂区围墙处;

  c．长距离电缆沟、隧道每相距100m处应设置带防火门的阻火墙。

11.6.2 电缆头制作

1．电缆头制作操作要点

(1) 从剥切电缆开始至电缆头制作完成必须连续进行,在制作电缆头的整个过程中应采取相应的措施防止污秽和潮气的进入。

(2) 剥切电缆时不得伤及电缆的非剥切部分。

(3) 交联聚乙烯绝缘电缆铜带屏蔽层内的半导电层应按工艺要求的尺寸保留,除去半导电层的线芯绝缘部分,必须将残留的炭黑清理干净。

(4) 绕包型交联聚乙烯绝缘电缆头内的半导电带、屏蔽带包绕时不得超过应力锥中最大处。应力锥锥体坡度应均匀,表面应光滑。

(5) 油浸纸绝缘电缆头中增绕绝缘的绕向应与被缠绕的线芯绝缘或统包绝缘的绕向一致。

(6) 浇铸式电缆头在浇铸前应将外壳预热去潮。沥青绝缘胶及浇铸温度应按各地区的气候情况选用,环氧复合物应混合均匀,浇铸时应防止气泡产生。

(7) 接线端子或连接管和导体的连接可选用围压或点压。

(8) 钢带铠装一般用钢带卡子或 $d2.1$mm 的单股铜线卡扎,铜带屏蔽层可用截面积 1.5mm^2 的软铜线扎紧,绑扎线兼作接地连接时,绑扎不少于3圈,并与钢铠或铜屏蔽带焊接牢固。

(9) 油浸纸绝缘电缆终端头的封铅时间不宜过长,一般应在15s内完成。封铅表面应光滑、无砂眼和裂纹。

(10) 注意事项:

  a．电缆头制作应严格遵守有关的规程和规范;

  b. 制作电缆头所需的主要部件和材料,一般应由电缆附件生产厂家配套供应并附有合格证件;

  c. 施工现场应清洁、无灰尘、光线充足,周围空气不应含有导电粉尘和腐蚀性气体,并避开雾、雪、雨天,选择气候良好的条件进行操作。制作油浸纸绝缘电缆终端头,环境温度及电缆温度一般应在5℃以上;制作塑料绝缘电缆终端头,环境温度及电缆温度一般应在0℃以上;

  d. 油浸纸绝缘电缆在其末端的铅封锯开后,应对电缆的受潮情况进行校验,如有潮气侵入时,应逐段切除电缆,直至验潮合格;

  e. 制作前应做好电缆的核对工作,如电缆的类型、电压等级、截面及电缆另一端的情况等,并对电缆进行绝缘电阻测定和耐压试验,测试结果应符合规定。

2．热缩型电缆头制要求

（1）宜使用丙烷喷灯,热缩温度在110℃至130℃之间。

（2）加热收缩管件时火焰要缓慢接近热缩材料,并在周围沿圆周方向移动,待径向收缩均匀后再向轴向延伸,收缩的部位和方向按工艺要求进行。

（3）热缩管包敷密封金属部位时,金属部位应预热至60~70℃。

（4）套装热缩管前应清洁包敷部位,热缩管收缩后必须清洁火焰在其表面残留的碳迹。

（5）收缩完毕的热收缩管应光滑、无折皱、无气泡、能比较清晰地看出其内部的结构轮廓,密封部位一般应有少量的密封胶溢出。

（6）热缩型电缆终端头户外用绝缘管和户内用绝缘管性能不同,不得用错,户外终端头的雨裙应热缩牢固。

3．电缆头接地

（1）油浸纸绝缘电缆头的金属外壳、铅护套和钢带铠装应连接在一起并按供电系统的要求接地。

（2）交联聚乙烯绝缘电缆头的钢带铠装和铜带屏蔽层,在电缆运行时应连接在一起并按供电系统的要求接地,对要求钢铠接地线和铜带屏蔽层接地线可分的交联聚乙烯绝缘电缆,其终端头应按相应的工艺制作。

（3）电缆头的接地线应采用铜绞线或编织铜线,截面积不宜小于 10mm² (常用25mm²)。对要求交联聚乙烯绝缘电缆的钢铠接地线和铜带屏蔽层的接地线可分的电缆头以及低压系统中将电缆的金属护套和金属屏蔽层和钢铠等连在一起作为接地线的电缆头,其接地线截面按有关的规定执行。

4．电气距离

电缆终端头的出线应保持固定位置,并保证必要的电气距离,见表11.6.2-1。

电缆头出线的电气距离(mm)   表 11.6.2-1

类型	不同电压等级的电气距离(mm)		
	1kV	6kV	10kV
户 内	75	100	125
户 外		200	

5．电缆头制作举例

(1) NTN 型油浸纸绝缘户内电缆终端头

1) NTN 型油浸纸绝缘电缆终端头，适用于 8.7/10kV 及以下电压等级的油浸纸绝缘电缆。

2) 线芯绝缘保留长度除对应于 NTN-33 与 NTN-34 壳体为 125mm 外，其他均为 100mm，且在附加绝缘包绕完后，再剥除上端的线芯绝缘，以免 H 段线芯绝缘松散。

3) 导体端部聚氯乙烯带包绕长度为 80~115mm，然后再用尼龙绳绑扎。

4) 铅包喇叭口高于壳体颈部 5mm。

5) 沥青绝缘胶根据各地区的气候情况选用。

6) 终端头所需材料由厂家配套供给。

电缆头制作后的结构见图 11.6.2-1。主要材料见表 11.6.2-2~11.6.2-4。

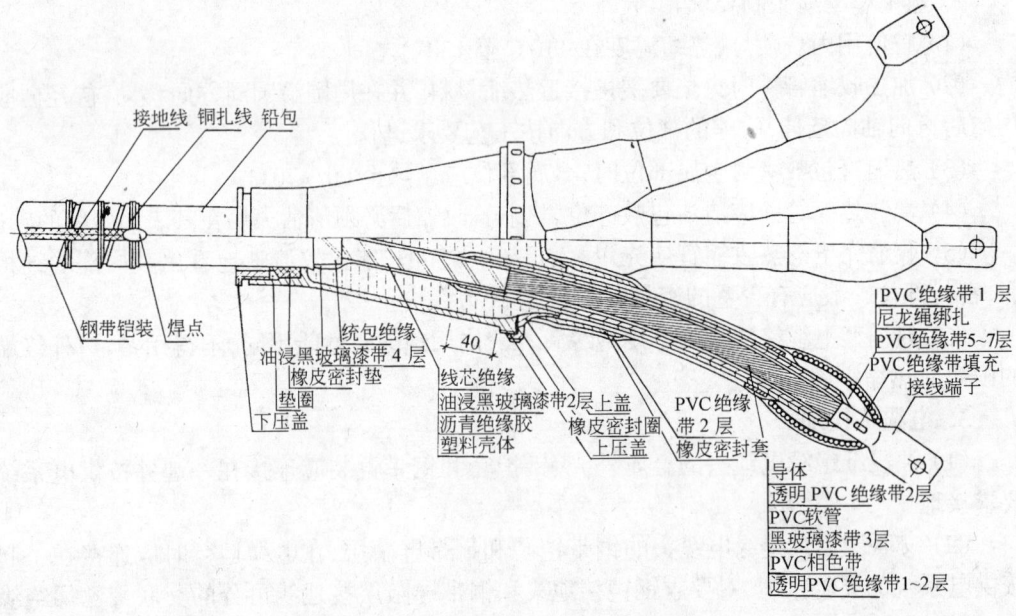

图 11.6.2-1 NTN 型油浸纸绝缘电缆终端头

NTN 型电缆终端头主要材料表　　　　表 11.6.2-2

序号	材料名称	规格及说明
1	接线端子	与电缆线芯相配，采用 DL 或 DT 系列
2	塑料壳体	与电缆线芯截面及电压等级相配，见表 11.6.2-2
3	油浸黑玻璃漆带	
4	黑玻璃漆带	
5	相色聚氯乙烯带	红、黄、绿、黑四色
6	透明聚氯乙烯带	
7	聚氯乙烯软管	与电缆线芯截面相配，见表 11.6.2-3
8	沥青绝缘胶	
9	封铅	铅 65%，锡 35%
10	接地线	$10\sim25mm^2$
11	绑扎铜线	$1/d2.1mm$
12	尼龙绳	

塑料外壳适用规格表

表11.6.2-3

三芯终端头外壳规格				四芯终端头外壳规格	
壳体型号	适用电缆线芯截面(mm²)			壳体型号	适用电缆线芯截面(mm²)
	0.6/1kV	6/6kV	8.7/10kV		0.6/1kV
NTN-31	10~50	10~25	—	NTN-41	4~50
NTN-32	70~120	35~70	16~50	NTN-42	70~95
NTN-33	150~240	95~185	70~150	NTN-43	120~185
NTN-34	—	240	185~240	—	—

聚氯乙烯软管适用规格表

表11.6.2-4

线芯截面(mm²)	2.5	4	6	10	16	25	35	50	70	95	120	150	185	240
聚氯乙烯软管内径(mm)	4	4	5	5	6	9	10	11	13	15	17	18	20	23

(2) 热缩型(RSNY型)塑料绝缘户内电缆终端头

热缩型塑料电缆终端头适用于0.6/1kV及以下电压等级的交联聚乙烯绝缘电缆或聚氯乙烯绝缘电缆。是目前应用最广一种电缆终端头,其结构见图11.6.2-2,主要材料见表11.6.2-5。

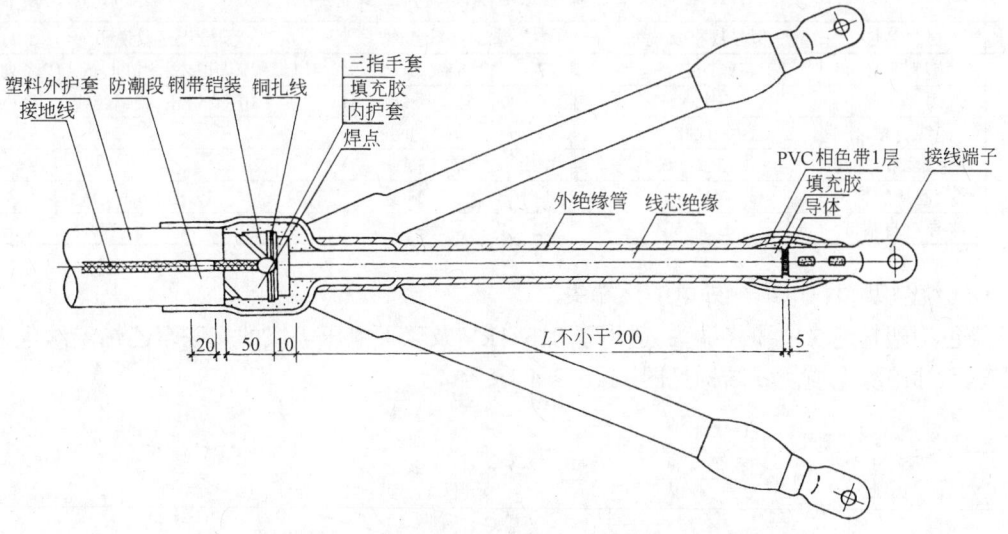

图11.6.2-2 RSNY型热缩型户内电缆终端头

热缩型塑料绝缘电缆终端头主要材料表

表11.6.2-5

序号	材料名称	规格及说明	序号	材料名称	规格及说明
1	接线端子	与电缆线芯相配,采用DL或DT系列	5	接地线	10~25mm²铜绞线
2	三指手套(或四指)	与电缆线芯截面相配	6	填充胶	
3	外绝缘管	$(d10\sim35)\times300$ mm	7	绑扎铜线	$1/d2.1$mm
4	相色聚氯乙烯带	红、黄、绿、黑四色	8	焊锡丝	

(3) WR型(热缩型)交联聚乙烯绝缘户外电缆终端头

WR型交联聚乙烯绝缘电缆终端头适用于8.7/10kV及以下电压等级的交联聚乙烯绝缘电缆,也是应用最广的一种户外电缆终端头。其结构见图11.6.2-3,主要材料见表11.6.2-6。

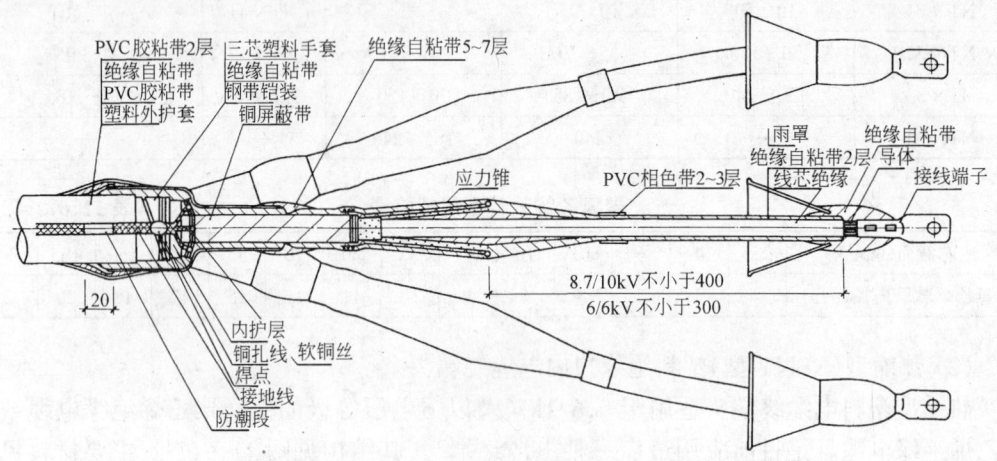

图11.6.2-3 WR缩型交联聚乙烯绝缘电缆终端头

WR型交联聚乙烯绝缘电缆终端头主要材料表　　　表11.6.2-6

序号	材料名称	型号规格及说明	序号	材料名称	型号规格及说明
1	塑料手套	三芯或四芯,ST型	7	接线端子	与电缆线芯相配,采用DL或DT系列
2	雨罩	YS-1,YS-2	8	接地线	$10 \sim 25 mm^2$ 软铜绞线
3	绝缘自粘带	J-30	9	铜丝网	
4	相色聚氯乙烯带	红、黄、绿	10	软铜线	$1.5 mm^2$
5	聚氯乙烯胶粘带		11	绑扎铜线	$1/d2.1mm$
6	半导电自粘带	BDD-50	12	焊锡丝	

(4) 绕包型塑料电缆户外电缆终端头

绕包型塑料绝缘电缆终端头,适用于0.6/1kV及以下电压等级的交联聚乙烯绝缘电缆及聚氯乙烯绝缘电缆。其结构见图11.6.2-4。

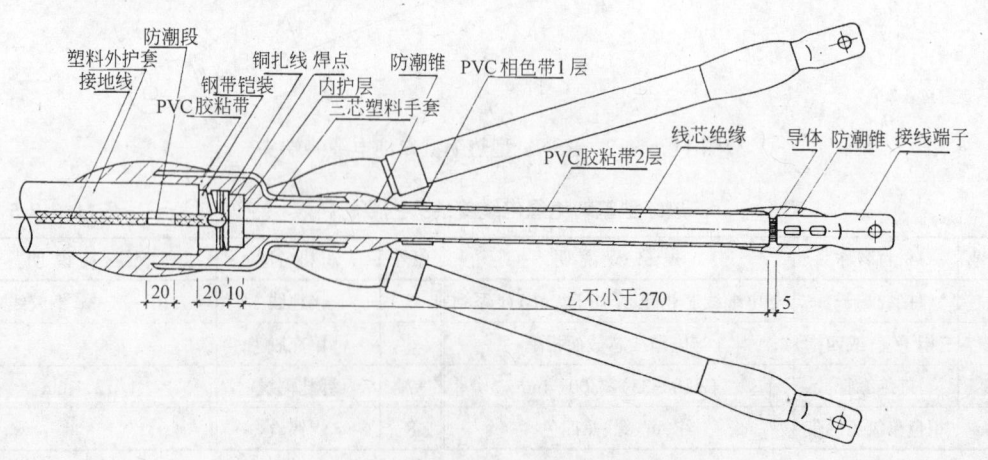

图11.6.2-4 绕包型塑料绝缘电缆终端头

主要材料见表11.6.2-7。

绕包型塑料绝缘电缆终端头主要材料表　　表11.6.2-7

序号	材 料 名 称	规格及说明	序号	材 料 名 称	规格及说明
1	塑料手套	三芯或四芯,ST型	5	接线端子	与电缆线芯相配,采用DL或DT系列
2	聚氯乙烯胶粘带		6	接 地 线	$10\sim25mm^2$ 软铜绞线
3	相色聚氯乙烯带		7	绑扎铜线	$1/d2.1mm$
4	焊 锡 膏		8	焊 锡 丝	

(5) LB型整体式油浸绝缘电缆中间头

整体式电缆接头适用于地下直埋、电缆沟或电缆隧道内8.7/10kV及以下电压等级的油浸纸绝缘电缆的连接。其结构见图11.6.2-5,绝缘剥切尺寸见表11.6.2-8,主要材料见表11.6.2-9。

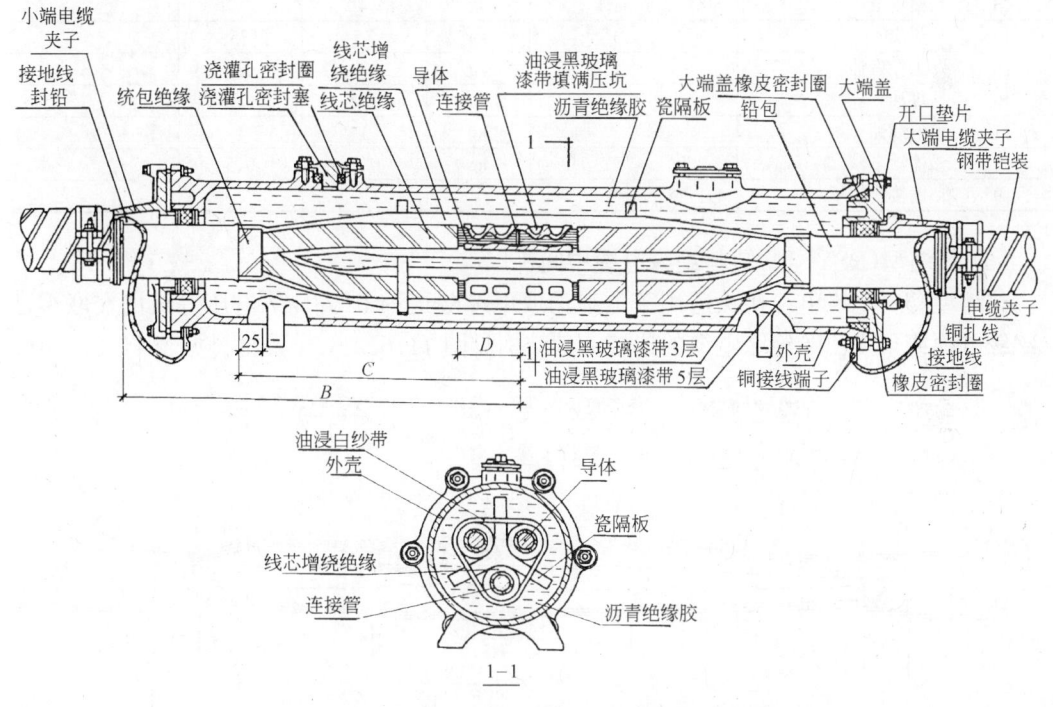

图11.6.2-5　整体式油浸纸绝缘电缆接头

电缆绝缘剥切尺寸　　表11.6.2-8

铸铁盒型号	线芯截面(mm^2)				电缆剥切尺寸(mm)		
	电压等级(kV)						
	0.6/1(三芯)	0.6/1(四芯)	6/6	8.7/10	B	C	D
LB-1	35及以下	25及以下	—	—	330	220	连接管长度一半加5mm
LB-2	50—120	35—95	10—70	16—50	360	250	
LB-3	150—240	120—185	95—185	70—150	370	270	
LB-4	—	—	240	185—240	390	290	

油浸纸绝缘电缆接头主要材料表   表 11.6.2-9

序号	材料名称	型号及规格	单位	数量 铅套管接头	数量 铸铁盒接头	备注
1	铅套管		个	1		
2	铸铁盒	LB 系列	个		1	
3	铝连接管	GDL 系列	个	3	3	
4	沥青绝缘胶	1—5#	kg	8	8	根据气候选用
5	P 型中间盒		套	1		
6	油浸黑玻璃漆带	宽 25mm	卷	4	4	
7	油浸白纱带	宽 25mm	m	4	4	
8	瓷隔板		个	2	2	
9	封铅	铅 65% 锡 35%	kg	3	0.4	
10	硬脂酸	一级	kg	0.25	0.25	
11	接地线	软铜绞线 25mm^2	m		1.5	
12	铜绑扎线	1/d2.1mm	kg	0.25	0.25	
13	桑皮纸	500×500mm	张	4		
14	焦炭		kg	35	35	
15	工业汽油		kg	2	2	
16	煤油		kg	0.5	0.5	
17	电缆油		kg	1	1	
18	棉纱		kg	0.5	0.5	
19	铜接线端子	DT-25	个		2	

(6) 热缩型(RSYJ 型)塑料绝缘电缆中间头

热缩型塑料绝缘电缆接头适用于电缆沟或电缆隧道内 0.6/1kV 电压等级的交联聚乙烯绝缘电缆或聚氯乙烯绝缘电缆的连接。其结构见图 11.6.2-6,主要材料见表 11.6.2-10。

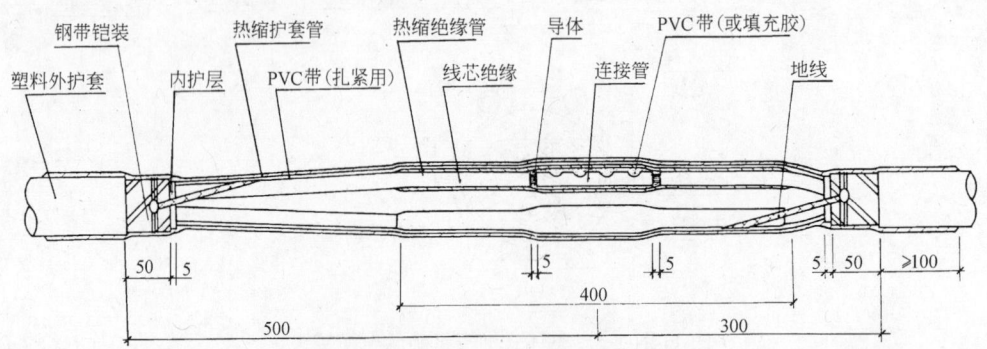

图 11.6.2-6 RSYJ 热缩型塑料绝缘电缆接头

0.6/1kV 塑料电缆接头主要材料表   表 11.6.2-10

序号	名称	型号规格	序号	名称	型号规格
1	热缩绝缘管	$d10 \sim d35$mm	4	接地铜线	$10 \sim 25$mm^2 软铜绞线
2	热缩护套管	$d50 \sim d100$mm	5	连接管	
3	填充胶		6	PVC 带	25mm

11.6.3 电缆故障点的探测方法

1. 直流电桥法

用直流电桥(如 QJ23、QJ43、QJ45 型电桥)探测电缆故障的基本方法是范氏环线(VARLEY LOOP)法和缪氏环线(MURRAY LOOP)法。这种方法可用于单相接地、两相短路、三相短路故障的检测,但接地电阻和短路点的电阻不宜超过 100kΩ。

(1) 范氏环线法

将电缆芯线 a、b 在远端短接,按常规方法测出 a、b 环线总电阻 r,然后按图 11.6.3-1(a)接线,待电桥平衡后,读出电桥可调旋钮的电阻 R,则可按下式计算:

$$R_x = (r - CR)/1 + C$$
$$L_x = 22L \cdot R_x / r$$

式中 L_x、R_x——故障点至测试端的长度及电阻;
L——电缆全长;
C——电桥比率臂,$C = A/B$;
r——环线总电阻。

(a) 缪氏环线法

按图 11.6.3-1(b)接线,当电桥平衡后,故障点至测试点的距离 L_x 为:

$$L_x = \frac{2LR}{A + R}$$

式中 A——电桥固定电阻(即电桥的 M 值)。

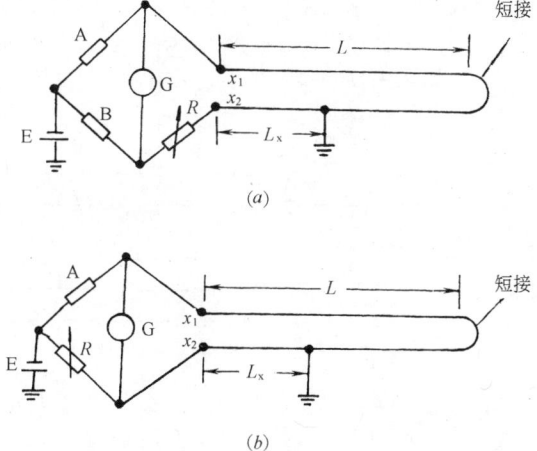

图 11.6.3-1 直流电桥法探测电缆故障点
(a)范氏环线法;(b)缪氏环线法

(3) 两线短路故障点探测

按图 11.6.3-2(a)接线,计算方法同(2)。

(4) 三线短路故障点探测

按图 11.6.3-2(b)接线,待电桥平衡后,按下式计算

$$L_x = \frac{R}{A + R + R_f} \cdot L$$

式中 R_f——辅助线(图中虚线)环线电阻。

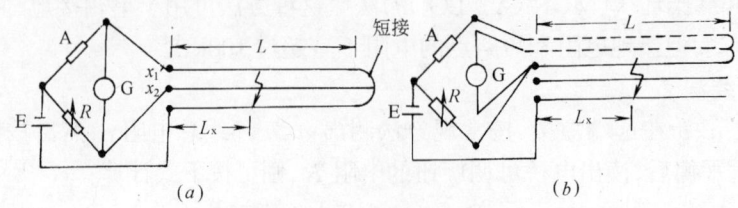

图 11.6.3-2 短路故障点探测
(a)两线短路;(b)三线短路

(5) 分支及不同截面积、不同导体电缆故障点的测试

对分支电缆,如图 11.6.3-3(a)所示,首先将右端短接,分支端开路,在左端处按前述方法测出故障点发生在分支处以后,电缆的计算长度 $L = L_1 + L_2$,然后右端开路,分支端短接,在左端处测试,可找到故障点 D;这时电缆的计算长度 $L = L_1 + L_3$。

各分支电缆的截面积往往是不等的,甚至导体的材料也可能不同,这就要进行适当的变换,等效成同导体、同截面。如图中(b),电缆 L_1 段的截面为 S_1,电阻率为 ρ_1;L_2 段的截面积为 S_2、电阻率为 ρ_2,则

$$R = R_1 + R_2 = \frac{\rho_2}{S_1}\left(L_1 + \frac{\rho_2}{S_2} \cdot \frac{S_1}{\rho_1} L_2\right)$$

所以,等效成 S_1、ρ_1 的电缆全长 L' 为

$$L' = L_1 + L_2' = L_1 + \frac{\rho_2 S_1}{\rho_1 S_2} L_2$$

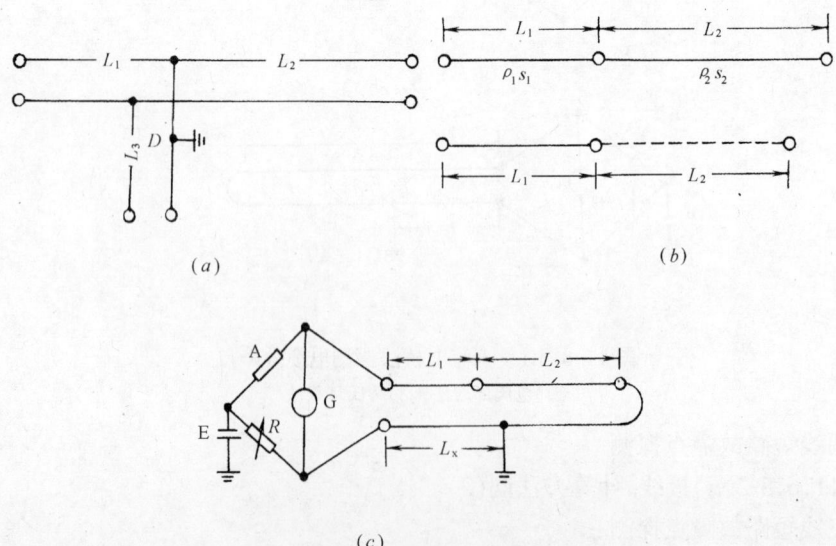

图 11.6.3-3 分支及不同截面、不同导体故障点探测
(a)分支;(b)不同截面和不同导线等效;(c)示例

有了这种等效以后,就可采用前述各种方法进行测试,举例说明如下:

电缆 L_1 段的截面积为 S_1,L_2 段的截面积为 S_2,均为同种导体。在距测试端 L_x 处发生接地故障。按图中(c)接线,当电桥平衡后,可得

$$L_x' = \frac{2R}{A+R}L' = \frac{2R}{A+R}\left(L_1 + \frac{S_1}{S_2} + L_2\right)$$

若 $L_x' \leqslant L_1$ 时,则

$$L_x = L_x'$$

若 $L_x' > L_1$ 时,则

$$L_x = L_1 + (L_x' - L_1)\frac{S_2}{S_1}$$

2. 交流电桥法

(1) 完全断线故障点的探测

采用交流电容电桥,在线路两端测量故障相的电容与标准电容之比。接线如图 11.6.3-4。

$$L_x = \frac{C_e}{C_e + C_f}L$$

式中 C_e、C_f——故障相在 E 端和 F 端所测得的电容。

(2) 不完全断线故障点的探测

采用交流电桥,在线路两端测量故障相的电容与标准电容之比。接线如图 11.6.3-5。

$$L_x = \frac{C_e}{C_e + C_f}L$$

式中 C_e、C_f——故障相在 E 端和 F 端所测得的电容。

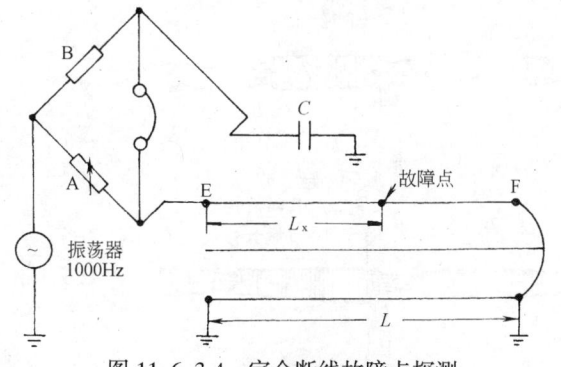

图 11.6.3-4 完全断线故障点探测

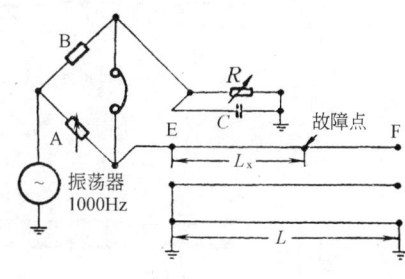

图 11.6.3-5 不完全断线故障点探测

11.7 电线电缆导体连接方法

11.7.1 室内线路导线的连接

1. 单股导线连接

方法 1,绞接,见图 11.7.1-1;

方法 2,绑接,见图 11.7.1-2。

均只适用于单股 6mm² 及以下截面的导线。

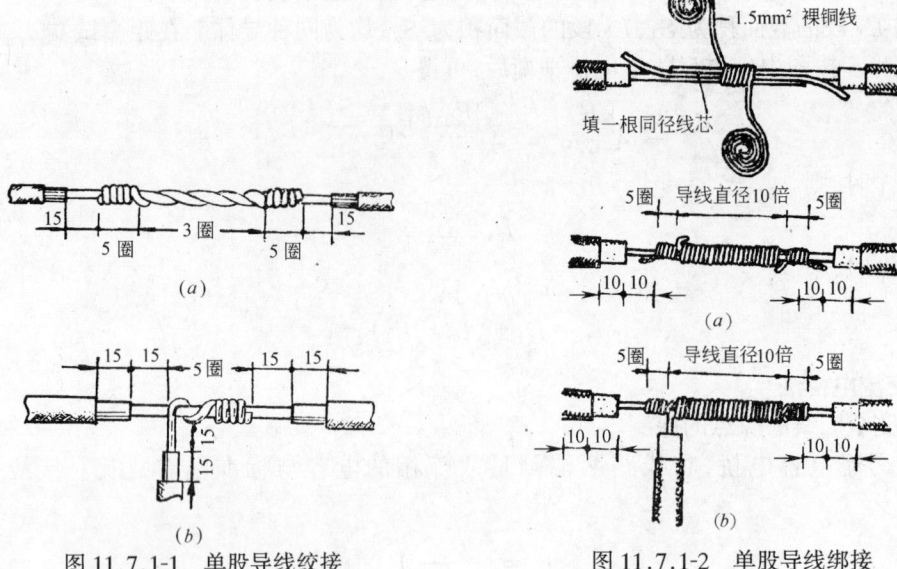

图 11.7.1-1　单股导线绞接

图 11.7.1-2　单股导线绑接

2. 多股导线连接(见图 11.7.1-3)

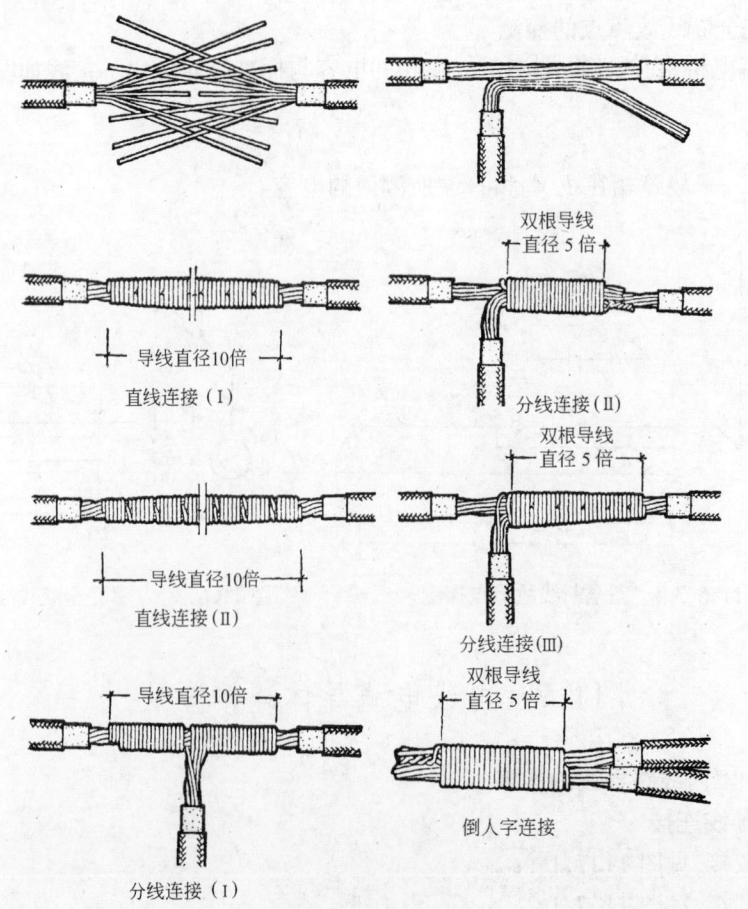

图 11.7.1-3　多股导线连接

3. 铝导线连接

铝导线连接一般应采用压接。压接方法见图 11.7.1-4 和表 11.7.1-1。

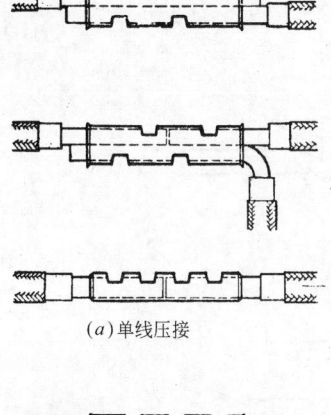

(a) 单线压接

(b) 绞线压接

图 11.7.1-4 铝线压接

铝线压接的压模数和压模深度　表 11.7.1-1

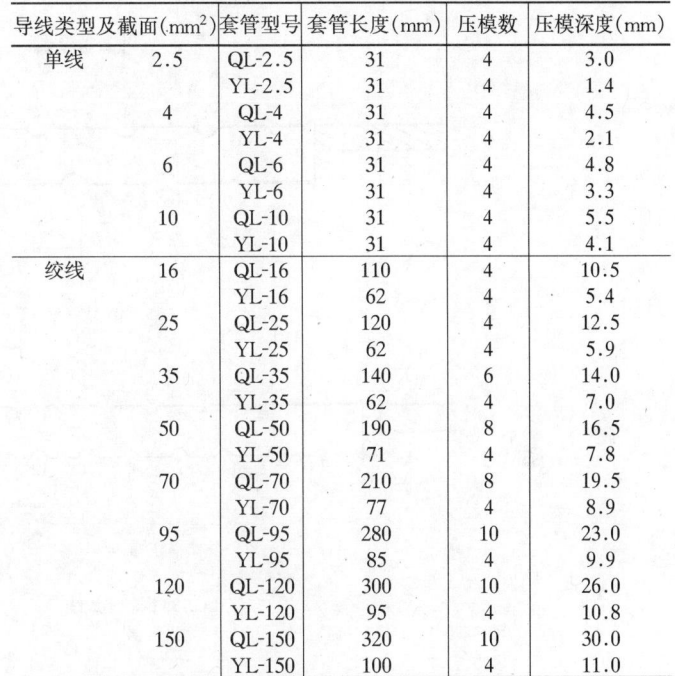

导线类型及截面(mm²)		套管型号	套管长度(mm)	压模数	压模深度(mm)
单线	2.5	QL-2.5	31	4	3.0
		YL-2.5	31	4	1.4
	4	QL-4	31	4	4.5
		YL-4	31	4	2.1
	6	QL-6	31	4	4.8
		YL-6	31	4	3.3
	10	QL-10	31	4	5.5
		YL-10	31	4	4.1
绞线	16	QL-16	110	4	10.5
		YL-16	62	4	5.4
	25	QL-25	120	4	12.5
		YL-25	62	4	5.9
	35	QL-35	140	6	14.0
		YL-35	62	4	7.0
	50	QL-50	190	8	16.5
		YL-50	71	4	7.8
	70	QL-70	210	8	19.5
		YL-70	77	4	8.9
	95	QL-95	280	10	23.0
		YL-95	85	4	9.9
	120	QL-120	300	10	26.0
		YL-120	95	4	10.8
	150	QL-150	320	10	30.0
		YL-150	100	4	11.0

注：QL—椭圆形套管；YL—圆形套管。

11.7.2 电缆芯线连接

电缆芯线一般采用冷压连接，压接方法见图 11.7.2-1 和表 11.7.2-1。

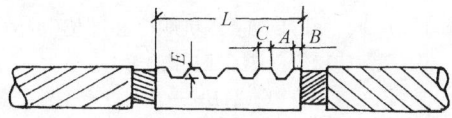

图 11.7.2-1 电缆芯线冷压连接(示出单根)

连接管压坑部位与尺寸　表 11.7.2-1

芯线截面 (mm²)	L (mm)	压坑部位 (mm)			
		A	B	C	E
16	65	13	2	3	4.5
25	65	13	2	3	5.5
35	65	13	2	3	6.5
50	75	14	5	3	7.5
70	80	15	5.5	3	8.5
95	85	17	4	3	9.5
120	90	17	5	4	10.5
150	95	18	5.5	4	11.0
185	100	18	5	6	11.5
240	110	20	6	6	13

11.7.3 架空线路导线连接

1. 钳压连接

压接顺序和方法见图11.7.3-1,压接尺寸见表11.7.3-1。

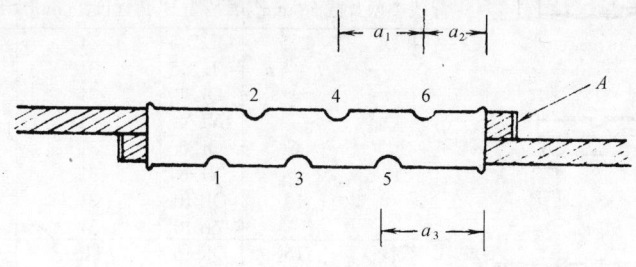

LJ-35 铝绞线

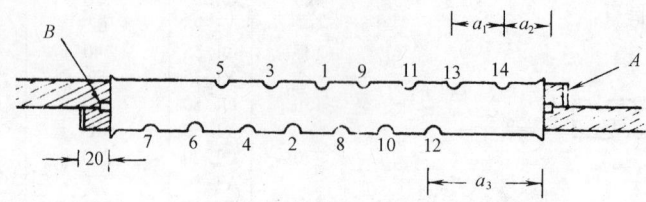

LGJ-35 钢芯铝绞线

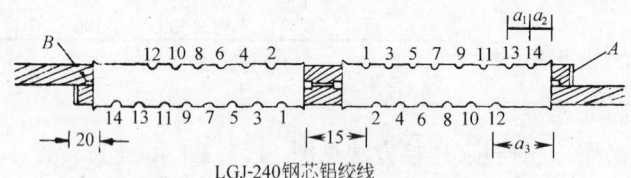

LGJ-240 钢芯铝绞线

图 11.7.3-1　钳压连接压坑顺序和部位(示例)

1、2、3……表示压接操作顺序

A——绑线；B——垫片

钳压压口数及压后尺寸　　　　表 11.7.3-1

导线型号		压口数	压后尺寸 D(mm)	钳压部位尺寸(mm)		
				a_1	a_2	a_3
铝绞线	LJ-16	6	10.5	28	20	34
	LJ-25	6	12.5	32	20	36
	LJ-35	6	14.0	36	25	43
	LJ-50	8	16.5	40	25	45
	LJ-70	8	19.5	44	28	50
	LJ-95	10	23.0	48	32	56
	LJ-120	10	26.0	52	33	59
	LJ-150	10	30.0	56	34	62
	LJ-185	10	33.5	60	35	65

续表

导线型号	压口数	压后尺寸 D(mm)	钳压部位尺寸(mm)		
			a_1	a_2	a_3
钢芯铝绞线 LGJ-16/3	12	12.5	28	14	28
LGJ-25/4	14	14.5	32	15	31
LGJ-35/6	14	17.5	34	42.5	93.5
LGJ-50/8	16	20.5	38	48.5	105.5
LGJ-70/10	16	25.0	46	54.5	123.5
LGJ-95/20	20	29.0	54	61.5	142.5
LGJ-120/20	24	33.0	62	67.5	160.5
LGJ-150/20	24	36.0	64	70	166
LGJ-185/25	26	39.0	66	74.5	173.5
LGJ-240/30	2×14	43.0	62	68.5	161.5

2. 爆压连接

爆压连接使用的炸药有太乳炸药、导爆索、硝铵炸药等。常用的压接装药结构见图 11.7.3-2 和 11.7.3-3。装药参数见表 11.7.3-2 和 11.7.3-3。

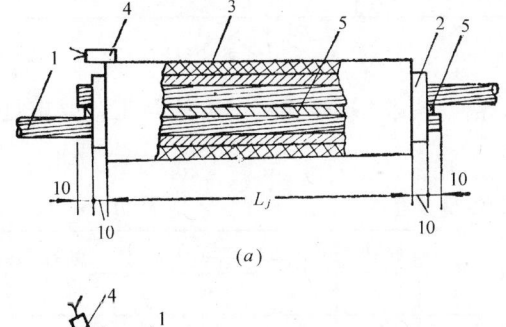

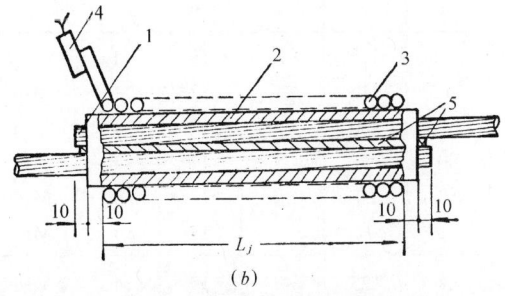

图 11.7.3-2 太乳炸药和导爆索装药结构
(a) 采用太乳炸药；(b) 采用导爆索
1—钢芯铝绞线；2—长圆型搭接管；
3—药包；4—雷管；5—铝衬垫

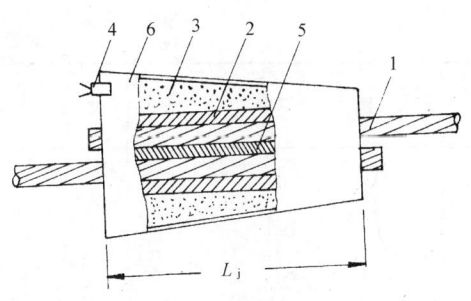

图 11.7.3-3 硝铵炸药装药结构
1—导线；2—搭接管；3—硝铵炸药；
4—雷管；5—铝衬垫；6—纸质药包套

太乳炸药和导爆索压接装药参数　　　　　　　　　　表 11.7.3-2

导线型号规格 (mm²)	爆炸压接管 型号	长度 (mm)	装药参数 药包长度(L_j) (mm)	层数	药量 导爆索(m)	药量 太乳(g)
LGJ-35	BYD-35	170	150	1	2.8	45
LGJ-50	BYD-50	210	190	1	3.0	70
LGJ-70	BYD-70	250	230	1	4.0	85
LGJ-95	BYD-95	260	240	1	4.8	109
LGJ-120	BYD-120	290	270	1	5.8	130
LGJ-150	BYD-150	300	280	1	7.0	160
LGJ-185	BYD-185	340	320	1	9.2	185
LGJ-240	BYD-240	360	340	1	12.0	240

硝铵炸药压接装药参数　　　　　　　　　　表 11.7.3-3

导线型号规格 (mm²)	药包长度(L_j) (mm)	药量 (g)	导线型号规格 (mm²)	药包长度(L_j) (mm)	药量 (g)
LGJ-50	100	85	LGJ-150	210	190
LGJ-70	130	115	LGJ-185	230	260
LGJ-95	200	180	LGJ-240	250	280
LGJ-120	200	180			

11.7.4 母线连接

常用矩形硬母线(LMY、TMY 型)一般采用螺栓连接。螺栓连接的方法及工艺要求见表 11.7.4-1。

母线螺栓连接　　　　　　　　　　表 11.7.4-1

图例	类别	序号	连接尺寸及钻孔要求(mm) b_1	b_2	a	ϕ	数量	紧固螺栓规格
	直线连接	1	125	125		19	4	M18
		2	112	112		17	4	M16
		3	100	100		17	4	M16
		4	90	90		17	4	M16
		5	80	80		17	4	M16
		6	71	71		17	4	M16
	垂直连接	7	125	125		19	4	M18
		8	125	112～71		17	4	M16
		9	112	112～71		17	4	M16
		10	100	100～71		17	4	M16
		11	90	90～71		17	4	M16
		12	80	80～71		17	4	M16
		13	71	71		13	4	M12

11.7 电线电缆导体连接方法

续表

图例	类别	序号	连接尺寸及钻孔要求(mm)					紧固螺栓规格
			b_1	b_2	a	ϕ	数量	
	直线连接	14	63	63	95	13	3	M12
		15	56	56	84	13	3	M12
		16	50	50	75	13	3	M12
	直线连接	17	45	45	90	13	2	M12
		18	40	40	80	13	2	M12
		19	35.5	35.5	71	11	2	M10
		20	31.5	31.5	63	11	2	M10
		21	28	28	56	11	2	M10
		22	25	25	50	11	2	M10
	垂直连接	23	125	63~40		13	2	M12
		24	112	63~40		13	2	M12
		25	100	63~40		13	2	M12
		26	90	63~40		13	2	M12
		27	80	63~40		13	2	M12
		28	71	63~40		13	2	M12
		29	63	50~25		11	2	M10
		30	56	45~25		11	2	M10
		31	50	45~25		11	2	M10
	垂直连接	32	63	63~56	25	13	2	M12
		33	56	56~50	20	13	2	M12
		34	50	50	20	13	2	M12
		35	45	45	15	11	2	M10
	垂直连接	36	125	35.5~25	60	11	2	M10
		37	112	35.5~25	60	11	2	M10
		38	110	35.5~25	50	11	2	M10
		39	90	35.5~25	50	11	2	M10
		40	80	35.5~25	50	11	2	M10
	垂直连接	41	40	40~25		13	1	M12
		42	35.5	35.5~25		11	1	M10
		43	31.5	31.5~25		11	1	M10
		44	28	28~25		11	1	M10
		45	25	22		11	1	M10

11.7.5 导线与设备接线柱连接
1. 直接连接

截面较小的导线,在满足一定工艺要求的情况下,可以与设备接线柱直接连接。可以直接连接的导线截面范围见表11.7.5-1。

直接连接的导线截面范围　　　　表 11.7.5-1

导线类别	单股导线	多股导线	绞　线
导线截面(mm^2)	≤10	≤4	≤2.5

2. 采用接线鼻子连接

采用接线鼻子与设备接线柱连接时,导线与接线鼻子一般采用压接,也可采用焊接,见图 11.7.5-1。接线鼻子压模深度见表 11.7.5-2。

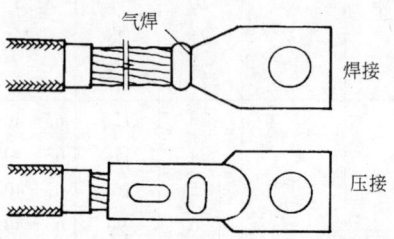

图 11.7.5-1　导线与接线鼻子连接方法

接线鼻子压模深度　　　　表 11.7.5-2

导线截面(mm^2)	16	25	35	50	70	95	120	150	185
压 模 深(mm)	5.4	5.9	7.0	7.8	8.9	9.9	10.8	11.0	12.0

第12章 电气照明

12.1 照明基本知识

12.1.1 照明的基本概念和参量

1. 电磁波波谱

光是一种在空间直线传播的电磁波,是电磁波中人眼可以觉察的部分,它在光谱中居于紫外线与红外线之间。光波的波长十分短,波长在 400nm 至 760nm 之间($1nm = 10^{-9}m$)。

图 12.1.1-1 表示电磁波的波谱范围及其相对应的频率。从图中可知,可见光光谱只占电磁波波谱中很窄的位置。

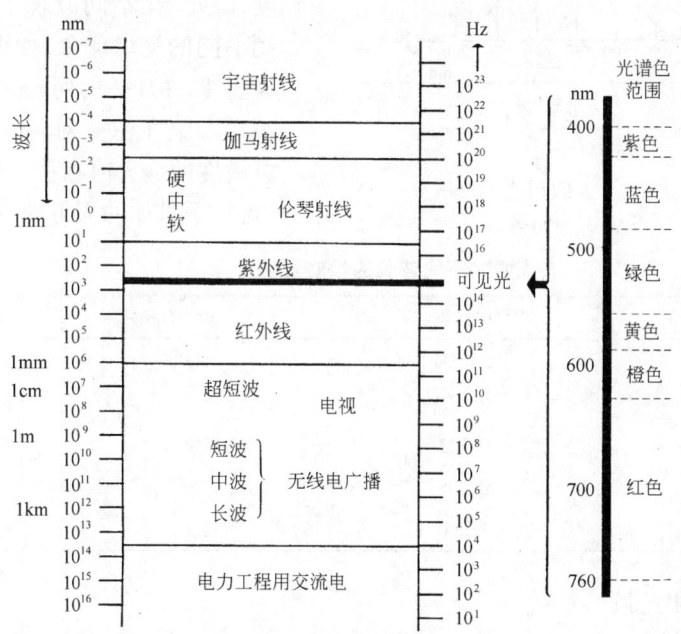

图 12.1.1-1 电磁波波谱

2. 光谱色

当电磁波以 400~760nm 的波长振荡到达眼睛时,人眼就得到"亮"感觉的印象。而其中各段波长的光波又对人眼引起不同的颜色印象。可见光的光谱色如表 12.1.1-1 所列。白色光则是各种波长的混合光。

可见光的光谱色　　　　　　　　　　　　　　　　表 12.1.1-1

光谱色	在真空中的波长 λ (nm)	频率 f (THz)	光谱色	在真空中的波长 λ (nm)	频率 f (THz)
红	760～650	400～460	青	500～470	600～640
橙	650～600	460～500	蓝	470～440	640～680
黄	600～560	500～540	紫	440～400	680～750
绿	560～500	540～600			

注：频率与波长的关系式：

$$f = \frac{c_0}{\lambda}$$

式中　f——频率，Hz；
　　　λ——波长，m；
　　　c_0——在真空中的光速，m/s。

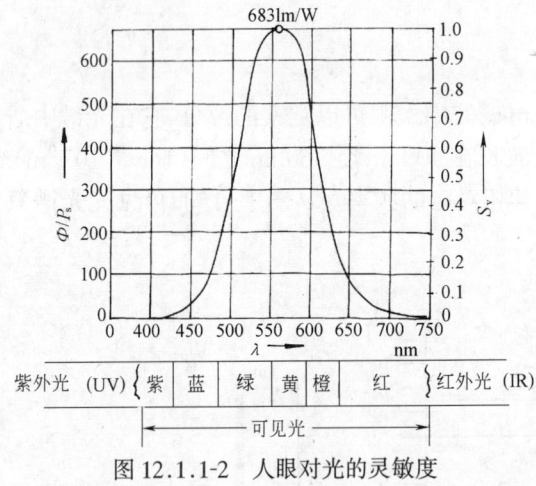

图 12.1.1-2　人眼对光的灵敏度
P_s—辐射功率

人眼对不同波长的相对灵敏度　　　　　　　　　　表 12.1.1-2

波长 (nm)	相对灵敏度 s_v	波长 (nm)	相对灵敏度 s_v
400	0.0004	600	0.631
450	0.038	650	0.107
500	0.323	700	0.0041
550	0.995	750	0.00012
555	1.000	760	0.00006

波长大于 760nm 的光波，人眼睛是看不见的，但我们可以感觉到它的存在，它就是热波。红色可见光以外的波段称为红外线（简称 IR）。在可见光的另一端，波长小于紫色光波波长 400nm 的波段称为紫外光（简称 UV）。

人眼对不同的光色有不同的灵敏度，因此，在不同波长下，等量的光通得到不同的亮度印象，如图 12.1.1-2 所示及表 12.1.1-2 所列。曲线表示了大多数正常人眼在白天对各种波长的灵敏度，灵敏度的最大值在黄绿色波长 555nm 处（对每个具体的人可能有较大的差别）。

3．光通量和光强

(1) 光通量 Φ

光源在单位时间（一秒钟）内向空间各方向辐射的并为人眼感觉的光能（即光功率），称为光通量。

光通量以符号 Φ 表示，光通量的单位是 lm（Lumen，流明）。

波长 555nm 光的辐射功率 1W（瓦）相当于 683lm（流明）的光通量，即

$$光通量\ 683\text{lm}(流明) = 1\text{W}(光瓦)$$

不同光源的光通量举例:100W 钨丝灯的光通量为 1250lm,40W 荧光灯的光通量为 1700~2500lm(随光色差异而不同),2kW 卤素金属蒸气灯的光通量为 190000lm,20kW 长弧氙灯的光通量为 500000lm。

(2) 发光强度(光强)I

一般来说,光源发出的光在各个方向并不是均匀分布的,所以人们用"光强"表示某一方向的光辐射的强度。光强是指光源在一个立体角内辐射出来的那部分光通量。

光强以符号 I 表示,光强的单位是 cd(Candela,坎德拉)。

对光通量均匀分布的光源,光强的表示式是:

$$I = \frac{\Phi}{\Omega}$$

式中　Φ——光通量,lm;
　　　Ω——立体角,sr;
　　　I——光强,cd。

100W 的钨丝灯泡垂直于灯丝中心的光强约为 110cd,40W 荧光灯垂直于灯轴的光强为 180~330cd(随光色而异),带镜面反光器的探照灯的主方向的光强约为 700cd/1000lm,聚光灯的主方向的光强可达 1000000cd/1000lm。

4. 照度 E

如果光源的光通投到一个平面上,该平面便多少被照亮,见图 12.1.1-3(a)。这个平面被照的强度称照度。照度用光通与面积之比表示。所以,当光通垂直到达被照面时,计算照度就以被照面面积除到达被照面的光通。照度的单位是 lx(Lux,勒克斯)。

$$E = \frac{\Phi}{A}$$

式中　Φ——光通,lm;
　　　A——垂直于光通的被照面面积,m²;
　　　E——照度,lx。

如果光源以 1cd 的光强在 1sr 的立体角内辐射并均匀分布在 1m² 的面积上,该面积的照度便是 1lx,见图 12.1.1-3(b)。

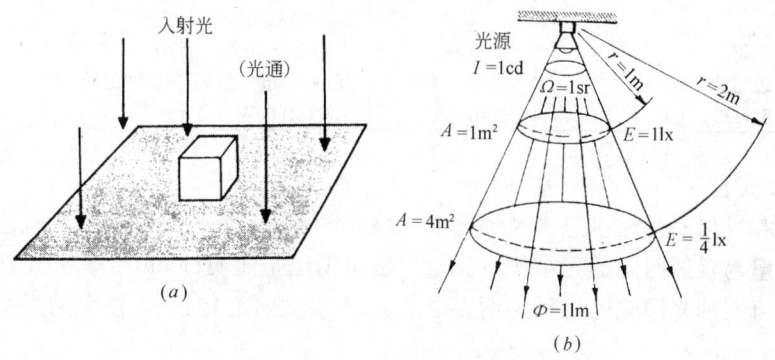

图 12.1.1-3　照度和照度单位

5. 亮度 L

发光面或被照面(被照面可看做间接的发光面)在一定方向上的光强与此方向垂直投影面面积之比,即单位面积上的光强称为亮度(或光密度)。它是人眼从发光面或被照面所得到的明亮程度印象的量度单位。光源的光强愈大、发光面或被照面的面积愈小,则亮度(光密度)愈大。

亮度(光密度)的法定单位是 cd/m^2(坎德拉每平方米)。亮度的单位名称是 nt(尼特)。以式子表示如下:

$$L = \frac{I}{A}$$

式中　A——与光强垂直的发光面或被照面面积,m^2;
　　　I——光强,cd;
　　　L——亮度(光密度),cd/m^2。

国际上采用的几种亮度单位的换算见表 12.1.1-3。

亮度单位换算表　　表 12.1.1-3

单位名称	nt(尼特)	sb(熙提)	asb(绝对熙提)	ft—la(英尺—朗伯)
1nt(cd/m^2)	1	10^{-4}	π	0.292
1sb(cd/cm^2)	10^4	1	$\pi \times 10^4$	2920
1asb	$\frac{1}{\pi}$	$\frac{1}{\pi} \times 10^{-4}$	1	9.29×10^{-2}
1ft-1a	3.43	3.43×10^{-4}	10.76	1

常见光源的亮度(用 cd/cm^2 表示)见表 12.1.1-4。

常见光源的亮度　　表 12.1.1-4

光　源	亮度 L (cd/cm^2)	光　源	亮度 L (cd/cm^2)
中午的太阳	~220000	卤素金属蒸气灯 250~3500W	880~1100
有云的晴天	0.3~0.5	投影灯及放映灯	1800~5000
满　月	0.25	高压水银蒸气灯 50~1000W	4~15
火　柴	0.75	低压钠蒸气灯 35~180W	10
蜡烛光	0.75	高压钠蒸气灯 150~1000W	10~30
辉光灯,氖管	0.002	直管荧光灯 20~65W	0.35~1.0
白炽灯(透明玻壳)	300~4000	低压混光灯(白炽灯与荧光灯组合) 160~1000W	9~17
白炽灯(磨砂玻壳)	40~600		

6. 光量 Q

从光源发出的光通量愈大及辐射的持续时间愈长,光源发出的光量就愈大。因而光量等于光通量与辐射时间的相乘积。光量的法定单位是流明秒(lm·s)。一个法定单位的光量相当于一流明的光源辐射一秒钟所发出的光量,见图 12.1.1-4。较大的光量单位是流明小时(lm·h)。

以公式表示:

$$Q = \Phi \cdot t$$

式中　Q——光量,lm·s;

Φ——光通量,lm;

t——时间,s。

7. 曝光 H

一个面积的照度与其受光持续时间的乘积,即为该面积的曝光。曝光的法定单位是勒克斯秒(lx·s),它等于一个面积在1lx的照度下1s时间的受光,见图12.1.1-5。

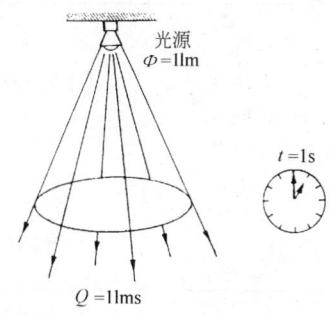

图 12.1.1-4 光量的含义

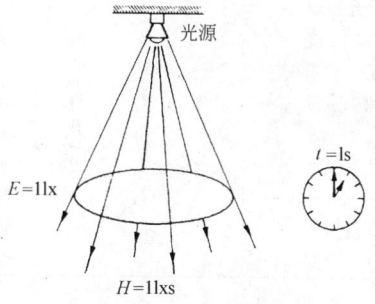

图 12.1.1-5 曝光的含义

以式子表示如下:

$$H = E \cdot t$$

式中　H——曝光,lx·s;

　　　E——照度,lx;

　　　t——时间,s。

8. 发光效率 η

电光源一般只把其吸取的电功率的一部分转变为光通。电光源所产生的光通量与它吸取的电功率之比,称该电光源的发光效率。

发光效率的法定单位为流明每瓦(lm/W)。以公式表示如下:

$$\eta = \frac{\Phi}{P_{el}}$$

式中　η——发光效率,lm/W;

　　　P_{el}——电光源吸取的电功率,W;

　　　Φ——光通量,lm。

9. 显色指数 R_a

一个光源显现物体颜色的外观效果,称为光源的显色性。显色性的定量表述是显色指数,它表示被测光源下物体的颜色与参考光源下物体颜色相符合的程度。通常用对规定的8个特定颜色样品的显色指数的平均值来表示,符号为 R_a。显然,若被测光源与参考光源两者分别照明下的样品颜色一致,$R_a=100$;否则,$R_a<100$。光源的显色指数,也是衡量光源质量的重要指标之一。一般来说,白炽灯、卤钨灯的显色指数很高,$R_a=95\sim99$,而普通荧光灯的显色指数较低,$R_a=60\sim70$。所以,需要辨别颜色的场所,不宜选用普通荧光灯。

10. 色温 T

黑体(指能全部吸收外来电磁辐射而毫无反射和透射的理想物体)加热到某一温度 T 时发出的颜色与给定光源的颜色相同时的黑体温度 T,称作给定光源的颜色温度,简称色温,用绝对温度 K 表示。

11. 基本参量汇总

照明技术基本参量、符号及使用的法定单位归纳如表 12.1.1-5。

照明技术基本参量、符号、单位 表 12.1.1-5

量	量的符号	单位名称	单位符号	备注
发光强度	I	坎德拉(Candela)	cd	
照度	E	勒克斯(Lux)	lx	
光通	Φ, F	流明(Lumen)	lm	1 lm=1cd sr
光量	Q	流明秒	lm·s	
光效	η	流明/瓦	lm/W	
亮度	L	坎德拉每平方米	cd/m^2	
爆光	H	勒克斯秒	lx·s	
显色指数	R_a	无量纲		$R_a \leqslant 100$
色温	T	绝对温度	K	

12.1.2 电气照明术语

电气照明常用术语见表 12.1.2-1。

电气照明常用术语 表 12.1.2-1

序号	名称	含义
1	电光源	将电能转换为光能(通常指可见光)的装置
2	照明器	根据被照面上照明质量的要求,充分合理地利用光源发出的光线,为光源提供正常工作条件,保护光源免受外界影响的一种照明设备。通常指光源和灯具的组合
3	色调	非彩色(黑、白、灰)以外呈现的彩色名称,如红、黄、绿等视觉的颜色特征
4	可见度	眼睛能够感知物体的质量和状况的程度
5	眩光	由于亮度分布不均匀,或由于亮度的变化幅度太大,或由于空间和时间上存在极端的亮度对比,引起不舒服或降低观察物体的能力或同时产生这两种现象的视觉条件
6	反射比	物体表面反射出的光通量与入射光的光通量之比
7	透射比	物体表面透射出的光通量和入射光通量之比
8	亮度对比	表明被观察对象与其背景的亮度关系的量,用 C 表示 $$C = \frac{|L_b - L_t|}{L_t}$$ 式中 L_b——视察物体的亮度; L_t——背景的亮度
9	照明均匀度	在工作面上最低照度与平均照度之比
10	灯具保护角	电光源最边缘点和照明器出口连线与通过光源中心的水平线之间夹角
11	灯具布置的高距比	灯具的间距和灯具的安装计算高度(灯具底面至工作面的垂直距离)之比
12	一般照明	不考虑局部的特殊需要,为照亮整个场地而设置的照明
13	局部照明	为满足某些部位的特殊需要而设置的照明
14	混合照明	由一般照明和局部照明共同组成的照明方式
15	正常照明	在正常情况下使用的室内外照明
16	事故照明	在正常照明因故障熄灭的情况下,供继续工作或人员疏散用的照明
17	值班照明	在非工作时间内供值班用的照明
18	警卫照明	警卫地区的照明
19	障碍照明	在建筑物上装设的作为障碍标志用的照明,如航空障碍指示灯
20	视觉作业	在给定的活动中,观察呈现在背景上的目标和细节
21	视野	在头部和眼睛不动时,眼睛所能观察到的空间范围
22	频闪效应	随着电流、电压的变化,光源的光通量亦随之周期性变化的现象。荧光灯的频闪效应明显

12.2 常用电光源

12.2.1 常用电光源的种类及特性

1. 常用电光源种类(见表 12.2.1-1)

常用电光源种类及应用   表 12.2.1-1

类 别	名 称	主 要 应 用 场 所
热辐射光源	钨丝白炽灯	照度要求较低,开关次数频繁的场所
	卤钨灯(卤钨白炽灯)	照度要求较高,悬挂高度在 6m 以上的室内外
气体放电光源	荧光灯(低压汞灯)	照度要求较高,开关次数不频繁的户内
	高压汞灯	悬挂高度 5m 以上的大面积户内外照明
	高压钠灯、低压钠灯	悬挂高度在 6m 以上的道路、广场大面积照明
	氙灯	要正确辨色的工业及广场、车站、码头、大型车间等大面积照明
	金属卤化物灯	悬挂高度在 6m 以上的大面积照明

2. 常用电光源的光电参数(见表 12.2.1-2)

常用电光源光电参数及比较   表 12.2.1-2

类型	名 称	额定电压(V)	额定功率范围(W)	光效(lm/W)	色温(K)	平均显色指数 R_a	启动时间	再启动时间	平均寿命(h)	功率因数	附属启点设备
热辐射光源	普通照明灯泡	110 220	15~1000	6.5~19	2400~2950	95~99	瞬时	瞬时	1000	1	无
白炽灯	局部照明灯泡	6 12 36	10~100	9~16	2400~2950						
	反射型普通照明灯泡	220	500	13	2400~2950	95~99	瞬时	瞬时	低于普通灯泡	1	无
卤钨灯	碘钨灯	220	500~2000	19.5~21	2700	95~99	瞬时	瞬时	1500	1	无
	溴钨灯	220	500~2000	20~22	3400						
	低压卤钨灯	6,12	10~75	17.5~20	2000~3500	95~99	瞬时	瞬时	2000		变压器
气体放电光源 汞灯	节能型荧光灯	220	5~16	40~70	2800~5000	80	瞬时	瞬时	2500	0.33~0.53 (快速启动式为0.8~0.9)	镇流器、起辉器(快速启动式为无)
	日光色荧光灯	220	4~100	17.5~60	6500	77	1~4s (快速启动式为瞬时)	一般为瞬时	700~3000		
	白色荧光灯				4500	64					
	暖白色荧光灯				3000	59					
	三基色荧光灯	220			3350	85					
	高显色荧光灯	220	40	50	4900 6250	96					
	照明荧光高压汞灯	220	50~1000	30~50	5500	30~40	4~8min	5~10min	2500~5000	0.44~0.67	镇流器
	反射型荧光高压汞灯	220	400 1000	41 50	5500	36	4~8min	5~10min	5000	0.61 0.67	镇流器
	自镇流荧光高压汞灯	220	250~750	22~30	4400	32	4~8min	3~6min	3000	0.9	无

续表

类型		名称	额定电压(V)	额定功率范围(W)	光效(lm/W)	色温(K)	平均显色指数 R_a	启动时间	再启动时间	平均寿命(h)	功率因数	附属启点设备
气体放电光源	钠灯	低压钠灯		45~140								
		高压钠灯	220	250,400	90	1900~2100	20~25	4~8min	10~15min	5000	0.46	镇流器
		高显色钠灯		70~700	43~57		70					
	氙灯	直管形氙灯	220 380	3000~50000	24~31	5500~6000	94	1~2min	<5min	1000	0.9	触发器
		管形汞氙灯	220	1000	34						0.42~0.44	镇流器
	金属卤化物灯	钠铊铟灯	220	400 1000	70	5000~6500	65~70	4~8min	10~15min	1000	0.62	镇流器 触发器
		镝灯	220 380	400	80	6000	80	4~8min	10~15min	1000~1500	0.63 0.4	漏磁变压器镇流器

注：a. 光效中不包括配件消耗的功率；
　　b. 低压钠灯数据为示标用的产品参考数据。

3. 不同功率电光源的光通量（见表12.2.1-3）

不同功率电光源的光通量（lm）　　　　表12.2.1-3

光源功率(W)	光源类型										
	普通白炽灯泡	卤钨灯	低压卤钨灯	节能荧光灯	普通荧光灯	照明高压汞灯	自镇式高压汞灯	高压钠灯	高显色钠灯	镝灯	钠铊铟灯
15	110			800	460(400)						
20			350		790(700)						
25	220										
30					1320(1160)						
40	350				2050(1800)						
50			950								
60	630										
75			1350						3000		
85					4900(4000)						
100	1250							7500			
125					7000(5900)	4750					
150	2090							6500			
160						2560					
200	2920										
250						10500	4900	20000	12500	18000	
300	4610										
400						20000		36000	23000	35000	28000
450							11000				
500	8310	9750									
700								40000		76000	70000
1000	18600	21000									
1500		31500									
2000		42000									
平均(lm/W)	7.3~18.6	19.5~21	17.5~18	53.3	30.6(26.6)~56(47)	38~50	16~24	75~90	40~57	72~108.6	70~100

注：括弧内数值为白光色荧光灯光通量；光通量为近似值。

12.2.2 灯泡、灯管及附件
1. 普通白炽灯(见表12.2.2-1)

白炽灯规格   表12.2.2-1

灯泡型号	额定值 电压(V)	额定值 功率(W)	额定值 光通(lm)	寿命(h)	外形尺寸(mm) D 不大于	外形尺寸(mm) 全长L 螺口/插口 不大于	外形尺寸(mm) 光中心高度H 螺口/插口	灯头型号
PZ220-15		15	110					
PZ220-25		25	220					E27/27 或
PZ220-40		40	350		61	110/108.5	—	B22d/25×26
PZ220-60		60	630					
PZ220-100	220	100	1250	1000				
PZ220-150		150	2090					
PZ220-200		200	2920		81	175/-	130/130±5	E27/35×30
PZ220-300		300	4610		111.5	240/-	186±5	E40/45
PZ220-500		500	8300		111.5	240/-	186±5	E40/45
PZ220-1000		1000	18600		131.5	281/-	210±6	
JZ6-10	6	10	120					
JZ6-20		20	260					
JZ12-15		15	180					
JZ12-25	12	25	325	1000	61	110/-	77±3	E27/27
JZ12-40		40	550					
JZ12-60		60	850					
JZ36-15		15	135					
JZ36-25		25	250					
JZ36-40	36	40	500	1000				E27/27
JZ36-60		60	800					
JZ36-100		100	1550					

注：根据需要，灯泡玻璃壳可制成磨砂、涂白或乳白色。此时光通量比表中数值减少，其降低的比例为：磨砂玻璃壳8%；内涂白色玻璃壳15%；乳白玻璃壳25%。

2. 聚光灯(见表12.2.2-2)

聚光灯泡主要技术数据   表12.2.2-2

灯泡型号	额定值 电压(V)	额定值 功率(W)	额定值 光通量(lm)	主要尺寸(mm) 最大直径D	主要尺寸(mm) 全长L	主要尺寸(mm) 光中心高度H	平均寿命(h)	灯头型号
JG110-300	110	300	5050	81	127	80±3	400	E27/27
JG110-500	110	500	9000	127	180	115±5	400	E40/45
JG110-1000	110	1000	20000	127	205	125±5	400	E40/45
JG220-300	220	300	4850	81	125	80±3	400	E27/27
JG220-500	220	500	8700	127	180	115±5	400	E40/45
JG220-1000	220	1000	19500	127	205	125±5	400	E40/45
JGF110-300	110	300	870	81	125	80±3	200	E27/27
JGF110-500	110	500	1540	127	180	115±5	200	E40/45
JGF110-1000	110	1000	4150	127	205	125±5	200	E40/45
JGF220-300	220	300	850	81	125	80±3	200	E27/27
JGF220-500	220	500	1500	127	180	115±5	200	E40/45
JGF220-1000	220	1000	4000	127	205	125±5	200	E40/45

3. 低压荧光灯(见表12.2.2-3)

常用低压荧光灯管主要技术数据　　　　表12.2.2-3

类别		灯管型号	功率(W)	工作电压(V)	工作电流(A)	启动电流(A)	灯管压降(V)	光通量(lm)	平均寿命(h)	主要尺寸(mm)			灯头型号
										直径 D	全长 L	管长 L	
直管式	预热式	YZ4RR	4	35	0.11			70	700	16	150	134	G5
		YZ6RR	6	55	0.14			160			226	210	
		YZ8RR	8	60	0.15			250	1500		302	288	
		YZ10RR	10	45	0.25			410		26	345	330	G13
		YZ15RR	15	51	0.33	0.44	52	580	3000	38.5	451	437	
		YZ20RR	20	57	0.37	0.50	60	930			604	589	
		YZ30RR	30	81	0.405	0.56	89	1550	5000		909	894	
		YZ40RR	40	103	0.45	0.65	108	2400			1215	1200	
		YZ85RR	85	120±10	0.80			4250		40.5	1778	1763.8	
		YZ125RR	125	149±15	0.94			6250	2000		2389.1	2374.9	
		YZ100RR	100		1.50	1.80	90	5000		38	1215	1200	
	快启动式	YZK15RR	15	51	0.33			450	3000	40.5	451	437	G13
		YZK20RR	20	57	0.37			770	5000	40.5	604	589	
		YZK40RR	40	103	0.43			2000			1213	1200	
	细管	YZS20RR	20	59	0.36			1000	3000	32.5	604	589	
		YZS40RR	40	107	0.42			2560	5000		1213	1200	
	三基色	STS40	40	103	0.43			3000	5000	40.5	1213	1200	
环形管		YH22RR	22	62	0.365			780	2000	29	210		
双曲形灯		YS018	18	100	0.18			835	3000	12			
H灯		HY7	7	45	0.18			380					
		HY9	9	60	0.17			530	3000	12			
		HY11	11	90	0.155			800					

注：a．型号中，Y—荧光灯，Z—直管式。RR—日光色，其他光色的表示方法：RL—冷白光；RN—暖白光；RC—绿；RH—红；RP—蓝；RS—橙红；RW—黄。
b．灯管功率不包括镇流器消耗功率。

4. 低压荧光灯镇流器(见表12.2.2-4)

常用低压荧光灯镇流器主要技术数据　　　　表12.2.2-4

镇流器型号	功率(W)	电压(V)	工作状态		启动状态		最大功率损耗(W)	阻抗(Ω)	功率因数
			电压(V)	电流(mA)	电压(V)	电流(mA)			
YZ1-220/6	6	220	202	140	215	180	≤4.5	1400	0.075
YZ1-220/8	8		200	160		200		1285	0.075
YZ1-220/15	15	220	202	330	215	400	≤8	256	0.12
YZ1-220/20	20		196	350		460		214	0.12
YZ1-220/30	30(细)		163	320		530		460	0.10
YZ1-220/30	30		180	360		560			
YZ1-220/40	40		165	410		650	≤9	390	0.10

5. 低压荧光灯起辉器(见表 12.2.2-5)

常用低压荧光灯起辉器主要技术数据　　　　表 12.2.2-5

型号	电压 (V)	启动速度 电压 (V)	启动速度 时间 (s)	欠压启动 电压 (V)	欠压启动 时间 (s)	起辉电压 (V)	寿命 (h)
YQI-220/4~8	220	220	1~4	200	<5	≥75	5000
YQI-220/15~40	220	220	1~4	200	<4	≥130	5000
YQI-220/30~40	220	220	1~4	200	<4	≥130	5000
YQI-220/100	220	220	1~4	200	<5	≥130	5000
YQI-110~127/15~20	110~127	125	<5	125		≥75	3000

6. 低压荧光灯补偿电容器(见表 12.2.2-6)

常用低压荧光灯补偿电容器主要技术数据　　　　表 12.2.2-6

型号	额定电压 (V)	标称容量 (μF)	配用灯管功率(W)	外形尺寸(mm) 长	外形尺寸(mm) 宽	外形尺寸(mm) 高	最大重量 (kg)
CZD20-2.5	220	2.5	20	46	22	55	0.1
CZD20-3.75	220	3.75	30	48	28	65	0.11
CZD20-4.75	220	4.75	40	48	28	80	0.124

7. 高压荧光灯(见表 12.2.2-7~12.2.2-8)

镇流式高压荧光灯主要技术数据　　　　表 12.2.2-7

灯泡型号	电压 (V)	功率 (W)	工作电压 (V)	工作电流 (A)	启动电压 (V)	启动电流 (A)	稳定时间 (min)	再启动时间 (min)	光通量 (lm)	主要尺寸(mm) 直径 D	主要尺寸(mm) 全长 L	镇流器阻抗 (Ω)	平均寿命 (h)	灯头型号
GGY50	220	50	95	0.62	180 (不大于)	1.0	10~15	5~10	1575	56	140	285	3500	E27/27
GGY80	220	80	110	0.85	180 (不大于)	1.3	10~15	5~10	2940	71	165	202	3500	E27/27
GGY125	220	125	115	1.25	180 (不大于)	1.8	10~15	5~10	4990	81	184	134	5000	E27/35
GGY175	220	175	130	1.50	180 (不大于)	2.3	4~8	5~10	7350	91	215	100	5000	E40/45
GGY250	220	250	130	2.15	180 (不大于)	3.7	4~8	5~10	11025	91	227	71	6000	E40/45
GGY400	220	400	135	3.25	180 (不大于)	5.7	4~8	5~10	21000	122	292	45	6000	E40/75
GGY1000	220	1000	145	7.50	180 (不大于)	13.7	4~8	5~10	52500	182	400	18.5	5000	E40/75

注：a. 灯泡在-20℃环境中启动电压不应大于210V。
　　b. 灯泡必须与相应的镇流器配套使用。
　　c. 电源电压的波动不能过大。
　　d. 灯泡点燃稳定时间 5~10min，再启动时间约 10min。
　　e. 镇流器的型号与灯泡型号类似，例如 GGY50 的灯泡，配用镇流器的型号为 GGY50-Z。

自镇式高压荧光灯主要技术数据

表 12.2.2-8

灯泡型号	电压(V)	功率(W)	工作电流(A)	启动电压(V)	启动电流(A)	再启动时间(min)	光通量(lm)	主要尺寸(mm) 直径	主要尺寸(mm) 全长	平均寿命(h)	灯头型号
GYZ100	220	100	0.46	180	0.56	3~6	1150	60	154	2500	E27/35×30
GYZ160	220	160	0.75	180	0.95	3~6	2560	81	184	2500	E27/35×30
GYZ250	220	250	1.20	180	1.70	3~6	4900	91	227	3000	E40/45
GYZ400	220	400	1.90	180	2.70	3~6	9200	122	310	3000	E40/45
GYZ450	220	450	2.25	180	3.50	3~6	11000	122	292	3000	E40/45
GYZ750	220	750	3.55	180	6.00	3~6	22500	152	370	3000	E40/45

8. 高压荧光灯镇流器(见表 12.2.2-9)

高压荧光灯镇流器主要技术数据

表 12.2.2-9

型号	配用灯管功率(W)	电源电压(V)	工作电压(V)	工作电流(A)	启动电流(A)	阻抗(Ω)	最大损耗功率(W)
GYZ50	50	220	177	0.57~0.62	1.0	285	10
GYZ80	80	220	172	0.79~0.85	1.3	202	16
GYZ125	125	220	168	1.15~1.25	1.8	134	25
GYZ175	175	220	150	1.38~1.50	2.3		26.3
GYZ250	250	220	150	2.0~2.15	3.7	70	37.5
GYZ400	400	220	146	3.0~3.25	5.7	45	40
GYZ700	700	220	144	5.0~5.45	10.0	26.5	70
GYZ1000	1000	220	139	4.9~7.50	13.7	18.5	100

9. 卤钨灯(见表 12.2.2-10)

常用管形卤钨灯主要技术数据

表 12.2.2-10

灯泡型号	光电参数 电压(V)	功率(W)	光通量(lm)	色温(K)	寿命(h)	外形尺寸(mm) 长度 L	外形尺寸(mm) 直径 D	安装方式
LZG220-1000	220	1000	21000	2800	1500	208	10	R7s
LZG220-500	220	500	16000	2800	1000	118	10	R7s
LZG220-500	220	500	9000	2800		185±3	18.3	
LZG220-1000	220	1000	20000	2800		223±3	18.3	
LZG220-500	220	500	8000	2800	1500	182±2	9.5~10.5	Fa4
LZG220-1000	220	1000	19000	2800	1500	227±2	9.5~10.5	Fa4
LZG36-70	36	70	1000			90±2		
LZG36-150	36	150	2400			96±2		Fa4
LZG36-500	36	500	7000		2500	182±2	10.5~11.5	Fa4

续表

灯炮型号	光 电 参 数					外形尺寸(mm)		安装方式
	电压(V)	功率(W)	光通量(lm)	色温(K)	寿命(h)	长度 L	直径 D	
LZG55-100	55	100	1500		1000	80±2	10	
LZG110-500	110	500	10250		1500	123±2		
LZG220-500		500	9020		1000	≤177	12	
LZG220-1000		1000	21000			210±2		
LZG220-1000J₁		1000	21000			≤2.32		
LZG220-1500		1500	31500			293±2		
LZG220-1500J₁		1500			1500	≤310	13.5	
LZG220-2000		2000	42000			293±2		
LZG220-2000J₁	220	2000		2800		≤310		
LZG220-500		500	9000			177±4		
LZG220-1000		1000	20000			222±3	10±1	
LZG220-500A		500	8500		1000	149±3		R7s
LZG220-500B						151±3		Fa4
LZG220-1000A		1000	19000		1500	206±3	12	R7s
LZG220-1000B					1000	208±3		
LZG220-2000		2000	4000		600	273±3		Fa4
LZG36-300	36	300	6000			64±2	13	

注：a. 灯泡应为水平燃点，其他位置燃点会对灯的性能产生不良影响。
　　b. 安装方式：R—顶式；F—夹式。

10．钠灯(见表 12.2.2-11 和 12.2.2-12)

低压钠灯主要技术数据　　　　表 12.2.2-11

灯泡型号	功率(W)	电压(V)	工作电流(A)	工作电压(V)	光通量(lm)	外形尺寸(mm)		灯头型号	镇流器参数		
						直径	全长		校准电流(A)	电压/电流(Ω)	功率因数
ND18	18		0.60	70	1800	54	216		0.6	77	
ND35	35		0.60	70	4800	54	311		0.6	77	
ND55	55	220	0.59	109	8000	54	425	BY22d	0.6	77	
ND90	90		0.94	112	12500	68	528		0.9	500	
ND135	135		0.95	164	21500	68	775		0.9	655	
ND180	180		0.91	240	31500	68	1120		0.9	655	

高压钠灯主要技术数据　　　　　　　　　表12.2.2-12

灯泡型号	光电参数								主要尺寸(mm)			平均寿命(h)
	电压(V)	功率(W)	启动电压(V)	灯电压(V)	灯电流(A)	启动电流(A)	额定光通(lm)	启动时间(s)	再启动时间(min)	直径(D)	长度(L)	灯头型号	
NG400	220	400	187	100	4.6	5.7	42000	1	2	51	285	E40/45	5000
NG360		360			3.25	5.7	36000						
NG250		250			3.0	3.8	23750				265		
NG215		215			2.35	3.7	19350						
NG150		150		95	1.8	2.2	12000			48	212		
NG110		110			1.25	1.45	8250			71	180	E27/30	3000
NG100		100			1.2	1.4	7500						
NG75		75			0.95	1.3	5250			71	175		
NG70		70			0.9	1.2	4900						
NG1000	380	1000		185	6.5		100000			82	375	E40/75	

11. 金属卤化物灯(见表12.2.2-13)

金属卤化物灯主要技术数据　　　　　　　　　表12.2.2-13

灯泡型号	电压(V)	功率(W)	工作电压(V)	工作电流(A)	光通量(lm)	色温(K)	显色指数(R_a)	主要尺寸(mm)		燃点位置,安装高度(m)	平均寿命(h)
								直径D	全长L		
DDG-1000	220	1000	130	8.3	70000		70	91	370	水平±15°	500
DDG-2000		2000		10.3	150000	5000～7000	75	111	450		
DDG-3500	380	3500	220	18.0	280000		80	122	485		
DDG-3500A						4500～6500	70			倾斜45±15°	
DDG-250	380/220	250	220	1.25	17500	6000±1000	80	91	230	垂直±15°	1000
DDG-400		480		2.75	33600		80	122	292		1500/1000
DDF-250		250		1.25	46000			175	180	257	水平±30°	1000
DDF-400		480		2.75	95000							
DDG-1000	220	1000	120	10	7500		70	20	210	15	300
DDG-1000A				10				80	380		1000
DDG-2000	380	2000	220	10.3	160000		75	100	490	25	500
DDG-3500		3500		18	280000						
NTY-400	220	400	120	3.6	24000	6000±1000	80		380	10～15	
NTY-1000		1000		10	75000		60	200	220	15	1000
NTY-1000A		1000						80	380		
NTY-3500A	380	3500	220	18	240000			100	490	25	
NTY-2000A		2000		10.3	140000						
KNG-1500	220或380	1500	灯管400～500	3.6	120000	3500～5500		17	225		1000
KNG-750		750		1.7	60000			15	170		
KNG-1000	220	1000	135	8.3	70000	5000～7000	60				1000

注：DDG为充镝的金属卤化物灯——管形镝灯；NTY为钠铊铟的金属卤化物灯——钠铊铟灯管；KNG为充钪钠的金属卤化物灯。南京灯泡厂DDF为反射型日光色镝灯(俗称：生物效应灯)。

12. 长弧氙灯（见表12.2.2-14）

直管长弧氙灯主要技术数据 表12.2.2-14

型号	功率(W)	电源电压(V)	工作电流(A)	启动电流(A)	光通量(lm)	尺寸 直径 D	尺寸 全长 L	发光体长 L	触发器 型号	尺寸(mm) 长	尺寸(mm) 宽	尺寸(mm) 高	寿命(h)
SZ1500	1500	220	20	22	30000	32	350	110	XC-S15A	170	115	53	1000
SZ3000	3000		13～18		72000	15±1	700	590	XC-3A	255	300	130	
SZ6000	6000		24.5～30	39	144000	21±1	1000	800	SQ-10	450	450	350	
SZ8000	8000				200000	23±1	1500	1050					
SZ10000	10000		41～50	65	270000	26±1	1500	1050	XC-10A	410	210	250	
SZ20000	20000		84～100		580000	28±1	1800	1300	XC-S20A	500	250	250	
SZ20000	20000	380	47.5～58	75	580000	28±1	2500		SQ-20	450	450	350	
SZ50000	50000		118～145	189	1550000	45±1	3400		SCH-50	450	450	350	

12.3 电气照明器和照明附件

12.3.1 照明器分类和光度数据图

1. 照明器分类

照明器按使用性质分类见表12.3.1-1，按光通量分布分类见表12.3.1-2。

照明器按使用性质分类 表12.3.1-1

序号	类别	型号系列	主要应用
1	建筑灯类	J	居室、公共建筑等场所使用，如吊灯、壁灯、吸顶灯、道路、广场灯
2	工厂灯类	GC	工厂车间、仓库等场所使用
3	安全灯、防爆灯类	C、K	有爆炸性气体、潮湿等场所使用
4	荧光灯类	YG	一般户内场所使用
5	文化艺术灯类	W	文艺活动场所使用

照明器按光通量在空间分配比例分类及特性 表12.3.1-2

序号	照明方式	基本形式	光通分布 水平线以上	光通分布 水平线以下	1000lm的照明器的配光曲线	特点	应用示例	工作效率 η_{LB}
1	直接式		0～0.1	0.9～1.0		光线集中，工作面上可获得充分照度	1. 有反光罩灯具 2. 嵌入式灯具	0.7~0.8 0.45~0.6

续表

序号	照明方式	基本形式	光通分布 水平线以上	光通分布 水平线以下	1000lm 的照明器的配光曲线	特点	应用示例	工作效率 η_{LB}
2	半直接式（直接式照明为主）		>0.1~0.4	0.6~0.9		光线能集中在工作面上,空间环境也能得到适当照明,比直接型眩光小	1. 透明塑料罩灯具 2. 白色塑料罩灯具 3. 顶棚安装薄板格栅灯具	0.6~0.85 0.5~0.65 0.55~0.75
3	漫射式（均匀照明）		>0.4~0.6	0.4~0.6		空间各方向光强基本一致,可达到无眩光	1. 无罩灯 2. 薄板格栅吊灯 3. 乳白玻璃罩白炽吊灯	0.85~0.94 0.65~0.85 0.65~0.85
4	半间接式（间接式照明为主）		>0.6~0.9	0.1~0.4		增加了反射光的作用,使光线比较均匀柔和	向天棚及上部墙面有较强照射的乳白罩吊灯	0.6~0.8
5	间接式		>0.9~1.0	0~0.1		扩散性好、光线柔和均匀,避免了眩光,但光的利用率低	暗槽反射灯	0.5~0.7

2. 光度数据图

各种照明器都应有描述其光度特性的一套相应的光度数据图。光度数据图的主要内容是配光曲线、保护角、效率或利用系数、等照度曲线、高距比等。

(1) 配光曲线

配光曲线是表示照明器在整个空间某一截面上光强分布特性曲线,又称为光强分布曲线。图 12.3.1-1 是某型照明器的配光曲线,它是用极坐标表示的,其含义是:在通过光源的某一侧面上,测出照明器在不同角度的光强值(坎德拉,cd),将各个角度的光强用矢量标在极坐标上,连接矢量顶端的曲线就是该照明器的配光曲线。图示曲线的特点是在 ±30°范围内光强值最大,其中 0°处(光源垂直下方)光强值为 200cd。

应当注意的是,为了便于比较照明器的配光特性,通常,配光曲线是将光源化成 1000lm 光通量的假想光源而绘制出来的。当光源不是 1000lm 时,可用下式进行换算:

$$I'_\theta = \frac{\Phi}{1000} I_\theta$$

图 12.3.1-1 光度数据图(配光曲线)示例

式中 I_θ——光源光通量为 1000lm 时在 θ 方向上的光强,cd;

I'_θ——光源光通量为 Φ 时在 θ 方向上的光强,cd。

【例 12.3.1-1】 光源的配光曲线如图 12.3.1-1,光源的光通量 $\Phi = 775$lm,求在 $\theta = 30°$ 角度上的光强值。

【解】 由曲线查出,30°角度上 $I_\theta = 180$cd,$I'_\theta = \frac{\Phi}{1000} I_\theta = \frac{775}{1000} \times 180 = 139.5$cd。

(2) 保护角

照明器出光沿口遮蔽光源发光体,使之完全看不见的方位与水平线间的夹角 α,称为照明器的保护角,见图 12.3.1-2。显然,保护角的基本含义是在保护角范围内看不到光源,可避免直射眩光。

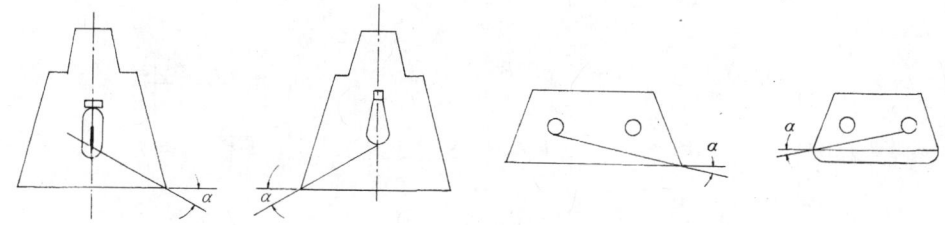

图 12.3.1-2 照明器保护角示意图
α——保护角

常用照明器保护角范围见表 12.3.1-3。

常用照明器保护角范围 表 12.3.1-3

序 号	照 明 器 类 型	平均亮度(cd/m²)	保护角(°)
1	管状荧光灯	$\leq 20 \times 10^3$	10~20
2	高压荧光灯、高压钠灯、金属卤化物灯(涂荧光粉或有漫射玻壳)	$20 \times 10^3 \sim 500 \times 10^3$	20~30
3	透明泡壳高压荧光灯、高压钠灯、金属卤化物灯、白炽灯	$> 500 \times 10^3$	30

(3) 工作效率和空间效率

照明器在分配光源发出的光通量时,必然有一些光通量损失(如材料的吸收等)。照明器实际发出的光通量与光源发出的光通量之比,称为照明器的工作效率,其值为

$$\eta_{LB} = \Phi_1/\Phi_2$$

式中 η_{LB}——照明器工作效率;
Φ_1——实际发出的光通量,lm;
Φ_2——光源发出的光通量,lm。

$\eta_{LB}<1$,其值参见表 12.3.1-2。

照明器发出的光通量中能到达工作面(通常指离地板 0.8m 高的水平面)上的光通量(包括从墙和顶棚上反射的部分)占全部光源光通量之比,称为照明器的空间效率。它与照明器的工作效率有关,还与照明环境等多种因素有关。

(4) 高距比

为了保证照明的均匀性,照明器通常要规定其允许的高距比,即 L/H 值。常用照明器的高距比见表 12.3.1-4。L 值应为两相邻灯具间的最小垂直距离。均匀布置时的 L 值参见图 12.3.1-3。

常用照明器的高距比(L/H 值)　　　　　　　　表 12.3.1-4

序号	灯具类型	L/H		单行布置时房间最大宽度
		多行布置	单行布置	
1	配照型、广照型工厂灯及双罩型工厂灯	1.8~2.5	1.8~2.0	1.2H
2	深照型工厂灯及乳白玻璃罩吊灯	1.6~1.8	1.5~1.8	1.0H
3	防爆灯、圆球灯、吸顶灯、防水防尘灯	2.3~3.2	1.9~2.5	1.3H
4	荧光灯	1.4~1.5		

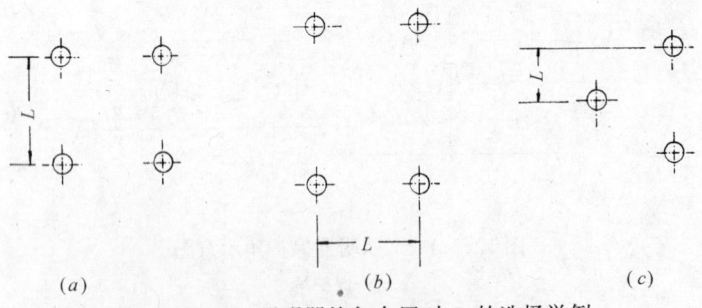

图 12.3.1-3　照明器均匀布置时 L 的选择举例
(a)正方形布置;(b)矩形布置;(c)菱形布置

12.3.2　照明附件

1. 灯座

灯座用于固定灯泡或灯管,并与电源相连接。

(1) 灯座主要有以下几种:

插口灯座,主要用于 300W 以下的白炽灯;

12.3 电气照明器和照明附件

螺口灯座,用于白炽灯、高压荧光灯、高压钠灯、金属卤化物灯;

管式灯灯座,用于荧光灯;

起辉器座,用于荧光灯起辉器。

(2) 灯座的基本技术条件如下:

a. 绝缘强度:工频 2000V 耐压 1min,不发生击穿和闪烁;

b. 灯泡旋入螺口灯座后,人手应触不到螺口的带电部分;

c. 插口灯座两弹性触头压缩在使用位置时,其弹力为 1.5~2.5kg;

d. 灯座通过 $1.25I_N$ 时,导电部分温升不超过 40℃;

e. 灯座可连接导线截面,E40 灯座为 1~4mm^2,其余为 0.5~2.5mm^2。

常用插口和螺口灯座的基本数据见表 12.3.2-1。常用灯座的类型见表 12.3.2-2。

常用螺口和插口灯座的基本数据　　　　　表 12.3.2-1

名　称	型　号	基本尺寸 D/H(mm)	最高工作电压 (V)	最大工作电流 (A)	最大额定功率 (W)
螺口灯头	E5/9	5/9	24	1	10
	E10/22	10/22	50	2.5	25
	E10/13	10/13	50	2.5	25
	E12/15	12/15	250	2.5	40
	E12/20	12/20	250	2.5	40
	E12/22	12/22	250	2.5	40
	E14/20	14/20	250	2.5	60
	E14/23	14/23	250	2.5	60
	E14/25	14/25	250	4	300
	E27/25	27/25	250	4	300
	E27/27	27/27	250	4	300
	E27/35	27/35	250	4	300
	E27/65	27/65	250	4	300
	E40/45	40/45	250	20	2000
	E40/75	40/75	250	20	2000
插口灯头	BA7s/11	7/11	50	2.5	25
	BA9s/14	9/14	50	2.5	25
	BA12s/12	12/12	50	2.5	25
	BA15s/19	15/19	250	4	40
	BA20d/25	20/25	250	4	300
	B22d/22	22/22	250	4	300
	B22d/25	22/25	250	4	300
	B22d/30	22/30	250	4	300

注:a. D/H 是指灯头金属螺纹或插口外径/灯头金属部分高度;

　　b. 型号中:E—螺口式;B—插口式。

常用灯座的基本类型和主要技术数据　　　表 12.3.2-2

序号	名称	型号	外形结构	外形尺寸（mm）	额定电压（V）	额定电流（A）	灯泡功率（W）
1	胶木插口吊灯座	BA15s B22d		φ25×40 φ32×46	50 250	2.5 4	40 300
2	胶木插口吊灯座(带开关)	B22d		φ43×76	250	4	300
3	胶木螺口吊灯座	E27		φ37×57	250	4	300
4	胶木螺口安全吊灯座	E27		φ45×65	250	4	300
5	胶木螺口吊灯座(带开关)	E27		φ39×71	250	4	300
6	胶木螺口吊灯座(带灯开关及插座)	E27		φ40×74	250	4	300
7	防雨胶木螺口吊灯座	E27		φ40.5×57	250	4	300

续表

序号	名称	型号	外形结构	外形尺寸(mm)	额定电压(V)	额定电流(A)	灯泡功率(W)
8	胶木管接式插口灯座	B22d		φ34×56	250	4	300
9	胶木管接式螺口灯座	E27		φ40×56	250	4	300
10	瓷质管接式螺口灯座	E40		φ64×118	250	10	1000
11	铝壳瓷螺口吊灯座	E27 E40		φ60×148 φ90×255	250 250	3 10	300 1000
12	铝壳瓷螺口吊灯座	E27 E40		φ60×75 φ90×130	250	4 10	300 1000
13	胶木插口平灯座	BA15 B22d		φ40×35 φ56×41	50 250	1 4	40 300
14	胶木螺口平灯座	E27		φ54×50	250	4	300

续表

序号	名称	型号	外形结构	外形尺寸(mm)	额定电压(V)	额定电流(A)	灯泡功率(W)
15	瓷质螺口平灯座	E27		$\phi 56 \times 55$	250	4	300
16	斜平装式胶木插口灯座	B22d		$\phi 64 \times 56$	250	4	300
17	斜平装式胶木螺口灯座	E27		$\phi 64 \times 64$	250	4	300
18	荧光灯座			$\phi 44 \times \frac{25}{33} \times 54$	250	2.5	100
19	起辉器座			$50 \times 32 \times 12$	250	2.5	100

2. 灯罩(见表12.3.2-3)

常用灯罩　　　　　　表12.3.2-3

序号	名称	规格(mm)	配用灯泡(W)	示意图	备注
1	搪瓷伞罩	200	15~60		
		300	60		
		350	100,200		
2	搪瓷配罩	355	60~100		也可用于高压水银荧光灯
		406	150,200		
3	搪瓷广罩	355	60~100		也可用于高压水银荧光灯
		420	150,200		

续表

序号	名 称	规 格 (mm)	配用灯泡 (W)	示 意 图	备 注
4	搪瓷深罩	220	60~100		也可用于高压水银荧光灯
		250	150,200		
		310	300		
		350	300、500		
5	搪瓷斜罩	220	60		也可用于高压水银荧光灯
		250	100		
6	玻璃配罩	175	15~60		
		250	100		
7	玻璃平盘罩	200	15~60		
8	玻璃半圆罩	200	60		
		250	100		
		300	60×2		
		350	100×2		
9	玻璃圆球罩	150	40,60		
		200	100		
		250	150		
		300	200		
10	玻璃扁圆罩	250	60~100		
		300	60×2		
		350	100×2		
11	荧光灯罩	671	20		
		972	30		
		1275	40		

注：灯罩的规格，荧光灯罩为长度，其余均为直径。

3. 灯吊盒(见表12.3.2-4)

常用灯吊盒的外形及主要技术数据　　　　　表12.3.2-4

序号	名 称	外形结构	尺 寸 直径×高(mm)	额定电压 (V)	额定电流 (A)
1	胶木灯吊盒		φ54×45	250	4
2	胶木灯吊盒		φ63×40	250	6

续表

序号	名称	外形结构	尺寸 直径×高(mm)	额定电压(V)	额定电流(A)
3	瓷质灯吊盒		$\phi 54 \times 45$	250	4
4	带圆台胶木灯吊盒		$\phi 106 \times 54$	250	10
5	带圆台胶木灯吊盒		$\phi 100 \times 60$	250	6
6	带圆台塑料灯吊盒		$\phi 103 \times 46$	250	6

注：外形尺寸只供参考。

4. 照明开关

常用照明开关的分类见表12.3.2-5，主要特性见表12.3.2-6。

常用照明开关分类　　　　　　　表12.3.2-5

序号	分类方法	种类	最高工作电压(V)	额定电流(A)
1	按操作方式	跷板式、倒板式、拉线式、按钮式、推杆式、旋钮式		
2	按装置方式	平装式、嵌入式、悬吊式、附装式		
3	按接通方式	单投式、双投式		
4	按节能性能	普通式、延时节能式	250	1,2.5,4,6,10,15

常用照明开关的特性　　　　　　　表12.3.2-6

序号	名称	型号	外形结构	额定电流(A)	备注
1	明装倒板式胶木开关			4,6,10	单投或双投
2	暗装跷板式开关			6,10	单投或双投
3	拉线开关	GX3 GX8		2.5,4	单投或双投 GX3带指示灯

12.3 电气照明器和照明附件 **827**

续表

序号	名 称	型 号	外 形 结 构	额定电流(A)	备 注
4	防雨拉线开关			4	有防雨性能,可装于外墙或潮湿场所
5	节能延寿开关			0.2~4	声、光组合控制并延时断开

5. 插头插座

常用插头插座的主要特性见表12.3.2-7,接线方式见图12.3.2-1。

常用插头插座主要技术数据　　　　表12.3.2-7

序 号	名 称	基 本 外 形	额定电压(V)	额定电流(A)
1	低压插头插座		50	6,10,15
2	单相二极插头插座		250	6,10
3	单相三极插头插座		250	6,10,15
4	三相四极插头插座		380	10,15,25

注：外形只表示插头和插孔的基本形式。

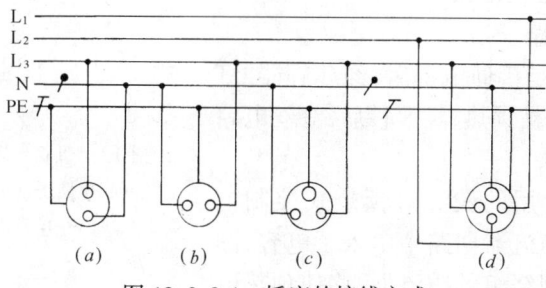

图 12.3.2-1　插座的接线方式

12.4 电气照明控制电路

12.4.1 通用控制电路

1. 单灯控制电路

用一个开关控制一个灯的电路见图 12.4.1-1。图(a)为电路图(原理图);图(b)为平面布置图,这种图是用于电气安装的建筑电气平面图,应用十分广泛;图(c)为透视图,这种图是阅读和理解平面图的一种辅助图。

2. 多灯控制电路

多灯控制电路示例见图 12.4.1-2。这是电气照明控制最基本的形式。图中虚线标志出了该处导线的根数。

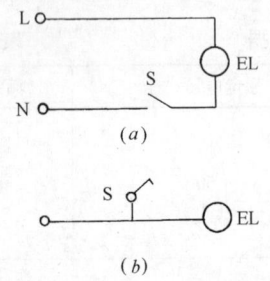

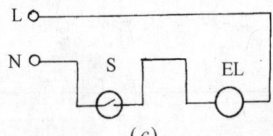

图 12.4.1-1 单灯控制电路
(a)电路图;(b)平面图;(c)透视图
S—开关;EL—照明灯

3. 一灯双开关控制电路

图 12.4.1-3 是两处开关 S_1、S_2 控制一灯的电路图。这种控制电路广泛用于楼梯照明控制。

4. 一灯三开关控制电路(见图 12.4.1-4)

12.4.2 荧光灯控制电路

1. 预热式控制电路

预热式控制电路是接通电源后,经起辉器,灯丝通一较小电流,灯丝被预热,经数秒后,灯丝电路被切断,灯管起辉。

图 12.4.2-1 是常用的荧光灯预热式控制电路。图(b)中由于在镇流器回路中串入了电容,图(c)中由于采用了带副绕组的镇流器,均使预热电流增加,加速起辉。

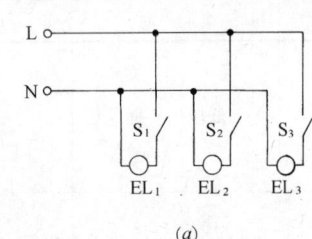

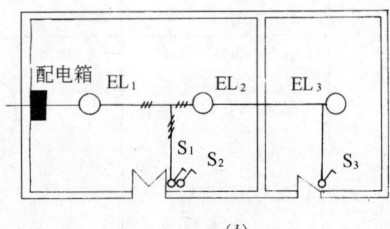

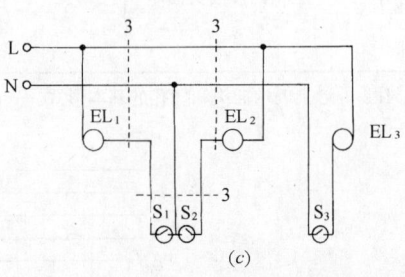

图 12.4.1-2 多灯控制电路(示例)
(a)电路图;(b)平面图;(c)透视图
S_1、S_2、S_3—开关;EL_1、EL_2、EL_3—照明灯

12.4 电气照明控制电路

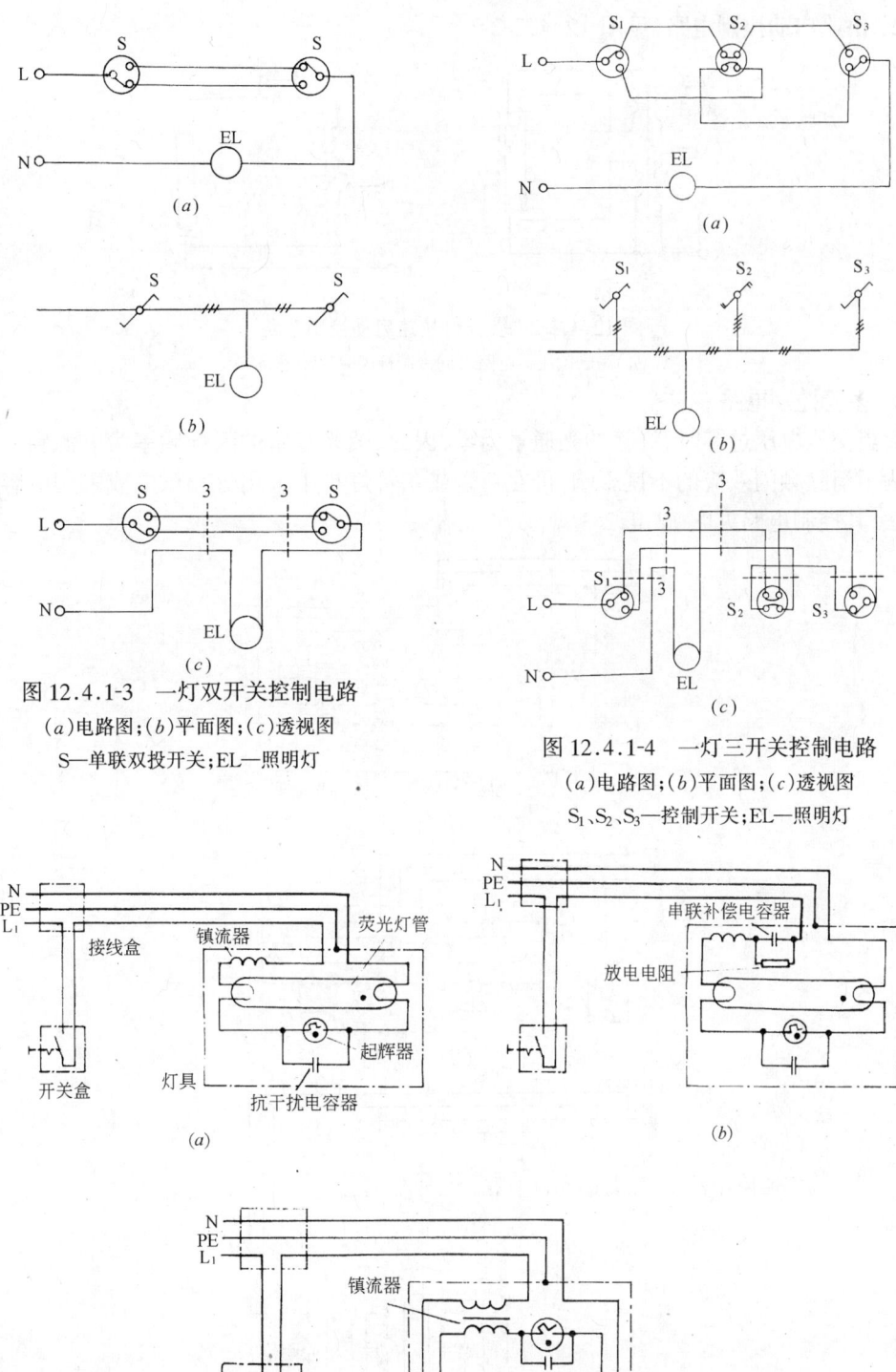

图 12.4.1-3 一灯双开关控制电路
(a)电路图;(b)平面图;(c)透视图
S—单联双投开关;EL—照明灯

图 12.4.1-4 一灯三开关控制电路
(a)电路图;(b)平面图;(c)透视图
S_1、S_2、S_3—控制开关;EL—照明灯

图 12.4.2-1 荧光灯预热式控制电路
(a)一般电路;(b)串入补偿电容电路;(c)采用带副绕组镇流器电路

2. 快速启动控制电路(见图12.4.2-2)

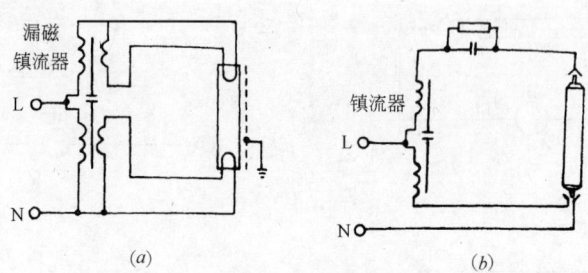

图12.4.2-2 荧光灯快速启动控制电路
(a)漏磁镇流器电路;(b)冷阴极瞬时启动电路

3. 多管控制电路

每当交流电压过零时,灯管的光通量为零,因此,荧光灯管的闪烁频率为电源频率的两倍。为了消除频闪效应的不良影响,可在双管或三管灯具中采用分相供电或采用电容移相的方法,其控制电路见图12.4.2-3。

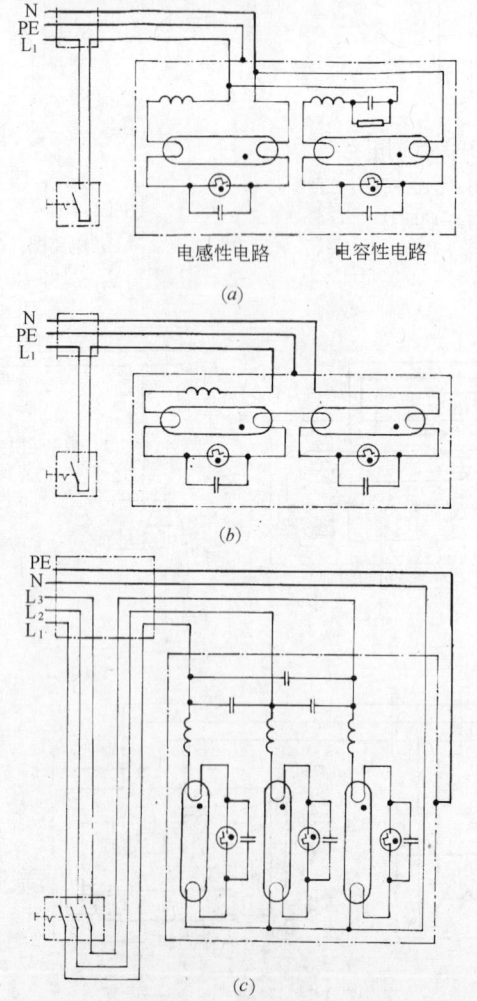

图12.4.2-3 荧光灯多管控制电路
(a)单相电容移相电路;(b)单相双灯串联电路;(c)并联补偿的三相电路

12.4.3 钠灯、水银灯和金属卤化物灯控制电路(见图12.4.3-1)

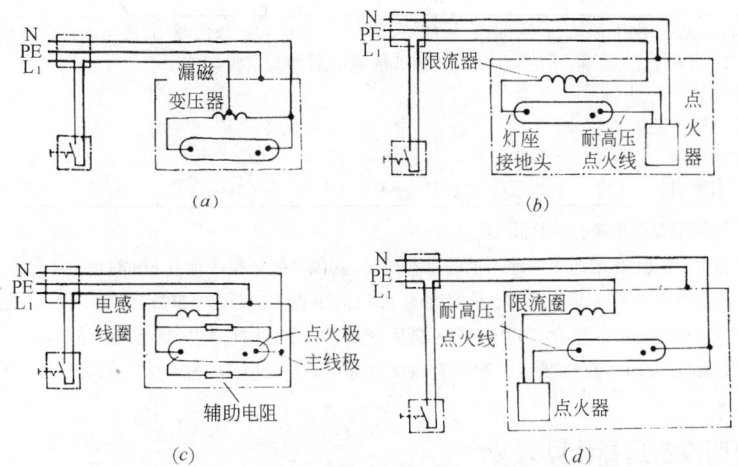

图 12.4.3-1 钠灯、水银灯及金属卤化物灯控制电路
(a)低压钠灯电路;(b)高压钠灯电路;(c)高压水银灯电路;(d)金属卤化物电路

12.5 电气照明的选择和使用

12.5.1 室内照明设备的选择和计算

1. 照度推荐值(见表12.5.1-1)

民用建筑中各种场所一般照明的推荐照度　　表12.5.1-1

序号	场 所 名 称	推荐照度(lx)
1	病房床头部位夜间照明	0.1
2	住宅小区道路	0.2~1
3	公共建筑的庭园道路	2~5
4	大型停车场	3~10
5	厕所,盥洗室,更衣室,热水间,卫生间,楼梯间,走道,车库,室外广场	5~15
6	商场的楼梯间,办公楼的小门厅,医院的更衣室,一般库房	10~20
7	住宅的起居室、餐室、厨房,医院的病房,影院的倒片室,饭店的库房、冷库	15~30
8	住宅的卧室,医院的保健室,一般旅馆的客房,浴池散座,影院的放映室,衣帽厅,空调机房,电子计算机房的中频机室,影剧院观众厅	20~50
9	单宿的卧室、活动室	30~50
10	机关食堂,医院的候诊室、理疗室、X线诊断室、麻醉室,副食店,小吃店,浴池,饭店的客房,电梯厅,播音室,电梯机房,一般加工车间,候车室,停机坪	30~75
11	一般营业餐厅,厨房,菜市场,菜店,粮店,洗染店,修理店,银行营业室,邮电局营业室,影剧院的化妆室、门厅,饭店的酒吧、咖啡厅、四季厅	50~100
12	办公室、会议室、阅览室、一般教室、实验室、一般报告厅,电子计算机房的穿孔室、电话机房、诊疗室、化验室、病案室、药房、医护值班室、书库、服装商店、理发店、展览厅、综合用途的观众厅,自选商场	75~150
13	设计室、绘图室、打字室、美术教室、手术室、百货商场、健身房、饭店的餐厅、休息厅、小卖部、美容室、小宴会厅	100~200
14	电子计算机房,一般室内体育馆,篮排球场,网球场,大宴会厅,候机厅	150~300

续表

序号	场所名称	推荐照度(lx)
15	篮排球馆,体操馆,羽毛球馆,乒乓球馆,网球馆,台球室(桌面),一般足球场,展览的深色绘画	200~500
16	饭店的多功能大厅,大会堂,国际会议厅,装饰或展览的雕塑与壁画	300~750
17	综合性比赛大厅	750~1500
18	国际比赛足球场地	1000~1500
19	剧场舞台演出区	1000~2000
20	手术台专用照明	2000~10000

注:a. 室外照明的推荐照度系指地面而言。

b. 室内过道、库房、比赛场地等为地面上的推荐照度,其他一般系指距地 0.8m 的水平工作面上的推荐照度。

c. 教室黑板上的垂直照度不宜低于水平照度的 1.5 倍,最低不宜低于 150lx。书库的书架其距地 15cm 处的垂直照度不宜低于 30lx。电化教学演播室演播区内主光的垂直照度宜为 2000~3000lx,文艺演播室应为 1000~1500lx,室内体育比赛场所的垂直照度宜为 1000~2000lx,国际比赛用室外足球场的垂直照度宜为 750~1000lx。

2. 室内照明设备选择计算方法

(1) 利用系数法

利用系数法使用的主要参数是照明效率。照明效率包括灯具工作效率和室内空间效率。

灯具工作效率由灯具生产厂家给出,参见表 12.3.1-2。

空间效率与室内灯具的类型及布置、灯具的光通分布、照明方式、室内表面的反射比(见表 12.5.1-2 及表 12.5.1-3)、空间的几何形状有关,其数值可从有关数表或曲线图(图 12.5.1-1)中查得。室内空间几何形状则以一个直接照明或间接照明的室形指数来表示,它与室内长度、宽度、灯具或顶棚离工作面的高度(图 12.5.1-2)等有关。

常用材料的反射比　　　　　　表 12.5.1-2

材料	反射比	材料	反射比
镀银镜面玻璃	0.85~0.92	白纸	0.7~0.75
磨光铝面	0.65~0.75	黄白色壁纸	0.7
镀铬表面	0.55~0.7	蓝白色壁纸	0.6
镀镍表面	0.65	木屑板	0.35~0.5
镀锌铁皮	0.69	木丝板	0.1~0.3
铜板	0.2~0.3	浅黄色木纹板	0.35
石膏	0.85	深棕色木纹板	0.1
大白粉刷抹灰墙面	0.7~0.8	混凝土	0.2~0.3
白色瓷砖	0.75~0.8	水磨石地面	0.4~0.65
粉红色瓷砖	0.6~0.7	红砖墙	0.3
天蓝色瓷砖	0.55	灰砖墙	0.2
白色搪瓷	0.6~0.7	白色塑料板	0.9
白色无光漆	0.84	透明塑料板	0.2
白色有光漆	0.6~0.8	窗玻璃(2~6mm)	0.08
淡黄色油漆	0.65~0.7	磨砂玻璃(2~6mm)	0.12
		乳白玻璃	0.5

室内装饰色彩的反射比　　　　表12.5.1-3

色彩	反射比	色彩	反射比	色彩	反射比
白	0.85	一般黄色	0.65	深黄色	0.3
奶油色	0.75	一般米色	0.63	深红色	0.13
淡灰色	0.75	一般灰色	0.55	深棕色	0.1
淡黄色	0.75	一般绿色	0.52	深蓝色	0.08
淡绿色	0.65	一般蓝色	0.35	深绿色	0.07
淡蓝色	0.55				

设计减光补偿系数及减光系数　　　　表12.5.1-4

灯泡(管)老化使光通减少及灯、灯具、室内表面受污染程度	一般	严重	很严重
设计减光补偿系数 p	1.25	1.43	1.67
减光系数 v	0.8	0.7	0.6

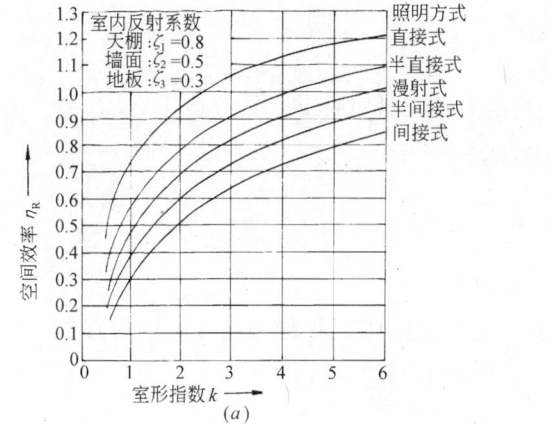
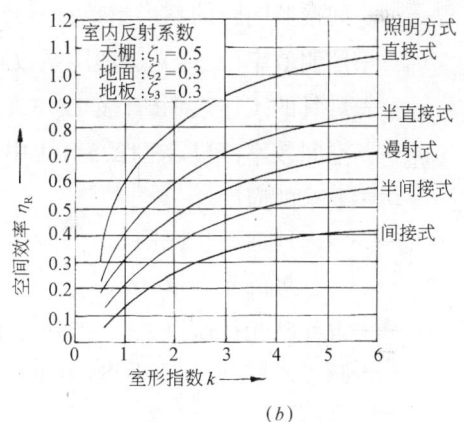

图12.5.1-1　空间效率与室内反射状况、室形指数的关系曲线
ζ—反射比

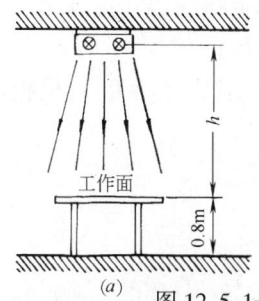
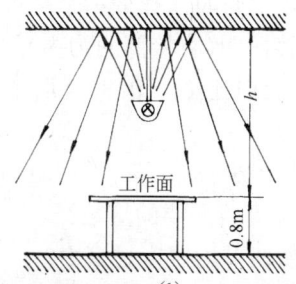

图12.5.1-2　灯具高度确定方法
(a)直接照明灯具高度；(b)间接照明高度

室内照明所需的灯数等于总的有效光通需要量除以每灯的光通。而有效光通需要量正比于要求的平均照度，正比于室内地面面积，反比于照明效率（或光通利用系数）。此外，由于灯泡、灯具及室内墙面因长时期使用而老化和受污染使光通量下降，需要考虑加入一个设计减光补偿系数或减光系数。

需要灯数的一组计算式为：

$$n = \frac{E \cdot A \cdot p}{\Phi_{La} \cdot \eta_B}$$

$$k_{dir} = \frac{l \cdot b}{h(l+b)}$$

$$k_{ind} = 1.5 \frac{l \cdot b}{h(l+b)}$$

$$\eta_B = \eta_{LB} \cdot \eta_R$$

$$v = \frac{1}{p}$$

式中　l——室内长，m；
　　　b——室内宽，m；
　　　h——直接照明时灯具距工作面的高度，或间接照明时顶棚距工作面的高度，m；
　　　k_{dir}——直接照明时的室形指数；
　　　k_{ind}——间接照明时的室形指数；
　　　η_B——照明效率（又称光通利用系数）；
　　　η_{LB}——灯具的工作效率（查表12.3.1-2，由生产厂给出）；
　　　η_R——空间效率（可从图12.5.1-1中查得）；
　　　E——要求的照度，lx；
　　　A——室内地面面积，m^2；
　　　Φ_{La}——每一灯的光通量，lm；
　　　p——设计减光补偿系数，一般在 1.25～1.67 之间（从表12.5.1-4 中选取）；
　　　v——减光系数，一般在 0.8～0.6 之间（见表12.5.1-4）；
　　　n——灯数，个。

【例 12.5.1-1】　在某一空间为 15m×8m×3.3m 的教室内想要安装每支光通量为 2050lm 的标称功率为 40W 的荧光灯，要求平均照度达到 150lx。灯具及教室内墙受污染程度假定为"一般"程度。灯具工作效率从生产厂家的资料中得知为 0.72。

(a) 计算半直接照明（直接照明为主）的室形指数；
(b) 天棚明亮，反射比 $\zeta_1 = 0.8$；墙面中等亮，反射比 $\zeta_2 = 0.5$；地板较暗，反射比 $\zeta_3 = 0.3$。求空间效率；
(c) 照明效率是多少？
(d) 按效率法计算所需要的灯数；
(e) 安装使用初期平均照度是多少？

已知　$l = 15m, b = 8m, h = 3.3m, \Phi_{La} = 2050lm, E = 150lx, p = 1.25$，
　　　$\eta_{LB} = 0.72, \zeta_1 = 0.8, \zeta_2 = 0.5, \zeta_3 = 0.3$

求　$k_{dir}, \eta_R, \eta_B, n, E'$

【解】

(a) $$k_{dir} = \frac{l \cdot b}{h(l+b)} = \frac{15m \cdot 8m}{(3.3-0.8)m \cdot (15m+8m)} = 2.09$$

(b) $\zeta_1 = 0.8, \zeta_2 = 0.5, \zeta_3 = 0.3, k_{dir} = 2.09$,查图 12.5.1-1(a)得 $\eta_R = 0.8$

(c) $\eta_B = \eta_{LB} \cdot \eta_R = 0.72 \cdot 0.8 = 0.576$

(d) $$n = \frac{E \cdot A \cdot p}{\Phi_{La} \cdot \eta_B} = \frac{150\text{lx} \cdot 15\text{m} \cdot 8\text{m} \cdot 1.25}{2050\text{lm} \cdot 0.576} = 19.05$$

选用 20 支荧光灯,每支灯的光通量为 2050lm

(e) $$E' = \frac{n \cdot \Phi_{La} \cdot \eta_B}{A} = \frac{20 \cdot 2050\text{lm} \cdot 0.576}{15\text{m} \cdot 8\text{m}} = 196.8\text{lx}$$

考虑长期使用后受一般程度的污染,即考虑减光系数 $v = 0.8$,则照度 $E = E' \cdot v = 196.8\text{lx} \cdot 0.8 = 157\text{lx}$,正好满足本题的设计要求。

(2) 单位容量法

室内照明所需要的灯数可采用单位容量法来进行估算。为了简单起见,这里以一般最普遍的情况作为运用此法的实例,先假定照明效率(或利用系数)为 0.3,使用发光效率为 15lm/W 的标称 100W 白炽灯或 60lm/W 的 40W 荧光灯。

单位容量法可简化为:为了达到平均照度 100lx,室内地面面积每平方米需要用白炽灯约 22W,或用荧光灯约 5.5W。

单位容量法所使用的计算公式:

$$n = \frac{P_N}{P_{N,La}}$$

对白炽灯:

$$P_{N,100} \approx 22 \frac{\text{W}}{\text{m}^2} \cdot A \quad (E = 100\text{lx}, \eta_B = 0.3, \eta = 15\text{lm/W})$$

对荧光灯:

$$P_{N,100} \approx 5.5 \frac{\text{W}}{\text{m}^2} \cdot A \quad (E = 100\text{lx}, \eta_B = 0.3, \eta = 60\text{lm/W})$$

式中　P_N——达到某一照度值时全部灯的标称功率之和,W;

　　　$P_{N,100}$——达到 100lx 时全部灯的标称功率,W;

　　　$P_{N,La}$——每个灯的标称功率,W;

　　　A——地面面积,m^2;

　　　E——平均照度,lx;

　　　η_B——照明效率;

　　　η——灯的发光效率,lm/W;

　　　n——灯的总数,个。

【例 12.5.1-2】　某工作室的室内尺寸为 6m×3m×2.9m,希望室内平均照度达到 300lx。今考虑安装带反光罩的 40W 荧光灯,每灯的光通以 2400lx 计。

(a) 用单位容量法计算需要安装的灯数;

(b) 若照明效率为 0.3,设计减光补偿系数为 1.0。用效率法计算所需灯数,并与单位容量法的计算结果进行比较。

已知　$l = 6\text{m}, b = 3\text{m}, h = 2.9$,照度 $E = 300\text{lx}, \Phi_{La} = 2400\text{lm}, \eta_B = 0.3, p = 1.0$

求　灯数 n。

【解】

(a) 平均照度为 100lx 时：

$$P_{N,100} \approx 5.5 \frac{W}{m^2} \cdot A = 5.5 \frac{W}{m^2} \cdot 6m \cdot 3m = 99W$$

平均照度为 300lx 时：

$$P_N \approx \frac{E}{100lx} \cdot P_{N,100} = \frac{300lx}{100lx} \cdot 99W = 297W$$

故

$$n = \frac{P_N}{P_{N,La}} = \frac{297W}{40W} = 7.4 \approx 8$$

(b) 用效率法计算

$$n = \frac{E \cdot A \cdot p}{\Phi_{La} \cdot \eta_B} = \frac{300lx \cdot 6m \cdot 3m \cdot 1.0}{2400lm \cdot 0.3} = 7.5 \approx 8$$

两种计算方法所得的结果相同，均为 8 支荧光灯。

12.5.2 照明供电计算

1. 允许电压偏移

照明器的端电压与其额定电压相比，允许的电压偏移值见表 12.5.2-1。

电气照明允许电压偏移　　　　　　　表 12.5.2-1

序号	类别	不低于额定电压(%)	不高于额定电压(%)
1	一般工作场所、住宅	95	
2	对视觉要求高的场所	97.5	
3	事故、道路、警卫照明	90	105
4	个别偏远地区	90	
5	气体放电电光源	95	

2. 电压偏移对照明设备工作性能的影响（见表 12.5.2-2）

电压偏移对照明设备工作性能的影响　　　　　表 12.5.2-2

序号	名称	项目	与电压 U 的关系	电压偏移影响示例	
				-10%	$+10\%$
1	白炽灯和卤钨灯	光通量 Φ	$\Phi \propto U^{3.6}$	-32%	$+39\%$
		使用寿命 τ	$\tau \propto U^{-14}$	$+330\%$	-70%
2	低压荧光灯	光通量 Φ	$\Phi \propto U^2$	-20%	$+22\%$
		使用寿命 τ		-35%	-20%
3	高压荧光灯	光通量 Φ	$\Phi \propto U^3$	-27%	$+30\%$
4	金属卤化物灯	光通量 Φ	$\Phi \propto U^3$	-27%	$+30\%$
5	高压钠灯	光通量 Φ		-37%	$+50\%$

3. 照明负荷计算

(1) 支线负荷计算：

$$P = K_s \Sigma P_1$$

式中　P——支线计算功率，kW；

P_1——电光源功率，kW；

K_s——考虑镇流器功率损耗的系数,对白炽灯、卤钨灯,$K_s = 1.0$;对荧光灯,$K_s = 1.2$;对高压荧光灯等,$K_s = 1.08$。

(2) 干线负荷计算:

$$P_L = K_c \Sigma P$$

式中 P_L——干线计算功率,kW;
  P——支线计算功率,kW;
  K_c——照明需要系数,见表12.5.2-3。

照明需要系数 表12.5.2-3

序号	类 别	需要系数 K_c	序号	类 别	需要系数 K_c
1	生产厂房、工作间	0.8~1.0	3	生活区、住宅	0.6~0.8
2	办 公 室	0.7~0.9	4	仓 库	0.5~0.7

(3) 三相不对称照明负荷计算:

$$P = K_c \cdot 3\Sigma P_{max}$$

式中 P_{max}——最大一相装灯容量,kW;
  其余符号含义同前。

(4) 照明供电线路电流的近似计算及熔丝额定电流的确定方法(见表12.5.2-4)

照明供电线路计算电流及熔丝额定电流的确定方法 表12.5.2-4

序 号	照明线路类别	额定电压 (V)	$\cos\phi$	计算电流 I (A)	熔丝额定电流 (A)
1	单相白炽灯线路	220	1.0	4.55P	≥I
2	单相荧光灯线路	220	0.6	7.6P	≥I
3	单相白炽灯、荧光灯混合线路	220	0.8	5.68P	≥I
4	三相白炽灯线路	380	1.0	1.52P	≥I
5	三相荧光灯线路	380	0.6	2.54P	≥I
6	三相白炽灯、荧光灯混合线路	380	0.8	1.9P	≥I
7	高压荧光灯等电光源线路	220	0.6	7.6P	≥1.2I

注:a. 混合线路按白炽灯、荧光灯容量比为1:1计算;
  b. P 的单位为 kW;
  c. 熔丝为一般铅锡熔丝。

【例 12.5.2-1】 某三层建筑物电气照明采用单相220V供电。一层为白炽灯照明,二层为白炽灯、荧光灯混合照明,三层为荧光灯照明。供电系统如图12.5.2-1。求各支线及干线的计算功率、计算电流、并选择熔丝的额定电流 I_{FN}。

【解】 一层:$P_1 = 2kW, \cos\phi = 1.0$
  由表12.5.2-4,$I_1 = 4.55P_1 = 9.1A$
  $I_{FN1} \geqslant I_1 = 10A$
二层:$P_2 = 3kW, \cos\phi = 0.8$

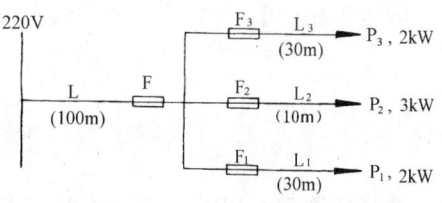

图 12.5.2-1 某建筑物照明供电系统

$$I_2 = 5.68P_2 = 17\text{A}$$
$$I_{FN2} \geqslant I_2 = 20\text{A}$$

三层:$P_3 = 2\text{kW}, \cos\phi = 0.6$
$$I_3 = 7.6P_3 = 15.2\text{A}$$
$$I_{FN3} \geqslant I_3 = 15\text{A}$$

干线:取需要系数 $K_C = 0.9, \cos\phi = 0.8$
$$P_L = K_C \Sigma P = 0.9 \times (2+3+2) = 6.3\text{kW}$$
$$I = 5.68P_L = 35.8\text{A}$$
$$I_{FN} \geqslant I = 40\text{A}$$

4. 照明供电线路导线截面积计算

照明供电线路导线截面积的确定方法通常应满足以下条件:

1) 导线的允许载流量 I_C 应大于或等于线路的计算电流 I,即 $I_C \geqslant I$;

2) 使线路的电压偏移值不超过表 12.5.2-1 的规定,即按下式确定

$$S \geqslant \frac{\Sigma PL}{C \Delta u_{al}}$$

式中　S——导线的截面积,mm^2;

ΣPL——照明负荷矩,kW·m;

C——计算常数,见第 11.3 节;

Δu_{al}——线路允许的电压损失,%。

3) 满足机械强度的要求;

4) 单相照明供电线路,L、N 线的截面积相等;两相三线供电线路,L_1、L_2、N 线的截面积相等;三相四线供电线路,N 线截面积不小于 L 线截面积的 50%。

具体计算方法参见 11.3 节。

【例 12.5.2-2】　选择例 12.5.2-1 各支线和干线的截面积,假定选用铝绝缘线,线路允许电压损失 $\Delta u_{al} = 5\%$。

【解】　一、二、三层各支线计算电流较小,供电负荷也很小,按机械强度的要求,L、N 线截面积均为 2.5mm^2 铝线,例如 BLVV 型护套线。

干线可按允许电压损失选择:

$$S \geqslant \frac{\Sigma PL}{C \Delta u_{al}}$$

因为单相供电,铝线,$C = 7.75$,

$$S \geqslant \frac{P_1 L_1 + P_2 L_2 + P_3 L_3 + PL}{C \Delta u_{al}}$$
$$= \frac{2 \times 30 + 3 \times 10 + 2 \times 30 + (2+3+2) \times 100}{7.75 \times 5} = 21.9$$

选择标称截面积 $S = 25\text{mm}^2$,L、N 线截面相等,可选为 BLV 型导线,并显然满足发热与机械强度的要求。

12.5.3　电气照明安装和维修

1. 灯具安装方式(见表 12.5.3-1)

室内灯具的常用安装方式　　　　　　　表 12.5.3-1

序号	安装方式	示意图	主要安装部件	适用电光源	应用场所
1	吊线式		胶木或瓷质吊线盒	白炽灯（灯具重量不超过 1kg）	住宅等
2	吊链式		吊线盒、金属吊链	白炽灯、荧光灯、高压水银灯、卤钨灯等	住宅、车间等
3	管吊式		金属管吊盒、金属管	各种灯具	工厂照明场所
4	吸顶式		固定灯架	白炽灯、荧光灯、卤钨灯等	会议室、住宅等
5	壁式		固定灯架	白炽灯、荧光灯	会议室、住宅等

2. 电气照明安装与维修工艺要求

(1) 一般要求

1) 采用钢管作灯具的吊杆时,钢管内径一般不小于 10mm;

2) 吊链灯具的灯线不应受拉力,灯线宜与吊链编叉在一起;

3) 分支及接线处应便于检查;

4) 吊灯软线的两端应作保险扣;

5) 同一室内成排安装的灯具,其中心偏差不大于 5mm;

6) 荧光灯、高压水银灯等及其附件应配套使用,安装位置应便于检查;

7) 固定灯具用的螺钉或螺栓一般不少于两个,木台直径在 75mm 及以下时,可用一个螺钉或螺栓固定;

8) 照明控制开关必须接在相线上;

9) 灯泡功率为 100W 及以下者可用胶木灯头和吊线盒;灯泡功率大于 100W 或防湿封

闭型灯具应用瓷质吊线盒和灯头；

10) 灯头接线最小允许截面应不小于表12.5.3-2的规定。

灯头接线最小允许截面　　　　　　　表 12.5.3-2

序 号	安装场所	导 线 最 小 截 面（mm²）		
		铜芯软线	铜芯线	铝芯线
1	民用建筑室内	0.4	0.5	1.5
2	工业建筑室内	0.5	0.75	2.5
3	室　　外	1.0	1.0	2.5

(2) 螺口灯头的接线应符合下列要求：
1) 相线应接在中心触点的端子上，零线接在螺纹的端子上；
2) 灯头的绝缘外壳不应有损伤和漏电；
3) 灯头开关的手柄不应有裸露的金属部分。

(3) 灯具的安装高度：
1) 室外照明灯具的安装高度一般不低于3m，在墙上安装时，可不低于2.5m；
2) 室内照明灯具的安装高度一般应符合表12.5.3-3的要求。

室内一般照明灯具距地面的最低悬挂高度　　　　　　表 12.5.3-3

序 号	光源种类	灯具型式	灯具保护角	灯泡容量(W)	最低离地悬挂高度(m)
1	白炽灯	带反射罩	10°～30°	100 及以下	2.5
				150～200	3.0
				300～500	3.5
				500 以上	4.0
		乳白玻璃漫射罩	—	100 及以下	2.0
				150～200	2.5
				300～500	3.0
2	荧光灯	无　　罩		40 及以下	2.0
3	高压汞灯	带反射罩	10°～30°	250 及以下	5.0
				400 及以上	6.0
4	高压钠灯	带反射罩	10°～30°	250	6.0
				400	7.0
5	卤钨灯	带反射罩	30°及以上	500	6.0
				1000～2000	7.0
6	金属卤素灯	带反射罩	10°～30° 30°及以上	400 1000 及以下	6.0 14.0 以上①

注：① 1000W 的金属卤素灯有紫外线防护措施时，悬挂高度可适当降低。

(4) 每套路灯相线一般应装有熔断器，线路进入灯具处，应做防水弯。

(5) 装有白炽灯泡的吸顶灯具，若灯泡与木台过近（如半扁罩灯），在灯泡与木台间应有隔热措施。

(6) 每个照明回路的灯和插座数不宜超过25个（不包括花灯回路），且应有15A及以下的熔丝保护。

(7) 振动场所的灯具应有防振措施并应符合设计要求。

(8) 行灯安装应符合下列要求：

1) 电压不得超过 36V；

2) 灯体及手柄应绝缘良好，坚固耐热，耐潮湿；

3) 灯头与灯体结合紧固，灯头应无开关；

4) 灯泡外部应有金属保护罩；

5) 金属网、反光罩及悬吊挂钩，均应固定在灯具的绝缘部分上；

6) 在特别潮湿场所或导电良好的地面上，若工作地点狭窄，行动不便（如在锅炉内、金属容器内工作），行灯的电压不得超过 12V。

(9) 携带式局部照明灯具用的导线，宜采用橡套软线；接地或接零线应在同一护套内。

(10) 金属卤化物灯安装应符合下列要求：

1) 灯具安装高度宜在 5m 以上，电源线应经接线柱连接，并不得使电源线靠近灯具的表面；

2) 灯管必须与触发器和限流器配套使用。

(11) 嵌入顶棚内的装饰灯具安装，应符合下列要求：

1) 灯具应固定在专设的框架上，电源线不应贴近灯具外壳，灯线应留有余量，固定灯罩的边框边缘应紧贴在顶棚面上；

2) 矩形灯具的边缘应与顶棚面的装修直线平行，如灯具对称安装时，其纵横中心轴线应在同一条直线上，偏斜不应大于 5mm；

3) 荧光灯管组合的开启式灯具，灯管排列应整齐，其金属间隔片不应有弯曲扭斜等缺陷。

(12) 吊灯灯具的重量超过 3kg 时，应预埋吊钩或螺栓；软线吊灯限于 1kg 以下，超过者应加吊链；固定花灯的吊钩，其圆钢直径不应小于灯具吊挂销钉的直径，且不得小于 6mm。

3. 照明开关的安装

(1) 同一场所开关的切断位置应一致，且操作灵活，接点接触可靠。

(2) 开关安装位置应便于操作，应符合表 12.5.3-4 的规定。

一般照明开关安装位置　　　　表 12.5.3-4

序　号	开关种类	距地面高度(m)	距门框距离(m)	备　注
1	拉线开关	2~3	0.15~0.2	拉线出口向下
2	其他开关	1.3	0.15~0.2	

(3) 成排安装的开关高度应一致，高度差不大于 2mm；拉线开关相邻间距一般不小于 20mm。

(4) 电器、灯具的相线应经开关控制；民用住宅严禁装设床头开关。

4. 插座的安装

插座安装距地高度应符合表 12.5.3-5 的规定。

插座安装高度 表12.5.3-5

序号	类别	距地高度(m)	备注
1	一般房间	1.3	同一室内高低差不应大于5mm,成排插座不应大于2mm
2	托儿所、幼儿园、小学及住宅	1.8	
3	车间、试验室	0.3	
4	特殊场所(暗装)	0.15	

第13章 建筑弱电工程

13.1 建筑弱电工程的构成和基本概念

13.1.1 建筑弱电工程的基本构成

建筑弱电工程是指建筑物内部各系统之间,以及与外部之间信号传播、信息交流的电子电气工程。弱电工程主要包括以下部分。

1. 电信工程

现代建筑中的电信工程主要包括电话通信、电话传真、电传、无线寻呼等工程。

(1) 电话 它是人们传递信息的主要工具。电话的应用越来越广,电话在公用建筑中是必不可少的设施,在比较现代化的居民住宅建筑物中,电话也和电气照明一样,被列入重要的电气设施。

(2) 电话传真 是利用普通电话线路,采用传真收发机传递图片和文字的电信设备。通常,电话传真与电话共用一条线路。电话传真是大型办公楼、商业性建筑中设置的供远距离传送图文资料的现代化设备。电话传真机是构成电话传真系统的核心设备。传真机可通过可编程序实现自动拨号,文件内容可存入存储器,并自动发至可编程序自动拨号器所指定的地址。机中设有文件输送器,每次可存放几十页,并有缩放功能和其他记录,如年、月、日,开始时间,张数和情况报告等。

(3) 电传 又称为用户电报,它是将用户电报终端机发出的电码信息,通过电信网络中的电传专线,联接到地区的电传交换总台,而传给对方的用户电报终端机,其信号可双向传输。用户电报终端机是电传系统的核心设备,它主要由显示屏幕、电子键盘、处理器和打字机等组成,其中:

显示屏幕用来显示电报的内容;

电子键盘用来输入指令和信息;

处理器实际上是一台专用计算机,用来控制和储存;

打字机用来打印输入或输出报文的内容。

(4) 无线传呼 为了加强管理,一些大型建筑中还配有无线传呼系统。按传呼程式,无线传呼可分为无对讲传呼系统和有对讲传呼系统两种。无对讲传呼系统主要由中央控制台、发射器及天线系统、袋式接收器等组成。中央控制台一般设在总机房内;发射器用以发射FM调频信号,经天线系统向空间辐射;袋式接收器由使用者携带,用作信号的接收和显示。

2. 电声工程

电声是一个广义的概念,从扩声到通信联络都属于这一范围。电声系统通常由声音发生装置、功率放大设备、声音传输系统(有线、无线)、扬声器等组成。

在现代建筑中的电声工程主要是有线广播工程,其广播系统包括一般广播、紧急广播、音响广播等;广播范围为公众广播、房间广播、会议厅、宴会厅、舞厅的音响等。

有线广播工程由广播设备、线路、扬声器、音箱等构成。

3. 共用天线电视工程

共用天线电视系统简称 CATV 系统(英文 Community Antenna Television 的简称),是一种新兴的电视接收、传输、分配系统。由于它是一个通过电缆的有线分配系统,故又可称为电缆电视或有线电视。最初的 CATV 系统,主要是为了解决远离电视台的边远地区和城市中高层建筑密集地区难以收到电视信号的问题,因此是在一栋建筑物或一个建筑群中,挑选一个最佳的天线安装位置,根据所接收的电视频道的具体情况,选用一组共用的天线,然后将接收到的电视信号进行混合放大,并通过传输和分配网络送至各个用户电视接收机。但由于 CATV 是一个有线分配系统,配有一定的设备,就可以同时传送调频广播,可以转播卫星的电视节目,可以在大厦入口处设置摄像机与 CATV 系统相连,构成防盗闭路电视等。由此可见,共用天线电视系统已是现代建筑中的重要装置之一。随着广播电视事业和通讯技术的发展,现在的 CATV 系统规模逐渐扩大,已经与闭路电视、通讯、计算机、光缆技术的发展相联系,其应用范围已远远超过早期的 CATV 系统。

共用天线电视工程通常由共用天线、信号接收、制作、放大设备(前端设备)、传输分配网络等构成。

4. 防盗与保安工程

防盗与保安系统早先主要用于军事设施,近年来已应用到特殊的现代建筑中,成为保护国家财产、人员安全的重要防范性技术设施。

防盗与保安工程主要由各种探测器、报警器、显示装置、控制装置、执行机构、电锁装置、电视系统、信号传输线路等组成。

5. 防火和消防工程

高层公用建筑和高密度住宅区的防火与消防是特别重要的。除了在建筑结构上必须采用防火和消防措施外,在电气上还必须设置火灾、烟尘、温度、有害气体等报警装置,并根据上述各种危险因素采取各种消防措施,从而构成了防火和消防电气工程。

6. 建筑物自动化系统

建筑物或建筑群所属各类设备的运行、安全状况、能源使用状况及节能等实行综合自动监测、控制与管理的系统,称为建筑物自动化系统。它包括了以上各项弱电工程,大致分为三个部分:

(1) 楼宇管理自动化系统(BAS);

(2) 通信自动化系统(CAS);

(3) 办公自动化系统(OAS)。

建筑物自动化系统的基本构成见图 13.1.1-1。

13.1.2 弱电信号传输和常用代号

1. 弱电信号传输

弱电信号通常分为模拟信号和数字信号,依据信号的强弱和要求,分别采用电气装置用电线电缆、通信线缆、控制电缆、射频同轴电缆、光缆或无线传输,见图 13.1.2-1。

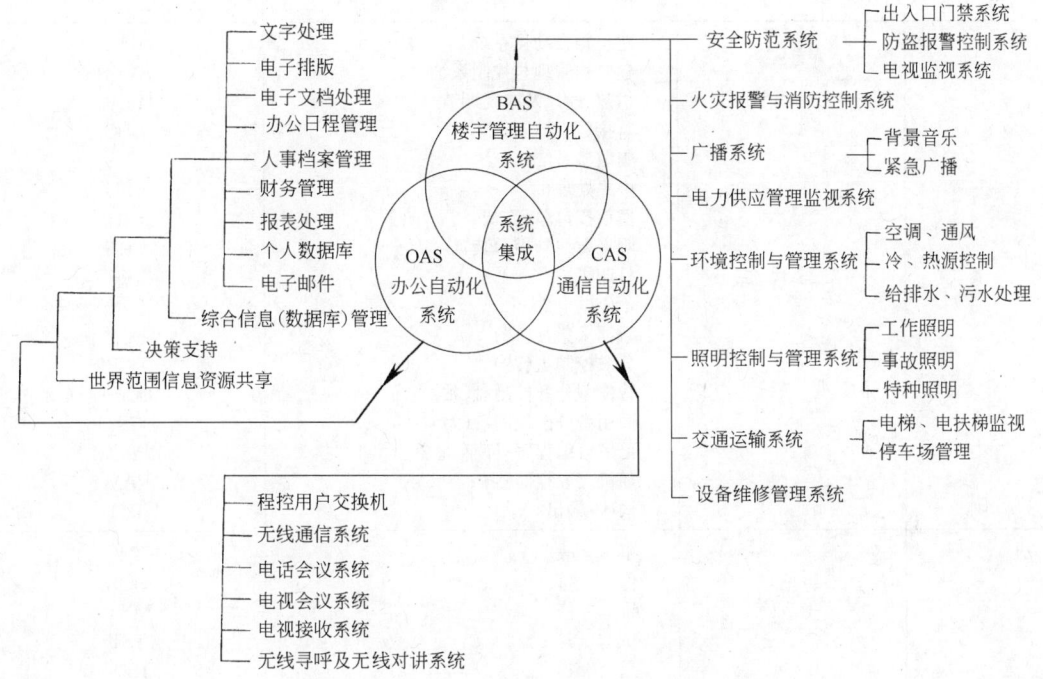

图 13.1.1-1 楼宇自动化系统基本构成

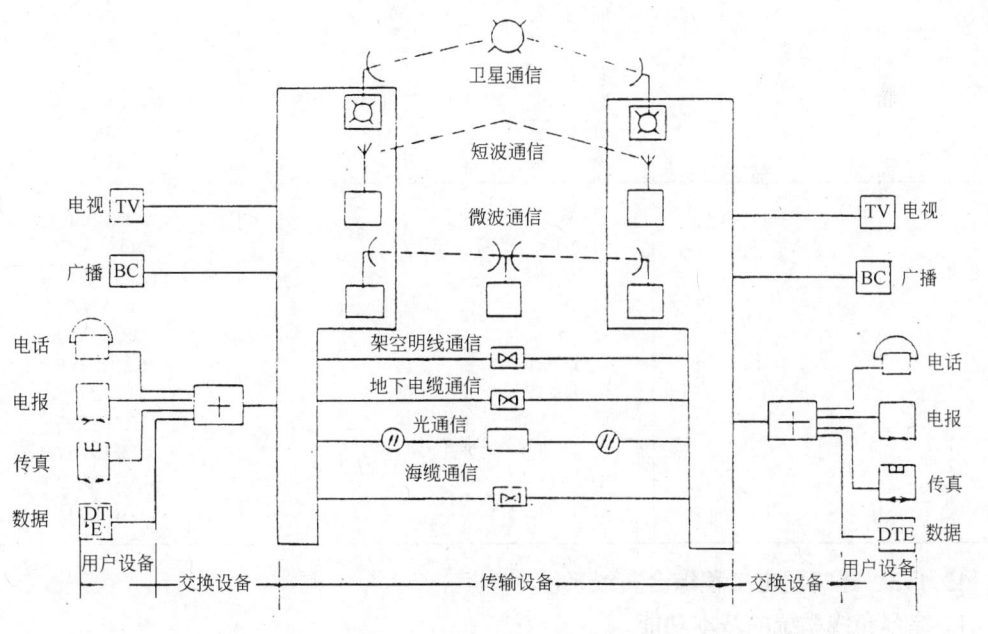

图 13.1.2-1 弱电信号传输

2. 弱电系统常用工程代号(见表 13.1.2-1)

弱电系统常用工程代号　　　　　表13.1.2-1

序号	类别	名称	代号
1	缩写代号	建筑物自动化系统	BAS
		建筑物管理与控制系统	BMCS
		供热、通风及空气调节	HVAC
		直接数字控制	DDC
		集散型系统	DCS
		中央处理机	CPU
		通信接口单元	CIU
		阴极射线管显示装置	CRT
		打印机	PRT
		不停电电源	UPS
		数据采集盘(站)	DGP
		分散控制盘(站)	DCP
		智能型分散控制盘(站)	DCP-I
		通用型分散控制盘(站)	DCP-G
		可擦可编程序只读存储器	EPROM
		随机存取存储器	RAM
		输入/输出	I/O
2	工况或状态代号	事故	EMG
		保持	HOL
		维修	MNT
		试验	TST
		重置	RST
		烟雾	SMO
		电气的	ELT
		火灾	FIR
		闯入	INT
		监视	SPV
		安全	SAF
		巡更	PT
		机械的	MEC
		喷水	SPR
3	状态代号	通/断	ON/OFF
		自动通/自动断	AON/AOF
		慢/快/断	SLO/FST/OFF
		日/夜	DA/NT
		开/闭	OPN/CLO
		运行/停止	RUN/STOP
		保卫/出入	SEC/ACC
		加热/冷却	HTG/CLG
		接通/断开/自动	ON/OFF/AUTO
		手动/自动	MAN/AUTO
		启动/停止	STAR/STOP

13.1.3 建筑弱电工程综合布线系统
1. 综合布线系统的基本功能

综合布线系统是弱电工程的重要组成部分,根据弱电工程的规模,综合布线系统应能支持下列各弱电子系统:

(1) 全数字式程控交换机系统。

(2) 语音信箱、电子信箱、语言应答和可视图文系统。

(3) 建筑物内无绳电话通信系统。

(4) 可视电话、电视会议系统。

(5) 卫星通信系统。

(6) 建筑物内信息管理系统。

(7) 办公自动化系统。

(8) 建筑物内、外各信息传输网络管理系统。

(9) 共用天线电视系统。

(10) 公共广播传呼系统。

(11) 建筑设备监控系统(即楼宇自动化管理)。

(12) 火灾报警与消防联动控制系统。

(13) 公共安全管理系统,其中包括:

1) 保安监视电视系统;

2) 防盗报警系统;

3) 出入口控制系统;

4) 保安人员巡更系统;

5) 访客对讲及其报警系统;

6) 汽车库综合管理系统;

7) 计算机安全综合管理系统。

2. 综合布线系统的基本要求

(1) 综合布线系统中工作站(区),信息终端各端点的平面布置要根据各个不同的建筑物中不同的建筑楼层和业主及租用者使用功能的不同进行合理布置。

(2) 在考虑要连接的其他系统时,要充分考虑到工程的性质、功能、环境条件、用户要求和土建要求,从技术质量、产品供货、投资等方面综合考虑。综合布线系统的费用包括:设备费用、材料(线缆、管材、线槽)费、系统所占用的土建面积其中有(弱电竖井、设备间、控制室)、管理人员的多少等。

(3) 要具有开放性、可扩性和可靠性的特点,综合布线系统通常要采用模块化的灵活结构。

(4) 系统设备用电要有可靠的交流电源供电,为了保证供电的可靠性,需要采用双电源供电方式,并考虑备用电源。

(5) 要有良好的接地。

(6) 在易燃的区域和大楼竖井内没有用钢管保护的电缆或光缆,宜采用防火和防毒的电缆。

(7) 综合布线系统各段缆线的长度限值是为了方便设计而规定的,决定限值的主要因素是线路的衰减值,而衰减值与下列因素有关:

1) 缆线的种类(如对绞电缆还是光缆)、电缆的特性阻抗、光纤的波长、线径;

2) 信息的传输速率或传输频率;

3) 对绞电缆接口的反射衰减值或光纤反射衰减;

4) 连接硬件的衰减特性;

5) 缆线使用时的环境条件(如温度)。

(8) 综合布线系统优先选用适应性强的产品,该产品系统可支持语言、数据、图形、图像、多媒体、安全监控、传感等各种信息的传输,支持诸如非屏蔽和屏蔽对绞线、光纤、同轴电缆等各种传输媒体。

3. 综合布线系统主要设备材料

(1) 配线架　用于各种线缆(包括光纤)的配线,其附件可有:过压过流保护器模块、用于线内测试和接地的保护器设备、尘盖、标识条、测试适配器、桥接片、衰减器、管理架等。

(2) 耦合器　其种类繁多,有用于5类线或4类线;有单口和双口;有非屏蔽和屏蔽的;有倾斜和垂直;有用于光纤的耦合器,耦合器可用于配线间或工作区里。

(3) 连接盒。

(4) 信息插座　其种类繁多,例如:面板可提供2,4,6,8,12口的插座配置,多用户/多媒体插座、规格家具适配插座、地毯型插座。

(5) 电线电缆和光纤。

(6) 电缆槽、线槽或地面内金属线槽。

(7) 综合布线系统网络测试设备。

13.2 电话通信

13.2.1 电话通信系统

1. 电话信号传输方式

(1) 模拟信号传输方式,见图13.2.1-1(a)。

(2) 数字信号传输方式,在模拟信号基础上,将其转换为数字信号进行传输,见图13.2.1-1(b)。这是当前应用最广的一种信号传输方式。

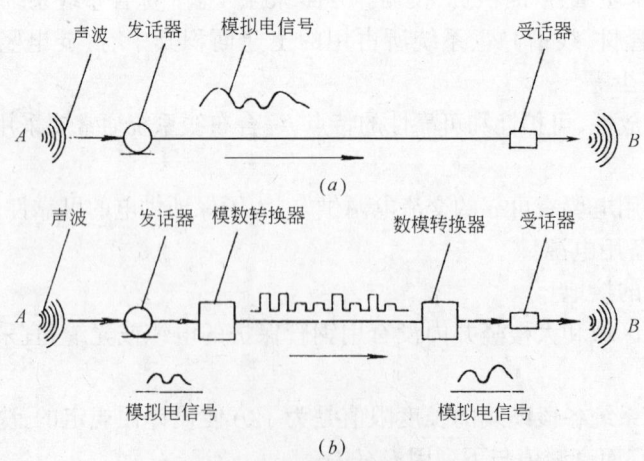

图 13.2.1-1　电话信号传输方式
(a)模拟信号;(b)数字信号

2. 用户电话系统

一般用户电话系统的两种基本形式:

(1) 直接系统

(2) 程控交换机系统

常用方式见图 13.2.1-2。本系统为数字程控用户交换机的一般性系统构成。系统的主要组成有：处理机，数字交换控制器，DELTA(D)信道控制器，数据及 D 信道总线及各种接口，如：外围设备接口、公共设备接口、电话接口组、其他设备组等的接口，但接口未详细表示。

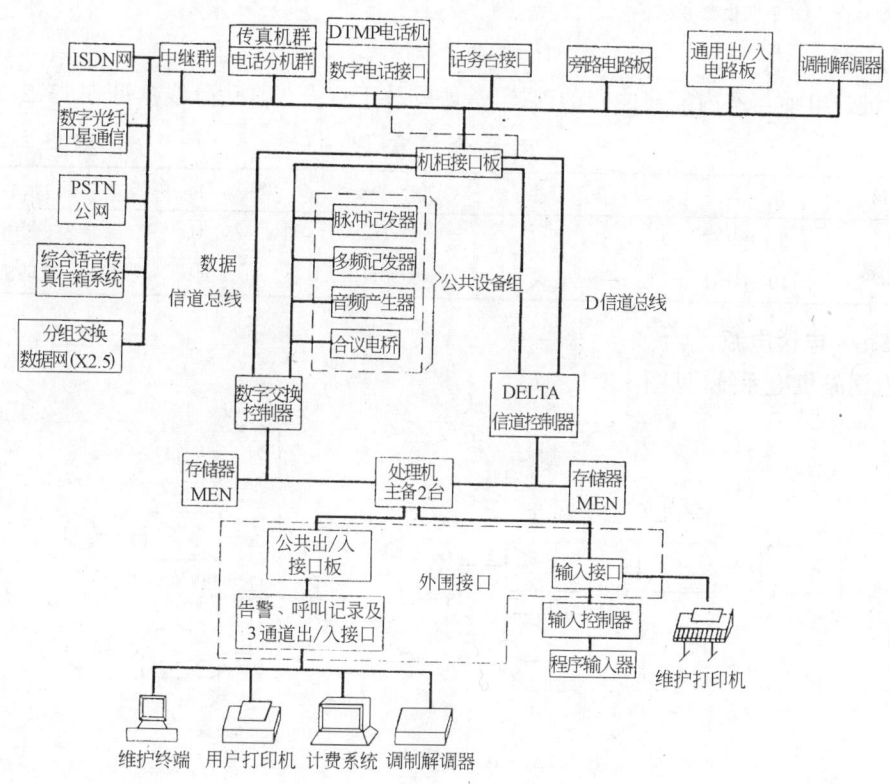

图 13.2.1-2 程控数字交换机系统构成

13.2.2 电话通信一般设备

1. 交换机

常用交换机的种类及特点见表 13.2.2-1。

常用电话交换机的种类及特点　　　　　表 13.2.2-1

类　型	特点及应用	型号举例
人工交换机	手工操作，适用于 100 门以下的用户	
纵横制自动交换机	机电式自动交换，适用于数百门电话的中等用户	HJ905，HJ906
程控式自动交换机	计算机控制，转接速度快，适用于要求自动化程度高的用户，现已广泛应用	ISDX，SOPHO-S MSX，MD，SSU

2. 交接箱

用于电话网干线电缆与配线电缆间的连接。一般安装于室外。常用电话交接箱的种类见表 13.2.2-2。

电话交接箱　　　　　　　表 13.2.2-2

型 号	规 格	说 明
WJD 型	200～1200 对	大容量分线设备
WJ 型	100～600 对	容量小,体积小

注：因型号尚不统一,只供参考。下同。

3. 分线盒

用于进户电缆与室内配线之间的连接,一般安装于室内。常用分线盒见表 13.2.2-3。

电话分线盒　　　　　　　表 13.2.2-3

型 号	规 格	备 注	型 号	规 格	备 注
NF	5～100 对		WF	6～30 对	室外用
NQFH	10～60 对	壁嵌式	NQCH	1～2 对	户内与电话机相连

13.2.3 电话电源

1. 电话站供电系统（见图 13.2.3-1）

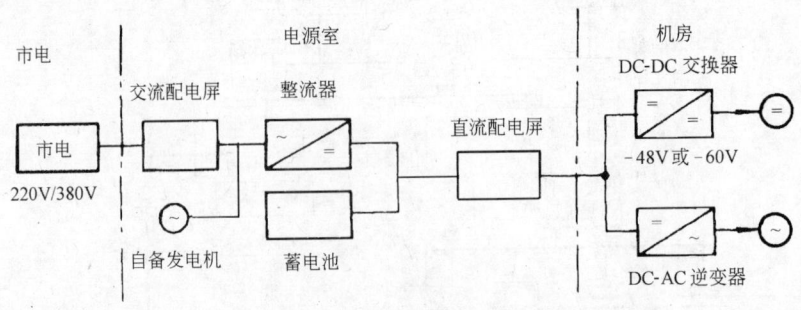

图 13.2.3-1　电话站供电系统

2. 电话站主要电源设备（见表 13.2.3-1）

主要电源设备　　　　　　　表 13.2.3-1

序 号	名 称	用途、构成及要求
1	交流配电屏	提供交流电源。由 380V 熔断器或刀开关、频率表、电压表、功率表等构成
2	柴油机发电机组	自备应急电源。三相 400V,10～50kW
3	整流器	提供直流电源。输入 220V/380V,输出直流 48～60V,100～250A
4	直流配电屏	直流电源的分配与控制,400～800A
5	蓄电池	贮存电力。铅酸蓄电池或碱性蓄电池
6	DC-DC 变换器	变换直流电压。输入 DC40～75V,输出 DC5,12V,24V,60V
7	DC-AC 变换器	直流变交流逆变电源,提供不间断电源
8	接地装置	正极接地和安全接地,接地电阻 3～10Ω

3. 程控电话站设备布置

图13.2.3-2为2000门以下程控交换机电话站平面布置示例。

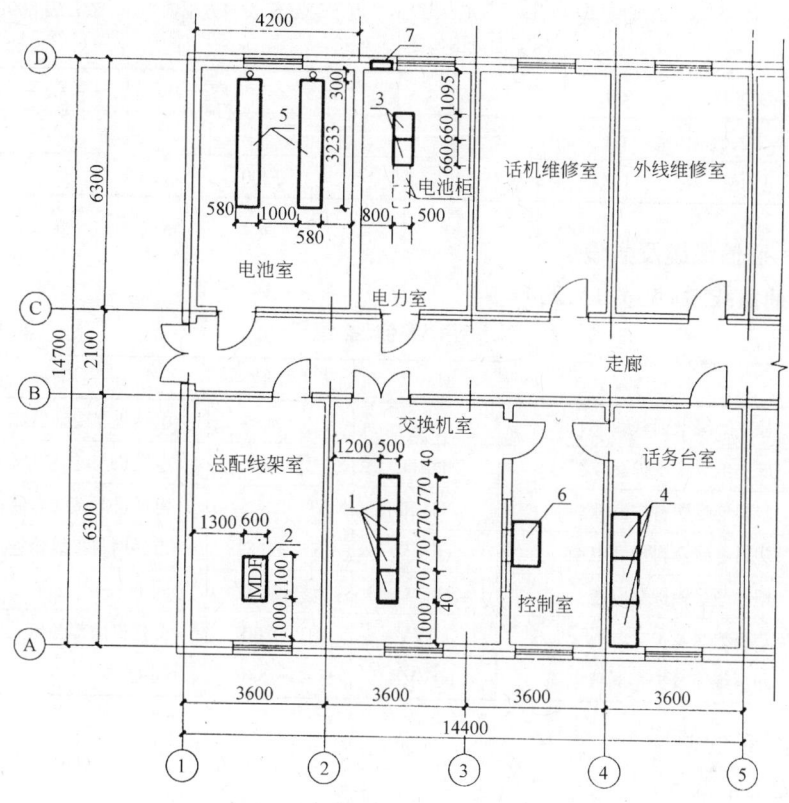

图13.2.3-2　程控电话站设备平面布置示例
1—程控交换机；2—配线柜；3—整流及配电电源；4—话务台；
5—蓄电池；6—控制台；7—接地板
注：尺寸数据供参考。

4. 电话系统对电源的要求（见表13.2.3-2和表13.2.3-3）

通信设备对交流电源的要求　　　　　　　　　　　表13.2.3-2

通信设备	交流电源电压(V)		频　率(Hz)	
	额定值	允许变化范围	额定值	允许变化范围
使用交流电源的载波设备	220	213～227	50	45～55
使用交流电源的无线设备	220	204～231	50	48～52
	380	353～399	50	48～52

注：交流电源电压允许的变化范围，是在通信设备电源端子上测得的值。

通信设备对直流电源的要求　　　　　　　　　　　表13.2.3-3

通信设备	直流电源额定电压(V)	通信设备上供电端子允许电压变动范围(V)	电源允许脉动电压	
			电子管毫伏表均方根值(m)	杂音表800Hz等效杂音(mV)
共电式人工电话交换机	-24	21.6～26.4		2.4

续表

通信设备	直流电源额定电压(V)	通信设备上供电端子允许电压变动范围(V)	电源允许脉动电压	
			电子管毫伏表均方根值(m)	杂音表800Hz等效杂音(mV)
步进制自动电话交换机	-60	56~66		2.4
纵横制自动电话交换机	-60	56~66		2.4
电报电传机用电动机	110	95~120	1200	

13.2.4 通信线缆及敷设

1. 常用通信线缆（见表13.2.4-1）

常用通信线缆　　　　　　表13.2.4-1

类别	名称	型号	芯数	用途
电话线	橡皮绝缘电话软线	HR	2,3,4,5	电话机与受话器或接线盒连接用
	橡皮绝缘橡皮护套软线	HRH	2,3,4,5	电话机与送、受话器连接用
	塑料绝缘塑料护套软线	HVR	2	电话机与接线盒连接用
配线电缆	塑料绝缘塑料护套电缆	HPVV	5~400对	市话网与接线箱连接用
	塑料绝缘铅护套电缆	HPVQ	5~400对	同上
局用电缆	塑料绝缘及护套电缆	HJVV	12~200	交换机内部各单元连接用
	塑料绝缘及护套屏蔽电缆	HJVVP	12~200	同上

2. 通信线缆的型号

（1）普通通信线缆

普通通信电线电缆产品以用途或专门用途字母列为首位，按表13.2.4-2的顺序排列，外护层型号（数字代号）表示的材料涵义，按铠装层和外被层结构顺序编列，每一数字代表所采用的主要材料详如表13.2.4-3所列。

普通通信线缆型号表示方法　　　　　　表13.2.4-2

类别用途	导体	绝缘	内护套	特征	外护层	派生
H-市内话缆	T-铜芯	V-聚氯乙烯	H-氯磺化聚乙烯	A-综合护套	02,03	1-第一种
HB-通信线	L-铝芯	Y-聚乙烯	L-铝套	C-自承式	20,21	2-第二种
HE-长途通信电缆	G-铁芯	X-橡皮	Q-铅套	D-带形	22,23	252-252kHz
HH-海底通信电缆		YF-泡沫聚乙烯	V-聚氯乙烯	E-耳机用	31,32	DA-在火焰条件下
HJ-局用电缆		Z-纸	F-氯丁橡胶	J-交换机用	33,41	燃烧特性表示
HO-同轴电缆		E-乙丙橡胶		P-屏蔽	42,43	
HR-电话软线		J-交联聚乙烯		S-水下	82,等	
HP-配线电缆		S-硅橡胶		Z-综合型		
HU-矿用话缆				W-尾巴电缆		
HW-岛屿通信电缆				……等		
CH-船用话缆						
……等						

通信线缆外护层代号

表 13.2.4-3

数字标记	铠装层材料	数字标记	外被层材料
1		1	纤维层
2	双钢带	2	聚氯乙烯套
3	细圆钢丝	3	聚乙烯套
4	粗圆钢丝	4	
8	铜丝编织		

【例】 HQ22 铜芯纸绝缘铅套钢带铠装聚氯乙烯套市内通信电缆。

(2) 通信光缆

型号表示方法见表 13.2.4-4。

通信光缆型号表示方法

表 13.2.4-4

类别用途	光导纤维	加强构件	充增特征	内护套	外护层	光纤包(涂)覆形式
G—通用光缆	A_1—多模光纤 B_1—单模光纤 (A_1B_1 为二氧化硅系纤维)	F—非金属加强构件（金属型则省略无符号）	T—填充型（非填充型的省略，无符号）	L—铝 Y—聚乙烯 V—聚氯乙烯 A—铝聚乙烯粘结型式 S—铝聚乙烯粘结皱纹铜管综合式 Z—聚乙烯纵包皱纹钢带综合式	02;03 22;23 32;33 ……等	L——次涂覆 S—松包 T—松包内填充 J—紧包 （只在产品规格中表示）

【例】 GFTY 8×A,S+3×4×0.9(高)+10×4×0.9(低)+4×1 非金属加强构件填充型聚乙烯护套型通信光缆。规格是 8 根二氧化硅系多模渐变型松包光纤＋3 个高频四线组＋10 个低频四线组＋4 根信号线综合结构产品。

3. 电话电线电缆穿管的选择

穿线管一般选用电线管、水煤气钢管和 PVC 塑料管。管径和截面的选择见表 13.2.4-5,其中:

穿放电缆的暗管管径利用率计算公式如下:

$$管径利用率 = \frac{d}{D}$$

式中 d——电缆的外径;

D——管子的内径。

穿放用户导线的管径选择,应根据实际所采用导线的总截面积(包括导线的绝缘层的截面)、导线的组合方式等,用截面利用率的计算式算出管子的内径,选择相应管径的管子。

穿放导线的暗管截面利用率的计算式如下:

$$截面利用率 = \frac{A_1}{A}$$

式中　A——管子的内截面积；
　　　A_1——穿在管子内的导线的总截面积。

电话电线电缆穿管管径的选择　　　　表 13.2.4-5

电缆、电线敷设地段	最大管径限制(mm)	管径利用率% 电　缆	管子截面利用率% 绞合导线
暗设于底层地坪	不限制	50～60	25～30 (30～35)
暗设于楼层地坪	一般≤25 特殊≤32	50～60	25～30 (30～35)
明设或暗设于墙内	一般≤25 特殊≤32	50～60	25～30 (30～35)
暗设于吊顶内或 明设于电缆竖井内	不作限制	50～60	25～30 (30～35)
穿放用户线	≤25		25～30 (30～35)

注：a. 管子弯头不宜超过两个拐弯，其弯头角度不得小于 90°，有弯头的管段长如超过 20m 时，应加管线过路盒；
　　b. 直线管段长一般以 30m 为宜，超过 30m 时，应加管线过路盒；
　　c. 配线电缆和用户线不宜同穿一条管子；
　　d. 主干电缆不宜在楼层平面内暗敷设；
　　e. 表中括号内之数值为管内穿放平行导线时的数值。

4. 电话电线电缆布线的基本要求

(1) 交流用线(包括交流 220V 的电源线和 75V 的铃流线等)在布放时，应尽可能远离通信线，以防因电磁耦合而产生交流干扰。

(2) 电信线主要考虑线间串音防卫度，为了减少因电平差过大而产生的串音，开放四线电路的收、发信线对，以及电报和开放二线电路的电信线对，均应分别用两条电缆布放，不得在一条电缆内。同时收、发信的高频电缆束在走线架布放时，应保持一定距离，一般要求在 50mm 以上。

(3) 架空明线载波设备的入局电缆和局内高频电缆的布线，当端别相同时，可以紧邻布线，捆绑在一起，若端别不同，相距越远越好，最好分别在两个走线架布放，但必须在一个走线架上布放时，相距至少不小于 50mm。

(4) 高频中继线为一个独立的布线系统，应尽量远离十二路和三路的高频线对。因为高频中继线只是在倒通设备时才用其传递，有可能传送"A"端机频带，也可能传递"B"端机的频带，因此与高频线对的平行距离越远越好，最小应大于 50mm。

(5) 如电信线或电源线需要布放在地沟里，则应考虑采用机械强度较大和防潮性能好的铅包塑料线。

(6) 选用高频电信线除需考虑阻抗和传输衰耗以外，由于高频线间容易产生电磁耦合，因此应屏蔽良好，其屏蔽网应接工作地线。

13.3 有线电视

13.3.1 有线电视系统和基本概念
1. 有线电视系统构成

系统构成见图 13.3.1-1,各部分的基本功能见表 13.3.1-1。

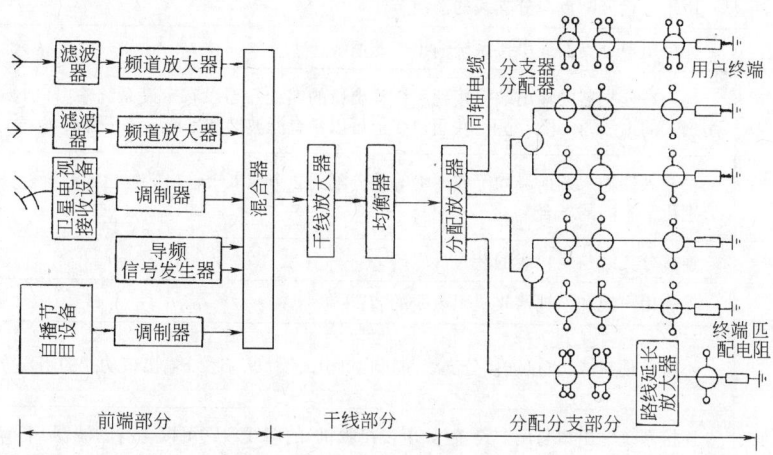

图 13.3.1-1 有线电视系统

有线电视系统各单元的构成及功能　　　　表 13.3.1-1

序号	系统单元	单元构成	功能
1	前端部分	信号源:天线、地面电视、卫星电视、自办节目 信号处理设备:调制器、混合器、放大器	接收、制作、处理电视信号
2	干线传输部分	干线放大器、均衡器、射频电缆	将前端电视信号传输到用户分配网络
3	用户分配部分	分配放大器、线路延长放大器、分配器、分支器、用户终端插座、电缆	信号分配、放大、隔离

2. 常用名词术语(见表 13.3.1-2)

有线电视常用名词术语　　　　表 13.3.1-2

名词	解释
前端	接在接收天线或其他信号源与共用天线电视系统其余部分之间的设备组合。用以处理需要分配的信号(例如:前端可以由包括天线放大器、频率变换器、混合器、频率分离器和信号发生器等设备组成)
本地前端	直接与系统干线或作为干线用的近程传输线路相连的前端
中心前端	一种辅助前端,通常设置于其服务区域的中心,其输入信号来自本地前端及其他信号源

续表

名　词	解　释
馈　线	构成共用天线电视系统中一个部分的信号传输通路,可由金属同轴电缆、光缆、波导或它们之间相互的组合构成,也可以由一个或多个微波信道提供这样的通路
超干线	仅指连接在前端之间或前端与第一分配点之间的馈线
干　线	在前端和分配点之间或分配点之间传输信号用的馈线
支　线	用于连接分配点与分支线的馈线
分支线	连接用户分支器或串接系统输出口的馈线
用户线	将用户分支器的输出端引接到系统输出口的馈线。当没有专设系统输出口时,可为直接接到用户去的馈线,在此情况下,在用户线上可以含有滤波器和平衡—不平衡转换器
分配器 分支器	将输入端输入的信号均等或不均等地分配到2个或多个输出端输出的装置。分配器和分支器分别用于不同的场合
用户分支器	连接分支线与用户线的装置
系统输出口	连通用户线和电视接收机引入线的装置
串接系统输出口	不需要用户线,直接连接分支线与接收机引入线;具有系统输出口功能的用户分支器
接收机引入线	连接系统输出口与用户设备(如电视接收机)的馈线。它可以含有滤波器、平衡—不平衡转换器
天　线	线式天线由天线振子组成。对于八木天线,通常由一个有源振子和数个甚至几十个无源振子组成。面式天线的反射面也是天线的组成部分
分贝比	两个功率 P_1 和 P_2 的比值,取以 10 为底的对数并乘以 10 所得值,为这两个功率的分贝比(dB);$10\log_{10}(P_1/P_2)$(dB)
电　平	在共用天线电视系统中,系统的各测试点的阻抗为 75Ω。系统的标准参考功率指在 75Ω 负载电阻上有 $1\mu V$ 电压时的功率:$P_0=1/75$(pW)。系统各点的电平值即为某一点上的功率 P_1 值与标准参考功率 P_0 间的分贝比:$10\log_{10}(P_1/P_0)$(dB)
载噪比	在共用天线电视系统某给定点上的图像载波信号电平与该点上的噪波电平之间的分贝比
信噪比	在视频信号系统中某给定点上的信号电平与该点上的噪波电平之间的分贝比
线路分配	由超干线、干线、部分支线等馈线以及安装在这些线路上的放大、均衡、分配等设备或部件组成的信号传输及分配段
用户分配	由部分支线、分支线、用户分支器(或串接系统输出口)以及配套的分配、放大、均衡等设备或部件组成的传输及分配段

3. 用户电平

用户电平实际上是反映用户终端输出的电压高低。为便于计算和测量,用户电平按下式确定:

$$V(\mathrm{dB}) = 20\lg \frac{V}{V_0}$$

式中　$V(\mathrm{dB})$——用户电平值,dB;

　　　V——用户端电压,μV;

V_0——参考电压,$1\mu V$。

【例】 某电视机输出电压为 2mV,其用户电平为多少?

【解】 $$2mV = 2000\mu V,$$
$$V(dB) = 20\lg\frac{2000}{1} = 66dB$$

电平值与电压值的对应关系见表 13.3.1-3。

电平与电压的对应关系　　　　　　　　　　　表 13.3.1-3

电平(dB)	电压(mV)	电平(dB)	电压(mV)	电平(dB)	电压(mV)	电平(dB)	电压(mV)	电平(dB)	电压(mV)
50	0.32	59	0.89	68	2.51	77	7.08		
51	0.35	60	1.00	69	2.82	78	7.94		
52	0.40	61	1.12	70	3.16	79	8.91		
53	0.45	62	1.26	71	3.55	80	10.0		
54	0.50	63	1.41	72	3.98	81	11.2		
55	0.56	64	1.58	73	4.47	82	12.6		
56	0.63	65	1.78	74	5.01	83	14.1		
57	0.71	66	2.00	75	5.62	84	15.8		
58	0.79	67	2.24	76	6.31	85	17.8		

我国规定的用户终端电平值见表 13.3.1-4。

用户终端电平规定值　　　　　　　　　　　表 13.3.1-4

序 号	类 别 及 频 段		最低电平(dB)	最高电平(dB)
1	有线电视频道		57	83
2	无 线	VL 频段	52	84
		VHF 频段	54	84
		UHF 频段	57	84
3	调频广播 FM		50	84

13.3.2 有线电视用户分配

1. 用户分配的基本要求

(1) 向系统输出口馈送信号,应采用分支分配的方式。分配器的输出信号、分支器及串接系统输出口的干路端输出信号,不应直接引入系统输出口。

(2) 分配器的空闲信号端口、分支器及串接系统输出口的干路输出空闲端口,必须终接 75Ω 匹配负载。

(3) 在各层房间的平面布置基本一致的多层住宅建筑内,各楼层的系统输出口安装平面位置宜一致,用串接系统输出口向用户馈送信号。

(4) 系统输出口在墙上安装,宜距室内地平面 0.3~1.5m。所选安装位置,宜与墙上其他设施协调。

2. 线路放大器

放大器的作用是提高所接收的电视信号电平,补偿电缆远距离传输过程中的损耗,放大分配系统的电视信号，使之以标准电平分配给用户。常用放大器的类型见表13.3.2-1。

常用放大器　　　　　　　　　表13.3.2-1

序号	类别	用途	型号举例	增益值(dB)
1	干线放大器	装于干线上，补偿干线电缆损耗	SGF HFGX	22~34
2	干线分支放大器	装于干线上，兼有1~4路分支	HFGK	22~34
3	分支放大器	装于干线或分支线末端，有2~4路分配线分出	SRF	10~30
4	线路延长放大器	装于分配线上，放大和补偿		

3. 分配器

分配器是将一路电视信号均匀地分成几路输出的无源元件。按下接干线数目的多少，分为二分配器、三分配器、四分配器等。图13.3.2-1(a)是常用的变压器式二分配器的电路图。信号经自耦变压器T1输入到功率分配变压器T2的中心抽头C上，然后均匀地分配到A、B两路输出。R5为隔离电阻。图中(b)为分配器图形符号。

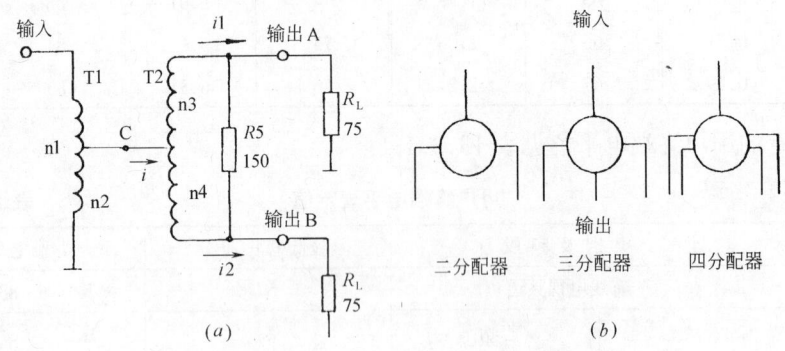

图13.3.2-1　分配器
(a)变压器式二分配器电路；(b)分配器图形符号

常用分配器的有关数据见表13.3.2-2。

常用分配器　　　　　　　　　表13.3.2-2

型号	阻抗(Ω)	分配数	分配损耗(dB)	相互隔离(dB)
GP4200	75	2	3.5~4	24~18
GP4300	75	3	5.5~6	24~18
GP4400	75	4	7.5~8	24~18

注：产品型号各厂家不统一，仅供参考。

4. 分支器

分支器是从信号干线上取出信号分送给电视用户插座的部件。它由一个主路输入端、一个主路输出端和若干个分支输出端构成。按输出端的多少分别称为一路、二路和多路分支器。

图13.3.2-2(a)是一个变压器式一分支器的典型电路，它由两个传输线变压器T1、T2、

一个隔离电阻 R 和一个补偿电容 C 构成。在理想状态下,"1"端输入的功率只有很小的一部分传到"3"端(分支端),而大部分的功率传到"2"端(输出端),但是,"3"端输入的功率却不能反送到"1"端和"2"端,即分支器具有反向隔离的作用。

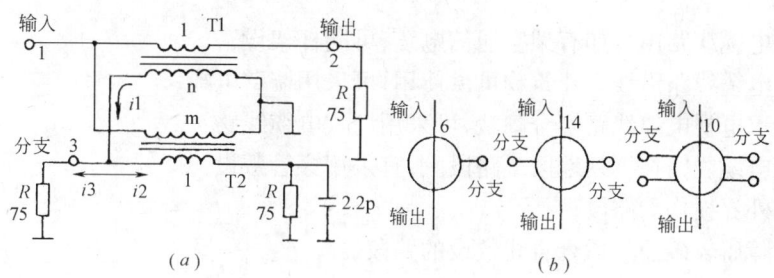

图 13.3.2-2 分支器
(a)一分支器电路;(b)各种分支器图形符号

在一分支器上加上一个二分配器就构成一个二分支器,加上一个四分配器构成一个四分支器。图(b)是各种分支器的图形符号。

常用分支器的主要数据见表 13.3.2-3。

常用分支器   表 13.3.2-3

型号	阻抗 (Ω)	分支损耗 (dB)	反向隔离 (dB)	相互隔离 (dB)	型号	阻抗 (Ω)	分支损耗 (dB)	反向隔离 (dB)	相互隔离 (dB)
GZ4107	75	6.5~7.0	22~20	—	4214	75	14	30~22	22~18
4110	75	10	28~20	—	4410	75	14~11.5	28~20	22~18
4114	75	14	28~26	—	4414	75	14~14.5	28~22	22~18
4208	75	8~8.5	26~18	22~18	4418	77	18~18.5	32~24	22~18
4210	75	10.5	24~20	22~18	4422	75	22	32~26	22~18

注:各厂家产品型号不统一,仅供参考。

5. 用户插座

在用户端设置插座,电视机从这个插座得到电视信号。用户电平一般设计在 70dB 左右,安装高度为 0.3~1.5m。

在用户插座面板上有的还安装一个接收调频广播(FM)的插座。

用户插座也可与一个一分支器合为一体,再由此插座串接至另一插座,这种插座又称为串接单元。

13.3.3 有线电视传输线路

1. 传输线路的基本要求

(1) 线路传输分配设备,均应以 75Ω 阻抗互相配接。

(2) 干线、支线、分支线、用户线均应采用同轴电缆。节目馈线以及连接前端间的馈线(超干线)宜采用同轴电缆,必要时也可采用光缆或微波信道。

(3) 在传输宽频带电视信号的同轴电缆线路上,当需要装设多个放大器时,宜使用同一系列的放大器,在各传输段内放大器的增益值应与电缆的衰耗特性相互补偿。

(4) 选择线路敷设方式,应符合下列规定:

1) 电视电缆线路由上如有通信管道，可利用管道敷设电视电缆。但不宜和通信电缆共管孔敷设；

2) 电视电缆线路由上如有电力、仪表管线等综合隧道，可利用它们的隧道敷设电视电缆；

3) 电视电缆线路由上如有架空通信电缆，可同杆架设；

4) 电视电缆线路沿线有建筑物可供使用，可采用墙壁电缆；

5) 如要求电视电缆线路安全隐蔽，可采用埋式电缆线路；

6) 电视电缆线路在下列地区或路段上，宜采用穿管敷设：

① 易受外界损伤的路段；

② 穿越障碍较多而不适合直线敷设的路段。

7) 电视电缆线路沿易爆、易燃装置敷设，应采用明管保护。

2．传输线的种类及特性

传输线的种类及结构见图 13.3.3-1。

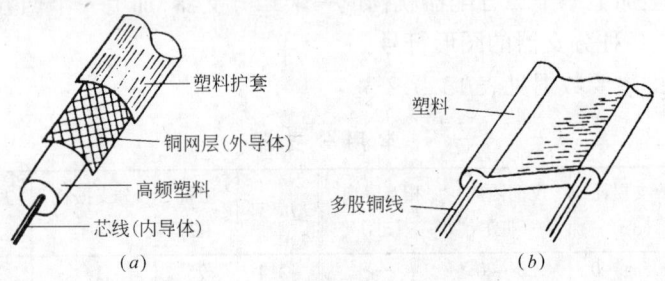

图 13.3.3-1 有线电视传输射频线
(a)同轴电缆；(b)平行扁线

平行扁线的型号为 SBVD，阻抗 300Ω，主要用于电视机与有线电视插座之间的连接。同轴电缆是有线电视的主要传输线。其型号表示方法见表 13.3.3-1。

射频电缆型号字母的含义　　　表 13.3.3-1

分类		导体		绝缘		护套		派生特性		特性阻抗	芯线绝缘外径	结构序号
符号	意义	符号	意义	符号	意义	符号	意义	符号	意义			
S	射频同轴电缆	T	铜(省略)	Y	聚乙烯实芯	V	聚氯乙烯	P	金属丝编织或屏蔽	用阿拉伯数字表示		
				YF	发泡聚乙烯半空气	F	氟塑料					
SE	射频对称电缆			YK	纵孔聚乙烯半空气	FY	聚乙烯					
				YS	绳管聚乙烯半空气	B	玻璃丝编织浸有机硅漆					
ST	特种射频电缆			YD	垫片小管聚乙烯半空气							
				D	聚乙烯空气							
				F	氟塑料实芯							
				FF	发泡氟塑料半空气							
				U	氟塑料空气							

【例】 SYV-50-7-1 特性阻抗 50Ω,绝缘外径 7.25mm 的聚乙烯实芯绝缘,聚氯乙烯护套,单层铜线编织外导体的射频同轴电缆。

常用射频电缆的种类见表 13.3.3-2。应用最广的 SYV-75 型同轴射频电缆的种类见表 13.3.3-3。

射频电缆的种类 表 13.3.3-2

系列	名称	系列	名称
SYV	实芯聚乙烯绝缘 聚氯乙烯护套同轴射频电缆	SWY	稳定聚乙烯绝缘 耐光热聚乙烯护套同轴射频电缆
SEYV	实芯聚乙烯绝缘 聚氯乙烯护套对称射频电缆	SEWY	稳定聚乙烯绝缘 耐光热聚乙烯护套对称射频电缆

SYV 型同轴电缆 表 13.3.3-3

型号	内导体外径 (mm)	绝缘外径 (mm)	阻抗 (Ω)	电容 (pF/m)	50MHz 时衰减量 (dB/m)
SYV-75-2	0.27	1.6	70~80	74	0.280
SYV-75-4	0.63	3.7	72~78	76	0.113
SYV-75-5-1	0.72	4.6	72~78	76	0.082
SYV-75-5-2	0.78	4.6	72~78	76	0.095
SYV-75-7	1.20	7.3	72~78	76	0.061
SYV-75-9	1.37	9.0	72~78	70	0.048
SYV-75-15	2.24	14.9	72~78	70	0.035
SYV-75-18	2.72	18.0	72~78	70	0.026

注：SYV-75-9(绝缘外径 9mm)以上,用于干线；此以下一般用于支线。

13.4 有 线 广 播

13.4.1 有线广播系统

1. 有线广播系统的基本构成

一般公共性建筑服务性有线广播的基本构成见图 13.4.1-1。

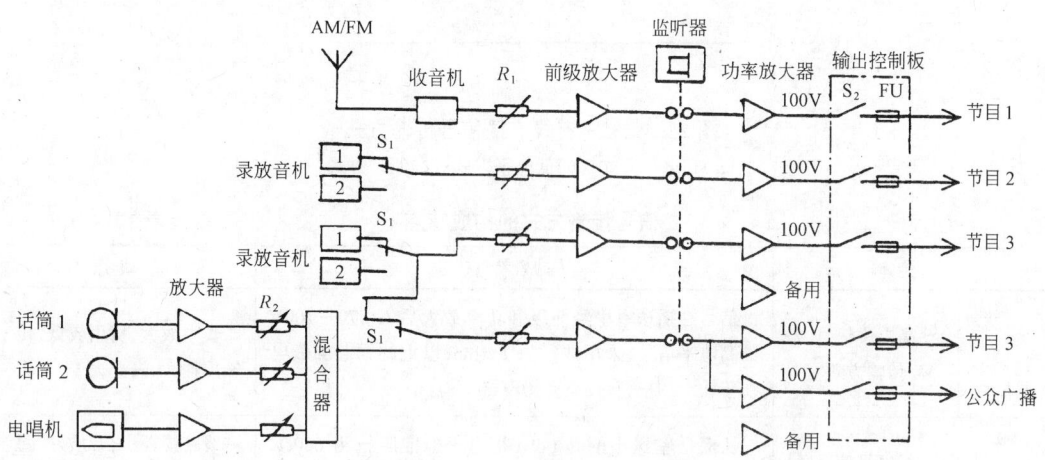

图 13.4.1-1 服务性有线广播系统

通常,有线广播系统由节目源、功放设备、监听设备、分路广播控制设备、用户设备、广播线路等构成,各部分的功能见表 13.4.1-1。

有线广播基本构成及功能　　　　　　　　　表 13.4.1-1

序号	类别	构成单元	主要功能
1	节目源	CD 唱机、磁带录放机调频调幅收音机、传声器	提供各种音响节目信息
2	功放设备	前置放大器、功率放大器	按要求放大节目源
3	监听设备	监听器(扬声器等)	监听播放节目类别和质量
4	控制设备	开关、继电器、信号指示	按要求分路控制
5	用户设备	音箱、声柱、音量控制器、控制开关	终端用户接收和控制设备
6	传输线路	广播电线电缆	传送音响信号

2. 广播信号传输方式

广播信号传输方式见图 13.4.1-2,其构成特点见表 13.4.1-2。

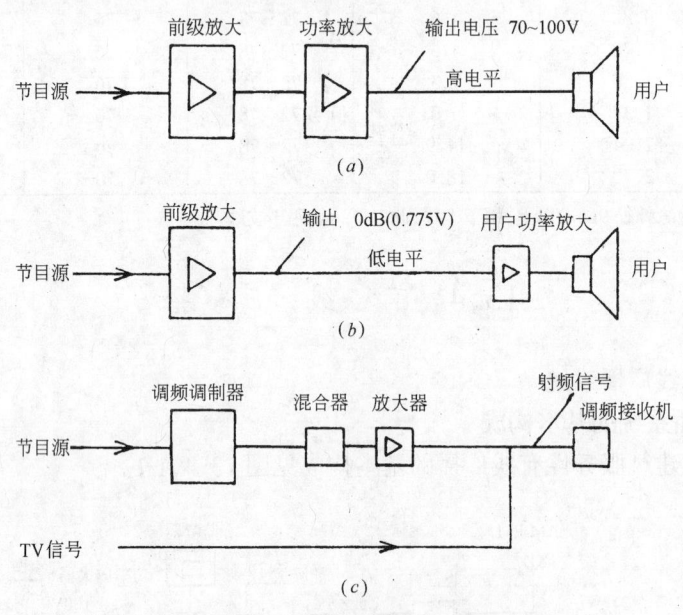

图 13.4.1-2　有线广播信号传输方式
(a)高电平方式;(b)低电平方式;(c)调频方式

信号传输方式的构成特点　　　　　　　　　表 13.4.1-2

序号	传输方式	构成特点	优缺点
1	高电平信号传输方式	信号在播送室里经前级和功率放大后,达 70～100V 的高电平信号,采用线径为 1.2mm 以上的铜芯屏蔽电缆传输至用户,直接驱动扬声器	集中放大,费用较低,传输损耗大,失真大
2	低电平信号传输方式	从播送室送出的是 0dB(相当于标准阻抗为 600Ω,0.775V)的低电平信号,在用户端设置接收用功率放大器,再驱动扬声器	线路损耗小,音质好,每个用户端设置放大器,费用较高

续表

序号	传输方式	构成特点	优缺点
3	调频信号传输方式	将各种播音信号经调制器调到88～108MHz的调频信号,再与有线电视信号混合,经有线电视传输线路送至各用户端,用户使用FM收音设备收音、放大、播出	与有线电视共用传输线路,节省了线路费用,信号质量好。需FM调频接收设备,费用高

13.4.2 有线广播设备和线路

1. 功率放大器

功率放大器是将声源信号放大的设备。功率放大器按功率分为50,100,150,250,500W等;按其性能指标分为4级,见表13.4.2-1。

功率放大器分级技术指标　　　　　　　表13.4.2-1

级别	重发频率范围(Hz)	不均匀度(dB)	非线性畸变(%)	信噪比(dB)
1	20～20000	≤±0.5	1	≥94
2	40～16000	≤±2	2	≥84
3	80～8000	≤±5	—	≥70
4	150～5000	≤±7	—	≥60

2. 传声器

传声器是将声信号转换为电信号的器件,也称话筒或麦克风(MIC)。传声器的技术指标是灵敏度、频率响应、指向特性、阻抗等。几种常用的传声器的性能指标见表13.4.2-2。

常用传声器的性能指标　　　　　　　表13.4.2-2

名称	灵敏度(mV/Pa)	频率特性	指向特性
电动传声器	>2.2	50～10000Hz<12dB	无指向性,心脏线形
电容传声器	>5	40～14000Hz±6dB	心脏线形,"8"字形,无指向性
驻极体传声器	>3	50～18000Hz±6dB	无指向性,单指向性
晶体传声器	>1	60～8000Hz<8dB	无指向性
带式传声器	>2	50～10000Hz<12dB	"8"字形

3. 扬声器

扬声器是把电信号转换成声信号并向空间辐射声能的器件。扬声器的主要性能指标是灵敏度、频率响应、辐射声功率、效率、阻抗、指向性等。

扬声器的种类:

(1) 锥形扬声器　有一个面积较大的锥形纸质或金属质的振动盆,激励其周围空气作声音振荡。

(2) 球形扬声器　有一个面积较小的半球形振动膜,属于高音扬声器类。

(3) 号筒形扬声器　是一种带有前置指数式喇叭筒的球形扬声器,对中、高音辐射效率高。

4. 变压器

广播系统用变压器主要有馈线变压器、用户变压器、扬声器变压器,分为定阻式和定压式两类：

(1) 定阻式变压器

接线见图 13.4.2-1，对应阻抗见表 13.4.2-3。

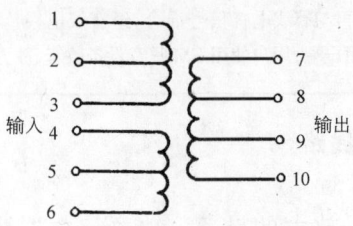

图 13.4.2-1　定阻式变压器接线

变压器阻抗　　　　　　　　　　　　　表 13.4.2-3

序号	次级阻抗(Ω)			输出端子连接	输入端子连接
	2W、3W、5W	10W	12W、15W、25W		
1	3	4	8	7~8	1~6 或 2~5
2	4(4.5)	8	12	7~9	1~6 或 2~5
3	6	16	16	7~10	1~6 或 2~5

(2) 定压式变压器

接线图见图 13.4.2-2，对应电压见表 13.4.2-4。

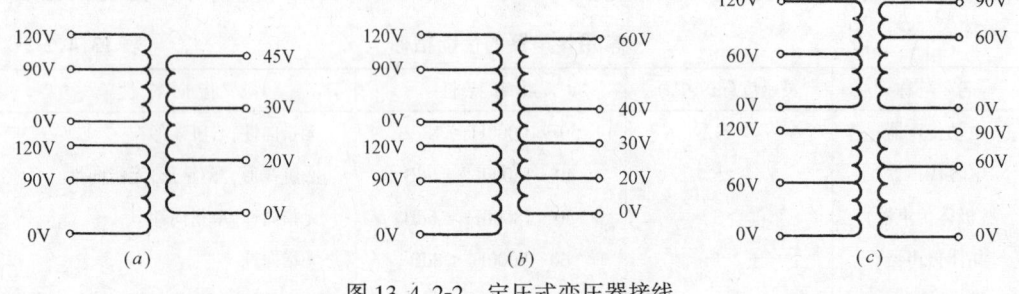

图 13.4.2-2　定压式变压器接线

变压器输出电压　　　　　　　　　　　　表 13.4.2-4

序号	变压器规格	初级电压	次级电压	接线方法
1	5W、10W、15W	Ⅰ:0V~90V~120V Ⅱ:0V~90V~120V	Ⅲ:0V~20V~30V~45V	见接线图(a)
2	25W	Ⅰ:0V~90V~120V Ⅱ:0V~90V~120V	Ⅲ:0V~20V~30V~40V~60V	见接线图(b)
3	60W	Ⅰ:0V~60V~120V Ⅱ:0V~60V~120V	Ⅲ:0V~60V~90V Ⅳ:0V~60V~90V	见接线图(c)

5．传输线路

(1) 按不同的信号传输方式，电声传输线路分别采用不同的导线：

1) 对于高电平信号传输方式,为减少功率损失和电压损失,采用较大线径的通信电缆,如 PVC-2×1.2 型电缆;

2) 对于低电平信号传输方式,采用较小线径的电缆(只要满足机械强度等主要要求),如 PVC-2×0.5 型电缆;

3) 对于调频信号传输方式,与共用天线电缆共用,采用射频电缆;

4) 各种节目信号线应采用屏蔽线;

5) 火灾事故广播线应采用阻燃电线电缆。

(2) 传输线路敷设:

1) 电声系统线路与其他线路之间应有一定的间距和隔离,平行敷设时间距要在 1m 以上,垂直交叉时应在 0.5m 以上;

2) 尽量避免平行敷设,传声器线宜用四芯隔离线对角连接穿管敷设,宜采用金属接线盒,并远离照明和调光插座。扬声器线路应减小线路损耗,不应与传声器线平行敷设。电声设备应采用一点接地,其接地电阻不应大于 4Ω。

13.5 消防安全控制系统

13.5.1 消防安全的基本概念

1. 建筑物消防安全分类(见表 13.5.1-1)

建筑物消防安全分类　　　　　　　　表 13.5.1-1

建筑物类别	分类	范围	要求耐火等级
住宅	一类	高级住宅,19 层及以上的普通住宅	一级
	二类	10~18 层普通住宅	二级
公共建筑	一类	医院、百货楼、展览楼、财贸金融楼、电信楼、广播楼、省级邮政楼、高级旅馆,重要的办公楼、科研楼、图书楼、档案楼,建筑高度超过 50m 的教学楼和普通的旅馆、办公楼、科研楼、图书楼、档案楼等	一级
	二类	建筑高度不超过 50m 的教学楼和普通的旅馆、办公楼、科研楼、图书楼、档案楼,省级以下的邮政楼等	二级

2. 建筑物耐火等级(见表 13.5.1-2)

建筑物耐火等级　　　　　　　　表 13.5.1-2

建筑物构件名称		耐火一级		耐火二级	
		燃烧性能	耐火极限(h)	燃烧性能	耐火极限(h)
墙	防火墙	非燃烧体	4	非燃烧体	4
	承重墙、楼梯间、电梯井和住宅单元之间的墙	非燃烧体	3	非燃烧体	2.5
	非承重墙、疏散走道两侧的隔墙	非燃烧体	1	非燃烧体	1
	房间隔墙	难燃烧体	0.75	难燃烧体	0.5

续表

建筑物构件名称	耐火一级		耐火二级	
	燃烧性能	耐火极限(h)	燃烧性能	耐火极限(h)
柱	非燃烧体	3	非燃烧体	2.5
梁	非燃烧体	2	非燃烧体	1.5
楼板,疏散楼梯,屋顶承重构件	非燃烧体	1.5	非燃烧体	1
吊顶(包括吊顶橱栅)	难燃烧体	0.25	难燃烧体	0.25

注:耐火极限是指耐火的极限最长时间,以小时(h)表示。

3. 防火分区

建筑物内设置防火隔墙以划分防火分区。防火分区的建筑面积不应超过表13.5.1-3的规定。

防火分区面积　　　　　　　　　表13.5.1-3

名　称	分区最大面积(m²)	名　称	分区最大面积(m²)
一类建筑	1000	地下室	500
二类建筑	1500		

4. 可燃气体的防爆级别和温度组别(见表13.5.1-4)

常见可燃气体的防爆级别和温度组别　　　表13.5.1-4

气体类别	温度组别	防爆级别
甲烷、乙烷、丙烷、苯、甲苯、醋酸、一氧化碳、丙酮	T1	ⅡA
焦炉煤气、环丙烷	T1	ⅡB
氢气、水煤气	T1	ⅡC
丁烷、丙烯、甲醇、乙醇、丙醇、甲胺、醋酸、乙酯	T2	ⅡA
乙烯、环氧乙烷	T2	ⅡB
乙炔	T2	ⅡC
戊烷、己烷、煤油、汽油	T3	ⅡA
硫化氢、二甲醚	T3	ⅡB
乙醛、乙醚	T4	ⅡA
二乙醚、四氟乙烯	T4	ⅡB
二硫化碳	T5	ⅡC
亚硝酸乙酯	T6	ⅡA
硝酸乙酯	T6	ⅡC

13.5.2 消防安全控制系统

1. 火灾报警与消防控制系统(见图13.5.2-1)

这一控制系统中,对分散于各层的量大的装置,如各种阀等,为使线路简单,宜采用总线模块化控制;对于关系全局的重要设备,如消火栓泵、喷淋泵、排烟风机等,为提高可靠性,宜采用专线控制或模块与专线双路控制;对影响很大,万一误动作可能造成混乱的设备,如警铃、断电等,应采用手动控制为主的方式。

13.5 消防安全控制系统   867

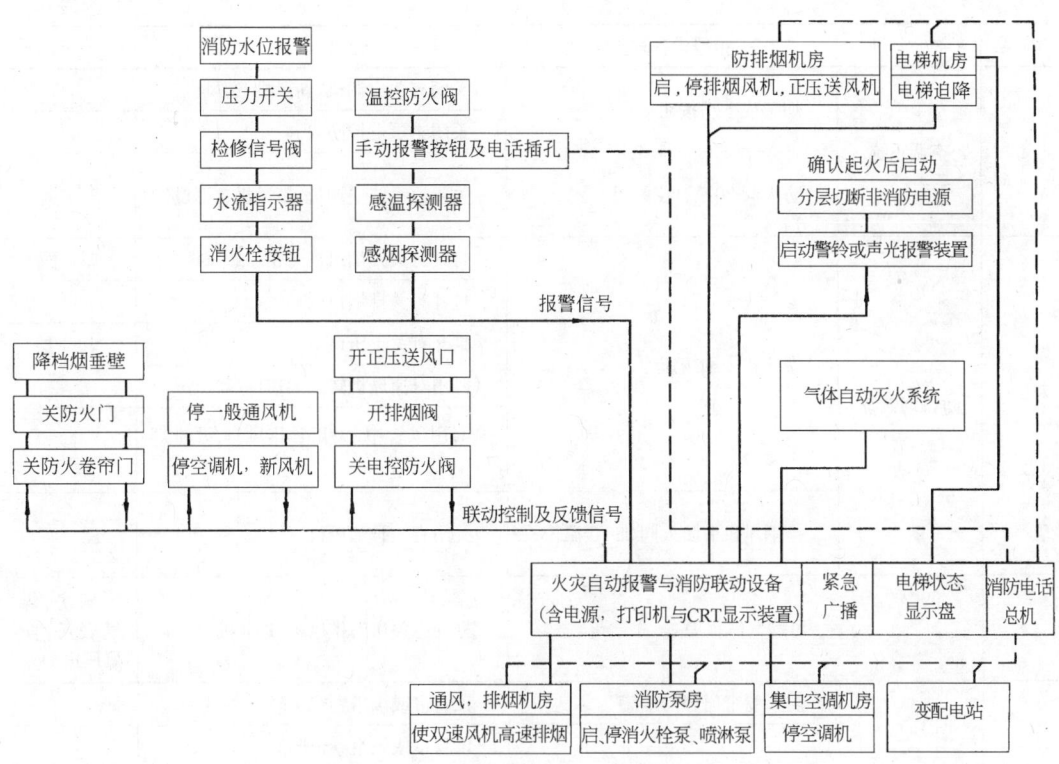

图 13.5.2-1 火灾报警与消防控制系统图

系统的基本工作原理是:当建筑物内某一现场着火或已构成着火危险,各种对光、温、烟、红外线等反应灵敏的火灾探测器便把从现场实际状态检测到的信息(烟气、温度、火光等)以电气或开关信号形式立即送到控制器,控制器将这些信息与现场正常状态整定值进行比较,若确认已着火或即将着火,则输出两回路信号:一路指令声光显示动作,发出音响报警,显示火灾现场地址(楼层、房间),记录时间,通知火灾广播机工作,火灾专用电话开通等;另一路则指令设于现场的执行器(继电器、接触器、电磁阀等)开启各种消防设备,如喷淋水、喷射灭火剂、起动排烟机、关闭隔火门等。为了防止系统失灵和失控,在各现场附近还设有手动开关,用以手动报警和执行器手动动作。

2. 火灾报警与消防控制各单元的关系(见表 13.5.2-1)

火灾报警与消防控制单元的关系   表 13.5.2-1

序号	类别	报警设备种类	受控设备	位置及说明
1	水消防系统	消火栓按钮	启动消火栓泵	
		报警阀压力开关	启动喷淋泵	
		水流指示器	(报警,确定起火层)	
		检修信号阀	(报警,提醒注意)	
		消防水池水位或水管压力	启动、停止稳压泵等	

续表

序号	类别	报警设备种类	受控设备	位置及说明
2	空调系统	烟感或手动按钮	关闭有关空调机、新风机、送风机	
			关闭本层电控防火阀	
		防火阀70℃温控关闭	关闭该系统空调机、新风机、送风机	
3	防排烟系统	烟感或手动按钮	打开有关排烟风机与正压送风机	屋面
			打开有关排烟口(阀)	
			打开有关正压风口	N±1层
			两用双速风机转入高速排烟状态	
			两用风管中,关正常排风口,开排烟口	
		排烟风机旁防火阀280℃温控关	关闭有关排烟风机	屋面
4		可燃气体报警	打开有关房间排风机、进风机	厨房、煤气表房,防爆厂房等
5	防火卷帘防火门	防火卷帘门旁的烟感	该卷帘或该组卷帘下降一半	
			该卷帘或该组卷帘归底	
		防火卷帘门旁的温感	卷帘有水幕保护时,启动水幕电磁阀和雨淋泵	
		电控常开防火门旁烟感或温感	释放电磁铁,关闭该防火门	
		电控挡烟垂壁旁烟感或温感	释放电磁铁,该挡烟垂壁或该组挡烟垂壁下垂	
6	气体灭火系统	气体灭火区内烟感	声光报警,关闭有关空调机、防火阀、电控门窗	
		气体灭火区内烟感,温感同时报警	延时后启动气体灭火	
		钢瓶压力开关	点亮放气灯	
		紧急启、停按钮	人工紧急启动或终止气体灭火	
7	手动为主的系统	手动/自动,手动为主	切断起火层非消防电源	N±1层
		手动/自动,手动为主	启动起火层警铃或声光报警装置	N±1层
		手动/自动,手动为主	使电梯归首,消防梯投入消防使用	
		手动	对有关区域进行紧急广播	N±1层
8		消防电话	随时报警、联络、指挥灭火	

注:a. 消防控制室应能手动强制启、停消火栓泵、喷淋泵、排烟风机、正压送风机,能关闭集中空调系统的大型空调机等,并接收其反馈信号(表中从略);

b. 表中"N±1层"一般为起火层及上、下各一层;当地下任一层起火时,为地下各层及一层;当一层起火时,为地下各层及一层、二层。

13.5.3 火灾探测器及其应用

1. 火灾探测器种类(见表 13.5.3-1)

常用火灾探测器　　　　表 13.5.3-1

序号	名称	类型	型号举例
1	感烟式探测器	离子感烟式,光电感烟式,红外光束式	JTY
2	感温式探测器	双金属定温式,热敏电阻定温式,半导体定温式,易熔合金定温式; 双金属差温式,热敏电阻差温式,膜盒差温式,半导体差温式; 差定温式	JTW
3	感光式探测器	紫外线火焰式,红外线火焰式	
4	可燃气体探测器	液化石油气式,汽油式,氨气式	JTQB

2. 火灾探测器设置的一般规定

(1) 探测区域内的每个房间至少应设置一只火灾探测器。

当发生火灾时能够有效探测的范围,是按墙壁或安装面突出 0.4m(差动式分布型及感烟探测器为 0.6m)以上的梁为分界划为另一个探测区考虑的。

(2) 感烟、感温火灾探测器的保护面积和保护半径,应符合表 13.5.3-2 的规定。

感烟、感温探测器的保护面积和保护半径　　　　表 13.5.3-2

地面面积 S (m^2)	火灾探测器的种类和级别		房间高度 h (m)	探测器的保护面积 A 和保护半径 R					
				屋顶坡度 θ					
				$\theta \leqslant 15°$		$15° \leqslant \theta \leqslant 30°$		$\theta > 30°$	
				A (m^2)	R (m)	A (m^2)	R (m)	A (m^2)	R (m)
$S \leqslant 80$	感烟探测器		$h \leqslant 12$	80	6.7	80	7.2	80	8.0
			$6 < h \leqslant 12$	80	6.7	100	8.0	120	9.0
			$h \leqslant 6$	60	5.8	80	7.2	100	9.0
$S > 80$	感温探测器	一级	$6 < h \leqslant 8$	30	4.4	30	4.9	30	5.5
		二级	$4 < h \leqslant 6$						
		三级	$h \leqslant 4$						
$S \leqslant 30$		一级	$6 < h \leqslant 8$	20	3.6	30	4.9	40	6.3
		二级	$4 < h \leqslant 6$						
		三级	$h \leqslant 4$						

(3) 感烟、感温探测器的安装间距不应超过图 13.5.3-1 中由极限曲线 $D_1 \sim D_{11}$ (含 D_9') 所规定的范围。

图 13.5.3-1 中, A——探测器保护面积(m^2), a、b——探测器安装间距(m), YZ 两点间的曲线范围内保护面积可得到充分利用。

(4) 一个探测区域内所需设置的探测器数量,应按下式计算:

$$N \geqslant \frac{S}{K \cdot A}$$

式中　N——一个探测区域的所需设置的探测器数量(只), $N \geqslant 1$ (取整数);

　　　S——一个探测区的面积(m^2);

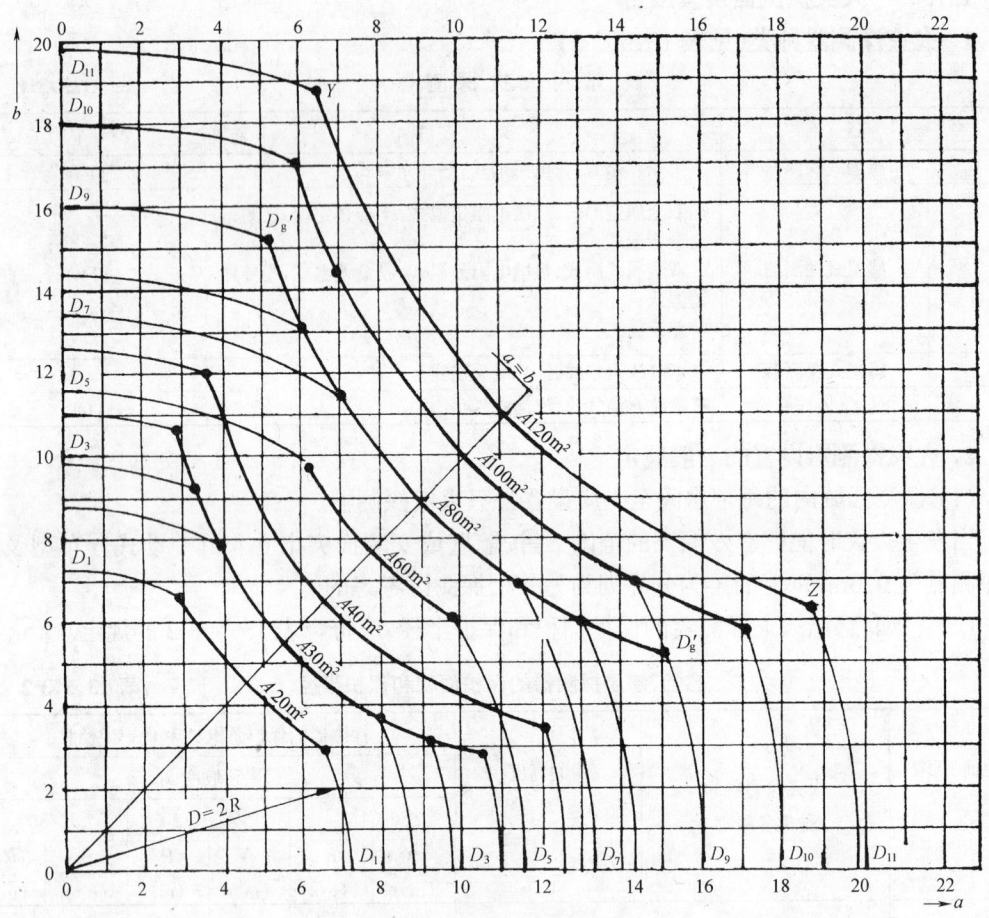

图 13.5.3-1 感烟、感温探测器布置间距极限曲线

A——一个探测器的保护面积;

K——修正系数,重点保护建筑 K 取 $0.7\sim0.9$,普通保护建筑 K 取 1.0。

(5)探测器接线方式

探测器一般采用树干式或环形接线方式,见图 13.5.3-2(a),探测器并联接线见图中(b)。

13.5.4 消防安全线路

1. 消防安全线路应采用铜芯绝缘导线或铜芯电缆,其电压等级不低于250V,其最小截面应符合表 13.5.4-1 的规定。

消防安全线路最小截面积　　　　表 13.5.4-1

类　　别	线芯最小截面积(mm²)	类　　别	线芯最小截面积(mm²)
穿管敷设的铜芯绝缘线	1.0	多芯导线、电缆	0.5
线槽敷设的铜芯绝缘线	0.75		

2. 消防安全传输线路的绝缘应加保护,其保护层厚度不应小于3mm。当必须明铺时,

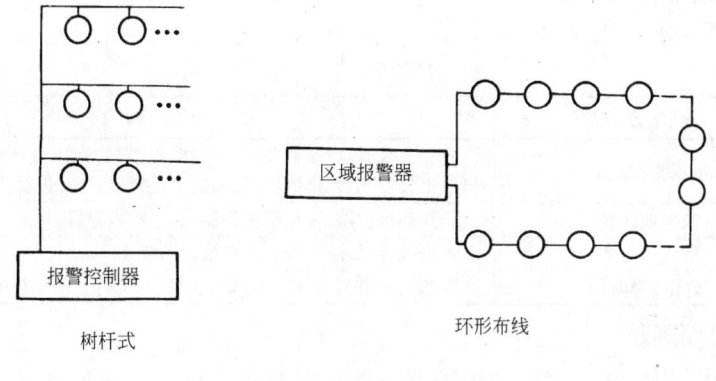

图 13.5.3-2 火灾探测器接线
(a)布线系统;(b)感烟、感温探测器接线示例
Y—感烟式探测器;W—感温式探测器

应在金属管上采取防火保护措施。

采用绝缘和保护套为非延燃烧性材料的电缆时,可不穿金属管保护,但应铺设在电缆井内。

3．不同系统、不同电压、不同电流类别的线路不应穿于同一根管内或线槽的同一槽孔内。

4．建筑物内横向铺设的报警系统传输线路如采用穿管布线时,不同防火分区的线路不宜穿入同一根管内。

5．弱电线路的电缆竖井宜与强电线路的电缆竖井分别设置。如受条件限制必须合用时,弱电线和强电线应分别布在竖井的两侧。

6．火灾探测器的传输线路宜选择不同颜色的绝缘导线。同一工程中相同线别的绝缘导线颜色应一致,接线端子应有标号。

7．穿管绝缘导线或电缆的总截面积不应超过管内截面积的40%。

8．铺设于封闭式线槽内的绝缘导线或电缆的总截面不应大于线槽的净面积的60%。

9．配线使用的非金属管材、线槽及其附件应采用不燃或非延燃性材料制造。

13.6 安全防范系统

建筑设施安全防范系统主要包括防盗报警系统、保安监视系统、巡更系统、出入口监控系统等。各系统主要由探测器、摄像机、报警器、电磁锁、线路等构成。

13.6.1 防盗报警器

1. 防盗报警器分类(见表13.6.1-1)

防盗报警器分类　　　　　　　表13.6.1-1

序号	分类方法	类　别
1	按探测物理量	开关报警器,震动报警器,超声波报警器,次声报警器,红外报警器,微波报警器,激光报警器,视频运动报警器,复合报警器
2	按警戒区域	点控制报警器,线控制报警器,面控制报警器
3	按传输方式	本机报警系统,有线和无线报警系统
4	按无故障时间	A级(1000h),B级(5000h),C级(20000h),D级(60000h)

2. 常用报警探测器

(1) 震动入侵报警器(又称振动传感器):这种报警器能探测出人的走动、门窗移动、撬保险柜发出的震动,同时发出报警。

(2) 玻璃破碎报警器:这是一种探测玻璃破碎时发出的特殊音响的报警器,主要由探头和报警器两部分组成。探头设置在被保护的现场(玻璃门窗附近),当玻璃破碎时,探头将其特殊音响信号转化为电信号,经信号线传输给报警器,信号放大以后,并作用于声音(警铃)或光(信号灯),提示保安人员采取防盗措施。报警器可安装在值班室内,也可将报警信号直接传给总监控室,并入建筑物的综合防盗保安系统中。

(3) 红外线报警器:这种报警器具有以下特点:在相同的发射功率下,红外有极远的传输距离,它是不可见光,入侵者难以发现及躲避它;它是非接触警戒,可昼夜监控。所以红外技术在入侵防盗报警领域中被广泛地应用。红外入侵报警装置分为主动式和被动式两种。

主动式红外报警器是一种红外线光束截断型报警器,它由发射器、接收器和信息处理器三个基本单元组成。

红外发射器发射一束经调制的近红外光束,通过警戒区域,投射到对应定位的红外接收器的敏感元件上。人体对这类近红外光具有截断作用,对于有无入侵者两种状态,红外接收器接收到的红外辐射信号差别很大,从而使信息处理器识别警戒区域是否有人入侵,并控制警报显示电路的启停。这类主动红外报警器设在室内是最佳的防盗装置,当使用在野外或恶劣气象条件下,仍具有可靠性好、灵敏度高、保密性强的特点。在正常气象条件下监测距离达1km以上,在一般恶劣气象条件下(如能见度小于10m的强浓雾),仍可保证有300m的监测距离。

被动式红外报警器是一种室内型静默式的防入侵报警器,它不发射红外光线,安装有灵敏的红外传感器。一旦接收到入侵者身体发出的波长为$6\sim18\mu m$的红外线,便立即报警。

(4) 超声波报警器:这种报警器是供建筑物内探测有无异常人侵入的报警器。它利用超声波来探测运动目标。当有人侵入(无论是白天或夜间)时,由发射机向现场发出超声波,射向侵入目标,由于人体所产生的反射信号,使得报警器获得异常信号,并发出声光报警,有的还可提供入侵者的位置。

(5) 微波报警器:这种报警器是应用微波技术的报警器,其基本工作原理是向运动目标发射微波,由运动目标反射微波,从而达到探测一定距离内的空间异常人体目标,并迅速报警、显示和记录有关数据。这实际上是一种小型化的雷达装置。它的优点是不受环境气候的影响,能在立体范围内实施防盗控制,并易于隐蔽。

(6) 激光报警器:是一种利用激光束传输与反射,探测远距离的直线型报警器。

(7) 电场畸变报警:非正常目标改变了空间电磁场分布,主要用于户外周界防范。

(8) 开关式报警器:通过各种类型开关的闭合和断开,控制电路通和断,发出报警信号。常用的开关有磁控开关、微动开关、压力垫等。

13.6.2 常用安全防范系统

1. 可视保安监视系统

保安监视系统的基本构成是:在入口处安装电视摄像机,由此获得的视频信号和音频信号,经调制后输入到共用天线电视系统或直接输入到监视器(电视机)。构成框图见图13.6.2-1。

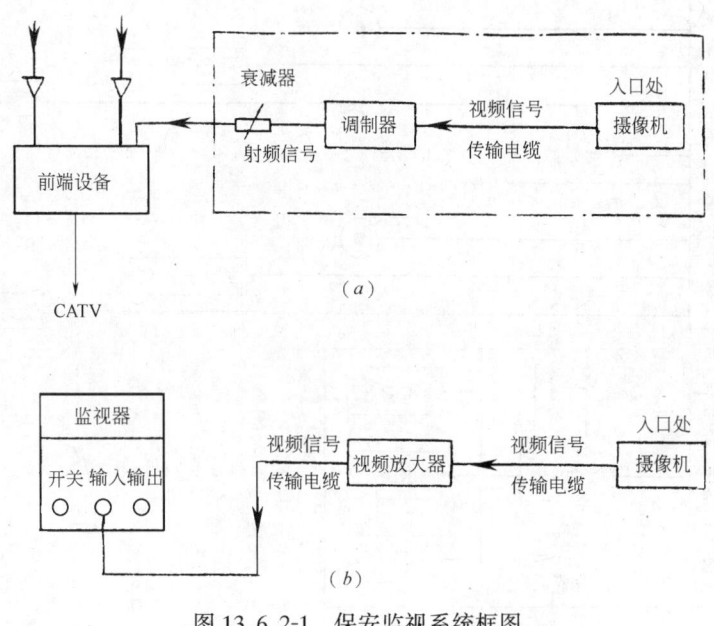

图 13.6.2-1 保安监视系统框图
(a)视频-射频信号输入 CATV 系统;(b)视频信号输入监视器

2. 防盗报警系统

图 13.6.2-2 为一般有线防盗报警系统,本系统根据报警具有输出报警信号及关闭紧急闭合门锁等功能。防盗探测器根据需要可选择不同类型的防盗探测器,如:主动红外探测器、被动红外探测器、微波探测器、微波红外双鉴器、玻璃破碎探测器、震动探测器、门磁开关等。

图 13.6.2-3 为一般无线防盗报警系统,由于防盗报警控制器与前置报警器之间或防盗报警控制器与探测器之间的联系采用无线电波传递信息,避免了线路故障及人为破坏造成系统失灵。防盗探测器根据需要可选择不同类型的防盗探测器,如:主动红外探测器、被动红外探测器、微波探测器、微波红外双鉴器、玻璃破碎探测器、震动探测器等。

3. 楼宇保安对讲系统

楼宇保安对讲系统亦称对讲机——电锁门保安系统,按功能划分为基本功能和多功能。基本功能为呼叫对讲和控制开门;多功能为可视对讲、通话保密、通话限时、报警、双向呼叫、密码开门、区域联网等。

图 13.6.2-4 是常用的楼宇对讲机——电锁门保安系统,它包括以下几个部分:

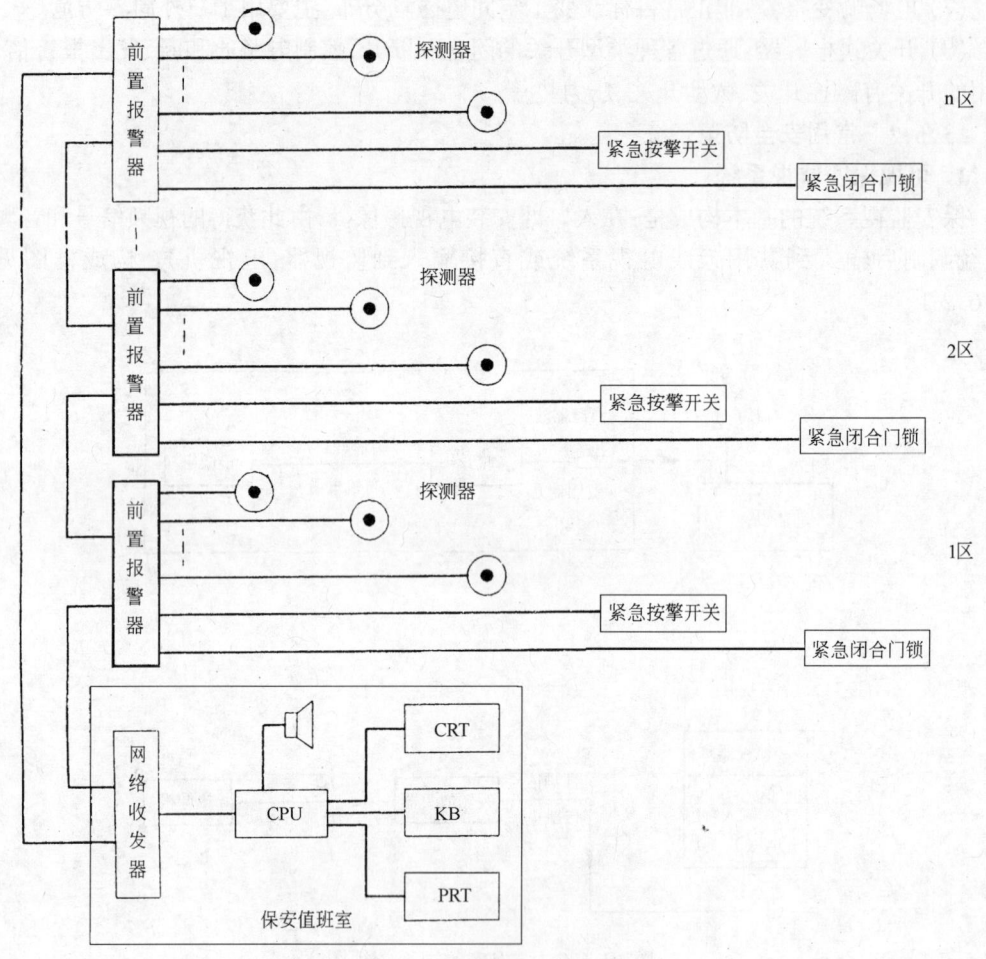

图 13.6.2-2 有线防盗报警系统
CPU—计算机；CRT—显示器；KB—计算机操作键盘；PRT—打印机

(1) 电磁锁电路　电磁锁 Y 由中间继电器 KM 控制,而中间继电器 KM 则由设在各房间的按钮 SB1、SB2…及值班室内按钮 S_0 控制,电源为交流 AC12V。

(2) 电铃电路　电铃 HA 由门外按钮箱中各按钮 SA1、SA2…控制,电源为直流 DC12V。

(3) 话机电路　门外按钮箱中的话机 T 和各房间话机 T1、T2…相互构成通路,电源为直流。

(4) 电源装置　输入电源 AC220V,输出两种电源：AC12V,供电锁；DC12V,供电铃和对讲机。

图 13.6.2-5 是该保安系统的接线图。

4. 通道出入控制系统

通道出入控制系统亦称门禁安全管制系统,可实现人员出入自动控制。这种系统可分为卡片识别和人体自动识别两种类型。

人体自动识别是利用人体生理特征,如眼纹、指纹、字迹、声带等独特的相异性、不变性

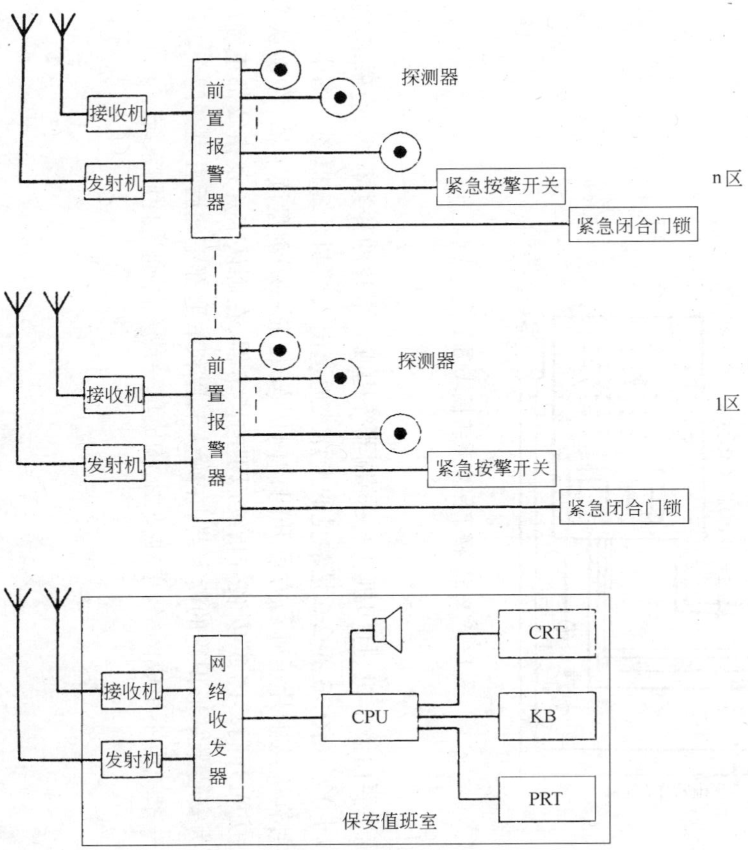

13.6 安全防范系统

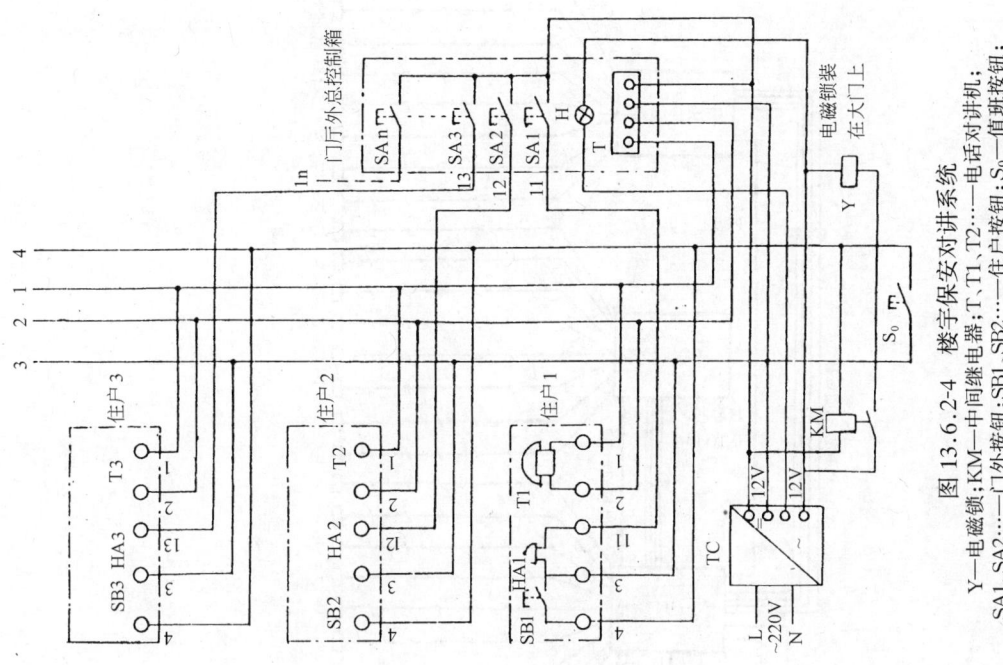

图13.6.2-4 楼宇保安对讲系统
Y—电磁锁;KM—中间继电器;T、T1、T2……电话对讲机;
SA1、SA2……门外按钮;SB1、SB2……住户按钮;S_0—值班按钮;
HA1、HA2……电铃;H—信号灯;TC—控制变压器

图13.6.2-3 无线防盗报警系统
(说明同图13.6.2-2)

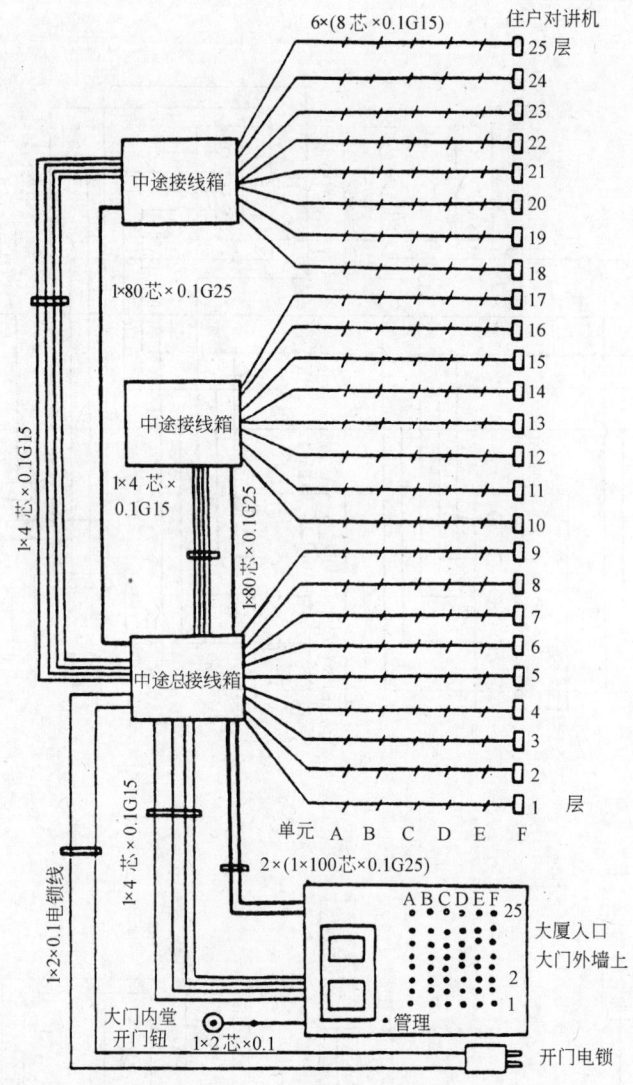

图 13.6.2-5 楼宇保安系统接线图

和再现性进行识别。

卡片控制系统主要由读卡机、打印机、中央控制器等构成。卡片的种类很多,有磁卡、激光卡、接近卡(感应卡)等。图 13.6.2-6 是常见的卡片式通道出入控制系统框图。图中,"门1"安装普通读卡器,在确认卡片正确后方可开门;"门2"安装带密码键盘读卡器,在确认卡片及密码都正确后方可开门;"门3"安装带指纹识别的读卡器,在确认卡片及指纹都正确后方可开门;"门 n"为安装带掌形识别的读卡器,在确认卡片和掌形都正确后方可开门。

根据需要,这一系统可不组成网络,单独使用,构成单一或多种通道控制系统。

13.6 安全防范系统

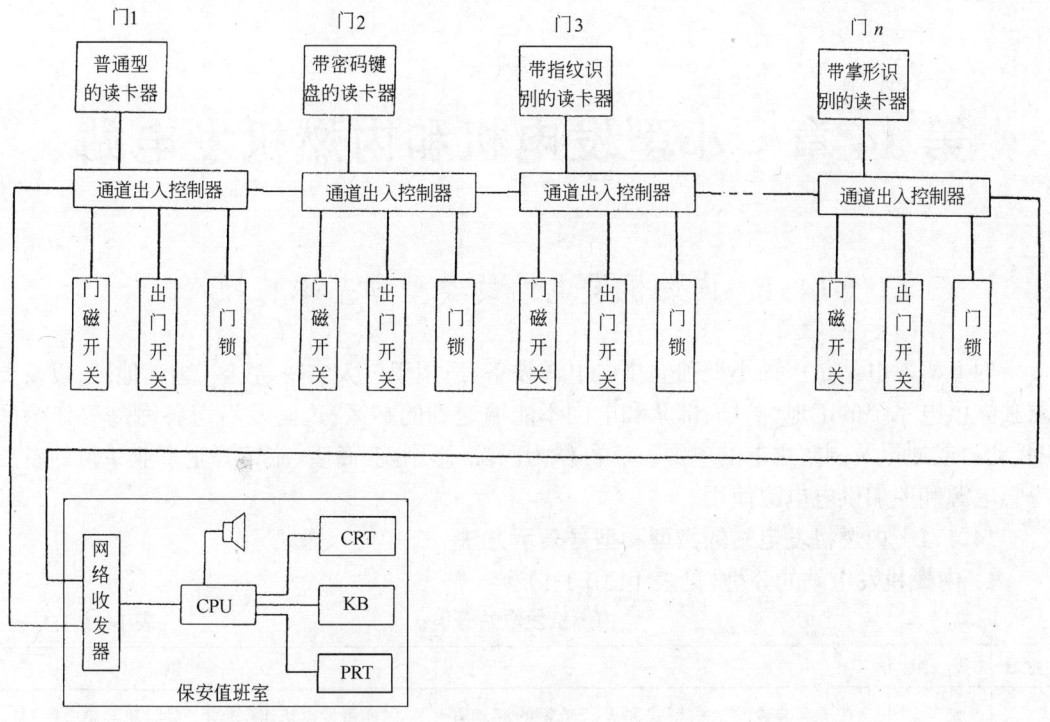

图 13.6.2-6 通道出入控制系统

第14章 小型发电机和内燃机发电站

14.1 内燃机发电站的类型和基本特性

内燃机发电站是一种小型独立供电电源设备，适用于广大农村、牧区、边远地区，以及要求独立供电系统的工地、矿场、部队和电网不能输送到的林区、边防及沿海各海岛等作为照明、动力或通讯及国防用电的电源。还可作为医院、影剧院、商店、旅馆等企事业单位的备用应急电源和船舶供电电源使用。

14.1.1 内燃机发电站的类型和型号表示方法

1. 内燃机发电站的分类(见表14.1.1-1)

内燃机发电站分类　　　　　　表14.1.1-1

序号	类组	定 义	示 例
1	小类	按成套装置的结构型式和成套装置的移动方式划分本行业共有4个小类	内燃机发电机组(柴油、汽油)集装箱电站；挂车电站；汽车电站
2	系列	在小类产品中，具有同样使用条件，结构特征的按频率等级组合排列的一组产品称为系列	在内燃发电机组小类中有：GF交流工频柴(汽)油发电机组系列；PF交流中频柴(汽)油发电机组系列；SF交流双频柴(汽)油发电机组系列；ZF直流柴(汽)油发电机组系列等
3	品种	在一个系列中，按主要参数(容量等级)划分品种，从生产准备工作而言，需要经过重新设计、试制、鉴定后方能掌握其技术的产品为另一个品种	在GF交流工频柴(汽)油发电机组系列中有：0.75；1；(1.2)2；(3)；4；(5)；8；12；20；24；30；40；50；(64)；75；(90)；120；(150)；200；250；320；400；500；630；800；1000；1250；1600；2000；2500；3200kW等共计32个品种。其中0.75……3200为额定容量
4	规格	在同一品种中按电压等级和控制型式不同划分	在12GF交流工频柴油发电机组品种中有：$12GF_2$交流工频230V柴油发电机组；$12GF_{15}$交流工频400V柴油发电机组等规格

2. 型号表示方法

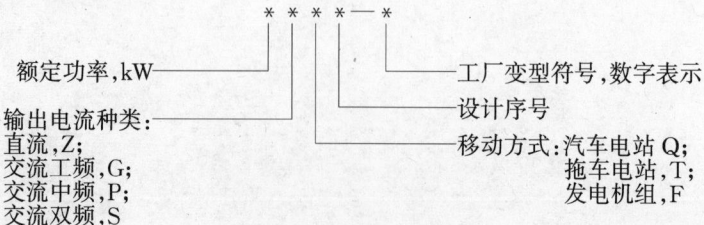

【例】 200GF1-2　200kW工频交流发电机组，设计序号1，变型型号2。

50GT1　50kW工频交流拖车电站,设计序号1。

14.1.2 内燃机发电机组额定参数系列

1. 交流工频发电机组的额定功率、电压和转速(见表14.1.2-1)

交流工频内燃机发电机组的额定参数　　　　表14.1.2-1

序　号	额定功率(kW)	额定转速(r/min)	额定电压(V)
1	0.75,1,(1.2),2,4,(5),8,12,20,24,30,40,50	3000	230(单相) 400(三相)
2	(3),(5),12,20,24,30,40,50,(64),75,(90),120,(150),200	1500	
3	250,320,400,500,630,800	1500,1000, 750, 600,	400
4	400,500,630,800,1000,1250,1600,2000,2500,3200		6300

注:括号中的产品不推荐。

2. 交流中频发电机组额定功率、电压和转速(见表14.1.2-2)

交流中频内燃机发电机组额定参数　　　　表14.1.2-2

序　号	额定功率(kW)	额定转速(r/min)	额定电压(V)
1	1,2,4,8,12,20,30,50	3000	230,115(单相)
2	20,30,50,60		208
3	12,20,30,50,75,120	1500	230
4	30,50,60,75,120		208

注:a. 中频电站的额定频率通常为400Hz;
　　b. 230V的单相中频电站的功率不宜超过30kW。

3. 交流双频发电机组额定功率、电压和转速(见表14.1.2-3)

交流双频内燃机发电机组额定参数　　　　表14.1.2-3

序　号	额定功率(kW)(总功率/工频功率/中频功率)	额定转速(r/min)	额定电压(V)
1	2/0.5/1.5,4/1.5/2.5,6/2/4,10/4/6,10/4/6,12/4/8,20/8/12,30/10/20	3000	工频400(三相); 中频230(三相、单相), 208(三相), 115(单相)
2	20/8/12,30/10/20,50/20/30,75/25/50,120/45/75,200/80/120	1500	

14.1.3 内燃机发电机组的输出功率

1. 额定输出功率

内燃机发电机组输出功率受制于内燃机的输出功率。发电机组输出额定功率的环境条件和运行条件见表14.1.3-1。

发电机组输出额定功率的条件　　　　表14.1.3-1

类　别		额定参数	说　明
环境条件	大气压(mmHg)	760(100kPa)	气压降低,功率下降
	温度(℃)	20	温度升高,功率下降
	相对湿度(%)	50	相对湿度增加,功率下降

类 别	额 定 参 数	说 明
运行条件	允许连续运转12h(包括超负荷10%运转1h)	超12h运转,功率下降,按90%额定功率使用

2. 实际输出功率

如果外界气压、温度、湿度等与上述额定工作状态不同,则实际功率:

$$P = KP_N$$

式中　P——内燃机实际输出功率,kW;

　　　P_N——内燃机额定功率,kW;

　　　K——修正系数,%。

柴油机电站的修正系数 K 见表14.1.3-2和表14.1.3-3。

相对湿度50%时柴油机电站输出功率修正系数 K(%)　　表14.1.3-2

海拔高度 (m)	大气压力 (mmHg)	大气温度(℃)									
		0	5	10	15	20	25	30	35	40	45
0	760	—	—	—	—	100	98	96	94	92	89
200	742	—	—	—	99	97	95	93	92	89	86
400	725	—	100	98	96	94	92	90	89	87	84
600	708	100	97	95	94	92	90	88	86	84	82
800	691	97	94	93	91	89	87	85	84	82	79
1000	674	94	92	90	89	87	85	83	81	79	77
1500	634	87	85	83	82	80	79	77	75	73	71
2000	596	81	79	77	76	74	73	71	70	68	65
2500	560	75	74	72	71	69	67	65	64	62	60
3000	526	69	68	66	65	63	62	61	59	57	55
3500	493	64	63	61	60	58	57	55	54	52	50
4000	462	59	58	56	55	53	52	50	49	47	46

相对湿度100%时柴油机电站输出功率修正系数 K(%)　　表14.1.3-3

海拔高度 (m)	大气压力 (mmHg)	大气温度(℃)									
		0	5	10	15	20	25	30	35	40	45
0	760	—	—	—	—	99	96	94	91	88	84
200	742	—	—	100	98	96	93	91	88	85	82
400	725	—	99	97	95	93	90	88	85	82	79
600	708	99	97	95	93	91	88	86	83	80	77
800	691	96	94	92	90	88	85	83	80	77	74
1000	674	93	91	89	87	85	83	81	78	75	72
1500	634	87	85	83	81	79	77	75	72	69	66
2000	596	80	79	77	75	73	71	69	66	63	60
2500	560	74	73	71	70	68	65	63	61	58	55
3000	526	69	67	65	64	62	60	58	56	53	50
3500	493	63	62	61	59	57	55	53	51	48	54
4000	462	58	57	56	54	52	50	48	46	44	41

【例 14.1.3-1】 一柴油机电站额定功率 $P_N = 50$kW,在下列环境条件下,其实际输出功率为多少?

a. 相对湿度 50%,海拔高度 3000m,环境温度 20℃;

b. 相对湿度 100%,海拔高度 800m,环境温度 35℃。

【解】 a. 由表 14.1.3-2 查得 $K = 63\%$,实际输出功率 $P = KP_N = 63\% \times 50 = 31.5$kW;

b. 由表 14.1.3-3 查得 $K = 80\%$,实际输出功率 $P = KP_N = 80\% \times 50 = 40$kW。

14.2 常用内燃机发电机组

14.2.1 交流工频发电机组

1. 交流工频汽油发电机组(见表 14.2.1-1)

交流工频汽油发电机组　　　　　　表 14.2.1-1

序号	型号	功率 (kW)	电压 (V)	转速 (r/min)	发电机型号	汽油机 型号	功率 (PS)	功率 (kW)
2	0.3GF DF-30	0.3	220	3000	DF-300	1E40F	1	0.74
2	0.75GF DF-750	0.75	230	3000	TDF-0.75	1E50F	2	1.47
3	1GF	1	230	3000	TDF-1	165F	4	3.0
4	1.5GF	1.5	230	3000	TFDX-1.5	165F	4	3.0
5	2GF	2	230	3000	WT-12	165F	4	3.0
6	3GF	3	230	3000	TFDX-3	170F-3B	5.5	4.0
7	4GF	4	400/230	3000	TQ3-4	270F	10	7.4
8	5GF12	5	230	3000	TFDX-5	270F	10	7.4
9	8GF1	8	400/230	3000	TQ3-8	470S	20	15
10	10GF	10	400/230	1500	724-62-4	NJ-50A	20	15

2. 交流工频柴油发电机组(见表 14.2.1-2)

交流工频柴油发电机组　　　　　　表 14.2.1-2

序号	柴油发电机组 型号	型式	功率 (kW)	电压 (V)	电流 (A)	发电机 型号	柴油机 型号	功率 (kW)	转速 (r/min)	耗油率 (g/kWh)
1	2GF	移动式	2	单相230	9.66	TFDW-2	R175	3.67	2200	299
2	3GF	移动式	3	单相230	14.5	TFDW-3	R175	4.4	2600	299
3	5GF	移动式	5	单相230	24.2	TFDW-5	S195	8.8	2000	265
4	5GF	滑行式	5	400/230	9	T$_2$S-5	285-1	7.35	1500	292
5	7.5GF	滑行式	7.5	400/230	13.5	STC-7.5	195A	10.3	1500	265
6	10GF	滑行式	10	400/230	18.1	STC-10	X2105	17.6	1500	257

续表

序号	柴油发电机组					发电机型号	柴油机			
	型号	型式	功率(kW)	电压(V)	电流(A)		型号	功率(kW)	转速(r/min)	耗油率(g/kWh)
7	12GF	滑行式	12	400/230	21.7	T_2S-12	X2105	17.6	1500	251
8	15GF	滑行式	15	400/230	27.1	STC-15	X2105	17.6	1500	251
9	20GF	滑行式	20	400/230	36.1	STC-20	X4105	35	1500	251
10	24GF	滑行式	24	400/230	43.3	TFWC-24	X4105	35	1500	251
11	30GF	滑行式	30	400/230	54.5	TZH-30	4125	44	1500	285
12	40GF	滑行式	40	400/230	72	T_2-250	4120	48.5	1500	285
13	$50X_4$	滑行式	50	400/230	90	T_2XV-50	4135	58.5	1500	238
14	64GF	滑行式	64	400/230	115	T_2W_2-64	4135	73.5	1500	264
15	75GF	滑行式	75	400/230	135	T_2W_2-75	6135	88	1500	235
16	84GF	滑行式	84	400/230	152	TS-84	6E135	110	150	245
17	90GF	滑行式	90	400/230	163	TZH-90	6135	110	1500	238
18	120GF	滑行式	120	400/230	217	TFW-120	8V135	147	1500	251
19	150GF	滑行式	150	400/230	271	TFW-150	12V135	176	1500	251
20	200GF	固定式	200	400/230	361	T_2	12V135	280	1500	238
21	250GF	固定式	250	400/230	451	TF	12V135	280	1500	235
22	300GF	固定式	300	400/230	541	TF-B	6250Z	330	600	235
23	320GF	固定式	320	400/230	578	TF-320	6200Z	441	1000	234
24	400GF	固定式	400	400/230	722	TX-400	12V180	664	1500	234
25	500GF	固定式	500	400/230	903	TW-500	12V180ZD-2	664	1500	234
26	630GF	固定式	630	400/230	1136	TW-630	12V180ZD-3	882	1500	235
27	750GF	固定式	750	400/230	1355	TW-750	12V180ZD-3	882	1500	234
28	800GF	固定式	800	400/230	1444	TXK-15	6250Z	882	1000	312
29	1250GF	固定式	1250	6300	143.2	TF173	$G830ZD_2$	1470	600	224

注：柴油机功率一般用马力(PS)、耗油率一般用克/马力小时(g/PSh)表示，本表均按1PS＝0.735499kW换算而得。

14.2.2 移动电站

1. 拖车电站（见表14.2.2-1）

拖车电站　　　　　　　表14.2.2-1

序号	型号	功率(kW)	电压(V)	频率(Hz)	转速(r/min)	发电机型号	油机		
							型号	功率(PS)	(kW)
1	4GT1	4	230	50	1500	TZB/230		10	7.4
2	10GT	10	400	50	1300	TF-10-4	NJ-50A	20	14.7
3	12GT	12	400	50	1500	T_2S-15-4	NJ-70	30	22
4	20GT	20	400	50	1500	TZH-20	2135	40	30
5	24GT	24	400	50	1500	T_2S-24-4	4100	48	35
6	30GT	30	400	50	1500	T_2S-30-4	4110	60	45
7	40GT	40	400	50	1500	T_2S-40-4	4135	80	59
8	50GT	50	400	50	1500	T_2S-50-4	4135	100	73.5
9	75GT	75	400	50	1500	T_2S-75-4	6135	150	110
10	120GT	120	400	50	1500	TZH-12-4	6135	220	162

2. 汽车电站(见表14.2.2-2)

汽 车 电 站　　　　　表14.2.2-2

序号	型号	功率(kW)	电压(V)	频率(Hz)	转速(r/min)	发电机型号	油机型号	油机功率(PS)	油机功率(kW)	备注
1	12GQ	12	230	50	1500	TZH-12	NJ-70	30	22	
2	20GQ	20	400	50	1500	TZH-20	4120	60	44	
3	30GQ	30	400	50	1500	TZH-30	4105	80	59	
4	40GQ	40	400	50	1500	T_2-40	4135	80	59	
5	50GQ	50	400	50	1500	T_2-50	4135	100	74	
6	60PQ	60	208	400	3000	TZWS-60	6135	220	162	中频
7	17ZQ	17	28.5	—	1600	ZX	CA-10	95	70	直流
8	23ZQ	22.8	28.5	—	1600	ZQF	4135	110	80	直流
9	46ZQ	45.8	28.5	—	1600	ZQF	6135	220	162	直流

14.2.3 直流和交流中频发电机组

1. 直流发电机组(见表14.2.3-1)

直 流 发 电 机 组　　　　　表14.2.3-1

序号	型号	功率(kW)	电压(V)	频率(Hz)	转速(r/min)	发电机型号	油机型号	油机功率(PS)	油机功率(kW)
1	13ZF	13	230		3000	ZFH-K-13/230	290	25	18.4
2	13ZF	13	230		3000		290	25	18.4
3	250ZF	250	230		600	ZFH-250-6	6250ZCD	405	300
4	250ZF	250	230		600	ZFH-250-6	6250ZCD左	405	300

2. 交流中频发电机组(见表14.2.3-2)

交流中频发电机组　　　　　表14.2.3-2

序号	发动机	型号	功率(kW)	电压(V)	频率(Hz)	转速(r/min)	发电机型号	油机型号	油机功率(PS)	油机功率(kW)
1	汽油	4PF1	4	115	400	3000	BP51-1204	270F	10	7.4
2	汽油	4PF2	4	230	400	3000	BP51-1204	270F	10	7.4
3	汽油	4PF3	4	230	400	3000	PF-4324	270F	10	7.5
4	柴油	30PF1	30	400/230	400	3000	TZWS-33	F4L912	59	43

14.2.4 新型柴油发电机组

1. 康明斯柴油发电机组

康明斯柴油发电机组是由重庆康明斯发动机有限公司引进美国技术生产的康明斯柴油机与国产的同步发电机配套组成的柴油发电机组。机组装用电子调速器,功率范围为200～1000kW,有普通型(GF)和自动化型(GFZ)两种机型,额定转速1500r/min。主要技术参数见表14.2.4-1。

康明斯柴油发电机组　　　　表 14.2.4-1

机组型号	备用功率(kW)	常用功率(kW)	柴油机					发电机		控制屏型号
			型号	备用功率(kW)	常用功率(kW)	燃油耗率[g/(kW·h)]	冷却水系统	型号	额定电流(A)	
200GF-FX	220	200	NTA855-G1	265	240	234	闭式	1F6352-4LA42	361	BKB-200-C6
200GF-FX1						231	开式			
200GF37						240	闭式	1F5352-4LA42		BKB-200
200GF37-1							开式			
200GF-LW			LTA10-G3	246	224	217	闭式			
200GFZ10-1			NTA855-G1	265	240	240	开式			BK2Z-300
200GFZ10-2										
200GF-FD						234	闭式	TFE5S21-4		XFK-17
250GF-FX	275	250	NTA855-G2	321	283	217	闭式	1FC6354-4LA42	451	BKB-250-C6
250GF-FX1						214	开式			
250GF-WD						220	闭式	1FC5354-4TA42		BKB-200
250GF-WD1						216	开式			
250GFZ-WD						220	闭式			BK2Z-300
250GFZ-WD1	275	250	NTA855-G2	321	283	216	开式	1FC5354-4TA42	451	BK2Z-300
250GF-FD						217	闭式	TFE5M21-4		XFK-24
300GF7-1	330	300	KTA19-G2	369	336	222	闭式	1FC5356-4TA42	541	BKB-300
300GF7-3						218	开式			BK2Z-300
300GFZ-1						222	闭式			
300GFZ-2						218	开式			BKB-300-C6
300GF-FX						219		1FC6356-4LA42		
350GF-WD	385	350	KTA19-G3	448	403	213	闭式	1FC5404-4TA42	631	BK7B-400
400GF-WD	440	400	KTA19-G4	504	448	215		1FC5406-4TA42	722	
500GF-WD	550	500	KT38-G	615	560	232		1FC5454-4TA42	902	BKB-500
500GF-WD1						228	开式			
500GFZ-1						232	闭式			BK2Z-500
500GFZ-2							开式			
600GF-WD	660	600	KTA38-G2	731	664	225	闭式	1FC5456-4TA42	1083	BK7B-600
600GF-WD1						219	开式			
600GF-FX						224	闭式	1FC6454-4LA42		BK7B-600-C6
600GF-FX1						218	开式			
800GF-WD1	880	800	KTA38-G5	970	880	192	闭式	1FC6502-4TA42	1443	BK7B-800
800GF-WD			KTA50-G1			200				
1000GF-WD1	1100	1000	KTA50-G3	1227	1097	204		1FC6562-4TA42	1804	

2. MS 系列柴油发电机组

MS 系列柴油发电机组是由上海新中动力机厂生产的气缸直径 20cm、活塞行程 27cm 的 L20/27 系列或 V20/27 系列柴油机和无锡电机厂生产的 1FC5 系列无刷交流同步发电机配套组成的。机组采用压缩空气启动。主要技术参数见表 14.2.4-2 和表 14.2.4-3。

MS 系列柴油发电机组(转速 1000r/min，电压 400V，频率 50Hz)　　表 14.2.4-2

机组型号	额定功率(kW)	柴油机 型号	柴油机 额定功率(kW)	发电机型号	机组外形尺寸(长×宽×高,mm)	机组重量(kg)
MS-352-A10	352	4L20/27	400	1FC5406-6TA42	3520×1600×2425	8000
MS-424-A10	424	5L20/27	500	1FC5454-6TA42	3860×1600×2425	9900
MS-520-A10	520	6L20/27	600	1FC5456-6TA42	4210×1600×2540	11500
MS-616-A10	616	7L20/27	700	1FC5502-6TA42	4550×1600×2540	12500
MS-720-A10	720	8L20/27	800	1FC5504-6TA42	4925×1600×2540	13700
MS-824-A10	824	9L20/27	900	1FC5506-6TA42	5285×1600×2540	14800
MS-1000-A10	1000	12V20/27	1200	1FC5564-6TA42	5190×1600×2965	18000
MS-1440-A10	1440	16V20/27	1600	1FC5634-6TA42	6090×1600×2965	22400

MS 系列柴油发电机组(转速 750r/min，电压 400V，频率 50Hz)　　表 14.2.4-3

机组型号	额定功率(kW)	柴油机 型号	柴油机 额定功率(kW)	发电机型号	机组外形尺寸(长×宽×高,mm)	机组重量(kg)
MS-248-A7	248	4L20/27	300	1FC5406-8TA42	3520×1600×2425	8000
MS-312-A7	312	5L20/27	375	1FC5454-8TA42	3860×1600×2425	9900
MS-388-A7	388	6L20/27	450	1FC5456-8TA42	4210×1600×2540	11500
MS-440-A7	440	7L20/27	525	1FC5502-8TA42	4550×1600×2540	12500
MS-512-A7	512	8L20/27	600	1FC5504-8TA42	4925×1600×2540	13700
MS-560-A7	560	9L20/27	675	1FC5506-8TA42	5285×1600×2540	14800
MS-752-A7	752	12V20/27	900	1FC5564-8TA42	5190×1600×2965	18000
MS-992-A7	992	16V20/27	1200	1FC5634-8TA42	6090×1600×2965	22400

3. 道依茨风冷柴油发电机组

道依茨风冷柴油发电机组是由华北柴油机厂引进德国 KHD 公司的道依茨 FL413F 系列风冷柴油机(缸径 125mm，活塞行程 130mm)与相复励或无刷励磁交流发电机组成的风冷柴油发电机组。机组额定转速 1500r/min，主要技术参数见表 14.2.4-4。

道依茨风冷柴油发电机组　　表 14.2.4-4

机组型号	柴油机 型号	柴油机 额定功率(kW)	发电机 型号	发电机 额定功率(kW)	发电机 额定电流(A)	机组外形尺寸(长×宽×高,mm)	机组重量(kg)
50GF	F6L413F	77	1FC6-226-4	50			
64GF			1FC6-226-4LA	64			

续表

机组型号	柴油机 型号	柴油机 额定功率 (kW)	发电机 型号	发电机 额定功率 (kW)	发电机 额定电流 (A)	机组外形尺寸 (长×宽×高,mm)	机组重量 (kg)
94GF24	F8L413F	117	TZH-90	90	162	2550×1260×1220	2400
90GF			1FC6-283-4				
100GF18			1FJ6-284	100	180	2545×1260×1368	2200
100GF			1FC6-284-4LA				
120GF55	F10L413F	147	TZH-120	120	217	2800×1260×1200	2800
120GF			1FC6-284-4				
150GF18	F12L413F	176	TZH-150	150	271	3200×1400×1380	3400
150GF			1FC6-286-4				

14.3 电站用柴油机

14.3.1 柴油机的分类和型号表示方法

1. 柴油机分类及一般特点(见表14.3.1-1)

表14.3.1-1 常用柴油机的分类及特点

序号	分类方法	类别	特点及用途
1	按转速	高速柴油机 低速柴油机 中速柴油机	转速 $n \geqslant 1000$r/min。体积小,重量轻,需用轻柴油,耗油率高。中、小容量内燃发电机组采用 转速 $n \leqslant 300$r/min。体积大,笨重,可用重柴油 $300 < n < 1000$r/min。体积适中,一般用轻柴油。中大型内燃发电机组采用
2	按实现循环的方法	四冲程柴油机 二冲程柴油机	由4个冲程完成一个循环。柴油发电机组广泛采用 由2个冲程完成一个循环。一般为大功率、低转速
3	按进气方式	非增压柴油机 增压柴油机	气缸直接吸取周围大气 空气先经增压器压缩后再送入气缸。功率提高,耗油率下降,大、中型柴油机广泛采用
4	按气缸布置	单列式柴油机 双列式柴油机 斜列式柴油机	气缸排成一列。6缸以下多为此类型 应用少 有V型、W型等。高速柴油机采用
5	按冷却方式	水冷式柴油机 风冷式柴油机	气缸体和气缸盖四周设有水套,用水循环冷却,大部分柴油机采用这种方式 由外部空气冷却
6	按起动方式	电起动柴油机 气起动柴油机	起动蓄电池使电动机运转,起动柴油机 压缩空气推动活塞,起动柴油机

2. 柴油机型号表示方法

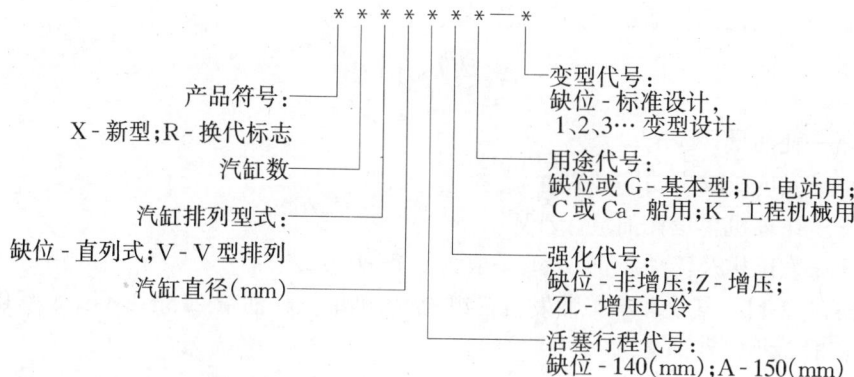

【例】 4135D 4缸柴油机,缸径135mm,电站用(D)。

12V180ZD 12缸柴油机,汽缸为V型排列,缸径180mm,带增压器(Z),电站用(D)。

R6250ZCD 换代型柴油机,6缸,缸径250mm,带增压器(Z),船用电站用(CD)。

14.3.2 电站柴油机的使用

1. 柴油机用燃油

(1) 燃油的牌号和特性

柴油机用燃油(柴油)应按柴油机使用说明书选用,还应根据不同地区、不同季节适当更换。小型电站高速柴油机一般采用0号和10号轻柴油;夏季一般采用10号油,其他季节一般采用0号油,特殊情况选用-10号油。

柴油牌号按凝固点而定。常用电站用轻柴油的特性见表14.3.2-1。

电站柴油机用轻柴油的特性　　　　　　表14.3.2-1

项次	项 目		性能指标		
			10号	0号	-10号
1	十六烷值	不小于	50	50	50
2	馏程:50%馏出温度(℃)	不高于	300	300	300
	90%馏出温度(℃)	不高于	355	355	350
	95%馏出温度(℃)	不高于	365	365	—
3	粘度:(20℃):恩氏粘度(°E)		1.2~1.67	1.2~1.67	1.2~1.67
4	运动粘度(厘泊)		3.0~8.0	3.0~8.0	3.0~8.0
5	10%蒸余物残炭(%)	不大于	0.4	0.4	0.3
6	灰分(%)		0.025	0.025	0.025
7	硫含量(%)	不大于	0.2	0.2	0.2
8	机械杂质(%)		无	无	无
9	水分(%)	不大于	痕迹	痕迹	痕迹
10	闪点(闭口)℃	不低于	65	65	65
11	腐蚀(铜片50℃,3h)		合格	合格	合格
12	酸度(毫克KOH/100ml)	不大于	10	10	10
13	凝点(℃)	不高于	+10	0	-10
14	水溶性酸或碱		无	无	无
15	实际胶质(mg/100ml)	不大于	70	70	70

注:浊点不准高于凝点指标的7℃。

(2) 柴油机耗油量

发电机组中柴油机耗油量可按下式计算：

$$G = \frac{Pq}{\eta} \times 10^{-3}$$

式中　G——耗油量，kg/h；
　　　P——发电机输出功率，kW；
　　　q——柴油机单位耗油量，g/kWh；
　　　η——发电机及传动装置效率，一般为 0.8～0.9。

【例 14.3.2-1】　某 75kW 柴油发电机组，柴油机单位耗油量 215g/kWh，效率 0.85。求满负荷运行时每小时耗油量。

【解】
$$G = \frac{Pq}{\eta} \times 10^{-3} = \frac{75 \times 215}{0.85} \times 10^{-3}$$
$$= 18.97 \text{kg/h}$$

(3) 燃油贮油量

燃油需在贮油设施内沉淀一定时间才能使用，且应有一定的备用量，为此，应有足够的燃油贮油量，其要求是：

1) 在燃油来源及运输不便时，宜在建筑物主体外设 40～64h 贮油设施；

2) 按柴油发电机运行 3～8h 设置日用燃油箱，但油量超过消防有关规定时，应设贮油间，并采取相应防火措施。

2. 柴油机润滑油

(1) 润滑油的特性

电站柴油机的润滑油主要采用 8 号、11 号和 14 号。8 号适用于我国北方冬季，11 号和 14 号适用于北方夏季和江南等地各季。

常用润滑油的性能见表 14.3.2-2。

电站柴油机用润滑油的特性　　　　　表 14.3.2-2

项次	项　目	质量指标		
		HC-8	HC-11	HC-14
1	运动粘度(100℃)(厘泡)	8～9	10.5～11.5	13.5～14.5
2	运动粘度比($v_{50℃}/v_{100℃}$)不大于	6	6.5	7.0
3	酸值(未加添加剂时)(mg KOH/ml)不大于	0.1	0.1	0.1
4	残炭(未加添加剂时)(%)不大于	0.2	0.4	0.55
5	灰分(%)：未加添加剂时　不大于 　　　　　加添加剂后　　不小于	0.005 0.25	0.005 0.25	0.006 0.25
6	闪点(开口)(℃)　不低于	195	205	210
7	凝点(℃)　不高于	-20 和 -15	-15	0
8	水溶性酸或碱：未加添加剂时 　　　　　　加添加剂后	无 中性或碱性	无 中性或碱性	无 中性或碱性

续表

项次	项 目	质量指标		
		HC-8	HC-11	HC-14
9	机械杂质(%)未加添加剂时 　　　加添加剂后　不大于	无 0.01	无 0.01	无 0.01
10	水分(%)　不大于	痕迹	痕迹	痕迹
11	腐蚀度(g/m^3)　不大于	13	13	13
12	热氧化安定性(250℃)(min)　不小于	20	20	25
13	糠醛或酚	无	无	无

(2) 润滑油消耗量

电站柴油机润滑油消耗量为

$$G = \frac{Pq}{\eta} \times 10^{-3}$$

式中　G——润滑油消耗量，kg/h；

　　　P——发电机组输出功率，kW；

　　　q——润滑油消耗率，g/kWh，见表 14.3.2-3；

　　　η——机组效率，0.8～0.9。

柴油机在额定功率时润滑油耗油率　　　表 14.3.2-3

柴油机系列	135	160	250	350
耗油率(g/kWh)	≤3.2	3.6～7.3	<5.5	<7.3

(3) 润滑油储油量

一般按 160～240h 消耗量设置润滑油贮存装置。

3．电站柴油机用冷却水

(1) 冷却水的质量标准

柴油机冷却用水出口水温一般不得超过 70℃，最佳温度为 50～60℃，进出水温差一般为 5～20℃。冷却水质量标准见表 14.3.2-4。

柴油机冷却用水质量标准　　　表 14.3.2-4

项次	项 目	质量标准	项次	项 目	质量标准
1	游离物	0	4	悬浮物(mg/l)不大于	25
2	pH 值	6.5～9.5	5	硬度(mg-eq/l)不大于	3.5
3	有机物(mg/l)不大于	25	6	含油量(mg/l)不大于	5

(2) 冷却水消耗量

冷却消耗量按下式计算

$$W = \varepsilon P_N \frac{qQ_H}{c_B(t_2 - t_1)} \times 10^{-3}$$

式中　W——冷却水消耗量，m^3/h；

　　　ε——带走热量与燃油燃烧放出热量之比，0.25～0.35；

P_N——柴油机额定功率,kW;

q——燃油消耗量,kg/kWh;

Q_H——燃油净热值,41800kJ/kg;

t_2——出水温度,℃,一般为60~90℃;

t_1——进水温度,℃,一般为40~60℃;

c_B——1k 的热容量,4.18kJ/kg·℃。

4. 测量仪表

(1) 对发电机,应设置以下电气测量仪表:

1) 交流电流表3只,交流电压表、频率表、有功功率表、功率因数表、有功电度表和直流电流表各1只,其准确度等级均不低于1.5级。

2) 测量仪表及电度表与继电保护装置应分开装设电流互感器。

3) 并列运行的发电机应装设组合式整步表1只。

(2) 对柴油机,柴油机附属管道系统装设监视运行的温度计、压力表和保护装置(随机配套的仪表和保护除外)时,还应对下列温度和压力进行监测:

1) 冷却水温度、各气缸排气温度、润滑油进机和出机温度;

2) 润滑油进机压力。

(3) 有下列情况之一时,保护装置应可靠动作于声光信号:

1) 冷却水温度过高;

2) 冷却水进水压力过低或中断;

3) 润滑油出机温度过高;

4) 润滑油进机压力过低;

5) 柴油机转速过高;

6) 日用燃油箱油面(位)过低。

5. 柴油机排气系统

一般非增压柴油机的排气噪声可达110~130dB,加装消声器后,其噪声可减少15~20dB。

增压柴油机可不装消声器。

6. 机组的基础

发电机组若要固定在地面上,其混凝土基础:深度1.5~2m;表面积较机组底部每边大300~500mm;混凝土重量约为机组重量的3~3.5倍。

14.4 小型同步发电机及其励磁装置

14.4.1 常用小型同步发电机

1. T2系列同步发电机

(1) 型号:T2。同步发电机,第2次改型设计;发电机励磁方式:S——三次谐波励磁,K——可控硅励磁,X——相复励。例如T2X,相复励同步发电机。

(2) 特点及用途:可靠性高,有良好的电压调整特性,能起动同等容量电动机,无线电干扰小。可与柴油机配套成发电机组,作照明和动力电源。

(3) 结构型式:防护型式为防滴式,机座为卧式安装带底脚,端盖分凸缘和无凸缘两种。

(4) 主要技术数据:见表 14.4.1-1。

T2 系列同步发电机主要技术数据   表 14.4.1-1

序号	型号	额定功率(kW)	额定电压(V)	额定电流(A)	额定转速(r/min)	效率(%)	功率因数	励磁方式	励磁电压(V)	励磁电流(A)
1	T2S-3	3	400	5.4	1500	79	0.8	谐波励磁	40	5.5
2	T2S-5	5		9.1		82			40	6
3	T2S-6	6		10.8		81.5			35	6.2
4	T2S-7.5	7.5		13.5		83			50	6.6
5	T2S-8	8		14.4		84			71	6.1
6	T2S-10	10		18.1		84			60	6.6
7	T2S-12	12		21.7		88			65	6.6
8	T2S-15	15		27.1		86			65	6.8
9	T2S-20	20		36.1		87.5			48.5	11
10	T2S-24	24		43.3		87.8			50	11.3
11	T2S-30	30		54.1		89.3			60	11.2
12	T2S-40	40		72.2		90			70	11
13	T2S-50	50		90.2		90.5			77	11.6
14	T2S-64	64		115		90			62.4	21.3
15	T2S-75	75		135		91.4			58	21
16	T2S-84	84		151		90			62	30
17	T2S-90	90		162.4		91			75	35.2
18	T2S-120	120		216		92.4			—	—
19	T2S-150	150		270		92.5			—	—
20	T2S-160	160		288.5		91.7			95	35.2
21	T2X-10	10		18.1		82.5	0.8	相复励	80	8
22	T2X-12	12		21.7		83.5			88	8.2
23	T2X-20	20		36.1		86.7			70	12.5
24	T2X-24	24		43.3		87			78	13
25	T2X-30	30		54.1		88			75	17.5
26	T2X-40	40		72.2		89			75	19
27	T2X-50	50		90.2		89.5			80	19
28	T2X-64	64		115.4		90			70	29
29	T2X-75	75		135.3		90.5			78	29
30	T2X-120	120		216		92			86	26.5
31	T2X-200	200		316		93			114	25.8

注:不同厂家产品,数据略有差异。下同。

2. TZH 系列同步发电机

(1) 型号:TZH。T——同步发电机,Z——自激,H——恒压。

(2) 特点及用途:发电机顶部带有本身使用的自励恒压装置,采用不可控相复励方式。可由柴油机或其他原动机拖动,作为工频电源。

(3) 结构型式:防护型式为防滴式,隐极结构。

(4) 主要技术数据:见表 14.4.1-2。

TZH 系列同步发电机主要技术数据 表 14.4.1-2

序号	型号	额定功率(kW)	额定电压(V)	额定电流(A)	额定转速(r/min)	效率(%)	功率因数(滞后)	稳态调整率(%)	励磁方式
1	TZH-3	3	400	5.4	1500	75.5	0.8	±5	相复励
2	TZH-5	5		9		79.5		±5	
3	TZH-7.5	7.5		13.5		81		±5	
4	TZH-10	10		18		82.5		±5	
5	TZH-12	12		21.7		84.5		±5	
6	TZH-15	15		27.1		85.1		±5	
7	TZH-16	16		28.9		85.3		±5	
8	TZH-20	20		36.1		86		±3	
9	TZH-24	24		43.3		87		±3	
10	TZH-30	30		54.1		88		±3	
11	TZH-40	40		72.2		89		±3	
12	TZH-50	50		90.2		89.5		±3	
13	TZH-64	64		115		90.5		±3	
14	TZH-75	75		135		90.8		±3	
15	TZH-90	90		162		91		±3	
16	TZH-120	120		217		91.5		±3	
17	TZH-150	150		271		92		±3	
18	TZH-200	200		361		92.3		±3	
19	TZH-250	250		451		92.5		±3	

3. TFW 系列无刷同步发电机

(1) 型号:TFW。TF——同步发电机,W——无刷。

(2) 特点及用途:本系列发电机的主发电机是一个旋转磁场的发电机,它的励磁机是一个旋转电枢的发电机。发电机的静止部分包括一般传统结构的主发电机定子,静止的自动电压调节器以及励磁机部分。它的转动部分包括交流励磁机的电枢,三相全波桥式整流器以及隐极式分布绕组的主发电机磁场。可作为一般用途电源。

(3) 结构型式:机座带底脚,两个端盖轴承,单轴伸。外壳防护型式为防滴式,自带风扇循环冷却(IC0)。

(4) 主要技术数据:见表 14.4.1-3。

TFW 系列无刷同步发电机主要技术数据 表 14.4.1-3

序号	型号	额定功率(kW)	额定电压(V)	额定电流(A)	额定转速(r/min)	效率(%)	功率因数	励磁方式	励磁电压(V)	励磁电流(A)
1	TFW-160L	5	400	9.02	1500		0.8	无刷励磁	25	2.8
2	TFW-160L	7.5		13.53					25	2.8
3	TFW-180S	10		18.1					25	2.8

续表

序号	型号	额定功率(kW)	额定电压(V)	额定电流(A)	额定转速(r/min)	效率(%)	功率因数	励磁方式	励磁电压(V)	励磁电流(A)
4	TFW-180S	12		21.7		85			25	2.8
5	TFW-180S	15		27.1		86.5			25	2.8
6	TFW-180M	16		28.8		86.5			55	4.7
7	TFW-200S	20		36.1		87.5			30	2.8
8	TFW-200M	24		43.3		88.5			30	2.8
9	TFW-225S	30		54.1		89			60	5.1
10	TFW-225M	40		72.2		89.3			35	2.0
11	TFW-225L	50		90.2		89.3			35	2.0
12	TFW-250M	64		115.5		90.6			30	1.8
13	TFW-250M	75		135.3		91			30	1.8
14	TFW-280S	90		162.5		91			50	2.5
15	TFW-280L	120		216		92			50	2.5
16	TFW-355S	150		271		92.4			50	2.5
17	TFW-355M	200		361		92.6			50	2.5
18	TFW-355M	250		451		92.8			60	2.5
19	TFWM-225S	30		54.1		89			35	2
20	TFWM-225M	40		72.2		89.8			35	2
21	TFWM-225L	50		90.2		90.3			35	2
22	TFWM-250M	64		115		90.6			30	1.8
23	TFWM-250L	75		135		91			30	1.8
24	TFWM-280S	100		180.5					50	2.5
25	TFWM-280L	120		216					50	2.5

注：S—短铁芯；M—中铁芯；L—长铁芯。

4．ST系列单相同步发电机

（1）型号：ST。S——三次谐波励磁，T——同步发电机。

（2）特点及用途：本系列发电机采用三次谐波励磁，具有自励恒压性能，出线盒位于电机顶部，盒内有接线板和连接片、桥式整流器和电压表等，便于用户采用双电压（115/230V）和双频率（50/60Hz）。可用于船舶照明和家庭日用电器电源，也可作单相交流电动机的动力电源。

（3）主要技术数据：见表14.4.1-4。

ST系列单相同步发电机主要技术数据　　　　表14.4.1-4

序号	型号	额定功率		额定电压(V)		额定电流(A)		额定转速(r/min)	效率(%)	功率因数	稳态调整率(%)
		(kVA)	(kW)	串联	并联	串联	并联	50Hz/60Hz			
1	ST-1/2	1	1	230	115	4.35	8.7	3000/3600	73	1.0	2.5
2		1.25	1			5.43	10.9			0.8	5
3	ST-2/2	2	2			8.7	17.4		73	1.0	2.5
4		2.5	2			10.8	21.7			0.8	5

续表

序号	型号	额定功率 (kVA)	额定功率 (kW)	额定电压(V) 串联	额定电压(V) 并联	额定电流(A) 串联	额定电流(A) 并联	额定转速 (r/min) 50Hz/60Hz	效率 (%)	功率因数	稳态调整率 (%)
5	ST-3/2	3	3			13	26		74	1.0	2.5
6		3.75	3			16.3	32.6			0.8	5
7	ST-5/2	5	5			21.8	43.5		80	1.0	2.5
8		6.25	5			27.1	54.3			0.8	5
9	ST-7.5	7.5	7.5			32.6	65.2	1500/1800	81	1.0	3
10		9.38	7.5			40.75	81.5			0.8	5
11	ST-10	10	10			43.5	87		82	1.0	3
12		12.5	10			54.3	108.6			0.8	5
13	ST-12	12	12			52.2	104.4		83	1.0	3
14		15	12			65.5	131			0.8	5
15	ST-15	15	15			65.2	130.4		84	1.0	3
16		18.8	15			81.5	163			0.8	5
17	ST-20	20	20			87	174		85.6	1.0	3
18		25	20			108.6	217.2			0.8	5

5．TFDW 单相无刷同步发电机

(1) 型号：TFDW。TF——同步发电机，D——单相，W——无刷。规格表示出铁芯长和极数等。例如：TFDW-112L-2，机座号112，长铁芯 L，2 极电机。

(2) 特点及用途：本系列发电机采用逆顺磁场系统，电压波形好，无线电干扰小，静态和动态性能好，突加突减负载，恢复到额定电压时间不超过一周期(0.02s)。本系列电机符合 IEC 有关标准。携带开关屏。与小型柴油机配套，应用广泛。

(3) 结构型式：B3 型，卧式，带底脚。

(4) 主要技术数据：见表 14.4.1-5。

TFDW 单相无刷同步发电机主要技术数据　　　　表 14.4.1-5

序号	型号	额定功率 (kW)	额定电压 (V)	额定电流 (A)	额定转速 (r/min)	效率 (%)	功率因数	稳态调整率 (%)
1	TFDW-1-2	1	230/115	4.83/9.66	3000 或 3600		0.9	
2	TFDW-2-2	2	230/115	9.66/19.32	3000 或 3600		0.9	
3	TFDW-112L$_1$-2	2	230	8.7	3000	72	1	±5
4	TFDW-132M$_1$-2	3	230	13	3000	74	1	±5
5	TFDW-132M-4	2	230/115	9.66/19.3	1500		0.9	
6		3	230/115	14.5/29	1500		0.9	
7		3	230	14.5	1500	76	1	
8	TFDW-132M-4	3	230	13	1500	76	1	±5
9	TFDW-160L-4	5	230/115	24.2/48.4	1500		0.9	
10		5	230/115	24.2/48.4	1500 或 1800		0.9	
11		5	230	21.7	1500	80	1	±5

续表

序号	型号	额定功率(kW)	额定电压(V)	额定电流(A)	额定转速(r/min)	效率(%)	功率因数	稳态调整率(%)
12		5	230	24.4	1500	80	1	
13		5	230	21.7	1500	84	1	±5
14		7.5	230/115	36.2/72.4	1500		0.9	
15		7.5	230/115		1500	81		±5
16		7.5	230	32.6	1500	81	1	±5
17		7.5	230	36.2	1500	81	1	
18		7.5	230	32.6	1500	85	1	±5
19	TFDW-180S-4	10	230/115	48.3/966	1500		0.9	
20		10	230	43.5	1500	82	1	±5
21		20	230	96.6	1500		0.8	±1 或 ±2.5
22	TFDW-132M-4	3	230	13	1500	73	1	

14.4.2 励磁调压装置

1. 常用励磁调压装置的种类及特点(见表 14.4.2-1)

励磁调压装置的种类及特点　　　　表 14.4.2-1

序号	类型	基本原理及特点	主要系列	适用范围
1	手动式	用手动方式改变磁场电阻大小,即改变励磁电流大小,而实现改变发电机端电压高低		小型机
2	炭阻式	炭阻在电磁吸力作用下其阻值自动变化,改变励磁电流大小,实现自动调压 结构简单,性能较差,趋于淘汰	TD	带励磁机的小型机已趋于淘汰
3	不可控相复励式	发电机端输出的电压信号和电流信号,作用于带有电压、电流输入绕组、输出绕组的相复励变压器,改变该变压器的输出,即改变了经整流后的励磁电流大小,实现自动调压 可靠性高,体积大,应用广	XT、TZ	各型发电机(不带励磁机)
4	可控相复励式	在不可控相复励基础上增加电压校正器而构成,调压性能更好	KXT、TZ-K	各型发电机(不带励磁机)
5	晶闸管式	由测量比较环节测出发电机端电压的变化,通过移相脉冲环节,改变晶闸管的导通角大小,实现改变励磁电流的大小	TLG	各型发电机
6	谐波励磁式	谐波绕组引出的谐波(主要是三次谐波)电势。该谐波电势随发电机端电压升降而自动升降,从而实现自动调压	ST	谐波发电机
7	无刷励磁式	励磁机发出的交流电,经同轴旋转的整流器整流后,供主发电机励磁	TFW	中小容量无刷同步发电机

2. 直流励磁机调压装置

直流励磁机调压装置的最简单方式为手动式,其电路见图14.4.2-1。调节电阻 R,改变直流励磁机 GE 的输出电流,即改变了同步发电机励磁绕组 W_1 的励磁电流,实现了电压调压。

但是,这种靠手动调节磁场电阻的方法进行调压,很难保证电压质量。图14.4.2-2 为用晶闸管调节器改造直流励磁机的调压电路。图中,改变晶闸管 V_2 的导通时间,便可实现调压。

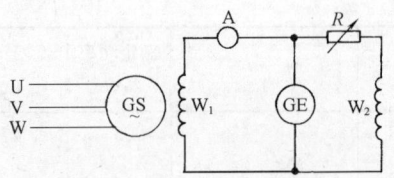

图14.4.2-1 手动励磁调压电路
GS—同步发电机;GE—直流励磁机;W_1—同步发电机励磁绕组(转子);W_2—直流励磁机励磁绕组;R—磁场电阻(调压用);A—励磁电流表

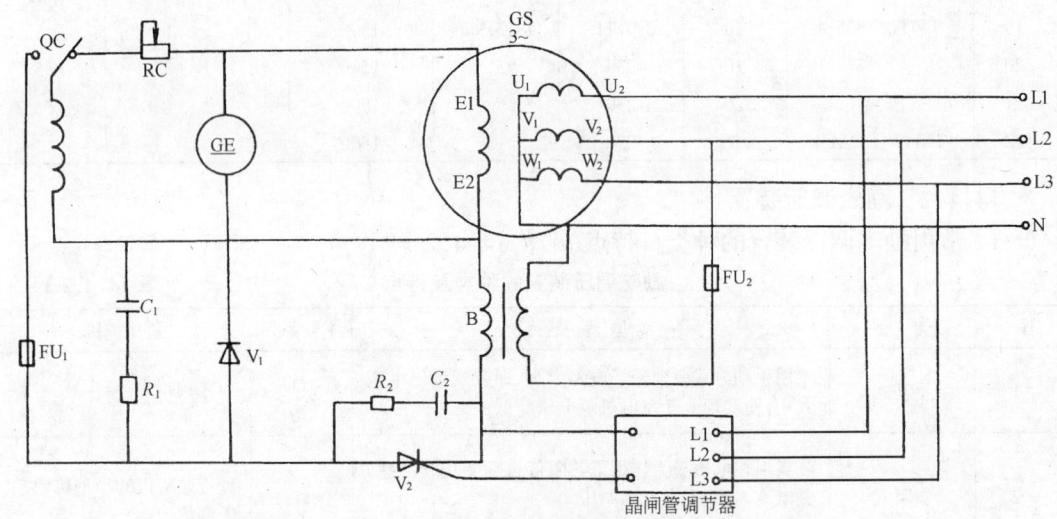

图14.4.2-2 用晶闸管调节器改造带直流励磁机的电路
GS—同步发电机;GE—直流励磁机;RC—手动磁场变阻器;
QC—手动/自动转换开关;V_2—晶闸管

3. 相复励励磁调压装置

(1) 不可控相复励

图14.4.2-3 为谐振式电抗移相相复励发电机电气线路,该线路主要由三相相复励变压器 T、三相带气隙的线性电抗器 L、谐振电容器 C_1、硅整流器和作过电压保护的阻容元件 R、C_2 等组成。这种励磁方式自激可靠,温度补偿性能好,功率因数随负载的变化而变化,发电机端电压稳定,工作可靠,维护简单,故使用较多。

(2) 可控相复励

电路见图14.4.2-4。

励磁调压原理:可控相复励调压装置是在不可控相复励调压装置的基础上增加一电压校正器 AV 而构成。电压校正器由测量比较电路、调差环节组成,反映发电机输出电压、电流及功率因数的变化;这一变化经移相放大变成一宽脉冲,作用于晶闸管 V_3 的导通与关闭,从而改变了同步发电机励磁电流的大小,实现更精确地自动调压。

14.4 小型同步发电机及其励磁装置 **897**

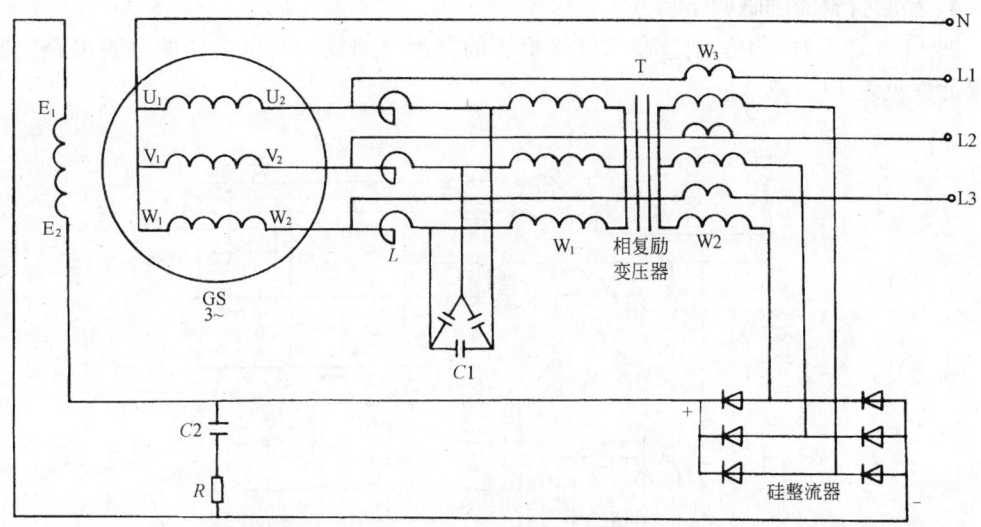

图 14.4.2-3　谐振式电抗移相相复励调压电路
L—电抗器；$C1$—谐振电容；T—相复励变压器
（其中：W_1—电压绕组；W_3—电流绕组；W_2—励磁电流输出绕组）

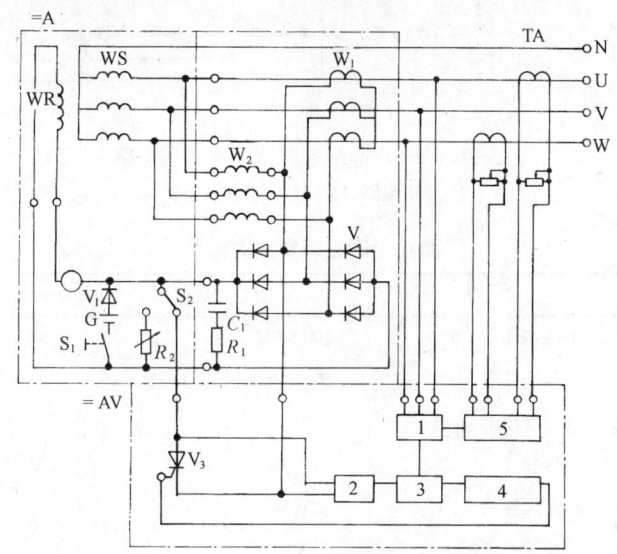

图 14.4.2-4　可控相复励调压电路
WS—同步发电机定子绕组；WR—同步发电机转子绕组；W_1—相复励电流绕组；W_2—相复励电压绕组；V—三相整流器；C_1-R_1—过电压保护单元；S_2—转换开关；V_1-G-S_1—起励充磁单元；TA—调差电流互感器；AV—电压校正器；1—测量比较电路；2—同步信号整形电路；3—放大移相触发电路；4—宽脉冲形成电路；5—调差环节；V_3—晶闸管

4. 晶闸管整流励磁调压装置

图 14.4.2-5 为采用晶闸管和二极管组成的整流电路实现自励恒压的励磁电路。图中主要元件见表 14.4.2-2。

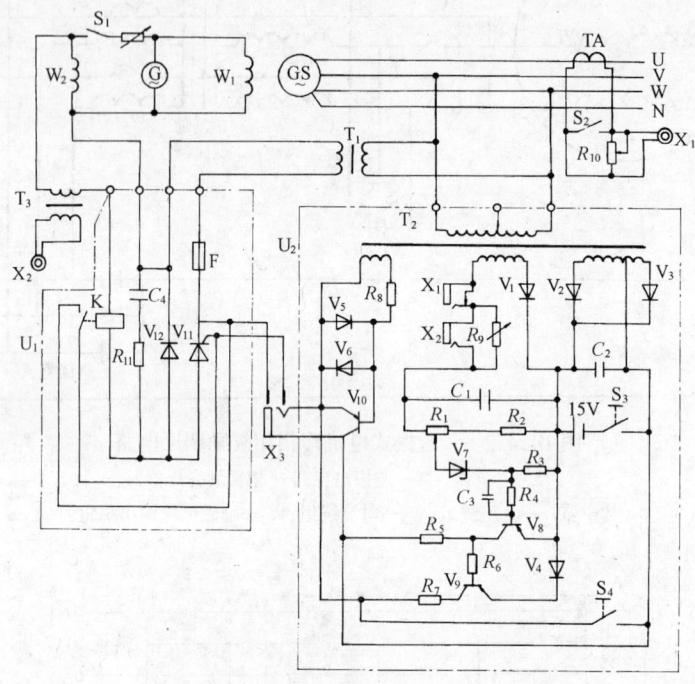

图 14.4.2-5　晶闸管整流励磁调压电路
U_1—主电路；U_2—晶闸管触发电路

晶闸管调压装置主要元件　　　　　　　　　　　表 14.4.2-2

序号	符号	名称	型号及规格	备注
1	T_1	电源变压器	400／＊V	由励磁功率而定
2	T_2	控制变压器	400(230)／2,13,16,16V	
3	T_3	稳定变压器		
4	$V_1 \sim V_6$	二极管		V_2、V_3 为 ZL 型整流二极管
5	V_7	稳压二极管	2CW54	
6	$V_8 \sim V_{10}$	三极管	3AX	
7	V_{11}	晶闸管	KL10	
8	V_{12}	续流二极管	2CP	
9	$C_1 \sim C_2$	电解电容	100μF,25V	
10	C_3	电容	3μF	
11	C_4	电容	0.047μF	V_{11} 保护用
12	R_1	电位计	510Ω	整定电压用
13	R_2	电阻	1.5k	
14	R_3	电阻	390Ω	

续表

序号	符号	名称	型号及规格	备注
15	$R_4 \sim R_6$	电阻	1.5k	
16	R_7	电阻	270Ω	
17	$R_8 \sim R_9$	电阻	100Ω	
18	R_{10}	电位计	1Ω,25W	调差用
19	R_{11}	电阻	27Ω	V_{11} 保护用
20	K	干簧继电器	JG	
21	S_1	手动/自动转换开关	HZ10	
22	S_2	调差短接开关	KN_3	
23	S_3	起励按钮	LA10	
24	S_4	灭磁按钮	LA10	
25	F	熔断器	R1-3A	
26	$X_1 \sim X_3$	插塞		

励磁调压原理:励磁调压装置主要由主回路和触发电路两部分组成。主回路由电源变压器 T_1、熔断器 F、晶闸管 V_{11}、励磁绕组 W_2 等构成。触发电路的功能是控制晶闸管导通时间的长短,改变励磁电流大小,实现自动调压。触发电路由以下单元构成:

(1) 测量比较单元:由变压器 T_2、二极管 V_1 等组成,其功能是测量、反映发电机端电压,并与给定的电压值进行比较,确定电压的调整量。

(2) 脉冲形成单元:由三极管 V_8 和 V_9、稳压管 V_7 等组成,其功能是将输入的三角波变换成矩形脉冲,作用于晶闸管 V_{11} 的控制极。

(3) 工作电源:由二极管 V_2、V_3 等构成整流电路,作为触发电路的直流工作电源。

(4) 同步开关:由 V_{10}、V_5、V_6 等组成,其功能是保证触发信号与主回路电压同相,否则将使励磁装置不能正常工作。

5. 谐波励磁调压装置

三次谐波绕组的极数为发电机主绕组的三倍。三次谐波绕组具有自动调压功能:负载增加,谐波电压升高,发电机励磁电流增加,从而使发电机端电压不致降低。

图 14.4.2-6 为最简单的谐波励磁电路。它是在定子槽内增设与主绕组 W_1 绝缘的三次谐波绕组 W_2,当发电机运行时,在三次谐波绕组中产生三次谐波电势,将这三次谐波电势整流后供发电机励磁绕组 W_3 励磁。这种励磁方式具有结构简单、制造方法简便、价格便宜、运行可靠、维护方便、端电压变化小等许多优点。

图 14.4.2-7 为带晶闸管调压器的三次谐波励磁发电机电气线路,该线路中的晶闸管起分流作用。当发电机电压偏高时,电压测量单元使移相脉冲相位提前,晶闸管提前导通,其电流增加,分流也增加,而励磁电流则变小,电压降低。当电压偏低时,电压测量单元使移相脉冲相位滞后,励磁电流增加,电压升高。

6. 无刷励磁调压装置

无刷励磁式同步发电机的励磁机是一台交流发电机,这台励磁机的定子是磁场,转子是

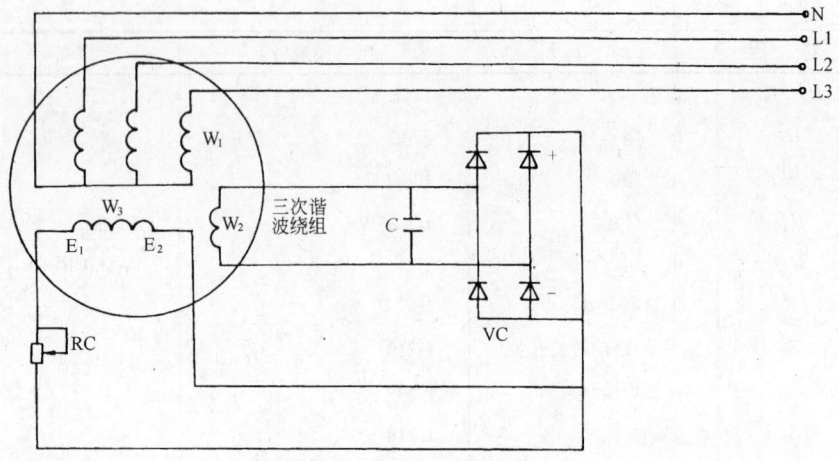

图 14.4.2-6 三次谐波励磁调压电路

W_1—主绕组;W_2—三次谐波绕组;W_3—励磁绕组;

VC—整流器;RC—手调变阻器

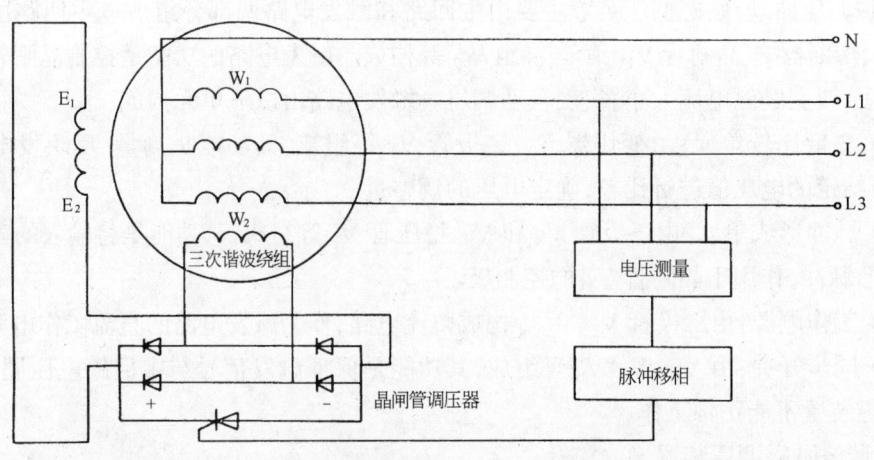

图 14.4.2-7 带晶闸管调压器的三次谐波励磁电路

绕组。励磁机与发电机同轴。发电机旋转时,励磁机转子发出交流电,经旋转二极管整流后,输出至发电机转子,不需要电刷,故称为无刷励磁。这种发电机故障率低,工作可靠,是柴油发电机组广泛采用的一种励磁调压装置。

图 14.4.2-8 为交流无刷励磁发电机电气线路,该线路中的发电机定子有主绕组 W_1 和附加绕组 W_2 两套绕组,W_2 由剩磁产生电势经整流器 VC_2 整流后供交流励磁机的励磁绕组励磁,电枢产生的电势经旋转整流器 VC_1 整流后供发电机转子绕组励磁,W_2 感应产生电势,经整流后加强了交流励磁机磁场,最后建立正常电压。

14.4.3 小型同步发电机一般故障处理

小型同步发电机一般故障分析与处理见表 14.4.3-1。

14.4 小型同步发电机及其励磁装置

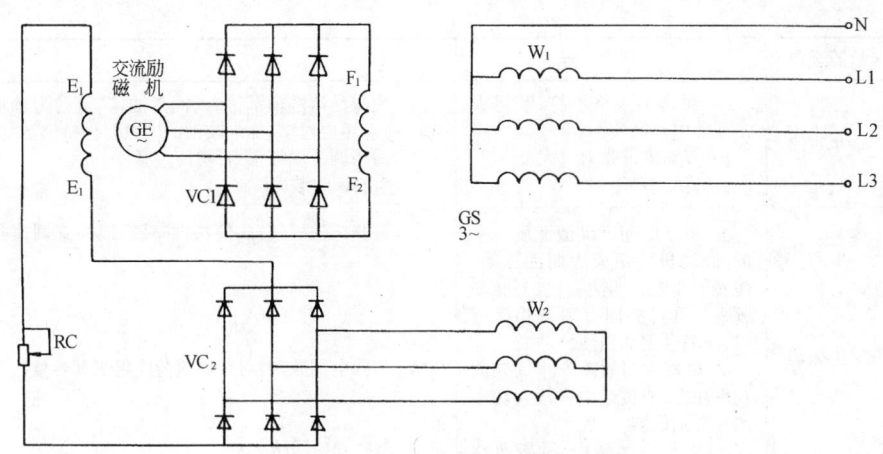

图14.4.2-8 无刷励磁调压电路

小型同步发电机一般故障分析与处理　　　　表14.4.3-1

序号	故障现象	原因分析	处理方法
1	无电压或电压过低	a. 接线错误 b. 磁场线圈断路 c. 失去剩磁 d. 励磁装置的故障 e. 保险丝熔断 f. 接头松动或接触不良 g. 碳刷和集电环接触不良或电刷压力不够 h. 开关接触不良 i. 刷握生锈使电刷不能上下滑动 j. 转速太低 k. 磁场线圈部分短路 l. 励磁机电枢线圈断路 m. 励磁机电枢线圈短路	a. 按接线图详细检查 b. 将断路处结合,并用焊锡焊牢,外面用绝缘物包好 c. 用蓄电池充电一次,充电时应将磁场线圈与励磁装置分开,将蓄电池负极(黑色)接L_2,正极(红色)接L_1 d. 排除励磁装置的故障 e. 在确认电机本身及线路正常后,将新保险丝换上 f. 将各接头擦净后妥为接好 g. 洁净集电环表面,磨炭刷表面使与集电环表面的弧度相吻合,加强炭刷弹簧的压力,使之在 $1.5\sim2\text{N/cm}^2$ 彼此之间相差不应大于 $\pm1\%$ h. 检查开关接触部分 i. 拆下刷握,擦净内部表面,如损坏严重应予以更换 j. 测量转速,使保持额定值 k. 更换 l. 找出断裂处,重新焊接,包扎绝缘 m. 短路会造成严重的发热现象,应予拆换线圈
2	火花过大	a. 碳刷和集电环接触不良或电刷弹簧压力不足 b. 电枢线圈与集电环接触不良或电枢线圈开路	a. 同上 g 的处理方法 b. 同上 l 的处理方法
3	电机过热	a. 过负荷 b. 磁场线圈短路 c. 电枢线圈短路 d. 通风道阻塞 e. 轴承磨损过度	a. 应随时注意电流表,切勿超过额定值 b. 更换磁场线圈 c. 拆换已短路的线圈 d. 将电机内部彻底吹净 e. 更换轴承

续表

序号	故障现象	原因分析	处理方法
4	轴承过热	a. 润滑油规格不符，装得太多或油内有杂质 b. 传动皮带张力过大 c. 装配不对	a. 用煤油清洗轴承，加入润滑油，其量约为轴承室体积的一半。不要过多，加油换油的工具要保持清洁 b. 适当调节皮带张力，勿使过紧 c. 重新调整装配
5	发生振荡	a. 由于原动机机械性质带来的，原动机转矩成周期性脉动，使转子亦成周期性变化，当脉动频率与电机的固有频率相接近时，振荡会更加强烈。 b. 电网内因故障产生周期的功率冲击，或负载中有很大功率的往复式机器 c. 电机在运转中，励磁忽然中断或减少	a. 调整柴油机气缸，使特性一致；或检查调速器是否失灵 b. 清除电网故障，对脉动负荷应限制其容量 c. 检查励磁回路
6	不稳定	a. 由于电网短路，使电网电压降低，引起失步 b. 因超前或滞后电流太大而失步 c. 由于调速器失灵而产生	a. 消除短路故障 b. 加均压线或在励磁绕组内加负反馈 c. 检修或更换调速器

14.5 内燃机发电站的并车装置

14.5.1 常用并车方法及其特点

内燃机发电站常用并车方法及其特点见表14.5.1-1。

常用并车方法　　　　　　　表14.5.1-1

序号	类别	基本操作方法	基本条件	特点	方法举例及应用
1	准同期法	当待并发电机的电压、频率、相位调整到与系统（或另一发电机）一致时，手动或自动将待并机投入	a. 待并机与系统电压相等； b. 待并机与系统频率相等； c. 待并机与系统相位一致	冲击电流、冲击转矩、母线电压降很小。手动并车操作难度大	灯光法、同步表法应用广
2	自同期法	将待并机调至同步转速，在未加励磁的情况下，将其投入系统，然后加上励磁，被拉入同步	a. 待并机的频率与系统频率相近； b. 投入前，待并机定子无端电压； c. 待并机励磁绕组应经灭磁电阻等构成闭合回路	冲击电流、冲击转矩、母线电压降大。设备少，操作简单	小型柴油电站应用较少
3	粗同期法	将待并机的电压、频率调至与系统接近时，在任意时刻将待并机通过并车电抗器投入系统，拉入同步后，再切除电抗器	a. 待并机与系统电压相近； b. 待并机与系统频率相近	冲击电流、冲击转矩、母线电压降较大。操作简单，并车速度快，设备较多	电抗器法应用较广

14.5.2 常用并车装置
1. 灯光指示并车装置

灯光熄灭法和灯光旋转法的并车装置电路见图 14.5.2-1。

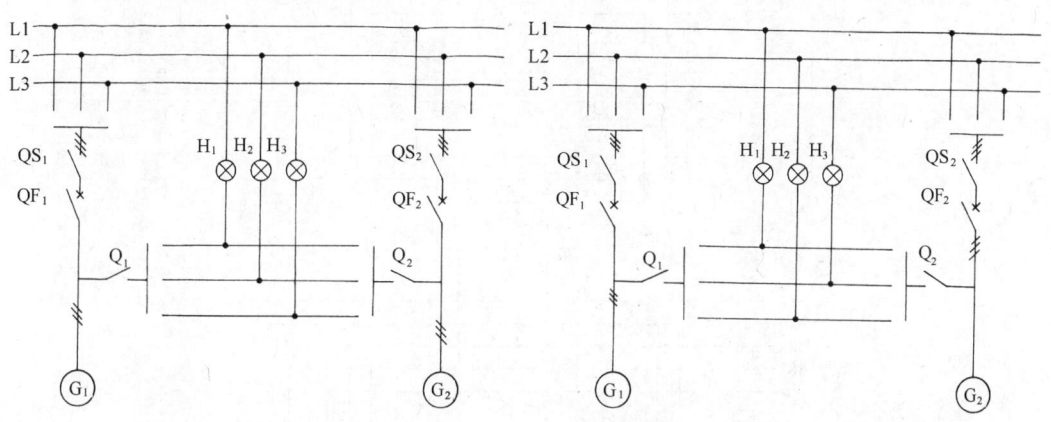

图 14.5.2-1 灯光指示并车电路
(a)灯光熄灭法;(b)灯光旋转法
QS_1、QS_2—隔离刀闸;QF_1、QF_2—断路器;Q_1Q_2—转换开关;H_1、H_2、H_3—指示灯
(对于 400V 同步发电机,采用 220V 白炽灯,各相需串联 2 个)

并车方法:若发电机 G_1 已工作,需将 G_2 并入,这时可合上开关 Q_2(断开 Q_1)。

对于图(a)的灯光熄灭法,当待并的 G_2 与 G_1 的电压、频率相等和相位一致时,三个指示灯 H_1、H_2、H_3 同时熄灭,此时就可合上开关 QS_2、QF_2,将 G_2 并入系统。

对于图(b)的灯光旋转法,当待并的 G_2 与 G_1 的电压、频率相等和相位一致时,指示灯 H 中的一个熄灭,其余两灯发亮,即可将 G_2 并入。

2. 同步表指示并车装置

电路见图 14.5.2-2。

并车方法:假定发电机 G_1 已工作,并送入母线,将发电机 G_2 并入母线的程序是:合上开关 S_1,母线电压经互感器 TV_3 送入小母线 380 和 a;将并车转换开关 S 转到发电机 G_2 的并车位置,即 S 的触点 2-4、6-8、10-12 接通,1-3、5-7、9-11 断开,发电机 G_2 的电压经互感器 TV_2 送入小母线;若并车条件满足,即 V_1、V_2、Hz_1、Hz_2 指示相同,指示灯 H 熄灭,同步表指示在零位(中间位置),合上开关 Q_2,并车完毕。

图 14.5.2-3 为发电机组准同期变压器单灯并列法电气线路,该线路中变压器 TD_1、TD_2 的变比一般为 220V/6V,对于发电机电压为 400V 并有中性点引出线时,用这种方法较为合适。并列中指示灯将随着两台发电机的频率差而亮暗,灯最亮时表示相角差为 180°,灯灭时表示相角差为零,这时可迅速合上开关 QS_2 进行并列。

3. 电抗器粗同期并车装置

主电路见图 14.5.2-4,典型控制电路见图 14.5.2-5。

并车方法:假定发电机 G_1 已运行,即 QS_1、QF_1 已合闸,将发电机 G_2 并入的程序是:合

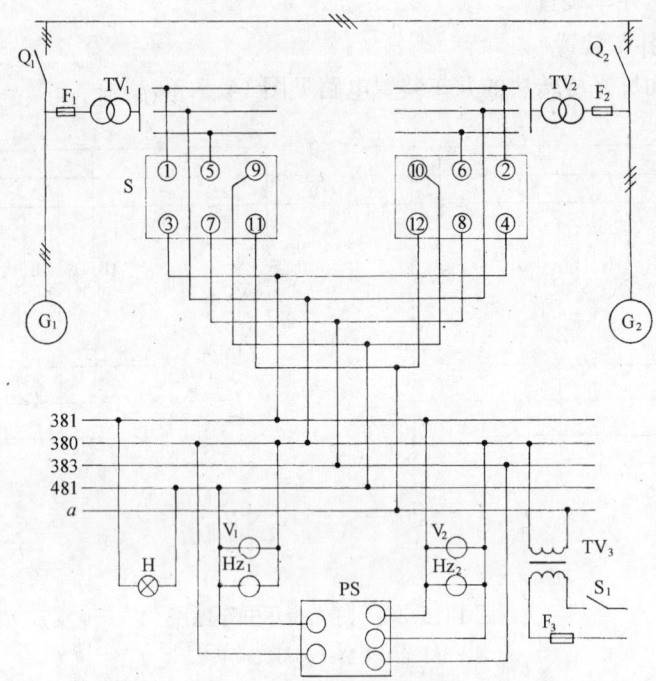

图 14.5.2-2 同步表指示并车装置电路

PS—同步表；V_1、V_2—电压表；Hz_1、Hz_2—频率表；H—同步指示灯；
TV_1、TV_2—三相电压互感器；TV_3—单相电压互感器；F_1、F_2、F_3—熔断器；
S—并车转换开关；S_1—并车小开关；Q_1、Q_2—发电机出线开关

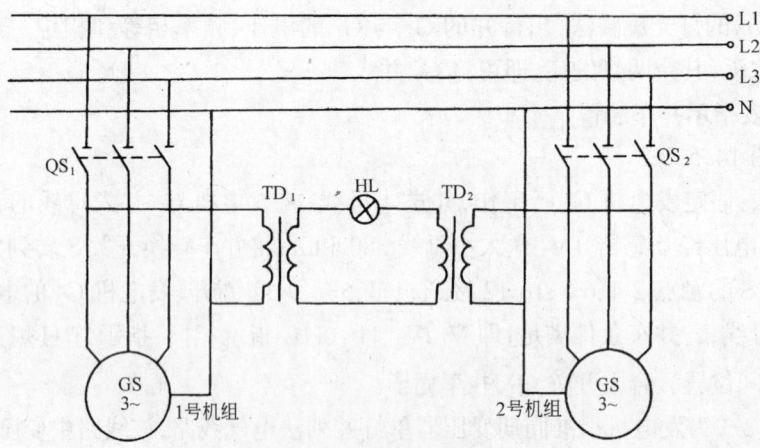

图 14.5.2-3 单灯并车电路

上隔离开关 Q 和 QS_2；待并车条件满足时，接通交流接触器 KM_2，发电机 G_2 经电抗器 L 与发电机 G_1 并联，延时 2～3s 后，接通主断路器 QF_2，G_1 与 G_2 直接并联；再延时 4～9s 后，断开 KM_2，电抗器 L 退出工作，并车过程结束。

图 8.5.2-4 是具体控制上述过程的电路。工作过程是：按下按钮 S_3，QF_1 合闸；将选择

14.5 内燃机发电站的并车装置 905

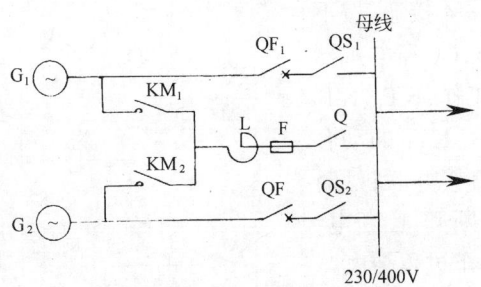

图 14.5.2-4 电抗器并车主电路
QS_1、QS_2—隔离刀开关;QF_1、QF_2—电动机合闸方式的
断路器;Q—并车隔离刀开关;L—并车用电抗器;F—熔断器;
KM_1、KM_2—并车用交流接触器

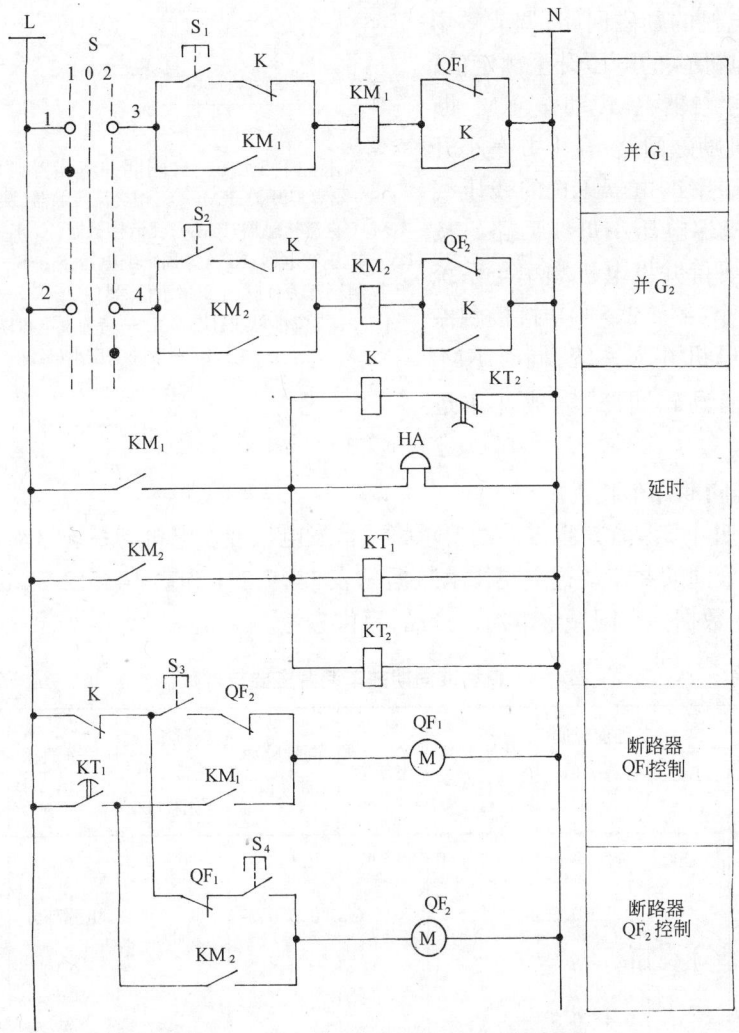

图 14.5.2-5 电抗器并车控制电路
KM_1、KM_2—交流接触器工作线圈及辅助触点;QF_1、QF_2—断路器合闸电动机
及辅助触点;K—中间继电器;KT_1、KT_2—延时继电器;
S—并车选择开关;S_1~S_4—按钮;HA—并车指示电铃

开关 S 转向位置 2，触点 2—4 接通，按下按钮 S_2，接触器 KM_2 工作，G_2 经电抗器并车；这时中间继电器 K 工作，KT_1、KT_2 也开始计时，延时 2~3s 后，KT_1 的动合触点闭合，QT_2 合闸，G_2 直接并联；延时 4~9s 后，KT_2 的动断触点断开，K 断电，KM_2 断电，电抗器退出，并车过程结束。

4．自同期并车装置

典型电路见图 14.5.2-6。

并车方法：将待并发电机 G 调整到同步转速；按下按钮 S_2，直流接触器 KM_2 动作，接通发电机的励磁回路；调节磁场电阻 R，使发电机 G 的电压升至额定值；按下按钮 S_3，接触器 KM_3 动作，KM_2 断电，断开发电机励磁回路；合上并车小开关 S_4，接通差周率继电器 KF 的残压线圈回路（发电机端电压小母线回路）；按下按钮 S_1，只要待并发电机频率与系统的频率相差很小（约 $\pm 2.5\%$）时，接触器 KM_1 动作，发电机并入系统，同时 KM_2 动作，自动接通励磁回路，完成并车过程。

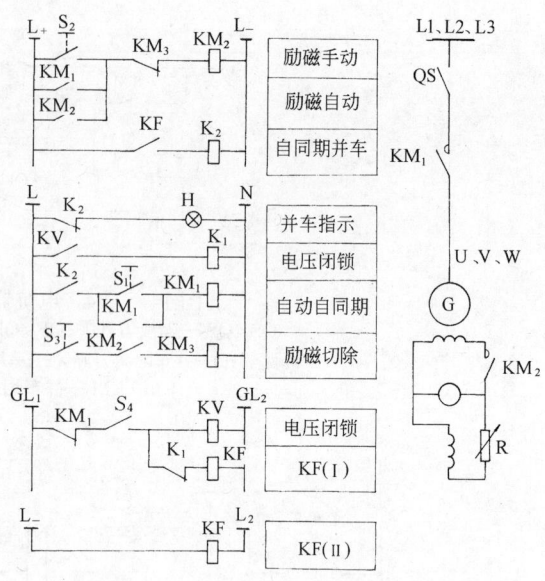

图 14.5.2-6　自同期并车装置典型电路
QS—隔离刀开关；KM_1—三相交流接触器（发电机主开关）；
KM_2—直流接触器；KM_3—交流接触器；K_1、K_2—中间继电器；
KV—电压继电器；KF—差周率继电器；S_1~S_3—按钮；S_4—并车控制小开关；H—并车指示信号灯；L_+、L_-—直流小母线；
L、N—交流小母线；GL_1、GL_2—待并发电机端电压小母线；
L1、L2—系统电压小母线

5．自动准同期并车装置

自动准同期并车装置是按准同期要求将两台发电机或发电机与系统自动进行并车的装置。常用自动准同期并车装置主要技术数据见表 14.5.2-1 和表 14.5.2-2。自动并车装置种类很多，表中数据摘自阿城继电器厂产品，只供参考。

ZZQ-3A 自动准同期并车装置主要技术数据　　　　　表 14.5.2-1

额定值			导前时间整定值(s)	滑差频率(Hz)	电压差	调频脉冲宽度(s)	调频部分正常工作范围(Hz)	功率消耗(VA)	接点容量(W)	外形尺寸(mm)
AC		DC								
(V)	(Hz)	(V)								
100	50	≥200	阶段整定 0.1~0.5 0.2~0.7 0.4~0.8	0.1~0.4	±5% ~15%	0.1,0.2 0.3,0.4 0.5	50±4	AC 电源部分 <10 AC 信号部分 <2	8	242×188 ×300

ZZQ-3B 自动准同期并车装置主要技术数据　　　表 14.5.2-2

AC 额定值		导前时间(s)	导前时间误差	滑差频率(Hz)	电压差	导前相角	调频脉冲宽度(s)	调频范围(Hz)
(V)	(Hz)							
100	50	0.05～0.8 大于 0.1 者整定间隔为 0.1	当滑差周期从 2～16s 变化时误差折算成角度＜±2°	0.1～0.5 阶段调整间隔为 0.1	±5%～±15% U_n 连续调整	0°～45° 连续调整	0.1～0.5 阶段调整间隔 0.1	50±5

AC 额定值		调压脉冲宽度(s)	调压脉冲周期(s)	电气零点	通道方式	功率消耗(VA)		输出触点断开容量 DC220V, 0.5A 有感负荷 τ＝5ms (W)	外形尺寸(mm)
(V)	(Hz)					AC 电源侧	AC 信号侧		
100	50	0.1～2 连续可调	2～8 连续可调	最大误差为±1.8°	分单、双通道均可以投入	≥14	≥2	30	480×177 ×355

14.5.3　常用均压装置

两台或两台以上的发电机(主要是相复励发电机)并联运行,为了均匀分配各发电机的无功功率,通常采用均压装置。均压装置有直流均压和交流均压两类。

直流均压是将并联运行的发电机的励磁绕组并联。图 14.5.3-1 是两台同容量发电机直流均压装置电路图。图中,励磁电源＋、－分别来自各发电机的相复励装置的整流器电源。当两台机并联运行,即主开关 Q_1、Q_2 合闸时,各自的辅助触点 Q_1、Q_2 接通均压回路,发电机 G_1、G_2 的励磁绕组 WR_1、WR_2 近似并联接入两个并联直流励磁电源下,从而保证了两发电机无功功率的均匀分配。图中 R_1、R_2 可适当平衡两机励磁参数的差异。

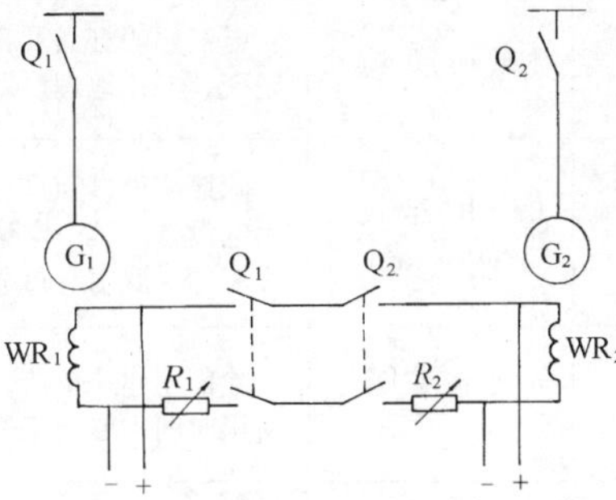

图 14.5.3-1　两台同容量发电机直流均压电路
Q_1、Q_2—发电机主开关;WR_1、WR_2—发电机转子绕组(励磁绕组);R_1、R_2—平衡电阻器

若两台发电机容量不同,可通过电位计将其励磁绕组并联。

交流均压是将并联运行的发电机在相复励装置交流侧(整流器交流侧)并联。

第15章 供电和用电

15.1 电力负荷的种类及特点

15.1.1 电力负荷的分类
1. 分类(见表 15.1.1-1)

常用电力负荷分类　　　　　　　表 15.1.1-1

序号	类别	种类及特点
1	照明负荷	电气照明灯具及日用电器。绝大多数为单相恒定负荷,其容量变化较大,使用时间受昼夜、季节、地理位置、工作环境及工作班数等因素的影响
2	民用建筑负荷	除照明外,还有电梯、水泵、空调、风机,洗衣房的洗衣机、厨房的加工和制冷、声像等用电设备。其中空调用电量最多,且其负荷随季节而变化;消防用的电梯、水泵及主要音响信号要求有可靠的电源
3	工业建筑负荷	除民用建筑负荷,主要为各类工厂用电设备,如工作机械、车床、电解、电镀、电热等。使用时间主要与工作班制有关
4	通信和数据处理设备负荷	负荷变化范围较大,要求连续的、可靠的、质量高的电源。如大型计算机,除要求有不间断电源供电外,还要求电源电压变化不大于 ±3%,频率变化不大于 ±0.5Hz,设备运行时,相间不平衡电压不超过 2.5%,设备不运行时,总的最大谐波含量不大于 5%

2. 负荷的工作制(见表 15.1.1-2)

表 15.1.1-2

序号	类别	特点
1	连续工作制负荷	长时间连续工作的用电设备,负荷比较稳定,即 30min 出现的最大平均负荷与最大负荷班的平均负荷相差不大。如泵、通风机、压缩机、机械化运输设备、电镀自动线、照明装置及机床等
2	短时工作制负荷	工作时间甚短、停歇时间相当长的用电设备,在整个用电设备中所占容量少,耗电量相应也较少。如金属切削机床的辅助机械横梁升降、刀架快速移动装置等
3	反复短时工作制负荷	时而工作,时而停歇,反复运行的用电设备。如起重机及电焊变压器等。这种用电设备工作时间与整个工作周期时间的比值用设备的暂载率(ε)表示: $\varepsilon\% = t_\omega/(t_\omega + t_i) \times 100\%$ 式中　t_ω——工作时间;t_i——停歇时间;$t_\omega + t_i$——整个周期时间,不应超过 10min

3. 负荷的表示方法及相互关系(见表15.1.1-3)

负荷的表示方法及相互关系　　　表15.1.1-3

序号	类别	符号	计量单位	相互关系
1	有功负荷	P, P_R	kW, W	
2	无功负荷	Q, P_Q	kVar, Var	$Q = P\tan\phi$（ϕ—功率因数角）
3	视在功率	S, P_S	kVA, VA	$S = P/\cos\phi = \sqrt{P^2 + Q^2}$
4	负荷电流	I	kA, A	三相时，$I = S/\sqrt{3}U$（U—线电压）； 单相时，$I = S/U$（U—相电压）

15.1.2 电力负荷分级及要求
1. 负荷分级(见表15.1.2-1)

负　荷　分　级　　　表15.1.2-1

序号	级别	项　目
1	一级负荷	(1) 中断供电将造成人身伤亡者。 (2) 中断供电将造成重大政治影响者。 (3) 中断供电将造成重大经济损失者。 (4) 中断供电将造成公共场所秩序严重混乱者。 对于某些特等建筑，如重要的交通枢纽、重要的通信枢纽、国宾馆、国家级及承担重大国事活动的会堂、国家级大型体育中心，以及经常用于重要国际活动的大量人员集中的公共场所等的一级负荷，为特别重要负荷。 中断供电将影响实时处理计算机及计算机网络正常工作或中断供电后将发生爆炸、火灾以及严重中毒的一级负荷亦为特别重要负荷
2	二级负荷	(1) 中断供电将造成较大政治影响者。 (2) 中断供电将造成较大经济损失者。 (3) 中断供电将造成公共场所秩序混乱者
3	三级负荷	不属于一级和二级的电力负荷

2. 常用重要电力负荷级别(见表15.1.2-2)

常用重要电力负荷级别　　　表15.1.2-2

序号	建筑物名称	电力负荷名称	负荷级别	备注
1	高层普通住宅	客梯、生活水泵电力，楼梯照明	二级	
2	高层宿舍	客梯、生活水泵电力，主要通道照明	二级	
3	重要办公建筑	客梯电力，主要办公室、会议室、总值班室、档案室及主要通道照明	一级	
4	部、省级办公建筑	客梯电力，主要办公室、会议室、总值班室、档案室及主要通道照明	二级	
5	高等学校教学楼	客梯电力，主要通道照明	二级	见注 a
6	一、二级旅馆	经营管理用及设备管理用电子计算机系统电源	一级	见注 d
		宴会厅电声、新闻摄影、录像电源，宴会厅、餐厅、娱乐厅、高级客房、康乐设施、厨房及主要通道照明，地下室污水泵、雨水泵电力，厨房部分电力，部分客梯电力	一级	
		其余客梯电力，一般客房照明	二级	

续表

序号	建筑物名称	电力负荷名称	负荷级别	备注
7	科研院所重要实验室		一级	见注 b
8	市(地区)级及以上气象台	主要业务用电子计算机系统电源	一级	见注 d
		气象雷达、电报及传真收发设备、卫星云图接收机及语言广播电源,天气绘图及预报照明	一级	
		客梯电力	二级	
9	高等学校重要实验室		一级	见注 b
10	计算中心	主要业务用电子计算机系统电源	一级	
		客梯电力	二级	
11	大型博物馆、展览馆	防盗信号电源,珍贵展品展室的照明	一级	
		展览用电	二级	
12	甲等剧场	调光用电子计算机系统电源	一级	见注 d
		舞台、贵宾室、演员化妆室照明,舞台机械电力,电声、广播及电视转播、新闻摄影电源	一级	
13	甲等电影院		二级	
14	重要图书馆	检索用电子计算机系统电源	一级	见注 d
		其他用电	二级	
15	省、自治区、直辖市及以上体育馆、体育场	计时记分用电子计算机系统电源	一级	见注 d
		比赛厅(场)、主席台、贵宾室、接待室及广场照明,电声、广播及电视转播、新闻摄影电源	一级	
16	县(区)级及以上医院	急诊部用房、监护病房、手术部、分娩室、婴儿室、血液病房的净化室、血液透析室、病理切片分析、CT扫描室、区域用中心血库、高压氧仓、加速器机房和治疗室及配血室的电力和照明、培养箱、冰箱、恒温箱的电源	一级	
		电子显微镜电源,客梯电力	二级	
17	银行	主要业务用电子计算机系统电源,防盗信号电源	一级	见注 d
		客梯电力,营业厅、门厅照明	二级	见注 c
18	大型百货商店	经营管理用电子计算机系统电源	一级	见注 d
		营业厅、门厅照明		
		自动扶梯、客梯电力	二级	
19	中型百货商店	营业厅、门厅照明、客梯电力	二级	
20	广播电台	电子计算机系统电源	一级	见注 d
		直接播出的语言播音室、控制室、微波设备及发射机房的电力和照明	一级	
		主要客梯电力,楼梯照明	二级	

续表

序号	建筑物名称	电力负荷名称	负荷级别	备注
21	电视台	电子计算机系统电源	一级	见注 d
		直接播出的电视演播厅、中心机房、录像室、微波机房及发射机房的电力和照明	一级	
		洗印室、电视电影室、主要客梯电力,楼梯照明	二级	
22	火车站	特大型站和国境站的旅客站房、站台、天桥、地道的用电设备	一级	
23	民用机场	航行管制、导航、通信、气象、助航灯光系统的设施和台站;边防、海关、安全检查设备;航班预报设备;三级以上油库;为飞行及旅客服务的办公用房;旅客活动场所的应急照明	一级	见注 d
		候机楼、外航驻机场办事处、机场宾馆及旅客过夜用房、站坪照明、站坪机务用电	一级	
		其他用电	二级	
24	水运客运站	通讯枢纽、导航设施、收发讯台	一级	
		港口重要作业区、一等客运站用电	二级	
25	汽车客运站	一、二级站	二级	
26	市话局、电信枢纽、卫星地面站	载波机、微波机、长途电话交换机、市内电话交换机、文件传真机、会议电话、移动通信及卫星通信等通讯设备的电源;载波机室、微波机室、交换机室、测量室、转接台室、传输室、电力室、电池室、文件传真机室、会议电话室、移动通信室、调度机室及卫星地面站的应急照明,营业厅照明,用户电传机	一级	见注 e
		主要客梯电力,楼梯照明	二级	
27	冷库	大型冷库、有特殊要求的冷库的氨压缩机及其附属设备的电力,电梯电力,库内照明	二级	
28	监狱	警卫照明	一级	

注:a. 仅当建筑物为高层建筑时,其客梯电力、楼梯照明为二级负荷;
  b. 此处系指高等学校、科研院所中一旦中断供电将造成人身伤亡或重大政治影响、经济损失的实验室,例如生物制品实验室等;
  c. 在面积较大的银行营业厅中,供暂时工作用的应急照明为一级负荷;
  d. 该一级负荷为特别重要负荷;
  e. 重要通讯枢纽的一级负荷为特别重要负荷;
  f. 各种建筑物的分级见现行的有关设计规范。

3．负荷级别对供电电源的要求

（1）一级负荷

一级负荷应由两个电源供电,当一个电源发生故障时,另一个电源应不致同时受到损坏。

一级负荷容量较大或有高压用电设备时,应采用两路高压电源。如一级负荷容量不大时,应优先采用从电力系统或临近单位取得第二低压电源,亦可采用应急发电机组,如一级负荷仅为照明或电话站负荷时,宜采用蓄电池组作为备用电源。

(2) 一级负荷中的特别重要负荷

一级负荷中特别重要负荷，除上述两个电源外，还必须增设应急电源。为保证对特别重要负荷的供电，严禁将其他负荷接入应急供电系统。

1) 常用的应急电源有下列几种：

  a. 独立于正常电源的发电机组；

  b. 供电网络中有效地独立于正常电源的专门馈电线路；

  c. 蓄电池。

2) 根据允许的中断供电时间可分别选择下列应急电源：

  a. 静态交流不间断电源装置适用于允许中断供电时间为毫秒级的供电；

  b. 带有自动投入装置的独立于正常电源的专门馈电线路，适用于允许中断时间为 1.5s 以上的供电；

  c. 快速自起动的柴油发电机组，适用于允许中断供电时间为 15s 以上的供电。

(3) 二级负荷

二级负荷的供电系统应做到当发生电力变压器故障或线路常见故障时不致中断供电（或中断后能迅速恢复）。在负荷较小或地区供电条件困难时，二级负荷可由一回 6kV 及以上专用架空线供电。

(4) 三级负荷

三级负荷对供电无特殊要求。

15.2 负荷统计及相关计算

15.2.1 负荷统计的目的和原则

1. 负荷统计的内容及目的（见表 15.2.1-1）

负荷统计的内容及目的 表 15.2.1-1

序号	项目	统计目的
1	计算负荷统计	作为按发热条件选择配电变压器、导体及电器的依据，并用来计算电压损失和功率损耗。在工程上为方便计，亦可作为电能消耗量及无功功率补偿的计算依据
2	一、二级负荷统计	用以确定备用电源或应急电源
3	季节性负荷统计	从经济运行条件出发，用以考虑变压器的台数和容量
4	尖峰电流计算	用以校验电压波动和选择保护电器

2. 负荷统计方法及应用原则

(1) 在方案设计阶段可采用单位指标法；在初步设计及施工图设计阶段，宜采用需要系数法。

对于住宅，在设计的各个阶段均可采用单位指标法。

(2) 用电设备台数较多，各台设备容量相差不悬殊时，宜采用需要系数法，一般用于干线、配变电所的负荷计算。

(3) 用电设备台数较少，各台设备容量相差悬殊时，宜采用二项式法，一般用于支干线和配电屏(箱)的负荷计算。

15.2.2 设备容量统计

1. 不同工作制的用电设备

（1）连续工作制电动机的设备功率等于额定功率，但不包括备用设备的功率。

$$P_e = \sum_1^n P_n$$

式中　P_e——设备总容量，kW；

　　　P_n——某台设备铭牌功率，kW。

（2）断续或短时工作制电动机的设备功率，当采用需要系数法或二项式法计算时，是将额定功率统一换算到负载持续率为25%时的有功功率。

$$P_n = P_n \sqrt{\frac{\varepsilon_n}{\varepsilon_{25}}} = 2P_n \sqrt{\varepsilon_n} \quad kW$$

式中　P_n——换算前的电动机铭牌功率(即在某一暂载率 ε% 下的额定功率)；kW；

　　　ε_n——与上述用电设备的额定功率相对应的暂载率；

　　　ε_{25}——暂载率为25%。

（3）电焊机的设备功率是指将额定功率换算到负载持续率为100%时的有功功率。

$$P_e = S_n \sqrt{\varepsilon_n} \cos\phi$$

式中　S_n——设备容量，kVA；

　　　$\cos\phi$——设备功率因数。

2. 电气照明设备

（1）白炽灯、高压卤钨灯是指灯泡标出的额定功率。

（2）低压卤钨灯除灯泡功率外，还应考虑变压器的功率损耗。一般取灯泡功率的 1.05～1.1 倍。

（3）气体放电灯、金属卤化物灯除灯泡的功率外，还应考虑镇流器的功率损耗。荧光灯一般取 1.2 倍；金属卤化物灯一般取 1.1 倍。

3. 消防设备

当消防用电的计算有功功率大于火灾时可能同时切除的一般电力、照明负荷的计算有功功率时，应按未切除的一般电力、照明负荷加上消防负荷计算低压总的设备功率，计算负荷。否则计算低压总负荷时，不应考虑消防负荷。

4. 单相负荷

单相负荷应均衡分配到三相上。当单相负荷的总容量小于计算范围内三相对称负荷总容量的 15% 时，全部按三相对称负荷计算；当超过 15% 时，应将单相负荷换算为等效三相负荷，再与三相负荷相加。等效三相负荷可按下列方法计算：

（1）只有相负荷时，等效三相负荷取最大相负荷的 3 倍。

（2）只有线间负荷时，等效三相负荷为：单台时取线间负荷的 $\sqrt{3}$ 倍；多台时取最大线间负荷的 $\sqrt{3}$ 倍加上次大线间负荷的 $(3-\sqrt{3})$ 倍。

（3）既有线间负荷及有相负荷时，应先将线间负荷换算为相负荷，然后各相负荷分别相加，选取最大相负荷乘 3 倍作为等效三相负荷。

15.2.3 负荷统计方法
1. 需要系数法
(1) 计算公式

$$P_{30} = K_d P_e$$

$$Q_{30} = K_d P_e \tan\phi$$

$$S_{30} = \sqrt{P_{30}^2 + Q_{30}^2}$$

$$I_{30} = S_{30} / \sqrt{3} U_N$$

式中 P_{30}、Q_{30}、S_{30}、I_{30}——分别为有功、无功、视在计算负荷和计算电流;

P_e——设备容量;

$\tan\phi$——功率因数正切值;

K_d——需要系数。

(2) 需要系数(分别见表 15.2.3-1~15.2.3-4)

照明负荷需要系数值 表 15.2.3-1

建筑物分类	需要系数 K_d	建筑物分类	需要系数 K_d
小车间	1.0	试验室,办公楼及其他生活设施	0.8
由几个大跨度组成的车间	0.95	变电所,仓库	0.6
由很多房间组成的车间	0.85	外部照明	1.0
公用设施	0.9		

建筑照明负荷需要系数 表 15.2.3-2

建筑类别	需要系数 K_d	备注
住宅楼	0.4~0.6	单元式住宅,每户两室,6~8 个插座户装电表
单宿楼	0.6~0.7	标准单间,1~2 灯,2~3 个插座
办公楼	0.7~0.8	标准单间,2 灯,2~3 个插座
科研楼	0.8~0.9	标准单间,2 灯,1~2 个插座
教学楼	0.8~0.9	标准教室 6~8 个灯,1~2 个插座
商店	0.85~0.95	有举办展销会可能时
餐厅	0.8~0.9	
社会旅馆	0.7~0.8	标准客房,1 灯,2~3 个插座
	0.8~0.9	附有对外餐厅时
门诊楼	0.6~0.7	
病房楼	0.5~0.6	
影院	0.7~0.8	
剧场	0.6~0.7	
体育馆	0.65~0.75	

15.2 负荷统计及相关计算

非工业电力负荷的需要系数　　　　　　　　　　　　　　表 15.2.3-3

负荷类别	需要系数 K_d	功率因数
洗衣房动力	0.65~0.75	0.75~0.8
厨房动力	0.5~0.7	0.4~0.75
实验室动力	0.2~0.4	0.2~0.5
医院动力	0.4~0.5	0.5~0.6
窗式空调器	0.7~0.8	0.8~0.85

各类工厂的全厂需要系数　　　　　　　　　　　　　　　表 15.2.3-4

工厂类别	需要系数 K_d	功率因数	工厂类别	需要系数 K_d	功率因数
汽轮机制造厂	0.38	0.88	量具刃具制造厂	0.26	—
锅炉制造厂	0.27	0.73	电机制造厂	0.33	—
柴油机制造厂	0.32	0.74	石油机械制造厂	0.45	0.78
重型机械制造厂	0.35	0.79	电线电缆制造厂	0.35	0.73
机床制造厂	0.2	—	电器开关制造厂	0.35	0.75
重型机床制造厂	0.32	0.79	阀门制造厂	0.38	—
工具制造厂	0.34	—	铸管厂	0.5	0.78
仪器仪表制造厂	0.37	0.81	橡胶厂	0.5	0.72
滚珠轴承制造厂	0.28	—	通用机械厂	0.4	—

(3) 计算方法举例

【例 15.2.3-1】 某单位用电负荷如下：P_1, 40kW, $\cos\phi_1 = 0.8$；P_2, 60kW, $\cos\phi_2 = 0.7$；P_3(照明负荷), 20kW, $\cos\phi_3 = 1.0$。均采用 380V 三相供电，需要系数 $K_d = 0.6$，求计算负荷。

【解】 $P_{30} = K_d P_e = 0.6 \times (40 + 60 + 20) = 72\text{kW}$

$Q_1 = P_1 \tan\phi_1 = 40 \times 0.75 = 30\text{kVar}$

$Q_2 = P_2 \tan\phi_2 = 60 \times 1 = 60\text{kVar}$

$Q_3 = 0$

则　$Q_{30} = K_d Q_e = 0.6 \times (30 + 60) = 54\text{kVar}$

$S_{30} = \sqrt{P_{30}^2 + Q_{30}^2} = \sqrt{72^2 + 54^2} = 90\text{kVA}$

$I_{30} = S_{30}/\sqrt{3}\, U_N = 90/\sqrt{3} \times 0.38 = 136.7\text{A}$

计算结果列表如 15.2.3-5。

计算负荷统计结果　　　　　　　　　　　　　　　　　　表 15.2.3-5

序号	P_e(kW)	$\cos\phi$	Q_e(kVar)	K_d	P_{30}(kW)	Q_{30}(kVar)	S_{30}(kVA)	I_{30}(A)
1	40	0.8	30	0.6	72	54	90	136.7
2	60	0.7	60					
3	20	1.0	0					

【例 15.2.3-2】 某系统供电负荷如下：

三相负荷，$P_1 = 200\text{kW}$，平均功率因数 $\cos\phi = 0.8$，$U_N = 380\text{V}$；

吊车等短时工作负荷，$P_2 = 50\text{kW}$，$\varepsilon_n = 15\%$，$\cos\phi = 0.6$，$U_N = 380\text{V}$；

单相负荷，$P_3 = 40\text{kW}$，$\cos\phi = 1.0$，$U_N = 220\text{V}$，

若需要系数 $K_d = 0.5$，求计算负荷。

解：P_1 为一般负荷，$P_1 = 200\text{kW}$，$\phi_1 = P_1\tan\phi = 150\text{kVar}$；

P_2 为短时负荷，$P_{e2} = 2\sqrt{\varepsilon_n}P_2 = 2\times\sqrt{0.15}\times 50 = 38.7\text{kW}$

$$Q_{e2} = 38.7\times\tan\phi = 38.7\times 1.33 = 51.6\text{kVar}$$

P_3 为单相负荷，且超过总负荷 15%，则

$$P_{e3} = 3P_3 = 3\times 40 = 120\text{kW}$$

因此，计算负荷如下：

$$P_{30} = K_d P_e = 0.5\times(200 + 38.7 + 120) = 179.4\text{kW}$$

$$Q_{30} = K_d Q_e = 0.5\times(150 + 51.6) = 100.8\text{kVar}$$

$$S_{30} = \sqrt{P_{30}^2 + Q_{30}^2} = \sqrt{179.4^2 + 100.8^2} = 205.8\text{kVA}$$

$$I_{30} = S_{30}/\sqrt{3}U = 205.8/\sqrt{3}\times 0.38 = 312.6\text{A}$$

2. 二项式系数法

二项式系数法的基本计算公式是：

$$P_{30} = b\cdot P_e + c\cdot P_n$$

式中　$b\cdot P_e$——表示用电设备组的平均负荷，其中 P_e 是用电设备组的设备容量，计算方法如前需要系数法中所述；

　　　$c\cdot P_n$——表示用电设备组中 n 台容量最大的设备运行时的附加负荷，其中 P_n 是 n 台最大容量的设备总容量；

　　　$b、c$——二项式系数。

表 15.2.3-6 列出了部分用电设备组的二项式系数 b、c 和最大容量的设备台数 n，供计算时参考。

部分用电设备二项式系数　　　　表 15.2.3-6

用电设备组名称	需要系数 K_d	二项式系数 b	二项式系数 c	最大容量设备台数 n	$\cos\phi$	$\tan\phi$
大批和流水作业生产的热加工机床电动机	0.3~0.4	0.26	0.5	5	0.66	1.17
大批和流水作业生产的冷加工机床电动机	0.2~0.25	0.14	0.5	5	0.5	1.73
小批和单独生产的冷加工机床电动机	0.16~0.2	0.14	0.4	5	0.5	1.73
通风机、水泵、空压机及电动发电机组电动机	0.75~0.85	0.65	0.25	5	0.8	0.75
连续运输机械和铸造车间造型机械（非连锁的）	0.6~0.7	0.4	0.4	5	0.75	0.88
连续运输机械和铸造车间造型机械（连锁的）	0.65~0.7	0.6	0.2	5	0.75	0.88
锅炉房和机修、机加、装配等类车间的吊车（$\varepsilon = 25\%$）	0.1~0.15	0.06	0.2	3	0.5	1.73
铸造车间的吊车（$\varepsilon = 25\%$）	0.15~0.3	0.09	0.3	3	0.5	1.73

续表

用电设备组名称	需要系数 K_d	二项式系数		最大容量设备台数 n	$\cos\phi$	$\tan\phi$
		b	c			
自动连续装料的电阻炉设备	0.6~0.8	0.7	0.3	2	0.95	0.33
非自动连续装料的电阻炉设备	0.6~0.7	0.5	0.5	1	0.95	0.33
实验室用的小型电热设备(电阻炉、干燥箱等)	0.7	—	—	—	1	0
低频感应电炉①	0.65	—	—	—	0.7	1.02
高频感应电炉②	0.8	—	—	—	0.87	0.57
电弧熔炉	0.9	—	—	—	0.87	0.57
点焊机、缝焊机	0.35	—	—	—	0.6	1.33
对焊机、铆焊加热机	0.35	—	—	—	0.7	1.02
自动弧焊变压器	0.5	—	—	—	0.4	2.29
单头手动弧焊变压器	0.35	—	—	—	0.35	2.68
多头手动弧焊变压器	0.7~0.9	—	—	—	0.35	2.68
单头弧焊电动发电机组	0.35	—	—	—	0.6	1.33
多头弧焊电动发电机组	0.7~0.9	—	—	—	0.75	0.38
生产厂房及办公室、试验室照明	0.8~1	—	—	—	1	0
变电所、仓库照明	0.5~0.7	—	—	—	1	0
宿舍(生活区)照明	0.6~0.8	—	—	—	1	0
室外照明	1	—	—	—	1	0
事故照明	1	—	—	—	1	0

注：a．①低频感应电炉不带功率因数补偿装置时，功率因数 $\cos\phi=0.35$，$\tan\phi=2.68$。
　　b．②高频感应电炉不带功率因数补偿装置时，功率因数 $\cos\phi=0.1$，$\tan\phi=9.95$。
　　c．表中所列需要系数也可供计算和比较参考。

【例 15.2.3-3】 已知一小批生产的冷加工机床组,拥有电压为 380V 的三相交流电动机,7kW 的 3 台,4.5kW 的 8 台,2.8kW 的 17 台,1.7kW 的 10 台。试求其计算负荷。

【解】 由表 15.2.3-6 查得

$$b=0.14, c=0.4, n=5, \cos\phi=0.5$$

$$P_e = 7\times3 + 4.5\times8 + 2.8\times17 + 1.7\times10 = 121.6\text{kW}$$

$$P_n = 7\times3 + 4.5\times2 = 30\text{kW}$$

则

$$P_{30} = bP_e + cP_n$$
$$= 0.14\times121.6 + 0.4\times30 = 29\text{kW}$$

$$S_{30} = P_{30}/\cos\phi = 29/0.5 = 58\text{kVA}$$

$$I_{30} = S_{30}/\sqrt{3}U = 58/\sqrt{3}\times0.38 = 88\text{A}$$

15.2.4 尖峰电流计算

尖峰电流是持续 1~2s 的短时最大负荷电流。它用来计算电压波动,选择熔断器和低压断路器(自动开关),整定继电保护装置及检验电动机自起动条件等。

1. 单台设备的尖峰电流

单台用电设备的尖峰电流就是其起动电流,因此尖峰电流为

$$I_{pk} = I_{st} = K_{st} \cdot I_N$$

式中　I_N——用电设备的额定电流;

I_{st}——用电设备的起动电流;

K_{st}——用电设备的起动电流倍数:笼型电动机为 5~7,绕线型电动机为 2~3,直流电动机为 1.7,电焊变压器为 3 或稍大。

2. 多台设备的尖峰电流

多台设备的尖峰电流一般按最大一台设备的起动电流和其余各台设备的计算电流计算,即:

$$I_{pk} = (I_{st} - I_N)_{max} + K_\Sigma \sum_1^{n-1} I_N$$

式中　$(I_{st} - I_N)_{max}$——最大一台设备的起动电流与其额定电流的差值;

　　　K_Σ——同时系数,一般为 0.7~1.0;

　　　$\sum_1^{n-1} I_N$——其余各台设备额定电流之和。

【例 15.2.4-1】 某供电系统有电动机 5 台,有关参数如表 15.2.4-1,求尖峰电流。

某供电系统电动机有关参数　　　　表 15.2.4-1

序 号	代 号	额定电压(V)	额定电流(A)	起动电流(A)	备 注
1	M1	380	4.0	24	
2	M2	380	5.6	34	
3	M3	380	25.1	151	(最大一台)
4	M4	380	11.6	81	
5	M5	380	15.4	108	

【解】 取 $K_\Sigma = 0.8$,其中 M3 为最大一台,则

$$I_{pk} = (151 - 25.1) + 0.8 \times (4.0 + 5.6 + 11.6 + 15.4) = 155.2A$$

15.2.5　供电系统损耗和电能计算

1. 线路功率和电能损耗计算(见表 15.2.5-1)

线路功率和电能损耗计算　　　　表 15.2.5-1

序号	项目	符号	单位	计算公式	说明
1	功率损耗	ΔP_L	kW	$\Delta P_L = 3I_{30}^2 R_0 L \times 10^{-3}$	I_{30}——计算电流,A;
2	无功损耗	ΔQ_L	kVar	$\Delta Q_L = 3I_{30}^2 X_0 L \times 10^{-3}$	$R_0 \cdot X_0$——线路单位长度阻抗,Ω/km;
3	电能损耗	ΔW_L	kWh	$\Delta W_L = \Delta P_L T_{max}$	L——线路长度,km; T_{max}——年利用小时数,h

注:年利用小时数可查有关设计手册。近似计算时,民用企业和一班制工厂,2000~3000h;二班制工厂,4000~5000h;三班制工厂,6000~7000h。

【例 15.2.5-1】 某三相供电线路,采用 LJ-50 导线,$R_0 = 0.66\Omega$/km,$X_0 = 0.36\Omega$/km,线路长度 $L = 5$km,线路计算电流为 60A,年利用小时数为 4600h;求线路功率和电能损耗。

【解】 $\Delta P_L = 3I_{30}^2 R_0 L \times 10^{-3} = 3 \times 60^2 \times 0.66 \times 5 \times 10^{-3} = 35.64 \text{kW}$

$\Delta Q_L = 3I_{30}^2 X_0 L \times 10^{-3} = 3 \times 60^2 \times 0.36 \times 5 \times 10^{-3} = 19.44 \text{kVar}$

$\Delta W_L = \Delta P_L T_{max} = 35.64 \times 4600 = 163944 \text{kWh}$

2. 电力变压器功率和电能损耗计算(见表15.2.5-2)

电力变压器功率和电能损耗计算　　　　　表 15.2.5-2

序号	项目	符号	单位	计算公式	说明
1	有功损耗	ΔP_T	kW	$\Delta P_T = \Delta P_0 + \Delta P_k \beta^2$	ΔP_0——空载损耗，kW； ΔP_k——短路损耗，kW； β——负载系数，$\beta = S_{30}/S_N$； I_0——空载电流，%； u_k——短路电压，%； T_{max}——年利用小时数，h
2	无功损耗	ΔQ_T	kVar	$\Delta Q_T = (I_0 + u_k \beta^2) S_N$	
3	电能损耗	ΔW_T	kWh	$\Delta W_T = \Delta P_0 \cdot 8760 + \Delta P_k \beta^2 T_{max}$	

注：ΔP_0、ΔP_k、I_0、U_k 由变压器产品样本查取，β 由计算容量计算，T_{max} 按表 15.2.5-1 注的方法确定。

【例 15.2.5-2】 某单位一电力变压器，其型号规格为 S9-250kVA，10/0.4kV，计算负荷为 200kVA，若年最大利用小时数为 4600h，求此变压器功率和电能损耗。

【解】 由产品样本(见本书第 10 章)查得，该变压器的有关数据如下：$\Delta P_0 = 0.56 \text{kW}$，$\Delta P_k = 3.05 \text{kW}$，$I_0 = 1.2\%$，$u_K = 4\%$，则

$$\Delta P_T = \Delta P_0 + \Delta P_k \beta^2 = 0.56 + 3.05 \times \left(\frac{200}{250}\right)^2 = 2.51 \text{kW}$$

$$\Delta Q_T = (I_0 + u_K \beta^2) S_N = \left[0.012 + 0.04 \times \left(\frac{200}{250}\right)^2\right] \times 250 = 9.4 \text{kVar}$$

$$\Delta W_T = \Delta P_0 \cdot 8760 + \Delta P_k \cdot \beta^2 \cdot T_{max} = 0.56 \times 8760 + 3.05 \times \left(\frac{200}{250}\right)^2 \times 4600 = 13884.8 \text{ kWh}$$

15.2.6 家庭用电负荷统计

1. 家庭用电设备及负荷估算

表 15.2.6-1 是家庭用电的一般情况，按使用空调器制冷，电加热器取暖，有煤气但供应可能不正常，3~4 口之家及 2~3 居室等因素考虑的。表中：

"年均用电时间"按电器一般使用情况而定，如照明，每天按 3h 计，一年为 365×3≈1100h；电冰箱每天工作 10h，一年为 3650h。

"负荷系数"是考虑电器在正常工作时不一定满负荷或不一定都工作的一个系数，分别取 0.4~0.9。

年用电量 = 功率 × 负荷系数 × 年均用电时间。例如：照明年用电量 = 0.3 × 0.4 × 1100 = 132kW·h。

家庭用电的估算　　　　　表 15.2.6-1

类别	名称	台数	功率(kW)	年均用电时间(h)	年用电量(kW·h)	负荷系数
照明	灯具	12	0.3	1110	132	0.4
视听	电视机	2	0.3	1460	263	0.6
娱乐	组合音响	2	0.3	730	131	0.6

续表

类别	名称	台数	功率 (kW)	年均用电时间 (h)	年用电量 (kW·h)	负荷系数
	摄录像机	1	0.6	360	130	0.6
	影碟机	1	0.1	360	18	0.5
	电脑	1	0.3	550	83	0.5
清洁器具	吸尘器	1	0.6	180	54	0.5
	洗衣机	1	0.5	150	45	0.6
	电吹风	1	0.05	100	4	0.8
	电熨斗	1	0.8	70	50	0.9
	电热水器	1	2.0	200	320	0.8
	浴霸	1	1.5	100	120	0.8
环境调节	空调器	2	2.0	700	700	0.5
	电风扇	3	0.2	350	63	0.9
	通风机	2	0.1	100	9	0.9
	电热器	2	2.0	350	420	0.6
	电热毯	3	0.3	240	57	0.8
厨具	电冰箱	2	0.3	3650	876	0.8
	*电饭煲	2	1.5	400	360	0.6
	*电炒锅	1	1.5	400	300	0.5
	微波炉	1	1.0	200	100	0.5
	电烤箱	1	0.8	100	32	0.4
	消毒柜	1	0.6	100	30	0.5
	洗碗机	1	1.2	100	48	0.4
	抽油烟机	1	0.2	600	96	0.8
	食物处理器	1	0.2	180	21	0.6
	*电热水瓶	2	1.4	360	403	0.8
保健	健身器	3	0.4	400	96	0.6
其他		5	0.5	360	90	0.5
合计		58	21.55		5051	

注：煤气供应正常的家庭，带*者可能取消，或使用时间减少。

2. 家庭用电分类统计

按照电器的功能，家庭用电器分为：照明类，包括一般照明及装饰照明；视听娱乐类，电脑也列入此类；清洁器具类，包括除尘、洗涤；环境调节类，包括制冷、加热、通风换气等；厨具类；医疗保健类及其他。各类家用电器分类分析见表15.2.6-2。

未来家庭用电分析 表 15.2.6-2

类 别	功 率 (kW)	比 例 (%)	用电量(kW·h)	比 例 (%)
照明类	0.3	1.39	132	2.61
视听娱乐类	1.6	7.42	625	12.37
清洁器具类	5.45(3.45)	25.29	593(273)	11.74
环境调节类	4.6	21.35	1249	24.73
厨具类	8.7(6.5)	40.37	2266(1418)	44.86
保健及其他类	0.9	4.17	186	3.68
合 计	21.55	100.00	5051	100.00

注：括号内的数字是表示煤气供应正常的家庭用电负荷和用电量。

3. 家庭用电的特点

(1) 家庭用电负荷大大增加。家庭用电设备接近 60 台，负荷将达到或接近 20kW。

(2) 家庭年用电量接近 6000kW·h，按一家 3~4 口人计算，人均年用电量将达到1500~2000kW·h。

(3) 家庭用电功率最大的是厨具类，清洁器具类和环境调节类（主要是空调和电热器），分别占 40.37%、25.29% 及 21.35%；用电量最多的是厨具类、环境调节类和视听娱乐器具，分别占 44.86%、24.73% 及 12.37%。单台功率最大的设备是空调器、电热器等，而用电量最多的单台设备是电冰箱，年用电量接近 900kW·h。

(4) 若按需要系数为 0.5 计算，则家庭用电负荷将达到 10kW 左右，即：

$$P = 21.5 \times 0.5 \approx 10 \text{kW}$$

假定电源电压为 220V，功率因数为 0.9，则其计算电流为

$$I = 10 \times 1000/(220 \times 0.9) = 50.5 \text{A}$$

因此，配电箱的控制开关、保险器、电度表的容量将相应增加；并且要采用多路控制，厨房、空调、电热水器等应分别单独供电，其导线截面积也应加大；插座的数量和容量也必须增加。

15.3 用 电 管 理

15.3.1 电压选择和控制

1. 电压选择

(1) 用电单位的供电电压应从用电容量、用电设备特性、供电距离、供电线路的回路数、用电单位的远景规划、当地公共电网现状和它的发展规划以及经济合理等因素考虑决定。

用电设备容量在 250kW 或需用变压器容量在 160kVA 以上者应以高压方式供电；用电设备容量在 250kW 或需用变压器容量在 160kVA 及以下者，应以低压方式供电，特殊情况也可以高压方式供电。

(2) 用电单位的高压配电电压宜采用 10kV；如 6kV 用电设备的总容量较大，选用 6kV 电压配电技术经济合理时，则应采用 6kV。低压配电电压应采用 220/380V。

2. 电网电压稳定的基本条件

系统中电压稳定的基本条件是无功功率平衡，即

$$Q_G = \Sigma Q_e + \Delta Q$$

式中 Q_G——发电机及其他无功电源输出的无功功率；

ΣQ_e——用电设备占用或消耗的无功功率；

ΔQ——线路和设备无功损耗。

3. 电压质量指标

电压质量是指按国家有关标准或规范对供电系统电压的偏差、波动和波形的一种质量评估方法和指标。电压质量的有关概念和质量指标见表 15.3.1-1。

电压质量有关概念和质量指标　　　　表 15.3.1-1

序号	项目	含义或指标
1	电压质量	指按照国家标准或规范对供电系统电压的偏差、波动和波形的一种质量评估，属电能质量的重要组成部分
2	电压偏差	指供电系统由运行方式改变和负荷缓慢变化引起的各点实际电压与系统额定电压之差。电压偏差常用其对系统额定电压的百分比值来表示
3	电压波动	指供电系统的一系列的电压变动或电压包络线的周期性变动。它用电压调幅波（即电压幅值包络线的波形）中相邻两个极值电压方均根值之差对额定电压的百分比值来表示。其值的变化速度应不低于每秒0.2%（低于此值的不计）
4	电压闪变	指供电系统中因负荷急剧变动造成电压急剧升降，引起照明闪烁以致使人眼感到不适的现象
5	电压或电流的谐波含量	指从电压或电流的周期性交流量中减去其基波分量后所得的量 谐波电压含量 $U_H = \sqrt{\sum_{h=2}^{\infty}(U_h)^2}$ 谐波电流含量 $I_H = \sqrt{\sum_{h=2}^{\infty}(I_h)^2}$ 式中，U_h、I_h 分别为第 h 次的谐波电压和电流（方均根值）
6	谐波含有率	指周期性交流量中含有的第 h 次谐波分量的方均根值与基波分量的方均根值之比（用百分数表示） 第 h 次谐波电压含有率 HRU_h 为 $HRU_h = \dfrac{U_h}{U_1} \times 100\%$
7	总谐波畸变率	指周期性交流量中的谐波含量的方均根值与其基波分量的方均根值之比（用百分数表示） 电压总谐波畸变率 THD_u 为 $THD_u = \dfrac{U_H}{U_1} \times 100\%$ 电流总谐波畸变率 THD_i 为 $THD_i = \dfrac{I_H}{I_1} \times 100\%$
8	（线路的）电压降，电压降落	指线路首端电压与线路末端电压的相量（矢量）差。以末端电压相量为基轴，电压降在此轴上的正投影，称为"电压降纵分量"，用 ΔU 表示。电压降在与基轴相垂直的轴上的投影，称为"电压降横分量"，用 δU 表示
9	（线路的）电压损耗	指线路首端电压与线路末端电压的代数（算术）差。在地区电网（包括工厂供电系统）中，可认为电压降纵分量 ΔU 等于电压损耗。又称"电压损失"
10	不对称度	指衡量多相系统平衡状态的一个指标。多相系统的电压负序分量与电压正序分量的比值，称为"电压不对称度"；多相系统的电流负序分量与电流正序分量的比值，称为"电流不对称度"。不对称度通常以百分值（%）表示

续表

序号	项目	含义或指标
11	电压波动允许值	电力系统公共供电点,由冲击性功率负荷产生的电压波动允许值如下: 额定电压 10kV 及以下 2.5% 额定电压 35~110kV 2% 额定电压 220kV 及以上 1.6%
12	闪变电压允许值	电力系统公共供电点,由冲击性功率负荷产生的闪变电压允许值[①]如下: 对照明要求较高的白炽灯负荷 0.4% 其他一般性照明负荷 0.6%

注:① 闪变电压用"等效闪变值"ΔU_{10}来表示。ΔU_{10}为电压调幅波中不同频率的正弦波分量的方均根值等效为 10Hz 频率时的 1min 平均值,以额定电压的百分值表示:

$$\Delta U_{10} = \sqrt{\Sigma(\alpha_f \Delta U_{fl})^2}$$

式中,ΔU_{fl}为电压调幅波中频率为 f 的正弦波分量的 1min 方均根平均值,以额定电压的百分数表示;α_f 为人眼对不同频率 f 的电压波动而引起灯闪的敏感程度,称为"闪变视感系数"。α_f 与 f 的关系如下表所示:

f/Hz	0.01	0.05	0.10	0.50	1.00	3.00	5.00	10.00	15.00	20.00	30.00
α_f	0.026	0.055	0.075	0.169	0.260	0.563	0.780	1.00	0.845	0.655	0.357

4. 电压偏移及其影响

正常情况下用电设备端子处电压偏移允许值见表 15.3.1-2,电压偏移对用电设备的影响见表 15.3.1-3。

电压偏移允许值   表 15.3.1-2

项次	类别	允许偏移值
1	一般电动机	±5%
2	电梯电动机	±7%
3	照明	在一般工作场所为 ±5%;在视觉要求较高的屋内场所为 +5%、-2.5%;对于远离变电所的小面积一般工作场所,难以满足上述要求时,可为 +5%、-10%;应急照明、道路照明和警卫照明为 +5%、-10%
4	其他用电设备	当无特殊规定时为 ±5%

电压偏移对用电设备的影响   表 15.3.1-3

序号	名称	项目	符号	与电压的关系	电压偏高 10%	电压偏低 10%
1	异步电动机	起动转矩	T_s	U^2	+21%	-19%
		最大转矩	T_{max}	U^2	+21%	-19%
		转差率	s	U^{-2}	-17%	+23%
		起动电流	I_s	U	+10%~12%	-10%~12%
		工作电流	I		-7%	+11%
		满载温升	Δt		-3%~4%	+6%~7%
2	同步电动机	最大转矩	T_{max}	U	+10%	-10%

续表

序号	名称	项目	符号	与电压的关系	电压偏高 10%	电压偏低 10%
		起动电流	I_s	U	$+10\%\sim 12\%$	$-10\%\sim 12\%$
3	电热设备	输出热量	Q	U^2	$+21\%$	-19%
4	白炽灯	输出功率	P	U^2	$+21\%$	-19%
		光通量	Φ	$U^{3.6}$	$+39\%$	-32%
		使用寿命	a	U^{-14}	-70%	$+330\%$
5	气体放电灯	光通量	Φ	U^3	$+20\%\sim 30\%$	$-20\%\sim 30\%$
		使用寿命	a		-20%	-35%
6	变压器	空载电流	I_0	U	$+10\%\sim 15\%$	-10%
7	电磁铁	吸力	F	U^2	$+21\%$	-19%
		工作电流	I	U	$+10\%\sim 12\%$	-10%
8	电容器	无功功率	Q	U^2	$+21\%$	-19%

注：所列关系均为近似关系，数值均为近似值。

5．减少电压偏移的措施

(1) 正确选择变压器的电压比和电压分接头

常用配电变压器分接开关内部接线见第 10 章。常用 10kV 配电变压器各分接开关接头对应的电压比见表 15.3.1-4。调整分接开关位置便可改变低压配电系统的电压。

10kV 配电变压器分接开关对应电压比　　　　　表 15.3.1-4

分接开关位置	高压 (V)	低压 (V)	备注
Ⅰ	9500	400	+5%
Ⅱ	10000	400	0
Ⅲ	10500	400	-5%

【例 15.5.3-1】　某 10kV 配电变压器分接开关置于"Ⅱ"时，低压侧空载电压为 375V，求高压侧电网实际电压。改变分接开关置于"Ⅰ"时，其低压侧空载电压为多少？

【解】　高压侧电网实际电压

$$U_1 = 375 \times \frac{10000}{400} = 9375 \text{ V}$$

当调为"Ⅰ"时

$$U_2 = 9375 \times \frac{400}{9500} = 394.7 \text{ V}$$

(2) 合理减少系统阻抗

配电系统电压损失为

$$\Delta u = (PR + QX)/10 U_N^2$$

式中　Δu——系统电压损失，%；

P、Q——系统有功和无功负荷，kW 和 kVar；

U_N——系统额定电压，kV；

$R+jX$——系统阻抗,Ω。

当系统阻抗减少 R_1+jX_1 时,则系统电压损失为:

$$\Delta u_1 = [P(R-R_1)+Q(X-X_1)]/10U_N^2 = \Delta u - (PR_1+QX_1)/10U_N^2$$

因此,用电设备的电压将会升高。

(3) 合理补偿无功功率

当补偿无功功率为 Q_1 时,系统的电压损失将减少到

$$\Delta u = [PR+(Q-Q_1)X]/10U_N^2$$

(4) 尽量使三相系统平衡

三相负荷平衡后,可以减少中性线及系统负序阻抗、零序阻抗上的电压降。

(5) 改变供配电系统运行方式。

(6) 采用有载调压变压器。

6. 提高电压质量的其他措施

(1) 为了限制电压波动和闪变(不包括电动机起动时允许的电压波动)在合理的范围,对冲击性低压负荷宜采取下列措施:

1) 采用专线供电。

2) 与其他负荷共用配电线路时,宜降低配电线路阻抗。

3) 较大功率的冲击性负荷或冲击性负荷群与对电压波动、闪变敏感的负荷,宜分别由不同的配电变压器供电。

(2) 为控制各类非线性用电设备所产生的谐波引起的电网电压正弦波形畸变在合理范围内,宜采取下列措施:

1) 各类大功率非线性用电设备变压器的受电电压有多种可供选择时,如选用较低电压不能符合要求,宜选用较高电压。

2) 对大功率静止整流器,宜采取下列措施:

a. 宜提高整流变压器二次侧的相数和增加整流器的整流脉冲数。

b. 多台相数相同的整流装置,宜使整流变压器的二次侧有适当的相角差。

c. 宜按谐波次数装设分流滤波器。

(3) 为降低三相低压配电系统的不对称度,设计低压配电系统应遵守下列规定:

1) 220V 或 380V 单相用电设备接入 220V 或 380V 三相系统时,宜使三相平衡。

2) 由地区公共低压电网供电的 220V 照明负荷,线路电流不超过 30A 时,可用 220V 单相供电,否则应以 220/380V 三相四线制供电。

15.3.2 频率控制

1. 频率质量

频率质量是指供电系统的电压频率偏离额定频率值是否符合技术标准或协议的要求。我国的电力系统(含供电系统)额定频率(即工业频率,简称"工频")为 50Hz。按规定:电力系统及设备,其额定频率的允许偏差值为 ±1%,即 ±0.5Hz。

2. 稳定频率的基本条件

系统中稳定频率的基本条件是有功功率平衡,即

$$P_G = \Sigma P_e + \Delta P$$

式中　P_G——发电机输出有功功率;
　　　ΣP_e——用电设备消耗有功功率;
　　　ΔP——线路和设备有功功率损耗。

3. 频率对用电设备的影响

(1) 频率对电动机转速的影响

三相交流电动机的转速与频率的关系为

$$n_1 = \frac{60f}{p}$$

式中　f——电源频率,Hz;
　　　p——电动机磁极对数;
　　　n_1——同步转速,r/min。

对应于不同的磁极对数,如 $p = 1, 2, 3\cdots$,其同步转速 $n_1 = 3000$r/min、1500r/min、1000r/min$\cdots$,异步电动机达不到这个转速,约为 2900r/min、1450r/min、970r/min$\cdots$。

所以,对于交流电动机,转速与频率成正比。转速下降,对被拖动的工作机械有较大影响,因而转速偏低是一种电气故障现象。

(2) 频率对电路阻抗的影响

对直流电流的阻止作用只有电阻 R,对交流电流的阻止作用,除了电阻,还有感抗和容抗。

当交变电流通过线圈时,在线圈中便产生自感电动势,这一电动势阻止着交流电流通过。这种阻力称为感抗,用符号 X_L 表示,其值为

$$X_L = 2\pi f L$$

式中　f——电源频率,Hz;
　　　L——电感,H;
　　　X_L——感抗,Ω。

当交变电流通过电容元件时,由于交流电对电容不断地充电、放电,在电容器上建立起的电压极性总是与电源电压极性相同,对交流电流也同样起阻碍作用。这种阻力称为容抗,用符号 X_c 表示,其值为:

$$X_c = \frac{1}{2\pi f C}$$

式中　f——电源频率,Hz;
　　　C——电容,F;
　　　X_c——容抗,Ω。

因此,频率增加,使得感抗增加,容抗减小,从而影响到设备的正常运行。

(3) 频率与电路谐振

如图 15.3.2-1(a)所示,L 和 C 串联。当频率 $f = f_0 = \dfrac{1}{2\pi\sqrt{LC}}$(这一频率称为谐振频率)时,有

$$X_L = X_c = \sqrt{\frac{L}{C}}$$

电路中阻抗 $X = X_L - X_c = 0$，电路中的电流 I 为无穷大，电感和电容两端的电压也为无穷大。这种电压称为串联谐振过电压。

在图 15.3.2-1(b)中，L 和 C 并联。当频率 $f = f_0 = \dfrac{1}{2\pi\sqrt{LC}}$ 时，X_L 和 X_c 相等，$I_L = I_c$，总的电流 $I = 0$。由于 X_L 和 X_c 支路电流比较大，X_L 和 X_c 支路电压将比较高。这一电压称为并联谐振过电压。

谐振时的过电流和过电压，在某些情况下是造成电气故障的重要原因。

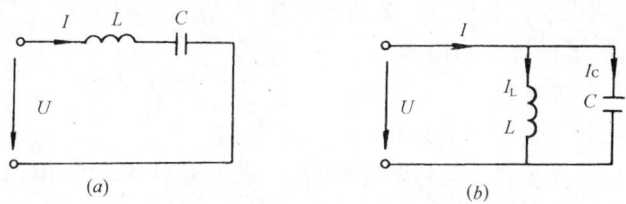

图 15.3.2-1　谐振电路
(a) L、C 串联；(b) L、C 并联

(4) 频率对铁磁损耗的影响

以磁通作为功率载体的设备和元件，磁通与频率的关系为

$$U = Kf\Phi$$

式中　U——铁心线圈绕组电源电压；

　　　K——系数；

　　　f——电源频率；

　　　Φ——铁心中的磁通。

当电源电压 U 不变时，频率与磁通成反比，即频率降低，磁通增加，铁心饱和程度增加，铁磁损耗也将大大增加，进而使铁心发热，造成电气故障。

(5) 频率对用电设备的影响示例——60Hz 设备与 50Hz 电源

某些从国外进口的 60Hz 设备能否与我国的 50Hz 工频电源相接呢？也就是说，在工作频率下降 $(60-50)/50 \times 100 = 20\%$ 的情况下，对 60Hz 设备的运行有多大影响。

综上所述，其影响主要有以下几个方面。

a. 电动机转速下降

转速与频率成正比，频率下降 20%，电动机的转速约下降 20%。转速下降有可能影响到设备的正常运行。

b. 空载电流增加

在电压不变的情况下，铁心中的磁通与频率成反比。频率下降 20%，磁通增加 20%，实际上，电气产品铁心设计从经济上考虑都是工作在磁通接近饱和的区域，所以磁通增加 20%，其空载励磁电流将大大超过 20%。

铁心中磁通增加，铁磁损耗增加；空载电流增加，电阻损耗增加。损耗增加，导致电器发热量增加。为了使设备发热温升不超过允许的值，60Hz 的设备用于 50Hz 电源，通常应使输出功率降低 20% 左右。

因此，当转速和输出功率分别下降后，如还能满足使用要求，则 60Hz 的设备可以接于

50Hz电源而工作,否则将会引起电气故障。

15.3.3 用电设备节能

1. 电动机节能

(1) 电动机节能一般措施

1) 选用新型高效节能电动机,淘汰或改造老式电动机。
2) 合理选择电动机的类型、容量和运行方式。
3) 采用先进的控制方式和控制设备。
4) 设法提高电动机的自然功率因数或进行无功补偿。
5) 加强电动机的运行维护和检修。

(2) 合理选择电动机类型

电动机类型的选择应符合下列规定:

1) 机械对起动、调速及制动无特殊要求时,应采用笼型电动机;但功率较大且连续工作的机械,当在技术经济上合理时,宜采用同步电动机。
2) 符合下列情况之一时,宜采用绕线转子电动机:
a. 重载起动的机械,选用笼型电动机不能满足起动要求或加大功率不合理时;
b. 调速范围不大的机械、且低速运行时间较短时。
3) 机械对起动、调速及制动有特殊要求时,电动机类型及其调速方式应根据技术经济比较确定。在交流电动机不能满足机械要求的特性时,宜采用直流电动机;交流电源消失后必须工作的应急机组,亦可采用直流电动机。

变负载运行的风机和泵类机械,当技术经济上合理时,应采用调速装置,并选用相应类型的电动机。

(3) 合理选择电动机容量

电动机额定功率的选择,应符合下列规定:

1) 连续工作负载平稳的机械应采用最大连续定额的电动机,其额定功率应按机械的轴功率选择。当机械为重载起动时,笼型电动机和同步电动机的额定功率应按起动条件校验;对同步电动机,尚应校验其牵入转矩。
2) 短时工作的机械应采用短时定额的电动机,其额定功率应按机械的轴功率选择;当无合适规格的短时定额电动机时,可按允许过载转矩选用周期工作定额的电动机。
3) 断续周期工作的机械应采用相应的周期工作定额的电动机,其额定功率宜根据制造厂提供的不同负载持续率和不同起动次数下的允许输出功率来选择,亦可按典型周期的等值负载换算为额定负载持续率选择,并应按允许过载转矩校验。
4) 连续工作负载周期变化的机械应采用相应的周期工作定额电动机,其额定功率宜根据制造厂提供的数据选择,亦可按等值电流法或等值转矩法选择,并应按允许过载转矩校验。
5) 选择电动机额定功率时,根据机械的类型和重要性,应计入适当的储备系数。
6) 当电动机使用地点的海拔和冷却介质温度与规定的工作条件不同时,其额定功率应按制造厂的资料予以校正。

(4) 选用节能电动机

节能电动机的类型可参照本书第9章选用。

(5) 采用 Δ—Y 自动切换装置

电动机轻载时,Y 运行;重载时 Δ 运行,其切换点的负载率按下式确定:

$$\beta = \sqrt{\frac{0.67\Delta P_{Fe} + 0.81\Delta P_r [I_{0(\Delta)}/I_N]^2}{2\Delta P_r}}$$

式中　ΔP_{Fe}——电动机额定铁损耗,W;

　　　ΔP_r——电动机额定绕组损耗与杂散损耗,W;

　　　$I_{0(\Delta)}$——电动机 Δ 接线的空载线电流,A;

　　　I_N——电动机额定线电流,A。

(6) 按最佳负荷率运行

异步电动机最佳负荷率按下式确定:

$$\beta_{opt} \approx \sqrt{\frac{\Delta P_0}{\left(\frac{1}{\eta_N} - 1\right)P_N - \Delta P_0}}$$

式中　P_N——电动机额定功率,kW;

　　　ΔP_0——电动机空载损耗,kW;

　　　η_N——电动机额定效率。

(7) 提高电动机功率因数

1) 合理地选择电动机容量和调速方式,均可获得较高的功率因数。

2) 长期轻载运行的 Δ 联结的电动机可改为Y联结,使定子绕组电压降为原来电压的 $1/\sqrt{3}$,使电动机铁损减小,功率因数提高。

3) 绕线型电动机同步化运行,或采用同步电动机,均可提高功率因数。

4) 提高检修质量,减小空载损耗,亦可提高功率因数,节约电能。

(8) 改进控制方式

1) 交流电动机可采用电磁转差离合器、液力耦合器等调速以及晶闸管串级调速和变频调速等,直流电动机可采用晶闸管-电动机组调速、晶闸管斩波器调速等,均可获得相当好的节电效果。

2) 电动机的调速控制除了采用上述晶闸管等电力电子器件外,也可采用微型计算机。采用这类先进的控制方式和控制设备,不仅调速方便,精度高,特性稳定,而且节电效果更好。

3) 采用电子技术,实现电动机软起动。

2. 电力变压器节能

(1) 变压器节能的一般措施

1) 选用新型低损耗(即节能型)的电力变压器,淘汰或改造老式电力变压器。

2) 合理选择电力变压器的容量。

3) 实行电力变压器的经济运行。

4) 加强电力变压器的运行维护和检修试验工作。

(2) 单台变压器经济运行

变压器运行的经济负荷,就是使变压器的有功损耗和无功损耗在电力系统中造成的有功损耗最小的负荷值。其中无功损耗在系统中造成的有功损耗是通过无功功率经济当量换

算而得的

一台变压器的经济负荷为

$$S_{ec \cdot T} = S_{N \cdot T} \sqrt{\frac{\Delta P_0 + K_q \Delta Q_0}{\Delta P_k + K_q \Delta Q_N}}$$

式中　$S_{N \cdot T}$——变压器额定容量，kVA；
　　　K_q——无功功率经济当量；
　　　ΔP_0——变压器的空载损耗，kW；
　　　ΔP_k——变压器的短路损耗，kW；
　　　ΔQ_0——变压器空载时无功损耗，kVar；
　　　$I_0\%$——变压器空载电流占额定电流百分值，%；
　　　ΔQ_N——变压器额定负荷时无功损耗，kVar。

一般电力变压器的经济负荷为50%左右。

(3) 多台变压器经济运行

多台变压器经济运行的临界负荷，是变压器多一台运行与少一台运行在电力系统中造成的有功损耗正好相等的一个负荷值，如图15.3.3-1所示。这有功损耗既有由变压器有功损耗造成的，又有由变压器无功损耗（通过无功功率经济当量的变换）造成的。

判别 n 台运行与 $(n-1)$ 台运行有功损耗（含无功损耗换算值）最小的临界负荷为

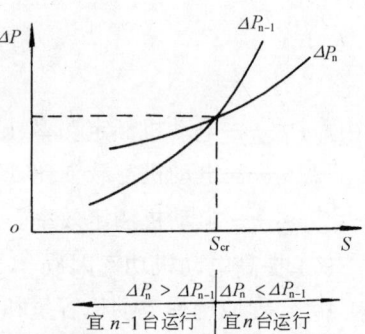

图15.3.3-1　多台变压器经济运行的临界负荷

$$S_{cr} = S_{N \cdot T} \sqrt{(n-1)n \frac{\Delta P_0 + K_q \Delta Q_0}{\Delta P_k + K_q \Delta Q_N}}$$

判别两台变压器经济运行的临界负荷为

$$S_{cr} = S_{N \cdot T} \sqrt{2 \times \frac{\Delta P_0 + K_q \Delta Q_0}{\Delta P_k + K_q \Delta Q_N}}$$

式中各符号含义同前。

3. 电气照明节能（见表15.3.3-1）

电气照明节能措施　　　　　　　　　表15.3.3-1

序号	节能措施	说　　明
2	合理选择光源	① 一般房间宜优先采用荧光灯。在显色性要求较高的场所宜采用三基色荧光灯、稀土节能荧光灯、小功率高显钠灯等高效光源； ② 高大房间和室外场所的一般照明宜采用金属卤化物灯、高压钠灯等高强气体放电光源及其混光光源； ③ 当需要使用热辐射光源时，宜选用双螺旋白炽灯或小功率高效卤钨灯
3	合理选择灯具	① 除有装饰需要外，应优先选用直射光通量比高和控光性能合理的高效灯具： 　a. 室内用灯具效率不宜低于70%（装有遮光格栅时低于55%），室外用灯具效率不应低于40%，但室外投光灯灯具的效率不宜低于55%； 　b. 根据使用场所不同，采用控光合理的灯具，如多平面反光镜定向射灯、蝙蝠翼式配光灯具、块板式高效灯具等； 　c. 装有遮光格栅的荧光灯灯具，宜采用与灯管轴线相垂直排列的单向格栅； 　d. 在符合照明质量要求的原则下，选用光通利用系数高的灯具；

序号	节能措施	说　　明
3	合理选择灯具	④ 选用控光器变质速度慢、配光特性稳定、反射比或透射比高的灯具 ⑤ 灯具的结构和材质应易于维护清洁和更换光源； ⑥ 采用功率损耗小、性能稳定的灯用附件： 　a. 直管形荧光灯使用电感式镇流器时能耗不应高于灯的额定功率的20%，高强气体放电灯的电感式触发器功耗不应高于灯的额定功率的15%； 　b. 高强气体放电灯宜采用电子触发器
4	选择合适的照明方案	① 要求照度标准值较高的场所，可增设局部照明； ② 在同一照明房间内，当工作区的某一部分或几个部分需要高照度时，可采用分区一般照明方式； ③ 照明与室内装修设计应有机结合，避免片面追求形式和不适当选取照度标准以及照明方式，在不降低照明质量的前提下，应有效控制单位面积的安装功率； ④ 在有集中空调而且照明容量大的场所，宜采用照明灯具与空调回风口结合的形式； ⑤ 在民用建筑中，条件允许时，可采用照明灯具与家具组合的照明形式； ⑥ 室内顶棚、墙面和地面宜采用浅颜色、高反射比的装饰材料； ⑦ 对于气体放电光源，宜采取分散进行无功补偿，功率因数不应低于0.85
5	对照明线路、开关、控制及计量的要求	① 室内照明线路宜分细，多设开关，位置适当； ② 近窗的灯具宜单设开关，充分利用天然光； ③ 采用各种类型的节电开关和管理措施，如定时开关、调光开关、光电自动控制器、节电控制器、限电器及照明自动管理系统等； ④ 公共场所照明、室外照明，可采用集中遥控管理的方式或采用自动控光装置； ⑤ 凡使用电气照明的单位、宿舍、住宅等，均应单独计量其照明用电量

4. 电热设备节能(见表15.3.3-2)

电热设备节能措施　　　　　表15.3.3-2

序号	节能措施	说　　明
1	电热设备节电的一般措施	① 正确选择加热能源，尽可能采用更经济合理的一次能源； ② 尽可能减少炉体的热损耗； ③ 改善电热元件发热材料； ④ 改造短网结构； ⑤ 改进操作工艺； ⑥ 功率因数较低时，采用无功补偿
2	尽可能减少炉体的热损耗	炉体的热损耗一般为20%～35%，是电热设备中最大的一项热损耗。炉体的热损耗包括炉衬的蓄热损耗和炉壁的散热损耗。采用硅酸铝纤维(又称"陶瓷纤维")等新型保温耐火材料，可大量节约电能
3	改善电热元件的发热材料	电热元件的发热性能好坏直接影响其加热效果。过去低温电阻炉采用电阻发热元件，其加热主要靠热对流，加热时间长，电能损耗大。近年来，低温电阻炉普遍采用了远红外线加热器或远红外线涂料，使电阻发热元件的热辐射明显加强，节电可达30%以上
4	改善电炉的短网结构	电弧炉、矿热炉等从电炉变压器的低压端至电炉电极的一段低压导线称为"电炉的短网"。短网长度一般只有10m左右，但由于在运行时它通过的电流很大，因此其功率损耗相当可观，约占电炉总消耗功率的10%以上。要减少短网电能损耗，一是设法减小短网电阻，二是设法减小通过短网的电流，三是设法减少短网周围的铁磁物质，最大限度降低铁磁损耗。减小短网电阻的措施有：尽量缩短短网长度；尽量减小短网中的接触电阻；采用水冷式短网，降低短网温度以减小其电阻(导体的电阻是随着温度降低而减小的)

序号	节能措施	说 明
5	改进操作工艺	① 尽可能连续作业,其热效率比间歇作业高约10%左右; ② 在加热过程中要保持额定工作电压,电压下降时,炉温下降,加热时间长,耗电增加; ③ 改善工艺流程,如缩短加热时间,利用铸、锻的余热进行热处理,将整体淬火改为局部淬火等,均能取得很好的节电效果
6	采用无功补偿装置提高功率因数	① 单台功率等于或大于400kW的电热装置,当其自然功率因数较低时,应装设单独的无功功率补偿装置。如经技术经济比较,采用集中补偿有利时,或当工厂、车间无功功率富裕时,可不装设单独的补偿装置; ② 电热装置的无功功率补偿装置采用电力电容器时,其性能的选择和结线方式应计入无功负荷的变化和高次谐波的影响

15.3.4 无功补偿

1. 无功补偿的条件

设计和运行中应正确选择电动机、变压器的容量,减少线路感抗。在工艺条件适当时,可采用同步电动机以及选用带空载切除的间歇工作制设备等措施,以提高用电单位的自然功率因数。

当采用提高自然功率因数措施后,仍达不到下列要求时,应采用并联电力电容器作为无功补偿装置。

a. 高压供电的用电单位,功率因数为0.9以上。

b. 低压供电的用电单位,功率因数为0.85以上。

2. 无功补偿的基本要求

(1) 采用电力电容器作无功补偿装置时,宜采用就地平衡原则。低压部分的无功负荷由低压电容器补偿,高压部分的无功负荷由高压电容器补偿。容量较大、负荷平稳且经常使用的用电设备的无功负荷宜单独就地补偿。补偿基本无功负荷的电容器组,宜在配变电所内集中补偿。居住区的无功负荷宜在小区变电所低压侧集中补偿。

(2) 对下列情况之一者,宜采用手动投切的无功补偿装置:

补偿低压基本无功功率的电容器组;

常年稳定的无功功率;

配电所内的高压电容器组。

(3) 对下列情况之一者,宜装设无功自动补偿装置:

避免过补偿,装设无功自动补偿装置在经济上合理时;

避免在轻载时电压过高,造成某些用电设备损坏(例如灯泡烧毁或缩短寿命)等损失,而装设无功自动补偿装置在经济上合理时;

必须满足在所有负荷情况下都能改善电压变动率,只有装设无功自动补偿装置才能达到要求时。

在采用高、低压自动补偿效果相同时,宜采用低压自动补偿装置。

(4) 无功自动补偿宜采用功率因数调节原则,并要满足电压变动率的要求。

(5) 电容器分组时,应符合下列要求:

1) 分组电容器投切时,不应产生谐振;
2) 适当减少分组组数和加大分组容量;
3) 应与配套设备的技术参数相适应;
4) 应满足电压波动的允许条件。

(6) 接到电动机控制设备负荷侧的电容器容量,不应超过为提高电动机空载功率因数到 0.9 所需的数值,其过电流保护装置的整定值,应按电动机—电容器组的电流来选择。并应符合下列要求:

1) 电动机仍在继续运转并产生相当大的反电势时,不应再起动;
2) 不应采用星—三角起动器;
3) 对吊车、电梯等机械负载可能驱动电动机的用电设备,不应采用电容器单独就地补偿;
4) 对需停电进行变速或变压的用电设备,应将电容器接在接触器的线路侧。

(7) 高压电容器组宜串联适当的电抗器以减少合闸冲击涌流和避免谐波放大。有谐波源的用户,装设低压电容器时,宜采取措施,避免谐波造成过电压。

(8) 高压供电的用电单位采用低压补偿时,高压侧的功率因数应满足供电部门的要求。

3. 无功补偿设备

(1) 稳态无功功率的无功补偿设备主要有同步补偿机和并联电容器

1) 同步补偿机是一种专门用来改善功率因数的空载运行的同步电动机,通过调节其励磁电流可以起到补偿电网无功功率的作用。它通常用在大电网和大变电所中作为调压和改善功率因数之用。

2) 并联电容器是一种专用来改善功率因数的电力电容器。它与同步补偿机相比,因无旋转部分,具有安装简单、运行维护方便、有功损耗小以及组装灵活、扩容方便等优点,因此并联电容器应用最为普遍。但是它有损坏后不便修复以及从电网中切除后有危险的残余电压等缺点(注:电容器从电网中切除后的残余电压可通过放电来消除。而一种金属化全膜低压电容器具有"自愈"性能,当它被电击穿时,击穿电流使击穿点周围的金属层蒸发,介质迅速恢复绝缘性能)。

(2) 动态无功功率的无功补偿设备:用于急剧变动的冲击负荷如炼钢电弧炉、轧钢机等的无功补偿,采用的无功补偿设备为"静止型无功功率自动补偿装置",简称"静补装置"("SVC")。它具有响应快(可小于 10ms)、平滑调节性能好、补偿效率高、维修方便及谐波、噪声、损耗均小等优点,因此得到越来越广泛的应用。静补装置有多种类型,而以自饱和电抗器型(SR 型)的效能最好,其电子元件少、可靠性高、维护方便,是一种最适于推广应用的补偿装置。

4. 并联电容器接线

(1) 三角形(△)接线

低压电容器组一般采用三角形结线。

电容器组接成三角形的容量 $Q_{C(\triangle)}$ 为接成星形的容量 $Q_{C(Y)}$ 的 3 倍。因此当电容器额定电压与电网额定电压基本相同时,宜接成三角形。但采用三角形结线的电容器在一相电容器击穿短路时,即造成电网两相短路,短路电流很大,有可能引起电容器爆炸,使事故扩大,这对高压电容器特别危险。

(2) 星形(Y)接线

高压电容器组宜采用星形结线。在中性点非直接接地电网中，星形结线电容器组的中性点不应接地。

电容器组接成星形的容量 $Q_{C(Y)}$ 为接成三角形的容量 $Q_{C(\triangle)}$ 的 1/3 倍。接成星形的电容器额定电压宜为电网额定电压的 $1/\sqrt{3}$。采用星形结线的电容器在一相电容器击穿短路时，其短路电流仅为正常工作电流的 3 倍，因此安全多了。

(3) 高压集中补偿接线

高压集中补偿接线见图 15.3.4-1。

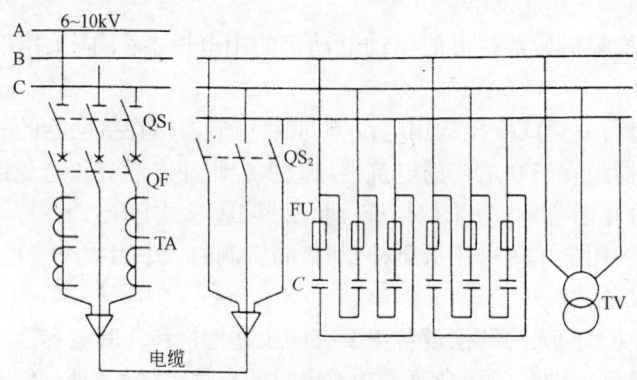

图 15.3.4-1　高压集中补偿接线
C—并联补偿电容；FU—熔断器；QS—刀开关；QF—断路器；
TA—电流互感器；TV—电压互感器

(4) 低压集中补偿接线

低压集中补偿接线见图 15.3.4-2。

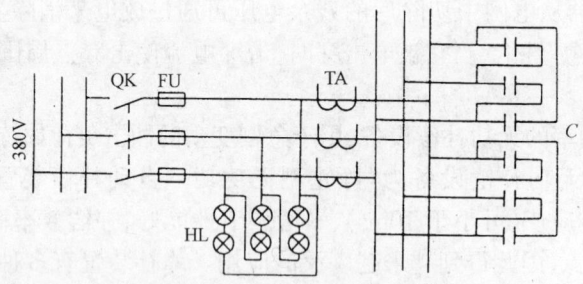

图 15.3.4-2　低压集中补偿接线
C—并联补偿电容；HL—白炽灯(电容放电电阻)；FU—熔断器；
Q—开关；TA—电流互感器

5．并联电容计算

(1) 电容量计算

$$Q_C = P_{30}(\tan\phi_1 - \tan\phi_2) = \Delta q_C P_{30}$$

式中　　P_{30}——补偿地点的有功计算负荷，kW；

$\tan\phi_1$——对应于补偿前最大计算负荷时功率因数角 ϕ_1 的正切值；

$\tan\phi_2$——对应于要求补偿到的功率因数角 ϕ_2 的正切值；

$\Delta q_C = \tan\phi_1 - \tan\phi_2$——无功补偿率，见表15.3.4-1。

无功补偿率(kVar/kW)　　　　表 15.3.4-1

补偿前功率因数 $\cos\phi_1$	补偿后功率因数 $\cos\phi_2$						
	0.85	0.88	0.90	0.91	0.92	0.93	0.95
0.50	1.112	1.192	1.248	1.276	1.306	1.337	1.403
0.52	1.022	1.103	1.158	1.187	1.217	1.248	1.314
0.55	0.899	0.979	1.034	1.063	1.092	1.123	1.190
0.58	0.785	0.865	0.920	0.949	0.979	1.009	1.076
0.60	0.714	0.794	0.849	0.878	0.907	0.938	1.005
0.62	0.646	0.726	0.781	0.810	0.839	0.870	0.937
0.64	0.581	0.661	0.716	0.745	0.775	0.805	0.872
0.66	0.519	0.599	0.654	0.683	0.712	0.743	0.810
0.68	0.459	0.539	0.594	0.623	0.652	0.683	0.750
0.70	0.400	0.480	0.536	0.565	0.594	0.625	0.692
0.72	0.344	0.424	0.480	0.508	0.538	0.569	0.635
0.74	0.289	0.369	0.425	0.453	0.483	0.514	0.580
0.76	0.235	0.315	0.371	0.400	0.429	0.460	0.526
0.78	0.183	0.263	0.318	0.347	0.376	0.407	0.474
0.80	0.130	0.210	0.266	0.294	0.324	0.355	0.421
0.82	0.078	0.158	0.214	0.242	0.272	0.303	0.369
0.85	—	0.080	0.135	0.164	0.194	0.225	0.291

(2) 电容器台数计算

$$n = Q_C/q_C$$

式中　n——电容器台数，对单相电容器，n 应为3的整数倍；

　　　Q_C——电容器组总的补偿容量，kVar；

　　　q_C——所选电容器单台容量 kVar；

15.3.5　电费计算

1. 家庭用电电费计算

一般情况下，$Y = CW$；

超用电优惠，$Y = C_1 W_1 + C_2 W_2$

式中　Y——电费，元；

　　　C——费率，元/kWh；

　　　W——电度数，kWh；

　　　C_1——正常费率，C_2——超用电优惠费率，元/kWh；

　　　W_1——正常电度数，W_2——超用电度数，kWh。

2. 普通工业电费计算

受电变压器容量小于 315kVA 或低压受电用户，按单一制电价计算，即

$$Y = C_1 S + (1 \pm K) C_2 W$$

当变压器容量小于 30kVA 时,

$$Y = C_1 S$$

式中　　Y——电费,元;

C_1——基本电费率,元/kVA·月;

C_2——电度电费率,元/kW·h;

W——电度数,kWh;

K——功率因数调整系数,见表 15.3.5-1 和表 15.3.5-2。

3. 大工业电费计算

受电变压器容量为 315kVA 及以上的用户,按两部制电费计算,即

$$Y = C_1 S + C_2 W + (1 \pm K)(C_1 S + C_2 W)$$

式中符号含义同前,其中电度电费率 C_2 较一部计费标准低。

4. 功率因数调整系数

当计算的功率因数高于或低于规定的标准时,在按照规定的电价计算出用电户的当月电费后,再按照"功率因数调整电费表"规定的百分数计算减收或增收的调整电费。

(1) 高于功率因数标准值时减收电费百分值见表 15.3.5-1。

减少电费百分值 K　　　　　　　　　　　　　表 15.3.5-1

月平均实际功率因数	0.80	0.81	0.82	0.83	0.84	0.85	0.86	0.87
高于 0.80 时月电费减收%	0.0	0.1	0.2	0.3	0.4	0.5	0.6	0.7
高于 0.85 时月电费减收%						0.0	0.1	0.2
高于 0.90 时月电费减收%								

月平均实际功率因数	0.88	0.89	0.90	0.91	0.92	0.93	0.94	
高于 0.80 时月电费减收%	0.8	0.9	1.0	1.15	0.92~100 一律减收 1.30			
高于 0.85 时月电费减收%	0.3	0.4	0.5	0.65	0.80	0.95	0.94~1.00 一律减收 1.10	
高于 0.90 时月电费减收%			0.0	0.15	0.30	0.45	0.60	0.95~1.10 一律减收 0.75

注:电费计算时,K 值按实际值,如 0.5% 则 $K = 0.05$,下同。

(2) 低于功率因数标准值时增收电费,增收电费百分值见表 15.3.5-2。

增加电费百分值 K　　　　　　　　　　　　　表 15.3.5-2

月平均实际功率因数	0.89	0.88	0.87	0.86	0.85	0.84	0.83	0.82	0.81
低于 0.90 时月电费增收%	0.5	1.0	1.5	2.0	2.5	3.0	3.5	4.0	4.5
低于 0.85 时月电费增收%					0.0	0.5	1.0	1.5	2.0
低于 0.80 时月电费增收%									

续表

月平均实际功率因数	0.80	0.79	0.78	0.77	0.76	0.75	0.74	0.73	0.72
低于 0.90 时月电费增收 %	5.0	5.5	6.0	6.5	7.0	7.5	8.0	8.5	9.0
低于 0.85 时月电费增收 %	2.5	3.0	3.5	4.0	4.5	5.0	5.5	6.0	6.5
低于 0.80 时月电费增收 %	0.0	0.5	1.0	1.5	2.0	2.5	3.0	3.5	4.0
月平均实际功率因数	0.71	0.70	0.69	0.68	0.67	0.66	0.65	0.64	0.63
低于 0.90 时月电费增收 %	9.5	10.0	11.0	12.0	13.0	14.0	15.0		
低于 0.85 时月电费增收 %	7.0	7.5	8.0	8.5	9.0	9.5	10.0	11.0	12.0
低于 0.80 时月电费增收 %	4.5	5.0	5.5	6.0	6.5	7.0	7.5	8.0	8.5
月平均实际功率因数	0.62	0.61	0.60	0.59	0.58	0.57	0.56	0.55	
低于 0.90 时月电费增收 %	自 0.64 及以下,功率因数每降 0.01 电费增收 2%								
低于 0.85 时月电费增收 %	13.0	14.0	15.0	自 0.59 及以下,功率因数每降低 0.01,电费增收 2%					
低于 0.80 时月电费增收 %	9.0	9.5	10.0	11.0	12.0	13.0	14.0	15.0	自 0.54 及以下,功率因数每降低 0.01 电费增收 2%

5．供配电贴费计算

对新建或增容的用户收取的供配电贴费(增容费)按变压器容量计算,即

$$Y = C_Z S$$

式中　Y——供配电贴费,元；

　　　C_Z——贴费率,元/kVA,一般为 130 元/kVA；

　　　S——新增变压器容量,kVA。(注：随着电力增加,该项费用趋于降低或取消。)

第4篇 其 他

- 直流电源 干电池 蓄电池 硅整流装置
- 家用电器 电风扇 电动洗衣机 吸尘器 电冰箱 空调器 电热器具 电动器具 电子器具
- 电气接地 接地装置 保护接地 工作接地
- 防雷设施设备 电气装置防雷 建筑物防雷
- 电气安全

第16章 电池和整流器

16.1 电 池

16.1.1 电池的种类和基本特性

1. 常用电池的种类(见表 16.1.1-1)

常用电池的种类及一般特点、用途　　　　表 16.1.1-1

类别	系列	主要特点	主要用途
干电池	锌-锰干电池	价格便宜,仅适于小电流工作,电压精度和低温性能差	手电筒照明,晶体管收录机、仪器、仪表、小型电动器具等用电源
	锌-银钮扣电池	价格贵,体积小	电子手表、照相机、计算器、无线电话筒等小型电子器具电源
	锌-空气电池	价格便宜	电子手表、航标灯等电源
	锂电池	开路电压高,重量轻,价格较贵	计算器、心脏起搏器电源
	标准电池	开路电压值恒定,不能输出大电流,工作电流小于 1μA	作标准电压用,供校验用
	锌-汞电池	工作电压平稳,可在低温下工作,价格贵	用于电压精度要求高的仪器、仪表
蓄电池	铅-酸蓄电池	价格便宜,可大电流工作,使用寿命1~2年	汽车、拖拉机等起动、照明电源,搬运车动力电源,矿灯照明电源
	镉-镍蓄电池	价格较贵,中等电流工作,使用寿命2~5年	井下矿用电机车、飞机等直流电源。圆柱形电池可代替干电池使用
	铁-镍蓄电池	价格便宜,中等电流工作,使用寿命1~2年	井下矿用电机车、矿灯电源
	锌-银蓄电池	价格昂贵,可大电流工作,使用寿命短	飞机、导弹等电源

2. 电池的基本特性

(1) 开路电压

电池不接负载(不放电)时两极间的电位差。各种电池的开路电压不同,如锌-锰干电池为 1.65V,铅-酸蓄电池为 2.10V,镉-镍电池为 1.30V,锌-银电池为 1.86V。

(2) 工作电压

电池与负载接通后放电时两极间的电压。同一电池负载不同,工作电压也不同;电池输出电流越大,其工作电压越低。电池在某一电流下连续放电时,其工作电压随放电时间的延续而下降,当降至终止电压时,电池就不应再使用。

(3) 容量

电池在一定的放电条件(放电速率、温度)下能够提供给负载的电能,称为电池容量,单位用 A·h 表示。每种电池在设计制造后都具有特定的容量,称为额定容量。它是指在设计和生产上规定或保证在给定的放电条件下电池应释放的最低限度的 A·h 数。当放电速率快、输出电流大时,电池的容量将减小;工作温度降低,电池的容量也减小。

(4) 使用温度

电池放电只能在一定的温度范围内进行。温度太低,电池内部化学反应困难,不能输出电能。各种类型的电池都有一定的使用温度范围,超出该范围,电池则不能正常工作。

(5) 寿命和贮存期

电池在贮存期间会发生自放电,消耗其容量。存放时间过长,容量消耗过多,往往就报废,不能再使用。所以每种电池都规定一定的贮存期,例如,常用锌-锰干电池的贮存期约为一年。对于蓄电池,还规定了循环使用寿命或使用年限(一般指电池容量下降至额定容量80%以下为寿命终了),蓄电池就不能再充放电了。

16.1.2 常用干电池

1. 锌-锰干电池

常用锌-锰干电池按结构不同分为圆筒型(R)和叠层型(F)两大类,主要技术数据见表16.1.2-1 和表 16.1.2-2。

常用圆筒型锌-锰干电池主要技术数据　　表 16.1.2-1

型号及结构		名 称	额定电压 (V)	负荷电压 (V)	间歇放电时间 (min)	直 径 (mm)	高 度 (mm)	贮存期 (月)
R20	糊式纸板	1号	1.5 1.62~1.68	1.45 1.50~1.52	1200 1400~1860	34	61.5	18
R14	糊式纸板	2号	1.5 1.63	1.45 1.52	470 560	25	49	12
R10	糊式纸板	4号	1.5 1.57	1.4 1.41	193 250~300	21	37	12 10
R6	糊式纸板	5号	1.5 1.62~1.68	1.4 1.4~1.48	111 200~230	14	50	9

注:间歇放电时间是指放电电阻 5Ω,终止电压 0.75V 的情况下。

常用叠层型(方型)锌-锰干电池的技术数据　　表 16.1.2-2

型 号	额定电压 (V)	负荷电压 (V)	终止电压 (V)	放电电阻 (Ω)	放电方法	放电时间 (h)	外形尺寸长×宽×高 (mm)	贮存期 (月)
15F20	22	22	15	22.5k	连 放	120	27×17×50	6
4F22	6	6	3.6	600	每周6d,每天4h	40	26×18×40	9
6F22	9	9	5.4	900	(同上)	40	26×18×50	9
10F22	15	15	10	15k	连 放	120	27×17×37	6

2. 扣式干电池

扣式电池种类很多,最常用的是锌-银电池,其主要技术数据见表16.1.2-3。

扣式锌-银干电池主要技术数据 表16.1.2-3

型号	开路电压(V)	负荷电阻(kΩ)	负荷电压≥(V)	终止电压(V)	连放时间(h)	外形尺寸(mm)直径×高	对应IEC型号
Y736		7.5	1.5	1.4	160	7.9×3.6	SR41
		1.5	1.4	1.2	24		
Y754		7.5	1.5	1.4	300	7.9×5.4	SR48
		1.5	1.4	1.2	45		
Y1131		7.5	1.5	1.4	300	11.6×3.05	SR54
		1.0	1.4	1.2	36		
Y1142	1.55+0.08−0.05	7.5	1.5	1.4	500	11.6×4.2	SR43
		1.0	1.4	1.2	60		
Y1154		7.5	1.5	1.4	650	11.6×5.4	SR44
		0.51	1.4	1.2	40		
Y721		7.5	1.5	1.4	71	7.9×2.1	
Y726		7.5	1.5	1.4	103	7.9×2.6	
Y1121		7.5	1.5	1.4	185	11.6×2.1	
Y1136		7.5	1.5	1.4	375	11.6×3.6	SR42
Y736N		7.5	1.5	1.4	135	7.9×3.6	SR41S
Y754N		7.5	1.5	1.4	250	7.9×5.4	SR48S
Y1131N		7.5	1.5	1.4	270	11.6×3.05	SR54S
Y1142N		7.5	1.5	1.4	450	11.6×4.2	SR43S
Y1154N		7.5	1.5	1.4	590	11.6×5.4	SR44S

注:电性能是在20±2℃常温下的性能。

使用扣式电池应注意:

(1) 扣式电池与一般干电池极性相反,外壳是正极,顶盖是负极;

(2) 不能用金属夹具将电池上下夹住,否则会造成短路而损坏;

(3) 用于小型电子器件的工作电源,仅能小电流放电;

(4) 属于一次性电池,不允许对电池充电。

16.1.3 常用蓄电池

1. 常用蓄电池的性能比较(见表16.1.3-1)

常用蓄电池性能比较 表16.1.3-1

类别	铅酸蓄电池	镍-镉蓄电池	镍-铁蓄电池
正极板	铅板及PbO_2敷层	氢氧化镍$Ni(OH)_3$	氢氧化镍$Ni(OH)_3$
负极板	铅板及$PbSO_4$敷层	镉	铁
电解液	稀硫酸 密度:1.12~1.14g/cm³	稀KOH溶液 密度:1.17~1.19g/cm³	稀KOH溶液 密度:1.17~1.19g/cm³
蓄电池(每节)电压	1.9~2.2V(随电解液密度而变)	1.5~1.8V(充电时) 1.5~1.2V(放电时)	1.3~1.6V(充电时) 1.3~1.1V(放电时)

续表

类　别	铅酸蓄电池	镍-镉蓄电池	镍-铁蓄电池
充电电流 正常充电 快速充电 维持性充电	电流为 $Q/10$A,充 10h 电流为 QA,充 1h 电流为 $Q/500$A,连续	$\dfrac{Q}{5}$A	$\dfrac{Q}{5}$A
效　率	83%～90%	72%	72%
寿　命	350～1500 次充放电	2000～4000 次充放电	2000～4000 次充放电
每 kg 的容量	4～16Ah/kg	14～25Ah/kg	14～25Ah/kg
每 dm^3 的容量	10～46Ah/dm^3	30～60Ah/dm^3	30～60Ah/dm^3
内　阻	0.1～0.3ΩAh	0.22～0.36ΩAh	0.22～0.36ΩAh
自放电	标称容量的 1%/d	标称容量的 1.4%/d	标称容量的 1%/d
放出气体	过充电、过载时发生大量气体	无	少量气体
优　点	价格较便宜,效率较高	过充电、过载影响不大	过充电、过载影响不大

2．铅酸蓄电池

(1) 铅酸蓄电池的种类及型号

铅酸蓄电池按用途分为起动用、固定电源用、蓄电池车用等等。

铅酸蓄电池的型号一般用字母表示用途,数字表示放电容量(Ah)等。其字母含义见表 16.1.3-2。

铅酸蓄电池的型号　　　　表 16.1.3-2

序　号	类　别	型　号	说　明
1	起动用	Q	
2	固定防酸型	GF	
3	蓄电池车用	DG	型号中一般还应示出放电容量、终止放电电压等参数
4	铁路客车用	TG	
5	内燃机车用	NG	
6	摩托车用	M	

例　3-Q-75　终止放电电压 3V,起动用,容量 75Ah。

GF-30 固定防酸式蓄电池,30Ah。

(2) 固定型防酸式铅蓄电池

固定型铅酸蓄电池采用玻璃丝管外套结构正极板,使用寿命长。

电池出厂时已组成单体电池,安装简便,在电池槽内装有电液温度比重计,能直接观测蓄电池在各种状态下的温度与比重、维护方便。

这种电池主要用于发电厂、变电所、通讯以及其他部门做直流电源。

该蓄电池备有特殊制作的防酸栓,使用时具有防酸雾防爆等作用。

电池的技术数据见表 16.1.3-3(标准系列产品)。

常用固定型铅酸蓄电池主要技术数据

表 16.1.3-3

序号	电池型号	额定电压(V)	单格极板额定容量(Ah)	放电电流(V)及容量(Ah)						外形尺寸(mm)			安装电池的间距(mm)	净重(kg)
				10小时率放电		1小时率放电		大电流放电		长	宽	高		
				电流	容量	电流	容量	电流	容量					
1	GF-30	2	10	3	30	13.5	13.5	37.5	10	100	125	185	25	3.5
2	GF-50	2	10	5	50	22.5	22.5	62.5	10	138	125	185	25	4.5
3	GF-100	2	25	10	100	45	45	125	10	124	160	310	25	7.7
4	GF-150	2	25	15	150	67.5	67.5	187.5	10	163	160	310	25	11.5
5	GF-200	2	25	20	200	90	90	250	10	202	160	310	25	15
6	GF-250	2	50	25	250	112.5	112.5	312.5	10	168	210	475	25	20
7	GF-300	2	50	30	300	135	135	375	10	168	210	475	25	23
8	GF-350	2	50	35	350	157.5	157.5	437.5	10	206	210	475	25	26
9	GF-400	2	50	40	400	180	180	500	10	206	210	475	25	29
10	GF-450	2	50	45	450	202.5	202.5	562.5	10	243	210	475	25	33
11	GF-500	2	50	50	500	225	225	625	10	243	210	475	25	36
12	GF-600	2	100	60	600	270	270			206	280	652	25	48
13	GF-700	2	100	70	700	315	315			206	280	652	25	54
14	GF-800	2	100	80	800	360	360			243	280	652	25	60
15	GF-900	2	100	90	900	405	405			243	280	652	25	69
16	GF-1000	2	100	100	1000	450	450			243	280	652	25	77
17	GF-1200	2	100	120	1200	540	540			370	285	652	40	95
18	GF-1400	2	100	140	1400	630	630			370	285	652	40	106
19	GF-1600	2	100	160	1600	720	720			480	285	652	40	122
20	GF-1800	2	100	180	1800	810	810			480	285	652	40	133
21	GF-2000	2	100	200	2000	900	900			480	285	652	40	145

(3) 起动用铅酸蓄电池

起动用铅酸蓄电池由极板、电池槽、盖及隔板组成。电池出厂已密封,不带电液,使用前须加入电解液,并按说明书充电,但是干荷电蓄电池,只需加入电解液经 20min,待电解液渗透极板后即可使用,不需初充电。

这种电池主要供各类内燃机(如汽车汽油发动机、小型内燃发电机组内燃机等)的起动及照明、点火之用。

该系列蓄电池的额定电压有 6V、12V 两种,容量为 60~210Ah。

电池的主要技术数据见表 16.1.3-4。

起动用铅酸蓄电池主要技术数据

表 16.1.3-4

序号	电池型号	额定电压(V)	20小时率放电 电流(A)	20小时率放电 容量(Ah)	单格内极板片数(片)	起动放电 电流(A)	起动放电 +25℃起动放电 放电3min终止电压(A)	起动放电 -18℃起动放电 放电1min终止电压(V)	外形尺寸(mm) 长	外形尺寸(mm) 宽	外形尺寸(mm) 高	电池净重(kg)	备注
1	3-Q-75	6	3.75	75	11	225	3	4.2	197	173	250	13	国标
2	3-Q-90	6	4.5	90	13	270	3	4.2	224	173	250	15	国标
3	3-Q-105	6	5.25	105	15	315	3	4.2	251	173	250	17	国标
4	3-Q-120	6	6	120	17	360	3	4.2	278	173	250	19	国标
5	3-Q-135	6	6.75	135	19	405	3	4.2	305	173	250	21	国标
6	3-Q-150	6	7.5	150	21	450	3	4.2	332	173	250	24	国标
7	3-Q-195	6	9.75	195	27	585	3	4.2	413	173	250	30	国标
8	6-Q-60	12	3	60	9	180	6	8.4	319	178	250	22	国标
9	6-Q-75	12	3.75	75	11	225	6	8.4	373	178	250	26	国标
10	6-Q-90	12	4.5	90	13	270	6	8.4	427	178	250	33	国标
11	6-Q-105	12	5.25	105	15	315	6	8.4	485	178	250	36	国标
12	6-Q-120	12	6	120	17	360	6	8.4	517	138	250	39	国标
13	6-Q-135	12	6.75	135	19	405	6	8.4	517	216	250	43	国标
14	6-Q-150	12	7.5	150	21	450	6	8.4	517	234	250	47	国标
15	6-Q-165	12	8.25	165	23	495	6	8.4	517	252	250	50	国标
16	6-Q-180	12	9.0	180	25	540	6	8.4	517	270	250	54	国标
17	6-Q-195	12	9.75	195	27	585	6	8.4	517	288	250	58	国标
18	3-Q-30	6	1.5	30	5	90	3	4.2	185	90	220	5.5	非标
19	3-Q-60	6	3	60	5	180	3	4.2	151	175	234	10.5	非标
20	3-Q-180	6	9.0	180	25	540	3	4.2	393	175	215	30	非标
21	3-Q-210	6	10.5	210	29	630	3	4.2	430	178	250	34	非标
22	6-Q-45	12	2.5	45	7	135	6	8.4	265	178	250	19	非标
23	6-Q-105D	12	5.25	105	15	315	6	8.4	446	180	250	40	非标
24	6-Q-210	12	10.5	210	29	630	6	8.4	517	297	250	65	非标
25	3-Q-165	6	8.25	165	23	495	3	4.2	345	175	215	26	非标

(4) 电池车用铅酸蓄电池

电池车用铅酸蓄电池正极为玻璃纤维套管式、负极为涂膏式、隔板为微孔橡胶隔板。蓄电池槽与盖由硬质橡胶或塑料制成,具有耐震、寿命长等特点。

电池用于煤矿井下电机车、工厂、码头、车站等蓄电池搬运车、叉车以及移动通讯作直流电源。

电池主要技术数据见表 16.1.3-5。

16.1 电 池

电池车用蓄电池主要技术数据　　　　表 16.1.3-5

序号	型号	额定电压(V)	额定容量(Ah)	放电电流(A)及容量(Ah)						外形尺寸(mm)			电池净重(kg)
				5小时率		3小时率		1小时率		长	宽	高	
				终止电流	电压1.75V容量	终止电流	电压1.70V容量	终止电流	电压1.70V容量				
1	DG-250	2	250	50	250	70	210	150	150	214	142	338	
2	DG-120	2	120	24	120	33	99	72	72	81	182	363	
3	DG-320	2	320	64	320	89	267	192	192	176	182	363	
4	DG-360	2	360	72	360	100	300	216	216	195	182	363	
5	DG-400	2	400	80	400	111	333	240	240	214	182	363	
6	DG-330	2	330	66	330	91	273	198	198	138	182	448	
7	DG-440	2	440	88	440	122	366	264	264	176	182	448	
8	DG-490	2	490	98	490	136	408	294	294	157	184	530	
9	DG-232	2	232	46.2	232	64	193	139	139	214	140	335	20
10	DG-308	2	308	61.6	308	82	246	175	175	202	130	432	22
11	DG-335	2	335	67	335	93	278	201	201	159	112	525	
12	DG-370	2	370	74	370	99	297	210	210	201	149	443	22
13	DG-380	2	380	76	380	105	315	228	228	118	197	440	35
14	DG-425	2	425	85	425	114	342	240	240	196	167	540	36
15	DG-160	2	160	32	160	44	132	198	198	100	182	368	
16	DG-500	2	500	100	500	138	415	264	264	192	166	487	36
17	DG-330KT	2	330	66	330	91	273	300	300	138	182	469	30
18	DG-440KT	2	440	88	440	122	366	150	150	176	182	469	35.5
19	DG-500GT	2	500	100	500	138	415	198	198	194	168	542	41
20	DG-250GT	2	250	50	250	70	210	150	150	215	143	364	23
21	DG-330TT	2	330	66	330	91	273	210	210	138	182	469	30
22	DG-DG-250	2	250	50	250	70	210	175	175	240	475	370	215
23	5-D-370	2	370	74	370	99	297	210	210	867	277	495	145
24	6-D-308	2	308	61.6	308	82	246	175	175	879	256	490	142
25	6-D-370	2	370	24	370	99	297	210	210	1023	277	495	173
26	DG-500	2	500	100	500	138	415	300	300	196	167	548	

(5) 摩托车用蓄电池

摩托车用铅酸蓄电池具有体积小、容量大、重量轻、耐震等特点。封口剂质量好,当电池倾斜45°角时不漏电液。

电池额定电压6V、12V两种。适用于摩托车的起动、点火、照明。

电池主要技术数据见表 16.1.3-6。

摩托车用铅酸蓄电池主要技术数据　　　　表 16.1.3-6

序号	型号	额定电压(V)	1小时率额定容量(Ah)	普通充电电流(A)	外形尺寸(mm) 长	宽	高	电池净重(kg)
1	3-M-2	6	2	0.2	47	87	97	0.5
2	3-M-4	6	4	0.4	71	71	96	0.9
3	3-M-6	6	6	0.6	98	58	100	
4	3-M-12	6	12	1.2	125	101	180	3.5
5	3-M-16	6	16	1.6	134	85	162	9.0
6	3-MA-2	6	2	0.2	69	45	94	13.5
7	3-MA-4	6	4	0.4	71	71	96	0.9
8	3-MA-6	6	6	0.6	99	57	121	0.9
9	3-MA-9	6						
10	3-MA-15	6	15	1.5	102	75	147	2.65
11	3-M-2S	6	2	0.2	69	46.5	85	0.45
12	3-M-4S	6	4	0.4	69	69.5	85	0.7
13	3-M-20S	6	20	2.0	105	80	154	3
14	3-M-14S	6	14	1.4	116	75	144	3
15	3-M-45	6	45	4.5	162	115	190	7
16	3-MT-14	6	14	1.4	110	81	175	3.2
17	6-MA-5.5	12	5.5	0.55	147	77	142	1.9
18	6-MA-9	12	9	0.9	147	77	142	1.9
19	6-M-20	12	20	2.0	200	120	193	8
20	6-MA-28S	12	28	2.8	185	115	191	7

2. 碱性蓄电池

(1) 碱性镉-镍蓄电池

碱性镉-镍蓄电池适用在具有冲击振动的场所或设备上,可作通讯、照明和仪器的直流电源。正极板由氢氧化亚镍粉、石墨粉及其他添加剂制成,负极板由氧化镉和活性铁粉及添加剂制成,隔板用低压聚乙烯制成外壳为塑料或钢板,盖上有注液孔及正负极引出孔。注液孔平时拧有气塞,气塞是由塑料制成,能排出蓄电池内部所产生的气体和防止外部空气的进入。

镉-镍电池主要技术数据见表 16.1.3-7。

碱性镉-镍蓄电池主要技术数据　　　　表 16.1.3-7

型号	额定电压(V)	额定容量(Ah)	最大外形尺寸(mm) 长	宽	高	寿命(充放电不少于)	电解液用量(kg)	带电解液最大重量(kg)	极柱螺纹
GN225	1.25	2.25	67	23	135	900	0.05	0.34	
GN10	1.25	10	84	38	126	900	0.12	0.66	
GN22	1.25	22	128	35	216	900	0.4	1.78	M5
2GN24	2.5	24	127	68	186	750	0.45	2.91	
GN45	1.25	45	128	56	216	900	1.56	2.78	
GN60	1.25	60	155	48	349	900	0.92	4.09	M10×1
GN100	1.25	100	155	73	349	900	1.43	6.63	M10×1

注:塑料壳电池宽度尺寸比表内略大 5mm。

(2) 碱性镉-镍圆柱形蓄电池

碱性镉-镍圆柱形蓄电池是应用很广的一类电池。该型蓄电池密封不漏电解液,放电电压平稳,使用环境温度范围宽,可与普通干电池互换使用,维护简单,坚固耐用。可作照明、通讯、测量、袖珍式计算机和电子仪器的直流电源。

镉-镍圆柱形蓄电池主要技术数据见表 16.1.3-8。

镉-镍圆柱形蓄电池主要技术数据 表 16.1.3-8

型 号	额定容量 (Ah)	额定电压 (V)	寿命 200 次充放电后容量不低于	外形尺寸(mm) 直径	外形尺寸(mm) 高度	最大重量 (g)	与锌锰干电池尺寸规格互换情况
GNY0.15	0.15	1.25	80%	12	30	11	同 R1 型
GNY0.25	0.25	1.25	80%	14.5	30	17	
GNY0.45	0.45	1.25	80%	14.5	50	26	同 R6 型
GNY1.0	1.0	1.25	80%	20.5	50	47	
GNY1.5	1.5	1.25	80%	26	50	75	同 R14 型
GNY3	3	1.25	80%	34	61.5	140	同 R20 型
GNY5	5	1.25	80%	34	91	230	同 R25 型

注:a. 容量与充放电制有密切关系,放电电流大,则供出的容量低。
　　b. 在 -40℃ 条件下能放出的容量为额定容量的 40% 以上。
　　c. 一般要求电池在 15～35℃ 的环境中进行充电。浮充电压不得高于 1.5V,浮充电流不大于 5 小时率的电流。
　　d. 每单只蓄电池放电终止电压为 1.0V。
　　e. 在型号前面冠的数字表示以若干个单只的蓄电池串联组合的数字。

(3) 碱性铁-镍蓄电池

铁-镍蓄电池一般情况下适用在矿井、隧道等环境作照明及电动机车牵引直流电源。因具有较高的机械强度,铁质外壳,允许在一般的冲击和振动条件下使用。但蓄电池的自放电损失较大,不宜于作备用电源。

铁-镍蓄电池主要技术数据见表 16.1.3-9。

常用铁-镍蓄电池主要技术数据 表 16.1.3-9

型 号	额定电压 (V)	额定容量 (Ah)	最大外形尺寸(mm) 长	宽	高	寿命充放电次数不少于	保存期	电解液用量 (kg)	有电解液时最大重量(kg)	极柱螺纹
TN250	1.25	250	170.5	136.5	369	750	3 年	3.0	20.4	M16
TN300	1.25	300	170.5	136.5	451	750	3 年	4.0	21.9	M16
TN350	1.25	350	170.5	159	531	750	3 年	5.0	28.6	M16
TN500	1.25	500	170.5	159	561	750	3 年	6.0	32.7	M16

注:凡出厂后未用过之蓄电池,存放期已超过三年半者,只要未曾锈蚀,未短路,作 3～5 次充放电循环后常温容量合格,仍可使用。

(4) 碱性锌-银蓄电池

锌-银蓄电池适用于 5h 放电制的通讯、照明和仪器设备。该种蓄电池以银为正极,锌为负极,封装在塑料壳内,其正极活性物质为银粉,负极活性物质主要为氧化锌粉和金属锌粉,电解液为氧化锌饱和的氢氧化钾溶液。

锌-银蓄电池主要技术数据见表16.1.3-10。

常用锌-银蓄电池主要技术数据　　　　　　　　　　表16.1.3-10

型号	额定电压(V)	额定容量(Ah)	外形尺寸(mm)			重量(kg)		低温性能	寿命	保存期
			长	宽	高	有解电液	无解电液			
XYZ5	1.5	5	46	33	81	5	1.5	在-20℃下以5h制电流放电,放出容量不低于额定容量的50%	灌入电解液后能使月8个月以上,连续充放电循环可达70次以上	干保存2.5年
2XY8	3.0	8	40	38.5	120	8	3			
XY20	1.5	20	40	38.5	120	20	1.5			
XYG45	1.5	45	55	51.5	158	45	1.5			

16.2　蓄电池选择、安装和使用

16.2.1　蓄电池的选择

1. 蓄电池选用的一般原则(见表16.2.1-1)。

蓄电池选用一般原则　　　　　　　　　　表16.2.1-1

序号	类别	选用原则
1	起动用铅蓄电池	宜选干荷电系列蓄电池,根据情况也可选用湿荷电系列蓄电池
2	建筑物应急照明用直流电源	集中供电当容量较大时,宜选用固定型铅蓄电池;集中分区供电时,宜选用镉-镍蓄电池,根据情况也可选用固定型铅蓄电池;分散供电时,应选用镉-镍蓄电池
3	变电所分、合闸直流电源	宜选用镉-镍蓄电池;当蓄电池同时作为变电所操作电源和建筑物应急照明集中供电电源时,则宜选用固定型铅蓄电池
4	不停电电源装置(UPS)的直流电源	当要求继续维持供电时间较短时,宜采用镉-镍蓄电池;否则宜选用固定型铅蓄电池

2. 蓄电池容量的确定

变电所用蓄电池的容量,一般按持续放电容量确定,按冲击电流或电压水平校验。按持续放电容量计算如下:

(1) 镉-镍蓄电池

按持续放电容量计算:

$$C_{cl} \geqslant \frac{(I_{jc}+I_{sg})}{K_{ur}-K_s} \cdot t_s$$

式中　C_{cl}——按持续放电容量条件计算出的蓄电池容量,A·h;

I_{jc}——经常直流负载直流,A;

I_{sg}——事故时直流负载电流,A;

t_s——事故持续时间,h,一般取1h;

K_{ur}——浮充时运行容量系数,一般取 $0.85\sim0.95$;

K_s——放电后容量保留系数,事故放电终了时 $K_s=0.25\sim0.50$,全容量核对放电终了时 $K_s=0$。

(2) 固定铅酸蓄电池

按满足事故全停电状态下的持续放电容量计算:

$$C > \frac{O_s}{K_k K_c}$$

式中　C——计算所要求的蓄电池 10h 放电容量,$A \cdot h$;

O_s——事故全停电状态下持续放电容量,$A \cdot h$;

K_k——容量储备系数,取 0.80;

K_c——容量换算系数(对应不同的放电终止电压和所要求的放电时间,可由图 16.2.1-1中曲线查出)。

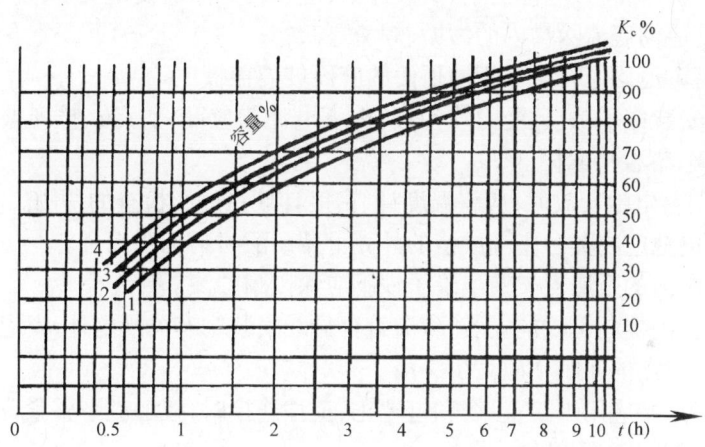

图 16.2.1-1　蓄电池放电容量与放电时间的关系曲线
1—终止电压 1.80V;2—终止电压 1.75V;
3—终止电压 1.70V;4—终止电压 1.65V。

16.2.2　蓄电池的安装与检查

1. 同一蓄电池组的组成电池应具有相同的特性,通常应采用同一牌号、同一型号的产品。

2. 防酸隔爆型蓄电池安装前,应进行下列外观检查:

(1) 蓄电池槽应无裂纹、损伤,槽盖应密封良好;

(2) 蓄电池的正、负端柱应极性正确,并应无变形。防酸隔爆栓等部件应齐全,无损伤;

(3) 对透明的蓄电池槽,应检查极板有无严重受潮和变形现象,槽内部件应齐全无损伤;

(4) 连接条、螺栓及螺母应齐全。

3. 由合成树脂制作的槽,不得沾有芳香烃、煤油等有机溶剂。如需去除槽壁的污垢时,可有脂肪烃、酒精等擦拭。

4. 固定型开口式铅蓄电池安装前应作下列检查:

(1) 蓄电池玻璃槽应透明,厚度均匀,无裂纹及直径 5mm 以上的气泡,并应无渗漏现象;

(2) 蓄电池的极板应平直,无弯曲,受潮及剥落现象;

(3) 隔板及隔棒应完整无破裂,销钉应齐全。

5. 固定型开口式铅蓄电池的安装应符合下列规定:

(1) 蓄电池槽与台架之间应用绝缘子隔开,并在槽与绝缘子之间垫有铅质或耐酸材料的软质垫片;

(2) 绝缘子应按台架中心线对称安置,并尽可能靠近槽的四角;

(3) 极板的焊接不得有虚焊、气孔;焊接后不得有弯曲、歪斜及破损现象;

(4) 极板之间的距离应相等,并相互平行,边缘对齐;

(5) 隔板上端应高出极板,下端应低于极板;

(6) 蓄电池极板组两侧的铅弹簧(或耐酸的弹性物)的弹力应充足,以便压紧极板;

(7) 组装极板时,每只电池的正、负极片数,应符合产品的技术要求;

(8) 注酸前应彻底清除槽内的污垢、焊渣等杂物;

(9) 每个蓄电池均应有略小于槽顶面的麻面玻璃盖板。

6. 蓄电池安装应平稳,且受力均匀;所有蓄电池槽应高低一致、排列整齐;连接条及抽头的接线应正确,螺栓应紧固。

防酸隔爆型蓄电池安放时,应将温度计、密度计放在易于检查的一侧。

7. 每个蓄电池应在其台座上或槽的外壳上用耐酸材料标明编号。

8. 蓄电池室内的金属支架及绝缘子铁脚应涂以耐酸漆。

9. 蓄电池室内裸硬母线的安装,除应符合母线安装中有关规定外,尚应符合下列要求:

(1) 母线支持点的间距不应大于 2m;

(2) 母线的连接应用焊接;母线和电池正、负柱连接时,接触应平整紧密;母线端头应涂锡;母线表面应涂以中性凡士林;

(3) 当母线用绑线与绝缘子固定时,铜母线应用铜绑线,绑线截面不应小于 $2.5mm^2$,钢母线应用铁绑线,绑线截面不宜小于 #14 铁线。绑扎应牢固,绑线应涂以耐酸漆;

(4) 母线应排列整齐平直,弯曲度应一致;母线间、母线与建筑物或其他接地部分之间的净距不应小于 50mm;

(5) 母线应沿其全长涂以耐酸相色油漆,正极为赭色,负极为蓝色;钢母线尚应在耐酸涂料外再涂一层凡士林;穿墙接线板上应有注明"+"极的标号。

10. 蓄电池组的连接母线一般采用圆铜,小容量蓄电池亦可采用圆钢,其规格选择见表 16.2.2-1。

蓄电池连接母线的选择 表 16.2.2-1

电池容量(Ah)	200	300	350	400	450	500	800	1000
圆铜母线直径(mm)	—	—	8	8	8	10	12	15
圆钢母线直径(mm)	10	14	16	18	20	22	—	—

11. 蓄电池引出线采用电缆时,应满足以下要求:

(1) 宜采用塑料外护套电缆,当采用裸钢铠装电缆时,其室内部分应剥去铠装;

(2) 电缆的引出线应用相色带标明正、负极；
(3) 电缆穿出蓄电池室的孔洞及保护管的管口处,应用耐酸材料保护；
(4) 电缆及穿管规格选择见表16.2.2-2。

蓄电池引出线电缆及穿管的规格选择　　　　表16.2.2-2

电池容量(Ah)	300	400	450	500	800	1000
铝芯电缆截面(mm²)	50	70	95	95	240	2×185
塑料管外径(mm)	25	25	40	40	50	—

16.2.3 蓄电池电解液配制

1. 铅酸蓄电池电解液配制

(1) 铅酸蓄电池电解液的标准见表16.2.3-1。

铅酸蓄电池电解液的标准　　　　表16.2.3-1

项次	指标名称	浓硫酸	新配制的硫酸溶液（注入用）	蒸馏水（净化水）
1	外观	透明	透明	无色透明
2	色度测定	需标准醋酸铅溶液2mL	溶液着色0.6mm	—
3	20℃时的相对密度	1.83~1.833	根据制造厂规定	1.00(4℃)
4	硫酸(H_2SO_4)含量% >	92	根据制造厂规定	
5	不挥发物含量% <	0.05		
6	锰(Mn)含量% <	0.0001	0.0001	
7	铁(Fe)含量% <	0.012	0.004	0.0004
8	砷(As)含量% <	0.0001	0.0001	
9	氯(Cl)含量% <	0.001	0.001	0.0008
10	氮的氧化物(N_2O_3)含量% <	0.0001	0.0001	0.0001
11	有机物含量% <(以醋酸计)	—	—	0.003
12	硫化氢组金属(除去铁铅)	需经试验		—
13	高锰酸钾还原物($KMnO_4$)	需要的标准溶液		
		8mL	3mL	

(2) 电解液中硫酸和蒸馏水需要量

电解液中硫酸的需要量可按下式计算：

$$P = V\rho\alpha n$$

式中　P——硫酸需要量,g;

V——每个容器中电解液的平均体积,cm³;

ρ——电解液密度,g/cm³。近似计算时,起动用蓄电池,$\rho=1.28\sim1.29$;固定蓄电池,$\rho=1.20\sim1.21$;

α——电解液中硫酸的比例,%,见表16.2.3-2;

n——蓄电池个数。

由硫酸的需要量亦可算出蒸馏水的需要量。

电解液中蒸馏水与硫酸的比例　　　　　表 16.2.3-2

电解液密度 (20℃ g/cm³)	蒸馏水与硫酸 的体积比	蒸馏水与硫酸 的重量比	电解液中硫酸 重量的百分比
1.10	9.80:1	6.82:1	14.65%
1.14	6.68:1	3.98:1	20.10%
1.16	5.70:1	3.35:1	22.70%
1.18	4.95:1	2.90:1	25.20%
1.19	4.63:1	2.52:1	26.50%
1.20	4.33:1	2.36:1	27.70%
1.21	4.07:1	2.22:1	29.00%
1.22	3.84:1	2.09:1	30.00%
1.23	3.60:1	1.97:1	31.40%
1.25	3.22:1	1.76:1	33.70%
1.30	2.47:1	1.34:1	39.65%

(3) 配制和灌注电解液时,应采用合格的耐酸容器,并应将浓硫酸缓慢地倒入蒸馏水中,电解液的密度应符合产品的技术规定。通常情况下规定的电解液密度是指 25℃ 时。当温度不是 25℃ 时可按下式换算：

$$\rho_{25} = \rho_t + K(t - 25)$$

式中　　ρ_{25}——换算成 25℃ 时的密度,g/cm³;

　　　　ρ_t——t℃ 时测出的密度,g/cm³;

　　　　K——温度系数,对于常温下密度为 $\rho = 1.2 \sim 1.3$ g/cm³ 的稀硫酸,$K = 0.0007$。

(4) 固定型开口式蓄电池的隔板,应在电解液注入前 24h 内插入。

(5) 注入蓄电池电解液的温度不宜高于 30℃,注入液面的高度应在高-低液面线之间,一般应高出极板 10~20mm。

2. 碱性蓄电池电解液配制

(1) 碱性蓄电池的碱性电解液需用蒸馏水和很纯的氢氧化钾(KOH)在玻璃器皿或塑料器皿中配制。

(2) 碱性电解液的标准,见表 16.2.3-3。

碱性蓄电池用电解液标准　　　　　表 16.2.3-3

项　目	新 电 解 液	使用极限值
外　观	无色透明,无悬浮物	
密　度	1.19~1.25(25℃)	1.19~1.21(25℃)
含　量	KOH240~270g/L	KOH240~270g/L
Cl	<0.1g/L	<0.2g/L
$CO_2^=$	<8g/L	<50g/L
Ca.Mg	<0.1g/L	<0.3g/L
氨沉淀物 Al/KOH	<0.02%	<0.02%
Fe/KOH	<0.05%	<0.05%

16.2 蓄电池选择、安装和使用

(3) 根据电池使用的环境温度,选择相应密度的电解液。在较高温度下使用时,电解液中应加入少量的氢氧化锂(LiOH),以提高其使用寿命。常用碱性蓄电池电解液配制比例见表 16.2.3-4。

常用碱性蓄电池电解液配制比例　　　　　　　表 16.2.3-4

序号	循环温度 (℃)	密度(25℃) (g/cm³)	碱:水 (重量比)	备注
1	10~45	1.18	1:5	
2	-10~35	1.20	1:3	加氢氧化锂 20g/L
3	-25~10	1.25	1:2	加氢氧化锂 40g/L
4	-40~-15	1.28	1:2	

(4) 锌-银碱性蓄电池使用浓度较高(密度 $1.45 \sim 1.47 g/cm^3$)的氢氧化钾溶液。为了提高使用寿命,电解液中可适量加入氧化锌和氢氧化锂。例如,配 1L 电解液的用量比例为: 750mL 蒸馏水中加入 700g 氢氧化钾和 100g 氧化锌,然后加入 20~40g 氢氧化锂。

16.2.4 蓄电池充放电

1. 铅酸蓄电池的充放电方法

(1) 电解液注入蓄电池后,应静止 3~5h,待液温冷却至 30℃ 以下时,方可充电,但自电解液注入蓄电池内开始至充电之间的放置时间一般不宜超过 12h;充电过程中,液温不宜超过 45℃。

防酸隔爆式铅酸蓄电池的防酸隔爆栓,在注液完毕后应立即装上,以防充电时酸气大量外泄。

(2) 初充电及首次放电应按产品的技术要求进行,不应过充或过放。

初充电期间,应保证电源可靠。在初充电开始后 25h 内,应保证连续充电,电源不可中断。

(3) 蓄电池充电一般采用恒定电流的充电方法,常用铅酸蓄电池充电电流见表 16.2.4-1。

常用铅酸蓄电池充电电流与电量　　　　　　　表 16.2.4-1

蓄电池类型	初充电			正常充电		
	第一阶段 充电电流 (A)	第二阶段 充电电流 (A)	充电电量 额定容量	第一阶段 充电电流 (A)	第二阶段 充电电流 (A)	充电电量 放出电量
起动用	$0.07C_{20}$	$0.04C_{20}$	3~4.5	$0.1C_{20}$	$0.05C_{20}$	1.2~1.4
内燃机车用	$0.1C_{10}$	$0.05C_{10}$	4~7	$0.14C_{10}$	$0.07C_{10}$	1.2~1.4
蓄电池用	$0.1C_5$	$0.05C_5$	4~7	$0.14C_5$	$0.07C_5$	1.2~1.4
固定型	$0.08C_{10}$	$0.04C_{10}$	4~7	$0.1C_{10}$	$0.05C_{10}$	1.2~1.4

注:"C"表示电池额定容量,按 Ah 计,其下标"5"、"10"、"20"表示电池的每小时放电率。

(4) 蓄电池充电时,不得有明火,并应有防火、通风措施。

(5) 蓄电池的初充电,当符合下列条件时,可认为已充足。

a. 电池的电压、密度连续在 3h 内稳定不变,且符合产品的规定数值;
　　b. 电解液产生大量气泡,断电 2h 后再合闸时,电解液立即沸腾;
　　c. 充电容量已达到或接近产品的技术要求。
　　(6) 充电结束后,电解液的比重及液面高度,需调整到规定值;并应再进行半小时的充电,使电解液混合均匀。
　　(7) 蓄电池组在首次放电终了时,每个电池的最终电压及电解液密度,应符合产品的技术规定,不合标准的电池的电压与整组蓄电池中单个电池的平均电压的差值不应超过 1%～1.5%,电压不合标准的电池数量,不应超过蓄电池组总数量的 5%。25℃时的放电容量应达到其额定容量的 85%以上。当温度不在 25℃时,其容量可按下式进行换算:

$$C_{25} = \frac{C_t}{1 + 0.008(t - 25)}$$

式中　t——放电过程中,电解液平均温度,℃;
　　　C_t——在液温为 t℃时,实际测得容量,Ah;
　　　C_{25}——换算成标准温度(25℃)时的容量,Ah;
　　　0.008——容量温度系数。
　　对于电压与密度小的个别蓄电池,应单独进行小电流补充充电。
　　(8) 首次放电完毕后。应即进行充电,间隔时间不宜超过 10h。
　　(9) 经过正常充电的铅酸蓄电池,在贮存期内,应每隔 1～2 月进行小电流(0.05C_{20})充电 5～6h,以补偿自放电容量的损失。

2. 碱性蓄电池充放电方法

　　(1) 镉-镍、铁-镍碱性蓄电池必须按规定要求进行充放电,通常采用 5h 率或 10h 率恒流放电。充电速度可以快一些,可采用 4h 或 2h 率进行,见表 16.2.4-2。

镉-镍和铁-镍蓄电池充电条件　　　　　　　表 16.2.4-2

序 号	充 电 类 别	充电电流(A)	充电时间(h)
1	正常充电	$C/4$	7
2	过充电	$C/4$	9
3	快速充电	$C/2$	4
4	浮充电	不 定	不 定

注:C 为电池额定容量,Ah。

　　(2) 锌-银碱性蓄电池通常采用 10h 率进行充电,快速充电也只能用 7～8h 率;不允许过充电,当电池充电电压达到 2.05V 时,必须停止。
　　(3) 镉-镍和铁-镍开口式盒式蓄电池在长期使用过程中,其电解液会吸收空气中的二氧化碳,生成碳酸钾,影响电池寿命。所以在一定充放循环次数(约 100～200 次)后,应更换新的电解液。

16.3　电力整流器

16.3.1　电力整流器的种类和特性

1. 电力整流器的基本构成(见图 16.3.1-1)。

16.3 电力整流器

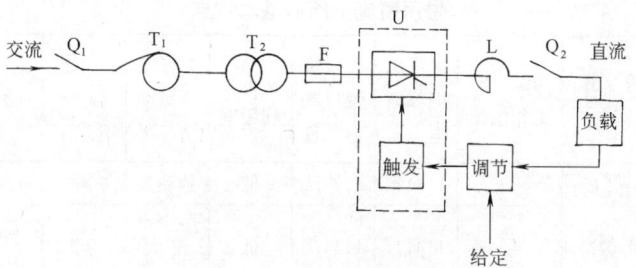

图 16.3.1-1　电力整流器的基本构成

Q_1—电源开关；T_1—自耦调压变压器；T_2—整流变压器；F—阀侧熔断器；
U—硅整流器；L—平衡电抗器；Q_2—直流侧快速开关

2. 常用整流电路及特点

整流器的核心部件是由电力半导体管及其冷却、保护、检测和触发等部分组成。其中的整流主电路见图 16.3.1-2，基本特点见表 16.3.1-1。

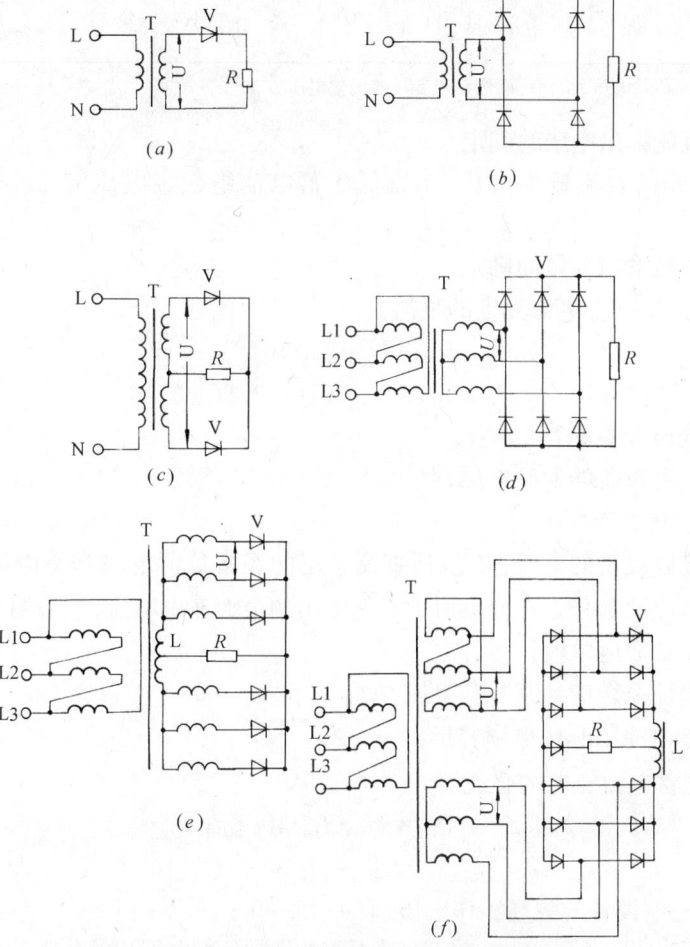

图 16.3.1-2　电力整流器基本整流电路

(a)单相半波；(b)单相桥；(c)单相全波；(d)三相桥；(e)双星形带平衡电抗器；(f)双三相桥带平衡电抗器
T—整流变压器；L—平衡电抗器；V—整流管；R—负载；U—整流变压器阀侧电压

常用整流电路的基本特点　　　　　　　　表 16.3.1-1

序号	电路名称	输出直流电压	元件工作电流	元件反向峰值电压	整流变压器容量	变压器利用率	直流电压脉动情况	元件容量利用率	适用范围	典型用途
1	单相半波	$0.45U$	I_d	$1.41U$	$3.09P_d$	低	脉动大	高	小容量	应用少
2	单相全波	$0.9U$	$\frac{I_d}{2}$	$1.41U$	$1.34P_d$	低	较大	高	$U_d \leqslant 50V$ $P_d \leqslant 5kW$	小型充电设备
3	单相桥	$0.9U$	$\frac{I_d}{2}$	$1.41U$	$1.11P_d$	较高	较大	高	$U_d \leqslant 230V$ $P_d \leqslant 10kW$	小型充电设备和传动设备
4	三相桥	$1.35U$	$\frac{I_d}{3}$	$1.41U$	$1.05P_d$	高	较小	较高	$U_d \leqslant 250V$ $P_d \leqslant 10kW$	电解电源,直流牵引
5	双星形带平衡电抗器	$0.675U$	$\frac{I_d}{6}$	$1.41U$	$1.26P_d$	一般	较小	较高	$U_d \leqslant 400V$ $P_d \leqslant 100kW$	电解,电镀设备
6	双三相桥带平衡电抗器	$1.35U$	$\frac{I_d}{6}$	$1.41U$	$1.03P_d$	高	小	较高	$U_d \geqslant 400V$ $P_d \geqslant 2500kW$	电解,直流传动

注：U_d、P_d 为直流负载电压和功率；U 为整流变压器阀侧电压。

3．整流器直流输出电压的确定

充电用整流器的直流输出电压，不宜低于蓄电池组额定电压的 1.5 倍，寒冷地区为 1.8～1.9 倍。

4．整流器直流输出容量的确定

(1) 为固定型铅酸蓄电池充电的整流器

$$P_{cd} = U_{cd} \cdot I_{cd} \cdot 10^{-3}$$
$$= U_{cd} \cdot (I_{jc} + 0.1C_{10}) \cdot 10^{-3}$$

式中　P_{cd}——充电设备的容量 kW；

　　　U_{cd}——充电设备的最高电压，取 $2.7 \cdot n$ V；

　　　n——蓄电池总数；

　　　I_{cd}——充电设备的电流，A，包括直流系统的经常负荷电流和蓄电池组的最大充电电流两部分。在变电所中蓄电池组的最大充电电流，可采用蓄电池 10h 放电率的放电电流；

　　　I_{jc}——直流系统的经常负荷电流，A；

　　　C_{10}——蓄电池 10h 放电率容量，A·h。

(2) 为镉-镍蓄电池充电的整流器

$$P_{cd} = U_{cd} \cdot I_{cd} \cdot 10^{-3}$$
$$= U_{cd} \cdot (I_{jc} + K \cdot C) \cdot 10^{-3}$$

式中　U_{cd}——充电设备的最高工作电压，取 $1.75 \cdot n$ V；

　　　I_{cd}——充电设备的电流，A，包括直流系统的经常负荷电流和蓄电池充电电流两部分；

　　　K——系数，取 0.2 或 0.25（取决于充电制）；

　　　C——蓄电池额定容量，A·h。

其他符号含义同前。

5．整流器交流输入电流和功率的确定

整流器电源交流输入电流如果没有制造厂提供的数据时，可按下式计算：

当已知整流器的整流线路接线方式时

$$I \geqslant K_{jz} \cdot K_i \cdot K_p \cdot P_d$$

当不了解整流器的整流线路接线方式时

$$I = \frac{K_l \cdot P_d}{\eta \cdot \cos\phi}$$

$$P_d = \frac{U_d \cdot I_d}{1000}$$

式中 I——交流输入电流，A；

K_p——整流器的接线系数，按表16.3.1-2确定；

K_l——交流功率换算成电流时的系数：

三相380V时为1.52，

单相380V时为2.63，

单相220V时为4.55

K_{jz}——校正系数；

硅整流器取1.1~1.2，

晶闸管整流器取1.2~1.3

$\eta \cdot \cos\phi$——分别为整流器效率和额定功率因数，在无制造厂提供的数据时可按表16.3.1-3确定；

P_d——整流器直流输出额定功率，W；

U_d——整流器直流输出额定电压，V；

I_d——整流器直流输出额定电流，A。

整流器的接线系数 表16.3.1-2

序号	整流线路接线方式	接线系数 K_p	序号	整流线路接线方式	接线系数 K_p
1	单相半波	1.34（3.49）	6	三相桥式	1.05
2	单相全波	1.34（1.50）	7	双Y带平衡电抗器	1.26
3	单相桥式	1.11（1.24）	8	六相零式（原边Y）	1.80
4	三相零式	1.35	9	六相零式（原边△）	1.55
5	三相曲折零式	1.46	10	六相曲折零式	1.42

注：a. 本表按在无限大电感负载下全导通时编制；

b. 三相以上线路为纯电阻负载的数据相差不大，单相线路纯电阻负载的数据用括号列在有关项内。

整流器 η、$\cos\phi$ 参考值 表16.3.1-3

序号	直流输出功率(kW)	$\cos\phi$	η	序号	直流输出功率(kW)	$\cos\phi$	η
1	1~5.4	≥0.70	≥0.70	3	≥18	≥0.80	≥0.80
2	5.5~17	≥0.75	≥0.75	4	单管整流	—	≥0.85

4. 整流器的控制和保护

(1) 电压调整

采用普通硅二极整流管整流的整流器,其输出电压、电流的调整是借交流侧调压器来实现的。

采用单向晶闸管整流的整流器,其输出电压、电流的调整是利用触发器,改变晶闸管门极电压以改变晶闸管导通时间来实现的。

(2) 过电压抑制

为了防止切换过程中过电压使整流管击穿,通常采用 RC 过电压抑制电路,也可采用硒堆或金属氧化压敏电阻。

RC 过电压抑制电路见图 16.3.1-3。

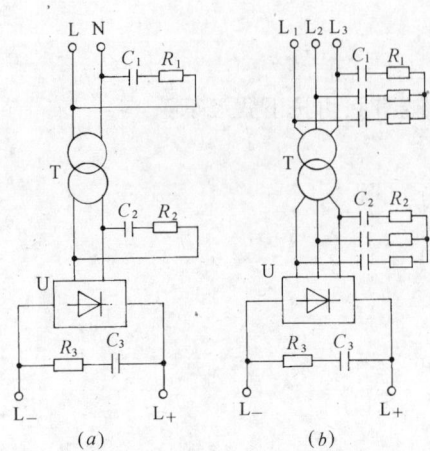

图 16.3.1-3　RC 过电压抑制电路
(a) 单相联结; (b) 三相联结
R_1、C_1—网侧电阻、电容; R_2、C_2—阀侧电阻、电容; R_3、C_3—直流侧电阻、电容;
T—整流变压器; U—整流器

(3) 过载和短路保护

整流器过载和短路保护通常有以下几种:

a. 在整流器的阀侧和直流侧装快速熔断器,如 RLS、RTS 等型熔断器;

b. 在交流侧安装进线电抗器,限制短路电流;

c. 在交流侧和直流侧安装过电流继电器,分别作用于进线主开关跳闸或触发器控制电源断电。

过载和过流保护系统见图 16.3.1-4。

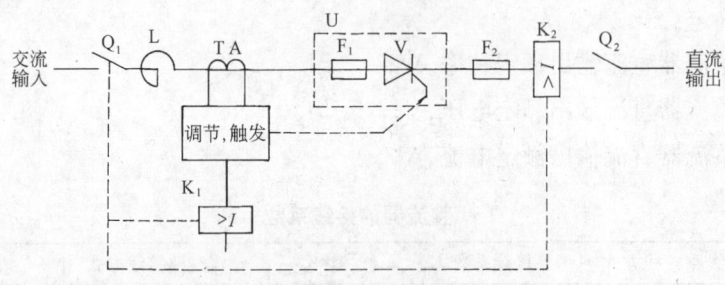

图 16.3.1-4　整流器过载和过流保护系统

Q_1—电源自动开关; L 进线限流电抗器; TA—交流电流检测和电流互感器; U(F_1、V)—主电路晶闸管及串联快速熔断器; F_2—直流侧快速熔断器; Q_2—直流快速开关; K_1—交流电流继电器; K_2—直流电流继电器

5. 电力整流器的主要用途及性能特点(见表 16.3.1-2)。

电力整流器的主要用途及性能特点　　　表 16.3.1-2

序号	用途类别	性能特点	容量范围 (直流)
1	蓄电池充电	负载为反电势性质,较平稳,若为浮充电,对电压纹波限制较严	18~360V 15~400A
2	直流传动	不可逆运转电机负载较平稳,可逆运转电机负载变化剧烈	0.5~500kW

续表

序号	用途类别	性能特点	容量范围（直流）
3	电机励磁	有一定强励能力，可靠性高	50～600V 200～600A
4	电镀电源	电压低,电流大,可防腐蚀要求	6～24V 50～5000A
5	电解加工电源	有稳压、稳流要求	12～24V 500～10000A
6	电磁合闸	瞬时冲击性负载	110,220V 100～300A
7	静电除尘	电压高,电流小,对短路电流限制较严	40,60,80kV 100～1000mA
8	直流输电	工作电压高,多个器件串联	100～1000kV 10～1000kW

16.3.2 常用整流装置

1. 型号说明

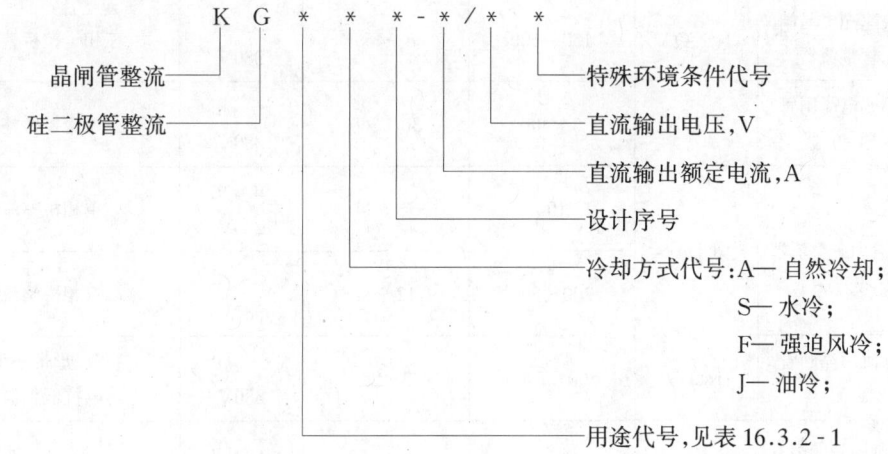

用 途 代 号　　　　　　　　表16.3.2-1

字母	用途	字母	用途
B	一般工业用	K	合闸电源
C	充电用	P	变频
CF	充放电用	V	蓄电池浮充
CQ	快速充电	Y	特殊电源
D	电镀	BY	不停电电源
G	高压除尘		

例 GCA-10/0-250　自然冷却(A)、充电用(C)硅整流器，额定直流输出10A，0～250V。

KGVA-100/90　自然冷却、蓄电池浮充电用(V)晶闸管整流器，额定直流输出100A，90V。

KGDS-500/3-12 水冷(S)、电镀用(D)晶闸管整流器,额定直流输出 500A,3~12V。

2. 常用硅整流装置(见表16.3.2-2)

常用硅整流装置主要技术数据　　　表16.3.2-2

序号	名称	型号	直流输出电流(A)	直流输出电压(V)	交流输入	备注
1	充电用硅整流器	GCA	2,5,6,8,10,12,15,20,25,30,40,50,63,100,150	8,12,18,36,60,90,110,250,330	单相220V	单相桥整流
		GCA	10~300	36~450	三相380V	三相桥整流
2	充电用晶闸管整流器	KGCA	8~100	12~330	单相220V	单相半控桥整流
		KGCA	15~400	18~360	三相380V	三相半控或三相全控桥整流
3	快速充电晶闸管整流器	KGCQA	150~500	8~450	三相380V	三相全控桥整流
4	浮充电晶闸管整流器	KGVA	6~400	36~360	三相380V	三相全控桥整流
5	电镀用硅整流器	GDA	100	18~24	单相220V	单相桥整流
			200~500	12~24	三相380V	三相桥整流
6	电镀用晶闸管整流器	KGDS	500~5000	3~24	三相380V	双星形带平衡电抗器整流
7	直流传动晶闸管整流器	KGSA	50~600	230~460	三相380V	三相全控桥整流
8	高压静电硅整流器	GGAJ	30~320	60000~72000	单相380V	单相桥整流

注:直流输出电流、电压可在所注范围内选用某一规格的产品。

第17章 家 用 电 器

17.1 基 本 知 识

17.1.1 家用电器分类
1. 按功能分类

家用电器一般是指供家庭和个人日常生活使用的电器。通常包括家用电气器具和家用电子器具两大类。随着科学技术的发展,许多新技术、新元件的采用,如微电子技术、微波技术、红外线遥控技术、电力电子器件、电子时间控制器件、电子调速器件等的应用,电气器具和电子器具的分类界限已不十分明显了。

按功能分类见表17.1.1-1和17.1.1-2。

家用电气器具分类　　　　　　　　表17.1.1-1

序号	器具类别	用 途	主 要 产 品
1	空调器具	用于加速室内空气流动,交换室内外空气或调节室内空气温度、湿度以及清除空气中的灰尘	电风扇(包括排气扇)、凉风扇、热风扇、房间空气调节器、空气清洁器、空气去湿器等
2	冷冻器具	用于物品(主要是食品)的冷冻或低温储藏	家用电冰箱、冷饮水器、制冰块机、橱窗冷藏柜、商业冷藏食品柜、冷冻冷藏箱等
3	厨房器具	用于食品加工、烹饪及食具清洗	日用电炉、电灶、微波电灶、电饭锅、烘面包机、和面机、剥皮机、打蛋机、绞肉机、切菜机、包饺子机、电水壶、电热水杯、食物搅拌器、洗碟机、电烤炉、开罐头器、磨刀器等
4	清洁器具	室内环境或设备的吸尘、打蜡、擦光、洗刷以及各种纤维织物的洗涤、脱水、干燥与熨烫等工作用的器具	吸尘器、打蜡机、擦光机、擦玻璃机、喷雾器、洗衣机、干衣机、熨衣机、电熨斗、电刷子、电热水器等
5	取暖器具	用于生活取暖	取暖电炉、电暖鞋、电被、电褥、电坐垫、电热地毯、暖手器等
6	整容器具	用于理发、吹风和剃须等	电吹风、电推剪、电剃须刀、烘发器、电热梳、烫发器、按摩器等
7	电气装置附件	用于电气器具与电源的连接或启闭电路	白炽灯座、插头插座、照明开关、联接器、电铃按钮、荧光灯座、起辉器座、吊线盒、暗装面板、调整板、线盒等
8	音响器具	产生音响	电铃、报警器等

家用电子器具分类　　　　　　　　　　　　表17.1.1-2

序号	器具类别	用途	主要产品
1	音响电器	接收、放大、输出音频信号,产生音响,供人们娱乐	收音机、录音机、放音机、音响、音箱、电子琴、电唱机等
2	视频电器	接收、放大、输出视频信号及音频信号,产生图像和音响	电视机、录像机、放像机等
3	其他电器		游戏机、电子照相机、电子玩具等

2. 按防触电保护方式分类(见表17.1.1-3)。

家用电器按防触电的保护方式分类　　　　　　　表17.1.1-3

序号	类别	含义
1	0 类电器	依靠基本绝缘来防止触电危险的电器。它没有接地保护
2	Ⅰ类电器	该类电器防触电保护,不仅依靠基本绝缘,而且还需要一个附加的安全预防措施。其方法是将电器外露可导电部分与已安装在固定线路中的保护接地导体连接起来
3	Ⅱ类电器	该类电器在防触电保护方面,不仅依靠基本绝缘,而且还有附加绝缘。在基本绝缘损坏之后,依靠附加绝缘起保护作用。其方法是采用双重绝缘或加强绝缘结构,不需要接地保护线或依赖安装条件的措施
4	Ⅲ类电器	该类电器在防触电保护方面,依靠安全电压供电,同时在电器内部任何部位均不会产生比安全电压高的电压

注：分类的数字不是用来反映电器的安全水平,只是用来反映获得安全的手段。

3. 按外壳防护等级分类

家用电器通常采用以下防护等级：

(1) IP20～IP24；

(2) IP30～IP34；

(3) IP41～IP44。

这里,IP——防护等级的特征字母；IP后面两位特征数字的含义见表17.1.1-4。

家用电器外壳防护等级特征数字的含义　　　　　　表17.1.1-4

第一位特征数字的含义		第二位特征数字的含义	
2	能防止直径大于12mm 长度不大于80mm 的固体异物进入壳内。能防止手指触及壳内带电部分或运动部件	0	没有专门防护
		1	滴水(垂直滴水)无有害影响
3	能防止直径大于2.5mm 的固体异物进入壳内。能防止厚度(或直径)大于2.5mm 的工具、金属线等触及壳内带电部分或运动部件	2	当外壳从正常位置倾斜在15°以内时,垂直滴水无有害影响
		3	与垂直成60°范围以内的淋水无有害影响
4	能防止直径大于1mm 的固体异物进入壳内。能防止厚度(或直径)大于1mm 的工具、金属线等触及壳内带电部分或运动部件	4	任何方向溅水无有害影响

17.1.2 家用电器对住宅建筑电气设计和安装的基本要求

1. 住宅建筑中家用电器用电宜用单独回路保护和控制,配电回路除具有过载、短路保护外宜设漏电电流动作保护和过、欠电压保护。

当家用电器与照明为共用回路时,亦应采取上述保护方式。

2. 家用电器的接电方法,一般采用插座作为电源接插件。对于电感性负荷(如电动机)其接插功率应在 0.25kW 及以下;对于电阻性负荷(如电热器)其接插功率应在 0.24kW 及以下。当插座不作为接电开关使用时,其接插功率可不在此限。

3. 当家用电器的额定电压为 220V 时,其供电电压允许偏移范围为 +5%、-10%。额定电压为 42V 及以下的家用电器的电源电压允许偏移范围为 ±10%。

4. 供家用电器使用的电源插座,在住宅建筑中设置数量可按以下条件考虑:10m² 及以上的居室中应在使用家用电器可能性最大的两面墙上各设置一个插座位置;10m² 以下的居室的房间中,可设置一个插座位置;厨房、过厅可各设一个插座位置。在居室中,每一插座位置上必须使用户能任意使用"Ⅰ"和"Ⅱ"类家用电器。

5. 有"Ⅲ"类家用电器的住宅,必须设置不同于其他电压插座的符合规定的安全超低电压专用插座。多处需要使用"Ⅲ"类家用电器的住宅,应设置符合规范规定的安全超低压供电系统,并在各使用场所安装必要数量的安全超低压专用插座。在只有个别"Ⅲ"类家用电器的住宅,可采用安全隔离变压器、专用插座和 220V 插头组成一体的供电装置,不得采用 220V 插头与变压器和插座两部分分开再以导线连接的方式。

6. 当回路上接有两个及以上插座时,其接用的总负荷电流,不应大于线路的允许载流量。

7. 在可能使用"Ⅰ"类家用电器的场所,必须设置带有保护线触头的电源插座,并将该触头与配电线路 TT 或 TN 系统中的 PE 线连成电气通路。

8. 插座负荷宜按下述原则确定:连接固定设备的插座,按额定功率计;连接非固定设备的插座,住宅建筑每个插座按 50W 计;一般公共建筑每个插座按 100W 计。

9. 家用电器的电源引线,应采用铜芯绝缘护套软线或电缆,其长度不得超过 5m。"Ⅰ"类电器应采用带有专用保护线的引线,其线芯颜色应有明显区别。

10. 插座的型式和安装高度,应根据其周围环境和使用条件确定:

(1) 干燥场所,宜采用普通型插座。当需要接插带有保护线的电器时,应采用带保护线触头的插座。

(2) 潮湿场所,应采用密闭型或保护型的带保护线触头的插座,其安装高度不低于 1.50m。

(3) 儿童活动场所,插座距地安装高度不应低于 1.80m。

(4) 住宅内插座当安装距地高度为 1.80m 及以上时,可采用普通型插座;如采用安全型插座且配电回路设有漏电电流动作保护装置时,其安装高度可不受限制。

(5) 对于接插电源时有触电危险的家用电器(如洗衣机等),应采用带开关能断开电源的插座。

(6) 对于不同电压等级的插座,应采用符合该电压等级而又不同类型的产品,以防止将插头插入不同电压等级的插座。

11. 高级居住建筑,宜设置门铃和防盗报警装置。

17.1.3 家用电器使用和维修的一般规定

1．家用电器选用原则

(1) 在一般的房间条件下，从防触电保护的角度，必须选用Ⅰ类、Ⅱ类和Ⅲ类电器；从外壳防护的角度，应选用等级不低于 IP20 的电器。

(2) 只有在没有间接触电危险的场所才允许选用 0 类电器。

(3) 在厨房、厕所或类似场所，从防触电保护的角度，必须选用Ⅰ类、Ⅱ类或Ⅲ类电器；从外壳防护的角度，应选用等级不低于 IP24 的电器。

(4) 在使用中与人体皮肤和毛发直接接触的电器，从防触电保护的角度，必须选用Ⅱ类或Ⅲ类电器。

2．家用电器一般使用规定

(1) 电器的使用者应详细阅读和了解使用说明书，并按照使用说明书的要求使用电器。

(2) 使用移动式电器必须将电器的插头完全插入固定的电源插座中。

(3) 当需要在一个插座上同时插几个电器的插头时，可以使用二脚的三通插头或将三孔插座转换为多个插座的插座转换器，但插座转换器的插脚必须直接插入固定电源插座中。转换后的插座个数不应超过四个。采用三通或转换器后，其所接电器的总额定电流值，不应超过原固定插座的额定电流值。

(4) 不应从带插座灯头上引接电源供给电器。

(5) 对无自动控制的电热电器，人员离开现场又不使用电器时，应将电源切断。

(6) 对能产生有害辐射的电器，人员必须与正在工作的电器保持说明书规定的安全距离。

(7) 工作时产生高温的电器，不得放在可燃物品附近使用。

(8) 电器出现异常噪声、气味或温度时，应立即停止使用。

(9) 不得用湿手操作电器的开关或插拔电源插头。

(10) 非专业人员不得使用工具拆卸电器和变更内部接线。

(11) 从插座上拔下插头时，应用手直接握持插头，不得对电源线施加拉力。

(12) 禁止以非熔断丝的其他金属丝来更换熔断丝。

(13) 家用电器只用熔断器保护时，不得用大于原规格的熔丝来更换。

家用电器用低压断路器或漏电电流动作保护器保护时，非经专业人员按防触电保护标准重新核算，不得改变其整定值。

家用电器没有单独的保护设备，用每户的总保护设备保护全部家用电器时，总保护设备也应执行本条要求。

3．家用电器维修原则

(1) 为保证检修质量，必须建立严格的检修制度，检修以后的产品，必须符合家用电器安全标准的要求。

(2) 修理家用电器的单位必须持有"检修许可证"，无证单位不得从事修理工作。

"检修许可证"由各地质量监督部门负责发放，发放条件如下：

1) 该单位应有足够的检修装备，仪器仪表的精度应符合标准要求；

2) 该单位技术负责人必须是经过质量监督部门考试合格的人员。

(3) 为保证检修质量，分清责任，修理单位须建立修理登记卡，一式两份(修理单位和用户各存一份)。

修理登记卡主要内容有：

1) 修理日期；
2) 修理内容；
3) 修理单位技术负责人姓名及签字；
4) 保修期限。

(4) 修理家用电器的单位对超过制造厂保修期的家用电器产品,在修理后至少要有三个月的保修期。

(5) 制造厂必须向修理单位提供维修所需的合格零配件及修理指南(至少应包括电气线路图、拆装方法、可替换的零部件规格型号等)。修理单位应及时向制造厂反馈产品质量信息。

(6) 电器在制造厂的保修期内进行修理时,修理单位不得改变原设计性能和参数,也不得采用低于原用材料性能的代用材料和与原规格不符的零部件。

超过制造厂的保修期的电器修理,必须保持原有的防触电保护类别和外壳防护等级的水平。

(7) 修理电器时,如发现绝缘损坏、软缆或软线护套破裂,保护线脱落,插头、插座、开关等电气装置开裂等影响安全的故障时,必须主动修复,以消除不安全隐患。

(8) 所有家用电器产品在修理后,都必须进行绝缘电阻的检查。进行了大修的,必须做耐压试验。绝缘电阻的阻值必须符合家用电器安全标准的要求。

17.2 电风扇

17.2.1 电风扇的种类及特性

1. 电风扇的种类及主要特征(见表 17.2.1-1)。

常用电风扇的种类及主要特征　　　　　表 17.2.1-1

序号	名　称	结 构 特 征	安 装 方 式	特 点 及 应 用
1	台扇、台地扇、落地扇、壁扇	防护式电动机,具有往复摇头机构,底座支承	置于台上、地面	移动方便,应用广
2	顶扇	一般为封闭式电动机,具有回转摇头机构,座架支承	顶面安装	占空间少,家用较少
3	吊扇	外转子结构电动机,无摇头装置,吊杆、吊钩固定	悬吊安装	耗电少,效率高,风量大,不占地面位置,家用广
4	换气扇、抽油烟机	封闭式电动机,无摇头装置,框架支承	安装在窗上或通风口	交换室内外空气,用途广
5	冷风扇	封闭式电动机,无摇头装置,框架支承	置于台面、地面	利用水分蒸发吸收热量而获得凉风
6	转页扇(鸿运扇)	封闭式电动机,无摇头装置,带自动或手动转页装置,框架支承	置于台面、地面	改变转页角度,变换风向、模拟自然风,家用广

2. 电风扇的型号表示方法

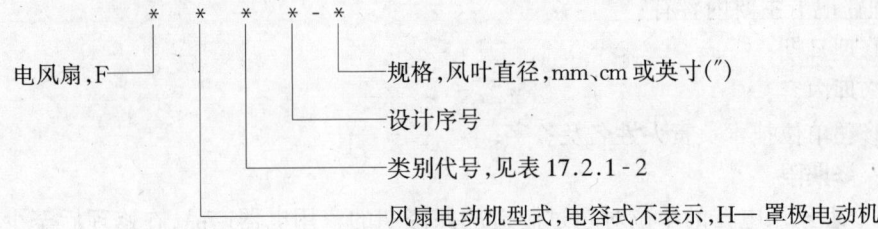

电风扇产品类别代号   表17.2.1-2

类 别	轴流排气式	壁式	吊式	顶式	台地式	冷风式	热风式	落地式	台式	转页式
代 号	A	B	C	D	E	L	R	S	T	Y

【例】 FC-1050 或 FC-42 吊式电风扇,风扇电动机为电容式,风叶直径1050mm即42"。

FHT2-40 台式电风扇,风扇电动机为罩极式,设计序号2,风叶直径400mm。

3. 电风扇的主要性能指标

(1) 风叶直径(见表17.2.1-3)

常用电风扇风叶直径系列   表17.2.1-3

序 号	名 称	风叶直径 (mm)
1	台 扇	220,230,250,300,350,400
2	台 地 扇	300,350,400
3	落 地 扇	350,400,500,600,750
4	壁 扇	250,300,350,400
5	顶 扇	250,300,350,400
6	换 气 扇	220,230,250,300,350,400,500,600,750
7	转 页 扇	250,300,350,400
8	冷 风 扇	100,220,230,250,300
9	吊 扇	900,1050,1200,1400,1500,1800

(2) 额定输出风量

电风扇在额定工作条件下,最高转速时的输出风量,称为额定输出风量,单位是 m^3/min。常用电风扇的额定输出风量见表17.2.1-4。

电风扇的额定输出风量   表17.2.1-4

序号	风叶直径 (mm)	额定输出风量 (m^3/min)				
		台扇	壁扇	台地扇	落地扇	吊扇
1	200	16	—	—	—	—
2	250	25	25	—	—	—
3	300	38	38	38	38	—
4	350	51	51	51	51	—
5	400	65	65	65	65	—
6	500	—	—	—	90	—
7	600	—	—	—	150	—

续表

序号	风叶直径 (mm)	额定输出风量 (m³/min)				
		台扇	壁扇	台地扇	落地扇	吊扇
8	900	—	—	—	—	140
9	1050	—	—	—	—	170
10	1200	—	—	—	—	215
11	1400	—	—	—	—	270
12	1500	—	—	—	—	300
13	1800	—	—	—	—	325

（3）输入功率

电风扇的额定工作条件和最高转速下运转时，风扇电机的输入电功率，称为输入功率，单位为 W。输入功率系列见表 17.2.1-5。

电风扇的输入功率　　　　表 17.2.1-5

序号	风叶直径 (mm)	输入功率 (W)				
		台扇	壁扇	台地扇	落地扇	吊扇
1	200	26	—	—	—	—
2	250	30	30	—	—	—
3	300	42	42	42	42	—
4	350	51	51	51	51	—
5	400	59	59	59	59	—
6	500	—	—	—	72	—
7	600	—	—	—	103	—
8	900	—	—	—	—	46
9	1050	—	—	—	—	55
10	1200	—	—	—	—	66
11	1400	—	—	—	—	77
12	1500	—	—	—	—	81
13	1800	—	—	—	—	84

（4）使用值

电风扇在额定工作条件和最高转速下运转时，电风扇输出风量与电机输入功率之比，称为电风扇的使用值，单位是 m³/min·W，见表 17.2.1-6。

电风扇的使用值　　　　表 17.2.1-6

序号	风叶直径 (mm)	使用值 (m³/min·W)									
		台扇		壁扇		台地扇		落地扇		吊扇	
		电容式	罩极式	电容式	罩极式	电容式	罩极式	电容式	罩极式	电容式	罩极式
1	200	0.60	0.50	—	—	—	—	—	—	—	—

续表

序号	风叶直径(mm)	使用值(m³/min·W)									
		台扇		壁扇		台地扇		落地扇		吊扇	
		电容式	罩极式	电容式	罩极式	电容式	罩极式	电容式	罩极式	电容式	罩极式
2	250	0.82	0.60	0.82	0.60	—	—	—	—	—	—
3	300	0.90	—	0.90	—	0.90	—	0.90	—	—	—
4	350	1.10	—	1.10	—	1.10	—	1.10	—	—	—
5	400	1.10	—	1.10	—	1.10	—	1.10	—	—	—
6	500	—	—	—	—	—	—	1.25	—	—	—
7	600	—	—	—	—	—	—	1.45	—	—	—
8	900	—	—	—	—	—	—	—	—	3.05	2.12
9	1050	—	—	—	—	—	—	—	—	3.10	2.40
10	1200	—	—	—	—	—	—	—	—	3.25	2.74
11	1400	—	—	—	—	—	—	—	—	3.50	2.83
12	1500	—	—	—	—	—	—	—	—	3.70	3.00
13	1800	—	—	—	—	—	—	—	—	3.85	3.08

注：新的国家标准，对电风扇的性能指标未列使用值。

(5) 调速比

电风扇在额定工作条件下运转时，风扇转速调至最小值与最高转速之比，称为调速比，%，见表17.2.1-7。

常用电风扇的调速比　　　　　　表17.2.1-7

序号	风叶直径(mm)	调速比(%)									
		台扇		壁扇		台地扇		落地扇		吊扇	
		电容	罩极	电容	罩极	电容	罩极	电容	罩极	电容	罩极
1	200	—	—	—	—	—	—	—	—	—	—
2	250	80	—	80	—	—	—	—	—	—	—
3	300	70	—	70	—	70	—	70	—	—	—
4	350	70	—	70	—	70	—	70	—	—	—
5	400	70	—	70	—	70	—	70	—	—	—
6	500	—	—	—	—	—	—	60	—	—	—
7	600	—	—	—	—	—	—	60	—	—	—
8	900	—	—	—	—	—	—	—	—	50	80
9	1050	—	—	—	—	—	—	—	—	50	80
10	1200	—	—	—	—	—	—	—	—	50	80
11	1400	—	—	—	—	—	—	—	—	50	80
12	1500	—	—	—	—	—	—	—	—	50	80
13	1800	—	—	—	—	—	—	—	—	50	80

(6) 起动性能

a. 电风扇在额定频率的条件下,摇头机构进入工作状态,转速调到最慢档位,电动机的转子轴成水平状态,此时接通电源(电压控制在表17.2.1-8的范围内),电风扇在任意一种情况下均能由静止状态进入启动状态。

电 风 扇 的 起 动 电 压　　　　　　　表 17.2.1-8

序 号	品 种	型 式	启 动 电 压
1	台扇、壁扇、台地扇和落地扇	电容式	额定电压的85%
2	台扇、壁扇、台地扇和落地扇	罩极式	额定电压的90%
3	吊扇	电容和罩极式	额定电压的85%

b. 无调速器的电风扇,在上述条件下,在80%额定电压时也应由静止到启动。测试中,通电时间每次最长不超过5s。

(7) 使用寿命

电风扇的整机和主要部件,应有一定的使用寿命,需要考验的指标有:

a. 在正常的工作条件下,整机连续运转5000h,仍能保持运转的性能。即运转七个多月的情况下,电风扇还在正常转动。

b. 在额定参数下工作的调速开关,经过5000次操作试验以后,仍然能正常使用。

c. 摇头机构经过2000次操作,不得损坏或失灵。

d. 机头轴向定位装置经250次操作以后,不得损坏零件及调节失灵。

e. 仰俯角调节装置、高度调节装置以及它们的螺旋夹紧件,经500次操作试验以后,不得损坏零件及调节失灵。

3. 电风扇的安全性能指标

(1) 电源线和插头

电源线应为双重绝缘线,金属导线的截面积和长度应符合以下要求:

a. 台扇、壁扇、转页扇:截面积 $S \geqslant 0.5 \text{mm}^2$,长度 $1.7\text{m} \leqslant L \leqslant 2\text{m}$;

b. 台地扇、落地扇:截面积 $S \geqslant 0.75 \text{mm}^2$,长度 $L > 2.5\text{m}$。

电源线的插头必须符合有关技术条件的规定。

电源线引出处应有绝缘保护套和夹紧装置,夹紧装置应选用绝缘材料制成,若使用金属材料时,应有绝缘内衬。

(2) 接地装置

a. 带有接地导线的电风扇,有专门的接地装置,而且标明了接地符号;

b. 接地导线应为黄绿双色线,黄绿双色线为专用线,不可以移作它用。接地性能可用电桥测量:从插头到机身接地端的电阻值,不得大于 0.2Ω,少数没有接地线的电风扇,从其接地端到端盖螺钉之间的电阻值不得大于 0.1Ω。

(3) 温升

电风扇电机绕组在工作状态下,采用A级绝缘的不得超过60℃;采用E级绝缘的不超过70℃,易于触及的外表面,温升值不得超过20℃。

(4) 绝缘电阻

电风扇的金属带电部分与机头端盖螺钉之间的绝缘电阻,热态下和潮态下均不得小于

2MΩ。属于加强绝缘类的电风扇,热态和潮态下的绝缘电阻都不得小于7MΩ。

(5) 电气强度

电风扇的金属带电部分与机头端盖螺钉之间,施加下列电压,并持续1min以后,不能发生击穿和闪络现象。

对0、Ⅰ类电风扇为1500V;

对Ⅱ类电风扇为3750V。

(6) 耐久性能

电风扇分别在1.1倍额定电压和0.9倍额定电压下,两次48h带上负载进行运转,运转结束后,检查绝缘电阻不得小于2MΩ,各电气触点和连接点不得松动。此外,还要在全负载条件下分别施以1.1倍额定电压和0.85倍额定电压,各通过50次启动试验。

对于吊扇,每次启动时间规定为通电3min,断电7min。

转页扇等其他电风扇,则每次为通电40s,断电120s。

运转中琴键开关或摇头机构不能有失灵现象。

(7) 非正常运行性能

这是一种考核电风扇在故障状态下,尚能保证人身和环境安全方面的指标。

将电风扇在额定参数条件下运转,此时,人为地把转子堵住和把串联于副绕组的电容器短接。在此状态下,电扇电动机的温度急剧升高(但不能使整机的塑料零部件变形或着火燃烧),其电动机绕组的温度不得超过下列温度值:

A级绝缘,175℃;

E级绝缘,190℃。

转子堵转试验和电容器短接试验各做一次,两次试验的间隔时间应在5h以上。

(8) 电源线抗拉能力

电风扇的电源线从机身引出处,应有绝缘保护套和夹紧装置;电源线上施以规定的拉力重复进行25次试验,电源线不得损伤,其出口处的纵向位移不得大于5mm。规定的拉力和时间:电风扇自重≤4kg时,拉力为60N,电风扇自重>4kg时,拉力为100N,每次试验的着力时间均为1s。

(9) 吊扇吊杆的抗拉与抗扭能力

吊扇的悬吊结构应承受9800N的拉力和49N·m的扭矩,并且不发生断裂现象。

17.2.2 常用电风扇主要技术数据及控制电路

1. 常用电风扇主要技术数据(见表17.2.2-1)

常用电风扇主要技术数据　　　　　表17.2.2-1

序号	名称	型号	风叶直径 (mm)	风量 (m³/min)	输入功率 (W)	使用值 [m³/(min·W)]	电压 (V)	频率 (Hz)
1	台扇	FT-400	400	65	59	1.1	220	50
		-350	350	51	51	1.1	220	50
		-300	300	38	42	0.9	220	50
		-250	250	25	30	0.82	220	50
		-200	200	16	26	0.6	220	50

17.2 电风扇

续表

序号	名称	型号	风叶直径 (mm)	风量 (m³/min)	输入功率 (W)	使用值 [m³/(min·W)]	电压 (V)	频率 (Hz)
2	落地扇	FS-400 -750	400 750	65 130/270	59	1.1	220 220/380	50 50
3	吊扇	FC-1500 -1400 -1300 -1200 -1050 -900	1500 1400 1300 1200 1050 900	300 270 215 170 140	81 77 66 55 46	3.7 3.5 3.25 3.1 3.05	220 220 220 220 220 220	50 50 50 50 50 50
4	顶扇	FD-400 -350 -300	400 350 300	65 51 38		1.0 1.1 0.9	220 220 220	50 50 50
5	壁扇	FB-400 -350 -750	400 350 750	65 51 130/270	59 51	1.0 1.1	220 220 220/380	50 50 50
6	轴流式排气扇	FA-600 -500 -400	600 500 400	145 65 50			380 220/380 220/380	50 50 50

2. 电风扇常用控制电路

家用电风扇多采用电容起动和电容运转式单相异步电动机,其电气控制的主要作用是接通和断开电源,以及对风量的调节。风量调节的主要途径是改变电压,实现电动机调速。

(1) 电抗器调速

电抗器调速控制电路见图 17.2.2-1。

图中,通过定时开关 ST,接通电路后,改变电抗器 L_v 的不同抽头(H—高速,M—中速,L—低速)即可实现调速;定时时间结束,或将其转至"OFF"位置,风扇停止运转。

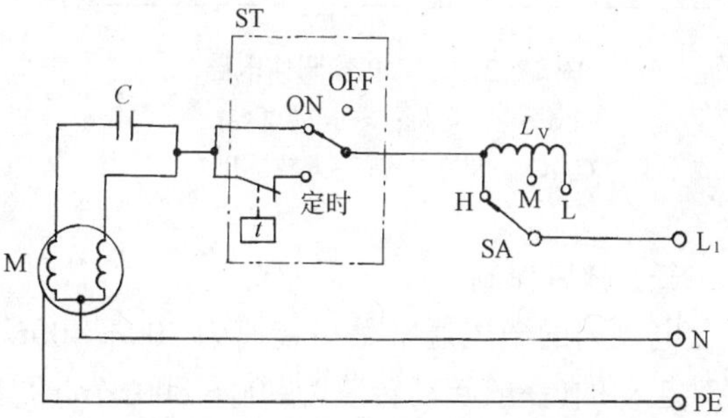

(2) 抽头调速

抽头调速是在电机主(或副)绕组上串接一调速绕组(中间绕组),在中间绕组上抽几个头接入调速开关,便可获得不同的转速。电路见图 17.2.2-2。

图 17.2.2-1 电抗器调速控制电路
ST—定时控制开关;L_v—调速电抗器;SA—转换开关;
M—电动机;C—电动机起动及运转电容

(3) 电容调速

电容运转式电动机,其移相电容量的大小,直接影响到电动机的运行性能。将几个电容器接入电路中,利用选择开关 SA 改变电容值,便可实现调速。见图 17.2.2-3。

电容调速,结构简单,可靠,低速运行时效率高,但成本较高。

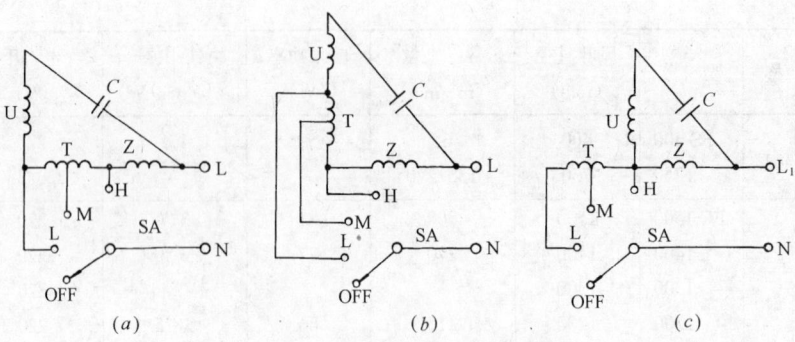

图 17.2.2-2 抽头调速控制电路
(a)L—1型;(b)L—2型;(c)T型
U、Z—主、副绕组;T—调速绕组;SA—调速选择开关;C—运转起动电容

(4) 双向晶闸管无级调速

图 17.2.2-4 为双向晶闸管无级调速电路,其主电路为电源相线 L_1 经开关 S、双向晶闸管 V_1、电感 L 与电机绕组相接。调节电位器 R_1,电容器 C_2 的充放电速度亦随之改变,V_2 与 C_2 共同作用于 V_1,改变其导通时间,从而实现电扇速度的调节。

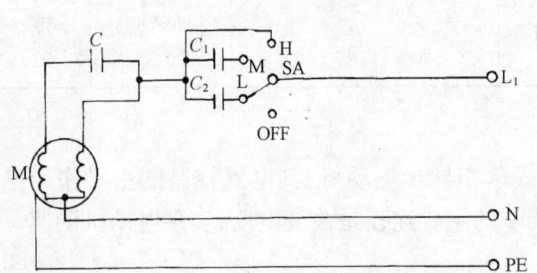

图 17.2.2-3 电容调速电路
M—电扇电机;C—运转电容;
C_1、C_2—调速电容;SA—转换开关

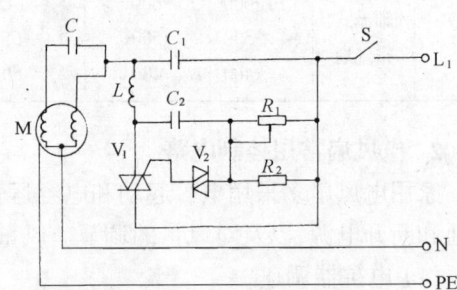

图 17.2.2-4 双向晶闸管调速电路
V_1—晶闸管;V_2—双向二极管;R_1—电位器;R_2—电阻;
C_1、C_2、C_3—电容;L—电感;S—电源开关;C—电机运转电容

(5) 微风控制

电风扇的微风通常是指转速为 300~400r/min 扇出的风。但是,在这样低的转速下是很难起动的(一般起动转速为 700~800r/min),因此,要达到微风,首先必须解决起动问题。图 17.2.2-5 是利用 PTC 电阻实现微风控制的电路图。将转换开关 SA 转至"4",PTC 接入,电扇为微风。

17.3 电动洗衣机

17.3.1 电动洗衣机的分类及特性

1. 电动洗衣机种类及型号表示方法

(1) 分类(见表 17.3.1-1)

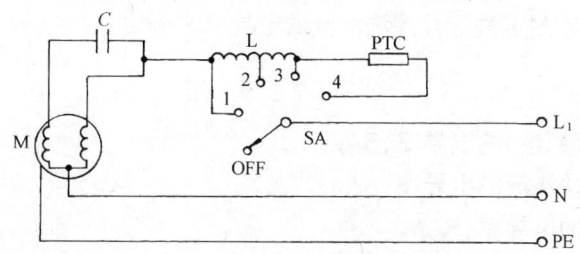

图 17.2.2-5 微风控制电路

PTC—热敏电阻；L—电抗器；SA—转换开关

家用电动洗衣机分类　　　　　表 17.3.1-1

序号	类别	结构型式	特点	洗衣容量 (kg)	转速 (r/min)		电动机功率 (W)	电热功率 (W)
					波轮或滚筒	脱水桶		
1	单桶普通型	波轮式	波轮正反向旋转，可自流排水。洗涤	1.5～5	700		120～250	
2	双桶半自动型	波轮式	洗涤、脱水两桶独立，洗涤后，用人工将衣物放入脱水桶进行脱水，有的还可电热干燥	2～5	300	1400	洗涤　脱水 230　115	630
3	套桶全自动型	波轮式	洗涤、脱水合为一桶，由减速离合器控制，洗涤、脱水两速；用程序控制器或电脑控制器，自动控制进水、排水、洗涤、脱水等	3～5	450	940	400	
		滚筒式	采用滚筒，其余同波轮式	5	60	400	350(双速)	630

注：品种多样化，本表参数只供参考。

(2) 型号表示方法

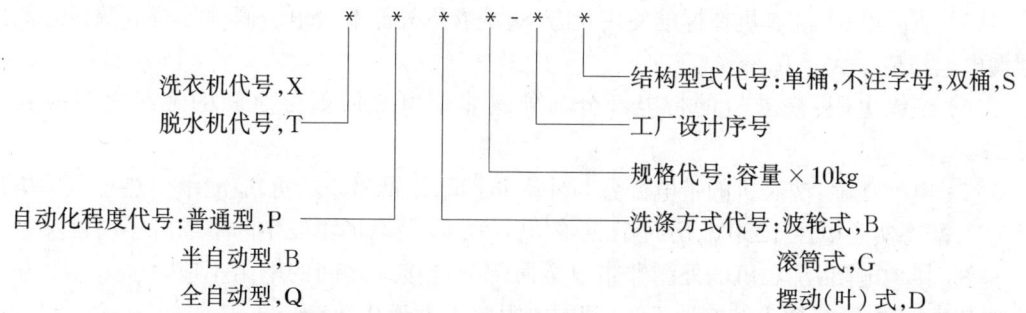

例　XQB40　全自动波轮式洗衣机，洗涤容量 4.0kg。

2. 洗衣机的主要性能指标

(1) 洗净比(洗净率)：在标准使用状态下，洗衣机对衣物的洗净能力，通常用洗净比来表示。波轮式洗衣机的洗净比应不小于 0.8。

(2) 漂洗性能：在标准使用状态下，洗衣机的漂洗衣物的能力，通常用漂洗比来表示。

漂洗比是通过漂洗前后测定洗液及漂洗涤液的电导率来确定：

$$漂洗比 = \frac{A-B}{(A-C)K}$$

式中　A——洗涤液（原液）的电导率，S/m；
　　　B——漂洗后洗涤液的电导率，S/m；
　　　C——自来水的电导率，S/m；
　　　K——漂洗系数，取 0.9。

国家规定漂洗比应大于 1。

(3) 脱水性能：脱水机或洗衣机的脱水装置，对漂洗后衣物内水分甩干的能力，用脱水率表示。

$$脱水率 = \frac{标准负载衣物在室温条件下干燥后的重量}{脱水后标准负载衣物的重量} \times 100\%$$

离心脱水式的脱水率应大于 50%。

(4) 破损率：是标准试布在标准使用状态下进行洗涤，洗涤前后的重量之比。

波轮式洗衣机的破损率应不大于 0.2%。

(5) 噪声：洗衣机在标准使用状态下，洗涤、脱水的声功率级均应不大于 75dB。

(6) 消耗功率：在标准使用状态下，洗衣机的消耗功率应在额定输入功率的 115% 以内。

3．洗衣机的安全性能指标

(1) 起动特性：洗衣机在电源电压为额定值的 85% 时（即 187V），电动机及相应电器部件应能起动运转。

(2) 电压波动特性：当电源电压在额定值上、下波动 10% 时（即电源电压为 198～242V 之间），洗衣机应能无故障地运转。

(3) 温升：洗衣机在标准使用状态下，电动机绕组的温升不应大于 75℃（E 级绝缘），电磁阀和电磁铁线圈的温升不应大于 80℃（E 级绝缘）。

(4) 制动性能：脱水桶在额定脱水状态下，当脱水桶转速达到稳定时，迅速打开脱水桶外盖，脱水桶应在 10s 之内完全停止转动。

(5) 泄漏电流：洗衣机在标准使用状态下，洗衣机外露非带电金属部分与电源线之间的泄漏电电流应不大于 0.5mA。

(6) 绝缘电阻：洗衣机的带电部分与外露非带电金属部分之间的绝缘电阻应大于 2MΩ。

(7) 电气强度：洗衣机的带电部分与外露非带电金属部分之间，应能承受热态试验电压 1500V，潮态实验电压 1250V，历时 1min 的电气强度试验，而不发生闪络或击穿现象。

(8) 接地电阻：洗衣机的外露非带电金属部分与接地之间的电阻不应大于 0.1Ω，与接地线末端（或电源线插头的接地极）之间的电阻应不大于 0.2Ω。

(9) 溢水绝缘性能：将洗衣机平稳的放置好后，以每分钟 20L 的流量向洗衣桶内连续注水，使洗衣桶上口溢水 5min。在溢水过程中用 500V 兆欧表连续监测带电部分与外露非带电金属部分之间的绝缘电阻值，不应小于 2MΩ。

(10) 排水绝缘性能：将洗衣机平稳的放置，盖好上盖，从其上部中央距洗衣机放置的地面 2m 高处的喷水装置内，以每分钟 10L 的流量向洗衣机上部均匀淋水 5min，用 500V 兆欧

17.3 电动洗衣机

4. 洗衣机的基本参数
(1) 额定电压:220V;
(2) 额定频率:50Hz;
(3) 额定容量和额定洗涤水量之比应取:
搅拌式取:额定容量/洗涤水量=1/15;
波轮式取:额定容量/洗涤水量=1/20;
滚筒式取:额定容量/洗涤水量=1/13。
具体数值如表 17.3.1-2。

洗衣机额定容量和额定洗涤水量　　　　表 17.3.1-2

额定容量 (kg)		1.0	1.5	2.0	3.0	4.0	5.0
额定洗涤水量(kg)	搅拌式	15	22.5	30	45	60	75
	波轮式	20	30	40	60	80	100
	滚筒式	13	19.5	26	39	52	65

注:洗衣桶的容积应大于额定洗涤水量所占的容积,对于波轮式洗衣机,洗衣桶的深度应比额定洗涤水量的水位高 80~100mm 为宜。

17.3.2 洗衣机的电气控制

1. 单桶洗衣机的电气控制

单桶洗衣机的电气部分主要包括洗涤电动机、定时器、工作方式(标准洗、轻柔洗等)选择开关。洗涤电动机多为电容式,可正反转。

家用单桶洗衣机典型控制电路见图 17.3.2-1。

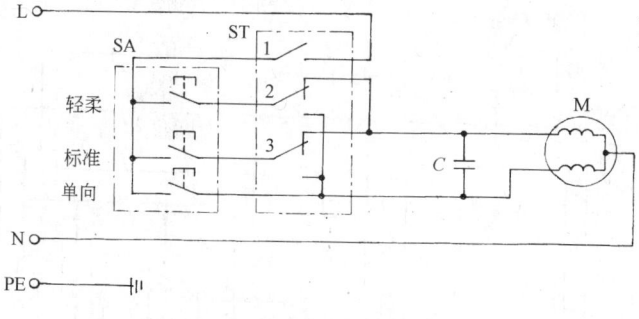

图 17.3.2-1　单桶洗衣机控制电路
SA—选择转换开关;ST—定时开关;M—洗涤电动机;C—运转电容

图中,选择开关 SA 中"轻柔"按钮与定时器开关触点 2 串联,触点 2 定时转换(图中为上、下转换),改变了电容 C 与洗涤电动机主、副绕组的连接,而使电动机按一定时间间隔循环正、反转。"标准"洗的时间间隔较"轻柔"洗时间长。

2. 双桶洗衣机的电气控制

家用双桶洗衣机的典型控制电路见图 17.3.2-2。

图中,洗涤电动机可正、反转,与单桶洗衣机电气控制类似。脱水电动机只能单向运转,除定时开关 ST_2 外,还有一桶盖开关 S,即桶盖合好后,其触点才接通,是一安全开关。

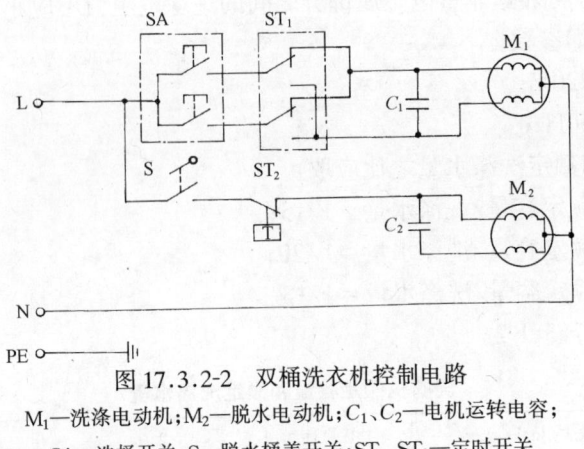

图 17.3.2-2 双桶洗衣机控制电路

M_1—洗涤电动机；M_2—脱水电动机；C_1、C_2—电机运转电容；
SA—选择开关；S—脱水桶盖开关；ST_1、ST_2—定时开关

3. 套桶洗衣机的电气控制

套桶洗衣机一般采用程序控制器对整个洗涤过程(如进水、洗涤、排水、脱水、报警、断电等)进行自动控制。

程序控制器主要有电动式和电脑式两种。

电动式程序控制器组合数量大,运行可靠,抗干扰能力强,成本低,其触点可直接控制主电路;电脑式程序控制器采用集成电路,体积小、结构简单,也已广泛使用。

图 17.3.2-3 为电动程控器控制的套桶洗衣机控制电路,该洗衣机采用 YY—XT2—150 或 XPD—150 的单相电容式电动机,输出功率为 150W,运转电流小于 1.3A,电容器的容量为 $10\sim12\mu F$,电压为 400V。该机大部分采用机械式程控器,用永磁同步电动机作程控器的动力。进水阀型号为 2F-A,交流排水电磁铁型号为 XQB3-2。

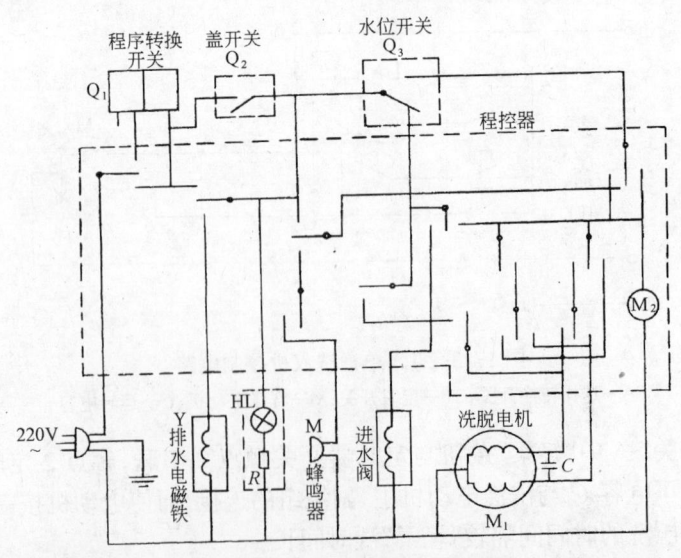

图 17.3.2-3 电动程控器控制的全自动套筒洗衣机控制电路

图 17.3.2-4 为一简化的采用电脑程序控制器的套桶洗衣机控制电路,其控制过程与电动式相同。

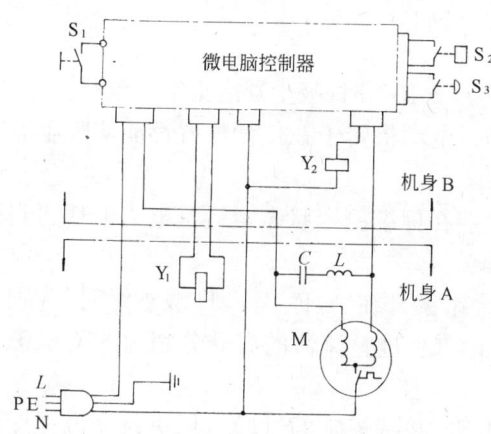

图 17.3.2-4　采用电脑程序控制器的套桶洗衣机控制电路

M—主电机；S_1—电源开关；S_2—压力开关；S_3—安全开关；Y_1—排水电磁阀；Y_2—进水电磁阀；C—运转电容；L—电感线圈

17.4　吸　尘　器

17.4.1　家用吸尘器的分类及特性

1. 分类

吸尘器是利用电动机（一般为单相推斥电动机）高速旋转时，在叶轮之间产生一负压，从而将尘埃吸入。按照结构的不同，吸尘器的分类见表 17.4.1-1。

家用吸尘器的分类　　　　　　　　　　表 17.4.1-1

序号	类别	名称	基本特点	用途
1	落地式	立式吸尘器	立轴安装垂直于地面，筒体为圆筒形，外径约为 30~60cm，高为 30~50cm	家庭一般用，应用广
		卧式吸尘器	主轴与地面平行。外形尺寸约为 50cm×25cm×30cm	家庭一般用，应用广
		旋转刷式吸尘器	吸嘴处装有可旋转的毛刷	主要用于清洁地毯和地板
2	便携式	手提式吸尘器	直接握在手中操作，无软管	清扫床具、沙发等
		背提式吸尘器	用背带将吸尘器背在肩上或握在手中	清扫楼梯等
		袖珍式吸尘器	前端装毛刷，使用干电池，手持操作	清扫衣物等

2. 功率系列

家用吸尘器的输入功率系列通常有 100、200、300、400、500、600、700、800、900W。一般家庭使用的吸尘器为 500~800W。

3. 型号含义

吸尘器的一般型号如下：

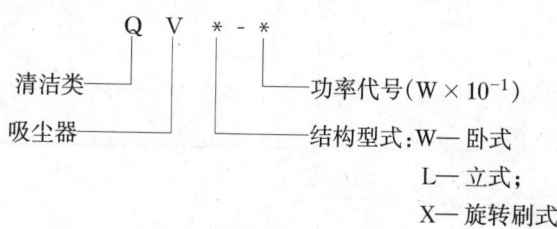

例 QVW-80 卧式吸尘器,输入功率 800W。

4. 吸尘器主要技术性能及安全要求

(1) 电压变动的适用性:在额定频率、额定电压±10%时,吸尘器能正常工作。

(2) 起动性能:在额定频率、90%额定电压时,电动机转子在任何位置都能使吸尘器起动。

(3) 输入功率:在额定频率、额定电压、吸尘器在标准测定状态运行且电力消耗达到稳定状态时,输入功率不超过额定输入功率的±10%。

(4) 温升(最高环境温度为40℃):电动机绕组温升在 A、E、B、F、H 级绝缘时,分别为60℃、75℃、80℃、100℃、125℃,用电阻法测定;硒、锗、硅整流器的温升分别为35℃、20℃、95℃。

(5) 绝缘介电强度:温升试验后测定绝缘电阻,并按规定的试验电压进行介电强度试验。

(6) 超速:在额定频率、130%额定电压时,将吸尘器的吸嘴关闭,运行30s,不出现异常情况。

(7) 电刷寿命:对第一套电刷进行寿命试验。电刷可用长度为电刷总长减去5mm。应试三台。

(8) 开关操作寿命:在额定电压、最大负荷电流及相应的功率因数下,每分钟开关20次,共试5000次;再在额定电压、1.2倍额定电压及转子堵住时的电流及功率因数下,每分钟开关约4次,共开关5次。以上两项操作寿命试验时的铜银合金触头温度,分别不高于70℃、95℃。

17.4.2 家用吸尘器主要技术数据和电气控制

1. 吸尘器主要技术数据(见表17.4.2-1)

家用吸尘器主要技术数据　　　　　表17.4.2-1

吸尘器型号	电压 (V)	功率 (W)	风量 (m³/min)	最大真空度 (Pa)	自动卷线	灰尘指示	吸力控制	吹尘功能
QVL-40	220	400	1.25	8820	0	0	0	1
QVL-60	220	600	2.3	16670	0	0	1	1
QVL-85	220	850	1.9	19600	0	1	0	1
QVL-100	220	1000	4.5	13000				
QVW-80	220	800	1.8	1800	0	0	1	0
QVW-80G	220	800	1.8	1800	1	1	1	1
QVW-100	220	1000	1.9	1900	1	1	1	0
QVX-20	220	200	0.8	3920	0	0	0	0
QVX-37	220	370	0.8	8820	0	0	0	1
QVX-62	220	620	1.6	15690	0	0	0	0
QVX-80	220	800	1.9	19600	0	0	0	0
QVX-100	220	1000	2.1	22550	0	1	1	0
VH-03	6	3						

注:a. 0—无,1—有;
　　b. 各地厂家不同,数据略有差异。

2. 吸尘器控制电路

家用吸尘器使用的电动机多为推斥式单相电动机(即串励式电动机),可使用交直流电源,转速很高,可达 14000～18000r/min。家用吸尘器的控制主要是控制电动机的转速,即通过改变转速实现真空度大小和吸力大小的改变。通常采用晶闸管(双向可控硅)调节电压,以达到改变电动机转速的目的。

图 17.4.2-1 是吸尘器典型控制电路。主电路是电源相线 L,电源开关 S,双向晶闸管 V_2,电动机 M 至电源中性线 N。V_2 的导通是由双向二极管 V_1 等来控制的,调节电位计 R_5 的阻值,就改变了 V_2 的触发电压,即改变了电动机 M 的转速,也就是吸尘器吸力的大小。

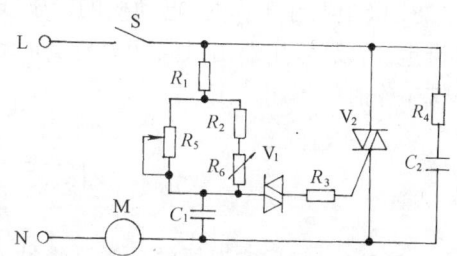

图 17.4.2-1　吸尘器吸力无级调节控制电路
M—电动机;S—电源开关;V_1—双向二极管;
V_2—双向晶闸管;R_5—电位计;R_6—整定电阻;
R_1、R_2、R_3—电阻;C_1—电容;
R_4—C_2—V_2 的过压保护元件

17.4.3　吸尘器的使用方法

1. 使用前应检查电源电压、保险丝规格、电气接地等是否符合要求。

2. 在需要清扫的地方,如有大的纸片、纸团、塑料布或比吸管直径大的脏物等,应预先将它们拾走,再进行吸尘。否则会阻塞吸口及管道,使吸尘器不能进行工作。

3. 检查并清理集尘室中的储尘。当需要清扫的面积较大、尘埃及脏物又多时,必须先将集尘室中原有的脏物倒掉,并且清理滤尘器上的积灰,以免在吸尘器工作不久,由于灰尘过多而阻塞滤尘器微孔,使吸力下降,电机过热,影响吸尘器的正常工作。

4. 插上电源,开动吸尘器,电动机应运转平稳,无怪叫声及摩擦声等杂音出现。同时检查吸尘器吸力的大小。其方法是,用手挡住吸尘进口处,灰尘指示器应反应灵敏,并且使阻塞保护阀打开,此时应有尖叫声出现。如果吸尘器无灰尘指示器,可将手放在吸尘进口处,以感觉吸力大小,确定工作压力是否正常。

5. 在使用中应根据吸尘效果及电动机的发热情况来决定吸尘器每次使用时间的长短。如果吸尘器吸取细小粉末状的灰尘,如水泥之类时,滤尘器的微孔很容易被堵塞,电动机容易产生过热,吸尘器的声音也会变得低沉,吸尘效率随之下降。如要继续使用,必须将滤尘器上及集尘室中的灰尘清除干净后才能使用。

由于扁吸头在使用时进风量小,容易使电动机过热,所以使用时间也不宜太长。

在吸取体积大而又疏松的杂物,如纸屑、烟蒂、果壳等,滤尘器微孔不容易堵塞,长时间工作后,仍能保持较大的吸力,在这种情况下吸尘器就可连续使用。

6. 使用时不要用电源线拖拉吸尘器。带有电源线自动卷线机构的,要注意电源线的拉出长度,当出现黄色标记时,即表示电源线已接近全部拉出;当出现红色标记时,即为电源线已全部拉出,不要再拉了。在电源线自动收进时,操作者应拿着电源插头,以免在电源线卷进时,电源插头及电源线乱飞乱舞,损坏吸尘器外壳及电源线。

7. 在使用时必须注意及时清除集尘室中及滤尘器上的尘埃和脏物,其目的是为了使吸尘器内部风道畅通,使电动机得到充分冷却,而不被烧毁。当灰尘指示器气塞位于红区位置时,表示吸力不足,吸尘器运行不正常。此时应立即清除集尘室中及滤尘器上的尘埃和脏物。

8. 吸尘器在工作时,电动机的定子、电枢绕组会产生很大的热量,这些热量将被从出风口带走,所以,吸尘器出风温度较高是正常的,但不能过热,否则应停止使用。通常,吸尘器连续工作时间不超过 1h。

17.5 空 调 器

17.5.1 家用空调器的分类及特性

1. 空调器分类

按使用功能分类,家用空调器分为三类:

(1) 冷风型空调器

冷风型空调器由制冷循环系统(压缩机、冷凝器、蒸发器、膨胀阀等)、空气循环系统(风扇、过滤网等)、电气控制及保护装置(电磁换向阀、温控器、热继电器等)三大部分组成。其工作原理是:压缩机吸入制冷剂(如 R-22)的低压蒸气并压缩成高压蒸气排至冷凝器。轴流风扇不断吸入室外空气吹向冷凝器,带走冷凝器的热量,使高压蒸气冷凝成高压液体,经过滤器、节流毛细管喷入蒸发器,并在相应的低压下蒸发,吸收周围热量,离心风扇将其冷气吹向室内。

(2) 热泵型(冷暖型)空调器

这种空调器是在冷风型基础上增加一换向电磁阀,通过它改变系统内制冷剂的流向,达到分别制冷和制热的目的。

(3) 电热型空调器

这种空调器是在冷风型基础上增加一组电加热器,当需要制热时,压缩机不工作,风扇将电加热器的热量送至室内。

电热型空调器的制热是由电能直接转换为热能,热泵型空调器的制热是以耗一定量的机械能,使热量从低温的室外传至室内。热泵型制热效率比电热型制热高 3~4 倍。例如,1 度电(kW·h)的电能,对电加热型可转换成 860kcal/h 的热量,对热泵型则可转换成约 3000kcal/h 的热量。

2. 空调器的型号表示方法

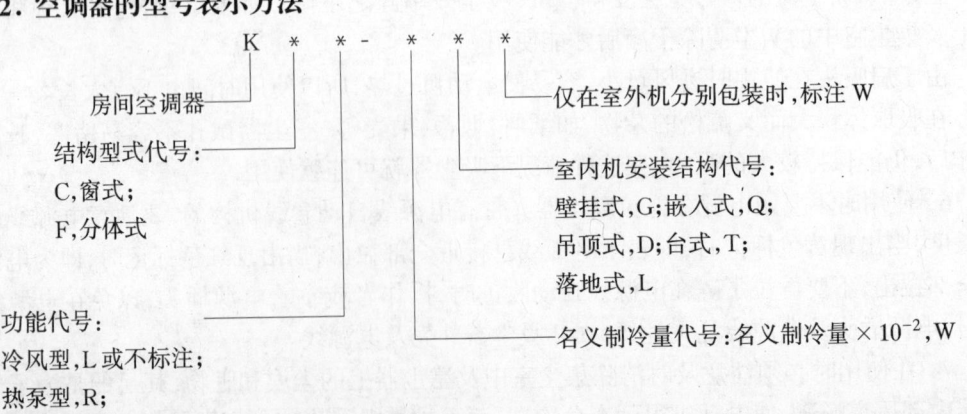

【例】 KFR-25GW 热泵型分体式空调器,名义制冷量 $25 \times 10^2 = 2500W$,室内机壁挂式安装,室外机分别包装。

3. 家用空调器主要性能指标

(1) 制冷量

在标准工况下,空调器在单位时间的制冷量,称为名义制冷量,其单位习惯上为 kcal/h (千卡/小时)。这一单位实际是功率单位,所以,名义制冷量用 W(瓦)表示。

$$1kcal/h = 1.163W, 1W = 0.8598kcal/h。$$

家用空调器名义制冷量系列见表 17.5.1-1。

空调器名义制冷量系列　　　　表 17.5.1-1

W	kcal/h	W	kcal/h
1250	1075	2800	2408
1400	1204	3150	2709
1600	1376	3500	3010
1800	1548	4000	3400
2000	1720	4500	3870
2250	1935	5000	4300
2500	2150	5600	4816

空调器的实际制冷量一般不低于名义制热量的 92%。

(2) 制热量

对热泵型空调器,名义制热量与制冷量相等。

对电热型空调器,名义制热量略小于制冷量。

制热量的单位与制冷量的单位相同。

(3) 风量

空调器在室内的送风量,即热交换循环风量,称为空调器的风量,单位为 m^3/h。

家用空调器的风量为 $200 \sim 1000 m^3/h$。

(4) 功率和能效比

空调机组全部电气设备(主要是压缩机电动机及风扇电动机)消耗的总功率,称为空调器的输入电功率。单位为 W。

家用空调器的功率一般为 $300 \sim 2000W$。

空调器制冷量(W)与输入电功率(W)之比,称为空调器的能效比(η)。

对名义制冷量为

$1000 \sim 2240 kcal/h, \eta \geqslant 1.60$;

$2500 \sim 3550 kcal/h, \eta \geqslant 1.65$;

$4000 \sim 5600 kcal/h, \eta \geqslant 1.70$。

节能型空调器的能效比 $\eta > 3$。

(5) 空调器的工作环境温度

对冷风型,$18 \sim 43℃$;

对热泵型,$-5 \sim 43℃$;

对电热型,≤43℃。

(6) 空调器的噪声要求

空调器运转时的噪声应小于表 17.5.1-2 规定的数值。

窗式空调器运转时的噪声要求 表 17.5.1-2

序号	制冷量 (kcal/h)	室内噪声 (dB)	室外噪声 (dB)
1	1400	56	65
2	1800	56	65
3	2240	56	65
4	2800	60	70
5	3550	60	70
6	4500	62	72
7	5600	65	75

(7) 起动性能

当电压与额定值的偏差从 -10% 到 +10%、频率与其额定值的偏差从 -5% 到 +5% 的范围内变化时,空调器应能可靠起动和正常运转。

(8) 密封性

制冷系统的气密性要求达到:当高压管路承受 25 个大气压、低压管路承受 16 个大气压时,并用卤素检漏仪探测时无氟利昂渗漏现象。

(9) 绝缘电阻和接地电阻

空调器电气系统的绝缘电阻应大于 2MΩ;

外壳的接地电阻应小于 0.2Ω。

17.5.2 家用空调器主要技术数据和电气控制

1. 常用空调器主要技术数据(见表 17.5.2-1 和 17.5.2-2)

常用窗式空调器主要技术数据 表 17.5.2-1

类别	型号	制冷量 (W)	制热量 (W)	额定电压 (V)	输入电功率 (W)	工作电流 (A)	送风量 (m³/h)
冷风型	KC-14	1400	—	220	600	2.6	230~350
	KC-18	1800			700	3.2	300~450
	KC-22	2240			1400	4.0	370~560
	KC-28	2800			1500	4.3	470~700
	KC-35	3550			1600	4.5	590~890
	KC-45	4500			2400	7.1	750~1130
	KC-56	5600			4000	11.8	930~1400
热泵型	KC-22R	2240	2240	220	1400	4.0	370~560
	KC-28R	2800	2800		1500	4.3	470~700
	KC-35R	3500	3500		1600	4.5	590~890
	KC-45R	4500	4500		2400	7.1	750~1130
	KC-56R	5600	5600		4000	11.8	930~1400

续表

类别	型号	制冷量(W)	制热量(W)	额定电压(V)	输入电功率(W)	工作电流(A)	送风量(m³/h)
电热型	KC-14D	1400	1290	220	—	—	230～350
	KC-18D	1800	1720				300～450
	KC-22D	2240	2150				370～560
	KC-28D	2800	2580				470～700
	KC-35D	3550	3040				590～890
	KC-45D	4500	4300				750～1130
	KC-56D	5600	4300				930～1400

常用分体式空调器主要技术数据 表 17.5.2-2

类别	型号	制冷量(W)	制热量(W)	电压(V)	电流 制冷(A)	电流 制热(A)	电功率 制冷(W)	电功率 制热(W)
挂机	KF-22GW	2200		220	3.8		810	
	KFR-22GW	2200	2400	220	3.8	3.8	810	810
	KF-25GW	2500		220	4.5		840	
	KFR-25GW	2500	2800	220	4.5	4.5	840	840
	KFR-32GW	3200		220	6.0		1150	
	KFR-32GW	3200	3500	220	6.0	5.9	1150	1150
	KFR-32GW	3200	3500 (4000)	220	6.0	5.9	1150	1150 (1650)
	KFR-42GW	4200	4500	220	8.0	8.0	1450	1450
柜机	KFR-45LW	4500	4800 (5800)	220	8.2	8.2	1560	1560 (2560)
	KFR-60LW	6000	6300 (8100)	220	12.0	11.5	2250	2250 (4050)
	KFR-70LW	7000	7800 (9600)	380	5.0	5.0	2980	2980 (4780)
	KFR-120LW	12000	12000 (15000)	380/50	8.5	8.0	4900	4700 (7700)

注：带括号数字表示该机装有辅助电加热器。

2. 空调器控制电路

空调器的电气部分主要由压缩机电动机、两速风扇电动机、温控器、热保护开关、定时开关、选择开关以及换向电磁阀、电热器等组成。

(1) 冷风型空调器控制电路

图 17.5.2-1 是家用冷风型空调器的典型控制电路。图中，功能选择开关 S 是一个具有三对触点的五位转换开关。表 17.5.2-3 是开关 S 工作状态表。表 17.5.2-4 是家用空调器功能选择开关常用功能代号。

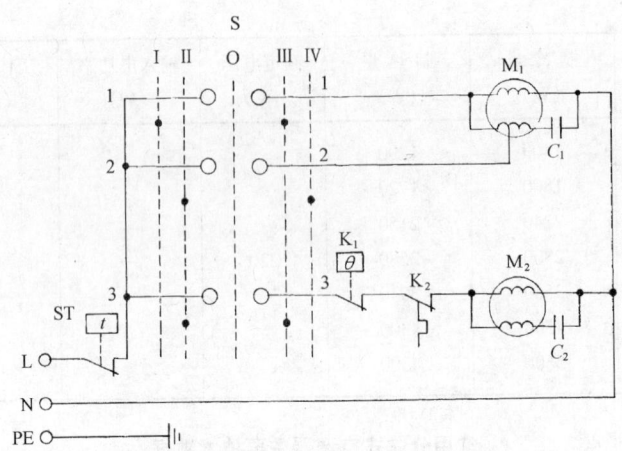

图 17.5.2-1 冷风型空调器控制电路

M_1—风扇电动机；M_2—压缩机电动机；K_1—温控开关；K_2—热保护开关；
ST—定时开关；S—功能选择开关；C_1、C_2—运转电容

功能选择开关 S 的工作状态　　　　　　　　　　　表 17.5.2-3

位置 触点	0	Ⅰ	Ⅱ	Ⅲ	Ⅳ
	OFF	HIGH FAN	LOW COOL	HIGH COOL	LOW FAN
1	0	1	0	1	0
2	0	0	1	0	1
3	0	0	1	1	0

注：1—接通；0—断开。

家用空调器功能选择开关常用功能代号　　　　　　表 17.5.2-4

序号	代号	含义	序号	代号	含义
1	OFF	断开电源	6	HIGH COOL	高冷
2	FAN	风扇工作	7	LOW HOT	低热
3	LOW FAN	低速风扇	8	HIGH HOT	高热
4	HIGH FAN	高速风扇	9	DRY	除湿
5	LOW COOL	低冷			

注："低冷"指风扇低速运转，压缩机工作制冷，其余类同。

(2) 热泵型空调器控制电路

图 17.5.2-2 是家用热泵型空调器典型控制电路。这一控制电路与冷风型的主要区别是增加了一个电磁阀 Y 和选择开关 SA。当选择开关 SA 置于"热"位置，而功能选择开关 S 又置于"Ⅳ"，即"LOW HOT"（低热）位置，或 S 置于"Ⅴ"，即"HIGH HOT"（高热）位置，电磁阀 Y 工作，压缩机室内侧为制热。

功能选择开关各触点位置对应功能说明如下：

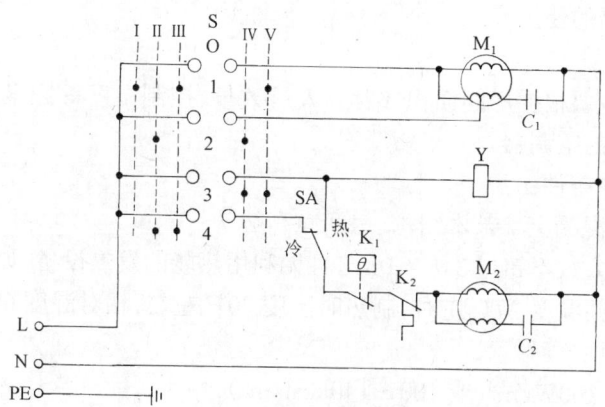

图 17.5.2-2　热泵型空调器控制电路

M_1—风扇电动机；M_2—压缩机电动机；S—功能选择开关；SA—制冷、制热选择开关；
Y—电磁阀；K_1—温控器；K_2—热保护开关

位置Ⅰ，HIGH　FAN，强风，触点 1 接通；
位置Ⅱ，LOW　COOL，低冷，触点 2、4 接通；
位置Ⅲ，HIGH　COOL，高冷，触点 1、4 接通；
位置 0，OFF，停止工作，触点全部断开；
位置Ⅳ，LOW　HOT，低热，触点 2、3 接通；
位置Ⅴ，HIGH　HOT，高热，触点 1、3 接通。
(注：开关在机器面板上的排列位置，不完全按此排列。)

(3) 电热型空调器控制电路

电热型空调器典型控制电路见图 17.5.2-3。这一电路与冷风型比较，增加了电热器 R 的回路。当需要制热时，通过功能选择开关 S 控制风机 M_1 和电热器 R 工作，将热量吹向室内。

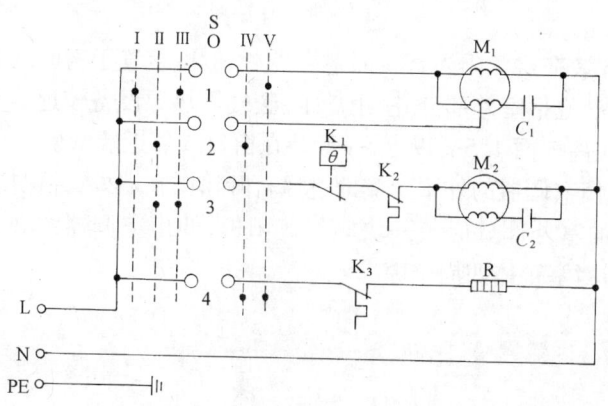

图 17.5.2-3　电热型空调器控制电路

M_1—风扇电动机；M_2—压缩机电动机；R—电热器；S—功能选择开关；K_1—温控器；K_2、K_3—热保护开关
(功能选择开关 S 位置对应功能与上图热泵型相同)

17.5.3 空调器的使用

1. 空调器选择

空调器的选择主要根据房间面积、结构、人员数量、控制温度等因素,确定所需制冷、制热量,选择适当规格的空调器。

若满足以下选择条件:

a. 房间为普通混凝土、砖、木结构,房间净高 2.7~3m;

b. 房间内活动人数不超过 3 人/$10m^2$,且无利用热能的发热设备,如电热器、取火炉等;

c. 要求制冷房间温度27℃左右,制热时温度20℃左右,相对湿度60%左右。

则一般家庭房间:

制冷量为 115~160W/m^2(或 100~140kcal/m^2);

制热量为 130~150W/m^2(或 110~130kcal/m^2)。

表 17.5.3-1 列出一些场所单位面积所需制冷量的估算值,可供选用时参考。

一些场所制冷量估算　　　　　　　　表 17.5.3-1

序号	房间类别	所需制冷量(W/m^2)	序号	房间类别	所需制冷量(W/m^2)
1	普通房间	145	6	百货商场	221
2	客厅、饭厅	169	7	服装店	198
3	小型办公室	145	8	会议室、餐厅	442
4	一般办公室	175	9	茶　座	221
5	理发室	290			

【例 17.5.3-1】 某三口之家,拟在卧室安装一窗式空调器。房间为一般结构,面积 $12m^2$。

【解】 按制冷量 130W/m^2 计算

房间所需制冷量为 130W/m^2 × $12m^2$ = 1560W。

若只要求单冷,则可选 KC-14 型窗式空调器;

若要求制冷制热,则可选 KC-14R 型热泵式窗式空调器或 KFR-20GW 型分体式空调器。

2. 空调器安装

(1) 空调器应安装在避免阳光直接照射之处,一般以装置于房间的北侧或东侧为宜。

(2) 安装处四周(包括室外部分)应距炉子、暖气等热源设备较远。

(3) 安装位置应离地面 1.5m 以上,一般装在窗口或邻近墙壁处。

(4) 安装时,应使空调器的外罩两侧的进风百叶窗露在墙外,并保持通风流畅。

(5) 在空调器的室外部分应装一块倾斜遮阳板,伸出空调器约 20cm,以防日晒雨淋。

此外,要用绝热材料堵塞箱体四周空隙。

17.6　电　冰　箱

17.6.1 家用电冰箱的分类及特性

1. 家用电冰箱的分类

家用电冰箱主要用于冷藏冷冻食品,按用途分类,家用电冰箱主要分为以下三类:

(1) 冷藏电冰箱

主要用于冷藏食品。箱内温度一般为 0~10℃。常用的冷藏柜属于这种冰箱,普通单门电冰箱,冷冻室很小,也可称为冷藏电冰箱。

(2) 冷冻电冰箱

主要用于食品冷冻。只有一个冷冻室,箱内温度一般在 -18℃ 以下。

(3) 冷藏冷冻电冰箱

双门或多门电冰箱属于这种冰箱。这种冰箱,冷藏室和冷冻室分开,由不同的小门控制。冷藏室温度为 0~8℃,冷冻室温度依据不同的类别,分别为 -6~-24℃。

2. 容积系列(见表 17.6.1-1)

电冰箱的容积系列　　　　　　表 17.6.1-1

序 号	额定容积 (L)	名 义 制 冷 量		输入电功率 (W)
		(kcal/h)	(W)	
1	100	100	110	100~150
2	120	125	145	150~180
3	150	125	145	150~180
4	180~200	160	190	180~200
5	250	200	230	200~250
6	300	250	290	250~300
7	400	350~400	400~520	350~400

注:a. 箱内容积可按下式计算:

$$V = a \cdot b \cdot h$$

式中　V——计算容积,L(它与公称容积的允许偏差为 ±3%);

　　　a——箱内两侧水平距离(平均值),dm;

　　　b——箱内后壁与门内壁的水平距离(平均值),dm;

　　　h——箱内顶面与底面垂直距离(平均值),dm。

b. 名义制冷量,系指在标准工况下的制冷量。实际制冷量略小于此值。

3. 温度分级(见表 17.6.1-2)

家用电冰箱温度分级　　　　　　表 17.6.1-2

序 号	等 级	符 号	冷冻室温度 (℃)	冷冻食品保存时间 (d)
1	一星级	*	-6	12
2	二星级	**	-12	30
3	高二星级	**	-15	54
4	三星级	***	-18	90
5	四星级	****	-28	180~240

4. 电冰箱型号表示方法

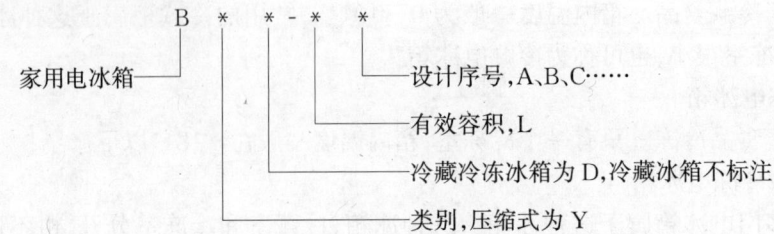

例 BYD-200 压缩式冷藏冷冻(双开门)电冰箱,有效容积200L。
　　BY-165D 压缩式单门电冰箱,有效容积165L,第4次(D)改型设计。

5. 电冰箱主要技术性能指标

(1) 降温性能

在规定的电源电压及频率波动范围内,并满足以下试验条件:

a. 环境温度的允许误差为±1℃;当地面温度和环境温度相差高于2℃时,要将电冰箱放置在高度为100mm以上的木台平面上;

b. 电冰箱的前面、顶面及两侧面应具有不影响空气自然对流的空间,其后面至少要留出65mm的空间距离;

c. 降温试验是在电冰箱运行至稳定状态时测定冷藏室和冷冻负荷温度。测定温度时应在空间的中心位置,用热电偶温度计或电阻温度计测取数据。

电冰箱内的温度应达到表17.6.1-3和表17.6.1-4的规定。

冷藏室温度　　　　　　　　　　　　　　　表17.6.1-3

环境温度(℃)	温度控制器调温位置	冷藏室平均温度(℃)
15	起动点	0~8
43	冷点	8以下

冷冻室温度　　　　　　　　　　　　　　　表17.6.1-4

环境温度(℃)	温度控制器调温位置	冷冻室分级名称	冷冻室平均温度(℃)
15及30	在调温可变范围内,冷藏室的平均温度不低于0℃的最低温度位置	一星级	低于-6
		二星级	低于-12
		三星级	低于-18

(2) 耐泄漏性

用灵敏度为0.5g/年的卤素检漏仪检查制冷系统,不应出现制冷剂泄漏现象。

(3) 化霜性能

在规定的环境温度下进行化霜性能试验。化霜结束后,蒸发器上和排水管路中所残留的霜和冰的数量以不影响冰箱的工作性能为度。

半自动化霜是从人工触发开始、最后自动结束的一个过程。因此需要运转到蒸发器上结霜3~6mm时才可进行化霜试验。

在双温冰箱中,冷冻室冷却大多采用冷风强制循环方式,化霜时的冷冻负荷温度上升值应低于5℃。

(4) 电压波动特性和起动性能

当规定的环境温度下,电压降至最低允许限度(例如由 220V 降至 187V)时,压缩机应能正常起动和运行。此外,在 187~242V 电压的变化情况下应能正常运行。

(5) 绝缘电阻和介电强度

在规定的环境温度和相对湿度下,冰箱对地绝缘电阻应不小于 2MΩ。试验时用 500V 兆欧表测量电源线与接地线之间的绝缘电阻。

对于额定电压为 220V 的电冰箱,应能承受 50Hz、1000V 的交流试验电压、历时 1min 的绝缘介电强度试验,而无击穿或闪络现象发生。

(6) 绕组温升

在规定的环境温度下,压缩机连续运行至热稳定状态,用电阻法测量电动机绕组温度:E 级绝缘应不高于 115℃,B 级绝缘应不高于 125℃。

(7) 振动与噪声

冰箱的振动振幅应不大于 0.05mm;噪声一般应不大于 50dB(400L 以上的冰箱应不大于 60dB)。试验时,用振动测量仪和拾振器在箱体上测其振幅值;用分贝仪 A 档在距冰箱正面 1m、距地面 1.5m 处测其噪声。

17.6.2 电冰箱的电气控制

家用电冰箱的电气部分主要包括压缩机电动机及其起动装置、温控器、热保护器、箱内照明灯、化霜装置等。

图 17.6.2-1(a)是采用重锤式起动继电器起动压缩机电机的控制电路。接通电源后,电动机主绕组中电流很大,起动继电器 K 的线圈将其触点吸合,副绕组及电容器工作,电动机起动;起动完毕,继电器 K 的电源减小,吸力下降,在重力作用下,触点断开,电机正常运行。箱内照明灯 EL 由门开关 S 控制。

图 17.6.2-1(b)是采用 PTC 电阻起动的电冰箱控制电路。起动时,PTC 温度较低,电阻小,辅助绕组工作,随着温度升高,PTC 阻值增加,当达到一定值后,PTC 近似开路,辅助绕组退出运行。图中 R_1、R_2 为门封等化霜电阻,即温控开关 K_1 断开时,R_1、R_2 与电机绕组串联,由于 R_1、R_2 的阻值远大于电机绕组的阻抗,电机不工作,而微小的电流使 R_1、R_2 产生微热,起到了化霜作用。

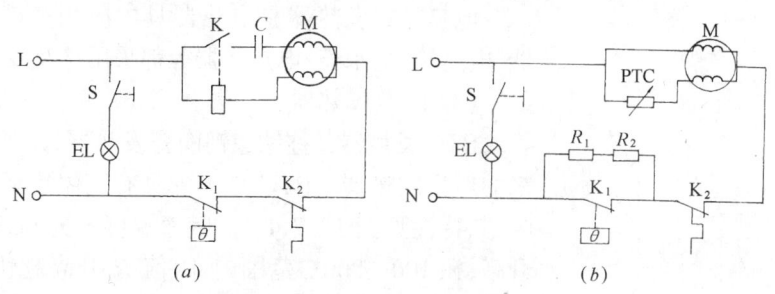

图 17.6.2-1 家用电冰箱控制电路
(a)采用起动继电器;(b)采用 PTC 电阻
M—压缩机电动机;K_1—温控开关;K_2—热保护器;S—门开关;EL—照明灯;
K—重锤式起动继电器;C—起动电容;R_1、R_2—化霜电阻

17.7 家用电热器具和电动器具

17.7.1 电热器具的种类、热元件和温度控制

1. 电热器具的种类

利用电能转换成热能的原理而制成的各种日用电器,统称为家用电热器具。电热器具是应用最广的一类家用电器,其主要品种见表17.7.1-1。

电热器具的主要品种　　　　　　　　　　表 17.7.1-1

序号	分类	产品品种
1	厨房用	日用电炉、电灶、微波电灶、电饭锅、面包炉、电煎锅、电烤炉、红外线电烤炉、电水壶、电咖啡壶、电热水杯等
2	清洁用	电熨斗、熨衣机、烘衣机、浴水加热器、烘干器等
3	取暖用	取暖电炉、电暖鞋、电被、电褥、暖手器、电坐垫、电热地毯、暖风器等
4	整容用	电热梳、烘发器、电吹风等

2. 电热器具的热元件

电热器中电能转换成热能的方法通常有:由电流通过电热材料产生热量,如电热丝、电热管、PTC发热器,也可用电磁、微波、红外线等进行加热。

(1) 电热丝式发热器

电热丝式发热器是采用镍铬合金丝、铁铬铝合金丝等电热丝直接盘绕或缠绕在耐热的绝缘材料(如陶瓷、云母等)上而制成的。电热丝与空气不隔离。

这种发热器结构简单,成本低,但热效率低,使用寿命短。

(2) 电热管式发热器

电热管式发热器是在一金属管(铜、铝、铁或不锈钢等)内放入绕成弹簧状的电热丝,并在其中加入绝缘材料(如氧化镁粉、石英砂)而制成。

这种发热器安装方便、热效率高、安全可靠、寿命长,但损坏后一般不能修复,只能更换新品。

电热管式发热器是电热器具中应用最广的一类发热器,电烤箱、电水壶、电热水器等都采用这类发热器。

(3) PTC发热器

PTC发热器又称钛酸钡陶瓷发热器,是近年来发展起来的新型发热器。PTC是一种具有正温度系数的热敏电阻,其特性见图17.7.1-1。随着温度 t 升高,PTC阻值 R 升高,在100~200℃范围内,阻值 R 升高越快($\Delta R/\Delta t$ 越大),当温度达到一定值(图中为 e 点200℃)后,其阻值相对稳定。

电热器具中用PTC作为发热体,它不仅可以作为加热,同时由于它具有正温度特性,即温度越高,电阻越大,

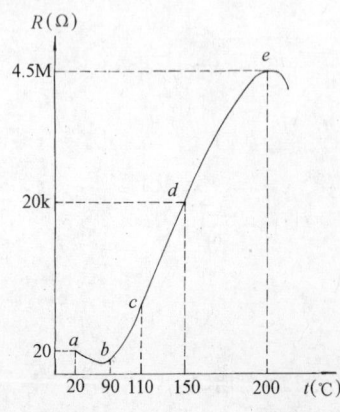

图 17.7.1-1　PTC的温度特性

又可以起到自动恒温作用,从而简化了控制电路,提高了安全性,但其功率不大,一般只用于微型电热器,如电热灭蚊器等。

PTC除用作加热外,还用作限流、开关和温度补偿等。

(4) 微波发热器

微波是指频率为300~3000MHz(即波长为1m到1mm)之间的电磁波。加热用微波频率常取915MHz和2450MHz,以避免对雷达和通讯的干扰。

微波加热器是利用微波发生器产生的交变电场,使加热介质(如水)的极性分子在电场作用下剧烈地改变排列方向,从而引起分子之间的相互摩擦和碰撞,产生热量,达到加热的目的。

这种发热器加热速度快、效率高,它比一般电炉加热食品的时间要快4~10倍,省电30%~80%,且可减少对食品维生素的破坏。但产品成本较高。

(5) 电磁发热器

电磁发热器是利用电磁感应原理,使铁磁体在高频交变磁场作用下产生感应电流(涡流),从而使铁磁体发热,达到加热的目的。

这种发热器具有清洁卫生、安全可靠、热效率高、使用方便等优点,但成本较高。

(6) 红外线发热器

红外线发热器是在发热基体,如碳化硅、不锈钢或其他金属管、板表面涂覆一层红外材料(金属氧化物),加热后产生不同波长($2\sim6\mu m$)的红外线,与被加热物体所能吸收的波长相匹配,达到最佳加热效果。它特别适用含水量较多的物质的加热,具有升温快、热效率高等优点。

3. 电热器具的温控元件

(1) 双金属温控元件

两种不同线膨胀系数的金属片(双金属片)结合在一起,当温度升高时,由于膨胀长度不同,双金属片弯曲,从而带动触点动作。这种温控元件能自动复位,反复动作,但动作速度慢,精度低。

(2) 磁性温控元件

磁性温控元件主要由永久磁钢和感温软磁构成。常温时,永久磁钢和感温软磁之间的吸力大于弹簧拉力,触点闭合;发热体加热后,温度上升到接近磁居里点时,感温软磁吸力急剧下降,在弹簧力作用下,触点断开。这种温控元件动作迅速,精度高,但不能自动复位。

(3) PTC温控元件

由图17.7.1-1的曲线可知,温度升高,PTC的阻值增加。当把PTC元件串入电路并贴近发热体,温度升高后,其阻值增加,工作电流减小,使发热量下降,达到了自动调温的作用。这种温控元件,简单,成本低,但容量较小,精度不高。

4. 电热器具的温度调节和控制

电热器具的温度调节、高温和低温的转换、加热和保温的转换等,通常称为电热器具的温度控制。

温度控制的基本原理是:

$$Q = Pt = \frac{U^2}{R}t$$

式中 Q——发热量;

U——电热器两端电压;

R——电热器电阻值,对微波、电磁加热器等则为等效电阻值;

t——加热时间。

因此,可通过改变电压、阻值、加热时间,实现电热器具的温度控制和调节。

(1) 改变电压 例如采用自耦变压器调压,变压器抽头调压,交流与单相半波直流变换,双向晶闸管调压等。

(2) 改变电阻值调压 如 PTC 电阻自调、电阻串并联变换等。

(3) 改变加热时间 如间断供电等。

17.7.2 家用电热器具

1. 日用电炉

(1) 用途:供家庭、实验室等使用的小型加热器具。

(2) 结构特点:

开启式,由电热丝、陶瓷盘等组成。

半封闭式,电热丝埋设在敷有耐热绝缘材料(氧化镁)的铸铁槽中,工作可靠性和安全性好。

封闭式,采用电热管。

(3) 型式及规格:见表 17.7.2-1。

日用电炉的型式及规格　　　　表 17.7.2-1

额定功率 (W)	额定电压 (V)	开启式 炉盘直径 (mm)	半封闭式 加热板直径 (mm)	封闭式 电热管直径 (mm)	工作面温度 (℃)
300		100	75	6~8	350
600		140	106	8~10	350
800		140	106	8~10	400
1000	220	170	135~150	10~12	400
1200		170	135~150	10~12	400
1500		190	160~180	10~12	400
2000		230	26	12~14	400

注:a. 对开启式电炉,功率不可变换的称为 A 型;用改变接线方式可变换功率的称为 B 型。

　　b. 工作面温度是在环境温度不高于 20℃,加热时间不超过 20min 的情况下。

2. 电热毯

(1) 用途:床上过冬用品。

(2) 结构特点:将电热线绳敷在毛毡或布垫衬上。通上电源后,温升 20~30℃/h。一般可调温,有的还能恒温。

(3) 型式规格:

按幅面尺寸分为大、中、小号,一般尺寸为(cm):大号,150×120;中号,150×100;小号 150×70。

按消耗功率分为 60,80,100,140W 等。

(4) 典型控制电路:见图 17.7.2-1。

电路的工作原理是:合上电源开关 Q 后,将转换开关 SA 向上扳,电源电压直接加在电热丝 R 上,电热毯处于高温位置;将 SA 向下扳,电源电压经整流二极管 V 加于电热丝上。在这种情况下,电热丝实际上为直流电压供电,其直流电压约为 0.45U(单相半波整流电压),由电功率的计算公式 $P = U^2/R$ 可知,电热丝的发热功率约为高温时的 1/4,所以电热毯变为低温工作状态。

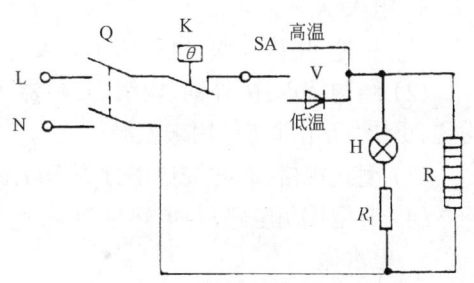

图 17.7.2-1 电热毯控制电路
R—电热丝;R_1—限压电阻;Q—电源开关;
SA—转换开关;K—温控器;H—信号灯;
V—整流二极管

3. 电饭锅

(1) 用途:能自动将米或其他食物煮熟并保温。

(2) 结构特点:由内胆、外壳、加热体、温控器等组成。温控器多采用磁性温控元件。

按加热方式分为直接加热式(常见)和间接加热式。按功能的不同又可分为普通式、自动保温式、煎煮两用式、保温压力式等。

(3) 型式及规格:

用功率表示有 300,400,450,500,550,600,650,700,750,800,850,900,950,1000,1200,1500W 等。

按容积表示有 0.7,1.0,1.5,2.0,2.5,3.0,3.6,4.2L 等。

(4) 典型控制电路:见图 17.7.2-2。

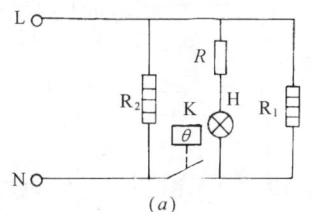 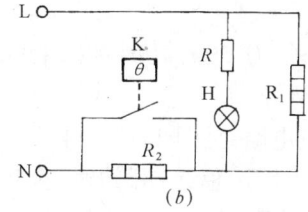

图 17.7.2-2 电饭锅控制电路
(a)并联式;(b)串联式
R_1—煮饭发热器;R_2—保温发热器;K—温控器;H—指示灯

4. 电烤箱

(1) 用途:用于烤、烧、蒸、煮、烘各种食品,如烤面包、蛋糕、点心及家禽肉类等。

(2) 结构特点:由外壳、内脏、带玻璃的观察窗、门、发热器、温度调节器、定时器等组成。由上下两个电热管发热,作为烤食物的"面火"和"底火"。

(3) 型式规格:一般按消耗功率来分,有 500,600,700,800,1000,1200,1500W 等。

(4) 典型控制电路:见图 17.7.2-3。

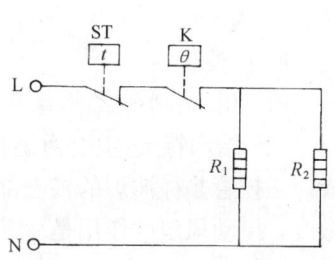

图 17.7.2-3 电烤箱控制电路
R_1—上发热器;R_2—下发热器;
K—温控器;ST—定时开关

5. 电火锅

(1) 用途：用作火锅，也可用于炒菜、煮饭等。

(2) 结构特点：由外锅、内锅、发热器等组成，内锅中央凸出部也藏有发热器，使加热更均匀、更快，凸出部还可用来温酒等。

(3) 型式规格：通常按功率分为 500,600,700,800,1000W 等。

(4) 典型控制电路：与电热毯类同。

6. 电水壶

(1) 用途：主要用于烧开水。

(2) 结构特点：由壶体、壶盖、发热体等构成。发热体为电热管式，悬置于壶底，浸没在水中，这样可充分利用热能，更换也较方便。温控器通常采用磁性温控元件，水烧干时便作用于电源断开。

(3) 型式规格：

有普通式和自动控温式。

按装水容量分为 0.3,0.5,0.8,1.0,1.5,2.0,2.5,3,3.5,4L 等。

按消耗功率分为 300,400,500,600,800,900,1200,1500,2000,2500W 等。

7. 电热水器

(1) 用途：供家庭和小集体单位烧热水用。

(2) 结构特点：主要由贮水箱(内胆)、外壳、电热管发热器、双金属热元件等组成。

(3) 型式规格：一般为贮存式(带水箱)。

按容积分为 5,10,15,20,30,40,50,100L 等；

按消耗功率分为 500,700,900,1500,2000,3000,4000,5000W 等。

(4) 典型控制电路：见图 17.7.2-4。

电热水器的工作过程是：开始时，全箱充满冷水，接通电源后，上部发热器 R_1 工作，加热上部约 1/4 的水。达到一定温度(设定值)后，经双投温控器，断开上部发热器 R_1，接通下部发热器 R_2，上部的水随时取用，下部则不断被加热。

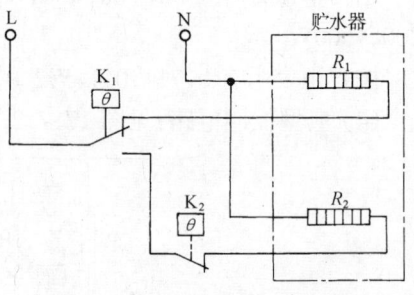

图 17.7.2-4　电热水器电路图

R_1—上加热器；R_2—下加热器；

K_1—双投温控器；K_2—单投温控器

8. 微波炉

(1) 用途：利用微波(家用多采用 2450MHz)烹饪各类食物。

(2) 结构特点：主要由磁控管、整流器、变压器、外壳、炉腔、波导、搅动风扇、风扇等组成。磁控管是微波炉的核心部件，主要由它来产生微波。波导为一金属矩形管，由它来传输微波。搅动风扇的作用是靠其旋转的金属风叶不断变化反射微波的方向，达到均匀加热食品的目的。但是，微波炉不宜用于烤煮较厚的食物，因为微波渗透食物的深度一般只有数十毫米。家用微波炉 2450MHz 微波渗透物质深度见表 17.7.2-2。所以，对于较厚的食物只能靠传导进行烹饪。

2450MHz 微波渗透物质深度   表 17.7.2-2

序 号	物 质 名 称	温 度(℃)	渗 透 深 度 (mm)
1	土豆等	20/60	13/15
2	牛肉等	20/60	19/20
3	胡萝卜	20/60	19/26
4	水	20/60/85	24/52/74
5	瓷器	25	1100

家用微波炉的外形结构见图 17.7.2-5(a)。

(3) 型式规格:按消耗功率分为 600,700,1000,1500,2000W 等。

(4) 典型控制电路:见图 17.7.2-5(b)。

电路的工作原理是:在关好炉门、设定时间后,按下开关 S,继电器 K 工作,电路接通,鼓风电机 M_1、搅拌电机 M_2 工作。电源变压器 T 的二次绕组有两个:一个低压绕组供磁控管 VM 灯丝加热;高压绕组的输出经高压电容器 C 和二极管 V 倍压整流的负端与磁控管 VM 阴极相接,使磁控管振荡产生 2450MHz 的微波,供食物加热。

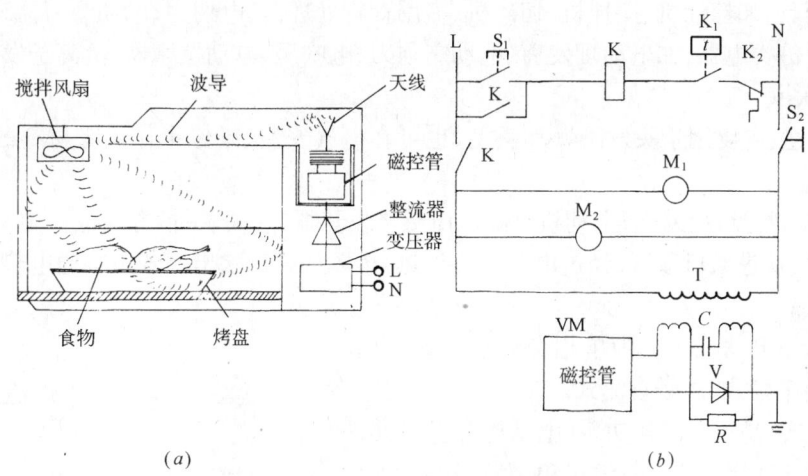

图 17.7.2-5 微波炉结构及控制电路
(a)结构示意图;(b)电路图
K—电源继电器;S_1—按钮;S_2—门开关;K_1—定时器;K_2—热保护器;M_1—鼓风电动机;M_2—搅拌电动机;T—变压器;C—高压电容器;V—二极管;VM—磁控管;R—压敏电阻

9. 电磁灶

(1) 用途:用来加热和烹饪各种食物。

(2) 结构特点:电磁灶主要由加热部分、控制部分、炉体、冷却风扇等组成。其结构原理如图 17.7.2-6 所示。

电磁灶是利用电磁感应的原理,对加热线圈通电,从而产生磁力线,如若在线圈上方搁置一只铁质炊具,则其底部便会因产生涡电流而发热,炊具内盛的水或食物才会受热升温,而玻璃等非铁磁性物质造的容器则不会升温。

电路通常由整流滤波电路、变频主电路、控制电路和保护电路等部分组成。220V 交流电经全波桥式整流及高频滤波电路之后,变成直流电供给变频主电路。流过主电路的电流

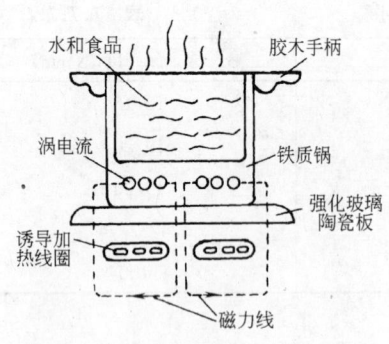

图 17.7.2-6 电磁灶结构原理图

由大功率晶体管进行通断切换,使加热线圈的电感、电阻和电容产生 20~50kHz 的高频电流。为了安全起见和便于自动控制,电磁灶还具有加热、定温、温度过热报警等功能。电磁灶的灶台台面是一块平整的强化玻璃陶瓷,有较好的耐热、耐冲击、耐油腻、酸、碱、腐蚀等性能。

(3) 型式规格:

按感应加热电流的频率分为低频(50~60Hz)和高频(20~50kHz)。

按消耗功率分为 700,800,900,1000,1300,1500W 等。

17.7.3 家用电动器具

家用电动器具通常是指以微型电动机(功率一般在 200W 以下)为动力,将电能转换为机械能的日用电器。

常用家用电动器具有:

电炊用具,如榨汁机、搅拌机、切碎机、多用食物处理器、电切力、电动磨刀器、洗碗机等;

卫生保健类电器,如电动理发剪、电动剃须刀、电吹风、电动按摩器、负离子发生器等。

1. 电吹风

(1) 用途:主要用于头发干燥和整型,也可在电气安装、维修中作绝缘材料的局部干燥用。

(2) 结构特点:由外壳、电动机、风叶、电热丝发热器、开关、手柄等构成。电动机带动风叶旋转,空气从进风口吸入,经过电热元件加热,热风从风口吹出。若不接通电热元件,则吹出的是凉风。

电吹风用电动机一般为单相交流感应式,也有交直流两用串励式、永磁直流式。

(3) 型式规格:按消耗功率(电动机和发热元件消耗功率之和)分为 250,350,450,550,700,800W 等。

(4) 典型控制电路:见图 17.7.3-1。

电吹风工作过程如下:

开关 S 扳至"冷风"档时,触点 1 接通,只有吹风电机 M 工作;

开关 S 扳至"低热"档时,触点 1、2 接通,吹风电机 M 和电热器 R_1 工作;

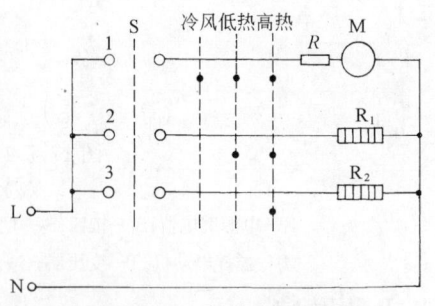

图 17.7.3-1 电吹风控制电路
S—选择控制开关;M—吹风电动机;R_1、R_2—加热电阻丝;R—附加电阻

开关 S 扳至"高热"档时,触点 1、2、3 全部接通,吹风电机 M 和电热器 R_1、R_2 全部工作。

2. 电动剃须刀

(1) 用途:主要用于男性胡须、鬓角修饰。

(2) 结构特点:一般由微型永磁式直流电动机或电磁振动器、动刀片、静刀片、开关、电源等组成。

(3) 型式规格:按驱动方式分为电动式和电磁振动式。按供电电源方式分为干电池式、交流式、充电式、交直流两用式等。

3. 电动理发剪

(1) 用途:是一种常用的剪发工具。

(2) 结构特点:常用的为电磁振动式,主要由线圈、E 型吸铁、上下刀片、开关等组成。通电后,铁芯线圈产生交变磁场,从而吸紧或放松磁性弯脚,在弹簧力配合下,上刀片作往复运动以剪断头发。

(3) 型式规格:按供电电压分为 220,36,24V 等。按消耗功率分为 10,12,16,20W 等。

4. 电动按摩器

(1) 用途:依靠电动机或电磁振动的作用,使治疗器头振动,施行于人体的穴位或某一部位,达到治疗疾病和保健的作用。

(2) 结构特点:电磁振动式由电磁铁、开关、按摩头等组成。

电动式由电动机、偏心轮、开关、按摩头等组成。

(3) 型式规格:按工作原理及用途分为:电磁振动式、电动机式、指振式、电磁振动红外线式、沐浴气泡式、发梳式等。

5. 切碎机

(1) 用途:切碎机又称多用食物处理器,它配有多种刀具,根据需要可以对蔬菜、水果、鱼、肉等进行切剁、揉搓、粉碎、研磨等加工。

(2) 结构特点:主要由底座、电动机、盛皿、罩盖、导管、各式刀具等组成。

(3) 型式规格:按消耗功率分为 125,150,175,200,250W 等。

6. 电切刀

(1) 用途:高效而简便地切削食物。

(2) 结构特点:主要由电动机、蜗轮蜗杆、刀片等组成。电机驱动蜗轮蜗杆,使刀片运动。

(3) 型式规格:分为交流式和直流式,其规格一般按消耗功率而确定。

7. 洗碗机

(1) 用途:洗涤餐具用。

(2) 结构特点:由水泵、盘架、旋转喷嘴等构成。利用高压水,喷洗餐具。

(3) 型式规格:按洗涤方式分为淋浴式、叶轮式、水流式、超声波式等。按加热用电功率分为 600,700,800,900,1000,1200W 等。

17.8 家用电子器具使用基本知识

17.8.1 收音机

1. 收音机分类

按组成元件分为:晶体管收音机、集成电路收音机、电子管收音机。应用最广的是晶体管和集成电路收音机。

按接收波段分为中波收音机、短波收音机、中短波(多波段收音机)。中波收音机可满足一般用途。

按接收调制信号分为调幅收音机、调频收音机、调频立体声收音机。一般收音机为调幅收音机,只有具有调频广播的大中城市才宜使用调频收音机和调频立体声收音机。

波段和调频的代号、频率和波长的范围见表17.8.1-1。

收音机波段和调频的代号、频率和波长　　　　表17.8.1-1

序 号	名 称	代 号	频 率	波 长(m)
1	中 波	MW	535～1605kHz	560～187
2	短 波	SW	2～30MHz	150～10
3	调频波	FM	87～108MHz	3.45～2.8

注：短波又可分为短波1、短波2……（SW_1、SW_2……）。

2. 调幅、调频和立体声

无线电台都是采用调制的方法,将声音等信息先"寄载"到高频无线电信号上,然后发射出来。调制的方式有三种：振幅调制(调幅),频率调制(调频),相位调制(调相)。常用的调制方式是调幅(AM)和调频(FM)。

调幅就是利用音频信号去控制高频振荡的振幅,使高频振荡的振幅随音频信号作相应变化的一种调制方式。

调频就是利用音频信号来控制高频振荡的频率,使高频振荡的频率随音频信号电压作相应变化的一种调制方式。

与之相适应,"检"出这些音频信号也要采用不同方式的收音机,分别称为调幅收音机和调频收音机。

立体声就是将同一个声源从不同的方位上录下来,采用不同的方式叠加成一复合信号,用 AM-FM 调制方式发射出来。与之相适应,收音机接收这一复合信号后,又将其分别从两个声道(左声道 L 和右声道 R)传出,再通过两个嗽叭输出,即为立体声。所以,收音机接收立体声必须用两个嗽叭或两副耳机,否则接收的是单声道。

3. 收音机的质量指标

(1) 灵敏度：收音机接收微弱信号的能力称为灵敏度。在同一波段范围内,接收电台信号越弱的收音机,其灵敏度越高。灵敏度的单位是 mV/m 或 μV/m。

(2) 选择性：收音机分隔电台频率的能力,称为选择性。选择所需频率、抑制不需要频率的能力越强,选择性越好。对不需要的频率抑制能力用 dB 值表示,dB 越大,选择性越好。

(3) 失真度：收音机放出的声音与原来声音的差别,称为失真度,用%表示。只要失真度小于10%,就称为不失真。

(4) 信噪比：收音机工作时,发出的有用信号与噪声的比值,称为信噪比。信噪比越大,收音机发出的声音越清晰。

(5) 频率响应：电台播出的节目,包含丰富的音频频谱,收音机也必须具有相应的频谱接收能力。音频频率范围的辐度特性称频率响应。频率响应越好,收音机音质越好。

(6) 输出功率：在其他条件相同的情况下,输出功率越大,收音机放音音量越大。

(7) 损耗：收音机静态(未收到节目时)的电流越小,最大放音电流越大,表明收音机电力损耗越小。

4. 收音机常见自检故障的处理

在使用过程中,电器的某些不正常现象,似是故障,但不是故障,只要使用者自检一下便可处理;有些故障,原因十分简单,使用者也可处理。这些由使用者自己能检查出又能自己处理的故障,称为自检故障。

一般收音机常见自检故障及处理见表17.8.1-2。

收音机自检故障的处理　　　　　　　　表 17.8.1-2

序号	故障现象	原因分析	处理方法
1	完全无声音	a. 电源未接好 b. 电池已消耗 c. 电池接反 d. 喇叭插头未插妥	a. 接好电源 b. 换新电池 c. 改变极性 d. 插好插头
2	音量小,噪声大	a. 电池已消耗 b. 电位器接触不良 c. 喇叭质量差	a. 更换电池 b. 清洗电位器触点 c. 更换喇叭
3	电池使用时间极短	a. 电池两极间泄漏电严重 b. 机内有短路故障	a. 擦干净电池极片及附近胶木件 b. 送修
4	跑台	a. 磁芯天线线圈移动 b. 调台拉线过紧或过松 c. 散热不良,内部元件特性改变	a. 调整后,固定线圈 b. 调整拉线 c. 改善散热条件

17.8.2　盒式磁带录音机

1. 录音机的种类

盒式磁带录音机按其功能分为:

1) 单放机:只能放音,不能录音;

2) 单录放机:只能录音和放音;

3) 收录放机:兼有收音、录音、放音三种功能,收音机部分具有 MW、SW、FM 功能;

4) 双卡收录机:兼有收、录、放功能,并具有两套磁带驱动机构,本身可进行磁带转录。

2. 磁头、磁带和话筒

(1) 磁头

磁头是盒式录音机的主要组成部件,磁头的质量是决定录、放音质量的主要因素。盒式录音机通常有以下几种磁头:

1) 录音磁头。其作用是在录音过程中,把与声音信号相应的电信号,经电磁转换为磁信号并记录在磁带上;

2) 放音磁头。其作用是在放音过程中,把记录在磁带上的磁信号,经磁电转换为电信号,放大后经扬声器放出声音;

3) 抹音磁头。其作用是利用抹音信号发生电路提供的大电流,在其缝隙处产生强大的磁场,消除磁带上原来记录的磁信号。

(2) 磁带

磁带是录放音过程中电磁转换的媒介,它的性能好坏直接影响录放音效果。

磁带通常是在涤纶薄膜制成的基带上涂上一层磁性粉末而构成的。按磁粉种类,盒式磁带分为4类,见表17.8.2-1。

按磁粉不同磁带的分类　　　　　　　　　　表17.8.2-1

类 型	名 称	磁粉类型	矫顽力(Oe)	磁通密度(Gs)
Ⅰ	普通带	氧化铁	250～400	1000
Ⅱ	氧化铬带	氧化铬	180～800	1500
Ⅲ	铁铬带	氧化铁+氧化铬	300～1000	2000
Ⅳ	金属带	合金磁粉	1000	3000

一般录音机使用普通带即可,高级录音机应根据磁带选择开关的提示,使用其他高级磁带。

磁带的走带速度通常为4.76cm/s,其长度与走带时间成正比。按走带时间,磁带的分类见表17.8.2-2。

按走带速度磁带的分类　　　　　　　　　　表17.8.2-2

序 号	型 号	带 速(cm/s)	走带时间(min)	长 度(m)	带 厚(μm)	抗拉强度(N)
1	C-60	4.76	60	90	18	15～16
2	C-90	4.76	90	135	12	9～10
3	C-120	4.76	120	180	9	8

注:走带时间为磁带A、B两面时间之和。

使用磁带应注意以下几点:

a. 磁带不宜存放在靠近磁场的地方,例如收音机、电视机、喇叭和变压器附近。否则,磁场将降低磁带灵敏度,甚至抹去磁带原有录音;

b. 磁带不宜长期存放在高温、多尘的地方;

c. 所有磁带盒均设有舌片。若切除舌片,磁带可防止抹音,也不能录音;若需要重新录音,可用胶纸覆盖舌片口即可。

(3) 话筒

盒式录音机使用的话筒通常有两种类型:一般电容式话筒和驻极体电容式话筒。两者的结构原理大致相同,都是利用两个平行极板构成电容器,其中一个极做成承受声压的振膜,另一个极板称为背膜。声音作用于振膜并使其振动,两极间距离发生变化,导致电容量发生变化。电容量的变化导致其电路中的电流与声音信号同步变化。

驻极体电容式话筒体积小、灵敏度高、频率响应好,价格也较便宜,应用较广。但选用时,还应注意话筒的阻抗与录音机要求的话筒输入阻抗相一致(匹配)。一般话筒的阻抗为600～2000Ω。

3. 录音机的输入输出插孔

录音机输入输出插孔的名称及功能见表17.8.2-3。

17.8 家用电子器具使用基本知识

录音机输入输出插孔　　　　　　表17.8.2-3

序号	名称	符号	作用功能及说明
1	外接扬声器或耳机插孔	EXT SP	输出阻抗通常为8Ω,输出电平由电位器调节,通常为几十毫伏到几百毫伏
2	线路输出插孔	LINE OUT	从功能放大级前输出。失真小,输出阻抗10kΩ,输出电平几百毫伏
3	话筒输入插孔	MIC IN	低电平输入,0.1~1mV,阻抗600~2000Ω
4	线路输入插孔	LINE IN	直接送低频放大级,输入阻抗为50kΩ,输入电平40~250mV
5	辅助输入插孔	AUX IN	送前置放大级,输入阻抗和电平应与录音机相匹配
6	五芯插孔	DIN	立体声左右声道输入、输出及接地,共五孔

4．录音机常用功能键

录音机常用功能键的名称、代号和符号见表17.8.2-4。

家用盒式录音机常用功能键的名称、代号和符号　　　　表17.8.2-4

序号	名称	代号
1	放音键	PLAY
2	录音键	REC
3	重绕键	REW
4	快速前绕键	FF
5	停止/装卸键	STOP/EJECT
6	暂停键	PAUSE
7	电源开关(接通/断开)	ON/OFF
8	磁带选择键(普通带/铬带)	NORM/CrO$_2$
9	功能选择键(收音/录放)	RADIO/TAPE
10	立体声/单声道选择键	STEREO/MONO
11	混音键	MIX
12	外接键	EXT
13	麦克风(话筒)选择键	MIC
14	转录速度选择键(常速/高速)	NORM/HIGH
15	混声麦克风音量调整钮	MIC.VOL
16	左声道	L
17	右声道	R
18	左右声道输出调整钮	BAL
19	音量调整钮	VOL
20	波段选择开关	FM/MW/SW
21	调谐钮	TUNING
22	计数	COU

5. 录音机自检故障的处理(见表17.8.2-5)

家用盒式录音机自检故障的处理　　　　　　　　表17.8.2-5

序号	故障现象	原因分析	处理方法
1	整机不工作	a. 交流电源未接好 b. 电池安放极性错误 c. 电池消耗尽	a. 检查并接好电源 b. 改正电池极性 c. 更换电池
2	磁带无法装入	a. 装入磁带方向错误 b. 放音键已按下	a. 翻转磁带装入 b. 先按停止键
3	录音键按不下	a. 未装磁带 b. 磁带盒防消舌片已被拆除 c. 放音键已先按下	a. 装入磁带 b. 用粘带补上原舌片孔 c. 先按停止键
4	按下放音键,磁带不运行	a. 暂停键锁定 b. 卷轴中的磁带松弛	a. 再按暂停键 b. 取下磁带,重新绕紧
5	音量小,不稳定,有噪声	a. 电源电压低 b. 磁头脏污或已被磁化 c. 磁带质量差	a. 检查电源 b. 清洗磁头或去磁 c. 更换磁带
6	磁带速度不稳定	a. 电源电压低 b. 压带轮、主动轴、磁头污染	a. 检查电源 b. 清洗各部件
7	抹音不彻底	抹音头沾污	清洗磁头

17.8.3　电视机

1. 电视机分类

家用电视机按色彩分为黑白电视机和彩色电视机,按显像管屏面分为平面电视机、超平面电视机和纯平面(镜面)电视机等。人们习惯上按电视屏幕大小来分类。按屏幕对角线长度划分,见表17.8.3-1。

按屏幕对角线尺寸分类　　　　　　　　表17.8.3-1

代号(英寸)	9	12	14	15	17	19	21	25	29	34
对角线长度(cm)	23	31	35	38	43	48	53	66	74	86

2. 电视频道

电视信号包括高频图像信号(视频信号)和高频伴音信号(音频信号),这两个信号统称为射频信号。电视射频信号不像无线电广播音频信号那样只占有一个较窄频率范围,而是要占有一个较宽的频率范围,即频带,称为电视频道。

电视频道分为甚高频低频道、甚高频高频道、超高频频道三类,其代号和频率范围见表17.8.3-2。

我国规定,一个频带的宽度为8MHz,例如第一频道的起始频率为48.5MHz,则终止频率为48.5+8=56.5MHz,即第一频道的频率范围为48.5~56.5MHz。

我国电视和调频广播频道配置　　　　　　　　　表 17.8.3-2

类　　别	波段代号	频　率(MHz)	频道数
标准电视低频道	Ⅰ,VL	48.5~92	DS1~DS5
增补频道 1	A	111~167	Z1~Z7
标准电视甚高频道	Ⅲ,VHF	167~223	DS6~DS15
增补频道 2	B	223~295	Z8~Z16
超高频道	UHF	470~958	13~66
高频广播频道	Ⅱ,FM	87~108	210

注：有线电视拥有 DS1~DS12、Z1~Z16 中 27 个有效频道。

3. 彩色电视的制式

将图像的亮度信号和颜色信号(即视频信号)调制("寄载")到发射频道上去的方式,称为彩色电视的制式。由于调制原理和方法的不同,便构成了不同的彩色电视制式。

目前,世界各国分别采用三种不同的彩色电视制式：

a. PAL 制式。中国、德国等采用；

b. NTSC 制式。美国、日本等采用；

c. SECAM 制式。独联体、东欧等国采用。

由于我国采用 PAL 制式,因此,购买国外产电视机,必须选用 PAL 制式彩色电视机,确切地讲,应是 PAL-D/K 制式,否则应有电视制式转换装置。

4. 天线和天线放大器

在没有有线电视(CATV)的情况下,为了提高电视收看效果,通常应使用天线,必要时还应使用天线放大器。

天线的主要作用是接收空间电磁波,并将其转换成高频电流,经馈线(射频线和射频电缆)传送给电视机。

天线有方向性,因而具有选择信号和仰制干扰的能力,将天线的最大接收方向对准电视台,可使天线感应的信号最强,其他方向的电视信号干扰就小。不同的天线将电磁波转换成高频电流的能力也不同,因此,选用好的天线可提高电视机的灵敏度,获得大的增益。

电视机所用天线和馈线的阻抗有 75Ω 和 300Ω 两种。一般电视机所装拉杆天线的阻抗为 75Ω。当使用不同的天线时,电视机后盖上的选择开关应转到相应的位置。或串接一个阻抗转换器(300/75Ω)。

不同频道使用天线的尺寸是不同的。低频道信号波长较长,所用天线的尺寸也较长,高频道信号波长较短,所用天线的尺寸也应短。调节天线时,应考虑这一原则。若一副天线为若干频道所共用,则其天线尺寸只能折衷考虑。

为了改善边远地区电视接收效果,可在天线和电视机之间加一天线放大器,其作用是将天线感应的高频电视信号加以放大,再输出至电视机,可进一步提高电视机灵敏度。天线和天线放大器通常组合成一起,成为带放大器的天线。

5. 电视机常用功能键钮和端子(见表17.8.3-3)

电视机常用功能键钮和端子代号　　　　　表17.8.3-3

序号	名称	代号
1	电源钮—接通/断开	POWER—ON/OFF
2	频道控制键	CHA
3	音量控制键	VOL
4	准备状态控制钮	STAND-BY
5	对比度控制钮	CONTRAST
6	亮度控制钮	BRIGHTNESS
7	彩色控制钮	COLOR
8	垂直同步控制钮	V-HOLD
9	波段选择钮	BAND
10	存储钮	STORAGE
11	频道预选钮	PRESET
12	高速钮	HI-SPEED
13	频道调谐钮	TUNING
14	噪声抑制键	MUTE
15	电视/录像选择键	TV/AV
16	功能选择键	F
17	交替键	ALT
18	调整画面比率键	ARC
19	画面状态记忆键	PSM
20	音响状态记忆键	SSM
21	光程眼	EYE
22	射频输入端子	ANT IN
23	音频输入(输出)	AUDIO IN(OUT)
24	视频输入(输出)	VIDEO IN(OUT)
25	S端子	S

6. 电视机自检故障的处理(见表17.8.3-4)

家用电视机自检故障的处理　　　　　表17.8.3-4

序号	故障现象	原因分析	处理方法
1	无亮度、无伴音	a. 没有接好电源 b. 电源开关未按下	a. 检查电源插座 b. 按下电源开关
2	图像正常,无伴音	a. 音量调整为最小 b. 按下了噪声抑制键	a. 将音量加大 b. 再按噪声抑制键一次
3	伴音正常,无彩色	a. 天线位置不合适 b. 调谐不好 c. 彩色钮未调好	a. 调整天线 b. 重新调谐 c. 调彩色钮
4	雪花图像噪声	天线位置不好,天线连接不良	调整天线

续表

序号	故障现象	原因分析	处理方法
5	多重图像,伴音正常	天线位置和安装不好	重新安装和调整图像
6	图像被干扰、噪声	周围环境有高频干扰源,如电器起动、汽车行驶等	找出干扰源,采取适当措施,或等待干扰源消失

17.8.4 盒式磁带录像机

1. 录像机的分类

磁带录像机是利用磁性录放原理,记录和重放电视图像信号和声音信号的一种设备,由复杂的电路系统和精密的机械系统而构成。

磁带录像机和普通电视机连接后,可记录电视台的节目,也可以在看一个电视节目的同时,记录另一个频道的电视节目,还可以定时开机录像,可以将已录好的节目重放,并具有变速重放、静止重放等功能。附带说明一点,录像机,电视机只起监控作用;放像时,电视机只起显示图像、音频放大作用。

磁带录像机根据使用的磁带不同,分为盘式和盒式两大类。盒式磁带录像机具有带速低、操作方便、体积小、价格便宜等优点,因而已逐渐成为较普及的家用电子电器。

盒式磁带录像机的分类见表17.8.4-1。

家用盒式磁带录像机的分类　　　　　　　　　　表17.8.4-1

序号	分类方法	种类	备注
1	使用功能	放像机 录放像机 带卡拉OK录放像机 与电视机合并的录放像机	
2	采用电视制式	PAL制式 NTSC制式 SECAM制式 多制式	我国使用PAL制式或多制式机
3	彩色信号在磁带上的记录方式	移相式彩色记录方式(VHS方式) 倒相式彩色记录方式(β方式)	一般为VHS方式
4	磁头数量	二磁头 四磁头 六磁头	

2. 录像机功能键、钮和插座

家用盒式磁带录像机常用功能键、钮和插座的名称、代号及功能见表17.8.4-2。

录像机常用功能键、钮和插座　　　　　　　　　　表17.8.4-2

序号	名称	代号	功能
1	操作键	OPERATE	接通或断开电源
2	录像键	REC	按下开始录像

续表

序号	名称	代号	功能
3	放像键	PLAY	按下开始放像
4	快速键	F.FWD	执行快速进动作
5	倒绕键	REW	执行倒带动作
6	停止/取带键	STOP/EJECT	停止录放像并取出盒带
7	磁头清扫键	HEAD CLEANING	执行清扫图像磁头动作
8	预设键	PRESET	预设电视频道
9	编辑开关	EDIT	两录像机转录用
10	压开键	PUSH OPEN	打开录像机前门
11	衰减开关	ATT SW	电视信号太强时使用
12	电视频道选择	TV PROG	选择所需电视频道
13	进帧键	F.ADV	静止放像时,按下则进一帧
14	检索键	INDEX	用于放像磁带位置检索
15	麦克风插座	MIC	插麦克风
16	天线输入插座	AERIAL	连接外接天线
17	视频输入插座	VIDEO IN	视频信号输入
18	音频输入插座	AUDIU IN	音频信号输入
19	射频输出插座	RF OUT	天线接收信号再输出
20	视频输出插座	VIDEO OUT	视频信号输出
21	音频输出插座	AUDIO OUT	音频信号输出
22	暂停插座	PAUSE	连接摄像机暂停电缆

3. 盒式录像带

与录像机的彩色记录方式相适应,录像带分为 β 型录像带和 VHS 型录像带。

与录像机的彩色调制方式相适应,录像带分为 PAL、SECAM 和 NTSC 型带,通常 PAL 型带与 SECAM 型带可兼容。

按录像时间(即长度),录像带又分为 30、60、120、180、240min 带。

常用 PAL 和 SECAM 兼容带的规格见表 17.8.4-30。

PAL 和 SECAM 制式录像带规格   表 17.8.4-3

序号	型号	带宽(″)	录像时间 (min)	
			标准速度(SP)	慢速(LP)
1	E-30	1/2	30	60
2	E-60		60	120
3	E-120		120	240
4	E-180		180	360
5	E-240		240	480

注:a. 标准速度为 23.39mm/s;慢速为 11.7mm/s;

b. 带宽 1/2″ = 12.7mm;

c. 我国一般家用录像机选用盒带应注意有 VHS 标记,1/2″,适用于 PAL 制式;

d. 为了得到高品质音、像,最好使用标准速度(SP);

e. 为防止抹消录像内容,可除去带盒的舌片,亦可用粘带封住以恢复原状。

4. 录像机使用注意事项

(1) 选择适当的安装位置,让空气能自由流过机器的底部、顶部和后部的通风孔,以防机器过热。

(2) 机器不可安装在散热器、发热体等热源附近,或有直射阳光、过多尘埃,或有振动和冲击的地方。

(3) 不能将磁铁或带磁物拿到录像机附近,以免对录像机性能发生不良影响。

(4) 录像机必须置于水平位置才能正常工作,所以不可安装于倾斜的地方。

(5) 磁头鼓是录像机的核心部件之一,磁头鼓表面若有凝露和尘埃,就会引起磁带的损坏。因此,将录像机由冷处移到暖处时,磁头鼓表面容易凝露,必须至少在两小时后才能使用。

(6) 不可用石油精、酒精、稀释剂等挥发性物质来清洗和擦拭机器,以免失去美观和损坏部件。

(7) 若长期不使用录像机,最好断开电源。

5. 录像机自检故障的处理(见表 17.8.4-4)。

家用盒式磁带录像机自检故障的处理　　　　　表 17.8.4-4

序号	故障现象	原因分析	处理方法
1	整机不工作	电源未接通	检查电源插座、接好电源
2	不能录像	a. 录像机中没有盒带 b. 盒带没有防消抹舌片	a. 装入盒带 b. 用粘带补贴舌片
3	不能放像	a. 录像机中没有盒带 b. 电视机未调谐于放像频道 c. 录像机和电视机之间经由音频/视频接续器连接时,电视机没有设定为视频输入	a. 装入盒带 b. 将电视机调至放像频道 c. 将电视机改为视频输入
4	播放图像中出现雪状干扰	a. 电视机未调谐好 b. 磁头不清洁 c. 录像机工作于寻像模式和静止放像模式	a. 调谐微调 b. 清洗磁头 c. 正常现象
5	观看普通电视节目时无图像或图像不良	天线连接不良	检查天线连接状态并接好
6	对遥控装置不起作用	a. 遥控器内无电池,或电池极性接反,或电池已消耗尽 b. 遥控器红外线发射窗口未与录像机接收窗对准 c. 遥控器和录像机未设定好	a. 检查电池,或换新电池 b. 改正使用方法 c. 重新设定

17.8.5　家庭音响设备

家庭音响设备一般由音响节目源、功放器、音箱及各种连接线等构成。

1. 音(视)频节目源

音响节目源除了收音机、磁带播放机外,最主要的有以下几种:

(1) CD 机

CD机是插放光碟的设备,是目前音频节目源主力器材,属于数码音频设备。

CD机按比特数分为单比特机和多比特机,普通CD机为16比特,高档CD机比特数大于16,如18、20、23、24比特。

(2) LD机

LD机为视盘机,播放LD视盘,兼容CD光碟,为了与VCD机相区别,LD机又称为大影碟机。

(3) VCD机

VCD机称为小影碟机,播放VCD碟,兼容CD碟。

(4) DVD机

DVD机又称为数字视盘机,是目前为止图像和音质效果最好的激光播放设备。DVD机主要有以下三种:标准DVD机,水平解析度500线;高级DVD机,水平解析度720线;内置杜比AC3环绕声解码器的DVD机,功能更强大。

(5) 常用光碟(见表17.8.5-1)

常用光碟　　　　　　　　　表17、8.5-1

序号	碟片类型	字符标志	碟片尺寸(cm)	播放时间(min)	备注
1	CD-DA 唱盘	COMPACT disc DIGITAL AUDIO	12	75	数码音频
2	CD-I 视盘	COMPACT disc INTEA CTIVE	12	74	压缩数码音频和视频
3	VIDEO CD 视盘	COMPACT disc DIGITAL VIDEO	12	74	压缩数码音频和视频
4	CVD 视盘	COMPACT disc DIGITAL VIDEO	12	45	MPBG2 压缩数码音频和视频
5	DVD 视盘	COMPACT disc DIGITAL VIDEO	12	45	压缩数码音频和视频

光碟使用注意事项:

　　a. 拿碟片时拿住边缘,不要触摸碟面;

　　b. 不能在碟片上贴纸或其他附属物;

　　c. 如果碟片积满灰尘或其他附属物时,应用专用清洁纸擦拭,且应从径向方向进行;

　　d. 严禁使用挥发性汽油、稀释剂等溶液清洗碟片。

2. 功率放大器

功率放大器是决定家庭音响质量的主要设备之一。功率放大器性能差异很大,一般家用功率放大器应达到以下指标：

(1) 前置(左/右)输出,阻抗 8Ω,最大输出功率,××W,10%失真,最小输出功率,××W,1%失真。

(2) 中置输出,8Ω,1%失真输出功率××W。

(3) 环绕输出,8Ω,1%失真输出功率××W。

(4) 谐波失真,小于 0.15%。

(5) 分离度,小于 50dB。

(6) 串音,小于 70dB。

(7) MIC 灵敏度,大于 13mV。

(8) 音噪比,小于 80dB。

(9) 频率响应,20Hz 及 20kHz 以上,±1.5dB。

(10) 外部设备输入方式:影碟机输入、录像机输入、磁带输入、收音输入、辅助音频(AUX)输入。

3. 音箱

(1) 基本音箱及其配置

家庭影院系统中,基本音箱有 5 个:前置主音箱,左/右声道各一;中置音箱 1 个;环绕后置音箱,左/右声道各一。

主音箱和中置音响构成前声场,其布置见图 17.8.5-1,图中中音、高音喇叭应在同一高度上。

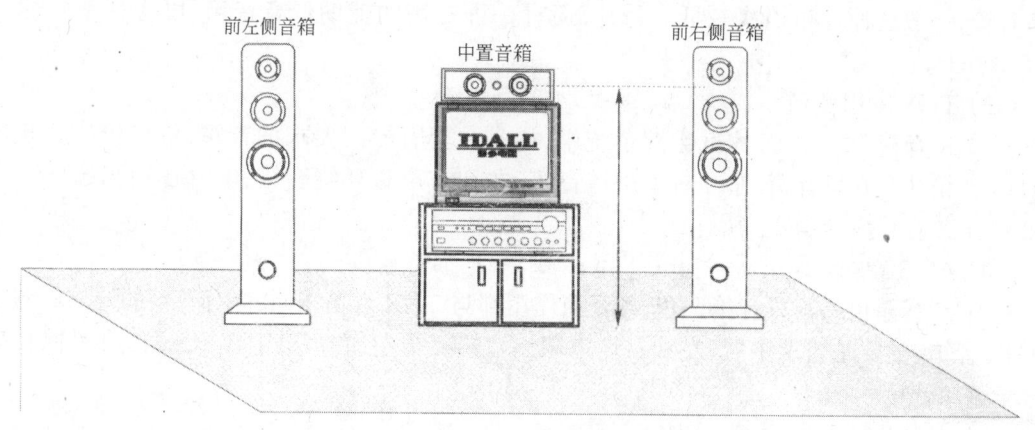

图 17.8.5-1　前声场音箱布置

全场五个基本音箱配置见图 17.8.5-2。其中,前声场左右音箱要听者成 45°夹角以内,后置环绕音箱应左、右两侧布置,其高度一般应在听者耳朵上方 60~90cm 的范围。

(2) 其他功能音箱

为了提高音响效果,有时还应配置一些其他功能的音箱,主要有以下几种:

1) 前方效果音箱

这是一对小功率的音箱,左、右声道各一只,在一些系统中需要用这种前方效果音箱来加强前方声场的深度效果。

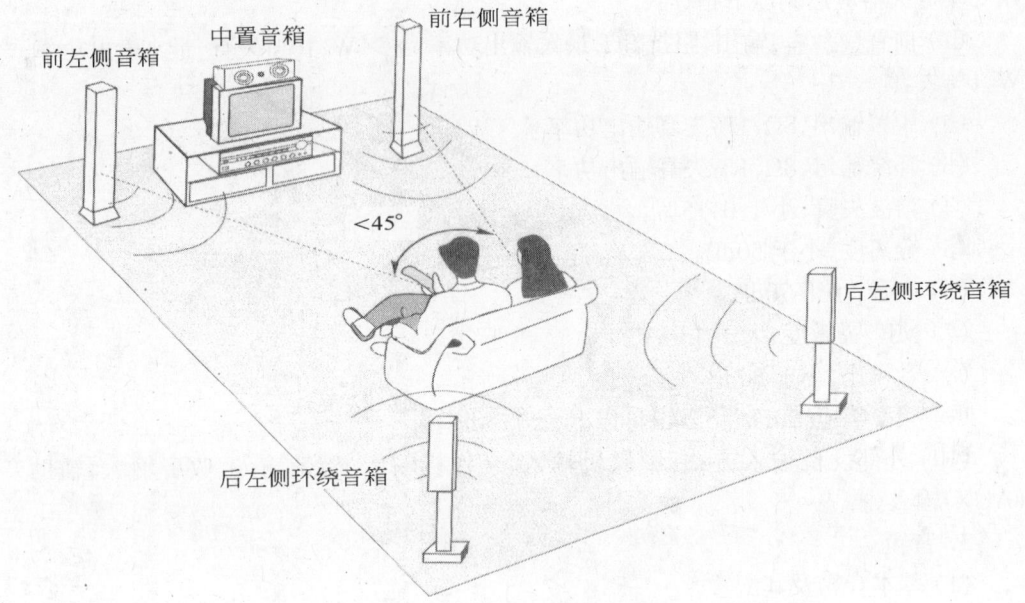

图 17.8.5-2 全场五音箱布置

2) 超低音音箱

在家庭影院系统中,为了达到影院效果设置了超低音声道,超低音音箱用来重放超低音声音。超低音音箱有两种:一是有源的超低音音箱,这是常见的超低音音箱;二是无源超低音音箱,一般这种音箱档次较低。另外,还有一种专用的辅助低音音箱,可将频率延伸到55~60Hz。

3) THX 专用音箱

THX 音箱用于 THX 家庭影院系统中,这是一套有专门要求的音箱,价格较贵。全套 THX 音箱共有 6 只音箱,左和右主声道音箱、左和右声道环绕音箱、中置音箱和超低音音箱。THX 音箱成套购置。

4) AC-3 音箱

AC-3 音箱也是 6 只音箱一套,各音箱作用都与 THX 音箱相同,但对音箱的要求不同于 THX 音箱,主要是要求中置、左和右声道环绕音箱要与左、右声道主音箱一样,都是同功率和全频域音箱。

5) 卫星音箱

卫星音箱也是成套的,这套音箱中有低音音箱和中高音低音两部分组成。这种成套音箱与众不同,它的左和右声道音箱、环绕音箱都是体积很小的音箱(每个像一本字典大小),则音箱中都只含中高音单元(扬声器),不设低音单元,低音单元由一只专门的有源音箱担任,即整个声场中的低音由一只低音音箱发出,这是一种非常独特的设计,利用低音与声像定位关系不大的原理,省去了各音箱中的低音扬声器。由于低音音箱体积大,而其他音箱体积很小,像地球与卫星一般,所以称为卫星音箱。

4. 信号连接线

在家庭影院系统中,碟机、功放器、电视机、喇叭之间的音频、视频输入/输出线,称为信号连接线。

(1) 视频信号线

视频信号线又称影像线,是一种传送视频信号的线材。在家庭影院中,从 LD 或 VCD 等输出的表征图像内容的电信号要传送到电视机或其他监视设备中,可有三种信号传送方式:视频信号、射频信号和 S 信号,各用不同的线材料。

视频信号线与影碟机的视频输出插口 VOUT 相连,另一端送至电视机的视频输入插口 VIN,这是最常见的一种视频连接形式,在采用这种视频信号传送的方式中,视频信号中的亮度信号(Y)和色度信号(F)混合在一起用同一根导线传送到电视机中,信号进入电视机后再经亮度分离电路和色度分离电路,从视频信号中分别分离出亮度信号和色度信号。

(2) 射频信号线

彩色电视机上不设 V IN 插口时,就只能用射频信号连接方式,影碟机中的视频信号 V 和音频信号 A 通过 RF 调制电路混合,从射频信号输出插口 RFOUT 输出,通过射频连接线从电视机的 RF IN 插口中输入。在这种连接方式中,视频信号和音频信号在影碟机中进行了一次混合处理,又在电视机中进行了分离处理,这两次处理对信号产生失真,使信号传递质量下降,所以这是一种最次的连接方式。

(3) S 端子线

S 端子的全称为 S-Video,S 是 Super,意为高清晰度,即为高清晰连接方式。S 端子 1987 年由日本 JVC 公司发明,并首先用于 S-VHS 录像机中,之后广泛用于 LD、VCD、DVD 和大屏幕彩色电视机等视频设备中。影碟输出图像信号分别传输亮度和色度信号,通过 S 端子线与电视机 S 端输入插口,直接将亮度和色度送入各自的通道中,使亮度和色度信号经过了最少的处理电路,两信号之间的相互干扰被降低到最低程度,这样可明显地提高图像的清晰度和改善图像的色彩,通过对比发现采用这种连接方式的重放图像其画质自然丰满,色彩柔和纯真,显示出 S-Video 迷人魅力。采用 S 端子线连接方式在 DVD 和 LD 中的效果更加明显,在 VCD 和普通录像机中由于节目源本身的水平清晰度较低,所以改善效果不太明显。

(4) 音频信号线

音频信号按传输电平大小来讲是标准电平信号线,其传输电平一般为 0.5~1.5V 之间,最常见是 0.775V(0dB) 和 1.228V(+4dB)。

(5) 数码同轴线

CD 机输出的音频信息可以有两大类共三种方式传送出机外:一是模拟的音频信号,二是音频数码流,这是取自 CD 机 DAC 之前的数码信号,该信号经 DAC 之后才能得到双声道的音频模拟信号。一些较高级 CD 机中,为了预留升级空间,预备了数码输出插口(COAXIAL)。从这一插口输出的数码信号要通过数码同轴线才能加到分置式的 DAC 或具有数码输入接口的功放中。这种线不但可用来传送数码信号,还可以用来作为视频信号线。

(6) 光纤线

CD 机除可以采用数码方式输出音频信息流之外,在一些更高级的 CD 机中同时还可采用光学数码方式输出音频数码流,此时 CD 机上设有光学(OPTICAL)数码输出插口,此插口通过光缆线与 DAC 或具有光学数码输入插口的功放相连,经 DAC 得到双声音频信号。在采用光纤线传递信号时,光缆里传输的是光信号,光信号按数字音频信号的规律调制。

(7) 喇叭线

喇叭线在全部线材中是发烧友最爱"摩"的线,此线属高电平信号线材,信号电平在十几伏至几十伏之间,在众多的发烧线中她的品种、花色最为繁多,价格在数百元至数万元之间不等,可谓一米千金。喇叭线由于是高电平信号线,所以大多数不作屏蔽处理,但也有例外,如瑞宝喇叭线,它在线芯与外皮之间设置一道铜质屏蔽网,以作防磁之用。这种喇叭线内部有四根彼此独立的绝缘外皮线芯紧密绞合在一起,两条线芯为一组,外面再用高张力纸缠紧,起防震作用。对喇叭线的基本要求是线径要粗,线材的铜质要纯,线要柔软,外皮上的所印字符要耐磨。

(8) 话筒线

话筒线属低电平信号线,其信号电平一般只有几毫伏,所以抗干扰性显得尤为突出。话筒线有平衡式和不平衡式两种,前者是一种高级输入输出方式,线中有三根芯,此时要求机器的话筒输入为平衡式输入,这种输入输出方式对提高抗干扰性能十分有利。不平衡输入输出方式的话筒线中只有两根芯线,一般话筒线采用这种形式的线。优质话筒线其金属屏蔽网层密集,芯线较粗,在低温下线材仍然柔软,为了防止话筒线在移动中的打结,有些好线在里面夹些纤维以增加强度。无论是哪种话筒线,最外层均要设置屏蔽网,以起抗干扰作用。

5. 连接插头

连接插头是指各类线材上的插头接插件,整套系统中的各器材之间通过线材和插头连接成一体。现代音响技术的发展对接插件也提出了许多苛刻要求,许多插头都是采用无氧铜材料制作,有的对插头表面进行包金或镀银处理,以减小接插件对信号的影响。

(1) RCA 插头　RCA 插头又称针型插头或莲花插头,这是一种用得最多的插头,插头的体积较小,这种插头可以用于音频信号、视频信号和同轴数码音频传送。RCA 插头只有两根引脚,所以这种插头只能用于不平衡传送的线材上。

(2) XLR 插头　XLR 插头又称卡侬插头,这种插头体积较大,有公插头和母插头之分,两者不能互换使用,国际上通用做法是公插头作为信号的输出端插头,母插头作为信号的输入端插头。XLR 插头共有三根引脚,所以用于平衡式线材上,也可以用于不平衡传送的线材上。XLR 插头常用于话筒及专业器材上,对于一些顶级的家用音响器材上也有这种插头。这里顺便说一句,平衡传送比不平衡传送质量要高,主要是抗干扰能力大大增强。

(3) 大二芯插头　大二芯插头是一种直径为 6.25mm 的插头,共有两根引脚,用于不平衡传送的线材中,如话筒上作为插头。

(4) 大三芯插头　大三芯插头外形同大二芯插头一样,但它有三根引脚,可用于双声道不平衡或单声道平衡传送的线材中,立体声耳机就是采用大三芯插头。

(5) 香蕉插头　香蕉插头是一种单芯线材的插头,这种插头一般用于音箱的连接上。

(6) 连接叉　连接叉也是一种单芯线材的接插件,用于音箱的连接中。

第18章 电气接地

18.1 电气接地的基本知识

18.1.1 电气接地的基本概念

1. 常用接地方式(见图18.1.1-1)

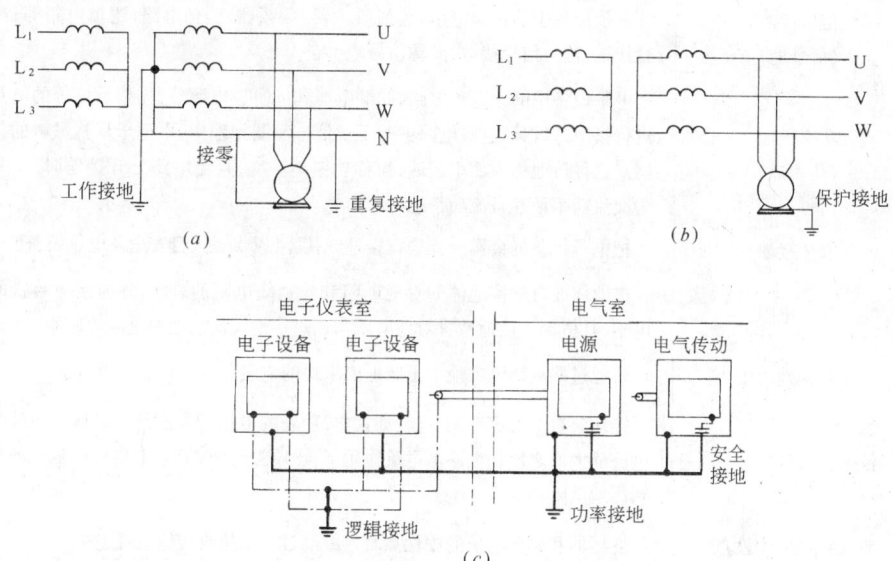

图 18.1.1-1 常用接地方式示意图
(a)工作接地、接零、重复接地;(b)保护接地;(c)逻辑接地、功率接地、安全接地

2. 电气接地常用名词术语(见表18.1.1-2)

电气接地常用名词术语   表18.1.1-2

序号	名词术语	含义
1	接地体	埋入地中并直接与大地接触的金属导体
2	自然接地体	兼作接地用的直接与大地接触的各种金属构件、金属井管、钢筋混凝土基础、金属管道和设备等
3	接地线	电气设备、电力线路杆塔的接地螺栓与接地体或零线连接用的、正常情况下不载流的金属导体
4	接地装置	接地体和接地线的总和
5	地	故障电流流入地下后,电位趋于零的点,通常为距接地点20m以外的地方
6	接地	电气设备、电气线路杆塔或过电压保护装置中某一部位,用接地线与接地体连接

续表

序号	名词术语	含 义
7	工作接地	在电力系统中,运行需要的接地,如中性点接地
8	保护接地	电力设备的金属外壳等,由于绝缘损坏有可能带电。为了防止这种带电后的电压危及人身安全而设置的接地
9	过电压保护接地	过电压保护装置(如避雷器等)中,为了消除过电压危险影响而设备的接地
10	防静电接地	为了消除生产过程中产生的静电而设的接地
11	屏蔽接地	为了防止电磁感应而对电气设备的金属外壳、屏蔽罩、屏蔽线的外皮或建筑物金属屏蔽体等进行的接地
12	逻辑接地（逻辑地）	在电子设备(主要指电子计算机)的信号回路中,其低电位点要有一个基准的电位,把这个点进行接地叫逻辑接地,简称逻辑地
13	信号接地（信号地）	电子设备中的信号电路,包括放大器、混频器、扫描电路、逻辑电路等,都要进行接地,称为信号接地,简称信号地
14	功率接地（功率地）	电子设备中的大电流电路,如继电器、电动机、电源装置、指示灯等的电路都要进行接地,以保证这些电路中的干扰信号泄漏到地中,不至于干扰灵敏的信号电路。这种接地称为功率接地,简称功率地。交、直流电路分开接地时,则分别称为交流功率地和直流功率地
15	安全接地	把电子设备的金属外壳进行接地或接零,以保证人身安全及电子设备的安全
16	接地电阻	接地体或自然接地体的对地电阻和接地线电阻的总和,称为接地装置的接地电阻,其值等于接地装置对地电压与通过接地体流入地中电流的比值
17	工频接地电阻	按通过接地体流入地中工频电流求得的电阻
18	冲击接地电阻	接地装置上引出冲击电流(如雷电流)处的电压最大值与流经该接地装置冲击电流最大值之比。在冲击电流作用下,土壤被电离,故冲击接地电阻一般小于工频接地电阻
19	直接接地的中性点	变压器和旋转电机的中性点直接或经过小阻抗与接地装置连接
20	非直接接地的中性点	不与接地装置连接(即中性点不接地),或经过消弧线圈、电压互感器以及高电阻与接地装置连接
21	零 线	与变压器直接接地的中性点连接的中性线或直流回路中的接地中性线
22	低压接零保护（接零）	中性点直接接地的低压电力网中,电气设备外壳与零线连接
23	低压接地保护（接地）	电气设备外壳不与零线连接,而只与接地装置连接
24	重复接地	将零线上的一点或多点与地再次做电气连接

18.1.2 低压配电系统的接地型式

1. TN 接地型式

低压配电系统有一点直接接地,受电设备的外露可导电部分通过保护线与接地点连接、按照中性线与保护线组合情况,分为 TN-S、TN-C、TN-C-S 三种接地型式,见图 18.1.2-1。

其特点和应用见表 18.1.2-1。

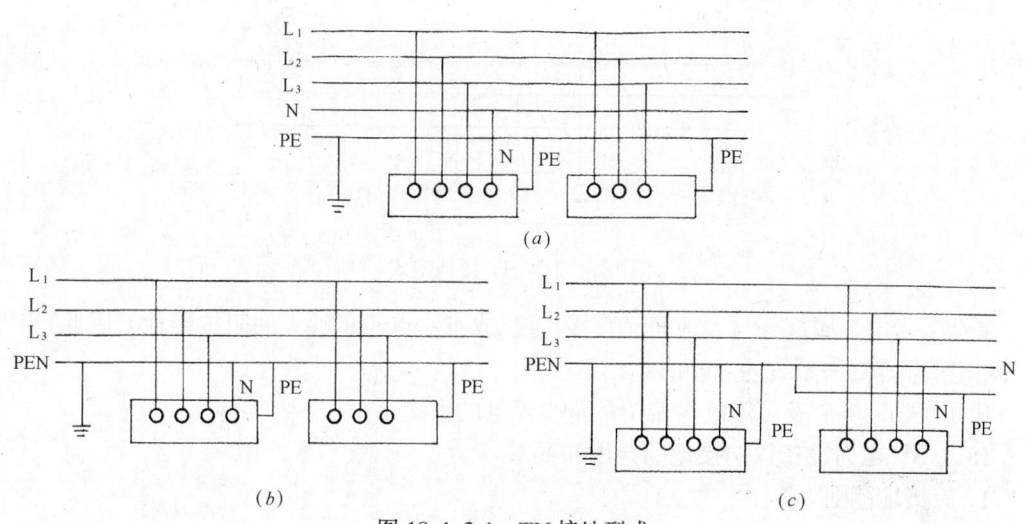

图 18.1.2-1　TN 接地型式
(a)TN-S；(b)TN-C；(c)TN-C-S

TN 接地型式的特点及应用　　　　　　　　　　表 18.1.2-1

序号	接地型式	特点	应用
1	TN-S(五线制)	用电设备金属外壳接到 PE 线上，金属外壳对地不呈现高电位，事故时易切断电源，比较安全。费用高	环境条件差的场所，电子设备供电系统
2	TN-C(四线制)	N 与 PE 合并成 PEN 一线。三相不平衡时，PEN 上有较大的电流，其截面积应足够大。比较安全，费用较低	一般场所，应用较广
3	TN-C-S(四线半制)	在系统末端，将 PEN 线分为 PE 和 N 线，兼有 TN-S 和 TN-C 的某些特点	线路末端环境条件较差的场所

2. TT 接地型式(直接接地)

接地型式见图 18.1.2-2。

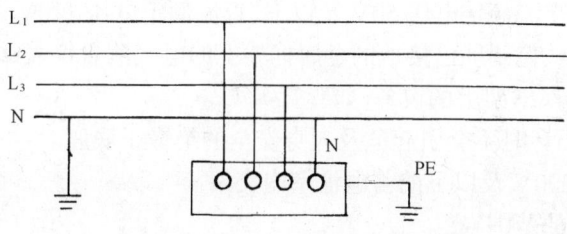

图 18.1.2-2　TT 接地型式

特点：用电设备的外露可导电部分采用各自的 PE 接地线；故障电流较小，往往不足以使保护装置自动跳闸，安全性较差。

应用场所：小负荷供电系统。

3. IT 接地型式(经高阻接地方式)

接地型式见图 18.1.2-3。

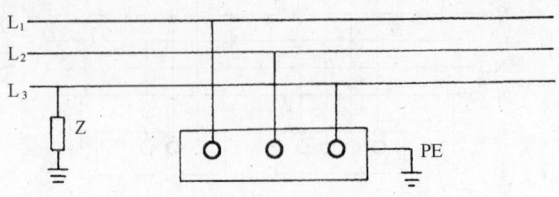

图 18.1.2-3　IT 接地型式

特点：带电金属部分与大地间无直接连接(或有一点经足够大的阻抗接地)，因此，当发生单相接地故障后，系统还可短时继续运行。

应用场所：煤矿及厂用电等希望尽量少停电的系统。

18.1.3　电力设备保护接地的范围和要求

1. 应接地范围

下列电力装置的外露可导电部分，除另有规定外，均应接地或接零：

(1) 电机、变压器、电器、手握式及移动式电器。

(2) 电力设备传动装置。

(3) 室内、外配电装置的金属构架、钢筋混凝土构架的钢筋及靠近带电部分的金属围栏等。

(4) 配电屏与控制屏的框架。

(5) 电缆的金属外皮及电力电缆接线盒、终端盒。

(6) 电力线路的金属保护管、各种金属接线盒(如开关、插座等金属接线盒)、敷线的钢索及起重运输设备轨道。

(7) 在非沥青地面场所的小接地短路电流系统架空电力线路的金属杆塔。

(8) 安装在电力线路杆塔上的开关、电容器等电力设备及其支架等。

2. 可不接地范围

下列电力装置的外露可导电部分除另有规定者外，可不接地或接零：

(1) 在木质、沥青等不良导电地坪的干燥房间内，交流额定电压 380V 及以下。直流额定电压 400V 及以下的电力装置。但当维护人员可能同时触及电力装置外露可导电部分和接地(或接零)物件时除外。

(2) 在干燥场所，交流额定电压 50V 及以下、直流额定电压 110V 及以下的电力装置。

(3) 安装在配电屏、控制屏已接地的金属框架上的电气测量仪表、继电器和其他低压电器；安装在已接地的金属框架上的设备，如套管等。

(4) 当发生绝缘损坏时不会引起危及人身安全的绝缘子底座。

(5) 额定电压为 220V 及以下的蓄电池室内支架。

3. 严禁保护接地的范围

下列场所电气设备的外露可导电部分严禁保护接地：

(1) 采用设置绝缘场所保护方式的所有电气设备及装置外可导电部分。

(2) 采用不接地局部等电位联结保护方式的所有电气设备及装置外可导电部分。

(3) 采用电气隔离保护方式的电气设备及装置外可导电部分。

(4) 在采用双重绝缘及加强绝缘保护方式中的绝缘外护物里面的可导电部分。

4. 电力设备保护接地的技术要求

(1) 为了保证人身和设备的安全,电力设备宜接地或接零。三线制直流回路的中性线宜直接接地。

(2) 不同用途和不同电压的电气设备,除另有规定者外,应使用一个总的接地体,接地电阻应符合其中最小值的要求。

(3) 如因条件限制,做接地有困难时,允许设置操作和维护电力设备用的绝缘台。绝缘台的周围,应尽量使操作人员没有偶然触及外物的可能。

(4) 低压电力网的中性点可直接接地或不接地。220/380V 低压电力网的中性点一般直接接地。

(5) 中性点直接接地的低压电力网,应装设能迅速自动切除接地短路故障的保护装置。

(6) 在中性点直接接地的低压电力网中,电力设备的外壳宜采用接零保护,即接零。

由同一发电机、同一变压器或同一段母线供电的低压线路,不宜同时采用接零、接地两种保护方式。

在低压电力网中,全部采用接零保护确有困难时,也可同时采用接零和接地两种保护方式,但不接零的电力设备或线段,应装设能自动切除接地故障的装置(如漏电流保护装置)。

在城防、人防等潮湿场所或条件特别恶劣处的供电网中,电力设备的外壳应采用接零保护。

(7) 在中性点直接接地的低压电力网中,除另有规定者和移动式设备外,零线应在电源处接地。

在架空线路的干线和分支线的终端及沿线每一公里处,零线应重复接地。电缆和架空线在引入车间或大型建筑物处,零线应重复接地(但距接地点不超过 50m 者除外),或在屋内将零线与配电屏、控制屏的接地装置相连。高低压线路共杆架设时,在共杆架设的两端杆上,低压线路的零线应重复接地。

中性点直接接地的低压电力网中以及高低压共杆的电力网中,钢筋混凝土杆的铁横担和金属杆应与零线连接,钢筋混凝土杆的钢筋宜与零线连接。

18.2 接 地 装 置

18.2.1 接地装置材料的选择
1. 人工接地装置材料的选择

(1) 人工接地体最小尺寸(见表 18.2.1-1)

人工接地体最小尺寸　　　　　　　表 18.2.1-1

序 号	种 类 规 格 及 单 位		最 小 尺 寸
1	圆钢直径(mm)		10
2	扁钢	截 面(mm²)	100
		厚 度(mm)	4
3	角钢厚度(mm)		4
4	钢管管壁厚度(mm)		3.5

(2) 接地线与保护线的最小尺寸(见表18.2.1-2和18.2.1-3)

保护线的最小截面(mm²) 表18.2.1-2

装置的相线截面 S	接地线及保护线最小截面	装置的相线截面 S	接地线及保护线最小截面
S≤16	S	S>35	S/2
16<S≤35	16		

注：a. 表中数值只在接地线与保护线的材料与相线相同时才有效；
　　b. 当保护线采用一般绝缘导线时,其截面不应小于：有机械保护时2.5mm²；无机械保护时4mm²。

埋入土内的接地线最小截面(mm²) 表18.2.1-3

有无防护	有防机械损伤保护	无防机械损伤保护
有防腐蚀保护的	按热稳定条件确定	铜16、铁25
无防腐蚀保护的	铜25	铁50

2. 自然接地体和接地线的应用

交流电气设备的接地装置应充分利用自然接地体和接地线。

(1) 交流电气设备可供利用的自然接地体：
　a. 埋设在地下的金属管道(有可燃或有易爆介质的管道除外)；
　b. 金属井管；
　c. 与大地有可靠连接的建筑物及构筑物金属结构；
　d. 水工构筑物的金属构件和金属桩。

(2) 交流电气设备可供利用的接地线：
　a. 建筑物的金属结构(梁、柱等)及设计规定的混凝土结构内部的钢筋；
　b. 生产用的金属结构(如起重机的行走轨道,配电装置的外壳、支架和基础型钢等)；
　c. 配线钢管、电缆金属支架等。

(3) 直流电气设备除非采取了防极性腐蚀措施,一般不宜利用自然接地装置。

18.2.2 接地装置安装

1. 接地装置地中暗敷的技术要求(见表18.2.2-1)

接地装置地中暗敷的技术要求 表18.2.2-1

项次	项目	技术要求
1	接地体顶面埋设深度	≥0.6m
2	垂直接地体间距	≥2L(L—垂直接地体长度)
3	水平接地体间距	≥5m
4	接地体与建筑物水平距离	≥1.5m
5	接地线穿越公路、铁路或其他管道	穿管或用角钢保护
6	接地线穿墙	钢管保护

2. 接地装置明敷的技术要求

(1) 便于检查。

(2) 敷设位置不应妨碍设备的拆卸和检修。

(3) 支持件间的距离:水平线部分为 1~1.5m;垂直线部分为 1.5~2m;转弯部分为 0.5m。

(4) 接地线应按水平或垂直敷设,亦可与建筑物的倾斜结构平行。在直线段上不应有高低起伏及弯曲等情况。

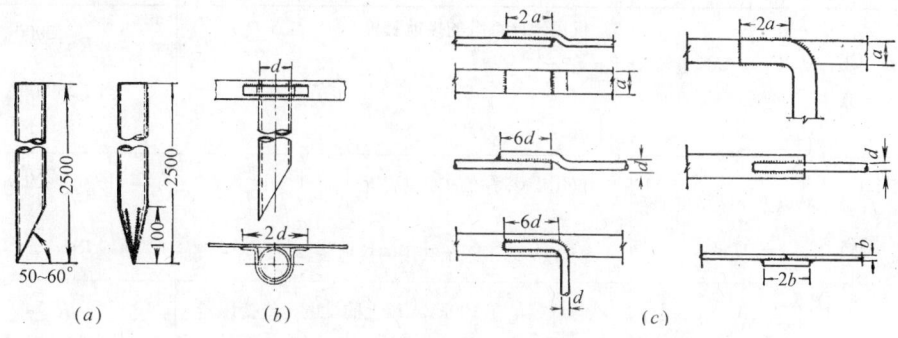

图 18.2.2-1 接地装置的加工和接地线的连接
(a)接地体;(b)接地体的固定卡子;(c)接地线的连接

(5) 接地线沿建筑物墙壁水平敷设时,离地面宜保持 250~300mm 的距离,且与建筑物墙壁间应有 10~15mm 的间距。

(6) 接地线的颜色标志。接地线的颜色标志一般为黑色,如因建筑设计要求,也可涂其他颜色,但应在各种连接处及分支处涂以宽度各为 15mm 的两条黑色带,黑色带间距为 150mm。中性线接于接地网的接地线,应涂以黑色带紫色条纹。在三相四线网络中,如接有单相分支线并用其零线作接地线时,零线在分支点应涂黑色带。

(7) 在接地线引向建筑物内的入口处应标以黑色接地标记,在检修用临时接地点处应刷白底漆后标以黑色接地标记。

3. 接地装置的制作及连接

图 18.2.2-1(a)为常用接地体的加工尺寸。图(b)为接地体固定卡子的制作示意图(d 为钢管接地体外径)。图(c)为接地线的连接方式(d 为圆钢接地线外径,a 为扁钢接地线宽度,b 为扁钢接地线厚度)及其搭接长度。

接地(接零)线焊接搭接长度规定见表 18.2.2-2。

接地(接零)线焊接搭接长度规定　　　　表 18.2.2-2

项次	项 目		规 定 数 值
1	搭 接 长 度	扁 钢	≥2a
		圆 钢	≥6d
		圆钢和扁钢	≥6d
2	扁钢搭接焊的棱边数		3

注:a 为扁钢宽度;d 为圆钢直径。

18.3 接地电阻

18.3.1 接地电阻值的一般规定

1. 电气装置要求的接地电阻值(见表18.3.1-1)

常用电气装置要求的接地电阻值　　　　　　表 18.3.1-1

序号	电气装置名称	接地的电气装置特点	接地电阻要求(Ω)
1	1kV 以上大接地电流系统	仅用于该系统的接地装置	$R \leqslant \dfrac{2000}{I}$；当 $I > 4000A$ 时 $R \leqslant 0.5$ ①
2	1kV 以上小接地电流系统	仅用于该系统的接地装置	$R \leqslant \dfrac{250}{I}$ ②
		与 1kV 以下系统共用的接地装置	$R \leqslant \dfrac{120}{I}$ ③
3	1kV 以下中性点直接接地和不接地的系统	与总容量在 100kVA 以上的发电机或变压器相连接的接地装置	$R \leqslant 4$
		上述装置的重复接地	$R \leqslant 10$
		与总容量在 100kVA 及以下的发电机或变压器相连接的接地装置	$R \leqslant 10$
		上述装置的重复接地	$R \leqslant 30$
4	引入线上装有 25A 以下的熔断器的小容量线路电气设备	任何供电系统	$R \leqslant 10$
		高低压电气设备联合接地	$R \leqslant 4$
		电流、电压互感器二次线圈接地	$R \leqslant 10$
		电弧炉的接地	$R \leqslant 4$
		工业电子设备的接地	$R \leqslant 10$
5	土壤电阻率大于 500$\Omega \cdot$m 的高土壤电阻率地区	1kV 以下小接地短路电流系统的电气设备接地	$R \leqslant 20$
		发电厂和变电所接地装置	$R \leqslant 10$
		大接地短路电流系统发电厂和变电所装置	$R \leqslant 5$

注：① I——流经接地装置的入地短路电流，A。
　　②③ I——单相接地电容电流，A。

2. 防雷装置要求的接地电阻值(见表18.3.1-2)

常用防雷装置要求的接地电阻值　　　　　　表 18.3.1-2

序号	防雷装置名称	接地特点	接地电阻(Ω)
1	无避雷线的架空线	小接地短路电流系统中水泥杆、金属杆	$R \leqslant 30$
		低压线路水泥杆、金属杆	$R \leqslant 30$
		零线重复接地	$R \leqslant 10$
		低压进户线绝缘子铁脚	$R \leqslant 30$

续表

序号	防雷装置名称	接地特点	接地电阻(Ω)
2	建筑物	第一类防雷建筑物(防止直击雷)	$R \leqslant 10$
		同上(防止感应雷)	$R \leqslant 5$
		第二类防雷建筑物(防止直击雷)	$R \leqslant 10$
		第三类防雷建筑物(防止直击雷)	$R \leqslant 30$
		烟囱接地	$R \leqslant 30$
3	防雷设备	保护变电所的户外独立避雷针	$R \leqslant 25$
		装设在变电所架空进线上的避雷针	$R \leqslant 25$
		装设在变电所与母线联接的架空进线上的管形避雷器(在电气上与旋转电机无联系者)	$R \leqslant 10$
		同上(但与旋转电机有电气联系者)	$R \leqslant 5$

注：消雷器的地电收集装置接地电阻另作规定。

3. 电子设备要求的接地电阻值(见表18.3.1-3)

常用电子设备要求的接地电阻值　　　表 18.3.1-3

序号	设备名称	接地类别	接地电阻(Ω)
1	通用电子设备	信号接地	$R \leqslant 4$
		功率接地	$R \leqslant 4$
		保护接地	$R \leqslant 4$
		与防雷接地共用	$R \leqslant 1$
2	电子计算机	直流接地	$R \leqslant 4$
		交流工作接地	$R \leqslant 4$
		安全保护接地	$R \leqslant 4$
		与防雷接地共用	$R \leqslant 1$

18.3.2 接地电阻计算

1. 土壤和水的电阻率

单位长度的土壤或水所具有的电阻，称为土壤或水的电阻率，符号为 ρ，单位为 $\Omega \cdot m$。常见土壤和水的电阻率参考值见表18.3.2-1。

土壤和水的电阻率参考值　　　表 18.3.2-1

序号	类别	名称	电阻率近似值 ($\Omega \cdot m$)	电阻率的变化范围($\Omega \cdot m$)		
				较湿时(一般地区、多雨区)	较干时(少雨区、沙漠区)	地下水含盐碱时
1	土	陶粘土	10	5~20	10~100	3~10
		泥炭、泥灰岩、沼泽地	20	10~30	50~300	3~30
		捣碎的木炭	40	—	—	—
		黑土、园田土、陶土、白垩土	50	30~100	50~300	10~30

续表

序号	类别	名称	电阻率近似值 ($\Omega \cdot m$)	电阻率的变化范围($\Omega \cdot m$)		
				较湿时(一般地区、多雨区)	较干时(少雨区、沙漠区)	地下水含盐碱时
1	土	粘土	60			
		砂质粘土	100	30~300	80~1000	10~30
		黄土	200	100~200	250	30
		含砂粘土、砂土	300	100~1000	>1000	30~100
		河滩中的砂	—	300	—	—
		煤	—	350	—	—
		多石土壤	400	—	—	—
		上层红色风化粘土、下层红色页岩	500(30%湿度)			
		表层土夹石、下层砾石	600(15%湿度)			
2	砂	砂、砂砾	1000	250~1000	1000~2500	—
		砂层深度>10m、地下水较深的草原	1000			
		地面粘土深度≤1.5m、底层多岩石				
3	岩石	砾石、碎石	5000	—	—	—
		多岩山地	5000	—	—	—
		花岗岩	200000			
4	混凝土	在水中	40~55	—	—	—
		在湿土中	100~200	—	—	—
		在干土中	500~1300	—	—	—
		在干燥的大气中	12000~18000	—	—	—
5	矿	金属矿石	0.01~1			
6	水	海水	1~5	—	—	—
		湖水、池水	30	—	—	—
		泥水、泥炭中的水	15~20	—	—	—
		泉水	40~50	—	—	—
		地下水	20~70	—	—	—
		溪水	50~100	—	—	—
		河水	30~280	—	—	—
		污秽的冰	300	—	—	—
		蒸馏水	1000000	—	—	—

2. 人工接地体接地电阻的实用计算

(1) 单根垂直接地体

接地体长度为 3m 左右,接地电阻为:

$$R = 0.3\rho$$

式中 ρ——土壤电阻率,$\Omega \cdot m$;

R——接地电阻,Ω。

(2) 多根垂直接地体

$$R = \frac{R_1}{n\eta}$$

式中 R_1——单根接地体电阻,Ω;

R——总接地电阻,Ω;

n——接地体根数;

η——利用系数,一般为 $0.5 \sim 0.95$。

【例 18.3.2-1】 长度为 2.5m 的垂直接地体 6 根,相邻距离 5m,分别打入土壤电阻率 $\rho = 300\Omega \cdot m$ 的砂粘土中,求其总接地电阻(利用系数 $\eta = 0.8$)。

【解】 $R_1 = 0.3\rho = 0.3 \times 300 = 90\Omega$

总接地电阻为:

$$R = \frac{R_1}{n\eta} = \frac{90}{6 \times 0.8} = 18.75\Omega$$

若要达到 4Ω 的接地电阻,其接地体根数

$$n = \frac{R_1}{R\eta} = \frac{90}{4 \times 0.8} = 28 \text{ 根}$$

(3) 水平接地线

接地线长度为 60m 左右,接地电阻为:

$$R = 0.03\rho$$

(4) 接地网

由垂直接地体和水平接地线构成的接地网,若接地网面积大于 $100m^2$,则其接地电阻为:

$$R = 0.5 \frac{\rho}{\sqrt{A}} = 0.28 \frac{\rho}{r}$$

式中 ρ——土壤电阻率,$\Omega \cdot m$;

A——接地网面积,m^2;

r——接地网等效半径,m;

R——接地网接地电阻,Ω。

【例 18.3.2-2】 某变电所接地网面积为 $15 \times 10 m^2$,若土壤电阻率 $\rho = 200\Omega \cdot m$,求其接地电阻。

【解】 $R = 0.5 \frac{\rho}{\sqrt{A}} = 0.5 \times \frac{200}{\sqrt{15 \times 10}} = 8.2\Omega$

若要使其达到 4Ω 的接地电阻,接地网的面积应为:

$$A = (0.5\rho/R)^2 = (0.5 \times 200/4)^2 = 625 m^2$$

3. 自然接地体接地电阻的估算（见表18.3.2-2）

自然接地体接地电阻的估算　　　　表 18.3.2-2

序号	类别	规格		接地电阻值(Ω)
1	直埋地金属铠装电缆	长度 20m		22
		50m		9
		100m		4.5
		150m		3
2	直埋地金属水管	直径25～50mm	长度 20m	7.5
			50m	3.6
			100m	2
			150m	1.4
		直径70～100mm	长度 20m	7
			50m	3.4
			100m	1.9
			150m	1.4
3	钢筋混凝土电杆	单杆	埋深 1～1.5m	0.3ρ
		双杆	埋深 1～1.5m	0.2ρ
		带拉线杆	埋深 1～1.5m	0.1ρ
		拉线盘	埋深 1～1.5m	0.28ρ

注：估算值只供参考，应以实测为准。ρ——土壤电阻率 (Ω·m)。

4. 冲击接地电阻的计算

在强大的雷电流作用下，接地装置的冲击接地电阻按下式近似计算：

$$R_i = \alpha R_\sim$$

式中　R_i——冲击接地电阻；

$R_\sim$——工频接地电阻；

α——冲击系数，近似计算时可按表18.3.2-3确定。

冲击系数 α 参考值　　　　表 18.3.2-3

接地点至接地体最远端距离 (m)	α 值			
	土壤电阻率 ρ(Ω·m)			
	≤100	500	1000	≥2000
20	1	0.67	0.5	0.33
40	—	0.80	0.53	0.34
60	—	—	0.63	0.38
80	—	—	—	0.43

18.3.3 接地电阻的测量方法

各种接地装置的电阻值都应以实测数据为依据。测量的方法常用的有接地电阻表法和电压电流表法。

1. 接地电阻表法

(1) 常用接地电阻表(见表 18.3.3-1)

常用接地电阻测量仪主要技术数据　　表 18.3.3-1

序号	型号	量限 (Ω)	准确等级	备注
1	ZC8	0~1,0~10,0~100	5.0	手摇发电机型
2	ZC18	0~10,0~100	5.0	安全火花型
3	ZC29	0~10,0~100,0~1000	5.0	手摇发电机型
4	ZC34	0~10,0~100,0~1000	2.5	晶体管型
5	JD-1	0~100,0~1000	5.0	晶体管型
6	JD-2	0~1000	5.0	晶体管型

(2) 仪表接线(见图 18.3.3-1)

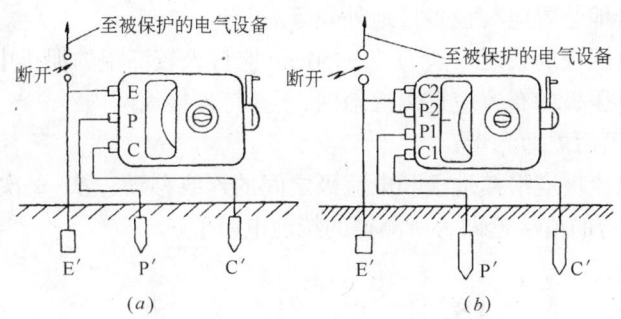

图 18.3.3-1　接地电阻表测量接线

(a)三端钮接线；(b)四端钮接线

E—接地端子；P—电压端子；C—电流端子；P′、C′—辅助接地极；E′—接地装置引线点

(3) 电极的布置(见图 18.3.3-2)

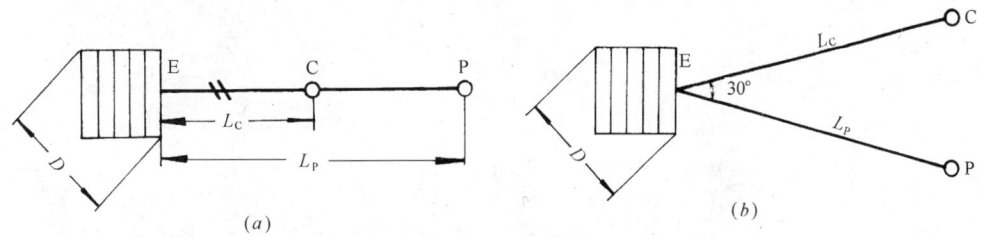

图 18.3.3-2　测量接地电阻时辅助极布置

D—接地网最大轮廓尺寸(m)

对于图中(a)的布置，$L_C=(2\sim5)D$，$L_P=(50\sim60\%)L_C$；

对于图中(b)的布置，$L_C=L_P\geqslant 2D$，$\theta\approx 30°$。

2. 交流电压-电流表法

交流电压-电流表法的布置见图 18.3.3-3。将交流电压接于接地极 E 和电流极 C 之间，测得流入接地极 E 的电流 I_C 和 E、P 之间的电压 U_P，则所测接地电阻 R 为：

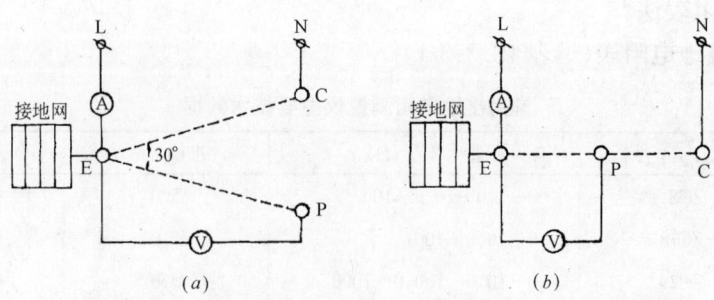

图 18.3.3-3 交流电压-电流表法测量接地电阻时电极的布置
(a)三角形布置；(b)直线布置
E—接地极；C—电流极；P—电压极；A—交流电流表；V—交流电压表

$$R = U_P/I_C$$

3. 测量注意事项

(1) 测量时，接地装置应与设备接地外壳等断开；

(2) 电流极、电压极的长度一般为 30~50cm，应打入较潮湿的泥土中；

(3) 电流极、电压极的布置应远离接地网，不要打入接地网内；

(4) 应避免在雨后立即测量；

(5) 测量时，电流极应沿接地极和电流极之间的连线移动三次，每次移动距离为 L_C 的 5%左右，如三次测得的值接近即为所测得的接地电阻值。

18.4 工作接地

18.4.1 中性点工作接地方式及特点

电力系统中性点接地实际上是一种工作接地。常见的中性点接地有中性点不接地、经消弧线圈接地、中性点直接接地三种基本方式，其示意图见图 18.4.1-1。

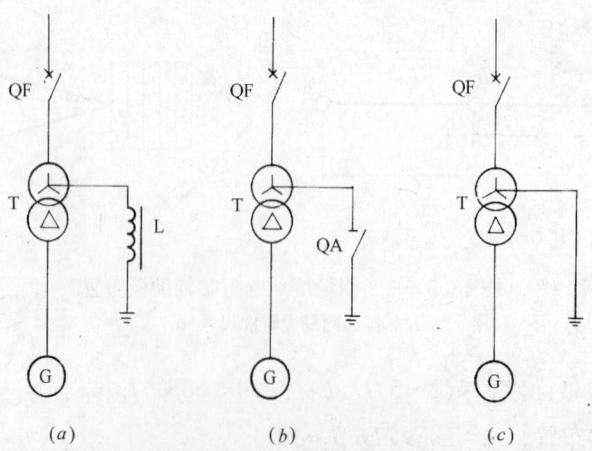

图 18.4.1-1 中性点接地方式
(a)经消弧线圈接地；(b)不接地；(c)直接接地
G—发电机；T—变压器；QF—断路器；QA—隔离开关；L—消弧线圈

1. 中性点不接地

中性点不接地是系统中所有变压器中性点均不接地,即中性点对地绝缘。其主要优点是单相接地故障时,接地电流很小,一般能自动熄弧,断路器不断开,熔断器不熔断,且三相线电压基本对称,系统还可运行(但一般不超过两小时)。其主要缺点是单相接地后,内部过电压较高,不接地相对地电压升高$\sqrt{3}$倍,因此,系统对地绝缘需按线电压考虑。

2. 中性点经消弧线圈接地

中性点经消弧线圈接地是变压器中性点经消弧线圈接地。其特点是利用消弧线圈在接地时供给的电感电流补偿电容电流,从而减少了故障点接地电流及其持续时间。主要缺点是需要消弧线圈。

3. 中性点直接接地

中性点直接接地是变压器中性点直接接地。其主要优点是单相接地后,其余相对地电压基本不变,因此,系统对地绝缘水平要求不高。其主要缺点是单相接地电流大,断路器跳闸或熔断器熔断,才能断开接地故障。

4. 中性点接地方式的应用

(1) 220kV 以上电网均为直接接地系统。

(2) 154kV 电网为经消弧线圈接地系统。

(3) 110kV 电网绝大部分为直接接地系统。但在个别雷电活动较强的山岳地区,亦可采用经消弧线圈接地。

(4) 60kV 以下电网均为非直接接地系统。其中,10kV 以下电网单相接地电流大于30A、20kV 以上电网单相接地电流大于 10A 都采用经消弧线圈接地。其余一般采用不接地系统。

5. 不同接地方式对电气设备的影响(见表 18.4.1-1)

不同中性点接地方式对电气设备的影响　　　　表 18.4.1-1

项次	项　目	接　地　方　式		
		不　接　地	直接接地	经消弧线圈接地
1	单相接地电流	为电容电流,很小,约为直接接地单相短路电流的1%	为单相短路电流,很大	最小,约为零
2	单相接地后电压变化	接地相对地电压约为零,其余两相对地电压等于线电压	接地相对地电压为零,其余两相对地电压变化很小	接地相对地电压很小,其两相对地电压等于或略高于线电压
3	弧光接地过电压	可能很高,可达相电压3.5倍	最低,可不考虑	可不考虑
4	操作过电压	最高	最低	较高
5	零序电流	无,对无线电干扰小	有,对无线电有干扰	极小,对无线电干扰小
6	高压电器绝缘水平	全绝缘(按线电压考虑)	降低 20%	全绝缘
7	避雷器灭弧电压	线电压	80%线电压	线电压
8	断路器工作条件	动作次数较少	动作次数多	不经常动作
9	供电可靠性	较高	较差	高

18.4.2 220/380V 低压系统中性点接地方式

1. 接地方式

220/380V 低压系统工作接地方式见图 18.4.2-1。Y,yn0 联结方式的配电变压器的低压侧有 4 根引出线,3 根相线 L_1、L_2、L_3 和一根中性线 N,将中性线连同变压器外壳一并接地,便构成了 220/380V 低压系统的工作接地方式。

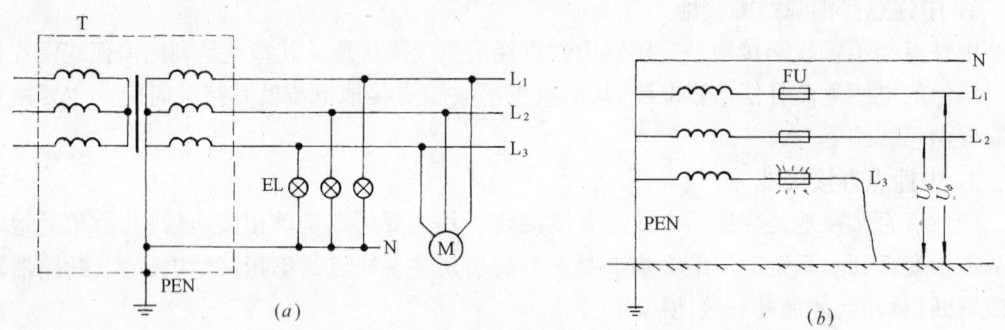

图 18.4.2-1 220/380V 低压系统工作接地方式
(a)接地系统;(b)单相接地故障
T—Y,yn0 配电变压器;EL—照明设备;M—三相电动机;FU—熔断器

2. 基本特点

(1) 这种工作接地方式,获得了三个线电压(380V)和三个相电压 220V,这样可满足低压电气设备对电压的基本要求,如动力设备(三相电动机等)可接 3 相 380V,照明设备等单相负荷可接 220V。也就是说,动力和照明可以采用共同的变压器和线路供电,使低压配电系统大大简化。

(2) 若中性点不接地,当一相接地时,电流极小,保护设备不能迅速动作切断电源,这样,另外两相对地的电压将升高到线电压($\sqrt{3}$倍),这是很危险的。中性点接地以后,如一相接地,其他两相对地电压仍基本上维持相电压 U_ϕ(220V),见图 18.4.2-1(b)。这样,非故障相的单相负荷仍可正常供电,这对于应用十分广泛的照明用电是十分重要的。另一方面,由于非故障相电压未升高,使人员和设备绝缘的安全性大大提高了。

(3) 中性点接地后,若发生单相接地,便构成了单相短路,很大的单相短路电流使自动开关迅速跳闸,熔断器迅速熔断(图 18.4.2-1(b)中的 FU),将故障迅速切除,提高了人员的安全性和整个低压系统工作的可靠性。

第19章 电气装置和建筑物防雷

19.1 防雷基本知识

19.1.1 雷电的基本特性及危害

1. 常用名词术语(见表19.1.1-1)

常用名词术语 表19.1.1-1

序号	名 词	含 义
1	直击雷	雷电直接击在建筑物(包括电气装置)和构筑物上,产生电效应、热效应和机械效应
2	雷电流	雷电直接击于低接地电阻物体时流过该物体至地下的电流。通常,雷电流的最大幅值为150kA
3	雷电流陡度	雷电流的升高速度,kA/μs。通常,雷电流陡度为30kA/μs
4	雷电感应	雷电放电时,在附近导体上产生的静电感应和电磁感应,它可能使金属部件之间产生火花
5	静电感应	由于雷云先导的作用,使附近导体上感应出与先导通道符号相反的电荷,雷云主放电时,先导通道中的电荷迅速中和,在导体上的感应电荷得到释放,如不就近泄入地中就会产生很高的电位
6	电磁感应	由于雷电流迅速变化在其周围空间产生瞬变的强电磁场,使附近导体上感应出很高的电动势
7	雷电波侵入	由于雷电对架空线路或金属管道的作用,雷电波可能沿着这些管线侵入屋内,危及人身安全或损坏设备
8	雷暴日	在一天内只要听到雷声,就算一个雷暴日
9	雷暴小时	在一个小时内只要听到雷声,就算一个雷暴小时
10	接闪器	避雷针、避雷带、避雷网等直接接受雷击的部分,以及用作接闪的金属屋面和金属构件等
11	引下线(下引线)	连接接闪器与接地装置之间的金属导体

2. 雷电的基本特性

(1) 雷电电压很高。其电压高达数百万到数千万伏。

(2) 雷电流很大。雷电主放电电流可达数十万安,余放电电流可达数百安。

(3) 雷电流变化很快。通常,雷电主放电时间极短,约 $50\sim100\mu s$,余放电时间稍长,但也只有 $0.03\sim0.15s$,因而,雷电流变化很快,即电流陡度 $\Delta I/\Delta t$ 很大。当雷电流引入地下时,在引下线的电感上就会感应很高的电压,其电压为

$$U_L = L\Delta I/\Delta t$$

式中　L——引下线电感，μH；
　　　$\Delta I/\Delta t$——雷电流陡度，$kA/\mu s$；
　　　U_L——引下线上的感应电压，kV。

【例 19.1.1-1】 某避雷针的圆钢引下线长度 $l=10m$，每米电感 $L_0=1.3\mu H/m$，引下线冲击接地电阻 $R_{ch}=10\Omega$。若雷电流 $I=150kA$，电流陡度 $\Delta I/\Delta t = 50kA/\mu s$，求引下线和接地电阻上的雷电电压。

【解】 接地电阻上的电压

$$U_R = IR_{ch} = 150 \times 10 = 1500 kV$$

$$U_L = L_0 l \Delta I/\Delta t = 1.3 \times 10 \times 50 = 650 kV$$

引下线对地电压近似为：

$$U \approx U_R + U_L = 1500 + 650 = 2150 kV$$

3. 雷电的危害性

(1) 直接雷击

雷电直接击中建筑物和电气装置，产生电动力效应、热效应。在雷电流所产生的电动力作用下，建筑物和电气装置损坏；在热效应作用下，构件和装置中的水分、油等急剧膨胀，使之发生炸裂、劈开。

当雷电流沿引下线向大地泄放时，接闪器和引下线对地产生高电位（参考例 19.1.1-1），引起雷电反击，造成人员伤害和电气设备击穿。

(2) 感应雷击

由于雷电流陡度很大，因而形成强大的交变磁场，使周围的金属构件产生很高的感应电压，造成人员、电气设备和建筑物的伤害和破坏。

(3) 雷电波侵入

当雷电波沿架空电气线路、金属管道侵入到建筑物内及电气装置内，造成人员伤害、电气设备绝缘击穿，引起电气火灾。

4. 有关雷电的基本数据

(1) 地球平均每年发生雷电次数：1696 次；
(2) 每次放电时间：几万分之一秒～$0.13s$；
(3) 平均每次放电时间：$0.03s$；
(4) 雷电云的厚度：约$(2\sim5)\times10^3 m$；
(5) 雷电云离地面的高度：几百米～几千米；
(6) 闪电中的电压：几万伏～十亿伏；
(7) 每次闪电消耗的能量：$2\times10^8 \sim 10^{13}J$；
(8) 线状闪电的火花长度：几千米～几十千米；
(9) 球状闪电的火花直径：$10\sim20cm$；
(10) 落地雷占雷电的次数：约十分之一。

19.1.2　雷电活动基本规律

1. 雷电活动的一般规律

(1) 湿热地区比气候寒冷且干燥的地区雷击活动多。

(2) 雷电活动与地理纬度有关,赤道最高,由赤道分别向北、向南递减。

(3) 从地域来看,雷电活动是山区多于平原,陆地多于湖泊、海洋。

(4) 从时间上看,雷电活动多在7、8月。

2. 雷电活动的选择性

(1) 从地质条件看:土壤电阻率的相对值要小,利于电荷的很快积聚。

1) 大片土壤电阻率较大,局部小的地方容易遭受雷击;

2) 土壤电阻率突变的地方最容易受雷击,如岩石与土壤、山坡与稻田交界处;

3) 岩石或土壤电阻率较大的山坡,雷击点多发生在山脚、山腰次之;

4) 土山或土壤电阻率较小的山坡,雷击点多发生在山脚、山腰次之;

5) 地下埋有导电矿藏(金属矿、盐矿等)的地区,易受雷击;

6) 地下水位高、矿泉、小河沟、地下水出口处容易受雷击。

(2) 从地形上看:要利于雷云的形成与相遇。

1) 雷击机会的分布是:在我国,山的东坡、南坡多于山的北坡和西北坡(这是因为海洋潮湿空气从东南进入大陆后,经曝晒遇高山抬升而出现雷雨);

2) 山中的局部平地受雷击机会大于狭谷(这是因为狭谷窄,不易曝晒和对流,缺乏形成雷击的条件);

3) 湖旁、海边遭受雷击机会较小,但海滨如有山岳,则靠海一侧的山坡遭受雷击机会较多;

4) 雷击的地带与风向一致,风口或顺风的河谷容易受雷击。

(3) 从地物看:要利于雷云与大地建立良好的放电通道。

1) 空旷地区中间的孤立建筑物,建筑群中的高耸建筑物易受雷击;

2) 排出导电的废气管道,容易受雷击;

3) 层顶为金属结构,地下埋有大量金属管道,室内安装大型金属设备场所,易受雷击;

4) 建筑群中个别潮湿的建筑(如冷冻库等),易受雷击;

5) 尖屋顶及高耸建筑物、构筑物(如水塔、烟囱、天线、天窗、旗杆、消防梯等),易受雷击。

要根据雷击活动情况和雷击的可能性进行综合研究,并且对周围环境全面分析,以确定可行的防雷方案和措施。

3. 我国各地雷电活动分布

我国各地雷电活动分布情况见表19.1.2-1。

我国各地雷电活动分布　　　　表19.1.2-1

序号	类别	雷暴日	分布地区
1	雷电活动特强烈地区	>90	海南省,广东省南部及广西、云南部分地区。例如:海口、琼中、汕头、信宜、桂平、玉林、河口、景洪、勐腊
2	多雷区	40~90	长江以南大部分地区(台湾除外)、西藏以及北方部分地区
3	少雷区	<15	新疆、内蒙等极少数地区

注:我国北方广大地区,雷暴日多为20~40,台湾省也只有30左右。

19.2 防雷设施设备

防雷设施设备分为两大类:接闪器,如避雷针、避雷线、避雷带、避雷网、屋面铁板和铝板、各种消雷器等,用于防直击雷;各种类型的避雷器,用于防雷电波侵入。

19.2.1 避雷针和避雷线

1. 避雷针和避雷线的基本构成(见表19.2.1-1)

避雷针和避雷线的构成   表19.2.1-1

序 号	名 称	材 料 及 要 求
1	针 尖	针长1m以下:圆钢 $d12mm$,钢管 $d20mm$ 针长1~2m:圆钢 $d16mm$,钢管 $d25mm$ 烟囱顶上的针:圆钢 $d20mm$,钢管 $d40mm$
2	引下线	圆钢: $d8mm$ 扁钢:截面积 $48mm^2$
3	避雷带	同引下线
4	避雷线	钢绞线截面积 $35mm^2$
5	接地装置	圆钢: $d10mm$ 扁钢:截面积 $100mm^2$ 接地电阻:5~30Ω

注:表列数值为最小规格。

2. 避雷针的结构

常用的钢管避雷针的结构见图19.2.1-1,针体由不同管径的钢管焊接而成,针尖为圆钢。针尖部分一般应镀锌,针体应作防锈处理。这种避雷针广泛用于建筑物和小型变电所、电站的防雷。避雷针各节尺寸及材料分别见表19.2.1-2和表19.2.1-3。

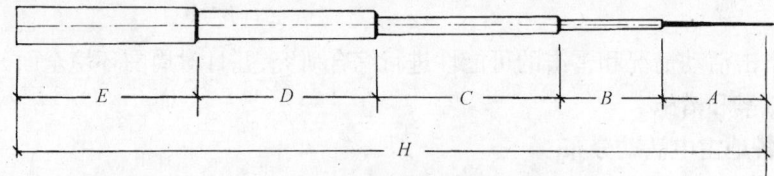

图19.2.1-1 避雷针结构示意图

避雷针各节尺寸   表19.2.1-2

针高 H(m)		3.0	4.0	5.0	6.0	7.0	8.0	9.0	10	11	12
各节尺寸(mm)	A	1500	1000	1500	1500	1500	1500	1500	1500	2000	2000
	B	1500	1500	1500	2000	1500	1500	1500	1500	2000	2000
	C			1500	2000	2500	2000	2000	2000	2000	2000
	D					2000	3000	2000	2000	2000	3000
	E							2000	3000	3000	3000

主要设备材料

表 19.2.1-3

序号	名称	材料名称及规格	长度 (m)
1	针尖	圆钢 $\phi 20mm$	$A+0.25$(搭接长度)
2	针管	钢管 $\phi 25mm$	$B+0.25$
3	针管	钢管 $\phi 40mm$	$C+0.25$
4	针管	钢管 $\phi 50mm$	$D+0.25$
5	针管	钢管 $\phi 70mm$	E

注：$a.A$、B、C、D、E 为各节长度代号。
  $b.$ 各节连接穿钉为 M12。

3. 避雷针的保护范围

单支避雷针的保护范围见图 19.2.1-2。

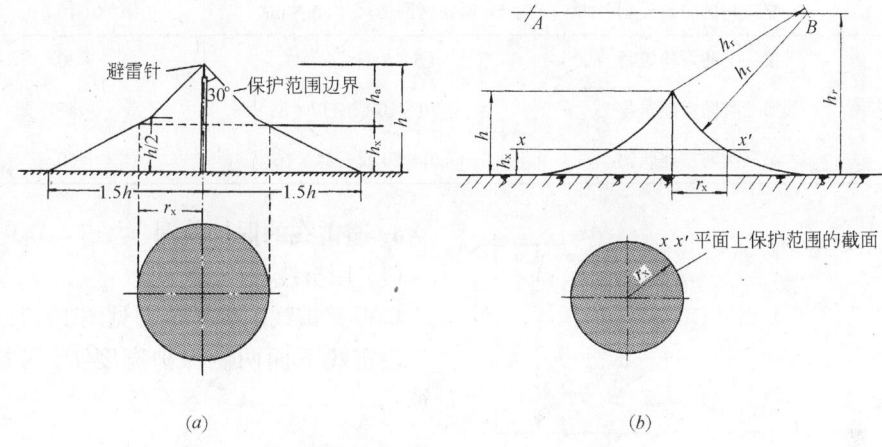

图 19.2.1-2 单支避雷针的保护范围
(a)用折线法表示；(b)用滚球法表示

(1) 用折线法表示

当避雷针高度小于 30m 时，其保护范围可按下式确定：

$$当 h_x \geq \frac{h}{2} 时, r_x = h - h_x;$$

$$当 h_x < \frac{h}{2} 时, r_x = 1.5h - 2h_x。$$

式中　h——避雷针的高度；
　　　h_x——被保护物的高度；
$h_a = h - h_x$——避雷针的有效高度；
　　　r_x——避雷针在被保护物高度为 h_x 时水平上的保护半径；
　　　r——避雷针在地坪面上的最大保护半径，$r = 1.5h$。

(2) 用滚球法表示

当避雷针高度 $h \leq h_r$ 时：

$a.$ 距地面 h_r 处作一平行于地面的平行线；

b. 以避雷针的针尖为圆心，h_r 为半径，作弧线交于平行线的 A、B 两点；

c. 以 A、B 为圆心，h_r 为半径作弧线，该弧线与针尖相交，并与地面相切，由此弧线起到地面上的整个锥形空间就是避雷针的保护范围；

d. 避雷针在被保护物高度 h_x 的 xx' 平面上的保护半径，按下式计算：

$$r_x = \sqrt{h(2h_r - h)} - \sqrt{h_r(2h_x - h_x)}$$

式中，h_r——滚球半径，一般为 30~60m，可按表 19.2.1-4 确定。

当避雷针高度 $h > h_r$ 时：

在避雷针上取高度 h_r 的一点来代替避雷针的针尖作为圆心，其余的作法同 $h \leqslant h_r$ 的作法。

注："滚球法"是 GB 50057—94《建筑物防雷设计规范》规定的新方法。

滚球半径的确定方法   表 19.2.1-4

序号	建筑物的防雷类别	避雷网网格尺寸(m×m)	滚球半径 h_r(m)
1	第一类防雷建筑物	≤5×5 或 ≤6×4	30
2	第二类防雷建筑物	≤10×10 或 ≤12×8	45
3	第三类防雷建筑物	≤20×20 或 ≤24×16	60

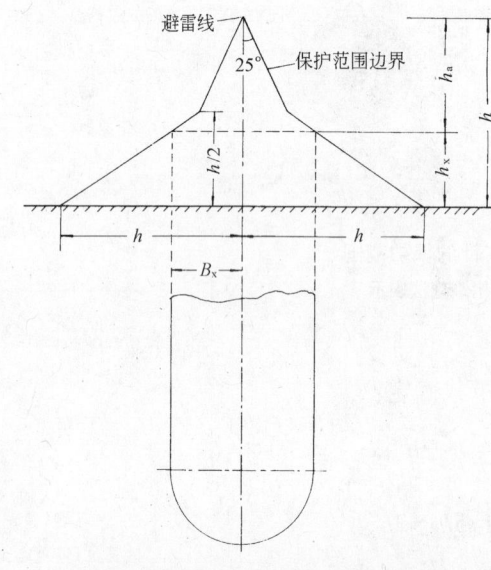

图 19.2.1-3 单根避雷线的保护范围
h—避雷线悬挂高度；h_x—被保护物高度；
B_x—避雷线保护范围每侧宽度；
$h_a = h - h_x$—避雷线有效悬挂高度

4. 避雷线的保护范围

(1) 用折线法确定

单根避雷线的保护范围见图 19.2.1-3。

避雷线下面两侧保护宽度 B_x 可按下式计算：

当 $h_x \geqslant \dfrac{h}{2}$ 时，$B_x = 0.47(h - h_x)$；

当 $h_x < \dfrac{h}{2}$ 时，$B_x = h - 1.53h_x$。

(2) 用滚球法确定

保护范围图的作图方法同避雷针。避雷线下方的保护宽度 B_x 按下式计算

$$B_x = \sqrt{h(2h_r - h)} - \sqrt{h_x(2h_r - h_x)}$$

符号含义同前。

19.2.2 消雷器

1. 消雷器的构成及工作原理

消雷器是利用金属针状电极的尖端放电原理，使雷云电荷被中和，从而不致发生雷击现象。

如图 19.2.2-1 所示，当雷云出现在消雷器的上方时，消雷器及其附近大都要感应出与雷云电荷极性相反的电荷。绝大多数靠近地面的雷云带负电，因此大地要感应正电荷。由于消雷器浅埋地下的接地装置（称为地电收集装置），通过引下线（称为联接线）与高台上安

有许多金属针状电极的离子化装置相连,使大地的大量正电荷(阳离子)在雷电场作用下(有时加上风力),由针状电极发射出去,向雷云方向运动,使雷云的负电荷被中和,雷电场减弱,从而防止雷击的发生。

由此可知,消雷器主要由离子化装置、连接线、地电收集装置等三部分组成。

离子化装置一般要高出被保护物。地电收集装置埋入地下深度 300mm 左右,面积不小于 $30 \times 20m^2$。联接线因只通过较小的电流,所以其截面积按机械强度确定,一般不小于 $10mm^2$。

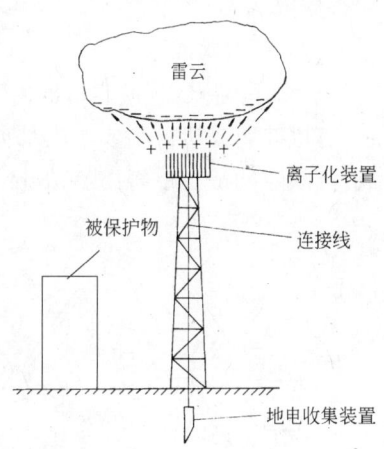

图 19.2.2-1 消雷器的构成原理图

2. 常用半导体少长针消雷器

半导体少长针消雷器采用少长针的形状,增大了中和电流,采用半导体电阻抑制了上行雷的发展,降低了雷击主放电流,是一种先进的防雷装置。主要产品见表 19.2.2-1。

半导体少长针消雷器　　　　表 19.2.2-1

型　号	长针针数	重　量（kg）	应　用
BS-Ⅳ-9	9	95	一般民用建筑
BS-Ⅳ-7	7	70	高压线路
BS-Ⅳ-8	8	85	高压线路
BS-Ⅳ-13	13	120	重要铁塔
BS-Ⅳ-19	19	160	重要设施

半导体少长针消雷器具有以下特性:

(1) 100% 消灭由地面向上发展的雷电;

(2) 在天空有雷云时,可发出长 1～2m 左右的电晕火花,中和电流达安培级。经统计表明,可使雷击次数减少 75%,防雷可靠性较高;

(3) 能使剩余雷击的主放电电流大大减弱;

(4) 保护范围大,其保护角达到 80°,而普通避雷针的保护角只有 45°。

19.2.3 避雷器

1. 避雷器的种类及特点

避雷器分为阀式和管式两大类。保护间隙的基本工作原理与之基本相同,也属于避雷器。

(1) 保护间隙

1) 结构特点:保护间隙的外形结构见图 19.2.3-1。其间隙通常由 $\phi 8$ 的圆钢制成,结构简单,成本低,但保护性能差。

2) 保护原理:当雷电过电压袭来时,间隙击穿,将雷电流引入地下。

3) 用途:安装于 3～10kV 配电线路上,保护线路用,通常应与重合闸装置或重合熔断器配合使用。

(2) 管型避雷器

1) 结构特点:管型避雷器由产气管、内部和外部间隙组成,见图19.2.3-2。产气管用纤维、有机玻璃或塑料制成。内部间隙的电极一个为棒形,一个为环形。外部间隙用圆钢制成,其间隙的最小距离:3kV,8mm;6kV,10mm;10kV,15mm。

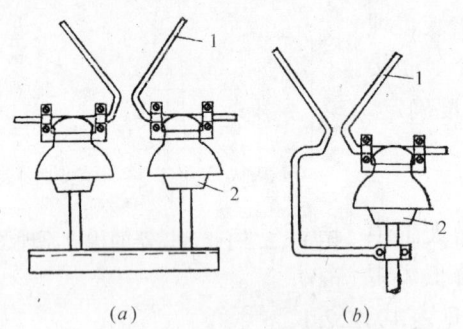

图 19.2.3-1 保护间隙
(a)用于安装在铁横担上;(b)用于安装在木横担上
1—羊角形电极($\phi 8$ 圆钢);2—绝缘子

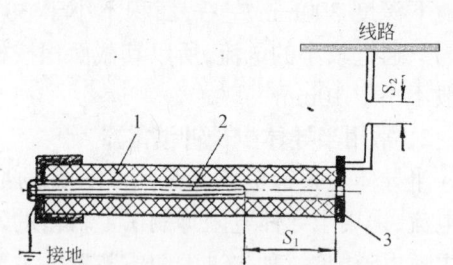

图 19.2.3-2 管型避雷器
1—产气管;2—内部间隙的棒形电极;3—内部间隙的环形电极;S_1—内部间隙;S_2—外部间隙

2) 保护原理:当线路上遭到雷击或发生感应雷时,大气过电压使管型避雷器的外部间隙和内部间隙击穿,强大的雷电流通过接地装置入地。但是,随之而来的是供电系统的工频续流,其值也很大。这雷电流和工频续流在管子内部间隙发生的强烈电弧,使管内壁的材料燃烧,产生大量灭弧气体。由于管子容积很小,这些气体的压力很大,因而从管口喷出,强烈吹弧,在电流经过零值时,电弧熄灭。这时外部间隙的空气恢复了绝缘,使管型避雷器与系统隔离,恢复系统的正常运行。

为了保证管型避雷器可靠地工作,在选择管型避雷器时,开断续流的上限,应不小于安装处短路电流最大有效值(考虑非周期分量);开断续流的下限,应不大于安装处短路电流的可能最小值(不考虑非周期分量)。

3) 用途:安装于线路上,保护3~10kV架空电力线路。

(3) 阀型避雷器

1) 结构特点:阀型避雷器有两类:碳化硅避雷器和氧化锌避雷器。

常用碳化硅阀型避雷器的结构见图19.2.3-3。它主要由非线性电阻碳化硅阀片和火花间隙组成。火花间隙用铜片冲制而成,每对间隙用0.5~1mm的云母垫片隔开。

氧化锌避雷器,由于氧化锌阀片电阻具有优良的非线性V-A特性,因而不需要火花间隙。

2) 保护原理:在正常情况下,电压较低,阀片呈高电阻状态,在火花间隙的共同作用下,阻止工频电流通过;雷电过电压袭来后,阀片呈低电阻状态,并且击穿了火花间隙,将雷电流导入地下,保护了与之并联的电气装置免遭雷电波的袭击;雷电波过后,阀片又呈高电阻状态,切断了工频续流。

3) 用途:广泛用于变电所、电站及建筑物内设备防雷电波袭击的保护。

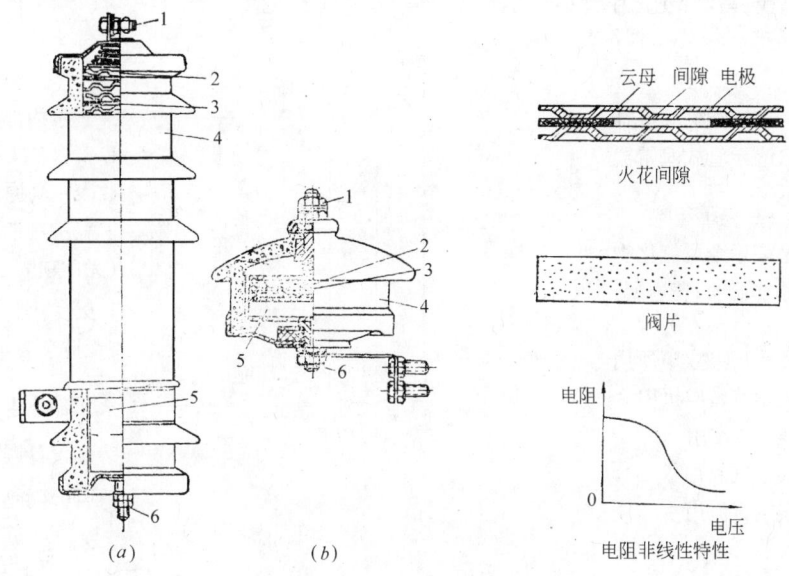

图 19.2.3-3 碳化硅阀型避雷器
(a)10kV 用;(b)0.38kV 用
1—上接线端;2—火花间隙片;3—云母垫片;4—瓷套管;5—碳化硅电阻;6—下接线端

2. 阀型避雷器的种类及特点(见表 19.2.3-1)

阀型避雷器的种类及特点 表 19.2.3-1

序号	系列名称及型号		结 构 特 点	主 要 用 途
1	普通阀型	配电所型 FS	仅有间隙和阀片(碳化硅)	用作配电变压器,电缆头,柱上开关等设备的防雷
		变电所型 FZ	仅有间隙和阀片(碳化硅),但间隙带有均压电阻以改善熄弧能力	用作变电所电气设备的防雷
2	磁吹阀型	变电所型 FCZ	仅有间隙和阀片(碳化硅),但间隙加磁吹灭弧元件使熄弧能力大增	用在 33kV 及以上变电所电气设备的防雷或低绝缘设备的防雷
		旋转电机型 FCD	仅有间隙和阀片(碳化硅),但部分间隙还并联电容器以改善伏秒特性	用作旋转电机的防雷
3	氧化锌型	配电所型 FYS	采用非线性特性极好的氧化锌阀片,无间隙	用作 380V 及以下设备的防雷,如配电变压器低压侧、低压电机、电度表等
		变电所型 FYZ		
4	直流磁吹型	FCL	与 FS 型类	用作保护直流电机

3. 阀型避雷器的型号表示方法

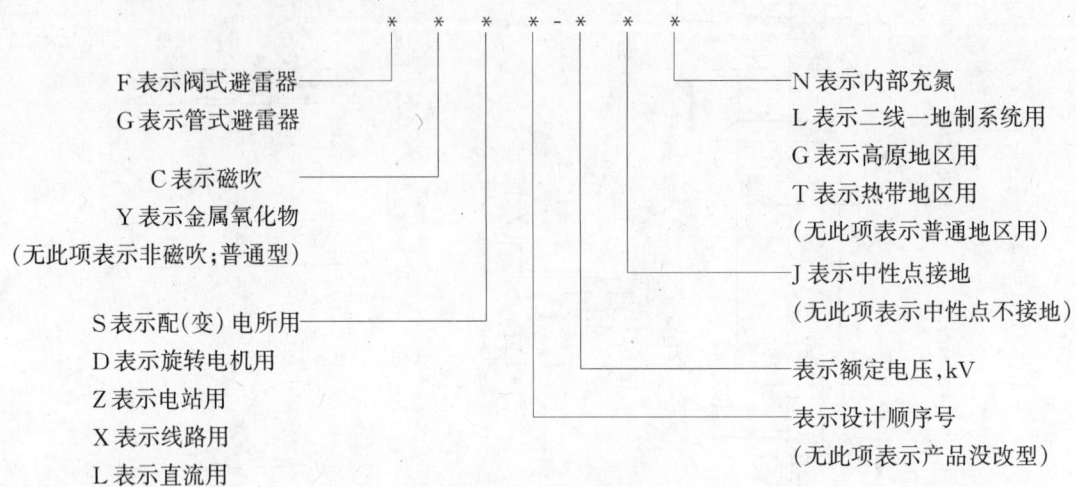

例如：FS₂-10 表示变电所用阀型避雷器，设计顺序号为2，额定电压为10kV。
　　　FCD-3 表示磁吹式灭弧阀型避雷器，保护旋转电机用，额定电压为3(3.15)kV。

4. 常用阀型避雷器（见表 19.2.3-2～19.2.3-6）

配电用普通阀型避雷器主要技术数据　　　　　　　　　　表 19.2.3-2

型号	额定电压(有效值)(kV)	灭弧电压(有效值)(kV)	工频放电电压(有效值)(kV)	冲击放电电压(峰值)不大于(kV)	残压(峰值)不大于(kV)	
					3kV	5kA
FS-0.22	0.22	0.25	0.5～0.9	1.7	1.5	
FS-0.38	0.38	0.5	1.1～1.6	3	3	
FS-0.5	0.5	0.5	1.15～1.65	2.6	2.5	
FS-0.66	0.66	0.76			4	
FS-3	3	3.8	9～11	21		17
FS-6	6	7.6	16～19	35		30
FS-10	10	12.7	26～31	50	47	50

电站用普通阀型避雷器主要技术数据　　　　　　　　　　表 19.2.3-3

型号	额定电压(有效值)(kV)	灭弧电压(有效值)(kV)	工频放电电压(有效值)(kV)	冲击放电电压(峰值)不大于(kV)	残压(峰值)不大于(kV)	
					3kV	5kA
FZ-3	3	3.8	9～11	20	13.5	14.8
FZ-6	6	7.6	16～19	30	27	30
FZ-10	10	12.7	26～31	45	45	50
FZ-15	15	20.5	41～49	73	67	74
FZ-20	20	25	51～61	85	81.5	90

19.2 防雷设施设备

续表

型号	额定电压 (有效值) (kV)	灭弧电压 (有效值) (kV)	工频放电电压 (有效值) (kV)	冲击放电电压 (峰值)不大于 (kV)	残压(峰值)不大于(kV)	
					3kV	5kA
FZ-30	30	25	56～67	110	81.5	90
FZ-35	35	41	82～98	134	134	148
FZ-40	40	50	102～122	163	163	
FCZ$_3$-35	35	41	70～85	112	108	
FCZ-30	30	41	85～100	134		134
FCZ$_2$-110J	110	100	170～195	285	260	

磁吹式阀型避雷器主要技术数据　　　　　　　　　表 19.2.3-4

型号	额定电压 (有效值) (kV)	灭弧电压 (有效值) (kV)	工频放电电压 (有效值) (kV)	冲击放电电压 (峰值)不大于 (kV)	残压(峰值)不大于(kV)	
					3kV	5kA
FCD-2	2	2.3	4.5～5.7	6	6	6.4
FCD-3	3	3.8	7.5～9.5	9.5	9.5	10
FCD-4	4	4.6	9～11.4	12	12	12.8
FCD-6	6	7.6	15～18	19	19	20
FCD-10	10	12.7	25～30	31	31	33
FCD-8	13.8	16.7	33～39	40	40	43
FCD-15	15	19	37～44	45	45	49

管型避雷器主要技术数据　　　　　　　　　表 19.2.3-5

型号	额定电压 (kV)	最大允许 工频电压 (kV) 有效值	极限切断电流 有效值(kV)		工频放电电压 (kV)		2μs冲击 放电电压 (kV) 不大于	间隙距离 (mm)		灭弧管 内径 (mm)
			下限	上限	干	湿		隔离间隙	灭弧间隙	
GXW$\frac{6}{0.5-3}$	6	6.9	0.5	3	27	27	60	10～15	130	8～8.5
GXW$\frac{6}{2-8}$	6	6.9	2	8	27	27	60	10～15	130	9.5～10
GXW$\frac{10}{0.8-4}$	10	11.5	0.8	4	33	33	75	15～20	130	8.5～9
GXW$\frac{10}{2-7}$	0	11.5	2	7	33	33	75	15～20	130	10～10.5
GXW$\frac{35}{0.7-3}$	35	40.5	0.7	3	105	70	210	100～150	175	8～9
GXW$\frac{35}{1-5}$	35	40.5	1	5	105	70	210	100～150	175	10～11
GSW-10	10	11.5	—	—				17～18	63±3	—

氧化锌避雷器主要技术数据　　　　　　　　表 19.2.3-6

型　号	额定电压(kV)	最大工作电压(kV)	动作电压(kV)	冲击电流残压(峰值)5kA(kV)
FYS-3	3	3.8	5.4	13.5
FYS-6	6	7.6	11	25
FYS-10	10	12.7	18	45
FYS-35	35	41	59	126
FYZ-3	3	3.8	5.4	—
FYZ-6	6	7.6	11	—
FYZ-10	10	12.7	18	45
FYZ-35	35	41	59	126
FY_1-3	3	3.8	5.6	17
FY_1-6	6	7.6	11	30
FY_1-10	10	12.7	19	50

5. 避雷器安装和检查

(1) 避雷器安装技术要求

1) 安装一般要求

a. 磁吹阀型避雷器组装时,其上、下节位置应符合产品出厂标志的编号;

b. 普通阀型避雷器安装时,同时组合元件间非线性系数差值应不大于0.04,因此,安装前应根据试验结果将避雷器元件按相配好、编号;

c. 避雷器各连接处的金属接触表面,应除去氧化膜及油漆,并涂一层中性凡士林或复合脂;

d. 避雷器安装应垂直,每一个元件的中心线与避雷器安装中心线的垂直偏差不应大于该元件高度的1.5%。如有歪斜可在法兰间加金属片校正,但应保证其导电良好;

e. 拉紧绝缘子串必须紧固,弹簧应能伸缩自如,同相各拉紧绝缘子串的拉力应均匀;

f. 均压环安装水平;

g. 放电记录器应密封良好、动作可靠,安装位置应一致,其便于观察。

2) 管型避雷器的安装技术要求

a. 避雷器应在管体的闭口端固定,开口端指向下方。当倾斜安装时,其轴线与水平方向的夹角:普通式应不小于15°,无续流式应不小于45°,装于污秽地区时,应增大倾斜角;

b. 避雷器安装方位,应使其排出的气体不致引起相间或对地闪络,也不得喷及其他电气设备;

c. 动作指示盖在避雷器动作后应向下打开;

d. 无续流式避雷器的高压引线与被保护设备的连接线长度应符合产品的技术规定,一般不大于4m。

3) 放电间隙的安装技术要求

a. 放电间隙电极的制作应符合产品的有关要求,铁质电极应镀锌;

b. 放电间隙宜水平安装,以免雨滴造成短路。

19.2 防雷设施设备

(2) 避雷器一般检查试验

1) 测量绝缘电阻

a. FZ、FCZ 和 FCD 型避雷器,由于内部有并联电阻,其绝缘电阻不作规定;

b. FS 型和 GXW 型避雷器,其绝缘电阻一般应大于 2500MΩ。

2) 测量泄漏电流并检验组合元件的非线性系数

测量避雷器的泄漏电流试验电路见图 19.2.3-4。常用阀式避雷器的泄漏电流值见表 19.2.3-9~表 19.2.3-11。

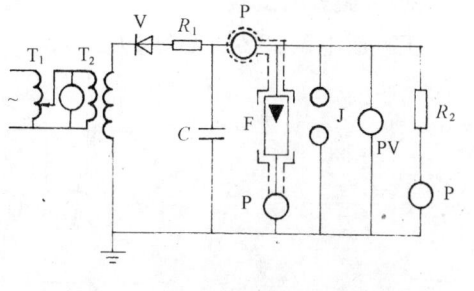

图 19.2.3-4 避雷器泄漏电流试验电路
T_1—自耦变压调压器;T_2—升压变压器;V—高压硅堆;R_1—保护电阻;C—稳压电容,F—避雷器;J—间隙;PV—静电电压表;R_2—高电阻;P—微安表

FS 型避雷器的泄漏电流值   表 19.2.3-9

避雷器额定电压(kV)	0.22	0.38	2	3	6	10
试验电压(kV)	0.25	0.5	3	4	7	11
泄漏电流(μA)	5	5	5	5	5	5

注:试验电压为直流(下同)。

FZ 型避雷器的泄漏电流值   表 19.2.3-10

避雷器额定电压(kV)	3	6	10	15	20	30
试验电压(kV)	4	6	10	16	20	24
泄漏电流(μA)	400~650	400~600	400~600	400~600	400~600	400~600

FCD 型避雷器的泄漏电流值   表 19.2.3-11

避雷器额定电压(kV)	2	3	4	6	10	13.2	15
试验电压(kV)	2	3	4	6	10	13.2	15
泄漏电流(μA)	FCD_1、FCD_3 型不超过 10;FCD、FCD_2 型为 50~100						

当避雷器由多个元件组装而成时,同一相的元件的非线性系数应接近(其差值不大于 0.04),非线性系数 α 可按下式计算

$$\alpha = \frac{\lg\left(\dfrac{U_2}{U_1}\right)}{\lg\left(\dfrac{I_2}{I_1}\right)}$$

式中 U_1、U_2 为两种试验电压,U_1 为额定试验电压,$U_2 = 50\% U_1$;I_1、I_2 为这两种电压下的泄漏电流。

3) 工频放电试验

工频放电试验接线见图19.2.3-5。

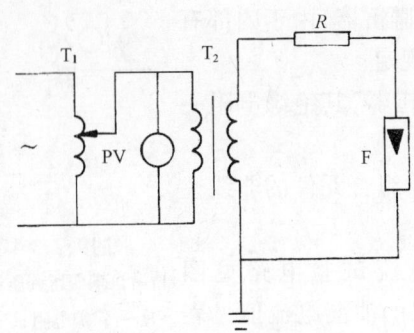

图 19.2.3-5 工频放电试验电路
T_1—自耦变压调压器;T_2—升压变压器;
PV—测量电压表;R—保护电阻;F—被试避雷器

有并联电阻的阀型避雷器不进行工频放电试验。FS型避雷器工频放电电压应在表19.2.3-1规定的范围内。

FS型避雷器工频放电电压范围　　　　　表 19.2.3-12

避雷器额定电压(kV)		3	6	10
放电电压(有效值)(kV)	新 装	9~11	16~19	26~31
	已运行	8~12	15~21	23~33

19.3　电力设备防雷

19.3.1 架空电力线路防雷措施

1. 架设避雷线　运行试验证明,这是很有效的防雷措施。但是它造价高。所以只在63kV及以上的架空线路上才沿全线装设避雷线。在35kV及以下的架空线路上一般只在进出变电所的一段线路上装设。

2. 提高线路本身的绝缘水平　在架空线路上,可采用木横担、瓷横担,或采用高一级的绝缘子,以提高线路的防雷水平。

3. 利用三角形顶线作保护线　由于3~10kV线路通常是中性点不接地的,因此如在三角形排列的顶线绝缘子上装以保护间隙,则在雷击时顶线承受雷击,间隙击穿,对地泄放雷电流,从而保护了下面两相导线,三相供电系统可维持正常。

4. 装设自动重合闸装置或自动重合熔断器　因为线路上因雷击放电而产生的短路是由电弧所引起的。线路断路器跳闸后,电弧就熄灭了。如果采用一次自动重合闸装置,使开关经0.5s或更长一点时间自动合闸,电弧一般不会复燃,从而能恢复供电。也可在线路上装设自重合熔断器。

5. 装设避雷器和保护间隙　这是用来保护线路上个别绝缘最薄弱的部分,包括个别特别高的杆塔,带拉线的杆塔,木杆线路中的个别金属杆塔,或个别铁横担电杆以及线路的交叉跨越处等。

19.3.2 变电所防雷措施

1. 防直击雷的措施

（1）变电所防直击雷的基本措施是安装避雷针或消雷器。

（2）避雷针应有独立的接地装置，其接地电阻一般应小于 30Ω。

（3）消雷器的地电收集装置应单独设置。

（4）为了防止避雷针引下线感应过电压反击，避雷针与变电所的电气设备的空中距离通常应大于 5m；地中距离应大于 3m。

2. 3～10kV 配电变电所的防雷

（1）与架空线路连接的 3～10kV 配电变电所，在其 3～10kV 侧应用阀型避雷器防止雷电波侵入。避雷器应尽量靠近变压器装设，其接地线应与变压器低压侧中性点以及变压器金属外壳一并接地。

（2）在多雷区，为了防止雷电波从低压侧侵入，对于 Y,yn0 和 Y,n 联结组别的配电变压器，还应在低压侧安装 FS-0.38kV 或 FS-0.22kV 型避雷器或击穿保险器。

3～10kV 配电变电所典型防雷接线见图 19.3.2-1。

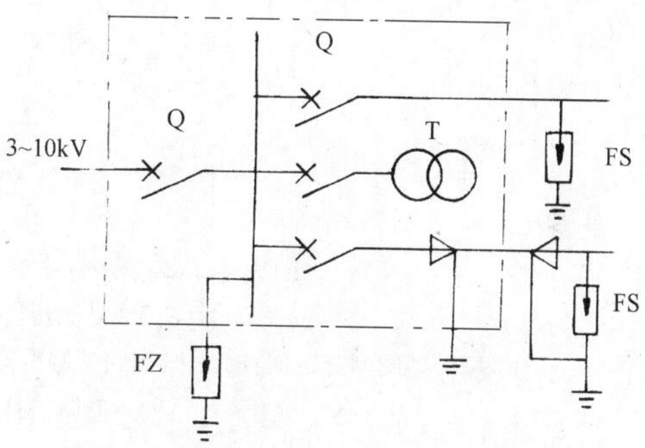

图 19.3.2-1　3～10kV 配电装置防雷接线
FS、FZ—阀型避雷器；T—变压器；Q—断路器

保护装置应靠近配电变压器，其接地线应与变压器低压侧中性点及金属外壳一并接地，接地电阻一般不超过 10Ω。

3. 中小型 35kV 变电所防雷措施

与架空线路相连的 35kV 侧防雷电波侵入的基本措施是：

a. 在进线 150～1000m 的架空线长度的范围内安装避雷线；

b. 在进线母线上安装阀型避雷器（FZ 型）；

c. 在架空线较远处或避雷线远端处安装管型避雷器或放电间隙。

35kV 变电所的 3～10kV 配电装置，应在每组母线上装设阀型避雷器，在每路架空联络线和供电给其他配电所的架空线上装设阀型避雷器或管型避雷器，在其他架空出线上，宜将靠近配电装置 200m 出线段中的金属杆和钢筋混凝土杆接地，接地电阻不宜超过 30Ω；有困难时也可在出线处装设避雷器。母线上避雷器与变压器的电气距离不宜大于表 9.3.2-1 所列数值。

3～10kV 避雷器与变压器的最大电气距离　　　表 19.3.2-1

雷季经常运行的进出线路数	1	2	3	4 及以上
最大电气距离(m)	15	23	27	30

图 19.3.2-2 为 35kV 中小型变电所防雷电气系统图。

图(a)、(b)的防雷系统适用于较小容量的变电所，如 3150kVA 以下，其中避雷线 FW 的长度为 150～200m，在避雷线远端处的进线上安装两组管型避雷器或保护间隙，在进线母线上安装 FZ 型阀型避雷器。

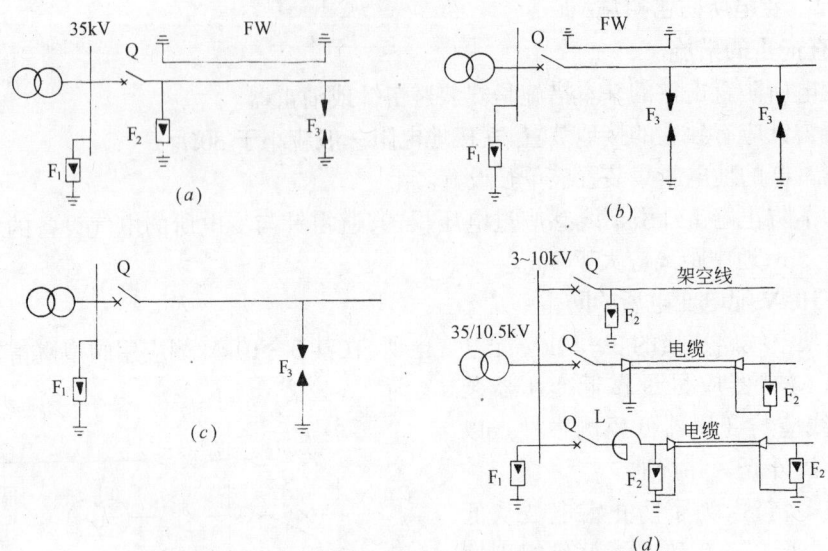

图 19.3.2-2 中小容量 35kV 变电所防雷系统图

(a)、(b)、(c)35kV 侧防雷系统;(d)10kV 侧防雷系统

F_1—FZ 型阀型避雷器;F_2—FS 型阀型避雷器;F_3—管型避雷器或保护间隙;FW—避雷线。

Q—断路器;L—串联电抗器

图(c)的防雷系统更简单一些,不设避雷线。

图(d)为 35kV 中小容量变电所 10kV 出线侧防雷系统的三种类型:

1#出线为架空线,在出线端安装 FS 型阀型避雷器 F2。

2#出线为电缆线,在电缆远端安装 FS 型阀型避雷器,电缆近端金属外壳接地,这相当于增设了一个保护间隙。

3#出线为电缆线,且串接了一个限流电抗器 L,在电缆两端分别安装 FS 型阀型避雷器。

19.3.3 小型旋转电机防雷措施

小型旋转电机防雷电波侵入的基本措施是,在进线上安装阀型避雷器和管型避雷器;在靠近电机的母线上安装电容器。电容器的作用是保护电机匝间绝缘和防止雷电感应过电压;对高压电机的引入架空线也可安装避雷线,避雷线对导线的保护角不应大于 30°。

1. 单相容量为 300～1500kW 的直配电机(电机与高压线路直接相连接),宜采用图 19.3.3-1 的接线方案。

图中(a),线路引入段采用电缆,电缆长 $L=30\sim50$m,电缆前端两管型避雷器之间的距离为 50～100m,其接地电阻值为 3～5Ω。

图中(b),线路引入段用避雷线保护,避雷线长度 $L\geqslant 100$m;避雷线前端两管型避雷器之间的距离为 50m 左右,其接地电阻值为 5～10Ω。

2. 单机容量为 300kW 及以下的直配电机的防雷保护,一般采用 图 19.3.3-2 的接线。

图中(a),线路引入段用直埋电缆,电缆长度 $L\geqslant 20$m,电缆前端安装保护间隙,两间隙之间的距离为 50～100m,其接地电阻值为 3～5Ω。

图中(b),在线路引入处加装保护间隙,其接地电阻为10Ω。

3. 保护高压旋转电机用的避雷器,一般采用FCD型磁吹避雷器尽量靠近电机装设。在一般情况下,避雷器可装在电机出线处,如接在每一组母线上的电机不超过两台,或避雷器与500kW及以下电机的电气距离不超过50m,避雷器也可装在每一组母线上。

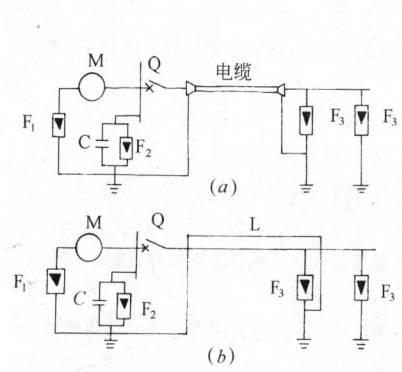

图19.3.3-1 300~1500kW 直配电机防雷保护接线

(a)电缆线引入;(b)架空线带避雷线引入
F_1—普通阀型避雷器;F_2—磁吹式阀型避雷器;
F_3—管型避雷器;C—电容器;L—避雷线;
Q—断路器;M—旋转电机

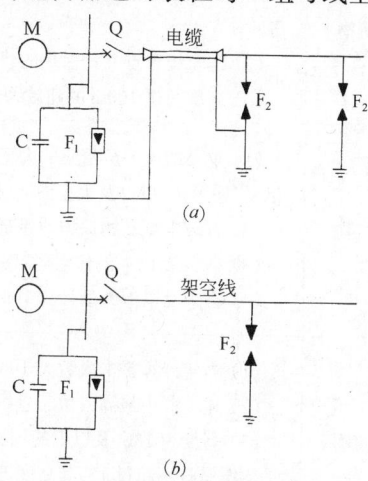

图19.3.3-2 300kW及以下直配电机防雷保护接线

(a)电缆线引入;(b)架空线路引入
F_1—磁吹式或普通式阀型避雷器;F_2—保护间隙;
C—电容器

如直配电机的中性点能引出且未直接接地,应在中性点上装设阀型避雷器,其额定电压不应低于电机最高运行相电压,其型号宜按表19.3.3-1选择。

保护旋转电机中性点绝缘的避雷器　　　　表19.3.3-1

电机额定电压(kV)	3	6	10
避雷器型号	FCD-2	FCD-4	FCD-6
	FZ-2	FZ-4	FZ-6
	FS-2	FS-4	FS-6

4. 保护用电容器的电容量每相一般为$0.25\sim0.5\mu F$,对于中性点不能引出的电机,其电容为$1.5\sim2\mu F$。电容器应设短路保护。

19.4 建筑物防雷

19.4.1 建筑物防雷分类

民用建筑物防雷分类见表19.4.1-1。工业用建筑物防雷分类参见 GB 50057-94《建筑物防雷设计规范》。

民用建筑物防雷分类 表 19.4.1-1

防雷级别	建筑物类别
一级防雷建筑物	(1) 具有特别重要用途的建筑物。如国家级的会堂、办公建筑、档案馆、大型博展建筑；特大型、大型铁路旅客站；国际性的航空港、通讯枢纽；国宾馆、大型旅游建筑、国际港口客运站等； (2) 国家级重点文物保护的建筑物和构筑物； (3) 高度超过 100m 的建筑物
二级防雷建筑物	(1) 重要的或人员密集的大型建筑物。如部、省级办公楼；省级会堂、博展、体育、交通、通讯、广播等建筑；以及大型商店、影剧院等； (2) 省级重点文物保护的建筑物和构筑物； (3) 19 层及以上的住宅建筑和高度超过 50m 的其他民用建筑物； (4) 省级及以上大型计算中心和装有重要电子设备的建筑物
三级防雷建筑物	(1) 当年计算雷击次数大于或等于 0.05 时，或通过调查确认需要防雷的建筑物； (2) 建筑群中最高或位于建筑群边缘高度超过 20m 的建筑物； (3) 高度为 15m 及以上的烟囱、水塔等孤立的建筑物或构筑物。在雷电活动较弱地区(年平均雷暴日不超过 15)其高度可为 20m 及以上； (4) 历史上雷害事故严重地区或雷害事故较多地区的较重要建筑物

19.4.2 建筑物遭受雷击的一般特点

1. 建筑物易受雷击的因素

(1) 建筑物的孤立程度：旷野中孤立的建筑物和建筑群中的高耸建筑物，易受雷击。

(2) 建筑物的结构：金属屋顶、金属构架、钢筋混凝土结构的建筑物易受雷击。

(3) 建筑物的性质：常年积水的冰库，非常潮湿的牛、马棚，建筑群中个别特别潮湿的建筑物，容易积聚大量电荷；生产、贮存易挥发物的建筑物，容易形成游离物质，因而易受雷击。

(4) 建筑物的位置和外廓尺寸：一般认为建筑物位于地面落雷较多的地区和外廓尺寸较大的建筑物易受雷击。

2. 建筑物易受雷击的部位

建筑物易受雷击的部位见表 19.4.2-1。

建筑物易受雷击的部位 表 19.4.2-1

序 号	建筑物屋面的坡度	易受雷击部位	示 意 图
1	平屋面或坡度不大于 1/10 的屋面	檐角、女儿墙、屋檐	坡度不大于 $\frac{1}{10}$

续表

序　号	建筑物屋面的坡度	易受雷击部位	示　意　图
2	坡度大于 1/10、小于 1/2 的屋面	屋角、屋脊、檐角、屋檐	坡度大于 $\frac{1}{10}$，小于 $\frac{1}{2}$
3	坡度等于或大于 1/2 的屋面	屋角、屋脊、檐角	坡度大于 $\frac{1}{2}$

注：1. 屋面坡度用 a/b 表示，其中：
　　　　a——屋脊高出屋檐的距离(m)；
　　　　b——房屋的宽度(m)。
　　2. 示意图中
　　　　——为易受雷击部位；
　　　　○为雷击率最高部位。

3. 建筑物年计算雷击次数

建筑物年计算雷击次数 N 的经验公式为

$$N = 0.015nk(l+5h)(b+5h) \times 10^{-6}$$

式中　n——年平均雷暴日数，根据当地气象台、站资料确定；

　　　l、b、h——建筑物的长、宽、高，m；

　　　k——雷击次数校正系数，在一般情况下取 1，在下列情况为 1.5～2：位于旷野孤立的建筑物或金属屋面的砖木结构建筑物；位于河边、湖边、山坡下或山地中土壤电阻率较小处、地下水露头处、土山顶部、山谷风口等处的建筑物以及特别潮湿的建筑物；建筑群中高于 25m、旷野高于 20m 的建筑物。

【例 19.4.2-1】　某地区年平均雷暴日数为 36.7，一建筑物长和宽各 100m，平均高度 20m，计算该建筑物年雷击次数。

【解】　取校正系数 $K=1$，则

$$\begin{aligned}N &= 0.015nK(l+5h)(b+5h) \times 10^{-6} \\ &= 0.015 \times 36.7 \times 1 \times (100+5\times20) \times (100+5\times20) \times 10^{-6} \\ &= 0.022 \text{ 次/年}\end{aligned}$$

即每 45 年(1/0.022)平均雷击一次。

19.4.3　建筑物防雷一般措施

1. 避雷针防雷法

采用避雷针或避雷带，或两者混合，是一种古典的防雷方法。在其保护范围内，建筑可避免遭受直接雷击。避雷针可提供一个雷电只能击在避雷针上而不能破坏以它为中心的伞

形保护区。这个保护区所张开的角度受针的架设高度、雷电强度以及其他参数的影响,所以不完全可靠。

2. 法拉第笼式防雷法

法拉第笼式防雷法是将被保护的建筑物用垂直和水平的铜带或钢筋导体密集地包围起来,形成一个保护笼。在具体的施工中,一般是利用建筑物混凝土内部的结构钢筋作为笼式避雷网。但由于建筑物对外有电气通道,因此削弱了防雷的效果。另外在建筑物的拐角处也不能避免雷击。

3. 混合防雷法

混合防雷法就是上述两种方法的综合应用,除利用结构内部的钢筋网组成笼式包围建筑物外,同时在屋顶上装设了避雷带与多根避雷针组成的防雷系统。每根避雷针(带)都有独立的引下线与接地极连接,在接地部位组成一个闭合的联合接地系统,其接地电阻不大 1Ω。

4. 消雷器防雷法

消雷器防雷法就是增大消雷装置电晕电流的方法,中和雷云电荷以减弱雷电活动。随着这种方法的理论和实践的成熟,特别是半导体小长针消雷器的研制成功。消雷器防雷法的应用越来越广。

5. 防感应雷的措施

为了防止静电感应而产生火花,建筑物内的金属物(如设备的外壳、金属管道、金属框架、电缆的金属外皮以及钢架等)和突出屋面的金属物,均应可靠地接地。其工频接地电阻不应大于 10Ω。

6. 防雷电波侵入的措施

(1) 低压线路宜全线采用电缆直接埋地引入建筑物内。在进户端应将电缆的金属外皮、钢管接到防止雷电感应的接地装置上。如果是架空线,应在进户前 50m 外换接成电缆进户。在架空线与电缆的换接处,应装设阀型避雷器。避雷器、电缆的金属外皮、钢管和绝缘子铁脚等均应连在一起接地,其冲击接地电阻不应大于 10Ω。

(2) 所有埋地的金属管道,在进出建筑物处也应与防雷电感应的接地装置相连。

(3) 当建筑物采用联合环形接地,其接地电阻不大于 1Ω 时,上述各种接地均可接到联合环形接地装置上。

第20章 电气安全

20.1 电气安全的基础知识

20.1.1 电气安全的基本内容

电气安全通常是指电气设备在正常运行时以及在预期的非正常状态下不会危害人体健康和周围的设备,当电气设备发生预期的故障时,应能切断电源,将事故限制在允许的范围内,并采取各种有效措施,尽可能减少对人体和设备的危害。

电气安全性一般包括以下方面：

(1) 功能安全性:功能安全性又称功能可靠性。如果产品的制动、控制、调节等功能失灵或降低,则会造成严重的不安全后果,例如,起重时电机不能制动,重物就会坠落;电流继电器调整失灵,设备因电流过大而烧毁。

(2) 结构安全性:当结构件的应力大于结构件自身的强度时,就会出现结构上的严重事故,例如,电机转速增高,构件损坏飞逸出来造成事故。

(3) 材料安全性:有些材料有毒,有些材料易燃易爆,有些材料对温度很敏感等,由此而带来的不安全因素(如绝缘性能下降,设备着火、爆炸),导致事故的发生。

(4) 使用安全性:有些设备,自身安全性能优良,但使用不当也会带来危害。例如某些电器,有的必须接地,有的不可接地,若使用错误,会造成触电事故。

(5) 防护安全性:对于一些不可避免的不安全因素,应根据存在危险的性质及情况,采取适当防护措施。例如,高电压工作区,其外围应有防护遮栏,带电元器件应有外壳防护等。

(6) 标志安全性:一切可能引起不安全的场所或有危险的操作部位,均应有明显的安全标志。例如带电部位的带电标志等。

(7) 储存、运输安全性:有些产品在运输过程中,由于碰撞会产生危险,有些产品储存条件不良也会产生危险,因此,应有必要的储存、运输安全措施。例如,高绝缘液体运输时,金属容器应接地,以防静电积累。

20.1.2 电气安全常用名词术语

常用名词术语见表20.1.2-1。

与电气安全相关的常用名词术语　　　表20.1.2-1

序号	名词术语	含义说明
1	电气事故	指由电流、电磁场、雷电、静电和某些电路故障等直接或间接造成建筑设施、电气设备毁坏,人兽伤亡,以及引起火灾和爆炸等后果的事件
2	触电,电击	指电流通过人体或动物体而引起的病理、生理效应
3	触电电流	指通过人体或动物体并具有可能引起病理、生理效应特征的电流

续表

序号	名词术语	含义说明
4	感知(电流)阈值	指在给定条件下,电流通过人体,可引起任何感觉的最小电流值
5	摆脱(电流)阈值	指在给定条件下,手握着带电导体的人能够摆脱的最大电流值
6	致颤(电流)阈值	指在给定条件下,引起心室纤维性颤动的最小电流值
7	故障电流	指由绝缘损坏或绝缘被短接而造成的电流,或称"事故电流"
8	人体总阻抗	指人的体内阻抗与皮肤阻抗之和
9	安全电流	指人体触电后最大的摆脱电流。我国规定为 30mA(50Hz),但这是触电时间不超过 1s 的电流值,因此这安全电流值也称为 30mA·s
10	安全特低电压	指在用安全隔离变压器或具有独立绕组的变流器与供电干线隔离开的电路中,导体之间或任何一个导体与地之间有效值不超过 50V 的交流电压。又称"安全超低压"
11	对地电压	指带电体与大地之间的电位差(大地电位为零)
12	过电压	指超过额定电压的电压
13	直接接触	指人或动物与带电部分的接触
14	直接接触防护	指防止直接接触正常带电部分的防护,例如对带电部分加隔离栅栏或加保护罩等。又称"基本保护"
15	间接接触	指人或动物与故障情况下可变为带电的外露可导电部分的接触
16	间接接触防护	指防止接触正常不带电而故障时可变为带电的外露可导电部分的防护,例如将正常时不带电的外露可导电部分接地等。又称"附加保护"
17	导电部分	指能导电但不一定承载工作电流的部分
18	带电部分	指正常使用时被通电的导体或导电部分,它包括中性导体(N 导体),但按惯例,不包括保护中性导体(PEN 导体)
19	外露可导电部分	指电气设备能被触及的导电部分,它在正常时不带电,但在故障情况下可能带电
20	装置外导电部分	指不属于电气装置一部分的可导电部分,它可能引入电位,一般是在故障情况下引入的不为零的地电位(这电位由于地中电流引起)
21	接触电压	指人体同时触及导电部分的两部分之间意外出现的电位差,通常是人手与脚之间的电位差
22	跨步电压	指人站在有电流流过的大地上,加在两只脚之间的电压。这一"跨步"对人通常按 0.8m 计
23	安全距离	指为了防止人体触及或接近带电体,防止车辆或其他物体碰撞或接近带电体等造成的危险,在其间所需保持的一定空间距离
24	安全标志	指由安全色、几何图形、图形符号和文字构成的标志,用以表达特定的安全信息
25	安全色	指表达安全信息的颜色

20.2 触电和触电急救

20.2.1 触电机理

1. 触电电流在人体产生的效应

人有多种感官,能够看、听、嗅和尝,但却没有一种感官以相似的方式能直接觉察到电的存在。然而,人触电又是十分危险的,因为人体是一种良好的电导体。电流在人体产生的危险效应有热效应、化学效应和生理效应。

(1) 热效应 任何导电物体如果被电流通过均被加热,这个规律对人也同样适用,通过的电流愈大,引起的热效应愈强,直至烧焦和炭化。这种危险性在高压触电时尤为严重,因为高的电压相应地要引起大的电流。电流在人体上产生的热效应首先易发生在电流流入部位及流出部位,在此部位会发生最严重烧焦,因为皮肤的过渡电阻较身体内部电阻大,引起的电流加热效应较严重。

(2) 化学效应 电流能把导电液体分解成其组分,例如能把水(它多少混有酸、碱或盐)分解为氢和氧。由于人体的大部分由水分组成,当电流流过时细胞液被分解成它的化学成分,这个电解过程导致组织的细胞坏死。如果电流强度和作用的时间超过一定的数值,即使不考虑电流的其他效应,仅此体内的化学效应就可致人于死地。

(3) 生理效应 在人体内,任何肌肉运动都受电压脉冲控制,电压脉冲的数量级约为100mV,它来自大脑并通过神经控制整个运动过程。如果肌肉受外来电压的附加刺激,正常的运动过程便受到干扰,肌肉会发生痉挛,甚至不能摆脱触电电源。如果电流通过胸部,呼吸肌肉组织可能麻痹,使遇难者失去知觉,并因肺活动的中断而有窒息的危险。平时,人体的心脏活动由微弱的电压脉冲控制,其控制中心就是直接处在心脏内部的所谓窦房结,这个电压脉冲由化学方法产生,强度约为60mV,它周期性地刺激心肌,促使心脏正常跳动。发生触电事故时,如果触电电流通过心脏,便引起心脏不正常跳动。当交流电为50Hz时,心脏受到每秒钟100次收缩命令,即要比正常工作快大约80倍,外电流的这个作用使心脏开始十分迅速且不规则地跳动,不再能够输送血液,这个现象我们称之为心室颤动或称心室纤颤。最后就停止不动,心脏逐渐死亡。

心脏受外电流作用后的心电图如图20.2.1-1所示。

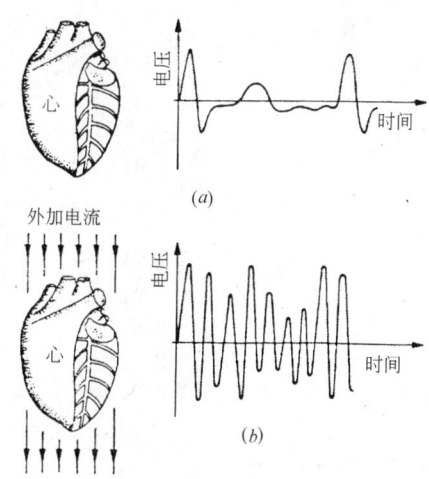

图20.2.1-1 电流作用下的心电图
(a)正常时;(b)受电流作用时

2. 电流对人体危害的因素

电流对人体的危险性与电流强度、电流类型或频率、电流作用的持续时间及人体的状况有关。

(1) 电流强度 电流强度愈大,危险性也愈大。按照欧姆定律,触电时人体跨接的电压(称接触电压)愈高以及人体电阻愈小,电流强度就愈大。人体电阻是人体内部电阻及电流出入处的过渡电阻之和。经大量测试得知,人体电阻没有普遍适用的固定数值,它与体形、皮肤状态及接触电压大小有关。据有关资料叙述,有95%的人在手与手之间、或手与足之间在干燥状态及大面积接触情况下，体内电阻不超过2125Ω，5%的人不超过1000Ω。至于过渡电阻当然随皮肤的状况而有很大的差别，干燥皮肤的过渡电阻高，潮湿（如出汗）皮肤的过渡电阻低，因此，潮湿皮肤意味着给触电者增大危险性；触及水管、暖气管及煤气管也同样情况，因为这些管道一般都是良好的接地体。

(2) 电流类型（频率）研究表明，直流电流及高频交流电流的危险性不如同样大小的50Hz的交流电流，50Hz的交流电流对人的危险性相当于两倍强度的直流电流，频率为10Hz的电流50mA的作用大约相当于频率50Hz的电流10mA。

(3) 电流的持续时间　电流的危险性主要由电流强度及通过人体组织的持续时间共同决定，当50mA电流作用1s能发生致命的心室颤动时，则500mA电流作用约0.1s也会发生同样的情况。

(4) 人体的状况　人的健康状况及性情也影响电流的危险性。小电流对身体健康、性情平稳的人是没有危险的，也没遗留后果，但同样强度的电流对病弱的人却有生命危险。

(5) 最高允许接触电压　一般认为，50Hz、50mA交流电流对成年人作用1s就有可能促成致命的心室颤动。由此，如果考虑人体电阻为1000Ω，则按欧姆定律计算，对生命有危险的接触电压便是50V。国际上规定，交流50V和直流120V是长时间事故的允许接触电压的极限值。因此，对交流电压超过50V或直流超过120V的电气设备，要求有安全保护措施避免直接接触。特殊情况下，例如在农村企业及儿童玩具，对交流超过25V和直流超过60V就要求设有安全保护措施。

(6) 15Hz～100Hz交流电对人体引起的危险（见图20.2.1-2，摘自IEC报告）

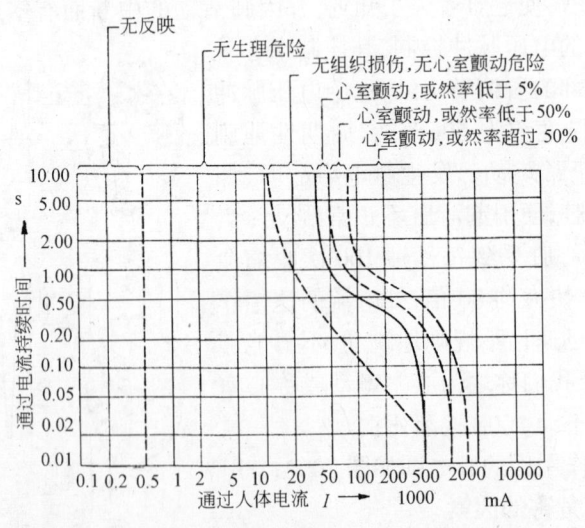

图20.2.1-2　15Hz～100Hz交流电对人体引起的危险

(7) 直流电对人体的危害（见图20.2.1-3，摘自IEC报告）

(8) 人体手—手之间的人体内阻与接触电压的关系（见图20.2.1-4，摘自IEC报告）

(9) 触电电流计算

人体触电事故示意图见图20.2.1-5。

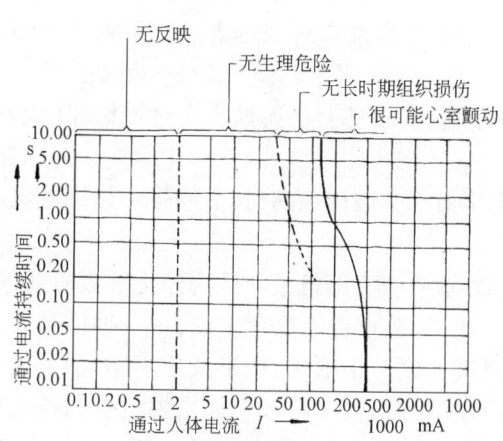

图 20.2.1-3 直流电对人体引起的危害

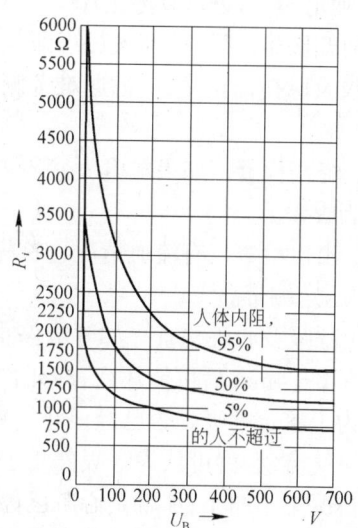

图 20.2.1-4 手-手之间的人体内
阻与接触电压的关系

U_B—接触电压；R_i—人体内阻

触电电流计算方法如下：

$$I = \frac{U_B}{R_K}$$

$$R_K = R_i + R_1 + R_2$$

式中　I——电流强度，A；
　　　U_B——接触电压，V；
　　　R_K——人体电阻，Ω；
　　　R_i——人体内阻，Ω；
　　　R_1、R_2——过渡电阻，Ω。

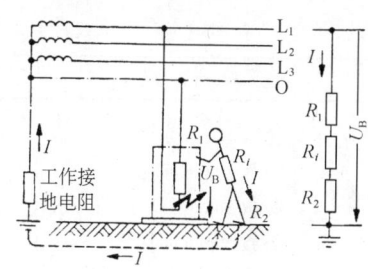

图 20.2.1-5 触电事故示意图

20.2.2 触电急救措施

触电事故一般需要急救，为了挽救遇难者的生命，在事故现场须毫不迟疑地采取以下急救措施：

1. 切断电源

发生触电事故时应尽快关断电源。对低压设备，可以操作断路器、安全自动装置或保护开关，拔去电源插头，或旋出熔断器等。对高压设备，由于高压特别危险，只可由专业人员操作关断电源；关断电源后，专业人员须立即作好预防准备，保证高压设备不会意外重新合闸。

2. 使遇难者脱离电源

如果不能关断电源，必须用绝缘物（例如绝缘棒）使遇难者从带电部分分离，救护人员也可用绝缘手套把遇难者拉离危险范围，但这种救护工作务必特别小心处理。救护者务必注意不要直接接触遇难者的身体，不然救护者也同样有触电的危险。

3. 通知医院（医生）

断开电源或脱离危险范围之后要立即通知医生或救护站人员。

4. 确定伤情,进行复苏工作

在通知医生之后,救助人员当即毫不迟疑地确定触电者的伤情,必要时先做复苏工作。如果呼吸及脉搏尚正常,应把遇难者侧卧。在医生到达之前应对遇难者进行下列检查和救护:

(1) 烧伤检查 如果触电者穿着的衣物还在燃烧,应马上扑灭烟火。对烧伤部位不可涂抹香脂香粉。

(2) 出血检查 有流血情况应首先处理,把出血部分肢体垫高,扎上绷带。如果流血严重,采用压定绷带。

(3) 呼吸及心脏检查 如呼吸停止则有生命危险,应立即抢救。因为停止呼吸后缺氧,脑细胞在 3～4min 后可能坏死,即死亡降临。因此,对遇难者的生存来说,每一秒钟都至关重要。为了鉴定呼吸是否已经停止,在鼻孔上或嘴上放一小纸片,如果纸片不动,即是没有呼吸的空气流动,就可认为呼吸停止了。这时应立即进行人工呼吸。如果触电者的瞳孔在光照的情况下不缩小,那就是心脏已停止了。在此情况下必须毫不迟疑地进行心脏按摩(推拿)。

经验表明,对于被发现较早的触电者,采用人工呼吸和心脏按摩的方法抢救,一般都可获救。从触电后一分钟内便开始抢救,90%的触电者有良好效果。抢救越及时,效果越好。表 20.2.2-1 是国外某地区 201 个触电者采用人工呼吸和心脏按摩的效果统计。

抢救效果统计 表 20.2.2-1

抢救情况	人数(个)	百分比(%)
抢救 10min 苏复	112	55.7 ⎫
抢救 20min 苏复	41	20.4 ⎬ 85.6
抢救 30min 苏复	12	6.0 ⎬
抢救 60min 苏复	7	3.5 ⎭
抢救无效,死亡	29	14.4 14.4
合 计	201	100

(4) 人工呼吸方法 将伤员身体伸直仰卧在空气流通的地方,解开领口、衣扣、裤带,使头部尽量后仰,鼻孔朝天,使舌根不致堵塞呼吸道,并取出伤员嘴里的东西(如假牙),救护人用一只手捏着伤员的鼻孔,手根适当地压迫前额,另一只手掰开伤员的嘴巴,自己先做深呼吸,然后紧贴伤员的口吹气约两秒,使伤员胸部扩张,接着放松口鼻,使其胸部自然地缩回呼气约三秒钟。这样吹气、放松,连续不断地进行。如果掰不开嘴巴,可以捏紧伤员的嘴巴,紧贴着鼻孔吹气和放松。

进行人工呼吸时,若伤员有好转的象征(如眼皮闪动和嘴唇微动),可暂停人工呼吸数秒钟,任其自行呼吸,如其不能完全恢复呼吸,应继续进行人工呼吸,直到伤员能正常呼吸为止。

人工呼吸必须长时间地坚持进行,在未见明显死亡症状以前,切勿轻易放弃。死亡症状应由医生来判断。

(5) 心脏按摩方法 将伤员平放在木板上,头部稍低,救护人站在伤员一侧,将一手的掌根放在胸骨下端,另一只手叠于其上,靠救护人上身的重量,向胸骨下端用力加压,使其陷下三厘米左右,随即放松,让胸骨自行弹起。如此有节奏的挤压,每分钟 60～80 次。急救如有效果,伤员的肤色即可恢复,瞳孔缩小,颈动脉搏动可以摸到,自发性呼吸即恢复。

心脏按摩法可以与人工呼吸法同时进行。

5. 医生检查

医生或专业救护人员到来之后,须对触电者作进一步检查。有的触电者似乎没有明显伤情,但所存在的内伤,几天之后或几周之后可能有致命危险。所以,一般情况下,医生或专业救护人员必须对触电者进行详细的检查,并记录在案备查。

20.3 电气安全的一般规定

20.3.1 安全电压

在正常环境下,人体平均总阻抗在1000Ω以上;在潮湿环境中,则在1000Ω以下。根据这个平均数,规定在任何情况下,两导体间或任一导体与地之间均不得超过交流(50~100Hz)有效值50V。这个电压为安全电压的上限值。安全电压标准如表20.3.1-1。

安全电压标准及应用场所　　　　表20.3.1-1

安全电压(交流有效值)(V)		应 用 场 所
额 定 值	空载上限值	
42	50	在有触电危险场所使用的手持式电动工具
36	43	在矿井、多导电粉尘等场所使用的行灯
24	29	供某些具有人体可能偶然触及的带电体的设备选用
12	15	在特别潮湿的场所或金属容器内工作
6	8	人体大部分浸入水中工作

20.3.2 电气安全净距

1. 室内配电装置

室内配电装置的安全净距见表20.3.2-1,各尺寸代号校验图见图20.3.2-1。

室内配电装置安全净距　　　　表20.3.2-1

项 次	项 目	额定电压(kV)		
		3	6	10
1	带电部分至接地部分(A_1)	75	100	125
2	不同相的带电部分之间(A_2)	75	100	125
3	(1)带电部分至栅栏(B_1) (2)交叉的不同时停电检修的无遮栏带电部分之间	825	850	875
4	带电部分至网状遮栏(B_2)	175	200	225
5	无遮栏裸导体至地(楼)面(C)	2500	2500	2500
6	不同时停电检修的无遮栏裸导体之间的水平净距(D)	1875	1900	1925
7	出线套管至屋外通道的路面(E)	4000	4000	4000

注:a. 海拔高度超过1000m时,本表所列A值应按每升高100m增大1%进行修值可正,B、C、D值应分别增加A值的修正差值,当为板状遮栏时,其B_2取A_1+30mm;

b. 本表所列各值不适用于制造厂生产的产品。

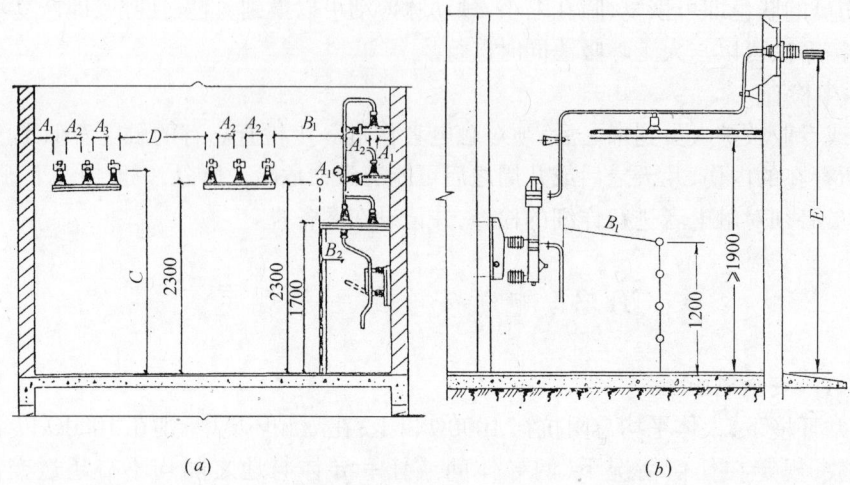

图 20.3.2-1 室内配电装置安全净距尺寸校验图
(a) A_1、A_2、B_1、B_2、C、D 值;(b) B_1、E 值

2. 配电装置室内各种通道的最小净距(见表 20.3.2-2)

配电装置室内各种通道的最小净宽(m)　　　　　表 20.3.2-2

序号	布置方式	维护通道	操作通道 固定式	操作通道 手车式	通往防爆间隔的通道
1	一面有开关设备时	0.80	1.50	单车长+0.90	1.20
2	两面有开关设备时	1.00	2.00	双车长+0.60	1.20

3. 室内低压配电屏前后通道最小净距(见表 20.3.2-3)

配电屏前后的通道宽度(m)　　　　　表 20.3.2-3

序号	类别	单排布置 屏前	单排布置 屏后	双排对面布置 屏前	双排对面布置 屏后	双排背对背布置 屏前	双排背对背布置 屏后	多排同向布置 屏间	多排同向布置 屏后
1	固定式	1.50 (1.30)	1.00 (0.80)	2.00	1.00 (0.80)	1.50 (1.30)	1.50	2.00	—
2	抽屉式、手车式	1.80 (1.60)	0.90 (0.80)	2.30 (2.00)	0.90 (0.80)	1.80	1.50	2.30 (2.00)	—
3	控制屏(柜)	1.50	0.80	2.00	0.80	—	—	2.00	屏前检修时靠墙安装

注:( )内的数字为有困难时(如受建筑平面的限制、通道内墙面有凸出的柱子或暖气片等)的最小宽度。

4. 室外配电装置安全净距

安全净距尺寸见表 20.3.2-4,尺寸校验图见图 20.3.2-2。

20.3 电气安全的一般规定

室外配电装置的最小安全净距(mm) 表 20.3.2-4

项次	类 别	额 定 电 压 (kV)						
		0.4	1~10	15~20	35	60	110J	110
1	带电部分至接地部分(A_1)	75	200	300	400	650	900	1000
2	不同相的带电部分之间(A_2)	75	200	300	400	650	1000	1100
3	带电部分至栅栏(B_1)	825	950	1050	1150	1350	1650	1750
4	带电部分至网状遮栏(B_2)	175	300	400	500	700	1000	1100
5	无遮栏裸导体至地面(C)	2500	2700	2800	2900	3100	3400	3500
6	不同时停电检修的无遮栏裸导体之间的水平净距(D)	2000	2200	2300	2400	2600	2900	3000

注：有"J"字标记者系指"中性点接地电网"。

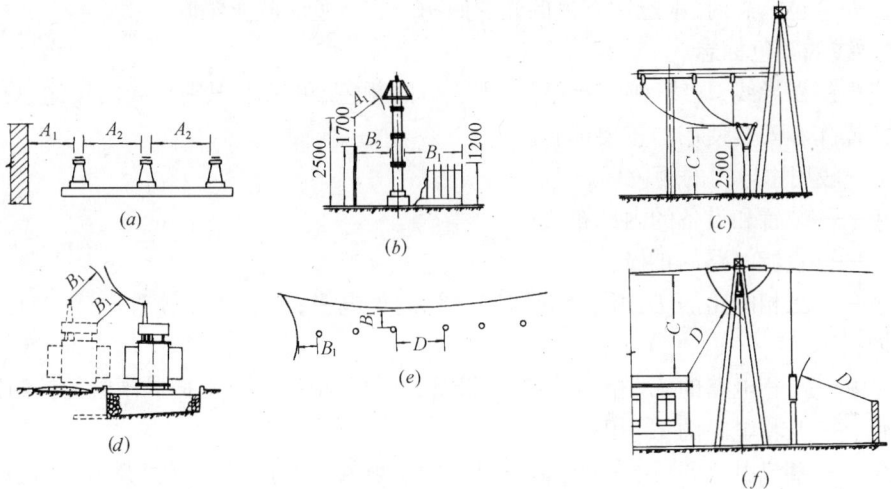

图 20.3.2-1 室外配电装置最小安全净距校验图

(a)带电部分至接地部分和不同相的带电部分之间的净距；(b)带电部分至围栏的净距；
(c)带电部分和绝缘子最低绝缘部位对地面的净距；(d)设备运输时，其外廓至无遮栏裸导体的净距；
(e)不同时停电检修的无遮栏裸导体之间的水平和垂直交叉净距；(f)带电部分至建筑物和围墙顶部的净距

20.3.3 电气安全色标志

1. 安全色

安全色是表达安全信息含义的颜色，用来表示禁止、警告、指令、提示等。

安全色规定为红、蓝、黄、绿4种颜色，其含义和用途见表20.3.3-1。

安全色的含义及用途 表 20.3.3-1

序号	颜色	含 义	用 途 举 例
1	红色	禁 止 停 止 红色也表示防火	禁止标志 停止信号：机器、车辆上的紧急停止按钮，以及禁止人们触动的部位
2	蓝色	指 令 必须遵守的规定	指令标志

续表

序号	颜色	含义	用途举例
3	黄色	警告 注意	警告标志、警戒标志等 安全帽
4	绿色	提供信息 安全 通行	提示标志：启动按钮 安全标志：安全信号旗 通行标志

对比色是使安全色更加醒目的反衬色，有黑、白两种。如安全色需要使用对比色时，应按如下方式配合使用：

红—白，蓝—白，绿—白，黄—黑；也可使用红白相间、蓝白相间、黄黑相间条纹表示强化含义。

使用安全色标志时，不能用有色的光源照明。安全色应防止耀眼。

2. 导线的颜色标志

电路中的裸导线、母线、绝缘导线，使用统一的颜色，可用来识别导线的用途，更是用来指导正确操作和安全使用的重要标志。

（1）一般用途导线的颜色标志

黑色——装置和设备的内部布线；

棕色——直流电路的正极；

红色——三相电路的 L_3 相；半导体三极管的集电极；半导体二极管、整流二极管或晶闸管的阴极；

黄色——三相电路的 L_1 相；半导体三极管的基极；晶闸管和双向晶闸管的控制极；

绿色——三相电路的 L_2 相；

蓝色——直流电路的负极；半导体三极管的发射极；半导体二极管、整流二极管或晶闸管的阳极；

淡蓝色——三相电路的零线或中性线；直流电路的接地中线；

白色——双向晶闸管的主电极；无指定用色的半导体电路；

黄与绿双色——安全用的接地线（每种色宽约 15～100mm 交替贴接）；

红与黑色并行——用双芯导线或双根绞线连接的交流电路。

（2）接地线芯或类似保护目的的线芯的颜色标志

在电气设备中，接地或类似保护目的对安全非常重要，因此，对于接地线芯或类似保护目的的线芯，国家作了如下明确规定：

无论采用颜色标志或数字标志，电缆中的接地线芯或类似保护目的用线芯，都必须采用绿-黄组合颜色的标志。而且必须强调，绿-黄组合颜色的标志不允许用于其他线芯。

绿-黄两种颜色的组合，其中任一种均不得少于 30%，不大于 70%，并且在整个长度上保持一致。

在多芯电缆中，绿-黄组合线芯应放在缆芯的最外层，其他线芯应尽量避免使用黄色或绿色作为识别颜色。

（3）多芯电缆线芯颜色标志的规定

二芯电缆——红、浅蓝;
三芯电缆——红、黄、绿;
四芯电缆——红、黄、绿、浅蓝。
其中,红、黄、绿用于主线芯,浅蓝用于中性线芯。

(4) 导线数字标记的颜色规定

电线电缆用数字识别时,载体应是同一种颜色;所有用于识别数字的颜色应颜色相同;载体颜色与标志颜色应明显不同。

多芯电缆绝缘线芯采用不同的数字标志,应符合下列规定:

二芯电缆——0,1;
三芯电缆——1,2,3;
四芯电缆——0,1,2,3。
其中,数字1,2,3用于主线芯,0用于中性线芯。
一般情况下,数字标志的颜色应为白色,数字标志应清晰,字迹应清楚。

3. 指示灯的颜色标志

指示灯的颜色是保障人身安全、便于操作和维修的一种措施。
指示灯颜色标志的含义及用途见表20.3.3-2。

指示灯颜色标志的含义及用途　　　　　表20.3.3-2

序号	颜色	含义	用途举例
1	红色	反常情况	指示由于过载、行程过头或其他事故;由于一个保护元件的作用,机器已被迫停车
2	黄色	小心	电流、温度等参变量达到它的极限值;自动循环的信号
3	绿色	准备起动	机器准备起动;全部辅助元件处于待工作状态。各种零件处于起动位置,液压或电压处于规定值;工作循环已完成,机器准备再起动
4	白色(无色)	工作正常,电路已通电	主开关处于工作位置;速度或旋转方向选择;个别驱动或辅助的传动在工作;机器正在运行
5	蓝色	以上颜色未包括的各种功能	

闪光信息的应用:

　　a. 告诉人们需进一步引起注意;

　　b. 须立即采取行动的信息;

　　c. 反映出的信息不符合指令的要求;

　　d. 表示变化过程(在过程中发闪光:亮与灭的时间比,一般是在1:1至4:1之间选取。较优先的信息应使用较高的闪烁频率)。

指示灯的选色示例见表 20.3.3-3。

指示灯选色示例　　　　　　　　表 20.3.3-3

序号	应用类型	开关功能	开关位置	指示灯位置和功能		指示灯选色
				安装位置 / 给操作者的光亮信息	光亮信息用意	
1	具有易触及带电部件的高低压试验室或试验区	主电源断路器	闭合	室（区）外的入口处 / 入内有危险	有触电危险	红色
			断开	/ 无电	安全	绿色
2	配电开关板	支路开关	闭合	开关板上 / 支路供电	供电	绿色
			断开	/ 支路无电	无电	白色
3	机器的控制与供电装置	电源断路器	断开	操作者的控制台上 / 不亮	未供电	—
			闭合	/ 供电	正常状态	白色
		各个起动器	闭合	/ 准备就绪	—	绿色
			闭合	/ 机器运转	起动确认	白色
4	抽出危险气体的通风机	电动机的起动器	闭合	风道口 / 注意：风机正在运转	注意	黄色
				操作者的控制台上和可能聚集有害气体的区域 / 正在抽气	安全	绿色
			断开	/ 停止抽气	危险	红色
5	若输送停止，被输送物会凝固的输送装置	电动机的起动器	闭合	运输机近旁 / 运输机在工作,勿触及,离开	注意	黄色
				操作者的控制台上 / 正常运行	正常状态	白色
				/ 运输机已超载,降低负荷	注意	黄色
			断开	/ 超载停机,重新起动	必须立即采取行动	红色

4. 按钮的颜色标志

按钮属于主令电器，主要用于发布命令，对电路实施闭合或断开命令等。因此，按钮的颜色标志对人身和设备安全具有重要意义。

（1）一般按钮的颜色标志　其含义及用途见表 20.3.3-4。

一般按钮颜色标志的含义及用途　　　　　　　　表 20.3.3-4

序号	颜色	含义	用途举例
1	红色	停车、开断	一台或多台电动机的停车 机器设备的一部分停止运行 磁力吸盘或电磁铁的断电 停止周期性的运行
		紧急停车	紧急开断 防止危险性过热的开断

续表

序号	颜色	含义	用途举例
2	绿色或黑色	起动、工作、点动	控制回路激磁 辅助功能的一台或多台电动机开始起动 机器设备的一部分起动 激励磁力吸盘或电磁铁点动或缓行
3	黄色	返回的起动、移动出界、正常工作循环或移动一开始时去抑止危险情况	在机器已完成一个循环的始点,机械元件返回 撤黄色按钮的功能可取消预置的功能
4	白色或蓝色	以上颜色所未包括的特殊功能	与工作循环无直接关系的辅助功能控制保护继电器的复位

(2) 带灯按钮的颜色标志含义及用途见表20.3.3-5。

带灯按钮颜色标志的含义及用途　　　　　表20.3.3-5

序号	指示灯颜色	彩色按钮含义	指派给按钮的功能	用途举例
1	红色	尽可能不用红指示灯	停止(不是紧急开断)	
2	黄色	小心	抑制反常情况的作用开始	电流、温度等参变量接近极限值 黄色按钮的作用能消除预先选择的功能
3	绿色	当按钮指示灯亮时,机器可以起动	机器或某一元件起动	工作正常 用于副传动的一台或多台电机起动 机器元件的起动 磁力卡盘或夹块激磁
4	蓝色	以上颜色和白色所不包括的各种功能	以上颜色和白色所不包括的功能	辅助功能的控制
5	白色	继续确认电路已通电、一种功能或移动已开始或预选	电路闭合或开始运行或预选	任何预选择或任何起动运行

20.3.4 电气安全图形标志

电气安全的图形标志由安全色、几何图形和图形符号构成,用以表达特定的安全信息。图形标志可以和文字说明的补充标志同时使用。电气安全的图形标志简称为安全标志。

1. 安全标志的分类

安全标志分为禁止标志、警告标志、指令标志、提示标志及补充标志,其含义及用途见表20.3.4-1。

安全标志的含义及用途　　　　　表20.3.4-1

序号	类别	含义	图形规定	用途举例
1	禁止标志	不准或制止人们的某些行动	带斜杠的圆环,其中圆环与斜杠相连,用红色;图形符号用黑色,背景用白色	禁止合闸,禁止起动,禁止攀登,禁止通行,禁止跨越

续表

序号	类别	含义	图形规定	用途举例
2	警告标志	警告人们可能会发生的危险	黑色的正三角形,黑色符号和黄色背景	注意安全,当心触电,当心爆炸,当心吊物,当心弧光,当心电离辐射,当心激光
3	命令标志	必须遵守	圆形,蓝色背景,白色图形符号	必须戴安全帽,必须穿防护鞋,必须系安全带,必须戴防护手套
4	提示标志	示意目标的方向	方形,绿、红色背景,白色图形符号及文字	安全通道,消防警铃
5	补充标志	对前述4种标志的补充说明,以防误解	写在上述标志的上方或下方,竖写或横写	

常见安全标志如图 20.3.4-1。

图 20.3.4-1 常见通用安全标志

2. 安全标志的尺寸

安全标志的尺寸可按下式计算:

$$A \geqslant \frac{L^2}{2000}$$

式中 A——安全标志几何图形本身的面积,m^2;
L——最大观察距离,m。

【例】 某禁止标志在距标志 10m 处让人们观察到,求其圆形标志的直径。

【解】 $A = \frac{L^2}{2000} = \frac{10^2}{2000} = 0.05 m^2$

圆形直径 $d = \sqrt{\frac{4}{\pi}A} = 2\sqrt{\frac{0.05}{\pi}} = 0.252 m$

通常,安全标志的圆形直径不得超过400mm,三角形的边长不得超过550mm,长方形的短边不得超过285mm。

3. 安全标志的其他规定

(1) 安全标志都应自带衬底色,采用与安全标志相应的对比色。其衬底的边宽最小为2mm,最大为10mm。

(2) 安全标志牌应用坚固耐用的材料制作,如金属板、塑料板、木板等,标志牌应无毛刺和孔洞,也可直接画在墙壁上或机具上。

(3) 有触电危险的场所,其标志牌应使用绝缘材料制作。

(4) 安全标志应放在醒目且与安全有关的地方,并使人们看到后有足够的时间注意它所显示的内容。安全标志不宜设在门、窗、架等可移动的物体上,以免这些物体改变位置后看不见标志。

(5) 标志杆的条纹颜色应和安全标志相一致。

(6) 安全标志牌每年至少应检查修理一次。

4. 电气安全图形标志的应用　示例见表20.3.4-2。

电气安全图形标志示例　　　表20.3.4-2

序号	名称	悬挂场所	式样		
			尺寸(mm)	底色	字色
1	禁止合闸,有人工作	一经合闸即可送电到施工设备的开关和刀闸操作把手上	200×100 和 80×50	白底	红字
2	禁止合闸,线路有人工作	线路开关和刀闸把手上	200×100 和 80×50	红底	白字
3	在此工作	室外和室内工作地点或施工设备上	250×250	绿底,中有直径210mm白圆圈	黑字,写于白圆圈中
4	止步高压危险	施工地点临近带电设备的遮拦上、室外工作地点的围栏上;禁止通行的过道上;高压试验地点;室外构架上工作地点临近带电设备的横梁上	250×200	白底红边	黑字,有红色箭头
5	从此上下	工作人员上下的铁架、梯子上	250×250	绿底中有直径210mm白圆圈	黑字,写于白圆圈中
6	禁止攀登,高压危险	工作临近可能上下的铁架上	250×200	白底红边	黑字
7	已接地	在看不到接地线的工作设备上	200×100	绿底	黑字

20.3.5　漏电保护器的设置

1. 漏电保护器设置范围

(1) 手握式及移动式用电设备。

(2) 建筑施工工地的用电设备。

(3) 环境特别恶劣或潮湿场所(如锅炉房、食堂、地下室及浴室)的电气设备。

(4) 住宅建筑每户的进线开关或插座专用回路。

(5) 由TT系统供电的用电设备。

(6) 与人体直接接触的医疗电气设备(但急救和手术用电设备等除外)。

2. 漏电保护器动作电流整定值

(1) 手握式用电设备为15mA。

(2) 环境恶劣或潮湿场所的用电设备(如高空作业、水下作业等处)为 6~10mA。

(3) 医疗电气设备为 6mA。

(4) 建筑施工工地的用电设备为 15~30mA。

(5) 家用电器回路为 30mA。

(6) 成套开关柜、分配电盘等为 100mA 以上。

(7) 防止电气火灾为 300mA。

(8) 为确保消防电源的连续供电,消防电气设备的漏电电流动作保护装置,只发漏电信号而不自动切断电源。

3. 漏电保护器的接线方法(见图 20.3.5-1)

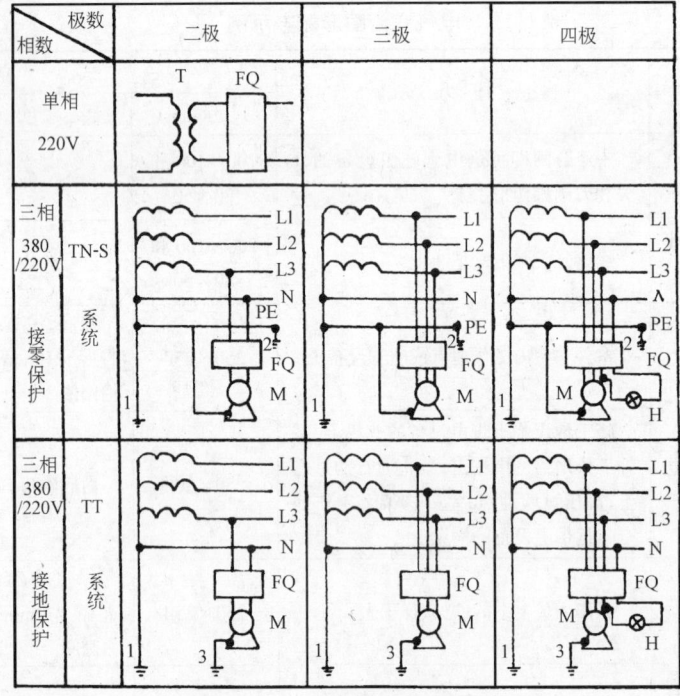

图 20.3.5-1 漏电保护器接线方法

L1、L2、L3—相线;N—工作零线;PE—保护零线;1—工作接地;2—重复接地;
3—保护接地;M—电动机;H—灯;FQ—漏电保护器;T—隔离变压器

20.4 电气安装、维修和设备操作安全

20.4.1 电气操作一般安全规定

1. 开关分合闸操作步骤

(1) 开关分合闸操作必须按操作命令执行操作过程,受令人根据调度命令填写操作票,然后按操作任务和顺序向发令人复诵一遍。

操作票的一般内容如下:

a. 操作开始时间;

b. 操作终了时间;

c. 操作任务；

d. 操作项目顺序；

e. 操作人、监护人、负责人名单。

(2) 操作人和监护人应根据模拟图板或接线图核对所填写的项目,并经值班负责人审核,三方均必须在操作票上签字。

(3) 当操作人站对位置后监护人再下操作令,操作人应用手指看被操作部位的设备编号并复诵命令,确认无误后,监护人发出"执行"命令,然后操作人才能动手操作,记下操作开始时间。

(4) 每步操作后,应通过目测机构或仪表、信号指示等来检查操作的质量,确认无误后,由监护人在该步骤上划"√"号,然后告诉操作人下一步操作内容。

(5) 操作结束后,应检查所有操作步骤是否已全部执行完毕,然后由监护人在操作票上填写操作结束时间,并向上级发令部门报告。

(6) 开关分合闸操作过程中应注意以下方面：

a. 分合闸操作必须有两人执行,指定其中对设备较为熟悉者做监护。特别重要的和复杂的分合闸操作,应由熟练的值班员执行,值班负责人或班长监护。

b. 停电拉闸操作必须按照开关、负载侧刀闸、母线侧刀闸顺序依次操作,送电合闸的顺序与此相反。严防带负载分断刀闸。

c. 操作中发生疑问时,不准擅自更改操作票,必须向值班调度员或值班负责人报告,弄清楚后再进行操作。

d. 用绝缘棒分合刀闸或经传动机构分合刀闸或开关,均应戴绝缘手套;雨天操作室外高压设备时,绝缘棒应有防雨罩,还应穿绝缘靴。接地网电阻不符合要求者,晴天也应穿绝缘靴。雷电时,禁止进行分合闸操作。

e. 装卸高压可熔保险器,应戴护目眼镜和绝缘手套,必要时可使用绝缘夹钳,并站在绝缘垫或绝缘台上。

f. 电力设备停电后,即使是事故停电,在未分断有关刀闸并做好安全措施以前,不得触及设备或跨越遮栏,以防突然来电。

2. 隔离开关的安全操作

隔离开关的主要作用是将电气接线的元件彼此可靠地隔开并形成可见的间隙。隔离开关有单相和三相联动之分。从操作机构来分则有电动、气动、机械传动和绝缘棒手动操作等四种。一般单相隔离开关都用绝缘棒手动操作;而三相联动开关则常用电动、气动或机械传动,其中电动、气动更适用于远距离操作。

隔离开关一般不允许用来切断或接通带负载的电流回路,因为在切断交流回路,特别是切断高压交流回路时,当闸刀与固定触头分离时会产生电弧,电弧使周围空气电离,有时电弧飞到毗邻相,造成相间短路,导致电气设备的严重损坏。电弧产生的高温还可能使操作人员灼伤,甚至使绝缘子炸裂,其碎块还可能砸伤操作人员。隔离开关的带负载合闸,也可能产生电弧。因此,一般只允许使用断路器或负载开关闭合或分断带负载的高压回路。实际上,隔离开关也有一定的自然灭弧能力,有时为了节省建设投资,也被用来切断或闭合负载电流较小的高压交流回路,但必须严格控制。

隔离开关在进行合闸操作时,应迅速、果断。如合闸一开始就发生电弧,此时要毫不犹豫地将闸刀迅速合上,禁止将闸刀再往回拉开,否则会使电弧扩大,损害更大。闸刀合好后,刀片应完全进入固定触头内。

隔离开关的刀闸操作,应缓慢小心。特别是当闸刀离开固定触头时,如发生电弧,应立即反向,重新闭合,并停止操作。

3. 断路器的安全操作

断路器具有良好的灭弧能力,能切断负载电流和短路电流,是电路中的主要操作元件,必须严格操作步骤和操作方法,否则会发生严重故障,甚至爆炸事故。

(1) 检查断路器的分断容量是否满足系统要求。

(2) 油断路器合闸后应考虑其分断能力。油断路器在断开短路电流时,绝缘油将在高温电弧的作用下急剧分解碳化。熄弧后要经过一段时间待触头间隙中的碳化微粒和金属蒸气自然排除,并在灭弧室内充满新鲜油以后方可重合闸,否则分断能力就要下降,降低的程度与断路器的结构、自动重合闸的间隔时间以及短路电流的大小有关。根据设计,油开关都能保证第一次自动重合闸,合闸后的分断容量不致降低。

(3) 检查空气断路器是否保持规定气压。当气压降低时,断路器的消弧能力随之降低,在分闸时可能造成爆炸。

空气断路器自动重合闸的分断容量决定于压缩空气的压力和补气量,一般空气断路器是能满足这一要求的,所以分断容量不会因此降低。

(4) 对电动操作的断路器应随时检查操作直流电压。电动操作的断路器,当操作电源的电压降低时,由于合闸功率不够将使断路器的合闸速度降低,曾发生过爆炸事故和不同期并列的重大事故。

(5) 操作隔离开关时,必须先确认断路器已经断开。在断路器分断以后,有时还要将两侧的手动隔离开关拉开,此时必须先到安装该断路器的处所,检查分合闸指示器和其他能表示断路器在分合闸状态的部件,在确认断路器已经断开,并在该断路器的操作把手上悬挂"不可合闸"的警告牌以后,方可操作隔离开关。

4. 熔断器的安全操作

熔断器是电路中人为地设置的一个最薄弱的通流元件,当流过过电流时,元件本身发热熔断,借灭弧介质的作用使电路开断。熔断器通常是空载合闸或很小的负载电流下合闸,空载断开或带负载断开。操作中应注意的安全事项如下:

(1) 检查熔断器的额定容量和开断容量是否与系统容量相配合,既不能太大,也不能太小。

(2) 为防止触头过热,对跌落式熔断器,其熔丝应拉紧。

(3) 跌落式熔断器合闸时,一般应先合迎风的一相,以免在风力作用下,发生飞弧而形成短路。

(4) 保护变压器的熔断器,在合闸时由于冲击电流过大可能使熔丝烧断,这在通常情况下不属于故障范围,可更换与原规格相同的熔丝后再合闸。

(5) 任何熔断器必须使用标准熔丝,切不可用其他金属丝代替。

(6) 低压熔断器分闸和合闸,必须使用专用的操作把手。

(7) 带熔断器的开关,如铁壳开关、胶盖开关等,应在外壳或胶盖完好的情况下闭合熔断器。

5．安全低压控制

在潮湿而易于发生漏电的地方，以及操作环境条件恶劣的场所，为保证操作者的人身安全而采用安全电压去控制电动机控制线路的方式，在工厂得到广泛应用。当身体接触按钮时，即使按钮漏电，也不会造成触电危险。控制线路由一台行灯变压器供电，接触器线圈也改为36V。

图20.4.1-1 为安全低压控制电路示例。

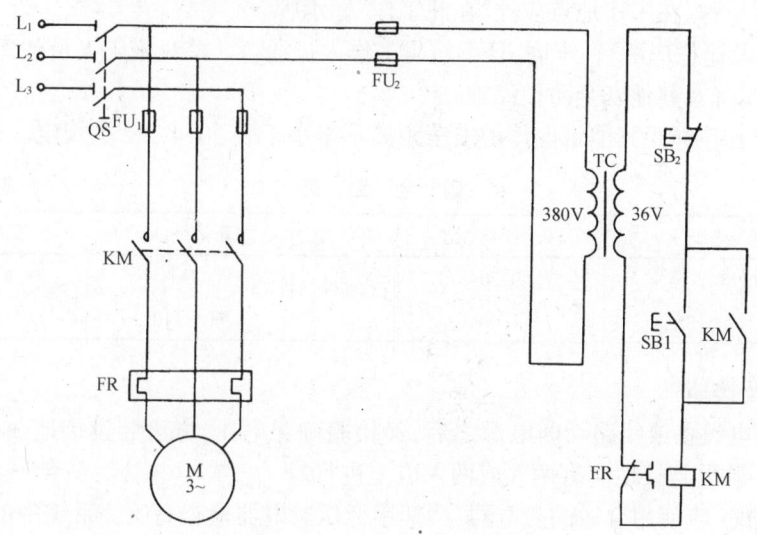

图 20.4.1-1　安全低压控制电路

TC—安全变压器(380/36V)；SB1—起动按钮；SB2—停止按钮；KM—交流接触器；FR—热继电器

20.4.2　停电作业安全规定

1．断开电源

（1）对于准备进行工作的电气设备，除应将一次测电源完全断开外，尚应检查有关变压器、电压互感器等有无从二次侧倒送电的可能性。

（2）断开施工设备上的电源时，至少应有一个明显的断开点，即除应断开断路器或自动空气开关外，还必须断开隔离开关或拉出小车开关。

（3）断开电源时，必须将电源回路的动力和操作熔断器取下，并应将就地操作把手拆除或加锁。

（4）在靠近带电部分工作时，工作人员正常活动范围与施工带电设备的安全距离，应大于表20.4.2-1的规定。

工作人员的正常活动范围与带电设备的安全距离　　　　表20.4.2-1

序 号	设备电压(kV)	距离(m)	序 号	设备电压(kV)	距离(m)
1	6以下	0.35	1	154	2.0
2	10~35	0.6	2	220	3.0
3	44	0.9	3	330	4.0
4	60~110	1.5	4		

2. 悬挂警告牌装设遮栏

(1) 在一经合闸即可送电到工作地点的开关设备的操作把手上,均应挂"禁止合闸,有人工作"的标示牌。

(2) 在屋内配电装置中的某一间隔内工作时,在其两旁及对面的间隔上,均应设遮栏并挂"止步,高压危险!"标示牌,在工作地点应挂"在此工作"标示牌,防止误入带电间隔。

(3) 在屋外变电所工作时,对工作地点四周的带电设备,应设遮栏或拉绳,并挂"止步,高压危险!"标示牌,在工作地点应挂"在此工作"标示牌。

(4) 拉绳及遮栏应醒目、牢固,且不妨碍工作人员通行。禁止施工人员任意移动或拆除遮栏、地线标示牌及其他安全防护设施。

临时遮栏和拉绳距其他带电体的安全距离不得小于表20.4.2-2的规定。

安 全 距 离   表20.4.2-2

序 号	电压等级(kV)	安全距离(m)	序 号	电压等级(kV)	安全距离(m)
1	15以下	0.70	3	44	1.20
2	20~35	1.00	4	60~110	1.50

3. 验电及接地

(1) 在停电设备或线路切断电源之后,经检验确无电压,方可装设接地线,接好地线方可进行工作。验电与接地应有两人或两人以上进行。

(2) 验电时,应使用合适的验电器,严禁用低压验电器检查高压。系统中的表计指示不能作为有无电压的依据,而只能作为参考,如指示有电,则不可在该设备上工作。在使用验电器前,应在确知的带电体上试验,证明良好,方可使用。进行高压验电时,应带绝缘手套。

(3) 对停电设备验明确无电压后,应立即将三相短路接地。对于可能送电至停电设备的各方面均应装设接地线。在停电母线上工作时,应将接地线尽量装在靠近电源进线处的母线段上,必要时可装两组地线。接地线应明显,并与带电设备保持安全距离。

(4) 接地应用可携型软裸铜地线或隔离开关的接地刀闸。地线截面不得小于 $25mm^2$。装拆地线应使用绝缘棒,带绝缘手套。接线时,应先接接地端,后接设备端。拆线时,顺序相反。

4. 恢复送电

(1) 停电设备恢复送电前,除回收全部工作票以外,还必须检查工作人员是否确已离开现场,地线是否确已拆除。

地线一经拆除,设备即应视为有电,不可再去接触。

(2) 严禁采用预约停送电时间的方式,在线路和设备上进行任何工作。

20.4.3 电气安装和维修安全工作

1. 一般规定

(1) 所有绝缘、检验工具,应妥善保管,严禁他用,并应定期检查、校验。

(2) 现场施工用高低压设备及线路,应按照施工设计及有关电气安全技术规程安装和架设。

(3) 线路上禁止带负荷接电或断电,并禁止带电操作。

(4) 熔化焊锡、锡块、工具要干燥,防止爆溅。

(5) 喷灯不得漏气、漏油及堵塞,不得在易燃、易爆场所点火及使用。工作完毕,灭火放气。

(6) 配制环氧树脂及沥青电缆胶时,操作地点应通风良好,并须戴好防护用品。

(7) 不得使用锡焊容器盛装热电缆胶。高空浇注时,下方不得有人。

(8) 有人触电,立即切断电源,进行急救;电气着火,应立即将有关电源切断,使用泡沫灭火器或干砂灭火。

2. 设备及内线安装维修

(1) 安装高压油开关、自动空气开关等有返回弹簧的开关设备时,应将开关置于断开位置。

(2) 多台配电箱(盘)并列安装时,手指不得放在两盘的接合处,也不得触摸连接螺孔。

(3) 剔槽打眼时,锤头不得松动铲子应无卷边、裂纹,戴好防护眼镜。楼板砖墙打透眼时,板下、墙后不得有人靠近。

(4) 人力弯管器弯管,应选好场地,防止滑倒和坠落,操作时面部要避开。

(5) 管子煨弯砂子必须烘干,装砂架子搭设牢固,并设栏杆。用机械敲打时,下面不得站人,人工敲上下要错开。管子加热时,管口前不得有人。

(6) 管子穿带线时,不得对管口呼气、吹气,防止带线弹力勾眼。穿导线时,应互助配合防止挤手。

(7) 安装照明线路不准直接在板条大棚或隔音板上通行及堆放材料。必须通行时,应在大楞上铺设脚手板。

3. 外线及电缆工程

(1) 电杆用小车搬运,应捆绑卡牢。人抬时,动作一致,电杆不得离地过高。

(2) 人工立杆,所用叉木应坚固完好,操作时,互相配合,用力均衡。机械立杆,两侧应设溜绳。立杆时坑内不得有人,基坑夯实后,方准拆去叉木或拖拉绳。

(3) 登杆前,杆根应夯实牢固。旧木杆杆根单侧腐朽深度超过杆根直径八分之一以上时,应经加固后,方能登杆。

(4) 登杆操作脚扣应与杆径相适应。使用脚踏板,钩子应向上。安全带应拴于安全可靠处,扣环扣牢,不准拴于瓷瓶或横担上。工具、材料应用绳索传递,禁止上下抛扔。

(5) 杆上紧线应侧向操作,并将夹紧螺栓拧紧。紧有角度的导线,应在外侧作业。调整拉线时,杆上不得有人。

(6) 紧线用的铁丝或钢丝绳,应能承受全部拉力,与导线的连接,必须牢固,紧线时,导线下方不得有人。单方向紧线时,反方向应设置临时拉线。

(7) 架线时在线路的每 2~3km 处,应接地一次,送电前必须拆除,如遇雷雨,停止工作。

(8) 电缆盘上的电缆端头,应绑扎牢固。放线架、千斤顶应设置平稳,线盘应缓慢转动,防止脱杠或倾倒。电缆敷设至拐弯处,应站在外侧操作。木盘上钉子应拔掉或打弯。

4. 电气调试

(1) 进行耐压试验装置的金属外壳须接地。被试设备或电缆两端,如不在同一地点,另一端应有人看守或加锁。并对仪表、接线等检查无误,人员撤离后,方可升压。

(2) 电气设备或材料作非冲击性试验,升压或降压,均应缓慢进行。因故暂停或试压结束,应先切断电源,安全放电,并将升压设备高压侧短路接地。

(3) 电力传动装置系统及高低压各型开关调试时,应将有关的开关手柄取下或锁上,悬挂标示牌,防止误合闸。

(4) 用摇表测定绝缘电阻,应防止有人触及正在测定中的线路或设备。测定容性或感性设备、材料后,必须放电。雷电时禁止测定线路绝缘。

(5) 电流互感器禁止开路,电压互感器禁止短路和以升压方式运行。

(6) 电气材料或设备需放电时,应穿戴绝缘防护用品,用绝缘棒安全放电。

20.4.4 施工临时用电安全管理

1. 一般规定

(1) 工地施工用电的布设,应按已批准的施工组织设计进行,并应符合当地电业局的规定。

(2) 施工用电线路及设备的绝缘必须良好,布线应整齐,裸露的带电部分应装于不易被触及的处所。

(3) 当施工用的 10kV 及以下变压器装于地面时,一般应有 0.5m 的高台。高台周围应装设栅栏,其高度不低于 1.7m。栅栏与变压器外廓的距离不得小于 1m,并挂"止步,高压危险"的标示牌。

(4) 架空线路的路径要选择合理,避开易撞、易碰、潮湿场所及热管道。使用绝缘线的低压临时动力及照明线路,其对地距离不得小于 2.5m,交通要道及车辆通行处不得低于 5m。

其他情况应满足表 20.4.4-1 的规定。

架空线路的最小安全距离　　　　　　表 20.4.4-1

项次	类　别	项　目	线路额定电压	
			1kV 以下	1~10kV
1	线路交叉	最小垂直距离(m)	1	2
2	线路与地面最小距离	人员频繁活动区(m)	6	6.5
		非人员频繁活动区(m)	5	5.5
		极偏地区(m)	4	4.5
		公路(m)	6	7
		铁路轨顶(m)	7.5	7.5
		建筑物顶部(m)	2.5	3
3	边导线与建筑物	最小距离(m)	1	1.5

(5) 对直埋电缆可视现场和地区情况,将其埋深定为 0.2~0.8m,车辆通行地区应穿管保护,地面应有明显标记。沿建筑物、构筑物架空敷设的电缆,其高度不得低于 2m。

(6) 露天使用的电气设备及元件,均应选用防水型或采取防水措施。

(7) 在有易燃易爆气体的场所,电气设备及线路均应满足防爆要求;在有大量蒸汽及粉尘的场所,应满足密封、防尘的要求。

(8) 能够散发大量热量的电气设施,如电热器、碘钨灯、长弧氙灯等,不得靠近易燃物安装,必要时应采取隔离、隔热措施。

(9) 连接电动机械与电动工具的电气回路,应设开关或插座,并应有保护装置(如熔丝或自动空气开关等)。移动式电动机械应使用软橡胶电缆。严禁一闸接多台电动设备。

(10) 热元件和熔断器的容量应满足被保护设备的要求,熔丝应有保护罩。管形熔断器不得无管使用。熔丝不得削小使用。严禁用其他金属线代替熔丝。

(11) 熔丝熔断后,必须查明原因、排除故障,方可更换、送电。

(12) 所有电气设备,包括起动控制设备,不得超铭牌使用。闸刀型电源开关严禁带负荷拉闸。

(13) 现场设备的多路电源闸箱应为密封式,并靠边放置。各种开关及熔断器的上口接电源,下口接负荷,严禁倒接。已接负荷要标出名称。两相闸刀开关要标明电压。

(14) 不同电压的插座与插销应选用不同的结构。严禁用两相三孔插座代替三相插座。电线不得直接插入插座内。

(15) 手动操作开启式自动空气开关、闸刀开关及管形熔断器时,应使用绝缘工具,如绝缘手套、绝缘棒等。绝缘工具应定期进行试验,其要求见第4章。

(16) 一切负荷拆除后,均不得留有可能带电的导线,如必须保留,应将裸露端部包好绝缘,并做出标记,妥善放置。

(17) 电线管及电线槽内的电线不得有接头。

(18) 对地电压在250V以下的低压电气网络,允许带电作业,但需遵守下列规定:

  a. 欲拆除或接入的线路必须不带任何负荷;

  b. 相间及相对地应有足够的距离,并能满足工作人员及操作工具不致同时碰接不同相导体的要求;

  c. 要有可靠的安全绝缘措施,如带手套、帽子,穿长袖工作衣裤,着绝缘鞋或站在绝缘台、垫上,使用有绝缘手柄的工具等;

  d. 设专人监护。

(19) 对电气设施应配备适用于扑灭电气火灾的消防器材。发生电气火灾,首先应切断电源。

2. 施工现场的照明

(1) 110V及以上的灯具只可作固定照明用,其悬挂高度一般不得低于2m;低于2m时,应设保护罩,以防人员意外接触。

(2) 在下列情况及场所应使用36V及以下的低压照明:

  a. 行灯;

  b. 电缆沟道、隧道、夹层及其他空间狭小的场所;

  c. 地面潮湿的沟道、地坑及金属容器内的照明电压不得超过12V。

(3) 行灯应有保护罩。行灯变压器低压侧应有一端接地。

(4) 使用螺旋灯头时,零线应接在螺口上,照明开关应控制火线。

(5) 在有易燃、易爆气体或大量蒸汽的场所,应使用防爆灯具或采用投光灯。

3. 安全接地及接零

(1) 对地电压在127V及以上的下列电气设备及设施,均应装设接地或接零保护:

  a. 发电机、电动机及变压器(电焊机)的金属外壳;

  b. 开关及其传动装置的金属底座或外壳;

  c. 电流互感器的二次线圈;

d. 配电盘、控制盘的外壳；
　　e. 配电装置的金属架构，带电设备周围的栅栏；
　　f. 高压绝缘子及套管的金属底座；
　　g. 电力电缆的金属外皮；
　　h. 高架吊车的轨道及铆、焊、铁工的工作平台；
　　i. 电压在36V以上的电动机具和工具的金属外壳。
　　(2) 中性点不接地系统中的电气设备应采用接地保护。接地保护应接至接地网上。接地网的接地电阻规定为：总容量为100kVA及以上的系统，不大于4Ω；总容量为100kVA以下的系统，不大于10Ω。
　　(3) 中性点直接接地系统中的电气设备应采用接零保护。若用接地保护，则接地网与变压器中性点应有金属性连接。
　　(4) 接零保护应符合下列规定：
　　a. 架空线零线终端、总配电盘及区域配电闸箱的零线应作重复接地；
　　b. 高架吊车轨道接零后，再做重复接地；
　　c. 接引至电气设备的工作零线与保护零线必须分开；保护零线不得接任何开关和熔断器；
　　d. 工作零线与保护零线的干线可以合用，此时其截面不得小于相线的二分之一；
　　e. 接引至移动式、手提式电动机械的零线必须用软铜线，其截面一般不得小于相线的三分之一，且不得小于$1.5mm^2$。
　　(5) 地线及零线应采用焊接、压接或螺栓连接方法。若用缠绕法，应按照电线对接、搭接的工艺要求进行，严禁简单缠绕或钩挂。

4. 施工用电管理

　　(1) 施工用电系统安装完毕后，应有完整的系统图、布置图等竣工资料。施工电源应设专业班组负责运行与维护。其他人员不得擅自改动施工电源设施。
　　(2) 现场施工电源设施，除经常性维护外，每年雨季前应检修一次，并测量绝缘电阻。
　　(3) 接引电源工作，必须有监护人，方可进行。
　　(4) 严禁非电工人员拆装电气设备及电源。
　　(5) 施工用电线路及电气设备的检修和恢复送电，应按本章第20.4节的规定进行。

20.5 电气防火

　　着火有三个要素：易燃物、火源、助燃剂。电气防火的基本问题是：在制造和安装电气设备和电气线路时，减少易燃物，或选用具有一定阻燃能力的绝缘材料和护层材料；减少电气火源；当发生了电气火灾后，控制和隔绝助燃剂（主要是空气）。

20.5.1 电气火源

1. 明火引起的着火

　　电气产品可能产生的明火主要有电弧和电火花，它们可能是工作中需要的，也可能是故障造成的，例如，电焊是以电弧工作的明显例证。电焊机工作时，产生电弧，并迸发出许多火花。如果火花落到了可燃物上，就可能着火，甚至引起火灾。又如，闸刀开关是必不可少的电器,当拉闸时,会有电弧产生,并伴随着火花;直流电机运转时,碳刷与换向器间会产生火花;当熔断器工作时,熔断器断裂也会产生电火花;如果导线的绝缘由于老化或其他原因遭到破坏,会与其他不同电位的导线短路而产生火花;大负载导线联接处松动,也会产生火花,等等。

以上这些火花如果碰到了可燃物,就可能着火,如果碰到油等流动的可燃物,火灾还会很快蔓延。

2. 高温引起的着火

有些物品,只要遇到高温,达到其自燃温度,在没有明火点燃的情况下,也会自燃起火。

例如,白炽灯灯泡表面温度较高(见表20.5.1-1),一般情况下不会引起火灾,但如果将其与可燃物放在一起,散热条件变劣,则白炽灯灯泡表面温度将大大升高,使其紧贴的易燃物自燃着火。如将灯泡埋放在稻草里,75W 的灯泡,3min 可使温度达到 360℃,稻草自燃,100W 的灯泡只需 2min 可使稻草自燃。

在一般散热条件下白炽灯灯泡表面温度　　　　表 20.5.1-1

序号	灯泡功率(W)	灯泡表面温度(℃)	序号	灯泡功率(W)	灯泡表面温度(℃)
1	40	50~60	4	150	150~230
2	75	140~200	5	200	160~300
3	100	170~220			

工厂企业的其他照明灯泡,危险性还要大。例如,高压水银灯,其玻璃壳表面温度虽与白炽灯相近(400W 的,其表面温度在 150~250℃ 之间),但由于功率大,若散热条件不好,热量积累快,温度上升也快,危险性更大;卤钨灯的石英玻璃管表面温度达 500~800℃,与一般电炉相近。若把带罩的卤钨灯放在地毯上,几分钟即可着火。

电线电缆,由于表面绝缘材料不同,能耐受的温度也不同。如果超高负载运行,或长时间过载运行,温度过高会引起表面燃烧。因此,对于不同绝缘材料与不同安装方法的电线电缆都规定了安全电流密度。

电机及其他电器,都有额定负载的规定及允许的过载系数及过载时间,如果超过了规定的限度,电机电器温度过高,也可能引起着火,烧毁绕组和绝缘,甚至引起附近其他产品起火。

电机绕组绝缘如果损坏,形成匝间短路而引起高温着火;碳刷与换向器过分摩擦生热,如遇积炭或积油,也会引起着火。

3. 爆炸引起的着火

油断路器中,如果油面过高,析出气体在油箱内形成过高压力,会引起爆炸而起火。

电烘箱内,如果挥发气体过多,排气不畅,箱内气压过大,也会引起爆炸起火。

在电容器及其他电子元器件中,当绝缘材料发生击穿或局部放电时,会使浸渍油分析出气体,当压强过大时,也会爆炸起火。

20.5.2 电气防火的基本措施

1. 按防火要求设计和选用电气产品

为了防止电气火灾,应在电气产品的设计制造与选用时就消除火灾隐患。其基本方法是:

(1) 采用过载和故障条件下不燃或不易燃(阻燃)的零部件。
(2) 采用足以耐受电气产品内部预期的起燃源导致高热的部件及其外壳。
(3) 通过合理的设计,充分限制火势传播和火焰蔓延。

其具体措施是:
(1) 选择元件时,其额定功率或额定电流应有充分的余量;在过载时,元件应能自行开路以断开电源;元件的自燃特性应适应电路最大故障功率或故障电流的需要。
(2) 利用热屏蔽或散热装置防止危险元件起火。
(3) 相邻元件之间要有足够大的距离,以便把过多的热量散发掉。
(4) 利用附加装置(如限压装置、限流装置等)保护有危险的电路。

2. 按防火要求提高电气安装和维修水平

按防火要求提高电气安装和维修水平主要从减少明火、降低温度、减少易燃物三个方面入手。

(1) 减少明火

a. 完善灭弧装置。各种灭弧装置具有明显的熄弧能力,完善灭弧装置就可缩短熄弧的时间,并将电弧限制在灭弧装置内,有效地防止电弧飞溅。

b. 保证灭弧介质的质量和数量。各种灭弧装置具有不同的灭弧介质,例如,油开关的绝缘油,填料式熔管中的石英砂等。如果这些灭弧介质受潮、混入过多的杂质,以及装入的介质数量不够等,都将使电弧不易熄灭,甚至引起爆炸,造成火灾等事故。

c. 安装好设备的护罩。各种护罩,如开关的外壳等,可使装置产生的明火限制在护罩内,因此,必须保证护罩的完好性,甚至密封性。

d. 保证各种导体接头的电气连续性,防止接头处产生电气火花。

e. 保证设备的绝缘性,防止电气击穿放电,产生电火花。

f. 加强电机换向器和电刷的维护,降低其火花等级。

g. 保证电气接地的良好,防止对地放电而产生火花。

(2) 降低设备运行温度

a. 改善散热环境。环境的温度、湿度、空气流通性,对设备散热、防止高温有重要意义,因此,在安装和维护中,应充分改善散热环境,特别要防止设备冷却风的闭式热循环,即由于安装位置不合适,造成冷却风在设备周围循环。

b. 保证散热冷却装置的完好性。不同的设备有不同的散热冷却装置和冷却介质,如空气自冷、强迫风冷、水冷、油冷等,有的设备还装有不同形式的散热片、散热管等。这些对防止设备高温具有重要意义,因此,安装和维修中应保证其装置的完整和功能的完好性。

c. 防止开关触头和导体接头过热,即应保证触头和接头的电气连续性,降低接触电阻。

d. 保证热保护装置整定值的正确性和动作功能的完好性,使之一旦过热,能尽快切除设备的供电电源或改变供电的方式(如减少负载)。

e. 防止漏磁发热。当电流流过导体时,在导体周围形成一个磁场,处在导体周围的钢铁结构件就会因磁化而发热,特别是当这些钢铁结构件构成闭合磁路后,其磁化和发热程度将大大加剧,因此而可能引起火灾。为此,在电气安装和维修中应尽量防止形成铁磁闭合磁路,例如:同一回路的导线必须穿于同一铁管内;穿墙套管的固定钢板应在其环形的某一处开槽后镶铜;大电流引出线连接螺母和垫片应采用铜质件;大电流母线的固定件应是开口的。

(3) 减少易燃物

a. 油浸式电气设备中的各种绝缘油属于易燃物,在安装和维修中应尽量减少或杜绝油的渗漏。各种油浸式电气设备一般应有因设备故障时油的贮存设施,例如,油浸式电力变压器应设置油池,以防油向外流淌,引起火灾事故。

b. 控制和减少易燃绝缘材料的使用量,尤其是室内,例如,电缆外护层材料(如麻被等)在电缆进入室内的部分尽量将其除去。

c. 对含有易燃易爆气体的场所,如油浸式变压器室、铅酸蓄电池室,应加强通风,不断降低室内易燃、易爆混合气体的浓度,减少火灾和爆炸的危险。

3. 灭火材料的选用

为了防止电气火灾的蔓延,在电气设备密集的场所以及含有易燃易爆气体的场所,例如配电室、控制室、变压器室、蓄电池间等,应在其内或其附近放置必要的灭火器材和工具。

常用的灭火材料主要有以下一些,应根据电气火灾的特点及场所合理选用。

(1) 水

水是常用来灭火的,它有较大的比热,在标准大气压下,水在100℃时能蒸发为蒸汽,每1kg 的水要吸收539.4kcal 的热量。因此,水有很好的冷却性能。把水喷散就可造成很大的冷却效果,大大降低燃烧的温度,使火焰熄灭。

水的比重较大,不能做比重较小的液体(如石油、汽油、火油等)的灭火物质,因为比重较小的液体仍能浮在水面上继续燃烧,并能使燃烧蔓延。一般的河水或自来水都含有各种盐类等杂质,有良好的导电性能,因此也不能在带电设备上用水灭火。

(2) 四氯化碳

四氯化碳是一种无色、容易挥发的液体,有特殊臭味,有毒,不导电。它蒸发成气体时的冷却效应并不大,1kg 液态的四氯化碳可形成145L 气体。这种气体聚集在燃烧区域上和燃烧产物混合,就能遏止燃烧。空气中含有10%的四氯化碳气体,就可产生灭火效果。它适用于扑灭电机、电器、线路、配电装置等的火灾,但如电压在220V 以上时,仍应穿戴橡皮靴和手套。

灭火机悬挂地点不应过高,不应让太阳晒到,但要干燥。每隔三个月应该试喷一次,作为检查。

(3) 二氧化碳

二氧化碳是一种不导电的灭火剂,常用作电气设备的灭火材料。液态的二氧化碳化为气体时,容积增大400～500 倍,并吸收大量热量,因此,在气化的区域,气温迅速降低,这时,二氧化碳可能凝成固体,形成雪花状,温度可降低到 -78.5℃。雪状的二氧化碳被火加热后,直接变为气体,吸收热量,使燃烧物的温度急剧下降。这种气体笼罩着燃烧物,能止熄燃烧。

二氧化碳灭火机是将液态二氧化碳压缩在钢筒内,其压力在常温(20℃左右)下是 $600N/cm^2$,喷射距离为2～3m。灭火时,喷流应对准火焰,避免人体碰到喷流而发生冻伤。

二氧化碳灭火剂的缺点是容易使人窒息,当浓度达到85%时,人就感到呼吸困难。

(4) 二氟一氯溴甲烷

二氟一氯溴甲烷简称1211,是一种具有高效低毒、腐蚀性小、灭火后不留痕迹的灭火剂。这种灭火剂的灭火原理是,它和燃烧所产生的化合物相结合,使燃烧联锁反应停止,并有一定的冷却作用。喷出时部分为液雾,部分为气体,液雾随即气化。因此,喷射范围广,迅速分布火焰四周,灭火效率高。

这种灭火剂可在-50~70℃范围内使用,特别适宜于带绝缘油的电气设备,如油浸式电力变压器、油开关、油浸式自耦减压起动器。

(5) 酸碱泡沫灭火剂

酸碱泡沫灭火剂是利用硫酸和碳酸氢钠作用而放出二氧化碳。为了降低酸的腐蚀性,有的采用硫酸铝代替硫酸。但是,要使二氧化碳气体笼罩火焰是比较困难的,因为容易被气流所冲散。为解决这一现象,最好造成泡沫状。泡沫是包含在液体膜中的气体,泡沫中液体的量比气体少得多。在酸碱灭火机中加入某种化学药品(通常用甘草根汁),就可造成泡沫。泡沫的比重较小,能浮在比重不大的液体(油、汽油、柴油、火油、酒精等)表面。泡沫层能暂时阻断热的传播,故用在上列液体的消防很有效,也可用于固体物的灭火。但用在消灭棉花、柴草的燃烧时,常不能见效。此外,这类药品是导电的,决不可以用在电气设备中的灭火。

使用灭火机时,要将机身倒置,就能使泡沫喷出,它的射程为10m,可站在离燃烧处5~6m的地方喷射。

灭火机应放在干燥通风的地方,不要让它过冷,也不许让日光晒着。药液要及时检查更换。

(6) 灭火化学粉末

干性化学粉末可用在电动机、内燃机、乙炔等的灭火。这类设备或物质是不能用水来灭火的。灭火药物的主要成分是碳酸钠、碳酸氢钠,加入滑石粉、硅藻土、石棉粉掺和而成。粉末落在物质表面,就分解出二氧化碳,成雾形来隔断空气,同时也能吸收一些热量,遏制燃烧。

药粉可装在筒中,利用压缩的二氧化碳喷射。

(7) 黄砂

黄砂是常用的灭火材料。在易燃液体着火时,用沙盖住火焰,就能使火熄灭。

遇有电气设备着火时,首先应立即将有关设备的电源切断,然后再进行灭火工作。对带电设备灭火时,应使用干式灭火器、二氧化碳灭火器、四氯化碳灭火器、二氟一氯甲烷(1211)灭火器等。对有油的设备,应使用干燥的黄砂灭火。

20.6 静电、电磁波、射线和激光的安全防护

20.6.1 静电安全防护

在石油、化工、造纸、印刷、粉末加工等工业生产过程中,在易燃易爆气体和液体的贮存、运输过程中,以及人们日常生活中,静电的安全防护具有十分重要的意义。

1. 静电的产生

两种物质在紧密接触后再分离、互相摩擦、受热或受压、发生电解以及受到其他带电体的感应等过程中,均会发生电荷的转移,破坏物质原子中正负电荷的平衡,结果便产生静电,使物体带电。

产生静电的主要原因是:

(1) 摩擦带电

物体相互摩擦时,发生接触位置的移动和电荷的分离,结果产生静电。此类带电方式大量出现在各行各业和日常生活中。如纺织行业的拉丝、梳棉、织布、纺纱、整理等各道工序;

造纸行业的烘卷、裁切；印刷行业的纸张传印等。

（2）剥离带电

相互密切结合的物体剥离时引起电荷分离，产生静电，例如传动橡胶带与轮轴的分离，穿脱尼龙、化纤服装等。

（3）流动带电

高电阻液体在管道中流动，液体与管壁等固体接触时，在液体和固体的接触面上形成双电层，流动的液体将一部分电荷带走，产生静电。例如，石油在管道中流动，粉尘用压缩空气在管道中输送等，都会在液体、粉体和管道上产生静电。

（4）喷射带电

粉尘、液体或气体从截面很小的孔洞、狭缝中喷射出来时，这些流体与喷口摩擦，产生大量静电。

（5）冲撞带电

粉体类的粒子之间或粒子与固体之间的冲撞，实际上形成了高频率的接触与分离并产生静电。

（6）破裂带电

当固体类或粉体类物体破裂时，出现电荷的分离，破坏了正负电荷的平衡，产生静电。

（7）飞沫带电

喷在空间的液体类，由于扩展分散和分离，出现由许多小滴组成的新液面，于是产生静电。

（8）滴下带电

附着在器壁等处的固体，其表面的珠状液体逐渐增大后，由于其自重形成了液滴。液滴坠落分离时出现电荷分离，产生静电。

（9）感应带电

在带电的高压架空线路与地面之间，或在变电站高压带电设备的附近，都有电场存在。如在电场中引入一个与大地绝缘良好的导电物体，则根据静电感应原理，导体内部的自由电子在电场力的作用下发生移动。移动的结果使导体内部电荷重新分布，使导体带有电压。这种现象称为静电感应。

此外，在液体中，由于分散和混入比重不同的其他液体，在沉降和浮起的过程中，出现正负电荷分离现象，以及附近有电子、电离的离子时，物体表面产生电荷分离等等，都可能产生静电。

2. 静电的特点及其危害

（1）静电电压很高

静电电压可按下式确定：

$$U = Q/C$$

式中　U——静电电压，V；

　　　Q——静电电荷，C(库仑)；

　　　C——电容，F。

两物体接触后分离，两物体间的电容 C 随着距离增加而迅速减小，其电压迅速升高，可达数万伏。

当物体积累的电荷 Q 很多,又不能泄去时,其电压亦随电荷的增加而升高。例如,人穿绝缘鞋在沥青路面行走一定时间后,人身上的静电电压可达 1~3 万伏。

(2) 静电能量释放时可产生火花

一般导体上静电电荷所具有的能量可按下式确定:

$$E = \frac{1}{2}CU^2 = \frac{1}{2}Q^2/C$$

式中　E——静电能量,J;
　　　C——电容,F;
　　　U——静电电压;V;
　　　Q——静电电荷;C。

当这些能量释放时可能产生火花。其火花能量(即静电能量)大于周围物质的最小引燃能量时,便会引起燃烧或爆炸。

常用物质的最小引燃能量见表 20.6.1-1 和表 20.6.1-2。

常用易燃气体和蒸汽的最小引燃能量(在 1bar、20℃时)　　表 20.6.1-1

序号	类别	物质名称	最小引燃能量(mJ)
1	同空气形成的混合物	乙醛	0.37
		丙酮	1.15
		乙炔	0.017
		丙烯醛	0.13
		丙烯腈	0.16
		苯,C_6H_6	0.2
		1,3-丁二烯	0.13
		丁烷	0.25
		二硫化炭	0.009
		环己烷	0.22
		环戊烷	0.54
		环戊间二烯	0.67
		环丙烷	0.17
		乙醚	0.19
		二氢吡喃	0.36
		二异丁烯	0.96
		二异丙醚	1.14
		2,2-二甲基丁烷	0.25
		二甲醚	0.29
		2,2-二甲基丙烷	1.57
		乙烷	0.24
		醋酸乙酯	1.42
		乙胺	2.4
		乙烯	0.07
		乙撑亚胺	0.48
		环氧乙烷	0.06
		呋喃	0.22
		(正)庚烷	0.24
		(正)己烷	0.24
		氢	0.011
		硫化氢	0.068

续表

序号	类别	物质名称	最小引燃能量(mJ)
1	同空气形成的混合物	甲烷	0.28
		甲醇	0.14
		丙炔	0.11
		丁酮	0.53
		甲基丁烷	0.25
		甲基环己烷	0.27
		i-(正)辛烷	1.35
		i-(正)戊烷	0.21
		n-(正)戊烷	0.22
		2-戊烯	0.18
		丙烷	0.25
		i-丙醇	0.65
		i-丙胺	2.0
		i-丙基氯	1.55
		n-丙基氯	1.08
		氧化丙烯	0.13
		丙烯	0.28
		丙硫醇	0.53
		四氢呋喃	0.54
		四氢吡喃	0.22
		三乙胺	0.75
		2,3-三甲基丁烷	1.0
		醋酸乙烯脂	0.7
		乙烯基乙炔	0.082
2	同氧气形成的混合物	乙炔	0.0002
		乙烷	0.0019
		乙烯	0.0009
		乙醚	0.0012
		乙醚[含有86%(体积比)的一氧化二氮]	0.0012
		氢	0.0012
		甲烷	0.0027
		丙烷	0.0021
3	同一氧化氮形成的混合物	氢	8.7
		甲烷	8.7

粉尘-空气混合物的最小点燃能量　　　　　　表 20.6.1-2

物质	最小点燃能量,(mJ)	点燃下限,(g/m³)	最大爆炸压力(N/cm²)
醋酸纤维素	15	35	93
己二酸	60	35	58
铝	50	25	62
硬脂酸铝	15	15	43
(干)酪素	60	45	45
纤维素(填充剂)	35	50	89
肉桂	30	60	78
煤	40	35	31
可可粉	100	45	67
苯乙烯树脂	30	30	62

续表

物 质	最小点燃能量,(mJ)	点燃下限,(g/m³)	最大爆炸压力(N/cm²)
软木粉(填充剂)	45	35	75
玉米粉	40	45	66
玉米粉	20	40	79
棉花(填充剂)	25	50	65
糊精($C_6H_{10}O_5$)	40	40	73
环氧树脂	15	20	65
乙基纤维素	10	25	82
硬橡胶	30	30	64
大麻纤维	30	40	71
六甲撑四胺	10	15	68
木质素	20	40	71
镁	80	20	50
硬有机玻璃	15	20	70
尼龙	20	30	66
仲多聚甲醛$(CH_2O)_x$	20	40	91
季戊四醇	10	30	62
磷,红色的	0.2		
邻苯二酸酐	15	15	50
聚碳酸酯	25	25	66
聚乙烯	10	20	59
马铃薯淀粉	20	45	67
大米	40	45	64
虫胶	10	20	50
肥皂	60	45	41
糖	30	35	63
硫磺	15	35	28
钍	5	75	55
钛	40	45	60
铀	45	60	48
小麦粉	50	60	66
小麦淀粉	20	25	73
木头粉(填充剂)	20	50	65
锆	5	40	62

(3) 静电起电序列

两种物体相互接触而产生的静电,按其电荷的极性,将物体排列成序列,这样的序列叫做静电序列或静电起电序列。静电序列是实验结果,由于实验条件不同,结果不完全一致,典型的静电序列见表20.6.1-3。

静电起电典型序列　　　　　表20.6.1-3

序　号	第一种	第二种	第三种	第四种	第五种
1	玻璃	乙基赛璐璐	羊毛	羊毛	玻璃
2	头发	酪朊	尼龙	尼龙	头发
3	尼龙	帕司派克司	粘胶纤维	绸	尼龙丝
4	羊毛	塔夫塔尔	木棉	粘胶纤维	尼龙聚合物

续表

序号	第一种	第二种	第三种	第四种	第五种
5	人造纤维(嫘萦)	硬橡胶	绸	人的皮肤	羊毛
6	绸	醋酸赛璐璐	醋酸盐	玻璃纤维	绸
7	醋酸人造丝	玻璃	丙烯酸树酯	木棉	粘胶纤维
8	奥纶(聚丙烯腈短纤维)棉混纺	金属	聚乙烯醇	玻璃	木棉
9	纸浆和滤纸	聚苯乙烯	达可纶(聚酯纤维)	达可纶(聚酯纤维)	纸
10	黑橡胶	乙聚烯	奥纶(聚丙烯腈短纤维)	铬	麻
11	涤纶(三菱)	聚四氟乙烯	达奈尔(40%丙烯腈60%氯乙烯合成纤维)	奥纶(聚丙烯腈短纤维)	钢
12	维纶(聚乙烯醇缩甲醛纤维)	硝酸赛璐璐		聚乙烯	硬橡胶
13	沙纶		尼龙6		醋酸人造丝
14	达可纶(聚酯纤维)		聚乙烯		合成橡胶
15	涤纶(ICC)		聚四氟乙烯		奥纶(聚丙烯腈短纤维)
16	电石				沙纶
17	聚乙烯				聚乙烯
18	可耐可纶				
19	赛璐璐				
20	玻璃纸(赛璐璐)				
21	聚氯乙烯				
22	聚四氟乙烯				

在同一静电序列中,排在前面的带正电,排在后面的带负电,其所在位置越远时,接触时的静电产生量也就越大。静电序列对于研究起电和放电的特征,对于选择适当的材料,以控制静电的危害,有着很重要的意义。

(4) 静电危害

静电的主要危害见表20.6.1-4。

静电的主要危害 表20.6.1-4

序号	危害原因	危害种类	危害方式	危害举例
1	点燃源	爆炸及火灾	可燃、易燃性液体起火或爆炸 某些粉尘爆炸或起火 易燃性气体爆炸或起火	输送燃油的设备不接地引起火灾或爆炸 铝粉、面粉等粉尘发生爆炸 易燃气流高速喷射时着火爆炸
2	火花源	妨碍生产	使胶片感光	感光胶片报废
3	高电压源	人身伤害	遭电击	静电压很高,易遭电击伤亡
4	电磁作用	损坏设备	引起某些电子元件损坏或失灵	精密元件误动作
5	力学作用	影响生产	纤维发生缠结、吸附尘埃 粉尘吸附于设备表面 纸张或绝缘薄膜粘连	产品质量下降 粉尘的过滤和输送受阻 影响纸张、薄膜的制造和印刷

3. 静电防护

静电的防护主要从工艺上抑制静电的产生,加速静电的泄漏和中和,以及降低易燃易爆混合物浓度等方面采取措施。

(1) 从工艺过程抑制静电的产生

a. 两种互相接触或摩擦的材料,可选用带电序列接近的两种材料;可以使物料与不同材料制成的设备发生接触与摩擦,与一种设备接触与摩擦后,物料带正电,再与另一种设备接触与摩擦后,物料带负电,电荷互相中和,消除静电的产生。

b. 采用管道输送易燃易爆和高电阻率的液体,必须控制液体的流速。常用烃类油料的最高流速见表20.6.1-5。

管道输送烃类油料的最高流速　　　　　　　　　表 20.6.1-5

管子内径(mm)	10	25	50	100	200	400	600
最高流速(m/s)	8	4.9	3.5	2.5	1.8	1.3	1.0

c. 许多粉尘在其加工、储运过程会产生大量静电荷,其电荷积累见表20.6.1-6。因此,应控制粉尘的数量,限制容器的体积。通常,容积为 $0.2m^3$ 以下,静电引起的爆炸危险极小。

粉尘在加工、储运过程中的静电荷　　　　　　　　表 20.6.1-6

序 号	加工或储运方式	静电电量(C/kg)
1	筛　滤	$2\times10^{-9}\sim2\times10^{-11}$
2	倾　注	$2\times10^{-7}\sim2\times10^{-9}$
3	气体或螺旋式输送	$2\times10^{-6}\sim2\times10^{-8}$
4	粉　碎	$2\times10^{-6}\sim2\times10^{-7}$
5	研　磨	$2\times10^{-4}\sim2\times10^{-7}$

d. 向容器内倾注高电阻率液体时,应防止液体飞溅和冲击,一般应从容器底部注入,注入口应加装分流头。

(2) 接地

接地的主要作用是将静电导体(即电导率大于 1×10^{-6} S/m)上产生的静电泄漏至大地,以防止物体上贮存静电,同时也限制了带电物体的电位上升或由此而产生的静电放电和静电感应的危险。因此,应将可能发生火花放电的间隙跨接连通起来,并予以接地,使各部分与大地等电位。为了防止静电感应,其他不相连接但相近的金属部分也应接地。

典型的液体和粉体输送装置的接地方式见图 20.6.1-1。

在生产过程中,以下工艺设备应采取接地措施:

a. 凡用来加工、贮存、运输各种易燃液体、易燃气体和粉体的设备都必须接地。

b. 工厂及车间的氧气、乙炔等管道必须连接成一个整体并接地。其他所有能产生静电的管道和设备,如油料输送设备、空气压缩机、通风装置和空气管道,特别是局部排风的空气管道,都必须连接成整体并接地。

c. 注油漏斗、浮动罐顶、工作站台、磅秤、金属检尺等辅助设备均应接地。油壶或油桶装油时,应与注油设备跨接起来并接地。

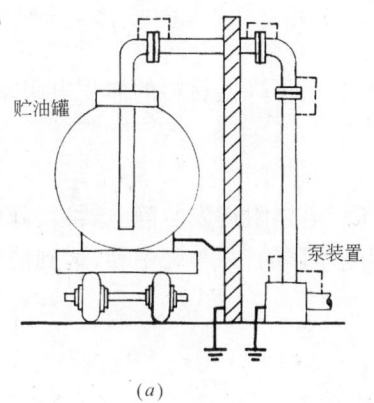
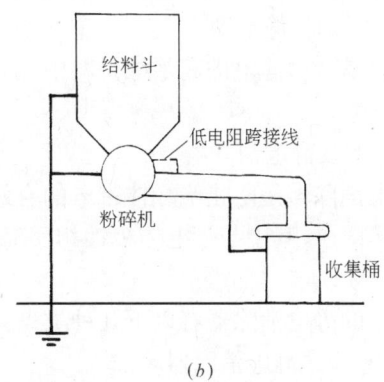

图 20.6.1-1　防静电接地
(a)液体输送；(b)粉体输送

d. 油槽车应带有金属链条,链条一端和油槽车底盘相连,另一端与大地接触。油槽车在装油之前,应同贮油设备跨接并接地,装卸完毕后应先拆除油管,再拆除跨接线和接地线。

e. 在可能产生和积累静电的固体和粉体作业中,压延机、上光机、各种辊轴、磨、筛、混合器等工艺设备均应接地。

因为静电的泄漏电流很小,所以单纯为了消除导体上静电的接地电阻不超过 1000Ω 即可,但不应超过 $1M\Omega$。如果金属导体本身已接地,或与其他用途的(如防雷的保护接地、防止电气设备漏电的保护接地和防高电压及电磁波感应的保护接地等)接地体相跨接。则该金属导体的防静电接地可与被跨接接地体共用,不必另行接地。但接地电阻值应符合被跨接的接地地体的规定。

(3) 涂敷导电覆盖层

为了防止绝缘体表面带电,可以在绝缘体表面加一导电性覆盖层并接地,以泄漏静电电荷,避免危险的电荷密度。

导电覆盖层的材料是掺有金属粉、石墨粉等导电性填料的聚合材料,其导电性能大大提高。例如,含有34%～40%铬镍的聚合材料的电阻率接近金属材料的电阻率。导电覆盖层是一层经过专门喷刷工艺完成的极薄的薄膜,厚度约为 $0.1 \sim 0.2mm$。根据需要,导电覆盖层可以完全覆盖,也可以不完全覆盖。

(4) 设置导电性地面

采用导电性地面实质上也是一种接地措施,它不但能泄除设备上的静电,而且有利于泄出聚积在人体上的静电。导电性地面用电阻率为 $10^6 \Omega \cdot m$ 以下的材料制成,如混凝土、导电橡胶、导电合成树脂、导电木板、导电水磨石、导电瓷砖等地面。在绝缘板上喷刷导电性涂料也能取得导电性地面的同样效果。

采用导电性地面或导电性涂料喷刷地面时,地面与大地之间的电阻不应超过 $1M\Omega$,地面与接地导体的接触面积不宜小于 $10cm^2$。

(5) 增湿

采用增湿防止非导体带电,是指在有静电危险的场所,在工艺条件许可时,将易于带电的非导体附近或整个环境的相对湿度提高到65%以上。具体的方法可以是,设置加热型和超音波型的增湿器;用略高于大气压的压力喷出水蒸汽或在地面上洒水;还可以采用温度略高于绝缘体表面温度的高湿度的空气吹向其表面。

(6) 添加抗静电剂

在容易产生静电的高绝缘材料中,加入抗静电剂之后,可降低材料的体积电阻率,加速静电的消除。

(7) 安装静电消除器

静电消除器是防止绝缘体带电的有效设备。当在带电体附近安装静电器后,静电消除器产生了离子,其中与带电体极性相反离子就会向带电体移动,并与之中和,达到消除静电的作用。

常用的静电消除器有以下几种类型：

a. 感应式静电消除器

感应式静电消除器由一组放电针组成,分别按直线、径向或其他方式布置,在物体产生了静电的同时,这些针尖上感应了相反的电荷,当静电积累到一定程度后,两者互相放电中和,将静电消除。感应式静电消除器结构简单,没有外加电源,可使用于任何场所,应用较广。

b. 高压静电消除器

高压静电消除器分为直流高压、交流高压、工频交流高压和高频交流高压多种。应用较多的是工频交流高压静电消除器。这种静电消除器主要应用于化纤、橡胶、塑料、印刷、纺织等行业,但不宜在有爆炸危险的场所采用。

c. 放射线式静电消除器

放射线式静电消除器是利用某些元素的同位素放射的 α、β 射线使空气电离,产生正、负离子,消除物料上产生的静电。这种静电消除器结构简单,不需要外接电源,工作时不产生火花,适用于有火灾和爆炸危险场所,但一定要控制射线对人体的伤害。

d. 离子源静电消除器

离子源静电消除器是将电离子的空气送到较远的地方去消除静电的一种中和器,它主要由电晕放电器、高压电源和送风系统组成。由于这种静电消除器是依靠带有离子的气流来进行工作的,所以不能用来消除液体静电和其他体积带电的情况。

此外,还有综合性的静电消除器,如兼有感应作用和放射线作用的静电消除器,兼有高压作用和放射线作用的静电消除器等。

各种静电消除器中,直流高压静电消除器的消电效能最好,感应式和工频高压式的消电效能次之,高频高压式效能较差,放射线式最差。

静电消除器安装时应注意：消除器尽可能安装在最高电位的位置上；应避开污染、高温(150℃以上)和湿度为80%以上的环境；应避开带电体背面的接地体、邻近接地体或其他静电消除器,消除器与带电物体的距离,应小于与静电产生源的距离(消除器与静电产生源的距离一般为5～20cm)；消除器的安装角度应尽量垂直于带电物体,但当与产生源的距离小于5～20cm时,则消除器的安装角度应偏向静电产生源。

(8) 消除人体静电

对于静电来说,人体相当于导体。所以,要消除人体的静电,就是使人体与大地之间不出现绝缘现象。具体的措施是：将工作地面做成导电性地面,同时操作人员穿导电性鞋,或利用接地用具使人体接地等。

操作人员应穿掺有导电性纤维或用防静电剂处理的防静电工作服。不应穿着丝绸、人造纤维或其他高绝缘衣料制成的衣服。使用的手套、帽子等,在必要时应采用具有防止带电性质的材料制成,胶皮手套应使用导电性手套。

此外,在工作间设置接地的金属门把手,操作者进门拉手柄时,即可将人体静电泄入地下。工作之前,操作人员用自来水洗手、洗脸,也可将人体静电基本泄除。

20.6.2 电磁波安全防护

1. 电磁波及其对人体的危害

电磁波存在于宇宙的一切空间,在通常情况下对人体的危害极小。其中危害较大的是高频电磁波和微波。这两种波统称为射频电磁波。

(1) 高频感应电磁波的应用场所

高频感应电磁波主要应用于金属热处理、焊接、冶炼、半导体材料加工等行业,其次应用于介质加热,加热对象为不良导体,如塑料的压制、木材的烘干等。

(2) 微波的应用场所

微波主要应用于无线电、电视信号的传送,以及通讯、雷达导航等;其次也应用于食物加热(微波炉)、木材的烘干、医用理疗等。

(3) 射频电磁波对人体的危害

较大强度的射频电磁波对人体的主要作用是引起中枢神经系统的机能障碍和以迷走神经占优势的植物神经功能紊乱。

临床症状为神经衰弱综合症,有头昏、头痛、乏力、记忆力减退、睡眠障碍(白天嗜睡,晚上失眠、多梦)、心悸、消瘦和脱发等。此外尚有手足多汗、心动过速或过缓、窦性心律不齐等,女工常有月经周期紊乱、性欲减退,男工个别出现阳痿等性机能减退。上述现象,高频电磁场与微波没有本质上的区别,只有程度上的不同。

微波接触者,除神经衰弱症状较明显,持续时间较长外,往往还伴有其他方面的变化。如慢性职业性微波辐射可促进晶状体"老化"。此外,对微波工作者的冠心病发病率虽尚无定论,但似有上升趋势;多数人还认为,微波对睾丸有明显不良影响,可发生暂时性不育,但脱离接触后数月,可得到明显恢复。

2. 射频辐射允许强度

人体允许的射频辐射强度的允许值,世界各国规定不一。我国的初步规定是:

(1) 高频波

允许的电场强度为 20~30V/m;

允许的磁场强度为 5A/m。

(2) 微波

一日 8h 连续辐射时,不应超过 $38\mu W/cm^2$;

短时间断辐射及一日超过 8h 辐射时,一日总量不超过 $300\mu W \cdot h/cm^2$;

由于特殊情况需要在大于 $1mW/cm^2$ 环境下工作时,必须使用个人防护用品,但日剂量不得超过 $300\mu W \cdot h/cm^2$。一般不允许在超过 $5mW/cm^2$ 辐射环境下工作。

微波设备出厂前,必须进行漏能值测定,其标准是:距外壳 5cm 处,漏能值不得超过 $1mV/cm^2$。

3. 射频电磁波的防护

(1) 屏蔽

对射频电磁波的最有效的防护手段就是金属屏蔽。屏蔽首先是对射频源的屏蔽,减少电磁波向外界辐射;其次是对工作地点的屏蔽,减少射频波进入工作场所。

对射频电磁波的屏蔽方法比较简单,只要把辐射源或工作地点用适当的金属材料(如铜、铝等)包围起来,并采用良好的接地装置即可。

(2) 合理布局

安装高频机时,应使辐射源尽可能远离操作位置和休息地点;高频加热车间应较一般车间宽敞;各高频机之间需有一定的间距;一机多用时,更应考虑场源和操作位置的合理配置。

(3) 个人防护

防护工具主要包括防护眼镜和防护服。防护服一般是在大强度辐射条件下短时间实验研究时用的。

20.6.3 射线安全防护

1. 射线的种类及其特点

射线亦称电离辐射,即能导致物质激发和电离的辐射。常见的电离辐射有 α 射线、β 射线、X 射线和 γ 射线,以及中子流。其中,X 射线和 γ 射线是电离辐射,其余是粒子辐射。

各种射线的基本特点如下:

(1) α 射线

α 射线是带正电荷的 α 粒子流。α 粒子质量大,飞行速度较慢,当它穿过物质时,传递给周围原子的能量较大,所以电离能力很强,在空气中每厘米平均产生几万个离子对。但它的贯穿能力较弱,在空气中一般只能运行 3～8cm 即被吸收。一张纸或健康的皮肤就能挡住。因此,对其"外照射"一般不需防护。对于发射 α 粒子的放射性物质,只有吃进、吸入或通过伤口进入体内时,才能在体内形成内照射。因为 α 射线致伤集中,细胞一死就是一团,且不易恢复。因此,α 粒子的"内照射"对人是有伤害的。

(2) β 射线

β 射线是从核内发射出来的高速电子流。β 粒子质量很小,只有原子质量单位的 1/1840,所以飞行速度很快,接近光速。由于速度快,故与沿途周围原子的作用时间短,电离能力较弱,在空气中平均每厘米只产生几百个离子对,所以它在空气中能飞行几米远的距离,有一定的穿透能力,能穿透皮肤对人体产生作用。人体受到 β 射线的外照射后,伤害不太集中,且较易恢复。另一方面,β 射线还是较易阻止,只要几厘米厚的水层即可。它还可能产生内照射。

(3) X 射线和 γ 射线

X、γ 射线是一种高能电磁波,与可见光同属一类。X、γ 射线的波长小于 10^{-6}cm,频率很高,因此辐射能量很大,其能量要比可见光高几个量级。X、γ 射线不带电,不能直接使物质的原子电离,但是它和原子作用时,会把全部或部分能量传给电子,从原子中放出一个快速飞行的电子,这个电子和 β 粒子一样,会使物质的原子电离或激发。X、γ 射线的电离能力最弱,在空气中平均每厘米只产生几个离子对,所以它的穿透本领最强,几百米的空气,也不能全部挡住,还会有百分之几的射线透射出来。屏蔽 X、γ 射线需要用几十厘米到几米厚的水层或混凝土墙,或者是几厘米到几十厘米的铁板或铅块。X、γ 射线对人体的主要作用是外照射。

(4) 中子流

中子流是一种不带电的粒子流,有很强的贯穿能力。中心的电离作用主要是通过间接方式产生的。快中子与原子核碰撞而减速,经过多次碰撞最后变成热中子(即和物质的原子处于热平衡状态下的中子),然后热中子被原子核俘获,并放出能量不同的 γ 射线。中子流在人体内的自由射程较长,且危害不仅限于表面一带。中子在进入人体后,在与氢原子碰撞的减速慢化过程中,氢原子得到最大的能量而形成反冲质子,其后已被慢化的中子再与氮作用发生核反应,也产生反冲质子。这些带有很大能量的反冲质子,使生物体产生强烈的电离,危害很大。此外,中子与体内的氢、碳、钠等起核反应放出 γ 射线,对人体起严重的内照射伤害作用。所以说,中子流的危害不论是对体内,还是对体外,都是很大的。

2. 射线对人体的危害

射线对人体的危害作用,除了它辐射给人体组织的能量,即吸收剂量(eV,电子伏特)有关外,还与射线的生物效应有关。为了综合描述这种作用,引入一物理量——剂量当量。剂量当量等于吸收剂量和描述不同射线生物效应的系数的乘积,其单位为希(Sv)。过去用的单位是雷姆(rem),1Sv = 100rem。

不同剂量当量对人体的伤害见表20.6.3-1。

不同剂量当量对人体的伤害 表20.6.3-1

序号	剂量当量(Sv)	病理变化	备注
1	0~0.25	觉察不到病变	
2	0.25~0.5	可逆性功能变化,可能有血象变化	
3	0.5~1	功能和血象变化,但无临床症状	
4	1~2	轻度造血型急性放射病	
5	2~3.5	中度造血型急性放射病	
6	3.5~5.5	重度造血型急性放射病	
7	5.5~8	极重度造血型急性放射病	4Sv 称为半致死剂量,8Sv 称为绝对致死剂量
8	>8	死亡	

3. 射线的防护

对射线的安全防护措施主要是:在安全距离以外工作、控制辐射时间、设置防护屏障。

(1) 增加距离

对体积不大的辐射源来说,如果人们与它的距离比源的尺寸大很多时(如大十倍以上时),可以近似地把辐射源看成一个点源。当它的射线向四面八方射出时,射线的强度(每秒钟穿过单位面积的射线数)将与距离的平方成反比。比方说,在离放射源10cm处,每平方厘米每秒有100个粒子通过,则在离放射源1m处,每平方厘米每秒就只有1个粒子通过了。对于很长很长的线源,射线的强度与距离成反比,即距离增加一倍,则每平方厘米每秒通过的粒子数减少1/2。所以在进行放射性工作时,应尽可能离放射源远一些。

(2) 减少照射时间

因为人的受照剂量与受照时间有关,所以在操作辐射源时,必须尽量缩短操作时间,动作要快而准确，必要时要先做一些"空白"试验。所谓空白试验，就是在模拟装置上做试验，不带放射性，待操作熟练后再进行正式操作，借以缩短操作时间，降低照射量。

(3) 设置防护屏障

常用的一些屏障材料对射线的防护能力见图20.6.3-1。

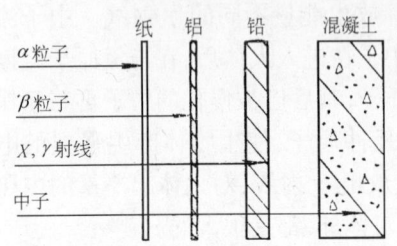

图20.6.3-1 常用材料对射线的防护能力

设置防护屏障就是用屏蔽材料把射线挡住，屏蔽的效果与射线的能量、屏蔽材料的性质及屏蔽层的厚度有关。

对于X、γ射线，当其能量高时，穿透能力强，要把它挡住，就需要密度和厚度较大的物体。射线能量低时，则容易被挡住。最常用的屏蔽材料有水、混凝土、钢铁、铅和铅玻璃。水透明而且能流动，所以人们可在水面上操作水下的放射源；放射源在厂房内的运输也常在水下进行。混凝土既是建筑材料，又是屏蔽材料，在厂房内用得最广。铁的密度大，屏蔽能力较强，又是机械结构材料，所以多用作设备材料。铅的密度很大，屏蔽能力非常强，所以常用作放射源的容器，铅玻璃则常用作窥视窗。

中子的屏蔽材料和X、γ射线的有所不同。快中子不易被物质吸收，所以先要和轻的物质碰撞减速为慢中子。含氢元素多的石蜡和水常用作同位素中子源的屏蔽材料。

对于α射线，由于其穿透能力较弱，一般无害。

β射线的穿透能力较α射线强，但它在空气中穿过几米至十几米即被吸收，或用几毫米的铅板就可防护。

各种射线在屏蔽层中的衰减过程接近指数规律。例如，当屏蔽层的厚度增加一倍，射线将衰减到只有原来的1/4。

20.6.4 激光安全防护

1. 激光的特点及其对人体的危害

激光是一种波长为200～1000nm的连续电磁波，输出的能量（或功率）大，方向性强，能量集中。激光的应用很广，如激光加工、激光通讯，在家用电子设备中，已开始利用激光技术重现视频、音频或射频信号的数字记录。

激光对人体的伤害主要是通过热声变化过程和光化过程的交替作用来进行的。作用的效应与激光脉冲持续时间有关，一般为：

脉冲持续时间 ns～ms 以下，声变迁效应；

脉冲持续时间 100ms～100s，热效应；

脉冲持续时间 100s 以上，光化效应。

激光辐射对人体的伤害主要是眼睛和皮肤，其病理效应见表20.6.4-1。

激光辐射对人体的病理效应　　　　表20.6.4-1

序号	CIE 光谱范围①	眼	皮　肤
1	紫外线 C （200～280nm） 紫外线 B （280～315nm）	光致角膜炎	红斑（晒焦） 加速皮肤老化过程 加速色素形成

续表

序 号	CIE 光谱范围①	眼	皮 肤
2	紫外线 A (315~400nm) 可见激光 (400~780nm)	光化白内障 光化和热致网膜损伤	色素焦化 各种光敏反应
3	红外线 A (780~1400nm) 红外线 B (1.4~3.0μm) 红外线 C (3.0μm~1nm)	白内障、网膜烧伤 Agueous flare 白内障、角膜烧伤 烧伤角膜	皮肤烧伤

① CIE 是国际照明委员会,CIE 规定的光谱范围内的人体效应,与 IEC TC76 规定的光谱范围截止到点不完全相同。

2. 激光的防护

根据不同激光产品的用途,按其辐射强度的暴露率与防护要求,激光产品分为 4 类,即 1 级、2 级、3A 级、3B 级。

其中,1 级激光产品的发射波长约为 $200～1\times10^6$ nm,发射功率可达 10^7 W,脉冲持续时间 $10^{-9}～3\times10^4$ s,是激光产品中辐射强度较大的一类,也是对防护要求较高的一类。

激光防护的一般要求如下:

(1) 保护壳。激光产品应有保护壳,保护壳应能防止操作中人触及到超过 1 级产品的可接近辐射极限的激光辐射剂量。它是安全设计的重要组成部分,其设计原理与一般机壳也有相似之处,但要特别注意有关激光防护的具体特点(如后所述)。

(2) 安全互锁装置。激光产品若用手动能打开其盖时,在打开盖后,操作者如果会接触到高于 1 级激光产品的辐射,则此盖上应该设置互锁装置,保证打开盖时,互锁装置能自动切断激光辐射源。

标准要求此装置必须十分可靠,试验其可靠性时要加上在故障条件下测得的工作电流和电压,在经受 10000 次开启试验后仍不失效。

(3) 若保护壳或互锁装置打开后,操作者会接受到大于可接近辐射极限的辐射时,则保护壳或互锁装置的固定应保证手动不能打开,并要加显目的标记"注意,打开有激光辐射"。

(4) 装在激光产品上的任何观视镜、观视窗口、显示屏对激光均应有足够的衰减能力,以保证操作者接触到的激光辐射不超过 1 级激光产品的可接近辐射极限。安在观视镜、观视窗口和显示屏上的快门或可调衰减应当备有如下措施:

a. 当打开快门或调节衰减器时,应有能防止人接触到超过 1 级激光产品的可接近辐射极限的辐射的设计。

b. 当人打开快门或调节衰减器有可能暴露在超过 1 级激光的可接近辐射极限的辐射中时,则应备有防止打开快门或调节衰减器的措施。

(5) 所有控制器件的安置都要保证调节、操作人员不会受到超过 1 级激光产品的可接近辐射极限值的辐射。

(6) 激光产品辐射扫描时,应划为扫描的激光产品。在扫描损坏,或者扫描速度、幅度变化时,也应保证人不会接触到超过规定等级的可接近辐射极限值的辐射。